제프리 리처의
WINDOWS®
VIA C/C++

제프리 리처의 Windows via C/C++ 복간판

5판까지 이어진 제프리 리처의 명성, 윈도우 프로그래밍의 바이블!

초판 1쇄 발행 2008년 12월 12일
초판 4쇄 발행 2013년 02월 10일
복간판 1쇄 발행 2019년 04월 01일
복간판 2쇄 발행 2024년 02월 10일

지은이 제프리 리처, 크리스토프 나자르 / **옮긴이** 김명신 / **펴낸이** 전태호
펴낸곳 한빛미디어(주) / **주소** 서울시 서대문구 연희로2길 62 한빛미디어(주) IT출판2부
전화 02-325-5544 / **팩스** 02-336-7124
등록 1999년 6월 24일 제25100-2017-000058호 / **ISBN** 978-89-7914-621-9 93560

총괄 송경석 / **책임편집** 박민아 / **기획·편집** 송성근 / **진행** 김종찬
디자인 표지·내지 김연정
영업 김형진, 장경환, 조유미 / **마케팅** 박상용, 한종진, 이행은, 김선아, 고광일, 성화정, 김한솔 / **제작** 박성우, 김정우

이 책에 대한 의견이나 오탈자 및 잘못된 내용에 대한 수정 정보는 한빛미디어(주)의 홈페이지나 아래 이메일로
알려주십시오. 잘못된 책은 구입하신 서점에서 교환해드립니다. 책값은 뒤표지에 표시되어 있습니다.

한빛미디어 홈페이지 www.hanbit.co.kr / 이메일 ask@hanbit.co.kr

지금 하지 않으면 할 수 없는 일이 있습니다.
책으로 펴내고 싶은 아이디어나 원고를 메일(writer@hanbit.co.kr)로 보내주세요.
한빛미디어(주)는 여러분의 소중한 경험과 지식을 기다리고 있습니다.

Edition
5th
복간판

제프리 리처의
WINDOWS®
VIA C/C++

제프리 리처, 크리스토프 나자르 저

김명신 역

Microsoft　ㅐㅏ 한빛미디어
Hanbit Media, Inc.

저자 · 역자 소개

저자 **제프리 리처** Jeffrey Richter

더 좋은 소프트웨어를 더 빠르게 수행할 수 있도록 돕기 위한 교육 및 컨설팅 전문 회사인 Wintellect(www.wintellect.com)의 공동 창업자. 『제프리 리처의 CLR via C#』을 포함하여 다수의 책을 집필하였다. 상당 기간 Microsoft .NET Framework팀을 컨설팅해왔으며, .NET Framework 4.5의 새로운 비동기 프로그래밍 모델 개발에 참여했다.

저자 **크리스토프 나자르** Christophe Nasarre

소프트웨어 아키텍트로서 비즈니스 지능화 솔루션을 이용하여, 자신의 분야에서 더 나은 통찰력을 가지고 올바른 의사 결정과 기업의 업무 능력 향상을 도모하는 다국적 소프트웨어 회사의 비즈니스 오브젝트 개발을 이끌고 있다. Addison Wesley, A-Press, MS-Press, MSDN 매거진 등에서 기술 편집자로서 일해왔다.

역자 **김명신** himskim@gmail.com

마이크로소프트의 기술을 더 많은 사람이 올바르게 이해하고 사용하기를 바라는 마음으로 한국 마이크로소프트의 수석 에반젤리스트로 일하고 있다. 이전에는 마이크로소프트의 아태지역 글로벌 핵심 개발자 지원팀 수석 엔지니어였으며 다년간 C++와 C# 분야의 마이크로소프트 MVP이기도 했다. 클라우드, 분산 컴퓨팅 아키텍처, 대용량 네트워크 프로그래밍, 프로그래밍 방법론, 소프트웨어 공학 등 여러 분야에 두루 관심이 많고, 다양한 개발자 콘퍼런스에 단골 발표자로 참가하고 있어서 쉽사리 만나볼 수 있는 쉬운 남자다.

바이크에 심취하여 잠시 일탈을 꿈꿨으나 좌절하고, 최근에는 해양 스포츠를 넘보고 있다. 당장 필요하지도 않은 개발 공부야말로 인생에서 포기할 수 없는 마지막 사치라고 터무니없는 주장을 하는 그는 "내일부터 운동해야지"라는 말을 15년째 반복하고 있으며, 최근에는 35년간 공부한 내용을 어디에다가 써먹을 수 있을지 다시금 고민을 시작했다.

『Advance C Programming』, 『Unix System V』 등을 집필했고 『이펙티브 C#(3판)』(한빛미디어, 2017), 『제프리 리처의 CLR via C#』, 『마스터링 Microsoft Azure IaaS』, 『Microsoft Azure 에센셜』(이상 BJ퍼블릭) 등을 번역했다.

제프리 리처의 『Windows via C/C++, 5th』는 C/C++ 언어를 이용하여 마이크로소프트 윈도우용 애플리케이션을 개발하고자 하는 사람들에게는 바이블과도 같은 책이다. 새로운 언어와 새로운 기술을 빠르게 습득하고 활용하여 현장의 문제를 정확하고 신속하게 해결하는 것에 못지않게 기초와 기본 기술을 충실히 습득하는 것은 개발자로서 그 분야의 진정한 전문가로 거듭나기 위해 필수 불가결한 요소다. 특히 마이크로소프트의 윈도우 운영체제를 개발 플랫폼으로 삼고 있는 개발자라면 윈도우의 기본적인 특성과 운용 원리, 더불어 운영체제를 지배하고 있는 기본 철학을 이해하고 있어야 차별화된 개발을 할 수 있다.

윈도우는 C/C++ 언어에서 사용할 수 있는 형태로 API를 제공하고 있는데, 이는 윈도우의 상당 부분이 C/C++로 작성되었기 때문이기도 하다. C/C++를 이용하게 되면 윈도우가 제공하는 기능을 거의 무제한적으로 사용할 수 있으며, 더불어 윈도우의 내부 구조를 더 잘 이해할 수 있다. 따라서 C/C++를 이용하여 윈도우의 내부 구조를 조명하고 동작 원리를 이해하는 것은 가장 직접적이면서도 효과적인 학습 방법이라 할 수 있겠다.

이 책은 그런 의미에서 개발자들에게 필독을 권하고 싶은 책 중에 하나다. 단순한 활용 방법에만 치우치거나 혹은 너무 현실과 동떨어진 이론만을 나열한 책이 아니라, 서로 상충되는 두 가지 주제에 대해 균형을 유지하고 있는 것이 이 책의 최고의 장점이다. 또한 이 책의 이전 판이 1999년도에 출간되었고 윈도우 2000까지의 내용 위주였다면, 이번 5판에서는 윈도우 XP/2003/Vista/2008까지의 최신 내용을 포함하도록 개정되었다. 특히 소프트웨어의 안정성을 향상시키려 포함한 보안 문자열 함수, 완전히 다시 작성된 스레드 풀 관련 함수, 윈도우 비스타에서 새롭게 등장한 오류 보고와 애플리케이션 복구 관련 부분은 다른 책에서는 찾아보기 힘든 내용이다. 또한 운영체제의 핵심 기능이라 할 수 있는 프로세스, 스레드, 동기화 오브젝트, 메모리 관리 부분에서도 그 내용이 상당히 많이 개선, 확충되었으며, DLL의 동작 방식과 인젝션에 대해서도 기본에 충실한 동작 원리를 상세히 기술하고 있다. 특히 윈도우 운영체제의 최대 강점이라고 볼 수 있는 구조적 예외 처리의 동작 방식과 예외 처리 방법 및 디버깅과 관련된 부분은 이 책의 또 다른 백미라 하겠다.

이러한 책을 오랜 기간 동안 개발 현장에서 다양한 경험을 취득하고, 마이크로소프트의 기술에 정통한 역자가 한글판으로 소개할 수 있게 된 것은 매우 다행스러운 일이라 생각한다. 원저의 분량이 상당하고 기술적인 난이도가 낮지 않음을 감안할 때 역자의 노고에 다시 한 번 감사의 뜻을 전하는 바이다.

한국마이크로소프트 최고기술임원(NTO National Technology Officer)

– 김명호 박사

윈도우 플랫폼 위에서 개발하는 개발자라면, 특히 시스템 프로그래밍에 관심이 있는 개발자라면
『Programming Applications for Windows』라는 제목의 책을 한 번쯤 들어보았을 겁니다. 이
책은 『Programming Applications for Windows』의 최신 개정판으로, 윈도우 2000 이후 계속
발전해온 기술들에 대해 깊고 상세한 설명을 담고 있습니다. 필독서 중에서도 손꼽히는 이 책을
깊은 내공을 가진 분의 번역을 통해 접할 수 있다는 건 매우 유쾌한 일이 아닐 수 없습니다.

딱딱한 MSDN 문서만으로는 부족함을 느끼는 분, 이미 알고 있는 윈도우 플랫폼에 대한 경험적
인 지식을 명확하게 정리할 필요를 느끼는 분, 윈도우 플랫폼을 처음 접하는 분 등 윈도우 플랫폼을
깊이 이해하고자 하는 분들에게 꼭 필요한 책이라고 생각합니다.

– 정재필

Software Architect, nPluto Corporation, zgdr7th@gmail.com

운영체제나 Win32 API를 알지 못하더라도 소프트웨어를 만드는 데는 지장이 없습니다. 하지만
보다 성능 좋은 소프트웨어를 만들거나 상용제품을 만들어야 하는 경우에는 운영체제와 Win32
API를 잘 알고 있어야 합니다. 실제로 CString에 Append를 5,000번 정도 수행하는 코드와 미
리 버퍼를 할당해 놓고 copy를 수행하는 코드 중 어느 것이 더 성능이 좋을까요? 산술계산 함수
를 구현하면서 CPU가 하나라고 가정할 때 다수의 스레드를 사용하는 것이 성능 향상에 도움을 줄
수 있을까요? 이러한 질문에 대해 이 책을 통해 힙 메모리의 내부와 스레드 스케줄을 알게 된 개
발자라면 답을 찾을 수 있을 것입니다. 많은 개발자들이 이 책을 통해 윈도우 구조를 이해하고 고
성능의 소프트웨어를 작성하실 수 있을 것입니다.

– 이태화

Support Engineer, 한국 마이크로소프트

프로그래밍을 처음 접했을 때가 생각이 납니다. 이제는 먼 추억이 되어버린 GW-BASIC을 배우
고 있었죠. 그때는 언어에 대한 문법과 사용하는 함수들을 알고 있는 것이 프로그래밍의 전부라고
믿고 있었습니다. 사실 문법과 API는 프로그래밍의 기초일 뿐입니다. 좀 더 나은 프로그램을 위
해서는 감추어져 있는 깊숙한 곳에서 무슨 일이 일어나는지를 알아야 합니다. 마이크로소프트 윈
도우에서 돌아가는 프로그램을 개발하는 사람이라면 윈도우에서 무슨 일을 하고 있는지 좀 더 자
세히 알아야 합니다. 윈도우 밑에 감추어진 블랙박스를 화이트박스로 바꿔주는 데 이 책이 큰 도
움이 될 거라 믿습니다.

– 유민호

스마트카드 개발자, http://paromix.egloos.com

윈도우가 어떻게 돌아가는지를 알고 싶으시다면 이 책을 펼치세요. 윈도우 개발자의 로망을 이룰 수 있을 테니까요.

- 강효관

제프리 리처는 『Code Complete』를 10년 동안 읽고 있지만, 아직도 그 책에서 배우고 있다고 말했습니다. 나는 이 책 또한 모든 윈도우 개발자가 10년 동안 곁에 두고 살아야만 한다고 생각합니다. 점점 .NET의 시대로 접어 들어가고 있긴 하지만, 그것이 중요한 것은 아닙니다. 제프리 리처가 서문에서 말했다시피 정말 중요한 것은 윈도우 시스템 자체를 이해하는 것입니다. 관리 코드보다는 네이티브 코드가 시스템을 이해하기에 훨씬 더 적합합니다. 게다가 네이티브 애플리케이션들은 앞으로도 오랜 시간 동안 건재할 것입니다. 이 책은 제프리 리처의 네이티브 애플리케이션 개발을 다루는 마지막 에디션입니다. 이것은 이 5판이야말로 모든 윈도우 개발자에게 있어 불후의 명작이 될 것이라는 걸 의미합니다.

- 김재호
(주)이스트소프트 비즈하드 개발팀

시간은 흘러도
핵심은 변하지 않는다

· · · · ·

미국 캘리포니아주 마운틴뷰에는 2002년 이곳으로 옮겨온 컴퓨터 역사 박물관(Computer History Museum)이 있다. 1975년에 관련 전시회를 개최한 것이 계기가 되어 컴퓨터의 역사와 가치들을 알리고 보전하기 위한 시설로 현재의 장소에 터를 잡았다. 박물관 측은 또한 1995년부터 매해 컴퓨팅 분야의 업적을 기리기 위해서 CHM Fellow Award를 시상하는데, 2019년에는 레슬리 램포트, 제임스 고슬링, 케서린 존슨 등이 이 상을 수상하였다. 2016년도에는 이 책의 출간과도 밀접하게 관련이 있으며 NT(윈도우)의 아버지라고 불리는 데이비드 커틀러가 이 상을 수상하기도 하였다.

거의 모든 분야에서 컴퓨터의 운영체제는 필수적인 요소이지만, 전 세계적으로 따져보아도 특수목적을 위해 작성된 것을 제외한다면 대중적인 운영체제의 종류는 손에 꼽을 정도에 불과하며 이 중 윈도우는 가장 많은 사람이 일상적으로 사용하는 가장 대중적 운영체제임에 의심의 여지가 없다. 적어도 10억 명이 넘는 사용자는 데이비드 커틀러가 직접 작성한 코드를 사용하고 있는 셈이다. 윈도우 10이 출시된 이후 짧지 않은 시간이 지났고 그간 수 차례의 업데이트가 있었지만, 윈도우를 지탱하고 있는 커널은 1988년 데이비드 커틀러가 NT커널을 작성하기 시작한 이후로 본질적인 변화보다는 개선에 주안을 두고 발전해왔다고 보아도 크게 틀리지 않다.

10년이면 강산이 변한다고 한다. 하물며 소프트웨어 분야의 10년은 그 변화의 폭과 넓이를 가늠하기조차 힘들다. 하지만 어떤 분야든 간에 본질에 가까이 다가가면 그 변화의 진폭과 주기가 시간을 매개로 변질되지 않는 법이다.

덕분에 이 책은 출간된 지 10년이 넘었지만 대부분의 내용이 현재 시점에도 여전히 유효할 뿐아니라 그 가치가 전혀 퇴색되지 않았다. 게다가 2016년 마이크로소프트 빌드 컨퍼런스에서 만난 제프리 리처는 이 책의 다음 에디션을 출간할 계획이 전혀 없다고 했으니 마음이 변하지 않는 이상 이 책보다 더 나은 저자의 책을 기대할 수도 없다.

역자의 입장에서 보자면 10년이나 지난 시점에 이전 번역본의 재출간을 지켜보는 것은 참으로 미묘하다. 고전문학의 경우 서로 다른 역자가 자신만의 맛깔스러운 번역을 내세워 수 차례 출간하는 것이 흔한 일이지만, 수명이 비교적 짧은 소프트웨어 개발서적을 절판 이후에 재출간하는 경우는 그리 흔하지 않기 때문이다. 하지만 지난 몇 년간 이 책을 구매할 수 있는 방법을 문의하신 개발자가 끊이지 않았고, 마치 골동품처럼 중고책이 원래 가격보다 비싸게 거래되는 터였다. 더불어, 이 책의 재출간과 구매를 원한다는 C++ Korea 커뮤니티의 설문조사와 10만 개발자 양병을 주장하시는 펄어비스 지희환 CTO의 응원이 무엇보다 큰 힘이 되었다.

그럼에도 재출간을 결정하신 한빛미디어의 결단이 없었다면 불가능한 일이었다. 특히 박지영 님의 힘이 가장 컸다. 재출간은 모두 이분 덕이다. 감사의 말씀을 전한다.

– 2019년 3월, 김명신

기본에 충실한 개발자와
유행에 민감한 개발자

∙ ∙ ∙ ∙ ∙

예전에 비해 개발자들이 많이 줄어든 것 같다. 큰 회사, 작은 회사를 불문하고 개발자가 없다고 아우성이고 사람 소개시켜 달라는 목소리가 여기저기에서 들려온다. "(취업하려는) 사람은 있는데 (알맞은) 사람은 없다"고 한다. 한편으로는 대졸자가 취업을 못해서 심각한 사회 문제를 야기하고 있다고 하고, 그나마 회사에 다니고 있는 사람들조차도 이직할 만한 곳을 찾지 못해 전전긍긍이다. 그들은 "(오라는) 회사는 있지만 (가고 싶은) 회사는 없다"고 한다.

회사에서 원하는 개발자의 역량은 어떤 일을 하는 회사인지에 따라 차이가 있겠지만 변하지 않는 공통점도 찾을 수 있다. 사실 그러한 공통점은 회사에서 원하는 개발자의 면모라기보다는 이상적인 개발자의 모습과도 다르지 않다. 첫째는, 기본기다. 전문성을 기르려면 기본기가 있어야 한다. 덧셈, 뺄셈을 못하는 학생이 미분, 적분을 할 수는 없는 노릇이다. 둘째는, 창의력이다. 개발은 기본적으로 창의력의 산물이다. 창의력 없이 과거의 내용만을 답습해서는 진정한 개발자가 되기에는 한계가 있다. 셋째는, 장인정신이다. 자신이 하고 있는 일에 혼을 담을 수 있는 개발자이어야 한다. 이루고자 하는 바에 최선을 다할 때 비로소 뜻한 바가 이루어지는 것이다. 여기에 커뮤니케이션 능력까지 곁들여진다면 더할 나위 없을 것이다.

환란이라고까지 부르던 90년에 말의 경제상황에서 3개월 코스, 6개월 코스로 단숨에 찍어내던 개발자들의 모습을 이제는 찾아보기가 쉽지 않다. 그들에게서 진정한 개발자의 면모를 찾아보기란 쉽지 않기 때문이다. 물론 그 중에는 자신을 갈고 닦아 진정한 개발자의 모습으로 거듭난 분들도 있으리라 생각한다. 하지만 소수의 이야기일 뿐이다.

이 책은 창의력을 길러줄 수 있는 책도 아니고, 장인정신을 길러줄 수 있는 책은 더더욱 아니다. 이 책은 윈도우를 기반으로 프로그램을 개발하는 개발자들에게 소위 기본이 무엇인지를 가르쳐주는 책이다.

유행하는 기술은 생명주기가 짧다. 작년에 나온 신기술이 지금은 더 이상 신기술이 아니다. 그래서 많은 개발자들은 끊임없이 공부해야 한다고 역설한다. 일면 맞는 말이다. 하지만 그 대상이 유행에 민감한 기술들을 신기루마냥 쫓아서 익히는 것이라면 방향을 잘못 설정한 것이다. 기반기술과 응용기술에 대한 균형감 있는 접근이 필요하다는 것이다.

이 책이 5번째 개정판이 나오는 동안 꾸준히 사랑받아온 바로 이러한 균형감에서 오는 것이 아닐까 생각한다. 태고적 윈도우로부터 전해 내려오는 변하지 않는 윈도우의 모습과 새로운 운영체제에 새롭게 추가된 기능들을 조화롭게 풀어내기 때문이다.

이 책의 이전 판인 『Programming Applications for Microsoft Windows』가 출간된지 8년이 지났다. 그동안 윈도우 운영체제도 많이 발전하였으며, 새로운 기술들도 많이 포함되었다. 이제 8년 전에 공부했던 내용을 다시 한 번 업그레이드할 시점이 되었다.

유행에 민감한 개발자보다 기본에 충실한 개발자가 많아졌으면 하는 바람을 가져본다.

– 김명신

감사의 글

가장 먼저 감사해야 할 사람은 역시나 이 책의 저자인 제프리 리처와 크리스토프 나자르일 것입니다. 그들의 해박한 지식과 통찰력이 있었기에 이 책이 완성될 수 있었고, 그 덕에 한글판 역서도 나올 수 있었기 때문입니다. 한빛미디어의 송성근 과장님께도 감사의 말씀을 전합니다. 예상보다 느린 진척에도 은근과 끈기로 항상 독려해 주신 점에 진심으로 감사드립니다. 특히 베타리더로 참여해 주신 정재필, 이태화, 유민호, 유근호, 강효관, 김재호 님께도 감사드립니다. 마이크로소프트 가족에게도 감사의 말씀을 전하고 싶습니다. 특히 개발자의 영원한 희망 방병조, 강세윤, 김수정, 김순근, 정영권, 표성용, 이주용 님께 감사드립니다. SQL Server의 대가들이신 최승완, 이재록, 박상준, 한기환, 박주연 님과 인터넷 세상의 마에스트로이신 박용희, 서상원, 박태환, 엄윤경, 전현주 님 그리고 이들을 하나로 묶어주고 계신 조인순, 한철규 님께도 감사드립니다.

가족은 모든 힘의 원천입니다. 똘똘이 찬우와 개성만점 선우 그리고 언제나 역자 옆에서 역자의 모자란 부분을 메워주는 아내가 있었기에 이 책을 마무리할 수 있었습니다. 이번에는 이렇게 써 봅니다. "FF FE AC C0 91 B7 74 D5 20 00 F8 BB 01 C6" 이 글을 읽어보려면 아무래도 Visual Studio가 필요할 듯 합니다.

윈도우용 애플리케이션
개발자들의 필독서

· · · · ·

마이크로소프트 윈도우는 한 사람이 전체 운영체제를 이해하는 것이 불가능할 만큼 많은 기능을 제공하는 복잡한 운영체제다. 이러한 복잡성 때문에 윈도우를 익히기 위해 어디서부터 시작해야 할지를 결정하는 것조차도 쉽지 않은데, 필자의 경우 운영체제의 가장 기본이 되는 하부구조부터 착실히 이해하려고 노력하는 편이다. 이러한 기본적인 내용을 이해하고 나면 운영체제를 구성하는 다른 특성들을 점진적으로 익혀나가는 것이 어렵지 않다. 그래서 이 책은 윈도우의 가장 기본이 되는 하부구조와 윈도우용 소프트웨어를 설계하고 구현할 때 반드시 알아야 하는 핵심 개념들에 중점을 두고 있다. 간단히 말하면, 이 책을 통해 독자들에게 다양한 윈도우의 기능들을 알려주고, C와 C++ 프로그래밍 언어를 통해 그러한 기능들을 어떻게 사용할 수 있는지를 설명하려 한다.

비록 이 책이 COM Component Object Model과 같은 몇몇 주요 개념들을 다루고 있지는 않지만 COM 또한 프로세스, 스레드, 메모리 관리, DLL, 스레드 지역 저장소, 유니코드 등과 같은 기본적인 하부구조를 기반으로 하고 있기 때문에 이를 충분히 이해하고 있다면 COM을 이해하기 위해 단지 각각의 요소들이 어떻게 활용되고 있는지 살펴보는 것만으로도 쉽게 이해가 가능하다. 기본적인 요소들에 대한 이해 없이 COM의 구조를 익히기 위해 고군분투하는 사람들이 있다면 그들에게 심심한 위로를 표하고 싶다. 그들은 탄탄치 못한 기반지식 때문에 오랜 기간 동안 필요 이상의 노력을 쏟아야 할 뿐더러, 그들이 개발하는 코드와 개발 일정에도 악영향을 미칠 것이 너무나 자명하다.

마이크로소프트 닷넷 프레임워크의 CLR Common Language Runtime 또한 이 책에서 다루지 않는 내용 중 하나다(이 내용은 저자의 다른 책 『CLR via C#』 (제프리 리처 Jeffery Richter, Microsoft Press 2006)에서 다루고 있다). 하지만 CLR조차도 COM 객체를 구현한 DLL 파일로 작성되어 프로세스 내로 불러들여지고, 스레드가 메모리 상의 유니코드 문자열을 다루고 있다는 것을 알아야 한다. 반복하자면, 이 책에서 다루고 있는 기본적인 윈도우의 하부구조를 이해하고 있다면 설사 매니지드 managed 코드를 개발하는 닷넷 개발자라 하더라도 충분한 도움이 될 것이며, CLR의 P/Invoke 기법을 이용하여 이 책 전반에 걸쳐 설명하고 있는 윈도우 API를 직접 사용할 수도 있을 것이다.

이러한 이유로 이 책은 윈도우 개발자가 반드시 알아야 하는 윈도우의 기본적인 하부구조에 대해서만 다루고 있다. 하부구조를 구성하고 있는 각 요소들에 대해 자세히 설명하는 과정에서 윈도우 운영체제가 이러한 요소들을 어떻게 사용하고 있는지에 대해서도 알아볼 것이며, 어떻게 애플리케이션을 개발해야만 이러한 요소들의 장점을 취할 수 있는지에 대해서도 설명할 것이다. 여러 장에 걸쳐 제네릭 generic 함수와 C++ 클래스를 이용하여 윈도우에서 제공하고 있는 기능과 더불어 어떻게 자신만의 빌딩 블록 building block을 작성할 수 있는지도 알아볼 것이다.

64비트 윈도우

마이크로소프트는 아주 오랫동안 x86 CPU에서 수행되는 32비트 버전의 윈도우만을 만들어왔지만 최근 들어 x64와 IA-64 CPU를 지원하는 윈도우도 함께 출시하고 있다. 64비트 CPU를 지원하는 컴퓨터들은 빠른 속도로 확산되고 있는 추세이며, 머지않아 모든 데스크톱과 서버용 컴퓨터들이 64비트 CPU를 채용할 것으로 예측된다. 이러한 시장상황에 비추어 마이크로소프트는 윈도우 서버 2008을 32비트 CPU를 기반으로 하는 마지막 운영체제로 개발하였다. 따라서 모든 개발자들은 개발 중인 애플리케이션이 64비트 윈도우에서도 정상적으로 동작하는지에 대해 반드시 검토해야 할 시점에 와 있다. 이러한 이유로 이 책은 개발 중인 애플리케이션이 64비트 윈도우에서 정상적으로 수행되도록 하기 위해 알아야 할 사항에 대해서도 다루고 있다(물론 32비트 윈도우의 내용도 다루고 있다).

64비트 주소 공간으로부터 얻을 수 있는 가장 큰 장점은 좀 더 쉽게 매우 큰 데이터를 다룰 수 있다는 점일 것이다. 프로세스는 더 이상 최대 2GB까지의 주소 공간이라는 제약을 받지 않는다. 비록 개발하는 애플리케이션이 이렇게 큰 주소 공간을 사용할 필요가 없다 하더라도 윈도우 운영체제 자체가 확연히 커진 주소 공간(대략 8TB)의 장점을 활용하여 더욱더 빠르게 애플리케이션을 수행할 것이다.

아래에 64비트 윈도우에 대해 알아야 할 사항들을 간단히 기술하였다.

- 64비트 윈도우 커널은 32비트 윈도우 커널을 이용하여 포팅되었다. 이것은 32비트 윈도우를 통해 익혔던 세부 내용이나 복잡한 구성이 64비트 윈도우에도 그대로 적용됨을 의미한다. 사실 마이크로소프트는 기존의 32비트 윈도우 소스 코드를 수정하여 32비트와 64비트로 각기 컴파일 가능하도록 하였다. 이렇게 단일화된 소스를 이용하기 때문에 새로운 기능을 추가하거나 버그를 수정할 때에도 32비트와 64비트 윈도우에 대해 동시에 적용될 수 있다.

- 동일한 소스 코드와 개념을 기반으로 하기 때문에 윈도우 API는 운영체제가 32비트인지 혹은 64비트인지의 여부와 상관없이 동일한 방법으로 사용할 수 있다. 따라서 기존 애플리케이션을 64비트 운영체제에서 수행되도록 하기 위해 애플리케이션의 구조를 완전히 변경하거나 재구현해야 할 필요가 없다.

- 64비트 윈도우는 하위 호환성을 유지하기 때문에 기존의 32비트 애플리케이션도 여전히 수행할 수 있다. 하지만 64비트 애플리케이션으로 다시 빌드하게 되면 수행 성능이 좀 더 향상된다.
- 32비트로 작성된 디바이스 드라이버나 각종 툴 그리고 애플리케이션들을 64비트 윈도우에서 동작하도록 포팅하는 것은 어렵지 않다. 하지만 불행히도 Visual Studio는 여전히 32비트 애플리케이션이며, 마이크로소프트는 이 툴을 서둘러 64비트로 포팅할 것 같지는 않다. 하지만 64비트 윈도우에서도 Visual Studio는 여전히 잘 수행된다; 단지 자체적으로 유지해야 하는 자료구조를 저장하기 위한 주소 공간에 제약이 있을 뿐이다. Visual Studio는 64비트 애플리케이션을 디버깅할 수도 있다.
- 그럼에도 불구하고 64비트 운영체제에 대해 새로이 익혀야 하는 몇 가지 사항들이 있다. 대부분의 자료형이 여전히 32비트 크기로 남아 있다는 사실은 매우 기쁜 소식이다. 이러한 자료형으로는 int, DWORD, LONG, BOOL 등이 있다. 사실 신경 써야 할 부분은 64비트 크기로 변경된 포인터와 핸들 정도다.

마이크로소프트는 기존의 코드를 64비트로 변경하기 위해 어떻게 코드를 수정해야 하는지에 대한 자세한 내용들을 제공하고 있다. 이 책에서는 이러한 내용들을 자세히 다루지는 않을 것이다. 하지만 각각의 장을 집필할 때 64비트 윈도우를 고려하였으며, 필요한 경우 64비트 윈도우에 대해서도 추가적인 정보를 포함시켰다. 이 책에 포함된 모든 예제는 64비트로도 컴파일이 가능하며, 실제로 64비트 윈도우에서도 테스트되었다. 이 책에 포함된 예제와 같은 형태로 애플리케이션을 작성한다면 단일의 소스 코드를 이용하여 32비트와 64비트 윈도우를 위한 코드를 작성하는 데 큰 어려움이 없을 것이다.

5판에서 새로워진 점

이 책의 제목은 『Advanced Windows NT』, 『Advanced Windows』, 그리고 『Programming Applications for Microsoft Windows』와 같이 변경되어 왔다. 이러한 전례를 계승하기 위해 이번에는 이 책의 제목을 『Windows via C/C++』로 새롭게 변경하였다. 새로운 제목은 이 책이 C와 C++ 개발자를 위한 윈도우 운영체제의 이해에 중점으로 둔다는 의미를 내포하고 있다. 이번 개정판은 윈도우 XP, 윈도우 비스타, 윈도우 서버 2008에서 추가된 170개 이상의 새로운 함수와 기능을 포함하고 있다.

11장은 새로운 스레드 풀 API를 어떻게 사용해야 하는지 설명하기 위해 완전히 다시 쓰여졌으며, 기존의 장들도 새로운 기능을 사용하도록 많이 보강되었다. 4장의 경우 사용자 계정 컨트롤User Access Control(UAC)에 대한 내용을 포함하고 있으며, 8장은 새로운 동기화 기법(인터락 단일 연결 리스트 Interlocked Singly-Linked List, 슬림 리더-라이터 락 Slim Reader-Writer Lock, 조건 변수 condition variable에 대한 내용을 포함하고 있다.

또한 운영체제와 C/C++ 런타임 라이브러리들이 어떻게 상호작용하는지에 대해 더 많은 내용을 포함시켰다. 구체적으로는 예외 처리나 향상된 보안 기능 등이 이러한 범주에 속한다. 마지막으로, 어떻게 I/O 오퍼레이션이 동작하는지와 새로운 에러 리포팅 시스템에 대해서도 다루고 있다. 에러 리포팅 시스템에 대해서는 애플리케이션의 에러 리포팅과 애플리케이션의 복구에 대해 변경된 새로운 방법을 다루고 있다.

이 책은 새로운 구성과 깊이 있는 내용에 더하여 상당량의 추가적인 내용을 담고 있는데, 아래에 이번 개정판에서 부분적으로 개선된 내용을 나타내 보았다.

윈도우 비스타와 윈도우 서버 2008의 새로운 기능. 윈도우 XP, 윈도우 비스타, 윈도우 서버 2008이 제공하는 새로운 기능과 C/C++ 런타임 라이브러리의 새로운 기능들을 다루지 않고서는 진정한 개정판이라고 말하기 어려울 것이다. 이에 더하여 이번 개정판은 보안 문자열 함수, 커널 오브젝트의 변경(네임스페이스와 디스크립터의 범위와 같은), 스레드와 프로세스 속성 리스트, 스레드와 I/O 우선순위 스케줄링, 동기 I/O의 취소, 벡터화된 예외 처리 등과 같은 내용을 포함하고 있다.

64비트 윈도우 지원. 64비트 윈도우에서 고려되어야 할 사항들을 다루었다. 모든 예제 애플리케이션은 64비트 윈도우에서 빌드되고 테스트되었다.

C++의 사용. 예제 애플리케이션은 C++를 이용하여 좀 더 적은 라인의 코드로 개발되었으며, 로직은 이전보다 좀 더 쉽게 따라가며 이해할 수 있도록 하였다.

재사용 가능한 코드. 가능한 한 소스 코드를 일반화하였고, 재사용 가능하도록 구성하였다. 이를 통해 애플리케이션 개발 시 특정 함수나 C++ 클래스 전체를 완전히 수정하지 않거나 조금만 수정하여 재사용할 수 있도록 하였다. C++를 사용하였기 때문에 코드를 재사용하기가 좀 더 수월해졌다.

ProcessInfo 유틸리티. 앞서 출간된 개정판에 포함된 예제보다 기능이 많이 개선되어 프로세스의 소유자, 커맨드 라인, 사용자 계정 컨트롤 관련 정보를 자세하게 나타낼 수 있도록 변경되었다.

LockCop 유틸리티. 이 예제는 새롭게 작성되었다. 이 예제는 시스템에서 수행되고 있는 프로세스들을 보여주고 특정 프로세스를 선택했을 때 수행이 차단된 스레드의 목록과 각 스레드별로 데드락deadlock이 어떠한 동기화 메커니즘에 의해 발생하였는지를 보여준다.

API 후킹. 프로세스 내의 하나 혹은 전체 모듈로부터 API를 후킹할 수 있도록 개선된 C++ 클래스를 제공한다. 코드 예제는 API 후킹을 수행하기 위해 LoadLibrary와 GetProcAddress를 런타임 시 가로채기도 한다.

구조화된 예외 처리 Structured Exception Handling **의 개선.** 구조화된 예외 처리와 관련된 많은 부분이 다시 쓰여졌고 재구성되었다. 처리되지 않은 예외에 대한 많은 정보를 추가하였으며 독자의 필요성의 감안하여 윈도우의 에러 리포팅 기능을 커스터마이징customizing하는 방법을 다룬다.

코드 예제와 시스템 요구사항

이 책에 포함된 예제 애플리케이션은 한빛미디어 홈페이지에서 다운로드 받을 수 있다.

http://www.hanb.co.kr/exam/1621

애플리케이션을 빌드하려면 Visual Studio 2005(혹은 그 이상)와 윈도우 비스타 및 윈도우 서버 2008을 위한 마이크로소프트 플랫폼 SDK가 필요하다. 추가적으로, 애플리케이션을 수행하기 위해서는 윈도우 비스타가 설치되어 있는 컴퓨터(혹은 버추얼 머신)가 필요하다.

이 책에 대한 지원

이 책과 관련 웹 페이지의 내용은 가능한 한 정확한 정보를 제공하기 위해 최선을 다하였다. 만일 수정해야 할 내용이나 변경해야 할 내용이 생긴다면 다음의 웹 페이지를 통해 다운로드 받을 수 있도록 내용을 추가할 것이다.

http://www.wintellect.com/books.aspx

– 제프리 리처(Jeffrey Richter)

감사의 글

많은 분들의 도움과 기술적인 지원이 없었다면 이 책을 마무리 할 수 없었을 것입니다. 각별히 다음 분들께 감사의 말씀을 전합니다.

제프리의 가족

제프리는 크리스틴(아내)과 에이든(아들)의 끝없는 사랑과 조력에 감사하고 있습니다.

크리스토프의 가족

크리스토프는 플로렌스의 사랑과 지원, 실리아(딸)의 끝없는 호기심, 카눌레와 누가(고양이들)의 교묘한 공격이 없었다면 이 책의 다섯 번째 개정판을 마치지 못했을 것입니다. 이제 당신들을 돌보지 않을 좋은 핑계거리가 없어졌습니다.

기술 지원

이런 책을 쓰려면 개인적인 연구만으로는 충분하지 못합니다. 우리는 우리를 도와준 많은 마이크로소프트 직원들에게 진심으로 감사하고 있습니다. 특히 Arun Kishan은 특이하고도 복잡한 질문에 대해 즉각적인 답변을 주었고, 윈도우 팀에서 좀 더 자세히 설명해 줄 수 있는 사람을 찾아주

곤 하였습니다. Kinshuman Kinshumann, Stephan Doll, Wedson Almeida Filho, Eric Li, Jean-Yves Poublan, Sandeep Ranade, Alan Chan, Ale Contenti, Kang Su Gatlin, Kai Hsu, Mehmet Iyigun, Ken Jung, Pavel Lebedynskiy, Paul Sliwowicz, Landy Wang에게 도 감사드립니다. 또한 마이크로소프트 내부 포럼에서 우리의 질문을 들어주고 그들의 해박한 지식을 공유해 준 Raymond Chen, Sunggook Chue, Chris Corio, Larry Osterman, Richard Russell, Mark Russinovich, Mike Sheldon, Damien Watkins, Junfeng Zhang과 같은 분들 께도 감사드립니다. 마지막으로, 이 책의 여러 장에 걸친 훌륭한 피드백^{feedback}을 전달해 준 John "Bugslayer" Robbins과 Kenny Kerr에게도 진심으로 감사드립니다.

마이크로소프트 출판사 편집 팀

우리는 크리스토프와 같은 정신없는 프랑스인을 신뢰해 준 Ben Ryan, 끝까지 참고 인내해 준 Lynn Finnel과 Curtis Philips 매니저, 기술적인 정확성을 위해 노력해 준 Scott Seely, 크리스토프의 프랑스어 같은 영어를 누구나 이해할 수 있도록 훌륭하게 수정해 준 Roger LeBlanc, 세밀한 교정을 담당해 준 Andrea Fox에게도 감사의 말씀을 전하고 싶습니다. 레드몬드 팀과 함께 해 준 Joyanta Sen은 우리를 지원해 주기 위해 개인적인 시간을 엄청나게 할애해 주었습니다.

상호 존경

크리스토프는 자신이 제프의 다섯 번째 개정판을 망치지 않을 것이라고 믿어준 제프리 리처에게 진심으로 감사하고 있습니다.

제프리는 자신의 아이디어를 거의 완벽하게 글로 승화시키기 위해 끊임없는 연구와 재편, 정정, 개정을 해 준 크리스토프에게 감사하고 있습니다.

| C O N T E N T S |

Part 1 준비하기

CHAPTER 01 에러 핸들링

CHAPTER 02 문자와 문자열로 작업하기

CHAPTER 03 커널 오브젝트

Part 2 목표 달성

CHAPTER 04 프로세스

CHAPTER 07 스레드 스케줄링, 우선순위, 그리고 선호도

CHAPTER 08 유저 모드에서의 스레드 동기화

CHAPTER 09 커널 오브젝트를 이용한 스레드 동기화

CHAPTER 10 동기 및 비동기 장치 I/O

Part 3 메모리 관리

CHAPTER 13 윈도우 메모리의 구조

CHAPTER 14　가상 메모리 살펴보기

CHAPTER 15　애플리케이션에서 가상 메모리 사용 방법

CHAPTER 16　스레드 스택

Part 4 다이내믹 링크 라이브러리(DLL)

CHAPTER 19 DLL의 기본

CHAPTER 20 DLL의 고급 기법

Part 5 구조적 예외 처리

CHAPTER 23 종료 처리기

CHAPTER 24 예외 처리기와 소프트웨어 예외

CHAPTER 25 처리되지 않은 예외, 벡터화된 예외 처리, 그리고 C++ 예외

CHAPTER 26 에러 보고와 애플리케이션 복구

Part 6 부록

APPENDIX A 빌드 환경

APPENDIX B 메시지 크래커, 차일드 컨트롤 매크로, 그리고 API 매크로

준비하기

Chapter 01

에러 핸들링

1. 자신만의 에러 코드를 정의하는 방법
2. ErrorShow 예제 애플리케이션

마이크로소프트 윈도우가 제공하는 수많은 기능에 대해 본격적으로 논의하기에 앞서 다양한 윈도우 함수가 에러를 어떻게 처리하는지에 대해 먼저 이해해야 한다.

윈도우 함수를 호출하면 호출된 함수는 먼저 전달된 인자의 유효성을 확인하고 함수의 기능을 수행하려 한다. 만일 전달된 인자가 유효하지 않거나 다른 이유로 인해 해당 기능을 수행할 수 없으면 함수는 실패를 반환한다.

[표 1-1]에 대부분의 윈도우 함수가 사용하고 있는 반환 자료형을 나타내었다.

[표 1-1] 윈도우 함수의 대표적인 반환 자료형

자료형	실패했을 때의 값
VOID	이 함수는 절대 실패하지 않는다. 아주 적은 수의 윈도우 함수만이 VOID형의 반환 자료형을 가진다.
BOOL	함수가 실패하면 0을 반환한다. 성공 시에는 0이 아닌 값을 반환한다. 반환 값을 TRUE와 비교해서는 안 된다. 함수의 성공 여부를 확인하기 위해 FALSE인지 아닌지를 비교하는 것이 가장 좋은 방법이다.
HANDLE	함수가 실패하면 반환 값은 대개 NULL이다. 성공 시에는 유효한 오브젝트 핸들을 반환한다. 몇몇 함수들은 -1로 정의된 INVALID_HANDLE_VALUE를 반환하는 경우가 있기 때문에 주의가 필요하다. 플랫폼 SDK 문서에 함수 호출이 실패했을 때 NULL을 반환하는지 혹은 INVALID_HANDLE_VALUE를 반환하는지에 대해 명확하게 기술되어 있다.
PVOID	함수가 실패하면 NULL을 반환한다. 성공 시에는 PVOID가 데이터를 저장하고 있는 메모리 주소를 가리킨다.
LONG/DWORD	상당히 까다로운 형태다. 이러한 종류의 함수는 대개 LONG이나 DWORD형으로 개수를 반환한다. 어떤 이유로 인해 개수를 반환하지 못하게 되면 0이나 -1을 반환한다(어떤 값을 반환하느냐는 함수별로 각기 다르다). 만일 호출하는 함수가 LONG/DWORD 값을 반환하는 경우라면 잠재적인 에러를 미연에 방지하기 위해 플랫폼 SDK 문서를 주의 깊게 살펴보기 바란다.

윈도우 함수가 실패하면 왜 함수가 실패했는지의 여부를 알아내는 과정이 반드시 필요하다. 마이크로소프트는 발생할 가능성이 있는 모든 에러 코드를 32비트 숫자로 정의해 두었다.

윈도우 함수가 실패하게 되면 내부적으로 함수를 호출한 스레드의 스레드 지역 저장소^{thread-local storage}에 적절한 에러 코드를 저장해 둔다. (스레드 지역 저장소는 21장 "스레드 지역 저장소"에서 다룬다.) 이러한 메커니즘을 통해 여러 개의 스레드가 동시에 수행될 경우라도 상호간에 영향을 미치지 않고 각 스레드별로 에러 코드를 유지할 수 있게 된다. 호출한 함수가 실패한 것으로 판단되면 어떤 에러가 발생했는지 확인하기 위해 GetLastError 함수를 사용할 수 있다.

```
DWORD GetLastError();
```

이 함수는 단순히 가장 최근에 호출된 함수의 에러 코드를 스레드 지역 저장소로부터 가져온다.

이러한 32비트 에러 코드를 좀 더 유용한 정보로 변환할 필요가 있다. WinError.h 헤더 파일은 마이크로소프트가 정의한 모든 에러 코드의 리스트를 가지고 있다. 이 파일이 어떻게 구성되어 있는지 확인하기 위해 해당 파일로부터 일부분을 발췌해 보았다.

```
//
// MessageId: ERROR_SUCCESS
//
// MessageText:
//
//  The operation completed successfully.
//
#define ERROR_SUCCESS                    0L

#define NO_ERROR 0L                                 // dderror
#define SEC_E_OK                    ((HRESULT)0x00000000L)

//
// MessageId: ERROR_INVALID_FUNCTION
//
// MessageText:
//
//  Incorrect function.
//
#define ERROR_INVALID_FUNCTION           1L    // dderror

//
// MessageId: ERROR_FILE_NOT_FOUND
//
// MessageText:
//
```

```
//   The system cannot find the file specified.
//
#define ERROR_FILE_NOT_FOUND              2L

//
// MessageId: ERROR_PATH_NOT_FOUND
//
// MessageText:
//
//   The system cannot find the path specified.
//
#define ERROR_PATH_NOT_FOUND              3L

//
// MessageId: ERROR_TOO_MANY_OPEN_FILES
//
// MessageText:
//
//   The system cannot open the file.
//
#define ERROR_TOO_MANY_OPEN_FILES         4L

//
// MessageId: ERROR_ACCESS_DENIED
//
// MessageText:
//
//   Access is denied.
//
#define ERROR_ACCESS_DENIED               5L
```

위에서 볼 수 있는 바와 같이 각각의 에러는 메시지 ID(GetLastError 함수의 반환 값과 비교할 수 있도록 정의된 매크로), 메시지 텍스트(영어로 된 에러 설명), 에러 코드(메시지 ID 대신 이 값을 직접 사용해서는 안 된다)의 3가지 요소로 구성되어 있다. 발췌한 부분은 WinError.h 헤더 파일의 극히 일부분임을 기억하기 바란다. 사실 이 파일은 거의 39,000행이 넘는다.

함수 호출이 실패하면 관련 에러 코드를 획득하기 위해 지체 없이 GetLastError를 호출해야 한다. 만일 이 함수를 호출하기 전에 다른 함수를 호출하게 되면 다른 함수의 수행 결과가 겹쳐 써지게 된다. 함수 호출이 성공하면 ERROR_SUCCESS를 에러 코드로 기록한다.

몇몇 윈도우 함수들은 몇 가지 서로 다른 성공 이유가 존재한다. 예를 들어 명명된 이벤트 커널 오브젝트를 생성하는 함수를 호출하면 실제로 새로운 커널 오브젝트가 생성되는 경우 외에도 이미 동일 이름의 커널 오브젝트가 존재하는 경우에도 성공을 반환하게 된다. 이 경우 애플리케이션은 어떠한 이유로 함수가 성공했는지 정확히 구분해야 할 필요가 있다. 마이크로소프트는 에러 코드 저장 방식과 동일한 메커니즘을 사용하여 이를 구분할 수 있도록 했다. 따라서 몇몇 함수의 경우 함수 호출이 성공했다하더라도 부가적인 성공의 이유를 확인하기 위해 GetLastError를 호출해야 할 수도 있다. 이러한 함수들의 동작 방식에 대해서는 플랫폼 SDK 문서 상에 GetLastError를 이용할 것을 명확하게 기술하고 있다. CreateEvent 문서를 확인해 보면 동일한 이름의 이벤트 오브젝트가 존재할 경우 ERROR_ALREADY_EXISTS를 반환한다고 기술되어 있다.

디버깅을 수행하는 동안에는 스레드 지역 저장소에 기록된 에러 코드를 지속적으로 확인할 수 있으면 편리한데, 마이크로소프트의 Visual Studio 내에 포함된 디버거는 Watch 창을 통해 현재 수행 중인 스레드의 마지막 에러 코드와 메시지 텍스트를 확인할 수 있는 기능을 제공하고 있다. 이를 위해 Watch 창에서 특정 행을 선택하고 $err,hr을 입력하면 된다. [그림 1-1]에 CreateFile 함수가 호출되고 난 뒤의 결과를 나타냈다. 이 함수는 지정된 파일을 열 수 없다는 의미로 INVALID_HANDLE_VALUE(-1)을 반환하였다. Watch 창에는 현재 스레드의 마지막 에러 코드 값인 0x00000002를 보여주고 있다. ,hr 한정자를 이용하였기 때문에 Watch 창을 통해 에러 코드인 0x00000002 외에도 "지정된 파일을 찾을 수 없습니다. The system cannot find the file specified." 라는 메시지 텍스트를 함께 볼 수 있다. 이러한 메시지 텍스트는 WinError.h 헤더 파일의 에러 코드 2번에 해당하는 내용과 동일하다.

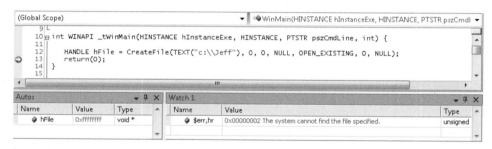

[그림 1-1] 현재 스레드의 마지막 에러 코드를 확인하기 위해 Visual Studio의 Watch 창에 $err,hr을 사용한 경우

Visual Studio는 Error Lookup이라는 작은 유틸리티를 포함하고 있다. Error Lookup 유틸리티를 이용하면 에러 코드에 해당하는 메시지 텍스트를 쉽게 확인할 수 있다.

애플리케이션에서 에러가 발생한 경우 사용자에게 에러에 대한 설명을 보여주고 싶을 경우가 있을 것이다. 이러한 경우를 위해 윈도우는 에러 코드를 메시지 텍스트로 변환해 주는 FormatMessage 함수를 제공하고 있다.

```
DWORD FormatMessage(
    DWORD dwFlags,
    LPCVOID pSource,
    DWORD dwMessageId,
    DWORD dwLanguageId,
    PTSTR pszBuffer,
    DWORD nSize,
    va_list *Arguments);
```

FormatMessage는 실제로 매우 다양한 기능을 가지고 있고 사용자에게 보여줄 메시지 텍스트를 구성하는 더 나은 방법들을 제공해 준다. 이 함수의 유용성 중 하나는 이 함수가 다양한 언어로 문자열을 구성할 수 있다는 것이다. 이 함수는 언어 식별자를 인자로 받기 때문에 언어 식별자에 준하는 언어로 메시지 텍스트를 구성할 수 있다. 물론 최초에는 애플리케이션 개발자가 메시지를 번역하고 번역된 메시지를 스트링 테이블 리소스 형태로 .exe나 DLL 모듈에 포함시켜야 하지만, 이 함수를 통해서 그 중 적절한 것을 선택할 수 있다. 이 장의 후반부에 있는 ErrorShow 예제 애플리케이션을 통해 이 함수를 이용하여 마이크로소프트가 정의한 에러 코드를 어떻게 메시지 텍스트로 변환하는지를 확인할 수 있을 것이다.

때때로 어떤 사람들은 마이크로소프트가 모든 윈도우 함수들에 대해 개별 함수와 연관되어 있는 모든 에러 코드 목록을 담고 있는 자료를 제공하는지 물어본다. 불행하게도 답은 '존재하지 않는다' 이다. 더구나 마이크로소프트는 절대로 이러한 목록을 만들지 않을 것이다. 이러한 목록은 만들기도 어려울 뿐더러 새로운 운영체제가 나올 때마다 최신으로 갱신하기도 매우 어렵다. 왜냐하면 우리가 호출하는 함수는 단순히 하나지만 호출된 함수는 내부적으로 또 다른 함수를 호출하게 될 것이고 이러한 호출이 계속해서 반복될 것이기 때문이다. 또한 호출되는 각 함수들의 실패 원인은 매우 다양하기 때문에 이러한 자료를 취합하는 것은 쉽지 않은 문제다. 또한 내부적으로 호출되는 함수들이 실패하는 경우라 하더라도 사용자가 직접 사용하는 함수와 같이 고수준의 함수들은 내부적으로 에러를 극복하여 사용자가 요청한 바를 수행하려고 시도하기도 한다. 만일 이러한 자료를 작성하려 한다면 마이크로소프트는 모든 함수의 내부 호출 경로를 추적하여 발생 가능한 에러 코드 목록을 작성해야만 할 것이다. 이는 매우 어려운 일이다. 뿐만 아니라 새로운 운영체제를 만들 때마다 이러한 호출 경로는 바뀔 수 있다.

section 01 자신만의 에러 코드를 정의하는 방법

앞서 윈도우 함수가 호출자에게 어떻게 에러를 반환하는지 살펴보았다. 마이크로소프트는 이러한 메커니즘을 우리가 개발하는 함수에 대해서도 적용할 수 있도록 해 두었으며, 이번 절에서는 이에 대해 알아보고자 한다. 개발하는 함수는 하나 혹은 여러 가지 이유에 의해 실패할 수 있을 것이며, 실패의 원인을 호출자에게 반환하도록 작성되어야 할 것이다.

함수가 실패했음을 나타내기 위해서는 실패의 이유를 스레드의 마지막 에러 코드로 설정하고 FALSE, INVALID_HANDLE_VALUE, NULL과 같은 값이나 적절한 값을 반환하도록 함수를 작성하면 된다. 스레드의 마지막 에러 코드를 설정하기 위해서는 단순히 다음 함수를 호출하면 된다.

```
VOID SetLastError(DWORD dwErrCode);
```

이 함수의 인자로 전달하는 값은 어떠한 32비트 값이라도 상관없다. 하지만 저자의 경우 에러의 원인이 WinError.h에 정의되어 있다면, 가능한 한 이미 정의되어 있는 에러 코드를 사용하는 편이다. 만일 WinError.h에 정의된 에러의 원인이 정확하게 에러의 원인을 나타내지 못하는 경우라면 자신만의 에러 코드를 작성할 수도 있다. 에러 코드는 [표 1-2]와 같이 32비트 값을 여러 필드로 구분하여 각기 의미를 부여하고 있다.

[표 1-2] 에러 코드 필드

비트	31-30	29	28	27-16	15-0
내용	심각도	마이크로소프트/고객	예약됨	식별 코드	예외 코드
의미	0 = 성공 1 = 정보 2 = 주의 3 = 에러	0 = 마이크로소프트가 정의한 코드 1 = 고객이 정의한 코드	항상 0	256까지는 마이크로소프트에 의해 예약됨	마이크로소프트나 고객이 정의한 코드

각각의 필드가 의미하는 바는 24장 "예외 처리기와 소프트웨어 예외"에서 자세히 알아볼 것이다. 지금은 29번 필드에 대해서만 알고 있으면 된다. 마이크로소프트가 정의한 모든 에러 코드는 이 비트를 항상 0으로 설정할 것을 규정하였다. 따라서 만일 에러 코드를 직접 만들어야 한다면 이 값을 반드시 1로 설정하여야 한다. 이렇게 해야만 사용자가 직접 작성한 에러 코드가 마이크로소프트에서 이미 작성하였거나 앞으로 작성할 에러 코드와 겹치지 않을 것임을 보장받을 수 있다. 식별facility 코드는 4096가지의 경우의 수를 가질 수 있는데, 최초 256개는 마이크로소프트에 의해 예약되어 있다. 직접 에러 코드를 작성하는 경우라면 나머지 값들을 사용해야 한다.

section 02 ErrorShow 예제 애플리케이션

01-ErrorShow.exe 파일명의 ErrorShow 애플리케이션은 에러 코드를 이용하여 어떻게 메시지 텍스트를 가져오는지를 보여주기 위한 예제다. 소스 코드와 리소스 파일은 01-ErrorShow 폴더에 있

으며, 한빛미디어 홈페이지에서 다운로드 받을 수 있다.

기본적으로 이 애플리케이션은 디버거의 Watch 창이나 Error Lookup 프로그램이 어떻게 작업을 수행하는지를 보여준다. 프로그램을 수행하면 다음과 같은 다이얼로그 박스가 나타난다.

에디트 컨트롤에 에러 코드를 입력하고 Look up 버튼을 누르면 창의 아래쪽에 위치하고 있는 스크롤 가능 창에 에러 메시지 텍스트가 나타나게 된다. 이 애플리케이션 내에서 유일하게 흥미로운 부분은 FormatMessage가 어떻게 사용되었는지를 확인하는 정도가 될 것이다. 아래에 이 함수의 사용 방법을 나타냈다.

```
// 에러 코드를 획득한다.
DWORD dwError = GetDlgItemInt(hwnd, IDC_ERRORCODE, NULL, FALSE);

HLOCAL hlocal = NULL;    // 에러 메시지 텍스트를 저장하기 위한 버퍼

// 윈도우 메시지 문자열을 얻기 위해 기본 시스템 지역 설정을 사용한다.
// 주의: 아래의 MAKELANGID는 0 값을 반환한다.
DWORD systemLocale = MAKELANGID(LANG_NEUTRAL, SUBLANG_NEUTRAL);

// 에러 코드의 메시지 텍스트를 가져온다.
BOOL fOk = FormatMessage(
   FORMAT_MESSAGE_FROM_SYSTEM | FORMAT_MESSAGE_IGNORE_INSERTS |
   FORMAT_MESSAGE_ALLOCATE_BUFFER,
   NULL, dwError, systemLocale,
   (PTSTR) &hlocal, 0, NULL);

if (!fOk) {
   // 네트워크와 관련된 에러인가?
   HMODULE hDll = LoadLibraryEx(TEXT("netmsg.dll"), NULL,
      DONT_RESOLVE_DLL_REFERENCES);

   if (hDll != NULL) {
      fOk = FormatMessage(
         FORMAT_MESSAGE_FROM_HMODULE | FORMAT_MESSAGE_IGNORE_INSERTS |
         FORMAT_MESSAGE_ALLOCATE_BUFFER,
         hDll, dwError, systemLocale,
         (PTSTR) &hlocal, 0, NULL);
      FreeLibrary(hDll);
   }
}
```

```
if (fOk && (hlocal != NULL)) {
    SetDlgItemText(hwnd, IDC_ERRORTEXT, (PCTSTR) LocalLock(hlocal));
    LocalFree(hlocal);
} else {
    SetDlgItemText(hwnd, IDC_ERRORTEXT,
        TEXT("No text found for this error number."));
}
```

예제의 첫 번째 행은 에디트 컨트롤로부터 에러 코드를 숫자로 가져온다. 그리고 메모리 블록을 가리킬 핸들을 NULL로 초기화한다. FormatMessage 함수는 내부적으로 필요한 메모리 블록을 직접 할당하고 이를 가리키는 핸들을 반환할 수 있다.

FormatMessage를 호출할 때 FORMAT_MESSAGE_FROM_SYSTEM 플래그를 전달할 수 있다. 이 플래그는 운영체제가 정의하고 있는 에러 코드와 대응되는 메시지 텍스트를 얻고자 한다는 것을 알리는 역할을 한다. FORMAT_MESSAGE_ALLOCATE_BUFFER 플래그는 에러 메시지 텍스트를 저장할 수 있는 충분한 메모리 공간을 할당해 줄 것을 요청한다. 할당된 메모리 블록을 가리키는 핸들은 hlocal 변수를 통해 반환된다. FORMAT_MESSAGE_IGNORE_INSERT는 메시지 텍스트에 %로 시작하는 자리 표시자placeholder를 실질적인 값으로 변경하지 않을 것을 지정하는 플래그다. 이러한 자리 표시자는 상황에 맞는 추가 정보를 제공하기 위해 주로 사용된다.

이 플래그를 인자로 전달하지 않으려면 반드시 자리 표시자에 나타날 정보를 Arguments 매개변수를 통해 전달해야 한다. 하지만 Error Show 예제의 경우 메시지 텍스트의 내용이 무엇인지를 미리 알 수 있는 방법이 없기 때문에 Arguments 매개변수를 활용하는 것이 불가능하다.

세 번째 매개변수로는 에러 코드를 전달하고, 네 번째 매개변수로는 어떤 언어로 구성된 메시지 텍스트를 얻고자 하는지를 지정하는 언어 식별자를 전달하면 된다. 언어 식별자는 두 가지 상수 값을 기반으로 구성되는데, 애플리케이션이 수행될 운영체제의 기본 언어 설정을 가져 오기 위해 0을 지정할 수도 있다. 어떤 언어의 운영체제가 설치되어 있는지를 미리 알 수 없다면 이 값을 특정 언어를 지정하도록 하드코딩hard-coding해서는 안 된다.

이 예제에서는 FormatMessage가 성공하면 메시지 텍스트를 담고 있는 메모리 블록을 이용하여 다이얼로그 하단에 위치한 스크롤 가능 창에 메시지 텍스트를 출력한다. FormatMessage가 실패하면 에러 코드가 네트워크 에러와 관련되어 있는지를 확인하기 위해 NetMsg.dll로부터 에러 코드를 다시 한 번 찾아본다(20장 "DLL의 고급 기법"을 보라). 이를 위해 NetMsg.dll 모듈의 핸들을 이용하여 FormatMessage를 다시 호출해 본다. 각각의 DLL(혹은 .exe)은 자신만의 에러 코드와 메시지 텍스트를 포함할 수 있다. 이러한 정보들은 메시지 컴파일러(MC.exe)를 통해 특정 모듈에 리소스 형태로 추가된다. 이러한 이유로 Visual Studio의 Error Lookup 유틸리티는 모듈 다이얼로그 박스를 이용하여 모듈을 추가하는 방법을 제공하고 있다.

Chapter 02

문자와 문자열로 작업하기

1. 문자 인코딩
2. ANSI 문자와 유니코드 문자 그리고 문자열 자료형
3. 윈도우 내의 유니코드 함수와 ANSI 함수
4. C 런타임 라이브러리 내의 유니코드 함수와 ANSI 함수

5. C 런타임 라이브러리 내의 안전 문자열 함수
6. 왜 유니코드를 사용하는 것이 좋은가?
7. 문자와 문자열 작업에 대한 권고사항
8. 유니코드 문자열과 ANSI 문자열 사이의 변경

마이크로소프트 윈도우가 점점 더 범용화됨에 따라 애플리케이션 개발자들에게 다양한 국제화 시장에 대한 중요성이 증대하고 있다. 미국 내수용으로 개발된 소프트웨어의 경우 다국어 버전을 출시하는 데 거의 6개월 이상의 시간이 걸리는 것이 보통이다. 다행스럽게도 윈도우 운영체제의 다국어 지원 기능이 강화됨에 따라 다국어 버전의 소프트웨어를 개발하는 것이 용이해졌을 뿐더러 이로 인해 내수용 및 다국어 버전을 빠른 시간 내에 출시할 수 있게 되었다.

윈도우는 지금껏 개발자들에게 애플리케이션의 지역화를 도울 수 있는 기능을 지속적으로 제공해 왔다. 애플리케이션은 다양한 함수를 통해 국가별 특성을 획득할 수 있고, 제어판 설정 정보를 통해 사용자의 기본 설정 값을 확인할 수도 있으며, 애플리케이션별로 서로 다른 폰트를 사용할 수도 있다. 최근의 윈도우 비스타에서는 유니코드 5.0이 지원된다. (*http://msdn.microsoft.com/msdnmag/issues/07/01/Unicode/default.aspx*의 "유니코드 5.0을 이용한 애플리케이션 국제화하기 Extend The Global Reach Of Your Applications With Unicode 5.0에서 유니코드 5.0에 대한 고수준의 발표 자료를 확인할 수 있다.)

버퍼 오버런 buffer overrun 에러(문자열을 다룰 때 주로 발생함)는 애플리케이션과 운영체제의 보안 취약점을 공격하는 주요 방법이다. 지난 수년 동안 마이크로소프트는 윈도우의 보안 수준을 끌어올리기 위해 다양한 대내외적인 노력을 취하였다. 이번 장에서는 C 런타임 라이브러리에서 제공하는 새로운 함수에 대해 다루고 있는데, 이 함수를 사용하면 문자열을 다룰 때 발생할 수 있는 버퍼 오버런을 미연에 방지할 수 있다.

이번 장을 비교적 앞쪽에 배치한 이유는 개발자가 항상 유니코드 문자와 새로운 안전 문자열 함수 secure string function를 이용하여 개발할 것을 강조하기 위함이다. 앞으로 보게 되겠지만, 이후의 모든 장에서는 유니코드와 안전 문자열 함수를 사용하고 있으며, 이 책의 모든 예제 또한 이를 이용하여 작성되었다. 지금껏 유니코드가 아닌 문자를 이용하여 코드를 작성하고 있었다면 지금 바로 유니코드 기반으로 코드를 바꾸는 것이 좋다. 이렇게 함으로써 애플리케이션의 수행성능을 향상시킬 수 있고 애플리케이션의 지역화localization를 좀 더 쉽게 할 수 있다. 뿐만 아니라 COM이나 닷넷 프레임워크와의 상호운용에도 상당한 도움이 된다.

section 01 문자 인코딩

애플리케이션에 대한 지역화를 수행할 때 발생하는 전형적인 문제의 원인은 다양한 문자 집합을 고려해야 한다는 데 있다. 수년 동안 대부분의 개발자들은 문자열을 0으로 끝나는 1바이트 문자의 집합으로 생각하고 개발해 왔다. 또한 strlen을 호출하면 1바이트 ANSI 문자로 구성된 집합 내에 포함된 문자의 개수를 반환하는 것이 매우 자연스러운 것이라 생각했다.

여기서의 문제는 몇몇 언어와 글쓰기 방법(일본의 간지가 전형적인 예이다)이 상당히 많은 문자들로 구성되어 있어서 1바이트로 최대한 나타낼 수 있는 256가지의 경우의 수를 초과한다는 데 있다. 즉, 1바이트로는 충분하지 않다. 이런 언어와 글쓰기 방법을 지원하기 위해 DBCS(double-bytes character set)가 만들어졌는데, 이를 이용하게 되면 각각의 문자는 1바이트 혹은 2바이트가 될 수 있다. 일본의 간지의 경우 첫 번째 문자가 0x81과 0x9F 또는 0xE0과 0xFC 범위 내에 있으면 하나의 문자를 결정하기 위해 그 다음 바이트를 확인해야 한다. DBCS를 사용하는 것은 하나의 문자가 1바이트 혹은 2바이트 넓이로 구성되어 있기 때문에 개발자에게는 악몽 같은 일이 될 것이다. 이제는 윈도우 함수와 C 런타임 라이브러리 함수들이 유니코드를 지원하기 때문에 DBCS는 잊어버리는 것이 좋다.

유니코드는 1988년에 애플Apple과 제록스Xerox에 의해 최초로 표준화되었다. 1991년에는 애플Apple, 컴팩Compaq, 휴렛팩커드Hewlett-Packard, IBM, 마이크로소프트Microsoft, 오라클Oracle, 실리콘 그래픽스Silicon Graphics, 사이베이스Sybase, 유니시스Unisys, 제록스Xerox가 유니코드의 개발과 사용을 촉진하기 위해 협회를 구성하였다. (이 협회에 가입한 회사의 최신 목록은 *http://www.unicode.org*를 통해 확인할 수 있다.) 이 협회는 유니코드의 표준을 유지하는 역할을 수행하고 있다. 유니코드에 대한 완벽한 설명이 필요하다면 에디슨 웨슬리Addison-Wesley에서 출간한 『The Unicode Standard』를 참고하기 바란다. (이 책은 *http://www.unicode.org*를 통해 다운로드 받을 수 있다.)

윈도우 비스타는 유니코드 문자를 UTF-16으로 인코딩한다(UTF: Unicode Transformation Format). UTF-16은 각 문자를 2바이트(16비트)로 구성한다. 이 책에서 유니코드라고 하면 다른 언급이 없는 이상 UTF-16 인코딩을 의미하는 것이다. 전세계의 대부분의 언어가 16비트로 표현이 가능하기 때문에 윈도우는 UTF-16을 사용한다. 또한 이러한 장점으로 인해 프로그램 내에서 사용하는 문자열을 보다 쉽게 다른 언어로 변경할 수 있다. 그런데 몇몇 소수 언어들은 16비트조차도 충분하지 않은 경우가 있다. 이러한 언어들을 위해 UTF-16에 대응하는 32비트(4바이트) 인코딩 방법도 존재한다. UTF-16은 공간 절약과 코딩의 편의성 사이의 적절한 절충안이라 할 수 있다. 닷넷 프레임워크의 경우 모든 문자와 문자열을 UTF-16으로 인코딩한다는 데 주목할 필요가 있다. 만일 특정 윈도우 애플리케이션이 네이티브 native 코드와 매니지드 managed 코드 사이에 문자나 문자열을 전달할 필요가 있다면 애플리케이션의 성능 개선과 공간 절약을 위해 UTF-16을 사용하는 것이 좋다.

아래에 문자를 표현하기 위한 다른 형태의 UTF 표준안 2개를 나타내었다.

UTF-8. UTF-8은 하나의 문자를 나타내기 위해 1, 2, 3, 4바이트로 인코딩을 수행한다. 문자가 0x0080 미만에 있다면 이러한 문자는 1byte로 인코딩된다. 이러한 방법은 영어에 있어 최상의 방법이다. 문자가 0x0080과 0x07FF 범위 내에 있다면 이것은 2바이트로 인코딩된다. 이 범위의 문자는 주로 유럽의 여러 나라와 중동지역에서 사용하는 언어들이 포함된다. 0x0800 이상의 문자들은 3바이트로 인코딩된다. 주로 동아시아 지역에서 사용하는 언어가 이 범위에 포함된다. 마지막으로 4바이트로 문자를 표현할 수 있는 방법을 제공한다. UTF-8은 매우 일반적인 인코딩 방식이지만 0x0800 이상의 문자를 많이 사용할 경우 비효율적이다.

UTF-32. UTF-32는 모든 문자를 4바이트로 인코딩한다. 이러한 인코딩 방식은 (모든 언어에 대해) 문자 변환 알고리즘을 간단히 구성하려 할 때나 가변 길이의 인코딩 방식을 사용하고 싶지 않은 경우에 유용하다. 예를 들어 UTF-32를 사용하면 모든 문자가 4바이트이므로 다른 대안에 대해 고려할 필요가 없다. UTF-32는 메모리 사용에 있어 매우 비효율적인 인코딩 방식이기 때문에 파일 저장 방식이나 네트워크를 통한 전송 방식으로는 거의 사용되지 않는다. 이러한 인코딩 방식은 프로그램 내부에서만 사용되는 것이 일반적이다.

현재, 유니코드의 코드 포인트 Code Point 저자주 1는 아라비아어, 중국의 보포모포 Bopomofo, 러시아의 키릴어, 그리스어, 히브리어, 일본의 가나, 한국의 한글, 라틴(영어) 문자 등을 포함한다. 각 유니코드 표준안이 개정될 때마다 페르시아 문자(고대 지중해 문자) 등과 같이 새로운 문자가 추가되고 있다. 유니코드는 또한 많은 수의 구두점 문자, 수학 기호, 기술 기호, 화살표, 그림 문자, 구분 기호 등을 포함하고 있다.

저자주1 코드 포인트는 문자 집합에서 특정 문자의 위치를 말한다.

65,536개의 문자들은 여러 개의 영역으로 나뉘어져 있는데, [표 2-1]에 일부 영역과 그 영역에 할당된 문자들을 나타내 보았다.

[표 2-1] 에러 코드 필드

16비트 코드	문자	16비트 코드	문자
0000–007F	ASCII	0300–036F	일반적인 구분 기호
0080–00FF	라틴1 문자	0400–04FF	키릴어
0100–017F	유럽 라틴	0530–058F	영어
0180–01FF	확장 라틴	0590–05FF	히브리어
0250–02AF	표준 음성 기호	0600–06FF	아라비아어
02B0–02FF	수정된 문자	0900–097F	데이버나거리

section 02 ANSI 문자와 유니코드 문자 그리고 문자열 자료형

이 책을 읽는 독자라면 C 언어의 char 자료형이 8비트의 ANSI 문자를 표현하기 위해 존재한다는 것을 알고 있을 것이다. 기본적으로 소스 코드에서 문자열은 8비트 char 문자 자료형의 배열로 다루어진다.

```
// 8비트 문자
char c = 'A';

// 99개의 8비트 문자와 8비트 문자열 종결 문자(0)
char szBuffer[ 100] = "A String";
```

최근의 마이크로소프트의 C/C++ 컴파일러는 16비트 유니코드(UTF-16)를 표현하기 위한 wchar_t 자료형을 내장 자료형으로 처리할 수 있는 기능이 추가되었다. 예전에는 마이크로소프트의 컴파일러조차도 wchar_t를 내장 자료형으로 처리하지 않았기 때문에 호환성을 위해 /Zc:wchar_t 컴파일러 스위치를 지정할 때에 한해서만 내장 자료형으로 컴파일을 수행하도록 하고 있다. 최근의 Visual Studio의 경우 C++ 프로젝트를 생성하면 기본적으로 이 컴파일러 스위치가 지정된다. 가능한 한 이 컴파일러 스위치를 사용하기 바란다. 그것은 컴파일러가 고유의 내장 자료형으로 유니코드 문자를 다루도록 하는 것이 좀 더 낫기 때문이다.

> wchar_t를 내장 자료형으로 처리하지 못하는 컴파일러는 C 헤더 파일에 wchar_t를 다음과 같이 정의하고 있다.
>
> ```
> typedef unsigned short wchar_t;
> ```

유니코드 문자와 유니코드 문자열은 다음과 같이 선언한다.

```
// 16비트 문자
wchar_t c = L'A';

// 99개의 16비트 문자와 16비트 문자열 종결 문자(0)
wchar_t szBuffer[100] = L"A String";
```

문자열 앞의 대문자 L은 컴파일러가 문자열을 유니코드로 다루도록 한다. 컴파일러가 문자열을 데이터 섹션에 삽입할 때 각 문자들은 UTF-16으로 인코딩된다. 예제의 경우 문자열이 모두 ASCII 문자이므로 각 문자 사이에 0이 삽입된다.

마이크로소프트의 윈도우 팀은 C 언어의 자료형으로부터 윈도우 자신의 자료형을 구분 짓기 위해 WinNT.h 헤더 파일에 다음과 같이 자료형을 정의하고 있다.

```
typedef char    CHAR;    // 8비트 문자

typedef wchar_t WCHAR;    // 16비트 문자
```

뿐만 아니라 WinNT.h 헤더 파일은 편의를 위해 문자와 문자열을 가리키는 포인터 자료형에 대해 다음과 같이 정의하고 있다.

```
// 8비트 문자(열)를 가리키는 포인터
typedef CHAR *PCHAR;
typedef CHAR *PSTR;
typedef CONST CHAR *PCSTR;

// 16비트 문자(열)를 가리키는 포인터
typedef WCHAR *PWCHAR;
typedef WCHAR *PWSTR;
typedef CONST WCHAR *PCWSTR;
```

노트

WinNT.h 헤더 파일을 열어보면 다음과 같은 정의를 볼 수 있다.

```
typedef __nullterminated WCHAR *NWPSTR, *LPWSTR, *PWSTR;
```

__nullterminated는 헤더 표기^{header annotation}라고 불리는데, 이 자료형이 함수의 인자나 반환형으로 사용될 때 어떻게 사용되어야 하는지를 제한하는 역할을 수행한다. Visual Studio의 엔터프라이즈 버전 이상에는 프로젝트 속성에 코드 분석을 수행하도록 설정할 수 있다. 이렇게 설정하게 되면 컴파일러의 명령 라인에 /analyze 스위치가 덧붙여지게 된다. 이 스위치를 이용하게 되면 컴파일러는 함수 호출 코드가 헤더 표기에 제한된 구분 규칙을 준수하고 있는지를 확인하게 된다. /analyze 스위치는 엔터프라이즈 버전 이상의 컴파일러에서만 지원하고 있음에 유의하기 바란다. 이 책에서는 코드의 가독성을 위해 이러한 헤더 표기는 모두 삭제하였다. 헤더 표기에 대한 좀 더 자세한 내용을 알고 싶다면 http://msdn2.microsoft.com/En-US/library/aa383701.aspx 에 있는 "헤더 표기" 문서를 읽어보기 바란다.

자신이 만든 코드이므로 어떤 자료형을 사용해도 상관없다고 생각할 수 있겠지만, 그럼에도 우리는 코드의 관리성의 증대를 위해 항시 최선을 다해야 할 필요가 있으며, 개인적으로는 윈도우 개발자의 일원으로서 항상 윈도우 자료형을 사용한다. 이렇게 하는 것이 MSDN 문서 상에 나타나 있는 자료형과도 일치하기 때문에 코드를 좀 더 편하게 읽을 수 있다.

컴파일 시 ANSI 문자(열)나 유니코드 문자(열)를 사용하도록 변경 가능하게 소스 코드를 작성하는 것도 가능하다. WinNT.h 헤더 파일을 보면 다음과 같은 자료형과 매크로가 정의되어 있다.

```
#ifdef UNICODE

typedef WCHAR TCHAR, *PTCHAR, PTSTR;
typedef CONST WCHAR *PCTSTR;
#define __TEXT(quote) quote          // r_winnt

#define __TEXT(quote) L##quote

#else

typedef CHAR TCHAR, *PTCHAR, PTSTR;
typedef CONST CHAR *PCTSTR;
#define __TEXT(quote) quote

#endif

#define TEXT(quote) __TEXT(quote)
```

이런 자료형과 매크로(여기서 보여주지 않은 몇 가지 특별한 매크로를 포함해서)를 이용하면 컴파일 시 ANSI 문자(열)나 유니코드 문자(열)를 사용하도록 변경 가능한 단일의 소스 코드를 작성할 수 있다. 예를 들면

```
// UNICODE가 정의되어 있으면 16비트 문자, 그렇지 않으면 8비트 문자
TCHAR c = TEXT('A');

// UNICODE가 정의되어 있으면 16비트 문자열, 그렇지 않으면 8비트 문자열
TCHAR szBuffer[ 100] = TEXT("A String");
```

section 03 윈도우 내의 유니코드 함수와 ANSI 함수

윈도우 NT 이후의 모든 윈도우 버전은 유니코드를 바탕으로 작성되었다. 따라서 창을 생성하고, 텍

스트를 출력하고, 문자열을 다루는 것과 같은 핵심 함수들은 모두 유니코드 문자열을 요구한다. 만일 윈도우 함수에게 ANSI 문자열(1바이트 문자로 구성된 문자열)을 전달하면 호출된 함수는 먼저 전달된 문자열을 유니코드로 변경하고 변경된 문자열을 운영체제에 전달한다. 만일 ANSI 문자열이 반환되기를 기대하는 함수가 있다면 유니코드 문자열을 ANSI 문자열로 변경한 후 반환한다. 이러한 문자열 변경 과정은 개발자에게 숨겨져서 투명하게 제공되지만, 문자열 변경을 수행하기 위한 시간과 메모리의 낭비는 피할 수 없다.

윈도우는 문자열 인자를 가지는 함수를 제공해야 할 경우 일반적으로 동일한 함수를 두 가지 버전으로 제공한다. 예를 들어 CreateWindowEx의 경우 유니코드 문자열을 인자로 취하는 함수와 ANSI 문자열을 인자로 취하는 함수가 제공된다. 하지만 함수의 형태는 조금 다르다.

```
HWND WINAPI CreateWindowExW(
    DWORD dwExStyle,
    PCWSTR pClassName,      // 유니코드 문자열
    PCWSTR pWindowName,     // 유니코드 문자열
    DWORD dwStyle,
    int X,
    int Y,
    int nWidth,
    int nHeight,
    HWND hWndParent,
    HMENU hMenu,
    HINSTANCE hInstance,
    PVOID pParam);

HWND WINAPI CreateWindowExA(
    DWORD dwExStyle,
    PCSTR pClassName,       // ANSI 문자열
    PCSTR pWindowName,      // ANSI 문자열
    DWORD dwStyle,
    int X,
    int Y,
    int nWidth,
    int nHeight,
    HWND hWndParent,
    HMENU hMenu,
    HINSTANCE hInstance,
    PVOID pParam);
```

CreateWindowExW는 유니코드 문자열을 인자로 취하는 버전이다. 함수명 끝에 추가된 W는 Wide를 의미한다. 유니코드 문자는 8비트 길이보다 긴 16비트 길이를 가지고 있기 때문에 종종 wide character라고 불린다. CreateWindowExA와 같이 함수명 끝에 붙여진 A는 ANSI 문자열을 인자로 취한다는 의미이다.

하지만 보통의 경우 코드 작성 시 CreateWindowExW나 CreateWindowExA를 직접 사용하기보다는 CreateWiindowEx를 사용할 것이다. WinUser.h 파일만을 보면 CreateWindowEx는 실제로 다음과 같은 매크로로 정의되어 있다.

```
#ifdef UNICODE
#define CreateWindowEx CreateWindowExW
#else
#define CreateWindowEx CreateWindowExA
#endif
```

UNICODE 정의 여부에 따라 어떤 버전의 CreateWindowEx 함수가 호출될지가 결정된다. Visual Studio에서 새로운 프로젝트를 생성하게 되면 기본적으로 UNICODE가 정의되어 있다. 따라서 CreateWindowEx 매크로를 이용한 함수 호출은 유니코드 버전Unicode version의 CreateWindowEx인 CreateWindowExW로 변경된다.

윈도우 비스타에서 CreateWindowExA 함수는 내부적으로 단순히 버퍼buffer로 사용할 메모리memory를 확보하고 ANSI 문자열을 유니코드 문자열로 변경convert하는 단계를 추가적으로 수행한 후 변경된 문자열로 CreateWindowExW 함수를 호출한다. 호출한 CreateWindowExW 함수가 반환return되면 CreateWindowExA는 버퍼로 할당했던 메모리를 삭제하고 윈도우 핸들을 반환한다. 버퍼를 문자열로 채우는 함수들의 경우에는 시스템이 항상 유니코드 문자열을 유니코드가 아닌 문자열로 변경을 수행해야 한다. 이 과정에서 애플리케이션은 더 많은 메모리를 소비하고 더 느리게 동작하게 된다. 애플리케이션을 좀 더 효율적으로 동작하게 하기 위해서는 처음부터 유니코드를 사용하도록 애플리케이션을 개발하는 것이 좋다. 게다가 윈도우의 문자열 변경 과정에 일부 버그가 있음이 알려져 있으므로 잠재적인 에러를 피하는 부가효과도 있다.

만일 다른 개발자를 위해 DLL(dynamic-link library)을 개발하고 있다면 이와 같은 기법을 고려해볼 만하다: 먼저 DLL에서 ANSI 버전과 유니코드 버전의 두 가지 함수를 익스포트한다. ANSI 버전의 함수에서는 단순히 버퍼로 사용할 메모리를 할당하고 문자열 변경을 수행한 후 유니코드 버전의 함수를 호출한다. 65쪽 "ANSI와 유니코드 DLL 함수의 익스포트" 절에서 세부 절차를 다시 한 번 자세히 알아볼 것이다.

WinExec와 OpenFile과 같은 몇몇 윈도우 API들은 16비트 윈도우용으로 제작된 프로그램과의 호환성을 위해서만 유지되고 있기 때문에 인자로 ANSI 문자열만을 지원한다. 이러한 함수들은 새로 개발하는 프로그램에서는 사용하지 말아야 한다. WinExec나 OpenFile 함수 대신 CreateProcess와 CreateFile을 사용하는 것이 좋다. 이러한 함수들은 사실 내부적으로 최신의 함수를 호출한다. 오래된 함수의 가장 큰 문제는 이러한 함수들이 유니코드 문자열을 받아들이지 못할 뿐더러 제공하는 기능도 더 적다는 것이다. 어쨌든 이러한 함수를 호출하려면 ANSI 문자열을 이용해야 한다. 윈도우 비스타는 대부분 유니코드와 ANSI 두 가지 버전으로 함수들을 제공하지만 유니코드 버전만을 제공하는 함수들도 있다. 이러한 예로는 ReadDirectoryChangesW와 CreateProcessWithLogonW 등이 있다.

마이크로소프트는 16비트 윈도우의 COM을 Win32로 포팅^{porting}할 당시 COM 인터페이스를 통해 문자열을 전달하는 경우 유니코드 문자열만을 사용하도록 하였다. COM은 일반적으로 서로 다른 컴포넌트 사이의 호출 규격을 정의하고 있으므로, 문자열을 전달할 때 유니코드만을 사용하겠다고 결정한 것은 올바른 선택이라고 할 수 있다. 이러한 이유로 애플리케이션 개발 시 유니코드를 사용하면 COM 컴포넌트와도 좀 더 쉽게 상호 운용될 수 있다.

마지막으로, 리소스 컴파일러가 리소스를 컴파일하면 이진 파일이 생성된다. 그런데 이러한 파일 내의 문자열(문자열 테이블^{string table}, 다이얼로그 박스 템플릿^{dialog box template}, 메뉴^{menu} 등)은 항상 유니코드 문자열로 구성된다. 윈도우 비스타에서 UNICODE 매크로를 정의하지 않고 작성한 소스 코드를 컴파일하여 생성한 애플리케이션을 수행하면 내부적으로 문자열 변경 과정이 수행된다. 소스 모듈을 컴파일할 때 UNICODE가 정의되어 있지 않으면 LoadString 함수는 실제로 LoadStringA 함수를 호출하게 되는데, LoadStringA는 리소스로부터 유니코드 문자열을 읽고 이를 ANSI 문자열로 변경한 후 반환한다.

section 04 C 런타임 라이브러리 내의 유니코드 함수와 ANSI 함수

윈도우 함수와 마찬가지로 C 런타임 라이브러리도 ANSI 문자(열)를 다루는 함수와 유니코드 문자(열)를 다루는 함수를 세트로 제공하고 있다. 하지만 윈도우 함수와는 다르게 C 런타임 라이브러리가 제공하는 ANSI 함수는 여전히 잘 동작하며, 유니코드로의 변경을 수행하지 않을 뿐더러 내부적으로 유니코드 버전의 함수를 호출하지도 않는다. 물론 유니코드 버전의 함수도 잘 동작하며, 내부적으로 ANSI 버전의 함수를 호출하지도 않는다.

C 런타임 라이브러리의 대표적인 함수로 ANSI 문자열의 길이를 반환하는 strlen 함수와 유니코드 문자열에 대해 동일한 기능을 수행하는 wcslen 함수가 있다. 이 함수들의 원형은 String.h에 정의되어 있으나, ANSI와 유니코드 환경에서 모두 컴파일될 수 있는 코드를 작성하려면 다음과 같은 매크로가 정의되어 있는 TChar.h 헤더 파일도 참조해야 한다.

```
#ifdef _UNICODE
#define _tcslen     wcslen
#else
#define _tcslen     strlen
#endif
```

여러분의 코드에서는 가능한 한 _tcslen을 사용하는 것이 좋다. _tcslen을 사용하면 _UNICODE가 정의되어 있는 경우 wcslen으로 변경되고, 그렇지 않으면 strlen으로 변경된다. 기본적으로, Visual

Studio에서 C++ 프로젝트를 생성하면 (UNICODE가 정의되는 것과 같이) _UNICODE가 정의된다. C 언어는 모든 구분자^{identifier}에 항상 언더스코어^{underscore}를 붙인다. 그런데 이것이 C++의 표준안은 아니기 때문에 윈도우 개발팀은 언더스코어를 UNICODE 구분자에 포함시키지 않았다. 이런 이유로 우리는 항상 UNICODE와 _UNICODE를 함께 정의하거나 둘 다 정의하지 말아야 한다. 부록 A "빌드 환경"에서 이 책의 모든 예제들이 이러한 문제를 해결하기 위해 사용하고 있는 CmnHdr.h 헤더 파일에 대해 자세히 알아볼 것이다.

section 05 C 런타임 라이브러리 내의 안전 문자열 함수

문자열을 다루는 함수들은 항시 잠재적인 위험에 노출되어 있다. 만일 결과를 담기 위한 문자열 버퍼가 결과를 담기에 충분하지 않다면 메모리 관련 문제가 발생할 것이다. 아래에 그 예가 있다

```
// 다음 코드는 3문자를 담을 수 있는 공간에
// 4문자를 복사함으로써 메모리를 깨뜨리는 문제가 발생한다.
WCHAR szBuffer[ 3 ] = L"";
wcscpy(szBuffer, L"abc");   // 문자열 종결 문자(0)도 하나의 문자다.
```

strcpy와 wcscpy 함수(그리고 대부분의 다른 문자열 조작 함수)의 문제점은 버퍼의 최대 크기를 인자로 받지 않는다는 것이다. 그래서 메모리에 문제가 생겨도 에러를 보고받을 수 없었고 메모리가 정상적으로 운용되고 있는지를 알 방법도 없었다. 당연한 이야기지만 메모리에 문제를 일으키는 것보다는 함수가 실패하는 편이 낫다.

과거에는 다양한 멜웨어^{malware}가 이와 같은 문자열 조작 함수들의 취약점을 이용하곤 했다. 이러한 이유로 마이크로소프트는 지금껏 C 런타임 라이브러리를 통해 제공되던 안전하지 않은 문자열 조작 함수(wcscat와 같은)를 대체하는 새로운 함수를 소개했다. 좀 더 안전한 코드를 작성하고 싶다면 지금껏 익숙하게 사용해왔던 C 런타임 라이브러리 내의 문자열 조작 함수는 더 이상 사용하지 말기 바란다. (strlen, wcslen, _tcslen 등은 여전히 사용해도 무방하다. 왜냐하면 이러한 함수들은 전달된 문자열을 수정하려 시도하지 않으며, 종결 문자(0)만 전달해도 문제가 되지 않는다.) 대신 마이크로소프트가 StrSafe.h 파일을 통해 새로이 제공하는 안전 문자열 함수$^{secure\ string\ function}$를 사용하는 것이 좋다.

내부적으로, 마이크로소프트는 ATL과 MFC 같은 클래스 라이브러리도 새롭게 제공되는 안전한 문자열 함수를 사용하도록 개선하였다. 이러한 라이브러리를 쓰고 있다면 애플리케이션을 좀 더 안전하게 만들기 위해 새로운 ATL, MFC와 함께 다시 빌드를 수행하기만 하면 된다.

이 책은 C/C++ 프로그래밍 책이 아니기 때문에 이러한 라이브러리의 사용법에 대해 자세히 다루지는 않지만, 다음에 나오는 정보를 통해 전체적인 모습을 이해할 수 있길 바란다.

- MSDN 매거진에 마틴 로벨$^{Martyn\ Lovell}$이 기고한 "Visual Studio 2005의 안전한 C/C++ 라이브러리를 이용하여 코드 공격 막아내기$^{Repel\ Attacks\ on\ Your\ Code\ with\ the\ Visual\ Studio\ 2005\ Safe\ C\ and\ C++\ libraries}$": *http://msdn.microsoft.com/msdnmag/issues/05/05/SafeCandC/default.aspx*

- 마틴 로벨이 Channel9에서 발표한 동영상: *http://channel9.msdn.com/Showpost.aspx?postid=186406*

- 안전한 문자열에 대한 MSDN 온라인 문서: *http://msdn2.microsoft.com/en-us/library/ms647466.aspx*

- MSDN 온라인 문서 중 C 런타임 라이브러리에 의해 제공되는 안전 문자열 함수에 대한 목록: *http://msdn2.microsoft.com/en-us/library/wd3wzwts(VS.80).aspx*

그렇지만 이번 장에서 이러한 함수에 대해 좀 더 알아보는 것이 좋겠다. 먼저 새로운 함수들의 형태를 알아보고, _tcscpy 대신 _tcscpy_s를 사용하는 것과 같이 기존의 함수들을 새로운 함수로 대체하는 과정에서 당면할 수 있는 함정에 대해 알아보고, 어떤 경우에 새로운 StringC* 함수를 사용하는 것이 좋은 가에 대해서도 알아보겠다.

▌1 새로운 안전 문자열 함수에 대한 소개

StrSafe.h 헤더 파일을 포함하면 String.h 헤더 파일도 같이 포함된다. StrSafe.h 헤더 파일은 C 런타임 라이브러리에 포함되어 있는 _tcscpy 매크로와 같은 기존의 문자열 처리 함수를 사용할 경우 더 이상 사용되지 않는 함수^{obsolete}라는 경고를 나타낼 수 있도록 설정되어 있다. StrSafe.h에 대한 include 구문은 다른 include 구문보다 반드시 뒤쪽에 위치되어야 한다. 컴파일 시 경고가 나타나면 경고를 유발한 이전 함수를 안전 문자열 함수로 명시적으로 변경할 것을 권한다. 컴파일 시 관련 경고를 유발한 구문들은 잠재적으로 버퍼 오버플로$^{buffer\ overflow}$를 발생시킬 가능성이 있으며, 이는 복구가 불가능하다. 복구가 불가능하다면 어떻게 애플리케이션을 우아하게 종료할 수 있겠는가?

_tcscpy나 _tcscat 같은 기존 함수에는 동일한 이름에 _s(secure를 의미함)가 붙은 안전 문자열 함수가 제공된다. 이러한 함수들은 유사한 특성이 있어 추가적인 설명이 필요하다. 먼저 자주 사용되는 두 가지 함수의 정의와 구조를 살펴보는 것으로 시작하자.

```
PTSTR    _tcscpy  (PTSTR strDestination, PCTSTR strSource);
errno_t _tcscpy_s(PTSTR strDestination, size_t numberOfCharacters,
   PCTSTR strSource);
```

```
PTSTR    _tcscat  (PTSTR strDestination, PCTSTR strSource);
errno_t  _tcscat_s(PTSTR strDestination, size_t numberOfcharacters,
    PCTSTR strSource);
```

이러한 함수들은 쓰여질 버퍼와 함께 버퍼의 크기도 인자로 전달하도록 정의되어 있는데, 이 값으로
는 문자의 개수를 전달해야 한다. 문자의 개수는 버퍼에 대해 _countof 매크로를 사용하면 쉽게 계산
될 수 있다.

안전(_s로 끝나는) 문자열 함수는 내부적으로 가장 먼저 인자의 유효성을 검증한다. 이러한 검증 단계
에서는 인자 값이 NULL인지, 정수 값이 유효한 범위 내에 있는지, 열거형 값이 유효한지, 버퍼는 결
과를 저장할 만큼 충분한지 등을 테스트한다. 만일 테스트가 실패하면 함수는 C 런타임 라이브러리
에서 유지하고 있는 스레드 지역 저장소^{thread local storage} 변수인 errno에 에러 코드를 설정하고, 성공 실
패 여부를 나타내는 errno_t형 값을 반환한다. 디버그 빌드의 경우 함수를 반환하기에 앞서 사용자에
게 [그림 2-1]과 같은 어설션^{assertion} 다이얼로그 박스를 표시하고 애플리케이션을 종료한다. 릴리즈 빌
드의 경우 이러한 단계 없이 바로 애플리케이션을 종료한다.

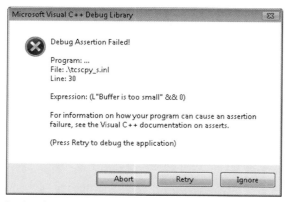

[그림 2-1] 에러 발생 시 나타나는 어설션 다이얼로그 박스

C 런타임 라이브러리는 인자의 유효성 검증이 실패하였을 경우 사용자가 정의한 함수를 통해 에러 내
용을 전달할 수 있는 기능을 제공하고 있다. 이러한 함수를 이용하면 에러를 기록하거나 디버거를 기
동하는 등의 사용자 작업을 수행할 수 있다. 이를 위해서는 먼저 다음과 같은 원형의 함수를 작성해
야 한다.

```
void InvalidParameterHandler(PCTSTR expression, PCTSTR function,
    PCTSTR file, unsigned int line, uintptr_t /*pReserved*/);
```

expression 매개변수는 (L"Buffer is too small" && 0)와 같이 C 런타임 함수 내에서 발생한 테스
트 실패에 대해 설명하는 문자열이 전달되며, 뒤따라오는 function, file, line 매개변수를 통해 각각

함수 이름, 소스 파일명, 에러가 발생한 소스 코드의 행 번호와 같은 정보가 전달된다. 이러한 정보들은 사실 사용자에게 친숙한 내용은 아니므로 최종 사용자에게 이러한 정보를 보여주는 것은 좋지 않다.

 이러한 인자들은 DEBUG가 정의되지 않은 채로 컴파일될 경우 모두 NULL로 전달된다. 테스트용 디버그 빌드를 수행했을 때에만 인자들을 이용하여 에러를 기록하는 것이 의미 있다. 릴리즈 빌드의 경우라면 기본 어설션 다이얼로그 박스 대신 좀 더 친절하게 애플리케이션의 비정상 종료를 알리는 내용으로 대체할 수도 있고, 에러 발생 여부를 기록하거나 애플리케이션을 재시작하는 등의 동작을 수행할 수 있다. 만일 메모리에 문제가 생긴 경우라면 애플리케이션의 수행이 중지될 텐데, 설사 이런 경우라도 에러가 복구될 수 있는지의 여부를 확인하기 위해 반환되는 errno_t 값을 확인하도록 코드를 작성하는 것이 좋다.

다음 단계로, _set_invalid_parameter_handler를 호출하여 앞서 작성한 함수를 등록^{register}해야 한다. 하지만 이러한 절차를 수행하더라도 여전히 어설션 다이얼로그 박스^{assertion dialog box}는 나타날 것이기 때문에 _CrtSetReportMode(_CRT_ASSERT, 0)을 애플리케이션 시작 시점에 호출하여 C 런타임이 어설션 다이얼로그 박스를 띄우지 않도록 하여야 한다.

이제 String.h에 정의된 기존 문자열 함수를 대체하는 안전 문자열 함수들을 사용하면 된다. 호출한 함수가 정상 수행되었는지의 여부를 확인하려면 반환되는 errno_t 값을 확인하면 된다. S_OK가 반환되면 함수가 성공한 것이다. 그 외에 다른 값은 errno.h에 정의되어 있는데, 한 예로 EINVAL은 NULL 포인터와 같이 잘못된 인자가 전달되었을 경우에 반환된다.

문자열을 버퍼로 복사하려 할 때 버퍼의 크기가 한 글자만큼 적은 경우의 예를 살펴보기로 하자.

```
TCHAR szBefore[ 5]  = {
    TEXT('B'), TEXT('B'), TEXT('B'), TEXT('B'), '\0'
} ;

TCHAR szBuffer[ 10]  = {
    TEXT('-'), TEXT('-'), TEXT('-'), TEXT('-'), TEXT('-'),
    TEXT('-'), TEXT('-'), TEXT('-'), TEXT('-'), '\0'
} ;

TCHAR szAfter[ 5]  = {
    TEXT('A'), TEXT('A'), TEXT('A'), TEXT('A'), '\0'
} ;

errno_t result = _tcscpy_s(szBuffer, _countof(szBuffer),
    TEXT("0123456789"));
```

_tcscpy_s 함수를 호출하기 직전의 각 변수의 내용은 [그림 2-2]와 같다.

[그림 2-2] _tcscpy_s 호출 직전의 변수 값

위 코드 이후에 "0123456789"를 szBuffer로 복사하려 하면, 버퍼의 크기가 10자를 저장할 수 있는 공간으로 구성되어 있기 때문에 종결 문자('\0')를 복사할 공간이 부족하다. 복사하는 문자의 일부를 줄여서 마지막 '9'를 제외하고 복사를 진행하면 좋겠지만 그렇게 수행되지는 않는다. 함수는 ERA-NGE를 반환하고, 그 결과로 각 변수들은 [그림 2-3]과 같이 변경된다.

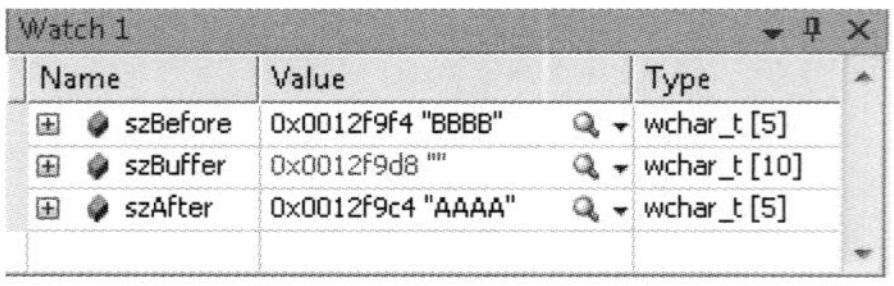

[그림 2-3] _tcscpy_s 호출 직후의 변수 값

szBuffer의 메모리를 직접 확인해 보면 [그림 2-4]에서 볼 수 있는 것과 같이 szBuffer에 변경 작업이 발생한 것을 알 수 있다.

[그림 2-4] 함수 실패 후의 szBuffer의 내용

szBuffer의 첫 번째 문자는 '\0'으로 설정되고 나머지 메모리 공간은 0xfd로 변경된다. 결과적으로, szBuffer는 비어 있는 문자열이 되고 나머지 공간은 0xfd로 채워진다.

[그림 2-4]에서 보는 바와 같이 새롭게 정의된 변수의 경우 왜 값이 0xcc로 초기화되는지 의아할 것이다. 이는 런타임 시 버퍼 오버런buffer overrun을 발견하기 위해 런타임 확인run-time check 옵션(/RTCc, /RTCu, 또는 /RTC1)이 설정된 경우 컴파일러가 0xcc로 메모리를 채우도록 코드를 구성하기 때문이다. /RTCx 플래그를 지정하지 않으면 모든 sz* 변수들은 각기 서로 다른 값을 가지게 될 것이다. 하지만 개발 시에는 항상 이와 같은 옵션을 설정하여 런타임에 발생할 수 있는 버퍼 오버런을 확인할 수 있도록 컴파일하는 것이 좋다.

❷ 문자열 조작을 수행하는 동안 좀 더 많은 제어를 수행할 수 있도록 하는 방법

새롭게 소개된 안전 문자열 함수와 함께 C 런타임 라이브러리는 문자열 조작을 수행하는 동안 좀 더

많은 제어를 수행할 수 있는 새로운 함수들이 제공되고 있다. 이런 함수들을 이용하면 어떤 값으로 문자열을 채울지를 결정하거나, 문자열 잘림^truncation을 어떻게 처리할지를 세부적으로 지정할 수 있다. C 런타임 라이브러리는 이러한 함수들의 ANSI(A) 버전과 유니코드(W) 버전을 동시에 제공한다. 아래에 이러한 함수들의 원형을 나타내 보았다.

```
HRESULT StringCchCat(PTSTR pszDest, size_t cchDest, PCTSTR pszSrc);
HRESULT StringCchCatEx(PTSTR pszDest, size_t cchDest, PCTSTR pszSrc,
    PTSTR *ppszDestEnd, size_t *pcchRemaining, DWORD dwFlags);

HRESULT StringCchCopy(PTSTR pszDest, size_t cchDest, PCTSTR pszSrc);
HRESULT StringCchCopyEx(PTSTR pszDest, size_t cchDest, PCTSTR pszSrc,
    PTSTR *ppszDestEnd, size_t *pcchRemaining, DWORD dwFlags);

HRESULT StringCchPrintf(PTSTR pszDest, size_t cchDest,
    PCTSTR pszFormat, ...);
HRESULT StringCchPrintfEx(PTSTR pszDest, size_t cchDest,
    PTSTR *ppszDestEnd, size_t *pcchRemaining, DWORD dwFlags,
    PCTSTR pszFormat,...);
```

모든 함수가 함수명에 "Cch"를 포함하고 있음에 주목하기 바란다. "Cch"는 Count of characters(문자의 개수)를 의미하며, 보통의 경우 _countof 매크로를 이용하면 적절한 값을 전달할 수 있다. StringCbCat(Ex), StringCbCopy(Ex), StringCbPrintf(Ex)와 같이 함수명에 "Cb"를 포함하고 있는 함수들도 있다. 이러한 함수들은 인자로 Count of bytes(바이트 수)를 요구하며, 보통의 경우 sizeof 연산자를 이용하면 적절한 값을 전달할 수 있다.

HRESULT 반환형을 가진 함수들은 [표 2-2]에 나타난 값들 중 하나를 반환한다.

[표 2-2] 안전 문자열 함수의 HRESULT 반환 값

HRESULT 반환 값	설명
S_OK	성공. 복사 대상 버퍼에 원본 문자열이 정상 복사되었으며, "\0"로 문자열이 종결되었다.
STRSAFE_E_INVALID_PARAMETER	인자 값으로 NULL이 전달되었다.
STRSAFE_E_INSUFFICIENT_BUFFER	복사 대상 버퍼가 원본 문자열을 담기에 충분하지 않다.

_s로 끝나는 안전 문자열 함수와는 달리 이러한 함수들은 버퍼가 충분하지 않을 경우 문자열 잘림이 수행되며, 이 경우 STRSAFE_E_INSUFFICIENT_BUFFER 값이 반환된다. StrSafe.h 파일을 확인해 보면 이 값은 0x8007007a로 정의되어 있고 SUCCEEDED/FAILED 매크로를 이용하여 실패 여부를 확인할 수 있다. 하지만 이 경우 복사 대상 버퍼는 버퍼의 크기에 맞추어 문자열을 복사하고 종결 문자("\0")를 마지막 문자로 설정한다. 앞서의 예제에서 _tcscpy_s 대신 StringCchCopy 함수를 사용했다면 szBuffer는 "012345678"을 가지게 될 것이다. 어떤 작업을 수행하고 싶은가에 따라 잘림

기능이 필요한 기능일 수도 있고 그렇지 않을 수도 있다. 이런 이유로 잘림이 발생할 경우 기본적으로 실패로 간주한다. 예를 들어 서로 다른 정보들을 이용하여 파일 경로를 구성하려고 하는 경우 잘림이 발생하면 그 결과 값을 사용할 수 없다. 하지만 사용자에게 전달해야 할 문자열을 구성하는 경우에는 잘림이 발생해도 수용할 만하다. 잘림이 발생한 결과를 어떻게 처리할지는 전적으로 개발자 자신에게 달려있다고 하겠다.

마지막으로, 앞서 알아본 많은 함수들에 Ex(extended: 확장)가 붙은 확장 버전의 함수들이 추가적으로 제공된다. 이러한 확장 버전의 함수들은 추가적으로 3개의 매개변수를 취하는데, 이에 대해서는 [표 2-3]에 나타내었다.

[표 2-3] 확장 버전의 매개변수

매개변수와 값	설명
size_t* pcchRemaining	이 포인터는 복사 대상 버퍼 내에 사용되지 않은(남아 있는) 문자의 개수를 가져온다. 문자열 종결 문자인 '\0'은 개수에 포함되지 않는다. 예를 들어 10자 크기의 버퍼에 1문자만을 복사한 경우, 8문자만이 잘림 없이 추가적으로 복사될 수 있지만 반환 값은 9가 된다. pcchRemaining에 NULL을 전달하면 개수는 반환되지 않는다.
LPTSTR* ppszDestEnd	만일 ppszDestEnd가 NULL이 아니라면 복사 대상 버퍼 내의 문자열 종결 문자인 '\0'을 가리키게 된다.
DWORD dwFlags	아래에 나열한 값들 중 하나 혹은 여러 개를 '|'를 통해 전달한다.
STRSAFE_FILL_BEHIND_NULL	함수가 성공하면 dwFlags의 하위 바이트를 통해 전달한 값을 이용하여 복사 대상 버퍼의 '\0' 이후의 나머지 공간을 채운다. (이 내용은 본문에서 STRSAFE_FILL_BYTE를 설명할 때 좀 더 자세히 다룰 것이다.)
STRSAFE_IGNORE_NULLS	NULL 값을 가진 문자열 포인터를 비어 있는 문자열(TEXT(""))을 가리키는 포인터처럼 다룬다.
STRSAFE_FILL_ON_FAILURE	함수가 실패하면 dwFlags의 하위 바이트를 통해 전달한 값을 이용하여 비어 있는 문자열을 표시하기 위한 '\0'을 제외한 모든 공간을 채운다. (이 내용은 본문에서 STRSAFE_FILL_BYTE를 설명할 때 좀 더 자세히 다룰 것이다.) STRSAFE_E_INSUFFICIENT_BUFFER가 발생하는 경우 복사 대상 버퍼에 이미 복사된 잘린 문자열들도 주어진 값으로 대체된다.
STRSAFE_NULL_ON_FAILURE	만일 함수가 실패하면 비어 있는 문자열(TEXT(""))을 나타내기 위해 복사 대상 버퍼의 최초 문자를 '\0'으로 설정한다. 만일 STRSAFE_E_INSUFFICIENT_BUFFER가 발생하는 경우 복사 대상 버퍼에 이미 복사된 잘린 문자열들이 있는 경우에도 덮어써진다.
STRSAFE_NO_TRUNCATION	STRSAFE_NULL_ON_FAILURE와 동일하게 함수가 실패하면 비어 있는 문자열(TEXT(""))을 나타내기 위해 복사 대상 버퍼의 최초 문자를 '\0'으로 설정한다. 만일 STRSAFE_E_INSUFFICIENT_BUFFER가 발생하는 경우 복사 대상 버퍼에 이미 복사된 잘린 문자열들이 있는 경우에도 덮어써진다.

노트 STRSAFE_NO_TRUNCATION이 플래그로 사용되는 경우라도, 소스 문자열을 구성하는 각 문자들은 복사 대상 버퍼가 허용하는 한도까지 복사가 이루어진다. 복사가 완료되면 첫 번째 문자와 마지막 문자를 '\0'으로 설정한다. 사실 이러한 동작 방식은 보안상의 이유로 의미 없는 데이터의 경우 그 내용을 유지하지 않기를 원하는 경우를 제외하고는 그다지 중요하지 않다.

마지막으로 알아볼 내용은 [그림 2-4]에 대해 설명한 내용과 관련이 있다. 앞서 언급한 바와 같이 복사 대상 버퍼가 충분히 크면 '\0' 이후의 나머지 공간은 0xfd로 채워진다. 앞서 알아본 함수들의 Ex 버전을 사용하면 이러한 동작의 수행 여부를 결정하거나(대상 버퍼가 큰 경우 비용이 많이 드는 동작일 수 있다), 사용자가 지정한 값으로 남은 공간을 채울 수 있다. 만일 dwFlags 값으로 STRSAFE_FILL_BEHIND_NULL을 포함시키면 남은 공간은 '\0'으로 채워진다. STRSAFE_FILL_BEHIND_NULL 대신 STRSAFE_FILL_BYTE 매크로를 사용하면 버퍼의 남은 공간을 임의의 바이트로 지정할 수 있다.

❸ 윈도우의 문자열 함수

윈도우 또한 문자열을 다루는 다양한 함수를 제공하고 있다. lstrcat나 lstrcpy와 같은 대부분의 함수들은 버퍼 오버런 buffer overrun 문제에 노출되어 있기 때문에 더 이상 사용하지 말아야 하는 함수가 되었다. 또한 StrFormatKBSize, StrFormatByteSize와 같이 ShlwApi.h 파일에서 정의하고 있고 운영체제와 연관되어 숫자 값을 손쉽게 포매팅하는 함수들 또한 동일한 문제를 야기할 수 있으므로 더 이상 사용하지 않는 것이 좋다. 쉘이 제공하는 문자열 처리 함수 shell string handling function 에 대해서는 *http://msdn2.microsoft.com/en-us/library/ms538658.aspx*를 살펴보라.

문자열 간의 비교 compare strings 나 정렬 sorting 등은 매우 일반적인 작업들인데, 이를 위한 최상 best 의 함수는 CompareString(Ex)와 CompareStringOrdinal이다. 문자열 비교를 위해 CompareString(Ex)를 사용하면 언어적으로 올바른 비교를 수행할 수 있다. 아래에 CompareString 함수의 원형을 나타냈다.

```
int CompareString(
    LCID locale,
    DWORD dwCmdFlags,
    PCTSTR pString1,
    int cch1,
    PCTSTR pString2,
    int cch2);
```

이 함수는 두 개의 문자열을 비교한다. CompareString의 첫 번째 매개변수로는 각 언어별로 고유한 32비트 값인 지역 ID Locale ID (LCID)를 전달하면 된다. CompareString은 각 언어별로 고유의 의미를 확인해 가면서 문자열을 비교하기 위해 LCID 값을 사용한다. 언어적으로 올바른 비교는 최종 사용자에게 더 의미 있는 일이다. 하지만 이런 형태의 비교는 순차적인 ordinal 값의 비교에 비해 상대적으로 느리게 수행된다. 윈도우의 GetThreadLocale 함수를 이용하면 함수를 호출한 스레드의 LCID 값을 얻을 수 있다.

```
LCID GetThreadLocale();
```

CompareString의 두 번째 매개변수에는 두 문자열의 비교 방법을 조정하는 플래그 값을 전달한다. 사용 가능한 플래그 값을 [표 2-4]에 나타냈다.

[표 2-4] CompareString 함수에서 사용되는 플래그

플래그	의미
NORM_IGNORECASE LINGUISTIC_IGNORECASE	대소문자를 구분하지 않는다.
NORM_IGNOREKANATYPE	일본어의 히라가나와 가타카나를 구분하지 않는다.
NORM_IGNORENONSPACE LINGUISTIC_IGNOREDIACRITIC	발음을 위한 특수 기호를 무시한다.
NORM_IGNORESYMBOLS	기호를 무시한다.
NORM_IGNOREWIDTH	'1바이트로 구성된 문자'와 '2바이트로 구성된 동일한 문자'의 차이점을 무시한다.
SORT_STRINGSORT	구두점을 기호로 다룬다.

CompareString의 나머지 4개의 매개변수에는 두 개의 문자열과 각 문자열을 구성하는 문자의 개수(바이트가 아님)가 전달된다. 만일 cch1로 음수 값을 주면 pString1이 0으로 끝나는zero-ternimated 문자열이라고 가정한다. 동일하게 cch2에 음수 값을 주면 pString2가 0으로 끝나는 문자열이라고 가정한다. 언어적으로 더 다양한 비교 방법이 필요하다면 CompareStringEx 함수를 살펴보기 바란다.

프로그램 내에서 사용하는 일반적인 문자열(경로명, 레지스트리 키/값, XML 요소/특성 등)을 비교하기 위해서는 CompareStringOrdinal을 사용하면 된다.

```
int CompareStringOrdinal(
    PCWSTR pString1,
    int cchCount1,
    PCWSTR pString2,
    int cchCount2,
    BOOL bIgnoreCase);
```

이 함수는 지역 설정을 고려하지 않고 단순히 값에 의한 비교만을 수행하기 때문에 상대적으로 빠르게 수행된다. 프로그램 내에서만 사용하는 문자열은 최종 사용자에게 보여지지 않는 경우가 대부분이므로 이 함수를 사용하는 것이 가장 좋다. 이 함수는 유니코드 문자열만을 인자로 취한다는 점에 주의하기 바란다.

CompareString과 CompareStringOrdinal 함수의 반환 값은 C 런타임 라이브러리의 *cmp 형태의 문자열 비교 함수의 반환 값과 거의 반대의 의미를 가진다. CompareString(Ordinal) 함수가 0을 반환하면 이것은 함수 호출이 실패했음을 말한다. CSTR_LESS_THAN(1로 정의되어 있다)은 pString1이 pString2보다 작다는 의미이다. CSTR_EQUAL(2로 정의되어 있다)은 pString1과 pString2가 같다는 의미이며, CSTR_GREATER_THAN(3으로 정의되어 있다)은 pString1이 pString2보다 크다는 의미이다. 좀 더 편리하게 반환 값을 이용하기 위해서는 함수가 성공한 경우에 한해서 반환 값에서 2를 빼면 C 런타임 라이브러리의 반환 값(-1, 0, +1)과 동일한 의미를 가지게 된다.

section 06 왜 유니코드를 사용하는 것이 좋은가?

애플리케이션 개발 시 반드시 유니코드를 사용하기 바란다. 왜 그렇게 하는 것이 좋은지에 대한 이유를 아래에 나타냈다.

- 유니코드를 사용하면 다른 나라의 언어로 애플리케이션을 지역화하기가 쉽다.
- 유니코드는 사용하면 단일의 바이너리(.exe나 DLL) 파일로 모든 언어를 지원할 수 있다.
- 유니코드를 사용하면 코드가 더 빠르게 수행되며 더 작은 메모리를 사용하기 때문에 애플리케이션의 효율성이 증대된다. 윈도우는 내부적으로 유니코드로 구성된 문자와 문자열을 사용하기 때문에 ANSI 문자나 문자열을 전달할 경우 내부적으로 새로운 메모리를 할당하고 ANSI 문자와 문자열을 유니코드로 변경해야 한다.
- 유니코드를 사용하면 윈도우가 제공하는 모든 함수를 쉽게 사용할 수 있다. 몇몇 윈도우 함수는 유니코드 문자나 문자열만을 받아들일 수 있도록 작성되었다.
- 유니코드를 사용하면 COM과의 상호 운용이 쉽다(COM은 유니코드 문자와 문자열을 사용한다).
- 유니코드를 사용하면 닷넷 프레임워크와 상호 운용이 쉽다(닷넷 프레임워크 또한 유니코드 문자와 문자열만 사용한다).
- 유니코드를 사용하면 리소스를 쉽게 다룰 수 있다(리소스 내의 문자열은 모두 유니코드로 유지된다).

section 07 문자와 문자열 작업에 대한 권고사항

이 장에서 다룬 내용을 근간으로 이번 절의 첫 부분에서는 개발 시 항상 염두에 두어야 하는 사항에 대해 이야기할 것이며, 두 번째 부분에서는 유니코드와 ANSI 문자열을 동시에 다루어야 할 때 사용할 수 있는 팁과 트릭에 대해 이야기할 것이다. 설사 애플리케이션에서 당장 유니코드를 사용하지 않는다 하더라도 유니코드를 즉시 적용할 수 있도록 미리 코드를 변경해 두는 것이 좋다. 이를 위해 몇 가지 기본적인 방법을 아래에 나타내었다.

- 문자열을 char 타입이나 byte의 배열로 생각하지 말고, 문자의 배열로 생각하라.
- 문자나 문자열을 나타낼 때 중립 자료형(TCHAR/PTSTR과 같은)을 사용하라.
- 바이트나 바이트를 가리키는 포인터, 데이터 버퍼 등을 표현하기 위해서는 명시적인 자료형(BYTE나 PBYTE와 같은)을 사용하라.
- 문자나 문자열 상수 값을 표현할 때에는 TEXT나 _T 매크로를 사용하라. 일관성과 가독성을 유지하기 위해 두 개의 매크로를 혼용해서는 안 된다.

- 문자나 문자열과 관련된 자료형을 애플리케이션 전반에 걸쳐 변경하라. (예를 들어 PSTR을 PTSTR로 변경하라.)
- 문자열에 대한 산술적인 계산 부분을 수정하라. 예를 들어 보통의 함수들은 버퍼의 크기를 전달해야 할 때 바이트 단위가 아닌 문자 단위로 값을 전달한다. 그렇기 때문에 sizeof(szBuffer)를 사용하는 대신 _countof(szBuffer)를 사용해야 한다. 또한 문자열을 저장하기 위한 메모리 블록을 할당해야 하고, 문자열을 구성하는 문자의 개수를 알고 있는 경우 메모리 할당은 바이트 단위로 수행해야 함을 잊어서는 안 된다. 즉, malloc(nCharacters)를 써서는 안 되고, malloc(nCharacters * sizeof(TCHAR))를 써야 한다. 앞서 나열한 방법과는 다르게 이 방법은 상당히 기억하기 까다롭고 실수를 하더라도 컴파일러가 어떠한 경고나 에러도 발생시키지 않는다. 따라서 아래와 같은 매크로를 정의해 두는 것도 상당히 유용한 방법이다.

```
#define chmalloc(nCharacters) (TCHAR*)malloc(nCharacters * sizeof(TCHAR))
```
- printf 류의 함수를 사용하는 것을 피하라. 특히 ANSI 문자열을 유니코드 문자열로 변경하거나 그 반대로의 변경을 수행하기 위해 %s나 %S 등을 사용하는 것은 좋지 않다. 대신, MultiByteToWideChar와 WideCharToMultiByte 함수를 사용하라. 다음의 "유니코드 문자열과 ANSI 문자열 사이의 변경" 절에서 두 함수의 사용 방법을 설명할 것이다.
- UNICODE와 _UNICODE 심벌은 항상 동시에 정의하거나 해제하라.

문자열을 다루는 함수를 사용할 경우 반드시 따라야 하는 기본적인 가이드라인을 아래에 나타냈다.

- 항상 함수의 이름이 _s로 끝나거나 StringCch로 시작하는 안전 문자열 함수를 사용하라. 함수 사용 이후에는 문자열 잘림에 대비하라. 하지만 문자열 잘림이 발생하지 않도록 하는 것이 더 좋은 방법이다.
- C 런타임 라이브러리가 제공하고 있는 함수 중 안전하지 않은 문자열 함수는 사용하지 않도록 하라. (앞서의 권고사항을 확인해 보라.) 좀 더 일반적인 방법을 말하자면 버퍼와 버퍼의 크기를 동시에 인자로 받지 않는 함수는 사용하지도 만들지도 마라. C 런타임 라이브러리는 memcpy_s, memmove_s, wmemcpy_s, wmemmove_s 등의 함수를 제공함으로써 안전하지 않은 방법으로 버퍼를 다루는 함수들의 대안을 제공하고 있다. 이러한 함수들은 __STDC_WANT_SECURE_LIB__ 심벌이 정의되어 있을 경우에만 사용이 가능하다. 이 심벌은 CrtDefs.h 파일 내에서 정의하고 있으며, __STDC_WANT_SECURE_LIB__를 해제하지 마라.
- 컴파일러가 자동적으로 버퍼 오버런^{buffer overrun}을 감지할 수 있도록 /GS(*http://msdn2.microsoft.com/en-us/library/aa290051(VS.71).aspx* 참고)와 /RTCs 컴파일러 플래그를 활용하라.
- Kernel32가 제공하는 lstrcat, lstrcpy 등의 문자열 관련 함수를 사용하지 마라.
- 코드 내에서 문자열을 비교하는 데에는 두 가지 방법이 있다. 프로그램 내에서만 주로 사용하는 파일명, 경로명, XML 요소나 특성, 레지스트리 키/값 등을 비교하기 위해서는 CompareStringOrdinal을 사용하라. 이 함수는 매우 빠르고 비교할 때 사용자의 언어 설정을 고려하지 않는다. 보통 이러한 문

자열은 애플리케이션이 어떤 언어를 쓰는 나라에서 수행되느냐와 상관없이 항상 동일하게 유지되기 때문에 이 함수를 쓰는 것이 좋은 방법이 될 수 있다. 하지만 사용자의 유저 인터페이스를 구성하는 문자열의 경우라면 CompareString(Ex)를 사용하는 것이 좋다. 이 함수는 문자열을 비교할 때 사용자의 언어 설정을 고려한다.

만일 우리가 전문 개발자라면 다른 선택의 여지가 없다. 안전하지 않은 방법으로 버퍼를 다루는 함수를 사용하는 코드를 작성해서는 안 된다. 이러한 이유로 이 책의 모든 코드는 C 런타임 라이브러리에서 제공하는 안전 문자열 함수만을 사용하고 있다.

section 08 유니코드 문자열과 ANSI 문자열 사이의 변경

멀티바이트−문자 문자열을 와이드−문자 문자열로 변경하기 위해서는 MultiByteToWideChar 윈도우 함수를 사용한다. MultiByteToWideChar의 원형은 다음과 같다.

```
int MultiByteToWideChar(
    UINT uCodePage,
    DWORD dwFlags,
    PCSTR pMultiByteStr,
    int cbMultiByte,
    PWSTR pWideCharStr,
    int cchWideChar);
```

uCodePage 매개변수는 멀티바이트 문자열과 관련된 코드 페이지를 지정한다. dwFlags 매개변수에는 악센트 기호와 같은 발음을 위한 특수 기호에 대한 추가적인 제어를 수행하기 위한 플래그를 전달한다. 보통의 경우 이 값은 사용되지 않기 때문에 0을 전달하는 것이 일반적이다(이 플래그로 지정할 수 있는 값의 범위와 내용에 대해서는 *http://msdn2.microsoft.com/en−us/library/ms776413.aspx*의 MSDN 온라인 도움말을 확인하기 바란다). pMultiByteStr 매개변수에는 변경할 문자열을 전달하고, cbMultiByte 매개변수에는 변경할 문자열의 길이를 (바이트 단위로) 전달한다. 만일 cbMultiByte 매개변수로 −1을 전달하게 되면 변경할 문자열의 길이를 자동으로 계산한다.

pWideCharStr 매개변수에는 유니코드로 변경된 문자열을 저장하기 위한 메모리 버퍼의 주소를 전달한다. cchWideChar 매개변수로는 버퍼의 최대 크기를 (문자 단위로) 전달한다. 만일 cchWideChar 매개변수에 0을 전달하여 MultiByteToWideChar 함수를 호출하면 이 함수는 변경을 수행하는 대신 변경에 필요한 버퍼의 크기(종결 문자 '0'를 포함한 크기)를 문자 단위로 반환해 준다. 멀티바이트−문자 문자열을 유니코드로 변경하기 위한 일반적인 단계는 다음과 같다.

1. pWideCharStr 매개변수에 NULL, cchWideChar 매개변수에 0, cbMultiByte 매개변수에 −1을 주어 MultiByteToWideChar 함수를 호출한다.

2. 유니코드 문자열 ^Unicode string 로의 변경에 필요한 충분한 메모리 공간을 할당한다. 이 크기는 앞서 호출한 MultiByteToWideChar 함수의 반환 값에 sizeof(wchar_t)를 곱한 값을 근간으로 계산될 수 있다.

3. MultiByteToWideChar 함수를 재호출한다. 이번에는 pWideCharStr에 할당된 버퍼의 주소를 전달하고, cchWideChar에 앞서 호출한 MultiByteToWideChar 함수의 반환 값을 전달한다.

4. 변경된 유니코드 문자열을 사용한다.

5. 유니코드 문자열에 의해 점유된 메모리 공간을 해제한다.

와이드−문자 문자열을 멀티바이트−문자 문자열로 변경하기 위해서는 WideCharToMultiByte 함수를 사용하면 된다.

```
int WideCharToMultiByte(
    UINT uCodePage,
    DWORD dwFlags,
    PCWSTR pWideCharStr,
    int cchWideChar,
    PSTR pMultiByteStr,
    int cbMultiByte,
    PCSTR pDefaultChar,
    PBOOL pfUsedDefaultChar);
```

이 함수는 MultiByteToWideChar 함수와 매우 유사하다. uCodePage 매개변수로는 새롭게 변경될 문자열과 관련된 코드 페이지를 전달한다. dwFlags 매개변수를 지정하면 문자열 변경 작업 이외의 추가적인 작업을 수행할 수 있는데, 발음을 위한 특수 기호와 시스템이 변경하지 못하는 문자에 대한 특수 동작을 지정한다. 일반적으로 문자열 변경 작업 외에 추가적인 제어가 필요한 경우는 흔치 않으므로 dwFlags 매개변수로는 0을 전달하면 된다.

pWideCharStr 매개변수에는 변경할 문자열을 담고 있는 메모리 주소를 전달하고, cchWideChar 매개변수에는 문자열의 길이(문자 단위)를 전달한다. cchWideChar 매개변수로 −1을 전달하면 변경할 문자열의 길이를 자동으로 결정해 준다.

멀티바이트−문자 문자열이 저장될 pMultiByteStr 매개변수로는 문자열을 저장할 수 있는 충분한 크기의 버퍼를 전달해야 하고, cbMultiByte 매개변수로는 버퍼의 최대 크기(바이트 단위)를 전달해야 한다. cbMultiByte 매개변수를 0으로 WideCharToMultiByte 함수를 호출하면 필요한 버퍼의 크기를 반환해 준다. 와이드−문자 문자열을 멀티바이트−문자 문자열로 변경하는 절차는 앞서 살펴본 멀티바이트−문자 문자열을 와이드−문자 문자열로 변경하는 과정과 매우 유사하다. 그러나 함수의 반환 값이 성공적인 변환을 위해 필요한 바이트 수를 반환한다는 점이 다르다.

WideCharToMultiByte 함수는 MultiByteToWideChar 함수에 비해 추가적으로 2개의 매개변수 (pDefaultChar와 pfUsedDefaultChar 매개변수)를 더 필요로 한다는 점에 주의해야 한다. Wide-CharToMultiByte 함수에 의해서만 사용되는 이러한 매개변수들은 변경할 와이드 문자^{wide character}가 uCodePage에 의해 지정된 코드 페이지 내에 적절한 문자가 존재하지 않을 경우에 사용된다. 와이드 문자가 적절히 변경될 수 없는 경우 pDefaultChar 매개변수에 의해 지정된 문자로 대체된다. 대부분의 사용 예와 같이 이 매개변수를 NULL로 지정하면 시스템 기본 문자인 물음표로 대체한다. 이러한 변경 방식은 파일명에서와 같이 물음표가 와일드카드 문자^{wildcard character}로 사용되는 경우에 적용되면 매우 위험하다.

pfUsedDefaultChar 매개변수에는 BOOL 값을 가리키는 포인터가 전달되며, 변경할 와이드-문자 문자열 중 한 자라도 멀티바이트-문자 문자열로 변경하는 것이 실패하는 경우 TRUE가 전달된다. 반면, 모든 문자열에 대해 변경이 성공적이면 FALSE를 반환한다. 함수 호출 이후에 이 값을 확인함으로써 와이드-문자 문자열이 완벽히 성공적으로 변경되었는지의 여부를 확인할 수 있다. 하지만 이 매개변수로는 NULL을 전달하는 것이 일반적이다.

함수의 사용법에 대해 좀 더 자세히 알고 싶다면 플랫폼 SDK 문서를 참조하기 바란다.

1 ANSI와 유니코드 DLL 함수의 익스포트

유니코드용 함수와 ANSI용 함수를 둘 다 제공하는 것은 어렵지 않은 일이다. 예를 들어 문자열 내의 각 문자의 순서를 반대로 뒤집는 함수를 포함하는 DLL이 있다고 가정해 보자. 이러한 함수의 유니코드 버전은 아마 다음과 같이 작성될 수 있을 것이다.

```
BOOL StringReverseW(PWSTR pWideCharStr, DWORD cchLength) {

    // 문자열 내의 마지막 문자를 가리키는 포인터를 얻어온다.
    PWSTR pEndOfStr = pWideCharStr + wcsnlen_s(pWideCharStr , cchLength) - 1;
    wchar_t cCharT;
    // 문자열의 중간 위치의 문자까지 반복한다.
    while (pWideCharStr < pEndOfStr) {
        // 임시변수에 문자를 저장한다.
        cCharT = *pWideCharStr;

        // 마지막 문자를 첫 번째 문자 위치에 할당한다.
        *pWideCharStr = *pEndOfStr;

        // 임시 문자를 마지막 문자 위치에 할당한다.
        *pEndOfStr = cCharT;

        // 왼쪽에서 한 문자 크기만큼 오른쪽으로 옮긴다.
        pWideCharStr++;
```

```
            // 오른쪽에서 한 문자 크기만큼 왼쪽으로 옮긴다.
            pEndOfStr--;
        }

        // 문자열의 순서가 반대로 되었음. 성공을 반환.
        return(TRUE);
    }
```

동일한 기능을 수행하는 ANSI 버전의 함수를 만들 수도 있는데, 이 함수에는 군이 문자열의 순서를
뒤집는 실제 기능을 포함시킬 필요는 없다. 대신 ANSI 문자열을 유니코드로 변경하는 코드를 작성하
고, 이를 통해 변경된 유니코드 문자열을 StringReverseW 함수에 전달하면 된다. 이후에 순서가 뒤
집어진 문자열을 다시 ANSI로 변경하면 된다.

```
    BOOL StringReverseA(PSTR pMultiByteStr, DWORD cchLength) {
        PWSTR pWideCharStr;
        int nLenOfWideCharStr;
        BOOL fOk = FALSE;

        // 와이드-문자 문자열을 담는 데 필요한 공간을
        // 문자 단위로 획득한다.
        nLenOfWideCharStr = MultiByteToWideChar(CP_ACP, 0,
            pMultiByteStr, cchLength, NULL, 0);

        // 프로세스의 디폴트 힙 상에 와이드-문자 문자열을
        // 저장할 수 있는 메모리 공간을 할당한다.
        // MultiByteToWideChar의 반환 값은 바이트 단위가 아니라
        // 문자 단위임을 잊어서는 안 된다.
        // 따라서 반드시 와이드 문자의 크기만큼 곱해야 한다.
        pWideCharStr = (PWSTR)HeapAlloc(GetProcessHeap(), 0,
            nLenOfWideCharStr * sizeof(wchar_t));

        if (pWideCharStr == NULL)
            return(fOk);

        // 멀티바이트-문자 문자열을 와이드-문자 문자열로 변경한다.
        MultiByteToWideChar(CP_ACP, 0, pMultiByteStr, cchLength,
            pWideCharStr, nLenOfWideCharStr);

        // 실제 작업을 수행하기 위해
        // 와이드-문자 버전의 함수를 호출한다.
        fOk = StringReverseW(pWideCharStr, cchLength);

        if (fOk) {
            // 와이드-문자 문자열을
            // 다시 멀티바이트-문자 문자열로 변경한다.
```

```
    WideCharToMultiByte(CP_ACP, 0, pWideCharStr, cchLength,
        pMultiByteStr, (int)strlen(pMultiByteStr), NULL, NULL);
}

    // 와이드-문자 문자열이 저장된 메모리 공간을 해제한다.
    HeapFree(GetProcessHeap(), 0, pWideCharStr);

    return(fOk);
}
```

마지막으로, DLL 파일과 함께 배포되는 헤더 파일에 다음과 같이 두 개의 함수 원형을 기록한다.

```
BOOL StringReverseW(PWSTR pWideCharStr, DWORD cchLength);
BOOL StringReverseA(PSTR pMultiByteStr, DWORD cchLength);

#ifdef UNICODE
#define StringReverse StringReverseW
#else
#define StringReverse StringReverseA
#endif // !UNICODE
```

② 텍스트가 ANSI인지 유니코드인지 여부를 확인하는 방법

윈도우의 노트패드 애플리케이션을 이용하면 유니코드와 ANSI로 작성된 파일을 모두 읽을 수 있을 뿐만 아니라 각각을 만들 수도 있다. [그림 2-5]에 노트패드의 "다른 이름으로 저장^{Save As}" 다이얼로그 박스를 나타내었다. 아래와 같이 각기 다른 방법으로 파일을 저장할 수 있음에 주목하라.

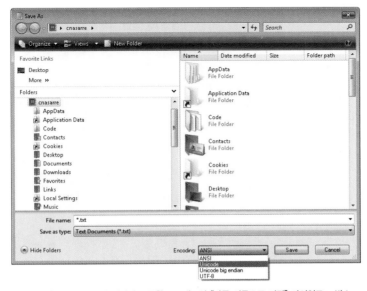

[그림 2-5] 윈도우 비스타 내에서 구동한 노트패드의 "다른 이름으로 저장" 다이얼로그 박스

컴파일러와 같이 텍스트 파일을 읽고 처리해야 하는 애플리케이션의 경우 파일을 열고나서 파일 내의 텍스트가 ANSI 문자로 저장되어 있는지 혹은 유니코드 문자로 저장되어 있는지를 확인할 수 있는 방법이 있다면 매우 편리할 것이다. IsTextUnicode 함수는 AdvApi32.dll에 의해 익스포트되고 있으며, WinBase.h 헤더 파일 내에 다음과 같이 선언되어 있다.

```
BOOL IsTextUnicode(CONST PVOID pvBuffer, int cb, PINT pResult);
```

텍스트 파일의 경우 그 내용이 어떤 식으로 저장되었는지를 판단할 수 있는 안정적이고 빠른 방법이 없다는 문제점이 있다. 그렇기 때문에 파일이 ANSI 문자를 담고 있는지 혹은 유니코드 문자를 담고 있는지를 결정하는 것은 매우 어려운 일이다. IsTextUnicode 함수는 전달되는 버퍼의 내용을 근간으로 확률적 statistical 이고 규정 deterministic 에 의거한 방법들을 활용한다. 하지만 이는 과학적인 방법이 아니기 때문에 IsTextUnicode 함수는 잘못된 결과를 반환할 수 있다.

첫 번째 매개변수인 pvBuffer로는 테스트하고자 하는 버퍼의 시작 주소를 전달한다. ANSI 문자의 배열인지 유니코드 문자의 배열인지 알 수 없기 때문에 이 매개변수의 자료형은 void 포인터이다.

두 번째 매개변수인 cb에는 pvBuffer 포인터가 가리키는 버퍼의 크기를 바이트 단위로 전달한다. 다시 말하지만 버퍼에 어떤 내용이 담겨 있는지 알 수 없으므로 cb에는 문자의 개수가 아니라 바이트 수를 전달해야 한다. 하지만 반드시 버퍼의 전체 크기를 전달할 필요가 없다는 점을 기억하기 바란다. 물론 IsTextUnicode에 더 큰 버퍼를 제공하면 더욱더 정교한 결과 값을 얻을 수 있을 것이다.

세 번째 매개변수인 pResult는 정수를 가리키는 포인터이며, IsTextUnicode 호출 이전에 반드시 초기화되어야 한다. 이 정수 값은 IsTextUnicode가 어떤 방식으로 테스트를 수행할지를 가리키는 값이므로 반드시 초기화를 해야 한다. 이 매개변수에 NULL을 전달하면 IsTestUnicode는 가능한 모든 테스트 방법을 동원한다. (자세한 사항은 플랫폼 SDK를 확인하기 바란다.)

IsTextUnicode는 버퍼의 내용이 유니코드 텍스트라고 판단되면 TRUE를, 그렇지 않으면 FALSE를 반환한다. 만일 pResult 매개변수로 테스트 방법을 지정하는 정수 값을 가리키는 포인터를 전달한 경우 각 테스트의 결과가 pResult가 가리키는 정수의 비트별로 설정된다.

FileRev 예제 애플리케이션은 17장 "메모리 맵 파일"에 포함되어 있는데, 예제를 통해 IsTextUnicode 함수의 사용 방법을 나타냈다.

커널 오브젝트

1. 커널 오브젝트란 무엇인가?
2. 프로세스의 커널 오브젝트 핸들 테이블
3. 프로세스간 커널 오브젝트의 공유

이번 장은 커널 오브젝트 kernel object와 그 핸들 handle을 다루는 마이크로소프트 윈도우 애플리케이션 프로그래밍 인터페이스 application programming interface(API)에 대한 설명으로부터 시작하려 한다. 이번 장은 상대적으로 추상적인 개념을 다루게 될 것이다. 따라서 각 커널 오브젝트별로 개별적인 특성을 알아보기보다는 모든 커널 오브젝트의 공통적인 특성에 대해 논의할 것이다.

저자는 매우 구체적인 주제로부터 이야기를 시작하는 것을 좋아한다. 숙달된 윈도우 소프트웨어 개발자가 되기 위해서는 반드시 커널 오브젝트에 대해 완벽하게 이해하고 있어야만 한다. 운영체제나 우리가 개발하는 애플리케이션은 프로세스, 스레드, 파일 등과 같은 수많은 리소스를 관리하기 위해 커널 오브젝트를 사용한다. 이번 장에서 설명할 이러한 개념들은 이 책의 거의 모든 장에 걸쳐 계속해서 등장할 것이다. 그러나 실제로 함수를 사용하여 커널 오브젝트를 조작해 보기 전까지는 이번 장에서 소개하는 내용을 바로 이해할 수 있으리라 생각하지는 않는다. 그러므로 다른 장을 읽는 동안에도 때때로 이번 장을 참조하기 바란다.

section 01 커널 오브젝트란 무엇인가?

윈도우 소프트웨어 개발자는 항시 커널 오브젝트를 생성하고, 열고, 조작하는 등의 작업을 수행한다.

운영체제는 액세스 토큰 오브젝트 ^{access token object}, 이벤트 오브젝트 ^{event object}, 파일 오브젝트 ^{file object}, 파일-매핑 오브젝트 ^{file-mapping object}, I/O 콤플리션 포트 오브젝트 ^{I/O completion port object}, 잡 오브젝트 ^{job object}, 메일슬롯 오브젝트 ^{mailslot object}, 뮤텍스 오브젝트 ^{mutex object}, 파이프 오브젝트 ^{pipe object}, 프로세스 오브젝트 ^{process object}, 세마포어 오브젝트 ^{semaphore object}, 스레드 오브젝트 ^{thread object}, 대기 타이머 오브젝트 ^{waitable timer object}, 스레드 풀 워커 팩토리 오브젝트 ^{thread pool worker factory object} 등 다양한 형태의 커널 오브젝트를 생성하고 조작한다. Sysinternals에서 무료로 제공하는 툴인 WinObj(*http://www.microsoft.com/technet/sysinternals/utilities/winobj.mspx*에서 다운로드 받을 수 있다)를 사용하면 모든 커널 오브젝트 타입을 나열하고 확인해 볼 수 있다. 윈도우 익스플로러 ^{Windows Explorer}에서 WinObj를 수행할 때에는 반드시 관리자 권한으로 수행해야만 다음과 같은 내용을 볼 수 있다.

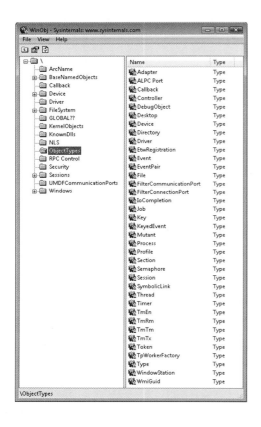

이러한 오브젝트들은 다양한 종류의 함수들을 통해 만들어지는데, 함수의 이름에 포함된 오브젝트의 명칭이 반드시 커널 레벨의 오브젝트 이름과 일치하는 것은 아니다. 예를 들어 CreateFileMapping 함수는 파일 매핑과 관련된 Section 오브젝트를 생성하도록 한다. 섹션 오브젝트는 위의 그림에서도 확인할 수 있다. 각 커널 오브젝트는 커널에 의해 할당된 간단한 메모리 블록이다. 이 메모리 블록은 커널에 의해서만 접근이 가능한 구조체로 구성되어 있으며, 커널 오브젝트에 대한 세부 정보들을 저장하고 있다. 몇몇 값들(보안 디스크립터 ^{security descriptor}, 사용 카운트 ^{usage count} 등)은 모든 오브젝트 타입에 공통적으로 존재한다. 하지만 대부분의 값들은 각 오브젝트별로 독특하다. 예를 들어 프로세스 오브젝트는 프로세스 ID, 기본 우선순위 base priority와 종료 코드 exit code와 같은 정보를 가지고 있는 반면 파일 오브젝트의 경우 바이트 오프셋 byte offset, 공유 모드 sharing mode, 오픈 모드 open mode와 같은 정보를 가지고 있다.

커널 오브젝트의 데이터 구조체는 커널에 의해서만 접근이 가능하기 때문에 애플리케이션에서 데이터 구조체가 저장되어 있는 메모리 위치를 직접 접근하여 그 내용을 변경하는 것은 불가능하다. 마이크로소프트는 커널 오브젝트의 구조체가 가능한 한 일관되게 유지될 수 있도록 하기 위해 이러한 제약사항을 의도적으로 만들어 두었다. 이렇게 구조체에 대한 직접적인 접근을 제한함으로써 마이크로소프트는 이미 개발되어 있는 애플리케이션에 영향을 미치지 않고도 구조체에 내용을 임의로 추가, 삭제, 변경할 수 있다.

하지만 이러한 구조체의 내용을 직접적으로 변경하는 것이 불가능하다면 어떻게 애플리케이션이 커널 오브젝트를 적절히 사용할 수 있을까? 이를 위해 마이크로소프트는 정제된 방법을 통해 구조체의 내용에 접근할 수 있도록 일련의 함수 집합을 제공하고 있어서 이를 통해 커널 오브젝트의 내부적인 값에 접근할 수 있다. 커널 오브젝트를 생성하는 함수를 호출하면 함수는 각 커널 오브젝트를 구분하기 위한 핸들 값을 반환해 준다. 핸들 값은 프로세스 내의 모든 스레드에 의해 사용 가능한 값이지만 특별한 의미를 가지고 있지는 않다. 핸들은 32비트 윈도우 프로세스에서는 32비트 값이고, 64비트 윈도우 프로세스에서는 64비트 값이다. 이러한 핸들은 다양한 윈도우 함수들의 매개변수로 전달될 수 있는데, 운영체제는 매개변수로 전달된 핸들 값을 통해 어떤 커널 오브젝트를 조작하고자 하는지 구분할 수 있다. 이번 장의 후반부에서 핸들에 대해 좀 더 자세하게 이야기할 것이다.

운영체제를 견고하게 하기 위해 이러한 핸들 값들은 프로세스별로 독립적으로 유지된다. 만일 어떤 스레드가 다른 프로세스의 스레드에게 자신의 핸들 값을 전달했을 경우(프로세스간 통신 방법을 이용하여) 이 핸들 값을 이용하여 수행하는 동작은 실패할 수도 있고 혹은 더 좋지 않은 결과를 초래할 수도 있다. 이는 각 프로세스별로 독립된 프로세스 핸들 테이블이 존재하고 동일한 핸들 값이라도 전혀 다른 커널 오브젝트를 참조할 수 있기 때문이다. "3.3 프로세스간 커널 오브젝트의 공유"절에서 다수의 프로세스 사이에서 커널 오브젝트를 공유하는 3가지 메커니즘에 대해 알아볼 것이다.

1 사용 카운트

커널 오브젝트는 프로세스가 아니라 커널에 의해 소유된다. 다시 말해, 만일 프로세스가 특정 함수를 통해 커널 오브젝트를 생성한 후 종료된다 하더라도 반드시 생성된 커널 오브젝트가 프로세스와 함께 삭제되는 것은 아니라는 의미이다. 대부분의 경우 커널 오브젝트는 프로세스와 함께 삭제되겠지만 다른 프로세스가 동일 커널 오브젝트를 사용하고 있다면 커널 오브젝트를 사용하는 모든 프로세스가 종료될 때까지 삭제되지 않고 남아 있게 된다. 반듯이 기억해야 할 점은 커널 오브젝트는 자신을 생성한 프로세스보다 더 오랫동안 삭제되지 않고 남아 있을 수 있다는 것이다.

각 커널 오브젝트는 내부적으로 사용 카운트^{usage count} 값을 유지하고 있기 때문에 커널은 이 값을 통해 얼마나 많은 프로세스들이 커널 오브젝트를 사용하고 있는지 알 수 있다. 사용 카운트는 모든 커널 오브젝트 타입이 가지고 있는 공통적인 값이다. 커널 오브젝트가 최초로 생성되면 이 값은 1로 설정된다. 다른 프로세스가 이미 생성된 커널 오브젝트에 접근 권한을 획득하면 사용 카운트가 증가된다. 프로세스가 종료되면 커널은 이 프로세스가 사용하고 있던 모든 커널 오브젝트의 사용 카운트를 감소시키며, 만일 이 값이 0이 되면 커널 오브젝트는 삭제된다. 다시 말해, 어떤 프로세스도 사용하지 않는 커널 오브젝트는 시스템 상에 남아 있을 수 없다.

❷ 보안

커널 오브젝트는 보안 디스크립터^{security descriptor}를 통해 보호될 수 있다. 보안 디스크립터는 누가 커널 오브젝트를 소유하고 있으며, 어떤 그룹과 사용자들에 의해 접근되거나 사용될 수 있는지, 혹은 어떤 그룹과 사용자들에 대해 접근이 제한되어 있는지에 대한 정보를 가지고 있다. 보안 디스크립터는 서버 애플리케이션을 개발할 때 주로 많이 사용된다. 그렇지만 윈도우 비스타에서는 이러한 기능이 프라이비트 네임스페이스^{private namespace}와 함께 클라이언트측 애플리케이션에서도 더욱 가시적이 되었으며, 이러한 내용은 "4.5 관리자가 표준 사용자로 수행되는 경우" 절에서 다시 보게 될 것이다.

커널 오브젝트를 생성하는 거의 대부분의 함수들은 SECURITY_ATTRIBUTES 구조체에 대한 포인터를 인자로 받아들인다. 아래에 CreateFileMapping 함수의 예가 있다.

```
HANDLE CreateFileMapping(
    HANDLE hFile,
    PSECURITY_ATTRIBUTES psa,
    DWORD flProtect,
    DWORD dwMaximumSizeHigh,
    DWORD dwMaximumSizeLow,
    PCTSTR pszName);
```

대부분의 애플리케이션에서는 현재 프로세스의 보안 토큰^{current process security token}을 근간으로 하는 기본 보안 디스크립터를 사용하기 때문에 커널 오브젝트 생성 시 단순히 NULL 값을 전달하면 된다. 하지만 SECURITY_ATTRIBUTES 구조체를 할당하고 초기화한 후 구조체의 주소를 넘겨줄 수도 있다. SECURITY_ATTRIBUTES 구조체는 아래와 같다.

```
typedef struct _SECURITY_ATTRIBUTES {
    DWORD nLength;
    LPVOID lpSecurityDescriptor;
    BOOL bInheritHandle;
} SECURITY_ATTRIBUTES;
```

비록 이 구조체가 SECURITY_ATTRIBUTES로 불리긴 하지만 구조체 내의 lpSecurityDescriptor 멤버만이 보안과 관련되어 있다. 만일 오브젝트 생성 시 커널 오브젝트의 접근 권한을 제한하고자 한다면 보안 디스크립터를 생성하고 다음과 같이 초기화를 수행해야 한다.

```
SECURITY_ATTRIBUTES sa;
sa.nLength = sizeof(sa);           // 버전 확인을 위한 정보
sa.lpSecurityDescriptor = pSD;     // 초기화된 SD 주소
sa.bInheritHandle = FALSE;         // 추후에 논의함
HANDLE hFileMapping = CreateFileMapping(INVALID_HANDLE_VALUE, &sa,
    PAGE_READWRITE, 0, 1024, TEXT("MyFileMapping"));
```

bInheritHandle 멤버의 경우 보안과 아무런 관련이 없으므로, 이에 대한 내용은 82쪽 "오브젝트 핸들의 상속을 이용하는 방법" 절에서 알아볼 것이다.

이미 존재하는 커널 오브젝트를 이용하려면(새로운 오브젝트를 생성하는 대신) 먼저 오브젝트를 이용하여 어떤 작업을 수행하려 하는지를 알려주어야 한다. 예를 들어 이미 존재하는 파일-매핑 커널 오브젝트를 이용하여 데이터를 읽으려 한다면 다음과 같이 OpenFileMapping을 호출하면 된다.

```
HANDLE hFileMapping = OpenFileMapping(FILE_MAP_READ, FALSE,
    TEXT("MyFileMapping"));
```

위 예제는 OpenFileMapping 함수의 첫 번째 매개변수로 FILE_MAP_READ를 전달함으로써 이 커널 오브젝트를 이용하여 읽는 동작만을 수행할 것임을 나타내고 있다. OpenFileMapping 함수는 유효한 핸들 값을 반환하기에 앞서 보안 권한을 먼저 확인한다. 로그인한 사용자가 이 파일-매핑 커널 오브젝트에 접근할 수 있는 권한이 있다면 OpenFileMapping 함수는 유효한 핸들 값을 반환한다. 하지만 접근이 거부될 경우 OpenFileMapping은 NULL 값을 반환하게 되고 GetLastError를 호출해 보면 5(ERROR_ACCESS_DENIED)가 반환될 것이다. 만일 이렇게 획득된 핸들을 이용하여 FILE_MAP_READ 외의 다른 권한이 필요한 API를 호출하게 되면 "접근 거부access denied" 에러가 발생한다는 것을 잊어서는 안 된다. 다시 말하지만, 대부분의 애플리케이션에서 보안 정보는 흔히 다루어지는 내용이 아니다. 따라서 앞으로는 이에 대해 다시 이야기하지 않겠다.

비록 대부분의 애플리케이션이 보안에 대해 관심을 가지지 않는 것이 사실이지만 실제로는 상당히 많은 윈도우 함수들이 보안 정보를 요구한다. 이전 버전의 윈도우에 맞추어 설계된 애플리케이션 중 일부는 애플리케이션 구현 당시에 보안에 대해 충분히 고려되지 않았기 때문에 비스타에서 정상적으로 동작하지 않는다.

예를 들어 애플리케이션이 기동될 때 레지스트리registry의 어떤 키로부터 값을 읽어 와야 한다면 Reg-OpenKeyEx 함수를 호출할 때 KEY_QUERY_VALUE를 전달하는 것이 좋다.

하지만 많은 수의 애플리케이션들이 윈도우 2000 운영체제 출시 이전부터 개발되어 왔기 때문에 특

별히 보안과 관련된 사항을 고려하지 않았었다. 몇몇 개발자들은 RegOpenKeyEx를 호출할 때 항상 KEY_ALL_ACCESS를 전달하곤 하는데, 이렇게만 하면 개발자가 특별히 접근 권한에 대해 고민하지 않아도 되기 때문이었다. 하지만 HKLM 하부에 존재하는 키들에 대해서는 관리자가 아닌 경우 읽기는 가능하지만 쓰기가 불가능하다는 것이 문제가 된다. 그래서 윈도우 비스타에서 수행되는 애플리케이션들의 경우 KEY_ALL_ACCESS를 인자로 주어 RegOpenKeyEx를 사용하면 함수 호출이 실패하게 된다. 만일 애플리케이션 내에서 이러한 에러에 대해 적절히 확인하지 않았다면 예상할 수 없는 결과를 초래하게 된다.

만일 개발자들이 애플리케이션의 보안^{security}에 대해 조금이라도 고려하여 KEY_ALL_ACCESS 대신 KEY_QUERY_VALUE(레지스트리 키에 대한 조회만을 수행해도 된다는 가정 하에)를 사용했더라면 모든 운영체제 플랫폼에서 여전히 잘 동작하는 제품을 만들 수 있었을 것이다.

개발자가 저지르는 가장 큰 실수 중의 하나가 알맞은 보안 접근 플래그를 쉽게 간과한다는 것이다. 올바른 플래그를 사용하면 다른 윈도우 버전으로의 포팅이 더욱더 간편해진다. 하지만 새로운 버전의 윈도우가 출시되면 이전의 윈도우에 비해 새로운 제약사항들이 생겨나곤 하기 때문에 이러한 변화에 대한 대응은 여전히 필요하다. 윈도우 비스타에 새로 추가된 사용자 계정 컨트롤^{user access control}(UAC)이 그러한 예라 할 수 있으며, 개발자들은 이러한 변화에 대해 적절히 대응해야 한다. 사용자 계정 컨트롤이란 현재 사용자가 관리자 그룹 내에 속한 사용자라 하더라도 보안 안정성을 위해 제한된 보안 컨텍스트^{context} 내에서 애플리케이션을 수행하도록 하는 것이다. 이에 대해서는 4장 "프로세스"에서 좀 더 자세히 알아볼 것이다.

애플리케이션들은 커널 오브젝트 외에도 메뉴, 윈도우, 마우스 커서, 브러시, 폰트와 같은 또 다른 형태의 오브젝트를 다루기도 한다. 이러한 오브젝트들은 유저 오브젝트나 그래픽 디바이스 인터페이스(GDI) 오브젝트이며, 커널 오브젝트와는 서로 구분이 된다. 윈도우 프로그래밍에 경험이 많지 않은 개발자라면 유저 오브젝트나 GDI 오브젝트가 커널 오브젝트와 무엇이 다른지 구분하는 데 어려움을 느낄 수 있다. 예를 들어 아이콘은 유저 오브젝트인가 아니면 커널 오브젝트인가? 어떤 오브젝트가 커널 오브젝트인지 여부를 결정하는 가장 간단한 방법은 오브젝트를 생성하기 위한 함수가 무엇인지 찾아보고, 앞서 CreateFileMapping 함수에서 보여준 바와 같이 보안 특성을 지정하는 매개변수가 있는지를 확인하는 것이다.

유저 오브젝트나 GDI 오브젝트를 생성하는 함수 중 PSECURITY_ATTRIBUTES형의 매개변수를 취하는 함수는 없다. 예를 들어 CreateIcon 함수는 다음과 같은 함수 원형을 가진다.

```
HICON CreateIcon(
   HINSTANCE hinst,
   int nWidth,
   int nHeight,
   BYTE cPlanes,
```

```
    BYTE cBitsPixel,
    CONST BYTE *pbANDbits,
    CONST BYTE *pbXORbits);
```

*http://msdn.microsoft.com/msdnmag/issues/03/01/GDILeaks*의 MSDN 기사는 GDI 오브젝트와 유저 오브젝트에 대한 자세한 내용과 어떻게 이러한 오브젝트를 추적할 수 있는지에 대해 설명하고 있다.

section 02 프로세스의 커널 오브젝트 핸들 테이블

프로세스가 초기화되면 운영체제는 프로세스를 위해 커널 오브젝트 핸들 테이블을 할당한다. 이러한 핸들 테이블은 사용자 오브젝트나 GDI 오브젝트에 의해서는 사용되지 않고 유일하게 커널 오브젝트에 의해서만 사용된다. 핸들 테이블의 자세한 구조와 구체적인 관리 방법에 대한 내용은 문서화되어 있지 않다. 보통은 운영체제의 문서화되지 않은 부분에 대해 이야기하지 않지만 이번만은 예외로 해야겠다. 왜냐하면 유능한 윈도우 프로그래머라면 프로세스가 핸들 테이블을 어떻게 다루는지에 대해 반드시 알아야 한다고 믿기 때문이다. 이러한 정보는 문서화되어 있지 않기 때문에 자세한 내용까지 완벽하게 알아낼 수는 없었으며, 내부적인 구현 방식은 각 윈도우 버전에 따라 변모해 왔을 것이다. 따라서 이 절에서 논의하고 있는 내용은 실제로 시스템이 어떻게 동작하는지를 배우기 위함이 아니라 동작 방식에 대한 이해를 도모할 목적으로 읽기 바란다.

[표 3-1]은 프로세스의 오브젝트 핸들 테이블의 모습을 보여주고 있다. 보는 바와 같이 이는 단순한 데이터 구조체의 배열로 이루어져 있으며, 각 데이터 구조체는 커널 오브젝트에 대한 포인터, 액세스 마스크^access mask, 플래그^flag로 구성된다.

[표 3-1] 프로세스 핸들 테이블의 구조

인덱스	커널 오브젝트의 메모리 블록을 가리키는 포인터	액세스 마스크(각 비트별 플래그 값을 가지는 DWORD)	플래그
1	0x????????	0x????????	0x????????
2	0x????????	0x????????	0x????????
…	…	…	…

1 커널 오브젝트 생성하기

프로세스가 최초로 초기화되면 프로세스의 핸들 테이블은 비어 있다. 프로세스 내의 스레드가

CreateFileMapping과 같은 함수를 호출하면 커널은 커널 오브젝트를 위한 메모리 블록을 할당하고 초기화한다. 이후 커널은 프로세스의 핸들 테이블을 조사하여 비어 있는 공간을 찾아낸다. [표 3-1]에 나타낸 핸들 테이블은 완전히 비어 있기 때문에 커널은 인덱스가 1인 위치를 찾아내고 초기화를 수행한다. 포인터 멤버는 커널 오브젝트의 자료 구조를 가리키는 내부적인 메모리 주소로 할당되며, 액세스 마스크는 "풀 액세스^{full access}"로, 플래그는 "설정" 상태로 초기화된다. (플래그 값에 대해서는 82쪽 "오브젝트 핸들의 상속을 이용하는 방법" 절에서 알아볼 것이다.)

아래에 커널 오브젝트를 생성하는 몇 가지 함수를 나열하였다(전체 함수는 아니다).

```
HANDLE CreateThread(
    PSECURITY_ATTRIBUTES psa,
    size_t dwStackSize,
    LPTHREAD_START_ROUTINE pfnStartAddress,
    PVOID pvParam,
    DWORD dwCreationFlags,
    PDWORD pdwThreadId);

HANDLE CreateFile(
    PCTSTR pszFileName,
    DWORD dwDesiredAccess,
    DWORD dwShareMode,
    PSECURITY_ATTRIBUTES psa,
    DWORD dwCreationDisposition,
    DWORD dwFlagsAndAttributes,
    HANDLE hTemplateFile);

HANDLE CreateFileMapping(
    HANDLE hFile,
    PSECURITY_ATTRIBUTES psa,
    DWORD flProtect,
    DWORD dwMaximumSizeHigh,
    DWORD dwMaximumSizeLow,
    PCTSTR pszName);

HANDLE CreateSemaphore(
    PSECURITY_ATTRIBUTES psa,
    LONG lInitialCount,
    LONG lMaximumCount,
    PCTSTR pszName);
```

커널 오브젝트를 생성하는 모든 함수는 프로세스별로 고유한 핸들 값을 반환하며, 이 값은 프로세스 내의 모든 스레드들에 의해 사용될 수 있다. 이러한 핸들 값을 4로 나누면(혹은 윈도우가 내부적으로 사용하고 있는 하위 2비트를 무시하기 위해 오른쪽으로 2비트 시프트하면) 커널 오브젝트에 대한 정보를 저장하고 있는 프로세스 핸들 테이블의 인덱스 값을 얻을 수 있다. 애플리케이션을 디버깅하거나 커널 오브젝트 핸들의 실제 값을 조사해 보면 4, 8 등과 같이 작은 값을 가지고 있음을 볼 수 있다. 핸들 값 자체의 의미는 문서화되어 있지 않으며, 변경될 수 있음을 기억하기 바란다.

커널 오브젝트 핸들을 인자로 취하는 함수를 호출할 때에는 항상 Create* 류의 함수 중 하나를 호출하여 반환된 핸들 값을 전달해야 한다. 내부적으로 이러한 함수들은 프로세스 핸들 테이블로부터 사용하고자 하는 커널 오브젝트의 실제 주소를 얻어낸 후 잘 정의된 방식으로 커널 오브젝트의 자료 구조를 변경한다.

만일 유효하지 않은 핸들 값을 전달하게 되면 이러한 함수들은 실패하고 GetLastError 호출 결과로 6(ERROR_INVALID_HANDLE)을 반환한다. 핸들 값은 실제로 프로세스 핸들 테이블의 인덱스 값으로 활용될 수 있기 때문에 프로세스별로 고유한 값이며, 다른 프로세스에 의해 사용될 수 없는 값이다. 만일 다른 프로세스와 공유를 시도하면 다른 프로세스의 프로세스 핸들 테이블로부터 동일한 인덱스 값을 가진 완전히 다른 커널 오브젝트를 참조하게 될 것이며, 이 오브젝트가 무엇인지에 대해서는 알 방법이 없다.

커널 오브젝트를 생성하는 함수가 실패하면 반환되는 핸들 값은 보통 0(NULL)이 된다. 이러한 이유로 유효한 커널 오브젝트 핸들 값은 4부터 시작된다. 시스템의 가용 메모리가 매우 작거나 보안 문제로 인해 함수가 실패하는 경우 몇몇 함수들은 불행히도 −1(INVALID_HANDLE_VALUE, WinBase.h에서 정의된)을 반환하는 경우가 있다. CreateFile 함수의 경우 주어진 파일을 여는 데 실패하면 NULL 대신 INVALID_HANDLE_VALUE 값을 반환한다. 따라서 커널 오브젝트를 생성하는 함수의 반환 값을 확인할 때에는 상당한 주의가 필요하다. 구체적으로 예를 들자면 CreateFile 함수를 호출한 경우에는 반환 값을 INVALID_HANDLE_VALUE와 비교해 보아야 한다. 다음은 잘못된 코드의 예이다.

```
HANDLE hMutex = CreateMutex(...);
if (hMutex == INVALID_HANDLE_VALUE) {
    // CreateMutex의 호출이 실패할 경우 NULL을 반환하기 때문에
    // 여기 있는 코드는 절대 실행되지 않는다.
}
```

마찬가지로 다음과 같은 코드도 잘못 작성되었다.

```
HANDLE hFile = CreateFile(...);
if (hFile == NULL) {
    // CreateFile의 호출이 실패할 경우 INVALID_HANDLE_VALUE를 반환하기 때문에
    // 여기 있는 코드는 절대 실행되지 않는다.
}
```

❷ 커널 오브젝트 삭제하기

커널 오브젝트를 어떻게 생성했는지와 상관없이 CloseHandle 함수를 호출하여 더 이상 커널 오브젝트를 사용하지 않을 것임을 시스템에게 알려줄 수 있다.

```
BOOL CloseHandle(HANDLE hobject);
```

내부적으로 이 함수는 프로세스의 핸들 테이블을 검사하여 전달받은 핸들 값을 통해 실제 커널 오브젝트에 접근 가능한지를 확인한다. 핸들이 유효한 값이고 시스템이 커널 오브젝트의 자료 구조를 획득하게 되면, 구조체 내의 사용 카운트^{usage count} 멤버를 감소시킨다. 만일 이 값이 0이 되면 커널 오브젝트를 파괴하고 메모리로부터 제거한다.

유효하지 않은 핸들^{invalid handle}을 CloseHandle 함수에 전달하면 두 가지 경우의 수가 생긴다. 첫째로, 프로세스는 정상적으로 수행되고 CloseHandle 함수는 FALSE를 반환한다. GetLastError를 호출하면 ERROR_INVALID_HANDLE 값을 반환한다. 또 다른 경우로는 프로세스가 디버깅 중인 경우로, 에러를 디버깅할 수 있도록 0xC0000008("유효하지 않은 핸들이 지정되었습니다^{An invalid handle was specified}") 예외가 발생한다.

CloseHandle 함수는 반환되기 직전에 프로세스의 핸들 테이블에서 해당 항목을 삭제한다. 이렇게 되면 핸들은 더 이상 유효하지 않은 값이 되고 이 핸들로는 어떠한 작업도 수행할 수 없다. CloseHandle을 호출하면 더 이상 해당 커널 오브젝트에 접근하는 것이 불가능해지지만, 커널 오브젝트 자체는 삭제되었을 수도 있고 그렇지 않을 수도 있다. 오브젝트의 사용 카운트가 0이 되지 않는 이상 커널 오브젝트는 파괴되지 않는다. 하나 혹은 다수의 다른 프로세스가 해당 커널 오브젝트를 여전히 사용하고 있는 경우라면 커널 오브젝트는 삭제되지 않는다. 다른 모든 프로세스가 이 오브젝트를 더 이상 사용하지 않으면(CloseHandle 함수를 호출하여) 오브젝트는 그때 비로소 파괴될 것이다.

일반적으로 커널 오브젝트를 생성하면 이에 대한 핸들 값을 변수에 저장하게 된다. 이 핸들 값을 인자로 하여 CloseHandle을 호출한 이후에는 변수 값 자체도 NULL로 초기화하는 것이 좋다. 만일 실수로 CloseHandle 호출 이후에 이 핸들 값을 사용하여 Win32 함수를 호출하게 되면 두 가지의 기대하지 않은 상황이 발생할 수 있다. 첫째로, 핸들 테이블로부터 삭제된 항목을 가리키는 핸들의 경우 윈도우는 유효하지 않은 인자를 전달받은 것을 감지하여 적절한 에러를 반환한다. 하지만 또 다른 상황에서는 디버깅을 하기가 더욱 힘들 수도 있다. 새로운 커널 오브젝트를 생성하면 윈도우는 핸들 테이블 상에 비어 있는 공간을 검색하고 검색된 공간에 새로운 커널 오브젝트를 생성하기 때문에, 이미 삭제된 커널 오브젝트 핸들과 동일한 값을 가질 수 있다. 이 경우 기존 변수를 이용하여 함수를 호출하게 되면 적절하지 않은 커널 타입을 전달했다는 에러를 유발하거나 새로 생성된 커널 오브젝트가 이미 삭제했던 오브젝트와 동일한 타입일 경우 더욱더 나쁘게도 복구할 수 없는 충돌을 유발할 수도 있다.

CloseHandle을 호출하는 것을 잊어버리면 오브젝트 누수가 발생하게 될까? 그럴 수도 있고 그렇지 않을 수도 있다. 프로세스가 계속해서 수행 중이라면 오브젝트 누수 상황이 될 수 있다. 하지만 프로세스가 종료되면 운영체제는 프로세스가 사용하던 모든 리소스들을 반환한다. 커널 오브젝트의 경우 시스템은 다음과 같은 절차를 수행한다: 프로세스가 종료되면 운영체제는 프로세스의 핸들 테이블을 검사하여 테이블 상에 유효한 항목이 있는 경우(아직 삭제하지 않은 커널 오브젝트 핸들이 있는 경우) 이러한 오브젝트 핸들을 삭제한다. 이 과정에서 커널 오브젝트의 사용 카운트가 0이 되면 커널 오브젝트도 파괴될 것이다.

따라서 애플리케이션 수행 중에는 커널 오브젝트에 대한 누수가 발생할 수 있지만, 프로세스가 종료될 때에는 시스템이 적절하게 모든 오브젝트 핸들을 정리해 주는 것을 보장하기 때문에 커널 오브젝트 누수 문제는 발생하지 않는다. 이러한 메커니즘은 GDI 오브젝트나 메모리 블록들에 대해서도 동일하게 적용된다 – 프로세스가 종료되면 시스템은 프로세스와 관련된 어떠한 것도 남김없이 삭제한다. 애플리케이션 수행 중에 커널 오브젝트에 대한 누수가 발생되는지의 여부는 윈도우의 작업 관리자^{Task Manager}를 통해 쉽게 확인할 수 있다. 먼저 [그림 3-1]에서 나타난 것과 같이 핸들^{Handles} 항목을 체크하여 핸들 항목이 프로세스^{Processes} 목록 창에 나타나도록 해야 한다. 이를 위해 [그림 3-2]에서 프로세스^{Processes} 탭을 선택하고, 보기^{View}/열 선택^{Select Columns} 메뉴를 수행하면 된다.

[그림 3-1] 작업 관리자의 프로세스 목록 창에 핸들 정보가 나타나도록 선택

이렇게 하면 애플리케이션별로 사용 중인 커널 오브젝트의 수를 [그림 3-2]와 같이 확인할 수 있다.

만일 핸들 항목에 나타난 숫자가 지속해서 증가하면 다음 단계로 어떤 커널 오브젝트가 닫히지 않고 있는지를 확인하기 위해 Sysinternals에서 제공하는 프로세스 익스플로러^{Process Explorer} 툴을 사용하면 된다(*http://www.microsoft.com/technet/sysinternals/ProcessesAndThreads/ProcessExplorer. mspx*에서 다운로드 받을 수 있다). 아래쪽의 핸들 창 헤더 부분에서 마우스의 오른쪽 버튼을 클릭한 후 [그림 3-3]과 같은 화면이 나타나면 모든 항목을 선택한다.

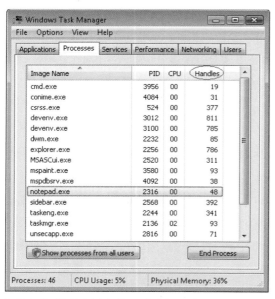

[그림 3-2] 작업 관리자에서 사용 중인 커널 오브젝트 수 확인

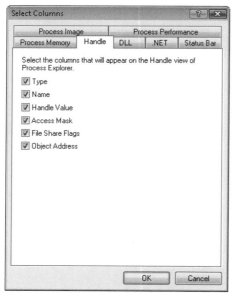

[그림 3-3] 프로세스 익스플로러에서 핸들에 대한 자세한 내용을 보여주도록 선택

이러한 작업이 끝나면 View 메뉴의 Update Speed를 Paused로 변경하고, 위쪽 창에서 프로세스를 선택하면 된다. F5 키를 눌러 커널 오브젝트의 목록을 갱신하고, 애플리케이션에서 커널 오브젝트 누수가 의심되는 기능을 수행한다. 수행이 완료되면 다시 한 번 F5 키를 누른다. [그림 3-4]에서 보는 바와 같이 새롭게 생성된 커널 오브젝트는 초록색으로 나타나고 나머지는 어두운 회색으로 나타난다.

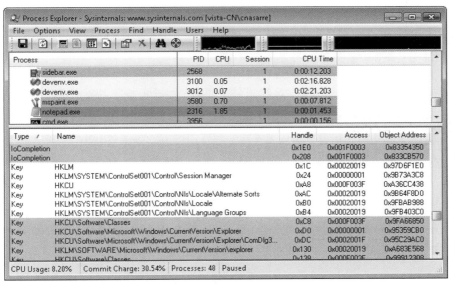

[그림 3-4] 프로세스 익스플로러에서 새롭게 생성된 커널 오브젝트 확인

첫 번째 컬럼에서는 아직까지 삭제되지 않은 커널 오브젝트의 타입을 보여준다. 어떤 오브젝트가 누수되고 있는지를 발견하는 데 도움을 주기 위해 두 번째 컬럼에서는 커널 오브젝트의 이름을 보여준다. 오브젝트의 타입(첫 번째 컬럼)과 이름(두 번째 컬럼)을 이용하면 삭제되지 않은 오브젝트가 무엇인지를 찾아내는 데 많은 도움이 될 것이다. 매우 많은 오브젝트들이 누수되고 있는 상황이라면 아마도 그러한 오브젝트들은 대부분 명명되지 않은 오브젝트일 것이다. 왜냐하면 동일 이름의 오브젝트는 단 한 번만 생성이 가능하기 때문이다. 명명된 오브젝트에 대한 추가적인 생성 시도는 커널 오브젝트의 생성이 아니라 열기로 처리된다.

section 03 프로세스간 커널 오브젝트의 공유

서로 다른 프로세스에서 각기 수행되는 스레드들 간에 동일 커널 오브젝트를 공유해야 하는 경우는 빈번하게 발생할 수 있다. 여기에 몇 가지 예를 들어 보았다.

- 파일-매핑 오브젝트 file-mapping object 는 단일 머신에서 수행되는 두 프로세스 사이에서 데이터의 블록을 공유할 수 있도록 해 준다.
- 메일슬롯 mailslot 과 명명 파이프 named pipe 를 이용하면 네트워크로 연결된 서로 다른 머신 사이에서 데이터를 주고받을 수 있다.

- 뮤텍스^{mutex}, 세마포어^{semaphore}, 이벤트^{event}는 서로 다른 프로세스에서 수행되는 스레드 간에 동기화를 수행할 수 있게 해 준다. 이를 이용하면 애플리케이션이 특정 작업을 완료했을 때 다른 애플리케이션에게 완료 사실을 통보해 줄 수 있다.

커널 오브젝트의 핸들은 프로세스별로 고유한 값이기 때문에 이러한 핸들 값을 공유하는 것은 간단하지 않다. 그럼에도 마이크로소프트가 핸들을 프로세스별로 고유한 값으로 설계한 이유가 있다. 가장 중요한 이유는 안정성이다. 만일 커널 오브젝트의 핸들 값이 시스템 전역적인 값이라면 어떤 프로세스라도 다른 프로세스가 사용하고 있는 오브젝트의 핸들 값을 획득할 수 있을 것이고, 이를 통해 간단히 다른 프로세스를 오동작하게 만들 수 있다. 또 다른 이유는 프로세스별로 고유한 핸들이 좀 더 보안에 강하기 때문이다. 커널 오브젝트는 보안 요소에 의해 보호되고 있으며, 커널 오브젝트를 사용하기 위해서는 먼저 적절한 권한을 획득해야만 한다. 커널 오브젝트를 생성하는 자는 접근 권한을 제한함으로써 허가되지 않은 사용자의 접근을 방지할 수 있다.

이어지는 절들에서는 프로세스들 간에 커널 오브젝트를 공유하는 서로 다른 3가지 방법 – 오브젝트 핸들들의 상속을 이용하는 방법, 명명된 오브젝트를 사용하는 방법, 오브젝트 핸들들의 복사를 이용하는 방법 – 을 각기 설명하였다.

■1 오브젝트 핸들의 상속을 이용하는 방법

오브젝트 핸들들의 상속은 오브젝트를 공유하고자 하는 프로세스들이 페어런트-차일드^{parent-child} 관계를 가질 때에만 사용될 수 있다. 즉, 하나 혹은 다수의 커널 오브젝트 핸들이 페어런트 프로세스에 의해 사용되고 있고, 페어런트 프로세스가 새로운 차일드 프로세스를 생성하기로 결정하였을 때 차일드 프로세스가 페어런트 프로세스가 사용하고 있는 커널 오브젝트에 접근할 수 있도록 해 주는 방법이다. 오브젝트 핸들들의 상속이 정상 동작하기 위해서는 페어런트 프로세스가 다음과 같은 일련의 작업을 수행해 주어야만 한다.

먼저, 페어런트 프로세스는 커널 오브젝트를 생성할 때 이를 가리키는 핸들이 상속될 수 있음을 시스템에게 알려주어야 한다. 때때로 어떤 사람들은 "오브젝트 상속"이라는 용어를 쓰는데, "오브젝트 상속"이라는 개념은 존재하지 않는다. 윈도우는 "오브젝트 핸들의 상속"을 지원한다. 바꾸어 말하자면, 핸들이 상속되는 것이지 오브젝트 자체가 상속되는 것은 아니다.

상속 가능한 핸들을 만들기 위해서는 페어런트 프로세스가 SECURITY_ATTRIBUTES 구조체를 초기화하고 이렇게 초기화된 값을 Create 함수에 전달해야 한다. 다음은 뮤텍스^{mutex} 오브젝트를 생성하고 상속 가능한 핸들을 얻어내는 코드다.

```
SECURITY_ATTRIBUTES sa;
sa.nLength = sizeof(sa);
sa.lpSecurityDescriptor = NULL;
sa.bInheritHandle = TRUE;    // 상속 가능한 핸들을 만든다.

HANDLE hMutex = CreateMutex(&sa, FALSE, NULL);
```

위 코드는 기본 보안 디스크립터[default security descriptor]를 사용하고 상속 가능한 핸들[inheritable handle]을 반환하도록 SECURITY_ATTRIBUTES를 초기화한다.

이제 프로세스 핸들 테이블에 저장된 플래그 정보에 대해 알아볼 차례다. 각 핸들 테이블 요소[handle table entry]는 핸들이 상속 가능한지 여부를 가리키는 플래그 비트[flag bit]를 가지고 있다. 만일 커널 오브젝트를 생성할 때 PSECURITY_ATTRIBUTES 매개변수로 NULL을 전달하면 반환되는 핸들은 상속 불가능하며, 상속 가능 여부를 나타내는 비트는 0이 된다. 만일 bInheritHandle 멤버를 TRUE로 지정하면 이 플래그 비트를 1로 설정한다. 이때 프로세스 핸들 테이블의 모습은 [표 3-2]와 유사할 것이다.

[표 3-2] 두 개의 유효한 요소를 가진 프로세스 핸들 테이블

인덱스	커널 오브젝트의 메모리 블록을 가리키는 포인터	액세스 마스크(각 비트별 플래그 값을 가지는 DWORD)	플래그
1	0xF0000000	0x????????	0x00000000
2	0x00000000	(N/A)	(N/A)
3	0xF0000010	0x????????	0x00000001

[표 3-2]는 이 프로세스가 두 개의 커널 오브젝트(인덱스가 1, 3)에 접근할 수 있고, 인덱스가 1인 핸들은 상속 불가능하며, 인덱스가 3인 핸들은 상속 가능함을 보여주고 있다.

상속 가능한 오브젝트 핸들을 사용하기 위한 다음 단계는 페어런트 프로세스가 차일드 프로세스를 생성하는 것이다. 이러한 작업은 CreateProcess 함수를 이용하면 된다.

```
BOOL CreateProcess(
    PCTSTR pszApplicationName,
    PTSTR pszCommandLine,
    PSECURITY_ATTRIBUTES psaProcess,
    PSECURITY_ATTRIBUTES psaThread,
    BOOL bInheritHandles,
    DWORD dwCreationFlags,
    PVOID pvEnvironment,
    PCTSTR pszCurrentDirectory,
    LPSTARTUPINFO pStartupInfo,
    PPROCESS_INFORMATION pProcessInformation);
```

이 함수에 대해서는 다음 장에서 좀 더 자세히 알아보기로 하고, 지금 당장은 bInhertHandles 매개변수에 집중하기 바란다. 보통 프로세스를 생성할 때 이 매개변수에 FALSE 값을 전달한다. 이 매개변수는 시스템에게 차일드 프로세스가 페어런트 프로세스 핸들 테이블에 있는 상속 가능한 핸들을 상속하기를 원하지 않는다는 것을 시스템에게 알려주는 역할을 한다.

bInhertHandles 매개변수로 TRUE를 전달하면 차일드 프로세스는 페어런트 프로세스의 상속 가능한 핸들 값들을 상속하게 된다. 이 매개변수에 TRUE를 전달하여 CreateProcess 함수를 호출하면 운영체제는 차일드 프로세스를 생성한다. 하지만 차일드 프로세스가 코드를 바로 수행하는 것을 허용하지 않는다. 물론 여느 프로세스의 생성 절차와 마찬가지로 차일드 프로세스를 생성하는 과정에서 비어 있는 프로세스 핸들 테이블이 만들어진다. 하지만 CreateProcess의 bInheritHandles 매개변수에 TRUE를 전달한다면 운영체제는 한 가지 추가적인 작업을 수행한다. 그것은 페어런트 프로세스의 핸들 테이블을 조사하여 상속 가능한 핸들을 찾아내는 일이다. 시스템은 찾아낸 항목들을 차일드 프로세스의 핸들 테이블에 복사한다. 이때 차일드 프로세스 핸들 테이블 내의 복사 위치는 페어런트 프로세스 핸들 테이블에서의 위치와 정확히 일치한다. 이것은 매우 중요한데, 이렇게 함으로써 특정 커널 오브젝트를 구분하는 핸들 값이 페어런트 프로세스와 차일드 프로세스에 걸쳐 동일한 값을 이용할 수 있게 되기 때문이다.

이제 두 개의 프로세스가 동일한 커널 오브젝트를 사용하게 되므로, 운영체제는 핸들 테이블의 항목을 복사하는 작업과 병행하여 커널 오브젝트 내의 사용 카운트를 증가시킨다. 커널 오브젝트를 파괴하려면 페어런트 프로세스와 차일드 프로세스 양쪽에서 모두 CloseHandle 함수를 호출하거나 프로세스를 종료하면 된다. 차일드 프로세스가 항상 먼저 종료되어야 한다거나 페어런트 프로세스가 먼저 종료되어야 한다는 규칙은 존재하지 않는다. 사실, 페어런트 프로세스는 CreateProcess 함수가 반환되면 차일드 프로세스가 오브젝트를 사용하기 전이라 하더라도 그 즉시 오브젝트 핸들을 삭제할 수 있다.

[표 3-3]은 차일드 프로세스가 수행되기 직전의 프로세스 핸들 테이블을 나타낸 것이다. 1번 인덱스와 2번 인덱스를 가진 항목은 초기화되지 않았으므로 차일드 프로세스는 이 핸들을 사용할 수 없다. 하지만 인덱스가 3번인 커널 오브젝트 핸들은 0xF0000010에 존재하는 커널 오브젝트를 가리키고 있으며, 이는 페어런트 프로세스 핸들 테이블 내에 있는 상속 가능 핸들이 가리키는 커널 오브젝트와 동일한 오브젝트다.

[표 3-3] 페어런트 프로세스의 상속 가능한 핸들을 상속한 이후의 차일드 프로세스의 핸들 테이블

인덱스	커널 오브젝트의 메모리 블록을 가리키는 포인터	액세스 마스크(각 비트별 플래그 값을 가지는 DWORD)	플래그
1	0x00000000	(N/A)	(N/A)
2	0x00000000	(N/A)	(N/A)
3	0xF0000010	0x????????	0x00000001

13장 "윈도우 메모리의 구조"에서 보겠지만 커널 오브젝트[kernel object]의 내용은 운영체제에서 수행되는 모든 프로세스가 공유할 수 있는 커널 주소 공간 상에 저장된다. 32비트 운영체제의 경우 커널 메모리는 0x80000000에서 0xFFFFFFFF 사이이며, 64비트 운영체제의 경우 0x00000400'00000000에서 0xFFFFFFFF'FFFFFFFF 사이이다. 액세스 마스크[access mask]는 페어런트 프로세스의 액세스 마스크와 동일하며, 플래그 정보도 동일하다. 따라서 차일드 프로세스가 bInheritHandle 매개변수를 TRUE로 CreateProcess를 호출하여 자신의 차일드 프로세스(그랜드차일드[grandchild] 프로세스)를 생성하면 생성된 프로세스 또한 동일한 핸들 값, 동일한 액세스 마스크, 동일한 플래그를 상속받을 것이며, 오브젝트에 대한 사용자 카운트는 증가될 것이다.

오브젝트 핸들 상속은 차일드 프로세스를 새로 생성할 때에만 적용이 가능함을 알아야 한다. 만약 부모 프로세스가 상속이 가능하도록 새로운 커널 오브젝트를 생성한다 하더라고, 이미 수행되고 있었던 차일드 프로세스는 이 새로운 핸들을 상속받지 못한다.

오브젝트 핸들 상속은 매우 이상한 특징을 하나 가지고 있다. 오브젝트 핸들 상속을 사용하면 차일드 프로세스는 어떤 핸들이 상속된 것인지 알 수 없다. 커널 오브젝트 핸들 상속은 차일드 프로세스가 다른 프로세스에 의해 생성될 때 어떤 커널 오브젝트에 접근해야 할지 알고 있을 때에 한해서 유용하다. 보통의 경우 페어런트 애플리케이션과 차일드 애플리케이션은 같은 회사에서 제작되므로 문제가 되지 않는다. 하지만 차일드 애플리케이션이 어떤 커널 오브젝트 핸들을 필요로 하는지 충분한 명세를 제공한다면 다른 회사에서 차일드 애플리케이션을 작성하는 것도 불가능한 것은 아니다.

차일드 프로세스가 사용할 커널 오브젝트의 핸들을 전달하는 가장 일반적인 방법은 차일드 프로세스 수행 시 명령행 인자를 이용하여 커널 오브젝트의 핸들 값을 전달하는 것이다. 차일드 프로세스의 초기화 코드는 명령행 인자를 분석하여(보통 _stscanf_s를 사용하여) 핸들 값을 얻어낼 수 있다. 이렇게 획득된 핸들 값은 페어런트 프로세스에서와 동일한 접근 권한을 가지게 된다. 핸들 상속은 공유 커널 오브젝트에 대한 핸들 값이 페어런트 프로세스와 차일드 프로세스 사이에서 동일하게 유지되는 유일한 공유 방법이기도 하다. 이러한 이유로 페어런트 프로세스는 명령행 인자를 핸들 값으로 전달할 수 있다.

물론 프로세스간 통신 방법[interprocess communication]을 이용하여 페어런트 프로세스가 차일드 프로세스에게 상속한 커널 오브젝트의 핸들을 전달할 수도 있다. 첫 번째 방법은 페어런트 프로세스가 차일드 프로세스가 완전히 초기화될 때까지 대기한 후에(9장 "커널 오브젝트를 이용한 스레드 동기화"에서 알아볼 WaitForInputIdle 함수를 이용하여) 차일드 프로세스의 스레드가 생성한 윈도우로 메시지를 센드[send]하거나 포스트[post]하는 것이다.

또 다른 방법으로는 페어런트 프로세스가 환경변수 블록에 상속할 커널 오브젝트에 대한 핸들 값을 가지고 있는 새로운 환경변수를 추가하는 것이다. 변수의 이름은 차일드 프로세스와 약속된 이름이라면 무엇이든 사용될 수 있다. 페어런트 프로세스가 차일드 프로세스를 생성하면 차일드 프로세스는 페어런트 프로세스의 환경변수를 상속하게 되는데, 이때 상속된 오브젝트 핸들 값을 얻기 위해 단순히 GetEnvironmentVariable 함수를 호출하면 된다. 이러한 방식은 환경변수가 계속해서 상속되기 때문에 차일드 프로세스가 또 다른 차일드 프로세스를 생성하는 경우 유용하게 활용할 수 있는 방법이다. 차일드 프로세스가 페어런트 프로세스의 콘솔을 상속하는 특별한 경우에는 *http://support.microsoft.com/kb/190351*의 마이크로소프트 지식 베이스^{Microsoft Knowledge Base}를 통해 좀 더 자세한 내용을 확인할 수 있다.

핸들 플래그를 변경하는 방법

가끔은 페어런트 프로세스가 상속 가능한 커널 오브젝트 핸들을 생성한 이후에 두 개의 차일드 프로세스를 생성해야 하고, 이 중 하나의 차일드 프로세스에게만 커널 오브젝트 핸들을 상속하고 싶을 수도 있다. 바꾸어 말하면, 특정 차일드 프로세스만이 커널 오브젝트 핸들을 상속하도록 제어하고 싶을 수 있다. 이런 경우 SetHandleInformation 함수를 이용하여 커널 오브젝트 핸들의 상속 플래그를 변경하면 된다.

```
BOOL SetHandleInformation(
    HANDLE hObject,
    DWORD dwMask,
    DWORD dwFlags);
```

위에서 보는 바와 같이 이 함수는 3개의 매개변수를 필요로 한다. 첫 번째 매개변수인 hObject에는 유효한 핸들 값을 전달하고, 두 번째 매개변수인 dwMask에는 어떤 플래그를 변경하고자 하는지를 전달한다. 현재 핸들과 관련해서 다음의 2개의 플래그가 정의되어 있다.

```
#define HANDLE_FLAG_INHERIT              0x00000001
#define HANDLE_FLAG_PROTECT_FROM_CLOSE  0x00000002
```

두 개의 플래그를 동시에 지정하기 위해서는 비트 OR^{bitwise OR} 연산을 사용하면 된다. 세 번째 매개변수인 dwFlags에는 설정하고자 하는 플래그를 전달한다. 예를 들어 커널 오브젝트 핸들의 상속 가능 여부를 표현하는 플래그를 설정하기 위해서는 다음과 같이 하면 된다.

```
SetHandleInformation(hObj, HANDLE_FLAG_INHERIT, HANDLE_FLAG_INHERIT);
```

상속 가능 여부를 표현하는 플래그를 끄려면 다음과 같이 하면 된다.

```
SetHandleInformation(hObj, HANDLE_FLAG_INHERIT, 0);
```

HANDLE_FLAG_PROTECT_FROM_CLOSE는 운영체제에게 이 플래그가 설정된 핸들은 삭제할 수 없음을 알려주는 플래그다.

```
SetHandleInformation(hObj, HANDLE_FLAG_PROTECT_FROM_CLOSE,
    HANDLE_FLAG_PROTECT_FROM_CLOSE);
CloseHandle(hObj);    // 예외가 발생한다.
```

디버거^{debugger}가 프로세스를 디버깅 중에 보호된 핸들^{protected handle 역자주 1}을 종료하려 하면 CloseHandle 함수가 예외^{exception}를 발생시킨다. 그렇지 않으면 CloseHandle은 단순히 FALSE 값을 반환한다. 핸들을 단순히 삭제되지 않도록 하기 위해 보호된 핸들을 사용하는 것은 흔한 방법이 아니다. 하지만 이 플래그는 차일드 프로세스가 또 다른 차일드 프로세스를 생성하는 구조를 가진 페어런트 프로세스를 만들어야 하는 경우에 유용하게 사용될 수 있다. 페어런트 프로세스가 차일드 프로세스를 거쳐 그랜드차일드^{grandchild} 프로세스에게까지 오브젝트 핸들을 전달하고자 한다고 하자. 이 경우 차일드 프로세스가 그랜드차일드 프로세스를 생성하기도 전에 상속받은 핸들을 닫아버리려고 시도할 수도 있다. 이 경우 페어런트 프로세스는 그랜드차일드 프로세스와 핸들을 이용한 통신에 실패할 것이다. 이 경우 HANDLE_FLAG_PROTECT_FROM_CLOSE를 지정한 보호된 핸들을 이용하면 그랜드차일드 프로세스가 유효한 핸들을 받을 가능성이 좀 더 증대된다.

물론 이러한 접근 방법도 결점이 없는 것은 아니다. 차일드 프로세스가 다음과 같이 HANDLE_FLAG_PROTECT_FROM_CLOSE 플래그를 해제하고 핸들을 닫아버릴 수도 있기 때문이다.

```
SetHandleInformation(hobj, HANDLE_FLAG_PROTECT_FROM_CLOSE, 0);
CloseHandle(hObj);
```

페어런트 클래스는 차일드 프로세스가 이러한 코드를 수행하지 않을 것을 희망하고, 차일드 프로세스가 그랜드차일드 프로세스를 수행해 줄 것을 희망한다. 하지만 이러한 바람이 그다지 위험하지는 않다.

만전을 기하기 위해 GetHandleInformation 함수에 대해서도 알아보자.

```
BOOL GetHandleInformation(
    HANDLE hObject,
    PDWORD pdwFlags);
```

이 함수는 지정된 커널 오브젝트 핸들의 플래그 값을 pdwFlags가 가리키는 DWORD 값을 이용하여 얻어온다. 핸들의 상속 여부를 확인하기 위해서는 다음과 같이 코드를 작성하면 된다.

```
DWORD dwFlags;
GetHandleInformation(hObj, &dwFlags);
BOOL fHandleIsInheritable = (0 != (dwFlags & HANDLE_FLAG_INHERIT));
```

역자주1 HANDLE_FLAG_PROTECTED_FROM_CLOSE가 설정된 핸들

❷ 명명된 오브젝트를 사용하는 방법

프로세스 간에 커널 오브젝트를 공유하는 두 번째 방법은 명명된 오브젝트를 사용하는 방법이다. 모두는 아니지만 대부분의 커널 오브젝트는 이름을 가질 수 있다. 예를 들어 다음에 나타낸 모든 함수들은 명명된 커널 오브젝트를 생성할 수 있다.

```
HANDLE CreateMutex(
    PSECURITY_ATTRIBUTES psa,
    BOOL bInitialOwner,
    PCTSTR pszName);

HANDLE CreateEvent(
    PSECURITY_ATTRIBUTES psa,
    BOOL bManualReset,
    BOOL bInitialState,
    PCTSTR pszName);

HANDLE CreateSemaphore(
    PSECURITY_ATTRIBUTES psa,
    LONG lInitialCount,
    LONG lMaximumCount,
    PCTSTR pszName);

HANDLE CreateWaitableTimer(
    PSECURITY_ATTRIBUTES psa,
    BOOL bManualReset,
    PCTSTR pszName);

HANDLE CreateFileMapping(
    HANDLE hFile,
    PSECURITY_ATTRIBUTES psa,
    DWORD flProtect,
    DWORD dwMaximumSizeHigh,
    DWORD dwMaximumSizeLow,
    PCTSTR pszName);

HANDLE CreateJobObject(
    PSECURITY_ATTRIBUTES psa,
    PCTSTR pszName);
```

위에 나타낸 함수들은 공통적으로 마지막 매개변수로 pszName을 가진다. 이 매개변수로 NULL을 전달하면 명명되지 않은(익명의) 커널 오브젝트를 생성하게 된다. 명명되지 않은 오브젝트를 생성할 경우라도 핸들 상속(앞서 알아본)이나 DuplicateHandle(뒤에서 알아볼)을 이용하여 프로세스 간에 커널 오브젝트를 공유할 수 있다. 이름을 이용하여 커널 오브젝트를 공유하려면 당연히 커널 오브젝트에 이름을 지정해야 한다.

pszName에 NULL을 전달하는 대신 '\0'으로 끝나는 문자열을 가리키는 주소^{address}를 전달하여 오브젝트의 이름을 지정할 수 있다. 이러한 이름은 최대 MAX_PATH(260으로 정의되어 있다) 길이가 될 수 있다. 불행히도 마이크로소프트는 커널 오브젝트의 명명규칙을 제공하지 않고 있다. 예를 들어 "JeffObj"라는 이름의 오브젝트를 생성할 때 이미 "JeffObj"라는 이름의 오브젝트가 존재할 수도 있고, 존재하지 않을 수도 있다. 게다가 서로 다른 타입의 커널 오브젝트라 하더라도 동일한 네임스페이스를 공유하기 때문에 일이 더욱 복잡해진다. 그러므로 다음과 같이 CreateSemaphore를 호출하게 되면 NULL 값이 반환된다. 타입은 다르지만 동일한 이름의 다른 커널 오브젝트가 이미 존재하기 때문이다.

```
HANDLE hMutex = CreateMutex(NULL, FALSE, TEXT("JeffObj"));
HANDLE hSem = CreateSemaphore(NULL, 1, 1, TEXT("JeffObj"));
DWORD dwErrorCode = GetLastError();
```

위 코드에서 dwErrorCode 값을 확인해 보면 6(ERROR_INVALID_HANDLE)이 반환됨을 알 수 있다. 이러한 에러 코드는 에러 상황을 정확하게 설명하고 있지도 못할 뿐더러 어떻게 에러를 수정해야 할지도 알기 어렵다.

오브젝트의 명명규칙에 대해서는 알아보았고, 이제 이를 통해 어떻게 오브젝트를 공유하는지 알아보자. A 프로세스가 수행되어 다음과 같이 함수를 호출했다고 하자.

```
HANDLE hMutexProcessA = CreateMutex(NULL, FALSE, TEXT("JeffMutex"));
```

이 함수 호출은 새로운 뮤텍스^{mutex} 커널 오브젝트를 생성하여 "JeffMutex"라고 명명한다. A 프로세스의 핸들인 hMutexProcessA 핸들은 상속 가능 핸들이 아님에 주의해야 한다. 명명된 커널 오브젝트를 생성할 때에는 상속 가능한 핸들을 생성할 필요가 없다.

이제 새로운 B 프로세스가 수행된다. B 프로세스는 A 프로세스의 차일드 프로세스일 필요는 없으며, 윈도우 탐색기^{Window Explorer}나 다른 애플리케이션에 의해 수행될 수도 있다. B 프로세스는 핸들 상속 대신 명명된 오브젝트의 이점을 사용할 것이기 때문에 굳이 A 프로세스의 차일드 프로세스일 필요는 없다. B 프로세스가 수행되면 다음과 같은 코드를 수행한다.

```
HANDLE hMutexProcessB = CreateMutex(NULL, FALSE, TEXT("JeffMutex"));
```

B 프로세스가 CreateMutex를 호출하게 되면 운영체제는 먼저 JeffMutex라는 이름의 커널 오브젝트가 존재하는지 확인한다. 만일 동일 이름의 오브젝트가 존재한다면, 다음으로 오브젝트의 타입을 확인해야 한다. 왜냐하면 "JeffMutex"라는 이름의 뮤텍스를 생성하려는 것이기 때문에 이미 생성된

오브젝트의 타입도 뮤텍스이어야 할 것이다. 이후 운영체제는 B 프로세스가 오브젝트에 대한 최대 접근 권한을 가지고 있는지 확인한다. 만일 그렇다면 운영체제는 B 프로세스의 핸들 테이블 상에 비어 있는 항목을 추가하고 이미 존재하고 있던 커널 오브젝트를 가리키도록 설정한다. 만일 오브젝트의 타입이 일치하지 않거나 접근 권한이 없는 경우 CreaetMutex는 실패하고 NULL을 반환한다.

노트

커널 오브젝트 생성 함수(CreateSemaphore와 같은)는 항상 커널 오브젝트에 대한 최대 접근 권한을 가지고 있는 핸들을 반환한다. 만일 핸들에 대한 가용 접근 권한을 제한하고 싶다면 커널 오브젝트 생성 함수의 확장 버전(뒤에 Ex가 붙은)을 사용하면 된다. 이러한 함수들은 dwDesiredAccess라는 DWORD 타입의 매개변수를 추가적으로 필요로 한다. 예를 들어 CreateSemaphoreEx 함수를 호출할 때 SEMAPHORE_MODIFY_STATE의 사용 여부에 따라 ReleaeSemaphore의 호출이 가능하거나 불가능한 핸들을 생성할 수 있다. 각 커널 오브젝트별로 사용 가능한 값의 목록에 대해서는 http://msdn2.microsoft.com/en-us/library/ms686670.aspx에서 윈도우 SDK 문서를 확인하기 바란다.

B 프로세스가 CreateMutex 호출에 성공한다 하더라도 실제로는 새로운 뮤텍스가 생성되는 것이 아니라 기존의 뮤텍스 오브젝트에 접근할 수 있는 B 프로세스 고유의 핸들 값이 생성될 뿐이다. 물론 B 프로세스의 핸들 테이블은 이러한 오브젝트를 참조하는 항목을 가지고 있으며, 뮤텍스 오브젝트의 사용 카운트 값은 증가될 것이다. 이제 이 뮤텍스 오브젝트는 A 프로세스와 B 프로세스 양쪽 모두에서 관련 핸들을 삭제할 때까지 파괴되지 않는다. A 프로세스와 B 프로세스 각각은 자신만의 핸들 값을 가지고 동일한 뮤텍스 커널 오브젝트를 사용하게 되므로 이러한 동작은 적절하다고 하겠다.

노트

이름^{name}을 통해 공유되는 커널 오브젝트^{kernel object}를 사용하는 경우 반드시 알아두어야 할 사항이 있다. B 프로세스가 CreateMutex를 호출할 때 보안 특성 정보와 두 번째 인자 값을 전달하였더라도 이미 존재하는 커널 오브젝트의 정보와 일치하지 않을 경우 이 값들은 무시된다. 애플리케이션은 실제로 커널 오브젝트가 새로 생성된 것인지 아니면 기존의 오브젝트를 참조하는 것인지를 확인해야 하며, 이는 Create* 류의 함수 호출 직후에 GetLastError를 호출해 보면 알 수 있다.

```
HANDLE hMutex = CreateMutex(&sa, FALSE, TEXT("JeffObj"));
if (GetLastError() == ERROR_ALREADY_EXISTS) {
    // 기존에 존재하던 오브젝트에 대한 핸들을 가져왔다.
    // sa.lpSecurityDescriptor와 두 번째 인자(FALSE)는
    // 무시된다.
} else {
    // 새롭게 명명된 오브젝트를 생성하였다.
    // sa.lpSecurityDescriptor와 두 번째 인자(FALSE)는
    // 오브젝트의 생성 시에 사용된다.
}
```

명명된 오브젝트가 이미 생성되어 있는 경우에 한해서만 활용할 수 있는 함수들도 있는데, 다음에 나열한 Open* 류의 함수가 이러한 부류의 함수들이다.

```
HANDLE OpenMutex(
    DWORD dwDesiredAccess,
    BOOL bInheritHandle,
    PCTSTR pszName);

HANDLE OpenEvent(
    DWORD dwDesiredAccess,
    BOOL bInheritHandle,
    PCTSTR pszName);

HANDLE OpenSemaphore(
    DWORD dwDesiredAccess,
    BOOL bInheritHandle,
    PCTSTR pszName);

HANDLE OpenWaitableTimer(
    DWORD dwDesiredAccess,
    BOOL bInheritHandle,
    PCTSTR pszName);

HANDLE OpenFileMapping(
    DWORD dwDesiredAccess,
    BOOL bInheritHandle,
    PCTSTR pszName);

HANDLE OpenJobObject(
    DWORD dwDesiredAccess,
    BOOL bInheritHandle,
    PCTSTR pszName);
```

모든 함수들이 동일한 원형을 가지고 있음에 주목하라. 마지막 매개변수인 pszName은 커널 오브젝트의 이름을 지정하는 데 사용된다. 이 값으로 NULL을 사용해서는 안 되며, 반드시 '\0'으로 끝나는 문자열을 지정해야 한다. 이러한 함수들은 커널 오브젝트를 위한 단일의 네임스페이스로 내에서 검색을 시도한다. 지정된 이름의 오브젝트를 발견하지 못하면 함수는 NULL을 반환하고, GetLastError는 2(ERROR_FILE_NOT_FOUND)를 반환한다. 만일 커널 오브젝트가 존재하지만 타입이 틀릴 경우 NULL을 반환하는 것은 같지만 GetLastError가 6(ERROR_INVALID_HANDLE)을 반환한다. 타입까지 일치하면 다음으로 (dwDesiredAccess 매개변수를 통해) 요청된 접근 권한이 허가되는지를 확인한다. 그렇다면 함수를 호출한 프로세스의 핸들 테이블이 갱신되고, 커널 오브젝트의 사용 카운트가 증가된다. 만일 bInhertHandle 매개변수로 TRUE를 넘겨준 경우 반환되는 핸들은 상속 가능 핸들이 될 것이다.

Create* 류의 함수와 Open* 류의 함수 사이의 주요 차이점은 커널 오브젝트가 존재하지 않는 경우에 Create* 류의 함수는 새로운 오브젝트를 생성하지만 Open* 류의 함수는 실패한다는 것이다.

앞서 언급한 바와 같이 마이크로소프트는 어떻게 유일한 오브젝트 이름을 생성할지에 대한 어떠한 명명규칙도 제공하지 않는다. 따라서 서로 다른 회사에서 제작된 두 개의 프로그램이 "MyObject"라는 이름의 오브젝트를 동시에 생성하려 하면 문제가 발생할 수 있다. 필자는 유일한 이름을 구성하기 위해 오브젝트 이름을 GUID 값이나 GUID를 문자열로 변경한 값을 사용할 것을 권고한다. 다른 방법으로는, 다음에 알아볼 프라이비트 네임스페이스^{private namespace}를 사용하는 방법도 있다.

명명된 오브젝트는 동일한 애플리케이션이 여러 번 수행되지 못하도록 하기 위해서도 자주 사용된다. 이를 위해 _tmain이나 _tWinMain 함수에서 Create* 류의 함수를 호출하여 명명된 오브젝트를 생성한다. (어떤 타입의 오브젝트를 생성하는지는 문제가 되지 않는다.) Create* 류의 함수가 반환되면 GetLastError를 호출해서 그 결과가 ERROR_ALREADY_EXISTS라면 이미 동일한 애플리케이션이 수행 중이라고 판단할 수 있으며, 이 경우 새로 수행된 애플리케이션을 종료하면 된다. 이러한 동작 방식을 설명하기 위한 코드를 아래에 나타냈다.

```
int WINAPI _tWinMain(HINSTANCE hInstExe, HINSTANCE, PTSTR pszCmdLine,
    int nCmdShow) {
HANDLE h = CreateMutex(NULL, FALSE,
    TEXT("{ FA531CC1-0497-11d3-A180-00105A276C3E} "));
if (GetLastError() == ERROR_ALREADY_EXISTS) {
    // 이미 수행 중인 동일한 애플리케이션이 있다.
    // 오브젝트 핸들을 삭제하고 프로그램을 종료한다.
    CloseHandle(h);
    return(0);
}

// 애플리케이션이 최초로 수행되었다.
...
// 빠져나오기 전에 오브젝트 핸들을 삭제한다.
CloseHandle(h);
return(0);
}
```

터미널 서비스 네임스페이스

터미널 서비스의 경우 앞선 시나리오와 조금의 차이가 있다. 터미널 서비스를 수행하는 머신은 커널 오브젝트에 대해 다수의 네임스페이스^{namespace}를 가진다. 모든 터미널 서비스 클라이언트 세션^{client session}에서 접근 가능한 커널 오브젝트를 위한 전역 네임스페이스^{global namespace}가 있는데, 이는 주로 서비스 타입의 애플리케이션에 의해 사용된다. 이와는 별도로 각 클라이언트 세션은 자신만의 고유 네임스페이스를 가지게 된다. 이러한 구성으로 인해 두 개 혹은 다수의 세션에서 동일한 애플리케이션이 각기 수행될지라도 서로간에 영향을 미치지 않게 된다. 하나의 세션은 설사 오브젝트의 이름이 같은 경우라 하더라도 다른 세션의 오브젝트에 접근할 수 없다. 이러한 시나리오는 서버 머신에서만 적용되는 내용이 아니라 리모트 데스크톱^{Remote Desktop}이나 빠른 사용자 전환^{Fast User Switching}에서도 동일하게 적용된다.

> 사용자가 로그인하기 전에 수행되는 서비스들은 상호작용이 없는^{noninteractive} 첫 번째 세션에서 기동된다. 윈도우 비스타는 이전의 윈도우와는 다르게 사용자가 로그인하면 서비스를 위해서만 사용되는 세션 0과는 다른, 새로운 세션에서 애플리케이션을 수행한다. 이렇게 함으로써 높은 권한 하에서 수행되어야 하는 시스템의 핵심 컴포넌트들을 멜웨어^{malware}로부터 격리시킬 수 있다.
>
> 서비스 개발자들에게 있어 클라이언트 애플리케이션이 서로 다른 세션에서 수행된다는 것은 사용자 애플리케이션 사이에 공유해야 할 커널 오브젝트의 명명규칙에 영향을 미친다. 서로 다른 세션에서 수행되는 사용자 애플리케이션들 사이에 공유해야 하는 오브젝트의 경우 반드시 전역 네임스페이스 내에 생성해야 하며, 이는 서로 다른 사용자가 빠른 사용자 전환을 통해 서로 다른 세션에 로그인한 경우에도 동일하게 적용된다. 서비스는 사용자 애플리케이션이 동일 세션에서 수행될 것이라 가정해서 안 된다. 세션 0 격리^{session 0 isolation}와 이러한 특성이 서비스 개발자에게 미치는 영향에 대해서는 "윈도우 비스타의 세션 0 격리 특성이 서비스와 드라이버에 미치는 영향^{Impact of Session 0 Isolation on Services and Drivers in Windows Vista}"을 읽어보기 바란다. 이 문서는 http://www.microsoft.com/whdc/system/vista/services.mspx에서 찾아볼 수 있다.

만일 어떤 터미널 세션에서 특정 프로세스가 수행되고 있는지를 알아내고 싶다면 ProcessIdTo-SessionId 함수를 이용하면 된다(이 함수는 kernel32.dll에 의해 익스포트되고 있으며, WinBase.h에 정의되어 있다). 아래에 이 함수를 활용한 예제가 있다.

```
DWORD processID = GetCurrentProcessId();
DWORD sessionID;
if (ProcessIdToSessionId(processID, &sessionID)) {
   tprintf(
      TEXT("Process '%u' runs in Terminal Services session '%u'"),
      processID, sessionID);
} else {
   // 매개변수로 전달한 process ID가 나타내는 프로세스에 대해
   // 충분한 접근 권한이 없는 경우 ProcessIdToSessionId 함수는 실패할 것이다.
   // 여기서는 자기 자신의 process ID를 사용하였기 때문에 이러한 문제가 발생하지 않는다.
   tprintf(
      TEXT("Unable to get Terminal Services session ID for process '%u'"),
      processID);
}
```

서비스에서 사용되는 명명된 커널 오브젝트는 항상 전역 네임스페이스에 생성된다. 기본적으로, 터미널 서비스에서 기동되는 애플리케이션은 각 세션별 네임스페이스 내에 명명된 커널 오브젝트를 생성한다. 하지만 아래 예제와 같이 오브젝트의 이름 앞에 "Global\\"를 붙여주어 전역 네임스페이스

내에 커널 오브젝트를 생성하도록 명시할 수도 있다.

```
HANDLE h = CreateEvent(NULL, FALSE, FALSE, TEXT("Global\\MyName"));
```

또한 아래 예제와 같이 오브젝트의 이름 앞에 "Local\\"를 붙여주어 현재 세션의 네임스페이스 내에 커널 오브젝트를 생성하도록 명시할 수도 있다.

```
HANDLE h = CreateEvent(NULL, FALSE, FALSE, TEXT("Local\\MyName"));
```

마이크로소프트는 Global과 Local을 예약된 키워드로 간주하며, 특별히 네임스페이스의 위치를 지정할 때를 제외하고는 오브젝트 이름에 이를 사용하지 않도록 권고하고 있다. 마이크로소프트는 또한 Session도 예약된 키워드로 간주한다. 예를 들어 Session\<current session ID>\와 같은 형태를 사용할 수 있다. 하지만 Session 키워드를 사용한다고 해도 애플리케이션이 현재 수행 중인 세션이 아닌 다른 세션에 오브젝트를 생성하는 것은 불가능하다. 이 경우 함수는 실패를 호출하고, GetLast-Error는 ERROR_ACCESS_DENIED를 반환할 것이다.

예약된 키워드는 대소문자를 구분한다.

프라이비트 네임스페이스

커널 오브젝트를 생성할 때 SECURITY_ATTRIBUTES 구조체의 포인터를 전달함으로써 오브젝트에 대한 접근을 보호할 수 있다. 하지만 윈도우 비스타 출시 이전에는 다른 프로세스가 공유 오브젝트의 이름을 훔치는 것으로부터 보호할 수 없었다. 설령 가장 낮은 권한에서 수행되는 프로세스라 하더라도 동일 이름으로 오브젝트를 생성하는 것이 가능했다. 만일 앞서의 예제와 같이 유일하게 한 번만 수행되는^{singleton} 사용자 애플리케이션을 구현하기 위해 명명된 뮤텍스를 사용하는 경우, 이와 동일한 이름의 커널 오브젝트를 생성하는 다른 애플리케이션을 쉽게 만들 수 있다. 이렇게 만들어진 애플리케이션이 사용자의 애플리케이션보다 먼저 수행되고 있다면 사용자 애플리케이션은 동일한 애플리케이션이 이미 수행되고 있다고 판단하고 바로 종료되어버릴 것이다. 이러한 방식은 서비스 거부 공격 Denial of Service(DoS) Attack의 기본 메커니즘이 된다. 명명되지 않은 오브젝트는 서비스 거부 공격의 대상이 되지 않음에 주목할 필요가 있다. 따라서 프로세스 간에 공유할 필요가 없는 오브젝트의 경우 명명되지 않은 커널 오브젝트를 사용하는 것이 좀 더 일반적이다.

애플리케이션에서 생성한 명명된 커널 오브젝트가 다른 애플리케이션에서 사용하는 오브젝트의 이름과 절대로 충돌하지 않으며, 이름을 훔치려는 시도로부터 안전하기를 원한다면 Global이나 Local을 사용하는 것과 같이 사용자 고유의 프라이비트 네임스페이스 private namespace를 만들어서 사용하면 된다. 서버 프로세스는 네임스페이스 이름 자체를 보호하기 위해 바운더리 디스크립터^{boundary descriptor}를 생성하고 이를 이용하여 프라이비트 네임스페이스를 생성해야 한다.

싱글턴^{Singleton} 애플리케이션인 03-Singleton.exe(Singleton.cpp 소스 코드는 바로 뒤에 있다)는 프라이비트 네임스페이스를 사용하여 어떻게 하면 좀 더 안전하게 싱글턴 패턴을 구현할 수 있는지를 보여주고 있다.

[그림 3-5] 싱글턴 패턴으로 구현된 애플리케이션을 최초 수행한 경우

만일 프로그램이 수행 중인 상태에서 동일한 프로그램을 다시 한 번 수행하려고 하면 [그림 3-6]과 같이 이미 수행 중인 프로그램이 있음을 알려준다.

[그림 3-6] 싱글턴 패턴으로 구현된 애플리케이션이 이미 수행 중이며, 또 다시 애플리케이션을 수행했을 경우

다음에 나오는 소스 코드에 포함된 CheckInstances 함수는 바운더리 디스크립터를 어떻게 생성하고, 로컬 관리자 그룹^{Local Administrators group}을 나타내는 보안 식별자^{security identifier}(SID)를 바운더리 디스크립터에 어떻게 추가하는지를 보여주고 있다. 그리고 뮤텍스 커널 오브젝트의 접두어로 사용할 프라이비트 네임스페이스를 생성하고, 이 네임스페이스를 여는 방법을 보여주고 있다. 바운더리 디스크립터도 이름을 가지지만 이보다 더 중요한 것은 바운더리 디스크립터에 추가된 사용자 그룹을 나타내는 SID 값이다. 윈도우는 이 값을 통해 바운더리 디스크립터에 추가된 사용자 그룹에 속한 사용자의 수행 권한 하에서 수행되는 애플리케이션만이 동일한 바운더리 내의 동일 네임스페이스를 생성할 수 있도록 해 준다. 이를 통해 동일 바운더리 내의 프라이비트 네임스페이스 이름을 접두어로 하는 커널 오브젝트에 접근할 수 있도록 해 준다.

만일 낮은 권한의 멜웨어 애플리케이션이 오브젝트의 이름과 SID를 훔칠 목적으로 동일한 바운더리 디스크립터를 생성하려 하는 경우 – 즉, 높은 권한을 가진 계정에 의해 보호된 프라이비트 네임스페

이스를 생성하려 하거나 열기를 시도하는 경우 – 이러한 함수 호출은 실패할 것이며, GetLastError
는 ERROR_ACCESS_DENIED를 반환할 것이다. 여기서 멜웨어 애플리케이션이 충분한 권한을 가지
는 경우에 대해서는 고려하지 않기로 한다. 실제로 멜웨어가 충분한 권한을 이미 획득했다면 커널 오
브젝트의 이름을 훔치는 정도의 일은 아무것도 아니며, 시스템에 더 큰 손상을 줄 수도 있기 때문이다.

```cpp
/**************************************************************************
Module:  Singleton.cpp
Notices: Copyright (c) 2008 Jeffrey Richter & Christophe Nasarre
**************************************************************************/
//


#include "stdafx.h"
#include "resource.h"

#include "..\CommonFiles\CmnHdr.h"      /* 부록 A를 보라. */
#include <windowsx.h>
#include <Sddl.h>                // SID 관리를 위해 추가
#include <tchar.h>
#include <strsafe.h>


/////////////////////////////////////////////////////////////////////////


// 주 다이얼로그
HWND     g_hDlg;

// 이미 수행되고 있는 인스턴스가 있는지를 확인하기 위한 뮤텍스, 바운더리, 네임스페이스
HANDLE   g_hSingleton = NULL;
HANDLE   g_hBoundary = NULL;
HANDLE   g_hNamespace = NULL;

// 네임스페이스가 생성되었는지 혹은 정리를 위해 오픈되었는지의 여부를 저장
BOOL     g_bNamespaceOpened = FALSE;

// 바운더리 이름과 프라이비트 네임스페이스 이름
PCTSTR   g_szBoundary = TEXT("3-Boundary");
PCTSTR   g_szNamespace = TEXT("3-Namespace");

#define DETAILS_CTRL GetDlgItem(g_hDlg, IDC_EDIT_DETAILS)


/////////////////////////////////////////////////////////////////////////
```

```
// "Details" 에디트 컨트롤에 문자열 추가
void AddText(PCTSTR pszFormat, ...) {

   va_list argList;
   va_start(argList, pszFormat);

   TCHAR sz[ 20 * 1024];

   Edit_GetText(DETAILS_CTRL, sz, _countof(sz));
   _vstprintf_s(
      _tcschr(sz, TEXT('\0')), _countof(sz) - _tcslen(sz),
      pszFormat, argList);
   Edit_SetText(DETAILS_CTRL, sz);
   va_end(argList);
}


///////////////////////////////////////////////////////////////////

void Dlg_OnCommand(HWND hwnd, int id, HWND hwndCtl, UINT codeNotify) {

   switch (id) {
      case IDOK:
      case IDCANCEL:
         // 사용자가 Exit 버튼을 눌렀거나
         // ESCAPE를 눌러 다이얼로그를 취소했음
         EndDialog(hwnd, id);
         break;
   }
}


///////////////////////////////////////////////////////////////////

void CheckInstances() {

   // 바운더리 디스크립터 생성
   g_hBoundary = CreateBoundaryDescriptor(g_szBoundary, 0);

   // 로컬 관리자 그룹과 연관된 SID 값 생성
   BYTE localAdminSID[ SECURITY_MAX_SID_SIZE];
   PSID pLocalAdminSID = &localAdminSID;
   DWORD cbSID = sizeof(localAdminSID);
   if (!CreateWellKnownSid(
      WinBuiltinAdministratorsSid, NULL, pLocalAdminSID, &cbSID)) {
      AddText(TEXT("AddSIDToBoundaryDescriptor failed: %u\r\n"),
         GetLastError());
```

```
        return;
    }

    // 로컬 관리자 SID 값을 바운더리 디스크립터에 추가함
    // --> 로컬 관리자 권한으로 애플리케이션이 수행될 경우에만
    //     동일 네임스페이스 내의 커널 오브젝트에 접근이 가능함
    if (!AddSIDToBoundaryDescriptor(&g_hBoundary, pLocalAdminSID)) {
        AddText(TEXT("AddSIDToBoundaryDescriptor failed: %u\r\n"),
            GetLastError());
        return;
    }

    // 로컬 관리자만을 위한 네임스페이스 생성
    SECURITY_ATTRIBUTES sa;
    sa.nLength = sizeof(sa);
    sa.bInheritHandle = FALSE;
    if (!ConvertStringSecurityDescriptorToSecurityDescriptor(
        TEXT("D:(A;;GA;;;BA)"),
        SDDL_REVISION_1, &sa.lpSecurityDescriptor, NULL)) {
        AddText(TEXT("Security Descriptor creation failed: %u\r\n"),
            GetLastError());
        return;
    }

    g_hNamespace =
        CreatePrivateNamespace(&sa, g_hBoundary, g_szNamespace);

    // 보안 디스크립터가 저장된 메모리 공간을 해제하는 것을 잊어서는 안 된다.
    LocalFree(sa.lpSecurityDescriptor);

    // 프라이비트 네임스페이스 생성 결과 확인
    DWORD dwLastError = GetLastError();
    if (g_hNamespace == NULL) {
        // 접근이 거부되는 경우 아무것도 하지 않음
        // --> 이 코드는 로컬 관리자 계정 하에서 수행되어야 한다.
        if (dwLastError == ERROR_ACCESS_DENIED) {
            AddText(TEXT("Access denied when creating the namespace.\r\n"));
            AddText(TEXT("   You must be running as Administrator.\r\n\r\n"));
            return;
        } else {
            if (dwLastError == ERROR_ALREADY_EXISTS) {
                // 만일 다른 인스턴스가 동일한 네임스페이스를 이미 생성했다면
                // 생성된 네임스페이스를 오픈한다.
                AddText(TEXT("CreatePrivateNamespace failed: %u\r\n"),
                    dwLastError);
```

```
                g_hNamespace = OpenPrivateNamespace(g_hBoundary, g_szNamespace);
                if (g_hNamespace == NULL) {
                    AddText(TEXT("   and OpenPrivateNamespace failed: %u\r\n"),
                        dwLastError);
                    return;
                } else {
                    g_bNamespaceOpened = TRUE;
                    AddText(TEXT("   but OpenPrivateNamespace succeeded\r\n\r\n"));
                }
            } else {
                AddText(TEXT("Unexpected error occured: %u\r\n\r\n"),
                    dwLastError);
                return;
            }
        }
    }

    // 프라이비트 네임스페이스에 기반한
    // 뮤텍스 오브젝트를 생성한다.
    TCHAR szMutexName[ 64 ];
    StringCchPrintf(szMutexName, _countof(szMutexName), TEXT("%s\\%s"),
        g_szNamespace, TEXT("Singleton"));

    g_hSingleton = CreateMutex(NULL, FALSE, szMutexName);
    if (GetLastError() == ERROR_ALREADY_EXISTS) {
        // 이미 싱글턴 오브젝트의 인스턴스가 존재한다.
        AddText(TEXT("Another instance of Singleton is running:\r\n"));
        AddText(TEXT("--> Impossible to access application features.\r\n"));
    } else {
        // 싱글턴 오브젝트가 최초로 만들어졌다.
        AddText(TEXT("First instance of Singleton:\r\n"));
        AddText(TEXT("--> Access application features now.\r\n"));
    }
}

///////////////////////////////////////////////////////////////////////

BOOL Dlg_OnInitDialog(HWND hwnd, HWND hwndFocus, LPARAM lParam) {

    chSETDLGICONS(hwnd, IDI_SINGLETON);

    // 주 다이얼로그 윈도우 핸들 저장
    g_hDlg = hwnd;
```

```
      // 다른 인스턴스가 수행 중인지 여부를 확인
      CheckInstances();

      return(TRUE);
}


///////////////////////////////////////////////////////////////////////


INT_PTR WINAPI Dlg_Proc(HWND hwnd, UINT uMsg, WPARAM wParam, LPARAM lParam) {

      switch (uMsg) {
         chHANDLE_DLGMSG(hwnd, WM_COMMAND,    Dlg_OnCommand);
         chHANDLE_DLGMSG(hwnd, WM_INITDIALOG, Dlg_OnInitDialog);
      }

      return(FALSE);
}


///////////////////////////////////////////////////////////////////////


int APIENTRY _tWinMain(HINSTANCE hInstance,
                       HINSTANCE hPrevInstance,
                       LPTSTR    lpCmdLine,
                       int       nCmdShow)
{
      UNREFERENCED_PARAMETER(hPrevInstance);
      UNREFERENCED_PARAMETER(lpCmdLine);

      // 주 윈도우를 보여줌
      DialogBox(hInstance, MAKEINTRESOURCE(IDD_SINGLETON), NULL, Dlg_Proc);

      // 커널 리소스를 삭제하는 것을 잊지 마라.
      if (g_hSingleton != NULL) {
         CloseHandle(g_hSingleton);
      }

      if (g_hNamespace != NULL) {
         if (g_bNamespaceOpened) {   // 네임스페이스를 오픈하였는가?
            ClosePrivateNamespace(g_hNamespace, 0);
         } else {   // 네임스페이스를 생성하였는가?
            ClosePrivateNamespace(g_hNamespace, PRIVATE_NAMESPACE_FLAG_DESTROY);
         }
      }

      if (g_hBoundary != NULL) {
```

```
        DeleteBoundaryDescriptor(g_hBoundary);
    }

    return(0);
}

//////////////////////////// 파일의 끝 ////////////////////////////
```

CheckInstances 함수를 각 단계별로 알아보자. 먼저, 바운더리 디스크립터를 생성하기 위해서는 문자열 식별자가 필요하며, 이 값은 프라이비트 네임스페이스를 정의할 때 사용된다. 이러한 문자열은 다음에서 보는 바와 같이 함수의 첫 번째 매개변수를 통해 전달된다.

```
HANDLE CreateBoundaryDescriptor(
    PCTSTR pszName,
    DWORD dwFlags);
```

현재 버전의 윈도우는 두 번째 매개변수를 사용하지 않는다. 따라서 이 값으로는 단순히 0을 전달하는 것이 좋다. 함수의 원형만 보아서는 반환 값이 커널 오브젝트의 핸들처럼 보인다. 하지만 반환 값은 바운더리^{boundary}의 정의를 담고 있는 사용자-모드 구조체를 가리키는 포인터다. 따라서 이를 삭제하려는 경우 CloseHandle 함수에 사용해선 안 되고, DeleteBoundaryDescriptor 함수를 사용해야 한다.

다음으로, 클라이언트 애플리케이션을 수행하리라 예상되는 사용자의 권한 그룹을 나타내는 SID 값을 다음 함수를 호출하여 바운더리 디스크립터에 추가한다.

```
BOOL AddSIDToBoundaryDescriptor(
    HANDLE* phBoundaryDescriptor,
    PSID pRequiredSid);
```

로컬 관리자 그룹의 SID 값을 생성하기 위해 SECURITY_BUILTIN_DOMAIN_ RID와 DOMAIN_ ALIAS_RID_ADMINS 매개변수를 이용하여 AllocateAndInitializeSid 함수를 호출할 수도 있으나, 이미 알려진 그룹들에 대해서는 싱글턴 예제에서와 같이 CreateWellknownSid 함수를 이용할 수도 있다. 이미 알려진^{well-known} 그룹들은 WinNT.h 헤더 파일에 정의되어 있다.

이렇게 생성된 바운더리 디스크립터 핸들은 프라이비트 네임스페이스를 생성하기 위해 CreatePrivateNamespace 함수를 호출할 때 두 번째 매개변수로 전달된다.

```
HANDLE CreatePrivateNamespace(
    PSECURITY_ATTRIBUTES psa,
    PVOID pvBoundaryDescriptor,
    PCTSTR pszAliasPrefix);
```

CreatePrivateNamespace 함수의 첫 번째 매개변수로 전달하는 SECURITY_ATTRIBUTES는 다른 애플리케이션이 OpenPrivateNamespace를 호출하여 네임스페이스에 접근할 수 있는지, 네임스페이스 내에 존재하는 오브젝트를 열거나 생성할 수 있는지의 등의 여부를 결정하기 위해 윈도우에 의해 사용된다. 파일시스템의 디렉터리에도 이와 완전히 동일한 옵션들이 있다. 바운더리 디스크립터 boundary descriptor에 추가된 SID는 누가 바운더리 내로 진입할 수 있는지, 누가 네임스페이스를 생성할 수 있는지 여부 등의 내용을 결정하는 데 사용된다. 싱글턴 예제에서는 SECURITY_ATTRIBUTE 값으로 ConvertStringSecurityDescriptorToSecurityDescriptor 함수의 결과 값을 이용하였다. 이 함수의 첫 번째 매개변수는 사용하기 매우 까다로운 형태의 문자열을 받는다. 시큐리티 디스크립터 문자열의 형식은 *http://msdn2.microsoft.com/en-us/library/aa374928.aspx*와 *http://msdn2.microsoft.com/en-us/library/aa379602.aspx*에 설명되어 있다.

CreateBoundaryDescriptor 함수의 반환형이 HANDLE형(마이크로소프트는 이것을 가상 핸들로 간주한다)임에도 불구하고 pvBoundaryDescriptor 매개변수는 PVOID형으로 정의되어 있다. 세 번째 매개변수로는 커널 오브젝트의 이름을 명명할 때 사용할 접두어 문자열을 전달한다. 이미 존재하는 프라이비트 네임스페이스를 생성하려 하면, CreatePrivateNamespace는 NULL을 반환하고, GetLastError는 ERROR_ALREADY_EXIST를 반환한다. 이 경우 OpenPrivateNamespace를 이용해서 프라이비트 네임스페이스를 열어야 한다.

```
HANDLE OpenPrivateNamespace(
    PVOID pvBoundaryDescriptor,
    PCTSTR pszAliasPrefix);
```

CreatePrivateNamespace나 OpenPrivateNamespace의 반환 값은 커널 오브젝트의 핸들이 아님에 주의해야 한다. 반환된 핸들 값은 ClosePrivateNamespace를 통해 삭제해야 한다.

```
BOOLEAN ClosePrivateNamespace(
    HANDLE hNamespace,
    DWORD dwFlags);
```

만일 네임스페이스를 생성하였고, 네임스페이스를 삭제한 이후에 그것이 가시적으로 드러나는 것을 원하지 않는다면 두 번째 매개변수로 0을 주는 대신 PRIVATE_NAMESPACE_FLAG_DESTROY를 주면 된다. 바운더리는 프로세스가 종료되거나 바운더리를 나타내는 가상 핸들 pseudohandle을 인자로 하여 DeleteBoundaryDescriptor 함수를 호출할 때 삭제된다. 커널 오브젝트가 사용 중인 프라이비트 네임스페이스를 삭제하면 안 된다. 만일 이러한 프라이비트 네임스페이스를 삭제하면 동일 바운더리 내에 동일 네임스페이스를 재생성한 후 동일 이름의 커널 오브젝트를 생성할 수 있게 된다. 이렇게 되면 DoS 공격이 가능해진다.

정리하면, 프라이비트 네임스페이스 private namespace는 커널 오브젝트를 담기 위한 디렉터리와 같다. 디렉터리처럼 프라이비트 네임스페이스는 보안 디스크립터를 가지고 있고, 이 값은 CreatePrivateNa-mespace를 호출할 때 연계된다. 하지만 파일시스템의 디렉터리와 다른 점도 있는데, 네임스페이스는 상위 디렉터리를 가지지 않고 이름도 가지지 않는다(반면 바운더리 디스크립터는 이름으로 참조가 가능하다). 이러한 이유로 Sysinternals의 프로세스 익스플로러^{process explorer}를 이용하여 프라이비트 네임스페이스에 포함된 커널 오브젝트를 살펴보면 "*namespace name*" 대신 "...\"와 같이 나타난다. "...\"는 정보를 숨기고 잠재적인 해커로부터 더욱더 안전하게 하기 위함이다. 프라이비트 네임스페이스에 부여한 이름은 프로세스 내에서만 보이는 별칭과도 같다. 다른 프로세스들은 (동일한 프로세스 내에서도) 동일한 프라이비트 네임스페이스를 열어서 다른 별칭을 부여할 수도 있다. 일반적으로 파일시스템에 디렉터리를 생성하려 할 때 상위 디렉터리의 권한을 먼저 확인하여 하위 디렉터리를 생성할 수 있는지의 여부를 확인하는 것처럼 네임스페이스를 생성할 때에도 바운더리에 대한 테스트가 먼저 수행된다. 이때 현재 스레드의 토큰^{token}은 반드시 바운더리 디스크립터가 가지고 있는 SID 값을 포함하고 있어야 한다.

❸ 오브젝트 핸들의 복사를 이용하는 방법

프로세스 간에 커널 오브젝트를 공유하는 마지막 방법은 DuplicateHandle 함수를 사용하는 것이다.

```
BOOL DuplicateHandle(
    HANDLE hSourceProcessHandle,
    HANDLE hSourceHandle,
    HANDLE hTargetProcessHandle,
    PHANDLE phTargetHandle,
    DWORD dwDesiredAccess,
    BOOL bInheritHandle,
    DWORD dwOptions);
```

단순히 말하자면, DuplicateHandle 함수는 특정 프로세스 핸들 테이블 내의 항목을 다른 프로세스 핸들 테이블로 복사하는 함수다. DuplicateHandle은 여러 개의 매개변수를 취하지만 매우 직관적이다. DuplicateHandle 함수는 3개의 서로 다른 프로세스가 수행 중인 경우에도 사용될 수 있다.

DuplicateHandle 함수를 사용하려면 첫 번째와 세 번째 매개변수인 hSourceProcessHandle과 hTargetProcessHandle에 프로세스 커널 오브젝트의 핸들을 넘겨주어야 한다. 이러한 핸들은 DuplicateHandle 함수를 호출하는 프로세스와 연관되어 있는 프로세스들일 것이다. 추가로, 이 두 매개변수에는 반드시 프로세스 커널 오브젝트에 대한 핸들을 전달해야 한다. 만일 다른 타입의 커널 오브젝트를 전달하면 이 함수는 실패하게 된다. 프로세스 커널 오브젝트에 대해서는 4장에서 자세히 알아볼 것이다. 지금은 단지 시스템에서 새로운 프로세스가 생길 때마다 새로운 프로세스 커널 오브젝트가 생긴다는 것만 알고 있으면 된다.

두 번째 매개변수인 hSourceHandle로는 어떤 타입의 커널 오브젝트[kernel object]라도 전달할 수 있으며, DuplicateHandle 함수를 호출한 프로세스와 아무런 연관성을 가지지 않는다. 대신 hSourceProcessHandle 매개변수로 지정된 핸들 값이 가리키는 프로세스에서만 의미를 가지는 프로세스 고유의 값이다. 네 번째 매개변수인 phTargetHandle로는 HANDLE 변수의 주소 값을 전달하게 되며, 함수 호출 이후에 hTargetProcessHandle 값이 가리키는 프로세스에서만 사용될 수 있는 고유의 핸들 값을 전달받게 된다. 물론 이 값은 소스 핸들의 복사본이다.

DuplicateHandle의 마지막 3개의 매개변수에는 타깃 프로세스 고유의 커널 오브젝트 핸들이 가진 속성 정보인 액세스 마스크[access mask]와 상속 플래그[inheritance flag]의 값을 지정하게 된다. dwOptions 매개변수는 0 혹은 DUPLICATE_SAME_ACCESS와 DUPLICATE_CLOSE_SOURCE의 조합으로 지정될 수 있다.

DUPLICATE_SAME_ACCESS를 지정하면 타깃 핸들이 소스 프로세스의 핸들과 동일한 액세스 마스크를 가지기를 원한다는 사실을 DuplicateHandle에게 알려주게 된다. 이 플래그를 사용하면 dwDesiredAccess 매개변수는 무시된다.

DUPLICATE_CLOSE_SOURCE를 지정하면 소스 프로세스의 핸들을 삭제한다. 이 플래그를 사용하면 하나의 프로세스에서 다른 프로세스로 쉽게 커널 오브젝트를 이동시킬 수 있으며, 커널 오브젝트의 사용 카운트에는 영향을 주지 않는다.

DuplicateHandle 함수가 어떻게 동작하는지는 예를 들어 설명하겠다. 데모를 위해 S 프로세스는 몇몇 커널 오브젝트에 접근 권한을 가진 소스 프로세스라고 하고, T 프로세스는 S 프로세스가 소유한 커널 오브젝트에 접근하기 위한 타깃 프로세스라고 하자. C 프로세스는 중계 역할을 하는 프로세스로, DuplicateHandle 함수를 호출하게 될 것이다. 예제에서는 DuplicateHandle 함수가 어떻게 동작하는지를 설명하기 위해 핸들 값은 하드코드된[hard-coded] 숫자를 사용할 것이다. 실제로는 다양한 핸들 값이 사용될 수 있으며, 이 값은 함수에 인자로 전달될 것이다.

C 프로세스의 핸들 테이블(표 3-4)은 두 개의 핸들 값을 가지고 있다. 인덱스 값이 1인 커널 오브젝트는 S 프로세스에서 사용하는 커널 오브젝트이고, 인덱스 값이 2인 커널 오브젝트는 T 프로세스에서 사용하는 커널 오브젝트이다.

[표 3-4] C 프로세스의 핸들 테이블

인덱스	커널 오브젝트의 메모리 블록을 가리키는 포인터	액세스 마스크(각 비트별 플래그 값을 가지는 DWORD)	플래그
1	0xF0000000 (S 프로세스의 커널 오브젝트)	0x????????	0x00000000
2	0xF0000010 (T 프로세스의 커널 오브젝트)	0x????????	0x00000000

[표 3–5]는 S 프로세스의 핸들 테이블이다. 이 핸들 테이블은 인덱스 값이 2인 커널 오브젝트 핸들만을 가지고 있다. 이 핸들이 가리키는 오브젝트는 어떤 타입의 커널 오브젝트라도 될 수 있다(반드시 프로세스 커널 오브젝트가 될 필요는 없다).

[표 3-5] S 프로세스의 핸들 테이블

인덱스	커널 오브젝트의 메모리 블록을 가리키는 포인터	액세스 마스크(각 비트별 플래그 값을 가지는 DWORD)	플래그
1	0x00000000	(N/A)	(N/A)
2	0xF0000020(다른 커널 오브젝트)	0x????????	0x00000000

[표 3–6]은 C 프로세스가 DuplicateHandle 함수를 호출하기 전의 T 프로세스의 핸들 테이블 상태다. 보는 바와 같이 T 프로세스는 인덱스 값이 2인 커널 오브젝트 핸들만을 가지고 있다. 인덱스 값이 1인 핸들은 사용되지 않고 있다.

[표 3-6] DuplicateHandle 호출 이전의 T 프로세스의 핸들 테이블

인덱스	커널 오브젝트의 메모리 블록을 가리키는 포인터	액세스 마스크(각 비트별 플래그 값을 가지는 DWORD)	플래그
1	0x00000000	(N/A)	(N/A)
2	0xF0000030(다른 커널 오브젝트)	0x????????	0x00000000

C 프로세스가 다음과 같이 DuplicateHandle 함수를 호출하면 T 프로세스의 핸들 테이블은 [표 3-7]과 같이 바뀌게 된다.

```
DuplicateHandle(1, 2, 2, &hObj, 0, TRUE, DUPLICATE_SAME_ACCESS);
```

[표 3-7] DumplicateHandle 호출 이후의 T 프로세스 핸들 테이블

인덱스	커널 오브젝트의 메모리 블록을 가리키는 포인터	액세스 마스크(각 비트별 플래그 값을 가지는 DWORD)	플래그
1	0xF0000020	0x????????	0x00000001
2	0xF0000030(다른 커널 오브젝트)	0x????????	0x????????

S 프로세스 핸들 테이블의 두 번째 항목이 T 프로세스 핸들 테이블의 첫 번째 항목으로 복사되었다. 또한 C 프로세스 내에서 수행되는 DuplicateHandle 함수는 hObj 변수 값을 T 프로세스 핸들 테이블에 새롭게 추가된 커널 오브젝트의 핸들 값으로 할당한다.

DuplicateHandle 함수에 DUPLICATE_SAME_ACCESS 플래그를 전달하였기 때문에 T 프로세스의 핸들 테이블에 새로 추가된 항목의 액세스 마스크access mask는 S 프로세스의 그것과 동일하게 된다. DUPLICATE_SAME_ACCESS 플래그를 지정하면 DuplicateHandle 함수는 dwDesiredAccess 매

개변수를 무시한다. 마지막으로, DuplicateHandle의 bInheritHandle 매개변수에 TRUE를 전달했기 때문에 새로 추가된 항목의 상속 플래그도 설정 상태임을 알 수 있다.

커널 오브젝트의 상속 방법과 마찬가지로 DuplicateHandle 함수의 단점 중의 하나는 T 프로세스가 새로운 커널 오브젝트에 접근 가능하게 되었다는 사실을 전혀 통보받지 못한다는 것이다. 따라서 C 프로세스는 T 프로세스에게 어떤 방법으로든 새로운 커널 오브젝트에 접근이 가능해졌다는 사실을 알려주어야 한다. 이때 프로세스간 통신 방법을 이용하여 T 프로세스에게 hObj 변수가 가지고 있는 핸들 값을 전달해야 할 것이다. T 프로세스는 이미 수행 중인 프로세스이므로 명령행 인자를 사용하거나 T 프로세스의 환경변수 값을 바꾸는 것과 같은 방법은 사용될 수 없다. 대신 윈도우 메시지나 프로세스간 통신 메커니즘^{interprocess communication}(IPC)을 사용하면 된다.

지금까지 DuplicateHandle의 일반적인 사용 예에 대해 알아보았다. 앞서 알아본 것과 같이 이 함수는 매우 유연한 함수다. 하지만 3개의 서로 다른 프로세스와 연관되어 사용되는 예는 드물다고 할 수 있다(C 프로세스가 S 프로세스에서 사용되는 핸들 값을 이미 알고 있는 상황은 거의 있을 수 없는 일이다). 보통의 경우 DuplicateHandle 함수는 두 개의 프로세스와 연관되어 사용될 것이다. 하나의 프로세스가 특정 오브젝트에 접근할 수 있고, 다른 프로세스도 동일 오브젝트에 접근해야 한다면 DuplicateHandle을 이용하여 다른 프로세스에게 커널 오브젝트에 접근할 수 있도록 해 주면 될 것이다. 구체적인 예를 들면 S 프로세스가 어떤 커널 오브젝트를 사용하고 있고, T 프로세스가 이 오브젝트를 사용할 수 있도록 해 주려면 DuplicateHandle 함수를 다음과 같이 사용할 수 있다.

```
// 아래의 코드는 S 프로세스에서 수행된다.

// S 프로세스에서 접근 가능한 뮤텍스 오브젝트를 생성한다.
HANDLE hObjInProcessS = CreateMutex(NULL, FALSE, NULL);

// T 프로세스 커널 오브젝트 핸들을 가져온다.
HANDLE hProcessT = OpenProcess(PROCESS_ALL_ACCESS, FALSE,
    dwProcessIdT);

HANDLE hObjInProcessT;    // T 프로세스와 연관된 초기화되지 않은 핸들

// T 프로세스의 커널 오브젝트 핸들을 가져온다.
DuplicateHandle(GetCurrentProcess(), hObjInProcessS, hProcessT,
    &hObjInProcessT, 0, FALSE, DUPLICATE_SAME_ACCESS);

// hObjInProcessS 핸들 값을 T 프로세스에 전달하기 위해 프로세스간 통신 메커니즘을 사용한다.
...
// T 프로세스와 더 이상 통신할 필요가 없다.
CloseHandle(hProcessT);
...
```

```
// S 프로세스는 더 이상 뮤텍스를 사용할 일이 없어졌다. 그래서 핸들을 삭제한다.
CloseHandle(hObjInProcessS);
```

GetCurrentProcess 함수는 항상 이 함수를 호출하는 프로세스를 나타내는 허위 핸들^{pseudo handle} 값을 반환한다. 위 예제에서 S 프로세스의 경우 DuplicateHandle 함수가 반환되면 hObjInProcessS를 가리키는 T 프로세스 고유의 핸들 값을 hObjInProcessT로 받아올 것이다. S 프로세스는 절대로 다음과 같이 코드를 수행해서는 안 된다.

```
// S 프로세스는 절대로 복사된 핸들을 닫으려고 시도해서는 안 된다.
CloseHandle(hObjInProcessT);
```

만일 S 프로세스가 이 코드를 수행하면 함수가 실패할 수도 있고 실패하지 않을 수도 있다. 함수의 호출이 실패하면 크게 문제되지 않을 수도 있지만, 만일 함수의 호출이 성공하였다면 S 프로세스가 hObjInProcessT 변수가 가진 핸들 값과 동일한 커널 오브젝트 핸들을 사용하고 있었다는 이야기가 된다. 이 경우 S 프로세스가 해당 커널 오브젝트에 접근하려고 시도하면 커널 오브젝트가 이미 닫혀 있는 것과 같은 예상치 못한 결과가 초래될 수 있다. 이로 인해 애플리케이션은 예상치 못한 행동을 보일 것이다.

여기에 DuplicateHandle의 또 다른 사용법 하나를 추가하였다. 만일 어떤 프로세스가 파일-매핑 오브젝트에 대해 읽고 쓰기를 수행한다고 하자. 그런데 이 프로세스 내의 특정 함수는 파일-매핑 오브젝트를 이용하여 항상 읽기만을 수행한다고 하자. 애플리케이션을 좀 더 견고하게 만들기 위해서는 DuplicateHandle을 이용하여 기존의 오브젝트를 가리키는 새로운 핸들을 생성할 수 있으며, 핸들 생성 시 새로이 생성되는 핸들은 읽기 접근 권한만 가지도록 할 수도 있다. 이제 이 읽기 전용의 핸들을 함수에 전달하면 함수 내의 코드는 절대로 파일-매핑 오브젝트에 값을 쓸 수 없게 된다. 아래에 이를 설명하는 코드를 나타냈다.

```
int WINAPI _tWinMain(HINSTANCE hInstExe, HINSTANCE,
    LPTSTR szCmdLine, int nCmdShow) {

    // 파일-매핑 오브젝트를 생성한다. 이 핸들을 이용하면 읽기/쓰기를 모두 수행할 수 있다.
    HANDLE hFileMapRW = CreateFileMapping(INVALID_HANDLE_VALUE,
        NULL, PAGE_READWRITE, 0, 10240, NULL);

    // 동일한 파일-매핑 오브젝트에 대한 다른 핸들을 만든다.
    // 이 핸들을 이용하면 읽기만을 수행할 수 있다.
    HANDLE hFileMapRO;
    DuplicateHandle(GetCurrentProcess(), hFileMapRW, GetCurrentProcess(),
        &hFileMapRO, FILE_MAP_READ, FALSE, 0);

    // 파일-매핑 오브젝트로부터 읽기만을 수행하는 함수를 호출한다.
    ReadFromTheFileMapping(hFileMapRO);
```

```
    // 읽기 전용의 파일-매핑 오브젝트에 대한 핸들을 제거한다.
    CloseHandle(hFileMapRO);

    // hFileMapRW를 이용하면 여전히 파일-매핑 오브젝트에 대한 읽기와 쓰기를 수행할 수 있다.
    ...
    // 더 이상 파일-매핑 오브젝트를 사용하지 않으면 제거한다.
    CloseHandle(hFileMapRW);
}
```

프로세스

1. 첫 번째 윈도우 애플리케이션 작성
2. CreateProcess 함수
3. 프로세스의 종료
4. 차일드 프로세스
5. 관리자가 표준 사용자로 수행되는 경우

이번 장에서는 시스템이 수행 중인 애플리케이션을 어떻게 관리하는지에 대해 알아볼 것이다. 먼저, 프로세스란 무엇인지 그리고 프로세스를 관리하기 위해 필요한 프로세스 커널 오브젝트를 시스템이 어떻게 생성하는지를 설명하는 것으로 시작하려 한다. 다음으로, 프로세스 커널 오브젝트를 이용하여 프로세스를 어떻게 사용하는지에 대해서도 알아볼 것이다. 그 다음으로, 프로세스의 다양한 속성과 특성에 대해 알아보고 이러한 속성을 알아내거나 변경할 수 있는 함수에 대해서도 알아볼 것이다. 또한 시스템 내에서 추가적으로 프로세스를 생성하는 방법을 확인해 볼 것이다. 물론 프로세스를 어떻게 종료하는지에 대해 설명하지 않고는 완벽하게 프로세스에 대해 알아보았다고 할 수 없을 것이다. 이제 시작하자.

프로세스는 일반적으로 수행 중인 프로그램의 인스턴스instance라고 정의하며, 두 개의 컴포넌트로 구성된다.

- 프로세스를 관리하기 위한 목적으로 운영체제가 사용하는 커널 오브젝트. 시스템은 프로세스에 대한 각종 통계 정보를 프로세스 커널 오브젝트에 저장하기도 한다.
- 실행 모듈이나 DLL(dynamic-link library)의 코드와 데이터를 수용하는 주소 공간. 이러한 주소 공간은 스레드 스택thread stack이나 힙 할당heap allocation과 같은 동적 메모리 할당dynamic memory allocation에 사용되는 공간도 포함한다.

프로세스는 자력으로 수행될 수 없다. 프로세스가 무언가를 수행하기 위해서는 반드시 프로세스의 컨텍스트context 내에서 수행되는 스레드thread가 있어야 한다. 스레드는 프로세스의 주소 공간 상에 위치하고 있는 코드를 수행할 책임이 있다. 하나의 프로세스는 다수의 스레드를 가질 수 있으며, 이러한 스레드들은 프로세스 주소 공간 내에서 "동시에" 코드를 수행한다. 이렇게 되려면 각 스레드들은 자신만의 CPU 레지스터register 집합과 스택stack을 가져야만 한다. 각 프로세스는 프로세스 주소 공간 내의 코드를 수행하기 위해 적어도 한 개의 스레드를 가지고 있다. 프로세스가 생성되면 시스템은 자동적으로 첫 번째 스레드를 생성해 주는데, 이를 주 스레드primary thread라고 부른다. 이 스레드는 추가적인 스레드를 생성할 수 있고, 이렇게 생성된 스레드들이 더욱더 많은 스레드를 만들어낼 수도 있다. 만일 프로세스의 주소 공간 내의 코드를 수행할 스레드가 없다면 프로세스는 계속해서 존재해야 할 이유가 없고, 따라서 시스템은 자동적으로 프로세스와 프로세스 주소 공간을 파괴한다.

모든 스레드가 동시에 수행될 수 있도록 하기 위해 운영체제는 CPU 시간을 조금씩 나누어준다. 각 스레드들은 라운드 로빈round-robin 방식으로 주어지는 (퀀텀quantum이라고 불리는) 단위 시간만큼만 수행될 수 있다. 이렇게 되면 마치 모든 스레드들이 동시에 수행되고 있는 것처럼 보이게 된다.

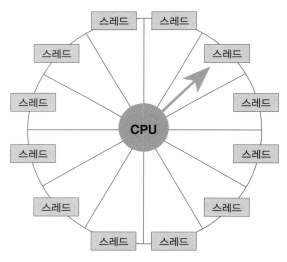

[그림 4-1] 단일 CPU를 가진 머신에서는 운영체제가 라운드 로빈 방식으로 각 스레드에게 퀀텀을 제공한다.

다수의 CPU를 가지고 있는 머신의 경우 각 스레드에게 공평하게 CPU 시간을 나누어주는 알고리즘은 상당히 복잡하다. 마이크로소프트 윈도우의 경우 다수의 스레드를 동시에 수행시키기 위해 각 CPU별로 서로 다른 스레드를 수행하도록 스케줄링하고 있다. 윈도우 운영체제에서는 스레드에 대한 모든 관리와 스케줄링을 윈도우 커널이 담당한다. 따라서 다수의 CPU를 가지고 있는 머신의 장점을 사용하기 위해 코드를 변경해야 할 필요는 없다. 하지만 여러 개의 CPU를 가진 머신의 장점을 최대한 살리기 위해 애플리케이션의 알고리즘을 적절히 변경하는 것은 여전히 유효한 방법이다.

첫 번째 윈도우 애플리케이션 작성

윈도우는 두 가지 형태의 애플리케이션을 지원하는데, 하나는 그래픽 유저 인터페이스 Graphical User Interface (GUI) 기반의 애플리케이션이며, 다른 하나는 콘솔 유저 인터페이스 Console User Interface (CUI) 기반의 애플리케이션이다. GUI 기반의 애플리케이션은 그래픽 폰트를 사용하며, 윈도우를 만들 수 있고, 메뉴를 가지기도 하고, 다이얼로그 박스를 통해 사용자와의 상호작용을 수행하기도 한다. 그리고 윈도우스러운 표준화된 모든 요소들을 사용하게 된다. 윈도우와 함께 배포되는 보조 프로그램(메모장 Notepad, 계산기 Calculator, 워드패드 WordPad 등)들은 대부분 GUI 기반의 애플리케이션이다. CUI 기반의 애플리케이션은 텍스트를 기반으로 한다. 일반적으로 윈도우를 생성하지도 않고, 메시지를 처리하지도 않으며, 그래픽 유저 인터페이스를 필요로 하지도 않는다. 비록 CUI 기반의 애플리케이션도 화면 상에 단일의 윈도우 생성하고 그 안에서 수행되긴 하지만, 이 윈도우는 단순히 텍스트만을 출력한다. 명령 프롬프트 command prompt(윈도우 비스타에서는 cmd.exe)가 전형적인 CUI 기반 애플리케이션의 예라 할 수 있다

두 가지 형태의 애플리케이션은 경계가 명확하지 않다. 사실 CUI 기반의 애플리케이션도 다이얼로그 박스를 사용하는 것이 가능하다. 예를 들어 명령 쉘은 쉘이 제공하는 모든 명령어를 기억하는 대신에 그래픽 다이얼로그 박스에서 명령을 선택하여 수행할 수 있다. 뿐만 아니라 GUI 기반의 애플리케이션도 텍스트 문자열을 콘솔 창에 출력할 수 있다. 필자는 간혹 프로그램 수행 중에 디버그 정보를 볼 수 있도록 GUI 기반 애플리케이션에 콘솔 창을 생성하곤 한다. 대부분의 개발자들은 사용자에게 친근하지 못한 예전 방식인 CUI 기반의 애플리케이션보다는 GUI 기반의 애플리케이션을 선호하는 편이다.

마이크로소프트의 Visual Studio를 이용하여 애플리케이션 프로젝트를 생성하면, Visual Studio 통합 환경은 실행 파일의 형태에 알맞은 서브시스템 subsystem 타입을 실행 파일에 포함시킬 수 있도록 다양한 링커 스위치 linker switch를 설정한다. CUI 기반 애플리케이션을 위한 링커 스위치는 /SUBSYSTEM: CONSOLE이며, GUI 기반 애플리케이션을 위한 링커 스위치는 /SUBSYSTEM:WINDOWS이다. 사용자가 애플리케이션을 수행하면 운영체제의 로더 loader는 실행 파일의 헤더를 확인하여 서브시스템 값을 가져온다. 만일 이 값이 CUI 기반의 애플리케이션을 의미하는 값이면 로더는 애플리케이션이 콘솔 윈도우를 사용할 수 있도록 조치한다(만일 CUI 기반의 애플리케이션이 명령 프롬프트에서 수행되면 명령 프롬프트가 사용 중인 윈도우를 사용하고, 윈도우 익스플로러에서 수행되면 새로운 콘솔 윈도우를 생성한다). 만일 헤더로부터 확인한 서브시스템 값이 GUI 기반의 애플리케이션을 의미하는 값이면 로더는 콘솔 윈도우를 생성하지 않고 애플리케이션을 바로 로드한다. 애플리케이션이 수행되면 운영체제는 애플리케이션이 어떤 형태인지에 대해 더 이상 신경 쓰지 않는다.

윈도우 애플리케이션은 애플리케이션이 수행을 시작할 진입점 함수를 반드시 가져야 한다. C/C++ 개발자는 두 가지 형태의 진입점 함수를 사용할 수 있다.

```
int WINAPI _tWinMain(
    HINSTANCE hInstanceExe,
    HINSTANCE,
    PTSTR pszCmdLine,
    int nCmdShow);

int _tmain(
    int argc,
    TCHAR *argv[],
    TCHAR *envp[]);
```

어떤 진입점 함수를 사용할지는 유니코드 문자열의 사용 여부에 달려 있다. 사실 운영체제는 우리가 작성한 진입점 함수를 직접 호출하지는 않으며, C/C++ 런타임에 의해 구현된 C/C++ 런타임 시작 함수[C/C++ runtime startup function]를 호출한다. 이러한 함수는 링크 시 −entry: 명령행 옵션[command-line option]을 통해 설정된다. C/C++ 런타임 시작 함수는 malloc이나 free와 같은 함수가 호출될 수 있도록 C/C++ 런타임 라이브러리에 대한 초기화를 수행한다. 또한 개발자가 코드 상에서 선언한 각종 전역 오브젝트나 static으로 선언된 C++ 오브젝트들을 코드가 수행되기 전에 적절히 생성하는 역할을 수행한다. [표 4-1]에 사용자의 코드에서 어떤 진입점 함수가 언제 구현되어야 하는지를 나타내었다.

[표 4-1] 애플리케이션 타입과 진입점

애플리케이션 타입	진입점	실행 파일에 포함되는 런타임 시작 함수
ANSI 문자(열)를 사용하는 GUI 애플리케이션	_tWinMain (WinMain)	WinMainCRTStartup
유니코드 문자(열)를 사용하는 GUI 애플리케이션	_tWinMain (wWinMain)	wWinMainCRTStartup
ANSI 문자(열)를 사용하는 CUI 애플리케이션	_tmain (main)	mainCRTStartup
유니코드 문자(열)를 사용하는 CUI 애플리케이션	_tmain (wmain)	wmainCRTStartup

링커는 실행 파일을 링크하는 단계에서 적절한 C/C++ 런타임 시작 함수[run-time startup function]를 선택해야 한다. /SUBSYSTEM:WINDOWS 링커 스위치가 설정되어 있으면 링커는 WinMain이나 wWinMain 함수를 찾게 되며, 이러한 함수가 존재하지 않을 경우 "unresolved external symbol" 에러를 반환한다. 함수를 정상적으로 찾을 수 있다면 WinMainCRTStartup이나 wWinMainCRTStartup 함수를 호출하도록 설정한다.

반면, /SUBSYSTEM:CONSOLE 링커 스위치가 지정되면 링커는 main이나 wmain 함수를 찾고, mainCRTStartup이나 wmainCRTStartup 함수를 호출하도록 설정한다. 앞의 경우와 동일하게 main과 wmain 함수가 모두 존재하지 않으면 "외부 기호를 확인할 수 없습니다.[unresolved external symbol]" 에러를 반환한다.

그런데 프로젝트 설정에서 /SUBSYSTEM 링커 스위치를 완전히 제거할 수도 있다는 것은 잘 알려져 있지 않은 사실이다. 만일 이러한 링커 스위치를 제거하게 되면 링커는 자동적으로 애플리케이션에 적합한 설정 값을 찾아낸다. 링크 단계에서 링커는 코드에서 4개의 함수 중(WinMain, wWinMain,

main, wmain) 어떤 것이 구현되었는지를 확인하고 적절한 서브시스템 설정을 추정한다. 이렇게 결정된 정보를 근간으로 어떤 C/C++ 시작 함수가 실행 파일에 포함되어야 하는지를 결정하게 된다.

윈도우에서 Visual C++를 이용하는 초보 개발자들이 저지르는 공통적인 실수로 새로운 프로젝트를 생성할 때 잘못된 프로젝트 타입을 설정하는 경우가 있다. 예를 들어 새로운 Win32 애플리케이션 프로젝트를 생성하고 main 함수를 진입점 함수로 만드는 것과 같은 실수를 하는 것이다. Win32 애플리케이션의 경우 /SUBSYSTEM:WINDOWS 링커 스위치가 설정되어 있고, 코드 상에 WinMain이나 wWinMain 함수가 존재하지 않기 때문에 애플리케이션을 빌드하면 링커가 에러를 반환하게 된다. 이 경우 개발자에게는 문제를 해결하기 위한 4가지 방법이 있다.

• main 함수를 WinMain으로 바꾼다. 아마도 개발자는 콘솔 애플리케이션을 만들고자 했을 것이기 때문에 적절한 방법이 아닐 수도 있다.

• Visual C++에서 새로운 콘솔 애플리케이션 프로젝트를 생성한다. 그리고 작성한 코드를 새로운 프로젝트에 다시 추가한다. 이러한 방법은 무엇인가를 처음부터 다시 시작해야 한다는 느낌을 줄 뿐더러 이전의 프로젝트 파일을 삭제해야 하기 때문에 매우 지루한 작업처럼 느껴질 것이다.

• 프로젝트 속성 project properties 다이얼로그 박스에서 링크 Link 탭을 선택하고, /SUBSYSTEM:WINDOWS 스위치를 /SUBSYSTEM:CONSOLE로 변경한다. 이러한 속성 정보는 [그림 4-2]에서와 같이 구성 속성 Configuration Properties / 링커 Linker / 시스템 System / 하위시스템 SubSystem 옵션에 있다. 이렇게 하는 것이 가장 쉽게 문제를 해결할 수 있는 방법이다. 대부분의 사람들이 이와 같이 간단히 속성만 변경하면 된다는 사실을 알지 못한다.

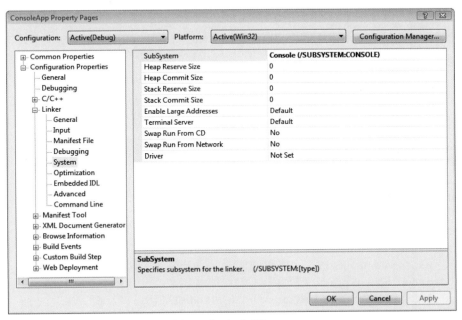

[그림 4-2] 프로젝트 속성 다이얼로그 박스에서 CUI 서브시스템 선택

- 프로젝트 속성project properties 다이얼로그 박스에서 링커Linker 탭을 선택하고, /SUBSYSTEM:WINDOWS 스위치를 완전히 제거한다. 이 방법이 가장 융통성이 있기 때문에 이 방법을 가장 선호하는 편이다. 링커는 소스 코드 상에 어떤 함수가 구현되어 있는지를 확인하여 적절하게 처리할 것이다. Visual Studio에서 새로운 Win32 애플리케이션 프로젝트나 Win32 콘솔 애플리케이션 프로젝트를 생성할 때 왜 이 방법을 기본 설정으로 하지 않았는지 모르겠다.

모든 C/C++ 런타임 시작 함수는 기본적으로 동일한 작업을 수행한다. 차이점이라면 C 런타임 라이브러리의 초기화 이후에 수행해야 할 진입점 함수가 어떤 것이냐에 따라 ANSI 문자열이나 유니코드 문자열을 처리해야 한다는 점 정도일 것이다. Visual C++에는 C/C++ 런타임 라이브러리의 소스 코드가 포함되어 있다. crtexe.c 파일을 살펴보면 4개의 시작 함수에 대한 구현 내용을 찾아볼 수 있는데, 아래에 시작 함수가 수행하는 작업들을 간단히 요약해 보았다.

- 새로운 프로세스의 전체 명령행을 가리키는 포인터를 획득한다.
- 새로운 프로세스의 환경변수를 가리키는 포인터를 획득한다.
- C/C++ 런타임 라이브러리의 전역변수를 초기화한다. 사용자 코드가 StdLib.h 파일을 인클루드하면 이 변수에 접근할 수 있다. 변수 목록은 [표 4-2]에 있다.
- C/C++ 런타임 라이브러리의 메모리 할당 함수(malloc과 calloc)와 저수준 입출력 루틴이 사용하는 힙을 초기화한다.
- 모든 전역 오브젝트와 static C++ 클래스 오브젝트의 생성자를 호출한다.

이러한 초기화 과정이 모두 완료되고 나서야 C/C++ 시작 함수는 비로소 애플리케이션의 진입점 함수를 호출한다. 만일 _tWinMain 함수를 구현하였고 _UNICODE가 정의되어 있다면 다음과 같은 코드가 수행될 것이다.

```
GetStartupInfo(&StartupInfo);
int nMainRetVal = wWinMain((HINSTANCE)&__ImageBase, NULL,
    pszCommandLineUnicode,
  (StartupInfo.dwFlags & STARTF_USESHOWWINDOW)
    ? StartupInfo.wShowWindow : SW_SHOWDEFAULT);
```

_UNICODE가 정의되어 있지 않다면 다음과 같은 코드가 수행될 것이다.

```
GetStartupInfo(&StartupInfo);
int nMainRetVal = WinMain((HINSTANCE)&__ImageBase, NULL,
    pszCommandLineAnsi,
  (StartupInfo.dwFlags & STARTF_USESHOWWINDOW)
    ? StartupInfo.wShowWindow : SW_SHOWDEFAULT);
```

__ImageBase는 링커가 정의하는 가상의 변수로서 메모리의 어느 위치에 실행 파일을 로드하였는지를 알려주는 값으로 설정된다. 좀 더 자세한 사항은 다음의 "프로세스 인스턴스 핸들" 절에서 설명할 것이다

만일 _tmain 함수를 구현하였고 _UNICODE가 정의되어 있다면 다음과 같은 코드가 수행될 것이다.

```
int nMainRetVal = wmain(argc, argv, envp);
```

_UNICODE가 정의되어 있지 않다면 다음과 같은 코드가 수행될 것이다.

```
int nMainRetVal = main(argc, argv, envp);
```

Visual Studio의 위저드^wizard를 통해 애플리케이션을 생성하게 되면 다음의 예와 같이 CUI 애플리케이션의 진입점 함수에서 3번째 매개변수는 포함되지 않을 것이다.

```
int _tmain(int argc, TCHAR* argv[]);
```

만일 프로세스의 환경변수에 접근할 필요가 있다면 앞의 정의를 다음과 같이 변경하기만 하면 된다.

```
int _tmain(int argc, TCHAR* argv[], TCHAR* env[])
```

env 매개변수는 '환경변수 이름 = 값'의 형태로 모든 환경변수를 포함하는 배열을 가리키고 있다. 환경변수에 대한 자세한 설명은 123쪽 "프로세스의 환경변수" 절에서 설명할 것이다.

진입점 함수가 반환되면 시작 함수는 진입점 함수의 반환 값(nMainRetVal)을 인자로 하여 C/C++ 런타임 라이브러리의 exit 함수를 호출한다. exit 함수는 다음과 같은 작업을 수행한다.

- _onexit 함수를 이용하여 등록해 두었던 함수를 호출한다.
- 모든 전역 클래스 오브젝트와 static C++ 클래스 오브젝트의 파괴자를 호출한다.
- DEBUG 빌드의 경우 _CRTDBG_LEAK_CHECK_DF 플래그가 설정되어 있으면 C/C++ 런타임 메모리에서의 메모리 누수 상황을 _CrtDumpMemoryLeaks 함수를 호출하여 나열해 준다.
- nMainRetVal 값을 인자로 하여 ExitProcess 함수를 호출한다. 이 함수를 호출하면 운영체제는 프로세스를 종료하고 프로세스의 종료 코드^exit code를 설정한다.

다음에 나오는 변수들은 보안상의 이유로 모두 사용하지 않도록 설정되어 있다. 왜냐하면 이러한 변수들을 사용하는 코드가 변수 값을 초기화하는 C 런타임 라이브러리들보다 먼저 수행될 수 있기 때문이다. 이러한 이유로 Windows API의 관련 함수를 직접 호출하는 것이 더욱 좋다.

[표 4-2] 프로그램에서 사용할 수 있는 C/C++ 런타임 전역변수

변수명	타입	설명과 이 변수를 대체하는 윈도우 함수(추천됨)
_osver	unsigned int	운영체제의 빌드 버전. 예를 들어 윈도우 비스타 RTM은 6000이므로 _osver는 6000 값을 가진다. GetVersionEx를 대체 사용하는 것이 좋다.
_winmajor	unsigned int	16비트로 나타낸 윈도우의 메이저major 버전. 윈도우 비스타의 경우 6. GetVersionEx를 대체 사용하는 것이 좋다.
_winminor	unsigned int	16비트로 나타낸 윈도우의 마이너minor 버전. 윈도우 비스타의 경우 0. GetVersionEx를 대체 사용하는 것이 좋다.
_winver	unsigned int	(_winmajor << 8) + _winminor. GetVersionEx를 대체 사용하는 것이 좋다.
__argc	unsigned int	명령행을 통해 전달된 인자의 개수. GetCommandLine을 대체 사용하는 것이 좋다.
__argv _wargv	char wchar_t	ANSI/유니코드 문자열을 가리키는 __argc 크기의 배열. 배열의 각 요소는 명령행 인자를 가리킨다. _UNICODE가 정의되어 있으면 __argv가 NULL이며, _UNICODE가 정의되어 있지 않으면 __wargv가 NULL이다. GetCommandLine을 대체 사용하는 것이 좋다.
_environ _wenviron	char wchar_t	ANSI/유니코드 문자열을 가리키는 배열. 각 배열 요소는 환경변수 문자열을 가리킨다. _UNICODE가 정의되어 있으면 _environ이 NULL이고, _UNICODE가 정의되어 있지 않으면 _wenviron이 NULL이다. GetEnvironmentStrings나 GetEnvironmentVariable을 대체 사용하는 것이 좋다.
_pgmptr _wpgmptr	char wchar_t	ANSI/유니코드로 표현되는 수행 중인 프로그램의 전체 경로와 이름. _UNICODE가 정의되어 있으면 _pgmptr이 NULL이며, __UNICODE가 정의되어 있지 않으면 _wpgmptr이 NULL이다. GetModuleFileName의 첫 번째 매개변수로 NULL을 전달하는 형태로 대체 사용하는 것이 좋다.

1 프로세스 인스턴스 핸들

모든 실행 파일과 DLL 파일은 프로세스의 메모리 공간 상에 로드될 때 고유의 인스턴스 핸들을 할당받는다. 이러한 인스턴스 핸들은 (w)WinMain의 첫 번째 매개변수인 hInstanceExe를 통해 전달된다. 이 핸들 값은 보통 리소스를 로드할 때 사용된다. 예를 들어 실행 파일 이미지에 포함되어 있는 아이콘 리소스를 로드하려는 경우 다음의 함수를 호출해야 한다.

```
HICON LoadIcon(
    HINSTANCE hInstance,
    PCTSTR pszIcon);
```

LoadIcon의 첫 번째 매개변수로는 리소스가 포함되어 있는 파일(실행 파일이나 DLL)의 인스턴스 핸들을 지정하면 된다. 많은 애플리케이션에서 (w)WinMain의 hInstanceExe 매개변수를 전역변수에 저장해 두어 실행 파일의 전체 소스에서 이 값에 손쉽게 접근할 수 있도록 하곤 한다.

플랫폼 SDK 문서를 살펴보면 HMODULE형 인자를 요구하는 함수들이 있음을 알 수 있다. 예를 들면 다음에 나오는 GetModuleFileName과 같은 함수가 있다.

```
DWORD GetModuleFileName(
    HMODULE hInstModule,
    PTSTR pszPath,
    DWORD cchPath);
```

 실제로 HMODULE과 HINSTANCE는 완전히 동일하다. 어떤 함수가 HMODULE을 요구한다면 HINSTANCE를 넘겨줘도 무방하며, 그 반대도 마찬가지다. 16비트 윈도우에서는 HMODULE과 HINSTANCE가 완전히 구분되는 자료형으로 존재했었지만 지금은 혼용하고 있다.

(w)WinMain의 hInstanceExe 매개변수의 실제 값은 시스템이 프로세스의 메모리 주소 공간 상에 실행 파일을 로드할 시작 메모리 주소(base memory address)다. 예를 들어 시스템이 실행 파일을 열어서 그 내용을 0x00400000에 로드하고자 한다면 (w)WinMain의 hInstanceExe 매개변수는 0x00400000 값을 가지게 된다.

실행 파일이 로드될 시작 주소는 링커에 의해 결정된다. 서로 다른 링커는 서로 다른 기본 시작 주소를 가질 수 있다. Visual Studio의 링커는 역사적인 이유로 0x00400000을 기본 시작 주소로 사용하고 있는데, 0x00400000은 윈도우 98에서 실행 파일을 로드할 수 있는 가장 하단의 메모리 주소였다. 애플리케이션이 로드되는 시작 주소는 마이크로소프트 링커의 경우 /BASE:address 옵션을 사용하여 변경할 수 있다

아래의 GetModuleHandle 함수는 실행 파일이나 DLL 파일이 프로세스의 메모리 공간 상의 어디에 로드되어 있는지를 가리키는 핸들/시작 주소를 반환한다.

```
HMODULE GetModuleHandle(PCTSTR pszModule);
```

이 함수를 호출할 때에는 호출하는 프로세스의 주소 공간에 로드되어 있는 실행 파일명이나 DLL 파일명을 '\0'으로 끝나는 문자열로 전달하면 된다. 시스템이 지정한 실행 파일이나 DLL 파일을 찾아내면 GetModuleHandle 함수는 파일이 로드된 시작 주소를 반환한다. 반면, 시스템이 해당 파일을 찾을 수 없다면 NULL을 반환한다. GetModuleHandle을 호출할 때 pszModule 매개변수로 NULL 값을 전달할 수도 있는데, 이 경우 GetModuleHandle은 현재 수행 중인 실행 파일이 로드된 시작 주소를 반환한다. 만일 이 함수가 DLL 내에서 호출된다면 어떤 모듈에 포함되어 코드가 수행 중인지 알아내기 위한 두 가지 방법이 있다. 첫째로, 링커에 의해 정의되는 가상변수인 __ImageBase가 현재 수행 중인 모듈의 시작 주소를 가리키고 있다는 사실을 활용할 수 있다. 이 변수 값은 앞서 알아본 바와 같이 C 런타임 시작 코드가 (w)WinMain 함수를 호출할 때 사용되는 값이다.

두 번째 방법은 첫 번째 매개변수로 GET_MODULE_HANDLE_EX_FLAG_FROM_ADDRESS를, 두 번째 매개변수로 현재 수행 중인 함수의 주소를 지정하여 GetModuleHandleEx 함수를 호출하

는 것이다. 마지막 매개변수로 전달되는 값은 HMODULE을 가리키는 포인터 값인데, 두 번째 매개
변수로 전달한 함수를 포함하고 있는 DLL의 시작 주소를 반환해 준다. 다음 코드는 두 가지 방법을
모두 보여준다.

```
extern "C" const IMAGE_DOS_HEADER __ImageBase;

void DumpModule() {
    // 수행 중인 애플리케이션의 시작 주소를 가져온다.
    // 수행 중인 코드가 DLL 내에 있는 경우 다른 값이 얻어질 수 있다.
    HMODULE hModule = GetModuleHandle(NULL);
    _tprintf(TEXT("with GetModuleHandle(NULL) = 0x%x\r\n"), hModule);

    // 현재 모듈의 시작 주소(hModule/hInstance)를 얻기 위해
    // 가상변수인 __ImageBase를 사용한다.
    _tprintf(TEXT("with __ImageBase = 0x%x\r\n"), (HINSTANCE)&__ImageBase);

    // 현재 수행 중인 DumpModule의 주소를 GetModuleHandleEx에 매개변수로
    // 전달하여 현재 수행 중인 모듈의 시작 주소(hModule/hInstance)를 얻어온다.
    hModule = NULL;
    GetModuleHandleEx(
        GET_MODULE_HANDLE_EX_FLAG_FROM_ADDRESS,
        (PCTSTR)DumpModule,
        &hModule);
    _tprintf(TEXT("with GetModuleHandleEx = 0x%x\r\n"), hModule);
}

int _tmain(int argc, TCHAR* argv[]) {
    DumpModule();
    return(0);
}
```

GetModuleHandle 함수의 중요한 두 가지 특성을 기억해야 한다. 첫째로, 이 함수는 자신을 호출한
프로세스의 주소 공간만을 확인한다는 것이다. 만일 이 함수를 호출하는 프로세스가 어떠한 공용 다
이얼로그 함수도 사용하지 않는 경우 ComDlg32를 인자로 GetModuleHandle을 호출하게 되면
NULL을 반환하게 될 것이다. 이는 설사 ComDlg32.dll이 다른 프로세스의 주소 공간에 이미 로드되
어 있는 경우라 하더라도 동일하다. 둘째로, GetModuleHandle을 호출할 때 NULL 값을 전달하게
되면 프로세스 주소 공간에 로드된 실행 파일의 시작 주소를 반환한다는 것이다. 만일 GetModule-
Handle(NULL)을 호출하는 함수가 DLL 내에 존재하는 경우라도 DLL 파일의 시작 주소가 아니라
실행 파일의 시작 주소를 반환한다.

프로세스의 이전 인스턴스 핸들

앞서 언급한 바와 같이 C/C++ 런타임 시작 코드는 항상 (w)WinMain의 hPrevInstance 매개변수로 NULL을 전달한다. 이 매개변수는 16비트 윈도우에 의해 사용되었으며, 16비트 윈도우 애플리케이션의 포팅^{porting}의 편의를 위해 유일하게 (w)WinMain에만 남아 있다. 코드 내에서는 이 매개변수를 참조할 필요가 전혀 없기 때문에 필자는 항상 (w)WinMain 함수를 다음과 같이 작성한다.

```
int WINAPI _tWinMain(
   HINSTANCE hInstanceExe,
   HINSTANCE,
   PSTR pszCmdLine,
   int nCmdShow);
```

두 번째 매개변수에 이름이 없기 때문에, 컴파일러는 "매개변수가 참조되지 않았다.^{parameter not referenced}"는 경고를 발생시키지 않는다. Visual Studio를 사용할 경우 이와는 다른 방법이 있는데, 위저드를 통해 생성된 C++ GUI 프로젝트는 UNREFERENCED_PARAMETER라는 매크로를 다음과 같이 사용하여 컴파일 경고가 발생하지 않도록 하고 있다.

```
int APIENTRY _tWinMain(HINSTANCE hInstance,
                       HINSTANCE hPrevInstance,
                       LPTSTR    lpCmdLine,
                       int       nCmdShow) {
   UNREFERENCED_PARAMETER(hPrevInstance);
   UNREFERENCED_PARAMETER(lpCmdLine);
   ...
}
```

프로세스의 명령행

새로운 프로세스가 생성되면 프로세스에 명령행이 전달된다. 명령행^{command line}은 비어 있는 경우가 거의 없다. 새로운 프로세스를 생성하기 위해서는 최소한 명령행의 첫 번째 토큰^{token}으로 실행 파일의 이름을 전달할 것이기 때문이다. 그러나 나중에 CreateProcess에 대해 알아볼 때 이야기하겠지만, 프로세스는 단 한 글자('\0'만 가지는 빈 문자열)로 이루어진 명령행을 전달받을 때도 있다. C 런타임 시작 코드가 GUI 애플리케이션을 수행해야 하는 경우에는 먼저 GetCommandLine 윈도우 함수를 이용하여 프로세스의 명령행 전체를 가져온다. 이 중 실행 파일명을 제외한 나머지 부분을 WinMain 함수의 pszCmdLine 매개변수를 통해 전달한다.

애플리케이션은 명령행으로 전달된 문자열을 다양한 방법으로 구분 짓고, 각각에 의미를 부여할 수 있다. 사실 pszCmdLine 매개변수가 가리키는 메모리 버퍼에 값을 쓸 수도 있긴 하지만 그렇게 하지 않기를 바란다. 잘못하면 버퍼의 끝을 초과하여 값을 쓰는 실수를 범할 수도 있다. 개인적으로는 이

버퍼를 읽기 전용으로 다루는 것이 좋다고 생각한다. 명령행의 내용을 바꾸어야 하는 경우가 생기면 먼저 명령행을 담고 있는 버퍼를 새로운 버퍼에 복사한 후 복사된 버퍼를 변경하면 된다.

다음과 같이 GetCommandLine 함수를 호출하여 프로세스의 명령행 전체를 가리키는 포인터를 획득할 수 있다.

```
PTSTR GetCommandLine();
```

이 함수는 실행 파일의 전체 경로명을 포함하는 전체 명령행의 내용을 담고 있는 버퍼를 가리키는 포인터를 반환한다. GetCommandLine 함수는 여러번 호출하더라도 항상 동일한 버퍼의 주소를 반환한다는 사실을 알아두어야 한다. 이는 pszCmdLine을 읽기 전용으로 다루어야 하는 다른 이유이기도 하다. pszCmdLine이 항상 동일 버퍼를 가리키기 때문에 만일 이 내용을 변경하고 나면 최초 전달되었던 명령행 정보를 알아낼 방법이 없다.

많은 애플리케이션들이 명령행으로 전달된 내용을 토큰으로 구분하여 사용하는 것을 선호한다. 애플리케이션은 이렇게 각기 구분된 토큰에 접근하기 위해 전역 __argc와 __argv(혹은 __wargv) 변수들을 사용할 수 있다. 비록 이러한 변수들이 더 이상 사용하지 않을 것을 권고하는 변수이긴 하지만 말이다. ShellAPI.h 파일에 의해 선언되고, Shell32.dll에 의해 익스포트된 CommandLineToArgvW라는 함수가 있다. 이 함수는 유니코드 문자열을 여러 개의 토큰으로 분리한다.

```
PWSTR* CommandLineToArgvW(
    PWSTR pszCmdLine,
    int* pNumArgs);
```

함수 이름 끝에 덧붙여진 W(W는 wide를 뜻함)는 이 함수가 유니코드 전용Unicode version only임을 의미한다. 첫 번째 매개변수인 pszCmdLine으로는 명령행 문자열을 가리키는 포인터를 전달하면 된다. 일반적으로 이 값으로는 앞서 호출하였던 GetCommandLineW의 반환 값을 사용하면 된다. pNumArgs 매개변수로는 정수를 가리키는 포인터를 전달하면 되고, 명령행에 포함된 인자의 개수가 반환된다. CommandLineToArgvW는 반환 값으로 유니코드 문자열을 가리키는 포인터의 배열을 돌려준다.

CommandLineToArgvW는 내부적으로 메모리를 할당한다. 대부분의 애플리케이션은 이렇게 할당된 메모리를 삭제하지 않는다. 메모리는 운영체제에 의해 추적되며, 프로세스가 종료되는 시점에 자동으로 해제된다. 이러한 방식은 충분히 수용할 만하다. 하지만 이 조차도 명시적으로 삭제하고자 한다면 다음과 같이 HeapFree 함수를 호출하면 된다.

```
int nNumArgs;
PWSTR *ppArgv = CommandLineToArgvW(GetCommandLineW(), &nNumArgs);

// 인자들을 사용한다.
if (*ppArgv[1] == L'x') {
```

```
    ...
}
// 메모리 블록을 삭제한다.
HeapFree(GetProcessHeap(), 0, ppArgv);
```

프로세스의 환경변수

모든 프로세스는 자기 자신과 연관된 환경블록^{environment block}을 가지고 있다. 환경블록이란 프로세스의 주소 공간에 할당된 메모리 블록을 의미하며, 이 공간은 다음과 같은 형태로 일련의 문자열을 포함하고 있다.

```
=::=::\  ...
VarName1=VarValue1\0
VarName2=VarValue2\0
VarName3=VarValue3\0 ...
VarNameX=VarValueX\0
\0
```

각 문자열의 첫 번째 부분은 환경변수의 이름이다. 뒤이어 =가 있고, 그 다음으로 할당하고자 하는 변수의 값이 나타난다. 가장 앞쪽의 =::=::\ 문자열과 더불어 블록 내에는 =로 시작하는 다른 문자열 들이 있다. =로 시작하는 문자열은 환경변수로 사용되는 문자열이 아니다. 이에 대해서는 131쪽 "프로세스의 현재 디렉터리" 절에서 알아볼 것이다.

이러한 환경블록에 접근하는 두 가지 방법이 있다. 각각의 방법은 서로 다른 파싱^{parsing} 방식을 사용하기 때문에 서로 상이한 면이 없지 않다. 첫 번째 방법은 전체 환경블록을 얻기 위해 GetEnviron-mentStrings 함수를 호출하는 것이며, 그 형태는 앞에서 이미 알아보았다. 다음 코드는 어떻게 각각의 환경변수와 그 값을 얻어올 수 있는지를 보여주는 예제다.

```
void DumpEnvStrings() {
    PTSTR pEnvBlock = GetEnvironmentStrings();

    // 다음과 같은 형태의 블록을 파싱
    //    =::=::\
    //    =...
    //    var=value\0
    //    ...
    //    var=value\0\0
    // 몇몇 다른 문자열도 '='로 시작하는 경우가 있을 수 있다.
    // 여기서는 애플리케이션이 네트워크 공유 지점에서 수행될 때의 예이다.
    //    [0]  =::=::\
    //    [1]  =C:=C:\Windows\System32
    //    [2]  =ExitCode=00000000
    //
```

```
    TCHAR szName[ MAX_PATH] ;
    TCHAR szValue[ MAX_PATH] ;
    PTSTR pszCurrent = pEnvBlock;
    HRESULT hr = S_OK;
    PCTSTR pszPos = NULL;
    int current = 0;

    while (pszCurrent != NULL) {
        // 다음과 같이 의미 없는 문자열은 건너뛴다.
        // "=::=::\"
        if (*pszCurrent != TEXT('=')) {
            // '=' 를 찾는다.
            pszPos = _tcschr(pszCurrent, TEXT('='));

            // 이제 값의 첫 번째 문자열을 가리키게 된다.
            pszPos++;

            // 변수의 이름을 복사한다.
            size_t cbNameLength =     // '='는 제외시킨다.
                (size_t)pszPos - (size_t)pszCurrent - sizeof(TCHAR);
            hr = StringCbCopyN(szName, MAX_PATH, pszCurrent, cbNameLength);
            if (FAILED(hr)) {
                break;
            }

            // 마지막 NULL 문자까지를 포함하여 변수에 복사를 수행한다.
            // 이러한 문자열은 UI에서만 사용될 것이기 때문에 문자열 잘림을 허용한다.
            hr = StringCchCopyN(szValue, MAX_PATH, pszPos, _tcslen(pszPos)+1);
            if (SUCCEEDED(hr)) {
                _tprintf(TEXT("[ %u]  %s=%s\r\n"), current, szName, szValue);
            } else    // 뭔가 잘못이 발생되었다. 문자열 잘림이 발생했는지 확인한다.
            if (hr == STRSAFE_E_INSUFFICIENT_BUFFER) {
                _tprintf(TEXT("[ %u]  %s=%s...\r\n"), current, szName, szValue);
            } else {    // 수행되어서는 안 되는 부분이다.
                _tprintf(
                    TEXT("[ %u]  %s=???\r\n"), current, szName
                    );
                break;
            }
        } else {
            _tprintf(TEXT("[ %u]  %s\r\n"), current, pszCurrent);
        }

        // 다음 변수
        current++;
```

```
        // 문자열의 끝으로 이동한다.
        while (*pszCurrent != TEXT('\0'))
            pszCurrent++;
        pszCurrent++;

        // 마지막 문자열인지 확인
        if (*pszCurrent == TEXT('\0'))
            break;
    };

    // 메모리를 반환하는 것을 잊어서는 안 된다.
    FreeEnvironmentStrings(pEnvBlock);
}
```

위 코드는 =로 시작하는 유효하지 않은 문자열은 건너뛴다. 그 외의 유효한 문자열은 하나씩 파싱이 진행된다. =는 환경변수의 이름과 값을 구분하는 구분자로도 사용되고 있다. GetEnvironment-Strings에 의해 반환된 메모리 블록을 더 이상 사용하지 않을 것이라면 FreeEnvironmentStrings 함수를 호출하여 메모리를 반환해야 한다.

```
    BOOL FreeEnvironmentStrings(PTSTR pszEnvironmentBlock);
```

이번 코드에서는 바이트 단위의 크기 계산을 위해 StringCbCopyN을, 복사할 내용이 많은 경우 문자열 잘림을 활용하기 위해 StringCchCopyN과 같은 C 런타임 라이브러리의 안전 문자열 함수를 사용하였다.

환경변수에 접근하기 위한 두 번째 방법은 CUI 애플리케이션에서만 활용 가능한 방법으로 _tmain 진입점 함수의 매개변수로 전달되는 TCHAR *env[]를 사용하는 것이다. GetEnvironmentStrings가 반환하는 내용과는 다르게 env는 문자열을 가리키는 포인터의 배열로 구성되어 있으며, 각각의 포인터는 "이름=값" 형태의 문자열을 가리키고 있다. 다음 예제와 같이 마지막 문자열 다음에는 NULL 포인터가 나타난다.

```
void DumpEnvVariables(PTSTR pEnvBlock[]) {
    int current = 0;
    PTSTR* pElement = (PTSTR*)pEnvBlock;
    PTSTR pCurrent = NULL;
    while (pElement != NULL) {
        pCurrent = (PTSTR)(*pElement);
        if (pCurrent == NULL) {
            // 환경변수가 더 이상 없다.
            pElement = NULL;
```

```
        } else {
            _tprintf(TEXT("[ %u]  %s\r\n"), current, pCurrent);
            current++;
            pElement++;
        }
    }
}
```

env를 통해 환경변수들이 전달되기 이전에 =로 시작하는 문자열들은 모두 제거된 상태가 된다. 따라서 이에 대한 처리를 따로 해줄 필요가 없다.

=은 환경변수의 이름과 값을 구분하는 구분자 역할도 하기 때문에 환경변수 이름에 =가 포함되어서는 안 된다. 또한 공백 문자도 중요하다. 예를 들어 다음과 같이 선언된 두 개의 환경변수가 있다고 할 때 = 전후의 공백 문자열도 비교의 대상이 되기 때문에 XYZ과 ABC는 서로 다른 값을 가지고 있는 것으로 인식하게 된다.

```
XYZ= Windows    ('=' 뒤에 공백 문자가 있다.)
ABC=Windows
```

예를 들어 다음과 같은 두 개의 문자열을 환경블록에 추가하게 되면, 이름 뒤에 공백 문자를 포함한 XYZ 변수는 Home 값을 가지고, 이름 뒤에 공백 문자를 포함하지 않은 XYZ 변수는 Work 값을 가지게 된다.

```
XYZ =Home    ('=' 앞에 공백 문자가 있다.)
XYZ=Work
```

사용자가 윈도우에 로그온을 하면 시스템은 쉘 프로세스를 생성하고 이와 관련된 환경 문자열들을 설정해 준다. 시스템은 초기 환경 문자열 설정 값을 레지스트리의 두 군데 위치로부터 가져온다.

시스템 전반에 영향을 주는 환경변수 목록은 다음 위치에 존재한다.

```
HKEY_LOCAL_MACHINE\SYSTEM\CurrentControlSet\Control\
    Session Manager\Environment
```

현재 로그온한 사용자에게만 영향을 주는 환경변수 목록은 다음 위치에 존재한다.

```
HKEY_CURRENT_USER\Environment
```

사용자는 제어판Control Panel의 시스템System을 통해 이러한 환경변수를 추가, 삭제, 변경할 수 있다. 왼쪽에 있는 고급 시스템 설정Advanced System Settings 링크를 누른 후 환경변수Environment Variables 버튼을 누르면 다음과 같은 다이얼로그 박스가 나타난다.

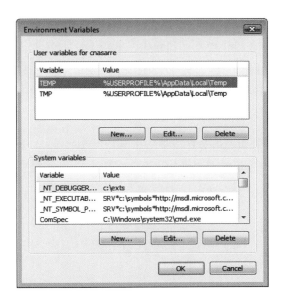

관리자 권한을 가지는 사용자만이 시스템 변수^{System Variables} 목록을 변경할 수 있다.

애플리케이션은 다양한 레지스트리 관련 함수를 사용하여 레지스트리 항목을 수정할 수 있다. 그런데 이러한 레지스트리의 변경사항이 모든 애플리케이션에 반영되기를 원한다면 사용자는 반드시 로그오프^{log off}한 후에 다시 로그온^{log on}해야만 한다.

윈도우 탐색기^{Windows Explorer}, 작업 관리자^{Task Manager}, 제어판^{Control Panel}과 같은 몇몇 애플리케이션들은 그들의 주 윈도우가 WM_SETTINGCHANGE 메시지를 수신하면 환경블록을 새로운 레지스트리 항목으로 수정할 수 있도록 작성되어 있다. 예를 들어 레지스트리 항목을 수정한 이후에 다른 애플리케이션들이 이러한 변경사항을 기반으로 환경블록을 갱신하도록 하려면 다음과 같이 SendMessage를 호출하면 된다.

```
SendMessage(HWND_BROADCAST, WM_SETTINGCHANGE, 0, (LPARAM) TEXT("Environment"));
```

일반적으로, 차일드 프로세스는 페어런트 프로세스의 환경변수 집합을 그대로 상속한다. 하지만 페어런트 프로세스는 어떤 환경변수를 차일드 프로세스에게 상속해 줄지 제어할 수도 있다. 이에 대해서는 나중에 CreateProcess 함수에 대해 설명할 때 알아보도록 하겠다. 상속을 통해 환경변수가 차일드 프로세스로 전달되면 페어런트 프로세스의 환경블록을 차일드 프로세스와 공유하는 것이 아니라 새롭게 복사되어 전달된다. 따라서 차일드 프로세스가 자신의 환경블록에 새로운 환경변수를 추가, 삭제, 변경한다 하더라도 페어런트 프로세스의 환경블록에는 영향을 미치지 않는다.

애플리케이션은 일반적으로 환경변수를 이용하여 사용자가 애플리케이션의 동작 방식을 적절히 변경할 수 있도록 한다. 사용자가 환경변수를 생성하고 초기화한 후 애플리케이션을 실행하면, 실행된 애플리케이션은 환경블록의 변수들을 이용할 수 있으며, 약속된 환경변수 값을 찾게 되면 이 값을 분석하여 애플리케이션의 동작 방식을 변경할 수 있다.

환경변수의 문제점은 사용자가 그 값을 설정하거나 이해하는 것이 쉽지 않다는 것이다. 사용자는 변수 이름뿐만 아니라 변수 값을 어떤 형식으로 설정해야 할지에 대해서도 정확히 알고 있어야 한다. 대부분의(전부는 아니지만) GUI 기반 애플리케이션에서는 사용자가 애플리케이션의 동작 방식을 변경할 수 있도록 하기 위해 다이얼로그 박스를 활용한다. 이러한 접근 방식은 내부적으로 환경변수를 이용하도록 구현되었다 하더라도 사용자에게 좀 더 친숙한 방법이다.

환경변수를 이용하는 애플리케이션에서 사용할 수 있는 유용한 함수들이 몇 가지 있는데, 그 중 하나가 GetEnvironmentVariable이다. 이 함수를 이용하면 환경변수의 존재 여부와 그 값을 확인할 수 있다.

```
DWORD GetEnvironmentVariable(
    PCTSTR pszName,
    PTSTR pszValue,
    DWORD cchValue);
```

GetEnvironmentVariable을 호출할 때 pszName으로는 환경변수의 이름을 가리키는 포인터를 전달해야 하고, pszValue로는 환경변수의 값을 저장할 버퍼를 가리키는 포인터를 전달해야 한다. cchValue는 버퍼의 크기를 문자 단위로 전달하면 된다. 이 함수는 버퍼로 복사된 문자의 개수를 반환하거나, 환경블록에 주어진 환경변수가 존재하지 않을 경우 0을 반환한다. 하지만 환경변수의 값을 저장하기 위해 얼마만큼의 버퍼가 필요할지 미리 알 수 없다면 GetEnvironmentVariable 함수를 호출할 때 cchValue 매개변수로 0을 전달하여 환경변수 값을 저장하는 데 필요한 문자 단위의 버퍼 크기에 문자열 종결('\0') 문자를 저장할 공간을 더한 값을 얻어올 수 있다. 다음 코드는 이 함수를 안전하게 호출하는 방법을 보여주고 있다.

```
void PrintEnvironmentVariable(PCTSTR pszVariableName) {
    PTSTR pszValue = NULL;
    // 환경변수 값을 저장하는 데 필요한 버퍼 크기를 가져온다.
    DWORD dwResult = GetEnvironmentVariable(pszVariableName, pszValue, 0);
    if (dwResult != 0) {
        // 환경변수 값을 저장하기 위한 버퍼를 할당한다.
        DWORD size = dwResult * sizeof(TCHAR);
        pszValue = (PTSTR)malloc(size);
        GetEnvironmentVariable(pszVariableName, pszValue, size);
        _tprintf(TEXT("%s=%s\n"), pszVariableName, pszValue);
        free(pszValue);
    } else {
        _tprintf(TEXT("'%s'=<unknown value>\n"), pszVariableName);
    }
}
```

환경변수 값에는 대체 가능 문자열^{replaceable string}이 포함되어 있는 경우가 많다. 예를 들어 레지스트리 상에 다음과 같은 문자열이 있다고 하자.

```
%USERPROFILE%\Documents
```

%로 감싼 부분은 대체 가능 문자열을 의미하며, 이 경우 USERPROFILE 환경변수 값은 다른 문자열로 변경되어야 한다. 내 컴퓨터에서 USERPROFILE의 값은 다음과 같다.

```
C:\Users\jrichter
```

대체 가능 문자열을 변경하고 나면, 결과적으로 다음과 같은 값을 얻을 수 있다.

```
C:\Users\jrichter\Documents
```

이처럼 대체 가능 문자열에 대한 변경 작업은 매우 일반적인 것이기 때문에 윈도우는 이를 위해 다음과 같이 ExpandEnvironmentStrings 함수를 제공하고 있다.

```
DWORD ExpandEnvironmentStrings(
    PTCSTR pszSrc,
    PTSTR pszDst,
    DWORD chSize);
```

이 함수를 호출할 때 pszSrc 매개변수로는 대체 가능 환경변수 문자열을 포함한 문자열의 주소를 전달하면 된다. pszDst 매개변수로는 변경된 문자열이 저장될 버퍼의 주소를 전달하고, chSize 매개변수로는 버퍼의 최대 크기를 문자 단위로 전달하면 된다. 이 함수는 변경된 문자열을 저장하는 데 필요한 버퍼의 크기를 문자 단위로 반환해 준다. 만일 chSize가 변경된 문자열을 저장하기에 충분하지 않으면 대체 가능 문자열은 변경되지 않으며, 대신 빈 문자열^{empty string}로 변경된다. 따라서 ExpandEnvironmentStrings 함수는 다음과 같이 두 번 호출하는 것이 일반적이다.

```
DWORD chValue =
    ExpandEnvironmentStrings(TEXT("PATH='%PATH%'"), NULL, 0);
PTSTR pszBuffer = new TCHAR[ chValue] ;
chValue = ExpandEnvironmentStrings(TEXT("PATH='%PATH%'"), pszBuffer,
    chValue);
_tprintf(TEXT("%s\r\n"), pszBuffer);
delete[] pszBuffer;
```

마지막으로, 환경변수를 추가, 삭제하거나 환경변수 값을 변경하기 위해 SetEnvironmentVariable 함수를 사용할 수 있다.

```
BOOL SetEnvironmentVariable(
    PCTSTR pszName,
    PCTSTR pszValue);
```

이 함수는 pszName 매개변수로 전달한 값을 변수의 이름으로, pszValue 매개변수로 전달한 값을 변수의 값으로 하여 환경변수를 설정한다. 만일 동일 이름의 환경변수가 이미 존재하는 경우 기존 값을 수정하게 되고, 변수가 없을 경우 새로이 추가하게 된다. pszValue에 NULL을 주게 되면 환경변수 블록으로부터 주어진 환경변수를 제거한다.

프로세스의 환경변수 블록을 변경해야 하는 경우 항상 이 함수들을 사용하는 것이 좋다.

프로세스의 선호도

보통의 경우 프로세스 내에 존재하는 스레드들은 컴퓨터에 장착된 어떤 CPU에서도 수행될 수 있다. 하지만 프로세스의 스레드가 가용 CPU들 중 일부 CPU에서만 수행되도록 할 수도 있다. 이것을 프로세서 선호도processor affinity라고 하며, 7장 "스레드 스케줄링, 우선순위, 그리고 선호도"에서 좀 더 자세히 알아볼 것이다. 차일드 프로세스들은 페어런트 프로세스의 선호도를 상속한다.

프로세스의 에러 모드

각각의 프로세스들은 디스크 에러나 처리되지 않은 예외, 파일 찾기 실패, 데이터의 비정렬misalignment 등과 같은 심각한 에러를 어떻게 처리할지를 시스템에게 알려주기 위한 일련의 플래그 값을 가지고 있다. 프로세스는 SetErrorMode 함수를 호출하여 이러한 에러들을 시스템이 어떻게 처리해야 할지 알려줄 수 있다.

```
UINT SetErrorMode(UINT fuErrorMode);
```

fuErrorMode 매개변수는 [표 4-3]에 나오는 값들을 비트 OR 연산을 통해 결합하여 전달할 수 있다.

[표 4-3] SetErrorMode 플래그

플래그	설명
SEM_FAILCRITICALERRORS	시스템이 심각한 에러 처리기 메시지 박스critical-error-handler message box를 출력하지 않도록 하고, 발생한 에러를 호출한 프로세스에 전달하도록 한다.
SEM_NOGPFAULTERRORBOX	시스템이 일반 보호 실패 메시지 박스general-protection-fault message box를 출력하지 않도록 한다. 이 플래그는 디버깅 애플리케이션이 일반 보호 실패 자체에 대한 예외 처리기를 가지고 있는 경우에 한해서만 사용하는 것이 좋다.
SEM_NOOPENFILEERRORBOX	시스템이 파일 찾기 실패 메시지 박스를 출력하지 않도록 한다.
SEM_NOALIGNMENTFAULTEXCEPT	시스템이 자동으로 메모리 정렬 실패를 수정하고, 애플리케이션에게는 실패 사실을 알리지 않도록 한다. 이 플래그는 x86/x64 프로세서에서는 아무런 영향도 주지 못한다.

기본적으로, 차일드 프로세스는 페어런트 프로세스의 에러 모드 플래그를 상속한다. 즉, 프로세스가

SEM_NOGPFAULTERRORBOX 플래그를 설정해 두면 이 프로세스가 수행한 차일드 프로세스도 동일한 설정을 상속받게 된다. 하지만 차일드 프로세스는 이와 같이 설정이 변경되었다는 사실을 전달받지 받지 못하기 때문에 일반 보호 실패^{general protection fault: GP 실패}를 처리하는 코드를 작성하지 않았을 수도 있다. 이 경우 GP 실패가 차일드 프로세스의 스레드들 중 하나에서 발생하면 차일드 프로세스는 사용자에게 아무런 통지 없이 종료되어 버릴 것이다. 페어런트 프로세스는 차일드 프로세스가 에러 모드를 상속받지 않도록 하기 위해 CreateProcess 호출 시 CREATE_DEFAULT_ERROR_MODE 플래그를 지정할 수도 있다. (CreateProcess에 대해서는 이후에 알아볼 것이다.)

프로세스의 현재 드라이브와 디렉터리

파일의 전체 경로가 제공되지 않을 경우 많은 수의 윈도우 함수들은 파일과 디렉터리를 현재 드라이브의 현재 디렉터리에서 찾는다. 예를 들어 프로세스 내의 어떤 스레드가 CreateFile 함수를 사용하여 파일을 열고자(전체 경로를 지정하지 않고) 시도하면 시스템은 현재 드라이브와 디렉터리에서 파일을 찾는다.

시스템은 내부적으로 프로세스의 현재 드라이브와 디렉터리를 저장해 둔다. 이러한 정보는 프로세스 단위로 유지되기 때문에 프로세스 내의 특정 스레드가 현재 드라이브나 디렉터리를 바꾸게 되면 변경된 정보는 동일 프로세스 내의 다른 모든 스레드에게 영향을 미치게 된다.

프로세스의 현재 드라이브와 디렉터리를 얻어내거나 설정하기 위해서는 다음의 두 함수를 사용할 수 있다.

```
DWORD GetCurrentDirectory(
    DWORD cchCurDir,
    PTSTR pszCurDir);
BOOL SetCurrentDirectory(PCTSTR pszCurDir);
```

GetCurrentDirectory는 함수 호출 시 전달하는 버퍼가 충분하지 않을 경우, 현재 디렉터리명을 저장할 수 있는 문자 단위의 크기에 '\0' 문자를 저장할 공간을 더한 값을 반환한다. 이 경우에는 주어진 버퍼에 어떠한 내용도 복사하지 않기 때문에 NULL을 전달한다. 함수 호출이 성공하면 복사된 문자열의 길이가 문자 단위로 반환되는데, 이때에는 '\0' 문자를 길이에 포함하지 않는다.

> MAX_PATH는 WinDef.h에 디렉터리명이나 파일명의 최대 문자수인 260으로 정의되어 있다. 따라서 Get-CurrentDirectory를 호출할 때 TCHAR형으로 MAX_PATH만큼의 버퍼를 전달하면 안전하다.

프로세스의 현재 디렉터리

시스템은 프로세스의 현재 드라이브와 디렉터리는 저장해 두지만, 모든 드라이브의 현재 디렉터리를 저장하는 것은 아니다. 그러나 운영체제는 다수의 드라이브에 대해 현재 디렉터리를 처리할 수 있는 기능을 제공하고 있다. 이를 위해 프로세스의 환경변수가 사용된다. 예를 들어 프로세스는 다음과 같은 두 개의 환경변수 값을 가질 수 있다.

```
=C:=C:\Utility\Bin
=D:=D:\Program Files
```

이 변수 값들은 C 드라이브의 현재 디렉터리가 \Utility\Bin이고, D 드라이브의 현재 디렉터리가 \Program Files임을 나타낸다.

함수 호출 시 현재 드라이브가 아닌 드라이브의 드라이브 문자를 전달하게 되면 시스템은 프로세스의 환경변수 블록에서 지정된 드라이브 문자와 관련된 환경변수가 있는지를 찾게 된다. 만일 이러한 변수가 존재하면 시스템은 이 값을 지정된 드라이브의 현재 디렉터리로 간주한다. 만일 변수가 없다면 시스템은 지정된 드라이브의 루트 디렉터리를 현재 디렉터리로 선택한다.

예를 들어 프로세스의 현재 디렉터리가 C:\Utility\Bin이고 CreateFile을 이용하여 D:ReadMe.Txt를 열려고 시도하면 시스템은 =D: 이름의 환경변수를 찾게 된다. =D: 변수가 존재하고 그 값이 D:\Program Files라면 ReadMe.Txt 파일을 D:\Progrma Files 디렉터리로부터 찾아본다. =D: 변수가 존재하지 않으면 시스템은 ReadMe.Txt 파일을 D 드라이브의 루트 디렉터리에서 찾아본다. 윈도우가 제공하는 파일 관련 함수들은 드라이브 문자로 된 환경변수를 추가하거나 변경하지는 않으며 단순 조회만을 수행한다.

> 현재 디렉터리를 변경하기 위해 윈도우가 제공하는 SetCurrentDirectory 함수 대신 C 런타임 라이브러리에서 제공하는 _chdir 함수를 사용할 수도 있다. _chdir 함수도 내부적으로는 SetCurrentDirectory를 호출하긴 하지만, 추가적으로 SetEnvironmentVariable을 사용하여 서로 다른 드라이브에 대해 현재 디렉터리 정보를 저장한다.

페어런트 프로세스가 현재 디렉터리 설정 정보를 차일드 프로세스에게 전달할 목적으로 환경블록을 생성한다 하더라도 차일드 프로세스의 환경블록에 페어런트 프로세스의 현재 디렉터리 설정 정보가 자동으로 상속되지는 않는다. 대신 차일드 프로세스는 모든 드라이브의 루트 디렉터리를 현재 디렉터리로 간주한다. 만일 페어런트 프로세스의 현재 디렉터리 정보를 차일드 프로세스에게 전달하고 싶다면 페어런트 프로세스는 드라이브 문자를 이름으로 하는 환경변수를 생성하여 차일드 프로세스가 수행되기 전에 환경블록에 추가해야 한다. 페어런트 프로세스는 GetFullPathName을 호출하여 현재 디렉터리 정보를 얻을 수 있다.

```
DWORD GetFullPathName(
    PCTSTR pszFile,
    DWORD cchPath,
    PTSTR pszPath,
    PTSTR *ppszFilePart);
```

예를 들어 C 드라이브의 현재 디렉터리 정보를 얻어오기 위해서는 다음과 같이 GetFullPathName 을 사용하면 된다.

```
TCHAR szCurDir[ MAX_PATH] ;
DWORD cchLength = GetFullPathName(TEXT("C:"), MAX_PATH, szCurDir, NULL);
```

결국 드라이브 문자를 이름으로 하는 환경변수를 환경블록의 시작 위치에 기록해야 한다.

시스템 버전

종종 애플리케이션은 사용자가 사용하는 윈도우의 버전이 무엇인지를 확인할 필요가 있다. 예를 들어 애플리케이션이 윈도우 트랜잭션 파일시스템의 장점을 사용하기 위해 CreateFileTransacted와 같은 특수한 함수를 호출할 수도 있다. 그러나 이 함수는 윈도우 비스타에서만 지원된다.

필자가 기억하기로는 윈도우 애플리케이션 프로그래밍 인터페이스^{Windows application programming interface}(API)는 GetVersion 함수를 가지고 있었다.

```
DWORD GetVersion();
```

이 함수에는 숨겨진 역사가 있다. 이 함수는 최초에는 16비트 윈도우에서 사용되도록 설계되었다. 이 함수는 상위 워드를 통해 MS-DOS의 버전 번호를, 하위 워드를 통해 윈도우의 버전 번호를 반환하도록 하였으며, 각 워드의 상위 바이트는 주 버전 번호를, 하위 바이트는 부 버전 번호를 가지도록 설계되었다.

불행히도 이 함수를 구현한 프로그래머가 함수를 코딩할 때 작은 실수를 저지르는 바람에 주 버전 번호가 하위 바이트에, 부 버전 번호가 상위 바이트에 기록되게 되었다. 이 때문에 윈도우의 버전 정보가 완전히 뒤집혀서 반환되었다. 이미 많은 프로그래머들이 이 함수를 사용하기 시작한 터라 마이크로소프트에게 이 함수를 변경하지 않을 것을 요청했고, 함수를 수정하는 대신 뒤바뀐 사항을 반영하도록 문서를 수정하였다.

GetVersion과 관련된 혼돈스러움을 피하기 위해 마이크로소프트는 GetVersionEx라는 새로운 함수를 추가하였다.

```
BOOL GetVersionEx(POSVERSIONINFOEX pVersionInformation);
```

이 함수는 OSVERSIONINFOEX 구조체를 할당하고, 그 주소를 인자로 넘겨줄 것을 요구한다. OSVERSIONINFOEX 구조체는 다음과 같다.

```
typedef struct {
    DWORD dwOSVersionInfoSize;
    DWORD dwMajorVersion;
    DWORD dwMinorVersion;
    DWORD dwBuildNumber;
```

```
        DWORD dwPlatformId;
        TCHAR szCSDVersion[ 128] ;
        WORD  wServicePackMajor;
        WORD  wServicePackMinor;
        WORD  wSuiteMask;
        BYTE  wProductType;
        BYTE  wReserved;
    } OSVERSIONINFOEX, * POSVERSIONINFOEX;
```

OSVERSIONINFOEX 구조체는 윈도우 2000부터 사용 가능하다. 다른 버전의 윈도우는 이전 버전인 OSVERSIONINFO 구조체를 사용하면 되지만 서비스 팩[service pack], 스위트 마스크[suite mask], 제품 타입[product type], 그리고 예약 공간[reserved]이 구조체의 멤버로 제공되지 않는다.

개발자들이 하위 워드, 상위 워드, 하위 바이트, 상위 바이트를 각기 분리[extracting]해 내야 하는 번거로움을 피하도록 하기 위해 이 구조체는 시스템을 구성하는 다양한 컴포넌트의 버전 정보들을 각 멤버가 나누어 가지도록 작성되었으며, 이러한 멤버 값을 이용하여 애플리케이션이 필요로 하는 버전 번호와 현재 수행 중인 시스템의 버전 번호를 좀 더 쉽게 비교할 수 있도록 배려하였다. [표 4-4]에 OSVERSIONINFOEX 구조체의 각 멤버에 대한 설명이 있다.

[표 4-4] OSVERSIONINFOEX 구조체의 멤버

멤버	설명
dwOSVersionInfoSize	GetVersionEx 함수를 호출하기 전에 sizeof(OSVERSIONINFO)나 sizeof(OSVERSIONINFOEX)로 설정되어야 한다.
dwMajorVersion	시스템의 주 버전 번호
dwMinorVersion	시스템의 부 버전 번호
dwBuildNumber	현재 시스템의 빌드 번호
dwPlatformId	현재 시스템이 지원하는 플랫폼의 식별자. VER_PLATFORM_WIN32s(Win32s), VER_PLATFORM_WIN32_WINDOWS(윈도우 95/윈도우 98), 또는 VER_PLATFORM_WIN32_NT(윈도우 NT/윈도우 2000, 윈도우 XP, 윈도우 서버 2003, 윈도우 비스타)
szCSDVersion	설치된 운영체제에 대한 추가 정보를 제공하기 위한 부가적인 텍스트
wServicePackMajor	마지막으로 설치된 서비스 팩의 주 버전 번호
wServicePackMinor	마지막으로 설치된 서비스 팩의 부 버전 번호
wSuiteMask	제품군 식별자 혹은 시스템 상의 가용 제품군 (VER_SUITE_SMALLBUSINESS, VER_SUITE_ENTERPRISE, VER_SUITE_BACKOFFICE, VER_SUITE_COMMUNICATIONS, VER_SUITE_TERMINAL, VER_SUITE_SMALLBUSINESS_RESTRICTED, VER_SUITE_EMBEDDEDNT, VER_SUITE_DATACENTER, VER_SUITE_SINGLEUSERTS(사용자당 단일의 터미널 서비스 세션을 지원), VER_SUITE_PERSONAL(비스타 홈과 비스타 프로페셔널 에디션을 구분), VER_SUITE_BLADE, VER_SUITE_EMBEDDED_RESTRICTED, VER_SUITE_SECURITY_APPLIANCE, VER_SUITE_STORAGE_SERVER, VER_SUITE_COMPUTE_SERVER).
wProductType	어떤 제품이 설치되어 있는지를 구분하는 식별자. 다음 중 하나: VER_NT_WORKSTATION, VER_NT_SERVER, 또는 VER_NT_DOMAIN_CONTROLLER
wReserved	미래에 사용하기 위해 예약됨.

MSDN 웹 사이트의 "시스템 버전 획득^{Getting the System Version}" 문서(*http://msdn2.microsoft.com/en-gb/library/ms724429.aspx*)는 OSVERSIONINFOEX의 각 멤버를 어떻게 사용해야 하는지에 대한 좀 더 자세한 예제 코드를 제공하고 있다.

이 구조체를 좀 더 쉽게 사용할 수 있도록 하기 위해 윈도우 비스타부터는 VerifyVersionInfo 함수를 제공하고 있으며, 이를 이용하면 현재 수행 중인 시스템의 버전과 애플리케이션이 필요로 하는 버전을 손쉽게 비교할 수 있다.

```
BOOL VerifyVersionInfo(
    POSVERSIONINFOEX pVersionInformation,
    DWORD dwTypeMask,
    DWORDLONG dwlConditionMask);
```

VerifyVersionInfo 함수를 사용하기 위해서는 먼저 OSVERSIONINFOEX 구조체를 할당해야 하며, dwOSVersionInfoSize 멤버를 구조체의 크기로 초기화해야 한다. 그런 다음 애플리케이션에서 중요하게 여기는 구조체의 다른 멤버들을 초기화한다. dwTypeMask 매개변수는 다음 값들을 비트 OR해서 사용할 수 있다: VER_MINORVERSION, VER_MAJORVERSION, VER_BUILDNUMBER, VER_PLATFORMID, VER_SERVICEPACKMINOR, VER_SERVICEPACKMAJOR, VER_SUITENAME, VER_PRODUCT_TYPE. 마지막 매개변수인 dwlConditionMask로는 이 함수가 시스템의 버전 정보를 우리가 기대하는 정보와 어떻게 비교할 것인지를 제어하는 64비트 값을 전달하면 된다.

dwlConditionMask로는 비교 정보를 비트별로 설정한 복잡한 값을 전달해야 하는데, 이를 생성하기 위해서는 VER_SET_CONDITION 매크로를 사용하면 된다.

```
VER_SET_CONDITION(
    DWORDLONG dwlConditionMask,
    ULONG dwTypeBitMask,
    ULONG dwConditionMask)
```

첫 번째 매개변수인 dwlConditionMask로는 비교 정보를 설정할 변수를 전달하면 된다. VER_SET_CONDITION은 함수가 아니라 매크로이기 때문에 변수의 주소를 인자로 전달해서는 안 된다는 점에 주의하기 바란다. dwTypeBitMask 매개변수로는 OSVERSIONINFOEX 구조체 내의 각 멤버를 대표하는 값을 전달하여 어떤 멤버를 비교할지를 지정하면 된다. 만일 여러 개의 멤버를 한꺼번에 비교하고 싶다면 VER_SET_CONDITION을 반복하여 호출하면 된다. VER_SET_CONDITION의 dw-TypeBitMask 매개변수로는 VerifyVersionInfo 함수의 dwTypeMask 매개변수에서 사용하는 플래그와 동일한 값을 사용할 수 있다(VER_MINORVERSION, VER_BUILDNUMBER 등).

VER_SET_CONDITION의 마지막 매개변수인 dwConditionMask로는 어떻게 비교^{comparison}를 수행할 것인지를 지정하면 된다. 이 값으로는 다음에 나열하는 값 중 하나를 전달하면 된다: VER_EQUAL,

VER_GREATER, VER_GREATER_EQUAL, VER_LESS, VER_LESS_EQUAL. 흥미롭게도 VER_
PRODUCT_TYPE 정보를 비교하기 위해 이러한 조건 값을 사용할 수도 있다. 예를 들어 'VER_NT_
WORKSTATION이 VER_NT_SERVER보다 작다' 와 같이 사용할 수 있다. 하지만 VER_SUITENAME
정보에 대해서는 이런 식의 비교가 불가능하다. 대신 VER_AND(모든 제품군이 설치되어 있는가)나
VER_OR(적어도 하나의 제품군이 설치되어 있는가)를 사용해야 한다.

이러한 절차를 통해 비교 조건을 생성한 후, VerifyVersionInfo를 호출하면 조건에 부합할 경우(만일
시스템이 애플리케이션의 요구사항을 모두 만족하면) 0이 아닌 값을 반환한다. 만일 VerifyVersionInfo
가 0을 반환하면 사용자의 요구사항을 시스템이 만족시키지 못하거나, 함수를 잘못 호출한 것이다.
함수가 왜 0을 반환했는가는 GetLastError를 호출해 보면 알 수 있다. GetLastError의 수행 결과가
ERROR_OLD_WIN_VERSION이면 함수 호출은 정상적이었으나 시스템이 사용자의 요구사항을 만
족시키지 못하는 것이다.

아래에 시스템이 윈도우 비스타인지를 확인하는 예제 코드를 나타냈다.

```
// OSVERSIONINFOEX 구조체를 윈도우 비스타에 맞추어 설정한다.
OSVERSIONINFOEX osver = { 0 };
osver.dwOSVersionInfoSize = sizeof(osver);
osver.dwMajorVersion = 6;
osver.dwMinorVersion = 0;
osver.dwPlatformId = VER_PLATFORM_WIN32_NT;

// 비교 조건을 구성한다.
DWORDLONG dwlConditionMask = 0;  // 반드시 0으로 초기화해야 한다.
VER_SET_CONDITION(dwlConditionMask, VER_MAJORVERSION, VER_EQUAL);
VER_SET_CONDITION(dwlConditionMask, VER_MINORVERSION, VER_EQUAL);
VER_SET_CONDITION(dwlConditionMask, VER_PLATFORMID, VER_EQUAL);

// 버전 테스트를 수행한다.
if (VerifyVersionInfo(&osver, VER_MAJORVERSION | VER_MINORVERSION |
VER_PLATFORMID,
    dwlConditionMask)) {
    // 시스템은 윈도우 비스타가 분명하다.
} else {
    // 시스템은 윈도우 비스타가 아니다.
}
```

CreateProcess 함수를 이용하면 새로운 프로세스를 생성할 수 있다.

```
BOOL CreateProcess(
    PCTSTR pszApplicationName,
    PTSTR pszCommandLine,
    PSECURITY_ATTRIBUTES psaProcess,
    PSECURITY_ATTRIBUTES psaThread,
    BOOL bInheritHandles,
    DWORD fdwCreate,
    PVOID pvEnvironment,
    PCTSTR pszCurDir,
    PSTARTUPINFO psiStartInfo,
    PPROCESS_INFORMATION ppiProcInfo);
```

스레드가 CreateProcess를 호출하면 시스템은 사용 카운트가 1인 프로세스 커널 오브젝트를 생성한다. 프로세스 커널 오브젝트는 프로세스 자체를 의미하는 것은 아니며, 운영체제가 프로세스를 관리하기 위한 목적으로 생성한 조그마한 데이터 구조체다. 프로세스 커널 오브젝트를 프로세스에 대한 각종 통계 정보를 가지고 있는 작은 데이터 구조체라고 생각할 수도 있다. 프로세스 커널 오브젝트가 생성되고 나면 시스템은 새로운 프로세스를 위한 가상 주소 공간을 생성하고, 실행 파일의 코드와 데이터 및 수행에 필요한 추가적인 DLL 파일들을 프로세스의 주소 공간 상에 로드한다.

다음 단계로, 시스템은 새로 생성된 프로세스의 주 스레드 primary thread를 위한 스레드 커널 오브젝트(사용 카운트는 1)를 생성한다. 주 스레드는 링커에 의해 진입점으로 지정된 C/C++ 런타임 시작 코드를 실행한다. 이러한 시작 코드는 종국에는 사용자가 작성한 WinMain, wWinMain, main, 또는 wmain 함수를 호출하게 된다. 만일 시스템이 성공적으로 프로세스를 생성하고 주 스레드를 생성하였다면 CreateProcess는 TRUE를 반환한다.

CreateProcess 함수는 새로 생성된 프로세스가 완전히 초기화되기 전에 TRUE를 반환한다. 이것은 운영체제의 로더가 새로 생성된 프로세스가 필요로 하는 모든 DLL을 로드하기 전에 CreateProcess가 반환될 수 있다는 의미이다. 만일 필요한 DLL이 없거나 올바르게 초기화가 진행되지 않으면 새로 생성된 프로세스는 곧바로 종료된다. 하지만 CreateProcess는 이미 TRUE를 반환했을 것이기 때문에 이 경우 페어런트 프로세스는 차일드 프로세스에 어떠한 초기화 문제가 발생했는지 알 수 없다.

지금까지 CreateProcess의 동작 방식에 대해 간략하게 알아보았다. 다음 절에서는 CreateProcess의 각 매개변수에 대해 좀 더 자세히 알아보기로 하겠다.

❶ pszApplicationName과 pszCommandLine

pszApplicationName과 pszCommandLine 매개변수로는 각각 프로세스를 생성할 실행 파일명과 새로운 프로세스에게 전달할 명령행 문자열을 지정하게 된다. 먼저 pszCommandLine 매개변수에 대해 알아보기로 하자.

pszCommandLine 매개변수의 자료형이 PTSTR인 점에 주목할 필요가 있다. 이것은 우리가 전달하는 문자열이 CreateProcess 함수 내에서 변경될 수 있는 형태^{non-constant string}로 전달되어야 함을 의미한다. CreateProcess는 내부적으로 우리가 전달하는 명령행 문자열에 변경 작업을 수행한다. 하지만 반환 직전에 그 내용을 원래의 값으로 돌려놓는다.

만일 명령행 문자열을 읽기 전용의 파일명 형태로 전달하게 되면 접근 위반이 발생하기 때문에 이 점은 매우 중요하다. 다음과 같이 코드를 작성하면 마이크로소프트 C/C++ 컴파일러는 "NOTEPAD"라는 문자열을 읽기 전용의 메모리에 배치하기 때문에 접근 위반을 유발하게 된다.

```
STARTUPINFO si = { sizeof(si) };
PROCESS_INFORMATION pi;
CreateProcess(NULL, TEXT("NOTEPAD"), NULL, NULL,
    FALSE, 0, NULL, NULL, &si, &pi);
```

이러한 접근 위반은 CreateProcess가 내부적으로 전달된 문자열을 수정하려 할 때 발생하게 된다. (이전 버전의 마이크로소프트 C/C++ 컴파일러는 위와 같이 문자열을 전달하는 경우에도 읽기/쓰기가 모두 가능한 메모리 상에 문자열을 배치하였으므로 CreateProcess를 호출하더라도 접근 위반을 유발하지 않았다.) 이 문제를 해결하기 위한 최상의 방법은 다음의 예와 같이 문자열 상수를 임시 버퍼에 복사한 후 CreateProcess를 호출하는 것이다.

```
STARTUPINFO si = { sizeof(si) };
PROCESS_INFORMATION pi;
TCHAR szCommandLine[] = TEXT("NOTEPAD");
CreateProcess(NULL, szCommandLine, NULL, NULL,
    FALSE, 0, NULL, NULL, &si, &pi);
```

마이크로소프트 C/C++ 컴파일러는 중복 문자열을 제거하고 문자열을 읽기 전용 섹션에 배치시킬 수 있도록 /Gf와 /GF 컴파일러 스위치를 제공한다. (편집 & 계속^{Edit & Continue}과 같은 Visual Studio 디버거의 기능을 활성화하기 위해 /ZI 컴파일 스위치를 사용하면 /GF 스위치를 수반하게 된다.) 이러한 문제를 해결하는 가장 좋은 방법은 /GF 컴파일러 스위치를 사용하되 임시 버퍼를 이용하는 것이다. 물론 마이크로소프트가 CreateProcess를 수정해서 개발자가 임시 버퍼를 사용하지 않아도 되도록 함수 내부에서 전달된 문자열의 복사본을 만들어서 사용하도록 하면 될 것이다. 차기 버전의 윈도우에서는 이와 같이 변경되기를 기대해 본다.

흥미로운 사실은 윈도우 비스타에서 ANSI 버전의 CreateProcess를 위와 같은 방식으로 호출할 때에는 접근 위반이 발생하지 않는다는 것이다. 이는 유니코드로의 변경을 위해 문자열에 대한 복사본이 내부적으로 만들어지기 때문이다. (좀 더 자세한 사항은 2장 "문자와 문자열로 작업하기"를 참고하기 바란다.)

CreateProcess의 두 번째 매개변수인 pszCommandLine을 이용하면 CreateProcess가 새로운 프로세스를 생성하기 위해 필요한 추가 정보를 제공할 수 있다. pszCommandLine을 통해 전달되는 문자열의 첫 번째 토큰은 실행하고자 하는 프로그램의 파일명으로 간주되며, 확장자가 전달되지 않으면 .exe로 가정한다. CreateProcess는 실행 파일을 찾기 위해 다음과 같이 순차적으로 검색을 진행한다.

1. 생성할 프로세스의 실행 파일명에 포함된 디렉터리
2. 생성할 프로세스의 현재 디렉터리
3. 윈도우 시스템 디렉터리. 즉, GetSystemDirectory가 반환하는 System32 서브폴더
4. 윈도우 디렉터리
5. PATH 환경변수에 포함된 디렉터리들

물론 생성할 프로세스의 파일명이 전체 경로를 포함하고 있는 경우라면 이러한 전체 경로만을 이용하여 실행 파일을 찾게 되고 나머지 디렉터리에서는 검색을 수행하지 않는다. 시스템이 실행 파일을 찾으면 실행 파일의 코드와 데이터는 새로운 프로세스의 주소 공간에 매핑된다. 이후 링커에 의해 애플리케이션 진입점으로 지정된 C/C++ 런타임 시작 함수를 호출한다. 앞서 말한 바와 같이 C/C++ 런타임 시작 함수는 프로세스의 명령행을 검토하여 실행 파일명 다음으로 전달되는 첫 번째 인자를 가리키는 포인터를 (w)WinMain의 pszCmdLine 매개변수를 통해 전달한다.

pszApplicationName 매개변수를 NULL로 지정하는 한(99% 경우 NULL로 지정된다) 이와 같이 작업이 수행된다. 하지만 pszApplicationName 매개변수로 실행 파일명을 담고 있는 문자열의 주소를 전달할 수도 있다. pszApplicationName 매개변수로 파일명을 지정하는 경우 파일명의 확장자를 .exe로 가정하기 않기 때문에 반드시 확장자를 포함하도록 파일명을 지정해야 한다. 이 경우 Create-Process는 파일명에 경로명이 없다면 파일이 현재 디렉터리 상에 있을 것이라고 가정하게 된다. 따라서 파일이 현재 디렉터리에 존재하지 않으면 CreateProcess는 다른 디렉터리를 검색하지 않으며 실패를 반환한다.

pszApplicationName 매개변수로 파일명을 지정하는 경우라 하더라도 pszCommandLine 매개변수를 통해 새로운 프로세스를 위한 명령행 문자열을 전달할 수 있다. 예들 들어 CreateProcess를 다음과 같이 사용하는 경우를 생각해 보자.

```
// 전달하는 메모리는 읽기/쓰기가 가능한 메모리 상에 위치해야 한다.
TCHAR szPath[] = TEXT("WORDPAD README.TXT");

// 새로운 프로세스를 생성한다.
CreateProcess(TEXT("C:\\WINDOWS\\ SYSTEM32\\NOTEPAD.EXE"),szPath,...);
```

위 코드는 메모장^{Notepad}을 수행한다. 하지만 메모장의 명령행에는 WORDPAD README.TXT가 전달된다. 이것이 이상해 보이지만 CreateProcess는 이와 같이 동작한다. 사실 pszApplicationName 매개변수를 통해 실행 파일명을 지정할 수 있도록 한 것은 CreateProcess가 윈도우의 POSIX 서브시스템을 지원하도록 하기 위해 포함시킨 것이다.

psaProcess, psaThread, 그리고 bInheritHandles

새로운 프로세스를 생성하기 위해 시스템은 새로운 프로세스 커널 오브젝트와 스레드 커널 오브젝트 (프로세스의 주 스레드)를 생성해야 한다. 2개의 오브젝트들은 모두 커널 오브젝트이므로 페어런트 프로세스는 각각에 대해 보안 특성^{security attribute}을 지정할 수 있어야 한다. CreateProcess 함수에서는 psaProcess와 psaThread 매개변수를 통해 프로세스 커널 오브젝트와 스레드 커널 오브젝트 각각에 대해 원하는 보안 특성을 지정할 수 있다. 기본 보안 디스크립터^{security descriptor}를 사용하길 원한다면 각 매개변수를 NULL로 지정하면 된다. 그렇지 않은 경우라면 SECURITY_ATTRIBUTES 구조체를 생성하여 프로세스 오브젝트와 스레드 오브젝트 각각에 대해 적절한 보안 권한을 설정하면 된다.

psaProcess와 psaThread 매개변수로 SECURITY_ATTRIBUTES를 사용하는 또 다른 이유는 두 개의 커널 오브젝트 핸들을 상속 가능하도록 생성하여 추후 페어런트 프로세스가 새로운 차일드 프로세스를 생성할 때 이 커널 오브젝트들을 사용할 수 있도록 하기 위함이다. (커널 오브젝트 핸들의 상속 원리에 대해서는 3장 "커널 오브젝트"에서 이미 알아보았다.)

다음에 보여줄 Inherit.cpp는 커널 오브젝트 핸들 상속을 보여주기 위한 간단한 프로그램이다. A 프로세스는 CreateProcess를 호출할 때 psaProcess 매개변수로 bInheritHandle 값을 TRUE로 설정한 SECURITY_ATTRIBUTES 구조체를 전달하여 B 프로세스에 대한 상속 가능한 핸들을 생성하였다. 반면, psaThread 매개변수로는 bInheritHandle 값을 FALSE로 설정한 다른 SECURITY_ ATTRIBUTES 구조체를 전달하였다.

시스템은 B 프로세스를 생성할 때 프로세스 커널 오브젝트와 스레드 커널 오브젝트를 생성하고, ppiProcInfo 매개변수가 가리키는 구조체를 통해 오브젝트들의 핸들을 A 프로세스로 돌려주게 된다. A 프로세스는 이 핸들을 이용하여 새롭게 생성된 프로세스 커널 오브젝트와 스레드 커널 오브젝트를 다룰 수 있다.

이제 A 프로세스가 새로운 C 프로세스를 생성하기 위해 두 번째로 CreateProcess를 호출할 경우에 대해 생각해 보자. A 프로세스는 A 프로세스가 접근 가능한 커널 오브젝트들 중 일부를 C 프로세스에서도 사용 가능하도록 할 수 있다. bInheritHandles 매개변수가 이러한 목적으로 사용될 수 있으며, bInheritHandles 값이 TRUE면 C 프로세스는 A 프로세스의 상속 가능 핸들을 상속하게 된다. 이 경우 B 프로세스의 오브젝트 핸들은 상속 가능하도록 설정되었으며, B 프로세스의 주 스레드는 SECURITY_ATTRIBUTES 구조체를 전달하기는 했지만 bInheritHandles 매개변수를 FALSE로 하였기 때문에 상속이 불가능하다. 마찬가지로, A 프로세스가 bInheritHandles 매개변수를 FALSE로

하여 CreateProcess를 호출하면 C 프로세스는 A 프로세스가 사용하는 어떠한 커널 오브젝트 핸들도 상속받지 못한다.

Inherit.cpp

```
/*******************************************************************
Module name: Inherit.cpp
Notices: Copyright (c) 2008 Jeffrey Richter & Christophe Nasarre
*******************************************************************/

#include <Windows.h>

int WINAPI _tWinMain (HINSTANCE hInstanceExe, HINSTANCE,
    PTSTR pszCmdLine, int nCmdShow) {

    // 프로세스를 생성하기 위해 STARTUPINFO 구조체를 준비한다.
    STARTUPINFO si = { sizeof(si) };
    SECURITY_ATTRIBUTES saProcess, saThread;
    PROCESS_INFORMATION piProcessB, piProcessC;
    TCHAR szPath[ MAX_PATH] ;

    // A 프로세스가 B 프로세스의 생성을 준비한다.
    // 새로운 프로세스 커널 오브젝트 핸들을
    // 상속 가능하도록 생성할 것이다.
    saProcess.nLength = sizeof(saProcess);
    saProcess.lpSecurityDescriptor = NULL;
    saProcess.bInheritHandle = TRUE;

    // 새로운 스레드 커널 오브젝트 핸들을
    // 상속 불가능하도록 생성할 것이다.
    saThread.nLength = sizeof(saThread);
    saThread.lpSecurityDescriptor = NULL;
    saThread.bInheritHandle = FALSE;

    // B 프로세스를 생성한다.
    _tcscpy_s(szPath, _countof(szPath), TEXT("ProcessB"));
    CreateProcess(NULL, szPath, &saProcess, &saThread,
        FALSE, 0, NULL, NULL, &si, &piProcessB);

    // pi 구조체는 A 프로세스와 관련된 두 개의 핸들을 가지고 있다.
    // hProcess는 B 프로세스 커널 오브젝트의 핸들이며, 상속 가능하다.
    // hThread는 B 프로세스의 주 스레드 오브젝트의 핸들이며, 상속이 불가능하다.

    // A 프로세스가 새로운 C 프로세스의 생성을 준비한다.
```

```
        // psaProcess와 psaThread 매개변수로 NULL을 전달하면
        // C 프로세스의 프로세스 오브젝트 핸들과
        // 주 스레드 오브젝트 핸들은 기본적으로
        // 상속이 불가능한 형태로 생성된다.

        // A 프로세스가 또 다른 프로세스를 생성하면
        // C 프로세스의 프로세스 오브젝트 핸들과
        // 스레드 오브젝트 핸들은 상속될 수 없다.

        // bInheritHandle로 TRUE를 전달하였기 때문에
        // B 프로세스의 오브젝트 핸들은 상속되지만
        // B 프로세스의 주 스레드 오브젝트 핸들은 상속되지 않는다.
        _tcscpy_s(szPath, _countof(szPath), TEXT("ProcessC"));
        CreateProcess(NULL, szPath, NULL, NULL,
            TRUE, 0, NULL, NULL, &si, &piProcessC);

        return(0);
    }
```

fdwCreate

fdwCreate 매개변수는 새로운 프로세스를 어떻게 생성할지를 결정하게 된다. 이 매개변수로는 여러 개의 플래그 값을 비트 OR 연산으로 결합하여 전달할 수 있다. 다음에 사용 가능한 플래그 정보를 나열하였다.

- DEBUG_PROCESS 플래그는 페어런트 프로세스가 차일드 프로세스와 차일드 프로세스가 생성하는 모든 프로세스를 디버깅하려 한다는 것을 시스템에게 알려준다. 이 플래그를 사용하면 차일드 프로세스(디버기 debuggee)들에서 특수 이벤트가 발생한 경우 페어런트 프로세스(디버거 debugger)에게 그 사실을 통보해 준다.

- DEBUG_ONLY_THIS_PROCESS 플래그는 DEBUG_PROCESS와 유사하지만 페어런트 프로세스가 직접 생성한 차일드 프로세스에 대해서만 특수 이벤트에 대한 통보를 받는다. 만일 차일드 프로세스가 또 다른 차일드 프로세스를 새로 생성할 경우, 이 프로세스에 대해서는 어떠한 통보도 받지 못한다는 차이가 있다. MSDN의 "사용자 정의 방식의 디버깅과 조직화 도구 그리고 유틸리티들을 이용하여 DLL 지옥에서 빠져나오기, 파트 2 Escape from DLL Hell with Custom Debugging and Instrumentation Tools and Utilities, Part 2" (*http://msdn.microsoft.com/msdnmag/issues/02/08/EscapefromDLLHell/*)라는 기사를 읽어보면, 디버거 debugger를 만들기 위해 이 두 개의 플래그를 어떻게 사용하는지에 대한 자세한 내용과 수행 중인 디버기 debuggee 애플리케이션으로부터 DLL과 스레드에 대한 실시간 정보를 획득하는 방법을 알 수 있다.

- CREATE_SUSPENDED 플래그를 이용하면 새로운 프로세스가 생성된 후 프로세스의 주 스레드를 정지 상태로 만든다. 이렇게 함으로써 페어런트 스레드는 차일드 프로세스의 주소 공간 내의 메모리

를 변경하거나, 주 스레드의 우선순위를 변경하거나, 프로세스를 잡에 추가하는 등의 코드를 수행할 수 있는 기회를 가질 수 있다. 페어런트 프로세스가 차일드 프로세스의 정보를 모두 수정하였다면, 차일드 프로세스가 자신의 코드를 수행할 수 있도록 ResumeThread 함수를 호출하면 된다(7장에서 다룬다).

- DETACHED_PROCESS 플래그는 CUI 기반의 차일드 프로세스가 자신의 페어런트 프로세스의 콘솔 윈도우에 접근하는 것을 막는다. CUI 기반의 프로세스가 CUI 기반의 차일드 프로세스를 생성하면, 새로 생성된 프로세스는 기본적으로 페어런트 프로세스의 콘솔 윈도우를 사용하게 된다. (콘솔 윈도우에서 C++ 컴파일러를 실행하면 새로운 윈도우가 뜨는 것이 아니라 기존의 콘솔 윈도우에 나타난다.) 이 플래그를 지정하면 새로 생성되는 프로세스는 콘솔 윈도우에 텍스트를 출력하기 위해 AllocConsole 함수를 호출하여 자신의 콘솔 윈도우를 생성해야 한다.

- CREATE_NEW_CONSOLE 플래그는 프로세스 생성 시 새로운 콘솔 윈도우를 생성하게 한다. CREATE_NEW_CONSOLE과 DETACHED_PROCESS를 같이 지정하면 에러가 발생한다.

- CREATE_NO_WINDOW 플래그를 지정하면 애플리케이션의 콘솔 윈도우를 생성하지 않는다. 이 플래그는 사용자 인터페이스가 필요 없는 CUI 기반 애플리케이션을 수행할 때 사용한다.

- CREATE_NEW_PROCESS_GROUP 플래그는 사용자가 Ctrl+C나 Ctrl+Break를 눌렀을 때 통보할 프로세스들의 목록을 수정한다. 하나의 프로세스 그룹 내에 여러 개의 CUI 기반 프로세스가 수행되고 있고 사용자가 둘 중 하나의 키 조합을 선택하면, 운영체제는 동일 그룹 내의 모든 프로세스에게 사용자가 현재 수행 중인 동작을 정지하고자 함을 알려준다. 새로운 CUI 기반 프로세스를 생성할 때 이 플래그를 지정하면 새로운 프로세스 그룹을 생성해 준다. 이 프로세스 그룹 내에서 수행 중인 프로세스를 활성화한 상태에서 Ctrl+C나 Ctrl+Break를 누르면, 이 그룹 내의 모든 프로세스에게 사용자의 정지 요청을 통지한다.

- CREATE_DEFAULT_ERROR_MODE 플래그는 페어런트 프로세스가 사용하는 에러 모드를 새로 생성하는 프로세스가 상속받지 않도록 한다. (SetErrorMode는 이 장의 앞쪽에서 설명하였다.)

- CREATE_SEPERATE_WOW_VDM 플래그는 윈도우에서 16비트 윈도우 애플리케이션을 수행하고자 할 때에만 사용된다. 이 플래그는 운영체제가 새로운 가상 도스 머신^{Virtual Dos Machine}(VDM)을 생성하고 그 안에서 16비트 윈도우 애플리케이션을 수행하도록 해 준다. 기본적으로 모든 16비트 애플리케이션은 하나의 VDM을 공유한다. 새롭게 생성된 VDM 내에서 애플리케이션을 수행하게 되면, 수행 중인 애플리케이션이 오동작을 하더라도 해당 VDM만 종료되므로 다른 VDM에서 수행 중인 애플리케이션들은 계속해서 정상 동작할 수 있게 된다. 또한 VDM은 자신만의 입력 큐를 가지고 있기 때문에 애플리케이션이 잠깐 수행을 멈춘다 하더라도 다른 VDM에서 수행되는 애플리케이션은 계속해서 입력을 받을 수 있다. 하지만 여러 개의 VDM을 사용하게 되면 각 VDM별로 상당량의 물리적 저장소를 사용하게 되는 단점도 있다. 윈도우 98의 경우 모든 16비트 애플리케이션을 단일의 가상 머신 하에서 수행하며 이러한 동작 방식은 변경될 수 없다.

- CREATE_SHARED_WOW_VDM 플래그는 윈도우에서 16비트 윈도우 애플리케이션을 수행하고자 할 때에만 사용된다. 기본적으로 모든 16비트 윈도우 애플리케이션은 CREATE_SEPERATE_WOW_VDM 플래그를 지정하지 않는 한 단일 VDM 내에서 애플리케이션을 수행한다. 하지만 이러한 기본적인 수행 방식은 HKEY_LOCAL_MACHINE\System\CurrentControlSet\Control\WOW 레지스트리 키 이하의 DefaultSeparate VDM 값을 yes로 변경하여 바꿀 수 있다. (이 레지스트리 설정을 변경하면 시스템을 반드시 재시작해야 한다.) 레지스트리 값을 변경한 이후에 CREATE_SHARED_WOW_VDM 플래그를 사용하면 16비트 윈도우 애플리케이션을 시스템이 공유하는 VDM 내에서 수행할 수 있다. IsWow64Process 함수를 이용하면 특정 프로세스가 64비트 운영체제에서 32비트 프로세스로 수행 중인지의 여부를 확인할 수 있다. 첫 번째 매개변수로는 프로세스의 핸들을 전달하고, 두 번째 매개변수로는 부울 값을 가리키는 포인터를 전달하면 되는데, 32비트 프로세스인 경우 이 매개변수가 가리키는 부울 값이 TRUE로 설정된다.
- CREATE_UNICODE_ENVIRONMENT 플래그는 차일드 프로세스의 환경블록 내에 유니코드 문자들이 사용되도록 한다. 기본적으로 프로세스의 환경블록은 ANSI 문자열을 사용한다.
- CREATE_FORCEDOS 플래그는 MS-DOS 애플리케이션이 16비트 OS/2 애플리케이션 내에서 수행되도록 한다.
- CREATE_BREAKAWAY_FROM_JOB 플래그는 잡 내의 프로세스가 해당 잡과 연결되지 않는 프로세스를 생성하고 싶을 때 사용한다. (5장 "잡"에 좀 더 자세히 알아볼 것이다.)
- EXTENDED_STARTUPINFO_PRESENT 플래그는 psiStartInfo 매개변수를 통해 STARTUP-INFOEX를 전달할 것임을 운영체제에게 알려준다.

fdwCreate 매개변수를 이용하면 우선순위 클래스$^{priority\ class}$를 지정할 수 있다. 하지만 이러한 방법은 사용하지 않는 것이 좋으며, 실제로 대부분의 애플리케이션 작성 시 그렇게 하지도 않는다. 기본적으로 시스템은 새로운 프로세스에 기본 우선순위 클래스를 할당한다. [표 4-5]에 fdwCreate를 이용하여 지정 가능한 우선순위 클래스를 나타내었다.

[표 4-5] fdwCreate 매개변수를 통한 우선순위 클래스 설정 가능 값

우선순위 클래스	플래그 구분자
유휴 상태(Idle)	IDLE_PRIORITY_CLASS
보통 이하(Below normal)	BELOW_NORMAL_PRIORITY_CLASS
보통(Normal)	NORMAL_PRIORITY_CLASS
보통 이상(Above normal)	ABOVE_NORMAL_PRIORITY_CLASS
높음(High)	HIGH_PRIORITY_CLASS
실시간(Realtime)	REALTIME_PRIORITY_CLASS

이러한 우선순위 클래스를 지정하게 되면 새로 생성되는 프로세스 내의 스레드들이 다른 프로세스의

스레드들과 차별적으로 스케줄링된다. 보다 자세한 사항은 "7.9 우선순위의 추상적인 모습" 절을 확인하기 바란다.

pvEnvironment

pvEnvironment 매개변수는 새로운 프로세스가 사용할 환경변수 문자열을 포함하고 있는 메모리 블록을 가리키는 포인터를 지정한다. 대부분의 경우 차일드 프로세스가 페어런트 프로세스의 환경블록을 상속받아 사용할 수 있도록 하기 위해 이 매개변수로 NULL을 지정한다. 그렇게 하고 싶지 않다면 GetEnvironmentStrings 함수를 활용하는 것이 좋다.

```
PVOID GetEnvironmentStrings();
```

이 함수는 현재 프로세스가 사용하는 환경블록의 주소를 반환해 준다. 그러므로 이 함수의 반환 값을 CreateProcess 함수의 pvEnvironment 매개변수로 지정하면 된다. 하지만 이러한 동작은 pvEnvironment 매개변수를 NULL로 지정하는 것과 완전히 동일하다. GetEnvironmentStrings 함수에 의해 반환된 메모리 블록이 더 이상 필요하지 않다면 FreeEnvironmentStrings를 이용하여 메모리 블록을 삭제해야 한다.

```
BOOL FreeEnvironmentStrings(PTSTR pszEnvironmentBlock);
```

pszCurDir

pszCurDir 매개변수는 페어런트 프로세스가 차일드 프로세스의 현재 드라이브와 디렉터리를 설정할 수 있도록 한다. 이 매개변수로 NULL을 전달하면 새로 생성되는 프로세스의 현재 디렉터리는 새로운 프로세스를 생성하는 애플리케이션의 현재 디렉터리와 동일하게 설정된다. 이 매개변수로 NULL 이외의 값을 전달하려는 경우, 현재 드라이브 문자와 디렉터리를 포함하는 '\0'로 끝나는 문자열을 가리키는 포인터를 전달해야 한다. 경로명에는 반드시 드라이브 문자를 포함시켜야 함에 주의하기 바란다.

psiStartInfo

psiStartInfo 매개변수에는 STARTUPINFO나 STARTUPINFOEX 구조체를 가리키는 포인터를 지정해야 한다.

```
typedef struct _STARTUPINFO {
    DWORD cb;
    PSTR lpReserved;
    PSTR lpDesktop;
    PSTR lpTitle;
    DWORD dwX;
    DWORD dwY;
```

```
        DWORD dwXSize;
        DWORD dwYSize;
        DWORD dwXCountChars;
        DWORD dwYCountChars;
        DWORD dwFillAttribute;
        DWORD dwFlags;
        WORD wShowWindow;
        WORD cbReserved2;
        PBYTE lpReserved2;
        HANDLE hStdInput;
        HANDLE hStdOutput;
        HANDLE hStdError;
    } STARTUPINFO, *LPSTARTUPINFO;

    typedef struct _STARTUPINFOEX {
        STARTUPINFO StartupInfo;
        struct _PROC_THREAD_ATTRIBUTE_LIST *lpAttributeList;
    } STARTUPINFOEX, *LPSTARTUPINFOEX;
```

윈도우는 새로운 프로세스를 생성할 때 이 구조체의 멤버들을 사용한다. 대부분의 애플리케이션들은 기본 값을 사용하여 프로세스를 생성하는데, 이 경우에도 최소한 구조체의 모든 멤버를 0으로 초기화하고 cb 멤버를 구조체의 크기로 설정하는 작업을 수행해야 한다.

```
    STARTUPINFO si = { sizeof(si) };
    CreateProcess(..., &si, ...);
```

만일 구조체의 내용을 0으로 설정하지 않으면 각 멤버는 CreateProcess를 호출하는 프로세스의 스택에 있는 쓰레기^{garbage} 값을 가지게 된다. 이런 상태로 CreateProcess를 호출하게 되면 쓰레기 값이 무엇인지에 따라 간혹 프로세스가 생성되지 못하는 경우가 발생할 수도 있다. CreateProcess가 정상적으로 동작될 수 있도록 하기 위해서 사용하지 않는 멤버 값을 0으로 초기화하는 것은 매우 중요한 절차다. 이러한 초기화 절차의 누락은 개발자들이 흔히 저지르는 대표적인 실수 중 하나다.

구조체의 멤버 중 일부를 다른 값으로 초기화해야 한다면 CreateProcess를 호출하기 전에 해야 한다. 이제 멤버 각각에 대해 알아보기로 하자. 몇몇 멤버들은 차일드 애플리케이션이 오버랩드^{overlapped} 윈도우를 생성할 때에만 의미가 있고, 또 다른 몇몇 멤버들은 차일드 애플리케이션이 CUI 기반의 입출력을 수행할 때에만 의미가 있다. [표 4-6]에 각 멤버들의 사용 방법에 대해 설명해 두었다.

[표 4-6] STARTUPINFO와 STARTUPINFOEX 구조체의 멤버

멤버	윈도우, 콘솔, 둘 다	목적
cb	둘 다	STARTUPINFO 구조체의 바이트 크기를 담고 있다. STARTUPINFOEX와 같이 마이크로소프트가 이 구조체를 확장하는 경우 버전 제어를 수행한다. 애플리케이션 내에서는 이 값을 sizeof(STARTUPINFO)나 sizeof(STARTUPINFOEX)로 설정해야 한다.

멤버	윈도우, 콘솔, 둘 다	목적
lpReserved	둘 다	예약됨. NULL로 초기화되어야 한다.
lpDesktop	둘 다	애플리케이션이 수행될 데스크톱의 이름을 지정한다. 데스크톱이 이미 존재하는 경우라면 새로운 프로세스는 지정한 데스크톱과 연관된다. 데스크톱이 존재하지 않는 경우라면 새로운 프로세스를 위해 지정된 이름의 기본 특성을 가진 데스크톱이 만들어진다. lpDesktop이 NULL(대부분의 경우)이면 프로세스는 현재의 데스크톱과 연관된다.
lpTitle	콘솔	콘솔 윈도우의 윈도우 타이틀을 지정한다. lpTitle이 NULL이면 실행 파일명이 윈도우 타이틀로 사용된다.
dwX dwY	둘 다	화면 상에서 애플리케이션 윈도우의 위치를 x, y좌표(픽셀 단위)로 지정한다. 이 좌표는 차일드 프로세스가 CreateWindow의 x 매개변수에 CW_USEDEFAULT를 지정하여 첫 번째 오버랩드 윈도우를 생성할 때에만 사용된다.^{역자주 1} 애플리케이션이 콘솔 윈도우를 생성하는 경우에는 콘솔 윈도우의 좌상단 위치를 지정하는 값이 된다.
dwXSize dwYSize	둘 다	애플리케이션 윈도우의 넓이와 높이(픽셀 단위)를 지정한다. 이 값은 차일드 프로세스가 CreateWindow의 nWidth 매개변수에 CW_USEDEFAULT를 지정하여 첫 번째 오버랩드 윈도우를 생성할 때에만 사용된다.^{역자주 2} 애플리케이션이 콘솔 윈도우를 생성하는 경우에는 콘솔 윈도우의 넓이와 높이를 지정하는 값이 된다.
dwXCountChars dwYCountChars	콘솔	차일드 콘솔 윈도우의 넓이와 높이(문자 단위)를 지정한다.
dwFillAttribute	콘솔	차일드 콘솔 윈도우의 글자색과 배경색을 지정한다.
dwFlags	둘 다	다음 절의 내용과 [표 4-7]을 보라.
wShowWindow	윈도우	애플리케이션의 메인 윈도우가 어떻게 나타날지를 지정한다. wShowWindow 값은 ShowWindow를 최초로 호출할 때 nCmdShow 값 대신 사용된다. 다음번 Show-Window 호출 시에는 SW_SHOWDEFAULT를 사용할 때에만 wShowWindow 값이 사용된다. dwFlags로 STARTF_USESHOWWINDOW 값이 사용될 때에만 wShow-Window 값이 의미를 가진다는 것에 주목하라.
cbReserved2	둘 다	예약됨. 0으로 초기화되어야 한다.
lpReserved2	둘 다	예약됨. NULL로 초기화되어야 한다. cbReserved2와 lpReserved2는 C 런타임이 _dospawn을 이용하여 애플리케이션을 수행할 때 전달할 정보를 지정한다. Visual Studio 디렉터리의 VC\crt\src 서브 디렉터리에 존재하는 dospawn.c와 ioinit.c를 확인하면 세부 구현사항을 확인할 수 있다.
hStdInput hStdOutput hStdError	콘솔	콘솔 입출력에 사용할 버퍼를 가리키는 핸들을 지정한다. 기본적으로 hStdInput은 키보드 버퍼를, hStdOutput과 hStdError는 콘솔 윈도우의 버퍼를 나타낸다. 이 멤버들은 MSDN의 "표준 핸들의 입출력 방향을 재설정하는 콘솔 프로세스의 수행 방법^{How to spawn console processes with redirected standard handles}" (http://support.microsoft.com/kb/190351)에서 설명하는 바와 같이 차일드 프로세스의 입출력 방향을 재설정하기 위해 사용된다.

앞서 약속한 바와 같이 이제 dwFlags 멤버에 대해 논의할 것이다. 이 멤버는 어떻게 차일드 프로세스가 생성될 것인지를 지정하는 플래그 정보를 가지게 된다. 대부분의 플래그들은 STARTUPINFO 구조체의 어떤 멤버가 유효한 정보이고, 어떤 정보가 무시되어야 하는지를 CreateProcess 함수에게 알려주는 역할을 한다. [표 4-7]에 사용 가능한 플래그와 의미를 보여주고 있다.

역자주1 x 매개변수에 CW_USEDEFAULT를 지정하면 y 매개변수는 무시된다.

역자주2 nWidth 매개변수에 CW_USEDEFAULT를 지정하면 nHeight 매개변수는 무시된다.

[표 4-7] dwFlags에 지정할 수 있는 플래그

플래그	의미
STARTF_USESIZE	dwXSize와 dwYSize 멤버를 사용한다.
STARTF_USESHOWWINDOW	wShowWindow 멤버를 사용한다.
STARTF_USEPOSITION	dwX와 dwY 멤버를 사용한다.
STARTF_USECOUNTCHARS	dwXCountChars와 dwYCountChars 멤버를 사용한다.
STARTF_USEFILLATTRIBUTE	dwFillAttribute 멤버를 사용한다.
STARTF_USESTDHANDLES	hStdInput, hStdOutput, hStdError 멤버를 사용한다.
STARTF_RUNFULLSCREEN	x86 컴퓨터에서 콘솔 애플리케이션이 전체 화면으로 시작되도록 한다.

추가적인 두 개의 플래그인 STARTF_FORCEONFEEDBACK과 STARTF_FORCEOFFFEEDBACK 은 새로운 프로세스를 생성할 때 마우스 커서를 제어할 수 있도록 해 준다. 윈도우는 선점형 멀티테스킹 preemptive multitasking을 지원하기 때문에 새로 생성한 프로세스의 초기화가 진행되는 동안 또 다른 프로그램을 수행할 수도 있으며 사용 중이던 다른 프로그램을 계속해서 사용할 수 있다. 새로 생성한 프로세스의 초기화가 진행되고 있음을 사용자에게 비주얼하게 보여주기 위해 CreateProcess는 임시로 운영 체제의 화살표 커서를 다음과 같은 모양의 애플리케이션 시작 커서start cursor로 변경한다.

이 커서의 모양은 어떤 작업이 완료되기를 기다리거나 혹은 시스템을 계속해서 사용할 수 있다는 사실을 사용자에게 알리는 방법이다. 앞서 알아본 플래그를 이용하여 CreateProcess 함수를 호출하면 새로운 프로세스를 수행할 때 커서의 모양에 대한 추가적인 제어를 수행할 수 있다. STARTF_FORCE-OFFFEEDBACK 플래그를 지정하면 CreateProcess 함수는 커서를 애플리케이션 시작 커서로 변경하지 않는다.

STARTF_FORCEONFEEDBACK 플래그를 지정하면 CreateProcess는 새로운 프로세스의 초기화 과정을 관찰하고 이에 적합하도록 커서 모양을 변경한다. 이 플래그를 이용하여 CreateProcess를 호출하면 커서는 애플리케이션 시작 커서로 변경된다. 2초가 경과한 후에도 새로 생성된 프로세스가 GUI 함수를 호출하지 않으면 CreateProcess는 커서를 원래의 화살표 모양으로 재설정한다.

새로 생성된 프로세스가 2초 이내에 GUI 함수를 호출하면 CreateProcess는 애플리케이션이 창을 띄울 때까지 커서 모양을 변경하지 않고 기다린다. GUI 함수를 호출한 이후 5초 동안 애플리케이션이 창을 띄우지 않으면 CreateProcess는 커서를 화살표 모양으로 재설정한다. 이 시간 내에 창이 나타나면 CreateProcess는 추가 5초 동안 커서를 애플리케이션 시작 커서start cursor 형태로 유지한다. 새로 생성된 프로세스가 GetMessage 함수를 호출하면 초기화가 끝난 것으로 판단하고 커서를 화살표 모양으로 재설정한 후 새로운 프로세스에 대한 관찰을 종료한다.

wShowWindow 멤버에 설정된 값은 새로운 프로그램의 (w)WinMain 함수의 마지막 매개변수인 nCmdShow를 통해 전달된다. 일반적으로 nCmdShow는 수행된 프로그램 내에서 ShowWindow 함수를 호출할 때 매개변수로 전달한다. 보통의 경우 nCmdShow 값으로는 SW_SHOWNORMAL이 나 SW_SHOWMINNOACTIVE가 사용되지만 때때로 SW_SHOWDEFALT가 사용될 수도 있다.

윈도우 익스플로러를 이용하여 애플리케이션을 직접 수행하면, 수행된 애플리케이션의 (w)WinMain 함수는 nCmdShow 매개변수로 SW_SHOWNORMAL을 전달받는다. 하지만 애플리케이션의 바로 가기를 만들면 바로가기의 속성 페이지^{property page}를 이용하여 시스템이 애플리케이션의 윈도우를 어떻 게 띄울 것인지를 결정할 수 있다. [그림 4-3]은 메모장^{Notepad}용 바로가기의 속성 페이지^{property page}를 보 여주고 있다.

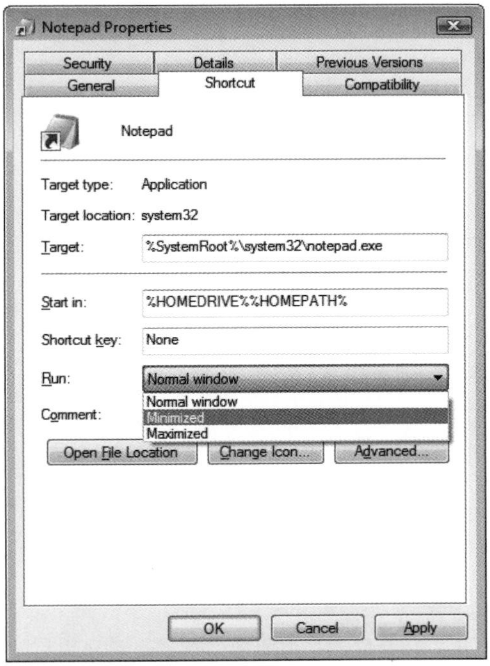

[그림 4-3] 메모장의 바로가기 속성 페이지

실행 옵션^{Run option}을 지정하는 콤보 박스를 이용하면 메모장의 창을 어떻게 띄울지를 결정할 수 있다. 윈도우 익스플로러에서 바로가기를 수행하면 윈도우 익스플로러는 STARTUPINFO 구조체를 적절 히 초기화한 후 CreateProcess를 호출한다. [그림 4-3]과 같이 설정을 변경하면 메모장이 실행될 때 (w)WinMain 함수의 nCmdShow 매개변수로 SW_SHOWMINNOACTIVE가 전달된다. 이러한 방 법을 이용하여 애플리케이션의 주 윈도우를 보통 상태, 최소화 상태, 최대화 상태로 나타나게 할 수 있다.

이번 절을 마치기 전에 STARTUPINFOEX 구조체의 역할에 대해 알아보기로 하겠다. CreateProcess

의 원형은 Win32가 사용 가능해진 이후로 한 번도 변경되지 않았다. 마이크로소프트는 함수의 원형을 변경하거나 CreateProcessEx, CreateProcess2 등과 같은 함수를 만들지 않고도 기능을 확장할 수 있도록 하였다. 그래서 StartupInfo에 lpAttributeList라는 하나의 필드를 추가하여 STARTUPINFOEX 구조체를 작성하였고, 이를 통해 특성^{attributes}이라고 불리는 추가적인 매개변수를 전달할 수 있도록 하였다.

```
typedef struct _STARTUPINFOEXA {
    STARTUPINFOA StartupInfo;
    struct _PROC_THREAD_ATTRIBUTE_LIST *lpAttributeList;
} STARTUPINFOEXA, *LPSTARTUPINFOEXA;\
typedef struct _STARTUPINFOEXW {
    STARTUPINFOW StartupInfo;
    struct _PROC_THREAD_ATTRIBUTE_LIST *lpAttributeList;
} STARTUPINFOEXW, *LPSTARTUPINFOEXW;
```

이 특성 리스트를 이용하여 여러 개의 특성 값을 나타내기 위한 일련의 키/값 쌍을 지정할 수 있다. 현재 두 개의 특성 키만이 문서화되어 있다.

- PROC_THREAD_ATTRIBUTE_HANDLE_LIST 특성 키는 CreateProcess가 어떤 커널 오브젝트 핸들을 차일드 프로세스에게 상속할지를 결정한다. 이러한 오브젝트 핸들은 140쪽 "psaProcess, psa-Thread, 그리고 bInheritHandles" 절에서 설명한 바와 같이 SECURITY_ATTRIBUTES의 bInheritHandle 값을 TRUE로 설정하여 생성된 오브젝트 핸들이어야 한다. 이러한 오브젝트 핸들은 CreateProcess의 bInheritHandles 매개변수를 TRUE로 설정하지 않아도 차일드 프로세스로 상속된다. 이 특성을 사용하면 상속 가능한 커널 오브젝트 핸들 중 일부 핸들만을 차일드 프로세스로 상속할 수 있다. 이러한 특성은 특히 프로세스가 다수의 차일드 프로세스를 서로 다른 보안 컨텍스트^{security context} 내에서 수행해야 할 경우라서, 몇몇 차일드 프로세스가 페어런트 프로세스의 일부 커널 오브젝트를 사용하지 못하도록 할 경우에 유용하다.

- PROC_THREAD_ATTRIBUTE_PARENT_PROCESS 특성 키는 프로세스 핸들을 값으로 취한다. 이를 이용하면 CreateProcess를 호출한 현재 프로세스 대신 지정된 프로세스(상속 가능 핸들, 프로세서 선호도, 우선순위 클래스, 할당량, 사용자 토큰, 프로세스가 포함된 잡 등을 가진)를 페어런트 프로세스로 지정할 수 있다. 이러한 페어런트 프로세스 변경 방법은 디버거 프로세스가 디버기 프로세스를 생성할 때에는 사용될 수 없다. 따라서 페어런트 프로세스 변경 방법을 쓰더라도 디버거 프로세스는 여전히 디버기 프로세스의 통지 이벤트를 수신하고 디버기 프로세스의 종료 시점을 결정하게 된다. 173쪽 "시스템에서 수행 중인 프로세스의 나열" 절에서 ToolHelp API를 이용하여 페어런트 프로세스가 이 특성을 이용하여 차일드 프로세스를 생성하였을 때의 모습을 보여줄 것이다.

특성 리스트의 세부 내용이 공개되어 있지 않기 때문에 비어 있는 특성 리스트를 만들기 위해서는 다음 함수를 두 번 호출해야 한다.

```
BOOL InitializeProcThreadAttributeList(
    PPROC_THREAD_ATTRIBUTE_LIST pAttributeList,
    DWORD dwAttributeCount,
    DWORD dwFlags,
    PSIZE_T pSize);
```

dwFlags 매개변수는 예약되어 있기 때문에 항상 0을 전달해야 한다. 윈도우가 여러 개의 특성들을 저장하려면 먼저 얼마만큼의 메모리 블록이 필요한지를 알기 위해 다음과 같이 함수를 호출한다.

```
SIZE_T cbAttributeListSize = 0;
BOOL bReturn = InitializeProcThreadAttributeList(
    NULL, 1, 0, &cbAttributeListSize);
// bReturn은 FALSE이고, GetLastError()는 ERROR_INSUFFICIENT_BUFFER를 반환한다.
```

이처럼 함수를 호출하게 되면 pSize가 가리키는 SIZE_T형 변수도 dwAttributeCount로 전달하는 특성의 개수를 근간으로 얼마만큼의 메모리 블록이 필요한지를 얻어올 수 있다.

```
pAttributeList = (PPROC_THREAD_ATTRIBUTE_LIST)
    HeapAlloc(GetProcessHeap(), 0, cbAttributeListSize);
```

이제 특성 리스트를 저장하기 위한 메모리 블록을 할당한 후 InitializeProcThreadAttributeList를 재호출하여 그 내용을 초기화한다.

```
bReturn = InitializeProcThreadAttributeList(
    pAttributeList, 1, 0, &cbAttributeListSize);
```

특성 리스트가 할당되고 초기화되면 다음은 UpdateProcThreadAttribute 함수를 이용하여 필요한 키/값 쌍을 특성에 추가한다.

```
BOOL UpdateProcThreadAttribute(
    PPROC_THREAD_ATTRIBUTE_LIST pAttributeList,
    DWORD dwFlags,
    DWORD_PTR Attribute,
    PVOID pValue,
    SIZE_T cbSize,
    PVOID pPreviousValue,
    PSIZE_T pReturnSize);
```

pAttributeList 매개변수는 앞서 메모리를 할당하고 초기화한 특성 리스트로, 이 함수를 이용하여 새로운 키/값 쌍key/value pair을 추가하게 된다. Attribute 매개변수로는 특성의 이름을 전달해야 하는데, PROC_THREAD_ATTRIBUTE_PARENT_PROCESS나 PROC_THREAD_ATTRIBUTE_HANDLE_LIST 둘 중 하나가 사용될 수 있다. Attribute 매개변수로 PROC_THREAD_ATTRIBUTE

_PARENT_PROCESS를 사용하는 경우 pValue는 페어런트 프로세스의 핸들 값을 가지고 있는 변수를 가리키도록 초기화해야 하고, cbSize는 sizeof(HANDLE) 값으로 설정해야 한다. Attribute 매개변수로 PROC_THREAD_ATTRIBUTE_ HANDLE_LIST를 사용하는 경우 pValue는 차일드 프로세스에게 상속할 상속 가능 커널 오브젝트 핸들의 배열을 가리키는 포인터를 전달해야 하고, cbSize는 sizeof(HANDLE)에 상속할 핸들의 개수를 곱한 값을 설정해야 한다. dwFlags, pPreviousValue, pReturnSize 매개변수는 모두 예약되어 있으므로 0, NULL, NULL로 각각 초기화되어야 한다.

만일 두 개의 특성을 동시에 전달할 경우 PROC_THREAD_ATTRIBUTE_HANDLE_LIST로 지정한 모든 핸들은 PROC_THREAD_ATTRIBUTE_PARENT_PROCESS로 지정한 페어런트 프로세스 내에서도 유효한 값이어야 한다. 왜냐하면 핸들은 CreateProcess를 호출한 현재 프로세스로부터 상속되는 것이 아니라 새로 지정한 페어런트 프로세스로부터 상속되는 것이기 때문이다.

CreateProcess를 호출하기 전에 pStartupInfo 매개변수 값으로 사용할 STARTUPINFOEX 변수를 미리 구성해 두어야 하며(이와 함께 pAttributeList 필드도 앞에서 초기화한 특성 리스트를 가리키도록 설정되어야 한다), CreateProcess의 dwCreationFlags로는 EXTENDED_STARTUPINFO_PRESENT를 지정해야 한다.

```
STARTUPINFOEX esi = { sizeof(STARTUPINFOEX) };
esi.lpAttributeList = pAttributeList;
bReturn = CreateProcess(
    ..., EXTENDED_STARTUPINFO_PRESENT, ...
    &esi.StartupInfo, ...);
```

CreateProcess로 전달하였던 매개변수들이 더 이상 필요하지 않다면 앞서 할당했던 메모리를 반환하기 전에 DeleteProcThreadAttributeList 함수를 호출하여 특성 리스트를 정리해야 한다.

```
VOID DeleteProcThreadAttributeList(
    PPROC_THREAD_ATTRIBUTE_LIST pAttributeList);
```

마지막으로, 새롭게 생성된 차일드 프로세스는 페어런트 프로세스에서 초기화된 STARTUPINFO 구조체의 복사본을 획득하기 위해 GetStartupInfo 함수를 호출하면 된다. 차일드 프로세스는 이 구조체의 멤버 값을 확인하여 그 값에 맞추어 애플리케이션의 동작 방식을 변경할 수 있을 것이다.

```
VOID GetStartupInfo(LPSTARTUPINFO pStartupInfo);
```

이 함수는 페어런트 프로세스에서 CreateProcess를 호출할 때 STARTUPINFOEX를 사용한 경우라도 STARTUPINFO 구조체 멤버에만 값을 채워준다. 특성 리스트는 페어런트 프로세스가 할당한 메모리 공간에 존재하는 값이기 때문에 가져올 수 없다. 이를 위해서는 명령행을 이용하여 상속 가능한 핸들 값을 얻어내는 것과 같은 별도의 방법이 필요하다.

ppiProcInfo

ppiProcInfo 매개변수는 PROCESS_INFORMATION 구조체를 가리키는 포인터로 지정되며, 함수 호출에 앞서 반드시 메모리를 할당해야 한다. CreateProcess 함수는 반환되기 직전에 이 구조체의 멤버를 초기화해 준다. 이 구조체의 멤버는 다음과 같다.

```
typedef struct _PROCESS_INFORMATION {
    HANDLE hProcess;
    HANDLE hThread;
    DWORD  dwProcessId;
    DWORD  dwThreadId;
} PROCESS_INFORMATION;
```

앞서 언급한 바와 같이 새로운 프로세스를 만들면 시스템은 새로운 프로세스 커널 오브젝트와 스레드 커널 오브젝트를 생성한다. 커널 오브젝트가 새롭게 생성되면 사용 카운트$^{usage count}$ 값은 1로 초기화된다. CreateProcess의 경우 함수가 반환되기 직전에 프로세스 커널 오브젝트와 스레드 커널 오브젝트를 최대 접근 권한으로 한 번 더 열게 되고, PROCESS_INFORMATION 구조체 내의 hProcess와 hThread 멤버에 이 함수를 호출한 프로세스에서 사용할 수 있는 커널 오브젝트 핸들 값을 할당하게 된다. 이처럼 CreateProcess 내부에서 오브젝트를 다시 한 번 열기 때문에 사용 카운트는 2가 된다.

따라서 프로세스 커널 오브젝트가 파괴되려면 프로세스가 종료되고(사용 카운트가 1만큼 줄어든다) 페어런트 프로세스가 CloseHandle을 호출해야만 한다(사용 카운트가 또다시 1만큼 줄어들어 0이 된다). 마찬가지로, 스레드 커널 오브젝트를 파괴하려면 스레드가 종료되고 페어런트 프로세스가 스레드 커널 오브젝트 핸들을 삭제해야만 한다. (스레드 오브젝트의 삭제에 대한 자세한 내용은 "4.4 차일드 프로세스" 절을 보기 바란다.)

> 차일드 프로세스의 핸들과 차일드 프로세스의 주 스레드 핸들은 반드시 삭제해야만 애플리케이션이 수행되는 동안에 리소스 누수를 피할 수 있다. 물론 프로세스가 종료되면 시스템이 자동적으로 이러한 리소스들을 삭제해 주긴 하지만 훌륭하게 작성된 소프트웨어들은 차일드 프로세스나 차일드 프로세스의 주 스레드에 더 이상 접근할 필요가 없어지면 (CloseHandle 함수를 호출하여) 명시적으로 핸들을 삭제한다. 이처럼 핸들을 명시적으로 삭제하지 않는 것은 개발자들이 흔히 저지르는 실수 중 하나다.
>
> 많은 개발자들이 프로세스나 스레드 핸들을 삭제하면 프로세스나 스레드가 종료될 것이라 생각하지만 이것은 절대로 사실이 아니다. 핸들을 삭제하는 것은 단순히 프로세스와 스레드의 통계적인 자료에 더 이상 관심이 없다는 사실을 시스템에게 알려주는 것뿐이다. 프로세스와 스레드는 자체적으로 종료될 때까지 계속해서 수행된다.

프로세스 커널 오브젝트가 생성되면 시스템은 이 오브젝트에 고유의 ID를 부여한다. 시스템 내의 다른 프로세스 커널 오브젝트는 동일한 ID를 가지지 못한다. 이러한 동작 방식은 스레드 커널 오브젝트에 대해서도 동일하다. 즉, 스레드 커널 오브젝트가 생성되면 시스템 전체에 걸쳐 고유의 ID를 부여 받게 된다. 프로세스 ID와 스레드 ID는 동일한 숫자 풀^{pool}을 공유하기 때문에 프로세스 오브젝트와 스레드 오브젝트가 동일한 ID 값을 가지는 경우는 없다. 또한 ID 값은 0이 될 수 없다. 다음 그림에서 와 같이 윈도우 작업 관리자^{Task Manager}는 "시스템 유휴 프로세스^{System Idle Process}"를 0번 ID를 가진 것처럼 보여주지만 사실 "시스템 유휴 프로세스"라는 것은 존재하지 않는다. 작업 관리자는 아무것도 수행되 지 않는 상황에서 수행할 스레드를 위해 가상의 프로세스가 있는 것처럼 보여주는 것뿐이다. 시스템 유휴 프로세스 내의 스레드 개수는 항상 머신 내의 CPU 개수와 동일하다. 그래서 이 값은 실제 프로 세스들이 사용하지 않는 CPU 사용률을 나타내게 된다.

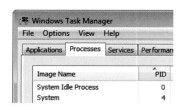

CreateProcess가 반환되기 전에 PROCESS_INFORMATION 구조체 내의 dwProcessId와 dw-ThreadId 값은 앞서 언급한 시스템 전체에 걸쳐 고유한 ID 값으로 채워지게 된다. 이 ID는 단순히 시 스템 내에서 프로세스들과 스레드들을 쉽게 구분하기 위한 용도로만 사용된다. 이 ID는 주로 (작업 관리자와 같은) 유틸리티 성격의 애플리케이션에서 사용되고 일반적인 성격의 애플리케이션에서는 거의 사용되지 않는다. 때문에 대부분의 애플리케이션에서는 이러한 ID 값들에 대해 크게 신경 쓰지 않는다.

만일 애플리케이션에서 ID를 프로세스와 스레드를 추적할 용도로 사용한다면 프로세스와 스레드의 ID 값이 즉각적으로 재사용된다는 사실을 알고 있어야 한다. 새로운 프로세스가 생성될 때를 상상해 보자. 시스템이 새로운 프로세스 오브젝트를 생성하고 ID 값으로 124를 할당하였다고 하자. 새로운 프로세스가 추가적으로 생성되면 시스템은 동일한 ID 값을 절대 할당할 수 없다. 하지만 첫 번째 수 행했던 프로세스가 종료되면 124라는 ID 값을 다음번에 생성되는 프로세스에 할당할 수 있다. 잘못 된 프로세스나 스레드를 참조하지 않도록 코드를 작성하려면 이러한 사실을 잘 기억해 두어야 한다. 프로세스 ID를 획득하고 저장하는 것은 매우 쉬운 일이다. 하지만 앞서 할당되었던 프로세스 ID를 가진 프로세스가 종료되고 나면 새로운 프로세스가 동일한 ID를 가질 수 있다는 점에 주의해야 한 다. 시간이 경과한 후 앞서 저장하였던 프로세스 ID를 사용하게 되면 ID를 획득하였던 당시의 프로 세스에 접근하는 것이 아니라 나중에 생성된 프로세스에 접근하게 될 수도 있다.

현재 수행 중인 프로세스의 ID를 얻기 위해서는 GetCurrentProcessId를 사용하면 되고, 현재 수행 중인 스레드의 ID를 얻기 위해서는 GetCurrentThreadId를 사용하면 된다. 또한 프로세스 커널 오 브젝트 핸들을 이용하여 프로세스 ID를 얻기 위해 GetProcessId를 사용할 수 있으며, 스레드 커널 오브젝트 핸들을 이용하여 스레드 ID를 얻기 위해 GetThreadId를 사용할 수 있다. 마지막으로, 스레드의 핸들을 이용하여 해당 스레드를 소유하고 있는 프로세스의 ID를 얻기 위해 GetProcessId-OfThread를 사용할 수 있다.

가끔은 현재 수행 중인 애플리케이션이 자신의 페어런트 프로세스를 확인해야 할 때도 있다. 가장 먼저 알아두어야 할 사실은 페어런트-차일드 관계 parent-child relationship 라는 것이 차일드 프로세스가 생성되는 시점에 비로소 프로세스들 사이에 존재한다는 것이다. 차일드 프로세스가 코드를 수행하기 전까지는 윈도우는 페어런트-차일드 관계를 전혀 고려하지 않는다. ToolHelp 함수를 이용하면 프로세스 내에서 자신의 페어런트 프로세스를 PROCESSENTRY32 구조체를 통해 확인하는 것이 가능하다. 이 구조체 내의 th32ParentProcessID 멤버는 현재 수행 중인 프로세스의 페어런트 프로세스의 ID 값을 반환한다고 문서화되어 있다.

시스템은 각 프로세스의 페어런트 프로세스 ID를 기록해 둔다. 하지만 프로세스 ID는 바로 재사용될 수 있기 때문에 시스템이 페어런트 ID를 얻어내는 시점에 수행 중이던 페어런트 프로세스가 종료되고 나면 완전히 다른 프로그램이 동일 ID 값이 가질 수도 있다. 만일 애플리케이션이 자신을 생성한 "생성자"와 통신을 해야 할 필요가 있다면 프로세스 ID를 사용하기보다는 커널 오브젝트나 윈도우 핸들 등과 같이 좀 더 영속적인 통신 메커니즘을 사용하는 것이 좋다.

프로세스나 스레드 ID가 재사용되는 것을 막는 유일한 방법은 프로세스나 스레드 커널 오브젝트가 파괴되지 않도록 하는 것이다. 새로운 프로세스나 스레드를 생성했다면 단순히 프로세스 커널 오브젝트 핸들이나 스레드 커널 오브젝트 핸들을 삭제하지 않음으로써 커널 오브젝트를 파괴하지 않을 수 있다. 애플리케이션이 프로세스나 스레드 ID를 더 이상 사용할 필요가 없게 되면 CloseHandle을 호출하여 핸들을 삭제하면 된다. 일단 핸들을 삭제하고 나면 프로세스나 스레드 ID를 사용하는 것이 더 이상 안전하지 않다는 것에 주의해야 한다. 하지만 차일드 프로세스 입장에서는 페어런트 프로세스가 자신의 프로세스 혹은 스레드 오브젝트의 핸들을 복사하여 차일드 프로세스가 핸들에 접근할 수 있도록 전달해 주지 않는 이상 페어런트 프로세스나 스레드의 ID가 재사용되는 것을 막을 방법이 전혀 없다.

section 03 프로세스의 종료

프로세스는 다음과 같이 4가지 방법으로 종료될 수 있다.

- 주 스레드의 진입점 함수가 반환된다. (이 방법을 강력하게 추천한다.)
- 프로세스 내의 어떤 스레드가 ExitProcess 함수를 호출한다. (이 방법은 피하는 것이 좋다.)
- 다른 프로세스의 스레드가 TerminateProcess 함수를 호출한다. (이 방법도 피하는 것이 좋다.)
- 프로세스 내의 모든 스레드가 각자 종료된다. (가끔 일어난다.)

이번 절에서는 위의 4가지 종료 방법에 대해 모두 알아보고, 프로세스 종료 시 실제로 어떤 일이 일어나는지에 대해서도 알아볼 것이다.

① 주 스레드 진입점 함수의 반환

프로세스가 종료되어야 할 때에는 항상 주 스레드의 진입점 함수^{entry-point function}가 반환하도록 애플리케이션을 설계하는 것이 좋다. 이 방법만이 유일하게 주 스레드의 리소스들이 적절히 해제되는 것을 보장할 수 있다.

주 스레드의 진입점 함수가 반환되면 다음과 같은 작업을 수행한다.

- 주 스레드에 의해 생성된 C++ 오브젝트들이 파괴자를 이용하여 적절하게 파괴된다.
- 운영체제는 스레드 스택의 용도로 할당한 메모리 공간을 적절히 해제한다.
- 시스템은 진입점 함수의 반환 값으로 프로세스의 종료 코드(프로세스 커널 오브젝트 내에 포함되어 있는)를 설정한다.
- 시스템은 프로세스 커널 오브젝트의 사용 카운트를 감소시킨다.

② ExitProcess 함수

프로세스 내의 스레드가 ExitProcess를 호출하면 프로세스는 종료된다.

```
VOID ExitProcess(UINT fuExitCode);
```

이 함수는 프로세스를 종료하고 fuExitCode로 프로세스의 종료 코드를 설정한다. ExitProcess는 어떠한 값도 반환하지 못하는데, 이 함수를 호출하면 프로세스가 종료되어버리기 때문이다. ExitProcess를 호출하는 코드 뒤쪽에 있는 코드는 절대 수행되지 않는다.

주 스레드의 진입점 함수(WinMain, wWinMain, main, 또는 wmain)가 반환되면 C/C++ 런타임 시작 코드^{run-time startup code}로 제어가 돌아가고, 프로세스에 의해 사용된 C 런타임 리소스^{run-time resource}를 적절히 해제하게 된다. C 런타임 리소스가 모두 해제되면 C 런타임 시작 코드는 진입점 함수가 반환한 값을 인자로 하여 ExitProcess를 호출한다. 이러한 동작 방식 때문에 주 스레드의 진입점 함수가 반환되게 되면 전체 프로세스가 종료되는 것이다. 프로세스 내의 다른 스레드 또한 프로세스가 종료될 때 함께 종료된다.

윈도우 플랫폼 SDK 문서에는 프로세스 내의 모든 스레드가 종료되기 전까지 프로세스가 종료되지 않는다고 기술되어 있다. 운영체제가 그렇게 하는 한 이 내용은 정확하다. 하지만 C/C++ 런타임은 애플리케이션을 다른 방식으로 동작하도록 하고 있다: C/C++ 런타임 시작 코드는 애플리케이션의 주 스레드가 진입점 함수로부터 반환되면 프로세스 내에 다른 스레드의 수행 여부와 상관없이 ExitProcess를 호출하여 프로세스를 종료한다. 그런데 진입점 함수 내에서 ExitProcess를 호출하거나 제어를 반환하는 대신 ExitThread를 호출하게 되면, 프로세스 내에 수행 중인 다른 스레드가 있는 한 프로세스가 종료되지 않을 것이다.

ExitProcess나 ExitThread를 호출하면 프로세스나 스레드가 함수 내에서 종료되어버린다. 운영체제가 이에 대해 적절한 처리를 하기 때문에 이러한 동작은 유효하며, 프로세스와 스레드의 모든 운영체제 리소스는 완벽하게 제거될 것이다. 하지만 C/C++ 애플리케이션은 이 함수를 가능한 한 호출하지 말아야 한다. 왜냐하면 C/C++ 런타임이 관리하는 리소스에 대한 정리 작업은 수행되지 않기 때문이다.

```
#include <windows.h>
#include <stdio.h>

class CSomeObj {
public:
   CSomeObj()  { printf("Constructor\r\n"); }
   ~CSomeObj() { printf("Destructor\r\n"); }
};

CSomeObj g_GlobalObj;

void main () {
   CSomeObj LocalObj;
   ExitProcess(0);    // 여기서 이 함수를 호출하면 안 된다.

   // 컴파일러는 이 함수의 마지막에 자동적으로
   // LocalObj의 파괴자를 호출하는 코드를 추가하게 되는데,
   // 여기서 ExitProcess를 호출하면 파괴자를 호출하는 코드가 수행되지 못한다.
}
```

앞의 코드를 수행해 보면 다음과 같은 결과를 얻을 수 있다.

```
Constructor
Constructor
```

위 코드의 수행 결과를 살펴보면 두 개의 오브젝트 – 전역 오브젝트와 지역 오브젝트 – 가 생성되었음에도 어떤 파괴자도 호출되지 않고 있음을 확인할 수 있다. ExitProcess는 이 함수의 호출 시점에 프로세스를 종료하기 때문에 C/C++ 런타임이 오브젝트를 정리할 수 있는 기회를 받지 못하고 따라서 오브젝트의 파괴자를 호출하지 못한다.

앞서 말한 바와 같이 ExitProcess를 명시적으로 호출해서는 안 된다. 위 코드에서 ExitProcess를 호출하는 코드를 삭제하면 프로그램 수행 결과는 다음과 같이 바뀔 것이다.

```
Constructor
Constructor
Destructor
Destructor
```

단순히 주 스레드의 진입점 함수가 반환되도록 해 주면 C/C++ 런타임은 정상적인 정리 작업을 수행하고 적절히 C++ 오브젝트의 파괴자를 호출해 준다. 그런데 비단 이러한 사항이 C++ 오브젝트에 대해서만 해당되는 내용은 아니다. C/C++ 런타임은 프로세스를 대신하여 많은 일들을 수행하기 때문에 C/C++ 런타임이 정상적으로 정리 작업을 수행할 수 있도록 주 스레드의 진입점 함수를 반환하도록 하는 것이 최선의 방법이다.

> ExitProcess나 ExitThread를 명시적으로 호출하게 되면 애플리케이션이 적절한 정리 작업을 수행하지 못하는 문제를 유발하게 된다. ExitThread의 경우 프로세스가 계속해서 수행되긴 하겠지만 메모리나 다른 리소스의 누수가 발생할 수 있다.

❸ TerminateProcess 함수

TerminateProcess 함수를 호출해도 프로세스는 종료된다.

```
BOOL TerminateProcess(
    HANDLE hProcess,
    UINT fuExitCode);
```

이 함수는 ExitProcess와 한 가지 중요한 차이점이 있다 : TerminateProcess는 자신의 프로세스뿐만 아니라 다른 프로세스까지도 종료시킬 수 있다. hProcess 매개변수로는 종료시키고자 하는 프로세스의 핸들을 전달하면 된다. 프로세스가 종료되면 fuExitCode 매개변수로 전달한 값이 종료 코드로 설정된다.

다른 방법으로는 프로세스를 종료시킬 수 없을 경우에 한해서만 TerminateProcess를 호출하도록 해야 한다. 이 함수를 이용하여 프로세스를 종료하면 종료와 관련된 어떠한 통지도 받지 못하기 때문에 애플리케이션은 (보통의 보안 메커니즘과는 달리) 적절한 정리 작업을 할 수도 없고, 종료를 회피할 수도 없다. 예를 들어 종료되는 프로세스는 메모리 상에 존재하는 정보를 디스크로 저장할 기회도 가지지 못한다.

비록 프로세스가 자신을 정리할 만한 기회는 갖지 못하겠지만, 프로세스가 사용하던 모든 리소스는 완벽하게 정리된다. 프로세스가 사용하던 모든 메모리는 해제되고, 열려 있던 파일은 닫히고, 모든 커널 오브젝트의 사용자 카운트는 감소되며, 사용자 오브젝트와 GDI 오브젝트는 제거된다.

프로세스가 (어떤 식으로든지) 종료되면, 운영체제는 프로세스가 사용하던 리소스를 남김없이 제거할 것임을 보장한다. 프로세스가 이전에 수행된 적이 있는지에 대해서도 알 방법이 없다. 프로세스는 종료되면 아무것도 남기지 않는다.

 TerminateProcess는 비동기 함수다. 비동기의 의미는 이 함수를 호출하여 프로세스의 종료를 요청한다 하더라도 함수가 반환되는 시점에 맞추어 프로세스가 항상 종료될 것이라는 것은 보장하지 못한다는 것이다. 만일 프로세스가 종료되는 시점을 정확히 알고 싶다면 WaitForSingleObject(9장 "커널 오브젝트를 이용한 스레드 동기화" 참조)나 이와 유사한 함수에 프로세스의 핸들을 전달하면 된다.

4 프로세스 내의 모든 스레드가 종료되면

만일 (모든 스레드가 ExitThread를 호출하거나 TerminateThread를 호출하여) 프로세스 내의 모든 스레드가 종료되면 운영체제는 더 이상 프로세스의 주소 공간을 유지할 이유가 없다고 판단한다. 이는 프로세스의 주소 공간 상에 위치하는 코드를 수행할 스레드가 없기 때문에 적절한 판단이라고 할 수 있다. 따라서 운영체제는 프로세스 내에 스레드가 없는 경우 프로세스를 종료하며, 프로세스의 종료 코드는 마지막으로 종료된 스레드의 종료 코드와 동일하게 설정된다.

5 프로세스가 종료되면

프로세스가 종료되면 다음과 같은 작업이 이루어진다.

1. 프로세스 내에 남아 있는 스레드가 종료된다.
2. 프로세스에 의해 할당되었던 모든 사용자 오브젝트와 GDI 오브젝트가 삭제되며, 모든 커널 오브젝트는 파괴된다. (다른 프로세스가 해당 커널 오브젝트에 대한 핸들을 소유하고 있지 않은 경우에만 커널 오브젝트가 파괴되며, 그렇지 않은 경우 커널 오브젝트는 파괴되지 않는다.)
3. 프로세스의 종료 코드는 STILL_ACTIVE에서 ExitProcess나 TerminateProcess 호출 시 설정한 종료 코드로 변경된다.
4. 프로세스 커널 오브젝트의 상태가 시그널 상태로 변경된다. (시그널링에 대한 좀 더 자세한 사항은 9장을 참조하기 바란다.) 이것은 시스템에서 수행되는 다른 스레드가 프로세스 종료 시까지 대기할 수 있도록 하기 위함이다.
5. 프로세스 커널 오브젝트의 사용 카운트가 1만큼 감소한다.

프로세스 커널 오브젝트는 적어도 프로세스 자체보다는 오랫동안 유지된다. 그래서 프로세스 커널 오브젝트는 프로세스가 종료된 이후에도 삭제되지 않고 살아 있을 수 있다. 프로세스가 종료되면 시스템은 자동적으로 프로세스 커널 오브젝트의 사용 카운트를 감소시킨다. 프로세스가 종료될 때 이 값이 0이 된다는 것은 다른 어떠한 프로세스도 해당 프로세스 커널 오브젝트에 대한 핸들을 소유하고 있지 않음을 의미한다.

반면, 프로세스 커널 오브젝트의 사용 카운트가 0이 되지 않는다는 것은 다른 프로세스가 현재 종료 중인 프로세스의 커널 오브젝트에 대한 핸들을 소유하고 있다는 의미가 된다. 보통 페어런트 프로세스가 차일드 프로세스를 생성하고 나서 차일드 프로세스 커널 오브젝트 핸들을 삭제하지 않는 경우에도 이와 같은 일이 발생한다. 이러한 특성은 버그가 아니다. 프로세스 커널 오브젝트는 프로세스에 대한 통계 정보statistical information를 유지하고 있다는 사실을 기억할 필요가 있다. 이러한 정보는 프로세스가 종료된 이후에도 유용하게 사용될 수 있다. 예를 들어 얼마나 많은 CPU 시간을 프로세스가 사용했는가를 알고 싶다거나, GetExitCodeProcess를 사용하여 종료된 프로세스의 종료 코드를 얻는 등의 작업을 수행할 수 있다.

```
BOOL GetExitCodeProcess(
    HANDLE hProcess,
    PDWORD pdwExitCode);
```

이 함수는 프로세스 커널 오브젝트 내부를 확인하여 구조체 내의 프로세스 종료 코드를 담고 있는 멤버의 값을 가져오는 역할을 수행한다. 종료 코드 값은 pdwExitCode 매개변수가 가리키는 DWORD 변수에 담겨 반환된다.

이 함수는 언제라도 호출할 수 있으며, 프로세스가 종료되기 전에 이 함수를 호출하면 STILL_ACTIVE (0x103으로 정의되어 있다) 값이 DWORD 변수에 담겨 반환된다. 만일 프로세스가 종료된 이후라면 실질적인 종료 코드 값이 반환될 것이다.

프로세스가 종료되었는지의 여부를 확인하기 위해 GetExitCodeProcess를 주기적으로 호출하여 종료 코드를 확인하도록 코드를 만드는 것도 가능하리라 생각될 것이다. 대부분의 상황에서 이러한 코드는 동작하기는 하겠지만 비효율적이다. 다음 절에서는 언제 프로세스가 종료되었는지를 확인하는 더 좋은 방법에 대해 설명할 것이다.

다시 말하지만, 프로세스의 통계 정보에 더 이상 관심이 없다면 CloseHandle을 호출하여 시스템에게 그 사실을 알려주어야 한다. 만일 프로세스가 이미 종료되었다면 CloseHandle은 커널 오브젝트에 대한 사용 카운트를 감소시키고, 이를 파괴한다.

section 04 차일드 프로세스

애플리케이션을 설계할 때 다른 코드 블록을 수행해야 하는 상황에 직면할 수 있다. 이 같은 작업은 대부분의 경우 함수나 서브루틴을 호출하여 수행하게 된다. 함수를 호출하게 되면 수행 중이던 코드는 함수가 반환될 때까지 수행을 멈추게 된다. 대부분의 상황에서는 이러한 싱글태스킹 동기화single-tasking synchronization면 충분하다. 다른 대안으로는 프로세스 내에 새로운 스레드를 생성하여 이 스레드가 작업을 수행하도록 코드 블록을 제공하는 것이다. 이러한 방법을 사용하면 수행 중이던 코드와 추가적인 작업을 수행하는 스레드가 동시에 수행될 수 있다. 이러한 기법은 매우 유용하지만 새로 생성한 스레드의 결과 값을 확인하는 과정에서 동기화 문제를 야기하게 된다.

또 다른 접근 방법으로는 추가 작업을 수행하도록 새로운 차일드 프로세스를 생성할 수도 있을 것이다. 수행해야 할 작업이 상당히 복잡하다고 가정해 보자. 이러한 작업을 처리하기 위해 동일 프로세스 내에 새로운 스레드를 생성할 수도 있다. 코드를 작성하고 테스트했음에도 올바르지 않은 결과 값을 얻었다고 하자. 알고리즘 자체에 문제가 있을 수도 있고, 잘못된 참조를 사용했거나 주소 공간에서 중요한 부분을 덮어쓰는 에러를 범했을 수도 있다. 주소 공간을 보호하는 방법 중 하나는 처리해야 하는 작업을 새로운 프로세스가 수행하도록 하는 것이다. 그리고 나서 새로 생성한 프로세스가 종료되기를 기다린 후, 계속 작업을 수행하면 된다. 물론 프로세스의 종료를 대기하지 않고 새로 생성한 프로세스와 함께 계속해서 작업을 병행할 수도 있다.

불행히도 새로운 프로세스가 작업을 수행하는 데 필요한 자료들은 페어런트 프로세스의 주소 공간 상에 존재할 것이다. 새로 생성되는 프로세스는 자신의 주소 공간에서 수행되므로, 페어런트 주소 공간 상에 존재하는 자료 중 작업을 수행하는 데 필요한 자료에 대해서만 새로 생성되는 프로세스가 접근할 수 있도록 해야 할 것이다. 이렇게 하면 작업과 관련 없는 다른 자료는 새로 생성되는 프로세스로부터 보호될 수 있다. 윈도우는 서로 다른 프로세스 간에 자료를 전송할 수 있도록 DDEDynamic Data Exchange, OLE, 파이프pipe, 메일슬롯mailslot 등과 같은 다양한 방법을 제공하고 있다. 가장 편리한 방법은 메모리 맵 파일을 이용하여 자료를 공유하는 것이다. (17장 "메모리 맵 파일"에서 자세하게 알아볼 것이다.)

만일 새로운 프로세스를 생성하여 작업을 수행하도록 하고, 그 결과를 기다리는 코드를 작성하려 한다면 다음과 유사한 형태로 코드를 작성할 수 있을 것이다.

```
PROCESS_INFORMATION pi;
DWORD dwExitCode;

// 차일드 프로세스를 생성한다.
BOOL fSuccess = CreateProcess(..., &pi);
if (fSuccess) {

    // 스레드 핸들이 더 이상 필요 없어지면 바로 삭제한다.
    CloseHandle(pi.hThread);

    // 차일드 프로세스가 종료될 때까지 대기한다.
    WaitForSingleObject(pi.hProcess, INFINITE);
```

```
    // 차일드 프로세스가 종료되면 종료 코드를 가져온다.
    GetExitCodeProcess(pi.hProcess, &dwExitCode);

    // 프로세스 핸들이 더 이상 필요 없어지면 바로 삭제한다.
    CloseHandle(pi.hProcess);
}
```

위 코드는 새로운 프로세스의 생성을 시도하고, 프로세스 생성에 성공하면 WaitForSingleObject 함수를 호출하도록 작성되었다.

```
DWORD WaitForSingleObject(HANDLE hObject, DWORD dwTimeout);
```

WaitForSingleObject 함수는 9장에서 완벽하게 알아볼 것이다. 지금 당장은 hObject 매개변수로 전달하는 오브젝트가 시그널 상태가 될 때까지 대기한다는 사실 정도만 알면 된다. 이러한 특성으로 인해 WaitForSingleObject를 호출하면 페어런트 스레드가 차일드 프로세스가 종료될 때까지 수행을 멈추게 된다. WaitForSingleObject가 반환되면 GetExitCodeProcess를 호출하여 차일드 프로세스의 종료 코드를 얻어낼 수 있다.

앞의 코드에서 CloseHandle을 호출하는 문장은 스레드와 프로세스 오브젝트의 사용 카운트를 0으로 만들어 오브젝트가 점유하고 있던 공간을 삭제하게 만든다.

앞의 예제 코드를 유심히 살펴보기 바란다. CreateProcess 함수가 반환되는 즉시 차일드 프로세스의 주 스레드 커널 오브젝트 핸들을 바로 삭제한다. 이것이 차일드 프로세스의 주 스레드를 종료하게 만드는 것은 아니다. 이러한 코드는 단순히 차일드 프로세스의 주 스레드 커널 오브젝트의 사용 카운트를 감소시키는 역할만 수행한다. 이런 방식이 왜 좋은지 알아보자. 차일드 프로세스의 주 스레드가 다른 스레드를 생성하고, 자신은 종료되는 경우를 상상해 보자, 이때 페어런트 프로세스가 차일드 프로세스의 주 스레드에 대한 핸들을 삭제하였다면 시스템은 차일드 프로세스의 주 스레드 커널 오브젝트를 메모리로부터 삭제할 수 있을 것이다. 하지만 페어런트 프로세스가 차일드 프로세스의 주 스레드 오브젝트 핸들을 유지하고 있다면 페어런트 프로세스가 종료될 때까지 이 오브젝트는 삭제될 수 없을 것이다.

1 차일드 프로세스의 독립적인 수행

대부분의 경우 애플리케이션이 다른 프로세스를 생성할 때에는 독립적인detached 프로세스로 생성한다. 따라서 프로세스가 생성되고 수행 중인 동안 페어런트 프로세스는 새로운 프로세스와 통신을 수행할 필요도 없고, 새로 생성된 프로세스가 작업을 완료해야만 페어런트 프로세스가 작업을 수행할 수 있는 것도 아니다. 윈도우 탐색기의 동작 방식도 이와 같다. 윈도우 탐색기가 사용자를 위해 새로운 프로세스를 생성하면 프로세스가 계속해서 수행되는지 혹은 사용자에 의해 종료되는지에 대해 전혀 관심을 가지지 않는다. 차일드 프로세스와의 관련성을 완전히 없애기 위해 윈도우 탐색기는 CloseHandle 함수를 호출하여 새로 생성된 프로세스의 핸들과 프로세스 내의 주 스레드 핸들을 모두 삭제한다. 다음 코드는 새로운 프로세스를 생성한 후 어떻게 이를 완전히 분리시키는지를 보여주고 있다.

```
PROCESS_INFORMATION pi;

// 차일드 프로세스를 생성한다.
BOOL fSuccess = CreateProcess(..., &pi);
if (fSuccess) {

    // 시스템이 차일드 프로세스가 종료되는 즉시
    // 프로세스와 스레드 커널 오브젝트를 종료할 수 있도록 해 준다.
    CloseHandle(pi.hThread);
    CloseHandle(pi.hProcess);
}
```

section 05 관리자가 표준 사용자로 수행되는 경우

윈도우 비스타는 사용자를 위해 새로운 기술을 이용하여 보안 수준을 한 단계 높였다. 이러한 기술 중 애플리케이션 개발자에게 가장 큰 영향을 주는 기술로는 사용자 계정 컨트롤User Account Control(UAC)을 꼽을 수 있을 것이다.

마이크로소프트는 대부분의 윈도우 사용자가 관리자 계정을 이용하여 로그온한다는 사실을 알았다. 관리자 계정 자체는 매우 높은 권한을 가지고 있기 때문에 관리자 계정으로 로그온한 사용자는 핵심적인 시스템 리소스에 거의 제한 없이 접근이 가능하다. 윈도우 비스타 이전의 윈도우 운영체제에서는 높은 권한을 가진 계정으로 로그온을 하면 권한 수준에 맞는 보안 토큰이 만들어지고 보안 리소스securable resource에 접근할 때마다 운영체제에 의해 로그온 시 생성된 보안 토큰이 사용된다. 이러한 보안 토큰은 윈도우 탐색기와 같은 프로세스와 연계되고 이 프로세스가 새로운 차일드 프로세스를 생성할 때마다 동일한 토큰이 전달되게 된다. 이러한 환경 하에서는 인터넷이나 이메일 메시지에 첨부된 스크립트를 통해 배포되는 멜웨어가 일단 수행되기만 하면 관리자의 높은 권한을 가지게 된다. 멜웨어는 아무런 제한 없이 시스템을 변경할 수도 있고, 높은 수준의 권한을 가진 프로세스를 새로 생성하는 것도 가능해진다.

윈도우 비스타에서는 관리자만큼 높은 권한을 가진 사용자로 로그온을 하면 계정의 권한 수준에 부합하는 보안 토큰을 만드는 것에 더하여, 추가적으로 표준 사용자Standard User 권한을 가진 필터된 토큰filtered token을 생성한다. 필터된 토큰은 사용자가 새로운 프로세스를 생성할 때마다 시스템에 의해 자동으로 전달된다. 하지만 잠깐만... 만일 애플리케이션이 표준 사용자의 권한만을 가지고 수행된다면 어떻게 제한된 리소스^{restricted resource}에 접근할 수 있겠는가? '권한이 제한된 프로세스는 높은 수준의 권한을 필요로 하는 보호된 리소스^{secured resource}에는 접근할 수 없다' 가 가장 간단한 답변이 될 수 있겠다. 먼저 이 질문에 대해 좀 더 자세히 살펴보기로 하고, 이후에 개발자가 UAC의 장점을 사용하기 위해 어떻게 해야 하는지에 대해 알아보기로 하자.

먼저, 제한된 리소스에 접근하기 위해 여러분은 운영체제에게 권한 상승을 요구할 수 있다. 하지만 이러한 권한 상승 작업은 프로세스 단위로 이루어진다. 이것이 의미는 바가 무엇일까? 기본적으로, 새로운 프로세스가 생성되면 로그온한 사용자의 필터된 토큰이 해당 프로세스와 연계된다. 만약 프로세스에 더 많은 권한을 부여하고 싶다면 프로세스가 시작되기 전에 윈도우 운영체제에게 사용자의 승인을 얻어달라고 요청해야 한다. 사용자 입장에서는 윈도우 탐색기에서 오른 마우스로 애플리케이션을 선택했을 때 나타나는 컨텍스트 메뉴에서 관리자 권한으로 실행^{Run as administrator} 기능을 이용하면 된다.

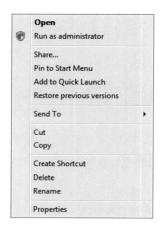

만일 관리자로 로그온했다면 승인 다이얼로그 박스가 보안 윈도우 데스크톱^{secure window desktop} 상에 나타나게 되는데, 이를 통해 사용자로부터 필터링되지 않은 보안 토큰^{nonfiltered security token} 수준으로 권한을 상승할 것임을 최종 확인하게 된다. 이때 총 3가지 형태의 다이얼로그 박스가 나타날 수 있다. 권한 상승을 요구하는 애플리케이션이 시스템의 일부로 제공되는 것이라면 파란색 배너를 가진 보안 확인 다이얼로그 박스가 나타날 것이다.

만일 서명된^{signed} 애플리케이션이 권한 상승을 요구한 것이라면 덜 믿음직스러운 회색 배너를 가진 보안 다이얼로그 박스가 나타날 것이다.

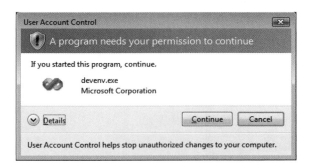

마지막으로, 권한 상승을 요구하는 애플리케이션이 서명조차 되어 있지 않다면 주황색 배너를 가진 다이얼로그 박스를 띄워서 사용자가 좀 더 신중하게 대답할 것을 요청하게 된다.

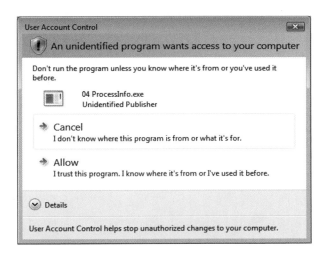

만일 표준 사용자로 로그온했다면 또 다른 형태의 다이얼로그 박스가 떠서 사용자에게 권한 상승을 위한 사용자 계정 정보를 입력할 것을 요청하게 된다. 표준 사용자로 시스템에 로그온한 사용자가 높은 권한을 필요로 하는 작업을 수행하고자 한다면 이 다이얼로그 박스를 통해 관리자가 표준 사용자를 대신하여 로그온 정보를 입력하여 작업을 진행할 수 있다. 이러한 방식을 오버 더 숄더 로그온^{over-the-shoulder logon} 방식이라고 부른다.

많은 사람들은 윈도우 비스타가 특정 애플리케이션의 경우 항시 관리자 권한으로 수행되어야 한다는 정보를 시스템 내에 저장해 두어 매번 사용자의 확인을 요구하지 않도록 구현되지 않았는지 물어보곤 한다. 윈도우 비스타는 이러한 기능을 제공하지 않는데, 만일 어딘가에 이러한 정보를 저장해 두면(레지스트리나 파일 등에) 애플리케이션이 이러한 정보를 수정할 수 있을 것이고, 이로 인해 멜웨어조차도 사용자의 동의 없이 상승된 권한으로 수행될 수 있기 때문이다.

윈도우 탐색기의 컨텍스트 메뉴에 관리자 권한으로 실행^{Run As Administrator} 명령뿐만 아니라 윈도우 비스타 내의 관리 작업을 수행하는 링크나 버튼들이 새로운 방패 모양의 아이콘들을 가지고 있는 것을 본 적이 있을 것이다. 이러한 사용자 인터페이스는 해당 기능을 실행하면 권한 상승을 위한 확인 창이 뜰 것이라는 것을 미리 알 수 있도록 해 준다. 이번 장의 마지막에 보여줄 프로세스 정보^{Process Information} 예제 코드를 통해서 애플리케이션이 사용하는 버튼에 방패 모양을 포함시키는 것이 얼마나 쉬운지 보여줄 것이다.

작업 표시줄^{taskbar}의 컨텍스트 메뉴^{context menu}를 이용하면 작업 관리자^{Task Manager}를 띄울 수 있는데, 프로세스^{Process} 탭 아래를 보면 모든 사용자의 프로세스 표시^{Show processes from all users} 버튼 내에 방패 아이콘이 있는 것을 볼 수 있다.

이 버튼을 누르기 전에 작업 관리자의 프로세스 ID를 확인해 두자. 버튼을 눌러 권한 상승을 시도하게 되면 작업 관리자가 잠깐 사라졌다가 다시 나타나게 되는데, 방패 모양의 버튼이 체크 박스로 변경되어 있음을 확인할 수 있을 것이다.

다시 작업 관리자의 프로세스 ID를 살펴보면, 권한 상승 다이얼로그 박스가 뜨기 전과 그 값이 다른 것을 확인할 수 있을 것이다. 작업 관리자가 상승된 권한을 획득하기 위해 새로운 인스턴스를 다시 실행했어야만 했을까? 이에 대한 답변은 항상 "그렇다"이다. 윈도우는 항상 프로세스 단위로 권한 상승을 수행한다. 프로세스가 실행되고 나면 추가적인 권한을 요청하기에는 너무 늦어버린 것이다. 하지만 권한 상승이 수행되지 않은 프로세스가 내부적으로 COM 서버를 구현하고 있는 프로세스의 권한을 상승시켜 수행할 수는 있다. 이 프로세스를 종료하지 않고 유지하면 권한 상승이 수행되지 않은 프로세스가 IPC 호출을 통해 COM 서버를 사용할 수 있으므로 프로세스를 종료한 후 상승된 권한으로 재시작할 필요가 없다.

http://www.microsoft.com/emea/itsshowtime/sessionh.aspx?videoid=360 위치의 비디오와 파워포인트 프레젠테이션을 통해 마크 러시노비치[Mark Russinovich]가 설명한 UAC의 내부적인 메커니즘과 이와 관련된 시스템 리소스 가상화[virtualization of system resources] 등에 대해 자세히 살펴볼 수 있다. 윈도우가 제공하는 시스템 리소스 가상화란 관리자 권한 제한과 같은 새로운 기능 때문에 정상적으로 수행되기 어려운 애플리케이션의 호환성을 향상시키기 위한 방법이다.

1 프로세스의 자동 권한 상승

설치를 수행하는 인스톨 애플리케이션처럼 항시 관리자 권한을 필요로 하는 경우라면 애플리케이션 수행 시마다 운영체제가 자동으로 권한 상승 다이얼로그 박스를 띄우도록 할 수 있다. 윈도우의 UAC 컴포넌트는 새로운 프로세스가 수행될 때 권한 상승 다이얼로그 박스를 띄우는 작업을 수행해야 할지를 어떻게 알 수 있을까?

윈도우 비스타는 애플리케이션의 실행 파일 내에 XML 파일 형태의 리소스(RT_MANIFEST)가 포함되어 있음을 발견하게 되면 해당 리소스 내에서 <trustInfo> 부분을 찾아서 그 내용을 분석한다. 아래에 매니페스트[manifest] 파일 내의 <trustInfo> 부분에 대한 예를 나타내 보았다.

```
...
<trustInfo xmlns="urn:schemas-microsoft-com:asm.v2">
   <security>
      <requestedPrivileges>
         <requestedExecutionLevel
            level="requireAdministrator"
         />
      </requestedPrivileges>
   </security>
</trustInfo>
...
```

[표 4-8]에 나와 있는 것처럼 레벨^{level} 특성은 3가지 값으로 설정될 수 있다.

[표 4-8] 레벨 특성을 위한 값

값	설명
requireAdministrator	애플리케이션은 반드시 관리자 권한으로 수행되어야 한다. 다른 권한으로는 수행될 수 없다.
highestAvailable	애플리케이션은 가능한 한 높은 권한으로 수행되어야 한다. 만일 사용자가 관리자 계정으로 로그온했다면 권한 상승 다이얼로그 박스가 나타난다.
	만일 표준 사용자로 로그온했다면 애플리케이션은 표준 사용자 권한으로 수행된다(권한 상승 다이얼로그 박스가 나타나지 않는다).
asInvoker	애플리케이션은 자신을 호출한 애플리케이션과 동일한 권한으로 수행된다.

매니페스트 파일을 실행 파일의 리소스로 포함시키는 대신 실행 파일과 동일한 폴더 내에 실행 파일과 이름이 같고 확장자가 .manifest인 외부 파일로 구성하는 것도 가능하다.

이와 같이 매니페스트 파일을 외부 파일로 구성하면 파일을 생성하는 즉시 영향을 미치게 되는 것이 아니기 때문에 매니페스트 파일 생성 이전에 수행된 파일은 새로 생성한 매니페스트 파일의 영향을 받지 않는다. 이 경우 프로그램을 다시 실행해야 윈도우가 매니페스트 파일을 인식하게 된다. 실행 파일이 매니페스트 리소스를 가지고 있으면 외부 파일로 구성된 매니페스트 파일은 아무런 영향을 미치지 못한다.

명시적으로 XML 매니페스트 파일을 설정하는 것과는 별개로 운영체제는 특별한 호환성 규칙을 가지고 있다. 이러한 호환성 규칙은 애플리케이션이 셋업 파일로 판단되는 경우 자동으로 권한 상승 다이얼로그 박스를 띄우게 된다. 매니페스트도 가지고 있지 않고 셋업 파일로도 판단되지 않는 실행 파일의 경우에도 다음에 보는 바와 같이 실행 파일의 속성^{properties} 다이얼로그 박스 내의 호환성^{Compatibility} 탭에서 관리자 권한으로 이 프로그램 실행^{Run this program as an administrator} 체크 박스를 선택하면 프로그램 수행 시 권한 상승 다이얼로그 박스가 나타나게 된다.

애플리케이션 호환성과 관련된 기능은 이 책의 범위를 넘어선다. 하지만 다음 URL을 통해 윈도우 비스타를 위한 UAC 호환 애플리케이션을 어떻게 개발하는지에 대해 자세히 설명한 백서를 볼 수 있다.

http://www.microsoft.com/downloads/details.aspx?FamilyID=ba73b169-a648-49af-bc5ea2eebb74c16b&DisplayLang=en

2 프로세스의 수동 권한 상승

이 장의 앞에서 설명한 CreateProcess 함수에 대해 자세히 읽어보았다면 이 함수가 권한 상승과 관련된 어떠한 플래그나 매개변수도 없다는 것을 알았을 것이다. 상승된 권한으로 프로세스를 수행하고 싶다면 CreateProcess 함수 대신 ShellExecuteEx 함수를 사용해야 한다.

```
BOOL ShellExecuteEx(LPSHELLEXECUTEINFO pExecInfo);

typedef struct _SHELLEXECUTEINFO {
    DWORD cbSize;
    ULONG fMask;
    HWND hwnd;
    PCTSTR lpVerb;
    PCTSTR lpFile;
    PCTSTR lpParameters;
    PCTSTR lpDirectory;
    int nShow;
    HINSTANCE hInstApp;
    PVOID lpIDList;
    PCTSTR lpClass;
    HKEY hkeyClass;
    DWORD dwHotKey;
    union {
        HANDLE hIcon;
        HANDLE hMonitor;
    } DUMMYUNIONNAME;
    HANDLE hProcess;
} SHELLEXECUTEINFO, *LPSHELLEXECUTEINFO;
```

SHELLEXECUTEINFO 구조체에서 유일하게 권한 상승과 관련된 필드는 lpVerb이다. 이 필드는 아래의 코드와 같이 "runas"로 설정되어야 하며, lpFile에는 상승된 권한으로 실행할 실행 파일의 경로가 지정되어야 한다.

```
// 구조체를 초기화한다.
SHELLEXECUTEINFO sei = { sizeof(SHELLEXECUTEINFO) };

// 권한 상승을 요청한다.
sei.lpVerb = TEXT("runas");

// 상승된 권한으로 애플리케이션을 계속해서 수행할 수 있도록
// 상승된 권한으로 명령 프롬프트를 수행하도록 한다.
sei.lpFile = TEXT("cmd.exe");
```

```
   // 이 멤버를 잊어서는 안 된다. 이 멤버가 설정되지 않으면 윈도우가 나타나지 않는다.
   sei.nShow = SW_SHOWNORMAL;

   if (!ShellExecuteEx(&sei)) {
      DWORD dwStatus = GetLastError();

      if (dwStatus == ERROR_CANCELLED) {
         // 사용자가 권한 상승 요청을 거절했다.
      }
      else
      if (dwStatus == ERROR_FILE_NOT_FOUND) {
         // lpFile로 정의된 파일이 존재하지 않고
         // 에러 메시지가 나타났다.
      }
   }
```

만일 사용자가 권한 상승privilege elevation 요청을 거절하게 되면 ShellExecuteEx는 FALSE를 반환하고, GetLastError는 이 상황을 확인할 수 있도록 ERROR_CANCELLED 값을 반환한다.

상승된 권한으로 실행 중인 페어런트 프로세스가 CreateProcess를 이용하여 차일드 프로세스를 생성하면 차일드 프로세스도 페어런트 프로세스와 동일하게 상승된 권한으로 수행된다. 따라서 굳이 ShellExecuteEx를 이용하여 차일드 프로세스를 생성할 필요가 없다. 하지만 페어런트 애플리케이션이 필터된 토큰filtered token으로 수행되고 있고 차일드 프로세스가 반드시 권한 상승을 필요로 하는 경우 CreateProcess로 차일드 프로세스를 생성하려 하면 프로세스 생성은 실패하고, GetLastError는 ERROR_ELEVATION_REQUIRED를 반환한다.

정리하면, 윈도우 비스타 환경에서도 잘 동작되는 프로그램을 작성하려면, 먼저 대부분의 기능을 표준 사용자 권한 하에서 수행되도록 하는 것이 좋다. 만일 더 높은 권한이 필요한 작업을 수행하려면 사용자 인터페이스 구성 요소(버튼, 링크, 또는 메뉴 아이템)에 방패 모양의 아이콘이 나타날 수 있도록 해서 해당 작업을 수행하는 데에는 권리자 권한이 필요함을 명시적으로 나타내야 한다. 관리자 권한이 필요한 작업은 반드시 다른 프로세스로 수행되거나 다른 프로세스 내의 COM 서버를 이용해야 하므로 관리자 권한이 필요한 모든 작업들을 모아서 새롭게 두 번째 애플리케이션을 구현하고, lpVerb 멤버를 "runas"로 설정한 SHELLEXECUTEINFO 구조체를 인자로 ShellExecuteEx 함수를 호출해서 이 애플리케이션을 수행해야 한다. 관리자 권한이 필요한 작업을 수행하는 데 인자가 필요한 경우라면 새로운 프로세스의 명령행 인자 전달 방식을 사용하거나 SHELLEXECUTEINFO 구조체의 lp-Parameters 필드를 사용하면 된다.

상승된 권한이나 필터된 권한 하에서 수행되는 애플리케이션을 디버깅하다 좌절했을 수도 있다. 디버깅을 하려면, 간단하지만 반드시 따라야 하는 절대 규칙이 있다: Visual Studio를 필요한 권한으로 실행하여 디버기가 적절히 권한을 상속받을 수 있도록 해야 한다. 만일 표준 사용자의 필터된 권한으로 수행되는 애플리케이션을 디버깅하려면 기본적으로 제공되는 단축 아이콘이나 시작 메뉴를 이용하여 표준 사용자 권한으로 Visual Studio를 실행하면 된다. 반면, Visual Studio를 관리자 권한으로 수행하게 되면 디버기는 이러한 권한 정보를 상속받게 되는데, 이는 우리가 원하는 바가 아니다. 관리자 권한으로 수행되는 프로세스를 디버깅하려면 Visual Studio도 반드시 관리자 권한으로 수행되어야 한다. 그렇게 하지 않으면 "요청된 동작이 권한 상승을 필요로 한다"는 내용의 에러 메시지를 받게 될 것이고 디버기는 시작되지도 않을 것이다.

❸ 현재의 권한 정보는 무엇인가?

앞서 작업 관리자^{Task Manager}의 경우 이 프로그램이 어떻게 수행되었느냐에 따라 방패 아이콘이 출력되거나 체크 박스가 나타날 수 있었다. 두 가지의 중요한 내용을 아직 설명하지 않았다. 첫째는 애플리케이션이 관리자 권한으로 수행되었는지의 여부를 확인하는 방법이고, 더 중요한 나머지 하나는 관리자 권한으로 권한 상승이 일어났는지 아니면 단순히 필터된 토큰으로 애플리케이션이 수행되었는지의 여부를 확인하는 것이다.

아래의 GetProcessElevation 함수는 권한 상승의 형태와 관리자 권한으로 수행되었는지의 여부를 부울 값으로 반환한다.

```
BOOL GetProcessElevation(TOKEN_ELEVATION_TYPE* pElevationType,
    BOOL* pIsAdmin) {
  HANDLE hToken = NULL;
  DWORD dwSize;

  // 현재 프로세스의 토큰을 얻는다.
  if (!OpenProcessToken(GetCurrentProcess(), TOKEN_QUERY, &hToken))
    return(FALSE);

  BOOL bResult = FALSE;

  // 권한 상승 형태에 대한 정보를 얻는다.
  if (GetTokenInformation(hToken, TokenElevationType,
    pElevationType, sizeof(TOKEN_ELEVATION_TYPE), &dwSize)) {
    // 관리자 그룹의 SID 값을 생성한다.
    BYTE adminSID[ SECURITY_MAX_SID_SIZE];
    dwSize = sizeof(adminSID);
    CreateWellKnownSid(WinBuiltinAdministratorsSid, NULL, &adminSID,
      &dwSize);
```

```
           if (*pElevationType == TokenElevationTypeLimited) {
               // 연결된 토큰의 핸들을 얻는다.
               HANDLE hUnfilteredToken = NULL;
               GetTokenInformation(hToken, TokenLinkedToken, (VOID*)
                   &hUnfilteredToken, sizeof(HANDLE), &dwSize);

               // 원래의 토큰이 관리자의 SID를 포함하고 있는지 여부를 확인한다.
               if (CheckTokenMembership(hUnfilteredToken, &adminSID, pIsAdmin)) {
                   bResult = TRUE;
               }

               // 필터되지 않은 토큰을 삭제하는 것을 잊어서는 안 된다.
               CloseHandle(hUnfilteredToken);
           } else {
               *pIsAdmin = IsUserAnAdmin();
               bResult = TRUE;
           }
       }

       // 프로세스 토큰을 삭제하는 것을 잊어서는 안 된다.
       CloseHandle(hToken);

       return(bResult);
   }
```

GetTokenInformation이 권한 상승 형태를 얻기 위해 프로세스와 연관된 토큰 값과 TokenEle-vationType 매개변수로 호출되었으며, 그 결과 값으로 [표 4-9]에 나타낸 TOKEN_ELEVATION_TYPE 열거형 내에 정의되어 있는 값이 반환된다는 것에 주목할 필요가 있다.

[표 4-9] TOKEN_ELEVATION_TYPE 값

값	설명
TokenElevationTypeDefault	프로세스가 기본 사용자 권한으로 수행되었거나, UAC 기능이 꺼져 있다.
TokenElevationTypeFull	프로세스가 성공적으로 권한 상승이 이루어졌다. 토큰은 필터된 토큰이 아니다.
TokenElevationTypeLimited	프로세스가 필터된 토큰에 의해 제한된 권한으로 수행되었다.

이러한 값들을 이용하면 애플리케이션이 필터된 토큰filtered token을 가지고 수행되었는지 여부를 확인할 수 있다. 다음 단계는 사용자가 관리자Administrator인지 여부를 확인하는 것이다. 만일 토큰이 필터링filtering 되지 않았다면 IsUserAnAdmin을 이용하여 애플리케이션이 관리자에 의해 수행되었는지 알아낼 수 있다. 토큰token이 필터링되었다면 필터링되기 이전의 토큰 값이 필요하고(GetTokenInformation에 TokenLinkedToken을 전달하여) 그 값이 관리자의 SID 값인지 여부를 확인하는 과정이 필요하다 (CreateWellKnownSid와 CheckTokenMembership을 이용하여).

다음 절에 나오는 프로세스 정보^{Process Information} 예제 애플리케이션의 경우 권한 상승에 대한 자세한 정보를 타이틀 앞쪽에 출력하고, 방패 아이콘을 나타낼지 여부를 결정하기 위해 WM_INITDIALOG 메시지를 처리하는 과정에서 이 함수를 사용하고 있다.

 버튼 내에 방패 아이콘을 나타내거나 숨기려면 Button_SetElevationRequiredState 매크로를 사용하면 된다(이 매크로는 CommCtrl.h에 정의되어 있다). 또한 SHGetStockIconInfo 함수를 SIID_SHIELD를 매개변수로 하여 호출하면 방패 아이콘을 직접 얻어낼 수 있다. 이 함수와 관련 플래그는 shellapi.h에 정의되어 있다. 방패 상징을 지원하는 다른 컨트롤에 대해서는 http://msdn2.microsoft.com/en-us/library/aa480150.aspx의 MSDN 온라인 도움말에서 관련 정보를 확인할 수 있다.

4 시스템에서 수행 중인 프로세스의 나열

많은 개발자들이 현재 수행 중인 애플리케이션의 정보를 가져오는 윈도우용 툴이나 유틸리티를 만들려고 시도한다. 윈도우 API가 처음 나왔을 때에는 수행 중인 프로세스를 열거하는 함수가 없었다. 그런데 윈도우 NT에는 성능 자료 데이터베이스^{Performance Data database}라고 불리는 데이터베이스가 있어서 상당량의 정보를 항시 최신의 상태로 유지하였다. 이러한 데이터베이스의 값을 얻기 위해서는 HKEY_PERFORMANCE_DATA 루트 키를 매개변수로 레지스트리 함수인 RegQueryValueEx를 호출하면 되었다. 하지만 거의 대부분의 프로그래머들이 다음과 같은 이유로 인해 성능 데이터베이스에 대해 잘 알지 못했다.

- 성능 자료 데이터베이스와 관련된 전용의 함수가 없다. 단순히 이미 존재하는 레지스트리 관련 함수를 이용하였다.
- 윈도우 95나 윈도우 98에서는 사용할 수 없었다.
- 데이터베이스의 정보 표현 방식이 너무 복잡해서 대부분의 개발자들이 사용하는 것을 꺼렸다. 이로 인해 이러한 기능이 존재한다는 사실이 널리 알려지지 못했다.

이러한 데이터베이스를 좀 더 쉽게 사용할 수 있도록 마이크로소프트는 성능 자료 전용 함수를 만들었다(PDH.dll 파일에 포함되어 있다). 좀 더 자세한 내용은 플랫폼 SDK 문서에서 성능 자료 전용 함수^{Performance Data Helper}를 찾아보기 바란다.

앞서 말했듯이 윈도우 95와 윈도우 98에서는 이러한 성능 자료 데이터베이스를 제공하지 않았다. 대신 이러한 운영체제는 프로세스와 프로세스 관련 정보를 나열할 수 있는 자체 함수를 가지고 있었는데, 이러한 함수들은 ToolHelp API에 포함되어 있다. 좀 더 자세한 정보는 플랫폼 SDK 문서에서 Process32First와 Process32Next 함수를 찾아보기 바란다.

더욱더 재미있는 것은, ToolHelp 함수를 좋아하지 않던 윈도우 NT 개발팀이 이 함수들을 윈도우 NT 에 추가하는 대신 프로세스를 나열할 수 있는 프로세스 상태 관련 함수^{Process Status function}를 새로 만들었다 는 것이다(PSAPI.dll 파일에 포함되어 있다). 이에 대해서는 플랫폼 SDK 문서에서 EnumProcesses 함수를 찾아보기 바란다.

마이크로소프트는 툴과 유틸리티 개발자들의 삶을 더욱 힘들게 만들었지만, 윈도우 2000 이후로는 ToolHelp 함수들을 지속적으로 제공하고 있다. 따라서 이제는 윈도우 95, 98, 비스타에 이르기까지 단일의 방법으로 공통의 소스 코드를 이용하여 프로세스를 나열하는 방법을 가지게 되었다.

프로세스 정보 예제 애플리케이션

ProcessInfo 애플리케이션인 04-ProcessInfo.exe는 유용한 툴을 만들기 위해 필요한 ToolHelp 함수들을 사용하는 방법을 보여주고 있다. 소스 코드와 리소스 파일은 한빛미디어 홈페이지를 통해 제공되는 소스 파일의 04-ProcessInfo 폴더에 있다. 이 프로그램을 수행하면 [그림 4-4]와 같은 윈 도우가 나타난다.

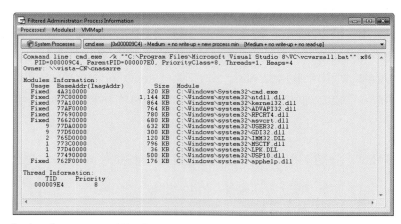

[그림 4-4] ProcessInfo 수행 모습

ProcessInfo는 현재 수행 중인 프로세스의 목록을 나열하고, 각 프로세스의 이름과 ID를 프로그램 상단의 콤보 박스에 추가한다. 이후 첫 번째 프로세스가 자동으로 선택되고, 프로세스에 대한 세부 정보들이 읽기 전용 에디트 컨트롤^{edit control}에 나타난다. 보는 바와 같이 프로세스의 ID, 명령행, 소유 자, 페어런트 프로세스의 ID, 프로세스의 우선순위 클래스, 그리고 프로세스의 현재 컨텍스트 내에 서 수행 중인 스레드의 개수 등이 출력된다. 자세한 내용은 이 장의 범위를 벗어나기 때문에 다른 장 에서 논의하기로 하겠다.

프로세스 리스트를 보여주는 화면에서는 VMMap 메뉴를 사용할 수 있다. (모듈 정보를 보여주는 화 면에서는 이 메뉴의 사용이 불가능하다.) 이 메뉴를 선택하면 VMMap 예제 애플리케이션이 수행된다.

(14장 "가상 메모리 살펴보기"에서 다룬다.) 이 애플리케이션을 이용하면 선택된 프로세스의 주소 공간을 살펴볼 수 있다.

Module Information 부분에는 프로세스의 주소 공간에 포함된 모듈들(실행 파일과 DLL들)의 목록을 보여준다. 첫 번째 항목에 Fixed라고 나타난 모듈은 프로세스가 초기화될 때 자동으로 로드되는 모듈이라는 의미이다. 명시적으로 로드되는 DLL들은 DLL의 사용 카운트가 나타난다. 두 번째 열에는 모듈이 어느 주소에 매핑되었는지를 출력해 준다. 만일 모듈이 자신이 선호하는 시작 주소에 매핑되지 못했으면, 선호하는 시작 주소가 괄호 안에 나타난다. 세 번째 열에는 모듈의 크기를 KB 단위로 출력하고, 마지막으로 모듈의 전체 경로명이 나타난다. Thread Information 부분에는 프로세스의 현재 컨텍스트 내에서 수행 중인 스레드의 ID와 우선순위가 나타난다.

프로세스 정보에 더하여 Modules! 메뉴를 선택하면 시스템에 의해 로드된 모듈들을 나열하고, 각 모듈의 이름을 상단의 콤보 박스에 추가한다. ProcessInfo는 첫 번째 모듈을 자동 선택하고, 이 모듈을 사용하고 있는 프로세스 정보를 [그림 4-5]와 같이 보여준다.

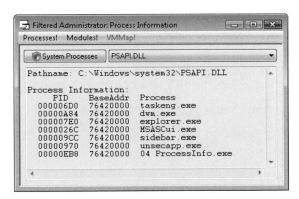

[그림 4-5] ProcessInfo Psapi.dll 파일을 자신의 주소 공간 상에 로드한 모든 프로세스 목록을 나열

ProcessInfo 유틸리티를 이와 같이 사용하면 특정 모듈을 사용하고 있는 프로세스의 목록을 쉽게 확인할 수 있다. [그림 4-5]를 보면 모듈의 전체 경로명이 상단에 나타나 있는 것을 볼 수 있다. Process Information 부분에서는 특정 모듈을 사용 중인 프로세스의 목록을 보여주는데, 각 프로세스별로 프로세스의 ID와 이름, 모듈이 로드된 주소를 보여준다.

기본적으로 ProcessInfo 애플리케이션에서 보여주는 모든 정보는 다양한 ToolHelp 함수를 호출하여 획득할 수 있다. ToolHelp 함수를 좀 더 쉽게 사용할 수 있도록 CToolHelp C++ 클래스를 만들어 보았다(Toolhelp.h 파일에 포함되어 있다). 이 C++ 클래스는 ToolHelp 스냅샷을 추상화하고 다른 ToolHelp 함수를 좀 더 쉽게 호출할 수 있도록 작성되었다.

특별히 ProcessInfo.cpp 파일 내의 GetModulePreferredBaseAddr 함수는 매우 흥미롭다.

```
PVOID GetModulePreferredBaseAddr(
    DWORD dwProcessId,
    PVOID pvModuleRemote);
```

이 함수는 Process ID와 이 프로세스 내에서 모듈이 로드된 주소를 인자로 전달받는다. 이 함수는 인자로 전달된 프로세스의 주소 공간을 살펴 모듈의 위치를 찾고, 모듈의 헤더 정보를 읽어서 자신이 선호하는 시작 주소를 가지고 온다. 모듈은 항상 선호하는 시작 주소에 로드되는 것이 좋다. 그렇지만 모듈이 선호하는 시작 주소 상에 메모리 공간이 충분하지 않거나, 이미 다른 모듈이 로드되어 있는 경우라면 모듈의 초기화 과정에서 성능 저하를 초래하게 된다. 이것은 매우 좋지 않은 상황이기 때문에 위와 같은 함수를 추가하였고, 모듈이 자신이 선호하는 시작 주소 상에 로드되지 못한 경우를 보여주도록 하였다. 모듈이 선호하는 시작 주소에 대한 자세한 사항과 시간/공간 성능과 관련된 자세한 사항은 "20.7 모듈의 시작 위치 변경" 절을 살펴보기 바란다.

프로세스의 명령행을 직접적으로 얻어내는 방법은 존재하지 않는다. MSDN 매거진의 "사용자 정의 방식의 디버깅과 조직화 도구 그리고 유틸리티들을 이용하여 DLL 지옥에서 빠져나오기, 파트 2[Escape from DLL Hell with Custom Debugging and Instrumentation Tools and Utilities, Part 2]" (*http://msdn.microsoft.com/msdnmag/issues/ 02/08/EscapefromDLLHell/*)에서 설명하고 있는 바와 같이 원격 프로세스의 명령행을 얻어내기 위해서는 해당 프로세스의 프로세스 환경블록[Process Environment Block](PEB)을 자세히 살펴보아야 한다. 그런데 몇몇 내용들이 윈도우 XP 이후에 변경되었기 때문에 추가적인 설명이 필요하다. 첫째로, WinDbg (*http://www.microsoft.com/whdc/devtools/debugging/default.mspx*에서 다운로드 받을 수 있다)를 이용하면 프로세스 환경블록의 구조체 정보를 획득할 수 있다. kdex2x86 확장 모듈이 제공하는 "strct" 명령어 대신 단순히 "dt" 명령어를 사용하면 되는데, 예를 들어 "dt nt!PEB"라고 쓰면 프로세스 환경블록이 어떻게 정의되어 있는지를 다음과 같이 보여준다.

```
+0x000 InheritedAddressSpace : UChar
+0x001 ReadImageFileExecOptions : UChar
+0x002 BeingDebugged     : UChar
+0x003 BitField          : UChar
+0x003 ImageUsesLargePages : Pos 0, 1 Bit
+0x003 IsProtectedProcess : Pos 1, 1 Bit
+0x003 IsLegacyProcess   : Pos 2, 1 Bit
+0x003 IsImageDynamicallyRelocated : Pos 3, 1 Bit
+0x003 SpareBits         : Pos 4, 4 Bits
+0x004 Mutant            : Ptr32 Void
+0x008 ImageBaseAddress  : Ptr32 Void
+0x00c Ldr               : Ptr32 _PEB_LDR_DATA
+0x010 ProcessParameters : Ptr32 _RTL_USER_PROCESS_PARAMETERS
+0x014 SubSystemData     : Ptr32 Void
+0x018 ProcessHeap       : Ptr32 Void
...
```

또한 "dt nt!_RTL_USER_PROCESS_PARAMETERS"를 수행하면 다음과 같이 RTL_USER_PROCESS_PARAMETERS 구조체를 보여준다.

```
+0x000 MaximumLength     : Uint4B
+0x004 Length            : Uint4B
+0x008 Flags             : Uint4B
+0x00c DebugFlags        : Uint4B
+0x010 ConsoleHandle     : Ptr32 Void
+0x014 ConsoleFlags      : Uint4B
+0x018 StandardInput     : Ptr32 Void
+0x01c StandardOutput    : Ptr32 Void
+0x020 StandardError     : Ptr32 Void
+0x024 CurrentDirectory  : _CURDIR
+0x030 DllPath           : _UNICODE_STRING
+0x038 ImagePathName     : _UNICODE_STRING
+0x040 CommandLine       : _UNICODE_STRING
+0x048 Environment       : Ptr32 Void
...
```

이와 같은 정보를 살펴보면 다음에 나오는 내부 구조체를 어떻게 채울지에 대해 도움을 받을 수 있다.

```
typedef struct
{
    DWORD Filler[ 4 ];
    DWORD InfoBlockAddress;
} __PEB;

typedef struct
{
    DWORD Filler[ 17 ];
    DWORD wszCmdLineAddress;
} __INFOBLOCK;
```

둘째로, 14장에서 설명하겠지만 윈도우 비스타에서는 시스템 DLL이 프로세스 주소 공간 내의 임의의 위치에 로드된다. 따라서 윈도우 XP에서와 같이 PEB가 0x7ffdf000에 있을 것이라고 가정하고 하드코딩해서는 안 된다. 대신 ProcessBasicInformation을 매개변수로 NtQueryInformationProcess를 호출해 보아야 한다. 각 윈도우 버전별로 문서화되지 않은 내용은 차기 버전에서는 얼마든지 변경될 수 있다는 사실을 잊어서는 안 된다.

마지막으로, 프로세스 정보 Process Information 애플리케이션을 이용하다보면 몇몇 프로세스들의 경우 콤보 박스에는 나타나지만 로드된 DLL 목록이 나타나지 않는 경우가 있다. 예를 들어 audiodg.exe ("Windows Audio Device Graph Isolation")와 같은 프로세스가 그러한데, 이런 프로세스를 보호된 프로세스 protected process 라고 한다. 윈도우 비스타에서는 DRM 애플리케이션 등과 같은 애플리케이션을 위해 이와 같이 격리 수준을 좀 더 높인 새로운 타입의 애플리케이션을 지원한다. 원격 프로세스에서 보호된 프로세스의 가상 메모리에 접근할 수 있는 권한이 제거된 것은 그리 놀랄만한 일은 아니다. 이로 인해 보호된 프로세스의 메모리에 로드된 DLL의 목록을 얻어내기 위한 ToolHelp API 호출은 모두 실패하게 된다. 보호된 프로세스에 대한 자세한 내용은 *http://www.microsoft.com/whdc/system/vista/process_Vista.mspx*의 백서를 참조하기 바란다.

ProcessInfo 애플리케이션이 수행 중인 프로세스의 자세한 내용 모두를 얻어내는 데 실패하는 또 다른 경우가 있다. 만일 이 애플리케이션이 권한 상승이 수행되지 않은 상태로 실행되게 되면, 상승된 권한으로 수행된 프로세스에 접근하거나 그 정보를 수정하는 것이 불가능하다. 사실 이러한 제한은 극히 단순화된 목표로부터 시작되었다. 윈도우 비스타는 윈도우 무결성 메커니즘 Windows Integrity Mechanism 이라 불리는(이전에는 필수 무결성 제어 Mandatory Integrity Control 라고 불렸다) 또 다른 보안 메커니즘을 구현하고 있으며, 이로 인해 이러한 접근은 허용되지 않는다.

이미 잘 알려진 보안 디스크립터 security descriptor 와 접근 제어 목록 access control list 이라는 개념과 함께, 시스템 접근 제어 목록 system access control list (SACL) 내에서 필수 레이블 mandatory label 이라 불리는 새로운 접근 제어 엔트리 access control entry (ACE)를 통해 보안 오브젝트들에 대한 무결성 수준 integrity level 을 설정할 수 있다. 운영체제는 ACE가 없는 보안 오브젝트의 경우 중간 무결성 수준을 가지고 있는 것으로 다루게 된다. 각각의 프로세스도 보안 토큰 security token 에 기반한 무결성 수준을 가지게 된다. 이러한 프로세스 보안 토큰은 [표 4-10]에 나와 있는 바와 같이 시스템이 허용하는 신뢰 수준 Level of Trust 과 관련되어 있다.

[표 4-10] 신뢰 수준

수준	애플리케이션의 예
낮음(Low)	보호 모드 protected mode 하의 인터넷 익스플로러는 다운로드된 코드가 다른 애플리케이션이나 시스템의 환경을 변경할 수 없도록 하기 위해 낮은 신뢰 수준으로 수행된다.
중간(Medium)	기본적으로 모든 애플리케이션은 중간 신뢰 수준과 필터된 토큰을 가지고 수행된다.
높음(High)	애플리케이션이 상승된 권한으로 수행되면 높은 신뢰 수준으로 수행된다.
시스템(System)	로컬 시스템 Local System 이나 로컬 서비스 Local Service 로 수행되는 프로세스만이 시스템 신뢰 수준으로 수행될 수 있다.

코드를 통해 커널 오브젝트 접근하게 되면 시스템은 호출하는 프로세스의 무결성 수준과 커널 오브젝트의 무결성 수준을 비교하게 된다. 만일 커널 오브젝트의 무결성 수준이 프로세스의 무결성 수준보다 높으면 수정, 삭제 등의 작업이 허용되지 않는다. 이러한 비교 작업은 ACL 확인 작업보다 먼저 이루어지게 된다는 사실에 주의해야 한다. 따라서 설사 프로세스가 리소스에 대한 충분한 접근 권한을 가지고 있다 하더라도 오브젝트 접근에 필요한 무결성 수준보다 낮은 수준으로 수행되는 프로세

스의 경우 오브젝트에 대한 접근이 허용되지 않는다. 이러한 특성은 웹으로부터 다운로드된 스크립트나 코드를 수행하는 애플리케이션의 경우 특히 중요하다. 윈도우 비스타에서 수행되는 인터넷 익스플로러 7은 이러한 메커니즘의 장점을 잘 사용하여 낮은 무결성 수준으로 동작되는데, 이로 인해 웹으로부터 다운로드된 코드는 중간 무결성 수준으로 동작하는 다른 애플리케이션의 상태를 변경하는 것이 불가능하다.

Sysinternals의 프로세스 익스플로러[Process Explorer] 툴(http://www.microsoft.com/technet/sysinternals/ProcessesAndThreads/ProcessExplorer.mspx)에서 Select Columns 다이얼로그 박스의 Process Image 탭을 선택하고 Integrity Level 체크 박스를 선택하면 프로세스의 무결성 수준을 확인할 수 있다.

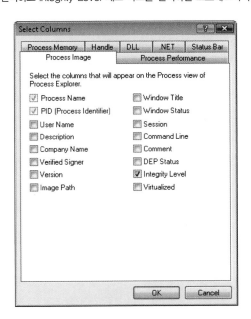

소스 코드를 살펴보면 GetProcessIntegrityLevel 함수를 찾을 수 있을 것이다. 이 함수를 자세히 살펴보면 프로그래밍적 방법으로 어떻게 프로세스에 대한 상세 정보를 획득할 수 있는지 알 수 있다. Sysinternals(http://www.microsoft.com/technet/sysinternals/utilities/accesschk.mspx)에서는 콘솔 모드에서 동작하는 AccessChk라는 프로그램을 다운로드 받을 수 있는데, 이를 이용하면 -i 나 -e 명령을 지정하여 파일, 폴더, 레지스트리 키와 같은 리소스에 접근하는 데 필요한 무결성 수준을 확인할 수 있다. 마지막으로, 윈도우 비스타에서 제공하는 icacls.exe를 이용하면 /setintegritylevel 옵션을 이용하여 파일의 무결성 수준을 지정할 수 있다.

프로세스 토큰의 무결성 수준과 접근하고자 하는 커널 오브젝트의 무결성 수준을 알고 있다면 시스템은 토큰과 리소스 내에 저장된 코드 정책에 기반하여 어떤 종류의 동작이 허용되는지를 확인한다. 첫째로, TokenMandatoryPolicy와 프로세스의 보안 토큰 핸들을 인자로 GetTokenInformation을

호출하면 DWORD 값을 얻어올 수 있는데, 이 값은 어떤 정책이 적용되어 있는지를 비트 단위로 가지고 있다. 정책에 대한 자세한 내용을 [표 4-11]에 나타내었다.

[표 4-11] 코드 정책

WinNT.h 내에 정의된 TOKEN_MANDATORY_* 상수	설명
POLICY_NO_WRITE_UP	이 보안 토큰 하에서 수행되는 코드는 더 높은 무결성 수준의 리소스에 값을 쓸 수 없다.
POLICY_NEW_PROCESS_MIN	이 보안 토큰 하에서 수행되는 코드가 새로운 프로세스를 생성했을 때, 차일드 프로세스는 페어런트의 무결성 수준과 매니페스트 파일 내에 정의되어 있는 무결성 수준 중 가장 낮은 무결성 수준(매니페스트 파일이 없다면 중간 수준)을 상속하게 된다.

ProcessInfo.cpp 파일에서는 사용자의 편의를 위해 정책 없음을 나타내는 값(0으로 설정된 TOKEN_MANDATORY_POLICY_OFF)과 정책의 유효성을 검증하는 비트 마스크(TOKEN_MANDATORY_POLICY_VALID_MASK)를 정의해 두었다.

둘째로, 리소스 정책[resource policy]은 커널 오브젝트와 관련된 필수 레이블[mandatory label] ACE의 결과에 의해 결정된다. (구현 세부사항은 ProcessInfo.cpp의 GetProcessIntegrityLevel을 보기 바란다.) 두 가지의 리소스 정책 값을 통해 리소스에 대해 어떤 동작이 허용되고 거절되는지 결정된다. 기본 값은 SYSTEM_MANDATORY_LABEL_NO_WRITE_UP이다. 이 값은, 리소스보다 더 낮은 무결성 수준의 프로세스는 더 높은 무결성 수준의 리소스를 읽을 수만 있고, 쓰거나 삭제할 수 없는 정책이다. SYSTEM_MANDATORY_LABEL_NO_READ_UP 리소스 정책은 좀 더 제한적이어서 프로세스의 무결성 수준보다 높은 무결성 수준을 가진 리소스에 대한 어떠한 접근도 허용되지 않는다.

노트 높은 무결성 수준의 프로세스 커널 오브젝트에 대해 설사 SYSTEM_MANDATORY_LABEL_NO_READ_UP이 설정되었다 하더라도 디버그 권한이 허가된 상황이라면 낮은 무결성 수준의 프로세스가 그보다 높은 무결성 수준의 주소 공간 내부를 읽는 것이 가능하다. 그렇기 때문에 디버그 권한을 필요로 하는 ProcessInfo 툴은 관리자 권한으로 수행된 시스템 무결성 수준의 프로세스에 대해 명령행 정보를 읽을 수 있다.

프로세스 간의 커널 오브젝트에 대한 보안을 넘어, 무결성 수준은 낮은 무결성 수준의 프로세스가 높은 무결성 수준의 프로세스에 접근하거나 프로세스의 사용자 인터페이스를 갱신하지 못하도록 한다. 이러한 메커니즘을 유저 인터페이스 권한 고립[User Interface Privilege Isolation](UIPI)이라고 부른다. 운영체제는 낮은 무결성 수준으로 수행되는 프로세스가 그보다 높은 무결성 수준으로 수행되는 프로세스로 윈도우 메시지를 포스트[post](PostMessage를 통해)하거나 센드[send](SendMessage를 통해)하는 것을 금하고 있으며, 윈도우 메시지를 가로채는 것(윈도우 혹을 통해)을 금지하고 있다. 이를 통해 낮은 무결성 수준으로 수행되는 프로세스가 그보다 높은 무결성 수준으로 수행되는 프로세스의 정보를 획득하거나, 마치 실제 입력이 발생한 것과 같이 위장하는 것을 막고 있다. 이러한 특성은 WindowDump(*http://*

*download.microsoft.com/download/8/3/f/83f69587-47f1-48e2-86a6-aab14f01f1fe/
EscapeFromDLLHell.exe*)와 같은 유틸리티를 사용해 보면 한눈에 드러난다. WindowDump는 리스트 박스 내의 각 항목이 가지는 텍스트를 획득하기 위해 LB_GETCOUNT를 인자로 SendMessage를 호출하여 리스트 박스의 항목 수를 획득하려 한다. 이후 각 항목에 대해 LB_GETTEXT를 인자로 SendMessage를 호출하여 텍스트를 획득하려 한다. 하지만 리스트 박스를 가지고 있는 프로세스보다 WindowDump가 더 낮은 무결성 수준으로 수행되면, 첫 번째 SendMessage 호출은 호출 자체는 성공하겠지만, 항목의 개수로 0을 반환하게 된다. 또한 Spy++가 중간 무결성 수준에서 동작하고, 더 높은 수준의 무결성 수준에서 동작하는 프로세스에 대해 메시지를 가져오려 할 때에도 이와 동일한 증상이 발생한다.

05

잡

1. 잡 내의 프로세스에 대한 제한사항 설정
2. 잡 내에 프로세스 배치하기
3. 잡 내의 모든 프로세스 종료하기
4. 잡 통지
5. 잡 실습 예제 애플리케이션

종종 몇몇 프로세스들을 하나의 그룹으로 묶어서 하나의 요소로 다루고 싶을 때가 있다. 예를 들어 마이크로소프트 Visual Studio는 C++ 프로젝트를 빌드하기 위해 Cl.exe을 수행하고, 이 프로세스는 단계별로 서로 다른 프로세스를 추가적으로 수행하게 된다. 그런데 사용자가 빌드 작업을 중지하길 원할 경우 Visual Studio는 어떤 식으로든 Cl.exe뿐만 아니라 이와 관련된 모든 차일드 프로세스를 종료해야 한다. 마이크로소프트 윈도우에서는 프로세스 간의 페어런트/차일드 관계가 지속적으로 유지되지 않기 때문에 이와 같이 간단한(그리고 일반적인) 문제를 해결하는 것도 쉬운 일이 아니다. 실제로 페어런트 프로세스를 종료한다 하더라도 차일드 프로세스는 계속해서 수행된다.

서버를 설계하는 경우에도 여러 개의 프로세스를 하나의 그룹으로 묶어서 관리해야 하는 경우가 있다. 예를 들어 클라이언트는 서버가 애플리케이션을 수행하도록 요청을 보내고(요청을 처리하기 위해 차일드 프로세스가 생성될 것이다) 그 결과를 돌려받게 되는데, 많은 수의 클라이언트가 동시에 서버에 접속할 때에는 어떤 식으로든 특정 클라이언트가 서버의 리소스를 독점하지 못하도록 제한할 필요가 있다. 이러한 방법으로는 각 클라이언트의 요청별로 사용할 수 있는 최대 CPU 시간을 제한하는 방법, 최대/최소 워킹셋working set 크기를 제한하는 방법, 클라이언트 애플리케이션이 컴퓨터를 종료하지 못하도록 하는 방법, 보안사항을 제한하는 방법 등이 있을 수 있다.

마이크로소프트 윈도우는 잡 커널 오브젝트를 이용하여 프로세스들을 하나의 그룹으로 묶어서 다루거나 샌드박스sandbox를 만들어서 프로세스들이 수행하는 작업에 제한을 가할 수 있다. 잡 오브젝트를 프로세스의 컨테이너와 같은 역할을 수행한다고 생각하면 좀 더 이해하기 쉽다. 물론 하나의 프로세스만 담고 있는 잡 오브젝트를 생성할 수도 있는데, 이를 통해 프로세스의 일부 기능을 제한하는 것과 같이 일반적으로 하기 힘든 작업을 수행할 수 있다는 장점이 있다.

아래의 StartRestrictedProcess 함수는 잡 내에 프로세스를 배치하여 프로세스의 일부 기능을 제한하는 예를 보여주고 있다.

```
void StartRestrictedProcess() {
    // 프로세스가 이미 다른 잡 내에 포함되어 있는지 확인한다.
    // 그렇다면 프로세스를 다른 잡으로 이동시키는 것이 불가능하다.
    BOOL bInJob = FALSE;
    IsProcessInJob(GetCurrentProcess(), NULL, &bInJob);
    if (bInJob) {
        MessageBox(NULL, TEXT("Process already in a job"),
            TEXT(""), MB_ICONINFORMATION | MB_OK);
        return;
    }

    // 잡 커널 오브젝트를 생성한다.
    HANDLE hjob = CreateJobObject(NULL,
        TEXT("Wintellect_RestrictedProcessJob"));

    // 잡 내의 프로세스들에 대해 몇몇 제한사항을 설정한다.

    // 첫째로, 기본 제한사항만을 설정한다.
    JOBOBJECT_BASIC_LIMIT_INFORMATION jobli = { 0 };

    // 프로세스가 항상 유휴 우선순위 클래스로 수행되게 한다.
    jobli.PriorityClass = IDLE_PRIORITY_CLASS;

    // 잡은 1초 이상의 CPU 시간을 사용하지 못한다.
    jobli.PerJobUserTimeLimit.QuadPart = 10000; // 100나노초 단위로 1초

    // 이 잡에서는 단지 두 개의 제한사항만을 설정한다.
    jobli.LimitFlags = JOB_OBJECT_LIMIT_PRIORITY_CLASS
        | JOB_OBJECT_LIMIT_JOB_TIME;
    SetInformationJobObject(hjob, JobObjectBasicLimitInformation, &jobli,
        sizeof(jobli));

    // 둘째로, 몇몇 UI 제한사항을 설정한다.
    JOBOBJECT_BASIC_UI_RESTRICTIONS jobuir;
    jobuir.UIRestrictionsClass = JOB_OBJECT_UILIMIT_NONE;    // 아마도 0

    // 프로세스는 시스템을 로그오프시키지 못한다.
    jobuir.UIRestrictionsClass |= JOB_OBJECT_UILIMIT_EXITWINDOWS;
```

```
// 프로세스는 시스템 내의 사용자 오브젝트(다른 윈도우와 같은)에
// 접근할 수 없다.
jobuir.UIRestrictionsClass |= JOB_OBJECT_UILIMIT_HANDLES;

SetInformationJobObject(hjob, JobObjectBasicUIRestrictions, &jobuir,
    sizeof(jobuir));

// 프로세스를 잡 내에서 수행하도록 한다.
// 주의: 먼저 프로세스를 생성하고, 생성된 프로세스를 잡 내에 배치한다.
//       프로세스가 코드를 수행할 때 잡의 제한사항을
//       반드시 준수하도록 하기 위해 수행할 프로세스의
//       주 스레드는 일시 멈춤 상태로 생성된다.
STARTUPINFO si = { sizeof(si) };
PROCESS_INFORMATION pi;
TCHAR szCmdLine[ 8 ];
_tcscpy_s(szCmdLine, _countof(szCmdLine), TEXT("CMD"));
BOOL bResult =
    CreateProcess(
        NULL, szCmdLine, NULL, NULL, FALSE,
        CREATE_SUSPENDED | CREATE_NEW_CONSOLE, NULL, NULL, &si, &pi);
// 프로세스를 잡 내로 배치한다.
// 주의: 만일 생성된 프로세스가 또 다른 차일드 프로세스를 생성하면,
//       생성된 차일드 프로세스들도 자동적으로 동일한 잡 내에 배치된다.
AssignProcessToJobObject(hjob, pi.hProcess);

// 이제 차일드 프로세스의 스레드가 계속 수행될 수 있도록 한다.
ResumeThread(pi.hThread);
CloseHandle(pi.hThread);

// 프로세스가 종료되거나
// 잡에 할당된 CPU 시간이 모두 사용되면
HANDLE h[ 2 ];
h[ 0 ] = pi.hProcess;
h[ 1 ] = hjob;
DWORD dw = WaitForMultipleObjects(2, h, FALSE, INFINITE);
switch (dw - WAIT_OBJECT_0) {
    case 0:
        // 프로세스가 종료되었다.
        break;
    case 1:
        // 잡에 할당된 CPU 시간이 모두 사용되었다.
        break;
}

FILETIME CreationTime;
```

```
    FILETIME ExitTime;
    FILETIME KernelTime;
    FILETIME UserTime;
    TCHAR szInfo[ MAX_PATH ];
    GetProcessTimes(pi.hProcess, &CreationTime, &ExitTime,
        &KernelTime, &UserTime);
    StringCchPrintf(szInfo, _countof(szInfo), TEXT("Kernel = %u | User = %u\n"),
        KernelTime.dwLowDateTime / 10000, UserTime.dwLowDateTime / 10000);
    MessageBox(GetActiveWindow(), szInfo, TEXT("Restricted Process times"),
        MB_ICONINFORMATION | MB_OK);

    // 적절한 정리 작업을 수행한다.
    CloseHandle(pi.hProcess);
    CloseHandle(hjob);
}
```

StartRestrictedProcess가 어떻게 동작하는지 알아보자. 가장 먼저, 현재 프로세스가 다른 잡 내에 포함되어 있는지를 확인하기 위해 두 번째 매개변수에 NULL을 지정하여 IsProcessInJob 함수를 호출한다.

```
BOOL IsProcessInJob(
    HANDLE hProcess,
    HANDLE hJob,
    PBOOL pbInJob);
```

만일 프로세스가 이미 다른 잡 내에 포함되어 있는 경우라면 이 프로세스를 다른 잡으로 옮길 수 없다. 이러한 특성은 현재 프로세스와 프로세스가 생성한 차일드 프로세스의 경우에도 동일하다. 이것은 잡의 제약사항 내에서 수행되던 프로세스가 임의로 잡으로부터 빠져나오는 것을 막기 위한 보안 제약사항 중 하나다.

다음으로, 아래의 CreateJobObject 함수를 이용하여 새로운 잡 커널 오브젝트를 생성한다.

```
HANDLE CreateJobObject(
    PSECURITY_ATTRIBUTES psa,
    PCTSTR pszName);
```

다른 커널 오브젝트와 마찬가지로 첫 번째 매개변수로는 새로 생성할 잡 오브젝트에 대한 보안 정보 security information를 전달한다. 이를 통해 상속 가능한 잡 핸들을 반환하도록 시스템에게 요청할 수도 있다. 마지막 매개변수로는 잡 오브젝트의 이름을 전달하게 되는데, 이를 이용하면 다른 프로세스에서 OpenJobObject 함수를 이용하여 동일한 잡 오브젝트를 사용할 수 있다. 이와 관련된 내용은 잠시 후에 다시 살펴보기로 하겠다.

기본적으로 윈도우 탐색기^{Windows Explorer}에서 애플리케이션을 수행하면 수행된 프로세스는 자동적으로 "PCA" 문 자열로 시작하는 잡 내에 배치된다. "5.4 잡 통지"에서 보겠지만 잡 내의 프로세스가 종료되는 순간 잡은 통 지 이벤트를 받을 수 있다. 이러한 특성을 이용하여 윈도우 탐색기는 기존의 애플리케이션이 정상적으로 수행 되지 않는 경우 프로그램 호환성 지원자^{Program Compatibility Assistant}가 수행되도록 작성되었다.

이번 장의 마지막에 보여줄 잡 실습 프로그램에서와 같이 새로운 잡을 생성하려는 경우 불행히도 "PCA"로 시 작하는 잡 오브젝트가 이미 모든 프로세스를 포함하고 있기 때문에 잡을 생성하는 과정은 모두 실패하게 된다.

이러한 기능은 윈도우 비스타에서 호환성 문제를 확인하기 위해 제공된다. 4장 "프로세스"에서 설명한 것과 같이 애플리케이션 매니페스트^{manifest}를 작성하면 윈도우 탐색기가 프로세스를 "PCA"로 시작하는 잡 내에 배 치하지 않도록 할 수 있다. 이는 개발자가 이미 윈도우 비스타와의 호환성 문제를 모두 수정하였을 경우에 한 해서만 사용되어야 한다.

그렇지만 윈도우 탐색기를 통해 수행한 디버거^{debugger}를 이용하여 애플리케이션을 디버깅하는 경우에는, 설사 애플리케이션이 매니페스트 파일을 가지고 있다 하더라도 디버거로부터 "PCA"로 시작하는 잡을 상속받게 된 다. 이를 해결하기 위한 가장 간단한 방법은 윈도우 탐색기에서 디버거를 수행하지 않고, 명령 쉘을 이용해서 수행하는 것이다. 디버거를 이와 같이 수행하면 "PCA"로 시작하는 잡 내에 포함되지 않은 상태로 수행할 수 있다.

```
HANDLE OpenJobObject(
    DWORD dwDesiredAccess,
    BOOL bInheritHandle,
    PCTSTR pszName);
```

항상 그렇듯이 코드에서 잡 오브젝트에 더 이상 접근할 필요가 없다면 반드시 CloseHandle 함수를 호출하여 핸들을 삭제해 주어야 한다. 이러한 삭제 루틴은 StartRestrictedProcess 함수의 거의 마지 막 부분에 있다. 잡 오브젝트를 파괴한다 하더라도 잡 내의 모든 프로세스가 종료되는 것은 아니다. 잡 오브젝트를 삭제하거나 파괴하도록 명령을 주어도 잡 내에 프로세스가 존재할 경우 실제로 잡 오브 젝트를 파괴하지 않고 앞으로 파괴될 것이라는 표시만 해 둔다. 이후 잡 내의 모든 프로세스가 종료 되면 그때 비로소 잡 오브젝트가 파괴된다.

잡 핸들을 제거하면 실제로 잡 오브젝트가 존재한다 하더라도 어떤 프로세스에서도 잡 오브젝트에 접근할 수 없다. 아래 코드를 보기 바란다.

```
// 명명된 잡 오브젝트를 생성한다.
HANDLE hJob = CreateJobObject(NULL, TEXT("Jeff"));

// 잡 내에 프로세스를 배치한다.
AssignProcessToJobObject(hJob, GetCurrentProcess());

// 잡 핸들을 삭제하더라도 잡 내의 프로세스가 종료되지는 않는다.
```

```
// 하지만 "Jeff"라는 이름과 잡 오브젝트와의 연관성은 제거된다.
CloseHandle(hJob);

// 존재하는 잡에 대해 열기를 시도한다.
hJob = OpenJobObject(JOB_OBJECT_ALL_ACCESS, FALSE, TEXT("Jeff"));
// OpenJobObject는 실패하고 NULL이 반환된다. 왜냐하면 "Jeff"라는 이름은
// CloseHandle을 호출하는 시점에 잡 오브젝트와 연관성이 제거되었기 때문이다.
// 따라서 잡 오브젝트를 획득할 수 있는 방법이 없다.
```

section 01 잡 내의 프로세스에 대한 제한사항 설정

일반적으로 잡을 생성하고 나면 잡 내에서 수행될 프로세스들에 대한 샌드박스(제한사항의 집합)를 설정하고 싶을 것이다. 몇 가지의 제한사항 형태가 있다.

- 기본 제한사항과 확장 제한사항은 잡 내의 프로세스가 시스템 리소스를 독점적으로 사용하지 못하도록 한다.
- 기본 UI 제한사항은 잡 내의 프로세스가 사용자 인터페이스를 사용하지 못하도록 한다.
- 보안 제한사항은 잡 내의 프로세스가 보안 자원(파일, 레지스트리 서브키 등)에 접근하지 못하도록 한다.

다음 함수를 호출하여 잡에 이러한 제한사항을 설정할 수 있다.

```
BOOL SetInformationJobObject(
    HANDLE hJob,
    JOBOBJECTINFOCLASS JobObjectInformationClass,
    PVOID pJobObjectInformation,
    DWORD cbJobObjectInformationSize);
```

첫 번째 매개변수로는 제한사항을 설정하고자 하는 잡을 나타내는 핸들 값을 전달한다. 두 번째 매개변수로는 어떤 형태의 제한사항을 설정하고자 하는지를 전달한다. 세 번째 매개변수로는 제한사항 설정 값을 담고 있는 구조체를 가리키는 주소 값을 전달한다. 네 번째 매개변수로는 구조체의 크기를 전달한다(버전 관리를 위해). [표 5-1]에 제한사항을 어떻게 설정하는지에 대해 요약해 두었다.

[표 5-1] 제한사항 형태

제한사항 형태	두 번째 매개변수의 값	세 번째 매개변수의 구조체
기본 제한사항	JobObjectBasicLimitInformation	JOBOBJECT_BASIC_LIMIT_INFORMATION
확장 제한사항	JobObjectExtendedLimitInformation	JOBOBJECT_EXTENDED_LIMIT_INFORMATION

제한사항 형태	두 번째 매개변수의 값	세 번째 매개변수의 구조체
기본 UI 제한사항	JobObjectBasicUIRestrictions	JOBOBJECT_BASIC_UI_RESTRICTIONS
보안 제한사항	JobObjectSecurityLimitInformation	JOBOBJECT_SECURITY_LIMIT_INFORMATION

StartRestrictedProcess 함수에서는 잡에 대한 기본 제한사항만을 설정하였다. JOBOBJECT_BASIC
_LIMIT_INFORMATION 구조체를 할당하고 초기화하여 SetInformationJobObject를 호출하였
다. JOBOBJECT_BASIC_LIMIT_INFORMATION 구조체는 다음과 같다.

```
typedef struct _JOBOBJECT_BASIC_LIMIT_INFORMATION {
    LARGE_INTEGER PerProcessUserTimeLimit;
    LARGE_INTEGER PerJobUserTimeLimit;
    DWORD         LimitFlags;
    DWORD         MinimumWorkingSetSize;
    DWORD         MaximumWorkingSetSize;
    DWORD         ActiveProcessLimit;
    DWORD_PTR     Affinity;
    DWORD         PriorityClass;
    DWORD         SchedulingClass;
} JOBOBJECT_BASIC_LIMIT_INFORMATION,
    *PJOBOBJECT_BASIC_LIMIT_INFORMATION;
```

[표 5-2]에 각 멤버들에 대해 간단히 설명하였다.

플랫폼 SDK 문서 상에 명확하게 설명되어 있지 않다고 생각되는 몇몇 멤버에 대해서만 추가적으로
설명하고자 한다. LimitFlags 멤버는 잡에 설정하고자 하는 제한사항을 비트 단위로 설정하는 데 사
용된다. 예를 들어 StartRestrictedProcess 함수에서는 JOB_OBJECT_LIMIT_PRIORITY_CLASS와
JOB_OBJECT_LIMIT_JOB_TIME 비트만을 설정하였다. CPU 선호도 affinity, 워킹셋 working set 크기, 프로
세스당 CPU 시간 등은 설정하지 않았다.

잡이 수행되는 동안 잡 내의 프로세스들이 얼마나 많은 CPU 시간을 사용했는지에 대한 통계 정보들
은 지속적으로 갱신된다. JOB_OBJECT_LIMIT_JOB_TIME 플래그를 이용하여 기본 제한사항을 설
정할 때마다 이러한 정보가 초기화되어 유지되다가 프로세스가 종료되는 시점에 삭제된다. 이러한
정보는 현재 활성화된 프로세스가 얼마나 많은 CPU 시간을 사용했는지를 알려준다. 그런데 CPU 시
간의 사용 정보를 초기화하지 않고 CPU 선호도를 바꾸려면 어떻게 해야 할까? 이를 위해 JOB_
OBJECT_LIMIT_AFFINITY 플래그를 이용하여 새로운 기본 제한사항을 설정하되, JOB_OBJECT_
LIMIT_JOB_TIME 플래그를 설정하지 않으면 될 것처럼 보인다. 하지만 이렇게 하면 잡으로부터 CPU
시간 제한사항이 제거될 것이며, 이는 원하는 바가 아니다.

프로세스 종료를 위해 설정한 CPU 시간 제한사항을 그대로 유지하면서 선호도 제한사항만을 변경하
려면 조금 특별한 JOB_OBJECT_LIMIT_PRESERVE_JOB_TIME 플래그를 사용하면 된다. 이 플래

그는 JOB_OBJECT_LIMIT_JOB_TIME과는 동시에 사용될 수 없다. JOB_OBJECT_LIMIT_PRESERVE_JOB_TIME 플래그는 프로세스 종료를 위한 CPU 시간 사용 정보를 그대로 유지하면서 동시에 CPU 선호도 제한사항을 변경할 수 있도록 해 준다.

[표 5-2] JOBOBJECT_BASIC_LIMIT_INFORMATION 멤버

멤버	설명	주의
PerProcessUserTimeLimit	각 프로세스별로 사용 가능한 최대 유저 모드 시간을 지정 (100나노초 단위)	시스템은 설정된 유저 모드 시간을 모두 사용한 프로세스를 자동적으로 종료한다. 이 제한사항을 사용하려면 LimitFlags 멤버에 JOB_OBJECT_LIMIT_PROCESS_TIME 플래그를 지정하면 된다.
PerJobUserTimeLimit	잡 내의 모든 프로세스가 얼마나 많은 유저 모드 시간을 사용할 수 있는지를 지정(100나노초 단위)	기본적으로 시스템은 설정된 유저 모드 시간을 모두 사용하면 잡 내의 모든 프로세스를 자동적으로 종료한다. 이 값은 잡이 수행되는 동안에도 계속해서 변경할 수 있다. 이 제한사항을 사용하려면 LimitFlags 멤버에 JOB_OBJECT_LIMIT_JOB_TIME 플래그를 지정하면 된다.
LimitFlags	잡에 어떤 제한사항을 설정할지를 나타내는 비트 플래그	자세한 내용은 표 뒤의 본문을 참고하기 바란다.
MinimumWorkingSetSize MaximumWorkingSetSize	프로세스별 최대, 최소 워킹셋 크기를 지정(잡 내의 모든 프로세스가 아니라 각각의 프로세스별로)	보통의 경우 프로세스의 워킹셋work013 set은 프로세스가 설정한 최대 워킹셋 값을 잠시 넘어설 수도 있으나, MaximumWorkingSetSize를 설정하면 절대로 이 값을 초과하지 못한다. 만일 특정 프로세스의 워킹셋이 한계 값에 다다르면 프로세스는 자신의 메모리 공간을 페이징시킨다. 각 프로세스가 내부적으로 SetProcessWorkingSetSize를 호출하는 경우에도 워킹셋을 완전히 없애버리는 경우를 제외하면 해당 함수 호출이 완전히 무시된다. 이 제한사항을 사용하려면 LimitFlags 멤버에 JOB_OBJECT_LIMIT_WORKINGSET 플래그를 지정하면 된다.
ActiveProcessLimit	잡 내에서 동시에 수행될 수 있는 프로세스의 최대 개수	이 제한사항을 넘으면 "쿼터가 충분하지 않음not enough quota" 에러가 발생하고, 새로 생성한 프로세스가 종료된다. 이러한 제한사항을 사용하려면 LimitFlags 멤버에 JOB_OBJECT_LIMIT_ACTIVE_PROCESS 플래그를 지정하면 된다.
Affinity	잡 내의 프로세스들을 수행할 수 있는 CPU의 부분집합 설정	이 플래그를 설정하는 것 외에도 각 프로세스별로 추가적인 제한사항을 설정할 수도 있다. 이 제한사항을 사용하려면 LimitFlags 멤버에 JOB_OBJECT_LIMIT_AFFINITY 플래그를 지정하면 된다.
PriorityClass	잡 내의 모든 프로세스들에 대해 우선순위 클래스priority class를 지정	이 제한사항이 설정된 잡 내의 프로세스가 SetPriorityClass를 호출하면, 실제로 우선순위 클래스를 변경하지 못함에도 불구하고 함수 자체는 성공을 반환한다. 프로세스가 GetPriorityClass를 호출하면 설사 실제 프로세스의 우선순위 클래스가 앞서 설정한 우선순위 클래스와 다르다 하더라도 앞서 설정한 우선순위 클래스를 반환해 준다. 추가적으로, SetThreadPriority를 이용하여 스레드의 우선순위를 보통 이상으로 올리려고 시도하면 실패하지만 보통 이하로 낮추려는 시도는 성공한다. 이러한 제한사항을 사용하려면 LimitFlags 멤버에 JOB_OBJECT_LIMIT_PRIORITY_CLASS 플래그를 지정하면 된다.
SchedulingClass	잡 내의 스레드들에게 다른 잡 내의 스레드에 비해 상대적으로 다른 퀀텀 시간을 설정	0부터 9까지의 값으로 설정할 수 있으며, 기본 값은 5다. 보다 자세한 사항이 이 표 다음에 나오는 본문을 확인하기 바란다. 이 제한사항을 사용하려면 LimitFlags 멤버에 JOB_OBJECT_LIMIT_SCHEDULING_CLASS 플래그를 지정하면 된다.

JOBOBJECT_BASIC_LIMIT_INFORMATION 구조체의 SchedulingClass 멤버에 대해서도 설명이 필요할 것 같다. 만일 두 개의 잡이 있고, 이 잡의 우선순위를 NORMAL_PRIORITY_CLASS로 설정했다고 생각해 보자. 그런데 둘 중 하나의 잡 내의 프로세스가 다른 잡 내의 프로세스보다 좀 더 많은 CPU 시간을 얻도록 하고 싶을 수 있다. 이 경우 SchedulingClass 멤버를 이용하여 동일한 우선순위 클래스를 가진 잡 사이에서 상대적인 스케줄링 우선순위를 설정할 수 있다. 이 값은 0부터 9까지 설정 가능하며, 기본 값은 5다. 윈도우 비스타에서는 더 큰 값을 설정한 잡 내의 프로세스에 더 긴 시간의 퀀텀이 할당된다. 물론 더 작은 값은 사용하면 더 짧은 시간의 퀀텀이 할당된다.

예를 들어 두 개의 보통 우선순위 클래스의 잡이 있다고 하자. 각각의 잡은 프로세스를 하나씩 가지고 있고, 각각의 프로세스는 하나의 스레드(보통 우선순위)만을 가지고 있다고 하자. 보통의 경우 이 두 개의 스레드는 라운드 로빈 round-robin 방식으로 스케줄될 것이고, 각각은 동일한 시간의 퀀텀을 받게 될 것이다. 그런데 첫 번째 잡에 대해 SchedulingClass 멤버를 3으로 설정하게 되면, 이 잡 내의 스레드가 다른 잡 내의 스레드들에 비해 더 짧은 시간의 퀀텀을 받게 될 것이다.

SchedulingClass 멤버를 사용하고자 할 경우, 큰 숫자를 사용하여 더 많은 시간의 퀀텀을 얻으려고 시도하지 않는 것이 좋다. 왜냐하면 퀀텀 시간이 커지면 다른 잡, 다른 프로세스, 그리고 시스템 내의 다른 스레드들의 반응 속도를 떨어뜨릴 수 있기 때문이다.

마지막으로, 반드시 언급해야 할 만한 가치가 있는 제한사항으로 JOB_OBJECT_LIMIT_DIE_ON_UNHANDLED_EXCEPTION이 있다. 이 제한사항은 잡 내의 모든 프로세스에 대해 "처리되지 않은 예외 unhandled exception" 다이얼로그 박스가 나타나지 않게 한다. 시스템은 잡 내의 모든 프로세스에 대해 각각 SEM_NOGPFAULTERRORBOX를 인자로 SetErrorMode 함수를 호출하여 이 일을 하게 된다. 따라서 잡 내의 모든 프로세스는 처리되지 않은 예외가 발생하면 어떠한 사용자 인터페이스도 나타나지 않고 바로 종료되어 버린다. 이러한 제한사항은 서비스 타입의 애플리케이션이나 배치 기반 batch-oriented의 잡에 매우 유용하다. 이러한 제한사항을 설정하지 않은 경우라면 잡 내의 프로세스가 예외를 유발했을 때 종료되지 않기 때문에, 시스템 리소스를 계속해서 낭비하게 된다.

기본 제한사항과 더불어 JOBOBJECT_EXTENDED_LIMIT_INFORMATION 구조체를 사용하여 잡에 확장 제한사항을 설정할 수 있다.

```
typedef struct _JOBOBJECT_EXTENDED_LIMIT_INFORMATION {
    JOBOBJECT_BASIC_LIMIT_INFORMATION BasicLimitInformation;
    IO_COUNTERS IoInfo;
    SIZE_T ProcessMemoryLimit;
    SIZE_T JobMemoryLimit;
    SIZE_T PeakProcessMemoryUsed;
    SIZE_T PeakJobMemoryUsed;
} JOBOBJECT_EXTENDED_LIMIT_INFORMATION, *PJOBOBJECT_EXTENDED_LIMIT_INFORMATION;
```

보는 바와 같이 이 구조체는 JOBOBJECT_BASIC_LIMIT_INFORMATION 구조체를 포함하고 있기 때문에 기본 제한사항의 슈퍼셋superset이라 할 수 있다. 이 구조체는 잡에 제한사항을 설정할 만한 어떠한 멤버도 포함하고 있지 않기 때문에 조금 이상해 보인다. 먼저, IoInfo 멤버는 예약되어 있기 때문에 접근하지 않는 것이 좋다. I/O 카운터 정보를 어떻게 가져오는지에 대해서는 이 장 후반부에서 다루게 될 것이다. 추가적으로, PeakProcessMemoryUsed와 PeakJobMemoryUsed 멤버는 읽기 전용으로 잡 내의 프로세스당 커밋된committed 최대 메모리 사용량과 잡 전체의 커밋된 메모리 사용량을 얻을 수 있다.

나머지 두 개의 멤버인 ProcessMemoryLimit와 JobMemoryLimit는 프로세스당 커밋될 수 있는 최대 메모리 크기와 잡 전체에서 커밋될 수 있는 최대 메모리 크기를 제한하는 데 사용된다. 이러한 제한사항을 설정하기 위해서는 LimitFlags 멤버로 JOB_OBJECT_LIMIT_JOB_MEMORY와 JOB_OBJECT_LIMIT_PROCESS_MEMORY 플래그를 각기 사용하면 된다.

이제 잡에 설정할 수 있는 조금 다른 형태의 제한사항에 대해 알아보자. JOBOBJECT_BASIC_UI_RESTRICTIONS 구조체는 다음과 같다.

```
typedef struct _JOBOBJECT_BASIC_UI_RESTRICTIONS {
    DWORD UIRestrictionsClass;
} JOBOBJECT_BASIC_UI_RESTRICTIONS, *PJOBOBJECT_BASIC_UI_RESTRICTIONS;
```

이 구조체는 UIRestrictionsClass라는 하나의 데이터 멤버만을 가지고 있으며, [표 5-3]에 나타낸 비트 플래그들을 조합하여 설정할 수 있다.

[표 5-3] 잡 오브젝트에 설정할 수 있는 기본 UI 제한사항을 위한 비트 플래그

플래그	설명
JOB_OBJECT_UILIMIT_EXITWINDOWS	프로세스가 ExitWindowsEx 함수를 이용하여 로그오프, 셧다운, 리부팅, 시스템 파워오프를 하지 못하도록 한다.
JOB_OBJECT_UILIMIT_READCLIPBOARD	프로세스가 클립보드의 내용을 읽지 못하도록 한다.
JOB_OBJECT_UILIMIT_WRITECLIPBOARD	프로세스가 클립보드의 내용을 삭제하지 못하도록 한다.
JOB_OBJECT_UILIMIT_SYSTEMPARAMETERS	프로세스가 SystemParametersInfo 함수를 이용하여 시스템 매개변수들을 변경하지 못하도록 한다.
JOB_OBJECT_UILIMIT_DISPLAYSETTINGS	프로세스가 ChangeDisplaySettings 함수를 이용하여 디스플레이 설정을 변경하지 못하도록 한다.
JOB_OBJECT_UILIMIT_GLOBALATOMS	잡이 자신만의 전역 아톰 테이블global atom table을 가질 수 있도록 하고, 잡 내의 프로세스들이 이 전역 아톰 테이블에만 접근할 수 있도록 한다.
JOB_OBJECT_UILIMIT_DESKTOP	프로세스가 CreateDesktop이나 SwitchDesktop 함수를 이용하여 새로운 데스크톱을 생성하거나 다른 데스크톱으로 변경하지 못하도록 한다.
JOB_OBJECT_UILIMIT_HANDLES	잡 내의 프로세스가 잡 외부의 프로세스에 의해 생성된 유저 오브젝트(HWND와 같은)를 사용하지 못하도록 한다.

마지막 플래그인 JOB_OBJECT_UILIMIT_HANDLES는 매우 흥미로운 플래그다. 이 제한사항은 잡 외부에 있는 프로세스가 생성한 유저 오브젝트를 잡 내의 프로세스가 접근하지 못하도록 한다. 만일 마이크로소프트 SPY++가 이러한 잡 내에서 수행되고 있다면 이 SPY++를 통해서는 자신을 제외한 어떤 윈도우의 내용도 확인할 수 없을 것이다. [그림 5-1]에 2개의 MDI 차일드 윈도우가 열린 SPY++의 모습을 나타냈다.

Threads 1 윈도우는 시스템의 모든 스레드 목록을 나타내고 있지만, 00000AA8 SPYXX 스레드만이 유일하게 윈도우를 가지고 있는 것처럼 보인다. 이는 SPY++가 잡 내에서 수행되고 있고, 해당 잡이 잡 외부에서 생성된 UI 핸들^{UI handle}을 사용하는 것을 제한하고 있기 때문이다. Threads 1 윈도우에서 EXPLORER와 DEVENV 스레드도 확인할 수 있는데, 이 스레드들 또한 어떠한 윈도우도 가지고 있지 않은 것처럼 나타난다. 당연히 이러한 스레드들은 자신의 윈도우를 가지고 있다. 하지만 SPY++는 그러한 윈도우에 접근하지 못한다. 오른쪽에는 현재 데스크톱에 존재하는 모든 윈도우들의 상속 관계^{hierarchy}를 나타내게 되는데, 유일하게 한 개의 윈도우만 나타나고 있는 것을 확인할 수 있다. 이 항목이 00000000으로 나타나는 것에 주목하기 바란다. 이 항목은 사실 SPY++가 여기에 값을 채워 넣기 위한 빈 공간으로 확보한 것이다.

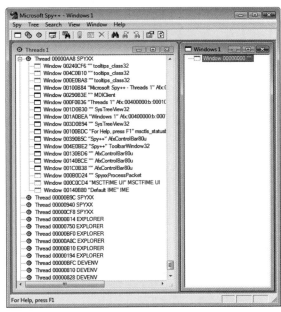

[그림 5-1] UI 핸들에 접근하는 것이 제한된 잡 내에서 수행되고 있는 마이크로소프트 SPY++

UI 제한사항은 단방향의 성격인 것에 주목할 필요가 있다. 이 의미는 잡 외부의 프로세스는 잡 내부의 프로세스에서 생성한 유저 오브젝트에 접근할 수 있다는 것이다. 예를 들어 잡 내에서는 메모장^{Notepad}이 수행 중이고 잡 외부에서는 SPY++가 수행 중인 경우라면 JOB_OBJECT_UILIMIT_

HANDLES 플래그로 제한사항을 설정한 잡 내에서 수행되는 메모장이라 할지라도 SPY++에서 그 내용을 확인할 수 있다. 뿐만 아니라 SPY++가 자신만의 잡 내에서 수행되는 경우라도, 해당 잡에 JOB_OBJECT_UILIMIT_HANDLES 플래그가 설정되지 않는 이상 메모장 윈도우의 내용을 확인할 수 있다.

만일 다수의 프로세스들이 수행될 수 있는 진정한 보안 샌드박스를 만들기를 원한다면 UI 핸들에 대한 접근 제한은 놀랍도록 유용한 기능이다. 하지만 잡 내의 프로세스들이 잡 외부의 프로세스들과 통신을 수행하는 기능은 상당히 유용한 기능임에 분명하다.

프로세스간 통신을 위한 가장 간단한 방법 중 하나는 바로 윈도우 메시지를 사용하는 것이다. 하지만 JOB_OBJECT_UILIMIT_HANDLES 플래그가 설정된 잡 내의 프로세스들은 잡 외부의 UI 핸들에 접근하지 못하므로, 잡 외부의 프로세스가 생성한 윈도우에 메시지를 센드send하거나 포스트post할 수 없다. 다행히도 이러한 문제를 해결할 수 있는 함수가 있다.

```
BOOL UserHandleGrantAccess(
    HANDLE hUserObj,
    HANDLE hJob,
    BOOL bGrant);
```

hUserObj 매개변수는 잡 내의 프로세스들에 의해 접근이 허용되거나 허용되지 않는 단일의 유저 오브젝트를 가리킨다. 이 매개변수에는 거의 항상 윈도우 핸들을 전달하게 되지만 데스크톱, 훅, 아이콘, 메뉴 등과 같은 다른 형태의 유저 오브젝트도 지정할 수 있다. 나머지 두 개의 매개변수인 hJob과 bGrant는 어떤 잡에 대해 유저 오브젝트에 대한 접근을 허용하거나 허용하지 않을지를 결정하게 된다. 이 함수를 호출하는 프로세스가 hJob으로 지정한 잡 내에서 수행되고 있는 경우라면 함수 호출은 실패하게 된다. 이는 잡 내의 프로세스가 UserHandleGrantAccess의 매개변수로 주어진 유저 오브젝트에 접근하기 위해 자기 자신을 접근 허용하는 것을 막기 위함이다.

잡에 설정할 수 있는 마지막 제한사항은 보안과 관련되어 있다. (이러한 보안 제한사항은 한 번 적용되면 적용된 보안 제한사항으로 인해 다시 호출될 수 없다는 점에 주의하라.) JOBOBJECT_SECURITY_LIMIT_INFORMATION 구조체는 다음과 같다.

```
typedef struct _JOBOBJECT_SECURITY_LIMIT_INFORMATION {
    DWORD SecurityLimitFlags;
    HANDLE JobToken;
    PTOKEN_GROUPS SidsToDisable;
    PTOKEN_PRIVILEGES PrivilegesToDelete;
    PTOKEN_GROUPS RestrictedSids;
} JOBOBJECT_SECURITY_LIMIT_INFORMATION, *PJOBOBJECT_SECURITY_LIMIT_INFORMATION;
```

[표 5-4]에 각 멤버들에 대한 간단한 설명이 있다.

멤버	설명
SecurityLimitFlags	관리자의 접근을 거부하거나, 필터되지 않은 토큰의 접근을 거부하거나, 특정 액세스 토큰을 강제로 요구하거나, 특정 SID나 권한을 사용하지 못하도록 설정하는 플래그
JobToken	잡 내의 모든 프로세스가 사용할 수 있는 액세스 토큰을 지정한다.
SidsToDisable	액세스 확인을 수행하지 못하도록 하는 SID
PrivilegesToDelete	액세스 토큰으로부터 어떤 권한을 제거할지를 나타낸다.
RestrictedSids	액세스 토큰에 추가할 접근 거부 SID 목록을 지정한다.

잡에 제한사항을 설정하기에 앞서 어떠한 제한사항이 설정되어 있는지 알고 싶을 수 있다. 이 경우 QueryInformationJobObject 함수를 호출하면 된다.

```
BOOL QueryInformationJobObject(
    HANDLE hJob,
    JOBOBJECTINFOCLASS JobObjectInformationClass,
    PVOID pvJobObjectInformation,
    DWORD cbJobObjectInformationSize,
    PDWORD pdwReturnSize);
```

첫 번째 매개변수로는 잡에 대한 핸들handle을 전달한다(SetInformationJobObject 호출 시와 동일하게). 두 번째 매개변수로는 어떤 형태의 제한사항 정보를 획득하고자 하는지를 나타내기 위한 열거형enumerated type 값이 지정된다. 세 번째 매개변수로는 메모리 공간이 할당된 데이터 구조체에 대한 주소address가 지정되어야 하고, 네 번째 매개변수로는 데이터 구조체의 크기size가 전달되어야 한다. 마지막 매개변수인 pdwReturnSize에는 DWORD 값을 가리키는 포인터pointer가 전달되어야 하는데, 이 값을 통해 필요한 버퍼의 크기를 알 수 있다. 만일 이 값을 사용할 필요가 없다면(대부분의 경우) 단순히 NULL을 전달해도 된다.

노트 잡 내의 프로세스는 자신이 속한 잡의 제한사항을 가져오려 하는 경우 잡에 대한 핸들 값으로 NULL을 지정하여 QueryInformationJobObject를 호출해도 된다. 잡 내의 프로세스가 자신이 속한 잡에 대한 제한사항을 획득할 수 있다는 점은 매우 유용하다고 할 수 있다. 하지만 SetInformationJobObject 함수를 호출할 때 잡에 대한 핸들 값을 NULL로 지정하면 함수는 실패를 반환하게 된다. 이는 잡 내의 프로세스가 잡의 제한사항을 임의로 제거할 수도 있기 때문에 허용되지 않는다.

section 02 잡 내에 프로세스 배치하기

잡에 대한 제한사항restriction을 설정하거나 설정된 제한사항을 획득하는 것은 지금까지 알아본 내용이 전부다. 이제 StartRestrictedProcess 함수로 다시 돌아가 보자. 잡에 몇 가지 제한사항을 설정하고 CreateProcess 함수를 호출하여 잡 내에 배치할 프로세스를 생성한다. 실제 코드를 보면 Create-Process 함수를 호출하여 새로운 프로세스를 생성할 때 프로세스가 코드를 바로 수행하지는 못하도록 CREATE_SUSPEND 플래그를 사용하고 있다. 왜냐하면 StartRestrictedProcess를 호출한 프로세스는 잡 내에 포함된 프로세스가 아니므로, 새로 차일드 프로세스를 생성하였을 경우 자동적으로 잡 내에 배치되지 않는다. 따라서 차일드 프로세스가 바로 코드를 수행하면 잡을 통해 부여한 제한사항이 새로 생성한 프로세스에 적용되지 않게 된다. 따라서 새로 프로세스를 생성한 경우 코드를 수행하기 전에 반드시 앞서 생성한 잡 내에 프로세스를 배치하여야 한다. 이러한 작업은 다음 함수를 통해 수행할 수 있다.

```
BOOL AssignProcessToJobObject(
    HANDLE hJob,
    HANDLE hProcess);
```

이 함수를 호출하면 시스템은 잡 내부로 (hProcess가 가리키는) 프로세스를 배치한다. 이 함수는 매개변수로 전달한 프로세스가 다른 잡 내에 포함되어 있지 않은 경우에만 성공한다. 따라서 IsProcess-InJob 함수를 이용하여 매개변수로 전달할 프로세스가 다른 잡 내에 포함되어 있는지를 먼저 확인해야 한다. 만일 이미 잡 내에 매개변수로 전달할 프로세스가 포함되어 있는 경우라면 다른 잡으로 프로세스를 옮기거나 잡과 연관성이 없도록 프로세스를 분리하는 것은 불가능하다. 잡 내에 이미 포함된 프로세스가 새로운 프로세스를 생성하면 생성된 프로세스는 자동적으로 페어런트 프로세스가 포함된 잡 내에 배치된다. 하지만 다음과 같이 차일드 프로세스를 잡과 분리하여 수행할 수도 있다.

- JOBOBJECT_BASIC_LIMIT_INFORMATION의 LimitFlags 멤버를 JOB_OBJECT_LIMIT_BREAKAWAY_OK 플래그로 설정하여 새로 수행되는 프로세스가 잡 외부에서 수행될 수 있도록 한다. 이후 CreateProcess를 호출할 때 CREATE_BREAKAWAY_FROM_JOB 플래그를 이용하면 잡과 분리된 차일드 프로세스가 생성된다. 만일 JOB_OBJECT_LIMIT_BREAKAWAY_OK 제한사항을 설정하지 않은 상태에서 CREATE_BREAKAWAY_FROM_JOB 플래그를 이용하여 CreateProcess를 수행하면 함수 호출은 실패한다. 이러한 메커니즘은 새로운 프로세스를 생성하여 기존 잡을 제어하고자 하는 경우에 유용하게 사용될 수 있다.

- JOBOBJECT_BASIC_LIMIT_INFORMATION의 LimitFlags 멤버를 JOB_OBJECT_LIMIT_SILENT_BREAKAWAY_OK 플래그로 설정한다. 이 플래그를 설정하면 새로 생성되는 모든 프로세스는 잡과 아무런 연관성을 가지지 않게 된다. 이 경우 CreateProcess를 호출할 때 추가적인 플래그를 지정할

필요가 없다. 사실 이 플래그는 새로 생성해야 하는 프로세스를 잡 내에 배치하지 않겠다는 의미이다. 이 플래그는 새로 생성되는 프로세스가 잡 오브젝트를 전혀 고려하지 않은 채로 설계되었을 때 유용하게 사용될 수 있다.

StartRestrictedProcess 함수에서는 AssignProcessToJobObject를 호출한 이후에야 비로소 새로 생성된 프로세스가 잡 내부로 배치된다. 이후 ResumeThread를 호출하여 프로세스의 스레드가 잡의 제한사항 내에서 코드를 수행할 수 있도록 한다. 이제 스레드에 대한 핸들은 더 이상 필요하지 않으므로 삭제한다.

section 03 잡 내의 모든 프로세스 종료하기

이제 잡을 이용해서 할 수 있는 가장 유용한 작업 중의 하나인 잡 내의 모든 프로세스를 종료하는 방법에 대해 알아보기로 하자. 이 장의 앞부분에서 Visual Studio에서는 빌드 과정에서 서로 다른 프로세스들을 추가적으로 생성하기 때문에 빌드 과정을 쉽게 중지하는 방법이 없다고 말하였다. (이러한 작업은 실제로 매우 복잡한 방법을 사용하는데, 1998년 마이크로소프트 시스템 저널^{Microsoft Systems Journal}의 Win32 Q&A 컬럼에서 어떻게 디벨로퍼 스튜디오가 빌드를 중지하는지에 대해 설명하였다, 이 기사는 *http://www.microsoft.com/msj/0698/win320698.aspx*에서 읽어볼 수 있다.) 아마도 차기 버전의 Visual Studio는 복잡한 방법 대신 잡을 사용할 것으로 예측된다. 왜냐하면 잡을 사용하면 코드를 더욱 쉽게 작성할 수 있을 뿐더러 이를 이용하여 다양한 추가 작업들을 수행할 수 있기 때문이다.

잡 내의 모든 프로세스를 종료^{kill}하기 위해서는 단순히 TerminateJobObject 함수를 호출해 주면 된다.

```
BOOL TerminateJobObject(
    HANDLE hJob,
    UINT uExitCode);
```

이 함수는 잡 내의 모든 프로세스에 대해 TerminateProcess를 호출하는 것과 유사하다. 프로세스의 모든 종료 코드는 uExitCode로 전달한 값으로 설정된다.

1 잡의 통계 정보 조회

앞서 논의한 바와 같이 QueryInformationJobObject 함수를 이용하면 현재 잡의 제한사항을 얻어올 수 있다. 그 외에도 이 함수를 이용하면 잡의 통계 정보^{statistical information}를 얻어올 수 있다. 예를 들어 기본적인 어카운팅 정보^{accounting information}를 획득하기 위해서는 JobObjectBasicAccountingInformation 을 QueryInformationJobObject 함수의 두 번째 매개변수로 전달하고, JOBOBJECT_BASIC_ ACCOUNTING_INFORMATION 구조체의 주소를 세 번째 매개변수로 전달하면 된다.

```
typedef struct _JOBOBJECT_BASIC_ACCOUNTING_INFORMATION {
    LARGE_INTEGER TotalUserTime;
    LARGE_INTEGER TotalKernelTime;
    LARGE_INTEGER ThisPeriodTotalUserTime;
    LARGE_INTEGER ThisPeriodTotalKernelTime;
    DWORD TotalPageFaultCount;
    DWORD TotalProcesses;
    DWORD ActiveProcesses;
    DWORD TotalTerminatedProcesses;
} JOBOBJECT_BASIC_ACCOUNTING_INFORMATION,
    *PJOBOBJECT_BASIC_ACCOUNTING_INFORMATION;
```

[표 5-5]에 각 멤버들에 대한 간단한 설명이 있다.

[표 5-5] JOBOBJECT_BASIC_ACCOUNTING_INFORMATION 구조체 멤버

멤버	설명
TotalUserTime	잡 내의 프로세스들이 얼마나 많은 유저 모드 CPU 시간을 사용했는지를 나타낸다.
TotalKernelTime	잡 내의 프로세스들이 얼마나 많은 커널 모드 CPU 시간을 사용했는지를 나타낸다.
ThisPeriodTotalUserTime	TotalUserTime과 유사하며, 차이점이라면 기본 제한사항을 설정하기 위해 SetInformationJob-Object를 호출할 때 JOB_OBJECT_LIMIT_PRESERVE_JOB_TIME 플래그를 사용하지 않으면 그 값이 0으로 초기화된다는 것이다.
ThisPeriodTotalKernelTime	ThisPeriodTotalUserTime과 유사하며, 차이점은 커널 모드 CPU 시간을 보여준다는 것이다.
TotalPageFaultCount	잡 내의 프로세스들에서 발생한 페이지 폴트의 전체 횟수를 나타낸다.
TotalProcesses	잡 내에 포함되었던 프로세스의 전체 개수를 나타낸다.
ActiveProcesses	잡 내에 현재 포함되어 있는 프로세스의 개수를 나타낸다.
TotalTerminatedProcesses	허용된 CPU 사용 시간을 초과하여 강제 종료된 프로세스의 개수를 나타낸다.

StartRestrictedProcess 함수의 마지막 부분에서 볼 수 있는 바와 같이 프로세스가 잡 내에 포함되어 있지 않은 경우라도 GetProcessTimes 함수를 이용하여 프로세스가 사용한 CPU 시간을 획득할 수 있다. 이 함수는 7장 "스레드 스케줄링, 우선순위, 그리고 선호도"에서 자세히 알아볼 것이다.

기본적인 통계 정보만을 획득하는 방법 외에도 단일의 함수 호출로 기본 통계 정보와 I/O 통계 정보를 동시에 가져오는 방법도 있다. 이렇게 하려면 JobObjectBasicAndIoAccountingInformation을 두 번째 매개변수로 전달하고, JOBOBJECT_BASIC_AND_IO_ACCOUNTING_INFORMATION 구조체의 주소를 세 번째 매개변수로 전달하면 된다.

```
typedef struct JOBOBJECT_BASIC_AND_IO_ACCOUNTING_INFORMATION {
    JOBOBJECT_BASIC_ACCOUNTING_INFORMATION BasicInfo;
    IO_COUNTERS IoInfo;
} JOBOBJECT_BASIC_AND_IO_ACCOUNTING_INFORMATION,
    *PJOBOBJECT_BASIC_AND_IO_ACCOUNTING_INFORMATION;
```

위에서 보는 바와 같이 이 구조체는 JOBOBJECT_BASIC_ACCOUNTING_INFORMATION 구조체와 IO_COUNTERS 구조체를 동시에 포함하고 있다.

```
typedef struct _IO_COUNTERS {
    ULONGLONG ReadOperationCount;
    ULONGLONG WriteOperationCount;
    ULONGLONG OtherOperationCount;
    ULONGLONG ReadTransferCount;
    ULONGLONG WriteTransferCount;
    ULONGLONG OtherTransferCount;
} IO_COUNTERS, *PIO_COUNTERS;
```

이 구조체를 통해 잡 내의 프로세스가 수행한 읽기, 쓰기, 기타 동작의 수행 횟수를 가져온다(이 외에도 동작 수행 시 발생한 전체 전송 바이트 수도 가져온다). 만일 잡 내에 포함되어 있지 않은 프로세스에 대해 이러한 통계 정보를 획득하려면 GetProcessIoCounters 함수를 사용하면 된다.

```
BOOL GetProcessIoCounters(
    HANDLE hProcess,
    PIO_COUNTERS pIoCounters);
```

잡 내에서 현재 수행 중인 프로세스들의 프로세스 ID를 획득하기 위해 언제든지 QueryInformation-JobObject를 호출할 수 있다. 하지만 이러한 정보를 획득하기 위해서는 먼저 얼마나 많은 프로세스들이 잡 내에 있는지를 알아야 하고, 프로세스 ID 목록을 저장할 수 있는 배열의 크기에 JOBOBJECT_BASIC_PROCESS_ID_LIST 구조체의 크기만큼을 더한 메모리 공간을 미리 할당해 두어야 한다.

```
typedef struct _JOBOBJECT_BASIC_PROCESS_ID_LIST {
    DWORD NumberOfAssignedProcesses;
    DWORD NumberOfProcessIdsInList;
    DWORD ProcessIdList[ 1 ];
} JOBOBJECT_BASIC_PROCESS_ID_LIST, *PJOBOBJECT_BASIC_PROCESS_ID_LIST;
```

따라서 현재 잡 내에서 수행 중인 프로세스 ID의 목록을 얻기 위해서는 아래와 유사한 형태로 코드를 작성해야 한다.

```
void EnumProcessIdsInJob(HANDLE hjob) {

   // 잡 내에 10개 이상의 프로세스가
   // 존재하지 않을 것이라고 가정한다.
   #define MAX_PROCESS_IDS 10

   // 프로세스 ID 목록과 구조체의 크기로 필요한 메모리 공간을 계산한다.
   DWORD cb = sizeof(JOBOBJECT_BASIC_PROCESS_ID_LIST) +
      (MAX_PROCESS_IDS - 1) * sizeof(DWORD);

   // 메모리를 할당한다.
   PJOBOBJECT_BASIC_PROCESS_ID_LIST pjobpil =
      (PJOBOBJECT_BASIC_PROCESS_ID_LIST) _alloca(cb);

   // 할당한 메모리에 저장할 수 있는 최대 프로세스 개수를 설정한다.
   pjobpil->NumberOfAssignedProcesses = MAX_PROCESS_IDS;

   // 프로세스 ID 목록을 획득한다.
   QueryInformationJobObject(hjob, JobObjectBasicProcessIdList,
      pjobpil, cb, &cb);

   // 프로세스 ID 목록을 순회한다.
   for (DWORD x = 0; x < pjobpil->NumberOfProcessIdsInList; x++) {
      // pjobpil->ProcessIdList[ x ] ...
   }

   // _alloca를 이용하여 메모리를 할당하였기 때문에
   // 할당받은 메모리를 삭제할 필요가 없다.
}
```

잡을 통해 얻어낼 수 있는 다양한 정보를 가져오는 함수들에 대해 모두 알아보았다. 하지만 운영체제는 실제로 잡에 대한 더 세부적인 정보들을 유지하고 있다. 이러한 정보들은 성능 카운터 performance counter를 통해서 가져올 있으며, 성능 자료 획득 라이브러리 Performance Data Helper function library (pdh.dll)에 포함된 함수를 이용할 수도 있다. 또한 안정성 및 성능 모니터 Reliability and Performance Monitor (관리 도구 Administrative Tools 내에 있는)를 통해 잡에 대한 정보 information를 확인할 수 있다. 하지만 이 경우 명명된 잡 오브젝트 named job object만 나타난다. SysInternals의 프로세스 익스플로러 Process Explorer (*http://www.microsoft.com/technet/ sysinternals/ProcessesAndThreads/ProcessExplorer.mspx*)는 잡의 세부사항을 살펴보기에 매우 유용한 툴이다. 이 툴을 이용하면 프로세스가 잡 내부에서 수행될 경우 갈색으로 나타난다.

게다가 이러한 프로세스를 선택하고 속성 다이얼로그 박스의 Job 탭을 선택하면 [그림 5-2]와 같이 잡의 이름과 세부 제한사항을 확인할 수 있다.

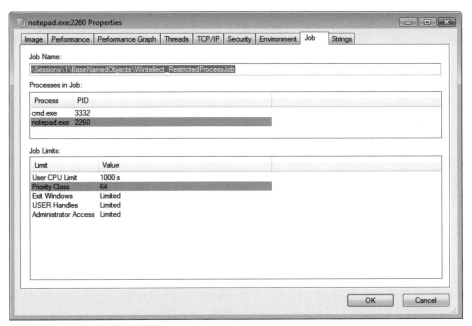

[그림 5-2] 프로세스 익스플로러의 Job 탭을 통해 살펴본 세부 제한사항

경고

지금까지는 "User CPU Limit"에 나타난 정보가 밀리초로 해석되어야 함에도 초로 잘못 표현되고 있다. 이러한 내용은 다음 버전에서 수정될 것으로 보인다.

section 04 잡 통지

이제 잡 오브젝트에 대한 기본적인 사항은 모두 이해했으리라 생각한다. 마지막으로 남은 내용은 통지 notification에 대한 것이다. 잡 내의 모든 프로세스가 종료되거나, 허락된 CPU 시간을 모두 사용하였을 때 그 사실을 알고 싶지 않은가? 혹은 잡 내에서 새로운 프로세스가 생성되었음을 알고 싶거나, 잡 내의 특정 프로세스가 종료되었는지의 여부를 전달받고 싶지 않은가? 대부분의 애플리케이션이 그러하듯 잡 내에서 일어난 사건에 대해 특별히 처리할 내용이 없다면 잡 통지에 대해서는 고려할 필요가 없다. 하지만 잡과 함께 잡 통지를 이용하는 방법은 앞서 알아본 내용만큼이나 쉽다. 잡에 일어난 사건에 대해 무엇인가 처리할 사항이 있다면 조금만 더 공부하면 된다.

허락된 CPU 시간이 모두 사용되었는지의 여부를 확인해야 하는 경우 잡 통지 기능을 이용하면 쉽게 그 내용을 확인할 수 있다. 잡 오브젝트는 잡 내의 프로세스가 허락된 CPU 시간을 모두 사용하지 않앉을 경우 논시그널 ^{nonsignal} 상태를 유지한다. 하지만 CPU 시간이 모두 사용되는 순간 잡 내의 프로세스들을 강제로 종료함과 동시에 잡 오브젝트 ^{job object}를 시그널 ^{signal} 상태로 변경한다. 이러한 상태 변경은 WaitForSingleObject 함수(혹은 이와 유사한 함수)를 호출하여 쉽게 확인할 수 있다. 잡 오브젝트를 다시 논시그널 상태로 변경하려면 SetInformationJobObject 함수를 호출하여 추가로 CPU 시간을 사용할 수 있도록 해 주면 된다.

필자가 잡 오브젝트를 처음 사용하였을 때에는 잡 내에 어떠한 프로세스도 없는 경우 잡 오브젝트가 시그널 상태로 되어야 할 것 같았다. 프로세스와 스레드는 수행이 종료되었을 때 시그널 상태가 되기 때문에 이런 관점에서 잡이 더 이상 효력을 미치지 못하는 상황이 되었을 때 시그널 상태가 되는 것이 적절하다고 생각했다. 이런 식이라면 잡이 완전히 수행을 완료한 시점을 쉽게 확인할 수 있다. 하지만 마이크로소프트는 잡의 시그널 상태를 일종의 에러 통지로 다루고 싶었기 때문에 허락된 CPU 시간이 모두 사용되었을 때 잡을 시그널 상태로 변경하도록 하였다. 대부분의 잡들은 하나의 페어런트 프로세스에 의해 생성되고, 페어런트 프로세스는 차일드 프로세스들이 작업을 종료할 때까지 기다리는 것이 일반적이기 때문에, 모든 잡들이 종료되었는지의 여부를 확인하기 위해서는 단순히 페어런트 프로세스 오브젝트가 시그널 상태가 될 때까지 기다리기만 하면 된다. StartRestrictedProcess 함수는 잡에 허락된 CPU 시간이 모두 사용되었거나 잡 내의 페어런트 프로세스가 종료되었을 때를 어떻게 알아낼 수 있는지를 보여주고 있다.

간단한 통지를 어떻게 받을 수 있는지에 대해 설명하였지만, 프로세스의 생성과 종료와 같은 "향상된" 통지를 어떻게 다룰 수 있는지에 대해서는 아직 설명하지 않았다. 만일 이러한 향상된 통지가 필요한 경우라면 애플리케이션에 부수적인 작업들을 수행해야 한다. 구체적으로 말하면, I/O 콤플리션 포트 커널 오브젝트를 생성하고, 그것을 잡 오브젝트나 다른 오브젝트들과 연결해야 한다. 이후 하나 이상의 스레드를 새로 생성해서 잡 통지를 기다리고 있다가, 잡 통지가 발생하면 앞서 생성해 둔 스레드 중 하나가 특정 작업을 수행하도록 해야 한다.

I/O 콤플리션 포트를 생성한 후 다음과 같이 SetInformationJobObject를 호출하면 잡과 I/O 콤플리션 포트를 연결할 수 있다.

```
JOBOBJECT_ASSOCIATE_COMPLETION_PORT joacp;
joacp.CompletionKey = 1;     // 잡을 구분할 수 있는 임의의 고유한 값
joacp.CompletionPort = hIOCP;    // 통지를 수신하기 위한 I/O 콤플리션 포트의 핸들
SetInformationJobObject(hJob, JobObjectAssociateCompletionPortInformation,
    &joacp, sizeof(jaocp));
```

위와 같이 코드를 수행하면 시스템은 잡의 상태를 감시하고 있다가 잡 통지가 발생하면 I/O 콤플리션 포트를 통해 그 사실을 알려주게 된다. (QueryInformationJobObject를 이용해서 완료 키와 콤플리션 포트 핸들을 획득할 수 있지만, 이러한 방식은 거의 사용되지 않는다.) 새로 생성된 스레드는 I/O 콤플리션 포트로부터 정보를 가져오기 위해 GetQueuedCompletionStatus 함수를 호출해야 한다.

```
BOOL GetQueuedCompletionStatus(
    HANDLE hIOCP,
    PDWORD pNumBytesTransferred,
    PULONG_PTR pCompletionKey,
    POVERLAPPED *pOverlapped,
    DWORD dwMilliseconds);
```

이 함수는 잡으로부터 통지가 발생하면, 발생된 통지를 가져온다. pCompletionKey로는 잡과 컴플리션 포트^{completion port}를 연결하기 위해 SetInformationJobObject를 호출하는 과정에서 설정한 완료키 ^{completion key}를 가져온다. 이를 통해 어떤 잡으로부터 통지가 발생하였는지를 구분할 수 있다. pNum-BytesTransferred로는 어떤 종류의 통지가 발생했는지를 알려준다. (표 5-6을 보라.) 통지의 종류에 따라 pOverlapped 값은 메모리 주소가 아니라 프로세스 ID가 될 수도 있다.

[표 5-6] 잡과 연관된 콤플리션 포트를 통해 시스템이 전달해 줄 수 있는 잡 이벤트 목록

이벤트	설명
JOB_OBJECT_MSG_ACTIVE_PROCESS_ZERO	잡 내에 어떠한 프로세스도 없음을 알림.
JOB_OBJECT_MSG_END_OF_PROCESS_TIME	프로세스가 허락된 CPU 시간을 초과하였음을 알림. 프로세스가 종료되고, 프로세스 ID가 전달됨.
JOB_OBJECT_MSG_ACTIVE_PROCESS_LIMIT	잡 내에서 현재 수행 중인 프로세스의 개수가 제한을 초과하였음을 알림.
JOB_OBJECT_MSG_PROCESS_MEMORY_LIMIT	프로세스가 프로세스의 최대 메모리 사용량을 초과하여 새로운 메모리 할당을 요청하였음을 알림. 프로세스 ID가 전달됨.
JOB_OBJECT_MSG_JOB_MEMORY_LIMIT	프로세스가 잡의 최대 메모리 사용량을 초과하여 메모리 할당을 요청하였음을 알림. 프로세스 ID가 전달됨.
JOB_OBJECT_MSG_NEW_PROCESS	새로운 프로세스가 잡 내에 배치되었음을 알림. 프로세스 ID가 전달됨.
JOB_OBJECT_MSG_EXIT_PROCESS	프로세스가 종료됨을 알림. 프로세스 ID가 전달됨.
JOB_OBJECT_MSG_ABNORMAL_EXIT_PROCESS	처리되지 않은 예외가 발생하여 프로세스가 종료됨을 알림. 프로세스 ID가 전달됨.
JOB_OBJECT_MSG_END_OF_JOB_TIME	허락된 CPU 시간을 초과하였음을 알림. 프로세스는 종료되지 않는다. 새로운 CPU 시간 제한사항을 설정하여 계속해서 프로세스를 수행하거나 TerminateJobObject를 호출할 수 있음.

마지막으로 주의해야 할 사항은 기본적으로 잡 오브젝트 내의 프로세스들이 허락된 CPU 시간을 모두 사용했을 경우 잡 내의 모든 프로세스는 자동적으로 종료되며, 이때 JOB_OBJECT_MSG_END_OF_JOB_TIME 통지는 전달되지 않는다는 것이다. 만일 잡 오브젝트가 프로세스들을 종료시키지 않고 CPU 시간을 초과하였음을 알리는 통지만 받고 싶다면 다음과 같이 코드를 작성하면 된다.

```
// JOBOBJECT_END_OF_JOB_TIME_INFORMATION 구조체를 생성하고
// 멤버 하나만 초기화한다.
JOBOBJECT_END_OF_JOB_TIME_INFORMATION joeojti;
joeojti.EndOfJobTimeAction = JOB_OBJECT_POST_AT_END_OF_JOB;
```

```
// 잡 오브젝트에게 허락된 CPU 시간을 초과하였을 경우
// 어떤 작업이 수행되길 원하는지 설정한다.
SetInformationJobObject(hJob, JobObjectEndOfJobTimeInformation,
    &joeojti, sizeof(joeojti));
```

잡 시간 사용 완료^{end-of-job-time} 이후에 수행할 동작으로 지정할 수 있는 유일한 다른 값으로는 JOB_OBJECT_TERMINATE_AT_END_OF_JOB이 있으며, 이는 잡이 생성되었을 때의 기본 동작이기도 하다.

section 05 잡 실습 예제 애플리케이션

잡 실습 예제 애플리케이션인 05-JobLab.exe는 잡 오브젝트를 쉽게 사용해 볼 수 있도록 해 준다. 애플리케이션 소스 코드와 리소스 파일은 한빛미디어 홈페이지를 통해 제공되는 소스 파일의 05-JobLab 폴더에 있다. 프로그램을 수행하면 [그림 5-3]과 같은 모습을 볼 수 있다.

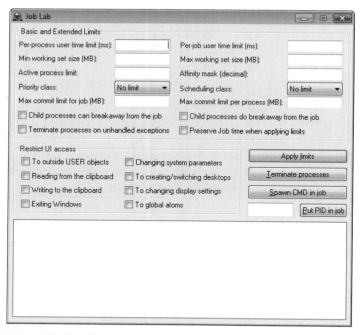

[그림 5-3] 잡 실습 예제 애플리케이션

이 애플리케이션은 프로세스 초기화를 수행할 때 잡 오브젝트를 생성한다. 필자는 이 잡 오브젝트를 "JobLab"이라고 명명하였다. 그러므로 안정성 및 성능 모니터^{Reliability and Performance Monitor}를 통해 잡 오브

젝트의 성능을 확인할 수 있다. 또한 애플리케이션은 I/O 콤플리션 포트를 생성하고 잡 오브젝트와 연결하여 잡 오브젝트에서 발생한 이벤트를 창 하단의 리스트 박스에 출력해 준다.

처음에는 잡 내에 아무런 프로세스도 없고 어떠한 제한사항도 설정되어 있지 않는다. 창의 상단에 위치한 항목들을 이용하여 기본 제한사항과 확장 제한사항을 설정할 수 있다. 각 항목을 비워두면 제한사항이 적용되지 않는다. 기본 및 확장 제한사항 외에도 다양한 UI 제한사항들을 설정하거나 해제할 수 있다. "Preserve Job time when applying limit" 체크 박스는 제한사항을 설정하기 위함이 아니라는 것에 주의하기 바란다. 이 체크 박스를 설정하면 잡의 제한사항을 설정할 때 CPU 시간 사용에 대한 통계 정보를 유지하도록 하여 ThisPeriodTotalUserTime과 ThisPeriodTotalKernelTime 값이 초기화되지 않도록 한다. "Terminate processes" 버튼은 잡 내의 모든 프로세스를 종료시킨다. "Spawn CMD in job" 버튼은 잡 내에서 명령 셸 프로세스를 수행하는데, 이를 이용하면 다른 차일드 프로세스를 수행할 수 있으며, 수행된 차일드 프로세스는 잡 내에서 동작되게 된다. 이 기능을 이용하여 다양한 실험을 시도해 볼 수 있다. 마지막으로, "Put PID in job" 버튼은 다른 잡에 포함되어 있지 않은 프로세스를 잡 내로 배치하는 기능을 수행한다.

창의 하단에 위치하고 있는 리스트 박스에는 잡의 최신 상태 정보가 출력된다. 매 10초마다 기본 통계 정보와 I/O 통계 정보 및 프로세스/잡의 최대 메모리 사용량이 출력된다. 잡 내에서 현재 수행 중인 프로세스의 프로세스 ID와 전체 경로명도 같이 출력된다.

프로세스 ID를 이용하여 전체 경로명 full pathname을 얻기 위해 psapi.h에 정의되어 있는 GetModuleFileNameEx 와 GetProcessImageFileName 등의 함수를 이용하고 싶을 수도 있을 것이다. 그런데 새로운 프로세스가 생성되었음을 알려주는 통지 메시지가 도착했을 때 이러한 함수를 호출하면 프로세스의 주소 공간 address space 이 완전히 초기화되지 않은 상황(모듈들이 메모리 상에 매핑되기 전)일 수도 있기 때문에 함수 호출이 실패할 수도 있다. GetProcessImageFileName 함수의 경우에는 이러한 특수 상황에서도 정확하게 전체 경로명을 획득할 수 있기 때문에 관심을 가질만하지만 전체 경로명이 유저 모드에서 흔히 보는 모습이 아니라 커널 모드에서 사용되는 형태로 반환된다. 즉, 반환되는 전체 경로명이 C:\Windows\System32\notepad.exe와 같은 경로명이 아니라 \Device\Harddisk\Volume1\Windows\System32\notepad.exe와 같은 모습을 가진다. 이러한 이유로 어떠한 상황에서도 전체 경로명을 정확히 획득할 수 있는 QueryFullProcessImageName 함수를 사용하는 것이 좋다.

이러한 통계 정보와 더불어 리스트 박스에는 애플리케이션의 I/O 콤플리션 포트를 통해 전달되는 잡 통지의 내용을 출력해 준다. 잡 통지를 리스트 박스에 출력할 때에는 그 시점의 상태 정보들도 같이 출력된다.

마지막으로, 소스 코드를 수정하고 이름 없는 잡 커널 오브젝트를 생성하면 동일 머신에 두 개 이상의 잡 오브젝트를 생성하기 위해 이 애플리케이션을 여러 번 수행할 수 있다. 이를 통해 다른 형태의 실험을 수행해 볼 수도 있을 것이다.

소스 코드 내에 주석을 충분히 달아두었기 때문에 추가적으로 논의해야 할 특별한 내용은 없다. 단지 Job.h 파일에서 CJob C++ 클래스를 정의하고 있고, 이 클래스가 운영체제의 잡 오브젝트[job object]를 추상화[encapsulate]하고 있다는 정도를 살펴보면 된다. 이렇게 추가적으로 클래스를 생성해 두면 잡 핸들[job handle]을 매번 전달하지 않아도 되기 때문에 잡을 다루기가 좀 더 편리하다. 또한 이 클래스를 사용하면 QueryInformationJobObject나 SetInformationJobObject 함수를 호출할 때 필요한 형변환[casting]의 횟수를 감소시킬 수 있는 장점이 있다.

스레드의 기본

모든 프로세스는 적어도 하나 이상의 스레드를 사용하기 때문에 스레드는 반드시 이해하고 넘어가야 할 주제다. 이번 장을 통해서 스레드에 대해 자세히 알아보게 될 것이다. 특히 프로세스와 스레드가 어떻게 다른지 그리고 각각은 어떠한 서로 다른 책임이 있는지에 대해 알아볼 것이다. 또한 시스템이 스레드를 다루기 위해 어떻게 스레드 커널 오브젝트를 사용하는지에 대해서도 알아볼 것이다. 스레드 커널 오브젝트는 프로세스 커널 오브젝트처럼 다양한 속성을 가지고 있으며, 이러한 속성 값을 확인하거나 변경하기 위해 사용할 수 있는 다양한 함수에 대해서도 설명할 것이다. 또한 프로세스 내에서 새로운 스레드를 생성하고 수행하는 함수들에 대해서도 알아볼 것이다.

4장 "프로세스"에서 프로세스는 2개의 요소(프로세스 커널 오브젝트와 주소 공간)로 구성되어 있다고 이야기한 바 있다. 이와 유사하게 스레드도 두 개의 요소로 구성되어 있다.

- 운영체제가 스레드를 다루기 위해 사용하는 스레드 커널 오브젝트. 스레드 커널 오브젝트는 시스템이 스레드에 대한 통계 정보를 저장하는 공간이기도 하다.
- 스레드가 코드를 수행할 때 함수의 매개변수와 지역변수를 저장하기 위한 스레드 스택(16장 "스레드 스택"에서 시스템이 스레드 스택을 어떻게 다루는지에 대해 자세히 알아볼 것이다.)

4장에서 프로세스는 스스로 수행될 수 없다고 말했다. 프로세스는 어떤 것도 수행할 수 없으며 단순히 생각한다면 스레드의 저장소로 볼 수도 있다. 스레드는 항상 프로세스의 컨텍스트 내에 생성되며, 프로세스 안에만 살아 있을 수 있다. 즉, 스레드는 프로세스의 주소 공간 내에 있는 코드를 수행하고 데이터를 다룬다. 따라서 하나의 프로세스 내에 둘 이상의 스레드가 존재하는 경우, 이러한 스레드들은 단일 주소 공간을 공유하게 된다. 스레드들은 동일한 코드를 수행할 수도 있고, 동일 데이터를 조작할 수도 있다. 커널 오브젝트 핸들 테이블은 스레드별로 존재하는 것이 아니라 프로세스별로 존재하기 때문에, 스레드들은 커널 오브젝트 핸들도 역시 공유하게 된다.

프로세스는 자신만의 주소 공간을 가지기 때문에 스레드에 비해 더욱더 많은 시스템 리소스를 사용한다. 프로세스별로 가상 주소 공간을 생성하는 것은 매우 많은 시스템 리소스를 필요로 한다. 특히 개별 프로세스는 상당량의 정보를 시스템 내부에 저장해 두어야 하기 때문에 메모리를 많이 필요로 한다. 또한 .exe와 .dll 파일이 주소 공간으로 로드되어야 하므로 파일 리소스 또한 필요하다. 반면, 스레드는 프로세스에 비해 상당히 적은 시스템 리소스를 필요로 한다. 사실 스레드는 단지 하나의 커널 오브젝트와 스레드 스택 정도만을 필요로 할 뿐이다. 시스템 내부에 저장해 두어야 하는 내용도 비교적 적고, 메모리도 덜 차지한다.

스레드는 프로세스에 비해 부하가 적기 때문에, 프로세스를 새로 생성하는 대신 추가적인 스레드를 생성하여 문제를 해결하도록 시도해 보는 편이 좋다. 하지만 이러한 방식이 항상 적절한 것은 아니다. 실제로 여러 개의 프로세스를 이용했을 때 더욱 좋은 설계 방식을 보이는 예도 상당히 많이 있다. 이 둘 사이에는 상호간에 상충관계trade-off가 있다는 사실을 알아야 하며, 경험에 의해 둘 사이에 어떤 방식을 선택할지를 결정할 수밖에 없다. 스레드에 대한 구체적인 내용을 알아보기에 앞서 다양한 애플리케이션 구조에서 어떻게 스레드를 사용하는 것이 적절한지에 대해 알아보기로 하자.

section 01 스레드를 생성해야 하는 경우

스레드는 프로세스 내의 수행 흐름을 의미한다. 프로세스의 초기화가 진행되는 동안에 시스템은 주 스레드를 생성한다. 애플리케이션이 마이크로소프트 C/C++ 컴파일러로 작성된 경우라면, 주 스레드는 C/C++ 런타임 라이브러리의 시작 코드를 수행하는 것으로 시작된다. 이후 진입점 함수(_tmain이나 _tWinMain)를 호출하고 이 함수가 반환될 때까지 수행을 계속하다가 함수가 반환되면 C/C++ 런타임 라이브러리의 시작 코드가 ExitProcess를 호출하여 수행을 종료한다. 대다수의 애플리케이션은 작업을 수행하는 데 주 스레드 하나면 충분하다. 하지만 프로세스는 작업을 수행하는 데 도움이 된다면 추가적인 스레드를 생성할 수도 있다.

대부분의 컴퓨터는 CPU라는 매우 강력한 리소스를 가지고 있다. CPU를 유휴 상태로 놔둬야 할 필요는 없으며(전력 관리나 발열 문제를 고려하지 않는다면), 계속해서 CPU가 작업을 수행할 수 있도록 해 주는 것이 좋다. 아래에 몇 가지 예를 들어 보았다.

- 윈도우 운영체제의 인덱스 서비스Index Service는 낮은 우선순위로 생성되어 주기적으로 디스크 드라이브

에 있는 파일에 대해 내용을 기반으로 인덱싱을 수행한다. 윈도우 인덱스 서비스를 이용하면 디스크 드라이브에서 파일을 검색할 때 매번 파일을 열고, 검색하고, 닫는 등의 작업을 수행하지 않아도 되기 때문에 상당한 검색 속도 향상을 가져온다. 마이크로소프트 윈도우 비스타는 이러한 인덱싱 기능을 이용하여 향상된 검색 advanced search 기능을 구현하고 있다. 파일을 검색하기 위해 두 가지 방법을 사용할 수 있다. 첫째로, 시작 버튼을 누르고 검색할 텍스트를 하단에 입력하면 입력된 텍스트를 인덱스로부터 검색하여 적절한 프로그램이나 파일 혹은 폴더를 나열해 준다.

둘째로, 검색 창을 수행하고(시작 버튼을 오른 마우스로 클릭하고, 컨텍스트 메뉴에서 검색 search을 선택한다) 검색할 텍스트를 입력한다. 아래에 보는 바와 같이 위치 Location 콤보 박스에 "색인된 위치 Indexed Locations" 가 기본으로 선택되어 있는데, 이 경우 인덱싱된 위치에서만 파일을 검색하게 된다.

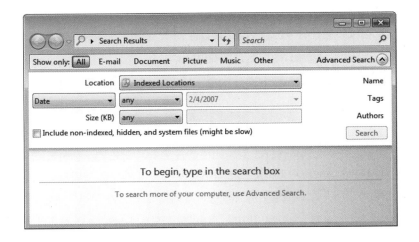

- 운영체제에 포함되어 있는 디스크 조각 모음을 사용할 수 있다. 보통 이러한 형태의 유틸리티들은 얼마나 자주 유틸리티를 수행할지, 언제 수행할지 등과 같이 일반 사용자가 이해하지 못하는 복잡한 옵션을 가지고 있다. 낮은 우선순위의 스레드를 이용하면 이와 같은 유틸리티를 백그라운드background로 수행하고 시스템이 유휴 상태일 때에만 조각 모음을 수행할 수 있다.

- 마이크로소프트 Visual Studio IDE는 사용자가 입력을 멈추었을 때 C#과 마이크로소프트 Visual Basic .NET 소스 코드를 자동적으로 컴파일한다. 이를 통해 편집 창 내의 잘못된 코드에 밑줄을 긋고, 마우스 커서를 가져갔을 때 경고나 에러를 보여준다.

- 스프레드시트spreadsheet 애플리케이션은 백그라운드로 재계산 작업을 수행할 수 있다.

- 워드 프로세서word processor 애플리케이션은 페이지 번호 재계산, 철자와 문법 검사, 그리고 프린팅과 같은 작업을 백그라운드로 수행할 수 있다.

- 다른 미디어로의 파일 복사와 같은 작업은 백그라운드로 수행될 수 있다.

- 웹 브라우저는 백그라운드로 서버와 통신을 수행할 수 있다. 이를 통해 사용자는 현재 접속을 시도한 웹 사이트의 내용이 전부 로드되기 전에 창의 크기를 변경하거나 다른 사이트로 이동할 수 있다.

이러한 다양한 예에서 주목해야 하는 사실 중 하나는 멀티스레딩을 사용하면 사용자 인터페이스를 좀 더 단순화시킬 수 있다는 사실이다. 개발 도구에서 입력을 중단하였을 때 컴파일러가 애플리케이션을 빌드하면 빌드 메뉴가 필요 없을 것이다. 워드 프로세서의 경우에는 철자 검사와 문법 검사 메뉴가 따로 필요하지 않게 된다.

웹 브라우저의 예에서 보는 바와 같이 (네트워크, 파일, 혹은 다른 형태의) I/O를 분리된 스레드로 수행하면 애플리케이션의 사용자 인터페이스가 좀 더 즉각적인 응답을 보이도록 작성할 수 있다. 데이터베이스의 레코드를 정렬하고 문서를 출력하고 파일을 복사하는 등의 작업을 분리된 스레드로 수행하게 되면, 작업이 진행 중인 상황에서도 계속해서 다른 작업을 수행할 수 있다.

멀티스레드를 이용하면 애플리케이션을 좀 더 확장성이 좋은 구조로 설계할 수 있다. 다음 장에서 보겠지만 각 스레드별로 전용 CPU를 할당하는 것이 가능하다. 그러므로 컴퓨터에 2개의 CPU가 있고 애플리케이션이 두 개의 스레드로 운용된다면 두 개의 CPU를 수행 상태로 유지할 수 있다. 이 경우 하나만 이용할 때에 비해 두 배의 작업을 완료할 수 있을 것이다.

모든 프로세스는 적어도 하나 이상의 스레드를 가지고 있다. 아주 특별한 작업을 수행하는 경우가 아닌 이상 운영체제가 다수의 스레드를 동시에 수행할 수 있다는 점은 매우 많은 이점을 제공한다. 예를 들면 애플리케이션을 빌드하면서 동시에 워드 프로세서 작업을 수행할 수도 있다. 만일 컴퓨터가 두 개의 CPU를 가지고 있다면 하나의 프로세서는 빌드 작업을 수행하고 다른 프로세서는 문서를 처리할 수도 있다. 사용자는 성능이 나빠지거나 키보드로 타이핑한 내용이 제대로 입력되지 않는 것과 같은 문제를 겪지 않아도 된다. 또한 컴파일러에 버그가 있어서 해당 스레드가 무한루프에 빠지더라도 다른 프로세스들을 계속해서 사용할 수 있을 것이다. (16비트 윈도우나 MS-DOS 애플리케이션의 경우에는 그렇지 않다.)

지금까지 애플리케이션에서 멀티스레드를 사용할 때의 장점에 대해 이야기했다. 멀티스레드를 이용하면 매우 많은 장점이 있는 것이 사실이지만 이것이 그다지 도움이 되지 않는 경우도 있다. 몇몇 개발자들은 어떤 문제를 풀어나가는 방법은 그것을 다수의 스레드로 쪼개는 것이라고 생각한다. 이것은 완전히 틀린 말이다.

스레드는 사실 상당히 유용하다. 하지만 이전의 방식으로 풀던 문제를 다수의 스레드를 이용하여 해결하려 하면 새로운 문제를 일으키는 경우도 있다. 예를 들어 워드 프로세서 애플리케이션을 개발하고 있고 프린트 기능을 독립된 스레드로 구현한다고 생각해 보자. 이러한 방식은 사용자가 프린트를 시도하고 출력이 진행되는 동안 문서를 편집할 수 있기 때문에 상당히 좋은 아이디어처럼 들린다. 하지만 이러한 방식은 문서를 출력하는 동안에도 문서가 지속적으로 변경될 수 있음을 의미한다. 따라서 독립된 스레드로 출력을 진행하지 않는 것이 더 좋은 방법일 수도 있다. 하지만 이러한 "해결책"은 너무 혹독하다. 프린트가 완료될 때까지 문서가 변경되지 않도록 잠그고 사용자는 다른 복사본을 편집하도록 하는 것은 어떤가? 또 다른 아이디어는 문서의 임시 복사본을 만들어서 프린트하도록 하고 사용자는 원본을 편집하도록 하는 것도 방법일 수 있다. 임시 복사본 파일은 프린트가 끝났을 때 삭제하면 된다.

이와 같이 새로운 스레드를 만드는 것은 또 다른 문제를 일으키기도 한다. 스레드를 잘못 사용하는 또 다른 예로는 애플리케이션의 사용자 인터페이스를 개발할 때 자주 나타난다. 거의 모든 애플리케이션에서 사용자 인터페이스를 위한 컴포넌트들은 반드시 동일한 스레드를 사용해야만 한다. 하나의 스레드를 이용하여 모든 윈도우의 차일드 윈도우를 생성하는 것이 가장 좋다. 간혹 서로 다른 스레드를 이용하여 각기 윈도우를 만드는 것이 유용할 때도 있지만, 이러한 경우는 정말로 드문 경우다.

일반적으로, 애플리케이션은 모든 윈도우를 생성하고 GetMessage 루프를 가지고 있는 단일 사용자 인터페이스 스레드를 가지고 있다. 프로세스 내의 다른 스레드들은 계산 위주의 작업이나 I/O 위주의 작업을 수행하는 워커 스레드worker thread로 동작한다 – 이 스레드들은 윈도우를 만들지 않는다. 또한 단일 사용자 인터페이스 스레드는 워커 스레드들에 비해 높은 우선순위를 갖는 것이 보통이며, 이렇게 함으로써 사용자 인터페이스의 응답성을 개선할 수 있다.

비록 하나의 프로세스가 여러 개의 사용자 인터페이스 스레드를 가지는 것이 일반적인 것은 아니지만, 이 또한 유용할 때가 있다. 윈도우 탐색기는 각각의 폴더 윈도우에 대해 서로 다른 스레드를 생성한다. 이렇게 함으로써 특정 폴더에서 다른 폴더로 파일을 복사할 수도 있고, 시스템 내의 다른 폴더를 계속해서 탐색할 수도 있다. 뿐만 아니라 만일 윈도우 탐색기에 버그가 있어서 특정 스레드가 폴더를 핸들링하다 죽어버린다 하더라도, 다른 폴더는 여전히 정상 동작할 것이며, 설사 다른 폴더조차 문제가 있다 하더라도 죽을 때까지는 사용할 수 있다.

이와 같이 다수의 스레드를 이용하여 사용자 인터페이스를 다루는 방식은 매우 신중하게 사용되어야 하며 가능한 한 사용하지 않는 것이 좋다. 프로세스의 주 스레드만으로 사용자 인터페이스를 다루는 방식으로도 얼마든지 유용하고 강력한 애플리케이션을 만들 수 있다.

section 03 처음으로 작성하는 스레드 함수

모든 스레드는 수행을 시작할 진입점 함수^{entry-point function}를 반드시 가져야 한다. 앞서 주 스레드의 진입점 함수인 _tmain이나 _tWinMain에 대해 이야기한 바 있다. 프로세스 내에 두 번째 스레드를 만들려면 새로 생성되는 스레드는 아래와 같은 형태의 진입점 함수를 반드시 가져야 한다.

```
DWORD WINAPI ThreadFunc(PVOID pvParam){
    DWORD dwResult = 0;
    ...
    return(dwResult);
}
```

스레드 함수는 우리가 원하는 작업은 어떤 것이라도 수행할 수 있다. 스레드 함수는 언젠가는 끝날 것이고 반환될 것이다. 스레드 함수가 반환되는 시점에 스레드는 수행을 멈추고 스레드가 사용하던 스택도 반환된다. 또한 스레드 커널 오브젝트의 사용 카운트도 감소한다. 이 값이 0이 되면 스레드 커널 오브젝트는 파괴된다. 프로세스 커널 오브젝트와 마찬가지로 스레드 커널 오브젝트 또한 이를 통해 관리되는 스레드만큼은 살아 있으며 스레드 종료 이후에도 여전히 살아 있을 수 있다.

스레드 함수에 대해 몇 가지 중요한 점을 짚어보자.

- 주 스레드의 진입점 함수의 이름이 기본적으로 main, wmain, WinMain, 또는 wWinMain(예외적으로 링커의 /ENTRY: 옵션을 사용하면 진입점 함수의 이름을 임의로 변경할 수 있다)이어야 하는 것과는 다르게 스레드 함수는 어떠한 이름이라도 사용될 수 있다. 실제로 애플리케이션에 여러 개의 스레드 함수가 필요하다면 각각은 서로 다른 이름으로 명명되어야만 한다. 이 경우 컴파일러와 링커는 하나의 함수가 여러 개의 구현 방식을 가지고 있는 것으로 생각하게 될 것이다.
- 주 스레드의 진입점 함수에는 문자열 매개변수가 전달되어야 하기 때문에 ANSI 버전과 유니코드 버전의 진입점 함수가 main/wmain, WinMain/wWinMain처럼 각각 존재하게 된다. 하지만 스레드 함수는 하나의 매개변수만 전달할 수 있고, 매개변수의 의미는 운영체제가 아니라 사용자에 의해 정의되기 때문에 반드시 ANSI와 유니코드 버전을 각기 구성해야 하는 것은 아니다.
- 스레드 함수는 반드시 값을 반환해야 한다. 이 값은 나중에 스레드의 종료 코드가 된다. 이것은 C/C++ 런타임 라이브러리가 주 스레드의 종료 코드를 프로세스의 종료 코드로 사용하는 것과 유사하다.

- 스레드 함수(그리고 모든 함수들조차도)는 가능한 한 함수로 전달된 매개변수와 지역^{local}변수만을 사용하도록 작성되는 것이 좋다. 만일 정적^{static}변수나 전역^{global}변수를 사용하게 되면 다수의 스레드가 동시에 변수에 접근할 수 있게 되며, 이는 변수의 값이 잘못 변경되는 원인이 되기도 한다. 하지만 함수의 매개변수와 지역변수는 스레드의 스택에 유지되기 때문에 다른 스레드에 의해 내용이 변경될 가능성이 거의 없다.

이제 스레드 함수를 어떻게 구현하는지에 대해 배울 차례다. 먼저 운영체제가 스레드 함수를 호출하는 스레드를 어떻게 생성하는지에 대해 이야기해 보자.

section 04 CreateThread 함수

앞서 CreateProcess가 호출되었을 때 어떻게 프로세스의 주 스레드$^{primary\ thread}$가 생성되는지에 대해 논의한 바 있다. 만일 두 번째 스레드를 생성하고 싶다면 이미 수행 중인 스레드 내에서 CreateThread를 호출하면 된다.

```
HANDLE CreateThread(
    PSECURITY_ATTRIBUTES psa,
    DWORD cbStackSize,
    PTHREAD_START_ROUTINE pfnStartAddr,
    PVOID pvParam,
    DWORD dwCreateFlags,
    PDWORD pdwThreadID);
```

CreateThread가 호출되면 시스템은 스레드 커널 오브젝트를 생성한다. 이 스레드 커널 오브젝트는 스레드 자체는 아니며, 운영체제가 스레드를 다루기 위한 조그만 데이터 구조체에 불과하다. 스레드 커널 오브젝트를 스레드에 대한 통계 정보를 담고 있는 작은 데이터 구조체 정도로 생각할 수도 있다. 이러한 상관관계는 프로세스와 프로세스 커널 오브젝트의 상관관계와 동일하다.

노트 | 윈도우가 제공하는 CreateThread 함수는 스레드를 생성하는 함수다. 하지만 C/C++로 코드를 작성하는 경우에는 CreateThread를 사용해서는 안 되고, 마이크로소프트 C/C++ 런타임 라이브러리에서 제공하는 _beginthreadex 함수를 사용해야 한다. 다른 컴파일러에서도 CreateThread 함수를 대체할 만한 함수를 제공할 것이며, 반드시 컴파일러에 의해 제공되는 다른 함수를 사용해야 한다. 이후에 _beginthreadex 함수의 역할과 왜 그것이 중요한가에 대해 논의할 것이다.

다음으로, 시스템은 스레드가 사용할 스택을 확보한다. 새로운 스레드는 스레드를 생성한 프로세스와 동일한 컨텍스트 내에서 수행된다. 따라서 새로운 스레드는 프로세스의 모든 커널 오브젝트 핸들뿐만 아니라 프로세스에 있는 모든 메모리, 그리고 같은 프로세스에 있는 다른 모든 스레드의 스택에조차 접근이 가능하다. 따라서 동일 프로세스 내의 스레드들은 손쉽게 상호 통신을 할 수 있다.

다음은 CreateThread 함수의 각 매개변수들에 대한 설명이다.

1 psa

psa 매개변수는 SECURITY_ATTRIBUTES 구조체를 가리키는 포인터다. 스레드 커널 오브젝트에 대해 기본 보안 특성^{default security attribute}을 사용할 것이라면 이 매개변수로 NULL을 전달하면 된다(대부분 그렇게 사용한다). 만일 차일드 프로세스로 해당 스레드 커널 오브젝트 핸들을 상속하도록 하려면 SECURITY_ATTRIBUTES 구조체의 bInhertHandle 멤버를 TRUE로 초기화하여 그 포인터를 전달하면 된다. 자세한 내용은 3장 "커널 오브젝트"를 참조하기 바란다.

2 cbStackSize

cbStackSize 매개변수로는 스레드가 자신의 스택을 위해 얼마만큼의 주소 공간을 사용할지를 지정하게 된다. 모든 스레드는 자신만의 고유한 스택을 가지고 있다. CreateProcess를 호출하여 프로세스가 시작되면 내부적으로 CreateThread 함수를 호출하여 프로세스의 주 스레드를 초기화하는데, 이때 CreateProcess는 실행 파일 내부에 저장되어 있는 값을 이용하여 cbStackSize 매개변수의 값을 결정한다. 실행 파일 내에 저장되어 스택의 크기를 변경하기 위해서는 링커의 /STACK 스위치를 사용하면 된다.

```
/STACK:[ reserve] [ ,commit]
```

reserve 인자는 시스템이 스레드 스택을 위해 지정된 크기만큼의 주소 공간을 예약하게 한다. 기본 값은 1MB다. commit 인자는 스택으로 예약된 주소 공간에 커밋^{commit}된 물리적 저장소의 초기 크기를 나타낸다. 기본 값은 한 페이지 크기다. 스레드가 코드를 수행함에 따라 한 페이지 이상의 스택을 필요로 할 수도 있을 텐데, 이 경우 스레드의 스택 오버플로 예외^{overflow exception}를 발생시키게 된다. (스레드 스택과 스택 오버플로 예외에 대해서는 16장에서 자세히 다루며, 일반 예외 처리에 대해서는 23장 "종료 처리기"에서 자세히 다룬다.) 시스템은 이러한 예외가 발생하면 추가적인 페이지를 예약된 주소 공간 상에 커밋해 준다. 이러한 방식으로 스레드가 사용하는 스택은 필요 시 동적으로 커지게 된다.

CreateThread를 호출할 때 cbStackSize에 0 이외의 값을 지정하면 함수는 스레드 스택을 확보하기 위해 cbStackSize로 지정된 크기의 메모리를 예약하고 커밋까지 수행한다. 모든 공간이 미리 커밋되기 때문에 지정된 크기만큼의 스택을 항시 사용할 수 있다. 스택에서 사용할 예약된 영역은 /STACK 링커 스위치와 cbStackSize에 지정된 값 중 큰 값을 이용한다. 커밋할 저장소의 크기는 항시 cbStackSize 값을 따른다. 하지만 cbStackSize 매개변수로 0을 전달하면 CreateThread는 /STACK 링커 스위치를 이용하여 실행 파일 내에 포함된 커밋된 물리적 저장소의 초기 크기를 따르게 된다.

예약된 영역의 크기는 스택으로 사용할 수 있는 공간의 최대 크기를 지정하는 것이기 때문에 재귀 호출을 끝없이 반복하게 되는 경우 예외가 발생할 수 있다. 예를 들어 자기 자신을 반복해서 호출하는 함수를 작성한다고 생각해 보자. 이 함수가 버그로 인해 끝없이 자기 자신을 호출한다고 하면, 함수 호출 시마다 새로운 스택 프레임 stack frame이 스택에 생기게 될 것이다. 만일 시스템이 스택의 최대 크기를 제한하지 않는다면 이러한 재귀호출은 절대로 종료되지 않을 것이다. 해당 스레드를 수행하고 있는 프로세스의 메모리 공간 전체는 스택으로 사용되게 될 것이고, 이 스택을 위해 대부분의 물리적 저장소가 커밋될 것이다. 스택 크기를 제한함으로써 애플리케이션이 물리적 저장소의 대부분을 사용하는 것을 제한할 수 있으며, 프로그램 내에 버그가 있음을 더 빨리 확인할 수 있을 것이다. ("16.2 Summation 예제 애플리케이션"은 애플리케이션 내에서 어떻게 스택 오버플로 에러를 확인하고 핸들링하는지를 보여준다.)

❸ pfnStartAddr과 pvParam

pfnStartAddr 매개변수는 새로이 생성되는 스레드가 호출할 스레드 함수의 주소를 가리킨다. 이 스레드 함수의 pvParam 매개변수로는 CreateThread 함수의 pvParam 매개변수로 전달한 값이 그대로 전달된다. CreateThread 함수는 스레드가 시작될 때 이 매개변수를 스레드 함수에 전달하는 것 외의 다른 용도로는 사용하지 않는다. 이 매개변수는 스레드 함수에 초기 값을 전달하는 용도로 사용될 수 있다. 전달되는 값은 단순 숫자 값일 수도 있고, 다양한 형태의 값을 포함하는 데이터 구조체의 포인터가 될 수도 있다.

다수의 스레드가 동일한 스레드 함수 주소를 진입점으로 사용하는 것은 매우 유용한 방법이다. 예를 들어 사용자가 요청할 때마다 새로운 스레드를 생성하는 웹 서버를 구현한다고 생각해 보자. 이 경우 스레드 생성 시마다 동일한 스레드 함수를 사용하되 각 사용자의 요청을 구분하여 처리할 수 있도록 pvParam 매개변수를 통해 서로 다른 값을 전달하기만 하면 된다.

윈도우는 선점형 멀티스레딩 시스템 preemptive multithreading system이라는 것을 기억해야 한다. 따라서 새로운 스레드와 CreateThread를 호출하였던 스레드가 동시에 수행될 수 있다. 다수의 스레드가 동시에 수행되면 새로운 문제가 발생할 수 있다. 아래 코드를 살펴보자.

```
DWORD WINAPI FirstThread(PVOID pvParam) {
    // 스택 기반 변수를 초기화한다.
    int x = 0;
    DWORD dwThreadID;

    // 새로운 스레드를 생성한다.
    HANDLE hThread = CreateThread(NULL, 0, SecondThread, (PVOID) &x,
        0, &dwThreadID);

    // 새로운 스레드를 더 이상 참조할 필요가 없으므로
    // 핸들을 삭제한다.
    CloseHandle(hThread);

    // 스레드가 작업을 완료하였다.
    // 버그: 이 스레드 함수가 반환되면 스레드 스택은 파괴될 것이다.
    //       하지만 SecondThread는 여전히 이 스레드 함수의 스택에
    //       접근을 시도할 수 있다.
    return(0);
}

DWORD WINAPI SecondThread(PVOID pvParam) {
    // 일반적인 작업을 수행한다.
    // FirstThread 함수의 스택에 존재하는 변수에
    // 접근하려 시도한다.
    // 주의: 언제 아래 문장이 수행되느냐에 따라
    //       접근 위반을 유발할 가능성이 있다.
    * ((int *) pvParam) = 5; ...       return(0);
}
```

위 코드에서 FirstThread는 SecondThread가 FirstThread의 x 변수에 5를 할당하기 전에 종료될 수 있다. 이렇게 되면 SecondThread는 FirstThread가 이미 종료되었다는 사실을 알지 못하기 때문에 이제는 유효하지 않은 주소의 값을 변경하려 시도할 것이다. 왜냐하면 FirstThread가 종료되면서 자신의 스레드 스택을 이미 제거한 상황이기 때문에 SecondThread는 접근 위반을 유발하게 된다. 이 문제를 해결하는 한 가지 대안으로는 x 변수를 정적^{static}변수로 선언하여 컴파일러가 x 변수를 FirstThread의 스택 대신에 애플리케이션의 데이터 섹션$^{data\ section}$에 저장하도록 하는 것이다.

하지만 이와 같이 변수를 정적으로 선언하게 되면 이 함수는 재진입이 불가능한^{nonreentrant} 함수가 된다. 이 말은 두 개의 스레드가 동일한 스레드 함수를 동시에 수행하는 것이 불가능해진다는 의미이다. 왜냐하면 스레드 함수 내에서 선언한 정적변수는 두 개의 스레드가 그 값을 공유하기 때문이다. 이 문제를 해결하기 위한 방법은 적절한 스레드 동기화 기법을 사용하는 것이다(8장 "사용자 모드에서의 스레드 동기화"와 9장 "커널 오브젝트를 이용한 스레드 동기화"에서 설명할 것이다).

④ dwCreateFlags

dwCreateFlags 매개변수는 스레드를 생성할 때 세부적인 제어를 수행하기 위한 추가적인 플래그를 지정하는 데 사용된다. 만일 이 값으로 0을 전달하면 스레드는 생성되는 즉시 CPU에 의해 스케줄 가능하게 된다. 만일 CREATE_SUSPENDED를 전달하면 시스템은 스레드를 생성하고 초기화를 완료한 이후 CPU에 의해 바로 스케줄되지 않도록 일시 정지 상태를 유지하게 된다.

CREATE_SUSPENDED 플래그를 사용하면 애플리케이션이 새로 생성되는 스레드가 코드를 수행하기 전에 스레드와 관련된 값들을 변경할 수 있는 기회를 가지게 된다. 이러한 방법은 자주 사용되지 않기 때문에 이 플래그 값은 일반적으로 잘 사용되지 않는다. "5.5 잡 실습 예제 애플리케이션" 절에서 CreateProcess를 사용할 때 이 플래그의 올바른 사용법을 보여준 적이 있다.

⑤ pdwThreadID

CreateThread의 마지막 매개변수인 pdwThreadID에는 새로운 스레드에 할당되는 스레드 ID 값을 저장할 DWORD 변수를 가리키는 주소를 지정하면 된다. (프로세스 ID와 스레드 ID에 대해서는 4장에서 논의한 바 있다.) 이 매개변수 값으로 NULL을 전달할 수도 있는데(보통의 경우 그렇게 한다), 이렇게 하면 스레드의 ID에 대해서는 관심이 없다고 함수에게 알려주게 된다.

section 05 스레드의 종료

스레드는 4가지 방법으로 종료될 수 있다.

- 스레드 함수가 반환된다. (이 방법을 강력히 추천한다.)
- 스레드 함수 내에서 ExitThread 함수를 호출한다. (이 방법은 피하는 것이 좋다.)
- 동일한 프로세스나 다른 프로세스에서 TerminateThread 함수를 호출한다. (이 방법도 피하는 것이 좋다.)
- 스레드가 포함된 프로세스가 종료된다. (이 방법도 피하는 것이 좋다.)

이번 절에서는 스레드를 종료하는 4가지 방법에 대해 알아보고, 스레드가 종료될 때 어떤 일이 일어나는지에 대해서도 알아보자.

◀ 스레드 함수 반환

스레드를 종료하려는 경우 항상 스레드 함수가 반환되도록 설계하는 것이 좋다. 이것은 스레드가 사용한 자원을 적절하게 정리할 수 있는 유일한 방법이기도 하다.

스레드 함수가 반환되면 다음과 같은 작업이 수행된다.

- 스레드 함수 내에서 생성한 모든 C++ 오브젝트들은 파괴자를 통해 적절히 제거된다.
- 운영체제는 스레드 스택으로 사용하였던 메모리를 반환한다.
- 시스템은 스레드의 종료 코드를 스레드 함수의 반환 값으로 설정한다(이 값은 스레드 커널 오브젝트 내에 저장된다).
- 시스템은 스레드 커널 오브젝트의 사용 카운트를 감소시킨다.

◁ ExitThread 함수

ExitThread 함수를 호출하여 스레드를 강제로 종료할 수 있다.

```
VOID ExitThread(DWORD dwExitCode);
```

이 함수는 스레드를 강제로 종료하고 운영체제가 스레드에서 사용했던 모든 운영체제 리소스를 정리하도록 한다. 하지만 C/C++ 리소스(C++ 클래스 오브젝트와 같은)는 정리되지 않는다. 따라서 Exit-Thread 함수를 호출하기보다는 스레드 함수를 반환하도록 코드를 작성하는 것이 더 좋다. (이에 대한 자세한 설명은 156쪽의 "ExitProcess 함수" 절을 보기 바란다.)

물론 ExitThread 함수의 dwExitCode 매개변수를 이용하여 스레드의 종료 코드를 설정할 수 있다. ExitThread 함수는 반환되지 않는 함수이기 때문에 이후에 나오는 코드는 수행되지 않는다.

> 스레드를 종료하는 가장 좋은 방법이 스레드 함수를 단순히 반환하는 것이긴 하지만, 이번 절에서 설명하는 윈도우 함수인 ExitThread를 이용하여 스레드를 종료할 수 있다는 점도 알고 있어야 한다. 만일 C/C++로 코드를 작성하는 경우라면 ExitThread를 사용하는 대신 C/C++ 런타임 라이브러리 함수인 _endthreadex 함수를 사용하는 것이 좋다. 만일 마이크로소프트 C/C++ 컴파일러를 사용하지 않는다면 여러분이 사용하는 컴파일러의 제작사는 ExitThread를 대체하는 자체적인 함수를 제공할 것이다. 사용자는 반드시 그러한 함수를 사용해야 한다. 나중에 _endthreadex가 어떤 작업을 수행하며 왜 그것이 중요한지에 대해 설명할 것이다.

◻ TerminateThread 함수

TerminateThread 함수를 호출하여 스레드를 종료할 수도 있다.

```
BOOL TerminateThread(
    HANDLE hThread,
    DWORD dwExitCode);
```

ExitThread 함수가 이 함수를 호출하는 스레드를 종료하는 것과는 다르게 TerminateThread 함수는 어떠한 스레드라도 종료할 수 있다. hThread 매개변수는 종료할 스레드의 핸들을 가리킨다. 스레드가 종료되면 스레드의 종료 코드는 dwExitCode 매개변수로 전달한 값으로 설정되고 스레드 커널 오브젝트의 사용 카운트는 감소한다.

 TerminateThread 함수는 비동기 함수다. 즉, 이 함수를 호출하여 스레드를 종료하려 시도하는 경우에도 함수가 반환되기 이전에 해당 스레드가 종료되었음을 보장할 수 없다는 것이다. 만일 정확히 스레드가 종료되는 시점을 알고 싶다면 WaitForSingleObject(9장에서 설명)나 이와 유사한 함수에 스레드 핸들을 전달하면 된다.

잘 설계된 애플리케이션이라면 절대로 이 함수를 호출하지 않을 것이다. 이 함수를 호출하면 종료될 스레드는 자신이 곧 종료될 것이라는 사실을 전달받지 못하기 때문에 적절한 정리 작업을 수행할 수도 없고, 종료 자체를 회피할 수 있는 방법도 없다.

 스레드가 반환을 통해 혹은 ExitThread 함수를 호출해서 종료되는 경우라면 스레드가 사용하던 스택이 정상적으로 정리된다. 하지만 TerminateThread 함수를 사용하면 시스템은 종료된 스레드를 소유하고 있던 프로세스가 살아 있는 동안 그 스레드가 사용하였던 스레드 스택을 정리하지 않는다. 마이크로소프트는 만일 다른 스레드가 강제적으로 종료된 스레드의 스택을 참조하는 경우에도 접근 위반을 유발하지 않도록 TerminateThread를 이와 같이 구현했다. 종료된 스레드의 스택을 메모리 상에 그대로 남겨둠으로써 다른 스레드는 그나마 정상적으로 수행될 수 있다.

또한 일반적으로 스레드가 종료되면 DLL(dynamic-link library)은 스레드 종료 통지를 받게 되지만, TerminateThread를 사용하여 스레드를 강제 종료하면 DLL은 어떠한 통지도 전달받지 못하기 때문에 적절한 정리 작업을 수행하지 못할 수도 있다. (20장 "DLL의 고급 기법"에서 자세히 알아볼 것이다.)

4 프로세스가 종료되면

4장에서 알아본 ExitProcess와 TerminateProcess 함수를 호출하는 경우에도 스레드는 종료된다. 차이점이라면 이러한 함수들을 호출하면 프로세스가 소유하고 있던 모든 스레드가 종료된다는 것이다. 물론 전체 프로세스가 종료되기 때문에 프로세스가 사용하던 리소스들도 모두 정리된다. 따라서 스레드들이 사용하던 스택들도 정리될 것이다. 프로세스를 강제 종료하면 프로세스 내에 남아 있는 스레드들에 대해 각각 TerminateThread 함수가 호출된다. 이와 같이 프로세스를 종료하게 되면 C++ 파괴자가 호출되지도 못하고 디스크로 자료를 저장하는 등의 적절한 정리 작업도 수행되지 못한다.

이 장의 서두에서 말한 바와 같이 애플리케이션의 진입점 함수^{entry point function}가 반환되면 C/C++ 런타임 라이브러리의 시작 코드는 ExitProcess를 호출하게 된다. 만일 애플리케이션 내에서 여러 개의 스레드가 동시에 수행 중이었다면, 주 스레드가 종료되기 전에 각각의 스레드들에 대해 적절한 정리 작업이 수행되어야 할 것이다. 그렇지 않으면 수행 중인 다른 스레드들이 갑작스럽게 그리고 조용히 종료될 것이다.

5 스레드가 종료되면

스레드가 종료되면 다음과 같은 작업들이 수행된다.

- 스레드가 소유하고 있던 모든 유저 오브젝트 핸들이 삭제된다. 윈도우에서는 대부분의 오브젝트들이 스레드에 의해 생성되지만 (오브젝트를 생성한 스레드를 포함하고 있는) 프로세스에 의해 소유된다. 그런데 윈도우와 윈도우 훅 두 개의 사용자 오브젝트는 스레드에 의해 소유된다. 스레드가 종료되면 시스템은 자동적으로 해당 스레드가 생성한 윈도우를 파괴하고, 설치한 윈도우 훅을 제거한다. 다른 형태의 오브젝트들은 모두 소유하고 있는 프로세스가 종료되는 시점에 파괴된다.
- 스레드의 종료 코드는 STILL_ACTIVE에서 ExitThread나 TerminateThread에서 지정한 종료 코드로 변경된다.
- 스레드 커널 오브젝트의 상태가 시그널 상태로 변경된다.
- 종료되는 스레드가 프로세스 내의 마지막 활성 스레드라면 시스템은 프로세스도 같이 종료되어야 하는 것으로 간주한다.
- 스레드 커널 오브젝트의 사용 카운트가 1만큼 감소한다.

스레드가 종료된다 하더라도 스레드 커널 오브젝트는 핸들을 삭제하지 않는 이상 자동적으로 파괴되지 않는다.

스레드가 일단 종료되고 나면 시스템에는 해당 스레드 핸들로 수행할 수 있는 작업이 많지 않다. 다른 스레드들은 GetExitCodeThread 함수를 이용하여 종료된 스레드의 종료 코드를 획득해 오는 정도의 작업을 수행할 수 있다.

```
BOOL GetExitCodeThread(
    HANDLE hThread,
    PDWORD pdwExitCode);
```

종료 코드^{exit code}는 pdwExitCode가 가리키는 DWORD 포인터를 통해 값을 반환한다. GetExit-CodeThread를 호출하였을 때 스레드가 미처 종료되지 않았다면 DWORD 값으로 STILL_ACTIVE (0x103으로 정의된) 값이 반환될 것이다. 함수가 성공적으로 호출되면 TRUE 값이 반환될 것이다. (9

장에서 스레드의 종료 여부를 확인하기 위해 어떻게 스레드 핸들을 사용하는지에 대해 좀 더 자세히 알아볼 것이다.)

지금까지 어떻게 스레드 함수를 구현하는지와 어떻게 시스템이 스레드를 생성하고 스레드 함수를 호출하는지에 대해 설명하였다. 이번 절에서는 시스템의 내부 구조를 살펴보기로 하자.

[그림 6-1]은 시스템이 스레드를 생성하고 초기화하기 위해 어떤 작업을 수행하는지를 보여주고 있다.

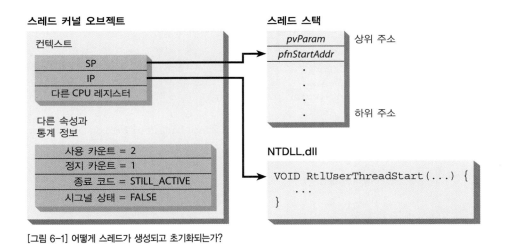

[그림 6-1] 어떻게 스레드가 생성되고 초기화되는가?

어떤 작업들이 수행되는지를 정확하게 이해하기 위해 위 그림을 면밀하게 들여다보자. CreateThread 함수가 호출되면 시스템은 스레드 커널 오브젝트를 생성한다. 이 오브젝트는 초기 사용 카운트로 2를 가진다. (스레드 커널 오브젝트는 스레드가 종료되고 CreateThread 함수가 반환한 핸들이 제거될 때까지 파괴되지 않는다.) 스레드 커널 오브젝트의 다른 속성들도 초기화된다: 정지 카운트는 1로, 종료 코드는 STILL_ACTIVE(0x103)로, 오브젝트의 상태는 논시그널 non-signal 로 각각 초기화된다.

스레드 커널 오브젝트가 생성되면 시스템은 스레드 스택으로 활용할 메모리 공간을 할당한다. 스레드는 자신만의 가상 메모리 공간을 가지지 않으므로 스택으로 활용할 메모리는 프로세스의 주소 공간으로부터 할당된다. 이후 시스템은 새로 생성된 스레드 스택의 가장 상위에 두 개의 값을 기록한다. (스레드 스택은 항상 상위 메모리로부터 하위 메모리 순으로 사용된다.) 스택에 쓰여진 첫 번째 값은 CreateThread 함수 호출 시 전달된 pvParam 매개변수 값이며, 두 번째 값은 마찬가지로 CreateThread 함수 호출 시 전달된 pfnStartAddr 매개변수의 값이다.

각 스레드는 자신만의 CPU 레지스터 세트를 가지는데, 이를 스레드 컨텍스트라고 부른다. 이러한 컨텍스트는 스레드가 마지막으로 수행되었을 당시의 스레드의 CPU 레지스터 값을 가지고 있다. 스레드의 CPU 레지스터 세트는 CONTEXT 구조체(WinNT.h 헤더 파일에 정의되어 있다) 형태로 스레드 커널 오브젝트 내에 저장된다.

인스트럭션 포인터 instruction pointer(IP) 레지스터와 스택 포인터 stack pointer(SP) 레지스터는 스레드 컨텍스트에 저장되는 값 중에서 가장 중요한 레지스터다. 스레드는 항상 프로세스의 컨텍스트 내부에서 수행된다는 사실을 기억하기 바란다. 이런 이유로 두 레지스터의 값은 프로세스 메모리 공간 상의 특정 위치를 가리키고 있다. 스레드 커널 오브젝트가 초기화되면 CONTEXT 구조체 내의 스택 포인터 레지스터는 pfnStartAddr를 저장하고 있는 스레드 스택의 주소로 설정된다. 인스터럭션 포인터 레지스터는 NTDLL.dll 모듈이 익스포트 export하고 있는 RtlUserThreadStart라는 문서화되지 않은 함수의 주소를 가리키도록 설정된다. [그림 6-1]에 그 내용을 나타내었다.

아래에 RtlUserThreadStart가 기본적으로 수행하는 작업을 나타내었다.

```
VOID RtlUserThreadStart(PTHREAD_START_ROUTINE pfnStartAddr, PVOID pvParam) {
    __try {
        ExitThread((pfnStartAddr)(pvParam));
    }
    __except(UnhandledExceptionFilter(GetExceptionInformation())) {
        ExitProcess(GetExceptionCode());
    }
    // 주의: 이 부분은 수행되지 않는다.
}
```

스레드의 초기화가 완료되면 시스템은 CreateThread 함수 호출 시 CREATE_SUSPENDED 플래그가 전달되었는지 확인한다. 만일 이 플래그가 전달되지 않았다면 시스템은 스레드의 정지 카운트를 0으로 감소시켜 스레드가 프로세서에 스케줄될 수 있도록 한다. 스레드가 CPU 시간을 얻으면 시스템은 스레드 컨텍스트에 마지막으로 저장된 값을 CPU 레지스터로 로드한다. 그러면 스레드는 프로세스 주소 공간 내에 있는 코드를 수행하고 데이터를 변경하는 등의 작업을 수행하게 된다.

새로운 스레드의 인스트럭션 포인터가 RtlUserThreadStart로 설정되어 있기 때문에, 이 함수는 스레드가 실질적으로 수행하는 최초 위치가 된다. RtlUserThreadStart 함수의 원형을 보면 두 개의 매개변수를 취하고 다른 함수에 의해 호출되는 구조라고 생각되지만 사실 그렇지 않다. 새로운 스레드가 생성되면 이 함수로부터 코드를 수행하는 것은 맞다. RtlUserThreadStart는 두 개의 매개변수에 접근할 수 있으므로 마치 다른 함수에 의해 호출된 것처럼 생각된다. 하지만 이 매개변수들은 함수의 호출 과정에서 스레드 스택에 삽입된 것이 아니라 운영체제가 임의로 스레드 스택에 삽입한 값이다. (보통의 경우 매개변수는 스레드 스택을 통해 전달된다). 몇몇 CPU 아키텍처에서는 스택을 사용하는 대신 CPU 레지스터를 통해 매개변수를 전달하는 경우도 있는데, 이 경우 스레드가 RtlUserThreadStart 함수를 호출하기 전에 시스템은 레지스터를 적절히 초기화한다.

새로운 스레드가 RtlUserThreadStart 함수를 호출하면 다음과 같은 작업이 수행된다.

- 스레드 함수 내에서 예외가 발생했을 경우 시스템이 제공하는 기본적인 예외 처리 코드를 수행할 수 있도록 구조적 예외 처리 structured exception handling(SEH) 프레임이 설정된다. (23장 "종료 처리기", 24장 "예외 처리기와 소프트웨어 예외", 25장 "처리되지 않은 예외, 벡터화된 예외 처리, 그리고 C++ 예외"에서 구조적인 예외 처리에 대해서 자세히 다룬다.)
- 시스템은 CreateThread 함수 호출 시에 전달한 pvParam 매개변수로 스레드 함수를 호출한다.
- 스레드 함수가 반환되면 RtlUserThreadStart 함수는 스레드 함수가 반환한 값을 인자로 ExitThread 함수를 호출한다. 스레드 커널 오브젝트의 사용 카운트는 감소되고, 스레드는 수행을 종료한다.
- 만일 스레드가 예외를 유발하고 이러한 예외가 처리되지 않으면 RtlUserThreadStart 함수가 설정한 SEH 프레임이 예외를 처리하게 된다. 이때 사용자에게 메시지 박스를 출력하는데, 사용자가 프로그램 닫기 dismiss를 선택하면 RtlUserThreadStart는 ExitProcess를 호출하여 예외를 유발한 스레드뿐만 아니라 전체 프로세스를 종료시켜 버린다.

RtlUserThreadStart 내에서 스레드가 ExitThread나 ExitProcess를 호출한다는 사실에 주목하기 바란다. 이 말은 결국 스레드는 RtlUserThreadStart로부터 반환되지 못하고 내부적으로 종료된다는 것이다. RtlUserThreadStart 함수는 절대 반환되지 않는 함수이기 때문에 반환형은 VOID다.

RtlUserThreadStart 함수가 있기 때문에 우리가 작성한 스레드 함수는 반환될 수 있다. RtlUserThreadStart 함수가 스레드 함수를 호출할 때 복귀 주소를 스택에 삽입하여 스레드 함수가 반환 시 어디로 돌아가야 할지를 알 수 있게 해 준다. 하지만 RtlUserThreadStart 함수는 반환되지 않는다. 만일 RtlUserThreadStart 함수가 스레드를 종료하지 않고 반환을 시도하게 되면 스레드 스택에 반환 주소가 저장되어 있지 않기 때문에 엉뚱한 메모리 위치로 돌아가려고 시도하게 될 것이고, 이는 항상 접근 위반 access violation을 유발하게 된다.

프로세스의 주 스레드가 초기화되면 인스트럭션 포인터 instruction pointer는 RtlUserThreadStart라는 문서화되지 않은 함수를 가리키도록 초기화된다.

RtlUserThreadStart 함수는 C/C++ 런타임 라이브러리의 시작 코드를 호출하여 각종 초기화를 진행하고, _tmain이나 _tWinMain과 같은 진입점 함수를 호출한다. 진입점 함수가 반환되면 C/C++ 런타임 라이브러리 시작 코드는 ExitProcess를 호출한다. 따라서 C/C++ 애플리케이션의 주 스레드는 RtlUserThreadStart 함수로 절대 반환되지 않는다.

section 07 C/C++ 런타임 라이브러리에 대한 고찰

Visual Studio는 4가지의 네이티브 native C/C++ 런타임 라이브러리와 마이크로소프트 .NET을 위한 두 가지 형태의 매니지드 managed 런타임을 포함한다. 모든 라이브러리들이 멀티스레드 개발을 지원하고 있다는 점에 주목하기 바란다: 더 이상 싱글스레드 전용의 C/C++ 라이브러리는 제공되지 않는다. [표 6-1]에 Visual Studio가 제공하는 라이브러리에 대해 설명하였다.

[표 6-1] Visual Studio에 포함된 C/C++ 라이브러리

라이브러리 파일명	설명
LibCMt.lib	릴리즈 버전의 정적 링크 라이브러리
LibCMtD.lib	디버그 버전의 정적 링크 라이브러리
MSVCRt.lib	MSVCR80.dll에 대한 동적 링크를 위한 릴리즈 버전의 임포트 라이브러리
MSVCRtD.lib	MSVCR80D.dll에 대한 동적 링크를 위한 디버그 버전의 임포트 라이브러리
MSVCMRt.lib	매니지드와 네이티브 코드가 섞여 있는 경우에 사용하는 임포트 라이브러리
MSVCURt.lib	100% MSIL 코드로 컴파일된 임포트 라이브러리

어떤 형태의 프로젝트를 구현하는 경우라도, 프로젝트가 어떤 라이브러리를 링크하는지에 대해 반드시 알아두기 바란다. 라이브러리는 아래 그림과 같이 프로젝트 속성 project properties 다이얼로그 박스를 통해 선택할 수 있다. 구성 속성 Configuration Properties, C/C++, 코드 생성 Code Generation 탭, 런타임 라이브러리 Runtime Library에서 콤보 박스를 통해 4가지 런타임 라이브러리 중 하나를 선택할 수 있다.

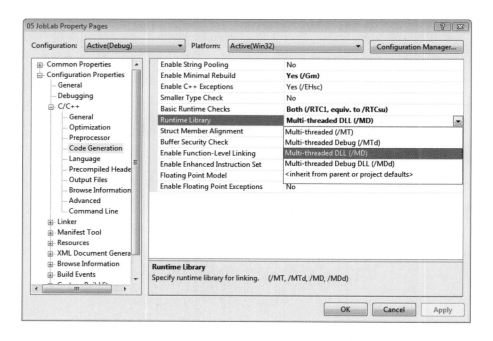

단지 두 개의 라이브러리 – 싱글스레드 애플리케이션을 위한 라이브러리와 멀티스레드 애플리케이션을 위한 라이브러리 – 만 존재했던 이전으로 잠깐 돌아가 보자. 표준 C 런타임 라이브러리는 운영체제에 스레드라는 개념이 도입되기 한참 전인 1970년대 즈음에 처음 개발되었다. 따라서 C 런타임 라이브러리 개발자는 멀티스레드 애플리케이션에서 C 런타임 라이브러리를 사용했을 때 발생하는 문제에 대해서는 전혀 고려하지 않았다. 멀티스레드 애플리케이션에서 전통적인 C 런타임 라이브러리를 사용하였을 때 어떠한 문제가 발생할 수 있는지에 대해 잠깐 알아보자.

표준 C 런타임 라이브러리에 있는 errno라는 전역변수에 대해 생각해 보자. 몇몇 함수들은 에러가 발생하면 이 변수에 에러 코드를 설정하도록 작성되었다. 다음 코드를 보자.

```
BOOL fFailure = (system("NOTEPAD.EXE README.TXT") == -1);

if (fFailure) {
   switch (errno) {
   case E2BIG:     // 인자의 개수가 너무 많다.
      break;
   case ENOENT:    // 명령을 해석할 수 없다.
      break;
   case ENOEXEC:   // 명령이 잘못된 구조다.
      break;
   case ENOMEM:    // 명령을 수행하는 데 필요한 메모리 공간이 부족하다.
      break;
   }
}
```

현재 수행 중인 스레드가 system 함수를 호출하고 if 문장이 수행되기 직전에 인터럽트되었다고 해보자. 이후 동일 프로세스 내에서 수행 중인 두 번째 스레드가 수행되고 이 스레드가 다른 C 런타임 함수를 호출하여 errno 전역변수 값을 바꿔버릴 수 있다. 이후 첫 번째 스레드가 계속 수행되면 errno 값은 system 함수를 호출하였을 때 설정된 에러 코드가 아닌 다른 값을 가지게 될 것이다. 이 문제를 해결하려면 각각의 스레드가 자신만의 errno 변수를 가지고 있어야 한다. 또한 특정 스레드가 자신의 errno 변수에는 접근할 수 있으나 다른 스레드의 errno 변수에는 접근하지 못하는 메커니즘이 필요하다.

이것은 표준 C/C++ 런타임 라이브러리가 멀티스레드 애플리케이션에서 사용 가능하도록 작성되지 않았음을 보여주는 한 가지 예에 불과하다. C/C++ 런타임 라이브러리의 각종 변수와 함수들은 멀티스레드 환경에서는 많은 문제점을 드러내게 된다. 이러한 변수와 함수들로는 errno, _doserrno, strtok, _wcstok, strerror, _strerror, tmpnam, tmpfile, asctime, _wasctime, gmtime, _ecvt, _fcvt 등이 있다.

멀티스레드 기반의 C/C++ 프로그램이 정상적으로 동작하려면 C/C++ 런타임 라이브러리 함수들을 사용하는 각 스레드별로 적절한 구조의 데이터 블록을 생성해야 한다. 또한 C/C++ 런타임 라이브러리 함수는 다른 스레드들로부터 영향을 받지 않도록 자신을 호출한 스레드의 데이터 블록에만 접근 가능해야 한다.

그렇다면 운영체제는 새로운 스레드가 생성되었을 때 어떻게 새로운 데이터 블록을 할당해야 할지 알 수 있을까? 답은 '모른다' 이다. 시스템은 애플리케이션이 C/C++로 개발되었는지, 멀티스레드 환경에서 안전한 함수가 호출되었는지에 대해 전혀 알지 못한다. 따라서 개발자는 이 모든 것이 정상적으로 수행될 수 있도록 해 주어야 할 막중한 책임이 있다. 새로운 스레드를 생성할 때는 운영체제가 제공하는 CreateThread 함수를 절대로 호출하지 말고, 대신 C/C++ 런타임 라이브러리^{run-time library}가 제공하고 있는 _beginthreadex 함수를 호출해야만 한다.

```
unsigned long _beginthreadex(
    void *security,
    unsigned stack_size,
    unsigned (*start_address)(void *),
    void *arglist,
    unsigned initflag,
    unsigned *thrdaddr);
```

_beginthreadex 함수는 CreateThread 함수와 동일한 매개변수를 가지고 있지만 매개변수의 이름과 형태가 정확히 일치하지는 않는다. 이는 마이크로소프트의 C/C++ 런타임 라이브러리 개발팀이 C/C++ 런타임 라이브러리가 윈도우의 자료형에 의존성을 가지지 않도록 개발되어야 한다고 믿었기 때문이다. _beginthreadex 함수의 반환 값은 CreateThread와 마찬가지로 새로 생성된 스레드의 핸들 값을 반환한다. 따라서 소스 코드 내에서 CreateThread를 호출하는 코드를 쉽게 _beginthreadex로 대체할 수 있다. 하지만 자료형이 정확하게 일치하지는 않기 때문에 컴파일러가 경고를 유발하지 않도록 형변환^{casting}을 명시적으로 수행해 주는 것이 좋다. 이러한 변경 작업을 좀 더 쉽게 하기 위해 아래와 같은 chBEGINTHREADEX 매크로를 작성해 보았다.

```
typedef unsigned (__stdcall *PTHREAD_START) (void *);

#define chBEGINTHREADEX(psa, cbStack, pfnStartAddr, \
    pvParam, fdwCreate, pdwThreadID)                 \
        ((HANDLE) _beginthreadex(                     \
            (void *) (psa),                           \
            (unsigned) (cbStackSize),                 \
            (PTHREAD_START) (pfnStartAddr),           \
            (void *) (pvParam),                       \
            (unsigned) (dwCreateFlags),               \
            (unsigned *) (pdwThreadID)))
```

마이크로소프트는 C/C++ 런타임 라이브러리의 소스 코드를 Visual Studio와 같이 배포하기 때문에 _beginthreadex가 CreateThread에 비해 어떤 작업을 추가적으로 수행하는지에 대해 정확히 알 수 있다. 실제로 Visual Studio가 설치되어 있는 폴더 아래의 VC\crt\src\Threadex.c 파일을 찾아보면 _beginthreadex의 소스 코드를 볼 수 있다. 소소 코드를 그대로 옮기기보다는 중요한 부분만을 발췌하여 슈도코드 pseudocode 형태로 옮겨보았다.

```
uintptr_t __cdecl _beginthreadex (
   void *psa,
   unsigned cbStackSize,
   unsigned (__stdcall * pfnStartAddr) (void *),
   void * pvParam,
   unsigned dwCreateFlags,
   unsigned *pdwThreadID) {

   _ptiddata ptd;           // 스레드의 데이터 블록을 가리키는 포인터
   uintptr_t thdl;          // 스레드 핸들

   // 새로운 스레드에서 사용할 데이터 블록 할당
   if ((ptd = (_ptiddata)_calloc_crt(1, sizeof(struct _tiddata))) == NULL)
      goto error_return;

   // 데이터 블록 초기화
   initptd(ptd);

   // 사용자가 지정한 스레드 함수와 스레드 함수에 전달할 매개변수를
   // 해당 스레드의 데이터 블록 내에 저장한다.
   ptd->_initaddr = (void *) pfnStartAddr;
   ptd->_initarg = pvParam;
   ptd->_thandle = (uintptr_t)(-1);

   // 새로운 스레드를 생성한다.
   thdl = (uintptr_t) CreateThread((LPSECURITY_ATTRIBUTES)psa, cbStackSize,
      _threadstartex, (PVOID) ptd, dwCreateFlags, pdwThreadID);
   if (thdl == 0) {
   // 스레드가 생성되지 않았다면 정리 작업을 수행하고 에러를 반환한다.
      goto error_return;
   }

   // 스레드를 생성하는 데 성공하였으며, 스레드 핸들 값을 unsigned long 타입으로 반환한다.
   return(thdl);

error_return:
   // 에러: 데이터 블록이나 스레드가 생성되지 못했다.
```

```
        // 만일 CreateThread를 호출하는 과정에서 무엇인가 잘못되었다면
        // GetLastError()는 errno에 저장된 값을 가리키게 된다.

        _free_crt(ptd);
        return((uintptr_t)0L);
    }
```

아래에 _beginthreadex 구현부에서 주목해야 할 부분을 나타냈다.

- 각 스레드는 C/C+ 런타임 라이브러리 힙에 _tiddata 메모리 블록을 가진다.
- _beginthreadex 함수에 전달된 스레드 함수의 주소는 _tiddata 메모리 블록 내에 저장된다. (_tiddata 구조체는 Mtdll.h 파일 내에서 확인할 수 있다.) 흥미를 위해 아래에 구조체의 정의를 옮겨보았다. 스레드 함수에 전달할 매개변수 또한 _tiddata 메모리 블록에 저장된다.
- _beginthreadex는 내부적으로 CreateThread를 호출한다. 이것은 운영체제에게 새로운 스레드를 생성하도록 명령하는 유일한 방법이다.
- CreateThread가 호출되면 _beginthreadex의 pfnStartAddr 매개변수로 전달한 스레드 함수가 아니라 _threadstartex라는 함수가 수행하게 된다. 또한 스레드 함수[thread function]로 전달할 매개변수도 _beginthreadex에 전달한 pvParam이 아니라 _tiddata 구조체의 주소다.
- 정상적인 경우 _beginthreadex는 CreateThread와 동일하게 스레드 핸들을 반환한다. 만일 문제가 발생하면 0을 반환한다.

```
struct _tiddata {
    unsigned long    _tid;        /* 스레드 ID */

    unsigned long    _thandle;    /* 스레드 핸들 */

    int    _terrno;                  /* errno 값 */
    unsigned long    _tdoserrno;  /* _doserrno 값 */
    unsigned int     _fpds;       /* 플로팅 포인트 데이터 세그먼트 */
    unsigned long    _holdrand;   /* rand() 씨드 값 */
    char*            _token;      /* strtok()에서 사용하는 토큰을 가리키는 포인터 */
    wchar_t*         _wtoken;     /* wcstok()에서 사용하는 토큰을 가리키는 포인터 */
    unsigned char*   _mtoken;     /* _mbstok()에서 사용하는 토큰을 가리키는 포인터 */

    /* 다음 포인터들은 런타임에 malloc을 호출하여 할당된다. */
    char*       _errmsg;
                    /* strerror()/_strerror()에서 사용하는 버퍼를 가리키는 포인터 */
    wchar_t*    _werrmsg;
                    /* _wcserror()/__wcserror()에서 사용하는 버퍼를 가리키는 포인터 */
    char*       _namebuf0;    /* tmpnam()에서 사용하는 버퍼를 가리키는 포인터 */
    wchar_t*    _wnamebuf0;   /* _wtmpnam()에서 사용하는 버퍼를 가리키는 포인터 */
```

```
    char*      _namebuf1;        /* tmpfile()에서 사용하는 버퍼를 가리키는 포인터 */
    wchar_t*   _wnamebuf1;       /* _wtmpfile()에서 사용하는 버퍼를 가리키는 포인터 */
    char*      _asctimebuf;      /* asctime()에서 사용하는 버퍼를 가리키는 포인터 */
    wchar_t*   _wasctimebuf;     /* _wasctime()에서 사용하는 버퍼를 가리키는 포인터 */
    void*      _gmtimebuf;       /* gmtime()에서 사용하는 구조체를 가리키는 포인터 */
    char*      _cvtbuf;          /* ecvt()/fcvt()에서 사용하는 버퍼를 가리키는 포인터 */

    unsigned char _con_ch_buf[ MB_LEN_MAX ];
                                 /* putch()에서 사용하는 버퍼를 가리키는 포인터 */
    unsigned short _ch_buf_used; /* 만일 _con_ch_buf가 사용된다면 */

    /* 다음 필드는 _beginthread 코드에 의해서 사용된다. */
    void*      _initaddr;        /* 사용자가 지정한 스레드 함수를 가리키는 포인터 */
    void*      _initarg;         /* 사용자가 지정한 스레드 함수에 전달할 인자 */

    /* 다음의 3개의 필드는 signal 처리와 런타임 에러를 지원하기 위해 필요하다. */
    void*      _pxcptacttab;     /* 예외-수행 테이블을 가리키는 포인터 */
    void*      _tpxcptinfoptrs;  /* 예외 정보 포인터들을 가리키는 포인터 */
    int        _tfpecode;        /* 플로팅 포인터 예외 코드 */

    /* 스레드 내에서 사용하는 멀티바이트 문자열의 복사본을 가리키는 포인터 */
    pthreadmbcinfo ptmbcinfo;

    /* 스레드 내에서 사용하는 로케일 정보의 복사본을 가리키는 포인터 */
    pthreadlocinfo ptlocinfo;
    int        _ownlocale;       /* 이 값이 1이면 스레드가 자신만의 로케일을 가짐 */

    /* 다음 필드는 NLG 루틴에 의해 사용됨 */
    unsigned long _NLG_dwCode;

    /*
    /* C++ 예외 처리를 위한 스레드별 데이터 */
    /*
    void*      _terminate;       /* terminate() 루틴 */
    void*      _unexpected;      /* unexpected() 루틴 */
    void*      _translator;      /* S.E. 번역기 */
    void*      _purecall;        /* 순수 가상 함수 호출 시 호출됨 */
    void*      _curexception;    /* 현재 발생한 예외 */
    void*      _curcontext;      /* 현재 발생한 예외의 컨텍스트 */
    int        _ProcessingThrow; /* uncaught_exception을 위해 존재함 */
    void*      _curexcspec;      /* std::unexpected에서 유발한 예외 처리 */
#if defined (_M_IA64) || defined (_M_AMD64)
    void*      _pExitContext;
    void*      _pUnwindContext;
```

```
          void*       _pFrameInfoChain;
      unsigned __int64 _ImageBase;
#if defined (_M_IA64)
      unsigned __int64 _TargetGp;
#endif   /* defined (_M_IA64) */
      unsigned __int64 _ThrowImageBase;
          void*       _pForeignException;
#elif defined (_M_IX86)
          void*       _pFrameInfoChain;
#endif /* defined (_M_IX86) */
      _setloc_struct _setloc_data;

      void*       _encode_ptr;            /* EncodePointer() 루틴 */
      void*       _decode_ptr;            /* DecodePointer() 루틴 */

      void*       _reserved1;             /* 예약됨 */
      void*       _reserved2;             /* 예약됨 */
      void*       _reserved3;             /* 예약됨 */

      int _        cxxReThrow;            /* C++ 예외를 다시 발생시키는 경우 True로 설정 */

      unsigned long __initDomain;
                          /* 매니지드 함수를 _beginthread[ ex] 에서 사용 시 초기 도메인 */
};

      typedef struct _tiddata * _ptiddata;
```

새로 생성된 스레드를 위해 _tiddata 구조체가 할당되고 초기화된다는 것을 알았다. 그렇다면 이 구조체가 각 스레드와 어떻게 연결되는지에 대해 알 필요가 있다. _threadstartex 함수에 대해 살펴보자 (이 함수는 C/C++ 런타임 라이브러리의 Threadex.c 파일 내에 있다). 아래에 __callthreadstartex 헬퍼 함수와 함께 _threadstartex 함수의 슈도코드 버전도 같이 나타내었다.

```
static unsigned long WINAPI _threadstartex (void* ptd) {
    // 주의: ptd는 스레드의 _tiddata 블록의 주소를 가지고 있다.

    // 이 스레드와 연관된 _tiddata는 _callthreadstartex 내에서
    // _getptd() 함수를 호출하여 얻을 수 있다.
    TlsSetValue(__tlsindex, ptd);

    // _tiddata 블록 내에 현재 스레드의 ID를 저장한다.
    ((_ptiddata) ptd)->_tid = GetCurrentThreadId();

    // 헬퍼 함수를 호출하여 플로팅 포인트에 대한 초기화를 수행한다.
    // (코드에는 나타나 있지 않다.)
```

```
            _callthreadstartex();

            // 아래 문장은 절대 실행되지 않는다. 스레드는 _callthreadstartex 내에서 종료된다.
            return(0L);
        }

        static void _callthreadstartex(void) {
            _ptiddata ptd; /* 스레드의 _tiddata 구조체를 가리키는 포인터 */

            // TLS로부터 스레드 데이터를 가리키는 포인터를 얻어온다.
            ptd = _getptd();

            // 런타임 에러와 signal 함수를 처리할 수 있도록 SEH 프레임으로
            // 사용자가 지정한 스레드 함수의 호출부를 둘러싼다.
            __try {
                // 사용자가 전달한 매개변수로 사용자 정의 스레드 함수를 호출한다.
                // 스레드의 반환 값으로 _endthreadex를 호출하여 스레드 종료 코드를 설정한다.
                _endthreadex(
                    ( (unsigned (WINAPI *)(void *))(((_ptiddata)ptd)->_initaddr) )
                        ( ((_ptiddata)ptd)->_initarg ) ) ;
            }
            __except( _XcptFilter(GetExceptionCode(), GetExceptionInformation())){
                // C 런타임 예외 처리기는 런타임 에러와 signal 함수를 처리한다.
                // 이 부분은 호출되지 않도록 하는 것이 좋다.
                _exit(GetExceptionCode());
            }
        }
```

아래에 _threadstartex에서 주목해야 할 부분을 나타내었다.

- 새로 생성된 스레드는 RtlUserThreadStart(NTDLL.dll 내에 있는)를 호출하고 곧 _threadstartex로 진입한다.

- _threadstartex로는 새로 생성된 스레드의 _tiddata 블록을 가리키는 주소가 매개변수로 전달된다.

- TlsSetValue는 이 함수를 호출하는 스레드와 매개변수로 전달되는 값을 연계associate시키는 운영체제 함수다. 이러한 값이 저장되는 공간을 스레드 지역 저장소thread local storage(TLS)라고 하는데 21장 "스레드 지역 저장소"에서 다루게 된다. _threadstartex 함수는 새로 생성된 스레드와 _tiddata 블록을 연계시킨다.

- 아무런 인자도 전달받지 않는 _callthreadstartex 함수 내에서는 사용자가 지정한 스레드 함수의 호출부를 둘러싸는 SEH 프레임을 구성한다. 이 프레임은 런타임 라이브러리와 관련된 많은 작업들을 수행하는데, 예를 들어 런타임 에러(처리되지 않은 C++ 예외)와 C/C++ 런타임 라이브러리의 signal 함수가 정상 동작하도록 작업을 수행한다. 이 부분은 매우 중요한데, 만일 CreateThread 함수를 이용

하여 스레드를 생성한 후 C/C++ 런타임 라이브러리가 제공하는 signal 함수를 호출하게 되면 이 함수는 정상 동작하지 않는다.

- 사용자 정의 스레드 함수가 사용자가 전달한 매개변수 값으로 호출된다. 스레드 함수의 주소와 매개변수 값은 _beginthreadex 함수 내에서 TLS에 저장하였던 _tiddata 블록을 _callthreadstartex 함수 내에서 가져와서 사용한다.

- 사용자가 지정한 스레드 함수의 반환 값은 스레드의 종료 코드가 된다. _callthreadstartex는 단순히 _threadstartex로 반환되고, 계속해서 RtlUserThreadStart로 반환되는 구조가 아님에 주목할 필요가 있다. 만일 그렇게 되면 스레드는 종료되고, 스레드의 종료 코드는 올바르게 설정될지 모르겠지만, _tiddata 메모리 블록은 해제되지 않을 것이다. 이것은 애플리케이션에서 메모리 누수를 발생시킨다. 이러한 메모리 누수를 일으키지 않기 위해 _endthreadex라는 C/C++ 런타임 라이브러리 함수가 제공되며, 이 함수는 매개변수로 스레드 종료 코드를 전달받는다.

마지막으로 알아볼 함수는 _endthreadex이다(이 함수 또한 C 런타임 라이브러리의 Threadex.c 파일에서 그 내용을 살펴볼 수 있다). 아래에 이 함수에 대한 슈도코드를 나타냈다.

```
void __cdecl _endthreadex (unsigned retcode) {
    _ptiddata ptd;              // 스레드 데이터 블록을 가리키는 포인터

    // 플로팅 포인트 지원에 대한 정리를 수행한다. (코드는 나타내지 않았다.)

    // 이 스레드의 _tiddata 블록의 주소를 가져온다.
    ptd = _getptd_noexit ();

    // _tiddata 블록을 해제한다.
    if (ptd != NULL)
      _freeptd(ptd);

    // 스레드를 종료한다.
    ExitThread(retcode);
}
```

_endthreadex에 대해 주목해야 할 사항을 아래에 나타냈다.

- C/C++ 런타임 라이브러리 함수인 _getptd_noexit 함수는 이 함수를 호출하는 스레드의 _tiddata 메모리 블록을 가져오기 위해 내부적으로 운영체제의 TlsGetValue 함수를 호출한다.
- _tiddata 블록이 삭제되고 운영체제의 ExitThread 함수가 호출되어 스레드를 실제로 파괴한다. 물론 이 과정에서 종료 코드가 전달되고 올바르게 설정된다.

이 장의 앞부분에서 ExitThread 함수를 사용하지 말아야 한다고 언급한 적이 있다. 이것은 절대로

부인하고 싶지 않은 사실이다. 이 함수를 호출하면 호출한 스레드는 종료되고, 현재 수행되고 있는 함수는 반환되지 않는다고 말했다. ExitThread 함수는 반환되지 않는 함수이기 때문에 우리가 생성한 C++ 오브젝트의 파괴자가 호출되지 못한다. 여기서 ExitThread 함수를 호출하지 말아야 하는 또 다른 이유를 발견할 수 있는데, 만일 이 함수가 호출되면 스레드의 _tiddata 메모리 블록이 삭제되지 않는다. 이는 모든 프로세스가 종료될 때까지 애플리케이션의 메모리 누수를 유발하게 될 것이다.

마이크로소프트 C++ 팀은 이러한 문제가 있음에도 불구하고 개발자들이 ExitThread와 같이 명시적으로 스레드를 종료하는 함수를 호출하는 것을 좋아한다는 사실을 깨달았고, 애플리케이션이 메모리 누수 없이 스레드를 종료할 수 있는 방법을 제공하기에 이르렀다. 만일 강제적으로 스레드를 종료하기를 원한다면 _endthreadex(ExitThread 대신)를 호출하여 스레드의 _tiddata 블록을 해제한 후 스레드가 종료될 수 있도록 해 주면 된다. 그럼에도 _endthreadex를 사용하는 것을 권하고 싶지는 않다.

이제 왜 C/C++ 런타임 라이브러리의 함수들이 스레드가 생성될 때마다 각기 분리된 데이터 블록을 가져야 하는지, 그리고 왜 반드시 _beginthreadex를 호출하여 이러한 데이터 블록을 할당하고, 초기화하고, 데이터 블록을 새로 생성된 스레드와 연계시켜야 하는지에 대해 이해했으리라 생각한다. 더불어 스레드가 종료될 때 _endthreadex 함수가 어떻게 데이터 블록을 삭제하는지에 대해서도 이해했으리라 생각한다.

이와 같이 데이터 블록이 초기화되고 스레드와 연계되면, 스레드별로 저장된 데이터에 접근해야 하는 C/C++ 런타임 라이브러리 함수들은 호출하는 스레드의 데이터 블록 주소를 손쉽게 획득(Tls-GetValue를 이용하여)하여 블록 내에 저장된 데이터를 이용할 수 있다. 이러한 동작은 함수를 이용할 경우에는 적절해 보이지만, errno와 같은 전역변수를 이용하는 경우에는 어떻게 이것이 가능한지 의아할 것이다. 표준 C/C++ 헤더 파일에 정의되어 있는 errno는 아래와 같이 정의되어 있다.

```
_CRTIMP extern int * __cdecl _errno(void);
#define errno (*_errno())

int* __cdecl _errno(void) {
   _ptiddata ptd = _getptd_noexit();
   if (!ptd) {
      return &ErrnoNoMem;
   } else {
      return (&ptd->_terrno);
   }
}
```

결국 errno를 사용하면 내부적으로는 C/C++ 런타임 함수인 _errno가 호출된다. 이 함수는 호출한 스레드와 연관된 데이터 블록으로부터 errno 데이터 멤버의 주소를 반환하게 된다. errno 매크로로는 반환된 주소에 저장되어 있는 값을 반환하도록 정의되어 있음에 주목할 필요가 있다. 이렇게 정의한 이유는 아래와 같이 코드를 쓰는 경우에도 정상적으로 동작되도록 하기 위해 반드시 필요하다.

```
int *p = &errno;
if (*p == ENOMEM) {
    ...
}
```

만일 _errno 함수가 단순히 errno 데이터 멤버의 값을 반환하도록 작성되었다면 앞의 코드는 컴파일되지 않을 것이다.[역자주 1]

C/C++ 런타임 라이브러리는 몇몇 함수의 동기화 관련 문제와도 연관되어 있는데, 예를 들어 두 개의 스레드가 동시에 malloc 함수를 호출하게 되면 힙은 깨지게 된다. C/C++ 런타임 라이브러리는 두 개의 스레드가 힙으로부터 동시에 메모리를 할당하는 것을 금지하고 있다. 호출한 malloc 함수로부터 첫 번째 스레드가 반환될 때까지 두 번째 스레드는 malloc 함수를 수행하지 못하고 대기 상태가 되며, 첫 번째 스레드가 반환된 이후라야 비로소 두 번째 스레드가 malloc 함수 내부로 진입할 수 있게 된다. (스레드 동기화에 대해서는 8장과 9장에서 자세히 다룬다.) 이러한 추가적인 작업들은 멀티스레드용 C/C++ 런타임 라이브러리의 성능에 영향을 미치는 것이 사실이다.

C/C++ 런타임 라이브러리의 DLL 버전은 C/C++ 런타임 라이브러리 함수를 사용하는 수행 중인 다른 애플리케이션이나 DLL과 공유될 수 있도록 작성되었다. 따라서 멀티스레드 버전의 DLL 라이브러리는 단 한 번만 로드되면 된다. C/C++ 런타임 라이브러리가 DLL 형태로 제공되기 때문에 애플리케이션(.exe 파일 형태의)과 DLL은 C/C++ 런타임 라이브러리 함수의 코드를 각각 가질 필요가 없고, 그 결과로 생성되는 파일은 좀 더 작아질 수 있다. 또한 마이크로소프트가 C/C++ 런타임 라이브러리 DLL 파일 내의 버그를 수정하게 되면 애플리케이션은 자동적으로 이러한 수정사항을 반영하게 된다.

우리가 예측할 수 있는 바와 같이, C/C++ 런타임 라이브러리의 시작 코드는 애플리케이션의 주 스레드에 대해서도 동일한 방식으로 데이터 블록을 할당하고 초기화한다. 이렇게 함으로써 애플리케이션의 주 스레드도 안전하게 C/C++ 런타임 함수를 사용할 수 있게 된다. 주 스레드가 진입점 함수로부터 반환되면 C/C++ 런타임 라이브러리는 현재 스레드와 연계된 데이터 블록을 삭제한다. 이와는 별도로 시작 코드는 구조적 예외 처리 코드를 적절히 설정하여 주 스레드 내에서 C/C++ 런타임 라이브러리의 signal 함수를 성공적으로 호출할 수 있도록 해 주고 있다.

[역자주 1] 필자의 이러한 관점이 완전히 틀렸다고 보기는 힘들다. 하지만 역자의 관점은 이와는 좀 다른데, errno와 같은 전역변수의 값을 사용자가 임의로 변경할 수 있도록 해 주기 위해 매크로를 위와 같이 정의했다고 보는 것이 좀 더 적절하다고 생각한다. 만일 _errno 함수가 값을 반환하도록 작성되었다면, _tiddata 데이터 블록 내의 errno 멤버의 값을 변경할 수 있는 방법이 없게 된다.

1 이런! 실수로 _beginthreadex 대신 CreateThread를 호출했다

만일 새로운 스레드를 생성하기 위해 C/C++ 런타임 라이브러리에서 제공하는 _beginthreadex 함수 대신 CreateThread 함수를 호출하면 어떤 문제가 발생할지 궁금할 것이다. 스레드 내에서 C/C++ 런타임 라이브러리 함수를 호출하려면 _tiddata 구조체가 필요한데, 바로 이것이 문제다. (대부분의 C/C++ 런타임 라이브러리 함수들은 스레드 안전^{thread-safe}하며 _tiddata 구조체가 필요하지 않다.) 먼저, C/C++ 런타임 라이브러리 함수는 스레드의 데이터 블록^{data block}을 가져오려고 시도할 것이다 (TlsGetValue를 호출하여). _tiddata 블록의 주소로 NULL이 반환된다면 호출하는 스레드는 그것과 연계된 _tiddata 블록을 가지지 않은 것이 된다. 이 시점에 C/C++ 런타임 함수는 호출하는 스레드에서 사용할 _tiddata 블록을 새로 할당하고 초기화한다. 물론 이러한 블록은 호출하는 스레드와 연계된다(TlsSetValue를 호출하여). 이 블록은 스레드가 수행되는 동안 계속해서 유지된다. 이제 C/C++ 런타임 함수는 스레드의 _tiddata 블록을 사용할 수 있으며, 어떠한 C/C++ 런타임 함수도 호출 가능하게 된다.

스레드는 아무런 제약사항 없이 수행될 수 있기 때문에 이것은 매우 환상적이다. 그런데 실제로는 몇 가지 문제가 있다. 첫째로, 스레드가 C/C++ 런타임 라이브러리가 제공하는 signal 함수를 사용하는 경우 구조적 예외 처리 프레임이 준비되지 않았기 때문에 이 함수를 호출하면 프로세스가 종료되어 버린다. 둘째로, 스레드가 _endthreadex를 호출하지 않고 종료되어 버리면, 데이터 블록은 삭제되지 않을 것이며, 메모리 누수가 발생하게 된다. (CreateThread를 이용하여 스레드를 생성한 사람이라면 누가 _endthreadex를 호출하도록 코드를 작성하겠는가?)

> 여러분의 모듈이 C/C++ 런타임 라이브러리의 DLL 버전을 링크하면, 해당 라이브러리는 스레드가 종료되었을 때 DLL_THREAD_DETACH 통지를 받게 되고, _tiddata 블록이 제거된다(할당되었다면). 비록 이것이 _tiddata 블록의 메모리 누수를 방지하지만, 스레드 생성 시 CreateThread 대신 _beginthreadex를 사용할 것을 강력히 권고한다.

2 절대 호출하지 말아야 하는 C/C++ 런타임 라이브러리 함수

C/C++ 런타임 라이브러리는 다음과 같은 두 개의 함수를 가지고 있다.

```
unsigned long _beginthread(
    void (__cdecl *start_address)(void *),
    unsigned stack_size,
    void *arglist);
```

그리고

```
void _endthread(void);
```

이 두 개의 함수는 _beginthreadex, _endthreadex 함수와 동일한 역할을 수행하는 이전 버전의 함수들이다. 하지만 보는 바와 같이 _beginthread 함수는 매개변수의 개수가 조금 부족하기 때문에 _beginthreadex 함수가 제공하는 모든 기능을 제공하지 못한다. 예를 들어 _beginthread는 보안 특성을 가진 스레드를 생성할 수 없으며, 일시 정지된 상태의 스레드도 생성할 수 없고, 스레드의 ID 값을 얻을 수도 없다. _endthread 함수 또한 상황이 비슷한데, 이 함수는 어떠한 매개변수도 가지지 않기 때문에 스레드의 종료 코드는 항상 0이 된다.

_endthread 함수는 정확히 그 내용을 살펴볼 수는 없지만 매우 심각한 다른 문제를 내포하고 있다. _endthread를 호출하면 ExitThread를 호출하기 직전에 새로 생성된 스레드 핸들^{thread handle}을 인자로 CloseHandle을 호출하게 된다. 왜 이것이 문제가 되는지는 다음 코드를 보면 알 수 있다.

```
DWORD dwExitCode;
HANDLE hThread = _beginthread(...);
GetExitCodeThread(hThread, &dwExitCode);
CloseHandle(hThread);
```

새롭게 생성된 스레드가 GetExitCodeThread 함수가 호출되기 이전에 종료되어 버리면 _endthread가 내부적으로 새로운 스레드 핸들을 제거해 버리기 때문에 hThread 값은 유효하지 않은 값이 된다. 말할 필요도 없이 연이어 나오는 CloseHandle은 동일한 이유로 실패할 것이다.

새롭게 제공되는 _endthreadex는 스레드 핸들을 삭제하지 않기 때문에, 앞의 코드를 _beginthread 대신 _beginthreadex를 호출하도록 수정하기만 하면 정상적으로 수행된다. 스레드 함수가 반환되면 _beginthread 함수가 _endthread를 호출하는 것과 같이 _beginthreadex는 _endthreadex를 호출한다는 것을 기억하기 바란다.

section 08 자신의 구분자 얻기

스레드가 수행되면 종종 자신의 수행 환경을 변경하기 위해 윈도우 함수를 호출해야 할 때가 있다. 예를 들어 스레드가 자신의 우선순위나 자신이 속한 프로세스의 우선순위를 변경하는 것과 같은 작업이 이와 같은 범주에 속한다. (우선순위는 7장 "스레드 스케줄링, 우선순위, 그리고 선호도"에서 논의될 것이다.) 스레드가 자신의(또는 자신이 속한 프로세스의) 수행 환경을 변경하는 것은 매우 일반적인 작업이기 때문에 윈도우 운영체제는 스레드가 자신을 소유하는 프로세스의 커널 오브젝트나 자신을 나타내는 스레드 커널 오브젝트를 손쉽게 얻을 수 있는 함수를 제공하고 있다.

```
HANDLE GetCurrentProcess();
HANDLE GetCurrentThread();
```

이 두 개의 함수는 해당 함수를 호출한 스레드를 소유하고 있는 프로세스나 스레드 자신을 나타내는 스레드 커널 오브젝트의 허위 핸들^{pseudohandle}을 반환한다. 이러한 함수는 프로세스의 커널 오브젝트 핸들 테이블에 어떠한 새로운 핸들도 생성하지 않기 때문에, 프로세스나 스레드 커널 오브젝트의 사용 카운트^{usage count}에도 영향을 미치지 않는다. 만일 이러한 허위 핸들을 CloseHandle 함수의 매개변수로 전달하면 CloseHandle 함수는 함수 호출 자체를 무시하고 FALSE를 반환한다. 이때 GetLast-Error를 호출해 보면 ERROR_INVALID_HANDLE 값을 돌려준다.

프로세스나 스레드의 핸들을 필요로 하는 윈도우 함수를 호출하는 경우 허위 핸들을 이용하면 함수는 현재 프로세스나 스레드에 대해 자신의 기능을 수행할 수 있다. 예를 들어 프로세스는 다음과 같이 GetProcessTimes 함수를 호출하여 자신의 시간 사용 정보를 획득할 수 있다.

```
FILETIME ftCreationTime, ftExitTime, ftKernelTime, ftUserTime;
GetProcessTimes(GetCurrentProcess(),
    &ftCreationTime, &ftExitTime, &ftKernelTime, &ftUserTime);
```

마찬가지로, 스레드는 다음과 같이 GetThreadTimes 함수를 호출하여 자신의 시간 사용 정보를 획득할 수 있다.

```
FILETIME ftCreationTime, ftExitTime, ftKernelTime, ftUserTime;
GetThreadTimes(GetCurrentThread(),
    &ftCreationTime, &ftExitTime, &ftKernelTime, &ftUserTime);
```

몇몇 윈도우 함수들은 특정 프로세스나 스레드를 구분하기 위해 시스템 전체에서 고유한 ID 값을 사용하는 경우가 있다. 다음에 나오는 함수들을 이용하면 스레드는 현재 스레드를 소유하고 있는 프로세스의 ID 값이나 스레드 자체의 ID 값을 획득할 수 있다.

```
DWORD GetCurrentProcessId();
DWORD GetCurrentThreadId();
```

이러한 함수들은 허위 핸들을 반환하는 함수만큼 유용하지는 않다. 하지만 가끔은 이러한 함수를 사용해야 할 때가 있다.

1 허위 핸들을 실제 핸들로 변경하기

때때로 허위 핸들^{pseudohandle} 대신 실제 핸들 값을 얻어 와야 할 때도 있다. 여기서 "실제" 핸들이란 특정 스레드를 대표할 수 있는 고유의 핸들 값을 의미한다. 다음 코드를 확인해 보자.

```
DWORD WINAPI ParentThread(PVOID pvParam) {
    HANDLE hThreadParent = GetCurrentThread();
```

```
        CreateThread(NULL, 0, ChildThread, (PVOID) hThreadParent, 0, NULL);
        // 이하 생략
    }

    DWORD WINAPI ChildThread(PVOID pvParam) {
        HANDLE hThreadParent = (HANDLE) pvParam;
        FILETIME ftCreationTime, ftExitTime, ftKernelTime, ftUserTime;
        GetThreadTimes(hThreadParent,
            &ftCreationTime, &ftExitTime, &ftKernelTime, &ftUserTime);
        // 이하 생략
    }
```

위 코드에서 문제점을 발견할 수 있겠는가? 힌트를 주자면 페어런트 스레드가 차일드 스레드에게 페어런트 스레드를 구분할 수 있는 스레드 핸들 값을 전달해야 한다는 데 있다. 물론 페어런트 스레드는 실제 핸들 대신 허위 핸들을 전달한다. 차일드 스레드가 시작되면 인자로 전달된 허위 핸들을 이용하여 GetThreadTimes 함수를 호출하게 되는데, 그 결과 차일드 스레드는 페어런트 스레드의 CPU 시간이 아니라 자신의 CPU 시간을 얻게 될 것이다. 왜냐하면 스레드의 허위 핸들은 항시 현재 스레드의 핸들이기 때문이다. 즉, 허위 핸들은 함수를 호출한 스레드 자신을 나타낸다.

이 문제를 해결하려면 허위 핸들을 실제 핸들로 변경해야 한다. DuplicateHandle 함수(3장에서 논의했다)를 이용하면 이러한 변경 작업을 수행할 수 있다.

```
    BOOL DuplicateHandle(
        HANDLE hSourceProcess,
        HANDLE hSource,
        HANDLE hTargetProcess,
        PHANDLE phTarget,
        DWORD dwDesiredAccess,
        BOOL bInheritHandle,
        DWORD dwOptions);
```

보통 이 함수는 다른 프로세스와 연관되어 있는 커널 오브젝트 핸들로부터 새로운 프로세스에서 사용할 수 있도록 핸들을 생성할 때 사용된다. 하지만 앞의 예제 코드를 정상 동작하도록 수정하기 위해 이 함수를 조금 특별한 방법으로 사용할 수 있다. 수정된 코드는 다음과 같다.

```
    DWORD WINAPI ParentThread(PVOID pvParam) {
        HANDLE hThreadParent;

        DuplicateHandle(
            GetCurrentProcess(),      // 현재 스레드를 소유하고 있는 프로세스의 허위 핸들
            GetCurrentThread(),       // 페어런트 스레드의 허위 핸들
            GetCurrentProcess(),      // 새로운 스레드 핸들을 생성할 프로세스 핸들
```

```
            &hThreadParent,              // 이 핸들은 페어런트 스레드를 나타내는
                                         // 실제 핸들 값이 반환됨
            0,                           // DUPLICATE_SAME_ACCESS가 지정되는 경우 무시됨
            FALSE,                       // 새로 생성된 스레드 핸들은 상속 불가능함
            DUPLICATE_SAME_ACCESS);      // 새로 생성된 핸들은
                                         // 이전의 허위 핸들과 동일한 접근 권한을 가짐

        CreateThread(NULL, 0, ChildThread, (PVOID) hThreadParent, 0, NULL);
        // 이하 생략
    }
    DWORD WINAPI ChildThread(PVOID pvParam) {
        HANDLE hThreadParent = (HANDLE) pvParam;
        FILETIME ftCreationTime, ftExitTime, ftKernelTime, ftUserTime;
        GetThreadTimes(hThreadParent,
            &ftCreationTime, &ftExitTime, &ftKernelTime, &ftUserTime);
        CloseHandle(hThreadParent);
        // 이하 생략
    }
```

페어런트 스레드가 수행되면 페어런트 스레드를 나타내던 모호한 허위 핸들을 페어런트 스레드를 나타내는 새로운 실제 핸들로 변경한다. 이렇게 획득한 실제 핸들을 CreateThread의 매개변수로 전달한다. 차일드 스레드가 수행되면 pvParam 매개변수는 실제 스레드 핸들을 가지게 된다. 이 핸들을 이용하는 함수들은 이제 차일드 스레드가 아니라 페어런트 스레드에 영향을 미치게 될 것이다.

DuplicateHandle은 지정된 커널 오브젝트의 사용 카운트를 증가시키기 때문에 복사된 오브젝트 핸들이 더 이상 사용할 필요가 없게 되면 오브젝트의 사용 카운트를 감소시키기 위해 반드시 대상 핸들을 전달하여 CloseHandle 함수를 호출해 주어야 한다. 앞의 코드를 보면 차일드 스레드 내에서 GetThreadTimes 함수를 호출한 후 차일드 스레드는 페어런트 스레드 오브젝트의 사용 카운트를 감소시키기 위해 즉시 CloseHandle을 호출하고 있음을 확인할 수 있다. 물론 이 함수의 생략된 부분에서 차일드 스레드는 다른 함수를 호출하기 위해 더 이상 페어런트 핸들을 사용하지 않는다는 가정 하에서 CloseHandle을 호출한 것이다. 만일 생략된 부분에서도 계속해서 페어런트 스레드의 핸들을 이용해야 한다면 차일드 스레드가 해당 핸들을 더 이상 사용하지 않을 때까지 CloseHandle을 호출해서는 안 된다.

아래와 같이 DuplicateHandle 함수를 이용하여 프로세스에 대한 허위 핸들을 실제 프로세스 핸들로 변경할 수도 있다.

```
    HANDLE hProcess;
    DuplicateHandle(
        GetCurrentProcess(),     // 현재 프로세스의 허위 핸들
        GetCurrentProcess(),     // 변경할 프로세스의 허위 핸들
```

```
GetCurrentProcess(),          // 실제 프로세스 핸들을 생성할 프로세스 핸들
&hProcess,                    // 실제 핸들 값이 반환됨
0,                            // DUPLICATE_SAME_ACCESS가 지정되는 경우 무시됨
FALSE,                        // 새로 생성된 프로세스 핸들은 상속 불가능함
DUPLICATE_SAME_ACCESS);       // 새로 생성된 프로세스 핸들은
                              // 이전의 허위 핸들과 동일한 접근 권한을 가짐
```

스레드 스케줄링, 우선순위, 그리고 선호도

선점형 preemptive 운영체제는 어떤 스레드가 언제 그리고 얼마만큼 오랫동안 스케줄링될지를 결정하기 위한 알고리즘을 반드시 가지고 있기 마련이다. 이번 장에서는 마이크로소프트 윈도우 비스타가 사용하는 스케줄링 알고리즘에 대해 알아보고자 한다.

6장 "스레드의 기본"에서는 스레드가 컨텍스트 구조체를 어떻게 스레드의 커널 오브젝트 내에 유지하는지에 대해 논의하였다. 이 컨텍스트 구조체에는 스레드가 마지막으로 수행되었을 때의 CPU 레지스터들의 정보를 가지고 있다. 윈도우는 매 20밀리초 정도(GetSystemTimeAdjustment 함수의 두 번째 매개변수로 반환되는 값)마다 모든 스레드 커널 오브젝트 중 스케줄 가능 상태에 있는 스레드 커널 오브젝트를 검색하고, 이 중 하나를 선택하여 스레드 컨텍스트 구조체 내에 저장된 레지스터 값을 CPU 레지스터로 로드한다. 이러한 작업을 컨텍스트 전환 context switch 이라고 한다. 윈도우는 각 스레드들이 얼마나 많이 수행될 수 있는 기회를 부여받았는지에 대한 정보를 유지하고 있으며, 마이크로소프트의 Spy++와 같은 도구를 이용하여 그 값을 확인해 볼 수 있다. 다음 쪽에 Spy++를 이용하여 특정 스레드의 속성 정보를 나타내 보았다. 그림에 나타나 있는 스레드의 경우 182,524번 스케줄되었음을 알 수 있다.

이와 같이 컨텍스트 전환이 일어나면 CPU 시간을 할당받은 스레드는 프로세스의 주소 공간 내에 위치한 코드를 수행하고 데이터를 사용하게 된다. 다시 20밀리초 정도가 지나면 윈도우는 CPU 레지스터 정보를 스레드의 컨텍스트로 저장하게 되고 스레드는 수행이 정지된다. 시스템은 남아 있는 스레드 중 스케줄 가능 상태에 있는 스레드 커널 오브젝트를 확인하여 이 중 하나를 다시 선택하고, 스레드 커널 오브젝트 내에 저장되어 있는 레지스터 값을 CPU 레지스터로 로드한다. 이처럼 스레드를 수행하기 위해 스레드 컨텍스트 정보를 로드하고, 일정 시간이 경과되면 컨텍스트를 다시 저장한다. 이러한 동작은 시스템이 부팅되고 종료될 때까지 계속해서 반복된다.

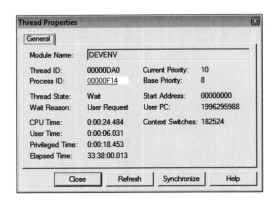

지금까지 시스템이 여러 개의 스레드를 어떻게 스케줄링하는가에 대해 간단히 알아보았다. 좀 더 자세한 내용은 추후 알아보기로 하겠지만 그 근간은 동일하다. 간단하지 않은가? 윈도우는 언제라도 특정 스레드를 정지하고 다른 스레드를 수행할 수 있기 때문에 선점형 멀티스레드 기반 운영체제 preemptive multithreaded operating system라고 불린다. 앞으로 보게 되겠지만 이러한 스케줄링 동작에 대해 많은 부분은 아니지만 제어할 수 있는 여지가 있다. 우리가 생성한 스레드가 항상 수행되고 있다고 가정해서는 안 된다는 것을 반드시 기억하기 바란다. 특정 스레드가 모든 프로세서를 점유하고 있다면 다른 스레드가 어떻게 수행될 수 있겠는가?

많은 개발자들이 어떤 이벤트를 처리하기 위해 주어진 시간 내에 스레드를 수행시키는 것이 가능한지에 대해 물어보곤 한다. 예를 들면 시리얼 포트로 전송되는 데이터를 처리하기 위해 1밀리초 이내에 스레드를 수행시키는 것이 가능한가와 같은 질문이다. 답변은 "그렇게 할 수 없다"이다.

실시간 real-time 운영체제라면 이것이 가능하겠지만 윈도우 운영체제는 실시간 운영체제가 아니다. 실시간 운영체제는 운영체제가 수행되는 장비의 하드 디스크 컨트롤러나 키보드와 같은 장치의 수행 시간과 관련된 세부 정보를 근간으로 장비와 밀접하게 연관되어 있다. 마이크로소프트 윈도우 운영체제의 목적은 다양한 CPU, 드라이브, 네트워크 등과 같이 다양한 장비에서 수행되는 운영체제를 구성하는 것이다. 간단히 말해 윈도우는 실시간 운영체제로 설계된 것이 아니다. 비록 윈도우 비스타에서 새롭게 추가된 스레드 순서 서비스 Thread Ordering Service (http://msdn2.microsoft.com/en-us/library/ms686752.aspx 참조)나 윈도우 미디어 플레이어 11과 같은 멀티미디어 애플리케이션 multimedia application을 위한 멀티미디어 클래스 스케줄러 서비스 Multimedia Class Scheduler Service (http://msdn2.microsoft.com/en-us/library/ms684247.aspx 참조) 등의 확장 메커니즘이 존재하긴 하지만 이러한 기능이 윈도우를 실시간 운영체제로 만들어줄 수는 없다.

시스템은 스케줄 가능한 스레드들에 대해서만 스케줄링을 수행한다고 강조하였다. 하지만 시스템 내의 대부분의 스레드들은 보통 스케줄이 불가능한 상태에 있다. 예를 들어 몇몇 스레드들은 정지 카운트가 0보다 커서 CPU에 의해 스케줄될 수 없는 정지 상태에 있을 것이다. 우리는 CreateProcess나 CreateThread 함수 호출 시 CREATE_SUSPENDED 플래그를 전달하여 정지된 스레드를 생성할 수 있다. (이어지는 절에서 SuspendThread와 ResumeThread 함수에 대해 알아볼 것이다.)

정지된 스레드와 함께 대부분의 스레드들은 어떤 이벤트가 발생하기를 기다리고 있는 상태이기 때문에 스케줄이 불가능한 상태가 된다. 예를 들어 메모장^{Notepad}을 수행한 뒤 아무런 입력도 하지 않으면 메모장 스레드는 수행해야 할 아무런 작업이 없는 상태가 되며 시스템은 수행할 작업이 없는 스레드에게는 CPU 시간을 할당하지 않는다. 하지만 메모장 애플리케이션의 창을 움직이거나, 메모장 내의 내용을 다시 그려야 하는 경우 혹은 사용자가 키보드 입력을 수행하는 경우 시스템은 자동적으로 메모장의 스레드를 스케줄 가능 상태로 변경한다. 이렇게 스레드가 스케줄 가능한 상태로 변경된다 하더라도 메모장의 스레드가 바로 수행되는 것은 아니며 단지 메모장의 스레드가 수행해야 할 작업이 생겼으므로 스케줄링을 통해 추후 이 스레드가 수행되어야 할 것임을 나타내는 것뿐이다.

section 01 스레드의 정지와 계속 수행

스레드 커널 오브젝트 내에는 정지 카운트^{suspend count}라는 값이 저장되어 있다. CreateProcess나 CreateThread를 호출하면 스레드 커널 오브젝트가 생성되고 정지 카운트가 1로 초기화된다. 이렇게 되면 스레드는 스케줄 불가능 상태가 된다. 스레드가 완전히 초기화되려면 일정 시간이 필요하고 스레드가 완전히 준비될 때까지는 스레드를 수행하고 싶지 않을 것이기 때문에 스레드가 정지 상태를 유지하는 것은 우리가 바라는 바이다.

스레드가 완전히 초기화되면 CreateProcess나 CreateThread 함수는 인자 값으로 CREATE_SUSPENDED 플래그가 전달되었는지 확인한다. 만일 이러한 플래그가 전달되었다면 호출된 함수는 반환되고 새로 생성된 스레드는 정지 상태를 유지한다. 만일 이러한 플래그가 전달되지 않았다면 함수는 스레드의 정지 카운트를 0으로 감소시킨다. 스레드의 정지 카운트가 0이 되면 이 스레드는 어떤 일이 발생하기를 기다리는 상태(키보드 입력을 기다리는 것과 같은)가 아니라면 스케줄 가능한 상태가 된다.

스레드를 정지 상태^{suspended status}로 생성하면 스레드가 수행되기 전에 스레드의 수행 환경(나중에 설명할 우선순위 등)을 변경할 수 있다. 스레드의 수행 환경을 변경하였다면 반드시 스레드를 스케줄 가능 상태로 변경해 주어야만 스레드가 수행될 수 있다. 이렇게 하기 위해서는 CreateThread 함수가 반환하는 스레드 핸들 값(혹은 CreateProces를 호출할 때 ppiProcInfo 매개변수를 통해 전달되는 스레드 핸들 값)을 인자로 ResumeThread 함수를 호출하면 된다.

```
DWORD ResumeThread(HANDLE hThread);
```

ResumeThread가 성공하면 스레드의 이전 정지 카운트 값이 반환되며, 실패하면 0xFFFFFFFF이 반환된다.

스레드는 여러 번 정지될 수 있다. 3번 정지가 수행된 스레드는 3번 수행 명령을 내려야만 CPU 시간을 할당받을 수 있는 자격이 생긴다. CREATE_SUSPENDED 플래그를 이용하여 정지된 스레드를 생성하는 것 외에도 SuspendThread 함수를 호출하여 스레드를 정지할 수도 있다.

```
DWORD SuspendThread(HANDLE hThread);
```

이 함수를 이용하면 자신뿐만 아니라 다른 스레드도 정지시킬 수 있다(해당 스레드의 핸들을 가지고 있을 경우에). 스레드는 자기 자신을 정지시킬 수도 있지만, 자기 자신을 정지시킨 스레드는 정지 상태가 되기 때문에 자신을 다시 수행하게 할 수 없다. ResumeThread 함수와 마찬가지로 SuspendThread도 스레드의 이전 정지 카운트를 반환한다. 스레드는 최대 MAXIMUM_SUSPEND_COUNT(WinNT.h에 127로 정의되어 있다)만큼 반복해서 정지될 수 있다. SuspendThread를 호출하면 커널 모드에서 수행 중인 코드는 비동기적으로 수행을 완료하지만 유저 모드에서 수행 중인 코드는 즉시 정지되어 스레드가 수행을 재개할 때까지 수행되지 않는다는 점에 주의하라.

실제로, 애플리케이션에서 SuspendThread 함수를 호출할 때에는 세심한 주의가 필요한데, 수행 중인 스레드가 어떤 작업을 수행하던 중에 정지될지 알 수 없기 때문이다. 만일 스레드가 힙으로부터 메모리를 할당하던 중에 정지되면, 이 스레드는 힙을 잠그게^{lock} 된다. 이때 다른 스레드가 힙에 접근하려 시도하면 첫 번째 스레드가 다시 수행되기 전까지는 수행이 정지된다. SuspendThread 함수는 정지하고자 하는 스레드가 어떤 작업을 수행하고 있으며, 스레드가 정지될 때 발생할 수 있는 각종 문제들과 데드락^{deadlock}을 피할 수 있는 명확한 방법이 있는 경우에만 사용되어야 한다. (데드락이나 다른 스레드 동기화 문제에 대해서는 8장 "유저 모드에서의 스레드 동기화", 9장 "커널 오브젝트를 이용한 스레드 동기화", 10장 "동기 및 비동기 장치 I/O"에서 자세히 다루게 될 것이다.)

section 02 프로세스의 정지와 계속 수행

프로세스는 CPU 시간을 할당받는 대상이 아니기 때문에 프로세스의 정지와 계속 수행이라는 개념은 존재하지 않는다. 그럼에도 프로세스 내의 모든 스레드를 정지시키는 방법에 대해 엄청나게 많은 질문들을 받아왔었다. 매우 특수한 경우이긴 하지만 디버거의 경우 WaitForDebugEvent 함수가 반환한 디버그 이벤트를 처리하고 ContinueDebugEvent를 호출할 때까지 디버기 프로세스 내의 모든 스레드를 정지 상태로 만든다. 이와는 별도로 Sysinternals가 제공하는 프로세스 익스플로러^{Process Explorer}의 "Suspend Process" 기능(*http://www.microsoft.com/technet/sysinternals/ProcessesAndThreads/ProcessExplorer.mspx*)을 이용하면 프로세스 내의 모든 스레드를 정지시키는 효과를 낼 수도 있다.

윈도우는 경합 상태^{race condition}를 유발할 가능성이 있기 때문에 디버깅 메커니즘 외에는 프로세스 내의 모든 스레드를 정지시키는 방법을 제공하지 않고 있다. 예를 들어 프로세스 내의 모든 스레드가 정지된 상태에서 새로운 스레드가 생성되면 시스템은 어떤 방법으로든 일정 시간 내에 새로 생성된 스레드를 정지시켜야만 한다. 마이크로소프트는 시스템의 디버깅 메커니즘에 이러한 기능을 통합시켰다.

비록 완벽한 SuspendProcess 함수를 구현할 수는 없지만, 대부분의 상황에서 잘 동작하는 유사 기능을 구현해 볼 수는 있다. 아래에 SuspendProcess 함수의 구현 예가 있다.

```
VOID SuspendProcess(DWORD dwProcessID, BOOL fSuspend) {

    // 시스템 내의 모든 스레드 목록을 가져온다.
    HANDLE hSnapshot = CreateToolhelp32Snapshot(
        TH32CS_SNAPTHREAD, dwProcessID);

    if (hSnapshot != INVALID_HANDLE_VALUE) {

        // 스레드들을 순회한다.
        THREADENTRY32 te = { sizeof(te) };
        BOOL fOk = Thread32First(hSnapshot, &te);
        for (; fOk; fOk = Thread32Next(hSnapshot, &te)) {

            // 이번 스레드가 인자로 주어진 프로세스 내에서 동작하는가?
            if (te.th32OwnerProcessID == dwProcessID) {

                // 스레드 ID를 스레드 핸들로 변경한다.
                HANDLE hThread = OpenThread(THREAD_SUSPEND_RESUME,
                    FALSE, te.th32ThreadID);

                if (hThread != NULL) {

                    // 스레드를 정지하거나 계속 수행한다.
                    if (fSuspend)
                        SuspendThread(hThread);
                    else
                        ResumeThread(hThread);
                }
                CloseHandle(hThread);
```

```
            }
        }
        CloseHandle(hSnapshot);
    }
}
```

이 SuspendProcess 함수는 시스템 내에 스레드 목록을 얻기 위해 ToolHelp 함수(4장 "프로세스"에서 논의하였다)를 사용한다. 지정된 프로세스 내에서 수행 중인 스레드를 찾아내면 OpenThread 함수를 호출한다.

```
HANDLE OpenThread(
    DWORD dwDesiredAccess,
    BOOL bInheritHandle,
    DWORD dwThreadID);
```

이 함수는 스레드 ID에 해당하는 스레드 커널 오브젝트를 찾아내어 해당 오브젝트에 대한 핸들을 반환해 준다. 이 과정에서 스레드 커널 오브젝트의 사용 카운트 $^{usage count}$가 증가된다. 위 코드에서는 이 핸들을 이용하여 SuspendThread(혹은 ResumeThread) 함수를 호출하고 있다.

왜 SuspendProcess가 100% 확실하게 동작하지 않는지 궁금할 것이다. 이는 스레드 목록을 순회하는 동안에 새로운 스레드가 생성되거나, 목록에 있는 스레드가 파괴될 수 있기 때문이다. 따라서 CreateToolhelp32Snapshot 함수를 호출한 이후에 생성된 스레드는 정지시킬 수 없다. 추후 정지된 스레드들이 다시 수행될 수 있도록 SuspendProcess를 호출하게 되면, 정지되지 않았던 스레드를 다시 수행하게 된다. 더욱더 나쁜 경우는 스레드 ID를 순회하는 동안 기존의 스레드가 종료되고 새로운 스레드가 생성되는 경우다. 이 두 개의 스레드는 동일한 스레드 ID 값을 가질 수도 있다. 이 경우 원치 않던 스레드(아마도 우리가 지정한 프로세스가 아닌 다른 프로세스 내의 스레드)가 정지될 수도 있다.

물론 이러한 상황이 자주 발생하지는 않을 것이고, 지정한 프로세스에 대한 동작 방식을 사용자가 이미 잘 알고 있는 경우라면 이와 같은 단점은 문제가 되지 않을 수도 있다. 이 함수는 자신의 책임하에 사용하기 바란다.

section 03 슬리핑

스레드는 Sleep 함수를 호출하여 일정 시간 동안 자신을 스케줄하지 않도록 운영체제에게 명령을 내릴 수 있다.

```
VOID Sleep(DWORD dwMilliseconds);
```

이 함수를 호출하면 dwMilliseconds 매개변수로 주어진 시간만큼 스레드를 일시 정지시키게 된다. Sleep 함수에 대해 주목할 만한 사항을 나열해 보았다.

- Sleep을 호출하면 스레드는 자발적으로 남은 타임 슬라이스를 포기한다.
- 시스템은 지정된 시간 동안 스레드를 스케줄 불가능 상태로 유지한다. 만일 시스템에게 100밀리초 동안 정지 상태를 유지하도록 요구하면 스레드는 그 시간 동안 스케줄 불가능 상태가 된다. 그러나 수초 혹은 수분 더 스케줄 불가능한 상태가 될 수도 있다. 윈도우 운영체제는 실시간 운영체제가 아니라는 사실을 기억해야 한다. 대부분의 경우 스레드는 정확한 시간에 깨어나겠지만 그것은 순전히 시스템이 어떤 작업을 수행되고 있는지에 달려 있다.
- Sleep 함수의 dwMilliseconds 매개변수로 INFINITE를 전달할 수 있다. 이렇게 하면 시스템은 스레드를 절대 스케줄하지 못하게 된다. 이러한 작업은 그다지 유용하지 못하다. 차라리 스레드를 종료하여 스레드 스택과 커널 오브젝트를 삭제하는 편이 더 낫다.
- Sleep 함수의 매개변수로 0을 전달할 수도 있다. 이렇게 하면 이 함수를 호출한 스레드가 남은 타임 슬라이스를 자발적으로 포기하여 시스템이 다른 스레드를 스케줄하게 한다. 그런데 시스템에 이 함수를 호출한 스레드와 우선순위가 같거나 그보다 높은 스레드 중에 스케줄 가능 스레드가 없는 경우 Sleep 함수를 호출한 스레드가 다시 스케줄 될 수도 있다.

section 04 다른 스레드로의 전환

윈도우는 스케줄 가능 상태에 있는 다른 스레드를 수행하기 위한 SwitchToThread 함수를 제공한다.

```
BOOL SwitchToThread();
```

이 함수를 호출하면 시스템은 일정 시간 동안 CPU 시간을 받지 못하여 수행되지 못하고 있던 스레드가 있는지 확인한다. 만일 그러한 스레드가 없다면 SwitchToThread 함수는 바로 반환되지만, 그러한 스레드가 존재한다면 SwitchToThread는 해당 스레드를 스케줄schedule한다(아마도 이러한 스레드는 SwitchToThread 함수를 호출한 스레드에 비해 낮은 우선순위를 가지고 있을 것이다). CPU 시간을 할당받은 스레드는 단일 퀀텀 시간 동안만 수행되며, 이후 스케줄러는 이전과 동일하게 스케줄링을 수행한다.

이 함수를 이용하면 리소스를 소유하고 있는 낮은 우선순위의 스레드가 해당 리소스를 빨리 사용하고 반환할 수 있도록 해 준다. SwitchToThread를 호출하였을 때 수행할 스레드가 없다면 FALSE를 반환하고, 그렇지 않은 경우 0이 아닌 값을 반환한다.

SwitchToThread 함수를 호출하는 것은 Sleep 함수를 호출할 때 인자로 0밀리초의 타임아웃 값을 전달하는 것과 유사하다. 차이점이라면 SwitchToThread의 경우 함수를 호출한 스레드보다 낮은 우선순위의 스레드들도 수행될 수 있다는 점일 것이다. Sleep 함수의 경우 설사 낮은 우선순위의 스레드들이 오랫동안 CPU 시간을 받지 못했다 하더라도 Sleep 함수를 호출한 스레드를 다시 스케줄링된다.

section 05 하이퍼스레드 CPU 상에서 다른 스레드로의 전환

몇몇 제온^{Xeon}과 펜티엄 4^{Pentium 4}, 그리고 그 후에 나온 CPU들을 이용하면 하이퍼스레딩^{Hyper-threading} 기술을 사용할 수 있다. 하이퍼스레딩 기술이 적용된 프로세서 칩은 다수의 "논리적" CPU를 가지며 각기 다른 스레드를 수행할 수 있다. 이 같은 CPU에서 수행되는 스레드들은 자신만의 구조적 상태^{architectural state}(레지스터 정보)를 가지고 있긴 하지만 CPU 캐시와 같은 주요 수행 자원^{execution resources}은 공유하게 된다. 특정 스레드가 일시적으로 멈추게 되면 이러한 CPU는 운영체제의 개입 없이도 자동적으로 다른 스레드를 수행한다. 스레드의 일시 멈춤은 캐시 미스^{cache miss}, 분기 예측 실패^{branch misprediction}, 앞서 수행한 인스트럭션^{instruction} 결과에 대한 대기^{waiting} 등에 의해 발생한다. 인텔^{Intel}은 하이퍼스레딩 기술이 적용된 CPU를 사용하면 애플리케이션의 특성과 메모리 사용량에 따라 보통 10%에서 30%까지의 성능 개선 효과가 있다고 한다. 하이퍼스레딩 기술이 적용된 CPU에 대해 좀 더 자세한 사항을 알고 싶다면 *http://www.microsoft.com/whdc/system/CEC/HT-Windows.mspx*를 보라.

하이퍼스레드 기반 CPU에서 스핀 루프^{spin loop}를 수행하는 경우 다른 스레드가 공유 리소스에 접근할 수 있도록 현재 스레드를 일시적으로 멈추는 것이 좋다. x86 아키텍처는 PAUSE라는 명령이 있어서 이를 사용하면 메모리 순서 위반^{memory order violation}을 회피할 수 있기 때문에 성능 향상에 도움을 줄 수 있을 뿐만 아니라 쉴 새 없이 반복되는 루프 중간 중간에 적절히 배치하여 전력 소모를 줄일 수도 있다. x86 CPU에서는 PAUSE 명령이 REP NOP 명령과 동일하게 사용된다. REP NOP 명령은 하이퍼스레딩을 지원하지 않는 IA-32 CPU와의 호환성을 위해 사용될 수 있다. PAUSE 명령어를 사용하면 아주 짧은 시간의 지연(몇몇 CPU에서는 0)을 발생시키게 된다. 이 명령을 C/C++ 코드에서 사용하려면 WinNT.h 파일 내에 정의되어 있는 YieldProcessor 매크로를 사용하면 된다. 이 매크로는 CPU 구조에 독립적으로 코드를 작성할 수 있도록 하기 위해 제공되고 있으며, 함수 호출의 부담을 피하기 위해 코드 내에 바로 삽입될 수 있는 매크로 형태로 제작되었다.

때로는 특정 작업을 완료하기 위해 스레드가 얼마만큼의 시간을 사용했는지를 알아야 할 필요가 있다. 많은 사람들이 이를 위해 다음과 유사한 코드 – 다음 코드는 새롭게 소개된 GetTickCount64 함수를 이용하여 작성되었다 – 를 작성하곤 한다.

```
// 현재 시간 획득(시작 시간)
ULONGLONG qwStartTime = GetTickCount64();

// 복잡한 알고리즘을 수행한다.

// 소요 시간을 알기 위해 현재 시간에서 시작 시간을 뺀다.
ULONGLONG qwElapsedTime = GetTickCount64() - qwStartTime;
```

이 코드가 올바른 값을 획득하려면 코드 수행 중에 인터럽트가 수행되지 않는다는 가정이 필요하다. 하지만 선점형 운영체제에서는 스레드가 언제 CPU에 의해 수행될지를 알 수 없으며 현재 코드를 수행하는 중간에 얼마든지 다른 작업을 수행할 수도 있다. 따라서 이러한 방법으로는 스레드가 소비한 시간을 정확히 얻는 것이 매우 힘들다. 실제로 필요한 함수는 스레드가 부여받은 CPU 시간이 얼마나 되는지를 알아내는 함수일 것이다. 다행히도 윈도우 비스타 이전의 운영체제에서도 이 같은 정보를 얻어올 수 있는 GetThreadTimes라는 함수를 제공하고 있다.

```
BOOL GetThreadTimes(
    HANDLE hThread,
    PFILETIME pftCreationTime,
    PFILETIME pftExitTime,
    PFILETIME pftKernelTime,
    PFILETIME pftUserTime);
```

GetThreadTimes는 서로 다른 4개의 시간 값을 반환하는데, 이에 대해서는 [표 7-1]에 나타내었다.

[표 7-1] GetThreadTime이 반환하는 시간 정보

시간	의미
생성 시간(Creation time)	영국 그리니치 천문대의 1601년 1월 1일 자정으로부터 스레드가 생성된 시점까지의 시간을 100나노초 단위로 반환.
종료 시간(Exit time)	영국 그리니치 천문대의 1601년 1월 1일 자정으로부터 스레드가 종료된 시점까지의 시간을 100나노초 단위로 반환.
커널 시간(Kernel time)	커널 모드에서 운영체제가 제공하는 코드를 수행하는 데 소요된 CPU 시간을 100나노초 단위로 반환.
유저 시간(User time)	애플리케이션 코드를 수행하는 데 소요된 CPU 시간을 100나노초 단위로 반환.

이 함수를 다음과 같이 사용하면 복잡한 알고리즘을 완료하는데까지 어느 정도의 시간이 소요되었는지 정확히 알 수 있다.

```
__int64 FileTimeToQuadWord (PFILETIME pft) {
    return(Int64ShllMod32(pft->dwHighDateTime, 32) | pft->dwLowDateTime);
}

void PerformLongOperation () {

    FILETIME ftKernelTimeStart, ftKernelTimeEnd;
    FILETIME ftUserTimeStart, ftUserTimeEnd;
    FILETIME ftDummy;
    __int64 qwKernelTimeElapsed, qwUserTimeElapsed,
        qwTotalTimeElapsed;

    // 시작 시간을 획득
    GetThreadTimes(GetCurrentThread(), &ftDummy, &ftDummy,
        &ftKernelTimeStart, &ftUserTimeStart);

    // 복잡한 알고리즘을 수행

    // 종료 시간을 획득
    GetThreadTimes(GetCurrentThread(), &ftDummy, &ftDummy,
        &ftKernelTimeEnd, &ftUserTimeEnd);

    // 커널 시간과 유저 시간을 FILETIME에서 쿼드 워드 형태로 변경하여 획득
    // 이후에 종료 시간에서 시작 시간을 뺀다.
    qwKernelTimeElapsed = FileTimeToQuadWord(&ftKernelTimeEnd) -
        FileTimeToQuadWord(&ftKernelTimeStart);

    qwUserTimeElapsed = FileTimeToQuadWord(&ftUserTimeEnd) -
        FileTimeToQuadWord(&ftUserTimeStart);

    // 커널 시간과 유저 시간을 합하여 전체 소요 시간을 계산
    qwTotalTimeElapsed = qwKernelTimeElapsed + qwUserTimeElapsed;

    // 전체 소요 시간을 qwTotalTimeElapsed에 저장
}
```

GetProcessTimes 함수는 GetThreadTimes와 유사하며, 프로세스 내의 모든 스레드들이 소요한 시간 정보를 얻어온다.

```
BOOL GetProcessTimes(
    HANDLE hProcess,
```

```
    PFILETIME pftCreationTime,
    PFILETIME pftExitTime,
    PFILETIME pftKernelTime,
    PFILETIME pftUserTime);
```

GetProcessTimes를 사용하면 지정된 프로세스 내의 모든 스레드들이 소요한 시간의 합을 얻어낼 수 있다(종료된 스레드에 대해서도 계산된다). 예를 들면 이 함수를 통해 획득한 커널 시간은 프로세스 내에 존재했던 모든 스레드들이 각자 소비한 커널 시간의 합이다.

윈도우 비스타 이전의 운영체제에서는 클록 타이머를 기반으로 10에서 15밀리초 단위로 CPU 시간을 계산하였다(보다 자세한 사항은 *http://www.microsoft.com/technet/sysinternals/information/highresolutiontimers.mspx*을 읽어보라. 이러한 시간 값을 측정하기 위해 ClockRes라는 도구를 사용한다). 하지만 윈도우 비스타부터는 머신이 기동된 후부터 얼마만큼의 CPU 사이클이 수행되었는지를 저장하고 있는 64비트 값인 타임스탬프 카운터 Time Stamp Counter(TSC)를 이용하여 CPU 시간을 계산한다. 기가헤르츠 gigahertz 머신의 경우 밀리초 단위에 비해 얼마나 정밀한 값을 얻을 수 있는지 상상할 수 있을 것이다.

스레드가 스케줄러에 의해 정지되면 현재의 TSC 값과 스레드가 재시작되었던 시점에 획득된 TSC 값과의 차를 계산한 후 스레드의 수행 시간에 더해준다. 이때 비스타 이전의 윈도우와는 다르게 인터럽트 시간 interrupt time은 고려되지 않는다. QueryThreadCycleTime과 QueryProcessCycleTime 함수를 이용하면 특정 스레드와 프로세스 내의 모든 스레드들에게 주어졌던 사이클 횟수를 가져올 수 있다. 만일 좀 더 높은 정확도를 확보하기 위해 GetTickCount64를 다른 것으로 대체하기로 결정했다면 WinNT.h 내에 정의된 ReadTimeStampCounter 매크로를 사용하여 현재의 TSC 값을 획득하는 것도 좋은 방법이다. ReadTimeStampCounter 매크로는 C++ 컴파일러가 제공하는 __rdtsc 내장 함수를 가리키도록 정의되어 있다.

정밀한 시간 측정이 필요한 경우라면 GetThreadTimes 함수가 충분하지 않을 수도 있다. 윈도우는 정밀한 시간 측정을 위해 다음과 같은 함수들을 가지고 있다.

```
    BOOL QueryPerformanceFrequency(LARGE_INTEGER* pliFrequency);

    BOOL QueryPerformanceCounter(LARGE_INTEGER* pliCount);
```

이 함수들은 윈도우 스케줄러가 해당 스레드를 선점하지 않을 경우에만 정확하게 시간을 측정할 수 있다. 하지만 대부분의 경우 정밀한 시간 측정이 필요한 부분은 코드 상의 아주 일부분일 가능성이 많으므로 크게 문제되지 않을 것이다. 이러한 함수들을 손쉽게 사용할 수 있도록 다음과 같이 C++ 클래스를 작성해 보았다.

```
class CStopwatch {
public:
    CStopwatch() { QueryPerformanceFrequency(&m_liPerfFreq); Start(); }

    void Start() { QueryPerformanceCounter(&m_liPerfStart); }

    // Start 함수 호출 이후 경과된 시간을 밀리초 단위로 반환
    __int64 Now() const {
      LARGE_INTEGER liPerfNow;
      QueryPerformanceCounter(&liPerfNow);
      return(((liPerfNow.QuadPart - m_liPerfStart.QuadPart) * 1000)
        / m_liPerfFreq.QuadPart);
    }

    // Start 함수 호출 이후 경과된 시간을 마이크로초 단위로 반환
    __int64 NowInMicro() const {
      LARGE_INTEGER liPerfNow;
      QueryPerformanceCounter(&liPerfNow);
      return(((liPerfNow.QuadPart - m_liPerfStart.QuadPart) * 1000000)
        / m_liPerfFreq.QuadPart);
    }

private:
    LARGE_INTEGER m_liPerfFreq;      // 초당 카운트 수
    LARGE_INTEGER m_liPerfStart;     // 시작 카운트
};
```

이 클래스를 다음과 같이 사용할 수 있다.

```
// 시간 측정 타이머를 생성한다(기본적으로 현재 시간이 획득된다).
CStopwatch stopwatch;

// 소요 시간을 측정하고자 하는 코드가 나타날 위치

// 얼마만큼의 시간이 경과되었는지를 측정한다.
__int64 qwElapsedTime = stopwatch.Now();

// qwElapsedTimer은 소요된 시간을 밀리초 단위로 측정한
// 값을 가지고 있다.
```

이러한 정밀 시간 측정 함수들과 함께 새롭게 소개된 Query*CycleTime 류의 함수를 이용하면 다른 형태의 유용한 값을 얻어올 수 있다. 사이클^{cycle}은 프로세서의 주파수^{frequency}와 관련된 값이므로, 사이클을 의미 있는 값으로 변경하기 위해서는 프로세서의 주파수를 먼저 알아내야 한다. 예를 들어 2GHz 프로세서의 경우 1초에 2,000,000,000사이클이 발생하며, 800,000사이클은 0.4밀리초를 의미하지만,

이보다 느린 1GHz의 프로세서에서는 0.8밀리초를 의미한다. 아래에 GetCPUFrequencyInMHz 함수를 나타냈다.

```
DWORD GetCPUFrequencyInMHz() {
    // Sleep() 함수가 호출될 때까지 스레드가 높은 우선순위로
    // 스케줄링될 수 있도록 현재 스레드의 우선순위를 높게 변경한다.
    int currentPriority = GetThreadPriority(GetCurrentThread());
    SetThreadPriority(GetCurrentThread(), THREAD_PRIORITY_HIGHEST);

    // 다른 타이머의 소요 시간 측정 값도 같이 유지한다.
    __int64 elapsedTime = 0;

    // 시간 측정을 위해 CStopwatch 클래스의 인스턴스를 생성한다(기본적으로 현재 시간이 획득된다).
    CStopwatch stopwatch;
    __int64 perfCountStart = stopwatch.NowInMicro();

    // 현재 사이클 값을 얻는다.
    unsigned __int64 cyclesOnStart = ReadTimeStampCounter();

    // 1초간 기다린다.
    Sleep(1000);

    // 1초가 경과된 후 사이클 값을 얻는다.
    unsigned __int64 numberOfCycles = ReadTimeStampCounter() -
        cyclesOnStart;

    // 고정밀의 소요 시간 값을 얻어온다.
    elapsedTime = stopwatch.NowInMicro() - perfCountStart;

    // 스레드의 우선순위를 원래 상태로 돌린다.
    SetThreadPriority(GetCurrentThread(), currentPriority);

    // 프로세서의 주파수를 MHz 단위로 변경한다.
    DWORD dwCPUFrequency = (DWORD)(numberOfCycles / elapsedTime);
    return(dwCPUFrequency);
}
```

QueryProcessCycleTime의 결과로 반환되는 사이클 카운트를 밀리초로 변경하기 위해서는 이 사이클 카운트를 GetCPUFrequencyInMHz의 반환 값으로 나눈 후 1000을 곱하면 된다. 그런데 단순한 산술 연산임에도 불구하고 매우 부정확한 결과 값이 나올 가능성이 있다. 그 이유는 프로세서의 주파수가 사용자의 설정이나 전원 연결 여부 등에 따라 일정 시간 내에서도 가변적으로 변화할 수 있으며, 멀티프로세서를 가진 머신의 경우 하나의 스레드가 서로 다른 주파수를 가진 여러 다른 프로세서에서 스케줄될 수도 있기 때문이다.

스레드 스케줄링이 동작하는 데 CONTEXT 구조체가 얼마나 중요한 역할을 하는지 정확하게 이해하고 있어야 한다. CONTEXT 구조체는 시스템이 저장하는 스레드의 상태 정보로, 다음번에 CPU가 스레드를 수행할 때 어디서부터 수행을 시작해야 할지를 알려주는 역할을 담당한다.

이와 같이 하위 수준의 데이터 구조체가 플랫폼 SDK에 완벽하게 문서화되어 있다는 사실은 상당히 놀라운 것이다. CONTEXT 구조체에 대해 문서화된 내용을 찾아보면 다음과 같은 문장을 찾을 수 있을 것이다.

> *"CONTEXT 구조체는 프로세스별 레지스터 데이터를 가지고 있다. 시스템은 내부적인 동작을 처리하는 데 CONTEXT 구조체를 사용한다. 이 구조체에 대한 정의를 살펴보려면 WinNT.h 헤더 파일을 참조하라."*

이 문서는 CONTEXT 구조체가 어떤 멤버들을 가지고 있고, 각 멤버가 어떤 역할을 수행하는지에 대해서는 설명하고 있지 않은데, 그 이유는 구조체 내에 정의된 멤버들이 윈도우가 수행되는 CPU별로 서로 다르기 때문이다. 실제로 윈도우가 정의하고 있는 CONTEXT 구조체는 CPU 관련 내용만을 담고 있다.

CONTEXT 구조체 내에는 과연 어떤 내용을 들어 있을까? 이 구조체 내에는 윈도우를 수행하는 CPU의 레지스터를 멤버로 가지고 있는데, x86 머신의 경우 Eax, Ebx, Ecx, Edx 등의 멤버들을 가지고 있다. 다음 코드는 x86 CPU를 위한 CONTEXT 구조체의 일부를 발췌한 것이다.

```
typedef struct _CONTEXT {

    //
    // 이 멤버의 플래그 값은 CONTEXT 레코드의 내용에 대한 제어를 수행한다.
    //
    // 컨텍스트 레코드가 입력 매개변수로 사용되는 경우 컨텍스트 레코드의
    // 각 영역은 어떤 플래그 값이 설정되는지에 따라 영역 내의 멤버를
    // 유효한 값으로 설정해야 한다. 만일 스레드의 컨텍스트 내용을
    // 변경하기 위해 CONTEXT 구조체를 사용하는 경우라면, 플래그 값에 따라
    // 해당 영역의 멤버 값만 유효하게 설정하면 된다.
    //
    // 만일 컨텍스트 레코드가 스레드 컨텍스트의 내용을 획득하기 위해
    // IN OUT 매개변수로 사용되면 플래그 값에 따라 지정된 영역의 값만
    // 반환된다.
    //
    // CONTEXT 구조체는 OUT 매개변수로만 사용되는 경우는 없다.
    //

    DWORD ContextFlags;
```

```
//
// 이 영역은 ContextFlags 내에 CONTEXT_DEBUG_REGISTERS가 포함되어 있는
// 경우에만 설정되거나 획득된다. CONTEXT_DEBUG_REGISTERS는
// CONTEXT_FULL 플래그 내에 포함되어 있지 않음에 주의하라.
//

DWORD Dr0;
DWORD Dr1;
DWORD Dr2;
DWORD Dr3;
DWORD Dr6;
DWORD Dr7;

//
// 이 영역은 ContextFlags 내에 CONTEXT_FLOATING_POINT가 포함되어 있는
// 경우에만 설정되거나 획득된다.
//

FLOATING_SAVE_AREA FloatSave;

//
// 이 영역은 ContextFlags 내에 CONTEXT_SEGMENTS가 포함되어 있는
// 경우에만 설정되거나 획득된다.
//

DWORD SegGs;
DWORD SegFs;
DWORD SegEs;
DWORD SegDs;

//
// 이 영역은 ContextFlags 내에 CONTEXT_INTEGER가 포함되어 있는
// 경우에만 설정되거나 획득된다.
//

DWORD Edi;
DWORD Esi;
DWORD Ebx;
DWORD Edx;
DWORD Ecx;
DWORD Eax;

//
// 이 영역은 ContextFlags 내에 CONTEXT_CONTROL이 포함되어 있는
// 경우에만 설정되거나 획득된다.
//
```

```
    DWORD Ebp;
    DWORD Eip;
    DWORD SegCs;        // 깨끗하게 초기화되어야 한다.
    DWORD EFlags;       // 깨끗하게 초기화되어야 한다.
    DWORD Esp;
    DWORD SegSs;

    //
    // 이 영역은 ContextFlags 내에 CONTEXT_EXTENDED_REGISTERS가 포함되어 있는
    // 경우에만 설정되거나 획득된다.
    // 그 형태와 내용은 프로세스별로 다르다.
    //

    BYTE ExtendedRegisters[ MAXIMUM_SUPPORTED_EXTENSION] ;

} CONTEXT;
```

CONTEXT 구조체는 몇 개의 영역으로 나뉘어져 있다. CONTEXT_CONTROL 영역은 인스트럭션 포인터 Instruction pointer, 스택 포인터 Stack pointer, 플래그 flags, 함수 반환 주소 function return address 등과 같은 CPU의 제어 레지스터 control register 값을 가지고 있다. CONTEXT_INTEGER 영역은 CPU의 정수 레지스터 integer register 값을, CONTEXT_FLOATING_POINT 영역은 CPU의 부동소수점 레지스터 floating-point register 값을, CONTEXT_SEGMENTS 영역은 CPU의 세그먼트 레지스터 segment register 값을, CONTEXT_DEBUG_REGISTERS 영역은 CPU의 디버그 레지스터 debug register 값을, CONTEXT_EXTENDED_REGISTERS 영역은 CPU의 확장 레지스터 extended register 값을 가지고 있다.

윈도우는 스레드 커널 오브젝트의 내부에 저장되어 있는 컨텍스트 정보를 확인하고, 이 값들을 가져 올 수 있도록 GetThreadContext 함수를 제공하고 있다.

```
BOOL GetThreadContext(
    HANDLE hThread,
    PCONTEXT pContext);
```

이 함수를 호출하기 위해서는 먼저 CONTEXT 구조체를 할당하고, 어떤 레지스터 값을 가져올지를 설정하기 위해 플래그를 구성한 후(구조체 내의 ContextFlags 멤버를 이용하여) GetThreadContext 에 구조체의 주소를 전달하면 된다. 이렇게 하면 함수는 요청한 레지스터의 값을 구조체 멤버에 채워 준다.

GetThreadContext 함수를 호출하기 위해서는 반드시 SuspendThread 함수를 먼저 호출해 주어야 한다. 그렇지 않으면 스레드가 CPU에 의해 계속해서 수행될 수 있기 때문에 우리가 얻고자 하는 값과 는 다른 스레드 컨텍스트 정보가 반환될 수 있다. 스레드는 실제로 유저 모드 컨텍스트와 커널 모드 컨텍스트 2개의 컨텍스트를 가지고 있는데, GetThreadContext는 이 중 유저 모드 컨텍스트를 가져

오는 함수다. 스레드를 정지하기 위해 SuspendThread 함수를 호출하였을 때, 스레드가 커널 모드의 코드를 수행하는 중이었다면 즉각 스레드가 정지하지 않고 수행을 지속하게 된다. 스레드가 커널 모드의 코드를 수행하고 있기 때문에 설사 스레드가 정지되지 않았다 하더라도 유저 모드 컨텍스트의 내용은 변경되지 않는다. 스레드의 수행을 재개하지 않는 한 유저 모드의 코드는 수행되지 않을 것이기 때문에 스레드가 정지하였다고 생각해도 무방하며 GetThreadContext 함수는 정상적으로 동작할 수 있다.

CONTEXT 구조체의 ContextFlags 멤버는 CPU 레지스터와는 관련이 없다. ContextFlags 멤버는 단순히 GetThreadContext 함수를 통해 여러분이 어떤 레지스터의 값을 설정하거나 획득하고자 하는지를 알려주는 용도로만 사용될 뿐이다. 예를 들어 컨트롤 레지스터들의 값을 가져오려면 다음과 같이 코드를 작성하면 된다.

```
// CONTEXT 구조체를 생성한다.
CONTEXT Context;

// 컨트롤 레지스터에만 관심이 있음을
// 알려주기 위한 설정을 한다.
Context.ContextFlags = CONTEXT_CONTROL;

// 스레드와 관련된 레지스터 정보를 획득한다.
GetThreadContext(hThread, &Context);

// CONTEXT 구조체 내의 컨트롤 레지스터 멤버만이
// 스레드의 컨트롤 레지스터 값을 반영한다.
// 다른 멤버들의 값은 무엇일지 알 수 없다.
```

GetThreadContext 함수를 호출하기 전에 CONTEXT 구조체 내의 ContextFlags 멤버를 반드시 초기화해야 함에 주의하라. 만일 스레드 컨텍스트의 내용 중 컨트롤 레지스터와 정수 레지스터만을 얻어오고 싶은 경우라면 다음과 같이 ContextFlags 값을 초기화하면 된다.

```
// 컨트롤 레지스터와 정수 레지스터만
// 관심이 있음을 알린다.
Context.ContextFlags = CONTEXT_CONTROL | CONTEXT_INTEGER;
```

스레드 컨텍스트의 내용 중 주요 레지스터 정보를 모두 획득하고 싶은 경우에는 CONTEXT_FULL을 사용하면 된다(마이크로소프트는 이 값이 가장 자주 사용될 것이라고 생각한다).

```
// 주요 레지스터들에 대해 관심이 있음을 알림
Context.ContextFlags = CONTEXT_FULL;
```

CONTEXT_FULL은 WinNT.h 헤더 파일 내에 CONTEXT_CONTROL | CONTEXT_INTEGER | CONTEXT_SEGMENTS로 정의되어 있다.

GetThreadContext 함수가 반환되면 모든 스레드 레지스터 값을 쉽게 확인할 수 있다. 하지만 이 값들은 모두 CPU에 종속적인 값임을 기억하기 바란다. 예를 들어 x86 CPU의 경우 Eip 필드는 인스트럭션 포인터instruction pointer를, Esp 필드는 스택 포인터stack pointer를 가지고 있다.

윈도우가 개발자에게 제공하는 강력한 기능은 짐짓 놀라울 정도다. 이러한 기능은 상당히 훌륭하다고 생각되며, 여러분도 이러한 기능을 좋아할 것이라 생각한다. CONTEXT 구조체 내의 멤버 값을 변경한 후 SetThreadContext 함수를 호출하여 스레드 커널 오브젝트 내의 레지스터 값을 지정된 값으로 변경할 수도 있다.

```
BOOL SetThreadContext(
    HANDLE hThread,
    CONST CONTEXT *pContext);
```

앞서의 경우와 마찬가지로, 스레드 컨텍스트의 내용을 변경시키고자 하는 스레드는 컨텍스트를 변경하기 전에 반드시 정지되어 있어야 한다. 그렇지 않은 경우 예상하지 못한 결과를 초래하게 된다.

SetThreadContext를 호출하기 전에 CONTEXT 구조체 내의 ContextFlags 멤버를 다음과 같이 다시 초기화해야 한다.

```
CONTEXT Context;

// 스레드를 멈춘다.
SuspendThread(hThread);

// 스레드 컨텍스트의 레지스터 정보를 획득한다.
Context.ContextFlags = CONTEXT_CONTROL;
GetThreadContext(hThread, &Context);

// 인스트럭션 포인터를 지정한 값으로 설정한다.
// 아래 코드에서는 인스트럭션 포인터를 특별한 의미 없는
// 0x0001000로 설정하였다.
Context.Eip = 0x00010000;

// 설정된 값으로 스레드 컨텍스트의 레지스터 값을 변경한다.
// 앞서 설정한 ContextFlags를 그대로 사용해도 된다면
// 반복해서 이 값을 초기화할 필요는 없다.
Context.ContextFlags = CONTEXT_CONTROL;
SetThreadContext(hThread, &Context);

// 0x00010000 주소로부터
// 스레드가 수행될 수 있도록 한다.
ResumeThread(hThread);
```

위 코드는 스레드 컨텍스트 정보를 변경하여 스레드가 접근 위반^{access violation}을 발생시키도록 유도한다. 처리되지 않은 예외^{unhandled exception} 메시지 박스가 나타나고, 해당 스레드를 소유하고 있던 프로세스는 종료된다. 그렇다. 위 코드를 수행한 스레드가 아니라 컨텍스트 정보가 변경된 스레드가 종료된다. 스레드는 위 코드를 정상적으로 수행하였고, 이에 프로세스는 성공적으로 에러가 발생되었다.

GetThreadContext와 SetThreadContext 함수는 스레드 전반에 걸쳐 상당한 제어권을 개발자에게 부여한다. 하지만 이와 같은 기능은 주의 깊게 사용되어야 한다. 사실 이러한 함수들은 애플리케이션에서 거의 사용되지 않으며, "다음 문 설정^{Set Next Statement}"과 같은 고급 기능을 구현하는 디버거나 유틸리티 성격의 도구에서만 제한적으로 사용된다. 물론 애플리케이션의 형태에 따라 함수에 대한 사용이 제한되어 있는 것은 아니다.

24장 "예외 처리기와 소프트웨어 예외"에서 CONTEXT 구조체에 대해 좀 더 알아볼 것이다.

section 08 스레드 우선순위

이 장의 서두에서 스케줄러가 스케줄 가능한 다른 스레드를 수행하지 전에 어떤 방식으로 20밀리초 동안 현재 스레드를 수행하는지 설명하였다. 하지만 스케줄러가 이와 같이 동작하려면 모든 스레드가 동일한 우선순위를 가지고 있다는 전제가 있어야만 한다. 실제로 수행되는 스레드들은 다양한 우선순위를 가질 수 있고, 이는 스케줄러가 다음에 수행할 스레드를 선택하는 과정에 영향을 미친다.

모든 스레드들은 0(가장 낮은)부터 31(가장 높은) 범위 내의 우선순위 번호를 가진다. 시스템은 다음에 수행할 스레드를 선택할 때 31번 우선순위를 가진 스케줄 가능한 스레드들을 선택하고 라운드 로빈^{round-robin} 방식으로 이러한 스레드들을 수행한다. 스레드에 할당된 타임 슬라이스^{time slice}가 끝나면 시스템은 31번 우선순위를 가진 스레드 중 스케줄 가능한 다른 스레드가 있는지 확인하고, 만일 이러한 스레드가 존재하는 경우 해당 스레드에 CPU를 할당한다.

31번 우선순위를 가진 스레드가 스케줄 가능한 상태에 있는 동안에는 0부터 30번 우선순위를 가진 스레드들은 절대 CPU 시간을 할당받지 못한다. 이러한 상태를 기아 상태^{starvation}라고 한다. 기아 상태는 높은 우선순위의 스레드들이 너무 많은 CPU 시간을 사용해서 낮은 우선순위의 스레드들이 수행되지 못하는 상황을 말한다. 기아 상태는 멀티프로세서 머신^{multiprocessor machine}에서는 비교적 적게 발생한다. 이는 31번 우선순위를 가진 스레드와 30번 우선순위를 가진 스레드가 동시에 수행될 수도 있기 때문이다. 시스템은 항상 CPU들을 바쁘게 유지해야 할 책임이 있기 때문에 스케줄 가능한 스레드가 전혀 없는 경우에만 유휴 상태가 된다.

이와 같이 설계된 시스템에서는 낮은 우선순위를 가진 스레드들은 절대 수행되지 못할 것으로 생각될 것이다. 하지만 앞서 이야기한 바와 같이 시스템 내의 대부분의 스레드들은 스케줄 불가능한 상태를 유지한다. 예를 들어 프로세스의 주 스레드가 GetMessage를 호출하고 있고 시스템이 처리되지 않은 어떠한 메시지도 발견하지 못하면 시스템은 해당 프로세스의 스레드를 정지시킨다. 스레드는 할당받은 타임 슬라이스 중 남은 시간을 포기하게 되고, CPU는 다른 스레드를 수행할 수 있게 된다.

GetMessage가 가져올 메시지가 없다면 프로세스의 주 스레드가 정지될 것이므로, CPU 시간이 할당되지 않겠지만 메시지가 스레드의 큐에 삽입되는 순간 시스템은 해당 스레드가 더 이상 정지 상태로 있지 말아야 한다는 것을 알게 될 것이고, 현재 스레드보다 높은 우선순위의 스케줄 가능한 스레드가 없는 경우 CPU 시간을 할당하게 된다.

다른 이슈에 대해서도 알아보자. 낮은 우선순위의 스레드가 어떤 작업을 수행하든지, 높은 우선순위의 스레드는 항상 낮은 우선순위의 스레드보다 선행하게 된다. 우선순위가 5인 스레드가 수행 중이고 그보다 더 높은 우선순위의 스레드가 스케줄 가능 상태가 되면 지체 없이 낮은 우선순위의 스레드를 정지하고(타임 슬라이스를 절반밖에 사용하지 않았더라도) 높은 우선순위의 스레드에 타임 슬라이스 크기만큼 CPU 시간을 할당하게 된다.

시스템이 부팅되면 제로 페이지 스레드 zero page thread 라고 불리는 특별한 스레드가 생성된다. 이 스레드는 시스템 전체에서 0번 우선순위를 가진 유일한 스레드다. 제로 페이지 스레드는 시스템 전체에서 다른 어떠한 스레드도 스케줄 가능 상태가 아닐 때 램의 사용되지 않는 페이지를 0으로 만들어주는 작업을 수행한다.

section 09 우선순위의 추상적인 의미

마이크로소프트의 개발자들은 스레드 스케줄러를 설계할 때 모든 사용자의 요구를 항상 만족하도록 구현할 수는 없다는 사실을 알고 있었으며, 컴퓨터의 사용 목적이 세월이 흐름에 따라 변경될 것이라는 것도 예측하고 있었다. 윈도우 NT가 처음으로 발표되었을 때만 해도 OLE object linking and embedding 애플리케이션들이 막 작성되기 시작한 시점이었지만 최근에는 OLE 애플리케이션이 매우 평범한 것이 되었다. 게임과 멀티미디어 애플리케이션이나 초기 버전의 윈도우에서는 고려하지 않았던 인터넷은 이제 너무나 중요한 것이 되었다.

스케줄링 알고리즘은 사용자가 수행하는 애플리케이션의 형태에 따라 상당한 영향을 미친다. 처음부터 마이크로소프트 개발자들은 시간이 지나서 시스템의 사용 목적이 변경되면 스케줄링 알고리즘을 변경할 필요가 있을 것이란 것을 알고 있었다. 하지만 소프트웨어 개발자들은 당장 소프트웨어 개발에 착수해야 했기 때문에 마이크로소프트는 미래에 출시될 운영체제에서도 이미 개발된 애플리케이션이 정상적으로 수행될 것임을 보장해야만 했다. 어떻게 마이크로소프트가 시스템의 동작 방식을 변경하면서도 이전에 개발된 소프트웨어가 정상적으로 수행되도록 보장할 수 있었을까? 여기에 몇 가지 답이 있다.

- 마이크로소프트는 스케줄러의 동작 방식을 완벽하게 문서화하지 않았다.
- 마이크로소프트는 애플리케이션이 스케줄러의 기능상의 장점을 완벽하게 이용하지 못하도록 하였다.
- 마이크로소프트는 스케줄러의 알고리즘은 변경될 수 있으므로 코드를 방어적으로 작성할 것을 지속적으로 알려왔다.

마이크로소프트 API는 시스템의 스케줄러에 대해 매우 추상적인 모습만을 드러내고 있다. 따라서 스케줄러에 대해 직접적으로 설명하는 것은 불가능하다. 대신, 스케줄링에 영향을 미치는 윈도우 함수는 우리가 설치한 시스템의 버전에 따라 함수의 매개변수를 적절히 변경해 준다. 이런 이유로 이번 절에서는 스케줄러의 추상적인 모습만을 살펴보고자 한다.

애플리케이션 설계 시에는 최종 사용자가 우리가 개발한 애플리케이션 외에도 다른 애플리케이션을 동시에 사용할 가능성이 있는지에 대해 고려해야 한다. 이런 상황을 고려하여 우리가 개발한 애플리케이션 내의 스레드가 어느 정도의 응답성이 요구되는지를 판단하고, 이를 기준으로 프로세스의 우선순위 클래스$^{priority\ class}$를 결정해야 한다. 사실 이러한 이야기가 매우 막연하게 들릴지도 모르겠다. 마이크로소프트는 추후 문제의 소지가 있을 만한 부분에 대해서는 어떠한 보장도 하지 않는다.

윈도우는 6개의 우선순위 클래스 – 유휴 상태^{Idle}, 보통 이하$^{Below\ normal}$, 보통^{Normal}, 보통 이상$^{Above\ normal}$, 높음^{High}, 실시간^{Realtime} – 를 제공한다. 물론 보통 우선순위가 가장 일반적인 우선순위 클래스이며, 99퍼센트의 애플리케이션이 보통 우선순위로 수행된다. [표 7-2]에 우선순위 클래스를 정리해 두었다.

[표 7-2] 프로세스 우선순위 클래스

우선순위 클래스	설명
실시간(Realtime)	즉각적인 응답이 필요한 이벤트를 처리하는 프로세스의 스레드에서 사용된다. 이러한 프로세스의 스레드는 운영체제가 운용하는 프로세스의 스레드보다 우선적으로 수행된다. 이 우선순위 클래스는 주의해서 사용해야 한다.
높음(High)	즉각적인 응답이 필요한 이벤트를 처리하는 프로세스의 스레드에서 사용된다. 작업 관리자의 경우 사용자가 수행 중인 프로세스를 종료할 수 있도록 하기 위해 이 우선순위 클래스로 수행된다.
보통 이상(Above normal)	보통과 높음 사이의 우선순위 클래스다.
보통(Normal)	특별한 스케줄링 규칙이 필요하지 않은 프로세스의 스레드에 의해 사용된다.
보통 이하(Below normal)	보통과 유휴 상태 사이의 우선순위 클래스다.
유휴 상태(Idle)	시스템이 수행할 다른 스레드가 없는 경우에 수행할 프로세스의 스레드에서 사용된다. 주로 화면 보호기나 백그라운드로 수행되는 유틸리티, 통계/정보수집 프로그램 등에서 사용된다.

유휴 상태 우선순위 클래스는 시스템이 아무것도 하지 않는 경우에만 수행되어야 하는 애플리케이션에 가장 적합하다. 사용자와의 상호작용이 없는 컴퓨터도 여전히 바쁠 수 있다(예를 들어 파일 서버와

같이 동작하는 경우). 이러한 소프트웨어와 화면 보호기가 CPU 시간을 얻기 위해 다투는 일이 발생해서는 안 된다. 주기적으로 시스템의 상태를 갱신해야 하는 통계-추적 프로그램들도 다른 애플리케이션들의 작업에 영향을 미치지 않도록 작성되어야 한다.

높은 우선순위 클래스는 반드시 필요한 경우에 한해서만 사용하는 것이 좋다. 실시간 우선순위 클래스는 가능한 한 사용하지 않는 것이 좋다. 사실 윈도우 NT 3.1 베타까지만 해도 운영체제가 실시간 우선순위 클래스를 제공함에도 불구하고 애플리케이션에서 사용할 수 있도록 공개되지 않았었다. 실시간 우선순위 클래스는 매우 높은 우선순위이다. 운영체제가 운용하는 스레드들 조차도 대부분 이보다 낮은 우선순위에서 동작되기 때문에 실시간 우선순위 클래스로 지정된 프로세스 내의 스레드는 운영체제의 동작에 영향을 미칠 수 있으며, 디스크 I/O, 적시에 처리되어야 하는 네트워크 트래픽, 키보드와 마우스 입력 등을 방해할 수도 있다. 일반 사용자는 이 경우 시스템이 멈추었다고 생각할 수도 있다. 실시간 우선순위 클래스는 하드웨어 이벤트에 대해 매우 짧은 시간 내에 응답을 해야 하는 경우나 매우 짧은 시간 동안 수행되는 작업이 중간에 인터럽트되는 것을 원치 않을 경우, 혹은 충분히 타당한 이유가 있는 경우에 한해서만 제한적으로 사용되어야 한다.

 스케줄링 우선순위 향상 권한이 없는 사용자는 실시간 우선순위 클래스로 프로세스를 수행하지 못한다. 관리자나 파워 유저의 경우 기본적으로 이러한 권한을 가지고 있다.

대부분의 프로세스들은 보통 우선순위 클래스에서 수행된다. 일부 회사들이 기존의 우선순위 클래스가 유연성이 결여되어 있다는 불만을 토로함에 따라 마이크로소프트는 윈도우 2000부터 두 개의 우선순위 클래스 – 보통 이하와 보통 이상 – 를 새로 추가했다.

우선순위 클래스를 선택했다면 더 이상 다른 애플리케이션과의 상호 연관성에 대해서는 고민하지 말고 애플리케이션 내의 스레드들에 대해 집중하는 것이 좋다. 윈도우는 7가지의 상대 스레드 우선순위 – 유휴 상태^{Idle}, 가장 낮음^{Lowest}, 보통 이하^{Below normal}, 보통^{Normal}, 보통 이상^{Above normal}, 가장 높음^{Highest}, 타임 크리티컬^{Time-critical} – 를 제공한다. 이러한 스레드 우선순위는 프로세스 우선순위에 상대적이다. 다시 말하지만, 대부분의 스레드들은 보통 스레드 우선순위로 수행된다. [표 7-3]에 상대 스레드 우선순위를 정리해 두었다.

정리하면, 프로세스에는 프로세스 우선순위 클래스가 할당되고, 스레드에는 프로세스 우선순위에 상대적인 스레드 우선순위가 할당된다. 지금껏 우선순위 레벨 0부터 31에 대해서는 아무런 언급도 하지 않았다는 점에 유의할 필요가 있다. 애플리케이션 개발자는 우선순위 레벨을 절대 직접 사용할 수 없다. 대신 시스템은 프로세스 우선순위 클래스와 상대 스레드 우선순위를 이용하여 우선순위 레벨로 매핑을 수행한다. 이러한 매핑 방식에 대해 마이크로소프트는 가능한 언급하지 않으려 하며, 사실 이러한 매핑 정보는 각 시스템의 버전별로 상이하다.

[표 7-3] 상대 스레드 우선순위

상대 스레드 우선순위	설명
타임 크리티컬(Time-critical)	타임 크리티컬 스레드는 실시간 우선순위 클래스에서는 31, 다른 우선순위 클래스에서는 15로 동작한다.
가장 높음(Highest)	보통보다 두 단계 높음
보통 이상(Above normal)	보통보다 한 단계 높음
보통(Normal)	프로세스의 우선순위 클래스에 대해 보통으로 수행됨
보통 이하(Below normal)	보통보다 한 단계 낮음
가장 낮음(Lowest)	보통보다 두 단계 낮음
유휴 상태(Idle)	실시간 우선순위 클래스에서는 16, 다른 우선순위 클래스에서는 1로 동작한다.

[표 7-4]는 윈도우 비스타에서의 매핑 정보에 대해 나타내었다. 윈도우 NT, 윈도우 95, 윈도우 98은 각기 조금씩 다른 매핑 방식을 가지고 있다. 이러한 매핑 방식은 나중에 출시될 윈도우에서 또다시 변경될 수 있다.

[표 7-4] 프로세스 우선순위 클래스와 상대 스레드 우선순위로 우선순위 레벨 값을 계산하는 방법

상대 스레드 우선순위	프로세스 우선순위 클래스					
	유휴 상태	보통 이하	보통	보통 이상	높음	실시간
타임 크리티컬	15	15	15	15	15	31
가장 높음	6	8	10	12	15	26
보통 이상	5	7	9	11	14	25
보통	4	6	8	10	13	24
보통 이하	3	5	7	9	12	23
가장 낮음	2	4	6	8	11	22
유휴 상태	1	1	1	1	1	16

예를 들어 보통 프로세스 내의 보통 스레드는 대부분 우선순위 레벨이 8이다. 왜냐하면 대부분의 프로세스는 보통 우선순위 클래스로 수행되며, 대부분의 스레드는 보통 스레드 우선순위를 가지기 때문이다. 따라서 시스템 내의 대부분의 스레드는 우선순위 레벨이 8이 된다.

높음 우선순위 클래스로 수행되는 프로세스 내의 스레드가 보통 우선순위를 가지면 이 스레드의 우선순위 레벨은 13이 된다. 프로세스의 우선순위 클래스를 유휴 상태로 변경하면 스레드의 우선순위 레벨은 4로 변경된다. 스레드의 우선순위는 프로세스의 우선순위 클래스에 상대적이라는 것을 기억하기 바란다. 따라서 프로세스의 우선순위 클래스를 변경하게 되면 스레드의 상대 우선순위가 변경되지 않더라도 스레드의 우선순위 레벨은 변경될 것이다.

위 테이블을 살펴보면 우선순위 레벨이 0인 스레드에 대해서는 언급되어 있지 않음에 주목할 필요가 있다. 시스템은 0 우선순위 레벨을 제로 페이지 스레드[zero page thread]에서만 사용하고 다른 스레드는 0 우

선순위 레벨을 가지지 못하도록 하고 있다. 17, 18, 19, 20, 21, 27, 28, 29, 30 우선순위 레벨 또한 언급되어 있지 않은데, 이러한 우선순위 레벨은 유저 모드에서는 사용될 수 없고 커널 모드에서 수행되는 디바이스 드라이버를 작성할 때에만 사용될 수 있다. 또한 실시간 우선순위 클래스 내의 스레드들은 우선순위 레벨 16 이하를 가지지 않으며, 실시간 우선순위 클래스가 아닌 스레드는 15 이상의 우선순위 레벨을 가지지 않는다는 점에도 주의하기 바란다.

 프로세스 우선순위 클래스의 개념에 대해 혼돈스러워 하는 사람들이 간혹 있다. 그러한 사람들은 이 개념을 프로세스가 어떻게 스케줄될지를 지정하는 방법이라고 생각한다. 하지만 프로세스는 스케줄의 단위가 아니며, 스레드만이 스케줄될 수 있다. 프로세스 우선순위 클래스는 마이크로소프트가 스케줄러의 내부적인 동작 방식을 사용자가 직접 다루지 않아도 되도록 하기 위해 만든 추상적인 개념이며, 다른 목적은 전혀 없다.

 일반적으로, 높은 우선순위 레벨의 스레드는 오랫동안 스케줄 가능 상태로 남아 있지 않도록 해야 한다. 이러한 스레드가 수행해야 할 작업을 가지게 되면, 매우 빠르게 CPU 시간을 획득할 것이다. 이때 스레드는 가능한 적은 CPU 인스트럭션만을 수행하고 남은 CPU 시간을 반납한 후, 다시 스케줄 가능 상태가 될 때까지 기다리는 것이 좋다. 반면, 우선순위 레벨이 낮은 스레드는 가능한 오랫동안 스케줄 가능한 상태를 유지해서, 작업을 수행할 때 가능한 오랫동안 CPU 인스트럭션을 수행하도록 해야 한다. 이러한 규칙을 따르게 되면 전반적으로 운영체제의 응답성이 개선될 것이다.

section 10 우선순위 프로그래밍

그렇다면 어떻게 프로세스에 우선순위 클래스를 설정할 수 있을까? 먼저 CreateProcess를 호출할 때 fdwCreate 매개변수로 우선순위 클래스를 전달하면 된다. [표 7-5]에 우선순위 클래스를 나타내는 구분자를 나타냈다.

[표 7-5] 프로세스 우선순위 클래스

우선순위 클래스	구분자
실시간(Real-time)	REALTIME_PRIORITY_CLASS
높음(High)	HIGH_PRIORITY_CLASS
보통 이상(Above normal)	ABOVE_NORMAL_PRIORITY_CLASS
보통(Normal)	NORMAL_PRIORITY_CLASS
보통 이하(Below normal)	BELOW_NORMAL_PRIORITY_CLASS
유휴 상태(Idle)	IDLE_PRIORITY_CLASS

페어런트 프로세스가 차일드 프로세스의 우선순위 클래스를 지정하는 것이 조금 이상해 보일 수도 있다. 윈도우 탐색기를 예로 생각해 보자. 윈도우 탐색기로 애플리케이션을 수행하면 새로 생성되는 프로세스는 항상 보통 우선순위 클래스로 수행된다. 윈도우 탐색기는 프로세스의 역할이 무엇인지 혹은 스레드가 얼마나 자주 스케줄되어야 하는지에 대해 전혀 아는 바가 없다. 다행히도 프로세스가 수행된 이후에 SetPriorityClass 함수를 호출하여 자신의 우선순위 클래스를 변경할 수 있다.

```
BOOL SetPriorityClass(
    HANDLE hProcess,
    DWORD fdwPriority);
```

이 함수는 hProcess가 가리키는 프로세스의 우선순위 클래스를 fdwPriority 매개변수를 통해 전달한 값으로 변경한다. fdwPriority 매개변수로는 [표 7-5]에 나열하였던 구분자를 사용하면 된다. 이 함수는 프로세스 핸들을 인자로 취하기 때문에 프로세스의 핸들 값과 충분한 권한만 있으면 시스템에서 수행 중인 모든 프로세스의 우선순위를 조정할 수 있다.

보통의 경우라면, 프로세스는 자신의 우선순위 클래스만을 변경할 것이다. 아래에 자신의 프로세스 우선순위 클래스를 유휴 상태로 변경하는 예를 나타내었다.

```
BOOL SetPriorityClass(
    GetCurrentProcess(),
    IDLE_PRIORITY_CLASS);
```

프로세스의 우선순위 클래스를 획득하기 위해 사용할 수 있는 함수도 있다.

```
DWORD GetPriorityClass(HANDLE hProcess);
```

당연히 이 함수의 반환 값은 [표 7-5]에 나열하였던 구분자 중 하나가 된다.

명령 쉘로 프로그램을 수행하면 프로세스의 초기 우선순위 클래스는 보통이다. 하지만 프로그램을 START 명령을 사용하여 수행하면 애플리케이션의 초기 우선순위 클래스를 스위치를 사용하여 명시적으로 지정할 수 있다. 명령 쉘에서 다음과 같이 입력하면 계산기^{Calc.exe}를 유휴 상태 우선순위 클래스로 수행할 수 있다.

```
C:\>START /LOW CALC.EXE
```

START 명령은 이 스위치 외에도 /BELOWNORMAL, /NORMAL, /ABOVENORMAL, /HIGH, /REALTIME과 같은 스위치를 지원하기 때문에 적절한 우선순위 클래스를 지정할 수 있다. 물론 애플리케이션이 수행된 이후에 SetPriorityClass를 호출하여 자신의 우선순위 클래스를 원하는 대로 변경할 수도 있다.

윈도우 작업 관리자^{Task Manager}를 이용해서도 프로세스의 우선순위 클래스를 변경할 수 있다. 아래 그림은 작업 관리자의 프로세스^{Process} 탭을 통해 현재 수행 중인 프로세스의 목록을 나타내고 있는 모습이다. 기본 우선순위^{Base Pri} 열은 각 프로세스의 우선순위 클래스를 보여주고 있다. 프로세스명을 오른 마우스로 클릭하여 컨텍스트 메뉴를 나타낸 후 우선순위 설정^{Set Priority} 부메뉴를 선택하면 프로세스의 우선순위를 변경할 수 있다.

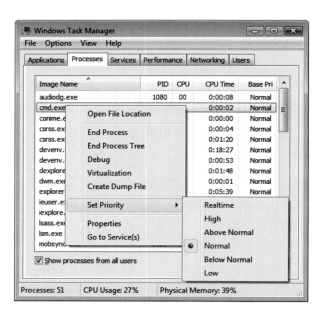

프로세스가 최초로 생성되면 상대 스레드 우선순위는 항상 보통으로 설정된다. CreateThread 함수를 이용하여 새로운 스레드를 생성할 때, 스레드의 상대 우선순위를 설정할 수 있는 방법을 제공하지 않는다는 것은 조금 이상해 보인다. 어쨌든 스레드의 상대 우선순위를 설정하기 위해 다음 함수를 사용할 수 있다.

```
BOOL SetThreadPriority(
    HANDLE hThread,
    int nPriority);
```

hThread 매개변수는 우선순위를 변경하고자 하는 스레드를 나타내는 핸들이며, nPriority 매개변수는 [표 7-6]에 나열된 7개의 구분자 중 하나를 전달해야 한다.

[표 7-6] 상대 스레드 우선순위

상대 스레드 우선순위	구분자
타임 크리티컬(Time-critical)	THREAD_PRIORITY_TIME_CRITICAL
가장 높음(Highest)	THREAD_PRIORITY_HIGHEST

상대 스레드 우선순위	구분자
보통 이상(Above normal)	THREAD_PRIORITY_ABOVE_NORMAL
보통(Normal)	THREAD_PRIORITY_NORMAL
보통 이하(Below normal)	THREAD_PRIORITY_BELOW_NORMAL
가장 낮음(Lowest)	THREAD_PRIORITY_LOWEST
유휴 상태(Idle)	THREAD_PRIORITY_IDLE

스레드의 상대 우선순위를 획득하기 위해 사용할 수 있는 함수도 있다.

```
int GetThreadPriority(HANDLE hThread);
```

이 함수는 [표 7-6]에서 나열하였던 구분자 중 하나를 반환한다.

새로운 스레드를 유휴 상태 상대 스레드 우선순위로 생성하려면 다음과 유사한 형태로 코드를 작성하면 된다.

```
DWORD dwThreadID;
HANDLE hThread = CreateThread(NULL, 0, ThreadFunc, NULL,
    CREATE_SUSPENDED, &dwThreadID);
SetThreadPriority(hThread, THREAD_PRIORITY_IDLE);
ResumeThread(hThread);
CloseHandle(hThread);
```

CreateThread는 항상 보통 상대 스레드 우선순위로 스레드를 생성한다는 것에 주목하기 바란다. 따라서 스레드를 유휴 상태 상대 우선순위로 생성하기 위해서 CREATE_SUSPENDED 플래그를 인자로 CreateThread를 호출하여 새로 생성된 스레드가 코드를 수행하지 않도록 한 후 SetThreadPriority를 호출하여 스레드 우선순위를 유휴 상태 상대 스레드 우선순위로 변경하였다. 그리고 ResumeThread를 호출하여 스레드가 스케줄되도록 하였다. 스레드가 언제 CPU 시간을 획득할지를 정확하게 알수는 없지만, 스케줄러는 이 스레드가 유휴 상태 상대 스레드 우선순위를 가진 스레드라는 사실을 염두에 두고 스케줄링을 수행할 것이다. 마지막으로, 스레드가 종료될 때 해당 스레드 커널 오브젝트가 바로 파괴될 수 있도록 새롭게 생성된 스레드 핸들을 삭제하였다.

노트

윈도우는 스레드의 우선순위 레벨을 가져오는 함수를 제공하지 않는다. 이러한 함수가 제공되지 않는 것은 의도적인 것이다. 마이크로소프트가 언제든지 스케줄링 알고리즘을 변경할 수 있다는 사실을 상기하라. 스케줄링 알고리즘의 구현 방식에 대한 세부적인 내용을 염두에 두고 애플리케이션을 설계해서는 안 된다. 프로세스 우선순위 클래스와 상대 스레드 우선순위를 이용하면 애플리케이션은 현재 윈도우뿐만 아니라 미래에 출시될 윈도우에서도 정상적으로 동작할 것이다.

❶ 동적인 우선순위 레벨 상승

시스템은 스레드의 우선순위 레벨을 스레드의 상대 우선순위와 스레드가 속한 프로세스의 우선순위 클래스를 결합하여 산출한다. 때로는 이 값을 스레드의 기본 우선순위 레벨이라고 한다. 시스템은 I/O 이벤트에 대해 응답하거나 윈도우 메시지나 디스크를 읽기 위해 스레드의 우선순위 레벨을 상승 thread priority level boosting 시키기도 한다.

예를 들어 스레드가 보통 상대 우선순위를 가지고 있고, 프로세스가 높음 우선순위 클래스를 가지고 있는 경우 스레드의 기본 우선순위 레벨은 13이 된다. 사용자가 키를 누르면 시스템은 WM_KEY-DOWN 메시지를 스레드의 메시지 큐에 삽입한다. 이 경우 스레드는 처리해야 할 작업이 생겼으므로 스케줄 가능 상태가 된다. 더불어 키보드 디바이스 드라이버는 시스템에게 스레드의 우선순위 레벨을 임시적으로 상승시켜 줄 것을 요청한다. 따라서 스레드의 현재 우선순위 레벨 current priority level 은 2만큼 상승되어 스레드의 우선순위 레벨이 15가 된다.

스레드는 하나의 타임 슬라이스 시간 동안만 15 우선순위 레벨에서 수행되도록 스케줄된다. 타임 슬라이스가 만료되면 시스템은 스레드의 우선순위 레벨을 1만큼 감소시켜 다음 타임 슬라이스가 주어질 때 14 우선순위 레벨로 작업을 수행한다. 이후 세 번째 타임 슬라이스가 주어지면 13 우선순위 레벨로 작업을 수행한다. 그 이후로는 기본 우선순위 레벨과 동일한 13 우선순위 레벨로 작업을 수행한다.

스레드의 현재 우선순위 레벨은 스레드의 기본 우선순위 레벨 이하로 떨어지지 않는다. 디바이스 드라이버가 스케줄될 스레드의 우선순위 레벨을 얼마만큼 상승시킬지를 결정한다는 사실에 주목하기 바란다. 마이크로소프트는 각각의 디바이스 드라이버가 얼마만큼의 우선순위 레벨을 상승하도록 할지에 대해 문서화해 두지 않았다. 이는 마이크로소프트가 전체적인 시스템의 응답성을 개선할 수 있도록 우선순위 레벨의 상승 정도를 지속적으로 개선할 수 있음을 의미한다.

시스템은 스레드의 기본 우선순위 레벨이 1부터 15 사이인 스레드에 대해서만 우선순위 레벨 상승을 시도한다. 그래서 이 범위의 우선순위 레벨을 동적 우선순위 범위 dynamic priority range 라고 한다. 또한 시스템은 실시간 우선순위 범위(15를 초과하는)로 레벨 상승을 수행하지 않는다. 실시간 우선순위 범위 내의 스레드들은 대부분 운영체제의 기능을 수행하기 때문에, 이 범위로 우선순위 레벨을 상승시킬 경우 운영체제의 동작에 영향을 미칠 수 있기 때문이다. 또한 실시간 우선순위 범위 내의 스레드에 대해서도 동적으로 우선순위 레벨 상승을 수행하지 않는다(16부터 31까지).

몇몇 개발자들은 시스템의 이러한 동적 우선순위 레벨 상승 기능이 자신이 개발한 애플리케이션의 스레드에 좋지 않은 영향을 미친다고 이의를 제기하였으며, 이를 해결하기 위해 마이크로소프트는 시스템이 스레드 우선순위 레벨의 동적 상승을 수행하지 못하도록 하는 다음의 두 개의 함수를 추가하였다.

```
BOOL SetProcessPriorityBoost(
   HANDLE hProcess,
```

```
    BOOL bDisablePriorityBoost);
 BOOL SetThreadPriorityBoost(
    HANDLE hThread,
    BOOL bDisablePriorityBoost);
```

SetProcessPriorityBoost를 이용하면 해당 프로세스 내의 모든 스레드에 대해 동적인 우선순위 레벨 상승을 가능하거나 불가능하도록 설정할 수 있다. SetThreadPriorityBoost는 개별 스레드에 대해 적용된다. 다음의 두 개의 함수는 동적인 우선순위 레벨 상승 기능의 사용 여부를 확인하기 위한 함수들로, 앞서 알아본 함수들과 각기 대응하는 함수들이다.

```
 BOOL GetProcessPriorityBoost(
    HANDLE hProcess,
    PBOOL pbDisablePriorityBoost);
 BOOL GetThreadPriorityBoost(
    HANDLE hThread,
    PBOOL pbDisablePriorityBoost);
```

이 함수들은 프로세스나 스레드의 핸들 값과 함께 결과를 받아올 인자로 BOOL 값을 저장할 수 있는 메모리 주소를 전달하면 된다.

또 다른 상황에서 시스템은 스레드의 우선순위 레벨을 동적으로 상승시키곤 한다. 우선순위 레벨이 4인 스레드가 스케줄링 가능 상태임에도 불구하고 우선순위 레벨이 8인 스레드가 지속적으로 스케줄되는 경우 우선순위 레벨이 4인 스레드는 전혀 수행되지 못할 것이다. 시스템은 스케줄 가능 상태의 스레드들이 3초 혹은 4초 동안 CPU 시간을 전혀 받지 못하였음을 감지하게 되면 우선순위를 15까지 일시적으로 상승시켜서 두 번의 퀀텀 시간 동안 스레드가 수행될 수 있도록 해 준다. 두 번의 퀀텀 시간이 지나고 나면 스레드는 다시 기본 우선순위 레벨로 돌아간다.

❷ 포그라운드 프로세스를 위한 스케줄러 변경

어떤 프로세스가 윈도우를 가지고 있고 사용자가 그 윈도우를 이용하여 작업을 수행한다면 이러한 프로세스를 포그라운드 프로세스 foreground process 라고 하고, 그 외의 다른 프로세스를 백그라운드 프로세스 background process 라고 한다. 당연히 사용자는 현재 사용 중인 포그라운드 프로세스가 백그라운드 프로세스보다 빠르게 응답하기를 원할 것이다. 포그라운드 프로세스의 응답성을 개선하기 위해 윈도우는 포그라운드 프로세스에 대한 스레드 스케줄링 알고리즘을 약간 변경하여 포그라운드 프로세스에게 일반적으로 사용하는 퀀텀 시간에 비해 좀 더 긴 시간의 퀀텀 시간을 제공할 수 있도록 하고 있다. 이러한 개선사항은 포그라운드 프로세스가 보통 우선순위 클래스에서 수행될 때에만 적용되며, 다른 우선순위 클래스가 지정된 프로세스에는 적용되지 않는다.

윈도우 비스타에서는 이러한 기능을 사용자가 직접 설정할 수 있도록 해 주고 있는데, 시스템 속성 System Properties 다이얼로그 박스에서 고급 Advanced 탭을 선택한 후, 성능 Performance 부분의 설정 Settings 버튼을 누르면 성능 옵션 Performance Options 다이얼로그 박스가 나타나고, 여기서 고급 Advanced 탭을 선택할 수 있다.

만일 사용자가 "다음의 최적 성능을 위해 조정 Adjust for best performance of" 부분에서 프로그램 Programs 을 선택하면(비스타의 기본 설정) 이러한 기능이 적용되고, 백그라운드 서비스 Background services 를 선택하면 적용되지 않는다.

3 I/O 요청 우선순위 스케줄링

스레드 우선순위를 변경하면 스레드가 CPU 리소스를 어떻게 사용하는지에 대해 영향을 미치게 된다. 일반적으로 스레드는 디스크로부터 파일을 읽거나 쓰는 것과 같은 I/O 요청을 수행할 수 있으며, 낮은 우선순위의 스레드라 하더라도 CPU 시간을 획득하였을 때 매우 짧은 시간 동안 수백 혹은 수천 건의 I/O 요청을 생성할 수 있다. I/O 요청은 일반적으로 장시간의 처리 시간을 필요로 하며, 이 경우 낮은 우선순위의 스레드가 상대적으로 높은 우선순위의 스레드를 스케줄링하지 못하도록 영향을 주기도 한다. 이는 시스템의 전체적인 응답성에 영향을 미치게 된다. 이러한 이유로 장시간 동안 낮은 우선순위로 I/O 작업을 수행하는 조각 모음 disk defragmenters, 바이러스 검색, 내용 인덱싱과 같은 서비스가 수행되면 머신의 응답성이 나빠진다.

윈도우 비스타부터는 스레드가 I/O 요청에 대해 우선순위를 지정할 수 있게 되었다. SetThreadPriority를 호출할 때 THREAD_MODE_BACKGROUND_BEGIN을 인자로 전달하면 스레드가 낮은 우선순위의 I/O 요청을 생성할 수 있다. 물론 스레드의 우선순위 또한 동시에 낮아진다. 스레드가 보통의 I/O 요청을 생성하도록 우선순위를 돌려놓기 위해서는(스케줄 우선순위와 함께) THREAD_MODE_BACKGROUND_END를 인자로 하여 SetThreadPriority를 호출하면 된다. SetThreadPriority 호출 시 이러한 플래그를 사용하려면 반드시 자신의 스레드 핸들 값을 전달해야 한다(GetCurrentThread를 호출하여 반환된 값을 사용). 다른 스레드의 I/O 우선순위는 변경할 수 없다.

만일 프로세스 내의 모든 스레드에 대해 낮은 우선순위의 I/O 요청을 생성하고, 동시에 낮은 우선순위의 CPU 스케줄링을 수행하려면 SetPriorityClass 함수에 PROCESS_MODE_BACKGROUND_BEGIN 인자를 전달하면 된다. 우선순위를 원래대로 돌려놓기 위해서는 PROCESS_MODE_BACKGROUND_END를 인자로 하여 SetPriorityClass를 호출하면 된다. SetPriorityClass에 이러한 플래그를 사용하려면 반드시 이 함수를 호출하는 스레드가 속한 프로세스의 핸들 값을 전달해야 한다(GetCurrentProcess를 호출하여 반환된 값을 사용). 다른 프로세스에 속한 스레드의 I/O 우선순위는 변경할 수 없다.

보통 상대 우선순위 스레드에서 특정 파일에 대해서만 백그라운드 우선순위로 I/O를 수행하기 위해서는 다음과 같이 코드를 작성하면 된다.

```
FILE_IO_PRIORITY_HINT_INFO phi;
phi.PriorityHint = IoPriorityHintLow;
SetFileInformationByHandle(
    hFile, FileIoPriorityHintInfo, &phi, sizeof(PriorityHint));
```

SetFileInformationByHandle을 이용하여 우선순위를 설정하면 SetPriorityClass나 SetThreadPriority를 이용하여 설정한 프로세스나 스레드의 우선순위에 우선한다.

새로운 백그라운드 우선순위를 활용하여 포그라운드 애플리케이션의 응답성을 더욱더 향상시키는 것은 순전히 개발자의 몫이다. 이때 우선순위가 역전되는 것에 유의해야 한다. 보통 우선순위의 I/O 작업이 매우 바쁘게 수행되고 있는 경우라면, 백그라운드로 수행되는 스레드의 경우 I/O의 결과를 획득하는 데 수초의 지연이 발생할 수 있다. 낮은 우선순위의 스레드가 보통 우선순위의 스레드가 사용해야 하는 자원을 소유하고 있는 경우 보통 우선순위 스레드는 낮은 우선순위의 스레드가 백그라운드 우선순위로 요청한 I/O 작업이 완료될 때까지 기다리게 된다. 뿐만 아니라 백그라운드 우선순위의 스레드는 문제가 발생한 I/O 작업을 보고할 필요가 없을 수도 있다. 보통 우선순위 스레드와 백그라운드 우선순위 스레드가 동기화 오브젝트를 공유하는 상황은 우선순위 역전 현상을 방지하기 위해 가능한 한 최소화하는 것이 좋다(혹은 가능한 한 제거하는 것이 좋다). 이러한 우선순위 역전 현상은 보통 우선순위 스레드가 백그라운드 우선순위 스레드가 점유하고 있는 자원을 기다리는 경우에 발생하게 된다.

❹ 스케줄링 실습 예제 애플리케이션

스케줄링 실습 예제 프로그램인 07-SchedLab.exe(다음 쪽 참조)를 사용하면 프로세스 우선순위 클래스와 상대 스레드 우선순위를 조정하여 시스템의 전체적인 수행 능력에 어떤 영향을 미치는지 실험해 볼 수 있다. 이 예제의 소스 코드와 리소스 파일들은 한빛미디어 홈페이지를 통해 제공되는 소스 파일의 07-SchedLab 폴더에 있다. 이 예제 애플리케이션을 수행하면 다음과 같은 창이 나타날 것이다.

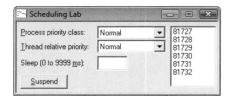

프로그램을 시작하면 주 스레드는 계속 바쁜 상태를 유지하게 되며, 곧장 CPU 사용률은 100퍼센트가 될 것이다. 주 스레드는 오른쪽에 위치한 리스트 박스에 증가되는 숫자를 계속해서 추가한다. 이 숫자들은 별다른 의미를 가지고 있지 않다. 단지 스레드가 어떤 작업을 수행하면서 바쁘다는 것을 보여주기 위해 만든 것일 뿐이다. 스레드 스케줄링이 시스템에 어떤 영향을 미치는가를 확인하기 위해 이 프로그램을 적어도 두 개 이상 동시에 수행하여 한쪽 인스턴스의 우선순위를 변경하였을 때 다른 인스턴스에 어떤 영향을 미치는지를 확인해 보기 바란다. 또한 작업 관리자를 수행하여 각 프로세스별로 CPU 사용률을 확인해 보기 바란다.

이와 같이 테스트를 진행해 보면 CPU 사용률이 최초에 100퍼센트에 도달하였을 때, 애플리케이션의 모든 인스턴스들은 각기 동일한 CPU 사용률을 보이게 된다. (작업 관리자를 이용하면 모든 인스턴스가 동일한 CPU 사용률을 보인다는 것을 확인할 수 있다.) 만일 하나의 인스턴스의 우선순위 클래스를 보통 이상이나 높음으로 변경하게 되면, 이 인스턴스가 좀 더 많은 CPU 시간을 할당받게 되는 것을 확인할 수 있다. 다른 인스턴스에서 숫자들을 스크롤해 보면 매우 비정상적으로 스크롤이 수행되는 것을 볼 수 있다. 하지만 스크롤이 완전히 수행되지 않는 것은 아닌데, 이는 시스템이 CPU 시간을 오랫동안 할당받지 못한 스레드에 대해 동적으로 우선순위를 상승시켜 주기 때문이다. 아무튼 프로세스의 우선순위 클래스와 상대 스레드 우선순위를 변경해 가면서 프로그램 인스턴스들이 어떤 영향을 받는지를 확인할 수 있다. 필자가 이 프로그램을 작성할 때 프로세스를 실시간 우선순위로 변경할 수는 없도록 하였는데, 이는 실시간 우선순위를 지정하면 운영체제가 내부적으로 운용하는 스레드가 정상적으로 동작하지 않을 수도 있기 때문이다. 실시간 우선순위를 실험해 보고 싶다면 직접 코드를 수정해야 할 것이다.

Sleep 항목을 수정하여 주 스레드가 지정한 시간 동안 스케줄되지 않도록 지정할 수 있다. 0부터 9999 밀리초까지 지정 가능하다. 이 항목에 1밀리초를 지정하여 CPU 사용 시간이 얼마만큼 줄어드는지를 실험해 보라. 2.2GHz 펜티엄 노트북 컴퓨터의 경우 99퍼센트가 줄어들었다. 놀랄만한 감소 효과다!

Suspend 버튼을 누르면 주 스레드가 두 번째 스레드를 생성한다. 두 번째 스레드는 주 스레드를 정지 시키고 다음과 같은 메시지 박스를 출력한다.

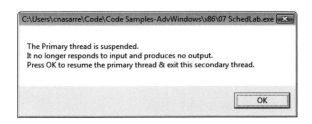

이러한 메시지 박스가 출력되면 주 스레드는 완벽하게 정지된 것이고, CPU 시간을 전혀 사용하지 않게 된다. 두 번째 스레드 또한 단순히 사용자의 입력을 기다리기 때문에 CPU 시간을 사용하지 않는다. 애플리케이션의 메인 창 위로 메시지 박스를 옮겼다가, 메인 창 내부를 볼 수 있도록 외부로 메시지 박스를 옮겨보면 메인 윈도우가 어떤 윈도우 메시지도(WM_PAINT를 포함해서) 처리하지 못하고 있음을 알 수 있으며, 이는 스레드가 정지되었음을 알려주는 명확한 증거가 된다. 메시지 박스를 닫으면 주 스레드가 계속 수행되며 CPU 사용률은 다시 100퍼센트로 돌아갈 것이다.

한 가지 더 테스트를 하자면, 앞서 말한 성능 옵션^{Performance Options} 다이얼로그 박스에서 "프로그램"을 "백그라운드 서비스"로 설정을 변경하거나 그 반대로 변경해 보라. 이후 SchedLab 프로그램을 여러 번 수행하고 보통 우선순위 클래스로 설정한 후, 이 중 하나를 포그라운드 프로세스로 변경해 보기 바란다. 이러한 성능 옵션 변경이 포그라운드와 백그라운드 프로세스 각각에 대해 어떠한 영향을 미치는지 확인할 수 있을 것이다.

```
SchedLab.cpp

/******************************************************************
Module: SchedLab.cpp
Notices: Copyright (c) 2008 Jeffrey Richter & Christophe Nasarre
******************************************************************/


#include "..\CommonFiles\CmnHdr.h"        /* 부록 A를 보라. */
```

```
#include <windowsx.h>
#include <tchar.h>
#include "Resource.h"
#include <StrSafe.h>


///////////////////////////////////////////////////////////////////////////

DWORD WINAPI ThreadFunc(PVOID pvParam) {

   HANDLE hThreadPrimary = (HANDLE) pvParam;
   SuspendThread(hThreadPrimary);
   chMB(
      "The Primary thread is suspended.\n"
      "It no longer responds to input and produces no output.\n"
      "Press OK to resume the primary thread & exit this secondary thread.\n");
   ResumeThread(hThreadPrimary);
   CloseHandle(hThreadPrimary);

   // 데드락을 피하기 위해 ResumeThread를 호출한 후 EnableWindow를 호출한다.
   EnableWindow(
      GetDlgItem(FindWindow(NULL, TEXT("Scheduling Lab")), IDC_SUSPEND),
      TRUE);
   return(0);
}


///////////////////////////////////////////////////////////////////////////

BOOL Dlg_OnInitDialog (HWND hWnd, HWND hWndFocus, LPARAM lParam) {

   chSETDLGICONS(hWnd, IDI_SCHEDLAB);

   // 프로세스 우선순위 클래스를 초기화한다.
   HWND hWndCtl = GetDlgItem(hWnd, IDC_PROCESSPRIORITYCLASS);

   int n = ComboBox_AddString(hWndCtl, TEXT("High"));
   ComboBox_SetItemData(hWndCtl, n, HIGH_PRIORITY_CLASS);

   // 현재의 프로세스 우선순위 클래스를 저장한다.
   DWORD dwpc = GetPriorityClass(GetCurrentProcess());

   if (SetPriorityClass(GetCurrentProcess(),  BELOW_NORMAL_PRIORITY_CLASS)) {

      // 이 시스템은 BELOW_NORMAL_PRIORITY_CLASS를 지원한다.

      // 원래의 프로세스 우선순위 클래스로 복원시킨다.
```

```
      SetPriorityClass(GetCurrentProcess(), dwpc);

   // 보통 이상 우선순위 클래스를 추가한다.
   n = ComboBox_AddString(hWndCtl, TEXT("Above normal"));
   ComboBox_SetItemData(hWndCtl, n, ABOVE_NORMAL_PRIORITY_CLASS);

   dwpc = 0;    // 이 시스템이 보통 이하 우선순위 클래스를 지원함을 기억해 둔다.
}

int nNormal = n = ComboBox_AddString(hWndCtl, TEXT("Normal"));
ComboBox_SetItemData(hWndCtl, n, NORMAL_PRIORITY_CLASS);

if (dwpc == 0) {

   // 이 시스템은 BELOW_NORMAL_PRIORITY_CLASS 클래스를 지원한다.

   // 보통 이하 우선순위 클래스를 추가한다.
   n = ComboBox_AddString(hWndCtl, TEXT("Below normal"));
   ComboBox_SetItemData(hWndCtl, n, BELOW_NORMAL_PRIORITY_CLASS);
}

n = ComboBox_AddString(hWndCtl, TEXT("Idle"));
ComboBox_SetItemData(hWndCtl, n, IDLE_PRIORITY_CLASS);

ComboBox_SetCurSel(hWndCtl, nNormal);

// 상대 스레드 우선순위를 초기화한다.
hWndCtl = GetDlgItem(hWnd, IDC_THREADRELATIVEPRIORITY);

n = ComboBox_AddString(hWndCtl, TEXT("Time critical"));
ComboBox_SetItemData(hWndCtl, n, THREAD_PRIORITY_TIME_CRITICAL);

n = ComboBox_AddString(hWndCtl, TEXT("Highest"));
ComboBox_SetItemData(hWndCtl, n, THREAD_PRIORITY_HIGHEST);

n = ComboBox_AddString(hWndCtl, TEXT("Above normal"));
ComboBox_SetItemData(hWndCtl, n, THREAD_PRIORITY_ABOVE_NORMAL);

nNormal = n = ComboBox_AddString(hWndCtl, TEXT("Normal"));
ComboBox_SetItemData(hWndCtl, n, THREAD_PRIORITY_NORMAL);

n = ComboBox_AddString(hWndCtl, TEXT("Below normal"));
ComboBox_SetItemData(hWndCtl, n, THREAD_PRIORITY_BELOW_NORMAL);

n = ComboBox_AddString(hWndCtl, TEXT("Lowest"));
```

```
            ComboBox_SetItemData(hWndCtl, n, THREAD_PRIORITY_LOWEST);

        n = ComboBox_AddString(hWndCtl, TEXT("Idle"));
        ComboBox_SetItemData(hWndCtl, n, THREAD_PRIORITY_IDLE);

        ComboBox_SetCurSel(hWndCtl, nNormal);

        Edit_LimitText(GetDlgItem(hWnd, IDC_SLEEPTIME), 4);     // 최대 9999
        return(TRUE);
}


///////////////////////////////////////////////////////////////////////////

void Dlg_OnCommand (HWND hWnd, int id, HWND hWndCtl, UINT codeNotify) {

    switch (id) {
        case IDCANCEL:
            PostQuitMessage(0);
            break;

        case IDC_PROCESSPRIORITYCLASS:
            if (codeNotify == CBN_SELCHANGE) {
                SetPriorityClass(GetCurrentProcess(), (DWORD)
                    ComboBox_GetItemData(hWndCtl, ComboBox_GetCurSel(hWndCtl)));
            }
            break;

        case IDC_THREADRELATIVEPRIORITY:
            if (codeNotify == CBN_SELCHANGE) {
                SetThreadPriority(GetCurrentThread(), (DWORD)
                    ComboBox_GetItemData(hWndCtl, ComboBox_GetCurSel(hWndCtl)));
            }
            break;

        case IDC_SUSPEND:
            // 데드락을 피하기 위해 SuspendThread를 호출하는 스레드를 생성하기 전에
            // EnableWindow를 호출한다.
            EnableWindow(hWndCtl, FALSE);

            HANDLE hThreadPrimary;
            DuplicateHandle(GetCurrentProcess(), GetCurrentThread(),
                GetCurrentProcess(), &hThreadPrimary,
                THREAD_SUSPEND_RESUME, FALSE, DUPLICATE_SAME_ACCESS);
            DWORD dwThreadID;
            CloseHandle(chBEGINTHREADEX(NULL, 0, ThreadFunc,
```

```
                hThreadPrimary, 0, &dwThreadID));
            break;
    }
}


//////////////////////////////////////////////////////////////////////

INT_PTR WINAPI Dlg_Proc(HWND hWnd, UINT uMsg, WPARAM wParam, LPARAM lParam) {

    switch (uMsg) {
        chHANDLE_DLGMSG(hWnd, WM_INITDIALOG, Dlg_OnInitDialog);
        chHANDLE_DLGMSG(hWnd, WM_COMMAND, Dlg_OnCommand);
    }

    return(FALSE);
}


//////////////////////////////////////////////////////////////////////

class CStopwatch {
public:
    CStopwatch() { QueryPerformanceFrequency(&m_liPerfFreq); Start(); }

    void Start() { QueryPerformanceCounter(&m_liPerfStart); }

    __int64 Now() const {     // Start 함수 이후 경과된 시간을 밀리초 단위로 반환
        LARGE_INTEGER liPerfNow;
        QueryPerformanceCounter(&liPerfNow);
        return(((liPerfNow.QuadPart - m_liPerfStart.QuadPart) * 1000)
            / m_liPerfFreq.QuadPart);
    }
private:
    LARGE_INTEGER m_liPerfFreq;     // 초당 카운트 수
    LARGE_INTEGER m_liPerfStart;    // 시작 카운트
};

__int64 FileTimeToQuadWord (PFILETIME pft) {
    return(Int64ShllMod32(pft->dwHighDateTime, 32) | pft->dwLowDateTime);
}


int WINAPI _tWinMain(HINSTANCE hInstExe, HINSTANCE, PTSTR pszCmdLine, int) {

    HWND hWnd =
        CreateDialog(hInstExe, MAKEINTRESOURCE(IDD_SCHEDLAB), NULL, Dlg_Proc);
```

```
      BOOL fQuit = FALSE;

   while (!fQuit) {
      MSG msg;
      if (PeekMessage(&msg, NULL, 0, 0, PM_REMOVE)) {

         // IsDialogMessag를 이용하여 키보드를 통한 이동이 정상적으로 동작하도록 한다.
         if (!IsDialogMessage(hWnd, &msg)) {

            if (msg.message == WM_QUIT) {
               fQuit = TRUE;      // WM_QUIT이면 루프를 종료한다.
            } else {
               // WM_QUIT 메시지가 아님. Translate하고 Dispatch한다.
               TranslateMessage(&msg);
               DispatchMessage(&msg);
            }
         }   // if (!IsDialogMessage())
      } else {

         // 리스트 박스에 숫자를 추가한다.
         static int s_n = -1;
         TCHAR sz[20];
         StringCChPrintf(sz, _countof(sz), TEXT("%u"), ++s_n);
         HWND hWndWork = GetDlgItem(hWnd, IDC_WORK);
         ListBox_SetCurSel(hWndWork, ListBox_AddString(hWndWork, sz));

         // 너무 많은 항목이 추가된 경우 일부 문자열들을 제거한다.
         while (ListBox_GetCount(hWndWork) > 100)
            ListBox_DeleteString(hWndWork, 0);

         // 얼마나 오랫동안 스레드를 슬립 상태로 둘 것인지를 결정한다.
         int nSleep = GetDlgItemInt(hWnd, IDC_SLEEPTIME, NULL, FALSE);
         if (chINRANGE(1, nSleep, 9999))
            Sleep(nSleep);
      }
   }

   DestroyWindow(hWnd);
   return(0);
}

/////////////////////////// 파일의 끝 ///////////////////////////////
```

section 11 선호도

기본적으로 윈도우 비스타는 스레드를 프로세서에 할당할 때 소프트 선호도[soft affinity]를 사용한다. 이것은 다른 조건이 모두 동일하다면 마지막으로 스레드를 수행했던 프로세서가 동일 스레드를 다시 수행하도록 하는 것을 말한다. 이렇게 하는 이유는 동일한 프로세서에서 스레드가 수행될 경우 프로세서의 메모리 캐시에 있는 데이터를 재사용할 가능성이 있기 때문이다.

단일의 머신을 여러 장의 보드로 구성하는 NUMA(Non-Uniform Memory Access)라고 불리는 컴퓨터 구조가 있다. 각 보드에는 자신만의 CPU와 메모리가 존재한다. 다음 그림은 각각 4개의 CPU를 가진 3장의 보드로 구성된 NUMA 머신의 예를 보여주고 있다. 스레드는 12개의 CPU 어디서든 수행될 수 있다.

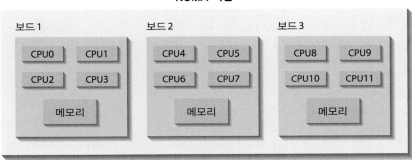

NUMA 시스템에서는 CPU가 자신과 동일 보드에 있는 메모리에 접근할 경우 최적의 성능을 발휘한다. 만일 CPU가 다른 보드에 있는 메모리에 접근해야 한다면 이는 상당한 성능 감소 요인이 된다. 위와 같은 환경이라면 특정 프로세스 내의 스레드들은 CPU 0번부터 3번 내에서만 기동되고, 다른 프로세스 내의 스레드들은 CPU 4번부터 7번 내에서만 기동되는 것이 이상적이다. 이를 위해 윈도우 비스타는 시스템 구조를 고려하여 프로세스와 스레드의 선호도[affinity]를 지정할 수 있는 방법을 제공하고 있다. 즉, 어느 스레드를 어떤 CPU에서 수행할지를 제어하는 방법을 제공하는 것이다. 이를 하드 선호도[hard affinity]라고 한다.

얼마나 많은 CPU가 사용 가능한지의 여부는 머신이 부팅될 때 시스템에 의해 결정된다. 애플리케이션에서는 GetSystemInfo 함수를 호출하여 사용 가능한 CPU 개수를 알아낼 수 있다(14장 "가상 메모리 살펴보기"에서 논의할 것이다). 기본적으로 스레드는 어떤 CPU에서도 수행될 수 있다. 특정 프로세스 내의 스레드들을 전체 CPU 중 일부 CPU에서만 수행되도록 하려면 SetProcessAffinityMask 함수를 이용하면 된다.

```
BOOL SetProcessAffinityMask(
    HANDLE hProcess,
    DWORD_PTR dwProcessAffinityMask);
```

첫 번째 매개변수인 hProcess는 프로세스를 가리키는 핸들 값이다. 두 번째 매개변수인 dwProcess-AffinityMask는 어떤 CPU에서 스레드를 수행할지 여부를 나타내는 비트마스크^{bitmask} 값이다. 만일 이 값으로 0x00000005가 전달되면 CPU 0과 CPU 2번에서만 해당 프로세스 내의 스레드를 수행하고, CPU 1과 CPU 3부터 31에서는 수행하지 않겠다는 의미가 된다.

차일드 프로세스는 페어런트 프로세스의 프로세스 선호도를 상속한다는 사실에 주의해야 한다. 만일 페어런트 프로세스의 선호도 마스크$^{affinity\ mask}$가 0x00000005로 설정되었다면 이 프로세스로부터 생성된 차일드 프로세스의 모든 스레드들도 동일한 선호도 마스크를 사용하기 때문에 동일 CPU 집합을 공유하게 된다. 다른 방법으로는, 잡 커널 오브젝트$^{job\ kernel\ object}$(5장 "잡"에서 논의하였다)를 사용하여 스레드를 수행하는 CPU 집합을 제한할 수도 있다.

프로세스의 선호도 마스크 값을 획득하는 GetProcessAffinityMask라는 함수도 존재한다.

```
BOOL GetProcessAffinityMask(
    HANDLE hProcess,
    PDWORD_PTR pdwProcessAffinityMask,
    PDWORD_PTR pdwSystemAffinityMask);
```

프로세스 선호도 마스크 값을 얻어내기 위해 프로세스 핸들 값을 전달하면 pdwProcessAffinityMask가 가리키는 변수^{variable}에 결과 값을 채워준다. 이 함수는 또한 시스템 선호도 마스크 값$^{system\ affinity\ mask}$도 반환해 준다(pdswSystemAffinityMask가 가리키는 변수를 통해). 시스템 선호도 마스크란 시스템이 어떠한 CPU들을 사용해서 스레드를 수행할 수 있는지를 가리키는 값이다. 프로세스 선호도 마스크는 항상 시스템 선호도 마스크의 부분집합이다.

지금까지 프로세스를 수행할 때 어떠한 CPU들을 이용하여 프로세스 내의 스레드들을 수행할지를 제한하는 방법에 대해 알아보았다. 때로는 프로세스 내의 일부 스레드들에 대해서만 해당 스레드들을 수행할 CPU들을 제한해야 할 수도 있다. 예를 들어 4개의 CPU를 가진 머신에서 4개의 스레드를 가진 프로세스를 수행한다고 생각해 보자. 4개 중 한 개의 스레드가 매우 중요한 작업을 수행하기 때문에 이를 위해 하나의 CPU는 이 스레드만을 수행하도록 하고 싶다고 하자. 이 경우 나머지 3개의 스레드는 CPU 0번을 제외한 나머지 1, 2, 3번 CPU에서만 수행되도록 하면 될 것이다.

이때 SetThreadAffinityMask를 호출하여 각 스레드별로 선호도 마스크를 설정할 수 있다.

```
DWORD_PTR SetThreadAffinityMask(
    HANDLE hThread,
    DWORD_PTR dwThreadAffinityMask);
```

hThread 매개변수는 어떤 스레드에 제한을 가할 것인지를 지정하는 값이고, dwThreadAffinityMask는 어떤 CPU들을 이용하여 해당 스레드를 수행할지를 지정하는 값이다. dwThreadAffinityMask는 반드시 프로세스 선호도 마스크의 부분 집합이어야 한다. 이 함수의 반환 값은 스레드의 이전 선호도 마스크 값이다. 만일 3개의 스레드에 대해 CPU 1, 2, 3번만 사용하도록 제한하고 싶다면 다음과 같이 코드를 작성하면 된다.

```
// 스레드 0은 CPU 0에서 수행된다.
SetThreadAffinityMask(hThread0, 0x00000001);

// 스레드 1, 2, 3은 CPU 1, 2, 3에서 수행된다.
SetThreadAffinityMask(hThread1, 0x0000000E);
SetThreadAffinityMask(hThread2, 0x0000000E);
SetThreadAffinityMask(hThread3, 0x0000000E);
```

x86 시스템이 부팅되면 시스템은 너무나 잘 알려진 펜티엄 부동소수점 연산 버그가 있는 CPU가 사용되고 있는지를 확인해야 한다. 시스템은 이러한 테스트를 각각의 CPU별로 수행해야 하기 때문에 스레드의 선호도 마스크를 변경해 가면서 에러 검사를 수행해야 한다. 이러한 에러 검사는 에러가 유발되는 나누기 연산을 수행하고 정답과 비교하는 과정을 통해 진행되는데, 모든 CPU에 대해 순차적으로 이러한 테스트를 반복하게 된다.

노트

대부분의 환경에서 스레드의 CPU 선호도를 변경하면, 스케줄러가 효율적으로 각 스레드에 CPU 시간을 나누어주는 방식에 좋지 않은 영향을 미친다. 다음에 그러한 예를 나타냈다.

스레드	우선순위 레벨	선호도 마스크	결과
A	4	0x00000001	CPU 0
B	8	0x00000003	CPU 1
C	6	0x00000002	수행되지 못함

A 스레드가 깨어나면 스케줄러는 이 스레드가 CPU 0에서 수행되어야 함을 확인하고 CPU 0을 해당 스레드에 할당해 준다. B 스레드가 깨어나면 스케줄러는 이 스레드는 CPU 0이나 CPU 1에서 수행되어야 함을 알게 된다. 그런데 CPU 0은 이미 사용되고 있으므로 스케줄러는 CPU 1을 해당 스레드에 할당한다. 지금까지는 좋았다.

이제 C 스레드가 깨어나고 스케줄러는 이 스레드가 CPU 1에서 수행되어야 함을 알게 된다. 그러나 CPU 1은 우선순위 레벨이 8인 B 스레드에 의해 점유되고 있으므로 우선순위 레벨이 6인 C 스레드는 CPU 1을 뺏어오지 못한다. C 스레드는 우선순위 레벨이 4인 A 스레드로부터 CPU 0을 뺏어올 수 있어야 하지만 C 스레드의 선호도 마스크 때문에 CPU 0에서 수행될 수 없다.

이 예는 하드 선호도^{hard affinity}가 스케줄러의 우선순위 스케줄링 방식에 좋지 않은 영향을 줄 수 있다는 것을 보여준다.

가끔은 특정 스레드에 대해 고정된 CPU를 할당하는 방식이 좋지 않은 결과를 초래하기도 한다. 예를 들어 3개의 스레드에 대해 CPU 0만을 사용하도록 제한하는 경우 CPU 1, 2, 3은 유휴 상태가 된다. 만일 시스템에게 특정 스레드는 지정한 CPU에서 수행되는 것을 선호하지만 해당 CPU가 당장 사용할 수 없고 다른 CPU만 가용한 경우, 이를 이용하여 스레드를 수행하라고 명령할 수 있다면 좋을 것이다.

이러한 방식으로 스레드가 선호하는 CPU를 지정하기 위해서는 SetThreadIdealProcessor 함수를 이용하면 된다.

```
DWORD SetThreadIdealProcessor(
    HANDLE hThread,
    DWORD dwIdealProcessor);
```

hThread 매개변수는 선호하는 CPU를 지정하기 위한 스레드의 핸들 값이다. 그런데 앞서 알아본 함수와는 다르게 dwIdealProcessor는 비트마스크가 아니라 0부터 31 혹은 63까지의 정수 값으로 스레드가 선호하는 CPU의 번호를 지정하게 된다. 이 값으로 MAXIMUM_PROCESSORS(32비트 운영체제에서는 32로, 64비트 운영체제에서는 64로 WinNT.h 파일에 정의되어 있다)를 전달하면 스레드가 선호하는 CPU가 없다는 것을 의미하게 된다. 이 함수는 이전에 설정된 선호하는 CPU 번호를 반환하거나, 이전에 설정된 값이 없는 경우 MAX_PROCESSORS를 반환한다.

이와는 별도로 실행 파일의 헤더 정보에 프로세서 선호도를 설정할 수도 있다. 이상하게도 이러한 설정을 위한 어떠한 링커 스위치도 존재하지 않는다. 하지만 ImageHlp.h 헤더 파일에서 선언하고 있는 함수들을 이용하면 다음과 같이 코드를 작성할 수 있다.

```
// EXE 파일을 메모리로 읽어 들인다.
PLOADED_IMAGE pLoadedImage = ImageLoad(szExeName, NULL);

// EXE의 현재 로드 환경 정보를 획득한다.
IMAGE_LOAD_CONFIG_DIRECTORY ilcd;
GetImageConfigInformation(pLoadedImage, &ilcd);

// 프로세서 선호도 마스크를 변경한다.
ilcd.ProcessAffinityMask = 0x00000003;    // CPU 0과 1

// 새로운 로드 환경 정보를 저장한다.
SetImageConfigInformation(pLoadedImage, &ilcd);

// EXE 파일을 메모리로부터 해제한다.
ImageUnload(pLoadedImage);
```

위에서 사용한 함수들에 대해 자세히 설명하지는 않겠다. 관심이 있다면 플랫폼 SDK 문서를 통해 직접 확인해 보기 바란다.

마지막으로, 윈도우 작업 관리자^{Task Manager}를 수행하고 프로세스를 오른 마우스로 클릭하면 컨텍스트 메뉴를 통해서 해당 프로세스의 CPU 선호도를 직접 변경할 수 있다. 만일 다수의 프로세서를 가진 머신을 사용하고 있다면 컨텍스트 메뉴에서 선호도 설정^{Set Affinity} 메뉴 항목을 볼 수 있을 것이다. (이 메뉴 항목은 단일의 프로세서를 가진 머신에서는 나타나지 않는다.) 이 메뉴를 선택하면 다음과 같은 다이얼로그 박스가 나타나게 되고, 여기서 프로세스 내의 스레드를 수행할 CPU를 선택할 수 있다.

x86 머신에서 윈도우 비스타를 사용하는 경우, 시스템이 사용하는 CPU의 개수를 제한할 수 있다. 부팅 과정 중에 시스템은 이전의 boot.ini 텍스트를 대체하고 하드웨어와 머신의 펌웨어^{firmware} 상위에 추상화 레벨을 제공하기 위한 부트 구성 데이터^{boot configuration data}(BCD)를 사용한다. BCD의 세부사항을 다룬 백서는 *http://www.microsoft.com/whdc/system/platform/firmware/bcd.mspx*에서 얻을 수 있다.

프로그램을 통해 BCD 구성에 접근하려면 WMI^{Windows Management Instrumentation}를 이용하면 된다. 하지만 대부분의 매개변수 값들은 그래픽 사용자 인터페이스를 통해 접근 가능하다. 윈도우에서 사용하는 CPU의 개수를 제한하려면 제어판^{Control Panel}에서 관리 도구^{Administrative Tool}의 시스템 구성^{System Configuration}을 수행한 후 부팅^{boot} 탭을 선택하고 고급 옵션^{Advanced} 버튼을 누르고 프로세서 수^{Number Of Processors} 체크 박스를 선택한 후 원하는 프로세서 개수를 입력하면 된다.

유저 모드에서의 스레드 동기화

마이크로소프트 윈도우는 모든 스레드가 상호 통신 없이 각자의 작업을 수행할 때 최고의 성능을 발휘한다. 하지만 이와 같이 스레드가 독립적으로 수행되는 경우는 거의 없다. 일반적으로 스레드는 임의의 작업을 수행하기 위해 생성되고, 작업이 완료되면 그 사실을 다른 스레드에 알려주어야 한다.

시스템에서 수행되는 모든 스레드들은 힙 heap, 시리얼 포트 serial port, 파일, 윈도우 window와 같이 셀 수 없이 많은 종류의 시스템 리소스에 접근하게 된다. 어떤 스레드가 특정 시스템 리소스에 배타적으로 접근하게 되면 동일 리소스를 사용해야 하는 다른 스레드들은 작업을 계속 할 수 없게 된다. 뒤집어 생각해 보면, 스레드가 수행되는 데 필요한 리소스는 항상 접근이 가능한 것은 아니라고 볼 수 있다. 동일 메모리 공간에 대해 서로 다른 스레드가 한쪽은 쓰기를 수행하고 다른 한쪽은 읽기를 수행하는 경우를 생각해 보라. 이것은 마치 다른 사람이 수정 중인 책을 읽고 있는 것과 같다. 내용은 뒤죽박죽되고 무슨 의미인지 알 수 없게 될 것이다.

다음 두 가지의 기본적인 상황에서 스레드는 상호 통신을 수행해야 한다.

- 다수의 스레드가 공유 리소스에 접근해야 하며, 리소스가 손상되지 않도록 해야 하는 경우
- 어떤 스레드가 하나 혹은 다수의 다른 스레드에게 작업이 완료되었음을 알려야 하는 경우

스레드 동기화는 매우 다양한 측면이 있기 때문에 앞으로 여러 장에 걸쳐 이 내용을 계속 논의하게 될 것이다. 좋은 소식은 마이크로소프트 윈도우가 스레드 동기화를 간편하게 수행할 수 있는 다양한

방법들을 제공하고 있다는 것이며, 나쁜 소식은 여러 개의 스레드가 동시에 수행될 때 이들이 어떤 작업을 수행하고 있는지를 알아내는 것이 매우 어렵다는 것이다. 우리의 사고 과정은 절대 비동기적으로 이루어지지 않는다; 우리는 어떤 것을 생각할 때 한 번에 하나씩 순차적으로 접근하는 것을 좋아한다. 하지만 멀티스레드는 이러한 방식으로 동작하지 않는다.

필자는 1992년 즈음에 처음으로 멀티스레드를 이용하여 작업을 했었는데, 초기에는 프로그래밍 실수를 많이 저질렀을 뿐만 아니라 스레드 동기화에 대해 다룬 책이나 잡지 기사에도 잘못된 내용을 많이 기재하였다. 최근에는 상당히 많이 익숙해졌음에도 완벽하게 프로그램을 작성하는 것이 여전히 쉽지만은 않다. 이 책에 포함된 내용에는 버그가 없으리라 믿는다(비록 앞으로 공부해야 할 내용이 많긴 하지만). 스레드 동기화에 익숙해지기 위한 유일한 방법은 많이 사용해 보는 것 외에는 없다고 생각한다. 앞으로 여러 장에 걸쳐서 시스템이 어떻게 동작하고 스레드 동기화를 어떻게 수행해야 하는지 자세히 알아볼 것이다. 경험은 실수하는 만큼 얻어진다.

section 01 원자적 접근: Interlocked 함수들

스레드 동기화를 수행하기 위해서는 리소스에 원자적으로 접근해야 한다. 원자적 접근이란 어떤 스레드가 특정 리소스를 접근할 때 다른 스레드는 동일 시간에 동일 리소스에 접근할 수 없는 것을 말한다. 다음의 간단한 예를 살펴보자.

```
// 전역변수 선언
long g_x = 0;

DWORD WINAPI ThreadFunc1(PVOID pvParam) {
    g_x++;
    return(0);
}

DWORD WINAPI ThreadFunc2(PVOID pvParam) {
    g_x++;
    return(0);
}
```

위 코드에서는 전역변수 g_x를 선언하고 0으로 초기화하였다. 두 개의 스레드를 생성하여 하나는 ThreadFunc1을 수행하고 다른 하나는 ThreadFunc2를 수행하도록 하였다고 하자. 두 개의 스레드가 동시에 g_x의 값을 1 증가시키려고 한다고 하자. 두 개의 스레드가 수행을 완료하면 g_x는 2가 될 것이라고 생각할 것이다. 정말 그런가? 답은 "글쎄"이다. 위의 예와 같이 코드를 작성하였다면

g_x가 반드시 2가 된다고 말할 수 없다. g_x에 1을 증가시키는 행을 컴파일러가 어떻게 컴파일했는지 어셈블리 코드를 살펴보자.

```
MOV EAX, [ g_x ]        ; g_x 값을 레지스터로 옮긴다.
INC EAX                 ; 레지스터의 값을 증가시킨다.
MOV [ g_x ], EAX        ; 레지스터에서 g_x로 값을 저장한다.
```

두 개의 스레드는 이 코드를 정확히 동일한 시간에 수행하지 않을 수 있다. 따라서 하나의 스레드가 이 코드를 모두 수행한 이후에 다른 스레드가 이 코드를 수행할 수 있다. 이 경우 다음과 같이 수행이 이루어질 것이다.

```
MOV EAX, [ g_x ]        ; Thread 1: 0을 레지스터로 옮긴다.
INC EAX                 ; Thread 1: 레지스터 값을 증가시켜 1로 만든다.
MOV [ g_x ], EAX        ; Thread 1: 1을 g_x에 저장한다.

MOV EAX, [ g_x ]        ; Thread 2: 1을 레지스터로 옮긴다.
INC EAX                 ; Thread 2: 레지스터 값을 증가시켜 2로 만든다.
MOV [ g_x ], EAX        ; Thread 2: 2를 g_x에 저장한다.
```

두 개의 스레드가 각기 g_x 값을 증가시키고 나면, g_x의 값은 2가 될 것이다. 이것은 우리가 기대하는 값과 정확하게 일치한다. 0을 가져와서 1씩 두 번 증가 시켰으니 답은 2가 맞다. 대단하다. 하지만 잠깐. 윈도우는 선점형 멀티스레드 운영체제다. 따라서 스레드는 수행 중에 언제든 다른 스레드로 제어를 빼앗길 수 있다. 따라서 수행순서가 항상 앞의 예와 같이 진행되지는 않을 것이다. 다음과 같이 코드가 수행될 수도 있다.

```
MOV EAX, [ g_x ]        ; Thread 1: 0을 레지스터로 옮긴다.
INC EAX                 ; Thread 1: 레지스터 값을 증가시켜 1로 만든다.

MOV EAX, [ g_x ]        ; Thread 2: 0을 레지스터로 옮긴다.
INC EAX                 ; Thread 2: 레지스터 값을 증가시켜 1로 만든다.
MOV [ g_x ], EAX        ; Thread 2: 1을 g_x에 저장한다.

MOV [ g_x ], EAX        ; Thread 1: 1을 g_x에 저장한다.
```

만일 코드가 이와 같이 수행되면, g_x의 결과 값은 2가 아니라 1이 된다. 정말 이상하다. 실제로 100개의 스레드가 동시에 이와 같은 스레드 함수를 호출하고 종료되는 경우라 하더라도 g_x 값은 1이 될 수 있다. 이런 환경에서는 어떠한 개발도 수행할 수 없을 것이다. 0을 두 번 증가시키면 항상 그 결과는 2가 되어야 한다. 더욱더 나쁜 것은 결과 값이 컴파일러가 어떻게 컴파일을 수행하느냐에 따라 그리고 CPU가 생성된 코드를 어떻게 수행하느냐에 따라 각기 달라질 뿐더러 프로그램을 수행하는 컴퓨터에 CPU가 몇 개 설치되어 있느냐에 따라서도 그 결과가 달라진다는 것이다. 이것은 수행 환경과 관련된 것이기 때문에 우리가 제어할 수 있는 방법이 없다. 하지만 윈도우는 제대로 사용하기만 하면 올바른 결과 값을 얻을 수 있는 여러 함수들을 제공하고 있다.

이 문제를 해결하기 위해서는 수행 중에 인터럽트되지 않고 값을 원자적으로 증가시킬 수 있는 방법이 필요하다. 인터락 계열 함수들은 우리에게 이와 같은 기능을 제공해 준다. 인터락 계열 함수들은 놀랄 만큼 유용하고, 이해하기 쉬움에도 불구하고 소프트웨어 개발자들에 의해 잘 사용되지 않는 함수들 중 하나다. 인터락 계열 함수들은 모두 원자적으로 값을 다룬다. InterlockedExchangeAdd와 LONGLONG 값을 다룰 수 있는 InterlockedExchangeAdd64에 대해 알아보자.

```
LONG InterlockedExchangeAdd(
    PLONG volatile plAddend,
    LONG lIncrement);

LONGLONG InterlockedExchangeAdd64(
    PLONGLONG volatile pllAddend,
    LONGLONG llIncrement );
```

더 간단할 수 있겠는가? 이 함수를 사용할 때에는 long 값을 저장하고 있는 변수의 주소와 얼마만큼 증가시킬 것인가를 나타내는 값을 인자로 전달하기만 하면 된다. 이 함수는 값을 증가시키는 동작이 원자적으로 동작될 것임을 보장해 준다. 이 함수를 이용하면 앞의 코드를 다음과 같이 변경할 수 있다.

```
// 전역변수의 선언
long g_x = 0;

DWORD WINAPI ThreadFunc1(PVOID pvParam) {
    InterlockedExchangeAdd(&g_x, 1);
    return(0);
}

DWORD WINAPI ThreadFunc2(PVOID pvParam) {
    InterlockedExchangeAdd(&g_x, 1);
    return(0);
}
```

이처럼 코드를 조금만 변경하면 g_x를 원자적으로 증가시킬 수 있고, 이를 통해 수행 결과로 g_x가 2가 되는 것을 보장할 수 있다. 단순히 값을 1만큼 증가시키기만 하면 된다면 InterlockedIncrement 함수를 사용할 수도 있다. 공유되는 long 변수 값을 수정하려고 시도하는 모든 스레드들은 반드시 이 함수를 사용해야 하며, 이 함수를 사용하지 않고 C++ 문장을 이용해서 공유되는 값을 수정하려는 스레드가 있어서는 안 된다.

```
// 다수의 스레드 간에 공유되는 long 변수
LONG g_x; ...

// long 변수를 잘못 증가시키는 방법
g_x++; ...
```

```
// long 변수를 올바르게 증가시키는 방법
InterlockedExchangeAdd(&g_x, 1);
```

인터락 함수들은 어떻게 동작될까? 답은 수행 중인 CPU 플랫폼마다 서로 상이하다는 것이다. x86 계열의 CPU라면 인터락 함수들은 버스에 하드웨어 시그널을 실어서 다른 CPU가 동일 메모리 주소에 접근하지 못하도록 한다.

인터락 함수들이 어떻게 동작하는지에 대해 정확히 이해할 필요는 없다. 단지 이러한 함수들을 이용하면 컴파일러가 생성하는 코드나 몇 개의 CPU가 탑재된 머신인지를 고려하지 않고도 변수의 값을 원자적으로 변경할 수 있다는 것을 아는 것이 중요하다. 함수에 전달하는 주소 값은 반드시 정렬되어 있어야 하며, 그렇지 않을 경우 함수 호출은 실패한다. (데이터 정렬은 13장 "윈도우 메모리의 구조"에서 논의할 것이다.)

C 런타임 라이브러리는 _aligned_malloc 함수를 제공하여 올바르게 정렬된 메모리 블록을 할당할 수 있도록 해 주고 있다. 이 함수의 원형은 다음과 같다.

```
void * _aligned_malloc(size_t size, size_t alignment);
```

size 인자는 할당하고자 하는 메모리의 크기를 바이트 단위로 나타낸 값이며, alignment 인자는 정렬하고자 하는 바이트 단위의 경계를 나타낸다. alignment 인자 값은 반드시 2의 n승이어야 한다.

인터락 함수를 알아두어야 하는 또 다른 중요한 이유는 이 함수들이 매우 빠르게 동작한다는 것이다. 인터락 함수는 보통 수행을 완료하는 데 단 몇 CPU 사이클만을 필요로 하며(보통 50사이클보다 작음) 유저 모드와 커널 모드 간의 전환도 발생시키지 않는다(보통 이러한 전환 작업을 완전히 수행하려면 1000사이클 이상이 소요된다).

InterlockedExchangeAdd 함수를 사용해서 값을 감소시키는 것도 가능한데, 단순히 두 번째 매개변수로 음수 값을 전달하기만 하면 된다. InterlockedExchangeAdd는 *plAddend의 변경되기 이전의 값을 반환한다.

아래에 3개의 인터락 함수들을 더 나타냈다.

```
LONG InterlockedExchange(
   PLONG volatile plTarget,
   LONG lValue);

LONGLONG InterlockedExchange64(
   PLONGLONG volatile plTarget,
   LONGLONG lValue);

PVOID InterlockedExchangePointer(
   PVOID* volatile ppvTarget,
   PVOID pvValue);
```

InterlockedExchange와 InterlockedExchangePointer는 첫 번째 매개변수로 전달되는 주소가 담고 있는 값을 두 번째 매개변수로 전달되는 값으로 (원자적[atomically]으로) 변경한다. 32비트 애플리케이션의 경우에는 이 두 개의 함수가 모두 32비트 값을 변경하게 되지만, 64비트 애플리케이션의 경우에는 InterlockedExchange는 32비트 값을, InterlockedExchangePointer는 64비트 값을 변경하게 된다. 두 함수 모두 변경 이전의 값을 반환한다. InterlockedExchange는 특별히 스핀락[spinlock]을 구현해야 하는 경우에 매우 유용하게 사용될 수 있다.

```
// 공유 리소스의 사용 여부를 나타내는 전역변수
BOOL g_fResourceInUse = FALSE;
void Func1() {
    // 리소스의 접근을 기다림
    while (InterlockedExchange (&g_fResourceInUse, TRUE) == TRUE)
        Sleep(0);

    // 리소스에 접근함
    ...

    // 리소스에 더 이상 접근할 필요가 없음
    InterlockedExchange(&g_fResourceInUse, FALSE);
}
```

while 루프는 g_fResourceInUse를 TRUE로 변경하고, 이전 값이 TRUE일 동안 계속해서 반복 수행된다. 이 함수가 반환하는 이전 값이 FALSE라면 해당 리소스는 사용 중이 아니다. 하지만 호출하는 스레드는 이 값을 사용 중으로 설정하고 루프를 빠져나온다. 이전 값이 TRUE면 리소스는 다른 스레드에 의해 사용 중인 것이고, 이 경우 while 루프는 계속해서 회전하게 된다.

만일 다른 스레드가 이와 유사한 코드를 수행하고 있다면, 이 역시도 g_fResourceInUse가 FALSE로 바뀔 때까지 while 루프를 회전하게 될 것이다. 이 함수의 마지막 부분을 보면 g_fResourceInUse 변수 값을 FALSE로 돌려놓기 위해서 InterlockedExchange를 어떻게 사용하는지 알 수 있다.

스핀락[spinlock]과 같은 기법은 CPU 시간을 많이 낭비할 수 있기 때문에 세심한 주의가 필요하다. CPU는 일관된 방법으로 두 개의 값을 비교해야 하며, 다른 스레드에 의해 전역변수의 값이 "마법처럼" 변경된 경우에만 비교를 중단해야 한다. 또한 위와 같은 코드는 스핀락을 사용하는 모든 스레드가 동일한 우선순위 레벨에 있는 것으로 가정하고 있다. 또한 스핀락을 수행하는 스레드들은 모두 스레드 우선순위 동적 상승 기능[thread priority boosting]이 불가능하도록 설정되어야 할 것이다(SetProcessPriorityBoost나 SetThreadPriorityBoost를 호출하여).

또한, 락 변수와 락을 통해 보호받고자 하는 데이터는 서로 다른 캐시 라인에 있도록 하는 것이 좋다 (추후 논의할 것이다). 만일 락 변수와 데이터가 동일한 캐시 라인에 있게 되면, 리소스를 사용 중인 CPU는 동일 리소스에 접근하고자 하는 다른 CPU와 경쟁하게 될 것이다. 이것은 성능에 나쁜 영향을 미치게 된다.

단일 CPU만을 가진 머신에서는 스핀락을 사용하지 않는 것이 좋다. 만일 스레드가 루프를 회전하기 시작하면 매우 많은 CPU 시간을 허비하게 될 것이며, 이로 인해 다른 스레드는 값을 변경하기도 어렵게 된다. 위 코드의 while 루프 내에 보여준 Sleep 함수의 사용 예는 이러한 상황을 개선시키는 데 다소간의 효과가 있다. Sleep 함수를 호출할 때 난수 값을 발생시켜 인자로 전달하고, 또 다시 리소스 접근이 거절되면 대기 시간을 더욱 늘려서 Sleep을 반복 호출하는 식으로 프로그램을 작성할 수 있을 것이다. 이렇게 하면 CPU 시간의 낭비를 상당량 막을 수 있다. 상황에 따라 Sleep 함수를 완전히 제거하는 것이 좋을 수도 있다. 혹은 Sleep을 SwitchToThread로 변경하고 싶을 수도 있다. 이에 대해서는 언급하고 싶지 않다. 시행착오가 최상의 길잡이가 되어줄 것이다.

스핀락은 보호된 리소스가 매우 짧은 시간 동안만 사용될 것이라고 가정한다. 따라서 일차적으로 수회 스핀(루프 회전)을 수행해 보고 그때까지도 리소스에 접근이 불가능하면 커널 모드로 스레드를 전환해서 대기하는 것이 좀 더 효과적이다. 많은 개발자들은 일정 횟수만큼만 스핀을 시도하고(4000회 정도) 그때까지도 리소스에 접근이 불가능한 경우 스레드를 커널 모드로 전환해서 리소스가 가용해질 때까지 대기 상태를 유지(CPU 시간을 소비하지 않는)하도록 한다. 이러한 방법이 바로 크리티컬 섹션의 구현 방식이기도 하다.

스핀락은 멀티프로세서 머신에서 상당히 유용한데, 그 이유는 작업을 수행 중인 스레드와 병행하여 다른 CPU에서 스핀을 수행할 수 있기 때문이다. 그런데 이러한 시나리오에서도 상당한 주의가 필요하다. 아주 오랜 시간 동안 스핀을 수행하거나 이로 인해 더 많은 CPU 시간을 낭비하고 싶지는 않을 것이기 때문이다. 이 장 후반부에서 스핀락에 대해 좀 더 살펴보도록 하자.

아래에 또다른 부류의 인터락 함수들을 나타내었다.

```
PVOID InterlockedCompareExchange(
    PLONG plDestination,
    LONG lExchange,
    LONG lComparand);

PVOID InterlockedCompareExchangePointer(
    PVOID* ppvDestination,
    PVOID pvExchange,
    PVOID pvComparand);
```

이 두 개의 함수는 원자적으로 비교와 할당을 수행한다. 32비트 애플리케이션에서는 두 함수 모두 32비트 값을 다루게 되지만 64비트 애플리케이션의 경우 InterlockedCompareExchange는 32비트 값을, InterlockedCompareExchangePointer는 64비트 값을 다루게 된다. 이 함수가 어떤 일을 수행하는지를 슈도코드^{pseudocode}로 나타내 보면 다음과 같다.

```
LONG InterlockedCompareExchange(PLONG plDestination,
   LONG lExchange, LONG lComparand) {

   LONG lRet = *plDestination;      // 이전 값 보관

   if (*plDestination == lComparand)
      *plDestination = lExchange;
   return(lRet);
}
```

이 함수는 현재 값(plDestination 매개변수가 가리키는 값)을 lComparand 매개변수로 전달할 값과 비교해서, 그 값이 동일하면 *plDestination 값을 lExchange 값으로 변경한다. 만일 *plDestination이 lComparand 매개변수로 전달할 값과 동일하지 않으면 *plDestination 값을 변경하지 않는다. 이 함수는 *plDestination의 이전 값을 반환한다. 이 모든 동작이 원자적으로 수행된다는 사실을 기억하라. 64비트 값을 사용할 수 있는 함수도 제공된다는 것을 같이 알아두기 바란다.

```
LONGLONG InterlockedCompareExchange64(
   LONGLONG pllDestination,
   LONGLONG llExchange,
   LONGLONG llComparand);
```

값을 읽기만 하는(변경하지 않고) 인터락 함수는 필요하지 않기 때문에 존재하지 않는다. 어떤 스레드가 인터락 함수를 통해 수정되는 변수의 내용을 읽기만 한다면 항상 올바른 값을 획득할 수 있다. 물론 그 값이 수정되기 이전의 값인지 수정된 이후의 값인지는 알 수 없지만 최소한 둘 중 하나의 값인 것만은 분명하다. 대부분의 애플리케이션에서는 이 정도면 충분하다. 추가적으로, 인터락 함수는 메모리 맵 파일과 같이 공유 메모리 영역에 존재하는 값을 여러 프로세스 사이에서 동기적으로 접근하기 위해 사용되기도 한다. (9장 "커널 오브젝트를 이용한 스레드 동기화"에 인터락 함수의 올바른 사용 예를 보여주는 몇 가지 예제를 수록하였다.)

윈도우는 추가적인 인터락 함수들을 제공하고 있지만 앞서 설명한 함수들만 잘 이용하면 다른 함수들이 수행하는 모든 작업들을 수행할 수 있다. 아래에 두 개의 함수를 더 나타내 보았다.

```
LONG InterlockedIncrement(PLONG plAddend);
```

```
LONG InterlockedDecrement(PLONG plAddend);
```

InterlockedExchangeAdd를 사용하면 이와 같이 오래된 함수들을 대체할 수 있다. 새로운 함수들은 임의의 값을 더할 수도 있고 뺄 수도 있다. 위 함수들은 각각 1씩 더하거나 빼기만 할 수 있다. OR, AND, XOR 인터락 헬퍼^{interlocked helper} 함수들은 InterlockedCompareExchange64를 기본으로 작성되었다. 이러한 함수들의 세부 구현사항은 WinBase.h에서 확인할 수 있는데, 다음의 예와 같이 앞서 알아본 스핀락의 구현 방식과 동일한 방법을 사용하고 있다.

```
LONGLONG InterlockedAnd64(
   LONGLONG* Destination,
   LONGLONG Value) {
   LONGLONG Old;

   do {
      Old = *Destination;
   } while (InterlockedCompareExchange64(Destination, Old & Value, Old) != Old);

   return Old;
}
```

윈도우 XP 이후로는 정수 값이나 부울 값을 원자적으로 다룰 수 있는 방법과 더불어 인터락 싱글 링크드 리스트 Interlocked Singly Linked List 라고 불리는 스택을 제공하고 있다. 이를 이용하면 스택에 값을 푸시 push 하거나 팝 pop 하는 동작을 원자적으로 수행할 수 있다. [표 8-1]에 인터락 싱글 링크드 리스트 함수들을 나타냈다.

[표 8-1] 인터락 싱글 링크드 리스트 함수

함수	설명
InitializeSListHead	빈 스택을 생성한다.
InterlockedPushEntrySList	스택 상단에 값을 추가한다.
InterlockedPopEntrySList	스택 상단으로부터 값을 제거하고, 그 값을 반환해 준다.
InterlockedFlushSList	스택을 비운다.
QueryDepthSList	스택에 저장된 값의 개수를 가져온다.

section 02 캐시 라인

멀티프로세서 머신에서 수행되는 고성능의 애플리케이션을 개발하려 한다면, CPU의 캐시 라인에 대해 잘 알고 있어야 한다. CPU가 메모리로부터 값을 가져올 때는 바이트 단위로 값을 가져오는 것이 아니라 캐시 라인을 가득 채울 만큼 충분한 양을 한 번에 가져온다. 캐시 라인은 32바이트(오래 전의 CPU의 경우), 64바이트, 128바이트 크기로 구성되며(CPU에 따라 다르다), 각기 32바이트, 64바이트, 128바이트 경계로 정렬되어 있다. 캐시 라인은 성능 향상을 위해 존재하는 것이다. 보통의 경우 애플리케이션들은 인접한 바이트들을 자주 사용하는 경향이 있다. 만일 인접한 바이트들이 캐시 라인에 이미 존재해 있다면, 비교적 많은 시간을 소비하는 메모리 버스에 대해 CPU가 추가적으로 접근할 필요가 없게 된다.

하지만 이러한 캐시 라인은 멀티프로세서 환경에서 메모리의 갱신을 매우 어렵게 만든다. 아래의 예를 살펴보자.

1. CPU1이 메모리 상의 특정 위치에서 1바이트를 읽는다. 이때 읽고자 하는 바이트와 인접한 바이트들도 같이 CPU1의 캐시 라인으로 들어온다.

2. CPU2가 동일한 위치로부터 1바이트를 읽는다. CPU1의 캐시 라인에 존재하는 바이트와 동일한 내용이 CPU2의 캐시 라인에도 들어온다.

3. CPU1이 메모리의 내용을 변경한다. 이러한 변경 내용은 CPU1 캐시 라인 내의 내용을 변경하게 될 것이다. 하지만 실제 램에는 아직 변경된 내용이 쓰여지지 않았다.

4. CPU2가 동일한 위치로부터 1바이트를 다시 읽어오려고 시도한다. CPU2의 캐시 라인에 이미 읽고자 하는 바이트가 들어 있으므로 메모리에 추가적으로 접근할 필요가 없다. 하지만 CPU2는 CPU1이 변경한 내용을 알 수 없다.

이러한 시나리오는 재앙에 가깝다고 하겠다. 물론 칩 설계자도 이런 사실을 모르는 바가 아니기 때문에 이러한 문제를 극복할 수 있도록 CPU를 설계하였다. CPU가 캐시 라인에 있는 정보를 변경하면 다른 CPU는 이러한 사실을 알아채고 자신의 캐시 라인에 있는 정보를 무효화시킨다. 이 방식을 위 시나리오에 적용해서 생각해 보면 CPU1이 캐시 라인에 있는 정보를 변경하는 시점에 CPU2의 캐시 라인에 있던 정보는 모두 무효화된다. 4단계에서 CPU1은 자신의 캐시 라인에 있던 정보를 모두 램으로 저장해야 하고, 이후 CPU2는 캐시 라인으로 정보를 다시 읽어 들여야 한다. 앞서 언급한 바와 같이 캐시 라인은 분명 성능에 도움이 될 수 있다. 하지만 멀티프로세서 머신에서는 거꾸로 성능을 저해하는 요인이 될 수도 있다.

이러한 특성 때문에 애플리케이션이 사용하는 데이터는 캐시 라인의 크기와 그 경계 단위로 묶어서 다루는 것이 좋다. 이렇게 함으로써 적어도 하나 이상의 캐시라인 경계로 분리된 서로 다른 메모리 블록에 각각의 CPU가 독립적으로 접근하는 것을 보장할 수 있게 된다. 또한 읽기 전용의 데이터(혹은 데이터를 읽는 빈도가 작은)와 읽고 쓰는 데이터를 분리하는 것이 좋다. 그리고 동일한 시간에 접근하는 데이터들을 묶어서 구성하는 것이 좋다.

아래에 나쁘게 설계된 데이터 구조체의 예가 있다.

```
struct CUSTINFO {
    DWORD    dwCustomerID;      // 거의 읽기 전용으로 사용
    int      nBalanceDue;       // 읽고 쓰기용으로 사용
    wchar_t  szName[ 100 ];     // 거의 읽기 전용으로 사용
    FILETIME ftLastOrderDate;   // 읽고 쓰기용으로 사용
};
```

CPU의 캐시 라인 크기를 얻어오는 가장 쉬운 방법은 Win32의 GetLogicalProcessorInformation 함수를 이용하는 것이다. 이 함수는 SYSTEM_LOGICAL_PROCESSOR_INFORMATION 구조체의 배열을 반환한다. 이 구조체의 Cache 필드는 CACHE_DESCRIPTOR 구조체형인데, 이 내부에는 CPU의 캐시 라인의 크기를 담고 있는 LineSize 필드가 포함되어 있다. 이 값을 얻어 와서 C/C++ 컴파일

러가 제공하는 __declspec(align(#)) 지시어를 사용하면 필드의 정렬을 제어할 수 있다. 아래에 개선된 버전의 구조체를 나타냈다.

```
#define CACHE_ALIGN 64

// 구조체의 인스턴스가 각기 다른 캐시 라인에 들어갈 수 있도록 한다.
struct __declspec(align(CACHE_ALIGN)) CUSTINFO {
    DWORD dwCustomerID;          // 거의 읽기 전용으로 사용
    wchar_t szName[100];         // 거의 읽기 전용으로 사용

    // 아래 필드는 다른 캐시 라인에 들어갈 수 있도록 한다.
    __declspec(align(CACHE_ALIGN))
    int nBalanceDue;             // 읽고 쓰기용으로 사용
    FILETIME ftLastOrderDate;    // 읽고 쓰기용으로 사용
};
```

__declspec(align(#))을 사용하는 방법에 대한 자세한 내용은 *http://msdn2.microsoft.com/en-us/library/83ythb65.aspx*를 확인하기 바란다.

> 항상 단일 스레드에 의해서만 접근되는 데이터를 구성하거나(함수의 매개변수와 지역변수를 사용하는 것이 이러한 방식을 따를 수 있는 가장 쉬운 방법이다) 단일 CPU에 의해서만 접근되는 데이터를 구성하는 것(스레드 선호도를 사용하여)이 성능을 위해서는 가장 좋은 방법이다. 만일 이 두 가지를 동시에 할 수 있다면 캐시 라인과 관련된 문제들은 완전히 피할 수 있다.

section 03 고급 스레드 동기화 기법

인터락 계열의 함수들은 하나의 값에 원자적으로 접근해야 하는 경우 훌륭하게 동작한다. 가장 먼저 인터락 계열의 함수를 사용하여 동기화 문제를 해결할 수 있는지 검토해 보는 것이 좋다. 하지만 대부분의 애플리케이션들은 단일의 32비트 값이나 64비트 값보다는 훨씬 더 복잡한 자료 구조를 다루는 것이 보통이다. 이러한 복잡한 자료 구조에 대해 원자적 접근을 수행해야 한다면, 인터락 함수는 고려 대상이 될 수 없으며, 윈도우가 제공하는 다른 기능을 이용해야 한다.

앞 절에서 단일의 프로세서를 가진 머신에서는 스핀락을 사용하지 않는 것이 좋으며, 멀티프로세서 머신이라 하더라도 주의 깊게 사용되어야 한다고 강조한 바 있다. 또한 그렇게 하지 않을 경우 상당한 CPU 시간이 낭비된다고 말하였다. 이런 이유로 인해 스레드가 공유되는 리소스에 접근하기 위해 대기하는 동안에도 CPU 시간을 낭비하지 않을 수 있는 추가적인 메커니즘이 필요하다.

스레드가 공유 리소스를 기다리거나 특별한 이벤트의 통지를 대기하고자 하는 경우, 대기하고자 하는 리소스나 이벤트를 나타내는 값을 매개변수로 운영체제가 제공하는 대기 함수를 호출하면 된다. 스레드가 대기하는 리소스가 가용 상태가 되거나 특별한 이벤트가 발생하면 대기 함수는 반환되고 스레드는 스케줄 가능 상태가 된다. (스레드는 바로 수행되지는 않는다. 스케줄 가능 상태가 되면 앞 장에서 설명한 규칙에 따라 CPU 시간이 할당된다.)

만일 리소스가 가용하지 않거나 특별한 이벤트가 발생하지 않았다면, 시스템은 스레드를 대기 상태로 두어 스케줄이 불가능하도록 한다. 이렇게 함으로써 CPU 시간이 낭비되는 것을 막을 수 있다. 스레드가 대기 상태인 동안에는 시스템이 스레드의 대리자 역할을 수행하게 된다. 시스템은 스레드가 대기하는 리소스나 이벤트를 기억해 두었다가 그러한 자원이 사용 가능해지면 자동적으로 스레드를 대기 상태에서 빠져나오게 한다. 스레드는 자신이 대기하던 이벤트가 발생함과 동시에 스케줄 가능 상태가 된다.

사실 많은 수의 스레드가 대기 상태에 머물러 있게 되며, 모든 스레드가 몇 분 동안 계속 대기 상태를 유지하면 시스템의 전원 관리 기능에 의해 절전 모드로 전환된다.

1 회피 기술

동기화 객체나 특별한 이벤트를 대기하는 기능을 운영체제가 제공하지 않는다 하더라도 스레드 자체가 다음에 나올 예제와 같은 기법을 이용하여 자체적으로 동기화를 수행할 수 있다. 하지만 스레드 동기화 기법을 운영체제가 지원하는 경우라면 절대로 이러한 기법을 사용해서는 안 된다.

이 기법은 다수의 스레드에 의해 공유되고 있는 변수의 상태를 지속적으로 폴링 polling 하여 다른 스레드가 작업을 완료했는지의 여부를 확인하는 동기화 기법이다. 다음의 코드는 이러한 방법을 보여주기 위해 작성한 것이다.

```
volatile BOOL g_fFinishedCalculation = FALSE;

int WINAPI _tWinMain(...) {
   CreateThread(..., RecalcFunc, ...);
   ...
   // 재연산이 완료될 때까지 대기
   while (!g_fFinishedCalculation)
      ;
   ...
}

DWORD WINAPI RecalcFunc(PVOID pvParam) {
   // 재연산을 수행한다.
   ...    g_fFinishedCalculation = TRUE;
   return(0);
}
```

위 예제에서 주 스레드(_tWinMain을 수행하는)는 RecalcFunc 함수가 완료되기를 기다리기 위해 대기 상태로 전환되지 않는다. 주 스레드가 대기 상태가 되지 않으면 계속해서 CPU 시간을 사용하게 되므로, 다른 스레드가 수행할 수 있는 CPU 시간을 허비하게 된다.

이 코드에서 사용하고 있는 폴링 polling 방법의 또 다른 문제점은 주 스레드가 RecalcFunc 함수를 수행하는 스레드보다 우선순위가 높을 경우 g_fFinishedCalculation의 BOOL 변수가 TRUE로 변경되지 않을 수 있다는 것이다. 이 경우 시스템은 RecalcFunc 스레드를 수행하기 위해 어떠한 타임 슬라이스도 할당하지 못할 것이며, 따라서 g_fFinishedCalculation을 TRUE로 만드는 문장을 수행하지 못하게 된다. 만일 _tWinMain 함수를 수행하는 스레드가 폴링 대신 슬립 sleep을 수행하게 되면, 주 스레드가 수행되지 않는 시간 동안에 RecalcFunc 함수를 수행하는 스레드가 스케줄링될 것이다.

이 같은 폴링 방법은 매우 간편하기 때문에 스핀락과 같은 경우 폴링 방법을 사용한다. 하지만 이보다 더 좋은 방법이 있다. 일반적으로 스핀락이나 폴링 방법은 가능한 한 사용하지 않는 것이 좋으며, 대신 스레드가 필요로 하는 자원이 가용 상태가 될 때까지 스레드를 대기 상태로 머무르게 하는 것이 좋다. 다음 절에서 이 같은 방법에 대해 설명할 것이다.

추가적으로 한 가지 더 부연 설명을 하자면, 앞의 소스 코드에서 volatile을 사용했다는 점에 주목할 필요가 있다. volatile은 타입 한정자로서 앞의 코드와 같은 경우 반드시 사용되어야 한다. volatile은 컴파일러에게 이 변수가 운영체제나 하드웨어 혹은 동시에 수행 중인 다른 스레드와 같이 외부에서 그 내용이 변경될 수 있음을 알려주는 역할을 한다. volatile 타입 한정자가 지정되면 컴파일러는 이 변수에 대해 어떠한 최적화도 수행하지 않으며, 변수의 값이 참조될 때 항상 메모리로부터 값을 다시 가지고 오도록 코드를 생성한다. 앞의 소스 코드에 나타난 while 문장을 컴파일러가 어떻게 컴파일하는지 알아보기 위해 아래에 슈도코드를 나타내 보았다.

```
MOV    Reg0, [g_fFinishedCalculation]    ; 값을 레지스터로 가져온다.
Label: TEST Reg0, 0                       ; 레지스터의 값이 0인가?
JMP    Reg0 == 0, Label                   ; 레지스터의 값이 0이면 반복하라.
...                                       ; 레지스터 값이 0이 아니면 (루프의 끝)
```

부울변수 선언 시 volatile을 지정하지 않으면 컴파일러는 C++ 코드를 이와 같이 최적화하게 될 것이다. 최적화의 결과로 BOOL 변수는 CPU 레지스터 상에 단 한 번만 로드되게 되고, CPU는 로드된 레지스터 값을 반복적으로 확인하게 된다. 분명 이렇게 하는 것이 매번 메모리로부터 값을 읽어와서 값을 확인하는 절차를 반복하는 것보다 더 좋은 성능을 보일 것이기 때문에 컴파일러의 최적화 기능은 이와 같이 코드를 생성한다. 하지만 이러한 코드가 수행되면 스레드가 일단 루프에 진입하게 되면 절대로 빠져나올 수 없게 된다. volatile을 사용하게 되면 변수 값은 참조될 때마다 매번 메모리로부터 그 값을 다시 가져오게 된다.

그렇다면 290쪽에서 살펴보았던 스핀락 코드의 경우 g_fResourceInUse 스핀락 변수를 volatile로 선언했었는지 궁금할 것이다. 답은 "아니오"이다. 왜냐하면 인터락 함수들은 변수 값 자체를 인자로 취하지 않고 변수 값이 저장되어 있는 주소를 인자로 받아들이기 때문이다. 변수의 주소를 함수에 전달하게 되면 함수는 항시 메모리로부터 값을 얻어오게 되며, 최적화 기능은 이에 영향을 주지 않게 된다.

section 04 크리티컬 섹션

크리티컬 섹션이란 공유 리소스에 대해 배타적으로 접근해야 하는 작은 코드의 집합을 의미한다. 크리티컬 섹션은 공유 리소스를 다루는 여러 줄의 코드를 "원자적"으로 수행하기 위한 방법이다. "원자적"이라는 의미는 현재 스레드가 리소스에 접근 중인 동안에는 다른 스레드가 동일 리소스에 접근할 수 없다는 것을 말한다. 물론 시스템은 현재 수행 중인 스레드를 선점하여 다른 스레드를 스케줄할 수 있지만, 현재 스레드가 크리티컬 섹션을 벗어나기 전까지는 동일 리소스에 접근하려고 하는 다른 스레드를 스케줄하지는 않는다.

아래에 크리티컬 섹션을 사용하지 않을 경우 어떠한 문제가 발생하는지를 보여주는 예제를 나타냈다.

```
const int COUNT = 1000;
int g_nSum = 0;

DWORD WINAPI FirstThread(PVOID pvParam) {
   g_nSum = 0;
   for (int n = 1; n <= COUNT; n++) {
      g_nSum += n;
   }
   return(g_nSum);
}

DWORD WINAPI SecondThread(PVOID pvParam) {
   g_nSum = 0;
   for (int n = 1; n <= COUNT; n++) {
      g_nSum += n;
   }
   return(g_nSum);
}
```

각 스레드가 독립적으로 수행된다면, 위 두 개의 스레드 함수는 동일한 결과 값을 반환할 것이다(사실 두 함수의 코드는 완전히 동일하다). FirstThread 함수가 단독으로 수행되면 이 함수는 0부터 COUNT까지의 합을 정확히 계산하게 된다. SecondThread 함수 또한 마찬가지다. 하지만 두 개의 스레드가 동시에 각각의 스레드 함수를 수행하게 되면(아마도 서로 다른 CPU에서 수행될 것이다) 공유변수에 스레드들이 동시에 접근하게 되어 기대하지 않은 결과 값을 반환하게 될 것이다.

이 예제는 사실 조금 부자연스러운 면이 있다(합을 구하기 위해서는 루프를 구성하지 않고 g_nSum = COUNT * (COUNT + 1) / 2와 같은 공식을 쓰면 되기 때문이다). 좀 더 실질적인 예를 보여주기 위해서는 최소한 여러 페이지 분량의 코드를 보여주어야 하겠지만, 문제 발생의 유형은 실제 코드 상에서 발생하는 것과 매우 유사하다. 링크드 리스트^{linked list}를 관리하는 경우를 생각해 보자. 링크드 리스트에 대한 접근이 동기화되어 있지 않다면 특정 스레드가 리스트를 순회하면서 항목을 검색하는 동안 다른 스레드가 새로운 항목을 추가할 수 있다. 만약 두 개의 스레드가 동시에 항목을 추가하려고 한다면 더 나쁜 결과를 초래할 수도 있다. 크리티컬 섹션을 이용하면 다수의 스레드들이 동시에 데이터 구조체에 접근하는 것을 적절히 통제할 수 있다.

문제가 되는 코드를 보았으니 이제 크리티컬 섹션을 이용하여 코드를 수정해 보자.

```
const int COUNT = 10;
int g_nSum = 0;
CRITICAL_SECTION g_cs;

DWORD WINAPI FirstThread(PVOID pvParam) {
   EnterCriticalSection(&g_cs);
   g_nSum = 0;
   for (int n = 1; n <= COUNT; n++) {
      g_nSum += n;
   }
   LeaveCriticalSection(&g_cs);
   return(g_nSum);
}

DWORD WINAPI SecondThread(PVOID pvParam) {
   EnterCriticalSection(&g_cs);
   g_nSum = 0;
   for (int n = 1; n <= COUNT; n++) {
      g_nSum += n;
   }
   LeaveCriticalSection(&g_cs);
   return(g_nSum);
}
```

CRITICAL_SECTION 데이터 구조체로 g_cs 변수를 할당하고, 공유 리소스(여기서는 g_nSum)를 사용하는 부분을 EnterCriticalSection과 LeaveCriticalSection으로 둘러싸도록 코드를 작성하였다. EnterCriticalSection과 LeaveCriticalSection을 호출할 때 g_cs의 주소를 전달하였다는 것에 주의하자.

이 코드에서 어떤 부분을 집중적으로 들여다보아야 할까? 다수의 스레드가 동시에 접근해야 하는 공유 리소스가 있다면 CRITICAL_SECTION 구조체를 먼저 생성해야 한다. 비행기에서 지금 이 글을 쓰고 있기 때문에 다음과 같은 비유를 한 번 해 보자. CRITICAL_SECTION 구조체는 비행기의 화장실과 같다. 그리고 화장실 내의 변기는 보호해야 하는 자료와 같다. 비행기의 화장실은 매우 비좁기 때문에 한 번에 한 명만(스레드) 화장실에 들어갈 수 있으며, 화장실에 들어온 사람만이 변기(보호되어야 하는 자료)를 사용할 수 있다.

여러 개의 리소스가 항상 같이 사용되는 경우라면 이 둘을 화장실 내에 같이 두면 될 것이기 때문에 이러한 리소스들을 보호하기 위한 CRITICAL_SECTION 구조체는 하나만 있으면 된다.

1번과 2번 스레드가 하나의 리소스에 접근하고, 1번과 3번 스레드가 다른 리소스에 접근하는 것과 같이 여러 개의 리소스가 항상 같이 사용되는 것이 아니라면 각각의 리소스별로 화장실을 분리하거나, CRITICAL_SECTION 구조체를 각각 만들어야 한다.

이제 공유 리소스에 접근하기 전에 각 리소스를 대표하는 CRITICAL_SECTION 구조체의 주소를 인자로 EnterCriticalSection 함수를 호출해야 한다. 이것은 스레드가 리소스에 접근하고자 함을 알려주는 것과 같다. 이것은 마치 화장실을 이용하기 전에 화장실이 사용 중임을 나타내는 등에 불이 들어와 있는지 확인하는 것과 같다. CRITICAL_SECTION 구조체는 어떤 화장실에 사람(스레드)이 들어가려 하는지를 나타내는 값과 같으며, EnterCriticalSection 함수는 "사용중" 등에 불이 켜져 있는지를 확인하는 것과 동일한 역할을 수행한다.

만일 EnterCriticalSection을 호출하였을 때 어떤 스레드도 앞서 크리티컬 섹션에 진입해 있지 않다면("사용중" 등에 불이 켜져 있지 않다면) 이 함수를 호출한 스레드는 크리티컬 섹션으로 진입할 수 있다. EnterCriticalSection을 호출하였을 때 이미 다른 스레드가 크리티컬 섹션에 진입해 있었다면, 이 함수를 호출한 스레드는 앞서 크리티컬 섹션에 들어간 스레드가 빠져나올 때까지 대기하게 된다.

스레드가 더 이상 공유 리소스에 접근할 필요가 없다면 LeaveCriticalSection 함수를 호출해야 한다. 이렇게 함으로써 시스템에게 크리티컬 섹션 내의 공유 리소스에 더 이상 접근할 필요가 없다는 것을 알려주게 된다. 만일 LeaveCriticalSection을 호출하는 것을 잊어버리게 되면 크리티컬 섹션 내의 리소스는 여전히 사용 중이라고 판단되며, 리소스를 사용하기 위해 대기 중인 스레드는 크리티컬 섹션 내로 진입하지 못할 것이다. 이는 마치 화장실을 모두 사용하고 나왔음에도 사용중임을 나타내는 등을 끄지 않은 것과 같다.

인터락 함수로 동기화 문제를 해결할 수 없는 경우라면 크리티컬 섹션을 사용하기 바란다. 크리티컬 섹션의 우수한 점은 사용하기도 쉽고 내부적으로 인터락 함수를 사용하고 있기 때문에 매우 빠르게 동작한다는 것이다. 그러나 이러한 장점에도 불구하고 서로 다른 프로세스에 존재하는 스레드 사이의 동기화에는 사용할 수 없다는 치명적인 단점이 있다.

🔢 크리티컬 섹션 : 세부사항

지금까지 크리티컬 섹션이 왜 유용하고 어떻게 공유 리소스에 "원자적"으로 접근할 수 있는지에 대한 이론을 알아보았다. 이제부터는 크리티컬 섹션을 어떻게 사용할지에 대해 좀 더 자세히 알아보도록 하자. 먼저 CRITICAL_SECTION 데이터 구조체에 대해 알아볼 것인데, 플랫폼 SDK 문서에서 이 구조체에 대해 살펴보면 구조체 내의 필드에 대해서는 어떠한 내용도 발견할 수 없을 것이다. 구조체의 내용은 무엇일까?

CRITICAL_SECTION 구조체 자체가 문서화되어 있지 않는 것은 아니다. 단지 마이크로소프트는 이 구조체의 내용에 대해 사용자가 알 필요가 없다고 생각한 것뿐이며, 사실 이는 맞는 결정이라고 생각한다. 사용자에게 구조체의 내용은 공개되어 있지 않다. 구조체는 문서화되어 있으나, 내부의 멤버들은 문서화되어 있지 않다. CRITICAL_SECTION은 단순 데이터 구조체이므로 윈도우 헤더 파일을 살펴보면 구조체의 멤버를 찾아볼 수 있다. (CRITICAL_SECTION은 WinBase.h 파일 내에 RTL_CRITICAL_SECTION으로 정의되어 있고, RTL_CRITICAL_SECTION 구조체는 WinNT.h 내에 typedef로 정의되어 있다). 하지만 이러한 멤버들을 참조하는 코드는 작성하지 않는 편이 좋다.

CRITICAL_SECTION 구조체를 다루기 위해서는 항상 알맞은 윈도우 함수들을 사용해야 하며, 구조체의 주소를 인자로 사용해야 한다. 이러한 함수들은 구조체의 멤버들을 어떻게 다루어야 할지 알고 있으며, 구조체의 상태가 항시 일관되게 유지될 수 있도록 해 준다. 이제 이러한 함수들에 대해 알아보기로 하자.

CRITICAL_SECTION 구조체는 프로세스 내의 모든 스레드가 손쉽게 접근할 수 있도록 전역변수로 선언하는 것이 일반적이다. 하지만 CRITICAL_SECTION 구조체는 지역변수로 선언될 수도 있으며, 힙에 동적으로 할당될 수도 있다. 또한 클래스 정의 시에는 private 멤버로 선언하는 것이 보통이다. 여기에는 두 가지 요구사항이 있다. 첫째로, 공유 리소스에 접근하고자 하는 모든 스레드들은 반드시 해당 리소스를 보호하는 CRITICAL_SECTION 구조체의 주소를 알고 있어야 한다. 스레드가 구조체의 주소를 얻어오는 메커니즘은 사용자가 원하는 방식이라면 어떤 방식이라도 상관없다. 둘째로, 스레드가 리소스 보호를 위해 이 구조체를 사용하기 전에 반드시 구조체에 대한 초기화가 선행되어야 한다. 다음 함수를 이용하면 CRITICAL_SECTION 구조체를 초기화할 수 있다.

```
VOID InitializeCriticalSection(PCRITICAL_SECTION pcs);
```

이 함수는 CRITICAL_SECTION 구조체(pcs가 가리키는)의 멤버를 초기화한다. 이 함수는 단순히 멤버의 값을 설정하는 역할만을 수행하기 때문에 절대 실패하지 않으며, 이런 이유로 이 함수의 반환 값은 VOID로 선언되었다. 이 함수는 반드시 스레드가 EnterCriticalSection 함수를 호출하기 전에 호출되어야 한다. 플랫폼 SDK 문서에는 초기화되지 않은 CRITICAL_SECTION을 사용했을 때 어떤 일이 발생할지에 대해서는 정의되어 있지 않다고 기술하고 있다.

프로세스의 스레드가 더 이상 공유 리소스를 사용할 필요가 없으면, 다음과 같은 함수를 호출하여 CRITICAL_SECTION을 삭제해야 한다.

```
VOID DeleteCriticalSection(PCRITICAL_SECTION pcs);
```

DeleteCriticalSection은 구조체 내의 모든 멤버변수를 리셋한다. 당연히 다른 스레드가 이 구조체를 사용하는 동안에는 절대로 크리티컬 섹션을 삭제해서는 안 된다. 다시 말하지만, 플랫폼 SDK 문서에는 '그러한 동작을 수행했을 때 어떤 일이 발생할지에 대해 정의되어 있지 않다'고 명확하게 기술되어 있다.

공유 리소스에 접근하는 코드를 작성하는 경우, 해당 코드 앞쪽에서 다음 함수를 호출해야 한다.

```
VOID EnterCriticalSection(PCRITICAL_SECTION pcs);
```

EnterCriticalSection은 구조체 내의 멤버변수들을 확인하여 어떤 스레드가 현재 공유 리소스를 사용하고 있는지를 알아낸다. EnterCriticalSection은 내부적으로 다음과 같은 테스트를 수행한다.

- 만일 공유 리소스를 사용하는 스레드가 없다면 CRITICAL_SECTION 구조체 내의 멤버변수를 갱신하여 이 함수를 호출한 스레드가 공유 자원에 대한 접근 권한을 획득했음을 설정한 후 스레드가 계속 수행될 수 있도록(공유 리소스를 사용하도록) 지체 없이 반환한다.
- 만일 이 함수를 호출한 스레드가 이미 공유 자원에 대한 접근 권한을 획득한 상태라면 EnterCritical-Section를 호출한 스레드가 접근 권한 획득을 위해 이 함수를 몇 번 호출하였는지를 멤버변수에 기록한 후 스레드가 계속 수행될 수 있도록 지체 없이 반환한다. 이러한 상황은 자주 발생하지는 않지만 스레드가 LeaveCriticalSection을 호출하지 않고 EnterCriticalSection을 연속해서 두 번 호출한 경우에 발생할 수 있다.
- CRITICAL_SECTION 내의 멤버변수를 확인해 보았을 때 다른 스레드(이 함수를 호출한 스레드가 아

닌)가 이미 공유 리소스에 대한 접근 권한을 획득한 상태라면 EnterCriticalSection은 이 함수를 호출한 스레드를 이벤트 커널 오브젝트^{event kernel object}(다음 장에서 설명한다)를 이용하여 대기 상태^{wait state}로 만든다. 스레드가 대기 상태가 되면 CPU 시간을 낭비하지 않기 때문에 이는 매우 훌륭한 동작 방식이라고 할 수 있다. 시스템은 EnterCriticalSection 함수를 호출한 스레드가 리소스에 접근하고자 함을 기억하고 있으며, 현재 공유 리소스를 사용 중인 스레드가 LeaveCriticalSection을 호출하면 자동적으로 CRITICAL_SECTION 멤버변수를 갱신하여 대기 중인 스레드를 스케줄 가능하도록 만들어준다.

EnterCriticalSection은 사실 복잡한 작업을 수행하지는 않으며, 몇 가지 간단한 테스트 정도의 일만 수행한다. 하지만 이 함수가 가치 있는 이유는 이러한 테스트들이 모두 원자적^{atomically}으로 수행된다는 데 있다. 멀티프로세서 머신^{multiprocessor machine}에서 두 개의 스레드가 완벽히 동일한 시점에 EnterCriticalSection 함수를 호출하는 경우에도 단 하나의 스레드만이 공유 리소스에 대한 접근 권한을 획득하고 다른 스레드는 대기 상태로 전환된다.

EnterCriticalSection이 스레드를 대기 상태로 전환하면 이러한 스레드는 아주 오랫동안 스케줄될 수 없게 된다. 가끔 잘못 작성된 애플리케이션의 경우 대기 상태로 전환된 스레드가 다시 스케줄 가능 상태로 돌아오지 못하는 경우도 있다. 이러한 스레드를 기아 상태의 스레드라고 한다.

실제로는 크리티컬 섹션^{critical section}을 사용하여 대기 상태가 된 스레드는 절대 기아 상태^{starve}로 빠지지 않는다. EnterCriticalSection은 지정된 시간이 만료되는 경우 예외를 발생시키도록 작성되어 있다. 이 경우 애플리케이션에 디버거를 붙여보면 무엇이 잘못되었는지 확인할 수 있다. EnterCriticalSection의 만료 시간은 아래 레지스트리 키 이하의 CriticalSectionTimeout 값에 의해 결정된다.

HKEY_LOCAL_MACHINE\System\CurrentControlSet\Control\Session Manager

이 값의 단위는 초이며, 기본 값으로 2,592,000을 가지고 있는데, 이는 대략 30일 정도가 된다. 이 값을 너무 작게(예를 들어 3초 이하와 같이) 설정해서는 안 된다. 이 경우 시스템에 좋지 않은 영향을 미칠뿐더러, 크리티컬 섹션 내에서 3초 이상 작업을 수행하는 정상적인 상황에서도 나쁜 영향을 미치게 된다.

EnterCriticalSection 대신 다음 함수를 사용할 수도 있다.

```
BOOL TryEnterCriticalSection(PCRITICAL_SECTION pcs);
```

TryEnterCriticalSection은 이 함수를 호출한 스레드를 절대 대기 상태로 진입시키지 않는다. 대신 함수의 반환 값으로 리소스에 대한 접근 권한을 얻었는지의 여부를 가져오게 된다. TryEnterCriticalSection을 호출하였을 때 공유 자원이 이미 다른 스레드에 의해 사용 중일 경우 FALSE를 반환하고, 그렇지 않은 경우 TRUE를 반환한다.

이 함수를 사용하면 현재 스레드가 공유 리소스에 접근이 가능한지의 여부를 재빨리 확인할 수 있기 때문에 스레드를 대기 상태로 변경하지 않고 다른 작업을 수행할 수 있다. TryEnterCriticalSection

이 TRUE를 반환하는 경우 CRITICAL_SECTION의 멤버변수를 현재 스레드가 공유 리소스의 접근 권한을 획득한 것으로 갱신하게 된다. 따라서 TryEnterCriticalSection이 TRUE를 반환하는 경우에는 반드시 LeaveCriticalSection을 호출해야 한다.

공유 리소스에 대한 사용을 마치면 반드시 다음 함수를 호출해야 한다.

```
VOID LeaveCriticalSection(PCRITICAL_SECTION pcs);
```

LeaveCriticalSection은 CRITICAL_SECTION 구조체 내의 멤버변수를 확인하고, 공유 리소스에 대해 접근 권한을 획득한 횟수를 1만큼 감소시킨다. 만일 이 값이 0보다 크면 LeaveCriticalSection은 아무런 작업도 수행하지 않고 반환된다.

만일 이 값이 0이 되면 LeaveCriticalSection은 공유 리소스에 대한 접근 권한을 획득한 스레드가 없는 것으로 멤버를 갱신하고, 이전에 EnterCriticalSection을 호출하여 대기 상태로 진입한 스레드가 있는지 확인한다. 만일 대기 상태로 진입한 스레드가 하나 이상일 경우, 이 중 하나를 (공정한 방법으로) 선택하여 스케줄 가능 상태로 변경한다. EnterCriticalSection과 LeaveCriticalSection은 이러한 테스트와 갱신 작업을 모두 원자적으로 수행한다. LeaveCriticalSection은 이 함수를 호출한 스레드를 절대로 대기 상태로 빠뜨리지 않으며 바로 반환된다.

❷ 크리티컬 섹션과 스핀락

다른 스레드가 이미 진입한 크리티컬 섹션에 특정 스레드가 재진입을 시도하면, 스레드는 바로 대기 상태로 변경된다. 이것은 스레드가 유저 모드에서 커널 모드로 전환되어야 함을 의미하며, 이러한 전환 과정은 매우 값비싼 동작에 해당한다. 멀티프로세서 머신의 경우, 현재 공유 리소스를 소유하고 있는 스레드가 다른 프로세서에서 수행되고 있고 매우 짧은 시간 이내에 공유 리소스에 대한 제어를 반환할 가능성이 있다. 즉, 재진입을 시도한 스레드를 커널 모드로 완전히 전환하기도 전에 수행 중이던 스레드가 공유 리소스의 소유권을 반환할 수도 있다. 이런 경우 상당한 CPU 시간이 낭비되는 꼴이 된다.

크리티컬 섹션의 성능을 개선하기 위해 마이크로소프트는 크리티컬 섹션에 스핀락 메커니즘을 도입하였다. 즉, EnterCriticalSection이 호출되면 일정 횟수 동안 스핀락을 사용하여 리소스 획득을 시도하는 루프를 수행하도록 하였다. 스핀락을 수행하는 동안 공유 리소스에 대한 획득에 실패한 경우에만 스레드를 대기 상태로 전환하기 위해 커널 모드로의 전환을 시도하도록 변경하였다.

크리티컬 섹션에 스핀락을 사용하려면 크리티컬 섹션 초기화 시 다음 함수를 사용해야 한다.

```
BOOL InitializeCriticalSectionAndSpinCount(
    PCRITICAL_SECTION pcs,
    DWORD dwSpinCount);
```

InitializeCriticalSection과 마찬가지로, InitializeCriticalSectionAndSpinCount의 첫 번째 매개변수로는 CRITICAL_SECTION 구조체의 주소를 전달하고, 두 번째 매개변수인 dwSpinCount로는 스레드를 대기 상태로 변경하기 전에 리소스 획득을 위해 얼마만큼 스핀락 루프를 반복할지의 횟수를 전달하면 된다. 이 값은 0부터 0x00FFFFFF 범위 내의 어떤 값으로든 지정할 수 있다. 만일 이 함수를 단일 프로세서를 가진 머신에서 호출하게 되면 dwSpinCount 매개변수로 전달한 값은 무시되며 0으로 설정된다. 단일 프로세서를 가진 머신에서는 스핀락을 사용하는 것이 좋지 않으므로 이와 같은 동작은 상당히 타당하다고 할 수 있다: 단일 프로세서 머신에서는 스핀을 돌고 있는 스레드로 인해 리소스를 소유하고 있는 스레드가 공유 리소스에 대한 접근 권한을 반환하지 못할 수도 있다.

크리티컬 섹션의 스핀 횟수는 다음 함수를 호출하여 변경할 수 있다.

```
DWORD SetCriticalSectionSpinCount(
    PCRITICAL_SECTION pcs,
    DWORD dwSpinCount);
```

다시 말하지만, 단일 프로세서를 가진 머신에서는 dwSpinCount 값이 무시된다.

개인적인 견해로는 크리티컬 섹션을 사용할 때 항상 이 함수를 사용하는 것이 좋아 보인다. 이렇게 하더라도 전혀 손해될 것이 없다. dwSpinCount 매개변수로 어떤 값을 전달할지를 결정하는 것이 어려운 부분이긴 한데, 최상의 성능을 얻기 위해서는 원하는 성능이 나올 때까지 계속 숫자를 변경해 가며 시도해 볼 수밖에 없다. 조언을 하자면 프로세스 힙에 대한 접근을 보호하기 위해 사용하는 크리티컬 섹션의 스핀 카운트는 대략 4000이다.

❸ 크리티컬 섹션과 에러 처리

아주 드문 경우이긴 하지만 InitializeCriticalSection 함수도 실패할 수 있다. 마이크로소프트는 이 함수를 설계할 때 이러한 에러 발생 가능성에 대해 전혀 생각하지 않았기 때문에 이 함수의 반환 값을 VOID로 선언하였다. 이 함수는 내부적으로 디버깅 정보를 저장하기 위한 메모리 블록을 할당하기 때문에 실패할 수 있다. 메모리 할당에 실패하면 STATUS_NO_MEMORY 예외가 발생하게 되는데, 구조적 예외 처리 structured exception handling 를 사용하면 이 에러를 확인할 수 있다. (23장 "종료 처리기", 24장 "예외 처리기와 소프트웨어 예외", 25장 "처리되지 않은 예외, 벡터화된 예외 처리, 그리고 C++ 예외"에서 다룬다.)

InitializeCriticalSectionAndSpinCount 함수를 사용하면 이러한 문제를 좀 더 쉽게 다룰 수 있다. 이 함수도 동일하게 디버깅 정보를 저장하기 위한 메모리 블록을 할당하지만, 메모리 블록 할당에 실패할 경우 FALSE를 반환한다.

크리티컬 섹션을 사용할 때 발생할 수 있는 또 다른 문제가 있다. 내부적으로 크리티컬 섹션은 둘 혹은 그 이상의 스레드가 동일 시간에 크리티컬 섹션에 진입하려고 경쟁하는 경우 이벤트 커널 오브젝트를 사용하게 된다. 이러한 경쟁 상황은 매우 드물게 발생하기는 하지만, 이벤트 커널 오브젝트 생성에 실패하는 경우에는 문제가 발생할 수 있다. 대부분의 크리티컬 섹션의 사용 예에서는 이와 같은 경쟁 상황이 발생하지 않기 때문에 이로 인해 시스템이 문제를 일으킬 가능성은 아주 적다. 하지만 일단 이벤트 커널 오브젝트가 생성되면 DeleteCriticalSection 호출 시까지는 삭제되지 않을 것이기 때문에 크리티컬 섹션 사용을 마친 후에 DeleteCriticalSection 함수를 호출하는 것을 잊어서는 안 된다.

윈도우 XP 이전의 운영체제에서는 가용 메모리가 부족한 상황에서 크리티컬 섹션^{critical section}이 경쟁 상태가 되면 시스템이 이벤트 커널 오브젝트를 생성할 수 없을 수 있다. 이 경우 EnterCriticalSection 함수는 EXCEPTION_INVALID_HANDLE 예외를 발생시키게 된다. 대부분의 개발자들은 이러한 에러가 발생할 가능성이 매우 낮기 때문에 잠재적인 에러 발생 가능성을 무시해 버리고 코드 상에서 특별한 처리를 수행하지 않는다. 하지만 만약 이러한 상황까지도 적절히 대처하도록 코드를 작성하고 싶다면 두 가지 방법이 있다.

첫 번째 방법은 구조적 예외 처리를 이용하여 예외를 처리하는 것이다. 예외가 발생하면 크리티컬 섹션으로 보호되고 있는 리소스에 접근하지 못하게 하거나, 메모리가 사용 가능해질 때까지 기다린 후에 EnterCriticalSection을 다시 호출하면 된다.

두 번째 방법은 크리티컬 섹션을 초기화할 때 InitializeCriticalSectionAndSpinCount를 사용하여 dwSpinCount 매개변수의 최상위 비트를 설정하는 것이다. 이 함수는 dwSpinCount의 최상위 비트가 설정되어 있는 경우 앞으로 필요할지도 모르는 이벤트 커널 오브젝트를 초기화 시점에 미리 만들어 두고, 해당 크리티컬 섹션과 연계해 둔다. 이벤트 커널 오브젝트를 생성할 수 없다면 함수가 FALSE를 반환할 것이기 때문에 코드 상에서 이에 대한 적절한 처리를 수행하면 된다. 만일 이벤트 커널 오브젝트가 성공적으로 생성되면 EnterCriticalSection은 항상 정상 동작할 수 있으며, 어떠한 예외도 발생하지 않을 것이다. (이벤트 커널 오브젝트를 미리 생성해 두는 것은 시스템 리소스를 낭비하는 결과를 가져온다. 따라서 크리티컬 섹션에 대한 경쟁 상황이 발생할 가능성이 높고, 가용 메모리가 매우 적은 환경에서 프로세스가 수행될 가능성이 있어서 EnterCriticalSection의 실패에 대비할 목적으로만 사용하는 것이 좋다.)

윈도우 XP부터는 가용 리소스가 매우 적은 상태에서 발생할 수 있는 이벤트 생성 문제를 해결하기 위해 키 이벤트^{key event}라는 새로운 커널 오브젝트가 추가되었다. 운영체제는 프로세스를 생성할 때마다 매 프로세스당 하나씩 키 이벤트 오브젝트가 생성되게 되는데, Sysinternals의 프로세스 익스플로러를 사용하면(*http://www.microsoft.com/technet/sysinternals/utilities/ProcessExplorer.mspx*) 손쉽게 이 오브젝트(\KernelObjects\CritSecOutOfMemoryEvent로 명명되어 있다)를 찾을 수 있다. 이 문서화되지 않은 커널 오브젝트는 이벤트 커널 오브젝트처럼 동작하지만 예외적으로 일련의 스레드들 사이에 유일하게 하나의 인스턴스만이 사용 가능하다. 각각의 인스턴스는 포인터 크기의 키로 구분될 수 있으며, 이를 이용하여 블로킹을 수행할 수 있다. 가용 메모리가 거의 없고, 이벤트 커널 오브젝트 생성이 불가능한 경우 크리티컬 섹션의 주소가 키 오브젝트의 키로 사용된다. 스레드들이 특정 크리티컬 섹션에 진입하려 하면 크리티컬 섹션의 주소를 키로 하는 키 이벤트 오브젝트를 이용해서 블록킹을 수행할 것이다.

section 05 슬림 리더-라이터 락

SRWLock(Slim Reader-Writer Lock)은 단순 크리티컬 섹션과 유사하게 다수의 스레드로부터 단일의 리소스를 보호할 목적으로 사용된다. 크리티컬 섹션과의 차이점은, SRWLock의 경우 리소스의 값을 읽기만 하는 스레드(리더reader)들과 그 값을 수정하려는 스레드(라이터writer)들이 완전히 구분되어 있을 경우에만 사용할 수 있다는 것이다. 공유 리소스의 값을 읽기만 하는 리더들은 동시에 리소스에 접근한다 하더라도 공유 리소스의 값을 손상시키지 않기 때문에 동시에 수행되어도 무방하다. 동기화는 라이터 스레드가 리소스의 내용을 수정하려고 시도하는 경우에만 필요하며, 이 경우 리소스에 대한 배타적인 접근이 이루어져야 한다. 라이터 스레드가 리소스의 내용을 수정하는 동안에는 어떠한 리더, 라이터 스레드도 공유 리소스에 접근해서는 안 된다. SRWLock을 사용하면 코드 내에서 이와 같은 작업을 정확하게 수행할 수 있다.

먼저, InitializeSRWLock 함수를 이용해서 SRWLOCK 구조체를 할당하고 초기화한다.

```
VOID InitializeSRWLock(PSRWLOCK SRWLock);
```

SRWLOCK 구조체는 WinBase.h에 RTL_SRWLOCK으로 typedef되어 있으며, RTL_SRWLOCK은 WinNT.h에 정의되어 있다. 이 구조체는 다른 내용을 가리키는 포인터를 멤버로 가지고 있다. 실제로 이 포인터가 무엇을 가리키는지는 문서화되어 있지 않기 때문에, 이 멤버를 직접 사용할 수는 없다 (이는 CRITICAL_SECTION의 필드와는 사뭇 다르다).

```
typedef struct _RTL_SRWLOCK {
    PVOID Ptr;
} RTL_SRWLOCK, *PRTL_SRWLOCK;
```

일단 SRWLock이 초기화되면 라이터 스레드는 SRWLock을 이용하여 보호하려는 공유 리소스에 대한 배타적인 접근 권한을 획득하기 위해 AcquireSRWLockExclusive 함수를 사용해야 하며, 이때 앞서 초기화했던 SRWLock 오브젝트의 주소를 매개변수로 전달하면 된다.

```
VOID AcquireSRWLockExclusive(PSRWLOCK SRWLock);
```

공유 리소스를 모두 사용하고 나면 락lock을 해제하기 위해 SRWLock 오브젝트의 주소를 매개변수로 ReleaseSRWLockExclusive 함수를 호출하면 된다.

```
VOID ReleaseSRWLockExclusive(PSRWLOCK SRWLock);
```

리더 스레드의 경우에도 동일하게 두 단계로 수행되지만, 다음의 두 가지 함수를 이용해야 한다.

```
VOID AcquireSRWLockShared(PSRWLOCK SRWLock);
VOID ReleaseSRWLockShared(PSRWLOCK SRWLock);
```

이것이 전부다. SRWLOCK 오브젝트를 삭제하거나 파괴하는 함수는 존재하지 않으며, 이러한 작업은 시스템이 자동으로 수행해 준다.

크리티컬 섹션과 비교해 보면 SRWLock은 다음과 같은 몇 가지 기능이 지원되지 않는다.

- TryEnter(Shared/Exclustive)SRWLock 함수가 없다. AcquireSRWLock(Shared/Exclusive) 함수는 다른 스레드가 락을 설정하고 있는 경우 이 함수를 호출한 스레드를 블로킹한다.
- SRWLOCK 오브젝트를 반복적으로 획득할 수 없다. 따라서 단일 스레드가 리소스의 값을 수정하기 위해 여러 번 락을 수행할 수 없고, 이 횟수에 맞추어 ReleaseSRWLock*를 호출할 필요도 없다.

위와 같은 한계가 있기는 하지만 크리티컬 섹션 대신에 SRWLock을 사용하면 성능과 확장성이 증대된다. 크리티컬 섹션과 SRWLock 사이의 성능상의 차이점을 확인하고 싶다면 한빛미디어 홈페이지를 통해 제공되는 소스 파일의 08-UserSyncCompare 프로젝트를 멀티프로세서 머신에서 수행해 보기 바란다.

이 단순한 벤치마크 테스트는 1, 2, 4개의 스레드로 서로 다른 스레드 동기화 기법을 이용하여 동일한 작업을 수행한다. [표 8-2]에 2개의 프로세서를 가진 머신에서 08-UserSyncCompare 예제를 수행한 결과를 나타냈다.

[표 8-2] 동기화 메커니즘에 따른 성능 비교

스레드\밀리초	volatile 변수 읽기	volatile 변수 쓰기	Interlocked Increment	크리티컬 섹션	SRWLock Shared	SRWLock Exclusive	뮤텍스
1	8	8	35	66	66	67	1060
2	8	76	153	268	134	148	11082
4	9	145	361	768	244	307	23785

[표 8-2]의 각 항목은 스레드의 시작 시간으로부터 다음에 나열할 작업을 1000000회 반복한 후 마지막 스레드가 종료될 때까지의 경과 시간을 밀리초 단위로 기록한 것이다(7장 "스레드 스케줄링, 우선순위, 그리고 선호도"에서 살펴본 CStopwatch 클래스를 사용하였다).

- volatile long 변수에 대한 읽기 동작을 수행해 본다.
    ```
    LONG lValue = gv_value;
    ```

이러한 읽기 동작은 동기화를 필요로 하지 않으며, CPU 캐시에 독립적으로 값이 유지되기 때문에 가장 빠르다. 이와 같은 동작의 수행 시간은 CPU나 스레드의 개수와 무관하다.

- volatile long 변수에 대한 쓰기 동작을 수행해 본다.

```
gv_value = 0;
```

하나의 스레드가 이 동작을 수행한 경우 8밀리초 정도가 소요되었다. 두 개의 스레드가 동일 동작을 수행한 경우에는 수행 시간이 단순히 두 배 정도 소요될 것처럼 생각되겠지만, 두 개의 CPU를 가진 머신에서는 CPU들 사이에서 각자의 캐시를 일관되게 유지하기 위해 상호 통신을 수행해야 하기 때문에 더 좋지 않은 결과(76밀리초)가 나타났다. 4개의 스레드가 이 동작을 수행하게 되면 작업량이 두 배가 되므로 2개의 스레드의 소요 시간에 비해 약 두 배의 시간이 걸린다(145밀리초). 소요 시간이 더 나빠지지 않는 이유는 이 테스트가 두 개의 CPU를 가진 머신에서 수행되었기 때문이다. 만일 더 많은 CPU를 가진 머신에서 테스트가 진행되었더라면 CPU 캐시를 일관되게 유지하기 위한 상호 통신 때문에 수행 성능이 더 떨어졌을 것이다.

- volatile long 변수 값을 InterlockedIncrement 함수를 사용하여 안전하게 증가시켜 본다.

```
InterlockedIncrement(&gv_value);
```

InterlockedIncrement 함수는 CPU가 배타적으로 메모리에 접근할 수 있도록 락을 설정하기 때문에 일반적인 읽기/쓰기에 비해서 느리다. 락을 설정한다는 것은 결국 특정 시간에 단일의 CPU만 메모리에 접근할 수 있도록 허용한다는 것을 의미한다. 두 개의 스레드를 사용하게 되면 두 개의 CPU 사이에 캐시 일관성을 유지하기 위해 데이터들이 상호 전달되어야 하기 때문에 수행 속도는 더 느려지게 된다. 4개의 스레드를 사용하면 작업량이 두 배가 되기 때문에 느려지긴 하지만 테스트가 두 개의 CPU를 가진 머신에서 수행되었기 때문에 더 나빠지지는 않는다. 만일 동일 테스트를 CPU가 4개인 머신에서 수행했다면 4개의 CPU 사이에 캐시 일관성을 유지하기 위해 상호 통신을 수행해야 하기 때문에 수행 성능은 더 나빠지게 된다.

- volatile long 변수 값을 읽기 위해 크리티컬 섹션을 사용해 본다.

```
EnterCriticalSection(&g_cs);
gv_value = 0;
LeaveCriticalSection(&g_cs);
```

크리티컬 섹션을 사용하면 연산을 수행하는 구간의 앞뒤로 Enter와 Leave(두 단계의 동작) 과정을 추가적으로 수행해야 하기 때문에 상대적으로 더욱 느리게 동작한다. 뿐만 아니라 Enter와 Leave 시마다 CRITICAL_SECTION 구조체의 필드 값을 매번 수정해야 한다. [표 8-2]에서 나타낸 것과 같이 크리티컬 섹션에 대한 경쟁^{contention}이 발생하면 성능은 더욱더 나빠지게 된다. [표 8-2]를 자세히 살펴보면 4개의 스레드를 사용한 경우 768밀리초가 소요되었는데, 이는 두 개의 스레드를 사용한 경우의 결과 값인 268밀리초의 두 배보다 훨씬 큰 값이다. 그 이유는 크리티컬 섹션에 진입하기 위한 스레드 간에 경쟁 상태가 유발되어 컨텍스트 스위칭 횟수가 증가했기 때문이다.

- volatile long 변수 값을 읽기 위해 SRWLock을 사용해 본다.

```
AcquireSRWLockShared/Exclusive(&g_srwLock);
gv_value = 0;
ReleaseSRWLockShared/Exclusive(&g_srwLock);
```

SRWLock의 경우를 살펴보면 하나의 스레드를 사용할 경우에는 읽기와 쓰기 속도가 거의 동일하다. SRWLock은 2개의 스레드를 사용하면 읽기 속도가 쓰기 속도보다 조금 더 좋은 성능을 보여주는데, 이는 읽기 동작의 경우 동시에 값을 읽을 수 있지만, 쓰기 동작은 배타적으로 수행되기 때문이다. 4개의 스레드를 사용한 결과를 보면, SRWLock은 동일한 이유로 읽기 동작이 쓰기 동작에 비해 좋은 성능을 나타낸다. [표 8-2]에 나타난 결과보다 읽기 동작의 수행 결과가 더 좋을 것으로 예상했을 수도 있다. 하지만 코드가 너무 간단해서 락을 설정한 이후에 충분한 작업을 수행할 수 없었고, SRWLock 내의 필드 값을 변경할 때 다수의 스레드가 일관되게 변경 작업을 수행할 수 있도록 하기 위해 락을 설정해야 하기 때문에 예상보다는 좋지 않은 결과가 나타났다. 또한 SRWLock 내의 필드 값을 모든 CPU 캐시에서 일관되게 유지하기 위해 CPU 상호 간에 통신을 수행해야 하므로 더욱 좋지 않은 결과를 나타내게 된다.

- 안전하게 volatile long 변수 값을 읽도록 뮤텍스 커널 오브젝트를 이용하여 동기화를 수행해 본다.

```
WaitForSingleObject(g_hMutex, INFINITE);
gv_value = 0;
ReleaseMutex(g_hMutex);
```

뮤텍스를 사용하면 테스트를 반복할 때마다 뮤텍스를 소유하고 해제해야 하는데, 이 과정에서 유저 모드와 커널 모드 사이에 전환이 계속해서 발생하기 때문에 지금까지의 테스트 결과 중 가장 좋지 않은 성능 결과를 보인다. 유저 모드와 커널 모드 사이의 전환은 CPU 시간 측면에서 보았을 때 매우 비싼 작업에 해당하며, 경쟁contention을 유발(2개 혹은 4개의 스레드가 예제 코드를 수행할 경우)할 수도 있기 때문에 대체로 성능 결과는 나쁘게 나타난다.

SRWLock의 성능 결과를 살펴보면 크리티컬 섹션critical section의 성능 결과와 비교적 유사한 것을 알 수 있다. 그러나 앞서 수행한 테스트 외에 다양한 테스트를 수행해 보면 SRWLock이 크리티컬 섹션보다 조금 더 성능이 뛰어나다는 것을 확인할 수 있다. 따라서 크리티컬 섹션 대신 SRWLock을 사용할 것을 추천한다. SRWLock은 더 빠르며, 다수의 리더가 동시에 값을 읽을 수 있기 때문에 공유 리소스의 값을 읽기만 하는 스레드의 효율과 확장성이 증대된다.

정리하자면, 최상의 성능으로 동작하는 애플리케이션을 작성하고 싶다면 가장 먼저 공유 리소스를 사용하지 않도록 작성할 수 있는지를 검토하기 바란다. 다음으로 인터락 API, SRWLock, 크리티컬 섹션 순으로 사용을 검토해야 한다. 이러한 방식이 구현하고자 하는 상황에 전혀 적합하지 않은 경우에만 커널 오브젝트(다음 장의 주제이기도 한)를 사용하는 것이 좋다.

앞서 알아본 바와 같이 생산자producer와 소비자consumer 스레드가 동일 리소스에 대해 배타적exclusive으로 혹은 공유 가능한 형태로 접근하고자 할 때에는 SRWLock을 사용할 수 있다. 이러한 상황에서 리더 스레드가 리소스로부터 값을 읽어오기 위해 락을 설정하였으나 읽어올 자료가 없는 경우에는 먼저 락을 해제하고 라이터 스레드가 새로운 자료를 쓸 때까지 기다려야 한다. 반면, 라이터 스레드가 새로운 자료를 지속적으로 생산하여 공유 리소스인 자료 저장 공간이 가득 차게 되면, 리더의 경우와 동일하게 라이터 스레드는 락을 해제하고 리더 스레드가 저장 공간으로부터 값을 읽어 갈 때까지 기다려야 한다.

조건변수condition variable를 사용하면 스레드가 리소스에 대한 락을 해제하고 SleepConditionVariableCS 나 SleepConditionVariableSRW 함수에서 지정한 상태가 될 때까지 스레드를 블로킹해 준다. 또한 이러한 동작이 원자적으로 수행되도록 설계되어서 개발 업무를 좀 더 간편하게 해 준다.

```
BOOL SleepConditionVariableCS(
    PCONDITION_VARIABLE pConditionVariable,
    PCRITICAL_SECTION pCriticalSection,
    DWORD dwMilliseconds);

BOOL SleepConditionVariableSRW(
    PCONDITION_VARIABLE pConditionVariable,
    PSRWLOCK pSRWLock,
    DWORD dwMilliseconds,
    ULONG Flags);
```

pConditionVariable 매개변수로는 스레드가 대기할 수 있도록 초기화된 조건변수를 가리키는 포인터를 전달하고, 두 번째 매개변수로는 공유 리소스에 대한 동기화를 위해 사용한 크리티컬 섹션이나 SRWLock 변수를 가리키는 포인터 값을 전달하면 된다. dwMilliseconds 매개변수로는 스레드가 조건변수가 시그널 상태가 될 때까지 얼마만큼 오랫동안 기다릴지를 결정하는 값(무한히 대기하기 위해 INFINITE를 설정할 수도 있다)을 전달해야 한다. Flags 매개변수로는 조건변수가 시그널 상태가 되었을 때 어떻게 락을 수행할지를 알려주는 값을 전달하면 된다. 만일 이 값으로 0을 전달하면 라이터 스레드를 위한 배타적인 락을 설정한다. Flags 매개변수로 CONDITION_VARIABLE_LOCK-MODE_SHARED를 전달하면 리더 스레드를 위한 공유 가능 락을 설정한다. 두 개의 함수는 조건변수가 시그널 상태가 되기 전에 타임아웃이 되면 FALSE를 반환하고, 그렇지 않으면 TRUE를 반환한다. FALSE가 반환되는 경우에는 락을 수행하지 않으며, 크리티컬 섹션을 획득하지도 못한다는 점에 주의하기 바란다.

특정 스레드가 SleepConditionVariable* 함수를 호출하여 블로킹^{blocking}되어 있는 상태에서 리더 스레드^{reader thread}가 읽어올 자료가 생겼다거나 라이터 스레드^{writer thread}가 자료를 저장할 공간이 생긴 경우와 같이 적절한 상황이 되어 블로킹된 스레드를 깨워야 필요가 있다면 WakeConditionVariable이나 WakeAllConditionVariable 함수를 호출하면 된다. 이 두 개의 함수는 동일한 형태를 가지고 있다.

```
VOID WakeConditionVariable(
    PCONDITION_VARIABLE ConditionVariable);

VOID WakeAllConditionVariable(
    PCONDITION_VARIABLE ConditionVariable);
```

동일한 조건변수를 인자로 SleepConditionVariable* 함수를 호출한 스레드가 여러 개 있는 경우, WakeConditionVariable이 호출되면 이 중 하나의 스레드만이 락을 설정한 상태로 수행을 재개하게 된다. 만일 수행을 재개한 스레드가 락을 삭제해 버리면 조건변수의 시그널 상태를 기다리던 다른 스레드들은 깨어나지 못하게 된다. WakeAllConditionVariable을 호출하면 동일한 조건변수를 인자로 SleepConditionVariable* 함수를 호출한 모든 스레드가 수행을 재개하게 된다. 단일의 라이터 스레드가 Flags 값으로 0을 전달하여 배타적인 락을 요구하고, 다수의 리더 스레드가 Flags 값으로 CONDITION_VARIABLE_LOCKMODE_SHARED를 전달하여 공유 가능 락을 요구하였다면, 다수의 스레드가 동시에 깨어나기를 기다리는 상황은 아무런 문제가 되지 않는다. 이 경우 때로는 모든 리더 스레드가 한꺼번에 깨어날 수도 있고, 하나의 리더 스레드가 깨어났다가 다음으로 라이터 스레드가 깨어나는 식의 동작이 모든 스레드가 락을 획득할 때까지 반복될 수도 있다. 마이크로소프트 닷넷 프레임워크를 사용해 본 적이 있다면 Monitor 클래스와 조건변수가 매우 유사하다는 것을 알 수 있을 것이다. 이 둘은 리소스에 대한 동기적인 접근을 위해 각기 SleepConditionVariable과 Wait 함수를 제공하고, 시그널 기능^{signal feature}을 위해 Wake*ConditionVariable과 Pulse(All) 기능을 제공한다. Monitor 클래스에 대한 좀 더 자세한 사항을 알고 싶다면 MSDN(*http://msdn2.microsoft.com/en-us/library/hf5de04k.aspx*)이나 필자의 『CLR via C#, 2판』(마이크로소프트 프레스, 2006)을 참고하기 바란다.

① Queue 예제 애플리케이션

조건변수는 항상 크리티컬 섹션이나 SRWLock과 함께 사용되어야 한다. Queue(08-Queue.exe) 애플리케이션에서는 한 개의 SRWLock과 두 개의 조건변수를 이용하여 요청 큐를 제어한다. 소스 코드와 리소스 파일은 한빛미디어 홈페이지를 통해 제공되는 소스 파일의 08-Queue 폴더에서 찾을 수 있다. 이 애플리케이션을 수행하고 나서 Stop 버튼을 클릭하면 다음과 같은 다이얼로그 박스가 출력될 것이다.

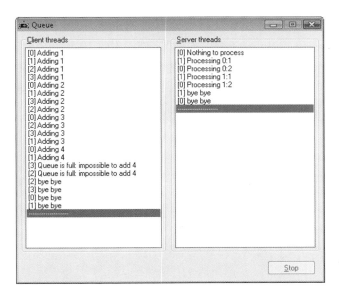

요청 큐를 초기화하는 동안 4개의 클라이언트 스레드(라이터)와 2개의 서버 스레드(리더)를 생성한다. 각 클라이언트 스레드는 큐에 요청을 삽입하고 일정 시간 동안 슬립 sleep 한 후 다시 요청을 큐에 삽입하는 과정을 반복한다. 클라이언트 스레드가 큐에 요청을 삽입하면 Client threads 리스트 박스의 내용이 갱신된다. 리스트 박스 내의 각 항목에는 요청을 삽입한 클라이언트의 스레드 번호가 함께 나타난다. 예를 들어 위 그림의 Client threads 리스트 박스에 나타난 첫 번째 항목은 0번 클라이언트 스레드가 삽입한 요청이다. 이후 1, 2, 3번 스레드의 첫 번째 요청이 연이어 나타나며, 다음으로 0번 스레드의 2번째 요청이 나타난다.

두 개의 서버 스레드는 클라이언트의 요청 번호가 짝수인 경우에는 0번 스레드가, 홀수인 경우에는 1번 스레드가 각각 처리한다. 큐에 삽입된 요청이 없으면 서버 스레드는 아무런 작업도 수행하지 않는다. 요청이 큐에 다시 들어오면 서버 스레드는 수행을 재개하여 삽입된 요청을 처리한다. 짝수나 홀수의 요청이 큐에 새로 들어오면 서버 스레드는 요청을 처리하고 어떤 요청을 처리하였는지를 표시한 후 클라이언트 스레드에게 새로운 요청을 큐에 삽입할 수 있음을 알려준다. 서버 스레드는 새로운 요청이 큐에 들어올 때까지 다시 슬립 상태로 돌아간다. 서버 스레드는 처리할 요청이 더 이상 없는 경우 새로운 요청이 들어올 때까지 슬립 상태를 유지한다.

오른쪽의 Server Threads 리스트 박스는 서버 스레드의 상태를 보여준다. 첫 번째 항목은 0번 서버 스레드가 짝수 번째 요청을 큐로부터 검색하였으나 찾을 수 없었기 때문에 삽입된 항목이다. 두 번째 항목은 1번 서버 스레드가 0번 클라이언트 스레드의 첫 번째 요청을 처리하고 있음을 의미한다. 세 번째 항목은 0번 서버 스레드가 0번 클라이언트 스레드의 두 번째 요청을 처리하고 있음을 의미한다. Stop 버튼이 눌려지면 모든 스레드들은 정지 통보를 받게 되고 "bye bye"를 리스트 박스에 출력하게 된다.

이 예제에서 서버 스레드는 클라이언트의 요청을 충분히 빠르게 처리하지 못하기 때문에 요청을 저장하는 큐가 언젠가는 꽉 차게 된다. 큐의 데이터 구조체를 초기화할 때 동시에 10개 이상의 항목을 저장하지 못하도록 하여, 큐가 가능한 빨리 채워질 수 있도록 하였다. 더불어 클라이언트 스레드는 4개를 생성한 데 비해 서버 스레드는 2개만 생성하였다. 그림에서 보는 바와 같이 3번과 2번 클라이언트 스레드는 이미 큐가 꽉 차서 네 번째 요청을 큐에 삽입하지 못했음을 알 수 있다.

큐의 세부 구현사항

지금까지 애플리케이션의 출력 내용에 대해 알아보았다. 출력되는 내용보다 더욱 흥미로운 것은 이 애플리케이션의 동작 방식이다. 큐는 CQueue라는 C++ 클래스에 의해 관리된다.

```cpp
class CQueue
{
public:
   struct ELEMENT {
      int    m_nThreadNum;
      int    m_nRequestNum;
      // 여기에 다른 내용을 포함시킬 수 있다.
   };
   typedef ELEMENT* PELEMENT;

private:
   struct INNER_ELEMENT {
      int      m_nStamp;   // 0은 비어 있음을 의미한다.
      ELEMENT  m_element;
   };
   typedef INNER_ELEMENT* PINNER_ELEMENT;

private:
   PINNER_ELEMENT m_pElements;      // 큐에 저장되는 항목의 배열
   int            m_nMaxElements;   // 배열이 가질 수 있는 최대 항목 개수
   int            m_nCurrentStamp;  // 추가된 항목의 개수를 추적

private:
   int GetFreeSlot();
   int GetNextSlot(int nThreadNum);

public:
   CQueue(int nMaxElements);
   ~CQueue();
   BOOL IsFull();
   BOOL IsEmpty(int nThreadNum);
   void AddElement(ELEMENT e);
```

```
    BOOL GetNewElement(int nThreadNum, ELEMENT& e);
};
```

이 클래스 내의 ELEMENT 구조체는 큐에 삽입될 데이터 항목의 형태를 정의하고 있다. 실제 항목에 포함될 내용은 중요하지 않다. 이 예제에서는 클라이언트 스레드가 자신의 스레드 번호와 요청 번호를 항목에 설정하여, 서버가 요청을 처리한 후 앞서 설정된 정보들을 리스트 박스에 출력할 수 있도록 하였다. 실질적인 애플리케이션이라면 이 같은 정보를 저장하지는 않을 것이다. INNER_ELEMENT 구조체는 ELEMENT 구조체를 포함하며, 이와는 별도로 항목의 입력 순서를 추적할 수 있는 m_nStamp 필드를 가지고 있다. 이 값은 큐에 항목이 추가될 때마다 매번 증가된다.

private 멤버로는 m_pElements가 있는데, 이 멤버변수는 고정된 크기의 INNER_ELEMENT 구조체 형 배열을 가리키고 있다. 이 변수는 다수의 클라이언트/서버 스레드의 접근으로부터 보호되어야 한다. m_nMaxElements 멤버는 CQueue 타입의 객체가 생성될 때 배열의 크기를 나타내는 값으로 초기화된다. m_nCurrentStamp는 정수 값으로서, 새로운 항목이 큐에 추가될 때마다 증가된다. GetFree-Slot private 함수는 m_pElements가 가리키는 INNER_ELEMENT 배열 중 m_nStamp 값이 0인 배열의 인덱스 값을 가져온다. 만일 m_nStamp 값이 0인 항목이 없다면 -1이 반환된다.

```
int CQueue::GetFreeSlot() {

    // m_nStamp 값이 0인 항목을 찾는다.
    for (int current = 0; current < m_nMaxElements; current++) {
        if (m_pElements[ current] .m_nStamp == 0)
            return(current);
    }

    // 비어 있는 슬롯이 없다.
    return(-1);
}
```

GetNextSlot private 헬퍼 함수는 m_pElement가 가리키는 INNER_ELEMENT 배열에서 m_nStamp 값이 0(0은 삭제되거나 이미 처리되었다는 의미)이 아닌 가장 작은 수를 가진 INNER_ELEMENT(큐에 삽입된 항목 중 가장 먼저 삽입된 항목이라는 의미)의 배열 인덱스를 가져온다. 만일 모든 항목이 이미 처리되었다면(모든 항목의 m_nStamp 값이 0) -1을 반환한다.

```
int CQueue::GetNextSlot(int nThreadNum) {

    // 기본적으로 이 스레드를 위한 슬롯은 존재하지 않는다.
    int firstSlot = -1;
```

```
        // 큐에 존재하는 요청은 마지막으로 삽입된 요청의 스탬프 값보다 커질 수 없다.
        int firstStamp = m_nCurrentStamp+1;

        // 처리되지 않은 짝수(서버 스레드 0) / 홀수(서버 스레드 1) 항목을 찾는다.
        for (int current = 0; current < m_nMaxElements; current++) {

            // 큐에서 가장 오래 전에 삽입된 요청(스탬프 값이 가장 작은) 을 찾아낸다.
            // --> 반드시 first in first out으로 동작해야 한다.
            if ((m_pElements[ current] .m_nStamp != 0) &&   // 처리되지 않은 요청
                ((m_pElements[ current] .m_element.m_nRequestNum % 2) == nThreadNum) &&
                (m_pElements[ current] .m_nStamp < firstStamp)) {

                firstStamp = m_pElements[ current] .m_nStamp;
                firstSlot = current;
            }
        }

        return(firstSlot);
    }
```

CQueue의 생성자, 파괴자, 그리고 IsFull과 IsEmpty 함수들을 이해하는 데에는 크게 어려움이 없을 것이다. 이제 AddElement 함수에 대해 살펴보자. 이 함수는 클라이언트 스레드가 큐에 요청을 삽입할 때 사용하는 함수다.

```
    void CQueue::AddElement(ELEMENT e) {

        // 큐가 꽉 차 있으면 아무것도 하지 않는다.
        int nFreeSlot = GetFreeSlot();
        if (nFreeSlot == -1)
            return;

        // 삽입 요청한 항목을 큐로 복사한다.
        m_pElements[ nFreeSlot] .m_element = e;

        // 큐에 새로 삽입한 항목에 새로운 스탬프 값을 부여한다.
        m_pElements[ nFreeSlot] .m_nStamp = ++m_nCurrentStamp;
    }
```

m_pElements가 가리키는 배열 내에 빈 슬롯free slot이 있으면, 함수의 매개변수로 전달된 ELEMENT 를 저장하고, 마지막으로 삽입된 요청의 스탬프 값을 1 증가시켜 m_nStamp에 할당한다. 서버 스레드가 큐에 삽입된 요청을 처리하고자 하는 경우 GetNewElement 함수에 스레드 번호(0 혹은 1)와 ELEMENT 변수를 인자로 전달하여 큐로부터 요청을 가져온다.

```
BOOL CQueue::GetNewElement(int nThreadNum, ELEMENT& e) {

    int nNewSlot = GetNextSlot(nThreadNum);
    if (nNewSlot == -1)
        return(FALSE);

    // 큐에 삽입된 요청의 내용을 복사한다.
    e = m_pElements[ nNewSlot] .m_element;

    // 요청이 이미 처리되었다고 표시한다.
    m_pElements[ nNewSlot] .m_nStamp = 0;

    return(TRUE);
}
```

GetNextSlot 헬퍼 함수는 가장 오래 전에 삽입된 요청을 가져오는 역할을 수행한다. 큐에 처리되지 않은 요청이 있는 경우 GetNewElement는 처리되지 않은 요청을 e 변수에 복사해 주고, m_nStamp 값을 0으로 설정하여 이 요청이 이미 처리되었다고 표시한다.

이해하기 난해한 부분은 없을 것이다. 그런데 코드를 살펴보고 난 후 CQueue가 멀티스레드에 대해 안전하지 못하다고 생각할지도 모르겠다. 이것은 맞는 말이다. 9장에서는 커널 동기화 오브젝트를 사용하여 멀티스레드에 대해 안전한 큐를 만드는 방법을 설명할 것이다. 08-Queue.exe 애플리케이션에서는 전역변수로 선언된 큐 객체를 안전하게 사용하는 것은 클라이언트와 서버 스레드의 몫이다. 스레드들은 스레드간 동기화 기법을 이용하여 안전하게 큐 객체를 사용하고 있다.

```
CQueue                  g_q(10);        // 다수의 스레드 간에 공유된 큐
```

08-Queue.exe 애플리케이션에서는 차일드(라이터) 스레드와 서버(리더) 스레드가 큐를 손상시키지 않고 조화롭게 수행될 수 있도록 3개의 전역변수를 사용하고 있다.

```
SRWLOCK               g_srwLock;   // 큐를 보호하기 위한 리더/라이터 락
CONDITION_VARIABLE    g_cvReadyToConsume;   // 라이터에 시그널을 주기 위해 사용
CONDITION_VARIABLE    g_cvReadyToProduce;   // 리더에 시그널을 주기 위해 사용
```

스레드가 큐에 접근해야 하는 경우에는 항상 SRWLock을 먼저 획득해야 하는데, 서버(리더) 스레드는 공유 접근 모드로, 클라이언트(라이터) 스레드는 배타적 접근 모드로 락을 획득해야 한다.

WriterThread를 수행하는 클라이언트 스레드

클라이언트 스레드의 세부 구현사항을 살펴보자.

```
DWORD WINAPI WriterThread(PVOID pvParam) {

    int nThreadNum = PtrToUlong(pvParam);
    HWND hWndLB = GetDlgItem(g_hWnd, IDC_CLIENTS);

    for (int nRequestNum = 1; !g_fShutdown; nRequestNum++) {

        CQueue::ELEMENT e = { nThreadNum, nRequestNum };

        // 공유 리소스에 값을 쓰기 위해 배타적 락을 요청한다.
        AcquireSRWLockExclusive(&g_srwLock);

        // 만일 큐가 꽉 차 있다면, 조건변수가 시그널 상태가 될 때까지
        // 슬립 상태로 대기한다.
        // 주의: 락을 획득하기 위해 대기하는 동안
        //      정지 버튼이 눌려져서 g_fShutdown이 TRUE가 될 수 있다.
        if (g_q.IsFull() & !g_fShutdown) {
            // 큐에 빈 공간이 없다.
            AddText(hWndLB, TEXT("[ %d] Queue is full: impossible to add %d")),
                nThreadNum, nRequestNum);

            // --> 리더가 큐를 비워줄 때까지 기다렸다가
            //      락을 획득한다.
            SleepConditionVariableSRW(&g_cvReadyToProduce, &g_srwLock,
                INFINITE, 0);
        }

        // 다른 라이터 스레드가 락을 획득하기 위해 블로킹되어 있을 수 있다.
        // --> 락을 해제하고 다른 라이터 스레드에게 종료할 것을 알려준다.
        if (g_fShutdown) {
            // 현재 스레드가 종료될 것임을 알려준다.
            AddText(hWndLB, TEXT("[ %d] bye bye"), nThreadNum);

            // 락을 더 이상 유지할 필요가 없다.
            ReleaseSRWLockExclusive(&g_srwLock);

            // 블로킹된 다른 라이터 스레드에게 종료되어야 함을 알려준다.
            WakeAllConditionVariable(&g_cvReadyToProduce);

            // Bye bye
            return(0);
        } else {
            // 큐에 새로운 ELEMENT를 추가한다.
            g_q.AddElement(e);
```

```
              // 큐에 삽입된 요청이 처리되었음을 알려준다.
              AddText(hWndLB, TEXT("[ %d] Adding %d"), nThreadNum, nRequestNum);

              // 락을 더 이상 가지고 있을 필요가 없다.
              ReleaseSRWLockExclusive(&g_srwLock);

              // 리더 스레드들에게 큐에 있던 항목이 처리되었음을 알려준다.
              WakeAllConditionVariable(&g_cvReadyToConsume);

              // 새로운 항목을 추가하기 전에 일정 시간 기다린다.
              Sleep(1500);
          }
      }

      // 현재의 스레드가 종료됨을 알려준다.
      AddText(hWndLB, TEXT("[ %d] bye bye"), nThreadNum);

      return(0);
  }
```

for 루프는 클라이언트 스레드가 삽입하는 요청의 번호를 증가시키며, 애플리케이션의 메인 윈도우가 닫히거나 Stop 버튼이 눌려졌을 때 g_fShutdown 부울변수 값을 TRUE로 설정하여 루프를 빠져나온다. 이 내용은 유저 인터페이스 스레드가 백그라운드로 수행 중인 클라이언트/서버 스레드를 종료시키는 방법에 대해 논의할 때 다시 한 번 다루도록 하겠다.

새로운 요청을 큐에 삽입하기 위해서는 먼저 AcqureSRWLockExclusive를 호출하여 SRWLock을 배타적^{exclusive}으로 획득해야 한다. 만일 다른 서버나 클라이언트 스레드가 앞서 AcquireSRWLock-Exclusive를 호출하여 이미 배타적으로 락을 소유하고 있는 상태라면 락이 해제될 때까지 Acquire-SRWLockExclusive는 반환되지 않을 것이다. 이 함수가 반환되면 락은 획득된 것이지만, 요청을 큐에 추가할 수 있는 상태인지(큐에 빈 공간이 있어야 한다)의 여부는 추가적으로 확인해야 한다. 만일 큐가 이미 꽉 차 있다면 리더 스레드가 큐로부터 요청을 가져가서 빈 공간이 생길 때까지 슬립 상태로 대기해야 한다. 하지만 라이터 스레드가 슬립 상태로 대기하기 전에 반드시 락을 해제해 주어야 하며, 그렇지 않을 경우 데드락^{deadlock}이 발생하게 된다. 왜냐하면 라이터 스레드는 락을 소유한 상태에서 리더 스레드가 큐로부터 요청을 가져가기를 기다릴 것이고, 리더 스레드는 락을 획득해야만 큐로부터 요청을 가져올 수 있기 때문이다. SleepConditionVariableSRW는 바로 이러한 상황에서 적절하게 사용될 수 있는 함수다. 이 함수를 호출하면 인자로 전달된 g_srwLock 락을 해제하고, g_cvReadyTo-Produce 조건변수가 시그널될 때까지 스레드를 슬립 상태로 만든다. 서버 스레드가 큐에 삽입된 요청을 처리하여 큐에 빈 공간이 생기게 되면 WakeConditionVariable 함수 호출하여 g_cvReady-ToProduce를 시그널 상태로 변경한된다.

SleepConditionVariableSRW가 반환되었다는 것은 두 가지 조건이 만족되었음을 의미한다. 첫째는 다른 스레드가 대기 중인 스레드에게 큐에 비어 있는 공간이 생겼음을 알려주기 위해 조건변수를 시그널 상태로 변경하였고, 둘째는 락이 획득되었다는 것이다. 이제 스레드는 새로운 요청을 큐에 삽입할 수 있는 상태가 되었다. 하지만 요청을 큐에 삽입하기에 앞서, 스레드가 슬립 상태일 때 사용자가 모든 처리를 종료할 것을 요구했었는지를 확인한다. 그렇지 않다면 새로운 요청을 큐에 삽입하고 client threads 리스트 박스에 진행사항을 나타낸 후 ReleaseSWRLockExclusive를 호출하여 락을 해제한다. 루프를 재차 반복하기 전에 &g_cvReadyToConsume 값을 인자로 WakeAllConditionVariable 함수를 호출하여 서버 스레드에게 처리해야 할 새로운 요청이 삽입되었음을 알려준다.

서버 스레드가 요청을 처리하는 과정

동일한 콜백함수를 이용하여 두 개의 서버 스레드가 수행된다. 각각은 g_fShutdown 값이 TRUE가 될 때까지 반복되는 루프 내에서 ConsumeElement 함수를 호출하여 각각 홀수 또는 짝수 번째 요청을 처리한다.

```
BOOL ConsumeElement(int nThreadNum, int nRequestNum, HWND hWndLB) {

    // 새로 삽입된 요청을 처리하기 위해 큐에 접근하기 위한 공유 락을 획득한다.
    AcquireSRWLockShared(&g_srwLock);

    // 큐에 처리할 요청이 없으면 슬립 상태로 대기한다.
    // while 조건문에서 큐가 비어 있는지 확인하긴 하지만
    // 스레드를 슬립 상태로 대기시킬지는 결정하지 않는다.
    while (g_q.IsEmpty(nThreadNum) && !g_fShutdown) {
        // 처리할 요청이 없다.
        AddText(hWndLB, TEXT("[ %d] Nothing to process"), nThreadNum);

        // 큐가 비어 있다.
        // --> 라이터 스레드가 새로운 요청을 큐에 삽입할 때까지
        // 기다린다. 함수 반환 시에는 공유 락을 획득한 상태로 반환된다.
        SleepConditionVariableSRW(&g_cvReadyToConsume, &g_srwLock,
            INFINITE, CONDITION_VARIABLE_LOCKMODE_SHARED);
    }

    // 스레드를 종료하기 전에 라이터 스레드를 위해 락을 해제해야 하며,
    // 조건변수를 시그널 상태로 만들어 리더 스레드에게도 그 사실을
    // 알려주어야 한다.
    if (g_fShutdown)
        // 현재 스레드가 종료될 것임을 알린다.
        AddText(hWndLB, TEXT("[ %d] bye bye"), nThreadNum);
```

```
            // 다른 라이터 스레드는 락을 획득하기 위해 대기 상태일 수 있다.
            // --> 스레드를 종료하기 전에 락을 해제해 준다.
            ReleaseSRWLockShared(&g_srwLock);

            // 다른 리더 스레드들에게도 종료할 때가 되었음을 알려준다.
            // --> 조건변수를 시그널 상태로 만든다.
            WakeConditionVariable(&g_cvReadyToConsume);

            return(FALSE);
        }

        // 새로운 요청을 가져온다.
        CQueue::ELEMENT e;
        // 주의: IsEmpty가 FALSE를 반환했기 때문에 이 함수의
        //       반환 값을 확인해 볼 필요는 없다.
        g_q.GetNewElement(nThreadNum, e);

        // 더 이상 락을 유지할 필요가 없다.
        ReleaseSRWLockShared(&g_srwLock);

        // 요청이 처리되었음을 알려준다.
        AddText(hWndLB, TEXT("[ %d]  Processing %d:%d"),
            nThreadNum, e.m_nThreadNum, e.m_nRequestNum);

        // 대기 중인 라이터 스레드가 수행을 재개할 수 있도록
        // 큐에 빈 공간이 있음을 알려준다.
        // --> 라이터 스레드가 수행을 재개한다.
        WakeConditionVariable(&g_cvReadyToProduce);

        return(TRUE);
}

DWORD WINAPI ReaderThread(PVOID pvParam) {

    int nThreadNum = PtrToUlong(pvParam);
    HWND hWndLB = GetDlgItem(g_hWnd, IDC_SERVERS);

    for (int nRequestNum = 1; !g_fShutdown; nRequestNum++) {

        if (!ConsumeElement(nThreadNum, nRequestNum, hWndLB))
            return(0);

        Sleep(2500);      // 다른 요청을 처리하기 전에 일정 시간 대기한다.
    }
```

```
    // Sleep 함수 호출 중에 g_fShutdown 변수가 TREU로 설정되었다면
    // --> 현재 스레드가 종료될 것임을 알려준다.
    AddText(hWndLB, TEXT("[ %d] bye bye"), nThreadNum);

    return(0);
}
```

요청을 처리하기 전에 AcquireSRWLockShared 함수를 호출하여 공유 락(SRWLock)을 획득해야한다. 만일 다른 클라이언트 스레드가 이미 배타적 접근 모드로 락을 획득하였다면 함수는 반환되지 않는다. 다른 스레드가 공유 가능 상태로 락을 획득하였다면 함수는 바로 반환되고 이어서 요청을 처리할 수 있게 된다. 락이 획득되었다 하더라도 큐 안에 이 스레드가 처리할 요청이 없을 수도 있다. 예를 들어 0번 서버 스레드는 짝수 번째 요청만을 처리하지만 큐에는 홀수 번째 요청만 있을 수도 있다. 이경우 스레드는 Server threads 리스트 박스에 메시지를 출력하고 SleepConditionVariableSRW 호출부에서 블로킹된다. 이러한 상황은 클라이언트 스레드가 새로운 요청을 큐에 삽입하고 g_cvReadyToConsume 조건변수를 시그널 상태로 만들 때까지 지속된다. SleepConditionVariableSRW는 큐에 요청이 삽입되면 g_srwLock 락을 획득한 후 반환된다. 하지만 새로 삽입된 요청이 해당 서버 스레드에 의해 처리되어야 요청 번호를 가지고 있는지는 확실하지 않다. 따라서 SleepConditionVariableSRW를 루프 내에 포함시켜서 해당 스레드가 처리해야 하는 요청이 큐에 삽입될 때까지 루프를 반복해야 한다. 하나의 cvReadyToConsume을 사용하는 대신 두 개의 조건변수를 사용하여 하나는 홀수 번째 요청을, 다른 하나는 짝수 번째 요청을 다루도록 할 수도 있다. 이렇게 하면 새로운 요청이 삽입되었을 때 해당 요청을 처리할 서버 스레드를 정확하게 재기동할 수 있기 때문에 앞의 경우처럼 수행을 재기한 스레드가 아무런 일도 하지 않고 다시 슬립 상태로 진입하는 상황을 피할 수 있다. 현재 구현된 내용에 따르면 큐에 삽입된 요청이 처리되었다는 의미로 m_nStamp 값을 0으로 변경하기 위해 GetNewElement를 호출하면, 0번 스레드는 짝수 번째 요청만을 처리하고 1번 스레드는 홀수 번째 요청만을 처리함에도 불구하고 모든 스레드들이 공유 모드의 락을 획득하게 된다.

각 서버 스레드가 동일 요청을 중복적으로 처리하지는 않을 것이기 때문에 이것은 문제가 되지 않는다. 수행을 재개한 스레드가 처리할 요청을 찾아내면, 해당 요청을 큐로부터 가져오고 ReleaseSRW-LockShared를 호출한 후 Server threads 리스트 박스에 메시지를 출력한다. 이제 큐에 새로운 공간이 생겼음을 알려야 하므로 &g_cvReadyToProduce를 인자로 WakeConditionVariable을 호출한다.

스레드 정지 시 데드락 이슈

다이얼로그 박스에 Stop 버튼을 처음으로 추가했을 때, 이 버튼이 데드락 상태를 유발할 것이라고 생각하지는 않았다. 클라이언트/서버 스레드를 정지시키는 코드는 다음과 같다.

```
void StopProcessing() {

   if (!g_fShutdown) {
       // 모든 스레드에게 종료할 것을 요청한다.
       InterlockedExchangePointer((PLONG*) &g_fShutdown, (LONG) TRUE);

       // 조건변수를 기다리고 있는 스레드가 수행을 재개하게 한다.
       WakeAllConditionVariable(&g_cvReadyToConsume);
       WakeAllConditionVariable(&g_cvReadyToProduce);

       // 모든 스레드들이 종료될 때까지 기다린다.
       WaitForMultipleObjects(g_nNumThreads, g_hThreads, TRUE, INFINITE);

       // 커널 오브젝트를 삭제하는 것을 잊어서는 안 된다.
       // 주의: 프로세스 종료 시 반드시 해야만 하는 작업은 아니다.
       while (g_nNumThreads--)
          CloseHandle(g_hThreads[ g_nNumThreads ]);

       // 리스트 박스에 스레드가 종료되었음을 나타낸다.
       AddText(GetDlgItem(g_hWnd, IDC_SERVERS), TEXT("--------------------"));
       AddText(GetDlgItem(g_hWnd, IDC_CLIENTS), TEXT("--------------------"));
   }
}
```

g_fShutdown 플래그가 TRUE로 설정되면 WakeAllConditionVariable을 호출하여 두 개의 조건 변수를 시그널 상태로 만든다. 이후 스레드의 핸들 값들을 가지고 있는 배열을 인자로 WaitForMultipleObjects를 호출한다. WaitForMultipleObjects가 반환되면 인자로 전달했던 핸들을 모두 삭제하고, 리스트 박스에 스레드 종료 메시지를 추가한다.

클라이언트/서버 측면에서 보면 SleepConditionVariableSRW를 호출하여 블로킹되었던 스레드들은 WakeAllConditionVariable 함수가 호출됨에 따라 수행을 재개하게 된다. 이러한 스레드들은 g_fShutdown 플래그 값이 TRUE로 설정되었으므로 "bye bye"를 리스트 박스에 나타내고 종료하도록 작성되었다. 그런데 스레드들이 리스트 박스에 메시지를 추가하려고 시도하는 부분에서 데드락이 발생한다. WM_COMMAND 메시지를 처리하는 과정에서 StopProcessing 함수를 호출하게 되면 사용자 인터페이스를 처리하는 스레드는 WaitForMultipleObjects 내부에서 블로킹되어 있게 된다. 그런데 클라이언트와 서버 스레드들은 리스트 박스에 새로운 항목을 추가하기 위해 ListBox_SetCurSel과 ListBox_AddString을 호출하게 된다. 사용자 스레드가 블로킹되어 있기 때문에 응답하지 못하고 이로 인해 데드락이 발생한다. 이러한 문제를 해결하기 위해서 Stop 메시지 핸들러가 호출되면 데드락의 위험을 피하기 위해 StopProcessing 함수를 호출하는 새로운 스레드를 생성하여 이벤트 핸들러가 빨리 반환될 수 있도록 하였다.

```
DWORD WINAPI StoppingThread(PVOID pvParam) {

    StopProcessing();
    return(0);
}

void Dlg_OnCommand(HWND hWnd, int id, HWND hWndCtl, UINT codeNotify) {

    switch (id) {
        case IDCANCEL:
            EndDialog(hWnd, id);
            break;
        case IDC_BTN_STOP:
        {
            // StopProcessing 함수가 UI 함수에 의해 호출되지
            // 않기 때문에 데드락은 발생하지 않는다.
            // 리스트 박스에 내용을 추가하기 위해
            // SendMessage()가 사용된다는 점을 상기하기 바란다.
            // --> 다른 스레드가 필요하다.
            DWORD dwThreadID;
            CloseHandle(chBEGINTHREADEX(NULL, 0, StoppingThread,
                NULL, 0, &dwThreadID));

            // 이 버튼은 두 번 눌려질 수 없다.
            Button_Enable(hWndCtl, FALSE);
        }
        break;
    }
}
```

공유 리소스를 동기적으로 접근하는 것과 같이 내부적으로 블로킹을 유발할 수 있는 스레드들이 사용자 인터페이스와 관련된 메시지를 동시에 처리해야 하는 경우에는 항상 유사한 형태의 데드락에 노출될 수 있음을 잊지 말아야 할 것이다. 다음 절에서는 데드락을 피할 수 있는 유용한 팁과 테크닉을 소개하겠다.

마지막으로, AddText 헬퍼함수를 이용하여 리스트 박스에 문자열을 추가할 때 새로운 보안 문자열 함수인 _vstprintf_s를 활용하였다.

```
void AddText(HWND hWndLB, PCTSTR pszFormat, ...) {

    va_list argList;
    va_start(argList, pszFormat);
```

```
    TCHAR sz[ 20 * 1024 ];
    _vstprintf_s(sz, _countof(sz), pszFormat, argList);
    ListBox_SetCurSel(hWndLB, ListBox_AddString(hWndLB, sz));

    va_end(argList);
}
```

❷ 유용한 팁과 테크닉

크리티컬 섹션이나 리더-라이터 락과 같은 락을 사용할 때에는 반드시 사용해야 하거나 절대 사용하지 말아야 할 것이 있다. 다음에 락을 사용할 경우에 활용할 수 있는 몇 가지 유용한 팁과 테크닉을 설명하였다.

원자적으로 관리되어야 하는 오브젝트 집합당 하나의 락만을 사용하라.

여러 개의 오브젝트들이 항상 같이 사용되어 "논리적으로" 단일의 리소스처럼 다루어야 하는 경우가 있다. 예를 들어 컬렉션에 특정 항목을 추가하는 경우 항목 추가와 함께 컬렉션에 포함되어 있는 항목의 개수도 동시에 갱신되어야 할 것이다. 이와 같이 논리적으로 단일의 리소스처럼 사용되어야 하는 리소스들을 읽거나 쓸 경우에는 하나의 락만을 유지해야 한다.

애플리케이션에서 사용되는 논리적 단일 리소스들은 모두 자신만의 락을 가지고 있어야 하며, 논리적 단일 리소스 전체 혹은 논리적 단일 리소스 내의 일부 리소스에만 접근하는 경우에도 이러한 락을 이용해서 동기화를 수행해야 한다. 애플리케이션에서 사용하는 모든 리소스에 대해 락을 하나만 구성하게 되면, 여러 개의 스레드가 서로 다른 리소스에 동시에 접근할 수 없기 때문에 확장성이 결여될 수 있다.

다수의 논리적 리소스들에 동시에 접근하는 방법

때때로 둘 이상의 논리적 리소스에 동시에 접근해야 할 때가 있다. 예를 들면 리소스에 락을 설정하여 특정 항목을 가져온 후 이 항목을 다른 리소스에 추가하기 위해 락을 설정해야 하는 경우가 있을 수 있다. 만일 접근해야 하는 리소스들이 자신만의 락을 가지고 있다면, 이 두 가지 리소스에 대해 원자적으로 락을 설정해야 한다. 다음의 예를 확인해 보라.

```
DWORD WINAPI ThreadFunc(PVOID pvParam) {

    EnterCriticalSection(&g_csResource1);
    EnterCriticalSection(&g_csResource2);

    // 리소스 1로부터 어떤 항목을 가져와서
```

```
    // 이 항목을 리소스 2에 추가한다.
    LeaveCriticalSection(&g_csResource2);
    LeaveCriticalSection(&g_csResource1);
    return(0);
}
```

만일 동일 프로세스 내의 다른 스레드가 앞서 사용한 두 개의 리소스가 동시에 필요해서 다음과 같이 코드를 작성했다고 해 보자.

```
DWORD WINAPI OtherThreadFunc(PVOID pvParam) {

    EnterCriticalSection(&g_csResource2);
    EnterCriticalSection(&g_csResource1);

    // 리소스 1로부터 어떤 항목을 가져와서
    // 이 항목을 리소스 2에 추가한다.
    LeaveCriticalSection(&g_csResource2);
    LeaveCriticalSection(&g_csResource1);
    return(0);
}
```

앞의 두 코드의 차이점은 EnterCriticalSection과 LeaveCriticalSection의 호출 순서가 서로 다르다는 것뿐이다. 하지만 이로 인해 데드락이 발생할 수 있다. TreadFunc이 수행되어 g_csResource1의 크리티컬 섹션을 획득했다고 가정해 보자. 이후 OtherThreadFunc으로 제어가 이동하고 g_csResource2 크리티컬 섹션을 획득했다고 하자. 이 경우 ThreadFunc 또는 OtherThreadFunc 함수가 계속해서 수행되기 위해서는 서로 다른 스레드가 이미 획득한 크리티컬 섹션을 확보해야만 하며, 이로 인해 데드락이 발생하게 된다.

이 문제를 해결하기 위해서는 다수의 리소스에 락을 설정하는 순서를 항상 동일하게 유지하도록 코드를 작성해야 한다. LeaveCriticalSection의 호출 순서는 문제가 되지 않는데, 이는 이 함수가 스레드를 대기 상태로 변경하지는 않기 때문이다.

락을 장시간 점유하지 마라

락을 너무 오랜 시간 점유하고 있게 되면 다른 스레드들이 계속 대기 상태에 머물러 있게 되기 때문에 애플리케이션의 성능에 나쁜 영향을 미칠 수 있다. 아래에 크리티컬 섹션 내에서 최소한의 시간만 머물러 있을 수 있도록 코드를 작성하는 테크닉을 나타내었다. 아래 코드는 WM_SOMEMSG 메시지가 특정 윈도우로 완전히 보내질 때까지 다른 스레드로부터 g_s 값이 변경되는 것을 보호하고 있다.

```
SOMESTRUCT g_s;
CRITICAL_SECTION g_cs;
```

```
DWORD WINAPI SomeThread(PVOID pvParam) {
    EnterCriticalSection(&g_cs);

    // 메시지를 창으로 보낸다.
    SendMessage(hWndSomeWnd, WM_SOMEMSG, &g_s, 0);

    LeaveCriticalSection(&g_cs);
    return(0);
}
```

WM_SOMEMSG를 윈도우 프로시저^{window procedure}가 처리하는 데 얼마만큼의 시간이 소요될지를 예측하는 것은 불가능하다. 몇 밀리초가 될 수도 있지만 몇 년이 될 수도 있다. 위와 같이 코드를 작성하면 WM_SOMEMSG가 처리되는 동안 다른 스레드들은 g_cs 구조체에 전혀 접근할 수 없게 된다. 개선된 코드의 예를 보자.

```
SOMESTRUCT g_s;
CRITICAL_SECTION g_cs;

DWORD WINAPI SomeThread(PVOID pvParam) {

    EnterCriticalSection(&g_cs);
    SOMESTRUCT sTemp = g_s;
    LeaveCriticalSection(&g_cs);

    // 메시지를 창으로 보낸다.
    SendMessage(hWndSomeWnd, WM_SOMEMSG, &sTemp, 0);
    return(0);
}
```

이 코드는 임시변수인 sTemp에 공유 리소스를 저장한다. 이 과정에서 어느 정도의 추가적인 CPU 시간이 소요될지 궁금할 수도 있겠지만 기껏해야 몇 CPU 사이클 정도밖에 되지 않는다. 이후 Leave-CriticalSection을 호출하여 전역변수로 선언된 g_s가 더 이상 보호될 필요가 없음을 알려준다. 첫 번째 구현 예가 g_s 구조체를 보호하기 위해 어느 정도의 시간을 크리티컬 섹션 내에서 소비하게 되는지 알 수 없는 반면, 두 번째 구현 예는 크리티컬 섹션 내에서 수회의 CPU 사이클 정도만을 소비한다는 것이 명확하기 때문에 더 좋은 코드 구현 방법이라 할 수 있다. 물론 이러한 테크닉은 윈도우 프로시저가 구조체의 스냅샷^{snapshot}을 읽기만 하고 그 내용을 변경할 필요가 없을 경우에 한해서 훌륭하게 동작한다.

커널 오브젝트를 이용한 스레드 동기화

지난 장에서는 유저 모드에서 스레드들 사이에 동기화를 어떻게 수행하는지에 대해 알아보았다. 유저 모드 동기화의 최대 장점은 빠르다는 것이다. 스레드의 수행 성능이 중요한 경우라면 항상 유저 모드 스레드 동기화 메커니즘을 가장 먼저 고려해 보아야 한다.

유저 모드 스레드 동기화 메커니즘이 최상의 성능을 제공하기는 하지만 나름대로 한계점이 있으며, 복잡한 작업을 수행하기에는 적절하지 않은 부분이 상당 부분 있는 것도 사실이다. 예를 들어 인터락 계열의 함수들은 단지 하나의 값만을 처리할 수 있으며, 스레드를 대기 상태로 변경하지 못한다. 크리티컬 섹션을 이용하면 스레드를 대기 상태로 변경할 수 있지만, 이 또한 단일 프로세스 내의 스레드들 사이에서만 동기화를 수행할 수 있을 뿐이다. 뿐만 아니라 크리티컬 섹션을 사용하면 대기 시간을 설정할 수 없기 때문에 데드락 상태에 빠지기가 쉽다.

이번 장에서는 스레드 동기화를 위해 커널 오브젝트를 어떻게 사용하는지에 대해 알아볼 것이다. 앞으로 알아보겠지만 커널 오브젝트는 유저 모드 동기화 메커니즘에 비해 폭넓게 활용될 수 있다. 유일한 단점으로는 성능이 그다지 좋지 않다는 것이다. 이번 장에서 논의할 다양한 함수들은 유저 모드에서 커널 모드로의 전환을 필요로 한다. 이러한 전환은 스레드가 커널 모드에서 수행하는 작업을 완전히 배제하더라도 x86 플랫폼에서 약 200CPU 사이클 정도가 필요한 비싼 작업이다. 하지만 새로운 스레드가 모든 캐시를 비우고 스케줄링되기 위해서는 수만 사이클이 필요한 것을 생각한다면 그 비용이 과장된 측면이 없지 않다.

이 책에서는 프로세스, 스레드, 잡과 같은 몇 개의 커널 오브젝트만을 다루고 있지만, 실제로 대부분의 커널 오브젝트는 동기화를 위해 사용될 수 있다. 이를 위해 모든 커널 오브젝트는 시그널^{signal} 상태와 논시그널^{nonsignal} 상태가 될 수 있다. 프로세스 커널 오브젝트의 경우 관련된 프로세스가 종료되면 운영체제가 자동적으로 해당 오브젝트를 시그널 상태로 변경한다. 프로세스 커널 오브젝트의 경우 한 번 시그널 상태가 되면 다시 논시그널 상태로 변경될 수 없으며 영원히 시그널 상태로 남게 된다.

프로세스 커널 오브젝트의 내부에는 오브젝트 생성 시 FALSE(논시그널)로 초기화되는 부울 값이 있는데, 이 값은 프로세스가 종료되면 운영체제에 의해 자동적으로 TRUE로 변경되어 해당 커널 오브젝트가 시그널 상태임을 나타내게 된다.

만일 특정 프로세스의 수행 완료 여부를 확인하는 코드를 작성하고 싶다면 운영체제에게 프로세스 커널 오브젝트의 부울 값을 확인하도록 요청하면 된다. 이것은 매우 쉬운 작업이다. 또한 시스템에게 부울 값이 FALSE에서 TRUE로 변경되었을 때 대기 중인 스레드의 수행을 재개하도록 요청할 수도 있다. 이 같은 방법을 이용하면 페어런트 프로세스의 스레드가 차일드 프로세스가 종료될 때까지 대기하도록 코드를 작성할 수 있다. 단순히 차일드 프로세스와 연관된 커널 오브젝트가 시그널 상태가 될 때까지 대기하도록 코드를 작성하기만 하면 된다. 앞으로 살펴보겠지만 마이크로소프트 윈도우는 이와 같은 작업을 손쉽게 수행할 수 있는 다양한 함수들을 제공하고 있다.

지금까지 프로세스 커널 오브젝트에 대해 마이크로소프트가 정의한 규칙을 알아보았다. 스레드 커널 오브젝트 또한 이와 동일한 규칙을 따른다. 즉, 스레드 커널 오브젝트는 논시그널 상태로 생성되며, 스레드가 종료되면 운영체제가 자동으로 오브젝트의 상태를 시그널 상태로 변경한다. 따라서 스레드의 수행 완료 여부를 확인하기 위해서는 프로세스에서 사용했던 것과 동일한 방법을 사용하면 된다. 프로세스 커널 오브젝트와 마찬가지로 스레드 커널 오브젝트 또한 논시그널 상태로 변경될 수 없다.

다음에 시그널 상태나 논시그널 상태가 될 수 있는 커널 오브젝트들을 나열해 보았다.

- 프로세스
- 스레드
- 잡
- 파일과 콘솔에 대한 표준 입력/출력/에러 스트림
- 이벤트
- 대기 타이머
- 세마포어
- 뮤텍스

스레드는 특정 오브젝트가 시그널 상태가 될 때까지 자신을 대기 상태로 만들 수 있다. 시그널 상태와 논시그널 상태에 대한 규칙은 커널 오브젝트의 타입별로 서로 상이하다. 앞서 프로세스와 스레드 오브젝트의 규칙은 살펴보았으며, 5장 "잡"에서 잡 오브젝트 대한 규칙도 알아보았다.

이번 장에서는 특정 커널 오브젝트가 시그널 상태가 될 때까지 스레드를 대기 상태로 만드는 함수에 대해 먼저 알아보고, 윈도우가 제공하는 커널 오브젝트 중에 스레드간 동기화에 활용할 수 있는 이벤트, 대기 타이머, 세마포어, 뮤텍스에 대해 알아보기로 하겠다.

필자가 처음으로 커널 오브젝트의 특성을 알게 되었을 때, 커널 오브젝트가 깃발을 하나 가지고 있다고 상상해 봄으로써 이해를 좀 더 쉽게 할 수 있었다. 이러한 깃발은 커널 오브젝트가 시그널 상태가 되면 올라가고, 논시그널 상태가 되면 내려간다.

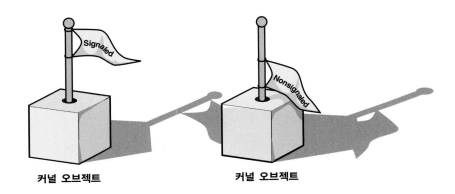

커널 오브젝트　　　　**커널 오브젝트**

스레드는 자신이 대기 중인 오브젝트가 논시그널 상태인 동안은(깃발이 내려가 있는 상태) 스케줄되지 않고 있다가, 오브젝트가 시그널 상태가 되면(깃발이 올라가면) 스케줄 가능 상태가 되어 곧바로 수행을 재개하게 된다.

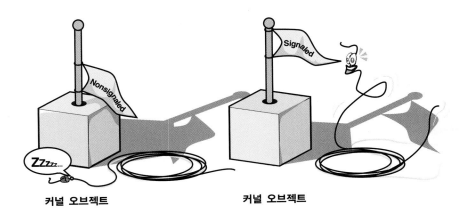

커널 오브젝트　　　　**커널 오브젝트**

대기 함수^{Wait function}를 호출하면 인자로 전달한 커널 오브젝트가 시그널 상태가 될 때까지 이 함수를 호출한 스레드를 대기 상태^{wait state}로 유지한다. 만일 대기 함수가 호출된 시점에 커널 오브젝트가 이미 시그널^{signal} 상태였다면 스레드는 대기 상태로 전환되지 않는다. 대기 함수 중 가장 많이 쓰이는 함수는 WaitForSingleObject다.

```
DWORD WaitForSingleObject(
    HANDLE hObject,
    DWORD dwMilliseconds);
```

이 함수를 사용하려면 첫 번째 매개변수인 hObject로 시그널과 논시그널 상태가 될 수 있는 커널 오브젝트의 핸들을 전달하고(앞서 나열한 어떠한 커널 오브젝트라도 전달될 수 있다), 두 번째 매개변수인 dwMilliseconds로는 커널 오브젝트가 시그널 상태가 될 때까지 얼마나 오랫동안 기다려 볼 것인지를 나타내는 시간 값을 지정하면 된다.

다음 함수는 hProcess 핸들이 가리키는 프로세스가 종료될 때까지 스레드를 대기 상태로 만든다.

```
WaitForSingleObject(hProcess, INFINITE);
```

두 번째 매개변수는 이 함수를 호출한 스레드를 프로세스가 종료될 때까지 영원히 대기하도록 할 것이다.

WaitForSingleObject의 두 번째 매개변수로 INFINITE를 많이 전달하기는 하지만, 그 대신 밀리초 단위의 시간을 지정할 수도 있다. 사실 INFINITE는 0xFFFFFFFF(또는 −1)로 정의되어 있다. 물론 INFINITE를 지정하는 것이 조금 위험할 수도 있다. 만일 오브젝트가 시그널 상태가 되지 못한다면 이 함수를 호출한 스레드는 절대로 깨어나지 못할 것이기 때문이다 – 수행은 재개되지 못하겠지만 다행히도 귀중한 CPU 시간은 낭비하지는 않는다. 아래에 INFINITE 대신 타임아웃 시간을 매개변수로 WaitForSingleObject를 호출하는 예를 나타냈다.

```
DWORD dw = WaitForSingleObject(hProcess, 5000);
switch (dw) {

    case WAIT_OBJECT_0:
        // 프로세스가 종료되었다.
        break;

    case WAIT_TIMEOUT:
        // 프로세스가 5000밀리초 이내에 종료되지 않았다.
        break;
```

```
case WAIT_FAILED:
    // 함수를 잘못 호출하였다(유효하지 않은 핸들?).
    break;
}
```

앞의 코드에서는 프로세스가 종료되거나 5,000밀리초가 경과한 경우 WaitForSingleObject 함수를 호출한 스레드가 스케줄된다. 만일 5,000밀리초가 경과하기 전에 이 함수가 반환되었다면 프로세스가 종료된 것이다. dwMilliseconds 매개변수로 0을 전달하는 경우도 있는데, 이 경우 오브젝트가 시그널 상태가 되지 않아도 바로 반환된다.

WaitForSingleObject의 반환 값은 이 함수를 호출한 스레드가 어떻게 다시 스케줄 가능하게 되었는지를 알려준다. 만일 스레드가 대기하던 오브젝트가 시그널되었다면 반환 값은 WAIT_OBJECT_0가 되며, 타임아웃이 발생하였다면 반환 값은 WAIT_TIMEOUT이 된다. 만일 잘못된 인자를 WaitForSingleObject 함수에 전달하였다면(유효하지 않은 핸들을 전달한 것과 같이) WAIT_FAILED를 반환한다(GetLastError를 호출해 보면 자세한 정보를 획득할 수 있다).

다음으로 살펴볼 WaitForMultipleObjects 함수는 WaitForSingleObject 함수와 매우 유사하지만 하나가 아닌 여러 개의 커널 오브젝트들에 대해 시그널 상태를 동시에 검사할 수 있다는 점에서 차이가 있다.

```
DWORD WaitForMultipleObjects(
    DWORD dwCount,
    CONST HANDLE* phObjects,
    BOOL bWaitAll,
    DWORD dwMilliseconds);
```

dwCount 매개변수로는 이 함수가 검사해야 하는 커널 오브젝트들의 개수를 지정한다. 이 값으로는 1부터 MAXIMUM_WAIT_OBJECTS(WinNT.h 헤더 파일에 64로 정의되어 있다) 범위 내의 값을 지정할 수 있다. phObjects 매개변수로는 커널 오브젝트 핸들의 배열을 가리키는 포인터를 지정하면 된다.

WaitForMultipleObjects는 서로 다른 두 가지 방법으로 사용될 수 있는데, 첫 번째 방법은 매개변수로 전달한 커널 오브젝트들 전체가 시그널 상태가 될 때까지 스레드를 대기 상태로 두는 것이고, 두 번째 방법은 이 중 하나만이라도 시그널 상태가 되면 대기 상태에서 빠져나오도록 하는 방법이다. bWaitAll 매개변수를 통해 이 함수가 어떠한 방식으로 동작할지를 결정하게 되는데, 이 매개변수로 TRUE를 전달하면 모든 오브젝트들이 시그널 상태가 될 때까지 스레드를 대기 상태로 두게 된다.

dwMilliseconds 매개변수는 WaitForSingleObject에서와 동일하게 사용되며, 타임아웃이 발생하면 즉각 함수를 반환하게 된다. 보통 이 매개변수로 INFINITE를 많이 전달하게 되는데, 이 경우 스레드가 영원히 블로킹되지 않도록 신중하게 코드를 작성해야 한다.

WaitForMultipleObjects는 이 함수를 호출한 스레드가 어떻게 다시 스케줄될 수 있었는지를 알려주는 값을 반환하며 앞서 알아본 WAIT_FAILED와 WAIT_TIMEOUT도 반환될 수 있다. 만일 bWailt-All로 TRUE 값을 지정하였으며 모든 오브젝트들이 시그널 상태가 된 경우, 함수의 반환 값은 WAIT_OBJECT_0이 된다. 만일 bWaitAll로 FALSE를 지정하였다면, 지정한 오브젝트들 중 단 하나라도 시그널 상태가 되면 함수가 반환될 것이다. 이 경우 과연 어떤 오브젝트가 시그널 상태가 되었는지를 알 수 있어야 할 것이다. 이 경우 반환 값은 WAIT_OBJECT_0과 (WAIT_OBJECT_0 + dwCount − 1) 사이의 값이 된다. 다시 말하면 반환 값이 WAIT_TIMEOUT이나 WAIT_FAILED가 아닌 경우 반환 값에서 WAIT_OBJECT_0을 뺀 값이 WaitForMultipleObjects의 두 번째 매개변수로 전달하였던 커널 오브젝트 핸들 배열 중 시그널된 오브젝트가 저장된 배열의 인덱스가 된다.

아래에 이러한 내용을 쉽게 이해할 수 있도록 예제 코드를 작성해 보았다.

```
HANDLE h[ 3] ;
h[ 0]  = hProcess1;
h[ 1]  = hProcess2;
h[ 2]  = hProcess3;
DWORD dw = WaitForMultipleObjects(3, h, FALSE, 5000);
switch (dw) {
   case WAIT_FAILED:
       // 함수를 잘못 호출하였다(유효하지 않은 핸들?).
       break;

   case WAIT_TIMEOUT:
       // 5000밀리초 이내에 어떠한 오브젝트도 시그널 상태가 되지 못했다.
       break;

   case WAIT_OBJECT_0 + 0:
       // h[ 0] 이 가리키는 프로세스(hProcess1)가 종료되었다.
       break;

   case WAIT_OBJECT_0 + 1:
       // h[ 1] 이 가리키는 프로세스(hProcess2)가 종료되었다.
       break;

   case WAIT_OBJECT_0 + 2:
       // h[ 2] 가 가리키는 프로세스(hProcess3)가 종료되었다.
       break;
   }
```

bWaitAll 매개변수로 FALSE를 전달한 경우 WaitForMultipleObjects는 매개변수로 전달한 배열을 0번째 배열 항목부터 오름차순으로 오브젝트의 시그널 상태를 확인한다. 이러한 동작 방식은 예기치 않은 문제를 유발할 가능성이 있다. 예를 들어 스레드가 3개의 차일드 프로세스가 종료되기를 기다린다고 가정하고 각 프로세스를 나타내는 핸들 값을 배열로 구성하여 WaitForMultipleObjects 함수를 호출하였다고 하자. 이 경우 배열 인덱스가 0인 프로세스가 종료되면 이 함수는 반환될 것이다. 필요한 작업을 수행하고 나머지 프로세스의 종료를 기다리기 위해 다시 한 번 동일한 인자 값으로 이 함수를 호출했다고 하자. 이 경우 WaitForMultipleObjects는 즉각 WAIT_OBJECT_0 값을 반환하게 될 것이다. 배열로부터 이미 시그널 상태가 된 항목을 제거하지 않는 이상 이러한 코드는 정상적으로 수행되지 않을 것이다.

section 02 성공적인 대기의 부가적인 영향

일부 커널 오브젝트들은 WaitForSingleObject나 WaitForMultipleObjects가 성공적으로 호출되는 경우 오브젝트의 상태가 변경되는 경우가 있다. '성공적인 호출'이란 함수 호출 시 매개변수로 전달한 커널 오브젝트가 시그널 상태가 되어 WAIT_OBJECT_0을 반환하는 경우를 말하며, '성공적이지 않은 호출'이란 WAIT_TIMEOUT이나 WAIT_FAILED를 반환하는 경우를 말한다. '성공적이지 않은 호출'의 경우에는 오브젝트의 상태가 변경되지 않는다.

성공적인 호출을 통해 오브젝트의 상태가 변경되는 것을 일컬어 '성공적인 대기의 부가적인 영향 successful wait side effect'이라고 한다. 예를 들어 어떤 스레드가 자동 리셋 auto-reset 이벤트 커널 오브젝트 핸들을 매개변수로 대기 함수를 호출하는 경우, 이 오브젝트가 시그널 상태가 되면 WAIT_OBJECT_0을 반환할 것이다. 또한 함수가 반환되기 직전에 '성공적인 대기의 부가적인 영향'으로 인해 이벤트 커널 오브젝트는 논시그널 상태로 변경될 것이다.

자동 리셋 이벤트 커널 오브젝트에 대해 이와 같은 부가적인 영향이 있는 것은 마이크로소프트가 이 오브젝트의 타입을 정의할 때 오브젝트의 동작 규칙을 이와 같이 정했기 때문이다. 다른 오브젝트들은 다른 형태의 부가적인 영향을 가질 수 있으며, 몇몇 오브젝트들은 부가적인 영향을 전혀 가지지 않는 경우도 있다. 실제로 프로세스와 스레드 커널 오브젝트의 경우 어떠한 부가적인 영향도 가지지 않기 때문에 성공적인 대기가 수행되더라도 오브젝트의 상태가 변경되지 않는다. 이번 장을 통해 다양한 커널 오브젝트를 알아볼 것이며, 각 오브젝트의 성공적인 대기의 부가적인 영향에 대해서도 자세히 알아볼 것이다.

WaitForMultipleObjects는 모든 작업을 원자적으로 수행하기 때문에 상당히 유용하다. 스레드가 WaitForMultipleObjects를 호출하면 모든 오브젝트들의 상태를 확인하고 성공적인 대기로 인한 오브젝트의 상태 변경까지도 원자적으로 수행해 준다.

다음 예제를 살펴보자. 두 개의 스레드가 완전히 동일한 방법으로 WaitForMultipleObjects를 호출하였다고 하자.

```
HANDLE h[ 2] ;
h[ 0] = hAutoResetEvent1;    // 초기에는 논시그널 상태
h[ 1] = hAutoResetEvent2;    // 초기에는 논시그널 상태
WaitForMultipleObjects(2, h, TRUE, INFINITE);
```

WaitForMultipleObjects가 호출되었을 당시에는 두 개의 오브젝트가 모두 논시그널 상태이기 때문에 스레드는 대기 상태에 진입하게 된다. 이제 hAutoResetEvent1이 시그널 상태가 되었다고 하자. 대기 상태에 진입한 두 개의 스레드는 동시에 이 오브젝트가 시그널 상태가 되었음을 감지하겠지만, hAuto-ResetEvent2가 시그널 상태가 되지 않았기 때문에 깨어나지 못한다. 아직까지 성공적인 대기가 수행되지 않았으며, 따라서 hAutoResetEvent1에 대한 어떠한 부가적인 영향도 발생하지 않는다.

이제 hAutoResetEvent2 오브젝트가 시그널 상태가 되었다고 하자. 이때 두 개의 스레드 중 하나만이 자신이 대기 중인 두 개의 오브젝트가 모두 시그널 상태가 되었음을 인지하게 된다. 성공적인 대기가 수행되었으므로 두 개의 오브젝트는 모두 논시그널 상태로 변경되고, 스레드는 스케줄 가능 상태가 된다. 그렇다면 다른 스레드는 어떻게 되는 것인가? 이 스레드는 앞서 hAutoResetEvent1이 시그널 상태가 된 것을 알고 있었음에도 불구하고 계속해서 두 개의 오브젝트가 다시 시그널 상태가 될 때까지 대기 상태에 머물게 된다. 이제 이 스레드가 바라보는 hAutoResetEvent1 오브젝트는 다시 논시그널 상태가 되었다.

앞서 설명한 것처럼 WaitForMultipleObjects가 원자적으로 동작된다는 사실은 매우 중요하다. 이 함수가 내부적으로 커널 오브젝트들의 상태를 확인하는 시점에는 다른 어떤 스레드도 오브젝트들의 상태를 변경하지 못한다. 이렇게 함으로써 데드락이 발생하는 것을 미연에 방지할 수 있다. 만일 어떤 스레드가 hAutoResetEvent1이 시그널 signal 상태가 되었음을 발견하고 이 이벤트를 논시그널 nonsignal 상태로 변경했다고 하자. 동시에 또 다른 스레드는 hAutoResetEvent2가 시그널 상태가 되었음을 발견하고 이 이벤트를 논시그널 상태로 변경했다고 하자. 이러한 상황이 발생하면 다른 스레드가 소유한 이벤트에 대한 순환 대기가 발생하기 때문에 스레드들은 완전히 정지해 버리게 된다. 하지만 Wait-ForMultipleObjects를 호출하는 경우에는 절대로 이런 일이 발생하지 않는다.

이러한 동작 방식은 새로운 궁금증을 유발한다. 만일 다수의 스레드가 하나의 커널 오브젝트를 대기하고 있는 경우라면 커널 오브젝트가 시그널 상태가 되었을 때 어떤 스레드를 깨어나게 할 것인가? 이러한 질문에 대한 마이크로소프트의 공식적인 답변은 "알고리즘은 공평하다."이다. 마이크로소프트는 시스템의 내부적인 알고리즘에 대해 정확히 언급하지 않고 있으며, 단지 알고리즘이 공평하기 때문에 여러 개의 스레드들이 대기 중인 경우 오브젝트가 시그널 상태가 되었을 때 모든 스레드들은 깨어날 수 있는 동일한 기회를 가질 것이라고 이야기하고 있다.

이는 내부적인 알고리즘이 스레드 우선순위에 영향을 받지 않음을 의미한다. 따라서 가장 높은 우선순위로 동작하는 스레드라 하더라도 반드시 오브젝트를 획득할 수 있는 것은 아니며, 가장 오랫동안 기다린 스레드가 반드시 오브젝트를 획득하는 것도 아닐 수 있다는 것이다. 또한 오브젝트를 가장 최근

에 소유하였던 스레드가 루프가 반복됨에 따라 다시 오브젝트를 소유할 가능성도 배제할 수 없다. 물론 이와 같은 동작 방식은 공평하지 않으며, 내부적인 알고리즘은 이와 같이 동작하지는 않을 것이다. 하지만 완전히 그렇지 않다고 보장하기도 어렵다.

실제로, 지금껏 마이크로소프트가 사용하고 있는 알고리즘은 "선입선출" 방식이다. 따라서 오브젝트를 획득하기 위해 가장 오랫동안 대기한 스레드가 오브젝트의 접근 권한을 얻게 된다. 하지만 이러한 동작 방식은 예고 없이 변경될 수 있다. 이러한 이유로 마이크로소프트는 내부 알고리즘의 동작 방식을 명확하게 기술하지 않고 있다. 오브젝트를 획득하려고 대기 중인 스레드가 일시 정지되는 경우 시스템은 이러한 스레드를 스케줄하지 않으며, 추후 스레드가 계속 수행되면 오브젝트에 대한 대기를 재개한 것으로 판단한다.

프로세스를 디버깅하는 경우 브레이크 포인트에 다다랐을 때 프로세스 내의 모든 스레드가 일시 정지 상태가 된다. 따라서 프로세스를 디버깅하면 스레드들이 일시 정지와 계속 수행을 반복하게 되기 때문에 "선입선출" 알고리즘이 예상치 못한 동작을 할 수 있다.

section 03 이벤트 커널 오브젝트

모든 커널 오브젝트 중 이벤트가 가장 단순한 구조를 가지고 있다. 이벤트는 사용 카운트[usage count](모든 커널 오브젝트가 가지고 있는), 자동 리셋[auto-reset] 이벤트인지 수동 리셋[manual-reset] 이벤트인지를 판별하는 부울 값, 그리고 이벤트가 시그널 상태인지 논시그널 상태인지를 나타내는 또 다른 부울 값으로 구성되어 있다.

이벤트는 어떤 작업이 완료되었음을 알리기 위해 주로 사용되며, 수동 리셋 이벤트와 자동 리셋 이벤트의 서로 다른 두 가지 형태가 있다. 수동 리셋 이벤트가 시그널 상태가 되면 이 이벤트를 기다리고 있던 모든 스레드들은 동시에 스케줄 가능 상태가 된다. 자동 리셋 이벤트의 경우에는 대기 중인 스레드들 중 하나의 스레드만이 스케줄 가능 상태가 된다.

이벤트는 하나의 스레드가 초기 작업을 수행하고 이후 다른 스레드에게 나머지 작업을 수행할 것을 알려주기 위해 사용하는 경우가 많다. 이 경우 이벤트는 논시그널 상태로 초기화되고, 스레드가 초기 작업 수행을 마쳤을 때 시그널 상태로 만든다. 이때 이벤트가 시그널 상태가 되기를 기다리던 두 번째 스레드는 시그널 상태를 감지하여 첫 번째 스레드의 작업이 완료되었음을 인지하고 스케줄 가능 상태가 된다.

아래에 이벤트 커널 오브젝트를 생성하기 위한 CreateEvent 함수의 원형을 나타냈다.

```
HANDLE CreateEvent(
    PSECURITY_ATTRIBUTES psa,
    BOOL bManualReset,
    BOOL bInitialState,
    PCTSTR pszName);
```

3장 "커널 오브젝트"에서는 커널 오브젝트 보안 설정 방법, 사용 카운트 동작 방식, 상속 가능 커널 오브젝트 사용 방법, 명명된 커널 오브젝트 사용 방법 등의 메커니즘에 대해 이야기한 바 있다. 이미 이러한 내용을 알고 있을 것이기 때문에 이 함수의 첫 번째와 마지막 매개변수는 설명할 필요가 없으리라 생각한다.

bManualReset 매개변수는 부울 값으로 시스템에게 수동 리셋 이벤트(TRUE)를 생성할 것인지, 자동 리셋 이벤트(FALSE)를 생성할 것인지의 여부를 전달하게 된다. bInitialState 매개변수로는 이벤트의 초기 상태를 시그널 상태(TRUE)로 만들 것인지, 논시그널 상태(FALSE)로 만들 것인지를 결정하는 값을 전달하게 된다. 시스템은 사용자의 요청에 따라 커널 오브젝트를 생성한 후 CreateEvent의 반환 값으로 이벤트 오브젝트를 나타내는 프로세스 고유의 핸들 값을 반환한다. 윈도우 비스타에서는 이벤트를 생성하기 위한 새로운 함수인 CreateEventEx를 제공한다.

```
HANDLE CreateEventEx(
    PSECURITY_ATTRIBUTES psa,
    PCTSTR pszName,
    DWORD dwFlags,
    DWORD dwDesiredAccess);
```

psa와 pszName 매개변수는 CreateEvent와 동일한 의미를 가진다. dwFlags 매개변수로는 두 개의 비트마스크 값을 전달하게 되는데, 이에 대해서는 [표 9–1]에 나타냈다.

[표 9–1] CreateEventEx의 dwFlags

WiBase.h에서 정의하고 있는 상수 값	설명
CREATE_EVENT_INITIAL_SET (0x00000002)	CreateEvent 함수의 bInitialState 매개변수와 동일하다. 이 비트 상수 값이 지정되면 이벤트는 시그널 상태로 생성된다. 그렇지 않다면 논시그널 상태로 생성된다.
CREATE_EVENT_MANUAL_RESET (0x00000001)	CreateEvent 함수의 bManualReset 매개변수와 동일하다. 이 비트 상수 값이 지정되면 수동 리셋 이벤트가 생성된다. 그렇지 않다면 자동 리셋 이벤트가 생성된다.

dwDesiredAccess 매개변수로는 이벤트의 생성 시점에 함수의 반환 값인 이벤트 핸들을 통해 오브젝트에 접근하는 권한을 설정하게 된다. 이러한 방법을 이용하면 이전에 CreateEvent가 이벤트 커널 오브젝트에 대해 모든 권한을 갖는 핸들을 반환하는 것에 반해 접근 권한이 제한된 핸들을 생성할 수 있다. 하지만 실제로는 이미 생성된 이벤트 커널 오브젝트에 대해 접근이 적절히 제한된 핸들을 얻어내기 위해 CreateEventEx를 사용하는 경우가 대부분이다. 예를 들어 곧 보게 될 SetEvent, ResetEvent,

PulseEvent 함수들을 사용하려면 dwDesiredAccess로 EVENT_MODIFY_STATE(0x0002) 플래그가 설정되어 있어야 한다. 이러한 접근 권한에 대해 좀 더 자세히 알고 싶다면 MSDN 문서(*http://msdn2.microsoft.com/en-us/library/ms686670.aspx*)를 확인하기 바란다.

다른 프로세스에서 수행되는 스레드의 경우 pszName 매개변수로 전달하는 이름을 이용하거나, 상속^{inheritance}, DuplicateHandle 함수 등을 사용하여 동일한 커널 오브젝트에 접근할 수 있다. 또는 OpenEvent 함수에 pszName 매개변수에 지정한 이름을 매개변수로 전달하여 동일한 이벤트에 접근할 수 있다.

```
HANDLE OpenEvent(
    DWORD dwDesiredAccess,
    BOOL bInherit,
    PCTSTR pszName);
```

이벤트 커널 오브젝트를 더 이상 사용할 필요가 없다면 CloseHandle 함수를 호출해야 한다.

일단 이벤트가 생성되면 이벤트의 상태를 바로 제어^{control}할 수 있다. 이벤트를 시그널 상태로 변경하려면 SetEvent 함수를 사용하면 된다.

```
BOOL SetEvent(HANDLE hEvent);
```

이벤트를 논시그널 상태로 변경하려면 ResetEvent 함수를 사용하면 된다.

```
BOOL ResetEvent(HANDLE hEvent);
```

정말 쉽다.

마이크로소프트는 두 가지 형태의 이벤트 중 자동 리셋 이벤트에 대해서만 성공적인 대기의 부가적인 영향을 정의하고 있다. 만일 자동 리셋 이벤트에 대해 성공적인 대기가 이루어지면 자동적으로 이벤트의 상태는 논시그널 상태로 바뀐다. 이러한 동작 방식 때문에 이 이벤트를 자동 리셋 이벤트라고 명명한 것이다. 보통의 경우 자동 리셋 이벤트에 대해서는 시스템이 자동적으로 리셋을 수행하기 때문에 따로 ResetEvent를 호출할 필요가 거의 없다. 반면, 마이크로소프트는 수동 리셋 이벤트에 대해서는 성공적인 대기의 부가적인 영향을 정의하지 않고 있다.

이벤트 커널 오브젝트를 이용하여 어떻게 스레드 동기화를 수행하는지 예제를 통해 빠르게 확인해보자. 아래의 예제 코드를 보라.

```
// 수동 리셋 이벤트를 논시그널 상태로 초기화하여 전역변수에 저장한다.
HANDLE g_hEvent;

int WINAPI _tWinMain(...) {
```

```
        // 수동 리셋 이벤트, 논시그널 상태로 이벤트를 생성한다.
        g_hEvent = CreateEvent(NULL, TRUE, FALSE, NULL);

        // 3개의 새로운 스레드를 생성한다.
        HANDLE hThread[3];
        DWORD dwThreadID;
        hThread[0] = _beginthreadex(NULL, 0, WordCount, NULL, 0, &dwThreadID);
        hThread[1] = _beginthreadex(NULL, 0, SpellCheck, NULL, 0, &dwThreadID);
        hThread[2] = _beginthreadex(NULL, 0, GrammarCheck, NULL, 0, &dwThreadID);

        OpenFileAndReadContentsIntoMemory(...);

        // 3개의 스레드가 모두 메모리에 접근한다.
        SetEvent(g_hEvent);
        ...
}

DWORD WINAPI WordCount(PVOID pvParam) {

        // 파일의 내용이 메모리로 로드될 때까지 대기한다.
        WaitForSingleObject(g_hEvent, INFINITE);

        // 메모리 블록에 접근한다.
        ...
        return(0);
}

DWORD WINAPI SpellCheck (PVOID pvParam) {

        // 파일의 내용이 메모리로 로드될 때까지 대기한다.
        WaitForSingleObject(g_hEvent, INFINITE);

        // 메모리 블록에 접근한다.
        ...
        return(0);
}

DWORD WINAPI GrammarCheck (PVOID pvParam) {

        // 파일의 내용이 메모리로 로드될 때까지 대기한다.
        WaitForSingleObject(g_hEvent, INFINITE);

        // 메모리 블록에 접근한다.
        ...
        return(0);
}
```

이 코드를 수행하면 수동 리셋 이벤트를 논시그널 상태로 생성하고, 이에 대한 핸들을 전역변수에 저장하여 다른 스레드에서도 동일 이벤트에 대해 쉽게 접근할 수 있도록 한다. 3개의 새로운 스레드가 생성되고, 각 스레드들은 파일의 내용이 메모리로 로드될 때까지 대기하다가 로드가 완료되면 메모리에 접근한다. 첫 번째 스레드는 단어의 개수를 세고, 두 번째 스레드는 철자법을 검사하고, 세 번째 스레드는 문법을 검사하는 기능을 수행한다고 생각해 보자. 각각의 스레드 함수는 모두 독립적으로 구성되어 있으며, 주 스레드가 파일의 내용을 메모리로 모두 로드할 때까지 WaitForSingleObject 함수를 호출하여 대기 상태를 유지하도록 작성되었다.

주 스레드가 파일의 내용을 완전히 메모리로 로드하면 SetEvent 함수를 호출하여 이벤트를 시그널 상태로 만든다. 이때 대기 중인 세 개의 스레드는 모두 스케줄 가능 상태로 변경되며, CPU 시간을 얻게 되면 메모리에 접근하게 된다. 세 개의 스레드는 모두 메모리의 내용을 변경하지 않고 읽기만 하기 때문에 스레드들이 동시에 메모리에 접근하여도 문제가 되지 않는다. 만일 컴퓨터가 여러 개의 CPU를 가지고 있는 경우라면 실제로 각 CPU에 의해 세 개의 스레드가 동시에 수행될 것이며, 좀 더 짧은 시간에 작업이 완료될 것이다.

만일 수동 리셋 이벤트 대신 자동 리셋 이벤트를 사용하게 되면 애플리케이션의 동작 방식이 일부 변경된다. 주 스레드가 SetEvent를 호출하게 되면, 이벤트가 시그널 상태가 되기를 기다리는 세 개의 스레드 중 유일하게 한 개의 스레드만이 스케줄 가능 상태가 되며, 나머지 두 개의 스레드는 계속해서 이벤트가 시그널 상태가 되기를 기다리게 된다. 다시 말하지만, 어떤 스레드가 스케줄될지는 전혀 알 수 없다.

스케줄 가능 상태가 된 스레드는 메모리 블록에 배타적으로 접근할 수 있게 된다. 스레드 함수를 수정하여 함수가 반환되기 직전에 SetEvent를 호출하도록 해 보자(_tWinMain 함수에서 한 것과 같이). 스레드 함수를 다음과 같이 변경하면 된다.

```
DWORD WINAPI WordCount(PVOID pvParam) {

    // 파일의 내용이 메모리로 로드될 때까지 대기한다.
    WaitForSingleObject(g_hEvent, INFINITE);

    // 메모리 블록에 접근한다.
    ...
    SetEvent(g_hEvent);
    return(0);
}

DWORD WINAPI SpellCheck (PVOID pvParam) {

    // 파일의 내용이 메모리로 로드될 때까지 대기한다.
    WaitForSingleObject(g_hEvent, INFINITE);
```

```
    // 메모리 블록에 접근한다.
    ...
    SetEvent(g_hEvent);
    return(0);
}

DWORD WINAPI GrammarCheck (PVOID pvParam) {

    // 파일의 내용이 메모리로 로드될 때까지 대기한다.
    WaitForSingleObject(g_hEvent, INFINITE);

    // 메모리 블록에 접근한다.
    ...
    SetEvent(g_hEvent);
    return(0);
}
```

수행 기회를 얻은 스레드가 메모리 사용을 끝내고 SetEvent를 호출하면 시스템은 이벤트가 시그널 되기를 기다리는 두 개의 스레드 중 하나를 선택하여 스케줄 가능 상태로 변경하게 된다. 물론 이때에도 어떤 스레드가 선택될지는 알 수 없다. 이 스레드 또한 배타적으로 메모리에 접근할 수 있으며, 작업을 마치면 SetEvent를 호출하게 된다. 이제 마지막 스레드가 수행되며, 작업을 수행하게 된다. 자동 리셋 이벤트를 사용하였을 경우에는 새로 생성된 세 개의 스레드들이 메모리에 대해 읽고 쓰기를 마음대로 할 수 있다는 것에 주목할 필요가 있다. 이 예제는 수동 리셋 이벤트와 자동 리셋 이벤트의 차이점을 명확하게 보여주고 있다.

완벽을 기하기 위해 이벤트와 함께 사용될 수 있는 함수 한 가지를 더 소개할까 한다.

```
    BOOL PulseEvent(HANDLE hEvent);
```

PulseEvent는 이벤트를 시그널 signal 상태로 변경하였다가 곧바로 다시 논시그널 nonsignal 상태로 변경한다. 이는 마치 SetEvent를 호출한 즉시 ResetEvent를 호출하는 것과 같다. 수동 리셋 이벤트를 인자로 PulseEvent 함수를 호출하면 이 이벤트가 시그널 상태가 되기를 기다리던 모든 스레드가 한꺼번에 스케줄 가능 상태가 되며, 자동 리셋 이벤트를 인자로 PulseEvent 함수를 호출하면 그 중 하나의 스레드만이 스케줄 가능 상태가 된다. 물론 어떠한 스레드도 대기 상태가 아닌 경우라면 아무런 영향도 미치지 않는다.

PulseEvent 함수는 그다지 유용하지 않다. 사실 애플리케이션을 개발하면서 이 함수를 단 한 번도 사용해 본 적이 없다. 왜냐하면 이벤트가 시그널/논시그널 상태를 반복할 때 과연 스레드가 스케줄 가능 상태가 될지를 알 수 없기 때문이다. 크게 와 닿지는 않지만 그래도 PulseEvent가 유용하게 쓰일 수 있는 경우가 있기는 할 것 같다. 9.8절에서 SingleObjectAndWait 함수에 대해 설명할 때 Pulse-Event를 조금 더 다루게 될 것이다.

1 핸드셰이크 예제 애플리케이션

핸드셰이크(09-Handshake.exe) 애플리케이션은 자동 리셋 이벤트를 설명하기 위해 작성되었다. 소스 코드 파일과 리소스 파일은 한빛미디어 홈페이지를 통해 제공되는 소스 파일의 09-Handshake 폴더에서 찾을 수 있다.

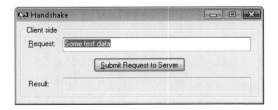

핸드셰이크 애플리케이션은 요청 문자열을 받아서 문자열 내의 각 문자의 위치를 뒤집는 역할을 수행하며, 그 결과를 Result 필드에 나타낸다. 이 애플리케이션의 흥미로운 점은 상당히 멋진 방법으로 뒤집기 작업을 수행한다는 것이다.

핸드셰이크 애플리케이션은 전형적인 프로그래밍 문제를 해결하는 방법을 보여준다. 서로 통신해야 하는 클라이언트와 서버가 있다고 할 때 클라이언트는 서버와 클라이언트가 공유할 수 있는 메모리 공간에 요청을 저장하고, 서버에게 그 내용을 처리하도록 알려주게 된다. 서버 스레드가 요청을 처리하는 동안 클라이언트는 대기 상태에 머물게 된다. 서버 스레드는 클라이언트의 요청을 모두 처리한 후 특정 이벤트를 시그널 상태로 만들어서 클라이언트에게 요청이 모두 처리되었음을 알려준다. 클라이언트의 수행이 재개되면 공유 데이터 버퍼에 결과가 있음을 알게 되고 그 결과를 사용자에게 전달할 수 있다.

애플리케이션이 시작되면 두 개의 논시그널^nonsignal 상태의 자동 리셋 이벤트를 생성한다. 이 중 하나는 g_hevtRequestSubmitted로 서버에게 처리해야 할 요청이 생겼다는 것을 알려준다. 서버 스레드는 이 이벤트를 대기하고 있으며, 클라이언트 스레드에 의해 시그널 상태로 변경된다. 두 번째 이벤트인 g_hevtResultReturned는 클라이언트의 요청이 서버 스레드에 의해 모두 처리되었음을 알려준다. 클라이언트 스레드는 이 이벤트를 대기하고 있으며, 서버 스레드에 의해 시그널 상태로 변경된다.

이벤트가 모두 생성되면 ServerThread 함수를 수행하는 서버 스레드를 생성한다. 이 함수는 지체 없이 서버가 클라이언트의 요청을 수신할 수 있도록 한다. 이와 동시에 주 스레드는 클라이언트 스레드를 생성하고, 생성된 스레드는 DialogBox를 호출하여 사용자 인터페이스를 나타낸다. Request 필드에 문자를 입력한 후 Submit Request To Server 버튼을 클릭하면 요청 문자열은 클라이언트와 서버가 공유하는 메모리 공간에 저장되고, g_hevtRequestSubmitted 이벤트가 시그널 상태가 된다. 클라이언트 스레드는 서버 스레드가 요청을 모두 처리할 때까지 g_hevtResultReturned 이벤트를 대기하게 된다.

서버 스레드가 깨어나면 공유 메모리 버퍼에 저장되어 있는 문자열을 반대로 뒤집고 g_hevtResult-Returned 이벤트를 시그널 상태로 만든다. 서버 스레드는 루프를 돌아 클라이언트의 요청을 받아들일 수 있도록 다시 대기 상태로 진입한다. 클라이언트 스레드가 g_hevResultReturned 이벤트가 시그널 상태가 되었음을 인지하게 되면 동시에 자동 리셋 이벤트는 자동적으로 논시그널 상태로 변경된다. 이후 클라이언트 스레드는 공유 메모리의 뒤집어진 문자열을 사용자 인터페이스의 Result 필드로 복사한다.

마지막으로, 애플리케이션이 어떻게 종료되는가에 대해 주의 깊게 살펴볼 필요가 있다. 애플리케이션을 종료하기 위해 사용자가 다이얼로그 박스를 닫으면 _tWinMain 내의 DialogBox 함수가 반환될 것이다. 이때 주 스레드는 g_hMainDlg 전역변수를 NULL로 설정하고 공유 버퍼에 특수 문자열을 저장하여 서버 스레드가 깨어나도록 한다. 주 스레드는 서버 스레드가 특수 문자열을 수신하여 종료될 때까지 기다린다. 서버 스레드는 특별한 클라이언트 요청이 전달되었고 g_hMainDlg가 NULL로 변경되었다는 것을 확인하고 루프를 탈출하여 스레드를 종료한다. 이 특별한 클라이언트 요청은 주 다이얼로그 박스가 종료되어 g_hMainDlg 값이 NULL인 경우에 한해서만 스레드를 종료하라는 요청으로 간주된다.

소스에서 확인할 수 있는 것과 같이 주 스레드는 서버 스레드가 종료될 때까지 대기하기 위해 Wait-ForMultipleObjects 함수를 사용하였다. 서버 스레드 핸들을 이용하여 WaitForSingleObject 함수를 사용할 수도 있었지만 WaitForMultipleObjects를 이용해도 동일한 작업을 수행할 수 있다.

주 스레드는 서버 스레드가 종료되었음을 확인하게 되면 CloseHandle을 3번 호출하여 애플리케이션이 사용했던 모든 커널 오브젝트를 삭제한다. 물론 프로세스가 종료되면 이러한 작업이 자동적으로 수행되겠지만 이와 같이 명시적으로 삭제를 수행하는 것이 좀 더 좋아 보인다. 굳이 이렇게 하는 이유는 내가 작성하는 코드를 항상 나의 제어 하에 두는 것을 선호하기 때문이다.

```
Handshake.cpp

/******************************************************************
Module: Handshake.cpp
Notices: Copyright (c) 2008 Jeffrey Richter & Christophe Nasarre
******************************************************************/

#include "..\CommonFiles\CmnHdr.h"     /* 부록 A를 보라. */
#include <windowsx.h>
#include <tchar.h>
#include "Resource.h"

///////////////////////////////////////////////////////////////////

// 이 이벤트는 클라이언트가 서버에 전달할 요청이 있을 때 시그널 상태가 된다.
```

```
HANDLE g_hevtRequestSubmitted;

// 이 이벤트는 서버가 결과를 생성하여 클라이언트에 전달하려 할 때 시그널 상태가 된다.
HANDLE g_hevtResultReturned;

// 클라이언트와 서버가 공유하는 버퍼
TCHAR g_szSharedRequestAndResultBuffer[1024];

// 서버 스레드를 종료시키려 할 때 클라이언트가 전송하는
// 특별한 문자열
TCHAR g_szServerShutdown[] = TEXT("Server Shutdown");

// 서버 스레드는 종료 문자열을 전달받았을 때 주 다이얼로그가
// 종료되었는지를 확인한다.
HWND  g_hMainDlg;

///////////////////////////////////////////////////////////////////////

// 서버 스레드에 의해 수행되는 스레드 함수
DWORD WINAPI ServerThread(PVOID pvParam) {

    // 서버 스레드를 계속해서 반복하도록 한다.
    BOOL fShutdown = FALSE;

    while (!fShutdown) {

        // 클라이언트가 요청을 전달할 때까지 대기한다.
        WaitForSingleObject(g_hevtRequestSubmitted, INFINITE);

        // 클라이언트의 요청이 서버 스레드를 종료하기 위한
        // 특별한 요청인지 확인한다.
        fShutdown =
            (g_hMainDlg == NULL) &&
            (_tcscmp(g_szSharedRequestAndResultBuffer, g_szServerShutdown) == 0);

        if (!fShutdown) {
            // 클라이언트의 요청을 처리한다(문자열을 뒤집는 작업).
            _tcsrev(g_szSharedRequestAndResultBuffer);
        }

        // 클라이언트의 요청이 모두 처리되었음을 알려준다.
        SetEvent(g_hevtResultReturned);
    }

    // 클라이언트는 서버 스레드가 종료할 것을 요청하였다.
```

```
        // 함수를 빠져나간다.
    return(0);
}


/////////////////////////////////////////////////////////////////////////

BOOL Dlg_OnInitDialog(HWND hwnd, HWND hwndFocus, LPARAM lParam) {

    chSETDLGICONS(hwnd, IDI_HANDSHAKE);

    // 에디트 컨트롤을 "some test data" 문자열로 초기화한다.
    Edit_SetText(GetDlgItem(hwnd, IDC_REQUEST), TEXT("Some test data"));

    // 주 다이얼로그 윈도우 핸들을 저장한다.
    g_hMainDlg = hwnd;

    return(TRUE);
}


/////////////////////////////////////////////////////////////////////////

void Dlg_OnCommand(HWND hwnd, int id, HWND hwndCtl, UINT codeNotify) {

    switch (id) {

        case IDCANCEL:
            EndDialog(hwnd, id);
            break;

        case IDC_SUBMIT:    // 요청을 서버 스레드로 보낸다.

            // 요청된 문자열을 공유 데이터 버퍼에 복사한다.
            Edit_GetText(GetDlgItem(hwnd, IDC_REQUEST),
                g_szSharedRequestAndResultBuffer,
                _countof(g_szSharedRequestAndResultBuffer));

            // 공유 버퍼 상에 새로운 요청이 저장되어 있음을 서버 스레드에게 알린다.
            SetEvent(g_hevtRequestSubmitted);

            // 서버 스레드가 요청을 처리하고 그 결과를 돌려줄 때까지 기다린다.
            WaitForSingleObject(g_hevtResultReturned, INFINITE);

            // 결과를 사용자에게 표시한다.
            Edit_SetText(GetDlgItem(hwnd, IDC_RESULT),
                g_szSharedRequestAndResultBuffer);
```

```
            break;
    }
}

///////////////////////////////////////////////////////////////////

INT_PTR WINAPI Dlg_Proc(HWND hwnd, UINT uMsg, WPARAM wParam, LPARAM lParam) {

    switch (uMsg) {
        chHANDLE_DLGMSG(hwnd, WM_INITDIALOG, Dlg_OnInitDialog);
        chHANDLE_DLGMSG(hwnd, WM_COMMAND, Dlg_OnCommand);
    }
    return(FALSE);
}

///////////////////////////////////////////////////////////////////

int WINAPI _tWinMain(HINSTANCE hInstanceExe, HINSTANCE, PTSTR, int) {

    // 두 개의 논시그널, 자동 리셋 이벤트를 생성한다.
    g_hevtRequestSubmitted = CreateEvent(NULL, FALSE, FALSE, NULL);
    g_hevtResultReturned = CreateEvent(NULL, FALSE, FALSE, NULL);

    // 서버 스레드를 수행한다.
    DWORD dwThreadID;
    HANDLE hThreadServer = chBEGINTHREADEX(NULL, 0, ServerThread, NULL,
        0, &dwThreadID);

    // 사용자 인터페이스를 처리하는 클라이언트 스레드를 수행한다.
    DialogBox(hInstanceExe, MAKEINTRESOURCE(IDD_HANDSHAKE), NULL, Dlg_Proc);
    g_hMainDlg = NULL;

    // 클라이언트의 UI가 종료되면, 서버 스레드를 종료한다.
    _tcscpy_s(g_szSharedRequestAndResultBuffer,
        _countof(g_szSharedRequestAndResultBuffer), g_szServerShutdown);
    SetEvent(g_hevtRequestSubmitted);

    // 서버 스레드가 종료 메시지를 수신하였고, 완전히 종료될 때까지
    // 기다린다.
    HANDLE h[ 2];
    h[ 0] = g_hevtResultReturned;
    h[ 1] = hThreadServer;
    WaitForMultipleObjects(2, h, TRUE, INFINITE);

    // 모든 커널 오브젝트를 삭제한다.
```

```
        CloseHandle(hThreadServer);
        CloseHandle(g_hevtRequestSubmitted);
        CloseHandle(g_hevtResultReturned);

        // 클라이언트 스레드는 모든 처리를 마치고 종료된다.
        return(0);
    }

    /////////////////////////////// 파일의 끝 ///////////////////////////////
```

대기 타이머 커널 오브젝트

대기 타이머 waitable timer는 특정 시간에 혹은 일정한 간격을 두고 자신을 시그널 상태로 만드는 커널 오브젝트로서, 주로 특정 시간에 맞추어 어떤 작업을 수행해야 할 경우에 사용된다.

대기 타이머를 생성하려면 단순히 CreateWaitableTimer를 호출하면 된다.

```
HANDLE CreateWaitableTimer(
    PSECURITY_ATTRIBUTES psa,
    BOOL bManualReset,
    PCTSTR pszName);
```

psa와 pszName 매개변수는 3장에서 논의한 바 있다. 다른 프로세스에서는 OpenWaitableTimer 함수를 이용하여 이미 생성된 대기 타이머를 가리키는 프로세스 고유의 핸들 값을 얻을 수 있다.

```
HANDLE OpenWaitableTimer(
    DWORD dwDesiredAccess,
    BOOL bInheritHandle,
    PCTSTR pszName);
```

bManualReset 매개변수로는 수동 리셋 타이머를 생성할 것인지 아니면 자동 리셋 타이머인지를 생성할 것인지를 결정하는 값을 전달한다. 자동 리셋 타이머가 시그널 상태가 되면 이 타이머를 대기 중인 스레드들 중 유일하게 한 개의 스레드만이 스케줄 가능 상태가 된다.

대기 타이머는 항상 논시그널 nonsignal 상태로 생성되며, 언제 시그널 signal 상태가 될 것인지를 지정하기 위해 SetWaitableTimer 함수를 사용한다.

```
BOOL SetWaitableTimer(
    HANDLE hTimer,
```

```
        const LARGE_INTEGER *pDueTime,
        LONG lPeriod,
        PTIMERAPCROUTINE pfnCompletionRoutine,
        PVOID pvArgToCompletionRoutine,
        BOOL bResume);
```

이 함수의 매개변수들은 상당히 혼돈스러울 수 있으므로 세심한 주의가 필요하다. hTimer 매개변수
는 설정하고자 하는 대기 타이머를 나타내는 핸들 값이다. 두 번째 매개변수인 pDueTime과 lPeriod
는 항상 같이 사용되는데, pDueTime은 시그널 상태가 되는 최초 시간을, lPeriod는 그 후 얼마의
주기로 시그널 상태를 반복할 것인지를 지정한다. 다음 코드는 2008년 1월 1일 오후 1:00에 처음으
로 시그널 상태가 되고, 매 6시간마다 시그널 상태가 반복되도록 대기 타이머를 설정하는 예이다.

```
// 지역변수를 선언한다.
HANDLE hTimer;
SYSTEMTIME st;
FILETIME ftLocal, ftUTC;
LARGE_INTEGER liUTC;

// 자동 리셋 타이머를 생성한다.
hTimer = CreateWaitableTimer(NULL, FALSE, NULL);

// 지역 시간으로 2008년 1월 1일 오후 1:00에 최초 시그널 상태가 된다.
st.wYear         = 2008;  // 2008년
st.wMonth        = 1;     // 1월
st.wDayOfWeek    = 0;     // 무시
st.wDay          = 1;     // 1일
st.wHour         = 13;    // 오후 1시
st.wMinute       = 0;     // 0분
st.wSecond       = 0;     // 0초
st.wMilliseconds = 0;     // 0밀리초

SystemTimeToFileTime(&st, &ftLocal);

// 지역 시간을 UTC 시간으로 변경한다.
LocalFileTimeToFileTime(&ftLocal, &ftUTC);
// FILETIME을 LARGE_INTEGER로 변경한다.
// 이는 두 개의 타입이 서로 다른 데이터 정렬을 수행하기 때문이다.
liUTC.LowPart = ftUTC.dwLowDateTime;
liUTC.HighPart = ftUTC.dwHighDateTime;

// 대기 타이머를 설정한다.
SetWaitableTimer(hTimer, &liUTC, 6 * 60 * 60 * 1000,
    NULL, NULL, FALSE); ...
```

앞의 코드를 보면 타이머가 최초로 시그널되어야 하는 시간을 설정하기 위해 SYSTEMTIME 구조체를 이용하여 시간을 초기화^{initialize}하고 있음을 알 수 있다. 이 구조체에 머신의 타임 존^{time zone}에 맞는 시간을 설정한다. 하지만 SetWaitableTimer의 두 번째 매개변수의 타입은 const LARGE_INTEGER * 이므로 SYSTEMTIME 구조체를 직접 사용할 수는 없다. 그런데 FILETIME 구조체와 LARGE_INTEGER 구조체는 둘 다 동일하게 두 개의 32비트 값을 필드로 가지므로 SYSTEMTIME 구조체의 값을 FILETIME 구조체로 변경하면 된다. 또 다른 문제는 SetWaitableTimer가 시간을 항상 협정 세계 표준시^{Universal Time Coordinated}(UTC)를 사용한다는 것이다. LocalFileTimeToFileTime 함수를 이용하면 이러한 변경을 쉽게 수행할 수 있다.

FILETIME과 LARGE_INTEGER 구조체는 구조적인 모습이 동일하기 때문에 다음의 예와 같이 SetWaitableTimer의 매개변수로 FILETIME 구조체의 주소를 전달하면 될 것 같다.

```
// 시간을 설정한다.
SetWaitableTimer(hTimer, (PLARGE_INTEGER) &ftUTC,
    6 * 60 * 60 * 1000, NULL, NULL, FALSE);
```

실제로 필자의 경우도 최초에는 이와 같이 코드를 작성했다. 하지만 이와 같이 코드를 작성하면 큰 실수를 저지르는 것이다. 비록 FILETIME과 LARGE_INTEGER 구조체가 동일한 이진 구조를 가지고 있기는 하지만 FILETIME 구조체의 주소는 32비트 경계를 기준으로 정렬이 이루어지는 반면 LARGE_INTEGER 구조체의 주소는 64비트 경계를 기준으로 정렬을 수행한다. 컴파일러는 LARGE_INTEGER 구조체가 항시 64비트 경계를 기준으로 정렬되어 있을 것으로 가정할 것이기 때문에 확실히 하기 위해서는 FILETIME 멤버를 LARGE_INTEGER의 멤버로 복사한 후 LARGE_INTEGER의 주소를 SetWaitableTimer에 전달해야 한다.

노트   x86 프로세서는 비정렬 데이터^{unaligned data}에 대한 참조 문제를 내부적으로 조용히 처리한다. 따라서 SetWaitableTimer에 FILETIME 구조체의 주소가 전달되는 경우에도 항상 정상적으로 동작할 것이다. 하지만 다른 프로세서의 경우 이와 같은 비정렬 데이터 참조 문제를 항상 조용하게 처리해 주는 것은 아니다. 실제로 대부분의 다른 프로세서들은 EXCEPTION_DATATYPE_MISALIGNMENT 예외를 유발하고 프로세스를 종료한다. 이러한 데이터 정렬 에러는 x86 컴퓨터에서 수행되던 코드를 다른 프로세서로 포팅하는 경우 가장 큰 문제가 되는 부분이기도 하다. 지금부터 이러한 데이터 정렬 문제를 고려해서 코드를 작성한다면, 이후에 실제로 포팅을 수행하게 되었을 때 수개월의 시간을 단축할 수 있을 것이다. 데이터 정렬 문제는 13장 "윈도우 메모리의 구조"에서 좀 더 자세히 다루게 될 것이다.

이제 2008년 1월 1일 오후 1:00 이후에 매 6시간마다 타이머^{timer}가 시그널 상태가 될 수 있도록 하기 위한 lPeriod 매개변수에 대해 살펴보자. 이 매개변수는 타이머가 최초로 시그널 상태가 된 이후 얼마만큼의 시간 후에 다시 시그널 상태가 될 것인지를 밀리초^{milliseconds} 단위로 지정하게 된다. 6시간을 지정하기 위해 21,600,000(6시간 * 60분/시 * 60초/분 * 1000밀리초/초)을 지정하였다. 그런데

SetWaitableTimer는 최초 시그널 시간을 1975년 1월 1일 오후 1:00와 같이 이미 지나간 과거의 시간을 지정해도 실패하지 않는다.

타이머^{timer}가 시그널 상태가 되어야 하는 절대^{absolute} 시간을 설정하지 않고 상대적인^{relative} 시간을 이용하여 SetWaitableTimer를 호출할 수도 있다. 이 경우에는 pDueTime 매개변수로 음수 값을 전달하면 된다. 또한 100나노초 단위로 시간을 지정해야 한다. 100나노초 단위는 일반적으로 사용되지 않는 단위이기 때문에 다음을 생각하면 이해가 쉬울 것이다. 1초 = 1,000밀리초 = 1,000,000마이크로초 = 10,000,000 100나노초.

SetWaitableTimer를 호출하고 5초 후에 타이머를 시그널 상태로 만들기 위해서는 다음과 같이 코드를 작성하면 된다.

```
// 지역변수를 선언한다.
HANDLE hTimer;
LARGE_INTEGER li;

// 자동 리셋 타이머를 생성한다.
hTimer = CreateWaitableTimer(NULL, FALSE, NULL);

// SetWaitableTimer를 호출한 후 5초가 경과하면 타이머가 시그널 상태로 바뀐다.
// 타이머의 단위는 100나노초다.
const int nTimerUnitsPerSecond = 10000000;

// 음수로 시간을 설정하면 SetWaitableTimer는
// 절대 시간 대신 상대 시간을 사용하는 것으로 판단한다.
li.QuadPart = -(5 * nTimerUnitsPerSecond);

// 타이머를 설정한다.
SetWaitableTimer(hTimer, &li, 6 * 60 * 60 * 1000,
    NULL, NULL, FALSE); ...
```

단 한 번만 시그널 상태가 되고 주기적으로 시그널 상태를 반복할 필요가 없는 타이머를 생성하려면 lPeriod 매개변수로 0을 전달하면 되고, 이후에 타이머를 삭제하기 위해서는 CloseHandle을 호출하면 된다. 시간을 재설정하기 위해서는 SetWaitableTimer를 다시 호출하면 되고, 이 함수 호출 이후에는 새로운 기준을 따르게 된다.

SetWaitableTimer의 마지막 매개변수인 bResume은 컴퓨터를 대기 상태로 유지하거나 대기 상태를 빠져나오게 하는 데 사용된다. 앞의 코드와 같이 보통은 이 값으로 FALSE를 전달한다. 하지만 일정 관리 애플리케이션을 개발하고 있고, 계획된 미팅을 사용자에게 알려주기 위해 대기 타이머를 사용하는 경우라면 이 매개변수로 TRUE 값을 전달해야 한다. 이렇게 해야만 대기 상태에 있던 컴퓨터가 빠져나와서 대기 타이머를 기다리던 스레드를 스케줄 가능 상태로 만들 수 있다. 이때 애플리케이션은 소리를 내고 메시지 박스를 띄워서 곧 미팅이 있을 것이라는 사실을 알릴 수 있다. 만일 bResume

매개변수로 FALSE를 전달하였다면 대기 타이머는 시그널 상태가 되긴 하겠지만 어떠한 스레드도 CPU 시간을 받지 못하고 대기 상태로 남아 있게 된다. 나중에 컴퓨터가 대기 상태를 빠져나오게 되면(보통 사용자에 의해서) 그때 비로소 대기 타이머를 기다리던 스레드가 수행을 재개하게 된다.

타이머에 대한 마지막 함수로 CancelWaitableTimer가 있다.

```
BOOL CancelWaitableTimer(HANDLE hTimer);
```

이 간단한 함수는 타이머 핸들을 인자로 받아 SetWaitableTimer를 재호출할 때까지 타이머가 시그널 되지 못하게 한다. 타이머의 시그널 기준만을 변경하고 싶은 경우라면 SetWaitableTimer를 호출하기 전에 군이 CancelWaitableTimer를 호출할 필요가 없다. SetWatiableTimer만 호출해도 기존에 설정된 시그널 기준이 모두 취소되기 때문이다.

❶ 대기 타이머를 이용하여 APC 요청을 스레드의 APC 큐에 삽입하는 방법

지금까지 타이머를 생성하는 방법과 설정하는 방법에 대해 알아보았으며, 타이머가 시그널 상태가 될 때까지 대기하기 위해 WaitForSingleObject와 WaitForMultipleObjects 함수를 어떻게 사용하는 지에 대해서도 알아보았다. 이와는 별도로 마이크로소프트는 SetWaitableTimer를 이용하여 타이머가 시그널 상태가 되었을 때 비동기 함수 호출^{asynchronous procedure call}(APC) 요청을 스레드의 APC 큐에 삽입할 수 있는 방법을 제공하고 있다.

보통의 경우 SetWaitableTimer를 호출할 때 pfnCompletionRoutine과 pvArgToCompletion-Routine 매개변수에는 NULL 값을 지정한다. 이 매개변수들을 NULL로 지정하는 이유는 타이머가 시그널 상태가 되는 시점만을 알면 되기 때문이다. 하지만 이러한 매개변수로 APC 루틴의 주소를 전달해 주면 타이머가 시그널 상태가 되었을 때 APC 요청을 스레드의 APC 큐에 삽입해 준다.

```
VOID APIENTRY TimerAPCRoutine(PVOID pvArgToCompletionRoutine,
    DWORD dwTimerLowValue, DWORD dwTimerHighValue) {

    // 수행하고자 하는 작업을 추가한다.
}
```

TimerAPCRoutine이라는 이름은 다른 이름으로 변경해도 된다. 이 함수는 타이머가 시그널 상태가 되고 SetWaitableTimer를 호출한 스레드가 얼러터블^{alertable}(알림 가능한) 상태에 있는 경우 SetWaitableTimer를 호출하였던 바로 그 스레드에 의해 호출된다. 스레드를 얼러터블 상태로 만들기 위해서는 SleepEx, WaitForSingleObjectEx, WaitForMultipleObjectsEx, MsgWaitForMultipleObjectsEx, SignalObjectAndWait와 같은 함수를 호출하면 된다. 만일 스레드가 이와 같은 함수를 호출하지 않아서 얼러터블 상태에 있지 않은 경우라면 시스템은 타이머가 시그널 상태가 되어도 APC

요청을 스레드의 APC 큐에 삽입하지 않는다. 이는 타이머에 의해 필요 없는 APC 요청을 스레드의 APC 큐에 쌓아둠으로써 메모리를 낭비하는 것을 막기 위함이다. 얼러터블 상태에 대해서는 10장 "동기 및 비동기 장치 I/O"에서 좀 더 자세하게 다룰 것이다.

만일 스레드가 얼러터블 상태에서 대기 중이고 타이머가 시그널 상태가 되면, 시스템은 이 스레드를 이용하여 APC 콜백 루틴을 호출한다. 콜백 루틴의 첫 번째 매개변수에는 SetWaitableTimer 호출 시에 pvArgToCompletionRoutine 매개변수로 전달한 값과 동일한 값이 전달된다. 보통 TimerAPC-Routine에 컨텍스트 정보를 전달하기 위해 이 매개변수를 활용한다(일반적으로 사용자가 정의한 구조체의 주소를 전달한다). 나머지 두 개의 매개변수인 dwTimerLowValue와 dwTimerHighValue로는 타이머가 언제 시그널 상태가 되었는지를 알려주는 정보가 전달된다. 다음 코드는 이러한 정보를 사용자에게 보여주는 예제다.

```
VOID APIENTRY TimerAPCRoutine(PVOID pvArgToCompletionRoutine,
    DWORD dwTimerLowValue, DWORD dwTimerHighValue) {

    FILETIME ftUTC, ftLocal;
    SYSTEMTIME st;
    TCHAR szBuf[ 256] ;

    // 시간 정보를 FILETIME 구조체에 삽입한다.
    ftUTC.dwLowDateTime = dwTimerLowValue;
    ftUTC.dwHighDateTime = dwTimerHighValue;

    // UTC 시간을 사용자의 지역 시간으로 변경한다.
    FileTimeToLocalFileTime(&ftUTC, &ftLocal);

    // GetDateForamt과 GetTimerFormat 함수에서 사용할 수 있도록
    // FILETIME을 SYSTEMTIME 구조체로 변경한다.
    FileTimeToSystemTime(&ftLocal, &st);

    // 타이머가 시그널 상태가 된 시간을
    // 날짜/시간 형태의 문자열로 변경한다.
    GetDateFormat(LOCALE_USER_DEFAULT, DATE_LONGDATE,
        &st, NULL, szBuf, _countof(szBuf));
    _tcscat_s(szBuf, _countof(szBuf), TEXT(" "));
    GetTimeFormat(LOCALE_USER_DEFAULT, 0,
        &st, NULL, _tcschr(szBuf, TEXT('\0')),
        (int)(_countof(szBuf) - _tcslen(szBuf)));

    // 사용자에게 시간을 보여준다.
    MessageBox(NULL, szBuf, TEXT("Timer went off at..."), MB_OK);
}
```

큐에 있는 APC 요청들이 모두 처리되어야 비로소 얼러터블 함수가 반환되기 때문에 TimerAPC-Routine 함수는 다음번 APC 요청이 APC 큐에 삽입되기 전에 처리를 마치고 반환되도록 작성되어야 한다.

아래에 타이머와 APC를 적절하게 사용하는 코드의 예를 나타냈다.

```
void SomeFunc() {
    // 타이머를 생성한다. (수동 리셋이든 자동 리셋이든 상관없다.)
    HANDLE hTimer = CreateWaitableTimer(NULL, TRUE, NULL);

    // 타이머의 시그널 설정 주기를 5초로 한다.
    LARGE_INTEGER li = { 0 };
    SetWaitableTimer(hTimer, &li, 5000, TimerAPCRoutine, NULL, FALSE);

    // 타이머가 시그널되기 전에 스레드를 얼러터블 상태로 만든다.
    SleepEx(INFINITE, TRUE);
    CloseHandle(hTimer);
}
```

마지막으로, 스레드는 단일의 타이머 핸들에 대해 타이머 커널 오브젝트에 대한 시그널 대기와 얼러터블 상태 대기를 동시에 수행해서는 안 된다. 아래 코드를 보라.

```
HANDLE hTimer = CreateWaitableTimer(NULL, FALSE, NULL);
SetWaitableTimer(hTimer, ..., TimerAPCRoutine,...);
WaitForSingleObjectEx(hTimer, INFINITE, TRUE);
```

절대 위와 같이 코드를 작성해서는 안 된다. 이렇게 되면 WaitForSingleObjectEx는 커널 오브젝트 핸들에 대한 시그널 대기와 얼러터블 상태 대기와 같이 2번의 대기를 수행하는 꼴이 된다. 만일 위와 같이 코드를 작성한 상태에서 타이머가 시그널 상태가 되면 성공적인 대기가 수행되어 스레드가 깨어나게 되고 얼러터블 상태에서 벗어나기 때문에 APC 루틴은 호출되지 않는다. 앞서 말한 바와 같이 타이머가 시그널 상태가 되는 것을 기다렸다가 작업을 수행해도 되는 경우라면 굳이 APC 루틴을 사용할 필요가 없을 것이다.

② 타이머와 관련된 미결 문제

타이머는 종종 통신 프로토콜을 구현하는 데 사용되기도 한다. 예를 들어 클라이언트가 서버에 요청을 전달하고 서버가 지정된 시간 이내에 응답하지 않으면 서버가 이용 가능하지 않은 것으로 판단하도록 한다. 최근 들어 클라이언트 머신들은 다수의 서버와 동시에 통신을 수행하는 경우가 흔해졌다. 따라서 매 요청별로 타이머 커널 오브젝트를 생성하게 되면 시스템의 성능이 저하될 수도 있다. 가능하다면 하나의 타이머 오브젝트만을 생성하고, 시그널 시간을 적절히 변경해 가면서 재사용하는 것이 좋다.

이와 같이 시그널 시간을 변경하고 재설정하는 것은 자칫 매우 지루한 작업이 될 수 있으며, 사실 대부분의 애플리케이션이 이러한 방법을 사용하지도 않는다. 직접 타이머 시간을 변경하고 재설정하는 작업을 수행하는 대신 새롭게 추가된 스레드 풀링^{thread-pooling} 함수(11장 "윈도우 스레드 풀"에서 다루게 될 것이다)의 하나인 CreateThreadpoolTimer와 같은 함수를 이용하면 원하는 바를 쉽게 수행할 수 있다. 만일 여러 개의 타이머를 생성하고 관리해야 할 필요가 있다면 먼저 이 함수를 살펴보는 것이 좋다.

타이머를 이용하여 APC 요청을 스레드의 APC 큐에 삽입하는 방법은 매우 훌륭한 방법이긴 하지만 최근에는 이런 방식을 거의 사용하지 않고 대신 I/O 컴플리션 포트^{completion port} 메커니즘을 주로 사용한다. 이전에 일정한 시간 주기마다 스레드 풀^{thread pool}(I/O 컴플리션 포트를 이용하는)로부터 스레드가 깨어나는 기능을 구현해야 할 경우가 있었다. 불행히도 대기 타이머는 이와 같은 기능을 제공하지 못했기 때문에 하는 수 없이 대기 타이머를 기다리다가 작업을 할당해 주는 역할을 수행하는 스레드를 새로 생성해야 했다. 이 스레드는 타이머가 시그널되면 PostQueuedCompletionStatus를 호출하여 직접 작성한 스레드 풀에 강제적으로 이벤트를 전달하였다.

윈도우 개발에 익숙한 개발자라면 대기 타이머^{waitable timer}와 유저 타이머^{user timer}(SetTimer 함수를 사용하는)를 비교해 보려 할 것이다. 가장 큰 차이점은 유저 타이머의 경우 비교적 리소스를 많이 사용하는 사용자 인터페이스 환경 하에서만 수행된다는 것이다. 대기 타이머는 커널 오브젝트이기 때문에 다수의 스레드에 의해 공유될 수 있으며, 좀 더 보안에 안정적이다.

유저 타이머는 WM_TIMER 메시지를 생성하여 SetTimer(콜백 타이머의 경우)를 호출한 스레드나 윈도우를 생성한 스레드(윈도우 기반 타이머의 경우)가 수행되게 해 준다. 따라서 단 하나의 스레드만이 항상 유저 타이머 메시지를 처리하게 된다. 반면, 대기 타이머의 경우 여러 개의 스레드가 대기 타이머를 대기할 수도 있으며, 수동 리셋 타이머를 이용하게 되면 대기 중인 여러 개의 스레드가 동시에 수행되게 할 수도 있다.

만일 타이머의 응답으로 사용자 인터페이스와 연관된 작업을 수행해야 할 경우라면 유저 타이머를 사용하여 코드를 좀 더 쉽게 만들 수 있다. 이 경우 대기 타이머를 이용하게 되면 대기 타이머의 시그널 상태를 감지하기 위해 스레드를 추가로 생성해야만 한다. (대기 타이머를 이용하도록 코드를 변경하려 한다면 정확히 이러한 목적을 위해 제공되고 있는 MsgWaitForMultipleObjects 함수를 이용하라.) 마지막으로, 대기 타이머를 이용하면 유저 타이머를 이용하는 것보다 좀 더 정확하게 통지를 수신할 수 있다. WM_TIMER 메시지는 항상 가장 낮은 우선순위로 동작하기 때문에 메시지 큐가 완전히 비어 있을 때에만 해당 메시지가 전달된다. 이에 반해 대기 타이머는 다른 커널 오브젝트와 완전히 동일하게 취급되기 때문에 대기 타이머가 시그널되기를 기다리는 스레드는 해당 타이머가 시그널되는 즉시 수행을 재개하게 된다.

세마포어semaphore 커널 오브젝트는 리소스의 개수를 고려해야 하는 상황에서 주로 사용된다. 이 커널 오브젝트는 모든 커널 오브젝트와 마찬가지로 사용 카운트를 가지고 있으며, 이 외에도 2개의 32비트 값을 가지고 있어서 최대 리소스 카운트maximum resource count와 현재 리소스 카운트current resource count를 저장하고 있다. 최대 리소스 카운트는 세마포어가 제어할 수 있는 리소스의 최대 개수를 나타내는 데 사용되고, 현재 리소스 카운트는 사용 가능한 리소스의 개수를 나타내는 데 사용된다.

세마포어에 대해 좀 더 정확하게 이해하기 위해 이를 이용하는 애플리케이션의 예를 살펴보도록 하자. 각 클라이언트의 요청마다 추가적인 버퍼를 할당해야 하는 서버 애플리케이션을 개발하고 있다고 가정해 보자. 동시에 최대 5명의 클라이언트에 대해서만 서비스를 할 수 있도록 버퍼의 크기를 하드코딩hard-coding하여 여섯 번째 사용자가 서비스를 요청하면 서버가 현재 바쁜 상태여서 서비스를 할 수 없으므로 다음에 이용해 달라는 에러 메시지를 보내려 한다고 하자.

서버 프로세스는 초기화 과정에서 5개의 스레드를 포함하는 스레드 풀을 생성하고, 이 스레드들이 각각의 클라이언트 요청을 처리할 수 있도록 할 수 있을 것이다.

클라이언트의 요청이 없는 경우라면 서버는 스레드 풀 내의 스레드들을 스케줄할 필요가 없을 것이다. 만일 3개의 클라이언트가 동시에 서비스를 요청하면, 스레드 풀 내의 3개의 스레드들이 각자 클라이언트의 요청을 처리하기 위해 스케줄 가능 상태가 된다. 세마포어를 이용하면 매우 훌륭한 방법으로 앞서 살펴본 시나리오와 같이 리소스를 관리하고 스레드의 스케줄링 상태를 제어할 수 있다. 앞서 하드코딩한 것을 반영하기 위해 세마포어의 최대 리소스 카운트를 5로 설정하고, 현재 리소스 카운트를 0으로 설정하여 어떤 클라이언트도 서비스 요청을 하지 않은 것으로 초기화한다. 클라이언트가 서비스를 요청하면 세마포어의 현재 리소스 카운트를 증가시키고, 클라이언트의 서비스 요청을 완료하고 서버의 스레드 풀에 스레드가 되돌아오면 현재 리소스 카운트를 감소시킨다.

세마포어는 다음의 규칙에 따라 동작한다.

- 현재 리소스 카운트가 0보다 크면 세마포어는 시그널 상태가 된다.
- 현재 리소스 카운트가 0이면 세마포어는 논시그널 상태가 된다.
- 시스템은 현재 리소스 카운트를 음수로 만들 수 없다.
- 현재 리소스 카운트는 최대 리소스 카운트보다 커질 수 없다.

세마포어를 사용할 때에는 오브젝트의 사용 카운트usage count와 현재 리소스 카운트를 혼돈하지 않도록 주의해야 한다.

세마포어 커널 오브젝트를 생성하려면 CreateSemaphore 함수를 사용하면 된다.

```
HANDLE CreateSemaphore(
    PSECURITY_ATTRIBUTE psa,
    LONG lInitialCount,
    LONG lMaximumCount,
    PCTSTR pszName);
```

psa와 pszName 매개변수에 대해서는 3장에서 설명한 바 있다. CreateSemaphoreEx 함수를 이용하면 dwDesiredAccess 매개변수를 통해 세마포어에 대한 접근 권한을 바로 지정할 수 있다. dwFlags 매개변수는 항상 0으로 설정해야 한다.

```
HANDLE CreateSemaphoreEx(
    PSECURITY_ATTRIBUTES psa,
    LONG lInitialCount,
    LONG lMaximumCount,
    PCTSTR pszName,
    DWORD dwFlags,
    DWORD dwDesiredAccess);
```

모든 프로세스는 OpenSemaphore 함수를 이용하여 이미 생성된 세마포어를 가리키는 프로세스 고유의 핸들 값을 얻을 수 있다.

```
HANDLE OpenSemaphore(
    DWORD dwDesiredAccess,
    BOOL bInheritHandle,
    PCTSTR pszName);
```

lMaximumCount 매개변수로는 애플리케이션에서 사용할 수 있는 리소스의 최대 개수를 지정하면 된다. 이 값은 부호 있는 32비트 값이므로 최대 2,147,483,647까지 리소스의 개수를 지정할 수 있다. lInitialCount 매개변수로는 현재 사용 가능한 리소스의 개수를 지정하면 된다. 서버가 최초로 수행되었을 때에는 어떠한 클라이언트의 요청도 없을 것이므로 CreateSemaphore를 다음과 같이 호출할 수 있다.

```
HANDLE hSemaphore = CreateSemaphore(NULL, 0, 5, NULL);
```

이와 같이 세마포어를 생성하면 최대 리소스 카운트를 5로, 사용 가능한 현재 리소스 카운트를 0으로 생성하게 된다. (하지만 커널 오브젝트의 사용 카운트 값은 커널 오브젝트가 방금 생성되었기 때문에 1이 된다. 혼돈하지 않도록 주의하라.) 현재 리소스 카운트가 0이기 때문에 세마포어는 논시그널 상태가 된다. 따라서 세마포어가 시그널 상태가 될 때를 기다리는 모든 스레드들은 대기 상태가 된다.

스레드가 리소스에 대한 접근을 요청하기 위해 대기 함수를 호출할 때에는 세마포어의 핸들을 전달하면 된다. 대기 함수는 내부적으로 세마포어의 현재 리소스 카운트 값을 확인하여 이 값이 0보다 크면

(세마포어가 시그널 상태다) 값을 1만큼 감소시키고 대기 함수를 호출한 스레드를 스케줄 가능 상태로 만든다. 물론 세마포어의 현재 리소스 카운트 값을 확인하고 그 값을 변경하는 등의 모든 동작은 원자적으로 수행된다. 세마포어를 통해 리소스에 대한 접근을 시도하게 되면 운영체제는 사용 가능 리소스를 확인하고 현재 리소스 카운트 값을 감소시키게 되는데, 이러한 동작들은 다른 스레드의 간섭을 전혀 받지 않으며, 현재 리소스 카운트 값이 감소된 이후에야 비로소 다른 스레드의 리소스에 대한 접근 요청을 받아들인다.

만일 대기 함수가 세마포어의 현재 리소스 카운트 값이 0임을 확인하게 되면(세마포어는 논시그널 상태다) 대기 함수를 호출한 스레드를 대기 상태로 유지한다. 다른 스레드가 세마포어의 현재 리소스 카운트를 증가시켜 주면 비로소 대기 상태에 있던 스레드(혹의 다수의 스레드들이 동시에)가 스케줄 가능 상태로 바뀐다(물론 사용된 리소스 개수만큼 현재 리소스 카운트는 감소한다).

세마포어의 현재 리소스 카운트를 증가^{increment} 시키기 위해서는 ReleaseSemaphore 함수를 호출하면 된다.

```
BOOL ReleaseSemaphore(
    HANDLE hSemaphore,
    LONG lReleaseCount,
    PLONG plPreviousCount);
```

이 함수는 단순히 lReleaseCount에 지정된 값만큼 세마포어의 현재 리소스 카운트 값을 증가시키는 역할을 수행한다. 보통의 경우 lReleaseCount 매개변수로 1을 전달하지만 항상 그렇게 사용해야 하는 것은 아니다. 실제로 2나 그 이상의 수를 사용하기도 한다. 이 함수는 *plPreviousCount로 증가되기 이전의 현재 리소스 카운트 값을 반환해 준다. 사실 애플리케이션 개발 시 이 값을 사용하는 경우는 상당히 드물다. 다행히도 이 매개변수로 NULL 값을 전달할 수도 있다.

때때로 세마포어의 현재 리소스 카운트 값을 변경하지 않고도 그 값을 알 수 있으면 유용할 때가 있는데, 이와 같은 기능을 수행하는 함수는 제공되지 않고 있다. ReleaseSemaphore를 호출할 때 lReleaseCount 매개변수로 0을 전달하면 *plPreviousCount로 현재 리소스 카운트를 받아올 수 있을 것이라 생각했으나 실제로는 제대로 동작하지 않았으며 단순히 0을 반환했다. 다음으로는 lReleaseCount 매개변수로 매우 큰 값을 전달해 보았다. 세마포어의 최대 리소스 카운트를 초과하는 숫자를 전달하면 현재 리소스 카운트에는 영향을 미치지 않으면서도 그 값을 가져올 것으로 기대했으나 이 또한 단순히 0을 반환했다. 불행히도 세마포어의 현재 리소스 카운트를 변경하지 않고 그 값을 획득하는 방법은 존재하지 않는다.

section 06 뮤텍스 커널 오브젝트

뮤텍스 커널 오브젝트는 스레드가 단일의 리소스에 대해 배타적으로 접근할 수 있도록 해 준다. 사실 뮤텍스(MUTual EXclusion)라는 이름도 이러한 특성으로부터 기인한 것이다. 이 커널 오브젝트는 사용 카운트, 스레드 ID, 반복 카운터를 저장할 수 있는 공간을 가지고 있다. 뮤텍스의 동작 방식은 크리티컬 섹션과 동일하다. 하지만 크리티컬 섹션이 유저 모드 동기화 오브젝트인 데 반해(8장에서 알아본 것과 같이 경쟁 상황이 발생했을 경우는 예외다) 뮤텍스는 커널 오브젝트라는 차이점이 있다. 이러한 차이점 때문에 뮤텍스는 크리티컬 섹션에 비해 느리지만, 서로 다른 프로세스에서 동일 뮤텍스에 대해 접근이 가능하며, 리소스에 대한 접근 권한을 획득할 때 시간 제한을 지정할 수 있다는 장점이 있다.

스레드 ID는 시스템 내의 어떤 스레드가 뮤텍스를 소유하고 있는지를 나타내는 값이다. 반복 카운터는 뮤텍스를 소유하고 있는 스레드가 몇 회나 반복적으로 뮤텍스를 소유하고자 했는지에 대한 횟수를 나타내는 값이다. 뮤텍스는 다양한 용도로 사용될 수 있으며, 가장 자주 사용되는 커널 오브젝트 중 하나이기도 하다. 뮤텍스는 다수의 스레드가 동시에 접근하는 메모리 블록을 보호하기 위해 사용되기도 한다. 다수의 스레드가 동시에 메모리 블록을 수정하면 데이터가 손상될 수 있는데, 뮤텍스가 메모리 블록에 대한 배타적인 접근을 보장할 수 있기 때문에 공유 데이터의 무결성을 유지할 수 있다.

뮤텍스는 다음의 규칙에 따라 동작한다.

- 스레드 ID가 0(유효하지 않은 스레드 ID)이면 뮤텍스는 어떠한 스레드에 의해서도 소유되지 않은 것이며, 이때 뮤텍스는 시그널 상태가 된다.
- 스레드 ID가 0이 아니면 뮤텍스는 특정 스레드에 의해 소유된 것이며, 이때 논시그널 상태가 된다.
- 다른 커널 오브젝트와는 다르게 뮤텍스는 특수한 코드를 포함하고 있어서 일반적인 규칙을 위반하는 경우도 있다. (이러한 예외사항에 대해서는 추후 간단히 설명할 것이다.)

뮤텍스를 사용하려면 CreateMutex 함수를 호출해서 뮤텍스를 생성해야 한다.

```
HANDLE CreateMutex(
    PSECURITY_ATTRIBUTES psa,
    BOOL bInitialOwner,
    PCTSTR pszName);
```

psa와 pszName 매개변수는 이미 3장에서 논의한 바 있다. 아래의 CreateMutexEx 함수를 이용하면 dwDesiredAccess 매개변수를 통해 뮤텍스에 대한 접근 권한을 바로 지정할 수 있다. dwFlags 매개변수는 CreateMutex의 bInitialOwner 매개변수와 동일한 용도로 사용된다: 0은 FALSE를 CREATE_MUTEX_INITIAL_OWNER는 TRUE와 동일한 의미로 사용된다.

```
HANDLE CreateMutexEx(
    PSECURITY_ATTRIBUTES psa,
    PCTSTR pszName,
    DWORD dwFlags,
    DWORD dwDesiredAccess);
```

모든 프로세스는 OpenMutex 함수를 이용하여 이미 생성된 뮤텍스를 가리키는 프로세스 고유의 핸들 값을 얻을 수 있다.

```
HANDLE OpenMutex(
    DWORD dwDesiredAccess,
    BOOL bInheritHandle,
    PCTSTR pszName);
```

bInitialOwner 매개변수는 뮤텍스의 초기 상태를 제어하는 용도로 사용된다. 이 값을 FALSE(보통의 경우)로 설정하면 뮤텍스의 스레드 ID와 반복 카운터는 0으로 설정된다. 이것은 뮤텍스가 어떠한 스레드에 의해서도 소유되지 않았으며, 시그널 상태임을 나타내게 된다.

만일 bInitialOwner 값을 TRUE로 설정하게 되면 뮤텍스의 스레드 ID는 함수를 호출한 스레드의 ID로 설정되며, 반복 카운터는 1로 설정된다. 스레드 ID가 0이 아니므로 뮤텍스는 논시그널 상태가 된다.

공유 리소스에 접근하려는 스레드의 경우 해당 리소스를 보호할 목적으로 사용하는 뮤텍스 오브젝트에 대한 핸들을 이용하여 대기 함수를 호출하면 된다. 내부적으로 대기 함수는 스레드 ID 값이 0인지를 확인하여 이 값이 0이면(뮤텍스가 시그널 상태) 스레드 ID를 대기 함수를 호출한 스레드의 ID로 설정하고 반복 카운터는 1로 설정한 후 스레드를 스케줄 가능 상태로 만든다.

만일 스레드 ID가 0이 아니면(뮤텍스가 논시그널 상태) 대기 함수를 호출한 스레드는 대기 상태로 남게 된다. 시스템은 이러한 스레드를 기억하고 있다가 뮤텍스의 스레드 ID가 0으로 변경되는 즉시 대기 중인 스레드의 ID 값으로 뮤텍스의 스레드 ID 값을 변경하고 반복 카운터를 1로 설정한 후 대기 중이었던 스레드를 스케줄 가능 상태로 변경한다. 뮤텍스 커널 오브젝트에 대한 상태 확인과 변경 작업은 항상 원자적으로 이루어진다.

뮤텍스의 경우에는 일반적인 커널 오브젝트의 시그널/논시그널 규칙과는 사뭇 다른 특별한 예외사항이 있다. 만일 어떤 스레드가 논시그널 상태의 뮤텍스 오브젝트를 소유하기 위해 대기 함수를 호출했다고 가정해 보자. 다른 커널 오브젝트를 사용하는 경우라면 이 스레드는 대기 상태로 남게 될 것이다. 그러나 뮤텍스의 경우에는 내부적인 스레드 ID 값이 대기 함수를 호출한 스레드의 ID 값과 동일한 경우 뮤텍스 오브젝트가 논시그널 상태임에도 불구하고 이 스레드를 스케줄 가능 상태로 만든다. 이러한 "예외적인" 동작 방식은 다른 커널 오브젝트에서는 발견할 수 없는 특수한 것이다. 스레드가 뮤텍스에 대해 성공적인 대기를 수행하면 뮤텍스의 반복 카운터 값이 증가된다. 사실 반복 카운터가

1을 초과하는 값으로 변경되는 유일한 경우는 동일 뮤텍스 오브젝트에 대해 동일 스레드가 여러 번 대기 함수를 호출한 경우에만 예외적으로 일어날 수 있다.

스레드가 뮤텍스에 대해 성공적인 대기를 수행한 경우에만 뮤텍스에 의해 보호되는 리소스에 배타적으로 접근할 수 있다. (동일 뮤텍스에 의해 보호되는) 리소스에 대한 접근 권한을 획득하려고 시도한 다른 스레드들은 모두 대기 상태에 남게 된다. 리소스에 대한 접근 권한을 획득한 스레드가 더 이상 리소스를 사용할 필요가 없어지면 반드시 ReleaseMutex 함수를 호출하여 뮤텍스의 소유권을 해제해 주어야 한다.

```
BOOL ReleaseMutex(HANDLE hMutex);
```

이 함수는 오브젝트의 반복 카운터 값을 1만큼 감소시킨다. 만일 동일 뮤텍스에 대해 동일 스레드가 여러 번에 걸쳐 성공적인 대기를 수행한 경우라면 스레드는 동일 횟수만큼 ReleaseMutex를 호출해야만 뮤텍스의 반복 카운터 값을 0으로 만들 수 있다. 반복 카운터 값이 0이 되면 스레드 ID 값도 0으로 변경되고, 뮤텍스 오브젝트는 시그널 상태로 변경된다.

뮤텍스 오브젝트가 시그널 상태가 되면 시스템은 동일 뮤텍스를 기다리고 있는 다른 스레드들이 있는지 확인한다. 만일 대기 중인 스레드들이 여러 개 있는 경우 이 중 하나를 "공평하게" 선택하여 뮤텍스를 소유하도록 한다. 이러한 절차는 뮤텍스의 스레드 ID 값을 선택된 스레드의 ID 값으로 변경하고 반복 카운터 값을 1로 설정하는 과정을 통해 수행된다. 만일 어떠한 스레드도 뮤텍스를 기다리고 있지 않다면, 추후 뮤텍스를 소유하고자 하는 스레드가 즉각적으로 이를 소유할 수 있도록 시그널 상태를 유지하게 된다.

1 버림 문제(Abandonment issues)

뮤텍스는 다른 모든 커널 오브젝트와는 다르게 "스레드 소유권thread ownership"의 개념을 가지고 있다. 앞서 논의되었던 어떤 커널 오브젝트도 어떤 스레드가 성공적인 대기를 수행하였는지를 기록해 두지 않는 데 반해, 유일하게 뮤텍스만이 어떤 스레드가 성공적인 대기를 수행하였는지를 기록해 둔다. 이러한 뮤텍스의 스레드 소유권이라는 개념 때문에 뮤텍스가 논시그널 상태임에도 불구하고 스레드가 뮤텍스를 다시 소유할 수 있는 예외적인 규칙을 가지게 된 것이다.

이러한 예외사항은 스레드가 뮤텍스에 대한 소유권을 획득하는 과정뿐만 아니라 뮤텍스에 대한 소유권을 해제하는 과정에서도 나타난다. 스레드가 ReleaseMutex를 호출하면 함수 내부적으로 뮤텍스 오브젝트가 가지고 있는 스레드의 ID가 함수를 호출한 스레드의 ID와 동일한지 여부를 확인한다. 만일 두 값이 동일하면 앞서 말한 것처럼 반복 카운터가 감소된다. 만일 두 값이 동일하지 않으면 Release-Mutex는 아무런 작업도 수행하지 않고 FALSE(실패를 의미함) 값을 반환한다. 이때 GetLastError를 호출해 보면 ERROR_NON_OWNER(뮤텍스의 소유자가 아닌 스레드가 소유권 해제를 시도함) 값을 얻게 된다.

그런데 만약 뮤텍스를 소유한 스레드가 소유권을 해제하지 않고 스레드를 종료하게 되면(ExitThread, TerminateThread, ExitProcess, 또는 TerminateProcess 함수를 이용하여) 뮤텍스에는 어떤 일이 일어나며, 뮤텍스를 대기하던 스레드들은 어떻게 될까? 이 경우 시스템은 뮤텍스가 버려졌다고 판단한다. 뮤텍스의 버림이란 뮤텍스를 소유한 스레드가 종료되어 소유권을 해제하지 못하는 경우를 말한다.

시스템은 뮤텍스와 스레드 커널 오브젝트를 계속해서 추적하고 있기 때문에 언제 뮤텍스가 버려졌는지 정확히 알 수 있으며, 뮤텍스의 버림이 발생하면 버려진 뮤텍스의 스레드 ID와 반복 카운터를 0으로 변경한다. 이후 동일 뮤텍스를 기다리고 있는 스레드들이 있는지 확인하고, 대기 중인 스레드들 중 하나를 "공평하게" 선택하여 선택된 스레드의 ID 값을 뮤텍스의 스레드 ID에 기록하고 반복 카운터를 1로 만든다. 이후 선택된 스레드를 스케줄 가능 상태로 변경한다.

이 경우 대기 함수는 WAIT_OBJECT_0을 반환하지 않고 WAIT_ABANDONED라는 특별한 값을 반환한다. 이러한 반환 값은(이러한 값은 유일하게 뮤텍스 오브젝트를 대기하는 경우에만 반환될 수 있다) 대기 중이었던 뮤텍스가 다른 스레드에 의해 소유되었었고, 그 스레드가 공유 리소스의 사용을 완전히 마치기 전에 종료하였음을 의미한다. 사실 이러한 상황은 정상적인 상황이라고 보기 어렵다. 뮤텍스를 소유하여 스케줄 가능 상태가 된 스레드는 리소스가 현재 어떤 상황인지 알 수 있는 방법이 없으며, 이때 공유 리소스가 완전히 못쓰게 되어버렸을 수도 있다. 이 경우 애플리케이션은 각자의 대처 방안을 가지고 있어야 한다.

실제로 대부분의 애플리케이션은 뮤텍스의 소유권을 가지고 있는 스레드를 이처럼 종료하지 않기 때문에 대기 함수의 반환 값이 WAIT_ABANDONED인지를 확인하지 않는 경우가 대부분이다. (이 또한 TerminateThread 함수를 왜 호출하지 말아야 하는지를 이해할 수 있게 해 주는 좋은 예라고 할 수 있다.)

② 뮤텍스와 크리티컬 섹션

뮤텍스와 크리티컬 섹션은 스레드를 대기시킨다는 관점에서 의미적으로 완전히 동일하다. 하지만 각각은 세부적인 특성에 있어 서로 차이점을 보이는데, [표 9-2]에 이 둘의 비교 결과를 나타냈다.

[표 9-2] 뮤텍스와 크리티컬 섹션의 비교

특성	뮤텍스	크리티컬 섹션
성능	느림	빠름
프로세스들 간에 사용 가능 여부	가능	불가능
선언	HANDLE hmtx;	CRITICAL_SECTION cs;
초기화	hmtx = CreateMutex(NULL, FALSE, NULL);	InitializeCriticalSection(&cs);
삭제	CloseHandle(hmtx);	DeleteCriticalSection(&cs);
무한 대기	WaitForSingleObject(hmtx, INFINITE);	EnterCriticalSection(&cs);
0 대기	WaitForSingleObject(hmtx, 0);	TryEnterCriticalSection(&cs);

특성	뮤텍스	크리티컬 섹션
임의 시간 대기	WaitForSingleObject(hmtx, dwMilliseconds)	불가능
해제	ReleaseMutex(hmtx);	LeaveCriticalSection(&cs);
다른 커널 오브젝트와 함께 대기 가능 여부	가능 (WaitForMultipleObjects나 유사 함수를 이용)	불가능

❸ 큐 예제 애플리케이션

큐(09-Queue.exe) 애플리케이션은 간단한 자료를 담을 수 있는 큐를 제어하기 위해 뮤텍스와 세마 포어를 사용한다. 이미 8장에서 SRWLock과 조건변수를 이용하여 큐를 어떻게 관리하는지에 대해 알아본 적이 있다. 여기서는 어떻게 큐를 스레드 안정적^{thread-safe}으로 구성하여 서로 다른 스레드가 좀 더 쉽게 이를 사용할 수 있도록 할 것인지에 대해 설명할 것이다. 이 애플리케이션의 소스 코드와 리 소스 파일은 한빛미디어 홈페이지를 통해 제공되는 소스 파일의 09-Queue 폴더 안에 있다. 이 애플 리케이션을 수행하면 다음과 같은 다이얼로그 박스가 나타날 것이다.

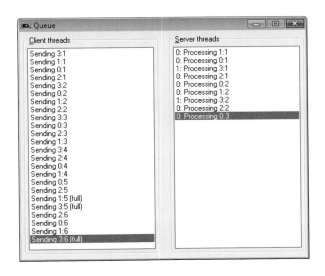

8장의 예제와 동일하게 큐가 초기화되면 4개의 클라이언트 스레드와 2개의 서버 스레드가 생성된다. 각 클라이언트 스레드는 일정한 주기를 가지고 요청을 큐에 삽입한다. 큐에 요청이 삽입되면 클라이 언트 스레드^{client thread}는 리스트 박스에 그 내용을 나타낸다. 리스트 박스의 각 항목은 어떤 클라이언트 가 몇 번째 요청을 삽입했는지를 나타낸다. 예를 들어 위 수행 결과의 Client threads 리스트 박스의 첫 번째 항목은 3번 스레드가 첫 번째 요청을 삽입했음을 나타내고 있다. 이후 1, 0, 2번 스레드가 각 각 자신의 첫 번째 요청을 큐에 삽입하였으며, 연이어 3번 스레드가 두 번째 요청을 삽입했음을 나타 내고 있다.

서버 스레드는 큐에 요청이 삽입되기 전까지는 아무런 작업도 수행하지 않는다. 요청이 큐에 삽입되면 하나의 서버 스레드가 깨어나서 요청을 처리한다. Server threads 리스트 박스는 서버 스레드의 상태를 나타낸다. 이 리스트 박스의 첫 번째 항목은 0번 서버 스레드가 1번 클라이언트 스레드의 요청을 처리하였으며, 이는 1번 클라이언트 스레드의 첫 번째 요청임을 나타내고 있다. 두 번째 항목은 0번 서버 스레드에 의해 0번 클라이언트 스레드의 첫 번째 요청이 처리되었음을 나타낸다.

이 예제에서는 서버 스레드가 클라이언트의 요청을 충분히 빠르게 처리하지 못하기 때문에 큐는 금세 꽉 차게 될 것이다. 빠르게 큐가 채워질 수 있도록 하기 위해 큐에 10개 이상의 요청을 삽입하지 못하도록 초기화하였다. 또한 서버 스레드는 2개만 생성한 데 반해 클라이언트 스레드는 4개를 생성하였다. 위 출력 결과를 보면 1번 클라이언트 스레드가 5번째 요청을 삽입할 때 큐가 모두 채워졌음을 알 수 있다.

지금껏 애플리케이션이 어떻게 보여지는지를 확인하였고, 이제 좀 더 흥미로운 애플리케이션의 동작 방식을 살펴볼 차례다. 이 애플리케이션에서 사용하고 있는 큐는 CQueue라는 스레드 안정적인 C++ 클래스에 의해 관리되고 제어된다.

```
class CQueue {
public:
   struct ELEMENT {
      int m_nThreadNum, m_nRequestNum;
      // 여기에 다른 항목을 포함시킬 수 있다.
   };
   typedef ELEMENT* PELEMENT;

private:
   PELEMENT m_pElements;          // 큐에 저장되는 항목의 배열
   int      m_nMaxElements;       // 배열이 가질 수 있는 최대 요청 개수
   HANDLE   m_h[ 2] ;             // 뮤텍스와 세마포어 핸들
   HANDLE   &m_hmtxQ;             // m_h[ 0] 에 대한 레퍼런스 변수
   HANDLE   &m_hsemNumElements;   // m_h[ 1] 에 대한 레퍼런스 변수

public:
   CQueue(int nMaxElements);
   ~CQueue();

   BOOL Append(PELEMENT pElement, DWORD dwMilliseconds);
   BOOL Remove(PELEMENT pElement, DWORD dwMilliseconds);
};
```

이 클래스 내에서 정의하고 있는 ELEMENT 구조체는 큐에 저장될 요청의 구조를 정의하고 있다. 사실 저장될 내용은 그다지 중요하지 않다. 이 예제에서는 클라이언트가 자신의 스레드 번호와 요청 번호를 구조체 내에 저장해 두어 서버들이 해당 요청을 처리할 때 리스트 박스에 그러한 정보들을 출력

하도록 하고 있다. 실질적인 애플리케이션에서는 이러한 정보들을 저장하지는 않을 것이다.

private 멤버인 m_pElements는 고정 크기의 ELEMENT 구조체의 배열을 가리키게 되는데, 이는 다수의 서버/클라이언트 스레드로부터 보호되어야 한다. m_nMaxElement 멤버는 CQueue 생성 시 결정되는 배열의 크기를 저장한다. 다음으로, m_h 배열은 큐에 삽입된 요청을 보호하기 위해 두 개의 커널 오브젝트인 뮤텍스와 세마포어의 핸들을 저장한다. CQueue의 생성자에서 이 두 개의 오브젝트를 생성하며, 각각의 핸들을 배열에 저장한다.

곧 보게 되겠지만, 이 배열을 인자로 WaitForMultipleObjects 함수를 호출하기도 하고 필요에 따라 각각의 핸들을 독립적으로 이용하기도 한다. 코드의 가독성을 향상시키고 좀 더 수정하기 편리하도록 하기 위해 두 개의 핸들 레퍼런스 멤버변수인 m_hmtxQ와 m_hsemNumElements를 추가로 선언하였다. CQueue 생성자가 호출되면 각각의 핸들 레퍼런스 멤버변수들은 m_h[0]과 m_h[1]을 참조하도록 초기화된다.

CQueue의 생성자와 파괴자를 이해하는 데는 특별한 어려움이 없을 것이다. 이제 Append 메소드에 대해 알아보도록 하자. 이 메소드는 큐에 ELEMENT를 추가하는 역할을 한다. 하지만 가장 먼저 이 메소드를 호출한 스레드가 큐에 배타적인 접근 권한을 획득할 수 있도록 m_hmtxQ 뮤텍스의 핸들을 인자로 WaitForSingleObject를 호출한다. 이 함수가 WAIT_OBJECT_0을 반환하면 스레드는 큐에 대한 배타적인 접근 권한을 획득한 것이다.

다음으로, Append 메소드는 ReleaseSemaphore의 두 번째 매개변수로 1을 전달하여 큐에 삽입되어 있는 요청의 개수를 증가시킨다. ReleaseSemaphore의 호출이 성공했다는 것은 큐가 꽉 채워지지 않아서 새로운 요청이 성공적으로 큐에 추가되었음을 의미한다. 뿐만 아니라 ReleaseSemaphore 함수는 마지막 매개변수로 전달하는 lPreviousCount 변수를 통해 새로운 요청이 삽입되기 전에 몇 개의 요청이 큐에 있었는지를 알아낼 수 있는데, 이는 새로운 요청이 저장된 배열의 인덱스이기도 하다. 큐에 요청이 추가되면 ReleaseMutex를 호출하여 다른 스레드가 큐에 접근할 수 있도록 한다. Append 함수의 나머지 부분은 실패의 경우나 에러 처리를 위해 추가된 부분이다.

이제 서버 스레드가 큐로부터 요청을 가져오기 위한 Remove 함수를 어떻게 구현했는지 알아보자. 먼저 서버 스레드는 큐에 대한 배타적인 접근 권한을 획득해야 하며, 적어도 한 개 이상의 요청이 큐에 존재해야 한다. 큐에 아무런 요청도 존재하지 않는다면 서버 스레드가 수행을 재개할 이유가 없다. 따라서 Remove 메소드는 가장 먼저 뮤텍스와 세마포어의 핸들을 인자로 WaitForMultipleObjects 함수를 호출한다. 두 개의 오브젝트가 모두 시그널 상태가 되어야만 서버가 수행을 재개하게 된다.

이 함수가 WAIT_OBJECT_0을 반환하면 스레드가 큐에 대한 배타적인 접근 권한을 획득하였으며, 동시에 큐에 하나 이상의 요청이 삽입되어 있음을 의미한다. 이후 배열의 0번째 요청을 가져오고 배열의 나머지 요소들을 한 칸씩 아래로 옮긴다. 메모리를 복사하는 것은 비교적 시간이 많이 걸리는 작업이기 때문에 이와 같은 구현 방식은 효율적이라고 할 수 없다. 하지만 스레드 동기화를 보여주는 예제로는 이 정도로 충분하다고 생각한다. 마지막으로, ReleaseMutex를 호출하여 다른 스레드가 큐에 안전하게 접근할 수 있도록 한다.

이 예제에서는 세마포어가 큐에 얼마나 많은 요청이 존재하는지를 저장하기 위해 사용되고 있음에 주목할 필요가 있다. 새로운 요청을 큐에 추가하기 위해 Append 메소드를 호출하면 이 함수 내에서 ReleaseSemaphore를 호출하여 세마포어의 현재 리소스 카운트를 증가시킨다는 것은 앞서 살펴보았다. 하지만 큐로부터 요청이 제거될 때 어떻게 이 카운트 값이 감소되는지는 직접적으로 눈에 보이지 않는다. 카운트 값을 감소시키는 역할은 Remove 메소드 내에서 WaitForMultipleObjects를 호출함으로써 수행된다. 세마포어에 대한 성공적인 대기의 부가적인 영향이 세마포어의 현재 리소스 카운트를 감소시킨다는 것을 기억하기 바란다. 이러한 동작 방식은 개발자들에게 편리함을 제공한다.

이제 CQueue 클래스가 어떻게 동작하는지 이해했을 것이며, 소스 코드의 나머지 부분도 쉽게 이해할 수 있을 것이다.

```
Queue.cpp
```

```cpp
/*****************************************************************
Module: Queue.cpp
Notices: Copyright (c) 2008 Jeffrey Richter & Christophe Nasarre
******************************************************************/


#include "..\CommonFiles\CmnHdr.h"      /* 부록 A를 보라. */
#include <windowsx.h>
#include <tchar.h>
#include <StrSafe.h>
#include "Resource.h"


///////////////////////////////////////////////////////////////////


class CQueue {
public:
   struct ELEMENT {
      int m_nThreadNum, m_nRequestNum;
      // 여기에 다른 항목을 포함시킬 수 있다.
   };
   typedef ELEMENT* PELEMENT;

private:
   PELEMENT m_pElements;            // 큐에 저장되는 항목의 배열
   int      m_nMaxElements;         // 배열이 가질 수 있는 최대 요청 개수
   HANDLE   m_h[ 2 ];               // 뮤텍스와 세마포어 핸들
   HANDLE   &m_hmtxQ;               // m_h[ 0 ] 에 대한 레퍼런스 변수
   HANDLE   &m_hsemNumElements;     // m_h[ 1 ] 에 대한 레퍼런스 변수
```

```
public:
   CQueue(int nMaxElements);
   ~CQueue();

   BOOL Append(PELEMENT pElement, DWORD dwMilliseconds);
   BOOL Remove(PELEMENT pElement, DWORD dwMilliseconds);
};

///////////////////////////////////////////////////////////////////////

CQueue::CQueue(int nMaxElements)
   : m_hmtxQ(m_h[ 0]), m_hsemNumElements(m_h[ 1]) {

   m_pElements = (PELEMENT)
      HeapAlloc(GetProcessHeap(), 0, sizeof(ELEMENT) * nMaxElements);
   m_nMaxElements = nMaxElements;
   m_hmtxQ = CreateMutex(NULL, FALSE, NULL);
   m_hsemNumElements = CreateSemaphore(NULL, 0, nMaxElements, NULL);
}

///////////////////////////////////////////////////////////////////////

CQueue::~CQueue() {

   CloseHandle(m_hsemNumElements);
   CloseHandle(m_hmtxQ);
   HeapFree(GetProcessHeap(), 0, m_pElements);
}

///////////////////////////////////////////////////////////////////////

BOOL CQueue::Append(PELEMENT pElement, DWORD dwTimeout) {

   BOOL fOk = FALSE;
   DWORD dw = WaitForSingleObject(m_hmtxQ, dwTimeout);

   if (dw == WAIT_OBJECT_0) {
      // 이 스레드는 배타적으로 큐에 접근한다.

      // 큐에 있는 요청의 개수를 증가시킨다.
      LONG lPrevCount;
      fOk = ReleaseSemaphore(m_hsemNumElements, 1, &lPrevCount);
      if (fOk) {
         // 큐가 꽉 채워지지 않았으므로 새로운 요청을 추가한다.
         m_pElements[ lPrevCount] = *pElement;
```

```
        } else {

            // 큐가 꽉 채워졌으므로 에러 코드를 설정하고 실패를 반환한다.
            SetLastError(ERROR_DATABASE_FULL);
        }

        // 다른 스레드가 큐에 접근할 수 있도록 한다.
        ReleaseMutex(m_hmtxQ);

    } else {
        // 시간 만료. 에러 코드를 설정하고 실패를 반환한다.
        SetLastError(ERROR_TIMEOUT);
    }

    return(fOk);    // 자세한 정보를 획득하기 위해서는 GetLastError를 호출하면 된다.
}


///////////////////////////////////////////////////////////////////////////


BOOL CQueue::Remove(PELEMENT pElement, DWORD dwTimeout) {

    // 큐에 배타적으로 접근 가능하며, 동시에 큐에 요청이 있을 때까지 대기한다.
    BOOL fOk = (WaitForMultipleObjects(_countof(m_h), m_h, TRUE, dwTimeout)
        == WAIT_OBJECT_0);

    if (fOk) {
        // 큐에 요청이 있으며, 내용을 가져온다.
        *pElement = m_pElements[0];

        // 나머지 요청들을 옮긴다.
        MoveMemory(&m_pElements[0], &m_pElements[1],
            sizeof(ELEMENT) * (m_nMaxElements - 1));

        // 다른 스레드가 큐에 접근할 수 있도록 한다.
        ReleaseMutex(m_hmtxQ);

    } else {
        // 시간 만료. 에러 코드를 설정하고 실패를 반환한다.
        SetLastError(ERROR_TIMEOUT);
    }

    return(fOk);    // 자세한 정보를 획득하기 위해서는 GetLastError를 호출하면 된다.
}


///////////////////////////////////////////////////////////////////////////
```

```
CQueue g_q(10);                              // 공유되는 큐
volatile BOOL g_fShutdown = FALSE;  // 클라이언트/서버 스레드를 종료하기 위한 시그널
HWND g_hwnd;                                 // 클라이언트와 서버 스레드의 상태를 보고하기 위한 창

// 모든 클라이언트/서버 스레드의 핸들을 저장한다. 저장된 스레드 핸들의 개수.
HANDLE g_hThreads[ MAXIMUM_WAIT_OBJECTS ];
int    g_nNumThreads = 0;

///////////////////////////////////////////////////////////////////

DWORD WINAPI ClientThread(PVOID pvParam) {

   int nThreadNum = PtrToUlong(pvParam);
   HWND hwndLB = GetDlgItem(g_hwnd, IDC_CLIENTS);

   int nRequestNum = 0;
   while ((PVOID)1 !=
      InterlockedCompareExchangePointer(
         (PVOID*) &g_fShutdown, (PVOID)0, (PVOID)0)) {

      // 처리된 요청의 개수를 갱신한다.
      nRequestNum++;

      TCHAR sz[ 1024 ];
      CQueue::ELEMENT e = { nThreadNum, nRequestNum };

      // 큐에 요청을 삽입한다.
      if (g_q.Append(&e, 200)) {

         // 어떤 스레드의 몇 번째 요청을 큐에 삽입했는지를 나타낸다.
         StringCchPrintf(sz, _countof(sz), TEXT("Sending %d:%d"),
            nThreadNum, nRequestNum);
      } else {

         // 큐에 요청을 삽입할 수 없다.
         StringCchPrintf(sz, _countof(sz), TEXT("Sending %d:%d (%s)"),
            nThreadNum, nRequestNum, (GetLastError() == ERROR_TIMEOUT)
               ? TEXT("timeout") : TEXT("full"));
      }

      // 요청의 추가 결과를 갱신한다.
      ListBox_SetCurSel(hwndLB, ListBox_AddString(hwndLB, sz));
      Sleep(2500);    // 다른 요청을 추가할 때까지의 대기 시간
   }
```

```
        return(0);
    }

    ////////////////////////////////////////////////////////////////////////

    DWORD WINAPI ServerThread(PVOID pvParam) {

        int nThreadNum = PtrToUlong(pvParam);
        HWND hwndLB = GetDlgItem(g_hwnd, IDC_SERVERS);

        while ((PVOID)1 !=
            InterlockedCompareExchangePointer(
                (PVOID*) &g_fShutdown, (PVOID)0, (PVOID)0)) {

            TCHAR sz[1024];
            CQueue::ELEMENT e;

            // 큐로부터 요청을 가져온다.
            if (g_q.Remove(&e, 5000)) {

                // 어떤 클라이언트 스레드가 보낸 몇 번째 요청을
                // 어떤 서버 스레드가 처리하고 있는지를 나타낸다.
                StringCchPrintf(sz, _countof(sz), TEXT("%d: Processing %d:%d"),
                    nThreadNum, e.m_nThreadNum, e.m_nRequestNum);

                // 서버가 요청을 처리하는 데 소요되는 시간
                Sleep(2000 * e.m_nThreadNum);

            } else {
                // 큐로부터 요청을 가져올 수 없다.
                StringCchPrintf(sz, _countof(sz), TEXT("%d: (timeout)"), nThreadNum);
            }

            // 처리하고 있는 요청에 대한 내용을 나타낸다.
            ListBox_SetCurSel(hwndLB, ListBox_AddString(hwndLB, sz));
        }

        return(0);
    }

    ////////////////////////////////////////////////////////////////////////

    BOOL Dlg_OnInitDialog(HWND hwnd, HWND hwndFocus, LPARAM lParam) {

        chSETDLGICONS(hwnd, IDI_QUEUE);
```

```
    g_hwnd = hwnd;     // 클라이언트/서버 스레드의 상태를 나타내는 데 사용된다.

    DWORD dwThreadID;

    // 클라이언트 스레드를 생성한다.
    for (int x = 0; x < 4; x++)
        g_hThreads[ g_nNumThreads++] =
            chBEGINTHREADEX(NULL, 0, ClientThread, (PVOID) (INT_PTR) x,
                0, &dwThreadID);

    // 서버 스레드를 생성한다.
    for (int x = 0; x < 2; x++)
        g_hThreads[ g_nNumThreads++] =
            chBEGINTHREADEX(NULL, 0, ServerThread, (PVOID) (INT_PTR) x,
                0, &dwThreadID);
    return(TRUE);
}

///////////////////////////////////////////////////////////////////////////


void Dlg_OnCommand(HWND hwnd, int id, HWND hwndCtl, UINT codeNotify) {

    switch (id) {
        case IDCANCEL:
            EndDialog(hwnd, id);
            break;
    }
}

///////////////////////////////////////////////////////////////////////////


INT_PTR WINAPI Dlg_Proc(HWND hwnd, UINT uMsg, WPARAM wParam, LPARAM lParam) {

    switch (uMsg) {
        chHANDLE_DLGMSG(hwnd, WM_INITDIALOG, Dlg_OnInitDialog);
        chHANDLE_DLGMSG(hwnd, WM_COMMAND, Dlg_OnCommand);
    }
    return(FALSE);
}

///////////////////////////////////////////////////////////////////////////


int WINAPI _tWinMain(HINSTANCE hinstExe, HINSTANCE, PTSTR pszCmdLine, int) {

    DialogBox(hinstExe, MAKEINTRESOURCE(IDD_QUEUE), NULL, Dlg_Proc);
```

```
    InterlockedExchangePointer(&g_fShutdown, TRUE);

    // 모든 스레드가 종료될 때까지 대기한 후 정리 작업을 수행한다.
    WaitForMultipleObjects(g_nNumThreads, g_hThreads, TRUE, INFINITE);
    while (g_nNumThreads--)
        CloseHandle(g_hThreads[ g_nNumThreads] );

    return(0);
}


/////////////////////////////// 파일의 끝 ///////////////////////////////
```

section 07 편리한 스레드 동기화 오브젝트 표

[표 9-3]에 다양한 커널 오브젝트가 스레드 동기화의 관점에서 어떻게 동작하는지를 정리해 보았다.

[표 9-3] 커널 오브젝트와 스레드 동기화

오브젝트	논시그널 상태	시그널 상태	성공적인 대기의 부가적인 영향
프로세스	프로세스가 수행 중	프로세스가 종료됨 (ExitProcess, TerminateProcess)	없음
스레드	스레드가 수행 중	스레드가 종료됨 (ExitThread, TerminateThread)	없음
잡	잡 타임을 초과하지 않음	잡 타임 초과	없음
파일	I/O 요청이 수행 중	I/O 요청이 완료됨	없음
콘솔 입력	입력이 없음	입력이 있음	없음
파일 변경 통지	파일이 변경되지 않음	파일시스템이 파일의 변경사항이 있음을 확인	통지를 리셋
자동 리셋 이벤트	ResetEvent, PulseEvent, 또는 성공적인 대기	SetEvent/PulseEvent가 호출됨	이벤트 리셋
수동 리셋 이벤트	ResetEvent 또는 PulseEvent	SetEvent/PulseEvent가 호출됨	없음
자동 리셋 대기 타이머	CancelWaitableTimer 또는 성공적인 대기	설정한 시간에 도달함 (SetWaitableTimer)	타이머 리셋
수동 리셋 대기 타이머	CancelWaitableTimer	설정한 시간에 도달함 (SetWaitableTimer)	없음
세마포어	성공적인 대기	카운트가 0보다 큼 (ReleaseSemaphore)	카운트 1 감소
뮤텍스	성공적인 대기	스레드에 의해 소유되지 않음 (ReleaseMutex)	스레드가 소유권을 가짐

오브젝트	논시그널 상태	시그널 상태	성공적인 대기의 부가적인 영향
크리티컬 섹션 (유저 모드)	성공적인 대기 ((Try)EnterCriticalSection)	스레드에 의해 소유되지 않음 (LeaveCriticalSection)	스레드가 소유권을 가짐
SRWLock (유저 모드)	성공적인 대기 (AcquireSRWLock(Exclusive))	스레드에 의해 소유되지 않음 (ReleaseSRWLock(Exclustive))	스레드가 소유권을 가짐
조건변수(유저 모드)	성공적인 대기 (SleepConditionVariable*)	깨어남 (Wake(All)ConditionVariable)	없음

인터락 함수들은(유저 모드) 주어진 값을 변경하고 바로 반환되기 때문에 스레드의 상태를 스케줄 불가능 상태로 변경하지 않는다.

section 08 그 외의 스레드 동기화 함수들

WaitForSingleObject와 WaitForMultipleObjects는 스레드 동기화를 위해 가장 많이 사용되는 함수들이며, 이 외에도 미세한 기능적 차이가 있는 다양한 동기화 함수들이 제공되고 있다. WaitForSingleObject와 WaitForMultipleObjects의 동작 방식을 이해하고 있다면 다른 함수들의 기능을 이해하는 데는 특별한 어려움이 없을 것이므로, 이번 절에서는 이러한 함수들에 대해 간단히 살펴보기로 하겠다.

1 비동기 장치 I/O

비동기 장치 I/O란 스레드가 읽기/쓰기 동작을 수행할 때 요청한 동작을 완료할 때까지 대기하지 않고 다른 작업을 수행할 수 있게 해 주는 방식으로 10장에서 좀 더 자세히 알아볼 것이다. 간단히 예를 들자면 아주 큰 파일을 메모리로 읽어 와야 하는 경우 시스템에게 해당 파일을 메모리로 읽어 올 것을 명령하고 시스템이 파일을 읽는 동안 스레드는 창을 생성한다거나 내부 자료를 초기화하는 등의 다른 작업을 수행할 수 있도록 해 주는 방식이다. 스레드가 다른 작업들을 모두 완료하였다면 시스템이 파일 읽기 작업이 완료되었음을 알려줄 때까지 대기하면 된다.

파일 file, 소켓 socket, 통신 포트 communication port 등의 장치 오브젝트들도 모두 동기화 가능한 커널 오브젝트이기 때문에 WaitForSingleObject 함수에 이에 대한 핸들을 전달할 수 있다. 이러한 장치 오브젝트들은 시스템이 비동기 장치 I/O를 수행하는 동안에는 논시그널 상태를 유지하게 되고, 작업이 완료되면 그 즉시 시그널 상태로 변경되므로 작업을 요청한 스레드는 I/O가 완료되었음을 알 수 있고, 수행을 재개할 수 있다.

❷ WaitForInputIdle

스레드는 WaitForInputIdle 함수를 호출하여 대기 상태로 진입할 수 있다.

```
DWORD WaitForInputIdle(
    HANDLE hProcess,
    DWORD dwMilliseconds);
```

이 함수를 호출하면 hProcess가 가리키는 프로세스의 첫 번째 윈도우를 생성한 스레드가 대기 상태가 될 때까지 WaitForInputIdle 함수를 호출한 스레드를 대기 상태로 유지한다. 이 함수는 페어런트 프로세스가 CreateProcess를 호출하여 차일드 프로세스의 생성을 요청한 후 차일드 프로세스가 완전히 초기화될 때까지 대기하도록 하고 싶은 경우에 유용하게 사용될 수 있다. 예를 들어 페어런트 프로세스의 스레드가 차일드 프로세스가 생성한 윈도우 핸들을 얻어오려면 언제 차일드 프로세스가 초기화를 완료하고 더 이상 처리할 입력이 없는지를 알아야 한다. 이를 위해 페어런트 프로세스는 CreateProcess를 호출한 이후에 WaitForInputIdle 함수를 호출하면 된다.

WaitForInputIdle 함수는 애플리케이션에 키 입력 keystroke을 전송해야 할 필요가 있을 경우에도 유용하게 사용될 수 있다. 애플리케이션의 주 윈도우에 다음과 같은 일련의 메시지들을 포스트 post 해야 할 경우를 생각해 보자.

WM_KEYDOWN	VK_MENU 가상 키 값을 인자로 함
WM_KEYDOWN	VK_F 가상 키 값을 인자로 함
WM_KEYUP	VK_F 가상 키 값을 인자로 함
WM_KEYUP	VK_MENU 가상 키 값을 인자로 함
WM_KEYDOWN	VK_O 가상 키 값을 인자로 함
WM_KEYUP	VK_O 가상 키 값을 인자로 함

대부분의 영어 기반 애플리케이션에서는 Alt+F, O를 누르면 파일 메뉴의 열기 명령이 수행된다. 이러한 명령을 수행하면 보통 열기 다이얼로그 박스가 나타나는데, 이를 위해 윈도우는 다이얼로그 박스의 구조를 표현하고 있는 파일을 읽고 다이얼로그 박스 내의 각 컨트롤을 생성하기 위해 Create-Window를 반복적으로 호출해야 한다. 이러한 과정은 상당한 시간을 소요하게 된다. 따라서 특정 애플리케이션에 WM_KEY* 메시지를 포스트하려는 경우에는 WaitForInputIdle 함수를 호출하여 다이얼로그 박스가 완전히 생성되고 사용자 입력을 기다리는 상황이 될 때까지 대기해야 한다. 이후에 키 입력 메시지를 다이얼로그 박스에 전송해야만 수행하고자 하는 작업을 정확히 수행할 수 있다.

16비트 윈도우 애플리케이션을 개발하는 개발자의 경우 종종 이러한 문제를 겪게 될 것이다. 애플리케이션 메시지를 윈도우에 포스트하는 경우 언제 메시지가 처리되어 윈도우가 생성되고 메시지를 받아들일 준비가 될런지 알아내기가 쉽지 않다. 이 경우 WaitForInputIdle 함수를 사용하면 된다.

❸ MsgWaitForMultipleObjects(Ex)

MsgWaitForMultipleObjects나 MsgWaitForMultipleObjectsEx 함수를 사용하여 스레드가 메시지를 대기하도록 할 수 있다.

```
DWORD MsgWaitForMultipleObjects(
    DWORD dwCount,
    PHANDLE phObjects,
    BOOL bWaitAll,
    DWORD dwMilliseconds,
    DWORD dwWakeMask);

DWORD MsgWaitForMultipleObjectsEx(
    DWORD dwCount,
    PHANDLE phObjects,
    DWORD dwMilliseconds,
    DWORD dwWakeMask,
    DWORD dwFlags);
```

이 함수는 WaitForMultipleObjects 함수와 매우 유사하다. 차이점이라면 이 함수들은 커널 오브젝트가 시그널될 때 외에도 이 함수를 호출한 스레드가 생성한 윈도우에 메시지가 전달되었을 경우에도 스케줄 가능 상태가 된다는 것이다.

윈도우를 생성하고 사용자 인터페이스와 관련된 작업을 수행하는 스레드라면 사용자 인터페이스가 응답하지 않는 상황을 피하기 위해 WaitForMultipleObjects 대신 MsgWaitForMultipleObjectsEx를 사용하는 것이 좋다.

❹ WaitForDebugEvent

윈도우 운영체제는 강력한 디버깅 기능을 포함하고 있다. 디버거 debugger가 수행되고 디버기 debugee가 연결되면 디버거는 운영체제가 디버기와 관련된 디버그 이벤트를 전달해 줄 때까지 유휴 상태로 대기하게 된다. 디버거가 디버그 이벤트를 기다리기 위해서는 WaitForDebugEvent 함수를 호출하면 된다.

```
BOOL WaitForDebugEvent(
    PDEBUG_EVENT pde,
    DWORD dwMilliseconds);
```

디버거가 이 함수를 호출하면 디버거의 스레드는 대기 상태가 된다. 시스템은 디버그 이벤트가 발생한 경우 WaitForDebugEvent가 반환되도록 하여 디버그 이벤트가 발생하였음을 알려준다. pde 매개변수가 가리키는 구조체는 디버거의 스레드가 깨어나기 전에 시스템에 의해 채워지며, 어떤 디버그 이벤트가 발생했는지에 대한 정보를 포함하고 있다. "사용자 정의 방식의 디버깅, 조직화 도구, 유틸리티들을 이용하여 DLL 지옥에서 빠져나오기, 파트 2$^{\text{Escape from DLL Hell with Custom Debugging and Instrumentation Tools and Utilities, Part 2}}$" ($http://msdn.microsoft.com/msdnmag/issues/02/08/EscapefromDLLHell/$)를 읽어보기 바란다.

⑤ SignalObjectAndWait

SignalObjectAndWait 함수는 특정 커널 오브젝트를 시그널 상태로 만들어주고, 이와는 또 다른 커널 오브젝트가 시그널 상태가 되기를 대기하는 기능을 원자적으로 수행한다.

```
DWORD SignalObjectAndWait(
    HANDLE hObjectToSignal,
    HANDLE hObjectToWaitOn,
    DWORD dwMilliseconds,
    BOOL bAlertable);
```

이 함수를 호출할 때에는 hObjectToSignal 매개변수로 뮤텍스^{mutex}, 세마포어^{semaphore}, 또는 이벤트^{event}가 전달되어야 하며, 다른 형태의 오브젝트 핸들이 전달되면 WAIT_FAILED가 반환되며, 이때 GetLastError를 호출하면 ERROR_INVALID_HANDLE이 반환된다. 이 함수는 전달되는 핸들의 오브젝트 타입에 맞추어 내부적으로 ReleaseMutex, ReleaseSemaphore(1을 인자로), 또는 SetEvent 함수를 각각 호출해 준다.

hObjectToWaitOn 매개변수로는 뮤텍스^{mutex}, 세마포어^{semaphore}, 이벤트^{event}, 타이머^{timer}, 프로세스^{process}, 스레드^{thread}, 잡^{job}, 콘솔 입력$^{\text{console input}}$, 그리고 변경 통지$^{\text{change notification}}$에 대한 핸들을 전달할 수 있다. 다른 대기 함수와 마찬가지로 dwMilliseconds 매개변수는 커널 오브젝트가 시그널될 때까지 얼마만큼의 시간 동안 대기할 것인지를 지정하게 된다. bAlertable 플래그로는 스레드가 대기 상태인 동안 비동기 프로시저 호출을 수행할 수 있도록 할지의 여부를 전달하게 된다.

이 함수는 WAIT_OBJECT_0, WAIT_TIMEOUT, WAIT_FAILED, WAIT_ABANDONED(앞서 설명하였다), 또는 WAIT_IO_COMPLETION 중 하나를 반환할 수 있다.

이 함수는 두 가지 이유로 인해 윈도우에 추가되었다. 첫째로, 개발자들은 특정 오브젝트를 시그널 상태로 만들어준 후 다른 오브젝트를 대기하는 식의 코드를 자주 작성하게 되는데, 단일 함수로 이와 같은 작업을 수행하게 되면 수행 시간을 절약해 주는 효과가 있다. 만일 이를 위해 여러 개의 함수를 호출하게 되면 각 함수 호출 시마다 유저 모드에서 커널 모드로의 전환을 수행해야 한다. 이는 약 200CPU 사이클이 필요하며(x86 플랫폼의 경우) 스레드의 재기동을 위해서는 더욱더 많은 시간을 필요로 한다. 예를 들어 다음과 같은 코드를 수행하기 위해서는 매우 많은 CPU 사이클이 필요하다.

```
ReleaseMutex(hMutex);
WaitForSingleObject(hEvent, INFINITE);
```

고성능의 서버 애플리케이션에서는 SignalObjectAndWait 함수를 이용함으로써 수행 시간을 많이 절약할 수 있다.

둘째로, SignalObjectAndWait 함수를 이용하면 이 함수를 호출한 스레드가 대기 상태에 있음을 보증할 수 있기 때문에 앞서 설명한 PulseEvent와 같은 함수를 사용할 때 유용하게 활용될 수 있다. PulseEvent는 특정 이벤트를 시그널 상태로 변경하였다가 그 즉시 논시그널 상태로 변경하게 되는데, 어떠한 이벤트를 대기 중인 스레드가 없다면 이벤트가 시그널되었는지를 감지할 수가 없다. 이전에 누군가가 다음과 같은 코드를 작성한 것을 본 적이 있다.

```
// 작업을 수행한다.
SetEvent(hEventWorkerThreadDone);
WaitForSingleObject(hEventMoreWorkToBeDone, INFINITE);
// 추가 작업을 수행한다.
```

워커 worker 스레드는 작업을 완료 후 SetEvent를 호출하여 작업을 모두 마쳤음을 다른 스레드에게 알려준다. 다른 스레드는 아마도 다음과 같은 코드를 수행하고 있었을 것이다.

```
WaitForSingleObject(hEventWorkerThreadDone);
PulseEvent(hEventMoreWorkToBeDone);
```

워커 스레드가 수행하고 있는 코드는 정상 동작하지 않을 수 있는 나쁜 구조다. 워커 스레드가 SetEvent를 호출하면 다른 스레드가 즉각 깨어나서 PulseEvent를 호출할 것이라 생각하겠지만 워커 스레드가 SetEvent를 호출하고 hEventMoreWorkToBeDone을 매개변수로 WaitForSingleObject를 호출하기 전에 수행 흐름이 다른 스레드로 변경될 수 있다. 이렇게 되면 PulseEvent가 먼저 호출되어 hEventMoreWorkToBeDone에 대한 시그널 후 논시그널로의 변경 작업이 먼저 수행되기 때문에 워커 스레드는 hEvnetMoreWorkToBeDone 이벤트에 대한 시그널 상태 변경을 감지하지 못하게 된다.

워커 스레드는 SignalObjectAndWait 함수를 이용하여 아래와 같이 재작성될 수 있다. 이 코드는 시그널 상태로의 변경과 대기를 원자적으로 수행하기 때문에 앞서와 같은 문제을 유발하지 않는다.

```
// 작업을 수행한다.
SignalObjectAndWait(hEventWorkerThreadDone,
    hEventMoreWorkToBeDone, INFINITE, FALSE);
// 추가 작업을 수행한다.
```

이 함수를 호출한 직후 다른 스레드로 제어가 넘어간다 해도 워커 스레드가 hEventMoreWorkTo-BeDone 이벤트를 대기 중인 것을 100% 보장할 수 있으므로 PulseEvent 호출을 통한 이벤트 상태 변경은 항시 감지될 수 있게 된다.

⑥ 대기 목록 순회 API를 이용한 데드락 감지

멀티스레드 애플리케이션을 개발하는 것은 매우 복잡한 작업 중 하나다. 뿐만 아니라 디버깅을 통해 멀티스레드 애플리케이션의 데드락^{deadlock}이나 무한 대기^{infinite wait}와 같은 락과 관련된 문제점을 찾아내는 것은 더욱 어려운 일이다. 윈도우 비스타에 추가된 대기 목록 순회^{Wait Chain Traversal}(WCT)와 관련된 API를 이용하면 하나의 프로세스나 다수의 프로세스들 사이에서 발생한 락을 나열하고 데드락을 발견하는 것이 가능하다. [표 9-4]에 동기화 메커니즘과 락의 원인별로 운영체제가 어떠한 정보를 추적하고 있는지를 나타냈다.

[표 9-4] WCT에 의해 추적 가능한 동기화 메커니즘의 형태

락의 원인	설명
크리티컬 섹션	윈도우는 어떤 스레드가 크리티컬 섹션을 소유하고 있는지 추적한다.
뮤텍스	윈도우는 어떤 스레드가 뮤텍스를 소유하고 있는지 추적한다. 버려진 뮤텍스도 추적이 가능하다.
프로세스와 스레드	윈도우는 어떤 스레드가 프로세스나 스레드의 종료를 대기하고 있는지 추적한다.
SendMessage 호출	322쪽 "스레드 정지 시 데드락 이슈"에서 살펴본 것과 같이 어떤 스레드가 SendMessage를 호출하고 반환되기를 기다리고 있는지를 아는 것이 중요하다.
COM 초기화와 호출	CoCreateInstance 함수 호출이나 COM 오브젝트 메소드 호출을 추적한다.
ALPC(Advanced Local Procedure Call)	ALPC는 윈도우 비스타에서 LPC(Local Procedure Call)를 대체하는 기술이며, 문서화되지 않은 커널 IPC^{interprocess communication}(프로세스간 통신) 메커니즘이다.

> **경고** 8장에서 알아본 SRWLock 동기화 메커니즘은 WCT에 의해 추적되지 않는다. 또한 이벤트, 세마포어, 대기 타이머 등의 다양한 커널 오브젝트도 WCT에 의해 추적되지 않는데, 이는 어떤 스레드든지 이러한 커널 오브젝트를 시그널 상태로 언제든지 변경할 수 있기 때문이다.

LockCop 예제 애플리케이션

LockCop 애플리케이션인 09-LockCop.exe는 WCT를 이용하여 어떻게 유용한 애플리케이션을 만들어낼 수 있는지를 보여주고 있다. 소스 코드와 리소스 파일은 한빛미디어 홈페이지를 통해 제공되는 소스 파일의 09-LockCop 폴더에 있다. 프로그램을 실행하고 Processes 콤보 박스에서 데드락 상태에 빠진 애플리케이션을 선택하게 되면 [그림 9-1]에서 보는 바와 같이 데드락 상태에 있는 스레드들을 나열해 준다.

LockCop은 먼저 4장 "프로세스"에서 살펴보았던 ToolHelp32를 이용하여 현재 수행 중인 프로세스의 목록을 가져와서 각 프로세스의 ID와 이름을 Processes 콤보 박스에 추가한다. 사용자가 프로세스를 선택하면 프로세스 내의 데드락 상태에 있는 스레드 각각에 대해 스레드 ID와 대기 목록을 출력한다. MSDN 온라인 도움말은 대기 목록을 다음과 같이 정의하고 있다.

"대기 목록이란 스레드와 동기화 오브젝트가 순차적으로 반복되는 것을 의미한다. 즉, 각각의 스레드는 그 뒤의 동기화 오브젝트를 기다리고 있고, 이러한 동기화 오브젝트는 그 뒤의 스레드에 의해 소유되어 있다."

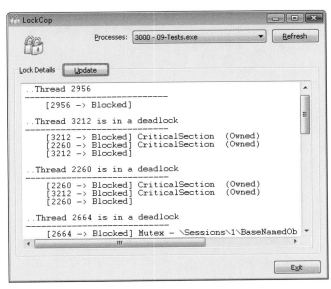

[그림 9-1] LockCop의 수행 예

내용을 좀 더 명확히 하기 위해 [그림 9-1]의 3212 스레드와 대기 목록을 통해 이 스레드가 어떤 상태인지 자세히 살펴보자.

- 3212 스레드는 크리티컬 섹션에 의해 블록되었다. (이 크리티컬 섹션을 CS1이라고 하자.)
- 이 크리티컬 섹션(CS1)은 다른 스레드(2260)가 소유하고 있으며, 이 스레드는 또 다른 크리티컬 섹션에 의해 블록되었다. (이 크리티컬 섹션을 CS2라고 하자.)
- 이 크리티컬 섹션(CS2)은 첫 번째 스레드인 3212 스레드가 소유하고 있다.

정리하면 3212 스레드는 2260 스레드가 소유하고 있는 크리티컬 섹션이 해제되기를 기다리고 있으며, 2260 스레드는 3212 스레드가 소유하고 있는 다른 크리티컬 섹션이 해제되기를 기다리고 있다. 이는 전형적인 데드락의 형태이며, 325쪽의 "다수의 논리적 리소스들에 동시에 접근하는 방법"에서 설명하였던 내용과 동일하다.

기본적으로, LockCop 애플리케이션에서 출력하고 있는 모든 정보들은 다양한 WCT 함수를 통해 획득할 수 있다. WCT 함수들을 좀 더 쉽게 사용할 수 있도록 CWCT라는 C++ 클래스를 만들어 보았다(이 클래스는 WaitChainTraversal.h 파일에 있다). 이 클래스를 이용하면 대기 목록을 좀 더 쉽게 순회할 수 있다. 이 클래스를 사용하려면 CWCT를 상속하여 다음의 클래스 정의부에 볼드체로 나타낸 두 개의 함수를 오버라이드^{override}한 후 ParseThreads 메소드에 프로세스의 ID를 전달하면 된다.

```
class CWCT
{
public:
    CWCT();
    ~CWCT();

    // 인자로 주어진 프로세스 내에서 수행 중인 모든 스레드를 순회하면서
    // 스레드별로 대기 목록을 출력해 준다.
    void ParseThreads(DWORD PID);

protected:
    // 이 메소드는 각 스레드별로 분석 직전에 호출된다.
    // 주의: nodeCount가 0이면 이 스레드에 대해 분석이 불가능하다는 것을 의미한다.
    virtual void OnThread(DWORD TID, BOOL bDeadlock, DWORD nodeCount);

    // 이 메소드는 각 웨이트 노드별로 호출된다.
    virtual void OnChainNodeInfo(DWORD rootTID, DWORD currentNode,
        WAITCHAIN_NODE_INFO nodeInfo);

    // 현재 스레드의 체인 내에 몇 개의 노드가 있는지를 반환해 준다.
    DWORD GetNodesInChain();

    // 분석 중인 프로세스의 PID 값을 반환해 준다.
    DWORD GetPID();

private:
    void InitCOM();
    void ParseThread(DWORD TID);

private:
    // WCT 세션의 핸들
    HWCT _hWCTSession;

    // OLE32.DLL 모듈의 핸들
    HMODULE _hOLE32DLL;

    DWORD _PID;
    DWORD _dwNodeCount;
};
```

CWCT 인스턴스를 생성하면 내부적으로 RegisterWaitChainCOMCallback을 호출하여 WCT에 COM 컨텍스트를 등록하고(자세한 구현사항은 InitCOM 메소드를 확인해 보라) OpenThreadWait-ChainSession 함수를 호출하여 대기 목록 세션이 열릴 때까지 대기한다.

```
HWCT OpenThreadWaitChainSession(
    DWORD dwFlags,
    PWAITCHAINCALLBACK callback);
```

동기 세션을 원하는 경우 dwFlags 매개변수로 0을 전달하면 되고, 비동기 세션을 원하는 경우 WCT_ASYNC_OPEN_FLAG를 전달하면 된다. 비동기 세션의 경우 두 번째 매개변수로 콜백함수의 포인터를 전달해야 한다. 시스템이 메모리를 많이 사용하고 있는 경우 긴 대기 목록을 가져오는 데에는 상당한 시간이 소요될 수 있다. 이런 경우라면 동기 세션보다는 비동기 세션을 사용하는 것을 고려해 볼 필요가 있다. 왜냐하면 비동기 세션을 이용하는 경우에는 CloseThreadWiatChainSession을 호출하여 대기 목록에 대한 순회를 언제든지 중단할 수 있기 때문이다. CWCT 클래스는 동기적인 방법으로 대기 목록을 순회하기 때문에 dwFlags로는 0을, 콜백 함수로는 NULL을 전달하였다. CWCT의 파괴자에서는 OpenThreadWaitChainSession 함수가 반환한 세션 핸들을 CloseThreadWaitChain-Session 함수의 인자로 전달하여 세션을 닫는다.

인자로 주어진 프로세스 ID를 기반으로 스레드를 순회하는 루틴은 ParseThreads 함수 내에 포함되어 있으며, 이는 4장에서 설명한 바 있는 ToolHelp 스냅샷을 이용하여 구현되었다.

```
void CWCT::ParseThreads(DWORD PID) {

  _PID = PID;

  // 프로세스의 모든 스레드를 얻어온다.
  CToolhelp th(TH32CS_SNAPTHREAD, PID);
  THREADENTRY32 te = { sizeof(te) };
  BOOL fOk = th.ThreadFirst(&te);
  for (; fOk; fOk = th.ThreadNext(&te)) {
      // 스레드 목록 중 주어진 프로세스에 속하는
      // 스레드에 대해서만 ParseThread를 호출한다.
      if (te.th32OwnerProcessID == PID) {
          ParseThread(te.th32ThreadID);
      }
  }
}
```

ParseThread 메소드는 대기 목록 순회의 핵심적인 역할을 수행한다.

```
void CWCT::ParseThread(DWORD TID) {

  WAITCHAIN_NODE_INFO chain[WCT_MAX_NODE_COUNT];
  DWORD               dwNodesInChain;
```

```
    BOOL                bDeadlock;

dwNodesInChain = WCT_MAX_NODE_COUNT;

// 현재 스레드의 대기 목록을 획득한다.
if (!GetThreadWaitChain(_hWCTSession, NULL, WCTP_GETINFO_ALL_FLAGS,
        TID, &dwNodesInChain, chain, &bDeadlock)) {

    _dwNodeCount = 0;
    OnThread(TID, FALSE, 0);
    return;
}

// 현재 스레드의 대기 목록에 대한 처리를 시작한다.
_dwNodeCount = min(dwNodesInChain, WCT_MAX_NODE_COUNT);
OnThread(TID, bDeadlock, dwNodesInChain);

// 대기 목록의 각 노드에 대해 세부 내용을 인자로
// 가상 함수를 호출한다.
for (
    DWORD current = 0;
    current < min(dwNodesInChain, WCT_MAX_NODE_COUNT);
    current++
    ) {
    OnChainNodeInfo(TID, current, chain[ current] );
}
}
```

GetThreadWaitChain 함수는 WAITCHAIN_NODE_INFO 배열에 내용을 채워준다. 각 배열 요소 는 블로킹된 스레드나 스레드 블로킹과 관련되어 있는 동기화 메커니즘에 대한 정보를 가지고 있다.

```
BOOL WINAPI GetThreadWaitChain(
    HWCT hWctSession,
    DWORD_PTR pContext,
    DWORD dwFlags,
    DWORD TID,
    PDWORD pNodeCount,
    PWAITCHAIN_NODE_INFO pNodeInfoArray,
    LPBOOL pbIsCycle
);
```

hWctSession 매개변수로는 OpenThreadWaitChainSession 함수의 반환 값을 전달하면 된다. 비

동기 세션의 경우 pContext 매개변수를 통해 추가적인 정보를 전달할 수 있다. dwFlags 매개변수는 외부 프로세스에 대한 시나리오를 재정의하는 데 사용되며, [표 9-5]에 나열한 비트 플래그 정보를 전달하면 된다.

[표 9-5] GetThreadWaitChain 플래그

dwFlags 값	설명
WCT_OUT_OF_PROC_FLAG(0x01)	이 플래그를 설정하지 않으면 대기 목록 내에 현재 수행 중인 스레드를 포함하는 프로세스 외의 다른 프로세스에 대한 스레드 정보를 포함시키지 않는다. 다수의 프로세스를 생성하는 시스템이나 프로세스를 생성하고 생성된 프로세스의 종료를 기다리는 시스템의 경우 이 플래그를 설정해야 한다.
WCT_OUT_OF_PROC_CS_FALG(0x04)	현재 수행 중인 스레드를 포함하는 프로세스 외의 다른 프로세스의 크리티컬 섹션 정보를 획득할 때 사용한다. 다수의 프로세스를 생성하는 시스템이나 프로세스를 생성한 후 해당 프로세스의 종료를 기다리는 시스템의 경우 이 플래그를 설정해야 한다.
WCT_OUT_OF_PROC_COM_FALG(0x02)	MTA COM 서버들에 대해 동작을 수행하려면 반드시 설정해야 한다.
WCT_GETINFO_ALL_FLAGS	앞서 언급한 모든 플래그를 한 번에 지정한다.

TID 매개변수는 대기 목록 내에서 어떤 스레드와 연관된 노드를 획득하고자 하는지를 결정하는 값으로, 스레드의 ID 값을 전달하면 된다. GetThreadWaitChain 함수는 마지막 3개의 인자를 통해 대기 목록에 대한 세부 사항을 얻어오게 된다.

- DWORD 값을 가리키는 pNodeCount는 대기 목록 내의 노드 개수를 반환한다.
- 대기 목록 내의 노드들은 pNodeInfoArray 매개변수로 전달한 배열에 저장된다.
- 데드락을 찾아내면 pbIsCycle 매개변수가 가리키는 부울 값이 TRUE로 설정된다.

ParseThread는 주어진 프로세스에 속한 각 스레드별로 반복 호출되며, 이때마다 OnThread를 오버라이드한 함수를 호출해 준다. 이 함수의 첫 번째 매개변수로는 스레드의 ID가 전달되며, 이 스레드가 데드락 상태일 경우 두 번째 매개변수인 bDeadLock으로는 TRUE가 전달된다. 마지막 매개변수인 nodeCount로는 이 스레드의 대기 목록 내의 노드 개수를 전달해 준다(만일 이 값이 0이라면 접근 거부access denied와 같은 에러가 발생한 것이다). OnChainNodeInfo를 오버라이드한 함수는 OnThread를 통해 전달되는 스레드의 ID 값을 rootTID로 가지고 있는 대기 목록 내의 각 노드별로 반복 호출된다. 0부터 시작하는 노드의 인덱스 값이 currentNode 매개변수로 전달되고, 대기 목록 내의 세부노드 정보가 wct.h 헤더 파일에서 정의하고 있는 WAITCHAIN_NODE_INFO 구조체의 형태로 nodeInfo 매개변수를 통해 전달된다.

```
typedef struct _WAITCHAIN_NODE_INFO
{
    WCT_OBJECT_TYPE ObjectType;
    WCT_OBJECT_STATUS ObjectStatus;
```

```
      union {
         struct {
            WCHAR ObjectName[ WCT_OBJNAME_LENGTH] ;
            LARGE_INTEGER Timeout;      // v1에서는 구현되지 않음
            BOOL Alertable;             // v1에서는 구현되지 않음
         } LockObject;

         struct {
            DWORD ProcessId;
            DWORD ThreadId;
            DWORD WaitTime;
            DWORD ContextSwitches;
         } ThreadObject;
      };

   } WAITCHAIN_NODE_INFO, *PWAITCHAIN_NODE_INFO;
```

각 노드의 타입은 ObjectType 필드에 의해 정의되며, 이 값은 WCT_OBJECT_TYPE 열거형 상수 값 중 하나가 될 수 있다. 각 노드 오브젝트의 타입에 대해서는 [표 9-6]에서 설명하였다.

[표 9-6] 대기 목록의 노드 오브젝트 타입

WCT_OBJECT_TYPE	대기 목록 내의 노드별 타입에 대한 설명
WctThreadType	대기 목록 내의 블로킹된 스레드를 나타냄
WctCriticalSectionType	특정 스레드에 의해 소유된 크리티컬 섹션을 나타냄
WctSendMessageType	블로킹된 SendMessage 함수 호출을 나타냄
WctMutexType	특정 스레드에 의해 소유된 뮤텍스를 나타냄
WctAlpcType	블로킹된 ALPC 호출을 나타냄
WctComType	블로킹된 COM 호출을 나타냄
WctThreadWaitType	스레드가 종료되기를 대기하고 있음을 나타냄
WctProcessWaitType	특정 프로세스가 종료되기를 대기하고 있음을 나타냄
WctComActivationType	CoCreateInstance의 호출이 반환되기를 대기하고 있음을 나타냄
WctUnknownType	미래에 추가될 API에 대한 확장 타입으로 사용될 예정

ThreadObject 구조체는 union으로 정의되어 있으며, ObjectType이 WctThreadType일 경우에 만 의미를 가진다. 그 외의 다른 모든 타입의 경우 ThreadObject 구조체 대신 LockObject 구조체 를 이용해야 한다. 스레드의 대기 목록은 항상 WctThreadType 타입의 노드로부터 시작되며, 이 값 은 OnChainNodeInfo의 rootTID 매개변수로 전달되는 값과 동일하다.

ObjectStatus는 WCT_OBJECT_STATUS 나열형으로 정의된 필드로, ObjectType 값이 WctThre- adType일 경우 스레드의 상태를 나타내는 값으로 사용되며, 그렇지 않을 경우 락에 대한 세부 상태 정 보를 나타내는 데 사용된다.

```
typedef enum _WCT_OBJECT_STATUS
{
    WctStatusNoAccess = 1,      // 이 오브젝트에 대한 접근 거부 발생
    WctStatusRunning,           // 스레드의 상태
    WctStatusBlocked,           // 스레드의 상태
    WctStatusPidOnly,           // 스레드의 상태
    WctStatusPidOnlyRpcss,      // 스레드의 상태
    WctStatusOwned,             // 디스페쳐 오브젝트의 상태
    WctStatusNotOwned,          // 디스페쳐 오브젝트의 상태
    WctStatusAbandoned,         // 디스페쳐 오브젝트의 상태
    WctStatusUnknown,           // 모든 오브젝트의 상태
    WctStatusError,             // 모든 오브젝트의 상태
    WctStatusMax
} WCT_OBJECT_STATUS;
```

LockCop 애플리케이션과 함께 다양한 종류의 데드락과 무한 락을 구현하고 있는 09-BadLock 예제를 소스 파일을 통해 제공하고 있다. WCT가 락의 종류에 따라 WAITCHAIN_NODE_INFO 구조체를 어떻게 채워주는지를 좀 더 자세히 살펴보려면 LockCop 내에서 09-BadLock 프로세스를 선택해 보기 바란다.

 LockCop 툴은 윈도우 비스타에서 무한 락infinite lock과 데드락deadlock을 분석diagnose하는 용도로만 사용될 수 있으며, WaitForMultipleObjects는 지원하지 않는다. 만일 여러 개의 동기화 오브젝트들에 대하여 동시 대기를 수행하기 위해 WaitForMultipleObjects 함수를 사용한 경우라면 LockCop의 GetThreadWaitChain이 데드락을 발견하여 OnThread를 오버라이드한 함수를 호출해 주지는 못하겠지만, 해당 스레드에 대한 대기 목록 내에서 반복되는 노드들을 발견할 수는 있을 것이다.

동기 및 비동기 장치 I/O

1. 장치 열기와 닫기
2. 파일 장치 이용
3. 동기 장치 I/O 수행
4. 비동기 장치 I/O의 기본
5. I/O 요청에 대한 완료 통지의 수신

이번 장에서는 고성능, 확장성, 응답성, 그리고 안정성 등을 고려하여 애플리케이션을 개발할 수 있는 마이크로소프트 윈도우의 기술들에 대해 알아볼 것이다. 이러한 내용들의 중요성은 아무리 강조해도 지나치지 않다. 확장성 있는 애플리케이션이란 적은 수의 동시 작업을 수행하는 것만큼이나 효율적으로 많은 수의 동시 작업을 처리할 수 있는 애플리케이션을 말한다. 서비스 애플리케이션의 경우 동시 작업이란 예측 불가능한 시점에 들어오는 클라이언트의 요청을 처리하는 것을 의미하므로 이를 위해 어느 정도의 처리 능력이 필요할지 예측할 수가 없다. 이러한 클라이언트 요청은 대부분 네트워크 어댑터와 같은 I/O 장치를 통해 전달되며, 클라이언트의 요청을 처리하기 위해서는 대부분 디스크와 같은 다른 장치에 대한 부가적인 I/O를 필요로 한다.

마이크로소프트 윈도우는 스레드를 이용하여 작업을 세분화할 수 있는 훌륭한 기능을 제공하고 있다. 각 스레드는 단일의 프로세서에 의해 구동되기 때문에 다수의 프로세서를 가진 머신에서는 여러 개의 스레드가 동시에 수행될 수 있고, 이로 인해 애플리케이션의 성능이 개선된다. 스레드가 동기적인 장치 I/O를 요청하면 I/O 작업이 완료될 때까지 일시적으로 스레드의 수행이 블로킹되는데, 이처럼 스레드가 블로킹되면 다른 클라이언트의 요청을 처리하는 것과 같은 유용한 작업을 수행할 수 없으므로 수행 성능에 나쁜 영향을 미치게 된다. 따라서 가능하면 스레드가 블로킹되지 않고 항상 어떤 작업을 수행하도록 하는 것이 좋으며, 스레드가 블로킹되는 상황은 가능한 한 피하는 것이 좋다.

스레드들이 계속해서 수행되도록 하려면 스레드들 간에 수행할 작업에 대해 상호 통신해야 할 필요가 있다. 마이크로소프트는 다년간의 연구와 다양한 영역에서의 테스트를 통해 매우 잘 정제된 스레드 간의 통신 메커니즘을 개발하였다. 이 메커니즘이 바로 고성능의 확장성 있는 애플리케이션을 개발할 수 있게 해 주는 I/O 컴플리션 포트^{completion port}다. I/O 컴플리션 포트를 이용하면 장치에 대한 읽기와 쓰기를 수행할 때 응답을 대기할 필요가 없으므로 애플리케이션의 성능이 놀랄 만큼 개선된다.

마이크로소프트는 최초에 I/O 컴플리션 포트를 장치 I/O에 대해서만 적용하기 위해 설계하였지만, 시간이 지남에 따라 운영체제의 다양한 기능들을 하나하나 I/O 컴플리션 포트와 통합하였다. 한 예로 잡 커널 오브젝트는 프로세스들을 감시하고 특정 이벤트를 통지하기 위해 I/O 컴플리션 포트를 사용한다. 5장 "잡"에서 살펴본 잡 실습 예제 애플리케이션을 살펴보면 I/O 컴플리션 포트와 잡 오브젝트가 어떻게 결합되어 사용되는지를 알 수 있다.

필자는 다년간 윈도우 개발자로 일해 오면서 I/O 컴플리션 포트를 사용할 수 있는 분야가 점점 더 늘어나고 있음을 알 수 있었다. 개인적인 견해로는 윈도우 개발자라면 I/O 컴플리션 포트의 동작 방식에 대해 완전히 이해해 둘 필요가 있다고 생각한다. 비록 이번 장에서 다루는 I/O 컴플리션 포트의 활용 예가 장치 I/O에 국한된 내용이긴 하지만, I/O 컴플리션 포트가 결코 장치 I/O에 한정되어 사용되는 기술이 아니라는 것을 반드시 염두에 두기 바란다. 간단히 정리하자면 I/O 컴플리션 포트는 다방면에서 활용될 수 있는 훌륭한 스레드간 통신 메커니즘이라고 할 수 있다.

상당히 거창하게 I/O 컴플리션 포트에 대해 소개했기 때문에 필자가 I/O 컴플리션 포트에 대한 열광적인 팬 같다고 생각할지도 모르겠다. 이 장을 모두 읽었을 때 독자도 필자와 같이 열광적인 팬이 되었으면 하는 바람을 가져본다. 바로 I/O 컴플리션 포트의 세부내용을 살펴보고 싶지만 그 전에 윈도우 환경에서 개발자가 사용할 수 있는 전형적인 장치 I/O에 대해 먼저 설명하고자 한다. 그래야만 I/O 컴플리션 포트에 대한 진가를 확인할 수 있을 것이기 때문이다. 이후 426쪽 "I/O 컴플리션 포트" 절에서 I/O 컴플리션 포트에 대해 구체적으로 알아볼 것이다.

section 01 장치 열기와 닫기

윈도우 운영체제의 강점 중 하나는 다양한 종류의 장치들을 사용할 수 있다는 것이다. 이번 장에서는 "장치"라는 단어를 통신 가능한 어떤 것을 의미하는 용어로 사용하겠다. [표 10-1]에 주로 사용되는 장치들과 일반적인 사용 예를 열거해 보았다.

[표 10-1] 다양한 장치들과 일반적인 사용 예

장치	일반적인 사용 예
파일(File)	다양한 데이터에 대한 영속적인 저장소

장치	일반적인 사용 예
디렉터리(Directory)	특성과 파일 압축 설정
논리적 디스크 드라이브(Logical disk drive)	드라이브 포매팅
물리적 디스크 드라이브(Physical disk drive)	파티션 테이블 접근
직렬 포트(Serial port)	전화선을 통한 데이터 전송
병렬 포트(Parallel port)	프린터로 데이터 전송
메일슬롯(Mailslot)	윈도우가 수행 중인 머신들 사이에 네트워크를 통해 일대다 데이터 전송
네임드 파이프(Named pipe: 명명된 파이프)	윈도우가 수행 중인 머신들 사이에 네트워크를 통해 일대일 데이터 전송
익명 파이프(Anonymous pipe)	단일 머신 내에서 일대일 데이터 전송(네트워크를 통하지 않음)
소켓(Socket)	소켓을 지원하는 다양한 머신들 간에 네트워크를 통해 데이터그램이나 스트림 형태로 데이터 전송
콘솔(Console)	텍스트 윈도우 스크린 버퍼

이번 장에서는 어떻게 하면 스레드가 장치로부터의 응답을 대기하지 않으면서 이들과 통신을 수행할 수 있을지에 대해 논의하려고 한다. 윈도우는 각 장치들 간의 차이점을 가능한 한 개발자에게 드러내지 않으려고 한다. 이렇게 함으로써 장치를 한 번 열기만 하면 장치에 대한 읽기, 쓰기를 수행하는 함수들은 장치의 종류와 상관 없이 동일하게 사용될 수 있기 때문이다. 이러한 노력 덕분에 장치에 대한 읽기, 쓰기를 수행하는 함수의 종류가 그리 많지 않음에도 불구하고 다양한 장치에 대한 읽기, 쓰기 작업을 동일한 함수를 이용하여 수행할 수 있게 되었다. 실례로 시리얼 포트를 이용하여 통신을 수행하려면 반드시 전송 속도^{baud rate}(보율)를 설정해야 한다. 하지만 네트워크를 통해(혹은 단일 머신 내에서) 통신을 수행할 때 네임드 파이프를 이용하면 전송 속도는 아무런 의미가 없다. 윈도우에서는 이렇듯 완전히 특성이 다른 장치들에 대해서도 동일한 함수들을 이용하여 데이터 송수신을 수행할 수 있다. 각각의 장치들은 다른 장치들과 조금씩 다르기 때문에 미묘한 차이들에 대해 모두 다루지는 않을 것이다. 예외적으로 파일의 경우에는 너무나 널리 사용되는 대표적인 장치이므로 좀 더 공을 들여 설명할 것이다. 어떤 형태의 I/O를 수행하든지 장치에 대해 가장 먼저 수행해야 할 작업은 열기 작업이다. 열기 작업을 수행하여 핸들 값을 획득하는 방법은 사용하고자 하는 장치가 무엇이냐에 따라 서로 상이하다. [표 10-2]에 자주 사용되는 장치들과 이러한 장치를 열기 위해 사용해야 하는 함수를 나열해 보았다.

[표 10-2] 다양한 장치를 열기 위한 함수들

장치	장치를 열기 위한 함수
파일	CreateFile(pszName 매개변수에는 경로 이름이나 UNC 경로 이름을 지정한다.)
디렉터리	CreateFile(pszName 매개변수에는 디렉터리 이름이나 UNC 디렉터리 이름을 지정한다.) 윈도우는 CreateFile을 호출할 때 FLAG_BACKUP_SEMANTICS 플래그를 지정한 경우에만 디렉터리를 열 수 있도록 허용하고 있다. 디렉터리를 열게 되면 디렉터리의 특성(보통, 숨김, 기타 등등)을 변경할 수 있으며, 시간 정보도 변경할 수 있다.

장치	장치를 열기 위한 함수
논리적 디스크 드라이브	CreateFile(pszName 매개변수에는 "\\.\x:"를 지정한다.) "\\.\x:"와 같은 형태를 사용할 때에만 논리적 디스크 드라이브를 열 수 있다. 여기서 x는 드라이브 문자다. 예를 들어 A 드라이브를 열기 위해서는 "\\.\A:"과 같이 쓰면 된다. 드라이브를 열게 되면 드라이브를 포맷하거나 드라이브의 크기를 확인할 수 있다.
물리적 디스크 드라이브	CreateFile(pszName 매개변수에는 "\\.\PHYSICALDRIVEx"를 지정한다.) "\\.\PHYSICALDRIVEx"와 같은 형태를 사용할 때에만 물리적 디스크 드라이브를 열 수 있다. 여기서 x는 물리적 드라이브를 표현하는 숫자 값이다. 예를 들어 사용자의 물리적 하드 디스크의 첫 번째 섹터로부터 값을 읽거나 쓰려면 "\\.\PHYSICALDRIVE0"과 같이 쓰면 된다. 물리적 드라이브를 열게 되면 하드 드라이브의 파티션 테이블에 직접 접근할 수 있다. 물리적 드라이브를 직접 열게 되면 상당한 잠재적 위험을 수반하게 된다. 디스크에 올바르지 않은 정보를 잘못 저장하게 되면 디스크에 이미 저장되어 있던 내용을 운영체제가 접근하지 못하는 상황이 될 수도 있다.
직렬 포트	CreateFile(pszName에 "COMx"를 지정한다.)
병렬 포트	CreateFile(pszName에 "LPTx"를 지정한다.)
메일슬롯 서버	CreateMailslot(pszName에 "\\.\mailslot*mailslotname*"을 지정한다.)
메일슬롯 클라이언트	CreateFile(pszName에 "*servername*\mailslot*mailslotname*"을 지정한다.)
네임드 파이프 서버	CreateNamedPipe(pszName에 "\\.\pipe*pipename*"을 지정한다.)
네임드 파이프 클라이언트	CreateFile(pszName에 "*servername*\pipe*pipename*"을 지정한다.)
익명 파이프	클라이언트와 서버에서 CreatePipe
소켓	socket, accept, 또는 AcceptEx
콘솔	CreateConsoleScreenBuffer 또는 GetStdHandle

[표 10-2]의 함수들은 각각의 장치를 구분할 수 있는 고유의 핸들 값을 반환한다. 장치와 통신을 수행하는 함수들을 사용하려면 이 핸들 값을 인자로 전달해야 한다. 시리얼 포트의 전송 속도를 설정하려면 아래와 같이 SetCommConfig를 사용하면 된다.

```
BOOL SetCommConfig(
    HANDLE        hCommDev,
    LPCOMMCONFIG  pCC,
    DWORD         dwSize);
```

데이터를 읽는 동안 대기 만료 시간^{time-out}을 설정하려면 SetMailslotInfo 함수를 사용하면 된다.

```
BOOL SetMailslotInfo(
    HANDLE hMailslot,
    DWORD  dwReadTimeout);
```

앞서 살펴본 함수들은 모두 첫 번째 인자로 장치에 대한 핸들을 요구한다.

장치를 모두 사용하였다면 반드시 닫기를 수행해야 한다. 대부분의 장치에 대해 핸들을 닫기 위해서는 CloseHandle 함수를 사용하면 된다.

```
BOOL CloseHandle(HANDLE hObject);
```

하지만 사용하던 장치가 소켓이라면 closesocket 함수를 호출해야 한다.

```
int closesocket(SOCKET s);
```

또한 장치에 대한 핸들을 알고 있다면, 이 핸들 값을 이용하여 장치의 타입을 알아내기 위해 Get-FileType 함수를 이용할 수 있다.

```
DWORD GetFileType(HANDLE hDevice);
```

GetFileType 함수를 사용할 때에는 첫 번째 매개변수로 장치에 대한 핸들을 전달해 주기만 하면 된다. 이 함수는 [표 10-3]에 나열된 값 중 하나를 반환한다.

[표 10-3] GetFileType 함수의 반환 값

값	설명
FILE_TYPE_UNKNOWN	지정한 핸들의 장치 타입을 확인할 수 없음
FILE_TYPE_DISK	디스크에 저장된 파일
FILE_TYPE_CHAR	LPT 장치나 콘솔과 같은 전형적인 문자 기반 장치
FILE_TYPE_PIPE	네임드 파이프나 익명 파이프

❶ CreateFile에 대한 세부사항 검토

CreateFile 함수를 이용하면 디스크에 새로운 파일을 생성하거나 기존 파일에 대한 열기를 수행할 수 있을 뿐만 아니라 파일이 아닌 다른 장치에 대해서도 열기 작업을 수행할 수 있다.

```
HANDLE CreateFile(
    PCTSTR pszName,
    DWORD dwDesiredAccess,
    DWORD dwShareMode,
    PSECURITY_ATTRIBUTES psa,
    DWORD  dwCreationDisposition,
    DWORD  dwFlagsAndAttributes,
    HANDLE hFileTemplate);
```

위에서 보는 바와 같이 CreateFile 함수는 그다지 많지 않은 매개변수를 받아들이도록 구성되어 있지만, 그럼에도 이 함수를 이용하여 열기 작업을 수행할 때에는 상당히 유연하게 동작한다. 지금부터 CreateFile의 각 매개변수들에 대해 자세히 알아보자.

CreateFile을 호출할 때 pszName 매개변수로는 특정 장치의 인스턴스를 나타내는 값을 전달할 수 있을 뿐만 아니라 장치의 타입을 구분할 수 있는 값을 전달할 수도 있다.

dwDesiredAccess 매개변수는 장치와 데이터를 어떻게 주고받기를 원하는지 결정하기 위해 사용된다. 일반적으로 4개의 값 중 하나를 사용하면 되는데, 이 값들에 대해서는 [표 10-4]에서 나타냈다. 일부 장치들은 추가적인 접근 제어 플래그access control flag를 필요로 하는 경우가 있다. 예를 들면 파일에 대한 열기 작업을 수행할 때에는 접근 제어 플래그로 FILE_READ_ATTRIBUTES와 같은 플래그를 지정해야 하는 경우도 있다. 이러한 플래그들에 대해 자세히 알고 싶다면 플랫폼 SDK 문서를 확인하기 바란다.

[표 10-4] CreateFile의 dwDesiredAccess 매개변수에 가장 널리 쓰이는 값과 그 의미

값	의미
0	장치에 대해 데이터를 읽거나 쓰지 않을 것임을 의미한다. 보통 파일의 타임스탬프를 변경하는 것과 같이 장치의 구성 설정만 변경하고자 할 경우에 사용된다.
GENERIC_READ	장치에 대해 읽기만 수행한다.
GENERIC_WRITE	장치에 대해 쓰기만 수행한다. 예를 들면 이 값은 프린터로 출력할 데이터를 전송하거나 백업 소프트웨어 등에 의해 사용된다. GENERIC_WRITE가 GENERIC_READ를 암묵적으로 내포하지 않는다는 점에 주의하기 바란다.
GENERIC_READ | GENERIC_WRITE	장치에 대해 읽기와 쓰기를 수행한다. 이 값은 데이터를 자유롭게 읽거나 쓸 수 있기 때문에 일반적으로 가장 많이 쓰인다.

dwShareMode 매개변수는 장치의 공유 특성을 지정하는 데 사용된다. 이 값은 CreateFile을 이용하여 장치에 대해 열기 작업을 이미 수행한 경우에(CloseHandle을 호출하기 이전에) 추가적으로 동일 장치에 대해 CreateFile을 수행한 경우, 열기 작업을 어떻게 수행할지를 제어하기 위해 사용된다. [표 10-5]에서 dwShareMode 매개변수로 지정할 수 있는 값에 대해 설명했다.

[표 10-5] CreateFile의 dwShareMode 매개변수로 전달 가능한 I/O 관련 값과 그 의미

값	의미
0	장치에 대해 배타적 접근을 요구한다. 이미 열려 있는 장치에 대해 이 값으로 CreateFile을 호출하면 실패한다. 이 값을 이용하여 CreateFile이 성공한 경우 추가적으로 동일 장치에 대해 CreateFile 호출하면 실패하게 된다.
FILE_SHARE_READ	이 장치를 통해 접근 가능한 데이터는 동일 장치를 참조하는 다른 커널 오브젝트에 의해 변경될 수 없어야 한다. 만일 이 장치가 이미 쓸 수 있는 형태로 열렸거나 배타적 접근을 요구하는 형태로 열렸다면 동일 장치에 대한 CreateFile 함수 호출은 실패한다. 특정 장치에 대해 이 값을 이용한 열기 시도가 성공한 경우 추가적으로 동일 장치에 대해 CreateFile을 호출할 때 GENERIC_WRITE 접근을 요구하면 열기 작업은 실패하게 된다.
FILE_SHARE_WRITE	이 장치를 통해 접근 가능한 데이터는 이 장치를 참조하는 다른 커널 오브젝트에 의해 읽혀질 수 없어야 한다. 만일 이 장치가 이미 읽을 수 있는 형태로 열렸거나 배타적 접근을 요구하는 형태로 열렸다면 동일 장치에 대한 CreateFile 함수 호출은 실패한다. 특정 장치에 대해 이 값을 이용한 열기 시도가 성공한 경우 추가적으로 동일 장치에 대해 CreateFile을 호출할 때 GENERIC_READ 접근을 요구하면 열기 작업은 실패하게 된다.
FILE_SHARE_READ | FILE_SHARE_WRITE	이 장치를 참조하는 다른 커널 오브젝트에 의해 장치가 읽혀지거나 쓰여지는 것에 신경 쓰지 않는다. 만일 이 장치가 이미 배타적 접근 방식으로 열렸다면 동일 장치에 대한 CreateFile 함수 호출은 실패한다. 특정 장치에 대해 이 값을 이용한 열기 시도가 성공한 경우, 추가적으로 동일 장치에 대해 CreateFile을 호출할 때 배타적 읽기나 배타적 쓰기 혹은 배타적 읽기/쓰기가 가능한 접근을 요구하면 열기 작업은 실패하게 된다.

값	의미
FILE_SHARE_DELETE	파일 작업을 수행할 때 논리적으로 파일이 삭제되거나 옮겨지는 것에 신경 쓰지 않는다. 윈도우는 내부적으로 파일 삭제를 위해 파일에 삭제 표시만을 설정한다. 동일 파일에 대해 열려 있는 모든 핸들이 닫히면, 그때 비로소 파일이 삭제된다.

파일에 대한 열기 작업을 수행할 때에는 MAX_PATH(WinDef.h에 260으로 정의됨) 이내의 문자로 구성된 경로명^{pathname}을 전달해야 한다. 하지만 CreateFileW(CreateFile의 유니코드 버전)를 사용하고 경로명 앞에 "\\?\"를 사용하면 이 제한을 넘어설 수 있다. CreateFileW가 호출되면 내부적으로 경로명 앞에 붙은 특수 문자열을 제거하고 나머지 부분만 사용하게 되는데, 이 경우에는 거의 32,000 유니코드^{Unicode} 문자 길이로 경로를 지정할 수 있다. "\\?\"를 사용하고자 하는 경우에는 경로명으로 항상 절대 경로를 사용해야 함을 기억하기 바란다. 따라서 "."나 ".."를 포함하는 상대 경로명은 지정할 수 없다. 또한 전체 경로명을 구성하는 각 요소들은 여전히 MAX_PATH로 정의된 한계를 가진다는 것도 알아두기 바란다. 다른 사람이 작성한 소스 코드를 검토하다가 _MAX_PATH 상수가 사용된 경우를 발견하더라도 놀라지 않기 바란다. 이 상수 값은 C/C++ 표준 라이브러리를 구성하는 stdlib.h 파일에서 260으로 정의하고 있다.

psa 매개변수는 보안 정보를 설정하거나 CreateFile이 반환하는 핸들을 상속 가능하도록 구성할 것인지의 여부를 결정하는 SECURITY_ATTRIBUTES 구조체를 가리키는 포인터로 설정된다. 이 구조체 내의 보안 디스크립터^{security descriptor}는 NTFS와 같은 안전한 파일시스템^{secure file system} 상에 파일을 생성하는 경우에만 사용된다: 다른 경우에는 이 값이 거의 사용되지 않는다. 기본 보안 특성을 가지고 있으며, 상속이 불가능한^{noninheritable} 핸들을 얻으려는 경우에는 psa 매개변수로 단순히 NULL을 전달하기만 하면 된다.

dwCreationDisposition 매개변수는 CreateFile 함수를 파일 장치에 대해 사용할 때 가장 큰 의미를 가진다. [표 10-6]에 이 매개변수로 전달할 수 있는 값을 나열해 보았다.

[표 10-6] CreateFile의 dwCreationDisposition 매개변수로 전달 가능한 값과 그 의미

값	의미
CREATE_NEW	새로운 파일을 생성한다. 이미 동일 이름의 파일이 존재하면 실패한다.
CREATE_ALWAYS	기존에 동일 이름의 파일이 존재하는지의 여부를 고려하지 않고 새로운 파일을 생성한다. 이미 동일 이름의 파일이 존재하면 덮어쓴다.
OPEN_EXISTING	기존에 존재하는 파일이나 장치를 연다. 파일이나 장치가 기존에 존재하지 않으면 실패한다.
OPEN_ALWAYS	기존에 동일 이름의 파일이 존재하면 그 파일을 열고, 존재하지 않으면 새로운 파일을 생성한다.
TRUNCATE_EXISTING	기존에 존재하는 파일을 열고, 그 크기를 0으로 만든다. 파일이 존재하지 않으면 실패한다.

CreateFile 함수를 파일이 아닌 다른 장치에 대해 사용하는 경우에는 dwCreationDisposition 매개변수로 반드시 OPEN_EXISTING을 전달해야 한다.

CreateFile 함수의 dwFlagsAndAttributes 매개변수는 두 가지 목적으로 사용된다. 하나는 데이터를 송수신할 때 세부적인 통신 플래그를 설정하기 위한 용도로 사용되며, 다른 하나는 파일의 특성을 설정하기 위한 용도로 사용된다. 통신 플래그를 설정하는 용도로 사용될 경우에는 대부분 사용자가 어떤 방식으로 장치에 접근할 것인지에 대한 의도를 설정하는 용도로 사용되며, 이 경우 이 값을 달리하여 애플리케이션이 좀 더 효과적으로 수행될 수 있도록 캐시 알고리즘을 최적화할 수 있다. 통신 플래그 정보에 대해 먼저 알아보고 이어서 파일 특성에 대해 알아보기로 하자.

CreateFile 캐시 플래그

이번 절에서는 CreateFile 함수로 파일을 다룰 때 사용할 수 있는 다양한 캐시 플래그에 대해 설명할 것이다. 메일슬롯과 같은 다른 커널 오브젝트에 대한 플래그 정보는 MSDN 문서를 참조하기 바란다.

FILE_FLAG_NO_BUFFERING. 이 플래그를 사용하면 파일에 접근할 때 어떠한 버퍼링도 수행하지 않는다. 시스템은 수행 성능을 개선하기 위해 디스크 드라이브와의 입출력을 수행하는 경우 기본적으로 항상 데이터를 캐시한다. 특수한 목적이 있는 경우가 아니라면 가능한 한 이 플래그는 사용하지 않는 것이 좋다. 이 플래그를 사용하지 않으면 캐시 매니저는 가장 최근에 접근한 파일시스템의 영역을 메모리에 유지한다. 이렇게 하면 파일로부터 몇 바이트 정도를 읽어온 후 추가적으로 몇 바이트를 더 읽어오려 하는 경우 그 내용이 이미 메모리에 로드되어 있을 가능성이 높기 때문에 디스크에 다시 접근하지 않아도 되고, 이는 상당한 성능 개선 효과를 가져온다. 하지만 이와 같은 방법대로라면 동일한 데이터가 캐시 매니저에 의해 관리되는 버퍼와 데이터를 읽기 위해(ReadFile과 같은) 전달한 버퍼 두 군데에 존재하게 된다. 물론 함수를 통해 전달한 버퍼에는 캐시 매니저가 관리하는 버퍼의 복사본이 저장된다.

캐시 매니저가 데이터 버퍼링을 수행하는 경우, 필요한 데이터보다 더 많은 데이터를 메모리로 로드하여 추가적인 읽기 시도가 있을 때 앞서 메모리에 로드한 데이터를 전달해 준다. 이는 당장 필요한 데이터보다 더 많은 데이터를 미리 메모리로 로드하여 성능 개선을 시도하는 것이라 볼 수 있다. 하지만 추가적으로 데이터를 읽지 않아도 되는 경우라면 필요하지 않은 메모리가 낭비되는 꼴이 된다. (추가적인 데이터 읽기에 대해서는 다음에 나올 FILE_FLAG_SEQUENTIAL_SCAN과 FILE_FLAG_ RANDOM _ACCESS 설명 부분을 참조하기 바란다.)

FILE_FLAG_NO_BUFFERING 플래그를 사용하면 캐시 매니저가 어떠한 데이터도 버퍼에 두지 않기 때문에 모든 책임은 개발자 자신의 몫이 된다. 수행하고자 하는 작업에 따라 이 플래그가 애플리케이션 속도와 메모리 사용^{memory usage} 정도를 개선시킬 수도 있다. 왜냐하면 파일시스템의 디바이스 드라이버는 함수를 통해 전달된 버퍼의 내용을 캐시 매니저가 관장하는 버퍼로 복사하는 것이 아니라 파일에 직접적으로 쓸 것이기 때문이다. 이 플래그를 사용하는 경우에는 반드시 다음의 규칙을 준수해야 한다.

- 파일에 접근할 때에는 항상 디스크 볼륨의 섹터 크기의 배수 단위로 I/O를 수행할 위치를 지정해야 한다. (디스크 볼륨의 섹터 크기를 얻으려면 GetDiskFreeSpace 함수를 사용하면 된다.)
- 한 번에 읽고 쓰는 바이트 수는 항상 섹터 크기의 배수로 지정해야 한다.
- 프로세스의 주소 공간 상의 버퍼의 시작 주소는 반드시 섹터의 크기로 나누어 떨어지는 위치로부터 시작해야 한다.

FILE_FLAG_SEQUENTIAL_SCAN과 FILE_FLAG_RAMDON_ACCESS. 이 플래그들은 시스템이 파일 데이터에 대한 버퍼링을 수행하는 경우에만 유용하다. 만일 FILE_FLAG_NO_BUFFERING 플래그와 함께 사용되면 이 플래그들은 모두 무시된다.

FILE_FLAG_SEQUENTIAL_SCAN 플래그를 사용하면 시스템은 사용자가 파일을 순차적으로 접근할 것으로 생각한다. 따라서 파일 읽기를 시도하는 경우 실제로 필요한 크기보다 더 많은 데이터를 메모리로 읽어 들인다. 이러한 방법으로 하드 디스크에 대한 직접적인 접근 횟수를 줄여 애플리케이션의 성능을 향상시킨다. 만일 사용자가 파일에 대한 접근 위치를 이동하게 되면, 시스템은 이 플래그를 지정하지 않은 경우에 비해 약간의 시간이 더 걸리고, 접근하지 않은 데이터를 캐시하는 데 따른 메모리 공간을 일부 낭비하게 된다. 이 정도는 실상 크게 문제될 정도는 아니다. 하지만 파일에 대한 접근 위치를 자주 이동하는 경우라면 FILE_FLAG_RANDOM_ACCESS 플래그를 지정하는 편이 낫다. 이 플래그를 사용하면 시스템이 파일 데이터를 미리 읽지 않도록 한다.

캐시 매니저는 파일을 관리하기 위해 일련의 내부 자료구조를 유지해야 하며, 파일이 커지면 더 큰 자료구조가 필요하다. 매우 큰 파일을 다룰 때에는 경우에 따라 캐시 매니저가 내부 자료구조를 저장하기 위한 충분한 공간을 할당받지 못할 수도 있다. 이렇게 되면 파일에 대한 열기 시도가 실패할 것이다. 따라서 매우 큰 파일에 접근해야 하는 경우라면 FILE_FLAG_NO_BUFFERING 플래그를 사용하여 파일을 열어야 한다.

FILE_FLAG_WRITE_THROUGH. 이 플래그는 캐시와 관련된 마지막 플래그다. 이 플래그를 사용하면 파일에 데이터를 쓸 때 데이터 손실의 가능성을 줄이기 위한 중간 캐싱 기능을 사용하지 않도록 한다. 이 플래그를 지정하면 시스템은 파일에 대한 변경사항을 디스크에 직접 쓰게 된다. 하지만 읽기를 수행하는 경우 시스템은 여전히 디스크로부터 직접 데이터를 읽어오는 것이 아니라 내부적인 캐시를 이용하여 데이터를 가져오게 된다. 이 플래그가 네트워크 파일 서버에 있는 파일을 열 때 사용된다면 윈도우는 네트워크 파일 서버의 디스크 드라이브 상에 데이터를 완전히 쓸 때까지 파일 쓰기 함수를 반환하지 않을 것이다.

통신 관련 플래그 중 캐시와 관련된 플래그에 대해서는 모두 알아보았으며, 이제 캐시와 관련 없는 나머지 플래그에 대해 알아보자.

기타 CreateFile 플래그

이번 절에서는 통신 관련 플래그 중 캐시와 관련이 없는 나머지 플래그들에 대해 알아보겠다.

FILE_FLAG_DELETE_ON_CLOSE. 이 플래그 사용 시 파일과 관련된 모든 핸들이 닫히면 파일이 삭제된다. 이 플래그는 주로 FILE_ATTRIBUTE_TEMPORARY 플래그와 같이 사용된다. 두 개의 플래그가 동시에 사용되면 애플리케이션은 임시 파일을 생성하고, 쓰고, 읽고, 닫을 수 있다. 파일이 닫히면 시스템이 파일을 자동으로 삭제하기 때문에 매우 편리하다.

FILE_FLAG_BACKUP_SEMANTICS. 이 플래그는 백업이나 복원 소프트웨어에서 주로 사용된다. 일반적으로 시스템은 파일을 열거나 생성하기 전에 작업을 수행하려는 프로세스가 파일을 열거나 생성할 수 있는 권한이 있는지 확인한다. 하지만 백업^backup이나 복원^restore 소프트웨어의 경우는 상당히 특별한 경우에 속하며, 이 경우 파일 보안 확인 기능을 수행하지 말아야 한다. FILE_FLAG_BACKUP_SEMANTICS 플래그를 지정하면 시스템은 호출자의 접근 토큰이 파일과 폴더에 대해 백업/복원을 수행할 수 있는 권한을 가지고 있는지만 확인한다. 만일 적절한 권한이 있다면 파일 열기 작업을 허용해 준다. FILE_FLAG_BACKUP_SEMANTICS 플래그는 파일뿐만 아니라 폴더에 대해서도 사용될 수 있다.

FILE_FLAG_POSIX_SEMANTICS. 윈도우는 파일을 찾을 때는 대소문자를 구분하지 않지만 파일을 저장할 때는 대소문자를 구분한다. 하지만 POSIX 서브시스템은 파일을 찾을 때도 대소문자를 구분한다. FILE_FLAG_POSIX_SEMANTICS 플래그를 사용하면 CreateFile을 이용하여 파일을 생성하거나 열 때 모두 대소문자를 구분하도록 한다. FILE_FLAG_POSIX_SEMANTICS 플래그를 사용할 때는 상당한 주의가 필요하다. 파일을 생성할 때 이 플래그를 사용하면 다른 윈도우 애플리케이션에서 이 파일에 접근하지 못할 수도 있다.

FILE_FLAG_OPEN_REPARSE_POINT. 개인적인 견해로는 이 플래그는 FILE_FLAG_IGNORE_REPARSE_POINT라고 정의되었어야 한다고 생각한다. 왜냐하면 이 플래그를 사용하면 시스템에게 파일의 리파스^reparse 특성을 무시할 것을 요청하기 때문이다(만일 존재한다면). 리파스 특성을 사용하면 파일시스템 필터가 파일에 대한 열기, 읽기, 쓰기, 닫기 동작을 변경할 수 있다. 보통의 경우 이러한 동작은 반드시 필요한 부분이기 때문에 FILE_FLAG_OPEN_REPARSE_POINT 플래그는 가능한 한 사용하지 않는 것이 좋다.

FILE_FLAG_OPEN_NO_RECALL. 이 플래그는 시스템에게 오프라인 저장 장치로부터(테이프와 같은) 온라인 저장 장치로(하드 디스크와 같은) 파일을 복원하지 못하도록 한다. 파일이 오랫동안 사용되지 않는 경우 시스템은 파일의 내용을 오프라인 저장 장치로 옮겨서 하드 디스크의 공간을 확보할 수 있다. 시스템이 이와 같은 작업을 수행한다 해도 파일에 대한 정보가 하드 디스크에서 완전히 제거되는 것은 아니며, 단지 파일의 내용만 제거되는 것이다. 나중에 이러한 파일을 다시 열게 되면 시스템은 오프라인 저장 장치로부터 파일의 내용을 자동으로 복원하게 된다. FILE_FLAG_OPEN_NO_

RECALL 플래그를 사용하면 시스템은 저장 장치로부터 데이터를 복원하지 않기 때문에 오프라인 저장소에 대해 I/O 작업이 수행되지 않는다.

FILE_FLAG_OVERLAPPED. 이 플래그는 시스템에게 장치에 비동기적으로 접근하길 원한다고 알려준다. 이 플래그를 사용하지 않고 장치에 대한 열기를 수행하면 기본적으로 동기 I/O를 수행하게 된다(FILE_FLAG_OVERLAPPED를 사용하지 않으면). 대부분의 개발자들은 동기 I/O를 사용하며, 파일로부터 데이터가 모두 읽혀질 때까지 스레드는 대기 상태를 유지하다가 데이터 읽기가 완료될 때 비로소 수행을 계속하게 된다.

장치 I/O는 다른 작업들에 비해 비교적 느린 작업에 속하기 때문에 비동기 I/O를 수행하고 싶을 것이다. 비동기 I/O 작업은 사용자가 데이터를 읽고 쓰는 함수를 호출하였을 때 I/O 작업이 완료되기 전에 반환된다. 운영체제는 사용자 스레드를 대신하여 I/O 작업을 수행하고 요청한 작업이 완료되면 그 사실을 통보해 준다. 이러한 비동기 I/O 작업은 고성능, 확장성, 신뢰성 있는 애플리케이션을 작성할 때 핵심이 된다. 이번 장을 통해 윈도우가 제공하는 비동기 I/O 관련 함수들에 대해 자세히 알아볼 것이다.

파일 특성 플래그

이제 CreateFile의 dwFlagsAndAttributes 매개변수를 이용하여 파일 특성을 지정하는 방법에 대해 알아볼 차례다. 이 매개변수를 통해 전달할 수 있는 특성 값을 [표 10-7]에 나타냈다. 여기에 나타낸 값들은 새로운 파일을 만들거나 CreateFile의 hFileTemplate 매개변수에 NULL을 주는 경우에만 의미를 가진다. 대부분의 특성 값들은 이미 익숙한 것들일 것이다.

[표 10-7] CreateFile의 dwFlagsAndAttribute 매개변수에 사용할 수 있는 파일 특성 값과 그 의미

값	의미
FILE_ATTRIBUTE_ARCHIVE	파일의 보관archive 특성을 지정한다. 애플리케이션은 이 플래그를 백업이나 제거를 위해 사용한다. CreateFile이 새로운 파일을 생성하면 이 플래그는 자동으로 설정된다.
FILE_ATTRIBUTE_ENCRYPTED	파일이 암호화되었음을 나타낸다.
FILE_ATTRIBUTE_HIDDEN	숨겨진 파일임을 나타낸다. 일반적인 파일 목록 나열 시에는 나타나지 않게 한다.
FILE_ATTRIBUTE_NORMAL	특별한 특성이 설정되어 있지 않음을 나타낸다. 이 특성은 다른 특성과 함께 사용될 수 없다.
FILE_ATTRIBUTE_NOT_CONTENT_INDEXED	인덱싱 서비스에 의해 인덱싱되지 않을 것임을 나타낸다.
FILE_ATTRIBUTE_OFFLINE	파일이 존재하지만 오프라인 저장 장치로 옮겨졌음을 나타낸다. 이 플래그는 계층적 저장 시스템에서 유용하게 사용될 수 있다.
FILE_ATTRIBUTE_READONLY	파일이 읽기 전용임을 나타낸다. 애플리케이션은 이러한 파일을 읽을 수는 있으나 쓰거나 삭제할 수는 없다.
FILE_ATTRIBUTE_SYSTEM	이 파일이 운영체제를 구성하는 파일의 하나임을 나타낸다. 애플리케이션은 이러한 파일을 읽을 수는 있으나 쓰거나 삭제할 수는 없다.
FILE_ATTRIBUTE_TEMPORARY	파일이 단시간에 걸쳐서만 사용됨을 나타낸다. 파일시스템은 파일에 대한 접근 속도를 개선하기 위해 디스크 대신 램에 파일의 내용을 유지하기 위해 최대한 노력한다.

임시 파일을 생성하려 할 때에는 FILE_ATTRIBUTE_TEMPORARY를 사용하는 것이 좋다. 이 플래그를 이용하여 임시 파일을 생성하면 CreateFile은 좀 더 빠르게 파일의 내용에 접근할 수 있도록 디스크 대신 메모리에 파일의 내용을 유지하기 위해 노력한다. 계속해서 파일에 대한 쓰기 작업을 시도하거나 데이터를 더 이상 램 상에 유지하기 어려운 상황이 되면 그때 비로소 하드 디스크로 쓰기 작업을 시도한다. FILE_ATTRIBUTE_TEMPORARY 플래그와 FILE_FLAG_DELETE_ON_CLOSE 플래그 (앞서 알아보았다)를 같이 사용하면 시스템의 성능을 상당히 개선할 수 있다. 시스템은 보통의 경우 파일을 닫을 때 캐시된 데이터를 디스크로 쓰게 되는데, 파일을 닫자마자 삭제해도 되는 경우라면 굳이 캐시된 데이터를 디스크로 쓸 필요가 없기 때문이다.

통신 및 특성 플래그 값 외에도 몇몇 플래그 값을 이용하면 네임드 파이프 장치를 사용할 때 서비스의 보안 품질에 대한 제어를 수행할 수도 있다. 이러한 플래그 값은 네임드 파이프 장치를 사용할 경우에만 의미를 가진다. 여기서는 이러한 플래그에 대해 다루지 않을 것이므로, 자세한 내용을 확인하고 싶다면 플랫폼 SDK 문서의 CreateFile 함수 부분을 읽어보기 바란다.

CreateFile의 마지막 매개변수인 hFileTemplate로는 이미 열린 파일에 대한 핸들이나 NULL 값을 지정하면 된다. 만일 hFileTemplate로 열린 파일의 핸들이 전달되면 dwFlagsAndAttributes 매개변수로 설정된 특성 값은 완전히 무시되고 hFileTemplate 핸들이 가리키는 파일의 특성 값을 이용하게 된다. hFileTemplate로 전달하는 핸들은 반드시 GENERIC_READ 플래그를 포함하고 있어야한다. 또한 CreateFile을 통해 이미 존재하는 파일을 여는 경우(새로운 파일을 생성하는 것이 아니라)에는 hFileTemplate 매개변수가 무시된다.

CreateFile은 파일이나 장치^{device}를 생성하거나 여는 것에 성공하면 핸들 값을 반환하지만, 실패하면 INVALID_HANDLE_VALUE를 반환한다.

노트

핸들을 반환하는 대부분의 윈도우 함수들은 함수가 실패했을 때 NULL을 반환한다. 하지만 CreateFile은 이와 다르게 INVALID_HANDLE_VALUE(-1로 정의된)를 반환한다. 가끔 아래와 같은 코드를 보게 되는데, 이는 잘못 작성된 것이다.

```
HANDLE hFile = CreateFile(...);
if (hFile == NULL) {
    // 여기로는 절대 진입될 수 없다.
} else {
    // 파일 생성에 성공했을 수도 있고, 실패했을 수도 있다.
}
```

위 코드가 올바르게 동작하려면 INVALID_HANDLE_VALUE와 비교를 수행해야 한다.

```
HANDLE hFile = CreateFile(...);
if (hFile == INVALID_HANDLE_VALUE) {
    // 파일 생성에 실패했다.
```

```
    } else {
        // 파일 생성에 성공했다.
    }
```

section 02 파일 장치 이용

파일을 이용하는 것은 매우 일반적인 작업이므로, 파일 장치를 이용하는 방법에 대해 좀 더 자세히 알아보고자 한다. 이번 절에서는 파일 포인터 위치 변경 방법과 파일 크기 변경 방법을 알아볼 것이다.

윈도우에서 파일 작업을 수행할 때 가장 먼저 알아두어야 할 것은 윈도우 운영체제가 매우 큰 파일을 다룰 수 있다는 사실이다. 윈도우는 최초 설계 시부터 파일의 크기를 나타내기 위해 32비트 값이 아닌 64비트 값을 이용하였다. 따라서 이론적으로 파일의 크기는 최대 16EB(엑사바이트)가 될 수 있다.

64비트 값을 32비트 운영체제에서 다루려면 두 개의 32비트 값을 조합해야 하는데, 이러한 작업은 그다지 유쾌한 작업이 아닌 것이 분명하다. 하지만 작업 자체가 어려운 것은 아니다. 또한 4GB 이상의 파일을 다루는 작업이 그렇게 흔한 것은 아니기 때문에 64비트 값의 상위 32비트 값은 대부분 0이 될 것이다.

1 파일 크기 얻기

파일을 이용하여 수행할 수 있는 가장 흔한 작업 중의 하나는 파일의 크기를 얻어오는 것이다. 파일의 크기를 얻어오는 가장 쉬운 방법은 GetFileSizeEx 함수를 이용하는 것이다.

```
BOOL GetFileSizeEx(
    HANDLE          hFile,
    PLARGE_INTEGER pliFileSize);
```

첫 번째 매개변수인 hFile은 파일의 핸들이며, pliFileSize 매개변수는 LARGE_INTEGER로 선언된 구조체를 가리키는 포인터다. 이 구조체는 부호 있는 64비트 값을 독립된 두 개의 32비트 값으로 참조하거나 단일의 64비트 값으로 참조할 수 있도록 공용체를 이용하고 있는데, 이 덕분에 파일의 크기나 오프셋을 다룰 때 상당히 편리하다. LARGE_INTEGER 구조체는 다음과 같다.

```
typedef union _LARGE_INTEGER {
    struct {
        DWORD LowPart;      // 하위 32비트 부호 없는 값
        LONG HighPart;      // 상위 32비트 부호 있는 값
```

```
        };
        LONGLONG QuadPart;        // 전체 64비트 부호 있는 값
    } LARGE_INTEGER, *PLARGE_INTEGER;
```

LARGE_INTERGER 외에도 ULARGE_INTEGER 구조체도 있으며, 이는 부호 없는 64비트 값을 표현하기 위해 사용된다.

```
    typedef union _ULARGE_INTEGER {
        struct {
            DWORD LowPart;         // 하위 32비트 부호 없는 값
            DWORD HighPart;        // 상위 32비트 부호 없는 값
        };
        ULONGLONG QuadPart;        // 전체 64비트 부호 없는 값
    } ULARGE_INTEGER, *PULARGE_INTEGER;
```

파일의 크기를 얻어오는 또 다른 함수로는 GetCompressedFileSize가 있다.

```
    DWORD GetCompressedFileSize(
        PCTSTR pszFileName,
        PDWORD pdwFileSizeHigh);
```

GetFileSizeEx가 파일의 논리적인 크기를 반환하는 데 반해, 이 함수는 파일의 물리적인 크기를 반환한다. 예를 들어 100KB 파일이 있고, 이 파일이 85KB로 압축되었다고 하자. 이 경우 GetFileSizeEx 함수를 호출하면 논리적인 파일의 크기인 100KB가 반환되지만, GetCompressedFileSize는 실제로 디스크를 점유하고 있는 크기인 85KB를 반환한다.

GetFileSizeEx와는 다르게 GetCompressedFileSize는 첫 번째 매개변수로 파일의 핸들이 아니라 파일의 경로명을 전달해야 한다. 또한 64비트 값을 돌려줄 때에도 특이한 방법을 사용한다. 하위 32비트 값은 함수의 반환 값으로 돌려주고, 상위 32비트 값은 pdwFileSizeHigh가 가리키는 DWORD 값을 통해 돌려준다. 아래에 ULARGE_INTERGER 구조체를 이용하여 이 함수를 좀 더 쉽게 사용할 수 있는 방법을 나타내 보았다.

```
    ULARGE_INTEGER ulFileSize;
    ulFileSize.LowPart = GetCompressedFileSize(TEXT("SomeFile.dat"),
        &ulFileSize.HighPart);

    // 64비트 값은 ulFileSize.QuadPart를 이용하면 된다.
```

❷ 파일 포인터 위치 지정

CreateFile을 호출하면 시스템은 파일에 대한 작업을 관리하기 위한 파일 커널 오브젝트를 생성한

다. 이 커널 오브젝트는 내부적으로 파일 포인터를 가지고 있다. 파일 포인터란 64비트 오프셋 값으로 동기적인 I/O를 수행할 위치 정보를 가지고 있다. 파일 열기를 수행하면 파일 포인터가 0으로 초기화된다. 따라서 CreateFile을 호출한 직후 ReadFile을 호출하면 파일의 가장 앞쪽 내용(오프셋 0)부터 데이터를 읽게 된다. 만일 파일로부터 10바이트를 메모리로 읽어왔다면, 시스템은 파일 포인터를 10으로 갱신하여 다음번에 ReadFile을 호출하였을 때 10번째 바이트(오프셋 10)부터 값을 읽어올 수 있도록 한다. 아래 코드는 파일로부터 10바이트를 읽어서 버퍼에 채운 후, 연이어 다시 10바이트를 읽어서 버퍼에 채운다.

```
BYTE pb[ 10] ;
DWORD dwNumBytes;
HANDLE hFile = CreateFile(TEXT("MyFile.dat"), ...); // 파일 포인터는 0
ReadFile(hFile, pb, 10, &dwNumBytes, NULL);     // 0 - 9번째 바이트를 읽음
ReadFile(hFile, pb, 10, &dwNumBytes, NULL);     // 10 - 19번째 바이트를 읽음
```

각각의 파일 커널 오브젝트는 자신만의 파일 포인터를 가지고 있기 때문에 동일 파일을 여러 번 여는 경우 각각은 서로 독립적으로 수행된다.

```
BYTE pb[ 10] ;
DWORD dwNumBytes;
HANDLE hFile1 = CreateFile(TEXT("MyFile.dat"), ...); // 파일 포인터는 0
HANDLE hFile2 = CreateFile(TEXT("MyFile.dat"), ...); // 파일 포인터는 0
ReadFile(hFile1, pb, 10, &dwNumBytes, NULL);     // 0 - 9번째 바이트를 읽음
ReadFile(hFile2, pb, 10, &dwNumBytes, NULL);     // 0 - 9번째 바이트를 읽음
```

위 예제는 동일한 파일에 대해 서로 다른 파일 커널 오브젝트를 생성한다. 각각의 커널 오브젝트는 자신만의 파일 포인터를 가지고 있기 때문에 이 중 하나의 커널 오브젝트를 이용하여 파일을 다루는 경우 다른 커널 오브젝트의 파일 포인터에는 영향을 주지 않는다. 따라서 위 코드는 파일의 최초 10바이트만 두 번 읽어오게 된다.

한 개 정도만 더 예제를 살펴보면 모든 것이 명확하게 이해될 것이다.

```
BYTE pb[ 10] ;
DWORD dwNumBytes;
HANDLE hFile1 = CreateFile(TEXT("MyFile.dat"), ...); // 파일 포인터는 0
HANDLE hFile2;
DuplicateHandle(
   GetCurrentProcess(), hFile1,
   GetCurrentProcess(), &hFile2,
   0, FALSE, DUPLICATE_SAME_ACCESS);
ReadFile(hFile1, pb, 10, &dwNumBytes, NULL);     // 0 - 9번째 바이트를 읽음
ReadFile(hFile2, pb, 10, &dwNumBytes, NULL);     // 10 - 19번째 바이트를 읽음
```

위 예제의 경우 두 개의 파일 핸들이 단일의 커널 오브젝트를 참조하게 된다. 둘 중 어떤 핸들을 이용하는 경우라도 동일한 파일 커널 오브젝트 내의 파일 포인터를 갱신하게 되므로 첫 번째 예제에서와 같이 ReadFile 함수를 호출할 때마다 매번 다른 내용을 읽어오게 된다.

파일의 임의 위치에 접근하려 하는 경우 SetFilePointerEx 함수를 호출하여 파일 커널 오브젝트 내의 파일 포인터 값을 변경하면 된다.

```
BOOL SetFilePointerEx(
    HANDLE          hFile,
    LARGE_INTEGER   liDistanceToMove,
    PLARGE_INTEGER  pliNewFilePointer,
    DWORD           dwMoveMethod);
```

hFile 매개변수로는 변경하고자 하는 파일 포인터를 가지고 있는 파일 커널 오브젝트를 참조하는 핸들을 전달하면 된다. liDistanceToMove 매개변수로는 파일 포인터를 얼마만큼 이동하고자 하는지를 바이트 단위로 전달하면 된다. 이 값은 파일 포인터에 더해지기 때문에 음수를 지정하여 역방향으로 이동할 수도 있다. SetFilePointerEx의 마지막 매개변수인 dwMoveMethod로는 시스템이 liDistanceToMove 매개변수를 어떻게 해석할 것인지 알려주어야 한다. [표 10-8]에 이동의 기준을 지정하기 위해 dwMoveMethod로 어떤 값을 전달할 수 있는지를 나타냈다.

[표 10-8] SetFilePointerEx의 dwMoveMethod 매개변수로 전달 가능한 값과 그 의미

값	의미
FILE_BEGIN	파일 커널 오브젝트의 파일 포인터는 liDistnaceToMove로 전달되는 값으로 설정된다. liDistanceToMove는 64비트의 부호 없는 값으로 해석됨에 주의하라.
FILE_CURRENT	파일 커널 오브젝트의 파일 포인터는 liDistanceToMove로 전달되는 값만큼 더해진다. liDistanceToMove 값은 부호 있는 64비트 값이므로 이 값으로 음수를 전달하면 역방향으로 파일 포인터를 이동시키는 것이 가능하다.
FILE_END	파일 커널 오브젝트의 파일 포인터는 논리적인 파일 크기에 liDistanceToMove 매개변수로 주어진 값만큼 더한 값으로 설정된다. liDistanceToMove 값은 부호 있는 64비트 값이므로 음수를 전달하여 역방향으로 파일 포인터를 이동시키는 것이 가능하다.

SetFilePointerEx 함수가 파일 커널 오브젝트의 파일 포인터를 갱신하고 나면, pliNewFilePointer 매개변수가 가리키는 LARGE_INTEGER 값을 통해 갱신된 파일 포인터 값을 돌려준다. 새로운 파일 포인터 값에 관심이 없다면 pliNewFilePointer 매개변수로 NULL을 전달해도 된다.

아래에 SetFilePointerEx를 이용할 때의 몇 가지 주의사항을 나타냈다.

• 파일 포인터를 현재 파일의 크기보다 더 크게 설정할 수도 있다. 하지만 이렇게 한다고 해서 파일의 크기가 바로 커지는 것은 아니며, 이동된 위치에 어떤 내용을 쓰거나 SetEndOfFile을 호출해야만 비로소 파일의 크기가 변경된다.

- FILE_FLAG_NO_BUFFERING을 지정하여 파일을 열었다면 SetFilePointerEx를 호출하여 섹터 크기로 정렬된 위치로만 파일 포인터를 이동할 수 있다. 이 경우 어떻게 SetFilePointerEx를 호출해야 하는지를 이 장의 후반부의 FileCopy 예제 애플리케이션을 통해 보여줄 것이다.
- 윈도우는 GetFilePointerEx 함수를 제공하지 않는다. 하지만 다음과 같이 SetFilePointerEx에 이동 크기를 0으로 설정하면 현재 파일 포인터의 위치를 가져올 수 있다.

```
LARGE_INTEGER liCurrentPosition = { 0 };
SetFilePointerEx(hFile, liCurrentPosition, &liCurrentPosition, FILE_CURRENT);
```

❸ 파일의 끝 설정

일반적으로 시스템은 파일을 닫을 때 파일의 끝을 설정하는 작업을 수행한다. 하지만 때로는 파일을 닫기 전에 파일을 더 작거나 크게 변경할 필요가 있다. 이러한 작업을 처리하기 위해서는 SetEndOfFile을 호출하면 된다.

```
BOOL SetEndOfFile(HANDLE hFile);
```

SetEndOfFile 함수는 파일 커널 오브젝트의 파일 포인터가 가리키는 현재 위치를 파일의 끝으로 설정함으로써 기존 파일의 크기를 더 크게 확장하거나 더 작게 줄일 수 있다. 예를 들어 파일의 크기를 1024바이트로 만들려면 다음과 같이 SetEndOfFile을 사용하면 된다.

```
HANDLE hFile = CreateFile(...);
LARGE_INTEGER liDistanceToMove;
liDistanceToMove.QuadPart = 1024;
SetFilePointerEx(hFile, liDistanceToMove, NULL, FILE_BEGIN);
SetEndOfFile(hFile);
CloseHandle(hFile);
```

윈도우 탐색기를 이용하여 파일의 특성을 확인해 보면 파일의 크기가 정확히 1024바이트임을 확인할 수 있다.

section 03 동기 장치 I/O 수행

이번 절에서는 동기 장치 I/O를 수행하는 함수에 대해 알아볼 것이다. 여기서 장치라 함은 파일, 메일슬롯, 파이프, 소켓 등을 말하는 것임을 다시 한 번 상기하기 바란다. 어떤 형태의 장치를 사용하든 동일한 함수를 통해 I/O 작업을 수행할 수 있다.

의심할 여지없이 가장 쉽고도 일반적인 함수는 장치로부터 데이터를 읽고 쓰는 것이며, 이는 ReadFile 과 WriteFile 함수를 통해 수행할 수 있다.

```
BOOL ReadFile(
    HANDLE      hFile,
    PVOID       pvBuffer,
    DWORD       nNumBytesToRead,
    PDWORD      pdwNumBytes,
    OVERLAPPED* pOverlapped);

BOOL WriteFile(
    HANDLE      hFile,
    CONST VOID *pvBuffer,
    DWORD       nNumBytesToWrite,
    PDWORD      pdwNumBytes,
    OVERLAPPED* pOverlapped);
```

hFile 매개변수로는 읽고 쓰기를 수행할 장치를 가리키는 핸들 값을 전달하면 된다. 장치를 열 때 FILE _FLAG_OVERLAPPED 플래그를 사용해서는 안 된다. 이 플래그를 사용하여 장치를 열면 시스템은 사용자가 비동기 I/O를 수행할 것으로 기대한다. pvBuffer 매개변수로는 장치로부터 읽어온 데이터 를 저장할 버퍼를 가리키는 포인터를 지정하거나, 장치로 쓸 데이터를 저장하고 있는 버퍼를 가리키 는 포인터를 지정하면 된다. nNumBytesToRead와 nNumBytesToWrite 매개변수로는 ReadFile 과 WriteFile을 이용하여 장치로부터 몇 바이트를 읽거나 쓰기를 원하는지 전달하면 된다.

pdwNumBytes 매개변수로는 DWORD 값을 저장할 수 있는 변수의 주소를 전달하면 되는데, 이 값으로는 장치와 성공적으로 송수신한 데이터의 크기를 받아오게 된다. 마지막 매개변수인 pOver- lapped는 동기 I/O를 수행하려는 경우에는 NULL로 지정하면 된다. 이 매개변수에 대해서는 비동기 I/O를 다룰 때 자세히 알아볼 것이다.

ReadFile과 WriteFile은 함수가 성공적으로 수행되었을 때 TRUE를 반환한다. 그런데 ReadFile은 GENERIC_READ 플래그를 포함하여 장치가 열렸을 경우에만 성공적으로 수행될 수 있으며, WriteFile 은 GENERIC_WRITE 플래그를 포함하여 장치가 열렸을 경우에만 성공적으로 수행될 수 있다.

1 장치로 데이터 플러시하기

앞서 CreateFile에 대해 다룰 때 파일 데이터에 대해 시스템이 캐시를 어떻게 수행할 것인지를 지정 할 수 있는 몇 가지 플래그가 있었다는 것을 기억할 것이다. 파일 외의 다른 장치인 직렬 포트나 메일 슬롯, 파이프 등에 대해서도 데이터 캐시를 수행할 수 있다. 이 경우 캐시된 데이터를 장치로 플러시 flush하기 위해 FlushFileBuffers 함수를 사용할 수 있다.

```
BOOL FlushFileBuffers(HANDLE hFile);
```

FlushFileBuffers 함수는 hFile 매개변수가 가리키는 장치와 연관되어 있는 캐시된 데이터를 강제적으로 쓰도록 한다. 물론 이러한 작업을 수행하려면 반드시 GENERIC_WRITE 플래그를 포함하여 장치를 열어야만 한다. FlushFileBuffers 함수는 성공 시 TRUE를 반환한다.

② 동기 I/O의 취소

동기 I/O를 수행하는 함수는 사용하기는 쉽지만 요청한 I/O 작업이 완료될 때까지 스레드가 정지된다. CreateFile 함수의 동작 방식이 좋은 예가 될 수 있다. 사용자가 마우스나 키보드 입력을 수행하면 해당 윈도우를 생성한 스레드의 메시지 큐에 특정 메시지가 삽입된다. 만일 스레드가 CreateFile을 호출하고 함수가 반환될 때까지 정지되어 있으면 앞서 메시지 큐에 삽입된 메시지가 정상적으로 처리되지 못한다. 뿐만 아니라 정지된 스레드가 생성한 모든 윈도우도 같이 정지 상태가 되어버린다. 애플리케이션이 행 ^{hang} 증상을 유발하는 대표적인 원인이 바로 스레드가 동기 I/O의 완료를 기다리는 상황이다.

마이크로소프트가 이와 같은 문제를 줄일 수 있도록 노력한 덕분에 비스타에서 몇몇 편리한 기능들이 새로 추가되었다. 예를 들어 비스타에서는 콘솔(CUI) 애플리케이션이 동기 I/O로 인해 행 ^{hang}이 발생한 경우 사용자가 Ctrl+C를 눌러 제어권을 되찾아올 수 있고, 따라서 콘솔을 계속해서 사용할 수 있기 때문에 더 이상 콘솔 프로세스를 강제로 종료할 필요가 없게 되었다. 또한 새로운 비스타의 파일 열기/저장 다이얼로그 박스는 파일을 열거나 저장하는 동안 시간이 많이 걸리는 경우 사용자가 취소 버튼을 누를 수 있도록 구현되었다(보통 이러한 문제는 네트워크 서버에 있는 파일을 접근하는 경우에 많이 발생한다).

응답성이 좋은 애플리케이션을 만들기 위해서는 가능한 비동기 I/O를 수행하는 것이 좋다. 비동기 I/O를 수행하면 애플리케이션에서 사용해야 하는 스레드의 개수를 획기적으로 줄일 수 있으며, 이는 결국 스레드 커널 오브젝트나 스택과 같은 리소스를 절약하는 효과가 있다. 뿐만 아니라 사용자에게 비동기 작업이 진행되는 동안 작업을 중단할 수 있는 기능을 좀 더 쉽게 제공할 수도 있다. 인터넷 익스플로러는 사용자가 요청한 웹 페이지가 너무 느리게 응답하거나, 웹 페이지가 모두 로드될 때까지 기다릴 수 없는 사용자의 경우 작업을 취소할 수 있는 방법을 제공하고 있다(X 버튼을 누르거나 Esc 키를 누르면 된다).

불행히도 CreateFile과 같은 일부 윈도우 API는 비동기적으로 함수를 호출하는 방법을 제공하지 않고 있다. 물론 이러한 함수들도 너무 오랜 시간을 소비하게 되면 결국에는 타임아웃으로 인해 반환되기는 하지만(네트워크 서버에 대한 접근 시도와 같이) 동기 I/O를 강제로 취소하여 스레드가 계속해서 수행될 수 있도록 해 주는 애플리케이션 프로그래밍 인터페이스(API)가 제공되는 것이 최상의 방법일 것이다. 이에 윈도우 비스타에서는 특정 스레드의 동기 I/O를 취소할 수 있는 CancelSynchro-nousIo 함수를 제공하고 있다.

```
BOOL CancelSynchronousIo(HANDLE hThread);
```

hThread 매개변수로는 동기 Synchronous I/O로 인해 정지되어 있는 스레드의 핸들을 전달하면 된다. 이 핸들은 반드시 THREAD_TERMINATE 접근 권한을 가진 형태로 생성되어야 하며, 그렇지 않을 경우 CancelSynchronousIo 함수는 실패하게 되고, 연이어 GetLastError를 호출해 보면 ERROR_ACCESS_DENIED가 반환될 것이다. CreateThread나 _beginthreadex를 사용하여 스레드를 생성한 경우라면 반환되는 핸들 handle 은 THREAD_ALL_ACCESS 권한을 가지게 되며, 이는 THREAD_TERMINATE 접근 권한을 포함하고 있다. 하지만 스레드 풀 thread pool 기능을 사용하거나 타이머 콜백함수 내에서 동기 I/O를 취소하려는 경우에는 일반적으로 현재 스레드 ID를 인자로 OpenThread 함수를 호출하여 스레드 핸들을 얻어내는 방법을 사용하게 될 텐데, 이 경우 첫 번째 인자로 THREAD_TERMINATE를 전달하는 것을 잊어서는 안 된다.

CancelSynchronousIo 함수의 매개변수로 지정한 스레드가 동기 I/O 작업의 완료를 대기하고 있었다면 해당 스레드는 수행을 재개하게 되고, 요청한 동기 I/O 작업은 실패하였음을 나타내는 값을 반환하게 된다. 이때 GetLastError를 호출해 보면 ERROR_OPERATION_ABORTED 값을 얻게 된다. 동시에 CancelSynchronousIo 함수는 TRUE를 반환하게 된다.

그런데 CancelSynchronousIo를 호출하는 시점에 매개변수로 전달한 핸들이 가리키는 스레드가 실제로 동기 I/O 작업을 진행하고 있는지를 알아낼 수 있는 방법이 없기 때문에 주의할 필요가 있다. 왜냐하면 스레드가 동기 I/O를 요청하긴 했지만, 실제로 I/O 작업이 수행되기 전에 CancelSynch-ronousIo가 먼저 수행될 수도 있기 때문이다. 뿐만 아니라 스레드가 장치로부터 응답을 받기 위해 대기하고 있을 수도 있고, 혹은 장치는 이미 응답을 하였으나 호출한 함수가 반환되기 직전의 상태일 수도 있다. 만일 CancelSynchronousIo를 호출한 시점에 매개변수로 전달한 핸들이 가리키는 스레드가 장치의 응답을 대기하는 상태가 아니라면, 이 함수는 FALSE를 반환하고 GetLastError는 ERROR_NOT_FOUND를 반환하게 된다.

이 때문에 취소할 동기 I/O 작업이 진행 중에 있는지를 확인하기 위해 추가적인 스레드 동기화 방법 (이에 대해서는 8장 "유저 모드에서의 스레드 동기화"와 9장 "커널 오브젝트를 이용한 스레드 동기화"에서 다룬 바 있다)을 이용해야 하지만 실제로는 이러한 방법이 그다지 필요하지 않다. 왜냐하면 사용자가 동기 I/O를 취소하고자 시도하는 경우는 대부분 애플리케이션이 정지되었음을 사용자가 알게 된 이후일 것이기 때문이다. 또한 사용자가 취소를 시도하였음에도 정상적으로 취소가 수행되지 않은 경우 대부분 또 다시(혹은 더 많은 횟수로) 취소를 시도할 것이기 때문이다. 실제로 윈도우 비스타에서는 콘솔 윈도우 애플리케이션의 동기 I/O를 정지시키고 제어를 가져오는 경우나 파일 열기/저장 다이얼로그 박스에서도 내부적으로 CancelSynchronousIo를 사용하고 있다.

section 04 비동기 장치 I/O의 기본

컴퓨터가 수행하는 다른 작업들에 비해 장치 I/O는 상대적으로 가장 느리고, 예측할 수 없는 작업 중 하나다. CPU는 산술 연산뿐만 아니라 화면에 그림을 그리는 작업조차도 파일이나 네트워크를 통해 데이터에 접근하는 것보다 빠르게 수행된다. 따라서 비동기 장치 I/O를 사용하여 리소스에 대한 사용 방법을 개선하면 좀 더 효율적으로 동작하는 애플리케이션을 작성할 수 있다.

스레드가 비동기 I/O 요청을 장치로 보내는 경우에 대해 생각해 보자. 스레드의 비동기 I/O 요청은 실제로 I/O 작업을 수행할 장치의 디바이스 드라이버로 전달된다. 디바이스 드라이버가 장치로부터의 응답을 대기해 주기 때문에 애플리케이션의 스레드는 I/O 요청이 완료될 때까지 대기할 필요 없이 다른 작업을 계속 수행할 수 있다.

때로는 디바이스 드라이버가 애플리케이션이 요청한 작업을 처리한 후 데이터 송수신의 완료 여부나 에러 발생 여부 등을 통지해 주어야 한다. 애플리케이션이 디바이스 드라이버가 전달해 주는 I/O 작업 완료 통지를 어떻게 수신할 수 있는지에 대해서는 "10.5 I/O 요청에 대한 완료 통지의 수신" 절에서 알아볼 것이다. 지금은 어떻게 비동기 I/O를 요청하는지에 대해서만 알아보도록 하자. 비동기 I/O 요청은 고성능의 확장성 있는 애플리케이션을 개발하기 위해 설계되었다. 이것이 이 장의 나머지 부분에서 비동기 I/O에 대해 집중적으로 조명하는 이유이기도 하다.

장치에 비동기적으로 접근하려면 CreateFile을 호출하여 장치에 대한 열기 작업을 수행할 때 dwFlagsAndAttributes 매개변수로 FILE_FLAG_OVERLAPPED 플래그를 전달해 주어야 한다. 이 플래그를 이용하면 추후 이 장치에 대해 비동기 접근을 수행할 것이라는 사실을 시스템에게 미리 알려주게 된다.

디바이스 드라이버 쪽으로 I/O 요청을 전달하려면 "10.3 동기 장치 I/O 수행" 절에서 다루었던 ReadFile과 WriteFile 함수를 사용하면 된다. 편의를 위해 두 함수의 원형을 다시 한 번 나타냈다.

```
BOOL ReadFile(
    HANDLE       hFile,
    PVOID        pvBuffer,
    DWORD        nNumBytesToRead,
    PDWORD       pdwNumBytes,
    OVERLAPPED*  pOverlapped);

BOOL WriteFile(
    HANDLE       hFile,
    CONST VOID *pvBuffer,
    DWORD        nNumBytesToWrite,
    PDWORD       pdwNumBytes,
    OVERLAPPED*  pOverlapped);
```

이러한 함수들이 호출되면 먼저 hFile 매개변수로 지정된 핸들이 가리키는 장치가 FILE_FLAG_OV-ERLAPPED 플래그를 이용하여 열렸는지의 여부를 확인하게 되며, 이 플래그가 지정된 경우에만 비동기 I/O를 수행한다. 이 경우(일반적으로 그렇게 한다) pdwNumBytes 매개변수로 NULL을 전달할 수 있다. 왜냐하면 비동기 I/O를 요청하는 경우 I/O 작업이 완료되기 전에 함수가 반환될 것이므로 함수의 반환 시점에 얼마만큼의 데이터가 송수신되었는지를 확인하는 것은 아무런 의미가 없기 때문이다.

1 OVERLAPPED 구조체

비동기 장치 I/O를 수행하려면 pOverlapped 매개변수를 통해 초기화된 OVERLAPPED 구조체를 가리키는 주소를 전달해 주어야 한다. 이번 장에서 오버랩드^{overlapped}(중첩)의 의미는 동일 스레드가 다른 작업을 수행하는 동안에 또 다시 새로운 I/O 작업을 시작하는 것을 의미한다. 아래에 OVERLA-PPED 구조체를 나타냈다.

```
typedef struct _OVERLAPPED {
    DWORD Internal;      // [out]  에러 코드
    DWORD InternalHigh;  // [out]  전송된 바이트 수
    DWORD Offset;        // [in]   32비트 하위 파일 오프셋
    DWORD OffsetHigh;    // [in]   32비트 상위 파일 오프셋
    HANDLE hEvent;       // [in]   이벤트 핸들이나 데이터
} OVERLAPPED, *LPOVERLAPPED;
```

이 구조체는 총 5개의 멤버를 가지고 있으며, 이 중 3개의 멤버들 – Offset, OffsetHigh, 그리고 hEvent – 은 ReadFile이나 WriteFile을 호출하기 전에 초기화되어야 한다. 나머지 두 개의 멤버인 Internal과 InternalHigh는 디바이스 드라이버에 의해 설정되며, I/O 작업이 완료되었는지 여부를 확인하기 위해 사용될 수 있다. 각 멤버들에 대한 세부적인 내용은 다음과 같다.

Offset과 OffsetHigh. 파일에 대한 I/O를 수행하는 경우 이 멤버들을 통해 파일 내에서 I/O 작업을 시작할 위치를 64비트 오프셋 값으로 지정할 수 있다. 각각의 파일 커널 오브젝트가 자신만의 파일 포인터를 가지고 있음을 다시 한 번 상기하기 바란다. 동기 I/O를 요청하는 경우에는 파일 포인터가 가리키는 위치를 동기 I/O 작업의 시작 위치로 판단할 수 있다. 작업이 완료되면 시스템은 다음번 동기 I/O 요청이 어디서부터 시작할지를 알기 위해 파일 포인터를 갱신하게 된다.

하지만 비동기 I/O를 수행하는 경우에는 커널 오브젝트 내의 파일 포인터를 사용할 수 없다. 비동기적으로 동일한 파일 커널 오브젝트에 대해 ReadFile을 두 번 호출한 경우 어떤 일이 발생할지를 상상해 보라. 이 경우 시스템은 두 번째 ReadFile이 호출되었을 때 어디서부터 데이터를 읽기 시작해야 할지 결정할 수 없다. 두 번째로 호출한 ReadFile의 경우 첫 번째로 ReadFile을 호출했을 때와 동일 위치를 읽기 위해 호출되지는 않았을 것이며, 아마도 첫 번째 ReadFile이 완료되는 위치로부터 추가적인 데이터를 읽고자 했을 것이다. 이와 같이 동일한 파일 커널 오브젝트에 대해 여러 번의 비동기 I/O 요청이 수행되는 경우에 발생할 수 있는 혼돈을 피하기 위해 비동기 I/O 요청 시에는 반드시 OVER-LAPPED 구조체 내에 I/O 작업을 시작할 위치를 지정해야 한다.

Offset과 OffsetHigh 멤버의 경우 파일이 아닌 다른 장치를 다루는 경우에도 무시되지 않기 때문에 주의할 필요가 있다. 만일 이 두 값을 0으로 설정하지 않고 I/O 요청을 시도하면, 요청은 실패하게 되고 GetLastError는 ERROR_INVALID_PARAMETER 값을 반환하게 된다.

hEvent. 이 멤버는 I/O 완료 통지를 수신하는 네 가지 방법 중 하나의 방법에서 사용된다. 얼러터블 I/O 통지 방법을 사용하는 경우에는 사용자 임의로 이 멤버를 사용할 수도 있다. 이 경우 실제로 많은 개발자들이 hEvent 멤버들을 C++ 오브젝트의 주소를 담기 위해 사용하곤 한다. (이 멤버는 416쪽 "이벤트 커널 오브젝트의 시그널링" 절에서 좀 더 자세히 다룰 것이다.)

Internal. 이 멤버는 처리된 I/O의 에러 코드를 담는 데 사용된다. 비동기 I/O 요청을 시도하면 디바이스 드라이버는 Internal 멤버 값을 STATUS_PENDING으로 설정하여 아직 작업이 완료되지 않았으며 어떠한 에러도 발생하지 않았음을 나타낸다. WinBase.h 내에 정의되어 있는 HasOverlappedIo-Completed 매크로를 이용하면 비동기 I/O 작업이 완료되었는지의 여부를 확인할 수 있는데, I/O 요청이 진행 중인 경우에는 FALSE를, I/O 요청이 완전히 끝난 경우에는 TRUE를 반환한다. 아래에 이 매크로가 어떻게 정의되어 있는지를 나타내 보았다.

```
#define HasOverlappedIoCompleted(pOverlapped) \
    ((pOverlapped)->Internal != STATUS_PENDING)
```

InternalHigh. 비동기 I/O 작업이 완료되면 이 멤버는 실제로 송수신된 바이트 수를 저장하게 된다.

마이크로소프트가 OVERLAPPED 구조체를 설계했을 당시에는 (이름이 말해 주듯이) Internal과 InternalHigh 멤버들에 대한 어떠한 내용도 문서로 제공하지 않았다. 하지만 시간이 지남에 따라 마이크로소프트는 이 멤버들이 가지고 있는 값이 개발자들에 매우 유용하게 사용될 수 있음을 알게 되었고, 결국에는 이 멤버들을 문서화하기로 정책을 변경하였다. 하지만 이미 운영체제 내부적으로 이 멤버들을 매우 자주 참조하고 있었기 때문에 이름을 변경하지는 않았다.

> 비동기 I/O 요청이 완료되면 I/O 요청 시 사용했던 OVERLAPPED 구조체의 주소를 돌려주게 된다. 따라서 OVERLAPPED 구조체에 추가적인 컨텍스트 정보를 포함시키면 매우 유용하게 사용될 수 있다. 예를 들어 I/O 요청을 수행한 장치의 핸들 정보를 OVERLAPPED 구조체에 포함시키려 한다고 하자. OVERLAPPED 구조체는 장치 핸들이나 유용한 컨텍스트 정보를 저장할만한 멤버를 가지고 있지 않지만, 이 문제는 아주 간단히 해결할 수 있다.
>
> 필자의 경우 OVERLAPPED 구조체를 상속하는 새로운 C++ 클래스를 작성하여 추가적인 정보를 저장할 수 있도록 하곤 한다. 애플리케이션이 OVERLAPPED 구조체의 주소를 전달받는 경우 이를 새로 작성한 C++ 클래스를 가리키는 포인터로 캐스팅할 수 있으며, 이를 통해 기존의 OVERLAPPED 멤버뿐만 아니라 새로 작성한 C++ 클래스에 추가된 컨텍스트 정보에도 접근할 수 있다. 이 장의 후반부에 나오는 FileCopy 예제 애플리케이션은 이러한 기법을 활용하고 있다. 예제 애플리케이션의 CIOReq C++ 클래스를 통해 좀 더 자세한 내용을 확인할 수 있을 것이다.

➋ 비동기 장치 I/O 사용 시 주의점

비동기 I/O를 수행할 때 유념해야 할 사항들이 있다. 첫째로, 디바이스 드라이버는 비동기 I/O 요청을 항상 선입선출first-in first-out(FIFO) 방식으로만 처리하지는 않는다는 것이다. 예를 들어 다음과 같이 코드를 작성한 경우, 디바이스 드라이버는 파일 쓰기를 먼저 수행하고 읽기를 나중에 수행할 가능성이 있다.

```
OVERLAPPED o1 = { 0 };
OVERLAPPED o2 = { 0 };
BYTE bBuffer[100];
ReadFile (hFile, bBuffer, 100, NULL, &o1);
WriteFile(hFile, bBuffer, 100, NULL, &o2);
```

디바이스 드라이버는 일반적으로 수행 성능을 개선하기 위해 I/O 요청을 순서에 따라 수행하지는 않는다. 파일시스템 드라이버의 경우 디스크의 헤드를 움직이는 시간과 검색 시간을 줄이기 위해 I/O 요청 목록을 검토하여 하드 디스크의 현재 위치로부터 물리적으로 가장 가까운 위치에 대한 I/O 요청을 가장 먼저 수행할 수 있다.

둘째로, 에러 확인을 수행하는 적당한 방법에 대해 알고 있어야 한다. 대부분의 윈도우 함수들은 실패failure를 나타내기 위해 FALSE를 반환하고, 성공success을 나타내기 위해 0이 아닌 값을 반환한다. 하지만 ReadFile과 WriteFile 함수는 이와는 조금 다르다. 이에 대해서는 예제를 통해 알아보는 것이 좋을 것 같다.

비동기 I/O 요청을 시도하는 경우에도 시스템에 의해 동기적으로 I/O 요청이 처리되는 경우가 있다. 사용자가 파일 읽기 요청을 하였고, 시스템의 확인 결과 요청된 데이터가 이미 시스템 캐시에 로드되어 있는 경우라면 시스템 캐시에 있는 데이터를 사용하면 된다. 이러한 I/O 요청은 디바이스 드라이버의 요청 목록에 삽입되지 않으며, 시스템 캐시로부터 사용자의 버퍼로 단순 복사가 일어나게 되므로 I/O 요청은 그 단계에서 완료된다. 또한 NTFS 파일 압축이나 파일의 크기를 확장하는 경우 혹은 파일에 추가적인 정보를 덧붙이는 것과 같은 일부 요청에 대해서는 항상 동기적으로 작업을 수행한다. 이에 대해서는 *http://support.microsoft.com/default.aspx?scid=kb%3Ben-us%3B156932*를 살펴보기 바란다.

ReadFile과 WriteFile은 I/O 요청이 동기적으로 수행되는 경우 0이 아닌 값을 반환한다. 하지만 I/O 요청이 비동기적으로 수행되는 경우나 에러가 발생하게 되면 FALSE를 반환하게 된다. 따라서 FALSE가 반환되면 반드시 GetLastError를 호출하여 그 결과 값의 의미를 다시 한 번 확인해야 한다. 만일 GetLastError가 ERROR_IO_PENDING를 반환한다면 I/O 요청은 성공적으로 전달된 것이며, 언젠가는 완료될 것이다.

반면 GetLastError가 ERROR_IO_PENDING 이외의 값을 반환하는 경우라면 I/O 요청은 디바이스 드라이버의 요청 목록에 정상 삽입되지 않은 것이다. 아래에 디바이스 드라이버의 요청 목록에 I/O 요청을 삽입하는 데 실패하는 경우 GetLastError가 반환하는 일반적인 에러 코드에 대해 나열해 보았다.

ERROR_INVALID_USER_BUFFER, ERROR_NOT_ENOUGH_MEMORY. 각각의 디바이스 드라이버는 I/O 요청을 삽입하기 위한 고정 크기의 리스트(논페이지 풀$^{nonpaged\ pool}$에 존재한다)를 가지고 있다. 만일 이 리스트가 꽉 차게 되면 시스템은 더 이상 요청을 디바이스 드라이버에 전달할 수 없게 되고, 이 경우 ReadFile과 WriteFile 함수는 FALSE를 반환하게 되며, GetLastError는 앞의 두 에러 값 중 하나(디바이스 드라이버에 따라)를 반환하게 될 것이다.

ERROR_NOT_ENOUGH_QUOTA. 몇몇 장치들은 사용자가 전달해 주는 버퍼가 잠긴 상태의 페이지 내에 존재하여 I/O 요청을 기다리는 동안 RAM 외부로 스와핑되지 않을 것을 요구한다. 예를 들어 파일 I/O 시 FILE_FLAG_NO_BUFFERING 플래그를 사용하는 경우 잠긴 페이지 내의 저장 공간을 필요로 한다. 하지만 시스템은 단일 프로세스가 잠글 수 있는 페이지의 크기를 제한하고 있기 때문에 ReadFile과 WriteFile 내부에서 사용자가 전달한 버퍼를 잠글 수 없을 수도 있다. 이 경우 함수는 FALSE를 반환하고, GetLastError는 ERROR_NOT_ENOUGH_QUOTA를 반환하게 된다. 프로세스당 잠글 수 있는 페이지의 크기는 SetProcessWorkingSetSize를 호출하여 변경할 수 있다.

이러한 에러를 어떻게 다루어야 할까? 기본적으로 이와 같은 에러는 상당량의 I/O 요청이 완료되지 않은 경우에 발생하게 된다. 따라서 진행 중인 I/O 요청이 일부 완료될 때까지 기다렸다가 ReadFile이나 WriteFile을 재호출해 볼 수 있다.

셋째로, 비동기 I/O 요청을 수행할 때 사용되는 데이터 버퍼와 OVERLAPPED 구조체는 I/O 요청이 완료될 때까지 옮겨지거나 삭제되지 않아야 한다. 디바이스 드라이버로 I/O 요청이 전달될 때에는 데이터 버퍼의 주소와 OVERLAPPED 구조체의 주소가 전달되는 것이지, 실제 블록이 전달되는 것이 아니라는 점에 주의해야 한다. 이렇게 주소만을 전달하는 이유는 메모리 복사 과정이 매우 비용이 많이 드는 작업이므로 CPU 시간을 낭비할 수 있기 때문이다.

디바이스 드라이버는 삽입된 요청을 처리할 때 pvBuffer가 가리키고 있는 데이터나 공간을 이용하여 pOverlapped 매개변수가 가리키는 OVERLAPPED 구조체 내의 오프셋 위치로부터 쓰거나 읽기를 수행한다. 요청된 I/O 작업이 완료되면 internal 멤버에는 I/O의 에러 코드를, InternalHigh 멤버에는 쓰거나 읽은 바이트 수를 저장한다.

I/O 요청이 완료될 때까지 데이터 버퍼의 위치가 옮겨지거나 삭제되지 않아야 한다는 점은 매우 중요하며, 그렇지 않을 경우 메모리가 손상될 수 있다. 때문에 매 I/O 요청 시마다 새로운 OVERLAPPED 구조체를 생성하고 초기화해야 한다.

앞서 언급한 내용은 매우 중요할 뿐더러 비동기 장치 I/O를 사용하는 개발자들이 가장 흔히 저지르는 실수 중 하나다. 아래에 잘못된 I/O 요청의 예를 나타내 보았다.

```
VOID ReadData(HANDLE hFile) {
    OVERLAPPED o = { 0 };
    BYTE b[ 100];
    ReadFile(hFile, b, 100, NULL, &o);
}
```

이 코드는 그다지 잘못 작성된 것 같이 보이지 않으며, ReadFile 호출부는 완벽하게 작성된 것처럼 보인다. 이 코드의 유일한 문제점은 비동기 요청을 삽입하고 나서 함수가 즉각 반환된다는 것이다. 함수가 반환되면 스레드의 스택에 생성된 데이터 버퍼와 OVERLAPPED 구조체는 삭제된다. 하지만 디바이스 드라이버는 이 함수가 반환되었는지 알 수 없기 때문에 이전 스레드 스택 내의 메모리를 가리키는 두 개의 포인터를 계속해서 사용하게 된다. I/O 작업이 완료되면 디바이스 드라이버는 스레드 스택 내의 메모리를 수정하게 될 것이며, 이는 메모리 손상의 원인이 된다. I/O 작업이 완료된 시점에 메모리가 어떤 용도로 사용되고 있었는지에 따라 예측할 수 없는 결과가 유발될 수 있다. 이런 종류의 버그는 메모리를 수정하는 시점이 비동기적으로 이루어지기 때문에 상당히 발견하기 어렵다. 때때로 시스템은 비동기 I/O 요청에 대해서도 동기적으로 작업을 처리하는 경우가 있으며, 이 경우는 아무런 문제가 없는 것처럼 보일 것이다. 또한 함수가 반환된 직후에 I/O 요청이 완료될 수도 있으며, 한 시간 후에 요청이 완료될 수도 있을 것이다. I/O 요청이 완료된 시점에 스레드 스택으로 사용되던 메모리가 어떤 용도로 사용되고 있을지를 알아 낼 수 있는 방법은 존재하지 않는다.

❸ 요청된 장치 I/O의 취소

때로는 디바이스 드라이버가 I/O 요청을 처리하기 전에 앞서 요청하였던 I/O 작업을 취소하고 싶을 수도 있다. 윈도우는 이를 위해 몇 가지 방법을 제공한다.

- CancelIo 함수를 호출하여 이 함수를 호출한 스레드가 삽입한 모든 I/O 요청을 취소할 수 있다(핸들이 I/O 컴플리션 포트와 연계되어 있지 않다면).

  ```
  BOOL CancelIo(HANDLE hFile);
  ```

- 어떤 스레드가 I/O 요청을 삽입하였는지를 고려하지 않고 삽입된 모든 I/O 요청을 완전히 취소하고 싶다면 장치에 대한 핸들을 닫으면 된다.

- 핸들이 I/O 컴플리션 포트와 연계되어 있는 경우를 제외하면, 스레드가 종료될 때 종료된 스레드가 삽입하였던 모든 I/O 요청이 취소된다.

- 만일 특정 장치에 대해 하나의 I/O 요청만을 취소하고 싶다면 CancelIoEx 함수를 사용하면 된다.

  ```
  BOOL CancelIoEx(HANDLE hFile, LPOVERLAPPED pOverlapped);
  ```

  CanelIoEx를 사용하면 이 함수를 호출한 스레드 외에 다른 스레드가 삽입한 I/O 요청도 취소할 수 있다. 이 함수는 hFile이 가리키는 장치에 대해 대기 중인 I/O 요청 중 pOverlapped가 가리키는 요청을 취소된 것으로 표시한다. 각각의 I/O 요청은 자신만의 OVERLAPPED 구조체를 가지고 있기 때문에 CancelIoEx를 호출할 때마다 하나의 I/O 요청만이 취소된다. 하지만 CancelIoEx를 호출할 때 pOverlapped 매개변수로 NULL을 전달하면 hFile이 가리키는 장치에 대한 모든 I/O 요청을 취소할 수도 있다.

I/O 요청이 취소되면 ERROR_OPERATION_ABORTED 에러 코드를 받게 된다.

---

section **05** **I/O 요청에 대한 완료 통지의 수신**

지금까지 비동기 장치 I/O 요청을 삽입하는 방법에 대해서만 알아보았으며, I/O 요청이 완료되었을 때 장치 드라이버로부터 완료 통지를 어떻게 수신할 수 있는지에 대해서는 언급하지 않았다.

윈도우는 4가지 서로 다른 방법(표 10-9에 간단하게 요약해 보았다)으로 I/O 완료 통지를 받을 수 있으며, 이번 절에서는 이에 대해 알아볼 것이다. 비교적 이해하기 쉬운 방법(디바이스 커널 오브젝트 시그널링)부터 어려운 방법(I/O 컴플리션 포트) 순서로 설명을 진행하도록 하겠다.

[표 10-9] I/O 완료 통지 수신 방법

방법	요약
디바이스 커널 오브젝트의 시그널링	단일의 장치에 대해 다수의 I/O 요청을 수행하는 경우에는 적합하지 않다. 특정 스레드가 I/O 요청을 삽입하고 다른 스레드가 완료 통지를 수신할 수 있다.
이벤트 커널 오브젝트의 시그널링	단일의 장치에 대해 다수의 I/O 요청을 수행할 수 있다. 특정 스레드가 I/O 요청을 삽입하고 다른 스레드가 완료 통지를 수신할 수 있다.
얼러터블 I/O 사용	단일의 장치에 대해 다수의 I/O 요청을 수행할 수 있다. 항상 I/O 요청을 삽입한 스레드가 완료 통지를 수신한다.
I/O 컴플리션 포트 사용	단일의 장치에 대해 다수의 I/O 요청을 수행할 수 있다. 특정 스레드가 I/O 요청을 삽입하고 다른 스레드가 완료 통지를 수신할 수 있다. 이 방법이 가장 확장성이 뛰어나고 유연성이 있다.

4가지의 I/O 완료 통지 수신 방법 중 I/O 컴플리션 포트를 사용하는 방법이 가장 뛰어나다는 것을 각각의 내용을 살펴보기 전에 미리 밝혀둔다. 각각의 방법을 공부해 나가다보면 왜 마이크로소프트가 I/O 컴플리션 포트를 윈도우에 추가하였는지 그리고 어떻게 I/O 컴플리션 포트를 활용하여 다른 방법들의 문제점들을 해결할 수 있는지 알게 될 것이다.

1 디바이스 커널 오브젝트의 시그널링

스레드가 비동기 I/O 요청을 시도하면 스레드는 멈추지 않고 다른 유용한 작업을 계속해서 수행할 수 있다. 하지만 언젠가는 요청한 I/O 작업이 완료되기를 기다려야만 한다. 다시 말하면 장치에서 버퍼로 데이터를 완전히 읽기 전까지는 더 이상 코드를 수행할 수 없는 시점에 있다는 것이다.

윈도우에서는 디바이스 커널 오브젝트도 여타 다른 커널 오브젝트와 마찬가지로 시그널과 논시그널 상태를 가지기 때문에 스레드의 동기화에 사용될 수 있다. ReadFile과 WriteFile 함수를 통해 I/O 요청을 시도하면 요청이 삽입되기 전에 해당 디바이스 커널 오브젝트는 논시그널 상태가 된다. 디바이스 드라이버가 I/O 요청에 대한 처리를 마치면 디바이스 커널 오브젝트는 시그널 상태로 변경된다.

스레드는 비동기 I/O 요청이 완료되었는지의 여부를 확인하기 위해 WaitForSingleObject나 Wait-ForMultipleObjects 함수를 이용할 수 있다. 아래에 그 예를 나타냈다.

```
HANDLE hFile = CreateFile(..., FILE_FLAG_OVERLAPPED, ...);
BYTE bBuffer[100];
OVERLAPPED o = { 0 };
o.Offset = 345;

BOOL bReadDone = ReadFile(hFile, bBuffer, 100, NULL, &o);
DWORD dwError = GetLastError();

if (!bReadDone && (dwError == ERROR_IO_PENDING)) {
```

```
    // I/O 요청이 비동기적으로 수행되고 있으며,
    // 작업이 완료될 때까지 대기한다.
    WaitForSingleObject(hFile, INFINITE);
    bReadDone = TRUE;
}

if (bReadDone) {
    // o.Internal은 I/O 에러 코드를 저장하고 있다.
    // o.InternalHigh는 읽은 데이터의 크기를 가지고 있다.
    // bBuffer는 읽은 데이터를 가지고 있다.
} else {
    // 에러가 발생하였다. dwError 값을 확인해야 한다.
}
```

위 코드는 비동기 I/O 작업을 수행한 후 작업이 완료될 때까지 대기한다. 이는 비동기 I/O의 목적에 위배되기 때문에 실제로는 이처럼 코드를 작성하지는 않을 것이다. 여기서는 단지 아래에 나열한 것과 같은 중요한 개념을 설명하기 위해 이 같은 코드를 작성한 것뿐이다.

- 비동기 I/O를 위해 디바이스를 열 때에는 반드시 FILE_FLAG_OVERLAPPED 플래그를 사용해야 한다.

- OVERLAPPED 구조체의 Offset, OffsetHigh, 그리고 hEvent는 반드시 초기화되어야 한다. 위 예제에서는 Offset 값을 345로 설정하여 ReadFile이 346번째 바이트부터 데이터를 읽도록 하였으며, 나머지 값은 모두 0으로 초기화하였다.

- ReadFile의 반환 값은 bReadDone에 저장된다. 이 값은 I/O 요청이 동기적으로 수행되었는지 여부를 반환한다.

- I/O 요청이 동기적으로 수행된 경우가 아니라면 에러가 발생한 것인지 아니면 비동기적으로 I/O 작업이 요청된 것인지 확인해야 한다. GetLastError의 반환 값이 ERROR_IO_PENDING이면 비동기적으로 작업이 요청된 것이며, 그렇지 않은 경우 에러가 발생한 것이다.

- 데이터가 모두 읽혀질 때까지 대기하기 위해 디바이스 커널 오브젝트의 핸들을 인자로 WaitForSingleObject 함수를 호출하였다. 9장에서 살펴본 것과 같이 이 함수는 매개변수로 전달된 디바이스 커널 오브젝트가 시그널 상태가 될 때까지 스레드를 대기 상태로 유지한다. I/O 작업이 완료되어 디바이스 드라이버가 디바이스 커널 오브젝트를 시그널 상태로 만들면 WaitForSingleObject 함수가 반환될 것이고, 이때 bReadDone을 TRUE로 설정한다.

- 읽기 작업이 완료되면, bBuffer에는 읽은 데이터가, OVERLAPPED 구조체의 Internal 멤버에는 에러 코드가, InternalHigh 멤버에는 읽은 데이터의 크기가 각각 저장된다.

- 만일 에러가 발생하였다면 dwError에 에러에 대한 좀 더 자세한 정보가 저장된다.

2 이벤트 커널 오브젝트의 시그널링

앞서 설명한 I/O 완료 통지 수신 방법은 매우 간단하면서도 직접적이다. 하지만 다수의 I/O 요청에 대한 처리를 수행할 수 없기 때문에 이와 같은 방법이 항상 유용한 것만은 아니다. 예를 들어 여러 번의 비동기 작업을 거의 동시에 수행한다고 생각해 보자. 좀 더 구체적으로, 파일로부터 10바이트를 읽고 동시에 10바이트를 쓰는 작업을 수행하려 한다고 해 보자. 아마도 다음과 같이 코드를 작성할 수 있을 것이다.

```
HANDLE hFile = CreateFile(..., FILE_FLAG_OVERLAPPED, ...);

BYTE bReadBuffer[10];
OVERLAPPED oRead = { 0 };
oRead.Offset = 0;
ReadFile(hFile, bReadBuffer, 10, NULL, &oRead);

BYTE bWriteBuffer[10] = { 0, 1, 2, 3, 4, 5, 6, 7, 8, 9 };
OVERLAPPED oWrite = { 0 };
oWrite.Offset = 10;
WriteFile(hFile, bWriteBuffer, _countof(bWriteBuffer), NULL, &oWrite);
...
WaitForSingleObject(hFile, INFINITE);

// 어떤 작업이 완료된 것인지 알 수 없다. 읽기? 쓰기? 혹은 둘 다?
```

이 경우에는 디바이스 커널 오브젝트를 이용하여 스레드 동기화를 수행할 수 없다. 그 이유는 두 개의 작업이 WaitForSingleObject를 호출하기 전에 완료될 수도 있기 때문이다. 이 경우 읽기 작업이 완료된 것인지 아니면 쓰기 작업이 완료된 것인지 혹은 두 작업이 모두 완료된 것인지 구분할 수 있는 방법이 없다. 이와 같은 문제를 해결하기 위해서는 여러 번의 비동기 I/O 요청을 동기화할 수 있는 다른 대안이 필요하다.

OVERLAPPED 구조체의 마지막 멤버인 hEvent는 이벤트 커널 오브젝트에 대한 핸들을 저장할 수 있다. 여기에 저장할 핸들은 CreateEvent 함수를 호출하여 얻은 값이어야 한다. 비동기 I/O 요청이 완료되면 디바이스 드라이버는 가장 먼저 OVERLAPPED 구조체의 hEvent 멤버가 NULL인지 여부를 확인한다. 만일 hEvent가 NULL이 아니면 이 값을 인자로 SetEvent 함수를 호출해 준다. 물론 이전과 같이 디바이스 오브젝트를 시그널 상태로 만들어 주기도 한다. 하지만 I/O 작업이 완료되었음을 확인하기 위해 이벤트를 사용하는 경우라면 굳이 디바이스 오브젝트가 시그널 상태로 변하는지 여부를 확인할 필요는 없으며, 그 대신 이벤트를 사용하면 된다.

만일 여러 번의 비동기 장치 I/O 요청을 동시에 수행하기를 원한다면 각 요청마다 서로 다른 이벤트 커널 오브젝트를 생성해야 한다. 각 요청별로 OVERLAPPED 구조체가 생성될 것이기 때문에 hEvent

성능을 조금이라도 향상시키기를 원한다면 파일에 대한 I/O 작업이 완료되었을 때 파일 오브젝트를 시그널 상태로 변경하지 않도록 SetFileCompletionNotificationModes 함수를 사용할 수 있다.

```
BOOL SetFileCompletionNotificationModes(HANDLE hFile, UCHAR uFlags);
```

hFile 매개변수로는 파일 핸들을 전달하면 되고, uFlags 매개변수로는 I/O 작업이 완료되었을 때 윈도우가 어떻게 동작하길 원하는지를 전달하면 된다. 만일 이 값으로 FILE_SKIP_SET_EVENT_ON_HANDLE 플래그를 전달하면 파일 I/O 작업이 완료되는 경우에도 파일 핸들을 시그널 상태로 변경하지 않는다. FILE_SKIP_SET_EVENT_ON_HANDLE이라는 이름은 그다지 적절해 보이지 않는다. 이보다는 FILE_SKIP_SIGNAL과 같이 정의되었더라면 더 좋았을 것이다.

멤버를 각기 다른 이벤트 핸들 값으로 설정해야 한다. I/O 완료 요청에 대한 동기화가 필요해지면 각 I/O 작업을 수행할 때 사용했던 이벤트 핸들들을 인자로 WaitForMultipleObjects 함수를 호출하면 된다.

```
HANDLE hFile = CreateFile(..., FILE_FLAG_OVERLAPPED, ...);

BYTE bReadBuffer[ 10 ];
OVERLAPPED oRead = { 0 };
oRead.Offset = 0;
oRead.hEvent = CreateEvent(...);
ReadFile(hFile, bReadBuffer, 10, NULL, &oRead);

BYTE bWriteBuffer[ 10 ] = { 0, 1, 2, 3, 4, 5, 6, 7, 8, 9 };
OVERLAPPED oWrite = { 0 };
oWrite.Offset = 10;
oWrite.hEvent = CreateEvent(...);
WriteFile(hFile, bWriteBuffer, _countof(bWriteBuffer), NULL, &oWrite);
...

HANDLE h[ 2 ];
h[ 0 ] = oRead.hEvent;
h[ 1 ] = oWrite.hEvent;
DWORD dw = WaitForMultipleObjects(2, h, FALSE, INFINITE);
switch (dw - WAIT_OBJECT_0) {
   case 0:    // 읽기 작업 완료
      break;

   case 1:    // 쓰기 작업 완료
      break;
}
```

이 코드는 다소 억지스러운 부분이 있으며, 실제로 애플리케이션을 개발할 때에는 이와 같은 코드를 쓰지는 않을 것이다. 그럼에도 불구하고 설명하고자 하는 내용을 잘 나타내고 있다. 실제로 애플리케이션 개발 시에는 I/O 요청이 완료되었는지 확인하기 위해 루프를 구성하는 경우가 많다. I/O 요청이 완료되었을 때 다른 작업을 수행하고, 다시 비동기 I/O 작업을 요청한 후, 루프를 다시 돌아 I/O 요청이 완료되기를 기다리는 것과 같은 식이다.

GetOverlappedResult

마이크로소프트가 최초에 OVERLAPPED 구조체를 설계했을 당시에는 Internal과 InternalHigh 멤버에 대해 문서화를 하지 않았다는 점을 상기하자. 이 말은 결국 I/O 작업이 수행된 후 얼마만큼의 데이터가 송수신되었는지 그리고 I/O 과정에서 에러가 발생하지 않았는지를 알아내기 위한 다른 방법이 있어야 함을 의미한다. 이를 위해 마이크로소프트는 GetOverlappedResult 함수를 제공하고 있다.

```
BOOL GetOverlappedResult(
    HANDLE      hFile,
    OVERLAPPED* pOverlapped,
    PDWORD      pdwNumBytes,
    BOOL        bWait);
```

지금은 Internal과 InternalHigh 멤버가 마이크로소프트에 의해 문서화되었기 때문에 GetOverlappedResult 함수가 그다지 유용하지 않다. 필자가 처음으로 비동기 I/O에 대해 공부를 시작하였을 때 이 함수의 내용에 대해 정확히 파악하기 위해 리버스 엔지니어링reverse engineering을 시도한 적이 있었다. 아래에 GetOverlappedResult의 내부적인 구현 내용을 나타내 보았다.

```
BOOL GetOverlappedResult(
    HANDLE hFile,
    OVERLAPPED* po,
    PDWORD pdwNumBytes,
    BOOL bWait) {

    if (po->Internal == STATUS_PENDING) {
        DWORD dwWaitRet = WAIT_TIMEOUT;
        if (bWait) {
            // I/O 작업이 끝날 때까지 대기한다.
            dwWaitRet = WaitForSingleObject(
                (po->hEvent != NULL) ? po->hEvent : hFile, INFINITE);
        }

        if (dwWaitRet == WAIT_TIMEOUT) {
            // I/O 작업이 완료되지 않았으며, 대기하지 않을 것이라면
```

```
        SetLastError(ERROR_IO_INCOMPLETE);
        return(FALSE);
    }

    if (dwWaitRet != WAIT_OBJECT_0) {
        // WaitForSingleObject 호출에 실패했다.
        return(FALSE);
    }
}

// I/O 작업이 완료되었다. 송수신된 바이트 수를 반환한다.
*pdwNumBytes = po->InternalHigh;

if (SUCCEEDED(po->Internal)) {
    return(TRUE);      // I/O 에러가 발생하지 않음
}

// I/O 에러를 마지막 에러로 설정한다.
SetLastError(po->Internal);
return(FALSE);
}
```

❸ 얼러터블 I/O

I/O 완료 통지를 수신하는 세 번째 방법은 얼러터블 I/O라고 불리는 방법이다. 이전에 마이크로소프트는 얼러터블 I/O를 고성능의 확장성 있는 애플리케이션을 개발하려는 개발자에게 있어 최상의 메커니즘인 것처럼 소개한 적이 있었다. 하지만 얼러터블 I/O를 사용해 본 개발자들은 사실 이 방법이 그러한 약속을 지키지 못한다는 것을 금세 깨달았다.

처음으로 얼러터블 I/O를 이용하여 얼마간 작업을 해 보았을 때는 얼러터블 I/O가 매우 끔찍하고 절대로 쓰지 말아야 하는 기술처럼 느껴진 것도 사실이다. 하지만 이후에 마이크로소프트가 얼러터블 I/O가 동작할 수 있도록 운영체제에 상당히 유용한 몇몇 기능들을 추가하였음을 알 수 있었다. 이번 절을 읽는 동안에는 I/O의 관점에만 국한하여 얼러터블 I/O를 바라보지 말고, 이러한 기능을 사용하기 위해 운영체제에 새로이 추가된 기능들을 위주로 내용을 확인해 보기 바란다.

스레드가 생성되면 시스템은 각 스레드별로 비동기 프로시저 콜^{asynchronous procedure call}(APC) 큐라고 불리는 큐를 하나씩 생성한다. 비동기 I/O 요청을 전달하는 함수를 호출할 때 디바이스 드라이버에게 I/O 작업 완료 통지를 스레드의 APC 큐에 삽입해 줄 것을 요청할 수 있다. 이를 위해서는 ReadFileEx나 WriteFileEx 함수를 사용하면 된다.

```
BOOL ReadFileEx(
    HANDLE      hFile,
    PVOID       pvBuffer,
    DWORD       nNumBytesToRead,
    OVERLAPPED* pOverlapped,
    LPOVERLAPPED_COMPLETION_ROUTINE pfnCompletionRoutine);

BOOL WriteFileEx(
    HANDLE      hFile,
    CONST VOID *pvBuffer,
    DWORD       nNumBytesToWrite,
    OVERLAPPED* pOverlapped,
    LPOVERLAPPED_COMPLETION_ROUTINE pfnCompletionRoutine);
```

ReadFile과 WriteFile 함수와 같이 ReadFileEx와 WriteFileEx 함수도 디바이스 드라이버에게 I/O 요청을 전달하기 위해 사용되며, 이 함수들은 호출 즉시 반환된다. ReadFileEx, WriteFileEx 함수들은 ReadFile, WriteFile 함수에서 사용하는 인자들과 거의 유사한 인자 목록을 가지고 있는데, 단 두 가지 측면에서만 차이를 보인다. 첫 번째 차이점은 *Ex 함수들은 I/O 작업이 수행된 바이트 수를 돌려받기 위한 DWORD 포인터를 전달하지 않는다는 것이다. 이러한 정보는 콜백함수를 통해 획득할 수 있다. 두 번째 차이점은 *Ex가 컴플리션 루틴^{completion routine}이라고 불리는 콜백함수의 주소를 필요로 한다는 점이다. 컴플리션 루틴은 반드시 다음과 같은 형태로 구현되어야 한다.

```
VOID WINAPI CompletionRoutine(
    DWORD       dwError,
    DWORD       dwNumBytes,
    OVERLAPPED* po);
```

ReadFileEx와 WriteFileEx 함수를 이용하여 비동기 I/O를 수행하면, 이 함수들은 디바이스 드라이버에게 컴플리션 루틴의 주소 값을 전달해 준다. 디바이스 드라이버가 I/O 요청을 마치면 스레드의 APC 큐에 완료 통지를 나타내는 항목을 추가하는데, 이 항목에는 컴플리션 루틴의 주소와 최초 I/O 요청 시 사용되었던 OVERLAPPED 구조체의 주소가 포함되어 있다.

얼러터블 I/O를 사용하는 경우에는 디바이스 드라이버가 이벤트 커널 오브젝트에 대한 시그널링을 전혀 시도하지 않는다. 디바이스 드라이버가 OVERLAPPED 구조체의 hEvent 멤버를 전혀 사용하지 않기 때문에 이 멤버를 자신의 목적에 맞도록 다른 용도로 사용할 수 있다.

스레드가 얼러터블 상태가 되면(앞서 잠깐 이야기한 바 있다) 시스템은 APC 큐의 내용을 확인하여 큐에 삽입된 모든 항목에 대해 컴플리션 루틴을 호출해 준다. 이때 I/O 에러 코드, 송수신된 바이트 수, OVERLAPPED 구조체의 주소가 전달된다. 에러 코드와 송수신된 바이트 수는 OVERLAPPED 구조체의 Internal과 InternalHigh 멤버를 통해서도 확인할 수 있다. (앞서 언급한 것과 같이 마이크로소프트가 이 구조체를 최초로 설계할 당시에는 Internal과 InternalHigh에 대해 문서화를 수행하지 않으려 했기 때문에 함수의 매개변수를 통해 이러한 값들을 전달해야만 했다.)

컴플리션 루틴에 대해 간단히 살펴보기 위해 먼저 시스템이 비동기 I/O 요청을 어떻게 다루는지를 살펴보자. 다음은 일련의 비동기 작업들을 수행하기 위한 코드다.

```
hFile = CreateFile(..., FILE_FLAG_OVERLAPPED, ...);

ReadFileEx(hFile, ...);      // 첫 번째 ReadFileEx를 수행함
WriteFileEx(hFile, ...);     // 첫 번째 WriteFileEx를 수행함
ReadFileEx(hFile, ...);      // 두 번째 ReadFileEx를 수행함

SomeFunc();
```

만일 SomeFunc 함수가 장시간의 수행 시간을 필요로 하는 경우 이 함수가 반환되기 전에 3개의 I/O 작업이 완료될 수도 있을 것이다. 스레드가 SomeFunc 함수를 수행하는 동안 디바이스 드라이버는 각 I/O 작업이 완료될 때마다 I/O 완료 통지를 스레드의 APC 큐에 삽입하게 된다. APC 큐에는 다음과 같이 항목들이 삽입되어 있을 수도 있다.

```
첫 번째 WriteFileEx가 완료됨
두 번째 ReadFileEx가 완료됨
첫 번째 ReadFileEx가 완료됨
```

APC 큐는 시스템에 의해 내부적으로 관리된다. 시스템은 요청된 I/O 작업을 어떤 순서로든 수행할 수 있기 때문에 I/O 작업이 요청한 순서대로 완료될 수도 있지만 그 역순으로 완료될 수도 있다. 스레드의 APC 큐에 삽입된 각 항목entry은 컴플리션 루틴의 주소와 컴플리션 루틴에 전달할 값을 가지고 있다.

I/O 요청이 완료되면 이러한 항목들이 스레드의 APC 큐에 삽입된다. 사용자 스레드는 다른 작업을 수행하느라 매우 바쁠 수도 있고 인터럽트가 불가능한 상황에 있을 수도 있기 때문에 APC 큐에 항목이 삽입되었다 하더라도 컴플리션 루틴이 바로 호출되지는 않는다. APC 큐의 항목을 처리하려면 스레드가 자신을 얼러터블 상태로 변경해야 하며, 이를 통해 스레드가 인터럽트 가능한 상태가 되었음을 알려주어야 한다. 윈도우는 스레드를 얼러터블 상태로 변경할 수 있는 6개의 함수를 제공한다.

```
DWORD SleepEx(
   DWORD dwMilliseconds,
   BOOL  bAlertable);

DWORD WaitForSingleObjectEx(
   HANDLE hObject,
```

```
    DWORD   dwMilliseconds,
    BOOL    bAlertable);

DWORD WaitForMultipleObjectsEx(
    DWORD   cObjects,
    CONST HANDLE* phObjects,
    BOOL    bWaitAll,
    DWORD   dwMilliseconds,
    BOOL    bAlertable);

BOOL SignalObjectAndWait(
    HANDLE hObjectToSignal,
    HANDLE hObjectToWaitOn,
    DWORD  dwMilliseconds,
    BOOL   bAlertable);

BOOL GetQueuedCompletionStatusEx(
    HANDLE hCompPort,
    LPOVERLAPPED_ENTRY pCompPortEntries,
    ULONG  ulCount,
    PULONG pulNumEntriesRemoved,
    DWORD dwMilliseconds,
    BOOL bAlertable);

DWORD MsgWaitForMultipleObjectsEx(
    DWORD   nCount,
    CONST HANDLE* pHandles,
    DWORD   dwMilliseconds,
    DWORD   dwWakeMask,
    DWORD   dwFlags);
```

앞에서부터 5개의 함수는 마지막 인자로 스레드를 얼러터블 상태로 변경할 것인지의 여부를 나타내는 부울 값을 전달받는다. MsgWaitForMultipleObjectsEx의 경우에는 MWMO_ALERTABLE 플래그를 이용하여 스레드를 얼러터블 상태로 변경할 수 있다. Sleep, WaitForSingleObject, 그리고 WaitForMultipleObjects 함수들에 대해 이미 익숙하다면 앞서 나열한 함수를 익히는 것은 그다지 어렵지 않을 것이다. 내부적으로는 Ex가 붙지 않은 함수들을 호출하면 bAlertable 매개변수로 FALSE를 지정하여 Ex가 붙은 함수를 호출한다.

위에서 나열한 6가지 함수 중 하나를 사용하면 스레드를 얼러터블 상태로 변경할 수 있으며, 이때 비로소 시스템은 스레드의 APC 큐에 항목이 존재하는지를 확인한다. 만일 큐에 하나 이상의 항목이 존재하면 스레드를 대기 상태로 전환하지 않고 APC 큐에 존재하는 항목을 하나씩 빼내어 지정된 콜백 루틴을 호출한다. 이때 완료된 I/O 요청에 대한 에러 코드와 송수신된 바이트 수, OVERLAPPED 구조체의 주소가 같이 전달된다. 컴플리션 루틴이 반환되면 스레드의 APC 큐에 또 다른 항목이 있는지 조사하고, 추가적으로 항목이 존재하는 경우 이에 대한 처리를 반복적으로 수행한다. APC 큐가 완전히 비워지면 얼러터블 상태로 변경하기 위해 호출하였던 함수가 반환된다. 스레드의 APC 큐에 항목이 존재하는 경우 위에서 나열한 함수들을 호출하면 스레드가 대기 상태로 전환되지 않는다는 점을 기억하기 바란다.

스레드의 APC 큐에 어떠한 항목도 없는 경우 위에서 나열한 함수들을 호출하게 되면 스레드가 정지된다. 스레드가 정지되면 커널 오브젝트(혹은 단순 오브젝트)가 시그널 상태가 되거나 APC 큐에 항목이 삽입되었을 때 비로소 수행을 재개하게 된다. 스레드가 얼러터블 상태에 있는 동안 APC 큐에 항목이 삽입되면 시스템이 스레드의 수행을 재개하고 APC 큐를 비우려 시도할 것이다(컴플리션 루틴을 호출하여). APC 큐가 완전히 비워지면 커널 오브젝트가 시그널 상태가 될 때까지 기다리지 않고, 앞서 얼러터블 상태로 변경하기 위해 호출하였던 함수가 반환된다.

6개 함수들은 반환 값을 통해 이 함수가 왜 반환되었는지를 알려준다. WAIT_IO_COMPLETION이 반환되었다면(혹은 GetLastError의 반환 값이 WAIT_IO_COMPLETION), 적어도 하나 이상의 항목이 APC 큐에 존재하였으며, 이에 대한 처리를 수행하였음을 의미한다. 이 외의 다른 값이 반환되었다면 대기 시간이 만료되었거나 커널 오브젝트(혹은 단순 오브젝트)가 시그널되었거나 뮤텍스가 버려졌음을 의미한다.

얼러터블 I/O의 장단점

앞서 얼러터블 I/O의 수행 메커니즘에 대해 알아보았다. 이제 장치 I/O를 수행하기 위해 얼러터블 I/O를 사용하는 것이 어려운 두 가지 이유에 대해 알아보기로 하자.

콜백함수. 얼러터블 I/O는 콜백함수를 필요로 하며, 이는 코드를 더욱 이해하기 어렵게 만든다. 콜백함수를 사용하게 되면 충분한 컨텍스트 정보를 유지하는 것이 어렵기 때문에 일반적으로 많은 수의 전역변수를 사용하게 된다. 다행히도 얼러터블 I/O에서 콜백함수는 앞서 알아본 여섯 개의 함수를 호출한 바로 그 스레드에 의해 호출되기 때문에 전역변수를 사용하더라도 특별히 동기화 처리를 할 필요가 없다. 단일 스레드로는 두 가지 작업을 동시에 수행할 수 없기 때문에 동기화 처리 없이도 변수들의 값은 안전하게 유지될 수 있다.

쓰레딩 문제. 실제로 얼러터블 I/O의 가장 큰 문제점은 I/O 작업을 요청한 스레드가 반드시 완료 통지도 함께 처리해야 한다는 것이다. 단일 스레드가 여러 번의 I/O 작업을 수행한 경우 각 I/O 요청별로 발생하는 완료 통지를 자신이 모두 처리해야만 한다. 이는 다른 스레드들이 존재하고 그러한 스레드들이 아무런 작업을 수행하지 않는 경우라 하더라도 마찬가지다. 이렇듯 부하 분산[load balancing]을 제대로 수행하지 못하는 문제로 인해 얼러터블 I/O를 이용하여 확장성 있는 애플리케이션을 만드는 것은 매우 어렵다.

이러한 문제들은 상당히 좋지 않은 상황들을 만들어낼 가능성이 있기 때문에 비동기 장치 I/O를 수행하기 위해 얼러터블 I/O를 사용하는 것은 가능한 피할 것을 강력히 권고한다. 잠시 후에 알아볼 I/O 컴플리션 포트 메커니즘을 이용하면 이러한 문제들을 해결할 수 있다. I/O 컴플리션 포트에 대해 알아보기 전에 앞서 약속한 대로 얼러터블 I/O를 위해 새롭게 추가된 기능들에 대해 알아보자.

윈도우는 사용자가 임의로 APC 큐에 항목을 추가할 수 있는 함수를 제공하고 있다.

```
DWORD QueueUserAPC(
    PAPCFUNC   pfnAPC,
    HANDLE     hThread,
    ULONG_PTR  dwData);
```

첫 번째 매개변수로는 APC 콜백함수를 가리키는 포인터를 전달하면 되는데, 이 함수의 원형은 다음과 같다.

```
VOID WINAPI APCFunc(ULONG_PTR dwParam);
```

두 번째 매개변수인 hThread로는 어떤 스레드의 APC 큐에 항목을 추가할지를 결정하는 스레드 핸들을 전달하면 된다. 이 매개변수로는 시스템 내의 어떤 스레드라도 지정 가능하다는 점에 주목할 필요가 있다. 만일 hThread가 가리키는 스레드가 다른 프로세스 내에 존재하는 경우라면 pfnAPC 또한 hThread가 포함된 프로세스의 주소 공간 내에 존재하는 함수의 주소를 지정해야 한다. 마지막 매개변수인 dwData로는 콜백함수로 전달할 값을 지정하면 된다.

비록 QueueUserAPC 함수의 원형이 DWORD 값을 반환하도록 선언되어 있긴 하지만, 실제로는 성공과 실패를 나타내는 부울 값을 반환한다. QueueUserAPC를 이용하면 서로 다른 프로세스에 있는 스레드와도 효율적으로 통신을 수행할 수 있다. 하지만 불행히도 단일의 값만 전달할 수 있다는 단점이 있다.

QueueUserAPC는 스레드를 대기 상태에서 강제로 빠져나오게 할 때에도 유용하게 사용될 수 있다. 스레드가 WaitForSingleObject를 호출하여 커널 오브젝트가 시그널될 때까지 대기하고 있는 상태에서 사용자가 애플리케이션을 종료하려 한다고 생각해 보자. 애플리케이션을 종료하려면 스레드들을 깨끗이 정리해야 하는데, 커널 오브젝트가 시그널되기를 기다리는 스레드를 어떻게 강제적으로 깨어나게 할 것이며, 또 어떻게 이 스레드들을 종료시킬 수 있겠는가? QueueUserAPC를 사용하면 이에 대한 답을 찾을 수 있다.

다음 코드는 스레드를 종료하기 위해 어떻게 스레드를 대기 상태로부터 빠져나오게 하는지를 보여주고 있다. main 함수는 새로운 스레드를 생성하고 커널 오브젝트의 핸들을 전달한다. 주 스레드와 두 번째 스레드가 동시에 수행 중인 상황에서 (ThreadFunc 함수를 수행하는) 두 번째 스레드는 WaitForSingleObjectEx 함수를 호출하여 수행을 멈추게 되는데, 이때 얼러터블 상태로 전환된다. 사용자가 애플리케이션을 종료하기를 원하는 경우 단순히 주 스레드를 빠져나오기만 하면 시스템이 프로세스를 종료시키겠지만 이러한 접근 방식은 썩 훌륭한 방법이 아니며, 대부분의 경우 프로세스가 종료되기 이전에 진행 중인 모든 작업들을 중단시키기를 원할 것이다.

이제 두 번째 스레드의 APC 큐에 QueueUserAPC 함수를 이용하여 APC 항목을 추가한다. 두 번째 스레드가 얼러터블^{alertable} 상태에 있기 때문에 스레드는 바로 깨어나서 APC 큐에 삽입된 항목을 비우고 APCFunc 함수를 호출한다. 이 함수는 사실 아무런 작업도 수행하지 않고 반환된다. APC 큐의 모든 항목이 삭제되었으므로 WaitForSingleObjectEx 함수는 WAIT_IO_COMPLETION 값을 반환한다. ThreadFunc 함수는 WaitForSingleObjectEx 함수의 반환 값을 확인하여 사용자가 스레드를 종료하기 위해 APC 큐에 항목을 삽입하였음을 알게 된다.

```
// APC 콜백함수는 아무런 작업도 하지 않는다.
VOID WINAPI APCFunc(ULONG_PTR dwParam) {
    // 여기서는 아무런 작업도 수행하지 않는다.
}

UINT WINAPI ThreadFunc(PVOID pvParam) {
    HANDLE hEvent = (HANDLE) pvParam;      // 오브젝트 핸들 값이 전달되었다.

    // 스레드가 대기 상태에서 벗어날 수 있도록 얼러터블 상태를 유지한다.
    DWORD dw = WaitForSingleObjectEx(hEvent, INFINITE, TRUE);
    if (dw == WAIT_OBJECT_0) {
        // 오브젝트가 시그널되었다.
    }
    if (dw == WAIT_IO_COMPLETION) {
        // QueueUserAPC가 사용되어 스레드가 대기 상태에서 빠져나온다.
        return(0);      // 스레드가 깨끗하게 종료된다.
    }
    ...
    return(0);
}

void main() {
    HANDLE hEvent = CreateEvent(...);
    HANDLE hThread = (HANDLE) _beginthreadex(NULL, 0,
        ThreadFunc, (PVOID) hEvent, 0, NULL);
    ...

    // 두 번째 스레드를 깨끗하게 종료할 수 있도록 한다.
    QueueUserAPC(APCFunc, hThread, NULL);
    WaitForSingleObject(hThread, INFINITE);
    CloseHandle(hThread);
    CloseHandle(hEvent);
}
```

몇몇 사람들은 이러한 스레드 종료 문제를 해결하기 위해 추가적으로 이벤트 커널 오브젝트를 생성한 후 WaitForSingleObjectEx 대신 WaitForMultipleObjects 함수를 사용하면 될 것이라고 생각한다. 위와 같은 예제에서라면 이러한 방법도 잘 동작할 것이다. 하지만 위 예제에서 두 번째 스레드가 여러 개의 커널 오브젝트들이 모두 시그널 상태가 되기를 기다려야 하고, 이를 위해 WaitForMulti-pleObjects 함수를 사용하는 경우라면 QueueUserAPC를 사용하는 것이 대기 상태로부터 스레드를 벗어나게 하는 유일한 방법이다.

4 I/O 컴플리션 포트

윈도우는 수천 명의 사용자에게 서비스를 제공하는 애플리케이션을 수행할 수 있는 안전하고 견고한 운영체제로 설계되었다. 전통적으로 서비스 애플리케이션은 다음의 두 가지 아키텍처 중 하나의 형태로 설계되어 왔다.

시리얼 모델^{serial model}. 하나의 스레드가 사용자의 요청(일반적으로 네트워크를 통해 요청되는)을 대기한다. 사용자의 요청이 들어오면 대기하던 스레드가 깨어나 클라이언트의 요청을 처리한다.

컨커런트 모델^{concurrent model}. 하나의 스레드는 사용자의 요청을 대기하고 있고, 사용자의 요청을 처리하기 위해 새로운 스레드를 생성한다. 새로운 스레드가 사용자의 요청을 처리하는 동안에, 원래의 스레드는 다시 다른 사용자의 요청을 기다린다. 사용자의 요청을 처리하던 스레드는 작업이 완료되었을 때 종료된다.

시리얼 모델의 문제점은 다수의 동시 사용자 요청을 효과적으로 처리하지 못한다는 데 있다. 두 개의 클라이언트가 동일 시간에 동시에 서버에 요청을 전달하면 이 중 하나의 요청만 처리되고 두 번째 요청은 첫 번째 요청이 완전히 처리될 때까지 대기해야만 한다. 시리얼 모델 형태로 서버를 설계하면 멀티프로세서를 가진 머신의 성능을 활용할 수 없다. 이런 점에서 시리얼 모델은 클라이언트의 서비스 요청 수가 매우 작고, 요청이 빠르게 수행되어야 하는 간단한 서버 애플리케이션에서만 적절한 모델이라고 할 수 있다. 핑^{Ping} 서버가 시리얼 모델의 좋은 예라고 할 수 있다.

시리얼 모델의 이러한 한계점 때문에 컨커런트 모델이 일반적으로 좀 더 많이 사용된다. 컨커런트 모델에서는 각각의 클라이언트 요청을 처리하기 위해 새로운 스레드가 생성된다. 이러한 방식의 장점은 클라이언트 요청을 기다리는 스레드는 비교적 최소한의 작업만 수행하면 된다는 것이다. 이 스레드는 대부분의 시간을 대기 상태로 보내게 된다. 클라이언트의 요청이 들어오면 대기 중이던 스레드가 수행을 재개하여 클라이언트의 요청을 처리할 수 있는 새로운 스레드를 생성한다. 이후 곧바로 다른 클라이언트의 요청을 수신하기 위해 다시 대기 상태로 진입한다. 때문에 클라이언트의 요청은 상당히 적절하게 처리될 수 있을 뿐더러 각 클라이언트의 요청을 처리하는 독립된 스레드가 확보되기 때문에 서버 애플리케이션을 확장하기도 용이하고 멀티프로세서 머신의 장점도 십분 활용할 수 있다. 컨커런트 모델을 적용하고 있는 서버 애플리케이션을 수행하는 머신의 하드웨어를 업그레이드하면(CPU를 추가하는 등의) 서버 애플리케이션의 성능이 향상된다.

윈도우 개발팀은 컨커런트 모델을 사용하는 서비스 애플리케이션을 윈도우에서 구현하였을 때 성능이 기대한 만큼 잘 나오지 않는다는 점을 발견하였다. 특히 많은 수의 클라이언트 요청이 동시에 들어왔을 때 시스템이 수많은 스레드들을 동시에 수행해야 함에 주목하였다. 대부분의 스레드들이 스케줄 가능 상태(정지 상태가 아니라 어떤 일이 일어나기를 기다리는 상태)였기 때문에 이러한 스레드들 간의 컨텍스트 전환을 수행하느라 윈도우 커널이 너무 많은 시간을 허비하고 있으며, 각각의 스레드들은 작업을 수행할 만큼의 충분한 CPU 시간을 받지 못하는 것도 알게 되었다. 마이크로소프트는 윈도우 운영체제를 서버를 운용할 수 있는 훌륭한 환경으로 개선하기 위해 이와 같은 문제를 해결하는 데 상당한 노력을 기울였고, 그 결과로 탄생한 것이 바로 I/O 컴플리션 포트 커널 오브젝트다.

I/O 컴플리션 포트 생성

I/O 컴플리션 포트를 구현한 이론적 배경은 동시에 수행할 수 있는 스레드 개수의 상한을 설정할 수 있어야 한다는 것이다. 즉, 500명의 사용자가 동시에 서비스 요청을 하더라도 500개의 스레드를 생성할 수 없도록 제한하는 것이다. 동시에 수행되는 스레드의 개수를 줄이는 것이 어떤 이점을 가져다 주는 것일까? 잠깐 생각해 보면 두 개의 CPU를 가진 머신에서 동시에 수행되는 스레드의 개수를 두 개(CPU당 한 개) 이상으로 유지하는 것은 일면 이치에 맞지 않는 것 같다. 수행 가능한 스레드의 개수를 CPU 개수보다 많이 유지하게 되면, 시스템은 스레드 컨텍스트 전환을 위해 CPU 시간을 필요로 하게 되고, 이는 결국 중요한 CPU 자원을 낭비하게 된다. 사실 이러한 문제는 컨커런트 모델의 가장 중요한 약점이기도 하다.

컨커런트 모델의 또 다른 약점은 클라이언트의 요청이 있을 때마다 새로운 스레드를 생성해야 한다는 것이다. 물론 새로운 스레드를 생성하는 작업이 자신만의 가상 메모리를 가지는 프로세스를 생성하는 것에 비한다면 상대적으로 효과적이긴 하지만 이 또한 상당한 비용이 들어가는 작업임에는 분명하다. 그러나 서비스 애플리케이션을 초기화할 때 스레드에 대한 풀을 생성하여 종료 시까지 유지할 수 있다면 애플리케이션의 성능을 상당부분 개선할 수 있을 것이다. 실제로 I/O 컴플리션 포트는 스레드 풀을 이용하도록 설계되었다.

I/O 컴플리션 포트는 아마도 커널 오브젝트 중 가장 복잡한 오브젝트일 것이다. I/O 컴플리션 포트를 생성하기 위해서는 CreateIoCompletionPort 함수를 사용하면 된다.

```
HANDLE CreateIoCompletionPort(
    HANDLE     hFile,
    HANDLE     hExistingCompletionPort,
    ULONG_PTR  CompletionKey,
    DWORD      dwNumberOfConcurrentThreads);
```

이 함수는 서로 다른 두 가지 작업을 수행한다. I/O 컴플리션 포트를 생성하기도 하지만 장치와 I/O 컴플리션 포트를 연계하는 작업도 수행한다. 사실 개인적으로는 이 함수가 지나치게 복잡하게 만들어졌으며, 마이크로소프트는 이 함수를 서로 다른 두 개의 함수로 나누었어야 했다고 생각한다. 필자가 I/O 컴플리션 포트를 사용할 때에는 이 함수의 두 가지 기능성을 분리하기 위해 아주 작은 두 개의 함수를 만들어서 사용해 왔다. 첫째로, CreateNewCompletionPort라는 함수를 만들고 다음과 같이 구현하였다.

```
HANDLE CreateNewCompletionPort(DWORD dwNumberOfConcurrentThreads) {

    return(CreateIoCompletionPort(INVALID_HANDLE_VALUE, NULL, 0,
        dwNumberOfConcurrentThreads));
}
```

이 함수는 dwNumberOfConcurrentThreads 매개변수만을 전달받도록 작성되었으며, 내부적으로는 CreateIoCompletionPort 함수를 호출한다. CreateIoCompletionPort를 호출할 때 앞의 세 개의 매개변수로는 고정된 값을 전달하고, 마지막 매개변수로는 dwNumberOfConcurrentThreads 매개변수를 통해 전달받은 값을 이용한다. 나중에 보게 되겠지만 CreateIoCompletionPort의 앞쪽 세 개의 매개변수는 특정 장치를 I/O 컴플리션 포트와 연계할 때에만 필요한 매개변수들이다. 따라서 I/O 컴플리션 포트를 생성하는 시점에는 각각 INVALID_HANDLE_VALUE, NULL, 0 값을 전달하기만 하면 된다.

dwNumberOfConcurrentThreads 매개변수는 I/O 컴플리션 포트에게 동일 시간에 동시에 수행할 수 있는 스레드의 최대 개수를 알려주는 역할을 한다. 만일 dwNumberOfConcurrentThreads 매개변수로 0을 전달하면 I/O 컴플리션 포트는 머신에 설치된 CPU의 개수를 동시에 수행 가능한 스레드의 최대 개수로 설정한다. 보통의 경우 이와 같이 CPU 개수만큼의 스레드를 활용함으로써 스레드 간의 컨텍스트 전환을 막을 수 있다. 클라이언트의 요청을 처리하기 위해 중간에 차단될 가능성이 거의 없는 장시간의 연산이 필요한 경우, 이 값을 좀 더 큰 값으로 변경하고 싶을지도 모르겠다. 하지만 이 값을 임의의 큰 값으로 지정하는 것은 가능한 한 피하기 바란다. 실제로는 애플리케이션을 수행할 머신에서 성능 비교를 위해 dwNumberOfConcurrentThreads 매개변수로 서로 다른 값을 지정하여, 실험을 통해 최적의 값을 유추하는 과정을 거치는 것이 좋다.

CreateIoCompletionPort 함수는 윈도우에서 제공하는 다양한 커널 오브젝트 생성 함수 중 유일하게 SECURITY_ATTRIBUTES 구조체의 포인터를 인자로 전달할 필요가 없는 함수다. 이는 I/O 컴플리션 포트가 단일 프로세스 내에서만 수행될 수 있도록 하기 위함이다. 자세한 이유는 I/O 컴플리션 포트의 동작 방식을 설명할 때 알게 될 것이다.

장치와 I/O 컴플리션 포트의 연계

I/O 컴플리션 포트를 생성하면 윈도우 커널은 내부적으로 [그림 10-1]과 같이 5개의 서로 다른 데이터 구조를 생성한다. I/O 컴플리션 포트를 설명하는 동안 계속해서 이 그림을 참조하기 바란다.

장치 리스트(Device List)

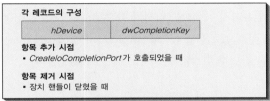

각 레코드의 구성

hDevice	dwCompletionKey

항목 추가 시점
- *CreateIoCompletionPort* 가 호출되었을 때

항목 제거 시점
- 장치 핸들이 닫혔을 때

I/O 컴플리션 큐(I/O Completion Queue, FIFO)

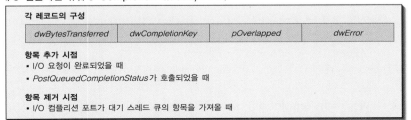

각 레코드의 구성

dwBytesTransferred	dwCompletionKey	pOverlapped	dwError

항목 추가 시점
- I/O 요청이 완료되었을 때
- *PostQueuedCompletionStatus* 가 호출되었을 때

항목 제거 시점
- I/O 컴플리션 포트가 대기 스레드 큐의 항목을 가져올 때

대기 스레드 큐(Waiting Thread Queue, LIFO)

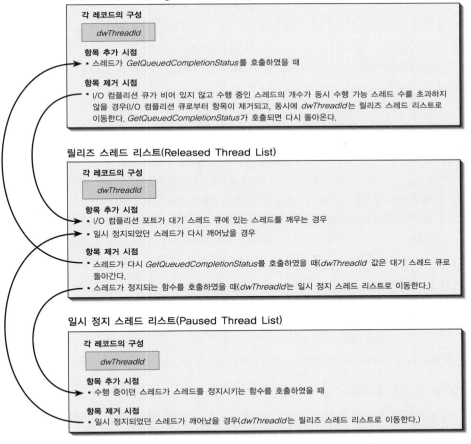

각 레코드의 구성

dwThreadId

항목 추가 시점
- 스레드가 *GetQueuedCompletionStatus* 를 호출하였을 때

항목 제거 시점
- I/O 컴플리션 큐가 비어 있지 않고 수행 중인 스레드의 개수가 동시 수행 가능 스레드 수를 초과하지 않을 경우(I/O 컴플리션 큐로부터 항목이 제거되고, 동시에 *dwThreadId* 는 릴리즈 스레드 리스트로 이동한다. *GetQueuedCompletionStatus* 가 호출되면 다시 돌아온다.

릴리즈 스레드 리스트(Released Thread List)

각 레코드의 구성

dwThreadId

항목 추가 시점
- I/O 컴플리션 포트가 대기 스레드 큐에 있는 스레드를 깨우는 경우
- 일시 정지되었던 스레드가 다시 깨어났을 경우

항목 제거 시점
- 스레드가 다시 *GetQueuedCompletionStatus* 를 호출하였을 때(*dwThreadId* 값은 대기 스레드 큐로 돌아간다.
- 스레드가 정지되는 함수를 호출하였을 때(*dwThreadId* 는 일시 정지 스레드 리스트로 이동한다.)

일시 정지 스레드 리스트(Paused Thread List)

각 레코드의 구성

dwThreadId

항목 추가 시점
- 수행 중이던 스레드가 스레드를 정지시키는 함수를 호출하였을 때

항목 제거 시점
- 일시 정지되었던 스레드가 깨어났을 경우(*dwThreadId* 는 릴리즈 스레드 리스트로 이동한다.)

[그림 10-1] I/O 컴플리션 포트의 내부 동작 방식

첫 번째 데이터 구조는 I/O 컴플리션 포트와 연계된 단일 혹은 다수의 장치를 관리하기 위한 리스트다. 장치를 I/O 컴플리션 포트와 연계하기 위해서는 앞서와 마찬가지로 CreateIoCompletionPort를 사용한다. 하지만 필자의 경우 내부적으로 CreateIoCompletionPort를 사용하는 AssociateDeviceWithCompletionPort와 같은 간단한 함수를 작성하고 이를 사용해 왔다.

```
BOOL AssociateDeviceWithCompletionPort(
    HANDLE hCompletionPort, HANDLE hDevice, DWORD dwCompletionKey) {

    HANDLE h = CreateIoCompletionPort(hDevice, hCompletionPort,
        dwCompletionKey, 0);
    return(h == hCompletionPort);
}
```

AssociateDeviceWithCompletionPort는 I/O 컴플리션 포트 생성 시 내부적으로 관리되고 있는 장치 리스트에 새로운 항목을 추가한다. 이 함수를 호출할 때에는 앞서 생성해 둔 I/O 컴플리션 포트의 핸들(CreateNewCompletionPort 함수의 반환 값)과 장치에 대한 핸들(이 핸들은 파일, 소켓, 메일 슬롯, 파이프 등을 나타내는 핸들이 될 수 있다) 그리고 컴플리션 키 completion key (이 값의 의미는 사용자가 임의로 결정할 수 있다. 운영체제는 이 값을 단순히 전달하기만 할 뿐이다)를 전달하면 된다. 새로운 장치를 I/O 컴플리션 포트와 연계시킬 때마다 시스템은 I/O 컴플리션 포트의 내부적인 데이터 구조인 장치 리스트 device list에 새로운 항목을 추가한다.

CreateIoCompletionPort 함수는 매우 복잡하고 서로 상이한 두 가지 작업을 수행하기 때문에 가능한 한 각각의 작업을 수행할 때마다 CreateIOCompletionPort 함수를 새로 호출하도록 코드를 작성하길 권고한다. Create-IoCompletionPort를 이와 같이 복잡하게 만듦으로써 얻을 수 있는 유일한 장점은 I/O 컴플리션 포트를 생성하고 장치를 연계시키는 과정을 단일의 함수 호출로 가능하다는 것이다. 예를 들어 다음과 같이 코드를 작성하면 파일에 대한 열기 작업을 수행한 후 새로운 I/O 컴플리션 포트의 생성과 파일 연계 작업을 한 번에 수행할 수 있다. 아래 코드는 또한 파일에 대한 I/O 요청이 완료되었을 때 CK_FILE 값을 컴플리션 키로 하는 완료 통지가 전달될 수 있도록 하였으며, 동시에 수행 가능한 스레드의 개수를 두 개로 제한하였다.

```
#define CK_FILE 1
HANDLE hFile = CreateFile(...);
HANDLE hCompletionPort = CreateIoCompletionPort(hFile, NULL,
    CK_FILE, 2);
```

I/O 컴플리션 포트를 구성하는 두 번째 데이터 구조는 I/O 컴플리션 큐이다. 장치에 대한 비동기 I/O 요청이 완료되면 시스템은 장치와 연계된 I/O 컴플리션 포트가 있는지 확인한다. 만일 연계된 I/O 컴플리션 포트가 있으면 I/O 컴플리션 큐에 I/O 요청의 완료 통지를 나타내는 새로운 항목을 삽입한다. 각각의 항목에는 송수신된 바이트 수, 장치와 I/O 컴플리션 포트를 연계할 때 지정한 컴플

리션 키 값, 비동기 I/O 작업을 요청할 때 사용하였던 OVERLAPPED 구조체를 가리키는 포인터, 그리고 에러 코드를 가지고 있다. 곧이어 이 큐에 삽입된 항목을 어떻게 가져올 수 있는지 설명할 것이다.

> **노트**
>
> 특정 장치에 대해 비동기 I/O 작업을 요청하였음에도 이에 대한 완료 통지를 I/O 컴플리션 큐에 삽입하지 않도록 할 수 있다. 이와 같은 방식이 자주 필요한 것은 아니지만 가끔은 유용하게 사용될 때가 있다. 예를 들어 소켓을 통해 데이터를 전송하는 경우 실제로 데이터가 전달되었는지 여부를 굳이 확인할 필요가 없을 때가 있다.
>
> 완료 통지를 받지 않도록 비동기 I/O 작업을 요청하려면 아래와 같이 OVERLAPPED 구조체의 hEvent 멤버를 유효한 이벤트 핸들 값에 1을 비트 OR한^{bitwise OR} 값으로 지정하면 된다.
>
> ```
> Overlapped.hEvent = CreateEvent(NULL, TRUE, FALSE, NULL);
> Overlapped.hEvent = (HANDLE) ((DWORD_PTR) Overlapped.hEvent | 1);
> ReadFile(..., &Overlapped);
> ```
>
> 이제 비동기 I/O 요청을 수행할 때 이렇게 초기화된 OVERLAPPED 구조체를 함수에 전달하면 된다(위 예제의 ReadFile처럼).
>
> I/O 컴플리션 큐에 I/O 완료 통지가 삽입되는 것을 막기 위해 이벤트 커널 오브젝트를 생성해야만 한다는 것은 조금 이상해 보인다. 그래서 다음과 같이 코드를 작성해도 정상 동작할 것으로 생각했으나 실제로는 동작하지 않았다.
>
> ```
> Overlapped.hEvent = 1;
> ReadFile(..., &Overlapped);
> ```
>
> 이에 더불어 이벤트 커널 오브젝트를 삭제하기 전에 가장 하위 비트를 해제하는 것을 잊어서는 안 된다.
>
> ```
> CloseHandle((HANDLE) ((DWORD_PTR) Overlapped.hEvent & ~1));
> ```

I/O 컴플리션 포트를 이용한 아키텍처 설계

서비스 애플리케이션이 초기화를 진행하는 동안 CreateNewCompletionPort와 같은 함수를 호출하여 I/O 컴플리션 포트를 생성하고 클라이언트의 요청을 처리하는 스레드 풀을 생성해야 한다. "풀 내에 몇 개의 스레드를 생성해 두는 것이 좋은가?"라는 질문은 할 수 있을 텐데, 사실 이 질문에 대해 답하기란 여간 까다로운 것이 아니다. 이에 대해서는 436쪽 "스레드 풀에 몇 개의 스레드를 유지할 것인가?"라는 절에서 자세히 알아보기로 하겠다. 보통의 경우라면 서비스 애플리케이션을 운영할 머신의 CPU 개수에 2를 곱한 수준에서 스레드를 생성하는 것이 가장 일반적이다. 즉, 2개의 프로세서를 가진 머신에서는 풀에 4개 정도의 스레드를 생성해 두는 것이 좋다.

풀 내의 모든 스레드들은 동일한 스레드 함수를 수행하도록 구성하는 것이 좋다. 보통 이러한 스레드들은 초기화 작업을 거친 후 루프로 진입하며, 서비스 애플리케이션이 종료될 때 루프를 탈출하도록 구성된다. 루프 내에서는 비동기 장치 I/O 작업이 완료되어 I/O 컴플리션 포트를 통해 완료 통지가 전달될 때 이를 곧바로 처리할 수 있도록 스레드를 대기 상태로 유지해야 하는데, 이를 위해 GetQueuedCompletionStatus 함수를 사용하면 된다.

```
BOOL GetQueuedCompletionStatus(
    HANDLE        hCompletionPort,
    PDWORD        pdwNumberOfBytesTransferred,
    PULONG_       PTR pCompletionKey,
    OVERLAPPED**  ppOverlapped,
    DWORD         dwMilliseconds);
```

첫 번째 매개변수인 hCompletionPort로는 어떤 I/O 컴플리션 포트에 대한 대기를 수행할 것인지를 결정하는 핸들 값을 전달하면 된다. 대다수의 서비스 애플리케이션은 단지 하나의 I/O 컴플리션 포트만을 사용하고, 이를 통해 비동기 I/O 요청에 대한 완료 통지를 처리한다. 기본적으로 GetQueuedCompletionStatus는 이 함수를 호출한 스레드를 I/O 컴플리션 포트 내의 컴플리션 큐^{completion}^{queue}에 새로운 항목이 삽입될 때까지 대기 상태로 유지하며, 적절한 타임아웃 값을 지정할 수도 있다 (dwMilliseconds 매개변수를 통해).

I/O 컴플리션 포트를 구성하는 세 번째 데이터 구조는 대기 스레드 큐^{waiting thread queue}이다. 스레드 풀 내의 여러 개의 스레드들이 각기 GetQueuedCompletionStatus 함수를 호출하면 이 함수를 호출한 스레드의 ID 값이 대기 스레드 큐에 삽입되며, 이를 통해 I/O 컴플리션 포트 커널 오브젝트는 어떤 스레드들이 비동기 I/O 요청에 대한 완료 통지를 처리할 것인지를 알 수 있다. I/O 컴플리션 큐에 항목이 추가되면 I/O 컴플리션 포트는 대기 스레드 큐에 있는 스레드 중 하나를 깨우게 되고, 이 스레드는 컴플리션 큐에 삽입된 항목으로부터 송수신된 바이트 수, 컴플리션 키, OVERLAPPED 구조체의 주소를 가져오게 된다. 이러한 정보는 GetQueuedCompletionStatus 함수의 pdwNumberOfBytesTransferred, pCompletionKey, ppOverlapped 매개변수를 통해 전달된다.

GetQueuedCompletionStatus 함수가 왜 반환되었는지 그 원인을 파악하는 것은 일면 까다로운 부분이 있다. 아래에 함수가 반환된 원인을 확인하는 알맞은 방법을 나타냈다.

```
DWORD dwNumBytes;
ULONG_PTR CompletionKey;
OVERLAPPED* pOverlapped;

// hIOCP는 프로그램의 다른 부분에서 이미 초기화되었다.
BOOL bOk = GetQueuedCompletionStatus(hIOCP,
    &dwNumBytes, &CompletionKey, &pOverlapped, 1000);
DWORD dwError = GetLastError();

if (bOk) {
    // 성공적으로 수행된 I/O 완료 통지에 대한 처리
} else {
    if (pOverlapped != NULL) {
        // 실패한 I/O 완료 통지에 대한 처리
        // dwError 변수는 실패의 이유를 담고 있다.
```

```
    } else {
        if (dwError == WAIT_TIMEOUT) {
            // I/O 컴플리션 큐 대기 중에 대기 시간 만료가 발생
        } else {
            // GetQueuedCompletionStatus를 잘못 호출하였다.
            // dwError는 잘못된 호출의 이유를 나타내는 값을 담고 있다.
        }
    }
}
```

I/O 컴플리션 큐는 예측대로 선입선출(FIFO) 방식으로 항목을 삽입하고 제거한다. 하지만 GetQu-euedCompletionStatus를 호출하는 스레드는 예상 외로 후입선출(LIFO) 방식으로 깨어난다. 이 또한 성능 향상을 위한 동작 방식이다. 예를 들어 4개의 스레드가 대기 스레드 큐에서 대기 중이고 하나의 완료 통지가 I/O 컴플리션 큐에 삽입되면 가장 마지막으로 GetQueuedCompletionStatus를 호출한 스레드가 I/O 컴플리션 큐에 삽입된 항목을 처리하기 위해 깨어난다. 이 스레드는 완료 통지에 대한 적절한 처리를 마친 후 다시 GetQueuedCompletionStatus 함수를 호출하여 대기 스레드 큐에 삽입된다. 또 다른 완료 통지가 삽입되면 동일 스레드가 다시 깨어나서 새로 삽입된 완료 통지 항목을 처리한다.

완료 통지가 매우 느리게 도달하게 되면 단일의 스레드가 모든 완료 통지를 처리할 수도 있을 것이다. 시스템은 가능한 한 앞서 작업을 수행했던 스레드를 다시 깨워서 작업을 처리하려 하며 다른 스레드들은 계속해서 대기 상태를 유지하도록 한다. 후입선출 알고리즘을 이용하면 스케줄되지 않는 스레드들이 사용하는 메모리를 디스크로 내보낼 수 있으며 swap out, 프로세서의 캐시를 비울 수도 있다. 필요하지 않을 것 같은 여러 스레드들이 I/O 컴플리션 포트를 대기한다 하더라도 이는 크게 나쁘지 않다. 왜냐하면 여러 개의 스레드를 이용하여 드문드문 발생하는 완료 통지를 처리하는 경우 대기 중인 스레드가 사용하는 대부분의 메모리를 디스크로 내보내 버릴 수 있기 때문이다.

상당량의 I/O 요청이 지속적으로 수행될 것으로 예측되어 이에 대응할 목적으로 I/O 컴플리션 포트를 대기하는 스레드의 개수를 증가시키게 되면 컨텍스트 전환 비용이 함께 높아지는 문제가 발생하게 된다. 윈도우 비스타에서는 GetQueuedCompletionStatusEx와 같은 함수를 호출하여 여러 개의 완료 통지를 한 번에 가져올 수도 있다.

```
BOOL GetQueuedCompletionStatusEx(
    HANDLE hCompletionPort,
    LPOVERLAPPED_ENTRY pCompletionPortEntries,
    ULONG ulCount,
    PULONG pulNumEntriesRemoved,
    DWORD dwMilliseconds,
    BOOL bAlertable);
```

첫 번째 매개변수인 hCompletionPort로는 어떤 I/O 컴플리션 포트를 대기할 것인지를 결정하는 핸들 값을 전달하면 된다. 지정된 I/O 컴플리션 포트 내의 I/O 컴플리션 큐에 여러 개의 항목이 삽입되어 있을 때 이 함수를 호출하면 I/O 컴플리션 큐에 삽입된 여러 개의 항목들을 한 번에 가져올 수 있다. 각 항목들은 pCompletionPortEntries 배열을 통해 전달된다. ulCount 매개변수로는 몇 개의 항목을 pCompletionPortEnties로 복사해 올 것인지를 지정하는 값을 전달하면 되고, pulNum-EntiesRemoved가 가리키는 long 값으로는 I/O 컴플리션 큐로부터 몇 개의 항목들을 실제로 가지고 왔는지를 받아오게 된다.

pCompletionPortEntries의 각 배열 요소는 완료 통지를 통해 획득할 수 있는 모든 정보들 – 컴플리션 키, OVERLAPPED 구조체의 주소, I/O 요청의 결과(에러) 코드, 그리고 송수신된 바이트 수 – 이 포함되어 있는 OVERLAPPED_ENTRY로 정의되어 있다.

```
typedef struct _OVERLAPPED_ENTRY {
    ULONG_PTR lpCompletionKey;
    LPOVERLAPPED lpOverlapped;
    ULONG_PTR Internal;
    DWORD dwNumberOfBytesTransferred;
} OVERLAPPED_ENTRY, *LPOVERLAPPED_ENTRY;
```

Internal 필드는 공개되어 있지 않으며, 사용하지 말아야 한다.

만일 이 함수의 마지막 매개변수인 bAlertable이 FALSE로 설정되었다면 지정된 시간만큼(이 값은 dwMilliseconds 매개변수를 통해 설정된다) I/O 컴플리션 큐로 완료 통지가 삽입될 때까지 대기하게 된다. bAlertable 매개변수가 TRUE로 설정되면 I/O 컴플리션 큐에 어떠한 완료 통지도 존재하지 않는 경우 스레드를 앞서 설명한 바 있는 얼러터블 상태로 전환한다.

I/O 컴플리션 포트와 연계된 비동기 I/O 작업 요청을 장치로 전달하게 되면, 윈도우는 비동기 I/O 작업 요청이 동기적으로 처리되는 경우에도 그 결과를 I/O 컴플리션 포트쪽으로 전달하게 된다. 이렇게 함으로써 윈도우는 프로그래머가 일관된 프로그래밍 모델을 통해 작업을 수행할 수 있도록 해 준다. 하지만 이러한 단일화된 프로그래밍 모델이 성능에 좋지 않은 영향을 미칠 가능성이 있다. 왜냐하면 완료 통지를 반드시 I/O 컴플리션 포트로 삽입해야 하고, 다른 스레드가 I/O 컴플리션 큐로부터 삽입된 항목을 가져오는 과정이 수반되어야 하기 때문이다.

성능을 조금이라도 더 개선하고 싶다면 윈도우에게 동기적으로 수행되는 작업에 대해서는 I/O 컴플리션 포트로 완료 통지를 하지 않도록 FILE_SKIP_COMPLETION_PORT_ON_SUCCESS 플래그를 인자로 SetFileCompletionNotificationMode 함수(416쪽 "이벤트 커널 오브젝트의 시그널링" 절에서 알아본)를 호출하면 된다.

극단적으로 성능이 중요하다고 생각되는 프로그램을 개발하고 있는 경우라면 SetFileIoOverlappedRange 함수에 대해서도 살펴보기 바란다. (이에 대해서는 플랫폼 SDK 문서를 참조하기 바란다.)

I/O 컴플리션 포트의 스레드 풀 관리 방법

이제 왜 I/O 컴플리션 포트가 유용한지에 대해 알아볼 차례다. 먼저 I/O 컴플리션 포트를 생성할 때 동시에 수행 가능한 스레드의 개수를 지정할 수 있다. 앞서 언급한 것과 같이 일반적으로 이 값은 머신의 CPU 개수와 동일한 수로 설정한다. 완료 통지가 삽입되면 I/O 컴플리션 포트는 대기 중인 스레드를 깨우게 되는데, 이 값으로 설정된 개수 이상을 초과할 수 없다. 이 값을 2로 지정했다면 4개의 스레드가 GetQueuedCompletionStatus 함수를 호출하여 대기 상태인 상황에서 4개의 완료 통지 항목이 컴플리션 큐에 삽입되었다 하더라도 단지 두 개의 스레드만이 수행을 재개하게 되며, 나머지 두 개의 스레드는 대기 상태를 유지하게 된다. 수행을 재개한 스레드는 각각의 I/O 완료 통지를 처리하고 나서 다시 GetQueuedCompletionStatus를 호출할 것이고, 시스템은 I/O 컴플리션 큐에 삽입된 항목이 남아 있는 경우 나머지 항목을 처리하기 위해 이 스레드를 다시 깨울 것이다.

이러한 동작 방식에 대해 주의 깊게 살펴보면 조금 이해되지 않은 부분이 있을 것이다. I/O 컴플리션 포트가 지정된 개수만큼의 스레드만을 동시에 수행시킬 수 있다면 왜 이보다 많은 스레드를 스레드 풀로 관리해야 하는 것일까? 예를 들어 2개의 CPU를 가지고 있는 머신에서 I/O 컴플리션 포트를 사용하는 경우 일반적으로 단지 2개의 스레드만이 완료 통지를 동시에 처리할 수 있도록 설정하게 된다. 스레드 풀에 4개의 스레드(CPU 개수의 2배)를 생성해 둔다 하더라도 나머지 2개의 스레드는 어떠한 작업도 수행하지 않을 것처럼 보인다.

하지만 I/O 컴플리션 포트는 상당히 지능적으로 동작한다. I/O 컴플리션 포트가 특정 스레드의 수행을 재개시키는 경우 I/O 컴플리션 포트 내부적으로 관리되는 네 번째 자료 구조인 릴리즈 스레드 리스트 released thread list에 깨어난 스레드의 ID를 기록해 둔다. (그림 10-1 참조.) 이렇게 함으로써 I/O 컴플리션 포트는 어떤 스레드가 깨어났는지를 알 수 있으며, 이 스레드의 수행 상황을 지속적으로 확인할 수 있게 된다. 만일 릴리즈 스레드 리스트에 삽입된 스레드 중 하나가 어떤 함수를 호출하였더니 대기 상태로 진입하게 되었다고 하자. 이 경우 I/O 컴플리션 포트는 스레드가 대기 상태로 진입하였음을 감지하게 되고 릴리즈 스레드 리스트로부터 이 스레드의 ID 값을 빼내어 일시 정지 스레드 리스트 paused thread list(이 리스트가 I/O 컴플리션 포트가 내부적으로 관리하는 다섯 번째 자료구조다)로 항목을 옮긴다.

I/O 컴플리션 포트는 항상 자신을 생성할 때 지정한 동시 수행 가능 스레드 개수만큼 릴리즈 스레드 리스트의 항목 수를 유지하려 한다. 만일 릴리즈 스레드 리스트에 있던 스레드가 어떤 이유로 인해 대기 상태로 전환되면, 릴리즈 스레드 리스트의 항목 개수가 줄게 되므로 I/O 컴플리션 포트는 대기 상태에 있는 스레드 중 하나를 릴리즈 스레드 리스트로 옮겨온다. 또한 대기 상태로 전환되어 일시 정지 스레드 리스트에 있던 스레드가 다시 수행을 재개하는 경우에도 일시 정지 스레드 리스트로부터 릴리즈 스레드 리스트로 그 항목을 다시 옮겨오게 된다. 이렇게 되면 릴리즈 스레드 리스트는 I/O 컴플리션 포트에서 설정한 동시에 수행 가능한 스레드의 개수를 일시적으로 초과하는 개수의 항목을 가지게 된다.

어떤 스레드가 GetQueuedCompletionStatus를 호출하면, 이러한 스레드를 I/O 컴플리션 포트에 "할당된" 스레드라고 부른다. 시스템은 모든 할당된 스레드가 I/O 컴플리션 포트에 대한 작업을 수행할 수 있을 것으로 판단하지만 I/O 컴플리션 포트는 동시에 수행 가능한 스레드의 개수를 초과하지 않는 범위 내에서만 스레드 풀로부터 스레드를 깨워서 작업을 수행한다.

I/O 컴플리션 포트에 할당된 스레드는 다음의 3가지 경우에 할당 해제될 수 있다.

- 스레드가 종료되는 경우
- 다른 I/O 컴플리션 포트의 핸들을 인자로 GetQueuedCompletionStatus를 호출한 경우
- 스레드가 할당된 I/O 컴플리션 포트가 종료되는 경우

앞서 설명한 내용을 종합적으로 살펴보기 위해 2개의 CPU를 가진 머신에서의 동작 방식을 살펴보도록 하자. 동시에 수행 가능한 스레드의 개수를 2로 하여 I/O 컴플리션 포트를 생성하고, 4개의 스레드를 생성하여 I/O 컴플리션 포트로 전달되는 완료 통지를 대기하도록 하였다고 하자. 만일 3개의 완료 통지가 I/O 컴플리션 큐에 삽입되면 컨텍스트 전환 시간을 최소화하기 위해 2개의 스레드만이 깨어나서 삽입된 완료 통지를 처리하게 된다. 만일 이 중 하나의 스레드가 완료 통지를 처리하는 동안 Sleep, WaitForSingleObject, WaitForMultipleObjects, SignalObjectAndWait 등의 함수나 동기 I/O 함수를 호출하거나 스레드를 수행 상태로 유지할 수 없는 함수를 호출하게 되면 I/O 컴플리션 포트는 스레드가 수행 상태가 아님을 발견하는 즉시 세 번째 스레드를 깨운다. I/O 컴플리션 포트의 사용 목적은 CPU가 계속해서 작업을 수행하도록 상태를 유지하는 것이다.

대기 상태로 전환되었던 스레드가 다시 수행을 재개하게 되면 동시에 수행되는 스레드의 개수가 일시적으로 시스템이 가지고 있는 CPU의 개수를 초과하게 된다. I/O 컴플리션 포트는 이러한 상황을 알고 있기 때문에 동시에 수행 중인 스레드의 개수가 CPU 개수 이하로 떨어질 때까지 새로운 스레드를 깨우지 않는다. I/O 컴플리션 포트 아키텍처는 이와 같이 실제 수행 중인 스레드의 개수가 동시에 수행 가능한 스레드의 개수를 초과한 상황을 가능한 짧게 가져가기 위해 스레드가 GetQueuedCompletionStatus를 재호출하는 즉시 스레드를 대기 상태로 전환한다. 이러한 동작 방식을 고려해 본다면 I/O 컴플리션 포트 내의 스레드 풀에 존재하는 스레드의 개수는 동시에 수행 가능한 스레드의 개수보다 큰 값으로 유지하는 것이 좋다.

스레드 풀에 몇 개의 스레드를 유지할 것인가?

이제 스레드 풀에 몇 개의 스레드를 유지하는 것이 좋은 가에 대해 알아보기로 하자. 크게 두 가지를 고려해야 한다. 첫째로, 서비스 애플리케이션이 초기화되는 시점에는 가능한 한 적은 수의 스레드만을 생성하기를 원할 것이다. 스레드를 생성하고 파괴하는 것은 CPU 시간을 소비하는 작업이라는 사실을 잊어서는 안 되며, 따라서 이러한 동작은 가능한 한 최소화하는 것이 좋다. 둘째로, 너무 많은 스레드를 생성하면 시스템 자원이 낭비될 수 있으므로 가능한 한 스레드의 최대 개수를 제한하고 싶

을 것이다. 물론 스레드가 사용하는 대부분의 리소스들은 램으로부터 페이지 파일로 스왑 아웃^{swap out} 될 것이기 때문에 페이지 파일이 존재하는 디스크 공간 정도만이 낭비되겠지만, 설사 그렇다 하더라도 이 또한 적절히 관리하고 싶을 것이다.

스레드의 개수를 변화해 가면서 다양한 실험을 해 보고 싶을 것이다. 대부분의 서비스(마이크로소프트의 인터넷 정보 서비스를 포함해서)도 실험 결과를 근간으로 스레드 풀을 관리하기 때문에 이 책을 읽는 독자들도 동일한 실험을 직접 수행해 보기 바란다. 스레드 풀에 대한 다양한 실험을 해 보기 위해 다음과 같이 변수들을 구성해 볼 수 있다.

```
LONG g_nThreadsMin;    // 풀 내의 최소 스레드 개수
LONG g_nThreadsMax;    // 풀 내의 최대 스레드 개수
LONG g_nThreadsCrnt;   // 풀 내의 현재 스레드 개수
LONG g_nThreadsBusy;   // 풀 내의 스레드 중 수행 중인 스레드의 개수
```

실험을 위해 애플리케이션 초기화 시에는 g_nThreadsMin 개수만큼의 스레드만을 생성하고, 모든 스레드들이 동일한 스레드 풀 함수를 사용하도록 구성하였다. 아래에 나타낸 슈도코드는 스레드 풀 함수에서 어떤 작업을 수행해야 하는지에 대한 예를 보여주고 있다.

```
DWORD WINAPI ThreadPoolFunc(PVOID pv) {

    // 스레드가 풀 내로 진입하였다.
    InterlockedIncrement(&g_nThreadsCrnt);
    InterlockedIncrement(&g_nThreadsBusy);

    for (BOOL bStayInPool = TRUE; bStayInPool;) {

        // 스레드가 수행을 멈추고 작업을 수행하기 위해 대기하고 있다.
        InterlockedDecrement(&m_nThreadsBusy);
        BOOL bOk = GetQueuedCompletionStatus(...);
        DWORD dwIOError = GetLastError();

        // 스레드가 작업을 수행 중에 있다.
        int nThreadsBusy = InterlockedIncrement(&m_nThreadsBusy);

        // 추가적인 스레드를 풀에 삽입해야 하는가?
        if (nThreadsBusy == m_nThreadsCrnt) {      // 모든 스레드가 수행 중이며
          if (nThreadsBusy < m_nThreadsMax) {      // 풀이 꽉 차지 않았으며
            if (GetCPUUsage() < 75) {    // CPU 사용률이 75% 미만이라면

                // 새로운 스레드를 풀에 추가한다.
                CloseHandle(chBEGINTHREADEX(...));
            }
          }
        }
```

```
        }

        if (!bOk && (dwIOError == WAIT_TIMEOUT)) {      // 대기 중이던 스레드가 타임
                                                        // 아웃을 유발하였다.
            // 서버가 수행하는 작업에 비해 필요 이상의 스레드가 존재하므로
            // 비약적으로 I/O 요청이 늘어나지 않는 한 이 스레드는 종료해도 된다.
            bStayInPool = FALSE;
        }

        if (bOk || (po != NULL)) {
            // 스레드가 작업 수행을 마쳤다.
            ...
            if (GetCPUUsage() > 90) {      // CPU 사용률이 90%를 초과하고
                if (g_nThreadsCrnt > g_nThreadsMin)) {      // 현재 스레드가 풀의 최소
                                                            // 스레드 개수보다 많으면
                    bStayInPool = FALSE;      // 스레드를 풀로부터 제거한다.
                }
            }
        }
    }

    // 스레드가 풀로부터 제거된다.
    InterlockedDecrement(&g_nThreadsBusy);
    InterlockedDecrement(&g_nThreadsCurrent);
    return(0);
}
```

이 슈도코드는 I/O 컴플리션 포트를 얼마나 독창적으로 사용할 수 있는지를 보여주는 예라고 하겠다. GetCPUUsage 함수는 윈도우 API가 아니기 때문에 직접 구현해 주어야 하며, 스레드 풀에는 적어도 하나 이상의 스레드가 존재하도록 하여 클라이언트가 정상적으로 수행될 수 있도록 해 주어야 한다. 이 슈도코드는 단지 예시일 뿐이므로 서비스의 구조에 맞추어 좀 더 적절히 수정되어야 할 것이다.

413쪽 "요청된 장치 I/O의 취소" 절에서 말한 바와 같이 특정 스레드에 의해 삽입된 I/O 요청들은 해당 스레드 종료 시에 모두 취소된다. 윈도우 비스타 이전에는 I/O 컴플리션 포트와 연계된 장치에 대해 I/O 작업 요청을 수행한 스레드는 그 작업이 완료될 때까지 반드시 살아 있어야 했으며, 그렇지 않을 경우 해당 스레드가 요청하였던 모든 작업들이 취소되었다. 윈도우 비스타부터는 더 이상 그럴 필요가 없다. 특정 스레드가 I/O 작업을 요청하고 바로 종료되는 경우에도 요청된 I/O 작업은 계속해서 수행되며, 그 수행 결과도 I/O 컴플리션 포트쪽으로 정상적으로 통지된다.

대부분의 서비스들은 스레드 풀의 동작 방식을 제어할 수 있도록 관리 도구들을 제공해 준다. 예를 들어 최소, 최대 스레드 개수나 CPU 사용률에 대한 임계값, I/O 컴플리션 포트를 생성할 때의 동시 수행 가능 스레드의 최대 개수 등을 제어할 수 있도록 해 준다.

I/O 완료 통지 흉내 내기

I/O 컴플리션 포트는 장치 I/O를 수행하는 경우에만 활용될 수 있는 기술이 아니다. 이번 장에서 다루는 내용들은 스레드간 통신을 수행할 때에도 동일하게 활용될 수 있으며, 특히 I/O 컴플리션 포트 커널 오브젝트는 스레드간 통신을 수행할 때 상당히 유용하게 사용될 수 있다. 419쪽 "얼러터블 I/O"에서 QueueUserAPC 함수를 사용하면 다른 스레드로 APC 항목을 삽입할 수 있다고 하였다. I/O 컴플리션 포트의 경우에도 이와 유사한 PostQueuedCompletionStatus 함수가 존재한다.

```
BOOL PostQueuedCompletionStatus(
    HANDLE      hCompletionPort,
    DWORD       dwNumBytes,
    ULONG_PTR   CompletionKey,
    OVERLAPPED* pOverlapped);
```

이 함수를 호출하면 완료 통지를 I/O 컴플리션 큐에 삽입해 준다. 함수의 첫 번째 매개변수인 hCompletionPort로는 완료 통지를 삽입할 I/O 컴플리션 포트의 핸들을 전달하면 된다. 나머지 3개의 매개변수인 dwNumBytes, CompletionKey, pOverlapped로는 GetQueuedCompletionStatus를 호출한 스레드에게 전달할 값을 넘겨주면 된다. PostQueuedCompletionStatus를 호출하여 삽입한 항목을 가져오는 경우에도 GetQueudCompletionStatus는 I/O 요청이 성공적으로 완료된 것처럼 TRUE 값을 반환한다.

PostQueuedCompletionStatus 함수는 스레드 풀에 존재하는 스레드들과 통신을 수행해야 할 경우 유용하게 사용될 수 있다. 예를 들어 사용자가 서비스 애플리케이션을 종료하려고 시도하는 경우, 수행 중인 모든 스레드를 서비스 애플리케이션 종료 이전에 깔끔하게 종료시키는 것이 좋다. 하지만 스레드가 I/O 컴플리션 포트를 대기하고 있기 때문에 특별한 I/O 요청이 없는 한 스레드는 대기 상태에서 벗어날 수 없다. 이때 PostQueuedCompletionStatus 함수를 스레드 풀의 스레드 개수만큼 호출해 주면 각 스레드들은 수행을 재개하게 될 것이고, GetQueuedCompletionStatus 함수의 반환값을 확인함으로써 애플리케이션이 스레드의 종료를 요청한 것인지를 확인할 수 있으므로 종료 절차를 진행할 수 있게 된다.

이러한 스레드 종료 기법을 사용하고자 할 때에는 상당한 주의가 필요하다. 앞서 알아본 예제의 경우 풀 내의 스레드가 종료되는 동안 GetQueuedCompletionStatus를 재호출하지 않고 있다. 하지만 만일 풀 내의 스레드 개수만큼만 PostQueudCompletionStatus를 호출했는데, 그 중 하나의 스레드가 종료 중에 GetQueuedCompletionStatus를 재호출하게 되면 풀의 후입선출 방식 때문에 문제가 생길 수 있다. 이 경우 애플리케이션 내에 부가적인 스레드 동기화 방법을 추가해서 풀 내의 모든 스레드가 완료 통지를 한 번씩 각기 수신할 수 있도록 해 주어야 한다. 그렇지 않으면 하나의 스레드가 여러 번의 완료 통지를 수신할 수도 있다.

 노트

윈도우 비스타에서는 I/O 컴플리션 포트의 핸들을 인자로 CloseHandle을 호출하게 되면 GetQueuedCompletionStatus를 호출한 모든 스레드가 깨어나게 되고 FALSE 값을 반환하게 된다. 이 경우 GetLastError를 호출해 보면 ERROR_INVALID_HANDLE 값을 얻게 되는데, 스레드는 이 값이 반환되었을 때 지금이 자신이 종료해야 하는 시점임을 알 수 있다.

FileCopy 예제 애플리케이션

이번 장의 마지막에 나타낸 FileCopy 예제 애플리케이션(10-FileCopy.exe)은 I/O 컴플리션 포트의 사용 예를 보여주기 위한 예제다. 이 애플리케이션의 소스 코드와 리소스 파일은 한빛미디어 홈페이지를 통해 제공되는 소스 파일의 10-FileCopy 폴더에 있다. 이 프로그램은 단순히 사용자가 지정한 파일을 FileCopy.cpy라는 이름으로 복사하는 역할을 수행한다. FileCopy 프로그램을 수행하면 [그림 10-2]와 같은 다이얼로그 박스가 나타난다.

[그림 10-2] FileCopy 예제 애플리케이션을 수행했을 때 나타나는 다이얼로그 박스

사용자는 Pathname 버튼을 클릭하여 복사할 파일을 선택할 수 있으며, 파일을 선택하면 Pathname 과 File Size 항목이 자동으로 갱신된다. 사용자가 Copy 버튼을 클릭하면 프로그램 내의 FileCopy 함수를 호출하여 복사 작업을 수행한다. 핵심 기능은 모두 이 함수 내에 구현되어 있으므로 이 함수에 대해 집중적으로 논의해 보도록 하자.

파일 복사를 위한 사전 단계로 FileCopy 함수는 소스 파일을 열고 그 크기를 바이트 단위로 획득한다. 가능한 한 빠른 속도로 파일을 복사하도록 구현하기 위해 FILE_FLAG_NO_BUFFERING 플래그를 이용하여 파일을 열었다. FILE_FLAG_NO_BUFFERING 플래그를 설정하게 되면 파일 접근의 편의성을 도모하기 위한 캐시 기능이 사용되지 않기 때문에 캐시 메모리로 파일의 내용을 복사하지 않고 직접적으로 디스크의 파일에 접근하게 된다. 물론 이와 같이 파일에 직접적으로 접근하기 위해서는 일부 추가적인 작업이 수반되어야 한다. 먼저 파일에 접근할 때 항상 디스크 볼륨의 섹터 크기의 배수 단위로 접근할 위치를 지정해야 하며, 파일을 읽고 쓸 때에도 항상 디스크 볼륨의 섹터 크기의 배수 단위로 작업을 수행해야 한다. 예제 애플리케이션에서는 파일의 데이터를 BUFFSIZE(64KB) 단위로 접근하도록 하여 섹터 크기의 배수가 될 수 있도록 하였다. 이 때문에 소스 파일의 크기도 BUFFSIZE

의 배수가 될 수 있도록 올림을 수행하였다. 또한 소스 파일을 열 때 FILE_FLAG_OVERLAPPED 플래그를 지정하여 비동기 I/O 작업을 수행할 수 있도록 한 점도 눈여겨보기 바란다.

데스티네이션 destination 파일도 FILE_FLAG_NO_BUFFERING과 FILE_FLAG_OVERLAPPED 플래그를 이용하였으며, 실제로 열기를 수행할 때 소스 파일의 핸들 값을 CreateFile의 hFileTemplate 매개변수로 전달하였다. 이렇게 함으로써 소스 파일과 동일한 특성을 가진 데스티네이션 파일을 생성할 수 있다.

두 개의 파일에 대해 파일 열기 작업을 수행한 직후, 데스티네이션 파일의 크기를 SetFilePointerEx와 Set-EndOfFile을 이용하여 BUFFSIZE 단위로 올림한 소스 파일의 크기로 변경하였다. 이와 같이 데스티네이션 파일의 크기를 미리 조정해 두는 것은 NTFS가 파일이 쓰여졌던 가장 먼 위치를 기억하기 때문에 상당히 중요하다. 시스템은 이 위치를 지나서 데이터를 읽고자 하는 경우 버퍼로 0을 전달하기만 하면 된다는 사실을 알고 있으며, 이 위치를 지나서 데이터를 쓰고자 하는 경우에는 이전에 기억하고 있던 위치로부터 데이터를 새로 쓸 위치까지의 값을 미리 0으로 채워야 한다는 사실을 알고 있다. 이후 실제 데이터를 기록하게 되고 가장 먼 위치를 갱신하게 된다. 이러한 동작 방식은 기록되지 않은 데이터를 읽어오지 못하도록 하는 C2 보안 요구사항 중 하나다. NTFS 파티션에 파일의 끝을 설정하면 가장 먼 위치가 갱신되는데, 이러한 작업은 설사 비동기 I/O 를 수행하도록 파일을 열었다 하더라도 동기적으로 수행된다. 따라서 만일 FileCopy 함수에서 미리 파일의 크기를 조정해 두지 않으면 어떠한 I/O 요청도 비동기적으로 수행되지 못할 것이다.

이제 파일을 열었기 때문에 파일에 대한 복사를 수행할 준비가 되었으며, FileCopy는 I/O 컴플리션 포트를 생성한다. I/O 컴플리션 포트를 좀 더 쉽게 사용할 수 있도록 하기 위해 I/O 컴플리션 포트 함수를 감싸는 간단한 CIOCP라는 이름의 C++ 클래스를 구성하였다. 이 클래스는 부록 A "빌드 환경"의 IOCP.h 파일 내에 정의되어 있다. FileCopy는 실제로 CIOCP 클래스의 인스턴스를 생성하여(iocp라는 이름의) 인스턴스 내부에서 I/O 컴플리션 포트를 생성하도록 하고 있다.

소스 파일과 데스티네이션 파일은 CIOCP의 AssociateDevice 멤버함수를 호출하여 I/O 컴플리션 포트와 연계된다. 이러한 연계 과정을 수행할 때 각 파일별로 고유의 컴플리션 키를 사용하였다. 따라서 소스 파일에 대한 I/O 요청이 완료되어 CK_READ 컴플리션 키가 전달되면 소스 파일에 대한 읽기 작업이 완료되었음을 알게 되고, 데스티네이션 파일에 대한 I/O 요청이 완료되어 CK_WRITE 컴플리션 키가 전달되면 데스티네이션 파일에 대한 쓰기 작업이 완료되었음을 알게 된다.

이제 I/O 요청을 보내기 위한 초기화 작업(OVERLAPPED 구조체에 대해)과 메모리 버퍼를 할당할 차례다. FileCopy 함수는 4개(MAX_PENDING_IO_REQS)의 I/O 요청이 동시에 수행될 수 있도록 설정하고 있다. 하지만 실제로 상용 애플리케이션을 개발하는 경우에는 I/O 요청을 동적으로 증가시키거나 감소시키는 것을 선호할 것이라고 생각한다. FileCopy 프로그램에서는 CIOReq 클래스를 이용하여 단일의 I/O 요청을 표현하고 있다. 나중에 보게 되겠지만 이 클래스는 OVERLAPPED 구조체를 상속받아 일부 컨텍스트 정보를 추가하는 형태로 작성되었다. FileCopy는 CIOReq 클래스에 대한 배열을 생성하고 AllocBuffer 함수를 호출하여 CIOReq 인스턴스별로 BUFFSIZE 크기만큼의 데이터 버퍼를 할당한다. 데이터 버퍼는 VirtualAlloc 함수를 이용하여 할당되는데, 이 함수를 사용하면 메모리 할당 단위 경계로부터 메모리를 할당받을 수 있다. 따라서 FILE_FLAG_NO_BUFFERING 플래그를 사용했을 때 버퍼의 시작 위치가 볼륨의 섹터 크기로 나누어져야 한다는 제약사항을 수용할 수 있게 된다.

최초에 소스 파일에 대한 읽기 요청을 수행하기 위해 조금의 트릭을 사용했다. 먼저 4번의 CK_WRITE를 컴플리션 키로 하는 완료 통지를 I/O 컴플리션 포트로 전달하였다. 메인 루프 내에서 완료 통지를 대기하고 있던 스레드들은 쓰기 작업이 완료되었다고 생각하고 곧 바로 깨어나게 된다. 이렇게 깨어난 스레드들은 소스 파일에 대한 읽기 작업을 수행하게 되는데, 이것이 결국 파일 복사의 시작을 의미하게 된다.

더 이상 수행할 I/O 작업이 없으면 메인 루프는 종료되며, 수행할 I/O 작업이 있는 동안에는 루프 내부에서 CIOCP의 GetStatus(내부적으로 GetQueuedCompletionStatus를 사용하는) 함수를 호출하여 완료 통지를 대기하게 된다. 이 함수를 호출한 스레드들은 완료 통지가 발생할 때까지 대기 상태로 남게 된다. GetQueuedCompletionStatus가 반환되면 CompletionKey 매개변수를 통해 컴플리션 키 값을 전달받게 되는데, 이 값이 CK_READ이면 소스 파일에 대한 읽기 요청이 완료된 것이므로 곧바로 CIOReq의 Write 메소드를 호출하여 데스티네이션 파일에 대한 쓰기 작업을 수행한다. CompletionKey가 CK_WRITE인 경우에는 데스티네이션 파일에 대한 쓰기 요청이 완료된 것이므로 소스 파일의 끝까지 읽은 것이 아니라면 CIOReq의 Read 메소드를 호출하여 소스 파일에 대한 읽기 작업을 수행한다.

더 이상 수행할 I/O 작업이 없다면 메인 루프는 종료되고 소스와 데스티네이션 파일 핸들을 닫아서 정리 작업을 수행한다. FileCopy 함수를 반환하기 전에 소스 파일의 크기와 데스티네이션 파일의 크기를 일치시켜 주는 작업을 반드시 수행해 주어야 한다. 이러한 작업을 수행하기 위해서는 FILE_FLAG_NO_BUFFERING 플래그 없이 데스티네이션 파일을 다시 한 번 열어야 한다. 왜냐하면 이 플래그를 사용하면 섹터 단위로만 파일 작업을 수행할 수 있기 때문이다. 새로 열기 작업을 수행한 핸들을 이용하면 데스티네이션 파일의 크기를 소스 파일의 크기와 완전히 동일하게 변경할 수 있다.

```
/******************************************************************
Module: FileCopy.cpp
Notices: Copyright (c) 2008 Jeffrey Richter & Christophe Nasarre
******************************************************************/


#include "stdafx.h"
#include "Resource.h"


//////////////////////////////////////////////////////////////////
```

```cpp
// 각 I/O 요청은 OVERLAPPED 구조체와 데이터 버퍼를 필요로 한다.
class CIOReq : public OVERLAPPED {
public:
   CIOReq() {
      Internal = InternalHigh = 0;
      Offset = OffsetHigh = 0;
      hEvent = NULL;
      m_nBuffSize = 0;
      m_pvData = NULL;
   }

   ~CIOReq() {
      if (m_pvData != NULL)
         VirtualFree(m_pvData, 0, MEM_RELEASE);
   }

   BOOL AllocBuffer(SIZE_T nBuffSize) {
      m_nBuffSize = nBuffSize;
      m_pvData = VirtualAlloc(NULL, m_nBuffSize, MEM_COMMIT, PAGE_READWRITE);
      return(m_pvData != NULL);
   }

   BOOL Read(HANDLE hDevice, PLARGE_INTEGER pliOffset = NULL) {
      if (pliOffset != NULL) {
         Offset = pliOffset->LowPart;
         OffsetHigh = pliOffset->HighPart;
      }
      return(::ReadFile(hDevice, m_pvData, m_nBuffSize, NULL, this));
   }

   BOOL Write(HANDLE hDevice, PLARGE_INTEGER pliOffset = NULL) {
      if (pliOffset != NULL) {
         Offset = pliOffset->LowPart;
         OffsetHigh = pliOffset->HighPart;
      }
      return(::WriteFile(hDevice, m_pvData, m_nBuffSize, NULL, this));
   }

private:
   SIZE_T m_nBuffSize;
   PVOID m_pvData;
};

///////////////////////////////////////////////////////////////////////
```

```
#define BUFFSIZE              (64 * 1024)   // I/O 버퍼의 크기
#define MAX_PENDING_IO_REQS   4             // 최대 I/O 개수

// 컴플리션 키 값은 완료된 I/O의 타입을 나타낸다.
#define CK_READ 1
#define CK_WRITE 2


///////////////////////////////////////////////////////////////////////////////

BOOL FileCopy(PCTSTR pszFileSrc, PCTSTR pszFileDst) {

  BOOL fOk = FALSE;      // 파일 복사가 실패한 것으로 초기화한다.
  LARGE_INTEGER liFileSizeSrc = { 0 }, liFileSizeDst;

  try {
    {
    // 버퍼링을 수행하지 않도록 소스 파일을 열고, 파일의 크기를 얻어온다.
    CEnsureCloseFile hFileSrc = CreateFile(pszFileSrc, GENERIC_READ,
       FILE_SHARE_READ, NULL, OPEN_EXISTING,
       FILE_FLAG_NO_BUFFERING | FILE_FLAG_OVERLAPPED, NULL);
    if (hFileSrc.IsInvalid()) goto leave;

    // 파일의 크기를 가져온다.
    GetFileSizeEx(hFileSrc, &liFileSizeSrc);

    // 버퍼링을 수행하지 않으려면 반드시 섹터 크기 단위로 송수신이 일어나야 한다.
    // 계산의 편의를 위해 버퍼 크기로 송수신을 수행할 것이다.
    liFileSizeDst.QuadPart = chROUNDUP(liFileSizeSrc.QuadPart, BUFFSIZE);

    // 데스티네이션 파일을 버퍼링을 수행하지 않도록 열고, 파일의 크기를 설정한다.
    CEnsureCloseFile hFileDst = CreateFile(pszFileDst, GENERIC_WRITE,
       0, NULL, CREATE_ALWAYS,
       FILE_FLAG_NO_BUFFERING | FILE_FLAG_OVERLAPPED, hFileSrc);
    if (hFileDst.IsInvalid()) goto leave;

    // 파일시스템이 파일의 크기를 키우는 작업은 동기적으로 수행된다.
    // 비동기 I/O 작업의 성능을 개선하기 위해 데스티네이션 파일의
    // 크기 설정을 여기서 수행한다.
    SetFilePointerEx(hFileDst, liFileSizeDst, NULL, FILE_BEGIN);
    SetEndOfFile(hFileDst);

    // I/O 컴플리션 포트를 생성하고, 그곳에 파일들을 연계시킨다.
    CIOCP iocp(0);
    iocp.AssociateDevice(hFileSrc, CK_READ);    // 소스 파일 읽기 연계
    iocp.AssociateDevice(hFileDst, CK_WRITE);   // 데스티네이션 파일 쓰기 연계
```

```
// 저장해야 할 변수들에 대한 초기화를 수행한다.
CIOReq ior[ MAX_PENDING_IO_REQS] ;
LARGE_INTEGER liNextReadOffset = { 0 };
int nReadsInProgress = 0;
int nWritesInProgress = 0;

// 파일 복사를 시작하기 위해 파일 쓰기 작업이 끝난 것처럼 I/O 완료 통지를
// 전달한다. 이를 통해 파일 읽기 작업이 시작된다.
for (int nIOReq = 0; nIOReq < _countof(ior); nIOReq++) {

    // 매 I/O 요청 시마다 송수신을 위한 데이터 버퍼가 필요하다.
    chVERIFY(ior[ nIOReq] .AllocBuffer(BUFFSIZE));
    nWritesInProgress++;
    iocp.PostStatus(CK_WRITE, 0, &ior[ nIOReq] );
}

// 수행할 I/O 작업이 있는 동안 루프를 반복한다.
while ((nReadsInProgress > 0) || (nWritesInProgress > 0)) {

    // I/O 작업 완료
    ULONG_PTR CompletionKey;
    DWORD dwNumBytes;
    CIOReq* pior;
    iocp.GetStatus(&CompletionKey, &dwNumBytes,
           (OVERLAPPED**) &pior, INFINITE);

    switch (CompletionKey) {
    case CK_READ:    // 읽기 작업이 완료되었으므로 쓰기 작업을 수행한다.
        nReadsInProgress--;
        pior->Write(hFileDst);   // 소스와 동일 위치에 쓰기를 수행한다.
        nWritesInProgress++;
        break;

    case CK_WRITE:    // 쓰기 작업이 완료되었으므로 읽기 작업을 수행한다.
        nWritesInProgress--;
        if (liNextReadOffset.QuadPart < liFileSizeDst.QuadPart) {
            // 파일의 끝이 아니므로 소스 파일로부터 다음 데이터 블록을 읽어온다.
            pior->Read(hFileSrc, &liNextReadOffset);
            nReadsInProgress++;
            liNextReadOffset.QuadPart += BUFFSIZE;   // 소스 오프셋을
                                                     // 증가시킨다.
        }
        break;
    }
}
```

```
            fOk = TRUE;
        }
    leave:;
    }
    catch (...) {
    }

    if (fOk) {
        // 데스티네이션 파일의 크기는 페이지 크기의 배수가 된다.
        // 따라서 버퍼링이 가능하도록 파일을 다시 열어서 소스 파일의 크기와 동일하게
        // 크기를 줄인다.
        CEnsureCloseFile hFileDst = CreateFile(pszFileDst, GENERIC_WRITE,
            0, NULL, OPEN_EXISTING, 0, NULL);
        if (hFileDst.IsValid()) {

            SetFilePointerEx(hFileDst, liFileSizeSrc, NULL, FILE_BEGIN);
            SetEndOfFile(hFileDst);
        }
    }

    return(fOk);
}

///////////////////////////////////////////////////////////////////////

BOOL Dlg_OnInitDialog(HWND hWnd, HWND hWndFocus, LPARAM lParam) {

    chSETDLGICONS(hWnd, IDI_FILECOPY);

    // 복사할 파일이 선택될 때까지 Copy 버튼을 사용 불가능하게 만든다.
    EnableWindow(GetDlgItem(hWnd, IDOK), FALSE);
    return(TRUE);
}

///////////////////////////////////////////////////////////////////////

void Dlg_OnCommand(HWND hWnd, int id, HWND hWndCtl, UINT codeNotify) {

    TCHAR szPathname[_MAX_PATH];
    switch (id) {
    case IDCANCEL:
        EndDialog(hWnd, id);
        break;

    case IDOK:
```

```
            // 소스 파일을 데스티네이션 파일로 복사한다.
            Static_GetText(GetDlgItem(hWnd, IDC_SRCFILE),
               szPathname, sizeof(szPathname));
            SetCursor(LoadCursor(NULL, IDC_WAIT));
            chMB(FileCopy(szPathname, TEXT("FileCopy.cpy"))
               ? "File Copy Successful" : "File Copy Failed");
            break;

      case IDC_PATHNAME:
            OPENFILENAME ofn = { OPENFILENAME_SIZE_VERSION_400 };
            ofn.hwndOwner = hWnd;
            ofn.lpstrFilter = TEXT("*.*\0");
            lstrcpy(szPathname, TEXT("*.*"));
            ofn.lpstrFile = szPathname;
            ofn.nMaxFile = _countof(szPathname);
            ofn.lpstrTitle = TEXT("Select file to copy");
            ofn.Flags = OFN_EXPLORER | OFN_FILEMUSTEXIST;
            BOOL fOk = GetOpenFileName(&ofn);
            if (fOk) {
               // 소스 파일의 크기를 나타낸다.
               Static_SetText(GetDlgItem(hWnd, IDC_SRCFILE), szPathname);
               CEnsureCloseFile hFile = CreateFile(szPathname, 0, 0, NULL,
                  OPEN_EXISTING, 0, NULL);
               if (hFile.IsValid()) {
                  LARGE_INTEGER liFileSize;
                  GetFileSizeEx(hFile, &liFileSize);
                  // 주의: 하위 32비트 값만을 보여준다.
                  SetDlgItemInt(hWnd, IDC_SRCFILESIZE, liFileSize.LowPart, FALSE);
               }
            }
            EnableWindow(GetDlgItem(hWnd, IDOK), fOk);
            break;
      }
}


//////////////////////////////////////////////////////////////////////


INT_PTR WINAPI Dlg_Proc(HWND hWnd, UINT uMsg, WPARAM wParam, LPARAM lParam) {

   switch (uMsg) {
   chHANDLE_DLGMSG(hWnd, WM_INITDIALOG, Dlg_OnInitDialog);
   chHANDLE_DLGMSG(hWnd, WM_COMMAND, Dlg_OnCommand);
   }
   return(FALSE);
}
```

```
//////////////////////////////////////////////////////////////////////

int WINAPI _tWinMain(HINSTANCE hInstExe, HINSTANCE, PTSTR pszCmdLine, int) {

    DialogBox(hInstExe, MAKEINTRESOURCE(IDD_FILECOPY), NULL, Dlg_Proc);
    return(0);
}
```

/////////////////////////////// 파일의 끝 ///////////////////////////////

Chapter **11**

윈도우 스레드 풀

1. 시나리오 1: 비동기 함수 호출
2. 시나리오 2: 시간 간격을 두고 함수 호출
3. 시나리오 3: 커널 오브젝트가 시그널되면 함수 호출
4. 시나리오 4: 비동기 I/O 요청이 완료되면 함수 호출
5. 콜백 종료 동작

10장 "동기 및 비동기 장치 I/O"에서는 마이크로소프트 윈도우가 제공하는 I/O 컴플리션 포트 커널 오브젝트를 이용하여 어떻게 I/O 작업을 비동기적으로 요청할 수 있는지 그리고 이러한 요청들이 어떻게 지능적으로 스레드들에게 분배되는지 알아보았다. 그런데 I/O 컴플리션 포트는 완료 통지를 대기하고 있는 스레드들에게 작업을 분배하는 역할까지만 담당하기 때문에 스레드를 생성하고 파괴하는 작업은 여전히 사용자가 직접 해야만 한다.

스레드를 생성하고 파괴하는 방법은 사용자별로 서로 다르게 구현할 수 있는 사항이다. 필자 자신도 수년간 다양한 방식으로 직접 스레드 풀을 구현해서 사용해 왔었고, 각각의 구현 방식은 특정 시나리오에 한해서만 최적화되어 있었다. 하지만 윈도우는 개발자들이 좀 더 쉽게 개발을 수행할 수 있도록 자체적인 스레드 풀 메커니즘을 제공하고 있으며, 이를 이용하면 스레드의 생성, 파괴, 관리 작업을 좀 더 쉽게 구현할 수 있다. 이러한 범용 스레드 풀이 모든 상황에서 항상 최적의 방법을 제공하는 것은 아니지만 상당히 다양한 시나리오에서 사용할 수 있으며, 개발 시간을 상당히 절약해 줄 수 있을 것으로 확신한다.

새로운 스레드 풀 함수들을 이용하면 다음과 같은 작업을 수행할 수 있다.

- 비동기 함수 호출
- 시간 간격을 두고 함수 호출
- 커널 오브젝트가 시그널되면 함수 호출
- 비동기 I/O 요청이 완료되면 함수 호출

마이크로소프트는 스레드 풀 관련 애플리케이션 프로그래밍 인터페이스(API)를 윈도우 2000부터 제공해 왔다. 윈도우 비스타에서는 스레드 풀의 구조를 완전히 재설계하였으며, 이에 따라 새로운 스레드 풀 API을 제공하고 있다. 물론 윈도우 비스타에서도 하위 호환성을 위해 윈도우 2000에서 제공하던 API를 그대로 사용할 수는 있지만, 윈도우 비스타 이전의 운영체제에서 수행할 필요가 없는 애플리케이션을 개발하는 경우라면 가능한 한 새로운 API를 사용할 것을 추천한다. 이번 장에서는 윈도우 비스타에서 새롭게 소개된 스레드 API에 대해서만 중점적으로 알아볼 것이며, 이전 운영체제에서 제공하는 API에 대해서는 이 책의 이전 판을 통해 확인하기 바란다.

일반적으로 프로세스가 초기화될 때에는 스레드 풀 컴포넌트와 관련된 어떠한 부하도 발생하지 않는다. 하지만 새로운 스레드 풀 함수를 호출하게 되면 그 즉시 스레드 풀 운용에 필요한 커널 리소스들이 새로 생성되며, 이러한 리소스들은 프로세스 종료 시까지 유지된다. 나중에 살펴보겠지만 스레드 풀 기능을 이용할 때 필요한 추가적인 리소스는 스레드 풀을 어떤 방식으로 사용하느냐에 따라 서로 다르다. 이러한 리소스의 종류로는 스레드, 커널 오브젝트, 프로세스를 대신하여 생성한 내부적인 데이터 구조 등 매우 다양하다. 따라서 애플리케이션에서 스레드 풀을 반드시 사용해야 하는지에 대해 충분히 고려기길 바라며, 아무런 검토 없이 스레드 풀 관련 함수를 호출하는 것과 같은 실수는 하지 않길 바란다.

주의사항은 모두 말했으니 이제 스레드 풀에 대해 알아보기로 하자.

section 01 시나리오 1: 비동기 함수 호출

스레드 풀을 이용하여 비동기적으로 함수가 호출되도록 하려면 먼저 다음과 같은 원형의 사용자 정의 함수를 구현해야 한다.

```
VOID CALLBACK SimpleCallback(
    PTP_CALLBACK_INSTANCE pInstance,      // 469쪽 "콜백 종료 동작" 절을 보라.
    PVOID pvContext);
```

스레드 풀에 의해 관리되는 스레드가 사용자 정의 함수를 수행하도록 작업 요청을 전달하려면 TrySubmitThreadpoolCallback 함수를 호출하면 된다.

```
BOOL TrySubmitThreadpoolCallback(
    PTP_SIMPLE_CALLBACK pfnCallback,
    PVOID pvContext,
    PTP_CALLBACK_ENVIRON pcbe);      // 471쪽 "스레드 풀 커스터마이징" 절을 보라.
```

이 함수는 내부적으로 작업 항목을 생성하여 스레드 풀의 큐에 삽입해 주는데(PostQueuedCom-pletionStatus를 이용하여) 성공 시에는 TRUE를, 실패 시에는 FALSE를 반환한다. pfnCallback 매개변수로는 앞서 알아본 SimpleCallback과 동일한 형태로 작성해 둔 사용자 정의 함수를 지정하고, pvContext 매개변수로는 사용자 정의 콜백함수의 pvContext 매개변수를 통해 전달할 값을 지정하면 된다. PTP_CALLBACK_ENVIRON 매개변수로는 단순히 NULL을 전달해도 된다. (이 매개변수에 대해서는 471쪽 "스레드 풀 커스터마이징" 절에서 알아볼 것이다.) SimpleCallback의 pInstance 매개변수에 대해서는 나중에 알아보기로 하자. (469쪽 "콜백 종료 동작" 절에서 알아볼 것이다.)

CreateThread 함수를 전혀 호출할 필요가 없다는 점에 주목하기 바란다. 기본 스레드 풀과 스레드 풀 내의 스레드는 자동으로 생성되고, 이렇게 생성된 스레드에 의해 콜백함수가 호출된다. 이 스레드는 클라이언트의 요청을 처리한 후에도 바로 종료되지 않고 스레드 풀 내로 돌아가서 다른 작업 항목이 삽입될 때까지 대기한다. 스레드 풀은 작업 항목이 삽입될 때마다 매번 스레드를 생성하고 파괴하지 않고 앞서 생성해 두었던 스레드를 지속적으로 재사용함으로써 스레드 생성과 파괴에 소요되는 CPU 시간을 절약하여 애플리케이션의 성능을 향상시킨다. 이러한 방식을 이용하면 스레드를 생성하고 파괴하는 데 소요되는 시간을 상당히 절약할 수 있기 때문에 애플리케이션의 수행 성능이 상당히 많이 개선된다. 스레드 풀은 애플리케이션을 수행하는 데 있어 좀 더 많은 스레드를 생성하는 것이 효과적이라고 판단되면 추가적으로 스레드를 생성하기도 하며, 필요 이상으로 스레드가 많이 생성되었다고 판단되면 스레드를 파괴하기도 한다. 스레드 풀을 이용하여 어떤 작업을 수행하게 될지 정확하게 알기 힘든 상황이라면 스레드 풀의 내부적인 알고리즘을 신뢰하는 것이 최선의 방법이며, 이러한 알고리즘은 애플리케이션의 작업 상황에 맞추어 자동적으로 스레드를 생성하거나 삭제해 줄 것이다.

▣ 명시적 작업 항목 제어

메모리 부족이나 메모리 할당 제한 등으로 인해 TrySubmitThreadpoolCallback 함수 호출은 실패할 수 있다. 여러 개의 작업이 모여서 단일의 작업을 구성하는 경우 그 중 하나의 실패도 용납되어서는 안 된다. 구체적인 예를 들어 보자. 어떤 작업을 수행한 후 그 경과 시간을 확인하다가 지정된 시간보다 더 많은 시간이 소요되는 경우에는 작업을 취소하려 한다고 생각해 보자. 수행 시간이 만료되어 작업을 취소하기 위해 TrySubmitThreadpoolCallback 함수를 호출했는데, 당시의 가용 메모리 수준과 할당 제한 때문에 이 함수의 호출이 실패하였다면 어떻게 되겠는가? 이 경우 TrySubmitThreadpoolCallback 함수를 통해 전달하고자 했던 내용을 작업 항목의 형태로 생성해 두고, 스레드 풀에 작업 항목을 삽입할 수 있는 상황이 될 때까지 기다릴 수 있다면 좋을 것이다.

앞서 말한 바와 같이 사용자가 TrySubmitThreadpoolCallback 함수를 호출하면 내부적으로 작업 항목이 새로 생성된다. 많은 수의 작업 항목을 한꺼번에 큐에 삽입하고자 하는 경우에도 성능과 메모리 점유 상황을 고려하여 작업 항목을 하나씩 생성한 후 큐에 여러 번에 걸쳐 작업 항목을 삽입하는 것이 좋다. 작업 항목을 생성하기 위해서는 다음 함수를 이용하면 된다.

```
PTP_WORK CreateThreadpoolWork(
    PTP_WORK_CALLBACK pfnWorkHandler,
    PVOID pvContext,
    PTP_CALLBACK_ENVIRON pcbe);    // 471쪽 "스레드 풀 커스터마이징" 절을 보라.
```

이 함수는 매개변수로 전달하는 세 개의 값을 저장하는 구조체를 생성하고 그 포인터를 반환해 준다. pfnWorkHandler 매개변수로는 스레드 풀 내의 스레드가 작업 항목을 처리하기 위해 호출해야 하는 콜백함수를 가리키는 포인터를 전달하면 된다. pvContext 매개변수로는 어떤 값이라도 전달할 수 있으며, 콜백함수 호출 시 매개변수로 전달된다. pfnWorkHandler 매개변수를 통해 전달하는 함수는 반드시 다음과 같은 형태로 구현되어야 한다.

```
VOID CALLBACK WorkCallback(
    PTP_CALLBACK_INSTANCE pInstance,
    PVOID pvContext,
    PTP_WORK pWork);
```

작업 항목을 스레드 풀의 큐에 삽입하려면 SubmitThreadpoolWork 함수를 호출하면 된다.

```
VOID SubmitThreadpoolWork(PTP_WORK pWork);
```

이제 작업 항목이 스레드 풀의 큐에 정상적으로 삽입되었다고 확신해도 된다(나중에 스레드 풀 내의 스레드에 의해 콜백함수가 호출될 것이다). 이러한 이유로 SubmitThreadpoolWork 함수의 반환형은 VOID형이다.

동일한 작업 항목을 여러 번 큐에 삽입하는 경우, 콜백 함수는 작업 항목 생성 시에 지정했던 것과 동일한 pv-Context 값을 계속해서 받게 될 것이다. 동일한 작업을 반복적으로 수행하기 위해 작업 항목을 재사용하려 한다면 반드시 이러한 동작 방식을 이해하고 있어야 한다. 하지만 대부분의 경우 동일 동작을 순차적으로 반복하는 경우라 할지라도 그 각각을 서로 구분해야 하는 경우가 많다.

만일 삽입된 작업 항목을 취소하거나 작업 항목이 완전히 처리될 때까지 특정 스레드를 대기 상태로 두고자 한다면 WaitForThreadpoolWorkCallbacks 함수를 호출하면 된다.

```
VOID WaitForThreadpoolWorkCallbacks(
    PTP_WORK pWork,
    BOOL     bCancelPendingCallbacks);
```

pWork 매개변수로는 이 함수 호출 이전에 CreateThreadpoolWork와 SubmitThreadpoolWork를 통해 스레드 풀 큐에 삽입한 작업 항목을 전달하면 된다. 만일 작업 항목을 큐에 삽입되기 전에 이 함수를 호출했다면 어떠한 동작도 수행되지 않고 바로 반환될 것이다.

bCancelPendingCallbacks 매개변수로 TRUE를 전달하면 WaitForThreadpoolWorkCallbacks 함수는 앞서 스레드 풀 큐에 삽입했던 작업 항목을 취소하려 할 것이다. 취소하고자 하는 작업 항목이 이미 스레드 풀 스레드에 의해 처리 중에 있는 경우라면 이러한 작업 항목은 취소되지 않고, 해당 작업 항목이 완전히 처리될 때까지 대기하게 된다. 작업 항목이 큐에 삽입되긴 하였으나 처리되기 전이라면 이 항목에 취소되었다는 표시를 해 두고 WaitForThreadpoolWorkCallbacks 함수는 반환된다. I/O 컴플리션 포트의 컴플리션 큐로부터 이러한 작업 항목을 가져오면 해당 항목을 처리할 필요가 없다는 사실을 알 수 있으므로 콜백함수는 시작되지 않는다.

만일 bCancelPendingCallbacks 매개변수로 FASLE를 전달하면 WaitForThreadpoolWork-Callbacks 함수는 지정한 작업 항목이 완전히 처리된 후, 스레드 풀 스레드가 다른 작업 항목을 처리하기 위해 스레드 풀로 반환될 때까지 대기하게 된다.

> 하나의 PTP_WORK 작업 항목을 생성하여 여러 번 큐에 삽입한 경우, bCancelPendingCallbacks 매개변수 값을 FALSE로 WaitForThreadpoolWorkCallbacks 함수를 호출하면 삽입되었던 모든 작업 항목이 처리될 때까지 스레드가 대기하게 된다. 하지만 bCancelPendingCallbacks 매개변수를 TRUE로 WaitForThread-poolWorkCallbacks 함수를 호출하면 앞서 삽입하였던 작업 항목 중 현재 수행 중인 작업 항목의 처리가 완료되는 순간 WaitForThreadpoolWorkCallbacks 함수가 반환된다.

앞서 생성한 작업 항목이 더 이상 필요하지 않다면 CloseThreadpoolWork 함수에 작업 항목을 가리키는 포인터를 전달하여 해당 작업 항목을 삭제해야 한다.

```
VOID CloseThreadpoolWork(PTP_WORK pwk);
```

❷ 배치 예제 애플리케이션

배치 애플리케이션(11-Batch.exe)은 여러 개의 작업을 일괄 처리하고자 하는 경우 스레드 풀과의 작업 항목을 어떻게 사용하는지 보여주는 예제다.

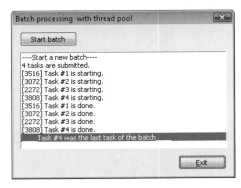

[그림 11-1] 배치 애플리케이션의 수행 결과

유저 인터페이스를 담당하는 스레드는 각 작업 항목의 처리 결과를 통지받아 현재 스레드 ID와 함께 나타내준다. 이 애플리케이션은 언제 배치 작업이 종료되었는지 확인하기 위해 매우 간단한 방법을 사용하고 있으며, 배치 작업이 종료되면 앞의 [그림 11-1]과 같은 결과 화면이 나타난다.

이 예제의 소스 코드와 리소스 파일은 한빛미디어 홈페이지를 통해 제공되는 소스 파일의 11-Batch 폴더에 있다.

```cpp
/******************************************************************************
Module: Batch.cpp
Notices: Copyright (c) 2008 Jeffrey Richter & Christophe Nasarre
******************************************************************************/


#include "stdafx.h"
#include "Batch.h"


///////////////////////////////////////////////////////////////////////////


// 전역변수
HWND       g_hDlg = NULL;
PTP_WORK g_pWorkItem = NULL;
volatile LONG g_nCurrentTask = 0;

// 전역선언
#define WM_APP_COMPLETED (WM_APP+123)


///////////////////////////////////////////////////////////////////////////


void AddMessage(LPCTSTR szMsg) {

   HWND hListBox = GetDlgItem(g_hDlg, IDC_LB_STATUS);
   ListBox_SetCurSel(hListBox, ListBox_AddString(hListBox, szMsg));
}


///////////////////////////////////////////////////////////////////////////


void NTAPI TaskHandler(PTP_CALLBACK_INSTANCE Instance, PVOID Context,
     PTP_WORK Work) {

   LONG currentTask = InterlockedIncrement(&g_nCurrentTask);

   TCHAR szMsg[MAX_PATH];
   StringCchPrintf(
      szMsg, _countof(szMsg),
```

```
         TEXT("[ %u]  Task #%u is starting."), GetCurrentThreadId(), currentTask);
      AddMessage(szMsg);

      // 상당량의 작업이 수행되는 것처럼 시간을 소비한다.
      Sleep(currentTask * 1000);

      StringCchPrintf(
         szMsg, _countof(szMsg),
         TEXT("[ %u]  Task #%u is done."), GetCurrentThreadId(), currentTask);
      AddMessage(szMsg);

      if (InterlockedDecrement(&g_nCurrentTask) == 0)
      {
         // UI 스레드에게 작업 완료를 통지한다.
         PostMessage(g_hDlg, WM_APP_COMPLETED, 0, (LPARAM)currentTask);
      }
}


//////////////////////////////////////////////////////////////////////////

void OnStartBatch() {

   // 시작 버튼을 사용하지 못하도록 한다.
   Button_Enable(GetDlgItem(g_hDlg, IDC_BTN_START_BATCH), FALSE);

   AddMessage(TEXT("----Start a new batch----"));

   // 동일한 작업 항목을 이용하여 4개의 작업을 수행하도록 한다.
   SubmitThreadpoolWork(g_pWorkItem);
   SubmitThreadpoolWork(g_pWorkItem);
   SubmitThreadpoolWork(g_pWorkItem);
   SubmitThreadpoolWork(g_pWorkItem);

   AddMessage(TEXT("4 tasks are submitted."));
}

//////////////////////////////////////////////////////////////////////////

void Dlg_OnCommand(HWND hWnd, int id, HWND hWndCtl, UINT codeNotify) {

   switch (id) {
      case IDOK:
      case IDCANCEL:
         EndDialog(hWnd, id);
         break;
```

```
            case IDC_BTN_START_BATCH:
                OnStartBatch();
                break;
        }
    }


    BOOL Dlg_OnInitDialog(HWND hWnd, HWND hWndFocus, LPARAM lParam) {

        // 에러 메시지를 출력하기 위해 주 윈도우의 핸들을 전역변수에 보관한다.
        g_hDlg = hWnd;

        return(TRUE);
    }


    //////////////////////////////////////////////////////////////////////////


    INT_PTR WINAPI Dlg_Proc(HWND hWnd, UINT uMsg, WPARAM wParam, LPARAM lParam) {

        switch (uMsg) {
            chHANDLE_DLGMSG(hWnd, WM_INITDIALOG, Dlg_OnInitDialog);
            chHANDLE_DLGMSG(hWnd, WM_COMMAND, Dlg_OnCommand);
            case WM_APP_COMPLETED: {
                TCHAR szMsg[ MAX_PATH+1] ;
                StringCchPrintf(
                    szMsg, _countof(szMsg),
                    TEXT("____Task #%u was the last task of the batch____"), lParam);
                AddMessage(szMsg);

                // 버튼을 사용 가능하도록 변경하는 것을 잊어서는 안 된다.
                Button_Enable(GetDlgItem(hWnd, IDC_BTN_START_BATCH), TRUE);
            }
            break;
        }

        return(FALSE);
    }

    int APIENTRY _tWinMain(HINSTANCE hInstance, HINSTANCE, LPTSTR pCmdLine, int) {

        // 추후 모든 작업에 사용될 작업 항목을 생성한다.
        g_pWorkItem = CreateThreadpoolWork(TaskHandler, NULL, NULL);
        if (g_pWorkItem == NULL) {
            MessageBox(NULL, TEXT("Impossible to create the work item for tasks."),
                TEXT(""), MB_ICONSTOP);
            return(-1);
```

```
        }

    DialogBoxParam(hInstance, MAKEINTRESOURCE(IDD_MAIN), NULL, Dlg_Proc,
        _ttoi(pCmdLine));

    // 작업 항목을 삭제하는 것을 잊어서는 안 된다.
    // 프로세스를 종료하는 경우에는 생략 가능하다.
    CloseThreadpoolWork(g_pWorkItem);

    return(0);
}

/////////////////////////////// 파일의 끝 ///////////////////////////////
```

위 예제는 가장 먼저 애플리케이션의 주 윈도우를 생성한 후 하나의 작업 항목을 생성한다. 작업 항목 생성에 실패하면 문제 상황을 설명하는 메시지 박스를 띄우고 애플리케이션을 종료한다. Start batch 버튼을 선택하면 SubmitThreadpoolWork를 이용해서 4번에 걸쳐 생성한 작업 항목을 기본 스레드 풀의 큐에 삽입한다. 배치 작업이 진행되는 동안에는 Start batch 버튼을 다시 누를 수 없도록 만든다. 스레드 풀 스레드에 의해 호출되는 콜백함수 내에서는 작업 항목의 개수를 추적하기 위한 전역변수의 값을 InterlockedIncrement 함수(8장 "유저 모드에서의 스레드 동기화"에서 설명한 바 있다)를 이용하여 원자적으로 증가시킨다. 또한 작업이 시작되고 완료될 때마다 메인 윈도우에 기록을 남긴다.

TaskHandler 함수가 반환되기 전에 작업의 개수를 추적하기 위한 전역변수의 값을 Interlocked-Decrement를 이용하여 원자적으로 감소시킨다. 다음으로, 조금 전에 완료한 작업이 마지막 작업인지를 확인한다. 만일 이 작업이 마지막 작업인 경우에는 주 윈도우에 마지막 작업이 완료되었음을 알리는 메시지를 출력하고 Start Batch 버튼을 사용 가능하게 변경하도록 WM_APP_COMPLETED 윈도우 메시지를 포스트[post]한다. 배치 작업이 완료되었음을 확인하기 위해 WaitForThreadpoolWorkCallbacks(g_pWorkItem, FALSE) 함수를 호출하는 스레드를 생성할 수도 있다. 스레드 풀이 작업 항목을 모두 처리하고 나면 이 함수가 반환된다.

section 02 시나리오 2: 시간 간격을 두고 함수 호출

때때로 애플리케이션이 제공하는 기능을 특정 시간에 수행하고 싶은 경우가 있다. 윈도우는 시간을 근간으로 한 통지를 수행하기 위한 방법으로 대기 타이머 커널 오브젝트(9장 "커널 오브젝트를 이용한 스레드 동기화"에서 다루었다)를 제공하고 있다. 많은 개발자들이 서로 다른 시간 주기를 필요로 하는 작업에 대해 각기 독립적인 대기 타이머 오브젝트를 생성하곤 하는데, 이는 필요하지 않은 시스템 리소스를 낭비하는 꼴이다. 이보다는 단일의 대기 타이머를 생성하여 주기를 재설정하거나 시간을 재설정하는 방법을 사용하는 것이 좋다. 하지만 이렇게 하기 위해서는 코드를 복잡하게 작성할 수밖에 없는 문제점이 있다. 이런 경우 스레드 풀 함수를 활용하면 좀 더 쉽게 코드를 구현할 수 있다.

지정한 시간에 특정 작업 항목이 수행될 수 있도록 스케줄하기 위해서는 먼저 다음과 같은 형태의 함수를 구현해야 한다.

```
VOID CALLBACK TimeoutCallback(
    PTP_CALLBACK_INSTANCE pInstance,    // 469쪽 "콜백 종료 동작" 절을 보라.
    PVOID pvContext,
    PTP_TIMER pTimer);
```

그런 다음 스레드 풀에게 언제 이 함수를 호출할지를 알려주기 위해 CreateThreadpoolTimer 함수를 호출해야 한다.

```
PTP_TIMER CreateThreadpoolTimer(
    PTP_TIMER_CALLBACK pfnTimerCallback,
    PVOID pvContext,
    PTP_CALLBACK_ENVIRON pcbe);    // 471쪽 "스레드 풀 커스터마이징" 절을 보라.
```

이 함수는 앞서 살펴본 CreateThreadpoolWork 함수와 매우 유사하다. pfnTimerCallback 매개변수로는 앞서 알아본 TimeoutCallback과 동일한 원형을 가진 사용자 정의 함수를 가리키는 포인터를 전달하면 되고, pvContext 매개변수로는 이 사용자 정의 함수로 넘겨줄 값을 지정하면 된다. 사용자 정의 함수의 세 번째 매개변수인 pTimer 값은 CreateThreadpoolTimer 함수의 반환 값과 동일한 값이 전달된다.

이렇게 생성된 스레드 풀 타이머를 스레드 풀에 등록하기 위해서는 SetThreadpoolTimer 함수를 호출하면 된다.

```
VOID SetThreadpoolTimer(
    PTP_TIMER pTimer,
    PFILETIME pftDueTime,
    DWORD msPeriod,
    DWORD msWindowLength);
```

첫 번째 매개변수인 PTP_TIMER형 pTimer 매개변수로는 CreateThreadpoolTimer의 반환 값을 전달하면 된다. pftDueTime 매개변수로는 콜백함수를 최초로 호출해야 하는 시간을 전달하면 된다. 이 값으로 음수 값을 전달하면 함수를 호출한 시점으로부터의 상대적인 소요 시간(밀리초 단위)을 지정할 수 있다. 특별히 이 값으로 −1을 전달하면[역자주 1] 콜백함수가 바로 호출된다. 절대 시간을 지정하려면 양수 값으로 1600년 1월 1일부터 100나노초 단위의 경과 시간을 전달하면 된다.

단 한 번만 콜백함수가 호출되기를 원한다면 msPeriod 매개변수로 0을 전달하면 되고, 주기적으로 콜백함수가 호출되기를 원한다면 0이 아닌 값을 전달하면 된다(사용자가 구현한 콜백함수를 호출하기 전에 얼마만큼의 시간 동안 대기할 것인가를 밀리초 단위로 지정하면 된다). msWindowLength 매개변수를 이용하면 콜백함수를 호출할 시간을 임의로 변경할 수 있다. 이 값을 지정하면 콜백함수는 pft-DueTime으로 지정된 시간으로부터 pftDueTime에 밀리초 단위의 msWindowLength 값을 더한 시간 범위 내에서 임의 호출된다. 이 값은 여러 개의 타이머가 거의 동일한 주기를 가질 경우 동일 시간에 여러 개의 타이머 통지가 발생하지 않도록 하기 위해 사용될 수 있다. 이렇게 함으로써 콜백함수 내에서 랜덤한 값을 이용하여 Sleep 함수를 호출하는 것과 같은 코드를 사용하지 않아도 된다.

msWindowLength 매개변수를 이용하면 여러 개의 타이머들을 그룹으로 묶을 수 있는 장점이 있다. 예를 들어 여러 개의 타이머를 사용하고 있고 거의 동일 시간에 타이머에 의해 콜백함수가 호출되는 경우라면 스레드 간의 반복적인 컨텍스트 전환을 피하기 위해 이들을 하나의 그룹으로 묶어서 관리하는 것이 더 좋을 수도 있다. 예를 들어 A 타이머가 5밀리초 후에 콜백함수를 호출하도록 설정되어 있고, B 타이머가 6밀리초 후에 콜백함수를 호출하도록 설정되어 있다고 생각해 보자. 5밀리초가 경과되면 A 타이머에서 지정한 콜백함수를 호출하기 위해 스레드 풀에 대기 중이던 스레드 중 하나가 깨어나게 될 것이고 작업을 완료한 후 스레드 풀로 반환되어 다시 대기 상태로 전환될 것이다. 그러나 거의 반환 시점과 때를 같이 하여 B 타이머에 의해 스레드 풀에 대기 중이던 스레드 중 하나가 깨어나게 될 것이며, 이러한 현상은 계속해서 반복되게 된다. 이러한 스레드간 컨텍스트 전환을 미연에 방지하기 위해서는 수행을 완료한 스레드를 스레드 풀에 반환하지 않고 계속해서 수행될 수 있도록 해 주면 된다. 만일 A 타이머와 B 타이머에 대해 msWindowLength 값을 2로 설정하면 A 타이머는 5밀리초에서 7밀리초 사이에 콜백함수를 호출할 것이고, B 타이머는 6밀리초에서 8밀리초 사이에 콜백함수를 호출할 것이다. 이와 같이 설정하게 되면 단지 하나의 스레드만이 스레드 풀로부터 깨어나서 A 타이머의 콜백함수를 호출한 이후 연이어 B 타이머의 콜백함수를 호출할 수 있게 된다. 이 같은 최적화 방식은 타이머의 설정 주기가 매우 비슷하고 타이머가 콜백함수를 정확한 시간에 호출해 주는 것보다는 스레드를 깨웠다가 다시 대기 상태로 만드는 비용을 줄이는 것이 더 중요한 경우에 유용하게 사용될 수 있다.

타이머에 대한 설정은 한 번 설정한 후에 가능한 한 변경하지 않는 것이 좋다. 하지만 SetThreadpoolTimer를 호출할 때 앞서 사용하였던 타이머의 포인터를 pTimer 매개변수 값으로 하여 pfnDueTime, msPeriod, msWindowLength 매개변수 값을 달리하면 타이머 설정을 변경할 수도 있다. 또한 이 경우 pftDueTime 매개변수로 NULL을 전달할 수도 있는데, 이렇게 하면 타이머는 사용자가 정

역자주1 FILETIME의 dwLowDateTime을 −1로 설정하는 것을 의미한다.

의한 콜백함수를 더 이상 호출하지 않게 된다. 이 같은 방법을 이용하면 타이머 오브젝트 자체를 파괴시키지 않으면서도 타이머를 정지시킬 수 있으며, 주로 콜백함수 내에서 사용되곤 한다.

또한 타이머가 현재 동작 중인지의 여부를 확인(pfnDueTime 값이 NULL이 아닌지의 여부를 확인하는 것을 말한다)하기 위해 IsThreadpoolTimerSet 함수를 호출해 볼 수도 있다.

```
BOOL IsThreadpoolTimerSet(PTP_TIMER pti);
```

마지막으로, 타이머 작업이 완료될 때까지 특정 스레드를 대기시키기 위해 WaitForThreadpoolTimerCallbacks 함수를 이용할 수 있으며, 타이머가 더 이상 필요하지 않은 경우에는 CloseThreadpoolTimer 함수를 호출하여 메모리로부터 타이머를 삭제할 수 있다. 이러한 함수들은 앞서 논의했던 WaitForThreadpoolWork 그리고 CloseThreadpoolWork와 매우 유사하게 동작된다.

1 자동 닫힘 메시지 박스 예제 애플리케이션

자동 닫힘 메시지 박스 예제 애플리케이션(11-TimedMsgBox.exe)은 사용자가 일정 시간 동안 메시지 박스의 버튼을 클릭하지 않을 경우 자동적으로 메시지 박스를 닫는 기능을 스레드 풀 타이머 함수를 이용해서 구현해 본 예제다. 소스 코드와 리소스 파일은 한빛미디어 홈페이지를 통해 제공되는 소스 파일의 11-TimedMsgBox 폴더에 있다.

프로그램을 시작하면 전역변수인 g_nSecLeft 값을 10으로 설정한다. 이 값은 사용자가 메시지 박스에 응답할 수 있는 최대 시간을 초 단위로 나타낸 값이다. CreateThreadpoolTimer 함수를 이용하여 스레드 풀 타이머를 생성하고, SetThreadpoolTimer를 이용하여 MsgBoxTimeout 함수를 1초 이후부터 매 초마다 호출하도록 초기화한다. 초기화가 완료되면 MessageBox 함수를 호출하여 다음과 같은 메시지 박스를 나타낸다.

사용자의 응답을 대기하는 동안 MsgBoxTimeoutCallback 함수는 스레드 풀의 스레드에 의해 1초마다 호출된다. 이 함수는 메시지 박스의 윈도우 핸들을 찾아내고 g_nSecLeft 전역변수 값을 감소시킨 후 메시지 박스 내의 문자열을 갱신한다. MsgBoxTimeoutCallback 함수가 최초로 호출된 이후의 메시지 박스의 모습은 다음과 같다.

MsgBoxTimeoutCallback이 9번째로 호출되면 g_nSecLeft 변수는 1이 되는데, 이때 EndDialog 함수를 호출하여 메시지 박스를 강제로 종료한다. 주 스레드는 MessageBox 함수가 반환되면 CloseThreadpoolTimer를 호출하여 스레드 풀 내의 스레드가 더 이상 MsgBoxTimeoutCallback 함수를 호출할 필요가 없음을 알린다. 그런 다음 또 다른 메시지 박스를 띄워 사용자가 최초 메시지 박스에 대해 지정된 시간 이내에 응답하지 않았음을 알려준다.

만일 사용자가 지정된 시간 이내에 메시지 박스에 대해 응답을 하면 다음과 같은 메시지 박스가 나타난다.

```
/**********************************************************************
Module: TimedMsgBox.cpp
Notices: Copyright (c) 2008 Jeffrey Richter & Christophe Nasarre
**********************************************************************/
#include "..\CommonFiles\CmnHdr.h"           /* 부록A를 보라. */
#include <tchar.h>
#include <StrSafe.h>


//////////////////////////////////////////////////////////////////////


// 메시지 박스의 제목
TCHAR g_szCaption[ 100] ;
```

```
// 얼마나 오랫동안 메시지 박스를 출력할 것인지를 초 단위로 설정
int g_nSecLeft = 0;

// 메시지 박스를 위한 STATIC 윈도우 컨트롤 ID 값
#define ID_MSGBOX_STATIC_TEXT 0x0000ffff

///////////////////////////////////////////////////////////////////

VOID CALLBACK MsgBoxTimeoutCallback(
   PTP_CALLBACK_INSTANCE   pInstance,
   PVOID                   pvContext,
   PTP_TIMER               pTimer
   ) {
   // 주의: 스레드의 경합 상태로 인해 메시지 박스가 만들어지기 전에
   //      메시지 박스 윈도우를 찾아내려고 시도할 수도 있다(매우 드물긴 하지만).
   HWND hwnd = FindWindow(NULL, g_szCaption);

   if (hwnd != NULL) {
      if (g_nSecLeft == 1) {
         // 시간이 만료되었으므로 메시지 박스를 강제 종료한다.
         EndDialog(hwnd, IDOK);
         return;
      }

      // 윈도우가 존재한다; 남은 시간을 갱신한다.
      TCHAR szMsg[100];
      StringCchPrintf(szMsg, _countof(szMsg),
         TEXT("You have %d seconds to respond"), --g_nSecLeft);
      SetDlgItemText(hwnd, ID_MSGBOX_STATIC_TEXT, szMsg);
   } else {

      // 윈도우가 존재하지 않는다; 시간을 갱신할 필요가 없다.
      // 1초 후에 다시 한 번 윈도우를 찾아본다.
   }
}

int WINAPI _tWinMain(HINSTANCE, HINSTANCE, PTSTR, int) {

   _tcscpy_s(g_szCaption, 100, TEXT("Timed Message Box"));

   // 얼마나 오랫동안 사용자의 응답을 대기할 것인지를 초 단위로 설정
   g_nSecLeft = 10;

   // 스레드 풀 타이머 오브젝트 생성
   PTP_TIMER lpTimer =
```

```
        CreateThreadpoolTimer(MsgBoxTimeoutCallback, NULL, NULL);

    if (lpTimer == NULL) {
        TCHAR szMsg[ MAX_PATH] ;
        StringCchPrintf(szMsg, _countof(szMsg),
            TEXT("Impossible to create the timer: %u"), GetLastError());
        MessageBox(NULL, szMsg, TEXT("Error"), MB_OK | MB_ICONERROR);

        return(-1);
    }

    // 1초 후에 타이머를 시작하며 매 1초마다 콜백함수가 호출될 수 있도록 설정한다.
    ULARGE_INTEGER ulRelativeStartTime;
    ulRelativeStartTime.QuadPart = (LONGLONG) -(10000000);   // 1초 후에 시작
    FILETIME ftRelativeStartTime;
    ftRelativeStartTime.dwHighDateTime = ulRelativeStartTime.HighPart;
    ftRelativeStartTime.dwLowDateTime = ulRelativeStartTime.LowPart;
    SetThreadpoolTimer(
        lpTimer,
        &ftRelativeStartTime,
        1000,   // 매 1000밀리초마다 콜백함수가 호출될 수 있도록 설정한다.
        0);

    // 메시지 박스를 출력한다.
    MessageBox(NULL, TEXT("You have 10 seconds to respond"),
        g_szCaption, MB_OK);

    // 타이머를 정리한다.
    CloseThreadpoolTimer(lpTimer);

    // 사용자가 주어진 시간 이내에 응답했는지 여부를 알려준다.
    MessageBox(
        NULL, (g_nSecLeft == 1) ? TEXT("Timeout") : TEXT("User responded"),
        TEXT("Result"), MB_OK);

    return(0);
}

/////////////////////////// 파일의 끝 ///////////////////////////
```

다른 시나리오로 넘어가기 전에 몇몇 추가적인 내용에 대해 알아보기로 하자. 타이머에 특정 주기를 설정하면 매 주기가 돌아올 때마다 작업 항목을 스레드 풀의 큐에 삽입해 준다. 매 10초마다 작업 항목을 삽입하는 타이머를 생성하였다고 하면 사용자가 지정한 콜백함수도 매 10초마다 한 번씩 호출

될 것이다. 스레드 풀 내에 여러 개의 스레드가 존재할 경우, 작업 항목을 처리하는 콜백함수는 동기화 문제를 유발할 가능성이 있다는 사실에 유념해야 한다. 또한 스레드 풀에 높은 부하가 걸리게 되면 작업 항목의 처리가 지연될 수도 있다. 예를 들어 스레드 풀 내에 존재할 수 있는 스레드의 최대 개수를 작은 개수로 설정하는 경우 콜백함수 호출이 지연될 수밖에 없게 된다.

만일 이러한 동작이 마음에 들지 않거나 매우 긴 시간을 요하는 작업 항목이 있을 경우, 이전 콜백함수의 수행이 완료된 이후 10초가 경과한 시점에 새로운 작업 항목을 삽입하고 싶을 수 있다. 이 경우 아래와 같은 방법으로 좀 더 지능적인 타이머를 구성해야 할 것이다.

1. CreateThreadpoolTimer 함수를 호출하는 부분은 변경할 필요가 없다.
2. SetTimerpoolTimer를 호출할 때 msPeriod 매개변수로 0을 전달하여 타임아웃이 단 한 번만 발생하도록 설정한다.
3. 콜백함수가 호출되어 작업이 완료되면 msPeriod 매개변수를 다시 0으로 설정하여 타이머를 재시작한다.
4. 마지막으로, 타이머를 완전히 정리해야 한다면 CloseThreaedpoolTimer를 호출하기 전에 WaitForThreadpoolTimerCallbacks 함수에 마지막 인자 값을 TRUE로 함수를 호출하여 이 타이머에 의해서 스레드 풀 내의 스레드가 추가적으로 수행되지 않도록 해야 한다. 이러한 사실을 잊어버리면 콜백함수 내에서 SetThreadpoolTimer를 호출하는 과정에서 예외가 발생할 것이다.

유일하게 한 번만 시간 만료가 발생하는 타이머가 필요한 경우라면 SetThreadpoolTimer를 호출할 때 msPeriod 매개변수로 0을 전달하고, 콜백함수가 호출되면 반환하기 전에 CloseThreadpoolTimer를 호출하여 타이머를 반드시 정리하도록 하는 것이 좋다.

section 03 시나리오 3: 커널 오브젝트가 시그널되면 함수 호출

마이크로소프트는 상당히 많은 애플리케이션들이 단지 커널 오브젝트가 시그널되기를 기다릴 목적으로 새로운 스레드를 생성하여 사용하고 있음을 발견하였다. 이러한 애플리케이션들은 오브젝트가 시그널 상태가 되면 다른 스레드에게 그 사실을 통지하고 다시 오브젝트가 시그널될 때까지 대기하기를 반복한다. 이와 같은 시나리오는 앞의 배치 예제에서도 적용 가능한 시나리오다. 배치 예제의 경우 실제 작업이 완료되었는지를 확인하기 위한 특수한 작업 항목이 필요하며, 이 작업 항목을 처리하기 위해 콜백함수가 호출되었을 때 앞서 요청한 모든 작업 항목들이 완료되었는지의 여부를 확인하기 위해 특정 이벤트 커널 오브젝트가 시그널될 때까지 대기하도록 할 수 있다. 어떤 개발자들은 여러 개의 스레드가 단일의 오브젝트에 대해 시그널링을 대기하도록 구현하는 경우도 있다. 이러한 방법은 시스템 리소스를 지나치게 낭비하는 결과를 가져온다. 스레드를 생성하는 것이 프로세스를 생성하는 것에 비해 비교적 적은 리소스를 사용하는 것임에는 분명하지만 스레드를 생성하는 것도 완전히 공짜는 아니다. 각각의 스레드는 자신만의 스택을 가져야 하며, 스레드를 생성하고 파괴하는 과정에서 상당량의 CPU 명령을 수행해야만 한다. 따라서 개발자라면 항상 시스템 리소스의 낭비를 최소화할 수 있도록 노력해야 한다.

만일 특정 커널 오브젝트가 시그널될 때 처리되어야 하는 작업 항목을 등록하려 한다면 앞서 설명한 작업 순서를 그대로 따르기만 하면 된다. 먼저 다음과 같은 형태의 콜백함수를 구현해야 한다.

```
VOID CALLBACK WaitCallback(
    PTP_CALLBACK_INSTANCE pInstance,    // 469쪽 "콜백 종료 동작" 절을 보라.
    PVOID Context,
    PTP_WAIT Wait,
    TP_WAIT_RESULT WaitResult);
```

그런 후 CreateThreadpoolWait 함수를 호출하여 스레드 풀 대기 오브젝트^thread pool wait object를 생성한다.

```
PTP_WAIT CreateThreadpoolWait(
    PTP_WAIT_CALLBACK   pfnWaitCallback,
    PVOID               pvContext,
    PTP_CALLBACK_ENVIRON pcbe);    // 471쪽 "스레드 풀 커스터마이징" 절을 보라.
```

이제 준비가 되었으므로 커널 오브젝트와 스레드 풀 대기 오브젝트를 SetThreadpoolWait 함수를 호출하여 연계시킨다.

```
VOID SetThreadpoolWait(
    PTP_WAIT  pWaitItem,
    HANDLE    hObject,
    PFILETIME pftTimeout);
```

pWaitItem 매개변수로는 CreateThreadpoolWait 함수의 반환 값을 전달하면 된다. hObject 매개변수로는 커널 오브젝트를 전달하여 해당 오브젝트가 시그널 상태가 되었을 때 사용자가 정의한 WaitCallback 함수를 호출할 수 있도록 해 준다. pftTimeout 매개변수로는 스레드 풀이 인자로 주어진 커널 오브젝트가 시그널 상태가 될 때까지 얼마만큼의 시간 동안 기다릴 것인지를 결정하는 대기 시간을 전달해 주면 된다. 이 값으로 0을 전달하면 커널 오브젝트가 시그널 상태가 될 때까지 전혀 기다리지 않는다. 음수 값을 전달하면 ^역자주2 함수 호출 시점으로부터의 상대적인 시간을, 양수 값을 전달하면 절대 시간을, NULL을 전달하면 무한 대기를 지정할 수 있다.

역자주2 FILETIME의 dwLowDateTime을 −1로 설정하는 것을 의미한다.

내부적으로 스레드 풀은 WaitForMultipleObjects 함수(9장에서 이야기한 바 있다)를 호출하는 단일의 스레드를 가지고 있어서 SetThreadpoolWait 함수 호출 시마다 인자로 전달된 커널 오브젝트 핸들들을 WaitForMultipleObjects의 인자로 사용하며, bWaitAll 매개변수 값을 FALSE로 유지하여 다수의 커널 오브젝트 중 하나라도 시그널 상태가 되면 스레드가 깨어날 수 있도록 구현하고 있다. WaitForMultipleObjects 함수가 64개(MAXIMUM_WAIT_OBJECTS)의 핸들에 대해서만 대기하는 것이 가능하기 때문에(9장에서 논의한 바와 같이) 스레드 풀 또한 64개의 커널 오브젝트 핸들만을 다룰 수 있는 제약이 있다.

또한 WaitForMultipleObjects를 호출할 때 동일 커널 오브젝트를 동시에 여러 번 사용할 수 없는 제약이 있는 것과 같이 SetThreadpoolWait 또한 동일 커널 오브젝트를 여러 번에 걸쳐 등록할 수 없다. 하지만 DuplicateHandle을 이용하여 핸들을 복사한 뒤, 이전 핸들과 복사된 핸들을 각기 등록하는 것은 가능하다.

커널 오브젝트가 시그널^{signal}되거나 대기 시간이 만료되면 스레드 풀 내의 스레드는 사용자가 정의한 WaitCallback 함수를 호출하게 된다. 대부분의 매개변수는 따로 설명이 필요하지 않을 것으로 보이나 마지막 매개변수에 대해서는 추가적인 설명이 필요할 듯하다. 마지막 매개변수인 WaitResult는 TP_WAIT_RESULT형(DWORD과 동일) 인자로서, 왜 WaitCallback 함수가 호출되었는지에 대한 이유를 나타내는 값이다. [표 11-1]에 WaitResult 매개변수가 가질 수 있는 값을 나타냈다.

[표 11-1] WaitResult 매개변수가 가질 수 있는 값

WaitResult 값	설명
WAIT_OBJECT_0	SetThreadpoolWait 함수에 인자로 전달한 커널 오브젝트가 대기 시간 만료 전에 시그널링되었다.
WAIT_TIMEOUT	SetThreadpoolWait 함수에 인자로 전달한 커널 오브젝트가 대기 시간 내에 시그널링되지 못했다.
WAIT_ABANDONED_0	SetThreadWait 함수의 매개변수로 뮤텍스 커널 오브젝트를 전달하였으며, 이에 대한 뮤텍스 버림이 발생하였다. 361쪽 "버림 문제" 절에서 설명한 바 있다.

스레드 풀의 스레드가 사용자가 정의한 콜백함수를 호출하게 되면 해당 커널 오브젝트 핸들 항목은 비활성화된다. "비활성화"란 동일 커널 오브젝트가 시그널되었을 때 계속해서 콜백함수가 호출되게 하려면 SetThreadpoolWait 함수를 재호출하여 커널 오브젝트 핸들을 다시 등록해야 함을 의미한다. 스레드 풀에 프로세스 커널 오브젝트 핸들을 등록한 경우를 생각해 보자.

프로세스 커널 오브젝트는 한 번 시그널 상태가 되면 영원히 시그널 상태에 머물러 있게 되므로 이러한 핸들을 다시 등록하고 싶지는 않을 것이다. 따라서 SetThreadpoolWait 함수를 호출할 때 다른 커널 오브젝트 핸들을 이용하여 다시 등록하거나 단순히 NULL 값을 전달하여 스레드 풀로부터 해당 핸들을 제거할 수 있다.

마지막으로, WaitForThreadpoolWaitCallbacks 함수를 호출하여 특정 커널 오브젝트가 시그널되어 호출된 콜백함수가 작업을 마치고 반환될 때까지 대기할 수 있으며, CloseThreadpoolWait 함수

를 호출하여 스레드 풀 대기 오브젝트를 삭제할 수 있다. 이 함수들은 앞서 논의한 바 있는 WaitFor-ThreadpoolWork나 CloseThreadpoolWork 함수들과 매우 유사하게 동작한다.

> 사용자가 정의한 콜백 함수 내에서 지금 처리 중인 작업 항목을 인자로 WaitForThreadpoolWork 함수를 호출하게 되면 데드락을 유발하게 되므로 절대 이와 같이 해서는 안 된다. 이러한 데드락 상황은 스레드가 콜백 함수를 벗어나기 전에 블로킹되기 때문에 발생한다. 또한 SetThradpoolWait 함수의 매개변수로 전달하는 커널 오브젝트 핸들은 스레드 풀이 해당 커널 오브젝트를 사용하고 있는 동안에는 절대로 삭제되어서는 안 된다. 마지막으로, 스레드 풀이 대기하고 있는 커널 오브젝트에 대해 PluseEvent와 같은 함수를 호출하여 시그널링을 시도해서는 안 되는데, 이는 PulseEvent를 호출하는 시점에 스레드 풀이 해당 이벤트를 대기하고 있음을 보장할 수 없기 때문이다.

section 04 시나리오 4: 비동기 I/O 요청이 완료되면 함수 호출

10장에서 윈도우의 I/O 컴플리션 포트를 이용하여 비동기 I/O 작업을 효과적으로 수행하는 방법에 대해 알아본 바 있다. 이번 장에서는 I/O 컴플리션 포트를 대기하는 스레드들을 포함하는 스레드 풀을 어떻게 만들 수 있는지에 대해 알아보고자 한다. 다행스럽게도, 앞서 논의하였던 스레드 풀을 이용하면 스레드를 생성하고 파괴하는 것과 같은 작업을 개발자가 직접 수행할 필요가 없다. 또한 내부적으로 생성된 스레드들은 I/O 컴플리션 포트를 사용하기 때문에 파일이나 장치를 열었을 경우에는 파일/장치를 스레드 풀의 I/O 컴플리션 포트와 연계시키고, 비동기 작업을 완료하였을 때 스레드 풀의 스레드가 어떤 함수를 호출할지를 지정하기만 하면 된다.

이를 위해 먼저 다음과 같은 원형을 가진 사용자 함수를 만들어야 한다.

```
VOID CALLBACK OverlappedCompletionRoutine(
    PTP_CALLBACK_INSTANCE pInstance,      // 469쪽 "콜백 종료 동작" 절을 보라.
    PVOID                 pvContext,
    PVOID                 pOverlapped,
    ULONG                 IoResult,
    ULONG_PTR             NumberOfBytesTransferred,
    PTP_IO                pIo);
```

I/O 작업이 완료되면 이 함수가 호출되는데, ReadFile이나 WriteFile과 같이 I/O 작업을 요청할 때 사용하였던 OVERLAPPED 구조체를 가리키는 포인터를 인자로 받아온다. 작업의 수행 결과는 Io-Result 매개변수를 통해 전달된다. 만일 요청하였던 I/O 작업이 성공적으로 수행되었다면 이 매개변수는 NO_ERROR 값을 가지게 될 것이다. 송수신된 바이트 수는 NumberOfBytesTransferred 매

개변수를 통해 전달되며, 스레드 풀의 I/O 오브젝트는 pIo 매개변수를 통해 전달된다. pInstance 매개변수에 대해서는 "11.6 콜백 종료 동작" 절에서 알아볼 것이다.

다음으로, CreateThreadpoolIo를 호출하여 스레드 풀 I/O 오브젝트를 생성해야 한다. 이 함수를 통해 전달하는 파일/장치 핸들 값(이 핸들은 CreateFile 함수를 호출할 때 FILE_FLAG_OVERLAPPED 플래그를 이용하여 생성한 핸들이어야 한다)은 스레드 풀의 내부 I/O 컴플리션 포트와 연계될 것이다.

```
PTP_IO CreateThreadpoolIo(
    HANDLE                hDevice,
    PTP_WIN32_IO_CALLBACK pfnIoCallback,
    PVOID                 pvContext,
    PTP_CALLBACK_ENVIRON  pcbe);     // 471쪽 "스레드 풀 커스터마이징" 절을 보라.
```

이제 모든 준비가 되었으므로 다음 함수를 호출하여 I/O 오브젝트와 스레드 풀의 내부 I/O 컴플리션 포트를 연계시키면 된다.

```
VOID StartThreadpoolIo(PTP_IO pio);
```

ReadFile이나 WriteFile을 호출하기 전에 StartThreadpoolIo를 먼저 호출해야 한다는 점에 주의해야 한다. 또한 I/O 작업을 요청하기 전에 StartThreadpoolIo 함수를 호출하는 과정에서 에러가 발생한다면 OverlappedCompletionRoutine과 같은 원형으로 작성한 사용자 정의 함수는 호출되지 않는다.

I/O 작업을 요청한 이후에 콜백함수가 호출되는 것을 중단하려면 다음 함수를 호출하면 된다.

```
VOID CancelThreadpoolIo(PTP_IO pio);
```

만일 ReadFile이나 WriteFile을 호출하여 I/O 작업을 요청하는 데 실패하면 반드시 CancelThreadpoolIo 함수를 호출해 주어야 한다. 예를 들어 ReadFile이나 WriteFile 함수가 FALSE를 반환하였고, 그때 GetLastError 함수가 ERROR_IO_PENDING이 아닌 다른 값을 반환하면 CancelThreadpoolIo 함수를 반드시 호출해 주어야 한다는 것이다.

파일/장치에 대한 사용을 마치려면 CloseHandle을 호출하여 파일/장치 핸들을 닫고, 핸들과 스레드 풀의 연계성을 끊기 위해 다음 함수를 호출해야 한다.

```
VOID CloseThreadpoolIo(PTP_IO pio);
```

만일 요청된 I/O 작업이 완료될 때까지 다른 스레드가 대기하기를 원한다면 다음 함수를 호출하면 된다.

```
VOID WaitForThreadpoolIoCallbacks(
    PTP_IO pio,
    BOOL bCancelPendingCallbacks);
```

bCancelPendingCallbacks 매개변수로 TRUE를 전달하면 처리가 시작되지 않은 요청들은 모두 취소되며, 이에 대한 완료 통지는 발생하지 않는다. 이는 마치 CancelThreadpoolIo 함수를 호출한 것과 유사하다.

section 05 콜백 종료 동작

스레드 풀은 사용자가 작성한 콜백함수가 반환될 때 반드시 수행해야 하는 작업을 인자를 통해 지정할 수 있어 매우 편리하다. 사용자가 작성한 콜백함수는 그 내용이 공개되지 않은 (PTP_CALLBACK _INSTANCE 자료형의) pInstance 매개변수를 갖는데, 이 값으로 다음에 나열하는 함수들 중 하나를 호출할 수 있다.

```
VOID LeaveCriticalSectionWhenCallbackReturns(
    PTP_CALLBACK_INSTANCE pci, PCRITICAL_SECTION pcs);
VOID ReleaseMutexWhenCallbackReturns(PTP_CALLBACK_INSTANCE pci, HANDLE mut);
VOID ReleaseSemaphoreWhenCallbackReturns(PTP_CALLBACK_INSTANCE pci,
    HANDLE sem, DWORD crel);
VOID SetEventWhenCallbackReturns(PTP_CALLBACK_INSTANCE pci, HANDLE evt);
VOID FreeLibraryWhenCallbackReturns(PTP_CALLBACK_INSTANCE pci, HMODULE mod);
```

pInstance 매개변수는 그 이름이 말해주듯이 스레드 풀 내의 스레드가 현재 처리하고 있는 작업, 타이머, 대기, 또는 I/O의 인스턴스를 대표하는 값이다. [표 11-2]에 위에서 나열한 함수들 각각에 대해 스레드 풀의 종료 동작을 나타냈다.

[표 11-2] 콜백 종료 함수들과 각 함수의 종료 동작

함수	종료 동작
LeaveCriticalSectionWhenCallbackReturns	콜백함수가 반환되면 스레드 풀은 자동적으로 매개변수를 통해 전달된 CRITICAL_SECTION 구조체에 대해 LeaveCriticalSection 함수를 호출한다.
ReleaseMutexWhenCallbackReturns	콜백함수가 반환되면 스레드 풀은 자동적으로 매개변수를 통해 전달된 HANDLE에 대해 ReleaseMutex 함수를 호출한다.
ReleaseSemaphoreWhenCallbackReturns	콜백함수가 반환되면 스레드 풀은 자동적으로 매개변수를 통해 전달된 HANDLE에 대해 ReleaseSemaphore 함수를 호출한다.
SetEventWhenCallbackReturns	콜백함수가 반환되면 스레드 풀은 자동적으로 매개변수를 통해 전달된 HANDLE에 대해 SetEvent 함수를 호출한다.
FreeLibraryWhenCallbackReturns	콜백함수가 반환되면 스레드 풀은 자동적으로 매개변수를 통해 전달된 HMODULE에 대해 FreeLibrary 함수를 호출한다.

처음 4개의 함수는 스레드 풀의 작업 항목이 작업을 완료했음을 다른 스레드에게 통지할 수 있게 해 주며, 마지막 함수인 FreeLibraryWhenCallbackReturns는 콜백함수가 반환된 이후 DLL 파일을 언로드할 수 있도록 해 준다. 이 함수는 특히 콜백함수가 다른 DLL 파일 내에 구현되어 있고, 콜백함 수가 작업을 완료한 후 해당 DLL 파일을 언로드하고 싶을 경우에 매우 유용하게 사용될 수 있다. 왜 냐하면 콜백함수 내부에서는 FreeLibrary를 호출하여 자신을 언로드할 수 없기 때문이다. 만일 이러 한 작업을 수행하면 자신을 프로세스 메모리 공간으로부터 언로드하게 되므로 FreeLibrary가 반환 되자마자 접근 위반^{access violation}이 발생하게 될 것이다.

 각각의 콜백 인스턴스별로 하나의 종료 동작만을 지정할 수 있다. 즉, 콜백함수가 반환될 때 이벤트와 뮤텍스 에 대해 동시에 시그널링을 수행할 수는 없다. 마지막으로 호출된 함수에서 설정한 내용이 이전의 설정 내용을 덮어쓰게 된다.

앞서 알아본 종료 함수와 더불어 pInstance를 사용하는 함수가 두 개 더 있다.

```
BOOL CallbackMayRunLong(PTP_CALLBACK_INSTANCE pci);
VOID DisassociateCurrentThreadFromCallback(PTP_CALLBACK_INSTANCE pci);
```

CallbackMayRunLong 함수는 종료 동작을 지정하는 것은 아니며, 스레드 풀이 항목을 어떻게 처리 해야 할지에 대해 알려주는 역할을 수행한다. 만일 콜백함수가 처리 시간이 오래 걸릴 것으로 예상되 는 경우 CallbackMayRunLong 함수를 호출하는 것이 좋다. 만일 스레드 풀이 새로운 스레드를 생 성하지 못하는 경우라면 오랜 처리 시간이 걸리는 작업으로 인해 스레드 풀에 삽입된 다른 항목이 적 절히 처리되지 못하는 기아 현상^{starvation}이 발생할 수 있다. CallbackMayRunLong 함수가 TRUE를 반환하면 스레드 풀은 큐에 삽입된 항목들을 처리할 수 있는 다른 스레드를 가지고 있음을 의미하며, FALSE를 반환하면 큐에 삽입된 항목들을 처리할 만한 다른 스레드를 가지고 있지 않음을 의미한다. 따라서 이 경우 스레드 풀을 좀 더 효과적으로 운영하기 위해서는 수행 시간이 오래 걸리는 작업을 여러 개의 항목들로 나누고(이렇게 나누어진 항목들을 각각 스레드 풀에 삽입한다), 현재 콜백함수를 호출한 스레드로는 그 중 하나의 항목만을 수행하도록 하는 것이 좋다.

콜백함수 내에서는 상당히 고급 함수라고 할 수 있는 DisassociateCurrentThreadFromCallback 함 수를 호출하여 스레드 풀에게 논리적으로는 이미 작업이 종료되었음을 알려 줄 수 있다. 이렇게 함으로 써 WaitForThreadpoolWorkCallbacks, WaitForThreadpoolTimerCallbacks, WaitForThrea-dpoolWaitCallbacks, WaitForThreadpoolIoCallbacks를 호출하여 콜백함수가 반환되기만을 기 다리던 스레드가 즉각 깨어나도록 할 수 있다.

1 스레드 풀 커스터마이징

CreateThreadpoolWork, CreateThreadpoolTimer, CreateThreadpoolWait, CreateThreadpoolIo와 같은 함수를 호출할 때 PTP_CALLBACK_ENVIRON형의 매개변수를 전달할 수 있다. 대부분의 애플리케이션에서는 이 매개변수로 NULL을 전달하여 기본 설정을 유지하는 것만으로도 프로세스의 기본 스레드 풀에 항목을 추가하는 작업은 정상적으로 잘 수행된다.

하지만 스레드 풀의 기본 구성 정보를 애플리케이션의 특성에 맞추어 적절히 변경하고 싶을 수 있다. 예를 들어 스레드 풀에서 동작하는 스레드의 최소, 최대 개수를 설정하거나 다수의 스레드 풀을 각각 독립적으로 생성, 파괴하고 싶을 수도 있다.

애플리케이션 내에 새로운 스레드 풀을 생성하고 싶다면 CreateThreadpool 함수를 호출하면 된다.

```
PTP_POOL CreateThreadpool(PVOID reserved);
```

현재 reserved 매개변수는 예약되어 있으므로 NULL을 전달해야 한다. 이 매개변수는 다음 버전의 윈도우에서 의미를 가지는 매개변수로 변경될 수 있을 것이다. 이 함수는 새로운 스레드 풀을 참조하는 PTP_POOL 값을 반환한다. 스레드 풀의 최소, 최대 스레드 개수를 설정하기 위해서는 다음 함수들을 호출하면 된다.

```
BOOL SetThreadpoolThreadMinimum(PTP_POOL pThreadPool, DWORD cthrdMin);
BOOL SetThreadpoolThreadMaximum(PTP_POOL pThreadPool, DWORD cthrdMost);
```

스레드 풀은 최소 스레드 개수로 지정된 수만큼의 스레드 개수를 유지할 것이며, 필요에 따라 최대 스레드 개수로 지정된 수까지 스레드의 개수를 증가시킬 수 있다. 기본 스레드 풀은 최소 스레드 개수로 1을, 최대 스레드 개수로 500을 가진다.

아주 드문 경우이긴 하겠지만 특정 작업을 요청하였던 스레드가 종료되었을 때 해당 작업 자체를 수행하지 않고 취소하고자 하는 경우가 있다. RegNotifyChangeKeyValue 함수를 예로 들어 보자. 스레드가 이 함수를 호출할 때에는 이벤트 커널 오브젝트에 대한 핸들을 전달하게 된다. 윈도우는 특정 레지스트리 값이 변경되면 전달된 이벤트 커널 오브젝트를 시그널 상태로 변경한다. 하지만 RegNotifyChangeKeyValue를 호출하였던 스레드가 이미 종료되었다면 윈도우는 이 이벤트를 시그널 상태로 변경할 필요가 없다.

스레드 풀은 수행 효율을 증대시키기 위해 필요한 경우 추가적인 스레드를 생성하거나 파괴할 수 있다. 따라서 스레드 풀 내의 스레드가 RegNotifyChangeKeyValue 함수를 호출한 이후에 파괴될 수도 있으며, 이 경우 윈도우는 더 이상 애플리케이션에게 레지스트리의 값이 변경되었음을 알리지 않게 된다. 이러한 문제를 해결하기 위한 가장 좋은 방법은 RegNotifyChangeKeyValue 함수를 호출하는 스레드를 CreateThread 함수를 호출하여 독립적으로 생성하고, 이 스레드가 파괴되지 않도록 유지하는 것이다. 또 다른 해결책으로는 최소, 최대 스레드 개수를 동일한 값으로 지정하여 스레드 풀 내의 어떤 스레드도 파괴되지 않도록 하는 것이다. 이렇게 되면 RegNotifyChangeKeyValue를 호출한 스레드 풀 내의 어떤 스레드도 종료되지 않을 것이므로 레지스트리의 값이 변경되었음을 항상 알려주게 된다.

커스터마이징을 수행한 스레드 풀이 더 이상 필요하지 않은 경우 CloseThreadpool 함수를 호출하여 스레드 풀을 삭제해야 한다.

```
VOID CloseThreadpool(PTP_POOL pThreadPool);
```

이 함수를 호출하고 나면 스레드 풀에 작업 항목을 더 이상 추가할 수 없다. 작업 항목을 수행 중이던 스레드가 있다면 현재 수행 중인 작업을 완료한 즉시 종료된다. 또한 스레드 풀의 큐에 삽입되었으나 스레드 풀이 삭제될 때까지 시작되지 않았던 작업 항목들은 모두 취소된다.

사용자가 추가적인 스레드 풀을 생성하고 최소, 최대 스레드 개수를 설정한 경우 작업 항목에 적용할 수 있는 추가적인 설정 정보와 환경 정보를 저장하기 위해 콜백 환경을 구성할 수 있다.

WinNT.h 헤더 파일에는 이러한 콜백 환경을 표현하기 위해 다음과 같은 구조체를 정의하고 있다.

```
typedef struct _TP_CALLBACK_ENVIRON {
    TP_VERSION                              Version;
    PTP_POOL                                Pool;
    PTP_CLEANUP_GROUP                       CleanupGroup;
    PTP_CLEANUP_GROUP_CANCEL_CALLBACK CleanupGroupCancelCallback;
    PVOID                                   RaceDll;
    struct _ACTIVATION_CONTEXT             *ActivationContext;
    PTP_SIMPLE_CALLBACK                     FinalizationCallback;
    union {
        DWORD                               Flags;
        struct {
            DWORD                             LongFunction :  1;
            DWORD                             Private      : 31;
        } s;
    } u;
} TP_CALLBACK_ENVIRON, *PTP_CALLBACK_ENVIRON;
```

이러한 자료 구조와 각각의 필드에 대해 직접 그 내용을 변경할 수도 있겠지만 가능한 한 그렇게 하지 않는 것이 좋으며, 이보다는 구조체의 내부 구조가 공개되어 있지 않다고 생각하고 WinBase.h 헤더 파일에서 정의하고 있는 함수들을 이용하여 각 필드들의 값을 변경하는 것이 좀 더 바람직한 방법이다. 먼저 이 구조체가 적절한 초기 값을 가지도록 다음 함수를 호출해야 한다.

```
VOID InitializeThreadpoolEnvironment(PTP_CALLBACK_ENVIRON pcbe);
```

이 인라인 함수는 Version 필드를 1로, 나머지 필드는 모두 0으로 초기화한다. 항상 그랬던 것처럼 스레드 풀의 콜백 환경이 더 이상 필요하지 않게 되면 DestroyThreadpoolEnvironment 함수를 호출하여 적절한 정리 작업을 수행해야 한다.

```
VOID DestroyThreadpoolEnvironment(PTP_CALLBACK_ENVIRON pcbe);
```

사용자가 생성한 스레드 풀에 작업 항목을 삽입하기 위해서는 어떤 스레드 풀에서 작업 항목을 수행할 것인지를 지정할 수 있어야 한다. SetThreadpoolCallbackPool 함수를 이용하면 PTP_POOL형으로 선언된 두 번째 매개변수를 통해(CreateThreadpool 함수의 반환 값) TP_CALLBACK_ENVIRON 구조체 내의 Pool 멤버에 작업 항목을 수행할 스레드 풀을 지정할 수 있다.

```
VOID SetThreadpoolCallbackPool(PTP_CALLBACK_ENVIRON pcbe,
        PTP_POOL pThreadPool);
```

만일 SetThreadpoolCallbackPool 함수를 호출하지 않으면 TP_CALLBACK_ENVIRON 구조체의 Pool 필드는 NULL 값으로 남아 있게 될 것이고, 이는 작업 항목이 프로세스의 기본 스레드 풀에 의해 처리될 것임을 의미하게 된다.

SetThreadpoolCallbackRunsLong 함수를 호출하면 일반적으로 작업 항목이 처리하는 데 오랜 시간이 걸릴 것임을 알려주도록 콜백 환경을 변경한다. 이렇게 되면 스레드 풀은 좀 더 빠른 시간 안에 여러 개의 스레드들을 생성하여 각 작업 항목을 좀 더 효율적으로 서비스할 수 있게 된다.

```
VOID SetThreadpoolCallbackRunsLong(PTP_CALLBACK_ENVIRON pcbe);
```

SetThreadpoolCallbackLibrary 함수를 호출하면 스레드 풀 내에 작업 항목이 존재하는 동안 특정 DLL을 프로세스의 주소 공간에 로드한 상태를 유지하도록 한다.

```
VOID SetThreadpoolCallbackLibrary(PTP_CALLBACK_ENVIRON pcbe, PVOID mod);
```

기본적으로 SetThreadpoolCallbackLibrary 함수는 데드락을 유발할 수 있는 경합 상태를 제거하기 위해 존재하는 함수다. 이는 상당히 고급 기능에 속하는데, 좀 더 자세한 내용은 플랫폼 SDK의 문서를 확인해 보기 바란다.

2 스레드 풀을 우아하게 삭제하는 방법: 삭제 그룹

스레드 풀은 다양한 곳으로부터 삽입되는 작업 항목들을 처리하게 된다. 따라서 삽입된 작업 항목들이 언제 스레드 풀에 의해 처리되었는지를 알아내어 스레드 풀을 우아하게 삭제하기란 여간 어려운 것이 아니다. 스레드 풀을 좀 더 우아하게 삭제하기 위해 스레드 풀은 삭제 그룹^{cleanup group}이라는 기능을 제공한다. 이번 절에서 논의하는 내용은 기본 스레드 풀에 대해서는 적용되는 않는다. 왜냐하면 기본 스레드 풀은 프로세스가 수행되고 있는 동안 계속 유지되며, 윈도우 운영체제가 프로세스를 종료하는 시점에 스레드 풀도 같이 삭제해 주기 때문이다.

앞서 TP_CALLBACK_ENVIRON 구조체의 초기화 방법에 대해 논의할 때, 사용자가 생성한 스레드 풀에 작업 항목을 삽입하기 위해 어떻게 해야 하는지 알아보았다. 사용자가 생성한 스레드 풀을 우아하게 종료하기 위해서는 가장 먼저 CreateThreadpoolCleanupGroup을 호출하여 삭제 그룹을 생성해야 한다.

```
PTP_CLEANUP_GROUP CreateThreadpoolCleanupGroup();
```

그런 다음 이렇게 생성된 삭제 그룹을 특정 스레드 풀 정보가 할당된 TP_CALLBACK_ENVIRON 구조체와 연계하기 위해 다음 함수를 호출한다.

```
VOID SetThreadpoolCallbackCleanupGroup(
    PTP_CALLBACK_ENVIRON pcbe,
    PTP_CLEANUP_GROUP ptpcg,
    PTP_CLEANUP_GROUP_CANCEL_CALLBACK pfng);
```

내부적으로 이 함수는 PTP_CALLBACK_ENVIRON 구조체의 CleanupGroup 필드와 Cleanup-GroupCancelCallback 필드의 값을 설정하게 된다. 이 함수의 pfng 매개변수로는 삭제 그룹이 취소될 때 호출할 콜백함수의 주소를 지정하면 된다. 이 값으로는 NULL을 전달하거나 다음과 같은 원형의 함수를 구현하고 그 주소를 지정하면 된다.

```
VOID CALLBACK CleanupGroupCancelCallback(
    PVOID pvObjectContext,
    PVOID pvCleanupContext);
```

CreateThreadpoolWork, CreateThreadpoolTimer, CreateThreadpoolWait, CreateThreadpoolIo 등의 함수를 호출할 때에는 마지막 매개변수로 NULL 값을 전달하는 대신 PTP_CALLBACK_ENVIRON를 전달할 수 있으며, 이 경우 생성된 작업 항목은 PTP_CALLBACK_ENVIRON이 가리키는 스레드 풀이 속한 삭제 그룹에 삽입되게 된다. 각 작업 항목에 대한 처리가 완료된 후, CloseThreadpoolWork, CloseThreadpoolTimer, CloseThreadpoolWait, CloseThreadpoolIo 함수를 호출하면 내부적으로 해당 삭제 그룹으로부터 작업 항목을 삭제하게 된다.

애플리케이션에서 사용자가 생성한 스레드 풀을 삭제하기 위해서는 다음 함수를 호출하면 된다.

```
VOID CloseThreadpoolCleanupGroupMembers(
    PTP_CLEANUP_GROUP ptpcg,
    BOOL bCancelPendingCallbacks,
    PVOID pvCleanupContext);
```

이 함수는 앞서 설명한 바 있는 WaitForThreadpool* 류의 함수들과 매우 유사하다. 스레드가 CloseThreadpoolCleanupGroupMembers를 호출하면 스레드 풀의 작업 그룹(작업 그룹이란 작업 항목이 생성되었으나 아직 삭제되지 않은 작업을 말한다) 내에 작업 항목이 남아 있는 한 대기하게 된다. 이 함수를 호출할 때 처리되지 않은 작업 항목들을 취소하기 위해서는 bCancelPendingCallbacks 매개변수로 TRUE를 전달하면 되는데, 이 경우 스레드가 현재 수행 중인 작업 항목에 대한 처리를 완료하게 되면 이 함수는 반환하게 된다. bCancelPendingCallbacks 매개변수가 TRUE로 설정되고, SetThreadpoolCallbackCleanupGroup의 pfng 매개변수로 사용자가 정의한 CleanupGroupCancelCallback 함수가 지정되면 이 함수는 매 작업 항목이 취소될 때마다 호출된다. CleanupGroupCancelCallback 함수의 pvObjectContext 매개변수로는 취소될 각 항목을 생성할 당시에 지정하였던 컨텍스트 정보가 전달된다. (이러한 컨텍스트 정보는 CreateThreadpool* 함수의 pvContext 매개변수를 통해 전달된 값이다.) 사용자가 지정한 CleanupGroupCancelCallback 함수의 pvCleanupContext 매개변수로는 CloseThreadpoolCleanupGroupMemebers 함수 호출 시에 전달하였던 pvCleanupContext 매개변수 값이 전달된다.

CloseThreadpoolCleanupGroupMembers 함수를 호출할 때 bCancelPendingCallbacks 매개변수로 FALSE를 전달하면 삽입되었던 모든 작업 항목이 처리되고 나서야 비로소 함수가 반환된다. 이 경우 사용자가 정의한 CleanupGroupCancelCallback 함수는 호출되지 않을 것이기 때문에 pvCleanupContext 매개변수로 NULL 값을 전달할 수 있다.

모든 작업 항목이 취소되거나 처리되고 나면 CloseThreadpoolCleanupGroup 함수를 호출하여 삭제 그룹이 점유하고 있던 리소스를 반납해야 한다.

```
VOID WINAPI CloseThreadpoolCleanupGroup(PTP_CLEANUP_GROUP ptpcg);
```

마지막으로, DestroyThreadpoolEnvironment와 CloseThreadpool 함수를 호출하여 스레드 풀을 우아하게 종료할 수 있다.

Chapter 12

파이버

1. 파이버 사용하기

마이크로소프트는 UNIX 서버 애플리케이션들을 윈도우로 쉽게 포팅할 수 있도록 윈도우에 파이버 fiber를 추가하였다. UNIX 서버 애플리케이션들은 단일 스레드(윈도우에서 정의하고 있는 스레드의 의미) 기반으로 수행되지만 다수의 클라이언트에 서비스를 제공할 수 있도록 제작되었다. UNIX 애플리케이션 개발자들은 윈도우의 스레드와 유사한 형태의 기능을 제공하는 자체적인 라이브러리를 이용하여 이와 같은 기능을 제작한다. 이러한 스레드 라이브러리는 여러 개의 스택을 생성하고, 일부 CPU 레지스터 값을 저장하고, 클라이언트의 요청에 응답하기 위해 이러한 정보들 사이에 전환을 수행한다.

분명한 것은 최적을 성능을 얻기 위해서는 UNIX 애플리케이션을 윈도우로 포팅할 때에는 반드시 재설계해야 한다는 것이다. 스레드 기능을 유사하게 흉내 내는 라이브러리는 윈도우가 제공하는 순수한 스레드 형태로 대체해야 한다. 하지만 이러한 재설계 과정은 수개월 혹은 그 이상 소요되는 작업이기 때문에 많은 회사들은 윈도우 시장에 제품을 신속하게 제공하기 위해 기존의 UNIX 코드를 윈도우에서도 수정 없이 사용하고 싶어 한다.

하지만 UNIX용 코드를 윈도우로 포팅하게 되면 다양한 문제들을 야기할 수 있으며, 특히 스레드와 관련해서는 UNIX에서 사용하는 스레드에 비해 윈도우의 스레드 스택 관리 방법은 단순히 메모리를 할당하는 것 이상의 복잡한 작업들을 수행한다.

윈도우의 스택은 최초에는 상대적으로 적은 물리적 저장소만을 가지도록 초기화되었다가 필요에 따라 그 크기가 증가되는 구조를 가진다. 구체적인 방법에 대해서는 16장 "스레드 스택"에서 다룰 것이다. 또한 UNIX 애플리케이션을 윈도우로 포팅하는 과정은 윈도우가 제공하는 구조적 예외 처리 메커니즘 때문에 상당히 복잡해진다(23장 "종료 처리기", 24장 "예외 처리기와 소프트웨어 예외", 25장 "처리되지 않은 예외, 벡터화된 예외 처리, 그리고 C++ 예외"에서 다룰 것이다).

기존의 UNIX 소프트웨어를 개발한 회사가 좀 더 빠르게 윈도우용으로 자사의 소프트웨어를 포팅할 수 있도록 마이크로소프트는 윈도우에 파이버를 추가하였다. 이 장에서는 파이버에 대한 개념과 파이버를 사용하는 함수들에 대해 알아보고 파이버의 장점을 어떻게 활용할 수 있는지에 대해서도 알아볼 것이다. 반드시 기억해야 하는 것은 윈도우용 애플리케이션을 개발할 때 가장 좋은 설계 방식은 윈도우의 스레드를 이용하도록 설계하는 것이며, 이 경우 파이버는 사용하지 말아야 한다.

section 01 파이버 사용하기

가장 먼저 알아야 할 사실은 스레드가 윈도우 커널 내에 구현되어 있다는 것이다. 윈도우는 스레드에 대한 매우 세세한 부분까지 정확히 알고 있으며, 마이크로소프트에서 정의한 알고리즘을 근간으로 스레드들을 스케줄링한다. 파이버는 유저 모드에서 구현된 코드다. 따라서 윈도우 커널은 파이버에 대한 내용을 전혀 알 수 없으며, 스케줄 방식도 사용자가 정의한 알고리즘을 기반으로 수행되어야 한다. 파이버 간의 스케줄링 알고리즘을 사용자가 정의해야 하기 때문에 파이버는 커널이 관여할 때까지 비선점형 방식으로 파이버 간의 스케줄링을 수행하게 된다.

다음으로 알아두어야 할 것은 단일의 스레드가 하나 혹은 여러 개의 파이버를 가질 수 있다는 것이다. 커널이 관여하기 전까지 스레드는 선점형 방식으로 스케줄링되면서 코드를 수행하게 되는데, 스케줄링된 스레드는 특정 시점에 하나의 파이버만을 수행할 수 있다. (어떠한 파이버를 수행할지는 사용자가 결정하게 된다.) 이러한 개념은 추후 좀 더 명확해질 것이다.

파이버를 이용하기 위해 가장 먼저 해야 하는 작업은 기존의 스레드를 파이버로 변경하는 것이다. 이러한 작업을 수행하기 위해서는 ConvertThreadToFiber 함수를 호출하면 된다.

```
PVOID ConvertThreadToFiber(PVOID pvParam);
```

이 함수는 파이버가 수행되기 위해 반드시 필요한 컨텍스트 정보를 저장할 메모리를 할당한다(약 200 바이트). 이 컨텍스트 정보에는 다음과 같은 내용이 저장된다.

- ConvertThreadToFiber를 호출할 때 전달하는 pvParam 매개변수 값
- 구조적 예외 처리 체인의 가장 앞쪽 정보

- 파이버가 사용할 스택의 최상위와 최하위 주소 정보(스레드를 파이버로 변경하면 기존의 스레드 스택과 동일한 스택이 파이버 스택으로 사용된다.)
- 스택 포인터, 인스트럭션 포인터와 같은 다양한 CPU 레지스터 값

기본적으로 x86 시스템에서 CPU 부동소수점 상태 정보는 파이버 단위로 구성되는 컨텍스트 정보 내에 포함되지 않는다. 따라서 파이버 내에서 부동소수점 연산을 수행하면 부동소수점 연산 관련 레지스터의 값이 손상된다. 이러한 기본 동작을 변경하기 위해서는 ConvertThreadToFiberEx 함수를 호출할 때 dwFlags 매개변수로 FIBER_FLAG_FLOAT_SWITCH 값을 전달해야 한다.

```
PVOID ConvertThreadToFiberEx(
    PVOID pvParam,
    DWORD dwFlags);
```

파이버가 수행되기 위해 필요한 컨텍스트 정보를 저장할 메모리를 할당하고 초기화한 후에는 컨텍스트 주소와 스레드를 연계시켜야 한다. 기존의 스레드가 파이버로 변경되었으므로 변경된 파이버는 이 스레드 상에서 수행된다. ConvertThreadToFiber는 파이버의 수행 컨텍스트의 주소 값을 반환한다. 이 주소는 나중에 다른 용도로 사용될 것이므로 반환된 메모리 주소를 이용하여 직접적으로 수행 컨텍스트의 내용을 읽거나 변경해서는 안 된다. 만일 컨텍스트 정보를 읽거나 변경해야 한다면 파이버 관련 함수들을 이용해야 한다. 파이버(스레드)가 반환되거나 ExitThread 함수를 호출하게 되면 파이버와 스레드는 동시에 종료될 것이다.

동일 스레드에 추가적인 파이버를 생성할 필요가 없다면, 굳이 스레드를 파이버로 변경할 필요가 없을 것이다. 새로운 파이버를 생성하기 위해서는 파이버로 전환된 스레드에서 CreateFiber 함수를 호출하면 된다.

```
PVOID CreateFiber(
    DWORD dwStackSize,
    PFIBER_START_ROUTINE pfnStartAddress,
    PVOID pvParam);
```

이 함수를 호출하면 가장 먼저 dwStackSize 매개변수로 지정된 크기의 새로운 파이버 스택을 생성한다. 일반적으로 이 값으로 0을 전달하게 되는데, 이는 기본 크기의 스택을 만든다는 의미로 1MB까지를 저장할 수 있는 스택을 생성한다. 하지만 이 중에서 단 두 개의 페이지 공간만을 커밋한다. 만일 dwStackSize로 0이 아닌 값을 지정하게 되면 지정된 크기만큼의 메모리를 예약하고 커밋까지 동시에 수행한다. 만일 매우 많은 수의 파이버를 사용해야 할 경우라면 각 파이버별로 스택을 유지하기 위해 많은 메모리를 낭비하고 싶지 않을 것이다. 이 경우 CreateFiber를 사용하는 대신 CreateFiber-Ex 함수를 사용하면 된다.

```
PVOID CreateFiberEx(
    SIZE_T dwStackCommitSize,
    SIZE_T dwStackReserveSize,
    DWORD dwFlags,
    PFIBER_START_ROUTINE pStartAddress,
    PVOID pvParam);
```

dwStackCommitSize 매개변수로는 스택으로 사용할 메모리 공간 중 최초로 커밋할 크기를 지정하고, dwStackReserveSize 매개변수로는 예약할 가상 메모리의 크기를 지정하면 된다. dwFlags 매개변수로 앞서 알아본 FIBER_FLAG_FLOAT_SWITCH 값을 전달하게 되면 파이버 컨텍스트 내에 부동소수점 상태를 저장하도록 할 수 있다. 다른 매개변수들은 CreateFiber와 동일하다.

다음으로, CreateFiber(Ex)는 새로운 파이버 수행 컨텍스트 구조체를 저장할 메모리 공간을 할당하고 그 내용을 초기화한다. 이후 사용자가 pvParam 매개변수를 통해 전달한 값과 새로 생성된 스택의 최상위 및 최하위 주소, 파이버 함수를 가리키는 주소 값(pfnStartAddress 매개변수로 전달되는) 등을 수행 컨텍스트 구조체 내에 저장한다.

pfnStartAddress 매개변수로는 파이버 함수를 가리키는 주소를 전달하면 되는데, 반드시 다음과 같은 원형을 가져야 한다.

```
VOID WINAPI FiberFunc(PVOID pvParam);
```

파이버^{Fiber}가 처음으로 스케줄되면 사용자가 정의한 파이버 함수를 호출하며, pvParam 매개변수로는 CreateFiber를 호출할 때 전달하였던 pvParam 값을 그대로 전달한다. 파이버 함수 내에서는 어떤 작업이라도 수행할 수 있다. 파이버 함수의 반환형이 VOID인 이유는 반환 값이 아무런 의미가 없기 때문이 아니라 이 함수를 절대로 반환하지 말아야 하기 때문이다. 만일 파이버 함수가 반환되면 이 파이버를 수행하던 스레드와 이 스레드에 의해 생성된 모든 파이버가 그 즉시 파괴되어버릴 것이다.

CreateFiber(Ex) 함수는 ConvertThreadToFiber(Ex)와 마찬가지로 파이버의 수행 컨텍스트를 저장할 메모리의 주소를 반환한다. 하지만 ConvertThreadToFiber(Ex)와는 다르게, 새롭게 생성된 파이버는 이미 다른 파이버가 수행 중이기 때문에 생성과 동시에 수행되지는 못한다. 특정 시간에 단일 스레드 상에서 수행될 수 있는 파이버는 오직 하나뿐이다. 다른 파이버를 수행하기 위해서는 현재 수행 중인 파이버에서 SwitchToFiber를 호출해 주어야 한다.

```
VOID SwitchToFiber(PVOID pvFiberExecutionContext);
```

SwitchToFiber는 pvFiberExecutionContext라는 이름의 하나의 매개변수를 취하는데, 이 매개변수로는 앞서 ConvertThreadToFiber(Ex) 함수나 CreateFilber(Ex) 함수가 반환한 파이버 수행 컨텍스트의 주소를 전달하면 된다. 내부적으로 SwitchToFiber는 다음과 같은 작업을 수행한다.

1. 현재의 CPU 레지스터 중 인스트럭션 포인터 ^{instruction pointer} 레지스터와 스택 포인터 ^{stack pointer} 레지스터를 포함한 몇몇 레지스터 값을 자신의 파이버 수행 컨텍스트에 저장한다.

2. 수행을 재개할 파이버의 수행 컨텍스트 내에 저장되어 있는 레지스터 값을 CPU의 레지스터로 읽어 들인다. 이러한 레지스터 값들 중에는 스택 포인터도 포함되어 있으며, 이 값은 스레드의 수행을 재개 하기 위해 사용된다.

3. 수행을 재개할 파이버의 수행 컨텍스트를 현재 스레드와 연계시킨다. 이를 통해 스레드가 이 파이버 를 수행할 수 있게 된다.

4. 수행을 재개할 파이버의 컨텍스트 내에 저장된 인스트럭션 포인터 레지스터 값을 스레드의 인스트럭 션 포인터 레지스터로 읽어 들인다. 이제 스레드(파이버)는 이 파이버가 이전에 마지막으로 수행하였 던 위치부터 수행을 재개하게 된다.

SwitchToFiber 함수를 통해서만 파이버에게 CPU 시간을 할당할 수 있다. 따라서 사용자 코드 내에 서 적당한 시간에 SwitchToFiber를 호출해야만 다른 파이버를 스케줄링할 수 있으며, 이는 사용자가 파이버 스케줄에 대한 완벽한 제어권을 확보하고 있는 것으로 볼 수 있다. 파이버 스케줄링은 스레드 스케줄링에 대해서는 아무런 영향도 미치지 않음을 기억해야 한다. 스레드가 스케줄되어야만 비로소 선택된 파이버가 수행되며, 수행 중인 파이버는 SwitchToFiber를 명시적으로 호출해야만 다른 파이 버가 수행된다.

파이버를 파괴하기 위해서는 DeleteFiber를 호출하면 된다.

```
VOID DeleteFiber(PVOID pvFiberExecutionContext);
```

이 함수는 pvFiberExecutionContext 매개변수가 가리키는 파이버를 삭제하는데, 이 값으로는 삭제 하고자 하는 파이버의 수행 컨텍스트를 가리키는 주소 값을 전달하면 된다. 이 함수는 파이버 스택으로 사용하던 메모리를 삭제하고, 파이버 수행 컨텍스트를 파괴한다. 만일 현재 수행 중인 파이버의 수행 컨텍스트를 전달하게 되면, 내부적으로 이 스레드가 생성한 모든 파이버를 파괴하고 ExitThread를 호출하여 스레드를 종료한다.

DeleteFiber는 하나의 파이버가 다른 파이버를 삭제하고자 할 때 주로 사용된다. 이 함수를 호출하면 삭제하고자 하는 파이버의 스택과 수행 컨텍스트를 삭제한다. 여기서 파이버와 스레드의 차이점에 대해 주목할 필요가 있다. 스레드는 보통 자신을 종료하기 위해 ExitThread를 호출한다. TerminateTh-read 함수를 호출하여 다른 스레드를 종료하는 것은 좋지 않은 방법이다. 만일 TerminateThread 함 수를 호출하였다면 시스템은 종료되는 스레드가 사용하였던 스택을 삭제하지 못한다. 하지만 특정 파 이버가 다른 파이버를 삭제하는 경우에는 깔끔하게 파이버를 삭제할 수 있다(이에 대해서는 이번 장의 후반부에서 간단한 예제를 통해 설명할 것이다). 모든 파이버가 삭제되면 ConvertThreadToFiber(Ex) 를 호출하여 파이버로 전환하였던 스레드를 다시 스레드로 돌려놓기 위해 ConvertFiberToThread 함 수를 호출할 수 있으며, 이를 통해 파이버가 사용하던 마지막 메모리까지 모두 삭제하게 된다.

만일 각 파이버별로 어떤 정보를 저장하고 싶다면 파이버 지역 저장소^{Fiber Local Storage}를 이용하면 되는데, 이를 위해 FLS 함수들을 사용하면 된다. 이러한 함수들은 TLS 함수들(6장 "스레드의 기본"에서 알아보았던)이 스레드에 대해 수행하는 작업과 완전히 동일한 작업을 파이버에 대해 수행한다. 가장 먼저 FlsAlloc 함수를 호출하여 현재 프로세스에서 수행 중인 모든 파이버가 사용할 수 있는 FLS 슬롯을 할당한다. 이 함수는 파이버가 파괴되거나 FlsFree 함수를 호출하여 특정 FLS 슬롯이 삭제될 때 호출되는 콜백함수를 단일 인자로 취한다. 파이버별로 데이터를 저장하려면 FlsSetValue 함수를 호출하면 되고, 파이버별 데이터를 가져오려면 FlsGetValue 함수를 호출하면 된다. 만일 스레드가 현재 파이버를 수행 중인지의 여부를 확인하고 싶다면 IsThreadAFiber의 부울 반환 값을 확인하면 된다.

윈도우는 개발자의 편의를 위해 몇몇 파이버 함수들을 추가로 제공한다. 스레드는 특정 시간에 단일의 파이버만을 수행할 수 있으며, 운영체제는 지금 어떤 파이버가 스레드에 의해 수행되고 있는지를 알고 있다. 만일 현재 수행 중인 파이버의 수행 컨텍스트 주소를 알고 싶다면 GetCurrentFiber 함수를 호출하면 된다.

```
PVOID GetCurrentFiber();
```

또 다른 함수로는 GetFiberData 함수가 있다.

```
PVOID GetFiberData();
```

앞서 설명한 것과 같이 각각의 파이버 수행 컨텍스트는 사용자 정의 값을 저장하고 있으며, 이 값은 ConvertThreadToFiber(Ex)나 CreateFiber(Ex) 함수를 호출할 때 매개변수로 전달하는 pvParam에 의해 설정된다. 이 값은 파이버 함수의 매개변수로 전달되기도 하는데, GetFiberData 함수를 사용하여 현재 수행 중인 파이버의 수행 컨텍스트로부터 그 값을 가져올 수 있다.

GetCurrentFiber와 GetFiberData는 매우 빠르게 수행되고, 컴파일러가 이러한 함수들을 인라인 함수로 생성하기 때문에 마치 내장함수^{intrinsic function}인 것처럼 동작한다.

1 카운터 예제 애플리케이션

카운터 애플리케이션(12-Counter.exe)을 수행하면 [그림 12-1]과 같은 다이얼로그 박스가 나타난다. 이 애플리케이션은 백그라운드로 파이버를 이용하여 특정 작업을 수행한다. (애플리케이션을 수행해 보는 것은 애플리케이션이 실제로 어떻게 동작하는지를 확인하고, 앞서 읽었던 내용이 설명과 같이 동작하는지의 여부를 확인해 보기 위한 과정으로 생각하기 바란다.)

이 애플리케이션을 두 개의 셀을 가진 소형 표 계산 프로그램으로 생각할 수도 있을 것이다. 첫 번째 셀은 (Count To라는 이름의) 에디트 컨트롤로 구현되어 값을 쓸 수 있는 셀이고, 두 번째 셀은 (Answer라는 이름의) 스태틱 컨트롤로 구현되어 읽기만 수행할 수 있는 셀이다. 에디트 컨트롤의 내용을 변경하면 Answer 셀의 값이 자동으로 재계산된다. 이 예제에서 재계산 과정이란 단순히 0부터 에디트 컨트롤에 입력한 값이 될 때까지 그 값을 천천히 증가시키는 절차를 의미한다. 데모의 목적을 살리기 위해 다이얼로그 박스 하단에 파이버의 현재 수행 상태를 나타냈다. 파이버는 유저 인터페이스^{user interface} 파이버가 되거나 재계산^{recalculation} 파이버가 될 수 있다.

[그림 12-1] 카운터 애플리케이션의 다이얼로그 박스

테스트를 위해 에디트 컨트롤에 5를 입력해 보라. 다이얼로그 박스 하단의 Currently running fiber 값은 Recalculation으로 변경되고, Answer 필드의 값이 0부터 5까지 서서히 증가할 것이다. 재계산 과정이 끝나면 Currently Running Fiber 값은 User Interface로 다시 변경되고, 스레드는 대기 상태가 된다. 이제 에디트 컨트롤에 0을 추가하여(50으로 만든다) 0부터 50까지 재계산이 진행되는지 확인해 보라. Answer 필드 값이 증가되는 동안, 화면 상에서 다이얼로그 박스를 이리저리 움직여보라. 이때 재계산을 수행하던 파이버가 애플리케이션의 유저 인터페이스를 처리하는 유저 인터페이스 파이버에 의해 중단되는 것을 확인하기 바란다. 윈도우를 이리저리 움직이는 과정을 멈추면 재계산 파이버가 다시 스케줄되고, Answer 필드의 값이 계속해서 증가됨을 확인할 수 있을 것이다.

마지막으로, 재계산 파이버가 재계산을 수행하는 동안 에디트 컨트롤의 값을 변경해 보기 바란다. 다시 말하지만, 유저 인터페이스를 처리하는 파이버는 사용자 입력을 처리해야 한다. 사용자가 입력을 멈추는 순간 재계산 파이버가 스케줄되어 재계산 과정을 수행하게 된다. 이러한 동작 방식은 상용 표 계산 프로그램에서의 동작 방식과 매우 흡사하다.

이 프로그램은 크리티컬 섹션이나 다른 스레드 동기화 오브젝트를 전혀 사용하지 않고 있다. 모든 동작은 두 개의 파이버를 수행하는 단일의 스레드를 이용하여 수행된다.

이 애플리케이션이 어떻게 구현되었는지 살펴보자. 애플리케이션의 주 스레드는 _tWinMain(소스의 가장 마지막 부분에 있는)을 수행함으로써 시작된다. CovertThreadToFiber를 호출하여 스레드를 파이버로 변경하고, 추가적으로 파이버를 생성한다. 이후 애플리케이션의 주 윈도우를 구성하는 모델리스^{modeless} 다이얼로그 박스를 생성하고, 백그라운드 처리 상태^{background processing state}(BPS)를 표현하기 위한 변수를 초기화한다. 이러한 상태 정보는 g_FiberInfo 전역변수의 bps 멤버에 기록된다. 이 변수는 3가지 상태 값을 가질 수 있는데, 이에 대해서는 [표 12-1]에 나타냈다.

백그라운드 처리 상태를 나타내는 이 변수는 스레드의 메시지 루프 내에서 사용되는데, 예제 애플리케이션의 메시지 루프는 일반적인 메시지 루프에 비해 조금 복잡하게 구현되어 있다. 아래에 메시지 루프 내에서 수행하는 작업을 나타내 보았다.

- 만일 윈도우 메시지가 메시지 큐에 존재하면(사용자 인터페이스가 동작 중이면) 해당 메시지를 처리한다. 사용자 인터페이스에 대해 응답하는 작업은 항상 값에 대한 재계산보다 높은 우선순위로 수행된다.
- 만약 사용자 인터페이스에 대해 수행할 작업이 없다면, 재계산을 수행할 필요가 있는지 확인한다. (백그라운드 처리 상태가 BPS_STARTOVER이거나 BPS_CONTINUE인지 확인)
- 만일 재계산을 수행할 필요가 없다면(BPS_DONE) WaitMessage를 호출하여 스레드를 일시 정지시킨다. 생각해 보면, 사용자 인터페이스에 대한 메시지 처리 없이 재계산 작업이 단독으로 수행되는 경우는 없다는 것을 알 수 있다.
- 다이얼로그 박스가 닫히면 DeleteFiber를 호출하여 재계산을 위한 파이버를 삭제하고, ConvertFiberToThread를 호출하여 사용자 인터페이스를 담당하던 파이버를 삭제한다. _tWinMain을 빠져나오기 전에 파이버는 스레드로 변경된다.

[표 12-1] 카운터 애플리케이션의 상태 값과 설명

상태 값	설명
BPS_DONE	재계산 작업이 완료되었으며, 사용자는 재계산을 필요로 하는 어떠한 변경 작업도 수행하지 않았다.
BPS_STARTOVER	사용자가 재계산을 수행해야 하는 변경 작업을 수행했다.
BPS_CONTINUE	재계산 작업이 이전에 시작되었으나 끝나지 않았다. 또한 사용자는 재계산을 수행해야 하는 어떠한 변경 작업도 수행하지 않았다.

만일 사용자 인터페이스를 처리하는 파이버가 수행할 작업이 없는 상태에서 사용자가 에디트 컨트롤의 값을 변경하게 되면 재계산을 수행하게 된다(BPS_STARTOVER). 이를 위해 가장 먼저 해야 할 작업은 이전에 재계산을 수행하는 파이버가 존재하는지의 여부를 확인하는 것이다. 만일 그러한 파이버가 존재한다면 해당 파이버를 삭제하고 새로운 파이버를 생성하여 재계산을 수행한다. 사용자 인터페이스를 처리하는 파이버는 DeleteFiber를 호출하여 재계산을 수행하는 파이버를 삭제한다. 여기서 파이버의 편리성(스레드와는 반대되는)을 발견할 수 있다. 재계산을 수행하는 파이버를 삭제하는 작업은 완벽하게 수행될 수 있기 때문에, 파이버가 사용하는 스택과 수행 컨텍스트 등은 완전하게 정리되고 삭제된다. 만일 파이버 대신 스레드를 사용하였다면 사용자 인터페이스를 담당하던 스레드는 재계산을 수행하는 스레드를 완벽하게 제거하지 못한다. 스레드를 완벽하게 제거하기 위해서는 스레드간 통신 방법을 고려해야 하고, 재계산 스레드가 완전히 종료될 때까지 기다리는 작업을 수행해야만 한다. 만일 재계산을 수행하는 스레드가 없다면 유저 인터페이스 스레드를 파이버 모드로 전환해야 한다. 이후 새로운 재계산 파이버를 생성하고, 백그라운드 처리 상태를 BPS_CONTINUE로 설정한다.

사용자 인터페이스가 유휴 상태이고 재계산을 수행하는 파이버가 수행해야 할 작업을 가지고 있다면 SwitchToFiber를 호출하여 파이버가 수행될 수 있도록 한다. SwitchToFiber를 호출하여 재계산을 수행하는 파이버가 스케줄되면, 사용자 인터페이스를 처리하는 파이버의 수행 컨텍스트를 인자로 하여 SwitchToFiber를 호출하기 전까지는 재계산을 위한 파이버는 반환되지 않는다.

FiberFunc 함수는 재계산을 수행할 파이버가 수행할 코드를 구현하고 있다. 파이버 함수는 전역변수인 g_FiberInfo 구조체의 주소를 전달받도록 구현되어 있는데, 이를 통해 다이얼로그 박스의 핸들, 사용자 인터페이스를 처리하는 파이버의 수행 컨텍스트, 그리고 현재 백그라운드 처리 상태에 접근할 수 있다. 사실 이러한 구조체는 전역변수로 선언되어 있기 때문에 굳이 인자로 전달될 필요가 없다. 하지만 파이버 함수의 인자를 통해 어떻게 값을 전달하는지를 보여주기 위해 이러한 방식을 사용하였다. 이처럼 구조체의 주소를 인자로 전달하는 방식을 사용함으로써 코드의 상호 의존도를 좀 더 줄일 수 있는데, 이는 좋은 코딩 습관이라 할 수 있다.

재계산을 수행하는 파이버 함수는 가장 먼저 재계산이 수행되고 있음을 알리기 위해 다이얼로그 박스의 상태 정보를 갱신한다. 이후 에디트 컨트롤로부터 값을 가져와서 0부터 가져온 숫자까지 반복하는 루프를 수행한다. 매회 루프를 반복할 때마다 값은 1씩 증가된다. GetQueueStatus 함수는 스레드의 메시지 큐에 삽입된 메시지가 있는지를 확인하기 위해 호출된다. (모든 파이버들은 단일의 스레드를 사용하고 있으므로 스레드의 메시지 큐를 공유한다.) 만일 메시지가 메시지 큐에 존재하면, 사용자 인터페이스 파이버가 처리해야 할 작업이 있는 것이다. 사용자 인터페이스를 처리하는 파이버가 재계산을 수행하는 파이버보다 높은 우선순위로 동작되기를 원하기 때문에 SwitchToFiber를 호출하여 사용자 인터페이스 파이버가 메시지 큐에 삽입된 메시지를 처리할 수 있도록 해 준다. 메시지에 대한 처리가 종료되면 사용자 인터페이스를 처리하는 파이버는 재계산을 수행하는 파이버를 다시 스케줄하여(앞서 설명한 것처럼) 백그라운드 처리를 계속한다.

처리할 메시지가 없다면 재계산을 수행하는 파이버는 다이얼로그 박스의 Answer 필드를 갱신하고 200밀리초 동안 잠시 멈춤을 수행한다. 실제로 상용 제품을 개발하는 경우라면 Sleep 함수를 호출하는 코드는 제거되어야 할 것이다. 여기에 이러한 코드를 포함시킨 이유는 재계산을 수행하는 데 이 정도의 시간이 소요될 수도 있다는 것을 나타내기 위함이다.

재계산을 수행하는 파이버가 작업을 모두 마치면 백그라운드 처리 상태를 나타내는 변수 값을 BPS_DONE으로 변경하고, SwitchToFiber를 호출하여 사용자 인터페이스를 처리하는 파이버를 스케줄링한다. 이제 재계산을 수행하는 파이버는 삭제되고, 유저 인터페이스를 처리하는 파이버는 스레드로 변경된다. 사용자 인터페이스 스레드는 더 이상 수행할 작업이 없으므로 CPU 시간을 낭비하지 않도록 WaitMessage 함수를 호출하여 스레드를 대기 상태로 변경한다.

각각의 파이버는 FLS 슬롯에 각기 독립된 문자열("UI Fiber" 혹은 "Computation")을 저장하고 있다. 이 문자열은 파이버가 새로 시작되거나 스레드가 파이버로 전환될 때 로그를 남기기 위해 사용된다. 로그를 남기는 함수 내에서는 IsThreadAFiber 함수를 호출하여 FLS 슬롯을 사용해야 할지 여부를 판단하게 된다.

메모리 관리

윈도우 메모리의 구조

운영체제가 사용하는 메모리의 구조를 이해하는 것은 운영체제가 어떻게 동작하고, 무엇을 수행하는지를 이해하는 핵심이 된다. 새로운 운영체제를 이용하다보면 운영체제와 관련된 수많은 궁금증이 생기곤 하는데, 이 중 몇 가지 예를 들어 보면 "두 개의 애플리케이션 사이에 어떻게 자료를 공유할 수 있을까?", "시스템은 내가 찾고자 하는 정보를 어디에 저장하고 있을까?", "어떻게 하면 좀 더 효율적으로 수행되는 프로그램을 만들 수 있을까?"와 같은 질문들일 것이다.

시스템이 메모리를 어떻게 다루는지를 정확히 이해한다면 이러한 질문들에 대해 좀 더 빠르고 정확하게 답변을 얻을 수 있다. 이번 장에서는 마이크로소프트 윈도우가 메모리를 어떻게 사용하는지에 대해 살펴보고자 한다.

section 01 프로세스의 가상 주소 공간

모든 프로세스는 자신만의 가상 주소 공간을 가지고 있다. 32비트 프로세스는 32비트 포인터를 이용하여 0x00000000부터 0xFFFFFFFF까지 표현할 수 있기 때문에 4GB의 주소 공간을 가진다. 이는 32비트 프로세스의 포인터가 4GB의 범위를 나타내는 4,294,967,296개의 메모리 공간 중 하나를 가리킬 수 있다는 의미이다. 64비트 프로세스는 64비트 포인터가 0x00000000'00000000부터

0xFFFFFFFF' FFFFFFFF까지의 값을 가질 수 있으므로 16EB(엑사바이트)의 주소 공간을 가진다. 이는 64비트 프로세스의 포인터가 16EB의 범위를 나타내는 18,446,744,073,709,551,616개의 메모리 공간 중 하나를 가리킬 수 있다는 의미이다. 이것은 엄청나게 큰 범위다!

모든 프로세스들은 자신만의 주소 공간을 가지기 때문에 특정 프로세스 내에서 스레드가 수행될 때 해당 스레드는 프로세스가 소유하고 있는 메모리에 대해서만 접근이 가능하다. 다른 프로세스에 의해 소유된 메모리는 숨겨져 있으며 접근이 불가능하다.

 윈도우에서는 운영체제 자체가 소유하고 있는 메모리 또한 수행 중인 다른 프로세스의 스레드로부터 숨겨져 있다. 이는 수행 중인 스레드가 운영체제의 데이터에 접근하는 것이 불가능하다는 것을 의미한다.

앞서 말한 바와 같이 모든 프로세스는 자신만의 고유한 주소 공간private address space을 가진다. A 프로세스가 0x12345678 주소 공간에 데이터를 저장하고 있는 경우에도, B 프로세스는 완전히 다른 데이터를 동일 주소 공간인 0x12345678에 저장할 수 있다. A 프로세스에서 수행되는 스레드가 0x12345678 주소로부터 데이터를 가져오면 이는 A 프로세스가 사용하는 데이터를 가져오게 될 것이고, B 프로세스에서 수행되는 스레드가 0x12345678 주소로부터 데이터를 가져오면 이는 B 프로세스의 데이터를 가져오게 될 것이다. A 프로세스에서 수행되는 스레드는 B 프로세스의 주소 공간에 있는 데이터에 접근할 수 없으며, 그 반대의 경우도 마찬가지다.

애플리케이션이 이처럼 넓은 주소 공간을 가지고 있다는 사실에 흥분하기 전에, 이 주소 공간이 물리적인 저장소가 아닌 가상의 주소 공간이라는 사실을 기억해야 한다. 주소 공간이란 단순히 메모리의 위치를 지정할 수 있는 범위를 나타내는 값이다. 애플리케이션에서 접근 예외를 유발하지 않고 성공적으로 데이터에 접근하기 위해서는 접근하고자 하는 주소 공간에 물리적 저장소가 할당되거나 매핑되어 있어야만 한다. 이번 장을 통해 어떻게 이러한 작업을 수행할 수 있는지 알아보게 될 것이다.

section 02 가상 주소 공간의 분할

각 프로세스의 가상 주소 공간은 분할되어 있으며, 각각의 분할 공간을 파티션partition이라고 한다. 주소 공간의 분할 방식은 운영체제의 구현 방식에 따라 서로 다를 수 있으며, 윈도우 계열에서도 커널이 달라지면 조금씩 그 구조가 달라지곤 한다. [표 13-1]에 각 플랫폼별로 프로세스의 주소 공간이 어떻게 분할되어 있는지를 나타냈다.

아래 표에서 확인할 수 있는 것처럼 32비트 윈도우 커널과 64비트 윈도우 커널은 매우 유사한 파티션 구조를 가지고 있다. 차이점이 있다면 각 파티션의 크기와 위치가 다를 뿐이다. 시스템이 각각의 파티션들을 어떻게 사용하는지 알아보도록 하자.

[표 13-1] 프로세스 주소 공간의 분할

파티션	x86 32비트 윈도우	x86 32비트 윈도우, 3GB 유저 모드	x86 64비트 윈도우	IA-64 64비트 윈도우
NULL 포인터 할당	0x00000000 0x0000FFFF	0x00000000 0x0000FFFF	0x00000000' 00000000 0x00000000' 0000FFFF	0x00000000' 00000000 0x00000000' 0000FFFF
유저 모드	0x00010000 0X7FFEFFFF	0x00010000 0xBFFEFFFF	0x00000000' 00010000 0x000007FF' FFFEFFFF	0x00000000' 00010000 0x000006FB' FFFEFFFF
64KB 접근 금지	0x7FFF0000 0X7FFFFFFF	0xBFFF0000 0xBFFFFFFF	0x000007FF' FFFF0000 0x000007FF' FFFFFFFF	0x000006FB' FFFF0000 0x000006FB' FFFFFFFF
커널 모드	0x80000000 0xFFFFFFFF	0xC0000000 0xFFFFFFFF	0x00000800' 00000000 0xFFFFFFFF' FFFFFFFF	0x000006FC' 00000000 0xFFFFFFFF' FFFFFFFF

1 널 포인터 할당 파티션

0x00000000부터 0x0000FFFF까지의 프로세스 주소 공간 파티션은 프로그래머가 NULL 포인터 할당 연산을 수행할 경우를 대비하기 위해 준비된 영역이다. 만일 프로세스의 특정 스레드가 이 파티션에 대해 읽거나 쓰기를 시도하게 되면 접근 위반access violation이 발생한다.

C/C++로 개발한 프로그램의 경우 세심하게 에러를 확인하지 않는 경우가 종종 있다. 예를 들어 다음 코드는 어떠한 에러 확인도 수행하지 않고 있다.

```
int* pnSomeInteger = (int*) malloc(sizeof(int));
*pnSomeInteger = 5;
```

malloc 함수는 요청한 크기의 메모리를 할당할 수 없는 경우 NULL을 반환하게 된다. 그런데 위 코드는 이러한 가능성에 대해 전혀 대비하지 않고 있다. 개발자는 메모리 할당이 항상 성공적으로 이루어질 것으로 가정했을 것이며, 이에 따라 자칫 메모리 할당이 불가능할 경우 0x00000000 주소에 접근하게 된다. 주소 공간 중 이 파티션은 접근 불가 영역에 해당하므로 메모리 접근 위반access violation이 발생하고, 프로세스는 종료된다. 이러한 기능은 개발자가 애플리케이션의 버그를 좀 더 쉽게 찾을 수 있도록 해 준다. Win32 애플리케이션 프로그래밍 인터페이스(API)의 함수들은 이 파티션에 대해서는 예약reserve조차도 허용하지 않는다.

2 유저 모드 파티션

이 파티션은 프로세스의 주소 공간 내에서 활용될 수 있는 파티션이다. 유저 모드 파티션의 범위와 대략적인 크기는 [표 13-2]에서 볼 수 있는 바와 같이 CPU의 아키텍처에 따라 서로 다르다.

[표 13-2] CPU 아키텍처별 사용 가능한 유저 모드 파티션의 주소 범위와 그 크기

CPU 아키텍처	사용 가능한 유저 모드 파티션의 주소 범위	사용 가능한 유저 모드 파티션의 크기
x86(보통)	0x00010000 ~ 0x7FFEFFFF	~2GB
x86 w/3GB	0x00010000 ~ 0xBFFFFFFF	~3GB
x64	0x00000000'00010000 ~ 0x000007FF' FFFEFFFF	~8192GB
IA-64	0x00000000'00010000 ~ 0x000006FB' FFFEFFFF	~7152GB

프로세스는 다른 프로세스가 사용하는 유저 모드 파티션을 가리키는 포인터를 사용할 수 없으며, 이를 통한 읽기, 쓰기도 불가능하다. 이 파티션은 모든 애플리케이션에 대해 프로세스가 유지해야 하는 대부분의 데이터가 저장되는 영역이기도 하다. 각각의 프로세스는 데이터 저장을 위한 자신만의 파티션을 가지기 때문에 다른 프로세스의 영향으로 인해 데이터가 소실될 가능성은 거의 없으며, 이러한 특성은 시스템을 좀 더 안정적으로 동작할 수 있도록 해 준다.

 윈도우에서 모든 .exe와 다이내믹 링크 라이브러리(DLL) 모듈은 이 파티션에 로드된다. 동일한 DLL을 서로 다른 프로세스가 로드하는 경우 이 파티션의 서로 다른 주소로 로드될 수 있다(비록 가능성이 매우 낮기는 하지만). 또한 시스템은 모든 메모리 맵 파일에 대해 이 파티션으로 매핑을 수행한다.

32비트 프로세스 주소 공간의 분할 구성을 처음으로 보았을 때 프로세스의 주소 공간 중 채 절반이 되지 않는 공간만을 사용할 수 있다는 점에 상당히 놀랐었다. 커널 모드에서 사용하는 파티션으로 정말 주소 공간의 절반이나 필요한 것일까? 답은 '그렇다'이다. 시스템은 이 파티션을 커널 코드, 디바이스 드라이버 코드, 장치 I/O 캐시 버퍼, 논페이지 풀 할당nonpaged pool allocation, 프로세스 페이지 테이블process page table 등을 저장하기 위해 사용한다. 실제로 마이크로소프트는 커널을 2GB 공간에 겨우 집어넣을 수 있었다. 64비트 윈도우가 되어서야 드디어 커널이 정말로 필요한 만큼의 여유 공간을 얻었다고 할 수 있다.

x86 윈도우에서 더 큰 유저 모드 파티션 획득하기

마이크로소프트 SQL 서버와 같은 몇몇 애플리케이션들은 더 많은 데이터를 유저 모드 파티션에 로드함으로써 성능과 확장성을 개선할 수 있다. 따라서 2GB 이상의 유저 모드 파티션을 확보할 수 있으면 상당한 도움이 된다. 이러한 점에 착안하여 x86 버전의 윈도우는 유저 모드 파티션을 최대 3GB로 확장할 수 있는 방법을 제공하고 있다. 모든 프로세스들이 2GB 이상의 유저 모드 파티션과 2GB 이하의 커널 모드 파티션을 가지도록 하고 싶다면 부트 구성 데이터boot configuration data(BCD)를 변경한 후 시스템을 재시작하면 된다. (BCD에 대한 좀 더 자세한 사항을 알고 싶다면 *http://www.microsoft.com/whdc/system/platform/firmware/bcd.mspx*의 문서를 읽어보기 바란다.)

BCD의 구성을 변경하기 위해서는 BCDEdit.exe를 수행할 때 /set 스위치와 IncreaseUserVa 매개

변수를 사용하면 된다. 예를 들어 bcdedit /set IncreaseUserVa 3072라고 수행하면 윈도우는 모든 프로세스에 대해 3GB의 유저 모드 파티션과 1GB의 커널 모드 파티션을 구성하게 된다. [표 13-2]에서 "x86 w/3 GB" 행은 IncreaseUserVa 값으로 3072를 설정하였을 경우에 어떻게 파티션이 변경되는지를 나타내고 있다. IncreaseUserVa로 지정할 수 있는 최소 값은 2048이며, 이는 기본 값인 2GB를 의미한다. 만일 이 값을 초기 값으로 돌려놓고 싶다면 bcdedit /deletevalue IncreaseUserVa와 같이 명령을 수행하면 된다.

BCD에 설정된 현재 값을 확인하고 싶다면 단순히 bcdedit /enum이라고 수행하면 된다. (BCDEdit 매개변수에 대한 좀 더 자세한 사항은 http://msdn2.microsoft.com/en-us/library/aa906211.aspx 문서를 확인하기 바란다.)

마이크로소프트는 이전 버전의 윈도우에서 애플리케이션이 2GB 이상의 주소 공간에 접근하는 것을 허용하지 않았다. 몇몇 창의적인 개발자들은 이러한 특성을 고려하여 애플리케이션에서 사용하는 포인터의 최상위 비트를 특수한 의미를 가지는 플래그 정보를 저장하는 공간으로 활용하곤 하였다. 이 경우 실제로 메모리 주소 값으로 활용해야 하는 경우가 되면 실제 포인터 값으로 메모리에 접근하기 전에 가장 상위 비트를 제거하고 메모리에 접근하면 되었다. 예측할 수 있겠지만, 이러한 애플리케이션의 경우 2GB 이상의 메모리 영역에서 수행되면 프로그램이 비정상적으로 동작하게 된다.

이에 마이크로소프트는 이러한 애플리케이션들이 2GB 이상의 유저 모드 주소 공간을 가지는 환경 하에서도 정상적으로 동작하도록 하기 위한 해결책을 만들어야만 했다. 시스템은 애플리케이션을 수행할 때 이 애플리케이션이 /LARGEADDRESSAWARE 링커 스위치를 지정하여 링킹이 수행되었는지의 여부를 확인한다. 만일 이러한 링커 스위치가 지정되었다면 애플리케이션은 2GB 이상의 유저 모드 주소 공간의 장점을 활용할 준비가 되어 있으며, 앞서 설명한 것과 같이 포인터에 대해 아주 특별한 작업을 하지 않았음을 나타내게 된다. 반면 애플리케이션이 /LARGEADDRESSAWARE 스위치를 이용하여 링킹되지 않았다면 운영체제는 2GB까지만 유저 모드 공간으로 활용하고 나머지 2GB는 커널 모드로 사용하게 된다. 이렇게 하면 메모리 주소 값을 가리키는 포인터의 최상위 비트가 0인 공간 내에서만 메모리 할당이 이루어지게 된다.

커널이 필요로 하는 코드와 데이터들은 2GB 파티션에도 빠듯하게 채워진다는 사실을 상기할 필요가 있다. 커널 주소 공간이 2GB 이하로 줄어들게 되면 스레드의 개수나 스택의 크기 그리고 시스템이 생성할 수 있는 다른 리소스의 개수를 이전보다 줄일 수밖에 없다. 또한 기본 설정에서는 최대 128GB 램을 설치할 수 있는 것에 반해 이 경우 64GB 램밖에 설치할 수 없게 된다.

실행 파일의 LARGEADDRESSAWARE 플래그는 운영체제가 프로세스의 주소 공간을 생성할 때에만 확인을 수행한다. 따라서 DLL 파일에 설정된 플래그 값은 무시된다. DLL은 2GB 이상의 유저 모드 파티션에서도 정상적으로 동작하도록 작성되어야만 하며, 그렇지 않을 경우 어떤 일이 발생할지에 대해서는 정의된 바 없다.

64비트 윈도우에서 유저 모드 파티션으로 2GB만 사용하기

마이크로소프트는 개발자들에게 기존의 32비트 애플리케이션을 64비트 환경으로 쉽게 포팅할 수 있는 방법을 제공하고 있다. 하지만 너무나 많은 코드들이 이미 포인터를 32비트 값으로 가정하고 있기 때문에 단순히 애플리케이션을 다시 빌드하기만 해서는 문제가 해결되지 않고 포인터가 잘린다는 에러나 적절하지 않은 메모리 접근과 관련된 에러를 유발하게 된다.

하지만 시스템이 어떤 방식으로든 0x00000000'7FFFFFFF를 초과하는 메모리를 할당하지 않을 것임을 보증해 줄 수만 있다면 애플리케이션이 정상 동작할 수 있을 것이다. 64비트 주소가 32비트 주소로 잘린다 하더라도 상위 33비트는 0일 것이므로 어떠한 문제도 발생하지 않을 것이다. 운영체제는 프로세스의 가용 주소 공간을 2GB 이하로 제한하는 주소 공간 샌드박스^{address space sandbox} 내에서 애플리케이션을 수행하는 방식을 통해 이러한 기능을 제공할 수 있다.

기본적으로 64비트 애플리케이션을 수행하면 시스템은 유저 모드 주소 공간에서 사용되는 주소 값을 0x00000000'80000000 미만으로 하도록 하여 64비트 주소 공간의 하위 2GB에서만 메모리를 할당받을 수 있도록 한다. 이것이 바로 주소 공간 샌드박스다. 만일 64비트 애플리케이션이 전체 유저 모드 파티션을 사용하고자 한다면 반드시 /LARGEADDRESSAWARE 링커 스위치를 이용하여 링킹되어야 한다.

 실행 파일의 LARGEADDRESSAWARE 플래그는 운영체제가 프로세스의 64비트 주소 공간을 생성할 때에만 확인하게 된다. 따라서 DLL 파일에 설정된 플래그 값은 무시된다. DLL은 전체 4TB의 유저 모드 파티션에서도 정상적으로 동작하도록 작성되어야만 하며, 그렇지 않을 경우 어떤 일이 발생할지에 대해서는 정의된 바 없다.

❸ 커널 모드 파티션

이 파티션에는 운영체제를 구성하는 코드들이 위치하게 된다. 스레드 스케줄링, 메모리 관리, 파일시스템 지원, 네트워크 지원 등을 구현하는 코드와 모든 디바이스 드라이버들이 이 파티션에 로드된다. 이 파티션 영역에 존재하는 내용은 모든 프로세스에 의해 공유된다. 비록 이 파티션이 모든 프로세스의 유저 모드 파티션의 상위에 존재하기는 하지만, 이 파티션 내의 코드와 데이터는 완벽하게 보호된다. 만일 애플리케이션에서 이 파티션에 대해 읽거나 쓰기를 시도하게 되면, 이러한 작업을 시도한 스레드는 접근 위반^{access violation}을 유발한다. 기본적으로, 접근 위반이 발생하면 시스템은 사용자에게 메시지 박스를 나타내고 애플리케이션을 종료시켜 버린다. 접근 위반과 이를 처리하는 방법에 대한 자세한 내용은 23장 "종료 처리기", 24장 "예외 처리기와 소프트웨어 예외", 25장 "처리되지 않은 예외, 벡터화된 예외 처리, 그리고 C++ 예외"에서 다루게 될 것이다.

64비트 윈도우에서 유저 모드 파티션이 8TB인 것에 비해 커널 모드 파티션의 크기가 16,777,208TB인 것은 균형이 맞지 않는 것처럼 보인다. 사실 가상 주소 공간 중 유저 모드 파티션을 제외한 나머지 공간 전체를 커널 모드 파티션이 항상 필요로 하는 것은 아니다. 이것은 단지 64비트 주소 공간이 상당히 크고 대부분의 주소 공간이 사용되지 않을 것이라고 생각하기 때문에 이렇게 된 것 뿐이다. 시스템은 애플리케이션에게 8TB를 사용할 수 있도록 해 주고 있으며, 커널의 경우 필요한 만큼의 양을 사용할 수 있도록 하고 있다. 하지만 커널 모드 파티션의 대부분의 영역은 사용되지 않을 것이다. 다행스럽게도, 시스템은 커널 모드 파티션의 사용되지 않은 부분을 관리하기 위한 어떠한 자료 구조도 내부적으로 관리하지 않는다.

section 03 주소 공간 내의 영역

프로세스가 생성되고 그에 따른 고유의 주소 공간이 주어지면, 대부분의 가용 주소 공간은 프리free이거나 할당되지 않은 상태가 된다. 이러한 주소 공간을 사용하기 위해서는 먼저 VirtualAlloc 함수를 호출하여 영역region을 할당해야 한다(15장 "애플리케이션에서 가상 메모리 사용 방법"에서 알아볼 것이다). 이러한 작업을 영역을 예약reserve한다고 한다.

주소 공간 상에 영역을 예약할 때에는 항상 영역의 시작 주소가 할당 단위allocation granularity 경계 상에 위치해야 한다. 할당 단위는 각 CPU별로 서로 상이할 수 있다. 하지만 이 책을 쓸 당시에는 모든 CPU가 64KB 할당 단위를 사용하고 있었다. 이는 각 영역의 시작 주소가 항상 64KB로 나누어 떨어지는 위치로부터 시작되어야 한다는 의미이다.

때때로 시스템은 프로세스를 대신하여 주소 공간 상에 특별한 영역을 예약하기도 한다. 예를 들어 프로세스 환경 블록process environment block(PEB)을 저장하기 위한 주소 공간 상의 영역은 시스템이 직접 할당하게 된다. 프로세스 환경 블록이란 시스템에 의해 생성, 수정, 삭제될 수 있는 작은 데이터 구조체인데, 프로세스가 생성되는 시점에 시스템이 프로세스 환경 블록을 저장하기 위한 주소 공간의 영역을 확보해 준다.

시스템은 또한 스레드 환경 블록thread environment block(TEB)들을 생성하여 프로세스 내에 존재하는 모든 스레드들에 대한 관리 작업을 돕게 되는데, 스레드 환경 블록들을 저장하기 위한 영역들은 프로세스 내에 새로운 스레드가 생성되거나 삭제될 때에 맞추어 새로 예약되거나 해제된다.

비록 사용자가 새로운 주소 공간을 예약할 때에는 영역의 시작 주소를 할당 단위 경계(현재까지 모든 CPU에서는 64KB)로 맞출 것으로 요구하지만, 운영체제 자체는 이와 같은 제한에서 자유롭다. 따라서 프로세스의 프로세스 환경 블록이나 스레드 환경 블록의 시작 주소는 64KB 경계로부터 시작하지 않을 수 있다. 그러나 영역의 크기는 여전히 CPU의 페이지 크기의 배수여야 하는 제한을 가지고 있다.

주소 공간 상에 영역을 예약할 때 영역의 크기는 반드시 시스템의 페이지 크기의 배수로 설정해야 한다. 페이지^{page}란 운영체제가 메모리를 관리할 때 사용하는 최소 단위를 말한다. 할당 단위와 동일하게 페이지 크기는 CPU별로 서로 상이할 수 있는데, x86과 x64 시스템에서는 4KB의 페이지 크기를 사용하지만, IA-64에서는 8KB의 페이지 크기를 사용한다.

만일 주소 공간 상에 10KB 크기의 영역을 예약하려 한다고 하자. 이때 시스템은 자동적으로 사용자가 요청한 영역의 크기를 페이지 크기의 배수가 되도록 올림을 수행한다. 즉, x86이나 x64 시스템이라면 12KB의 영역을 예약하게 될 것이고, IA-64 시스템이라면 16KB 영역을 예약하게 될 것이다.

프로그램에서 더 이상 주소 공간의 예약된 영역에 접근할 필요가 없다면, 이러한 영역은 프리되어야 한다. 이러한 작업을 주소 공간 상의 영역을 해제^{release}한다고 하며, VirtualFree 함수를 사용하면 된다.

section 04 물리적 저장소를 영역으로 커밋하기

주소 공간의 예약된 영역을 사용하기 위해서는 반드시 물리적 저장소를 할당해야 하며, 이후 할당된 저장소와 예약된 영역을 매핑해 주어야 한다. 이러한 절차를 물리적 저장소를 커밋^{commit}한다고 한다. 물리적 저장소를 예약된 영역에 커밋하기 위해서는 VirtualAlloc 함수를 한 번 더 호출해 주어야 한다.

물리적 저장소를 예약된 영역에 커밋할 때 예약된 영역 전체에 대해 물리적 저장소를 커밋할 필요는 없다. 예를 들어 64KB의 예약된 영역 중 두 번째 페이지와 네 번째 페이지에 대해서만 커밋을 수행할 수도 있다. [그림 13-1]은 특정 프로세스의 주소 공간을 예로 든 것이다. 어떤 CPU를 사용하느냐에 따라 주소 공간이 서로 다를 수 있다는 점에 주의할 필요가 있다. 왼쪽에 나타난 주소 공간은 x86/x64 머신(4KB의 페이지 크기)의 경우이고, 오른쪽에 나타난 주소 공간은 IA-64 머신(8KB의 페이지 크기)의 경우를 예로 든 것이다.

프로그램이 예약된 영역에 커밋된 물리적 저장소를 더 이상 사용할 필요가 없다면 물리적 저장소를 해제해야 한다. 이러한 절차를 물리적 저장소를 디커밋^{decommit}한다고 하며, VirtualFree 함수를 사용하면 된다.

section 05 물리적 저장소와 페이징 파일

예전의 운영체제에서는 물리적 저장소가 시스템에 탑재된 램의 크기를 의미하는 말로 사용되었다. 즉,

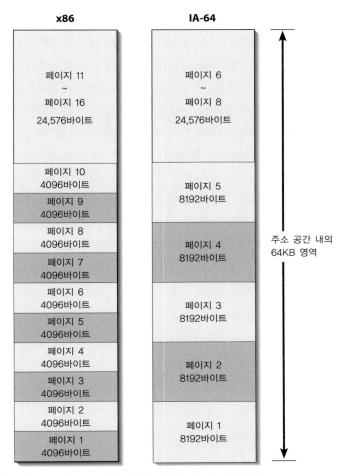

[그림 13-1] 서로 다른 CPU 하에서의 프로세스의 주소 공간의 예

16MB의 램을 가지고 있는 컴퓨터가 있었다면 16MB 내에서 로드되고 수행될 수 있는 애플리케이션만 수행할 수 있었다. 최근의 운영체제는 디스크 공간을 메모리처럼 활용할 수 있는 기능을 가지고 있다. 디스크 상에 존재하는 이러한 파일을 페이징 파일 ^paging file 이라고 하며, 모든 프로세스가 사용할 수 있는 가상의 메모리로 사용된다.

물론 가상의 메모리가 동작하기 위해서는 CPU 자체의 충분한 지원이 전제되어야만 한다. 스레드가 물리적 저장소에 있는 특정 바이트에 대해 접근을 시도했을 때, CPU는 접근하고자 하는 바이트가 램에 있는지 아니면 디스크에 있는지의 여부를 판단할 수 있어야 한다.

애플리케이션 관점에서 보면 페이징 파일을 사용하면 애플리케이션이 사용할 수 있는 램(혹은 저장소)의 크기가 증가된 것과 같은 효과를 가져온다. 만일 컴퓨터에 1GB의 램이 있고 하드 디스크 상에 1GB의 페이징 파일이 있다면 수행 중인 애플리케이션은 컴퓨터에 2G의 램이 있는 것으로 판단하게 된다.

물론 실제로 2GB의 램이 있는 것은 아니며, 운영체제는 CPU와 협력하여 페이징 파일에 애플리케이션이 필요로 하는 데이터가 있을 때 기존 램의 내용을 페이징 파일로 내보내고, 페이징 파일의 내용을 램으로 읽어 들인다. 페이징 파일을 활용하게 되면 애플리케이션이 사용할 수 있는 램의 공간이 외관상 늘어나는 것으로 보이는 것은 사실이지만, 페이징 파일을 사용할지의 여부는 여전히 사용자가 선택할 수 있다. 페이징 파일을 사용하지 않으면 시스템은 애플리케이션이 활용할 수 있는 램의 크기가 작아진 것으로 생각하게 된다. 반면, 페이징 파일을 사용하면 그렇지 않은 경우에 비해 좀 더 큰 데이터를 운용하는 애플리케이션을 수행할 수 있다. 물리적 저장소를 데이터를 저장하기 위한 디스크 드라이브 (일반적으로 하드 디스크 드라이브) 상의 페이징 파일로 생각하는 것도 좋다. 실제로 애플리케이션이 VirtualAlloc 함수를 호출하여 물리적 저장소에 주소 공간 내의 영역을 커밋하면 디스크 상의 페이징 파일에 공간이 확보된다. 시스템의 페이징 파일의 크기는 애플리케이션에서 사용할 수 있는 물리적 저장소의 크기를 결정하는 가장 중요한 요소가 되며, 실제 램의 크기는 크게 영향을 주지 못한다.

프로세스 내의 스레드가 프로세스 주소 공간에 있는 데이터 블록data block에 접근을 시도하게 되면(메모리 맵 파일의 외부는 17장 "메모리 맵 파일"에서 알아볼 것이다) 둘 중 하나의 작업이 수행된다. [그림 13-2]에 이러한 동작 방식을 단순화해서 나타내 보았다. (좀 더 자세한 내용을 알고 싶다면 마이크로소프트 출판사Microsoft Press에서 출간된 마크 러시노비치Mark Russinovich와 데이비드 솔로몬David Solomon이 공동 저술한 『Microsoft Windows Internals』를 읽어보기 바란다.)

첫 번째 작업은 스레드가 접근하고자 하는 데이터가 램에 존재하는 경우에 수행된다. 이 경우 CPU는 데이터의 가상 메모리 주소를 메모리 내의 물리적 주소로 변경한 후 데이터에 접근하게 된다.

두 번째 작업은 스레드가 접근하려는 데이터가 램에 존재하지 않으며, 페이징 파일의 어딘가에 위치하는 경우에 수행된다. 이 경우 스레드가 이 영역에 접근을 시도하면 페이지 폴트page fault를 일으키게 되고 CPU는 운영체제에게 이러한 사실을 전달하게 된다. 이때 운영체제는 램에서 프리 페이지를 찾게 되는데, 만일 프리 페이지가 존재하지 않는 경우 램에 있는 페이지 중 하나를 프리 상태로 변경해야 한다. 만일 프리 상태로 변경할 페이지가 이전에 수정된 적이 없다면 시스템은 단순히 페이지를 프리 상태로 변경하는 것으로 작업을 마치게 되지만, 프리 상태로 변경할 페이지가 이전에 수정된 적이 있다면 먼저 선택된 페이지의 내용을 램에서 페이징 파일로 복사한 후 페이지를 프리 상태로 변경한다. 이러한 작업이 끝나고 나면 앞서 스레드가 접근하고자 했던 데이터를 페이징 파일로부터 프리 페이지로 가져온다. 이제 CPU는 앞서 페이지 폴트를 유발했던 명령을 다시 수행하게 되고, 가상 메모리를 물리적 램의 주소로 변경한 후 데이터에 접근하게 된다.

램에 있는 내용을 페이징 파일에 쓰거나 반대로 페이징 파일의 내용을 램으로 가져오는 작업이 많아지면 많아질수록 하드 디스크 트레쉬thrash가 생기게 되고 시스템의 수행 속도는 점점 더 느려질 것이다. (트레슁thrashing이란 운영체제가 프로그램을 수행하지 못하고 대부분의 시간을 페이지 파일과 램 사이의 스와핑에 소비하는 현상을 말한다.) 따라서 컴퓨터에 추가적으로 램을 설치하게 되면 애플리케이션을 수행할 때 필요한 트레슁의 정도가 감소하여 시스템의 성능이 개선된다. 이러한 이유로 '컴퓨터를 좀 더 빠르게 구동하고 싶은 경우 좀 더 많은 램을 설치하면 된다' 라는 경험적인 지침이 나오는 것이고 실제로도 대부분의 상황에서 더욱 빠른 CPU로 교체하는 것보다 추가적으로 램을 설치하는 것이 좀 더 큰 성능 개선을 가져온다.

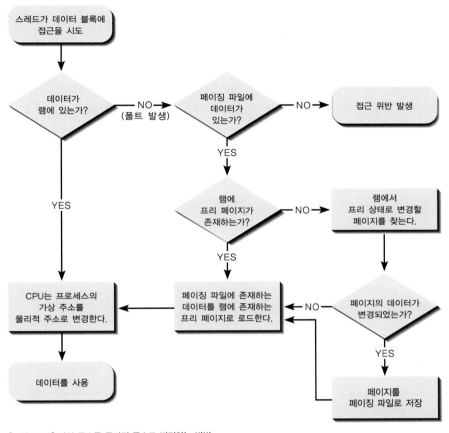

[그림 13-2] 가상 주소를 물리적 주소로 변경하는 방법

❶ 페이지 파일 내에 유지되지 않는 물리적 저장소

앞의 절을 읽고 나면, 동시에 여러 개의 프로그램을 수행시켰을 때 페이징 파일의 크기가 매우 커질 것으로 생각될 것이다. 프로그램을 수행하려 하는 경우라면 시스템은 프로세스를 위한 코드와 데이터를 위한 주소 공간을 예약해야 하고, 이 영역에 대해 물리적 저장소를 커밋한 후 하드 디스크 상에 저장되어 있는 프로그램 파일로부터 코드와 데이터를 페이징 파일로 가져와야 할 것처럼 보인다.

하지만 시스템은 이와 같이 동작하지 않는다. 만일 이와 같이 동작한다면 프로그램을 로드하고 수행하는 데 너무 많은 시간이 소비될 것이다. 실제로 애플리케이션을 수행하면 시스템은 애플리케이션을 구성하는 .exe 파일을 열어서 애플리케이션을 구성하는 코드와 데이터의 크기를 얻어낸다. 이후 프로세스의 주소 공간에 얻어낸 크기만큼의 영역을 예약하고, 이 영역에 대한 커밋된 물리적 저장소를 .exe 파일 자체라고 설정한다. 시스템은 페이징 파일에 공간을 할당하는 대신 프로세스의 주소 공간에 예약된 영역을 이처럼 이용함으로써 .exe 파일의 내용이나 이미지 등을 사용할 수 있게 된다. 이렇게 하면 애플리케이션은 좀 더 빠르게 로딩될 수 있고, 페이징 파일의 크기를 크게 증가시키지 않고 그대로 유지할 수 있게 된다.

하드 디스크 상에 존재하는 프로그램 파일(.exe나 DLL 파일)이 주소 공간의 특정 영역에 대한 물리적 저장소로 사용되는 경우, 이러한 파일을 메모리 맵 파일이라 부른다. .exe나 DLL에 대해 로드를 시도하면 시스템은 자동적으로 프로세스의 주소 공간에 영역을 예약하고 해당 파일을 이 영역에 매핑한다. 추가적으로, 시스템은 주소 공간의 특정 영역에 프로그램 파일이 아닌 데이터 파일을 매핑할 수 있는 방법도 제공하고 있다. 메모리 맵 파일에 대한 자세한 내용은 17장에서 논의할 것이다.

윈도우는 여러 개의 페이징 파일을 사용할 수 있다. 물리적으로 서로 다른 하드 디스크 상에 다수의 페이징 파일을 구성하면 시스템을 좀 더 빨리 구동할 수 있다. 왜냐하면 물리적으로 서로 다른 드라이브에 대해서는 동시에 읽고 쓰는 것이 가능하기 때문이다. 제어판Control Panel에서 다음과 같이 수행하면 페이징 파일을 추가하거나 삭제할 수 있다.

1. 사양 정보 및 도구Performance Information And Tools를 선택한다.
2. 고급 도구Advanced Tools 링크를 선택한다.
3. Windows의 화면 표시 및 성능 조정Adjust The Appearance And Performance Of Windows을 선택한다.
4. 고급Advanced 탭을 누르고 가상 메모리Virtual Memory 부분의 변경Change 버튼을 클릭한다.

이때 나타나는 다이얼로그 박스는 다음과 같다.

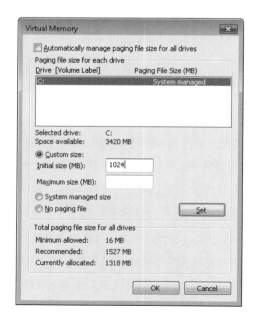

.exe나 DLL 파일이 플로피 디스크로부터 로드되는 경우에는 플로피 디스크에 있는 파일 전체를 시스템의 램으로 복사한다. 또한 페이징 파일에 파일 이미지를 저장할 충분한 저장소를 할당한다. 이러한 저장소는 램에 있던 파일 이미지 중 일부를 페이징 파일로 내보낼 필요가 있을 경우에 한해서 사용된다. 시스템의 램에 여유 공간이 충분히 있는 경우라면 이러한 파일들은 램에서 바로 수행될 것이다.

마이크로소프트는 셋업 애플리케이션이 정상적으로 동작하도록 하기 위해 플로피 디스크로부터 실행 파일을 수행할 때 이러한 방법을 사용할 수밖에 없었다. 플로피 디스크로부터 셋업 애플리케이션을 수행하는 경우 종종 다른 플로피 디스크를 삽입하기 위해 기존의 플로피 디스크를 드라이브로부터 제거해야 할 경우가 생긴다. 이 경우 .exe나 DLL로부터 코드를 로드해야 할 일이 생기면 다시 이전 플로피 디스크를 삽입해야 한다. 물론 최근에는 플로피 디스크 드라이브가 거의 사용되고 있지 않지만 그럼에도 시스템은 셋업 애플리케이션이 정상 동작할 수 있도록 파일을 램(페이징 파일을 물리적 저장소로 사용하는)으로 복사한다.

CD-ROM이나 네트워크 드라이브 등과 같은 이동식 미디어에 대해서는 /SWAPRUN:CD나 /SWAPRUN:NET 링크 스위치를 이용하여 이미지가 링크되지 않는 이상, 이미지를 램으로 복사하지 않는다.

section 06 보호 특성

물리적 저장소가 할당된 각각의 페이지들은 서로 다른 보호 특성 protection attribute 을 가질 수 있다. [표 13-3]에 이러한 보호 특성들을 나타냈다.

[표 13-3] 메모리 페이지를 위한 보호 특성

보호 특성	설명
PAGE_NOACCESS	이 페이지에 대한 읽기, 쓰기, 실행 시도는 모두 접근 위반을 일으킨다.
PAGE_READONLY	이 페이지에 대한 쓰기, 실행 시도는 접근 위반을 일으킨다.
PAGE_READWRITE	이 페이지에 대한 실행 시도는 접근 위반을 일으킨다.
PAGE_EXECUTE	이 페이지에 대한 읽기, 쓰기 시도는 접근 위반을 일으킨다.
PAGE_EXECUTE_READ	이 페이지에 대한 쓰기 시도는 접근 위반을 일으킨다.
PAGE_EXECUTE_READWRITE	이 페이지에 대해서는 어떠한 접근 위반 에러도 일어나지 않는다.
PAGE_WRITECOPY	이 페이지에 대한 실행 시도는 접근 위반 에러를 일으킨다. 이 페이지에 대해 쓰기를 시도하면 시스템은 이 페이지의 복사본을 프로세스 고유의 페이지에 새로 구성해 준다(페이징 파일의 지원을 받아서).
PAGE_EXECUTE_WRITECOPY	이 페이지에 대해서는 어떠한 접근 위반 에러도 일어나지 않는다. 이 페이지에 대해 쓰기를 시도하면 시스템은 이 페이지의 복사본을 프로세스 고유의 페이지에 새로 구성해 준다(페이징 파일의 지원을 받아서).

일부 멜웨어 malware 애플리케이션들은 데이터를 저장하기 위한 메모리 공간(스레드 스택과 같은)에 코드를 저장하여 악의적인 코드를 수행하려 시도한다. 윈도우의 데이터 수행 방지 Data Execution Prevention (DEP)

기능은 이 같은 멜웨어의 공격으로부터 시스템을 보호하기 위한 기능이다. DEP 기능이 켜져 있으면 운영체제는 수행할 코드가 저장되어 있는 페이지에 대해서만 PAGE_EXECUTE_* 보호 특성을 사용하고, 데이터가 저장되어 있는 페이지(스레드 스택이나 애플리케이션 힙과 같은)에 대해서는 다른 보호 특성(일반적으로 PAGE_READWRITE)들을 사용한다.

만일 CPU가 PAGE_EXECUTE_* 보호 특성이 설정되어 있지 않은 페이지에 존재하는 코드를 수행하려 하면 접근 위반 예외를 유발하게 될 것이다.

23장, 24장, 25장에서 다루겠지만 윈도우가 제공하는 구조적인 예외 처리 메커니즘도 더욱 안전해졌다. 프로그램을 /SAFESEH 링커 스위치를 이용하여 빌드하면 실행 파일 내에 존재하는 특수한 테이블에 예외 처리기 exception handler 정보를 등록해 두게 된다. 이렇게 되면 운영체제는 예외 처리기를 수행하기 전에 이 특수 테이블 상에 예외 처리기가 등록되어 있는지를 확인하여 등록된 예외 처리기를 수행하게 된다.

DEP에 대해 좀 더 자세히 알고 싶다면 *http://go.microsoft.com/fwlink/?LinkId=28022*에서 "03_CIF_Memory_Protection.DOC" 마이크로소프트 문서를 읽어보기 바란다.

▌1▐ 카피 온 라이트 접근

[표 13-3]에 나열하였던 보호 특성들은 PAGE_WRITECOPY와 PAGE_EXECUTE_WRITECOPY를 제외하고는 모두 그 특성이 자명하다고 할 수 있다. 이러한 보호 특성들은 램과 페이징 파일 모두에 대해 그 특성 값을 유지한다. 윈도우는 둘 이상의 프로세스 사이에서 단일 저장소를 공유할 수 있는 기능을 제공한다. 메모장 애플리케이션을 10번 수행했다 하더라도 수행된 모든 인스턴스들은 애플리케이션의 코드와 데이터 페이지를 공유하게 된다. 이와 같이 모든 인스턴스들이 저장소의 페이지들을 공유할 수 있기 때문에 시스템의 성능이 상당히 개선된다. 하지만 이러한 공유 기능은 저장소에 있는 읽기 전용 데이터나 실행 전용 코드에 대해서만 가능하다. 만일 저장소의 특성에 상관없이 모든 내용이 공유될 수 있다고 하면, 특정 인스턴스 내의 스레드가 저장소 내의 내용을 변경하는 경우 다른 모든 인스턴스들에 대해서도 그 내용이 변경될 것이다. 이렇게 되면 엄청난 혼돈을 야기할 수 있다.

이러한 혼돈을 피하기 위해 저장소 내에 공유 중인 블록에 대해서는 카피 온 라이트 copy-on-write 기능이 설정된다. .exe나 .dll 모듈이 주소 공간에 매핑되면 시스템은 얼마나 많은 페이지들이 쓰기 가능한 상태에 있는지 확인한다. (일반적으로 코드를 포함하고 있는 페이지는 PAGE_EXECUTE_READ 보호 특성을 가지고 있으며, 데이터를 포함하고 있는 페이지는 PAGE_READWRITE 보호 특성을 가지고 있다.) 이후 이러한 쓰기 가능 페이지를 수용할 수 있을 만큼의 저장소를 페이징 파일 내에 할당해 둔다. 페이징 파일 내의 할당된 페이지들은 실제로 쓰기 가능 페이지의 내용이 변경되는 경우에 한해서만 사용된다.

특정 프로세스 내의 스레드가 공유 블록에 대해 쓰기를 시도하게 되면 시스템이 개입하여 다음과 같은 작업을 단계적으로 수행한다.

1. 램으로부터 프리 페이지를 찾는다. 이 프리 페이지로는 프로세스의 주소 공간에 모듈들을 처음으로 매핑할 때 페이징 파일 내에 할당해 둔 저장소가 사용될 것이다. 시스템은 모듈이 처음으로 매핑될 때 이미 변경될 가능성이 있는 페이지의 크기만큼 충분히 저장소를 확보해 두었기 때문에 이와 같은 작업은 항상 성공적으로 수행될 수 있다.

2. 첫 번째 단계에서 발견한 프리 페이지에 쓰기 작업을 수행할 페이지의 내용을 복사한다. 프리 페이지는 PAGE_READWRITE나 PAGE_EXECUTE_READWRITE 보호 특성이 설정될 수 있으며, 원래 페이지의 보호 특성과 데이터는 변경되지 않는다.

3. 프로세스의 페이지 테이블을 갱신하여 동일 가상 주소를 이용할 경우 복사된 페이지에 접근하도록 한다.

이러한 단계가 수행되고 나면, 프로세스는 물리적 저장소에 자신만의 고유한 데이터 페이지를 가지게 된다. 17장에서 공유 저장소와 카피 온 라이트에 대해 좀 더 자세히 알아볼 것이다.

VirtualAlloc 함수를 이용하여 주소 공간을 예약했거나 물리적 저장소를 커밋한 경우 이 공간에 대해서는 PAGE_WRITECOPY나 PAGE_EXECUTE_WRITECOPY 보호 특성을 설정해서는 안 된다. 이 같은 보호 특성을 이용하여 VirtualAlloc 함수를 호출하면 함수 호출은 실패하게 되며, 이때 Get-LastError 함수를 호출해 보면 ERROR_INVALID_PARAMETER를 반환하게 된다. 이 두 가지 보호 특성은 운영체제가 .exe나 DLL 파일 이미지를 매핑할 때에만 사용된다.

❷ 특수 접근 보호 특성 플래그

앞서 논의하였던 보호 특성들에 더하여 PAGE_NOCACHE, PAGE_WRITECOMBINE, PAGE_GUARD의 3가지 보호 특성 플래그가 더 있다. 이 플래그들은 PAGE_NOACCESS를 제외한 나머지 보호 특성들과 함께 비트 OR 연산을 통해 함께 사용될 수 있다.

첫 번째 보호 특성 플래그인 PAGE_NOCACHE는 커밋된 페이지에 대해 캐싱을 수행하지 않도록 한다. 이 플래그는 일반적인 용도로는 거의 사용되지 않으며, 대부분의 경우 메모리 버퍼를 관리해야 하는 하드웨어 디바이스 드라이버 개발자를 위해 존재한다.

두 번째 보호 특성 플래그인 PAGE_WRITECOMBINE 또한 디바이스 드라이버 개발자들에 의해 주로 사용된다. 이 플래그는 성능을 개선하기 위해 단일의 장치에 대한 여러 번의 쓰기 작업을 하나로 결합할 수 있도록 해 준다.

마지막 보호 특성 플래그인 PAGE_GUARD는 페이지에 내용이 쓰여졌을 경우 애플리케이션이 그 사실을 인지할 수 있도록 하기 위해 사용된다(예외를 통해). 이 플래그를 적절하게 사용한 사례들이 몇 가지 있다. 운영체제는 자체적으로 스레드의 스택을 생성할 때 이 플래그를 활용한다. 스레드 스택에서 이 플래그를 어떻게 활용하는지에 대해서는 16장 "스레드 스택"에서 알아 볼 것이다.

section 07 모두 함께 모아

이번 절에서는 주소 공간, 파티션, 영역, 블록, 페이지를 모두 함께 모아서 알아볼 것이다. 이러한 내용을 종합적으로 살펴볼 수 있는 최선의 방법은 단일 프로세스의 주소 공간 내의 모든 영역을 보여줄 수 있는 가상 메모리 지도를 살펴보는 것이다. 이를 위해 14장 "가상 메모리 살펴보기"에서 알아볼 VMMap이라는 예제 애플리케이션을 사용할 것이다. 프로세스의 주소 공간에 대해 완벽하게 이해할 수 있도록 32비트 x86 머신의 윈도우에서 수행되는 VMMap 프로세스의 주소 공간에 대해 살펴보자. [표 13-4]에 이 프로세스의 가상 메모리 지도를 나타내 보았다.

[표 13-4] 32비트 x86 머신에서 수행되는 프로세스의 가상 메모리 지도

시작 주소	타입	크기	블록	보호 특성	설명
00000000	Free	65536			
00010000	Mapped	65536	1	−RW−	
00020000	Private	4096	1	−RW−	
00021000	Free	61440			
00030000	Private	1048576	3	−RW−	스레드 스택
00130000	Mapped	16384	1	−R−−	
00134000	Free	49152			
00140000	Mapped	12288	1	−R−−	
00143000	Free	53248			
00150000	Mapped	819200	4	−R−−	
00218000	Free	32768			
00220000	Mapped	1060864	1	−R−−	
00323000	Free	53248			
00330000	Private	4096	1	−RW−	
00331000	Free	61440			
00340000	Mapped	20480	1	−RWC	\Device\HarddiskVolume1\Windows\System32\en−US\user32.dll.mui
00345000	Free	45056			
00350000	Mapped	8192	1	−R−−	
00352000	Free	57344			

시작 주소	타입	크기	블록	보호 특성	설명
00360000	Mapped	4096	1	–RW–	
00361000	Free	61440			
00370000	Mapped	8192	1	–R––	
00372000	Free	450560			
003E0000	Private	65536	2	–RW–	
003F0000	Free	65536			
00400000	Image	126976	7	ERWC	C:\Apps\14 VMMap.exe
0041F000	Free	4096			
00420000	Mapped	720896	1	–R––	
004D0000	Free	458752			
00540000	Private	65536	2	–RW–	
00550000	Free	196608			
00580000	Private	65536	2	–RW–	
00590000	Free	196608			
005C0000	Private	65536	2	–RW–	
005D0000	Free	262144			
00610000	Private	1048576	2	–RW–	
00710000	Mapped	3661824	1	–R––	\Device\HarddiskVolume1\Windows\System32\locale.nls
00A8E000	Free	8192			
00A90000	Mapped	3145728	2	–R––	
00D90000	Mapped	3661824	1	–R––	\Device\HarddiskVolume1\Windows\System32\locale.nls
0110E000	Free	8192			
01110000	Private	1048576	2	–RW–	
01210000	Private	524288	2	–RW–	
01290000	Free	65536			
012A0000	Private	262144	2	–RW–	
012E0000	Free	1179648			
01400000	Mapped	2097152	1	–R––	
01600000	Mapped	4194304	1	–R––	
01A00000	Free	1900544			
01BD0000	Private	65536	2	–RW–	
01BE0000	Mapped	4194304	1	–R––	
01FE0000	Free	235012096			
739B0000	Image	634880	9	ERWC	C:\Windows\WinSxS\x86_microsoft.vc80.crt_1fc8b3b9a1e18e3b_8.0.50727.312_none_10b2ee7b9bffc2c7\MSVCR80.dll

시작 주소	타입	크기	블록	보호 특성	설명
73A4B000	Free	24072192			
75140000	Image	1654784	7	ERWC	C:\Windows\WinSxS\x86_microsoft.windows.common-controls_6595b64144ccf1df_6.0.6000.16386_none_5d07289e07e1d100\comctl32.dll
752D4000	Free	1490944			
75440000	Image	258048	5	ERWC	C:\Windows\system32\uxtheme.dll
7547F000	Free	15208448			
76300000	Image	28672	4	ERWC	C:\Windows\system32\PSAPI.dll
76307000	Free	626688			
763A0000	Image	512000	7	ERWC	C:\Windows\system32\USP10.dll
7641D000	Free	12288			
76420000	Image	307200	5	ERWC	C:\Windows\system32\GDI32.dll
7646B000	Free	20480			
76470000	Image	36864	4	ERWC	C:\Windows\system32\LPK.dll
76479000	Free	552960			
76500000	Image	348160	4	ERWC	C:\Windows\system32\SHLWAPI.dll
76555000	Free	1880064			
76720000	Image	696320	7	ERWC	C:\Windows\system32\msvcrt.dll
767CA000	Free	24576			
767D0000	Image	122880	4	ERWC	C:\Windows\system32\IMM32.dll
767EE000	Free	8192			
767F0000	Image	647168	5	ERWC	C:\Windows\system32\USER32.dll
7688E000	Free	8192			
76890000	Image	815104	4	ERWC	C:\Windows\system32\MSCTF.dll
76957000	Free	36864			
76960000	Image	573440	4	ERWC	C:\Windows\system32\OLEAUT32.dll
769EC000	Free	868352			
76AC0000	Image	798720	4	ERWC	C:\Windows\system32\RPCRT4.dll
76B83000	Free	2215936			
76DA0000	Image	884736	5	ERWC	C:\Windows\system32\kernel32.dll
76E78000	Free	32768			
76E80000	Image	1327104	5	ERWC	C:\Windows\system32\ole32.dll
76FC4000	Free	11649024			
77AE0000	Image	1171456	9	ERWC	C:\Windows\system32\ntdll.dll
77BFE000	Free	8192			
77C00000	Image	782336	7	ERWC	C:\Windows\system32\ADVAPI32.dll
77CBF000	Free	128126976			

시작 주소	타입	크기	블록	보호 특성	설명
7F6F0000	Mapped	1048576	2	-R--	
7F7F0000	Free	8126464			
7FFB0000	Mapped	143360	1	-R--	
7FFD3000	Free	4096			
7FFD4000	Private	4096	1	RW-	
7FFD5000	Free	40960			
7FFDF000	Private	4096	1	-RW-	
7FFE0000	Private	65536	2	-R--	

[표 13-4]의 가상 메모리 지도는 프로세스 주소 공간의 다양한 영역들을 보여주고 있다. 각 행은 하나의 영역을 나타내고 있으며, 총 6개의 열로 나뉘어져 있다.

가장 왼쪽의 첫 번째 열은 영역의 시작 주소를 나타낸다. 프로세스 주소 공간이 0x00000000으로 시작하는 영역에서 시작하여 0x7FFE0000 주소로 시작하는 영역에서 끝나는 것에 주목하기 바란다. 모든 영역들은 서로 인접해 있다. 또한 프리^{free}가 아닌 영역의 시작 주소가 거의 대부분 64KB의 배수로 시작하는 영역에 배치되어 있음에 주목할 필요가 있다. 이것은 주소 공간의 예약 단위가 시스템에 의해 이미 결정되어 있기 때문이다. 할당 단위 경계에 맞지 않게 시작되는 영역들은 프로세스가 아닌 운영체제가 직접 할당한 영역이다.

두 번째 열은 영역의 타입을 보여주고 있다. 이러한 타입은 프리^{free}, 프라이비트^{private}, 이미지^{image}, 맵^{mapped}의 4가지 값 중 하나가 될 수 있으며, 각각에 대한 설명은 [표 13-5]에 나타내었다.

[표 13-5] 메모리 영역 타입

타입	설명
프리(Free)	이 영역의 가상 주소는 어떠한 저장소로도 매핑되지 않은 상태다. 이 주소 공간은 예약조차 되지 않은 공간이므로 애플리케이션에 의해 이 영역의 시작 주소나 영역 내의 아무 주소 값으로라도 예약을 수행할 수 있다.
프라이비트(Private)	이 영역의 가상 주소는 시스템의 페이징 파일에 매핑되어 있다.
이미지(Image)	이 영역의 가상 주소는 이전에 메모리 맵 이미지 파일(.exe나 DLL 파일과 같은)에 매핑되었었다. 그러나 더 이상 이미지 파일로 매핑되어 있지 않을 수도 있다. 예를 들어 특정 모듈 내의 전역변수에 대해 쓰기가 시도되었다면 카피 온 라이트 메커니즘에 의해 이전 이미지 파일로부터 페이징 파일로 매핑 정보가 변경되게 된다.
맵(Mapped)	이 영역의 가상 주소는 이전에 메모리 맵 데이터 파일에 매핑되었었다. 그러나 더 이상 데이터 파일로 매핑되어 있지 않을 수도 있다. 예를 들어 데이터 파일은 카피 온 라이트 메커니즘에 의해 보호될 수 있는데, 이 경우 이 영역에 대해 쓰기가 시도되었다면 원래의 데이터 파일이 아니라 페이징 파일로 매핑 정보가 변경되게 된다.

VMMap 애플리케이션이 두 번째 열에 출력한 결과는 자칫 오해를 야기할 가능성이 있다. VMMap 예제 애플리케이션은 프리 타입이 아닌 영역에 대해 다른 3가지 타입이 될 수 있는 가능성이 있는 것으로 생각한다. 이렇게 밖에 할 수 없는 이유는 영역의 정확한 타입을 얻어낼 수 있는 함수가 제공되

지 않고 있기 때문이다. VMMap 애플리케이션은 이 열의 내용을 결정하기 위해 영역 내의 모든 블록을 살펴보고 경험적인 방법을 동원하여 영역의 타입을 추론한다. 어떤 방식을 이용하여 영역의 타입을 추론하는지는 14장에 나와 있는 코드를 통해 살펴보는 것이 좋겠다.

세 번째 열은 영역의 크기를 보여준다. 예를 들자면 0x767F0000 메모리 주소에는 User32.dll 이미지가 매핑되어 있다. 시스템은 이 이미지를 위한 주소 공간으로 647,168바이트를 예약하고 있다. 세 번째 열의 결과 값은 항상 CPU의 페이지 크기(x86 시스템에서는 4096바이트)의 배수 값이다. 디스크상에 존재하는 파일의 크기와 메모리 상에 매핑된 크기에 차이가 있다는 점이 이상하게 보일 수도 있다. 링커가 만들어내는 PE 파일은 디스크 공간을 절약하기 위해 파일의 크기를 최소한으로 만든다. 하지만 윈도우가 PE 파일을 프로세스의 가상 주소 공간에 매핑할 때에는 각 페이지의 경계에 시작 위치를 맞추어야 하고 시스템의 페이지 크기의 배수 값으로 그 크기를 설정할 수밖에 없다. 따라서 PE 파일을 매핑하기 위해서는 파일의 크기보다 더 큰 가상 주소 공간을 필요로 한다.

네 번째 열은 예약된 영역 내의 블록 개수를 보여준다. 블록[block]이란 동일한 보호 특성을 가지고 동일한 형태의 물리적 저장소에 매핑된 연속된 페이지들의 집합을 의미한다. 이에 대해서는 다음 절에서 좀 더 자세히 알아볼 것이다. 프리 영역에 대해서 이 값은 항상 0이다. 왜냐하면 프리 영역에 대해서는 어떠한 저장소도 커밋되어 있지 않기 때문이다. (프리 영역에 대해서는 어떠한 값도 출력하지 않는다.) 해당 영역이 프리 영역이 아니면 이 값은 1부터 영역 내에 존재할 수 있는 최대 페이지 개수 사이의 값이 될 것이다. 예를 들어 0x767F0000 주소로부터 시작하는 영역의 크기는 647,168바이트다. x86 CPU의 경우 한 페이지의 크기가 4096바이트이므로 영역 내의 최대 페이지 개수는 158개(647,168/4096)가 된다. 하지만 실제로 이 영역에는 5개의 블록만이 존재한다.

다섯 번째 열은 영역의 보호 특성을 보여준다. 각 문자의 의미는 다음과 같다: E = 실행[execute], R = 읽기[read], W = 쓰기[write], C = 카피 온 라이트[copy on write]. 만일 특정한 영역에 어떠한 보호 특성도 나타나 있지 않으면 그 영역은 어떠한 보호 특성도 가지지 않고 있음을 나타낸다. 실제로 프리 영역은 예약된 영역이 아니기 때문에 어떠한 보호 특성도 가질 수 없다. PAGE_GUARD나 PAGE_NOCACHE 보호 특성 플래그가 지정된 영역도 여기에 나타나지 않는다. 사실 이러한 플래그들은 예약된 주소 공간에 대한 것이 아니라 물리적 저장소가 매핑되었을 때에만 의미를 가지는 값이다. 영역에 할당된 보호 특성은 사실 효율성을 위해 부여된 값에 불과하며, 실제로 물리적 저장소가 매핑되면 해당 저장소에 할당된 보호 특성에 의해 덮어쓰여진다.

마지막으로, 여섯 번째 열은 영역 내에 무엇이 있는가에 대한 설명을 보여준다. 프리 영역에 대해서는 항상 이 열이 비어 있다. 프라이비트 영역 또한 거의 비어 있는데, 이는 애플리케이션이 왜 가상 주소 공간 내에 프라이비트 영역을 예약했는지를 알 방법이 없기 때문이다. 하지만 VMMap은 스레드 스택으로 사용되는 프라이비트 영역이 일반적으로 가드 보호 특성(PAGE_GUARD)을 가지고 있는 물리적 저장소 블록을 가지고 있다는 점에 착안하여 스레드 스택으로 사용되는 프라이비트 영역을 구분할 수 있다. 하지만 스레드 스택이 꽉 차 버리면 가드 보호 특성을 가진 블록도 사라지기 때문에, 이 경우에는 스택으로 인지해 내지 못할 수도 있다.

VMMap은 이미지 영역에 대해서는 이 영역에 매핑^{mapping}된 파일의 전체 경로명을 보여준다. VMMap은 PSAPI 함수들을 이용하여 이러한 정보를 획득해 온다(4장 "프로세스"에서 알아보았다). VMMap은 GetMappedFileName 함수를 이용하여 영역에 매핑된 데이터 파일의 이름을 가져오고, 실행 이미지 파일의 이름을 가져오기 위해 4장에서 언급한 바 있는 ToolHelp 함수들을 이용하고 있다.

1 영역의 내부

[표 13-4]에 나와 있는 영역들은 좀 더 세분화해 볼 수도 있다. [표 13-6]은 [표 13-4]와 동일한 주소 공간 지도에 대해 영역 내의 블록까지 세부적으로 나타내고 있다.

[표 13-6] 32비트 x86 머신에서 수행되는 프로세스에 영역과 블록을 포함한 가상 메모리 지도

시작 주소	타입	크기	블록	보호 특성	설명
00000000	Free	65536			
00010000	Mapped	65536	1	-RW-	
00010000	Mapped	65536		-RW- ---	
00020000	Private	4096	1	-RW-	
00020000	Private	4096		-RW- ---	
00021000	Free	61440			
00030000	Private	1048576	3	-RW-	스레드 스택
00030000	Reserve	774144		-RW- ---	
. . .	. . .	. . .	. . .	. . .	. . .
00330000	Private	4096	1	-RW-	
00330000	Private	4096		-RW- ---	
00331000	Free	61440			
00340000	Mapped	20480	1	-RWC	\Device\HarddiskVolume1\Windows\System32\en-US\user32.dll.mui
00340000	Mapped	20480		-RWC ---	
. . .	. . .	. . .	. . .	. . .	. . .
003F0000	Free	65536			
00400000	Image	126976	7	ERWC	C:\Apps\14 VMMap.exe
00400000	Image	4096		-R-- ---	
00401000	Image	8192		ERW- ---	
00403000	Image	57344		ERWC ---	
00411000	Image	32768		ER-- ---	
00419000	Image	8192		-R-- ---	
0041B000	Image	8192		-RW- ---	

시작 주소	타입	크기	블록	보호 특성	설명
0041D000	Image	8192		−R−− −−−	
0041F000	Free	4096			
. . .	. . .	. . .	. . .	. . .	. . .
739B0000	Image	634880	9	ERWC	C:\Windows\WinSxS\x86_microsoft.vc80. crt_1fc8b3b9a1e18e3b_8.0.50727.312_none_ 10b2ee7b9bffc2c7\MSVCR80.dll
739B0000	Image	4096		−R−− −−−	
739B1000	Image	405504		ER−− −−−	
73A14000	Image	176128		−R−− −−−	
73A3F000	Image	4096		−RW− −−−	
73A40000	Image	4096		−RWC −−−	
73A41000	Image	4096		−RW− −−−	
73A42000	Image	4096		−RWC −−−	
73A43000	Image	12288		−RW− −−−	
73A46000	Image	20480		−R−− −−−	
73A4B000	Free	24072192			
75140000	Image	1654784	7	ERWC	C:\Windows\WinSxS\x86_microsoft. windows.common−controls_ 6595b64144ccf1df_6.0.6000.16386_ none_5d07289e07e1d100\comctl32.dll
75140000	Image	4096		−R−− −−−	
75141000	Image	1273856		ER−− −−−	
75278000	Image	4096		−RW− −−−	
75279000	Image	4096		−RWC −−−	
7527A000	Image	8192		−RW− −−−	
7527C000	Image	40960		−RWC −−−	
75286000	Image	319488		−R−− −−−	
752D4000	Free	1490944			
. . .	. . .	. . .	. . .	. . .	. . .
767F0000	Image	647168	5	ERWC	C:\Windows\system32\USER32.dll
767F0000	Image	4096		−R−− −−−	
767F1000	Image	430080		ER−− −−−	
7685A000	Image	4096		−RW− −−−	
7685B000	Image	4096		−RWC −−−	
7685C000	Image	204800		−R−− −−−	
7688E000	Free	8192			
. . .	. . .	. . .	. . .	. . .	. . .
76DA0000	Image	884736	5	ERWC	C:\Windows\system32\kernel32.dll
76DA0000	Image	4096		−R−− −−−	

시작 주소	타입	크기	블록	보호 특성	설명
76DA1000	Image	823296		ER-- ---	
76E6A000	Image	8192		-RW- ---	
76E6C000	Image	4096		-RWC ---	
76E6D000	Image	45056		-R-- ---	
76E78000	Free	32768			
. . .	. . .	. . .	. . .	. . .	. . .
7FFDF000	Private	4096	1	-RW-	
7FFDF000	Private	4096		-RW- ---	
7FFE0000	Private	65536	2	-R--	
7FFE0000	Private	4096		-R-- ---	
7FFE1000	Reserve	61440		-R-- ---	

프리 영역의 경우 이 영역에 매핑되어 있는 커밋된 저장소 페이지가 없기 때문에 추가적으로 확장되지 않았다. 각각의 행은 단일의 블록을 나타내고 있으며, 각 행은 4개의 열로 구성되어 있다. 각 열에 대한 설명은 다음과 같다.

첫 번째 열은 동일한 상태와 보호 특성을 가진 페이지들의 집합이 시작되는 주소를 나타낸다. 예를 들어 0x767F0000 주소에는 읽기 전용으로 보호되고 있는 단일 페이지(4096바이트)가 커밋되어 있다. 0x767F1000 주소에는 105개의 페이지(430,080바이트) 블록이 저장소를 커밋하고 있으며, 이 블록은 실행과 읽기만 가능하도록 보호되고 있다. 만일 두 개의 블록이 동일한 보호 특성을 가지고 있었더라면 가상 메모리 지도 상에는 106개의 페이지(434,176바이트)로 구성된 단일의 블록으로 표현되었을 것이다.

두 번째 열은 예약된 영역 내의 블록들이 어떤 형태의 물리적 저장소와 매핑되어 있는지를 보여준다. 이 열의 내용은 프리^{Free}, 프라이비트^{Private}, 맵^{Mapped}, 이미지^{Image}, 예약^{Reserve}의 5가지 중 하나가 될 수 있다. 프라이비트^{Private}, 맵^{Mapped}, 이미지^{Image}의 경우 페이징 파일, 데이터 파일, 로드된 .exe나 DLL 파일에 각기 물리적 저장소가 매핑되어 있음을 나타낸다. 만일 이 값이 프리^{Free}이거나 예약^{Reserve}이라면 아직 어떠한 물리적 저장소도 매핑되어 있지 않음을 나타낸다.

단일 영역 내에 커밋된 블록들은 대부분 동일한 형태의 물리적 저장소를 확보하고 있음을 알 수 있지만 단일 영역 내의 블록이라 할지라도 서로 다른 형태의 물리적 저장소에 매핑하는 것이 불가능한 것은 아니다. 예를 들어 메모리 맵 파일 이미지는 .exe나 DLL 파일과 매핑될 것인데, 사용자가 이 영역 내의 PAGE_WRITECOPY나 PAGE_EXECUTE_WRITECOPY 보호 특성을 가진 단일 페이지에 대해 쓰기를 시도하면 시스템은 파일 이미지 대신 프로세스 고유의 복사본 페이지를 가진 페이징 파일로 매핑 정보를 변경한다. 새로운 페이지는 카피 온 라이트 보호 특성을 제외한 나머지 페이지 특성은 동일하게 유지하고 있다.

세 번째 열은 블록의 크기를 보여준다. 단일 영역 내의 모든 블록들은 서로 인접되어 있으므로 블록 간에 빈 공간은 존재하지 않는다.

네 번째 열은 예약된 영역 내의 블록의 개수를 보여준다.

다섯 번째 열은 블록의 보호 특성과 보호 특성 플래그^{protection attribute flag} 값을 보여준다. 블록에 지정된 보호 특성은 해당 블록이 속해 있는 영역의 보호 특성에 우선한다. 블록에 지정할 수 있는 보호 특성은 영역에 지정할 수 있는 보호 특성 값과 완전히 동일하다. 하지만 PAGE_GUARD, PAGE_NOCACHE, PAGE_WRITECOMBINE는 영역에 대해서는 사용될 수 없고 블록의 보호 특성을 지정할 때에만 사용된다.

section 08 데이터 정렬의 중요성

이번 절에서는 프로세스의 가상 주소 공간에 대한 논의에서 조금 벗어나 데이터 정렬^{data alignment}의 중요성에 대해 이야기하고자 한다. 데이터 정렬의 문제는 운영체제의 메모리 구조와 관련이 있다기보다는 CPU의 구조와 관련되어 있다.

CPU는 데이터가 적절하게 정렬되어 있을 때 더욱 효율적으로 접근할 수 있다. 데이터가 저장되어 있는 메모리의 주소 값을 데이터의 크기로 나누었을 때 나머지가 0인 경우 데이터가 정렬되어 있다고 한다. 예를 들어 WORD 값이 저장되어 있는 메모리의 시작 주소는 2로 나누어 떨어지는 위치로부터 시작되는 것이 좋고 DWORD 값이 저장되어 있는 메모리의 시작 주소는 4로 나누어 떨어지는 위치로부터 시작되는 것이 좋다. CPU가 메모리 상에 정렬되지 않은 데이터를 읽어오려 하면 두 가지 중한 가지 작업이 수행된다. 첫째는 예외를 유발하는 것이고, 둘째는 정렬된 위치들을 여러 번 읽어서 정렬되지 않은 데이터를 모두 읽을 때까지 반복하는 것이다.

아래에 정렬되지 않은 데이터에 접근하는 코드의 예를 나타내 보았다.

```
VOID SomeFunc(PVOID pvDataBuffer) {

    // 매개변수로 전달된 버퍼의 첫 번째 바이트에는 1바이트로 구성된 정보가 있다.
    char c = * (PBYTE) pvDataBuffer;

    // 버퍼로부터 첫 번째 바이트를 제외한 위치를 얻는다.
    pvDataBuffer = (PVOID)((PBYTE) pvDataBuffer + 1);

    // 2번째부터 5번째 바이트에 포함되어 있는 더블워드 값을 가져온다.
    DWORD dw = * (DWORD *) pvDataBuffer;
```

```
// 몇몇 CPU에서는 위의 행을 수행할 때 데이터 비정렬 예외를 유발한다.
...
```

CPU가 메모리에 여러 번 접근하게 되면 애플리케이션의 속도에 영향을 준다는 것은 너무나 자명하다. 정렬되지 않은 데이터를 가져오기 위해서는 정렬된 데이터를 가져오기 위한 메모리 접근 횟수의 2배만큼 반복하여 메모리에 접근해야 하며, 실제 소요되는 시간은 2배 이상으로 훨씬 더 길어진다. 애플리케이션이 최상의 성능을 발휘하도록 하려면 데이터가 적절히 정렬되도록 코드를 작성해야 한다.

x86 CPU가 데이터 정렬 문제를 어떻게 처리하는지 좀 더 자세히 알아보자. x86 CPU는 EFLAGS 레지스터 상에 AC^alignment check(정렬 확인) 플래그를 가지고 있다. CPU에 전원이 인가되면 이 값은 기본적으로 0 값을 가지게 된다. 이 값이 0이면 CPU가 정렬되지 않은 데이터에 접근하는 경우에도 값을 얻기 위해 수행해야 하는 추가적인 작업들을 자동적으로 수행한다. x86 버전의 윈도우는 CPU의 AC 플래그 값을 절대로 변경하지 않는다. 따라서 x86 프로세서 상에서 구동되는 윈도우에서 프로그램을 수행하는 경우에는 데이터 비정렬 예외가 발생할 가능성이 전혀 없다. AMD x86-64 CPU에서도 이러한 동작 방식은 동일하며, 기본적으로 데이터 비정렬 폴트^misalignment fault를 하드웨어가 직접 처리한다.

이제 IA-64 CPU에 대해 알아보자. IA-64 CPU는 정렬되지 않은 데이터에 대한 접근 문제를 자동으로 처리하지 못한다. 대신 비정렬 데이터^misaligned data에 접근할 경우 운영체제에게 그 사실을 알려주게 된다. 윈도우는 이러한 사실을 통보받으면 데이터 비정렬 예외^misalignment exception를 유발시킬 것인지 아니면 추가적인 작업들을 수행하여 문제를 해결하고 코드를 계속해서 수행할 것인지를 결정하게 된다. 기본적으로 IA-64 머신에 윈도우를 설치하면 운영체제가 비정렬 폴트를 EXCEPTION_DATATYPE_MISALIGNMENT 예외로 전환시켜준다. 그런데 이러한 동작 방식은 변경이 가능하다. 만일 특정 프로세스 내의 모든 스레드들에 대해 정렬되지 않은 데이터에 접근하려는 시도가 있을 때, 시스템이 자동으로 비정렬 문제를 처리해 주기를 원한다면 프로세스 내의 아무 스레드에서나 SetErrorMode 함수를 호출해 주면 된다.

```
UINT SetErrorMode(UINT fuErrorMode);
```

이때 함수의 인자로는 SEM_NOALIGNMENTFAULTEXCEPT 플래그를 전달해야 한다. 이 플래그가 설정되면 윈도우는 자동적으로 비정렬 데이터 접근 문제를 해결한다. 반면 이 플래그가 설정되지 않으면 비정렬 데이터 접근 문제를 윈도우가 처리하지 않고 데이터 비정렬 예외를 발생시킨다. 이 플래그의 설정을 한 번 변경하고 나면 프로세스가 종료될 때까지 그 설정을 다시 변경할 수 없다.

프로세스 내의 특정 스레드에서 이 플래그를 변경하면 해당 스레드가 속한 프로세스 내의 스레드들에 대해서만 영향을 미치게 된다. 다시 말해, 특정 프로세스에서 이 플래그를 변경하더라도 다른 프로세스에서 수행되는 스레드들에는 영향을 미치지 않는다. 이와 같은 플래그 설정 정보는 차일드 프로세스로 상속되기 때문에 CreateProcess 함수를 호출하기 전에 이 플래그를 임시로 해제하고 싶을 수도 있다(SEM_NOALIGNMENTFAULTEXCEPT 플래그를 한 번 설정하고 나면 다시 변경할 수 없음에도 불구하고).

어떤 CPU 플랫폼을 사용하더라도 SEM_NOALIGNMENTFAULTEXCEPT 플래그를 인자로 Set-ErrorMode 함수를 호출할 수 있다. 하지만 수행 결과가 항상 동일하지는 않다. x86과 x64 시스템의 경우 이 플래그는 항상 설정되어 있으며, 설정 해제할 수 없다. 안정성 및 성능 모니터^{Reliability and Performance} ^{Monitor}를 이용하면 초당 몇 회나 데이터 정렬 문제가 처리되고 있는지 확인할 수 있다. 다음 그림은 이 카운터를 차트에 추가하기 직전의 카운터 추가^{Add Counters} 다이얼로그 박스의 모습을 보여주고 있다.

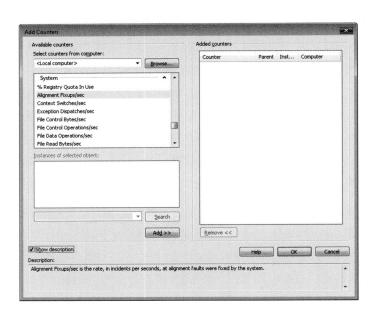

이 카운터는 CPU가 비정렬 데이터에 접근할 때 운영체제에게 그 사실을 알려준 횟수가 초당 몇 회나 되는지를 보여준다. 이 카운터 값을 x86 머신에서 확인해 보면 항상 0 값을 보여주게 될 텐데, 그 이유는 x86 CPU에서는 항상 CPU 내부적으로 데이터 비정렬 문제를 처리하고 운영체제에게 그 사실을 알려주지 않기 때문이다. 사실 x86 머신에서의 비정렬 데이터 접근 문제는 CPU 자체적으로 해결되기 때문에 소프트웨어적으로(운영체제의 시스템 코드를 통해) 문제를 해결하는 것에 비해 애플리케이션의 성능에 심각한 영향을 미치지는 않는다. 앞서 살펴본 것과 같이 애플리케이션이 정상 동작하도록 하기 위해서는 단순히 SetErrorMode를 호출해 주기만 하면 된다. 하지만 이러한 해결책이 가장 효율적인 방법이라고 볼 수는 없다.

마이크로소프트의 IA-64 C/C++ 컴파일러는 __unaligned라는 특별한 키워드^{keyword}를 제공한다. __unaligned 한정자는 const나 volatile 한정자처럼 사용되긴 하지만 포인터 변수에 대해서만 의미를 가진다는 점에서 차이가 있다. 만일 이 한정자를 지정한 포인터를 통해 정렬되지 않은 데이터에 접근하게 되면 CPU는 데이터를 가져오기 위해 필요한 추가적인 CPU 명령들을 추가한다. 아래에 나타낸 코드는 앞서 예로 들었던 코드의 수정판으로 __unaligned 키워드의 장점을 활용하는 예를 보여주고 있다.

```
VOID SomeFunc(PVOID pvDataBuffer) {

    // 매개변수로 전달된 버퍼의 첫 번째 바이트에는 1바이트로 구성된 정보가 있다.
    char c = * (PBYTE) pvDataBuffer;

    // 버퍼로부터 첫 번째 바이트를 제외한 위치를 얻는다.
    pvDataBuffer = (PVOID)((PBYTE) pvDataBuffer + 1);

    // 2번째부터 5번째 바이트에 포함되어 있는 더블워드 값을 가져온다.
    DWORD dw = * (__unaligned DWORD *) pvDataBuffer;

    // 위 라인은 컴파일러가 추가적인 명령을 생성하도록 유도하여
    // DWORD 데이터를 읽기 위해 여러 번의 정렬 데이터 접근을 시도하도록 한다.
    // 따라서 데이터 비정렬 예외는 발생하지 않는다.
    ...
```

컴파일러가 생성한 추가적인 코드를 통해 비정렬 문제를 해결하는 것이 CPU가 비정렬 데이터 접근 시 예외를 유발하고 그 예외를 운영체제가 처리하는 것에 비하면 훨씬 더 효율적이라 할 수 있다. 하지만 Alignment Fixups/sec 카운터를 살펴보면 정렬되지 않은 포인터를 이용하여 데이터에 접근하는 경우에도 상대적인 성능 저하가 발생하는 것을 발견할 수는 없는데, 이는 정렬된 구조체에 접근하는 경우에도 컴파일러가 추가적인 코드를 포함시키기 때문이다. 따라서 이 경우 효율적이지 않은 코드를 생성하는 결과를 가져온다.

마지막으로, __unaligned 키워드는 x86 버전의 마이크로소프트 C/C++ 컴파일러에서는 지원되지 않는다. 마이크로소프트는 CPU가 자체적으로 비정렬 데이터에 대한 접근 문제를 해결하기 때문에 굳이 이러한 키워드를 지원할 필요가 없다고 생각했을 것이다. 하지만 이로 인해 __unaligned 키워드를 사용한 코드를 x86 컴파일러를 이용하여 컴파일하게 되면 에러를 유발하게 된다. 만일 애플리케이션을 CPU의 종류에 상관없이 단일의 소스 코드 single source code 로 구성하고 싶다면 __unaligned 키워드 대신 WinNT.h에서 정의하고 있는 UNALIGNED나 UNALIGNED64 매크로를 사용하면 된다. UNALIGNED* 매크로는 WinNT.h 파일에 다음과 같이 정의되어 있다.

```
#if defined(_M_MRX000) || defined(_M_ALPHA) || defined(_M_PPC) ||
    defined(_M_IA64) || defined(_M_AMD64)
  #define ALIGNMENT_MACHINE
  #define UNALIGNED __unaligned
  #if defined(_WIN64)
    #define UNALIGNED64 __unaligned
  #else
    #define UNALIGNED64
  #endif
#else
```

```
    #undef ALIGNMENT_MACHINE
    #define UNALIGNED
    #define UNALIGNED64
#endif
```

Chapter **14**

가상 메모리 살펴보기

1. 시스템 정보
2. 가상 메모리 상태
3. NUMA 머신에서의 메모리 관리
4. 주소 공간의 상태 확인하기

이전 장에서는 시스템이 가상 메모리를 어떻게 관리하고, 각각의 프로세스가 어떻게 자신만의 주소 공간을 가지는지, 프로세스의 주소 공간이 어떻게 구성되는지에 대해 논의했다. 이번 장에서는 추상적인 개념으로부터 벗어나서 시스템의 메모리 관리 정보와 프로세스의 가상 주소 공간에 대한 정보를 획득할 수 있는 몇 가지 마이크로소프트 윈도우 함수를 실제로 사용해 볼 것이다.

section 01 시스템 정보

다양한 운영체제 구성 정보는 어떤 형태의 머신을 사용하고 있는지에 따라 달라지게 된다. 페이지 크기나 할당 단위 크기 등의 값도 머신의 형태에 따라 달라질 수 있다. 이러한 운영체제 구성 정보와 관련된 값들을 소스 코드에서 사용할 때에는 절대 하드코딩해서는 안 된다. 대신 프로세스가 초기화될 때 값을 얻어오고, 소스 코드의 다른 부분에서는 앞서 얻어온 값을 사용해야 한다. GetSystemInfo 함수를 이용하면 현재 시스템의 구성 정보와 관련된 값들을 가져올 수 있다.

```
VOID GetSystemInfo(LPSYSTEM_INFO psi);
```

이 함수의 인자로는 SYSTEM_INFO 구조체의 주소를 전달해야 한다. 함수는 전달된 구조체의 멤버들을 적절한 값으로 채운 후 반환한다. SYSTEM_INFO 데이터 구조체는 다음과 같이 정의되어 있다.

```
typedef struct _SYSTEM_INFO {
   union {
      struct {
         WORD wProcessorArchitecture;
         WORD wReserved;
      };
   };
   DWORD     dwPageSize;
   LPVOID    lpMinimumApplicationAddress;
   LPVOID    lpMaximumApplicationAddress;
   DWORD_PTR dwActiveProcessorMask;
   DWORD     dwNumberOfProcessors;
   DWORD     dwProcessorType;
   DWORD     dwAllocationGranularity;
   WORD      wProcessorLevel;
   WORD      wProcessorRevision;
} SYSTEM_INFO, *LPSYSTEM_INFO;
```

시스템이 부팅되는 순간 이러한 값들은 미리 결정되기 때문에 어떤 시스템에서든지 프로세스 내에서 반복적으로 이 함수를 호출할 필요는 없다. GetSystemInfo 함수는 애플리케이션 수행 중에 운영체제의 구성 정보를 얻어오기 위해 필요한 함수다. 이 구조체 내의 멤버 중 4개의 멤버만이 메모리와 연관되어 있으며, 이 멤버들에 대해서는 [표 14-1]에 그 내용을 나타냈다.

[표 14-1] 메모리 관리와 연관된 SYSTEM_INFO 구조체 멤버

멤버 이름	설명
dwPageSize	CPU의 페이지 크기. x86과 x64 머신에서는 4096바이트이며, IA-64 머신에서는 8192바이트이다.
lpMinimumApplicationAddress	각 프로세스가 사용할 수 있는 가장 작은 주소 값. 모든 프로세스의 가장 작은 주소 값(0)으로부터 64KB에 해당하는 주소 공간은 항상 프리 상태를 유지해야 하기 때문에 이 값은 65,536 혹은 0x00010000이다.
lpMaximumApplicationAddress	각 프로세스가 사용할 수 있는 가장 큰 주소 값.
dwAllocationGranularity	프로세스 주소 공간에서 특정 영역을 예약할 때 사용하는 단위 크기. 이 책을 쓸 때까지는 모든 윈도우 플랫폼에서 65,536 값을 가지고 있었다.

다른 멤버들은 메모리 관리와는 상관이 없으며 [표 14-2]에 그 내용을 나타냈다.

[표 14-2] 메모리 관리와 상관없는 SYSTEM_INFO 구조체 멤버

멤버 이름	설명
wReserved	미래에 사용될 수 있도록 예약된 공간이므로 사용하지 말아야 함.

멤버 이름	설명
dwNumberOfProcessors	머신에 설치된 CPU의 개수. 듀얼 코어 CPU의 경우 이 값은 2를 가진다.
dwActiveProcessorMask	사용 가능한 CPU를 가리키는 비트마스크(스레드를 수행할 수 있는 CPU).
dwProcessorType	더 이상 사용되지 않으므로 사용하지 말아야 함.
wProcessorArchitecture	x86, x64, IA-64와 같은 프로세서의 아키텍처를 나타내는 값.
wProcessorLevel	프로세서의 아키텍처를 세분화한 값으로 펜티엄 III, 펜티엄 IV 등을 나타내기 위한 값. 특정 기능이 현재 CPU에서 지원되는지를 확인하려 하는 경우에는 이 값을 사용하기보다는 IsProcessorFeaturePresent 함수를 사용하는 것이 좋다.
wProcessorRevision	프로세서의 레벨을 세부화한 값.

현재 머신에 설치되어 있는 프로세스에 대한 좀 더 자세한 내용을 획득하기 위해서는 다음의 코드 예제처럼 GetLogicalProcessorInformation 함수를 활용하면 된다.

```
void ShowProcessors() {
    PSYSTEM_LOGICAL_PROCESSOR_INFORMATION pBuffer = NULL;
    DWORD dwSize = 0;
    DWORD procCoreCount;

    BOOL bResult = GetLogicalProcessorInformation(pBuffer, &dwSize);
    if (GetLastError() != ERROR_INSUFFICIENT_BUFFER) {
        _tprintf(TEXT("Impossible to get processor information\n"));
        return;
    }

    pBuffer = (PSYSTEM_LOGICAL_PROCESSOR_INFORMATION)malloc(dwSize);
    bResult = GetLogicalProcessorInformation(pBuffer, &dwSize);
    if (!bResult) {
        free(pBuffer);

        _tprintf(TEXT("Impossible to get processor information\n"));
        return;
    }

    procCoreCount = 0;
    DWORD lpiCount = dwSize /
                      sizeof(SYSTEM_LOGICAL_PROCESSOR_INFORMATION);
    for(DWORD current = 0; current < lpiCount; current++) {
        if (pBuffer[ current].Relationship == RelationProcessorCore) {
            if (pBuffer[ current].ProcessorCore.Flags == 1) {
```

```
                _tprintf(TEXT(" + one CPU core (HyperThreading)\n"));
            } else {
                _tprintf(TEXT(" + one CPU socket\n"));
            }
            procCoreCount++;
        }
    }
    _tprintf(TEXT(" -> %d active CPU(s)\n"), procCoreCount);

    free(pBuffer);
}
```

64비트 윈도우에서 32비트 애플리케이션을 구동하기 위해 마이크로소프트는 WOW64라고 알려진 Windows 32-bit On Windows 64-bit 에뮬레이션 레이어를 제공한다. 이 경우 64비트 애플리케이션에서 GetSystemInfo 함수를 호출한 결과와 WOW64에서 수행되는 32비트 애플리케이션에서 GetSystemInfo 함수를 호출한 결과는 서로 다를 수 있다. 예를 들어 IA-64 머신에서 64비트 애플리케이션과 32비트 애플리케이션을 각각 수행하여 SYSTEM_INFO 구조체의 dwPageSize 멤버를 확인해 보면 각각 8KB와 4KB의 값을 가지게 된다. 만일 특정 프로세스가 WOW64에서 수행되고 있는지를 확인하고 싶다면 IsWow64Process 함수를 호출해 보면 된다.

```
BOOL IsWow64Process(
    HANDLE hProcess,
    PBOOL pbWow64Process);
```

이 함수의 첫 번째 매개변수로는 프로세스의 핸들 값을 전달해 주면 되는데, 현재 수행 중인 프로세스의 경우 GetCurrentProcess 함수의 반환 값을 사용하면 된다. IsWow64Process 함수에 유효하지 않은 인자를 전달하면 이 함수는 FALSE를 반환한다. 이 함수가 TRUE를 반환하는 경우에는 pbWow-64Process 매개변수가 가리키는 BOOL 값으로 TRUE 혹은 FALSE 값이 반환된다. 32비트 애플리케이션이 32비트 윈도우에서 수행되는 경우나 64비트 애플리케이션이 64비트 윈도우에서 수행되는 경우 이 값은 FALSE가 된다. 32비트 애플리케이션이 WOW64에서 수행되는 경우 이 값은 TRUE가 되는데, 이 경우 GetNativeSystemInfo 함수를 호출하여 에뮬레이션 상태의 시스템 정보가 아니라 실제 머신의 시스템 정보를 얻어올 수 있다.

```
void GetNativeSystemInfo(
    LPSYSTEM_INFO pSystemInfo);
```

IsWow64Process 함수 대신 OS_WOW6432를 인자로 ShlWApi.h에서 정의하고 있는 IsOS 함수를 사용할 수도 있다. 32비트 애플리케이션이 WOW64에서 수행되고 있는 경우 이 함수를 호출하면

TRUE가 반환되고, 32비트 애플리케이션이 32비트 윈도우 시스템에서 수행되고 있는 경우 FALSE가 반환된다.

 64비트 윈도우에서 제공되는 32비트 에뮬레이션 기능에 대해 좀 더 자세히 알고 싶으면 http://www.microsoft. com/whdc/system/platform/64bit/WoW64_bestprac.mspx 링크를 통해 얻을 수 있는 "최상의 WOW64 연습 Best Practices for WOW64" 백서를 읽어보기 바란다.

1 시스템 정보 예제 애플리케이션

SysInfo.cpp 소스 코드는 GetSystemInfo를 호출하여 획득한 SYSTEM_INFO 구조체의 내용을 보여주는 예제 애플리케이션이다. 소스 코드와 리소스 파일은 한빛미디어 홈페이지를 통해 제공되는 소스 파일의 14-SysInfo 폴더에 있다. [그림 14-1]은 서로 다른 플랫폼에서 SysInfo 애플리케이션을 각각 수행했을 때의 결과 화면이다.

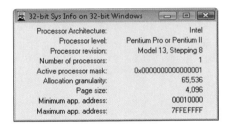
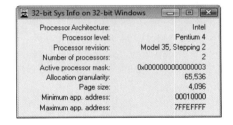
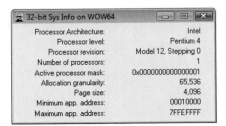
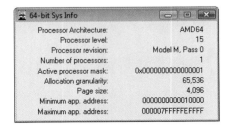

[그림 14-1] 32비트 애플리케이션을 32비트 윈도우에서 수행했을 때(좌측 상단). 32비트 애플리케이션을 듀얼코어 프로세서를 가진 32비트 윈도우에서 수행했을 때(우측 상단). 32비트 애플리케이션을 64비트 윈도우에서 수행했을 때(좌측 하단). 64비트 애플리케이션을 64비트 윈도우에서 수행했을 때(우측 하단)

SysInfo.cpp

```
/*****************************************************************
Module:  SysInfo.cpp
Notices: Copyright (c) 2008 Jeffrey Richter & Christophe Nasarre
*****************************************************************/
```

```
#include "..\CommonFiles\CmnHdr.h"        /* 부록 A를 보라. */
#include <windowsx.h>
#include <tchar.h>
#include <stdio.h>
#include "Resource.h"
#include <StrSafe.h>


///////////////////////////////////////////////////////////////////////////

// 이 함수는 숫자를 받아들여 세 자리마다 쉼표를 추가한
// 문자열로 변경한다.
PTSTR BigNumToString(LONG lNum, PTSTR szBuf, DWORD chBufSize) {

    TCHAR szNum[100];
    StringCchPrintf(szNum, _countof(szNum), TEXT("%d"), lNum);
    NUMBERFMT nf;
    nf.NumDigits = 0;
    nf.LeadingZero = FALSE;
    nf.Grouping = 3;
    nf.lpDecimalSep = TEXT(".");
    nf.lpThousandSep = TEXT(",");
    nf.NegativeOrder = 0;
    GetNumberFormat(LOCALE_USER_DEFAULT, 0, szNum, &nf, szBuf, chBufSize);
    return(szBuf);
}


///////////////////////////////////////////////////////////////////////////

void ShowCPUInfo(HWND hWnd, WORD wProcessorArchitecture,
    WORD wProcessorLevel, WORD wProcessorRevision) {

    TCHAR szCPUArch[64]  = TEXT("(unknown)");
    TCHAR szCPULevel[64] = TEXT("(unknown)");
    TCHAR szCPURev[64]   = TEXT("(unknown)");

    switch (wProcessorArchitecture) {
        // AMD 프로세서의 경우에도 PROCESSOR_ARCHITECTURE_INTEL 값을
        // 가진다는 것에 유의하라. 이 경우 레지스트리에서
        // HKEY_LOCAL_MACHINE\HARDWARE\DESCRIPTION\System\CentralProcessor\0
        // 이하의 "VendorIdentifier" 값을 확인해 보면
        // "GenuineIntel" 혹은 "AutheticAMD" 값을 가지고 있다.
        //
        // 인텔 CPU의 각 모델별 코드를 확인하려면
        // http://download.intel.com/design/Xeon/applnots/24161831.pdf를
        // 읽어보기 바란다.
```

```
// AMD CPU의 각 모델별 코드를 확인하려면
// http://www.amd.com/us-en/assets/content_type/white_papers_and_
// tech_docs/20734.pdf를 읽어보기 바란다.
//
case PROCESSOR_ARCHITECTURE_INTEL:
   _tcscpy_s(szCPUArch, _countof(szCPUArch), TEXT("Intel"));
   switch (wProcessorLevel) {
   case 3: case 4:
      StringCchPrintf(szCPULevel, _countof(szCPULevel), TEXT("80%c86"),
         wProcessorLevel + '0');
      StringCchPrintf(szCPURev, _countof(szCPURev), TEXT("%c%d"),
         HIBYTE(wProcessorRevision) + TEXT('A'),
         LOBYTE(wProcessorRevision));
      break;

   case 5:
      _tcscpy_s(szCPULevel, _countof(szCPULevel), TEXT("Pentium"));
      StringCchPrintf(szCPURev, _countof(szCPURev),
         TEXT("Model %d, Stepping %d"),
         HIBYTE(wProcessorRevision), LOBYTE(wProcessorRevision));
      break;

   case 6:
      switch (HIBYTE(wProcessorRevision)) {  // 모델
         case 1:
            _tcscpy_s(szCPULevel, _countof(szCPULevel),
               TEXT("Pentium Pro"));
            break;

         case 3:
         case 5:
            _tcscpy_s(szCPULevel, _countof(szCPULevel),
               TEXT("Pentium II"));
            break;

         case 6:
            _tcscpy_s(szCPULevel, _countof(szCPULevel),
               TEXT("Celeron"));
            break;

         case 7:
         case 8:
         case 11:
            _tcscpy_s(szCPULevel, _countof(szCPULevel),
               TEXT("Pentium III"));
```

```
            break;

        case 9:
        case 13:
            _tcscpy_s(szCPULevel, _countof(szCPULevel),
                TEXT("Pentium M"));
            break;

        case 10:
            _tcscpy_s(szCPULevel, _countof(szCPULevel),
                TEXT("Pentium Xeon"));
            break;

        case 15:
            _tcscpy_s(szCPULevel, _countof(szCPULevel),
                TEXT("Core 2 Duo"));
            break;

        default:
            _tcscpy_s(szCPULevel, _countof(szCPULevel),
                TEXT("Unknown Pentium"));
            break;
        }
        StringCchPrintf(szCPURev, _countof(szCPURev),
            TEXT("Model %d, Stepping %d"),
            HIBYTE(wProcessorRevision), LOBYTE(wProcessorRevision));
        break;

    case 15:
        _tcscpy_s(szCPULevel, _countof(szCPULevel), TEXT("Pentium 4"));
        StringCchPrintf(szCPURev, _countof(szCPURev),
            TEXT("Model %d, Stepping %d"),
            HIBYTE(wProcessorRevision), LOBYTE(wProcessorRevision));
        break;
    }
    break;

case PROCESSOR_ARCHITECTURE_IA64:
    _tcscpy_s(szCPUArch, _countof(szCPUArch), TEXT("IA-64"));
    StringCchPrintf(szCPULevel, _countof(szCPULevel), TEXT("%d"),
        wProcessorLevel);
    StringCchPrintf(szCPURev, _countof(szCPURev), TEXT("Model %c, Pass %d"),
        HIBYTE(wProcessorRevision) + TEXT('A'),
        LOBYTE(wProcessorRevision));
    break;
```

```
        case PROCESSOR_ARCHITECTURE_AMD64:
            _tcscpy_s(szCPUArch, _countof(szCPUArch), TEXT("AMD64"));
            StringCchPrintf(szCPULevel, _countof(szCPULevel), TEXT("%d"),
                wProcessorLevel);
            StringCchPrintf(szCPURev, _countof(szCPURev), TEXT("Model %c, Pass %d"),
                HIBYTE(wProcessorRevision) + TEXT('A'),
                LOBYTE(wProcessorRevision));
            break;

        case PROCESSOR_ARCHITECTURE_UNKNOWN:
        default:
            _tcscpy_s(szCPUArch, _countof(szCPUArch), TEXT("Unknown"));
            break;
    }

    SetDlgItemText(hWnd, IDC_PROCARCH,  szCPUArch);
    SetDlgItemText(hWnd, IDC_PROCLEVEL, szCPULevel);
    SetDlgItemText(hWnd, IDC_PROCREV,   szCPURev);
}

void ShowBitness(HWND hWnd) {
    TCHAR szFullTitle[100];
    TCHAR szTitle[32];
    GetWindowText(hWnd, szTitle, _countof(szTitle));

#if defined(_WIN64)
// 64비트 애플리케이션은 64비트 윈도우에서만 수행될 수 있다.
// 따라서 _WIN64 심벌이 컴파일러에 의해 설정되어 있는지만
// 확인하면 된다.

    StringCchPrintf(szFullTitle, _countof(szFullTitle),
        TEXT("64-bit %s"), szTitle);
#else
    BOOL bIsWow64 = FALSE;
    if (!IsWow64Process(GetCurrentProcess(), &bIsWow64)) {
        chFAIL("Failed to get WOW64 state.");
        return;
    }

    if (bIsWow64) {
        StringCchPrintf(szFullTitle, _countof(szFullTitle),
            TEXT("32-bit %s on WOW64"), szTitle);
    } else {
        StringCchPrintf(szFullTitle, _countof(szFullTitle),
            TEXT("32-bit %s on 32-bit Windows"), szTitle);
```

```
    }
#endif

    SetWindowText(hWnd, szFullTitle);
}

//////////////////////////////////////////////////////////////////////////

BOOL Dlg_OnInitDialog(HWND hWnd, HWND hWndFocus, LPARAM lParam) {

    chSETDLGICONS(hWnd, IDI_SYSINFO);

    SYSTEM_INFO sinf;
    GetSystemInfo(&sinf);

    ShowCPUInfo(hWnd, sinf.wProcessorArchitecture,
        sinf.wProcessorLevel, sinf.wProcessorRevision);

    TCHAR szBuf[50];
    SetDlgItemText(hWnd, IDC_PAGESIZE,
        BigNumToString(sinf.dwPageSize, szBuf, _countof(szBuf)));

    StringCchPrintf(szBuf, _countof(szBuf), TEXT("%p"),
        sinf.lpMinimumApplicationAddress);
    SetDlgItemText(hWnd, IDC_MINAPPADDR, szBuf);

    StringCchPrintf(szBuf, _countof(szBuf), TEXT("%p"),
        sinf.lpMaximumApplicationAddress);
    SetDlgItemText(hWnd, IDC_MAXAPPADDR, szBuf);

    StringCchPrintf(szBuf, _countof(szBuf), TEXT("0x%016I64X"),
        (__int64) sinf.dwActiveProcessorMask);
    SetDlgItemText(hWnd, IDC_ACTIVEPROCMASK, szBuf);

    SetDlgItemText(hWnd, IDC_NUMOFPROCS,
        BigNumToString(sinf.dwNumberOfProcessors, szBuf, _countof(szBuf)));

    SetDlgItemText(hWnd, IDC_ALLOCGRAN,
        BigNumToString(sinf.dwAllocationGranularity, szBuf, _countof(szBuf)));

    ShowBitness(hWnd);

    return(TRUE);
}
```

```
/////////////////////////////////////////////////////////////////////

void Dlg_OnCommand(HWND hWnd, int id, HWND hWndCtl, UINT codeNotify) {

   switch (id) {
      case IDCANCEL:
         EndDialog(hWnd, id);
         break;
   }
}

/////////////////////////////////////////////////////////////////////

INT_PTR WINAPI Dlg_Proc(HWND hDlg, UINT uMsg, WPARAM wParam, LPARAM lParam) {

   switch (uMsg) {
      chHANDLE_DLGMSG(hDlg, WM_INITDIALOG, Dlg_OnInitDialog);
      chHANDLE_DLGMSG(hDlg, WM_COMMAND,    Dlg_OnCommand);
   }
   return(FALSE);
}

/////////////////////////////////////////////////////////////////////

int WINAPI _tWinMain(HINSTANCE hInstExe, HINSTANCE, PTSTR, int) {

   DialogBox(hInstExe, MAKEINTRESOURCE(IDD_SYSINFO), NULL, Dlg_Proc);
   return(0);
}

///////////////////////////// 파일의 끝 /////////////////////////////
```

section 02 가상 메모리 상태

윈도우는 메모리의 현재 상태에 대한 동적인 정보를 획득할 수 있도록 GlobalMemoryStatus 함수를
제공하고 있다.

```
VOID GlobalMemoryStatus(LPMEMORYSTATUS pmst);
```

개인적인 견해로, 이 함수는 이름이 잘못 명명된 것 같다. GlobalMemoryStatus라는 이름은 마치 16 비트 윈도우의 전역 힙global heap과 연관된 함수인 것 같은 느낌은 준다. 이보다는 이 함수를 Virtual-MemoryStatus라고 명명하는 편이 더 적절하다고 생각한다.

GlobalMemoryStatus를 호출할 때에는 인자로 MEMORYSTATUS 구조체의 주소를 전달해야 한다. MEMORYSTATUS 데이터 구조체는 다음과 같이 정의되어 있다.

```
typedef struct _MEMORYSTATUS {
    DWORD dwLength;
    DWORD dwMemoryLoad;
    SIZE_T dwTotalPhys;
    SIZE_T dwAvailPhys;
    SIZE_T dwTotalPageFile;
    SIZE_T dwAvailPageFile;
    SIZE_T dwTotalVirtual;
    SIZE_T dwAvailVirtual;
} MEMORYSTATUS, *LPMEMORYSTATUS;
```

GlobalMemoryStatus 함수를 호출하기 전에 MEMORYSTATUS 구조체의 dwLength 멤버가 MEMORYSTATUS 구조체의 크기를 가지도록 초기화해야 한다. 이러한 초기화 방식을 취함으로써 마이크로소프트가 차이 버전의 윈도우를 출시할 때 이 구조체에 새로운 멤버를 추가하더라도 기존의 애플리케이션은 아무런 문제없이 동작되게 할 수 있다. 다음 절에서 VMStat 예제 애플리케이션을 설명할 때 이 구조체의 각 멤버들과 그 의미에 대해 살펴볼 것이다.

만일 애플리케이션이 4GB 이상의 램을 장착한 머신에서 수행될 것이라 예측되거나 전체 스왑 파일의 크기가 4GB 이상 될 것이라 생각된다면 새롭게 소개된 GlobalMemoryStatusEx 함수를 사용할 수도 있다.

```
BOOL GlobalMemoryStatusEx(LPMEMORYSTATUSEX pmst);
```

이 함수를 사용할 때에는 MEMORYSTATUSEX 구조체의 주소를 인자로 전달해야 한다.

```
typedef struct _MEMORYSTATUSEX {
    DWORD dwLength;
    DWORD dwMemoryLoad;
    DWORDLONG ullTotalPhys;
    DWORDLONG ullAvailPhys;
    DWORDLONG ullTotalPageFile;
    DWORDLONG ullAvailPageFile;
    DWORDLONG ullTotalVirtual;
    DWORDLONG ullAvailVirtual;
    DWORDLONG ullAvailExtendedVirtual;
} MEMORYSTATUSEX, *LPMEMORYSTATUSEX;
```

이 구조체는 각 멤버들의 크기가 4GB 이상의 값을 수용할 수 있도록 하기 위해 64비트로 커진 것을 제외하고는 기존의 MEMORYSTATUS 구조체와 그 내용이 거의 일치한다. 구조체의 가장 마지막 멤버로 추가된 ullAvailExtendedVirtual 멤버는 이 함수를 호출하는 프로세스의 가상 주소 공간의 VLM ^{very large memory} 내의 예약되지 않은 메모리의 크기를 나타낸다. VLM은 몇몇 CPU에서 특수한 설정을 할 경우에만 의미를 가진다.

section 03 NUMA 머신에서의 메모리 관리

7장 "스레드 스케줄링, 우선순위, 그리고 선호도"에서 언급한 바와 같이 NUMA ^{Non-Uniform Memory Access} 머신은 자신의 노드뿐만 아니라 다른 노드의 메모리에도 접근이 가능하다. 하지만 CPU는 다른 노드에 속한 메모리에 접근하는 것보다 자신의 노드에 속한 메모리에 접근하는 것이 월등히 빠르다. 기본적으로 스레드가 물리적 저장소를 커밋하려 하는 경우 운영체제는 성능을 향상시키기 위해 CPU와 동일한 노드에 위치한 램만을 물리적 저장소로 커밋하려 하며 물리적 저장소가 충분하지 않을 경우에만 다른 노드에 위치한 램을 사용한다.

GlobalMemoryStatusEx 함수가 성공적으로 반환되면 ullAvailPhys 멤버 값은 모든 노드의 가용 메모리의 합을 나타내게 된다. 특정 NUMA 노드 내의 가용 메모리만을 얻어오고 싶다면 다음 함수를 호출하면 된다.

```
BOOL GetNumaAvailableMemoryNode(
    UCHAR uNode,
    PULONGLONG pulAvailableBytes);
```

pulAvailableBytes 매개변수가 가리키는 ULONGLONG 값은 uNode 매개변수에 의해 구분되는 특정 노드의 가용 메모리 크기를 가져온다. GetNumaProcessorNode 함수를 호출하면 현재 CPU가 설치되어 있는 NUMA 노드의 번호를 가져올 수 있다.

```
BOOL WINAPI GetNumaProcessorNode(
    UCHAR Processor,
    PUCHAR NodeNumber);
```

시스템에 설치된 전체 노드의 개수를 얻어오려면 다음 함수를 호출하면 된다.

```
BOOL GetNumaHighestNodeNumber(PULONG pulHighestNodeNumber);
```

0부터 pulHighestNodeNumber가 가리키는 값 사이의 노드 번호를 이용하여 해당 노드에 설치되어 있는 CPU의 목록을 얻어올 수 있다.

```
BOOL GetNumaNodeProcessorMask(
    UCHAR uNode,
    PULONGLONG pulProcessorMask);
```

uNode 매개변수는 특정 노드를 나타내는 숫자로 된 구분자다. pulProcessorMask 매개변수가 가리키는 ULONGLONG 값으로는 비트마스크가 반환되는데, 각각의 비트가 하나의 CPU를 나타내며, 비트 값이 설정되어 있는 CPU가 노드 상에 설치된 CPU들이다.

앞서 언급한 바와 같이 윈도우는 성능을 향상시키기 위해 자동적으로 스레드와 스레드가 사용하는 램을 동일 노드에 유지하려고 한다. 하지만 이러한 스레드와 메모리 선호도를 사용자가 임의로 제어할 수 있는 방법도 동시에 제공하고 있다. (좀 더 자세한 정보는 15장 "애플리케이션에서 가상 메모리 사용 방법"을 살펴보기 바란다.)

윈도우의 NUMA^{Non-Uniform Memory Access}에 대해 좀 더 자세히 알고 싶다면 *http://www.microsoft.com/whdc/system/platform/server/datacenter/numa_isv.mspx*를 통해 얻을 수 있는 "NUMA 기반의 시스템에서 수행되는 애플리케이션을 위한 고려사항^{Application Software Considerations for NUMA-Based Systems}" 문서나 MSDN에 있는 "NUMA 지원" (*http://msdn2.microsoft.com/en-us/library/aa363804.aspx*) 문서를 살펴보기 바란다.

1 가상 메모리 상태 예제 애플리케이션

VMStat 애플리케이션(14-VMStat.exe)을 수행하면 GlobalMemoryStatus 함수의 호출 결과를 표현하는 다이얼로그 박스를 나타낸다. 다이얼로그 박스 내의 정보는 1초마다 갱신되기 때문에 다른 프로세스들을 수행하는 동안에도 계속해서 이 애플리케이션을 수행 상태로 유지하고 싶을지도 모르겠다. 이 애플리케이션의 소스 코드와 리소스 파일은 한빛미디어 홈페이지를 통해 제공되는 소스 파일의 14-VMStat 폴더에 있다. 아래 그림은 1GB 메모리를 가지고 있는 윈도우 비스타 머신에서 이 프로그램을 수행한 예를 나타낸 것이다.

MEMORYSTATUS(EX) 내의 dwMemoryLoad 멤버(Memory load 항목에 나타낸)는 메모리 관리

시스템이 얼마나 바쁘게 수행 중인지를 대략적으로 추정하여 나타낸 값이다. 이 값은 0부터 100 사이의 값을 가질 수 있다. 이 값을 계산하는 정확한 알고리즘은 윈도우 버전별로 각기 상이하다. 사실 이 멤버변수가 가지고 있는 값은 거의 활용 분야를 찾기가 힘들다.

dwTotalPhys 멤버(TotalPhys 항목에 나타낸)는 시스템에 설치된 물리 메모리의 총 바이트 수를 나타낸다. 1GB 메모리가 설치된 머신에서 이 값은 1,072,627,712로 나타나는데, 정확한 1GB 값보다 1,114,112만큼 작다. GlobalMemoryStatus가 이처럼 1GB보다 작은 값을 나타내는 이유는 부팅 과정에서 논페이지 풀nonpaged pool을 위한 저장소를 일부 예약해 두기 때문인데, 이 메모리는 커널에 의해서도 가용 메모리로 고려되지 않는 메모리다. dwAvailPhys 멤버(AvailPhys 항목에 나타낸)는 할당 가능한 물리적 메모리의 전체 크기를 가리킨다고 보는 편이 정확하다.

dwTotalPageFile 멤버는(TotalPageFile 항목에 나타낸) 하드 디스크 상에 존재하는 페이징 파일이 수용할 수 있는 최대 바이트 수를 나타낸다. 비록 현재 VMStat가 2,414,112,768바이트를 그 결과 값으로 나타내고 있지만, 시스템은 페이징 파일의 크기를 적절하게 키우거나 줄일 수 있다. dwAvailPageFile 멤버는(AvailPageFile 항목에 나타낸) 페이징 파일 내에 1,741,586,432바이트가 현재까지 커밋되지 않았으며, 프로세스에 의해 자신만의 저장소로 커밋될 수 있음을 나타낸다.

dwTotalVirtual 멤버는(TotalVirtual 항목에 나타낸) 각 프로세스 주소 공간 내의 전체 메모리 크기를 나타낸다. 이 값은 현재 2,147,352,576으로 2GB보다 정확히 128KB가 적다. 이는 0x00000000부터 0x0000FFFF에 이르는 파티션과 0X7FFF0000부터 0X7FFFFFFF에 이르는 파티션인 128KB의 영역은 프로세스의 주소 공간 중 접근 불가능한 파티션이기 때문이다.

마지막 멤버인 dwAvailVirtual는(AvailVirtual 항목에 나타낸) GlobalMemoryStatus를 호출하는 프로세스별로 그 값을 달리하는 유일한 멤버다. 다른 멤버들은 어떤 프로세스에 의해 값을 얻어오더라도 항상 동일한 값을 가져오는 반면, 이 멤버는 GlobalMemoryStatus 함수를 호출한 프로세스의 주소 공간 내에 프리 영역의 크기를 가져온다. dwAvailVirtual 값은 현재 2,106,437,632인데, 이 값은 VMStat 프로세스가 작업을 수행하기 위해 사용할 수 있는 주소 공간 내의 프리 영역의 크기를 나타낸다. dwTotalVirtual로부터 dwAvailVirtual 멤버 값을 빼면 VMStat 프로세스가 주소 공간 내에 40,914,944바이트를 예약하고 있음을 알 수 있다.

프로세스가 사용하고 있는 물리적 저장소의 크기를 알 수 있는 멤버는 MEMORYSTATUS(EX)에 존재하지 않는다. 프로세스의 주소 공간 내의 특정 페이지가 램에 존재하는 부분을 워킹셋working set이라고 하는데, psapi.h 헤더 파일 내에 정의되어 있는 GetProcessMemoryInfo 함수를 이용하면 특정 프로세스의 현재 최대 워킹셋 크기를 얻어올 수 있다.

```
BOOL GetProcessMemoryInfo(
    HANDLE hProcess,
    PPROCESS_MEMORY_COUNTERS ppmc,
    DWORD cbSize);
```

hProcess는 어떤 프로세스에 대한 정보를 가져올지를 결정하는 값으로 이 핸들 값은 반드시 PROCESS _QUERY_INFORMATION과 PROCESS_VM_READ 접근 권한을 가지고 있어야 한다. 현재 수행 중인 프로세스에 대한 핸들 값을 얻기 위해 GetCurrentProcess를 이용하면 이러한 요건에 적합한 허위 핸들^{pseudohandle} 값을 얻을 수 있다. ppmc 매개변수로는 PROCESS_MEMORY_COUNTERS_EX 구조체를 가리키는 포인터 값을 전달해야 하며, cbSize 매개변수로는 이 구조체의 크기가 설정되어야 한다. GetProcessMemoryInfo가 TRUE를 반환하면 지정된 프로세스에 대해 다음과 같은 정보를 얻어올 수 있다.

```
typedef struct _PROCESS_MEMORY_COUNTERS_EX {
    DWORD cb;
    DWORD PageFaultCount;
    SIZE_T PeakWorkingSetSize;
    SIZE_T WorkingSetSize;
    SIZE_T QuotaPeakPagedPoolUsage;
    SIZE_T QuotaPagedPoolUsage;
    SIZE_T QuotaPeakNonPagedPoolUsage;
    SIZE_T QuotaNonPagedPoolUsage;
    SIZE_T PagefileUsage;
    SIZE_T PeakPagefileUsage;
    SIZE_T PrivateUsage;
} PROCESS_MEMORY_COUNTERS_EX, *PPROCESS_MEMORY_COUNTERS_EX;
```

WorkingSetSize 필드는 GetProcessMemoryInfo를 호출한 시점에 hProcess가 가리키는 프로세스가 얼마만큼의 램을 사용하고 있는지를 나타내는 값을 가지고 있다. PeakWorkingSetSize는 프로세스가 시작된 이후에 가장 많은 램을 사용하였던 순간의 크기를 나타내고 있다.

프로세스가 필요로 하는 워킹셋의 크기를 알면 프로그램이 안정적으로 수행되기 위한 램의 크기를 알 수 있기 때문에 이 정보는 상당히 유용하다고 하겠다. 애플리케이션이 필요로 하는 워킹셋의 크기를 최소화하게 되면 애플리케이션의 성능이 향상될 수 있다. 이미 알고 있겠지만 윈도우 애플리케이션이 느리게 동작하는 경우 우리가(최종 사용자 입장에서) 할 수 있는 최선의 방책은 추가적인 램을 설치하는 것이다. 비록 윈도우가 램과 디스크 사이에 스와핑을 수행해 주지만 이러한 작업은 성능에 상당한 영향을 미치게 된다. 램을 추가로 설치하게 되면 이러한 스와핑 횟수를 감소시킬 수 있기 때문에 성능을 개선할 수 있다. 개발자 입장에서는 특정 시간에 애플리케이션이 필요로 하는 램의 크기를 줄임으로써 성능을 개선할 수 있다.

애플리케이션의 성능을 최적화하려면, 워킹셋을 최소화하는 것과 더불어 애플리케이션 내에서 new, malloc, VirtualAlloc과 같은 함수를 이용하여 얼마나 많은 메모리를 명시적으로 할당하고 있는지를 알고 싶을 것이다. PrivateUsage 필드가(PrivateBytes 항목에 나타낸) 바로 이러한 값을 가지고 있다. 이 장의 나머지 부분에서는 프로세스의 주소 공간을 명확하게 들여다 볼 수 있는 함수들에 대해 설명할 것이다.

section 04 주소 공간의 상태 확인하기

윈도우는 프로세스의 주소 공간 내의 특정 메모리에 대해 다양한 정보들(예를 들어 크기, 저장소의 형태, 보호 특성)을 확인할 수 있는 함수를 제공하고 있다. 실제로 이번 장의 후반부에 제시할 VMMap 예제 애플리케이션은 13장 "윈도우 메모리의 구조"에서 보여주었던 것과 같은 가상 메모리 지도를 구성하기 위해 VirtualQuery 함수를 사용하고 있다.

```
DWORD VirtualQuery(
    LPCVOID pvAddress,
    PMEMORY_BASIC_INFORMATION pmbi,
    DWORD dwLength);
```

윈도우는 또한 다른 프로세스의 메모리 정보를 확인할 수 있는 함수도 제공하고 있다.

```
DWORD VirtualQueryEx(
    HANDLE hProcess,
    LPCVOID pvAddress,
    PMEMORY_BASIC_INFORMATION pmbi,
    DWORD dwLength);
```

VirtualQueryEx 함수의 경우 메모리 정보를 확인하고자 하는 프로세스의 핸들 값을 인자로 전달받는다는 것을 제외하면 두 함수는 완전히 동일하다고 볼 수 있다. 디버거^{debugger}나 유틸리티^{utility} 성격의 프로그램들의 경우에는 종종 VirtualQueryEx 함수를 이용하곤 하지만, 거의 대부분의 애플리케이션들은 VirtualQuery 함수만을 이용한다고 해도 과언이 아니다. VirtualQuery(Ex) 함수를 사용하려면 pvAddress 매개변수로는 정보를 획득하고자 하는 메모리의 주소를 전달해야 하며, pmbi 매개변수로는 MEMORY_BASIC_INFORMATION 구조체의 형태로 할당된 메모리의 주소를 전달해야 한다. 이 구조체는 WinNT.h 파일 내에 다음과 같이 정의되어 있다.

```
typedef struct _MEMORY_BASIC_INFORMATION {
    PVOID BaseAddress;
    PVOID AllocationBase;
```

```
    DWORD AllocationProtect;
    SIZE_T RegionSize;
    DWORD State;
    DWORD Protect;
    DWORD Type;
} MEMORY_BASIC_INFORMATION, *PMEMORY_BASIC_INFORMATION;
```

VirtualQuery(Ex) 함수의 마지막 매개변수인 dwLength로는 MEMORY_BASIC_INFORMATION 구조체의 크기를 지정하면 된다. 이 함수는 버퍼로 몇 바이트가 복사되었는지를 반환한다.

VirtualQuery(Ex) 함수는 pvAddress 매개변수로 전달된 주소를 기준으로 보호 특성과 저장소의 형태가 동일한 인접한 페이지들에 대한 정보를 MEMORY_BASIC_INFORMATION 구조체에 채워준다. [표 14-3]에 구조체의 각 멤버들에 대해 자세히 설명하였다.

[표 14-3] MEMORY_BASIC_INFORMATION 멤버

멤버 이름	설명
BaseAddress	pvAddress 매개변수로 전달한 주소를 페이지 크기 단위로 내림을 수행한 결과 값을 나타낸다.
AllocationBase	pvAddress 매개변수로 전달한 주소를 포함하는 영역의 시작 주소를 나타낸다.
AllocationProtect	해당 영역이 최초로 예약될 때 할당된 보호 특성을 나타낸다.
RegionSize	BaseAddress로부터 시작하여 pvAddress 매개변수로 전달한 주소를 포함하는 페이지와 동일한 보호 특성, 상태, 페이지 형태를 가진 인접하는 모든 페이지들의 전체 크기를 바이트 단위로 나타낸다.
State	pvAddress 매개변수로 전달한 주소를 포함하는 페이지와 동일한 보호 특성, 상태, 페이지 형태를 가진 인접하는 모든 페이지들의 상태(MEM_FREE, MEM_RESERVE, 또는 MEM_COMMIT)를 나타낸다. 만일 페이지 상태가 MEM_FREE라면 AllocationBase, AllocationProtect, Protect, Type 멤버들의 값은 결정될 수 없으며, 상태가 MEM_RESERVE라면 Protect 멤버의 값은 결정될 수 없다.
Protect	pvAddress 매개변수로 전달한 주소를 포함하는 페이지와 동일한 보호 특성, 상태, 페이지 형태를 가진 인접하는 모든 페이지들의 보호 특성(PAGE_*)을 나타낸다.
Type	pvAddress 매개변수로 전달한 주소를 포함하는 페이지와 동일한 보호 특성, 상태, 페이지 형태를 가진 인접하는 모든 페이지들의 물리적 저장소 형태(MEM_IMAGE, MEM_MAPPED, 또는 MEM_PRIVATE)를 나타낸다.

❶ VMQuery 함수

윈도우의 메모리 구조^{memory architecture}에 대해 처음으로 공부할 때 VirtualQuery 함수를 메모리의 구조를 살펴보기 위한 가이드로 활용하였었다. 실제로 이 책의 초판을 본 적이 있다면 다음 절에서 설명할 VMMap 예제 애플리케이션보다 훨씬 간단한 버전의 VMMap 예제 애플리케이션을 보았을 것이다. 이전 버전에서는 VirtualQuery 함수를 반복 호출하는 루프를 구성하고, 획득한 MEMORY_BASIC_ INFORMATION 구조체의 멤버들을 한 줄에 표현하도록 예제를 작성하였다. 이렇게 출력된 내용과 SDK 문서(지금보다는 그 내용이 좋지 않았지만)를 참조함으로써 메모리 관리 구조에 대해 좀 더 자세히

알 수 있었으며, 지금은 그때보다 더 많은 부분을 알게 되었다. VirtualQuery와 MEMORY_BASIC_INFORMATION 구조체를 이용하여 메모리 관리 구조에 대한 상당한 통찰력을 가질 수 있었지만, 지금 생각해 보면 모든 것을 이해할 수 있을 만큼 충분한 정보를 제공하고 있는 것 같지는 않다.

MEMORY_BASIC_INFORMATION 구조체의 문제점은 시스템이 내부적으로 유지하고 있는 모든 정보들을 표현하지 못한다는 것이다. 특정 메모리 주소에 대해 간단한 정보만을 얻고자 한다면 Virtual-Query 함수로 충분할 수도 있다. 단순히 특정 주소가 물리적 저장소에 커밋되어 있는지의 여부를 확인하거나 그 주소를 통해 읽고 쓰기가 가능한지의 여부를 확인하는 정도라면 VirtualQuery 함수는 그 역할을 충분히 수행하고 있다고 하겠다. 하지만 예약된 영역의 전체 크기를 얻어오고 싶다거나 영역 내의 블록의 개수를 얻어오고 싶은 경우 혹은 특정 영역이 스레드 스택으로 사용되고 있는지의 여부를 확인하고자 하는 경우라면 단순하게 VirtualQuery 함수를 한 번 호출해서는 이러한 정보들을 알아낼 방법이 없다.

이러한 이유로 더욱 자세한 메모리 정보를 얻어올 수 있도록 하기 위해 VMQuery라는 함수를 만들어 보았다.

```
BOOL VMQuery(
    HANDLE hProcess,
    LPCVOID pvAddress,
    PVMQUERY pVMQ);
```

이 함수는 프로세스의 핸들(hProcess 매개변수), 메모리 주소(pvAddress 매개변수), 메모리 정보를 가져올 구조체를 가리키는 포인터(pVMQ가 가리키는)를 매개변수로 취한다는 측면에서 Virtual-QueryEx 함수와 유사하다. pVMQ가 가리키는 VMQUERY 구조체는 다음과 같이 정의되어 있다.

```
typedef struct {
    // 영역 정보
    PVOID pvRgnBaseAddress;
    DWORD dwRgnProtection;    // PAGE_*
    SIZE_T RgnSize;
    DWORD dwRgnStorage;       // MEM_*: Free, Reserve, Image, Mapped, Private
    DWORD dwRgnBlocks;
    DWORD dwRgnGuardBlks;     // 만일 이 값이 0을 초과하면 이 영역은
                              // 스레드 스택을 포함하고 있다.
    BOOL bRgnIsAStack;        // 영역이 스레드 스택을 포함하고 있으면 TRUE

    // 블록 정보
    PVOID pvBlkBaseAddress;
    DWORD dwBlkProtection;    // PAGE_*
    SIZE_T BlkSize;
    DWORD dwBlkStorage;       // MEM_*: Free, Reserve, Image, Mapped, Private
} VMQUERY, * PVMQUERY;
```

한눈에 알 수 있는 것처럼 VMQUERY 구조체는 윈도우의 MEMORY_BASIC_INFORMATION 구조체보다 좀 더 많은 정보들을 가지고 있다. 이 구조체는 영역 정보를 저장하고 있는 멤버들과 블록 정보를 저장하고 있는 멤버들로 크게 양분해 볼 수 있다. 영역 정보 부분은 영역에 대한 세부 정보를 담고 있으며, 블록 정보 부분은 pvAddress 매개변수로 주어진 주소를 포함하는 블록의 정보를 담고 있다. [표 14-4]에 이 구조체의 모든 멤버들에 대해 자세히 설명하였다.

[표 14-4] VMQUERY 멤버

멤버 이름	설명
pvRgnBaseAddress	pvAddress 매개변수로 전달한 주소를 포함하는 가상 주소 공간 영역의 시작 주소를 나타낸다.
dwRgnProtection	해당 가상 주소 공간 영역이 최초로 예약될 때 할당되었던 보호 특성(PAGE_*)을 나타낸다.
RgnSize	해당 영역을 예약할 때 사용하였던 크기를 바이트 단위로 나타낸다.
dwRgnStorage	해당 영역 내에 속한 여러 개의 블록이 어떤 형태의 물리적 저장소를 사용하는지를 나타낸다. 이 값은 MEM_FREE, MEM_IMAGE, MEM_MAPPED, MEM_PRIVATE 중 하나의 값을 가진다.
dwRgnBlocks	해당 영역 내에 포함된 블록의 개수를 나타낸다.
dwRgnGuardBlks	해당 영역 내에 PAGE_GUARD 보호 특성을 가진 블록이 몇 개나 존재하는지를 나타낸다. 이 값은 보통 0이나 1인데, 이 값이 1인 경우 해당 영역이 스레드 스택으로 사용되고 있음을 의미하는 가능자 역할을 한다.
bRgnIsAStack	해당 영역이 스레드 스택을 포함하고 있는지의 여부를 나타낸다. 이 값은 "최상의 추론"일 뿐이며, 100% 확실히 스레드 스택을 포함하고 있다고 말할 수는 없다.
pvBlkBaseAddress	pvAddress 매개변수로 전달한 주소를 포함하는 블록의 시작 주소를 나타낸다.
dwBlkProtection	pvAddress 매개변수로 전달한 주소를 포함하는 블록의 보호 특성을 나타낸다.
BlkSize	pvAddress 매개변수로 전달한 주소를 포함하는 블록의 크기를 바이트 단위로 나타낸다.
dwBlkStorage	pvAddress 매개변수로 전달한 주소를 포함하는 블록의 내용이 어떤 형태인지를 나타낸다. 이 값은 MEM_FREE, MEM_RESERVE, MEM_IMAGE, MEM_MAPPED, MEM_PRIVATE 중 하나의 값이 될 것이다.

의심할 여지없이 VMQuery는 상당히 많은 처리 과정을 필요로 하며, 이러한 처리 과정에는 메모리에 대한 다양한 정보를 획득하기 위한 여러 번의 VirtualQueryEx 함수 호출 코드를 포함하게 된다. 따라서 VirtualQueryEx를 단독으로 사용하는 경우에 비해 속도가 많이 느릴 수밖에 없다. 따라서 둘 중 어떤 함수를 사용할지에 대해 주의 깊게 고민해 보아야 한다. VMQuery를 통해 얻을 수 있는 추가 정보들이 반드시 필요한 것이 아니라면 VirtualQuery나 VirtualQueryEx를 사용하기 바란다.

다음에 나타낸 VMQuery.cpp 파일을 살펴보면 VMQUERY 구조체의 멤버들의 값을 결정하기 위해 어떻게 그 값을 획득하고 처리하는지 확인할 수 있을 것이다. VMQuery.cpp와 VMQuery.h 파일은 한빛미디어 홈페이지를 통해 제공되는 소스 파일의 14-VMMap 폴더에 있다. 데이터를 어떻게 처리하는지에 대해 자세히 들여다보기 전에 코드를 설명하고 있는 주석(코드 전반에 걸쳐 많은 주석을 달았다)을 먼저 살펴보기 바란다.

```
/*********************************************************************
Module:  VMQuery.cpp
Notices: Copyright (c) 2008 Jeffrey Richter & Christophe Nasarre
*********************************************************************/


#include "..\CommonFiles\CmnHdr.h"       /* 부록 A를 보라. */
#include <windowsx.h>
#include "VMQuery.h"


///////////////////////////////////////////////////////////////////


// Helper structure
typedef struct {
   SIZE_T RgnSize;
   DWORD  dwRgnStorage;        // MEM_*: Free, Image, Mapped, Private
   DWORD  dwRgnBlocks;
   DWORD  dwRgnGuardBlks;      // 0보다 크면 이 영역은 스레드 스택을 포함하고 있다.
   BOOL   bRgnIsAStack;        // 이 영역이 스레드 스택을 포함하고 있으면 TRUE
} VMQUERY_HELP;

// 이 전역 static 변수는 CPU 플랫폼별 메모리 할당 단위를 저장하고 있다.
// 이 값은 VMQuery가 처음으로 호출될 때 초기화된다.
static DWORD gs_dwAllocGran = 0;


///////////////////////////////////////////////////////////////////


// 영역 내의 블록들을 순회하면서 찾아낸 메모리 블록을 VMQUERY_HELP를 통해 반환한다.
static BOOL VMQueryHelp(HANDLE hProcess, LPCVOID pvAddress,
   VMQUERY_HELP *pVMQHelp) {

   ZeroMemory(pVMQHelp, sizeof(*pVMQHelp));

   // 전달된 메모리 주소를 포함하고 있는 영역의 주소를 얻는다.
   MEMORY_BASIC_INFORMATION mbi;
   BOOL bOk = (VirtualQueryEx(hProcess, pvAddress, &mbi, sizeof(mbi))
      == sizeof(mbi));

   if (!bOk)
      return(bOk);    // 잘못된 메모리 주소. 실패를 반환

   // 찾아낸 영역의 시작 주소로부터 순회를 시작한다(변경되지 않음).
   PVOID pvRgnBaseAddress = mbi.AllocationBase;
```

```
    // 영역 내의 첫 번째 블록으로부터 순회를 시작한다(루프 내에서 변경됨).
    PVOID pvAddressBlk = pvRgnBaseAddress;

    // 물리적 저장소 블록의 메모리 형태를 저장한다.
    pVMQHelp->dwRgnStorage = mbi.Type;

    for (;;) {
        // 현재 블록의 정보를 얻어온다.
        bOk = (VirtualQueryEx(hProcess, pvAddressBlk, &mbi, sizeof(mbi))
            == sizeof(mbi));
        if (!bOk)
            break;      // 정보를 얻어올 수 없으면 루프를 탈출

        // 이 블록이 동일한 영역 내에 있는 블록인가?
        if (mbi.AllocationBase != pvRgnBaseAddress)
            break;      // 이 블록은 다음 영역에 포함되어 있는 블록이므로 루프를 탈출

        // 영역 내에 또 다른 블록이 있다.

        pVMQHelp->dwRgnBlocks++;                 // 영역 내에 블록 수를 추가
        pVMQHelp->RgnSize += mbi.RegionSize; // 영역 크기에 블록 크기를 더함

        // 블록이 PAGE_GUARD 특성을 가지면, 카운터 값에 1을 더한다.
        if ((mbi.Protect & PAGE_GUARD) == PAGE_GUARD)
            pVMQHelp->dwRgnGuardBlks++;

        // 특정 블록에 대해 커밋된 물리적 저장소의 형태를 추론하기 위한 최적의 방법을
        // 채택하였다. 하지만 이 값은 MEM_IMAGE에서 MEM_PRIVATE로 바뀌기도 하고,
        // MEM_MAPPED에서 MEM_PRIVATE로 바뀔 수도 있기 때문에 추론일 뿐이다.
        // MEM_PRIVATE는 항상 MEM_IMAGE나 MEM_MAPPED로 시작하여 그 형태가 바뀐다.
        if (pVMQHelp->dwRgnStorage == MEM_PRIVATE)
            pVMQHelp->dwRgnStorage = mbi.Type;

        // 다음 블록의 주소를 얻어온다.
        pvAddressBlk = (PVOID) ((PBYTE) pvAddressBlk + mbi.RegionSize);
    }

    // 영역에 대한 확인을 수행한 후, 이 영역에 스레드 스택이 포함되어 있는지 확인한다.
    // 윈도우 비스타: 스택은 적어도 1개 이상의 PAGE_GUARD 블록을 가지고 있을 것이라고 가정한다.
    pVMQHelp->bRgnIsAStack = (pVMQHelp->dwRgnGuardBlks > 0);

    return(TRUE);
}

///////////////////////////////////////////////////////////////////////
```

```
BOOL VMQuery(HANDLE hProcess, LPCVOID pvAddress, PVMQUERY pVMQ) {

    if (gs_dwAllocGran == 0) {
        // 이 함수의 최초 호출이므로 할당 단위를 확인하여 전역변수에 설정한다.
        SYSTEM_INFO sinf;
        GetSystemInfo(&sinf);
        gs_dwAllocGran = sinf.dwAllocationGranularity;
    }

    ZeroMemory(pVMQ, sizeof(*pVMQ));

    // 전달된 주소 값을 이용하여 MEMORY_BASIC_INFORMATION 값을 얻어온다.
    MEMORY_BASIC_INFORMATION mbi;
    BOOL bOk = (VirtualQueryEx(hProcess, pvAddress, &mbi, sizeof(mbi))
        == sizeof(mbi));

    if (!bOk)
        return(bOk);     // 잘못된 메모리 주소이므로 실패를 반환

    // MEMORY_BASIC_INFORMATION 구조체는 유효한 정보를 담고 있다.
    // VMQUERY 구조체의 멤버들의 값을 구해 와야 할 시점이다.

    // 먼저, 블록 멤버들부터 채우고 영역과 관련된 멤버들의 값을 채운다.
    switch (mbi.State) {
        case MEM_FREE:          // 프리 블록(예약되지 않음)
            pVMQ->pvBlkBaseAddress = NULL;
            pVMQ->BlkSize = 0;
            pVMQ->dwBlkProtection = 0;
            pVMQ->dwBlkStorage = MEM_FREE;
            break;

        case MEM_RESERVE:       // 예약된 블록이나 저장소에 커밋되지 않음
            pVMQ->pvBlkBaseAddress = mbi.BaseAddress;
            pVMQ->BlkSize = mbi.RegionSize;

            // 커밋되지 않은 블록에 대해서는 mbi.Protect 값이 유효하지 않다.
            // 따라서 이 블록이 포함된 영역의 보호 특성을 가져와서 예약 블록의
            // 보호 특성으로 나타낼 것이다.
            pVMQ->dwBlkProtection = mbi.AllocationProtect;
            pVMQ->dwBlkStorage = MEM_RESERVE;
            break;

        case MEM_COMMIT:        // 저장소에 이미 커밋된 블록
            pVMQ->pvBlkBaseAddress = mbi.BaseAddress;
            pVMQ->BlkSize = mbi.RegionSize;
```

```
            pVMQ->dwBlkProtection = mbi.Protect;
            pVMQ->dwBlkStorage = mbi.Type;
            break;

        default:
            DebugBreak();
            break;
    }

    // 이제 영역 멤버들을 채운다.
    VMQUERY_HELP VMQHelp;
    switch (mbi.State) {
        case MEM_FREE:          // 프리 블록(예약되지 않음)
            pVMQ->pvRgnBaseAddress = mbi.BaseAddress;
            pVMQ->dwRgnProtection  = mbi.AllocationProtect;
            pVMQ->RgnSize          = mbi.RegionSize;
            pVMQ->dwRgnStorage     = MEM_FREE;
            pVMQ->dwRgnBlocks      = 0;
            pVMQ->dwRgnGuardBlks   = 0;
            pVMQ->bRgnIsAStack     = FALSE;
            break;

        case MEM_RESERVE:       // 예약된 블록이나 저장소에 커밋되지 않음
            pVMQ->pvRgnBaseAddress = mbi.AllocationBase;
            pVMQ->dwRgnProtection  = mbi.AllocationProtect;

            // 완전한 영역 정보를 획득하기 위해 모든 블록들을 순회한다.
            VMQueryHelp(hProcess, pvAddress, &VMQHelp);

            pVMQ->RgnSize          = VMQHelp.RgnSize;
            pVMQ->dwRgnStorage     = VMQHelp.dwRgnStorage;
            pVMQ->dwRgnBlocks      = VMQHelp.dwRgnBlocks;
            pVMQ->dwRgnGuardBlks   = VMQHelp.dwRgnGuardBlks;
            pVMQ->bRgnIsAStack     = VMQHelp.bRgnIsAStack;
            break;

        case MEM_COMMIT:        // 저장소에 이미 커밋된 블록
            pVMQ->pvRgnBaseAddress = mbi.AllocationBase;
            pVMQ->dwRgnProtection  = mbi.AllocationProtect;

            // 완전한 영역 정보를 획득하기 위해 모든 블록들을 순회한다.
            VMQueryHelp(hProcess, pvAddress, &VMQHelp);

            pVMQ->RgnSize          = VMQHelp.RgnSize;
            pVMQ->dwRgnStorage     = VMQHelp.dwRgnStorage;
```

```
        pVMQ->dwRgnBlocks      = VMQHelp.dwRgnBlocks;
        pVMQ->dwRgnGuardBlks   = VMQHelp.dwRgnGuardBlks;
        pVMQ->bRgnIsAStack     = VMQHelp.bRgnIsAStack;
        break;

    default:
        DebugBreak();
        break;
    }

    return(bOk);
}


////////////////////////////// 파일의 끝 //////////////////////////////
```

❷ 가상 메모리 맵 예제 애플리케이션

VMMap 애플리케이션(14-VMMap.exe)은 프로세스의 주소 공간과 영역 그리고 영역 내의 블록들을 보여준다. 소스 코드와 리소스 파일들은 한빛미디어 홈페이지를 통해 제공되는 소스 파일의 14-VMMap 폴더에 있다. 프로그램을 수행하면 다음과 같은 화면이 나타난다.

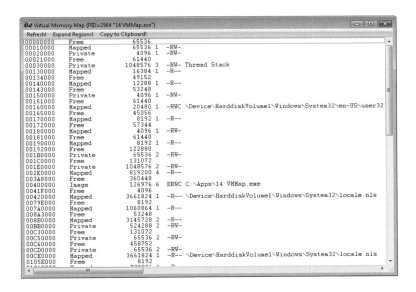

13장의 [표 13-4]와 [표 13-6]에 나타나 있는 가상 메모리 지도의 내용은 이 애플리케이션의 리스트 박스에 출력된 내용을 이용하여 작성되었다.

리스트 박스 내의 각 항목은 VMQuery 함수를 호출하여 획득한 정보를 나타내고 있다. Refresh 함수 내의 핵심 루프는 다음과 같이 작성되어 있다.

```
        BOOL bOk = TRUE;
        PVOID pvAddress = NULL;
        ...

        while (bOk) {

            VMQUERY vmq;
            bOk = VMQuery(hProcess, pvAddress, &vmq);

            if (bOk) {
                // 출력할 항목을 구성하고, 리스트 박스에 해당 항목을 추가한다.
                TCHAR szLine[1024];
                ConstructRgnInfoLine(hProcess, &vmq, szLine, sizeof(szLine));
                ListBox_AddString(hWndLB, szLine);

                if (bExpandRegions) {
                    for (DWORD dwBlock = 0; bOk && (dwBlock < vmq.dwRgnBlocks);
                        dwBlock++) {

                        ConstructBlkInfoLine(&vmq, szLine, sizeof(szLine));
                        ListBox_AddString(hWndLB, szLine);

                        // 테스트를 위해 다음 영역의 주소를 얻어온다.
                        pvAddress = ((PBYTE) pvAddress + vmq.BlkSize);
                        if (dwBlock < vmq.dwRgnBlocks - 1) {
                            // 마지막 블록 이후의 메모리에 대해서는 정보를 얻어오지 않는다.
                            bOk = VMQuery(hProcess, pvAddress, &vmq);
                        }
                    }
                }

                // 테스트를 위해 다음 영역의 주소를 얻어온다.
                pvAddress = ((PBYTE) vmq.pvRgnBaseAddress + vmq.RgnSize);
            }
        }
```

이 루프는 NULL 가상 주소로부터 시작하여 프로세스의 주소 공간에 더 이상 살펴볼 영역이 없어서 VMQuery가 FALSE를 반환할 때까지 반복된다. 루프가 반복될 때마다 영역에 대한 세부 정보를 이용하여 문자 버퍼를 구성해 주는 ConstructRgnInfoLine 함수를 호출하고 이렇게 구성된 문자 버퍼는 리스트 박스에 추가된다.

핵심 루프는 내부적으로 또 다른 루프를 가지고 있는데, 이 내부 루프는 영역 내의 블록들을 순회하는 역할을 수행한다. 매 반복 시마다 영역 내의 블록에 대한 세부 정보를 이용하여 문자 버퍼를 구성해 주는 ConstructBlkInforLine 함수를 호출하고 이렇게 구성된 문자 버퍼는 리스트 박스에 추가된다.

VMQuery 함수를 이용하면 손쉽게 프로세스의 주소 공간을 살펴볼 수 있다.

윈도우 비스타에서 시스템을 재시작한 이후에 VMMap 애플리케이션을 수행해 본다면(혹은 비스타를 수행하고 있는 두 대의 머신에서 각각의 출력 결과를 비교해 보면) DLL 파일들이 이전과는 다른 주소에 로드되는 것을 확인할 수 있을 것이다. 이는 주소 공간 배치 랜덤화$^{Address Space Layout Randomization}$(ASLR) 기능에 의한 것이다. 비스타는 이러한 기능을 통해 DLL 파일이 최초로 로드될 때 매번 그 시작 주소를 달리하도록 한다. 이렇게 DLL의 시작 주소를 변경하게 되면 이미 널리 사용되고 있는 DLL 파일의 시작 주소가 변경되므로, 해커들이 로드된 DLL 파일을 찾아내기도 힘들고 멜웨어에 의한 코드 변경의 가능성도 줄일 수 있다.

예를 들어 해커들은 시스템 DLL 내의 잘 알려진 함수의 주소를 이용하여 버퍼나 스택 오버플로를 유발하여 자신의 코드를 수행하도록 하는 방법들을 사용하곤 한다. ASLR 기능이 있음으로 해서 해커들이 이용하는 함수의 주소에 정확히 그 함수가 위치할 확률이 256분의 1 이하로 줄어들게 된다. 이렇게 함으로써 해커들이 쉽고 안정적으로 오버플로를 일으킬 수 있는 방법과 기회를 줄이는 효과가 있다.

ASLR은 특정 DLL이 로드될 때 그 시작 주소를 변경하는데, 이렇게 변경된 시작 주소는 추후 다른 프로세스를 수행하는 경우에도 동일하게 적용된다. 이렇게 하면 프로세스별로 DLL의 시작 주소가 변경되지 않기 때문에 메모리를 좀 더 효과적으로 사용할 수 있게 된다.

마이크로소프트 Visual Studio 2005 SP1부터는 개발자가 직접 개발하는 DLL(혹은 EXE)에 대해 ASLR 기능을 사용할 수 있도록 /dynamicbase 링커 스위치를 제공하고 있다. 직접 개발한 DLL이 선호하는 시작 주소 이외의 다른 주소로 로드되어도 동작 상에 문제가 없다면 가능한 이 스위치를 사용하기를 추천하고 싶다. 왜냐하면 이렇게 함으로써 직접 개발한 파일들이 다수의 프로세스 사이에서 공유될 수 있는 페이지로 로드될 수 있고, 이는 메모리 사용의 효율성을 높이는 효과가 있기 때문이다.

Chapter **15**

애플리케이션에서 가상 메모리 사용 방법

1. 주소 공간 내에 영역 예약하기
2. 예약 영역에 저장소 커밋하기
3. 영역에 대한 예약과 저장소 커밋을 동시에 수행하는 방법
4. 언제 물리적 저장소를 커밋하는가
5. 물리적 저장소의 디커밋과 영역 해제하기
6. 보호 특성 변경하기
7. 물리적 저장소의 내용 리셋하기
8. 주소 윈도우 확장

마이크로소프트 윈도우는 메모리를 사용하는 세 가지 서로 다른 방법을 제공한다.

- 가상 메모리, 이 방법은 크기가 큰 객체나 구조체의 배열을 관리하는 데 최적의 방법이다.
- 메모리 맵 파일, 이 방법은 크기가 큰 데이터(일반적으로 파일에 저장되어 있는) 스트림을 관리하거나 단일 머신에서 수행 중인 다수의 프로세스 사이에서 데이터를 공유하고자 할 때 최적의 방법이다.
- 힙, 이 방법은 크기가 작지만 개수가 많은 객체를 관리하는 데 최적의 방법이다.

이번 장에서는 이 중 첫 번째 방법인 가상 메모리에 대해 알아볼 것이다. 메모리 맵 파일과 힙은 17장 "메모리 맵 파일"과 18장 "힙"에서 각각 다루게 될 것이다.

가상 메모리 관리 함수들을 사용하면 주소 공간 내에 직접적으로 영역을 예약하고, 예약된 영역에 물리적 저장소를 커밋하고(페이징 파일로부터), 필요한 보호 특성을 설정할 수 있다.

section 01 주소 공간 내에 영역 예약하기

VirtualAlloc 함수를 이용하면 프로세스의 주소 공간 내에 영역을 예약reserve할 수 있다.

```
PVOID VirtualAlloc(
    PVOID pvAddress,
    SIZE_T dwSize,
    DWORD fdwAllocationType,
    DWORD fdwProtect);
```

첫 번째 매개변수인 pvAddress로는 주소 공간 내에 예약하고자 하는 메모리의 주소를 전달하면 된다. 대부분의 경우 이 매개변수로는 NULL 값을 전달하게 되는데, 이렇게 하면 시스템이 관리하고 있는 프리 주소 영역 중 가장 적절한 공간을 찾아낸다. 시스템은 프로세스 주소 공간 내의 어떠한 곳에라도 영역을 예약할 수 있기 때문에 가용 주소 공간의 가장 하위 영역이나 가장 상위 영역을 예약할 것을 기대할 수 없다. 하지만 나중에 설명할 MEM_TOP_DOWN과 같은 플래그를 이용함으로써 일부 이러한 기능을 수행할 수 있다.

대부분의 개발자들에게 있어 특정 메모리 주소를 지정하여 영역을 예약하는 것은 사실 일반적인 방법은 아니다. 지금껏 우리가 사용해 오던 일반적인 메모리 할당 방식을 생각해 보면 운영체제는 사용자가 요청한 크기의 메모리를 확보한 다음 그 주소를 반환하는 것이었다. 하지만 각각의 프로세스는 자신만의 주소 공간을 가지고 있기 때문에 사용자들이 선호하는 시작 주소를 전달하여 영역을 예약하는 기능도 제공하고 있다.

예를 들어 특정 프로세스의 주소 공간 내에 50MB 위치로부터 시작하는 영역을 할당하려 한다고 하자. 이 경우 VirtualAlloc 함수를 호출할 때 pvAddress 매개변수로 52,428,800(50×1024×1024)을 전달해야 한다. 만일 이 주소 공간에 사용자의 요청을 수용할 수 있을 만큼 충분히 큰 프리 영역이 있다면, 이 영역을 예약하고 반환할 것이다. 만일 지정한 주소 공간이 충분하지 않다면, VirtualAlloc 함수는 NULL을 반환할 것이다. VirtualAlloc 함수를 호출할 때 pvAddress 매개변수 값으로는 꼭 프로세스의 유저 모드 파티션을 가리키는 값을 전달해야 한다. 그렇지 않을 경우 함수 호출은 실패하게 되며 NULL 값을 반환하게 될 것이다.

13장 "윈도우 메모리의 구조"에서 알아본 것과 같이 모든 영역은 할당 단위^{allocation granularity} 경계를 근간으로 예약이 이루어져야 한다(현재까지 발표된 모든 윈도우에서는 64KB이다). 만일 19,668,992(300×65,536+8192)를 시작 주소로 하여 영역을 예약하려고 시도하면 64KB의 배수인 19,660,800(300×65,536)번지로 내림을 수행하여 예약을 수행하게 된다.

만일 VirtualAlloc이 사용자의 요청을 수용할 수 있다면 영역의 시작 주소를 반환하게 된다. VirtualAlloc 함수의 pvAddress 매개변수로 특정 주소를 지정한 경우, 반환 값은 pvAddress로 지정한 주소와 동일한 값이 반환되거나 64KB 경계로 내림이 수행된(필요에 따라) 주소를 반환하게 된다.

VirtualAlloc 함수의 두 번째 매개변수인 dwSize로는 예약하고자 하는 영역의 크기를 바이트 단위로 전달하면 된다. 시스템은 항상 CPU의 페이지 크기의 배수로 영역을 예약해야 하기 때문에 각각 4KB, 8KB, 16KB 페이지 크기를 사용하는 머신들에서 62KB 크기의 영역을 예약하려 하면 그 크기를 확장하여 64KB 크기의 영역을 예약하게 된다.

VirtualAlloc 함수의 세 번째 매개변수인 fdwAllocationType으로는 영역에 대한 예약을 수행할지 아니면 물리적인 저장소에 대한 커밋을 수행할지의 여부를 지정하게 된다. (이러한 구분이 필요한 이유는 물리적 저장소에 대한 커밋을 수행할 때에도 동일한 VirtualAlloc 함수를 사용하기 때문이다.) 영역에 대한 예약만을 수행하고 싶다면 이 매개변수로 MEM_RESERVE를 전달하면 된다.

특정 영역을 예약한 뒤 이 영역을 오랫동안 해제하지 않을 것 같은 경우에, 가능한 한 높은 주소 공간 상에 영역을 예약하고 싶을 수도 있다. 이렇게 하면 프로세스 주소 공간의 중간 위치에 영역을 예약할 때 발생할 수 있는 메모리 단편화 현상을 피할 수 있기 때문이다. 이와 같이 프로세스 주소 공간 내의 가용한 주소 영역 중 가장 높은 주소 공간 상에 영역을 예약하기를 원한다면 pvAddress 매개변수로 NULL을 전달하는 동시에 fdwAllocationType 매개변수로 MEM_TOP_DOWN 플래그와 MEM_RESERVE 플래그를 비트 OR한 값을 전달하면 된다.

마지막 매개변수인 fdwProtect로는 영역에 대한 보호 특성을 지정하면 된다. 영역에 지정된 보호 특성은 동일 영역에 커밋된 물리적 저장소에 대해서는 영향을 미치지는 않는다. 영역에 지정된 보호 특성과는 무관하게 특정 스레드가 물리적 저장소가 커밋되지 않은 영역에 대해 접근을 시도하게 되면 항상 접근 위반access violation을 일으키게 된다.

대부분의 경우 영역을 예약할 때 지정한 보호 특성은 해당 영역에 대해 물리적 저장소를 커밋할 때에도 동일하게 사용하는 것이 보통이다. 즉, 물리적 저장소를 커밋할 때 PAGE_READWRITE 보호 특성을 이용하고자 하는 경우, 해당 영역에 대한 보호 특성도 이와 동일하게 PAGE_READWRITE 보호 특성을 사용하는 것이 좋다. 시스템 내부적으로 보면, 영역에 대한 보호 특성과 커밋된 저장소의 보호 특성이 동일할 때 시스템이 좀 더 효율적으로 동작할 수 있기 때문이다.

영역을 예약할 때 PAGE_NOACCESS, PAGE_READWRITE, PAGE_READONLY, PAGE_EXECUTE, PAGE_EXECUTE_READ, 또는 PAGE_EXECUTE_READWRITE와 같은 보호 특성은 모두 사용이 가능하지만 PAGE_WRITECOPY와 PAGE_EXECUTE_WRITECOPY 특성은 사용할 수 없다. 만일 사용할 수 없는 보호 특성을 이용하여 VirtualAlloc 함수를 호출하게 되면 영역에 대한 예약은 실패하게 되고, NULL이 반환될 것이다. 이와는 별도로 PAGE_GUARD, PAGE_NOCACHE, 또는 PAGE_WRITECOMBINE와 같은 보호 특성 플래그도 영역 예약 시에는 사용할 수 없으며, 저장소를 커밋할 때에만 사용이 가능하다.

노트 만일 애플리케이션이 NUMANon-Uniform Memory Access 머신에서 수행되는 경우라면 수행 성능performance을 개선하기 위해서 VirtualAllocExNuma 함수를 이용하여 특정 노드에 탑재된 램으로부터 가상 메모리를 확보하도록 할 수 있다.

```
PVOID VirtualAllocExNuma(
    HANDLE hProcess,
    PVOID pvAddress,
```

```
        SIZE_T dwSize,
        DWORD fdwAllocationType,
        DWORD fdwProtect,
        DWORD dwPreferredNumaNode);
```

이 함수는 두 개의 추가적인 매개변수 – hProcess와 dwPreferredNumaNode – 를 전달받는다는 점을 제외하고는 VirtualAlloc 함수와 동일하다. hProcess 매개변수로는 어떤 프로세스의 주소 공간 내에 메모리를 예약하고 커밋할지를 나타내기 위한 프로세스 핸들 값을 전달하면 된다. (현재 수행 중인 프로세스의 주소 공간 내에 메모리를 할당하기 위해서는 이 값으로 GetCurrentProcess 함수의 반환 값을 전달하면 된다.) dwPreferred-NumaNode 매개변수로는 어떤 노드에 탑재된 램을 이용하여 가상 메모리를 커밋할 것인지를 지정하면 된다.

NUMA 머신에서 노드와 프로세서 간의 관계를 확인할 수 있는 함수들에 대해서는 "14.3 NUMA 머신에서의 메모리 관리" 절을 보기 바란다.

section 02 예약 영역에 저장소 커밋하기

영역을 예약하고 나면 해당 영역 내의 주소를 이용하여 메모리에 접근을 시도하기 전에 물리적 저장소를 커밋^{commit}해 주어야 한다. 윈도우는 시스템의 페이징 파일로부터 물리적 저장소를 커밋하며, 항상 시스템의 페이지 크기 단위로 커밋을 수행한다.

물리적 저장소를 커밋하기 위해서는 VirtualAlloc 함수를 다시 호출해야 한다. 이때에는 fdwAllocation-Type 매개변수로 MEM_RESERVE 플래그 대신 MEM_COMMIT 플래그를 사용해야 한다. 물론 예약 시에 사용했던 보호 특성과는 다른 값을 사용할 수도 있지만 보통의 경우 영역을 예약할 때 사용했던 보호 특성을 커밋할 때에도 동일하게 사용한다(PAGE_READWRITE를 가장 흔히 사용하게 된다).

예약된 영역에 대하여 물리적 저장소를 커밋하기 위해 VirtualAlloc 함수를 호출할 때에는 어느 주소 공간에 얼마만큼의 크기로 커밋을 수행할지를 알려주어야 한다. 이를 위해 pvAddress 매개변수로 커밋하고자 하는 주소를 전달하고, dwSize 매개변수로 물리적 저장소의 크기를 전달하면 된다. 예약된 영역 전체에 대해 물리적 저장소를 한 번에 커밋할 필요는 없다.

예제를 통해 어떻게 커밋을 수행할 수 있는지에 대해 알아보자. x86 CPU를 가진 머신에서 수행 중인 애플리케이션이 5,242,880 주소에서 시작하는 512KB 크기의 영역을 예약했다고 하자. 이제 영역의 시작 위치로부터 2KB만큼 떨어진 공간에서 6KB 크기의 영역에 대해 물리적 저장소를 커밋하고자 한다면 다음과 같이 MEM_COMMIT 플래그를 이용하여 VirtualAlloc 함수를 호출하면 된다.

```
VirtualAlloc((PVOID) (5242880 + (2 * 1024)), 6 * 1024,
    MEM_COMMIT, PAGE_READWRITE);
```

이 경우 시스템은 커밋^{commit}하고자 하는 영역을 확장하여 5,242,880부터 5,251,071(5242880+8KB-1byte)에 해당하는 영역을 커밋하게 되고, 커밋된 페이지들은 PAGE_READWRITE 보호 특성을 가지게 된다. 이러한 보호 특성은 커밋을 시도한 전체 페이지에 대해 한 번만 지정될 수 있으므로, 여러 페이지에 대해 한 번에 커밋을 시도한 경우 각 페이지별로 서로 다른 보호 특성을 가지는 것은 불가능하다. 하지만 동일한 영역 내라 하더라도 여러 번에 걸쳐 서로 다른 위치에 커밋을 수행한 경우 각각의 페이지별로 서로 다른 보호 특성을 지정하는 것은 가능하다(PAGE_READWRITE나 PAGE_READONLY와 같이 서로 다르게).

section 03 영역에 대한 예약과 저장소 커밋을 동시에 수행하는 방법

특정 영역에 대해 예약과 커밋을 동시에 수행하고 싶다면 다음과 같이 VirtualAlloc 함수를 한 번만 호출할 수도 있다.

```
PVOID pvMem = VirtualAlloc(NULL, 99 * 1024,
  MEM_RESERVE | MEM_COMMIT, PAGE_READWRITE);
```

위와 같이 함수를 호출하면 99KB 크기의 영역을 예약하는 동시에 99KB의 물리적 저장소를 해당 영역에 커밋할 것을 시도한다. 이와 같이 함수가 호출되면 시스템은 가장 먼저 프로세스의 주소 공간 내에서 연속되고 아직 예약되지 않은 주소 공간 중 100KB를 수용할 수 있는 25개의 페이지를 찾거나(4KB 페이지 크기를 사용하는 머신에서), 104KB를 수용할 수 있는 13개 페이지를 찾게 된다(8KB 페이지 크기를 사용하는 머신에서).

위의 예에서는 pvAddress 매개변수로 NULL을 전달하였기 때문에 시스템이 직접 사용자의 요청을 수용할 수 있는 주소 공간의 위치를 찾지만, 만일 pvAddress로 특정 메모리 주소를 지정하게 되면 지정된 영역에 사용자의 요청을 수용할 수 있을 만큼의 예약되지 않은 공간이 있는지를 확인한다. 만일 충분한 공간이 없다면 NULL을 반환하게 된다.

예약 가능한 공간이 있다면 시스템은 이 영역 전체에 대해 커밋을 수행한다. 이때 영역과 커밋된 저장소의 보호 특성은 모두 PAGE_READWIRTE로 설정된다.

GetSystemInfo 함수를 이용하여 SYSTEM_INFO 정보를 가져오면 그 중 dwPageSize 필드를 통해 페이지 크기의 메모리 할당 단위를 획득할 수 있다. 하지만 이러한 최소 페이지 크기를 메모리 할당의 단위로 사용하는 대신 큰 페이지 단위^{large-page granularity}를 사용하게 되면 애플리케이션의 성능을 개선할 수 있으며, 윈도우는 이와 관련된 기능을 제공하고 있다. 큰 페이지의 최소 크기를 얻어오기 위해서는 GetLargePageMinimum 함수를 이용하면 된다.

```
SIZE_T GetLargePageMinimum();
```

CPU가 큰 페이지 할당 기능을 제공하지 않는 경우 GetLargePageMinimum 함수가 0을 반환할 수 있음에 주의하라. 메모리 할당 시 GetLargePageMinimun 함수가 반환하는 값보다 큰 크기로 메모리 할당을 수행하는 경우라면 큰 페이지 할당 기능을 사용할 수 있다. 큰 페이지 할당 기능을 사용하려면 VirtualAlloc 함수를 호출할 때 fdwAllocationType 매개변수로 MEM_LARGE_PAGE 플래그를 비트 OR해 주어야 하며, 다음과 같은 3가지 조건이 만족되어야 한다.

- dwSize 매개변수로는 GetLargePageMinimum이 반환하는 값의 배수로 메모리 할당 크기를 지정해야 한다.
- fdwAllocationType 매개변수로 항상 MEM_RESERVE | MEM_COMMIT 값이 지정되어야 한다. 다시 말하면 메모리에 대한 예약과 커밋을 동시에 수행해야 하며, 각 단계를 분리하여 수행할 수는 없다.
- fdwProtect 매개변수로는 반드시 PAGE_READWRITE 보호 특성을 지정해야 한다.

윈도우는 MEM_LARGE_PAGE 플래그를 이용하여 할당된 메모리 공간을 페이징 불가능 영역으로 설정하여 항상 그 내용이 램에 유지되도록 한다. 따라서 이 플래그를 사용하면 성능이 향상된다. MEM_LARGE_PAGE 플래그를 이용하여 VirtualAlloc 함수를 호출하려면 메모리 상에 페이지를 잠금 상태로 유지할 수 있는 사용자 권한이 필요하며, 이러한 권한이 없을 경우 함수 호출은 실패하게 된다. 기본적으로 어떤 사용자와 그룹도 이와 같은 권한을 가지고 있지 않다. 따라서 사용자와 상호작용하는 애플리케이션에서 큰 페이지 할당 기능을 사용하려면 관리자 권한으로 특정 사용자에 대해 페이지 잠금 권한을 부여해 주어야만 한다.

이러한 권한을 할당해 주기 위해서는 다음과 같은 단계를 수행해야 한다.

1. 시작^{Start} 메뉴에서 제어판^{Control Panels}을 선택하고, 관리 도구^{Administrative Tools}의 로컬 보안 정책^{Local Security Policy}을 수행한다.
2. 화면 좌측 트리에서 보안 설정^{Security Settings}을 확장하고, 로컬 정책^{Local Policies} 이하의 사용자 권한 할당^{User Right Assignment}을 선택한다.
3. 화면 우측에서 메모리에 페이지 잠금^{Lock Pages In Memory} 특성을 선택한다.
4. 액션^{Action} 메뉴에서 속성^{Property}을 선택하여 메모리에 페이지 잠금의 속성^{Lock Pages In Memory Properties} 다이얼로그 박스를 수행한 후 사용자 또는 그룹 추가^{add the users and/or groups}를 선택하여 권한을 부여할 사용자나 그룹을 추가한다. 확인을 눌러서 다이얼로그를 빠져나온다.

사용자 권한은 로그온 시 적용되므로 현재 로그온한 사용자에게 메모리에 페이지 잠금^{Lock Pages In Memory} 권한을 부여하였다면 반드시 로그오프를 수행한 후 다시 로그온해야만 한다. 이와 같은 권한을 애플리케이션 수행 시에 바로 사용 가능하도록 하고 싶다면 애플리케이션은 "4.5 관리자가 표준 사용자로 수행되는 경우" 절에서 설명한 권한 상승이 이루어져야만 한다.

위와 같이 VirtualAlloc을 호출하면 예약과 동시에 커밋된 영역의 가상 주소^{virtual address}를 반환하고, 그 값은 pvMem 변수에 할당된다. 만일 VirtualAlloc 함수를 호출하였을 때 시스템이 충분한 주소 공간을 찾지 못하였거나 물리적 저장소를 커밋하는 데 실패하면 NULL을 반환하게 된다.

앞의 예와 같이 가상 주소 영역에 대한 예약과 동시에 물리적 저장소를 커밋하는 경우에도 pvAddress 매개변수를 통해 특정 주소를 지정할 수 있다. 또한 시스템이 적절한 영역을 프로세스의 주소 공간의 가장 상위로부터 내려오면서 검색하도록 하기 위해 fdwAllocationType 매개변수로 MEM_TOP_DOWN 플래그를 비트 OR하여 추가하도록 할 수도 있는데, 이 경우 pvAddress 매개변수로는 반드시 NULL 값을 전달해야 한다.

section 04 언제 물리적 저장소를 커밋하는가

200행과 256열을 지원하는 표계산 프로그램을 구현하고 있다고 가정해 보자. 각 셀의 내용을 표현하기 위해 CELLDATA 구조체를 사용한다고 해 보자. 애플리케이션 내에서 이를 표현하기 위한 가장 간단한 구현 방법은 다음과 같이 2차원 배열을 사용하는 것이다.

```
CELLDATA CellData[ 200][ 256] ;
```

CELLDATA 구조체가 128바이트라고 가정하면 이와 같은 2차원 배열은 6,553,600(200×256×128) 바이트의 물리적 저장소를 필요로 할 것이다. 대부분의 사용자가 이 중 일부의 셀만을 사용할 것이므로, 상당량의 셀이 사용되지 않을 것임을 고려해 본다면, 이 프로그램을 위해 페이징 파일로부터 이 정도 크기의 물리적 저장소를 미리 할당해 두는 것은 메모리를 너무 비효율적으로 사용하는 것이라 할 수 있다.

일반적으로 이 같은 표계산 프로그램들은 링크드 리스트와 같은 자료 구조를 사용하는 것이 보통이다. 링크드 리스트를 사용하면 실제로 표계산 프로그램의 셀에 내용이 입력되는 순간 CELLDATA 구조체를 생성하도록 할 수 있다. 대부분의 셀들이 사용되지 않을 것이기 때문에 이와 같은 방법을 이용하면 상당량의 저장소를 절약할 수 있게 된다. 하지만 링크드 리스트를 사용하게 되면 특정 셀의 내용을 얻어오는 과정이 너무나 복잡해지는 단점이 있다. 예를 들어 5행 10열에 있는 셀의 내용을 가져오고 싶다고 해 보자. 이 셀의 내용을 가져오려면 링크드 리스트를 순회하는 과정이 필요하기 때문에 배열 선언을 통한 내용 접근 방식에 비해 느릴 수밖에 없다.

가상 메모리를 사용하면 2차원 배열을 미리 할당해 두는 방식과 링크드 리스트를 이용하는 방식에 대한 절충안을 구성할 수 있다. 가상 메모리를 사용하면 배열 형태의 행렬을 이용하는 방식처럼 빠르고 쉽게 내용에 접근할 수 있을 뿐더러 링크드 리스트와 같이 상당량의 공간을 절약할 수도 있다.

가상 메모리 기법의 장점을 이용하기 위해서는 프로그램에서 다음과 같은 단계를 수행해야 한다.

1. 전체 CELLDATA 구조체 행렬을 포함할 수 있는 충분한 크기의 영역을 예약한다. 영역에 대한 예약 과정은 물리적 저장소를 필요로 하지 않는다.

2. 사용자가 셀에 내용을 입력하려 하면 예약된 영역에서 해당 셀에 해당하는 CELLDATA를 저장할 메모리 주소를 얻어낸다. 이 주소에는 아직 물리적 메모리가 매핑되어 있지 않기 때문에 이 메모리에 접근을 시도하게 되면 접근 위반access violation이 발생하게 될 것이다.

3. 2단계에서 얻어낸 CELLDATA 구조체를 저장할 메모리 주소에 대해 물리적 저장소를 커밋한다. (예약된 영역 내의 일정 부분에 대해 물리적 저장소를 커밋한다. 해당 영역은 이미 물리적 저장소가 매핑되어 있을 수도 있고, 그렇지 않을 수도 있다.)

4. 새로운 CELLDATA 구조체의 멤버를 설정한다.

이제 물리적 저장소를 적절한 가상 주소 공간에 매핑하였으므로 프로그램은 더 이상 접근 위반을 일으키지 않고 저장소에 접근할 수 있다. 가상 메모리 기법은 사용자가 특정 셀에 실제로 값을 입력하는 순간에 비로소 물리적 저장소를 커밋하기 때문에 매우 훌륭한 방법이라고 할 수 있다. 왜냐하면 대부분의 셀은 여전히 비어 있을 것이고, 이러한 셀들은 물리적 저장소로 커밋되어 있지 않기 때문이다.

이와 같은 가상 메모리 기법의 유일한 문제점은 언제 물리적 저장소를 커밋할지를 판단해야 한다는데 있다. 특정 셀에 이미 값을 입력하였고, 그 값을 편집하거나 변경하려 하는 경우라면 추가적으로 물리적 저장소를 커밋할 필요가 없다. 왜냐하면 해당 셀을 위한 CELLDATA 구조체는 앞서 값을 입력하는 시점에 이미 커밋되었을 것이기 때문이다.

또한 시스템은 물리적 저장소를 커밋할 때 항상 페이지 크기 단위로 수행하기 때문에 단일의 CELLDATA 구조체에 대해 물리적 저장소를 커밋하려 하는 경우에도(위에서 설명한 절차 중 2번 단계에 해당하는) 실제로는 페이지 크기 단위로 커밋을 수행하게 된다. 사실 이를 낭비라고 보는 것은 적절하지 않다. 단일의 CELLDATA 구조체에 대해 물리적 저장소를 커밋하게 되면 인접한 셀을 표현하는 CELLDATA 구조체가 동시에 커밋되겠지만, 추후 사용자가 인접한 셀에 값을 입력하면(대부분의 경우에 그렇듯이) 물리적인 저장소를 추가적으로 커밋할 필요가 없기 때문이다.

영역 내의 특정 부분에 물리적 저장소가 커밋되었는지의 여부를 확인하기 위해서는 4가지 방법이 있을 수 있다.

• 항상 물리적 저장소를 커밋해 본다. 영역 내의 특정 부분에 물리적 저장소가 매핑되었는지의 여부를 확인하지 않고 매번 VirtualAlloc 함수를 호출하여 물리적 저장소를 커밋해 보는 것이다. 시스템은 가장 먼저 물리적 저장소가 이미 커밋되었지의 여부를 확인하고, 만일 앞서 커밋된 적이 있다면 추가적

으로 물리적 저장소를 커밋하지 않는다. 이러한 방법은 가장 쉬운 방법이긴 하나 CELLDATA 구조체의 내용이 변경될 때마다 추가적으로 함수를 호출해야 하는 단점이 있으며, 이로 인해 프로그램은 더욱 느리게 동작하게 된다.

- CELLDATA 구조체를 포함하고 있는 주소 공간에 대해 이미 물리적 저장소가 커밋되었는지의 여부를 확인한다(VirtualQuery 함수를 이용해서). 만일 앞서 커밋된 적이 있다면 아무런 작업도 수행할 필요가 없으며, 그렇지 않은 경우에 한해서 VirtualAlloc 함수를 이용하여 커밋을 수행하면 된다. 이 방법은 사실 첫 번째 방법보다 더 좋지 않은 방법이다. 코드의 크기도 증가할 뿐더러 추가적으로 VirtualQuery 함수를 호출해야 하기 때문에 프로그램은 더욱 느리게 동작한다.

- 어떤 페이지가 커밋되었고, 커밋되지 않았는지의 여부를 기록해 둔다. 이렇게 하면 프로그램이 좀 더 빠르게 수행될 수 있다. VirtualAlloc 함수를 반복적으로 호출하지 않아도 되고 물리적 저장소가 커밋되었는지의 여부를 시스템을 통해 확인하는 것에 비해 더욱 빠르게 확인할 수 있기 때문이다. 이러한 방법의 단점은 어떤 방식으로든 페이지의 커밋 여부를 지속적으로 유지해야 한다는 점일 것이다. 이와 같은 정보를 유지하는 것은 상황에 따라 매우 간단한 작업이 될 수도 있고 매우 복잡한 작업이 될 수도 있다.

- 가장 좋은 방법이라 할 수 있는 구조적 예외 처리^{structured exception handling}(SEH)를 사용한다. 구조적 예외 처리란 특정 상황이 되었을 때 운영체제가 애플리케이션에게 그 사실을 알려주기 위한 방법으로서, 운영체제에 의해 제공되는 기능이다. 이 방법을 사용하려면 애플리케이션 내에서 커밋되지 않은 메모리에 접근하는 경우를 다루기 위한 예외 처리기를 설정해 두어야 한다. 커밋되지 않은 메모리에 대해 접근을 시도하게 되면 시스템은 애플리케이션에게 이러한 문제를 통지하게 된다. 이때 애플리케이션은 물리적 저장소를 커밋하고, 시스템에게 예외를 유발한 명령을 다시 한 번 수행해 볼 것을 명령하게 된다. 메모리 접근에 성공하게 되면 프로그램은 아무런 문제가 없었던 것처럼 수행을 계속하게 된다. 이 방법을 이용하면 작업의 양이 가장 적어지고(코드가 가장 짧다는 의미), 프로그램은 가장 빠르게 수행될 수 있을 것이다. 구조적 예외 처리 기법에 대한 자세한 사항은 23장 "종료 처리기", 24장 "예외 처리와 소프트웨어 예외", 25장 "처리되지 않은 예외, 벡터화된 예외 처리, 그리고 C++ 예외"에서 자세히 다루고 있다. 25장의 표계산 예제 애플리케이션은 앞서 설명하였던 가상 메모리 기법을 정확히 설명하고 있다.

section 05 물리적 저장소의 디커밋과 영역 해제하기

특정 영역에 매핑된 물리적 저장소를 디커밋하거나 주소 공간 내의 예약된 영역을 해제하기 위해서는 VirtualFree 함수를 호출하면 된다.

```
BOOL VirtualFree(
    LPVOID pvAddress,
    SIZE_T dwSize,
    DWORD fdwFreeType);
```

먼저 VirtualFree 함수를 호출하여 영역을 해제하는 단순한 예부터 알아보기로 하자. 수행 중인 프로세스가 더 이상 영역 내의 물리적 저장소에 접근할 필요가 없다면 전체 영역에 대해 해제를 수행할 수 있다. 이렇게 하면 영역이 해제됨과 동시에 물리적 저장소에 대해 디커밋이 수행된다. 이를 위해서는 VirtualFree 함수를 한 번만 호출해 주면 된다.

이와 같이 VirtualFree 함수를 호출하기 위해서는 pvAddress 매개변수로 영역의 시작 주소를 전달해야 한다. 이 시작 주소는 영역을 예약할 당시에 VirtualAlloc 함수가 반환했던 주소와 동일한 값이어야 한다. 이 경우 시스템은 해당 주소로 시작하는 영역에 대한 크기를 이미 알고 있기 때문에 dwSize 매개변수로는 단순히 0을 전달할 수도 있다. 사실 dwSize 매개변수로 반드시 0을 전달해야 하며, 그렇지 않으면 VirtualFree 함수는 실패할 것이다. 세 번째 매개변수인 fdwFreeType으로는 물리적 저장소에 대한 디커밋을 수행함과 동시에 영역을 해제해야 하므로 MEM_RELEASE 플래그를 전달해야 한다. 영역을 해제할 때에는 예약 당시에 수행하였던 크기와 동일한 영역을 한꺼번에 해제해야 한다. 예를 들어 128KB 영역을 예약한 후 그 중 64KB에 해당하는 영역만을 해제할 수는 없으며, 반드시 128KB 전체를 해제해야 한다.

영역은 해제하지 않고 해당 영역에 매핑된 물리적 저장소만을 디커밋하고자 할 때에도 VirtualFree 함수를 사용하면 된다. 물리적 저장소에 대한 디커밋을 수행하기 위해서는 디커밋하고자 하는 첫 번째 페이지를 가리키는 메모리 주소 값을 VirtualFree 함수의 pvAddress 매개변수로 전달해 주면 된다. 이 경우 dwSize 매개변수로는 해제하고자 하는 메모리의 크기를 바이트 단위로 전달해야 하며, fdw-FreeType 매개변수로는 MEM_DECOMMIT을 전달해야 한다.

커밋 동작과 마찬가지로 디커밋도 페이지 단위로 수행된다. 따라서 디커밋 시 특정 페이지의 중간을 가리키는 메모리 주소를 전달하게 되면 해당 페이지 전체에 대해 디커밋이 수행된다. pvAddress + dwSize가 페이지의 중간쯤에 위치하게 되면 해당 주소를 포함하고 있는 페이지까지 디커밋이 수행된다. 즉, pvAddress부터 pvAddress + dwSize까지의 범위에 걸쳐있는 모든 페이지에 대해 디커밋이 수행된다.

만일 VirtualFree 함수를 호출할 때 dwSize 매개변수로 0을 전달하고 pvAddress로 커밋된 영역의 시작 주소를 전달하게 되면 해당 영역에 매핑된 모든 페이지들에 대해 디커밋을 수행한다. 물리적 저장소 페이지가 디커밋되고 나면 이후 시스템 내의 다른 프로세스들에 의해 다시 사용될 수 있다. 또한 이미 디커밋된 페이지에 대해 접근을 시도하게 되면 접근 위반access violation을 유발하게 된다.

◾ 언제 물리적 저장소를 디커밋하는가

실제로 메모리를 언제 디커밋할 것인가를 결정하는 것은 상당히 어려운 일이다. 표계산 예제를 다시 한 번 생각해 보자. 만일 이 애플리케이션이 x86 머신에서 수행되고 있고, 페이지의 크기가 4KB라면 각 페이지별로 32(4096/128)개의 CELLDATA 구조체를 저장할 수 있다. 만일 사용자가 CellData[0][1] 셀의 내용을 삭제하고 CellData[0][0]부터 CellData[0][31]까지의 모든 셀이 사용되지 않는 경우라면 디커밋을 수행할 수 있을 것이다. 하지만 CellData[0][0]부터 CellData[0][31]까지의 모든 셀이 사용되지 않고 있음을 어떻게 알 수 있을까? 이를 위해 몇 가지 서로 다른 방법을 고려해 볼 수 있다.

- 가장 간단한 방법은 CELLDATA 구조체를 페이지 크기와 정확히 일치시키는 것이다. 이렇게 하면 페이지당 하나의 구조체만 존재하게 되므로 구조체 내의 내용이 더 이상 필요하지 않은 경우 그 즉시 물리적 저장소를 디커밋할 수 있다. 프로그램이 x86 CPU에서 수행되고 구조체의 크기가 페이지 크기의 배수인 8KB이거나 12KB인 경우라면 메모리에 대한 디커밋을 수행하는 것이 어렵지 않을 것이다(보통의 경우 이처럼 큰 구조체를 사용하지는 않겠지만). 물론 이와 같은 방법을 사용하는 경우에는 프로그램이 어떤 CPU에서 수행될지를 미리 알아두어 해당 머신에서의 페이지 크기에 맞추어 구조체를 정의해야만 할 것이다.

- 좀 더 실용적인 방법으로는 구조체 내에 이 구조체가 현재 사용 중인지의 여부를 확인할 수 있는 정보를 포함하는 것이다. 메모리를 절약하고 싶다면 이와 같은 정보를 비트 단위로 저장할 수도 있을 것이다. 이러한 방법을 사용하면 100개의 구조체 배열에 대해 100비트만 사용하면 된다. 먼저, 전체 비트를 0으로 설정하여 전체 구조체가 사용되지 않고 있음을 나타내도록 초기화한 후, 각 구조체가 사용되는 시점에 해당 구조체에 대응하는 비트를 1로 설정한다. 추후에 구조체가 더 이상 사용되지 않게 되면 동일 비트를 다시 0으로 설정한다. 이때 메모리 내의 동일 페이지에 위치하고 있는 모든 구조체의 상태를 확인하여 모든 구조체가 사용 중이 아닌 경우라면 페이지를 디커밋하면 된다.

- 마지막 방법은 가비지 컬렉션^{garbage collection} 함수를 구현하는 것이다. 이 방법은 물리적 저장소가 처음으로 커밋될 때 시스템이 페이지의 내용을 0으로 초기화해 주는 특성을 이용하는 방법이다. 이 방법을 이용하려면 구조체 내에 BOOL 값을 저장할 수 있는 멤버를(bInUse와 같은 이름의) 포함시키고, 이 구조체를 통해 커밋된 메모리에 접근할 때마다 bInUse 값이 TRUE로 설정되어 있는지를 확인하여, 그렇지 않을 경우 TRUE로 변경한다.

애플리케이션이 수행되면 가비지 컬렉션 함수가 주기적으로 수행되도록 하여 전체 구조체에 대해 순회를 수행하도록 한다. 가비지 컬렉션 함수는 가장 먼저 특정 구조체에 대해 물리적 저장소가 커밋되었는지의 여부를 확인하고, 만일 커밋되었다면 bInUse 멤버의 값이 0인지를 확인한다. bInUse 멤버의 값이 0이라면 이 구조체는 사용되지 않는 구조체임을 의미하는 것이고, 이 값이 TRUE라면 구조체가 현재 사용 중임을 의미하게 된다. 가비지 컬렉션 함수가 특정 페이지 내에 위치하고 있는 모든 구조체에 대해 확인 작업을 완료했을 때 페이지 내의 모든 구조체가 사용 중이 아니라면 해당 페이지에 대해 VirtualFree 함수를 호출하여 물리적 저장소를 디커밋할 수 있다.

특정 구조체가 더 이상 사용되지 않을 경우 지체 없이 가비지 컬렉션 함수를 호출할 수도 있겠지만, 이처럼 자주 가비지 컬렉션 함수를 수행하게 되면 전체 구조체를 순회해야 하는 함수의 구현 특성상 너무 많은 CPU 시간을 소비하게 된다. 가장 좋은 방법은 애플리케이션의 주 스레드와는 별도로 낮은 우선순위의 스레드를 생성하여 가비지 컬렉션 함수를 수행하도록 하는 것이다. 이렇게 하면 애플리케이션의 주 스레드가 수행 중일 때는 가비지 컬렉션 함수가 수행되지 않을 것이며, 시스템은 주 스레드가 유휴 상태이거나 파일 I/O를 수행할 경우에만 가비지 컬렉션 함수를 스케줄링할 것이다.

위에서 살펴본 모든 방법 중 첫 번째와 두 번째 방법이 개인적으로 가장 선호하는 방법이다. 하지만 구조체의 크기가 작은 경우라면(페이지 크기보다) 마지막 방법을 사용할 것을 추천한다.

❷ 가상 메모리 할당 예제 애플리케이션

VMAlloc.cpp는 구조체의 배열을 다루기 위한 가상 메모리 기법을 보여주기 위해 작성되었다. 소스 코드와 리소스 파일은 한빛미디어 홈페이지를 통해 제공되는 소스 파일의 15-VMAlloc 폴더에 있다. 프로그램을 수행하면 다음과 같은 창이 나타난다.

최초에는 프로세스의 주소 공간 상에 어떠한 영역도 예약되어 있지 않기 때문에 Memory map에서 볼 수 있는 바와 같이 모든 공간은 프리 상태다. Reserve region(50,2KB Structures) 버튼을 클릭하면 VirtualAlloc 함수를 호출하여 영역을 예약하고 Memory map에 예약 상황을 나타낸다. Virtual-Alloc 함수를 통해 특정 영역을 예약하고 나면 비로소 나머지 버튼들이 활성화된다.

이제 Index 우측의 에디트 컨트롤에 인덱스 값을 입력하고 Use 버튼을 클릭할 수 있다. Use 버튼을 클릭하면 배열 요소가 위치할 메모리 주소에 물리적 저장소를 커밋하게 된다. 물리적 저장소의 페이지가 커밋되면 예약 상태만을 나타내던 Memory map에 커밋 상황이 갱신된다. 영역을 예약한 이후 7번째와 46번째 요소에 대해 Use 버튼을 클릭하여 물리적 저장소를 커밋하게 되면 다음과 같은 화면이 나타난다(아래 화면은 4KB 크기의 페이지를 사용하는 머신에서 프로그램을 수행하였을 때의 예이다).

Clear 버튼을 클릭하면 사용 중이던 배열 요소를 정리하는 작업을 수행한다. 하지만 이 같은 작업을 수행하더라도 동일 페이지를 여러 구조체가 사용 중인 경우 이 페이지에 할당된 물리적 저장소를 디커밋하지는 않는다. 이러한 정리 작업은 지정된 배열 요소에 대해서만 수행되는 것이므로 동일 페이지 내의 다른 배열 요소에 대해서는 정리 작업을 수행하지 않는다. 만일 이때 물리적 저장소를 디커밋해 버리면 동일 페이지 내의 다른 배열 요소에 저장되어 있던 값이 모두 소실되게 된다. 따라서 이 경우 Clear 버튼을 누르더라도 특정 영역에 할당된 물리적 저장소를 디커밋하지 않으며, Memory map에도 배열 요소에 대한 정리 작업이 수행되었음이 갱신되지 않는다.

그런데 구조체에 대한 정리 작업을 수행하면 bInUse 멤버 값이 FALSE로 설정된다. 이러한 정보는 가비지 컬렉션 루틴이 특정 페이지 내의 모든 구조체가 더 이상 사용되지 않고 있는지를 확인하여 디커밋을 수행하기 위해 반드시 필요하다. 지금 당장 생각할 필요는 없지만 Garbage collection 버튼을 누르면 가비지 컬렉션 루틴이 수행된다. 독립된 스레드 상에서 이 루틴이 수행되도록 하는 것은 전체적인 루틴을 복잡하게 만들 것 같아 구현하지 않았다.

가비지 컬렉션의 동작 방식을 보여주기 위해 46번 배열 요소에 대해 정리 작업을 수행해 보라. Memory map에는 아무런 변화가 일어나지 않을 것이다. 이제 Garbage collect 버튼을 눌러보라. 그러면 프로그램은 46번 요소가 포함되어 있던 물리적 저장소에 대한 디커밋을 수행하고 Memory map에 이러한 변경사항을 갱신하게 된다. 아래에 수행 예를 나타냈다. GarbageCollect 함수는 실제 애플리케이션을 개발할 때에도 유용하게 사용될 수 있음에 주목하기 바란다. 필자는 어떤 크기의 데이터 구조체에 대해서도 정상적으로 동작될 수 있도록 이 함수를 구현하였으며, 구조체의 크기가 반드시 페이지 크기와 일치할 필요는 없다. 이 함수를 활용하기 위한 유일한 요구사항은 구조체의 첫 번째 멤버가 해당 구조체의 사용 여부를 나타내기 위한 BOOL 값을 저장할 수 있는 변수를 포함하고 있어야 한다는 것이다.

마지막으로, 비록 화면 상에 나타나지는 않지만 창이 종료될 때 커밋된 메모리에 대해 모두 디커밋을 수행하고 예약된 영역에 대한 해제를 수행한다.

이 프로그램에는 아직 설명하지 못한 부분이 있다. 이 프로그램에서는 총 세 곳에서 특정 영역의 주소 공간에 속하는 메모리의 상태 정보를 확인할 수 있어야 한다.

- 인덱스 값을 변경한 경우 Use 버튼을 활성화하고 Clear 버튼을 비활성화할지 혹은 그 반대로 Use 버튼을 비활성화하고 Clear 버튼을 활성화할지를 결정해야 한다.
- 가비지 컬렉션 함수 내에서 bInUse 플래그가 설정되었는지의 여부를 확인하기 전에 물리적 저장소가 커밋되었는지 여부를 먼저 확인해야 한다.
- Memory map을 갱신할 때 페이지들이 프리 상태인지 혹은 예약되거나 커밋되었는지 여부를 확인해야 한다.

VMAlloc 프로그램에서는 메모리의 상태를 확인하기 위해 이전 장에서 논의했던 VirtualQuery 함수를 이용하고 있다.

```
VMAlloc.cpp

/******************************************************************
Module:  VMAlloc.cpp
Notices: Copyright (c) 2008 Jeffrey Richter & Christophe Nasarre
******************************************************************/


#include "..\CommonFiles\CmnHdr.h"       /* 부록 A를 보라. */
#include <WindowsX.h>
#include <tchar.h>
#include "Resource.h"
#include <StrSafe.h>


//////////////////////////////////////////////////////////////////

// 이 프로그램을 수행하는 머신의 페이지 크기
UINT g_uPageSize = 0;

// 배열을 구성하기 위한 더미 데이터 구조체
typedef struct {
    BOOL bInUse;
    BYTE bOtherData[ 2048 - sizeof(BOOL)];
} SOMEDATA, *PSOMEDATA;

// 배열 내의 구조체 개수
#define MAX_SOMEDATA     (50)
```

```
// 구조체 배열을 가리키는 포인터
PSOMEDATA g_pSomeData = NULL;

// 창 내에서 Memory map에 의해 점유되는 직사각형 영역
RECT g_rcMemMap;

///////////////////////////////////////////////////////////////////////

BOOL Dlg_OnInitDialog(HWND hWnd, HWND hWndFocus, LPARAM lParam) {

   chSETDLGICONS(hWnd, IDI_VMALLOC);

   // 다이얼로그 박스 내의 모든 컨트롤을 비활성화한다.
   EnableWindow(GetDlgItem(hWnd, IDC_INDEXTEXT),       FALSE);
   EnableWindow(GetDlgItem(hWnd, IDC_INDEX),           FALSE);
   EnableWindow(GetDlgItem(hWnd, IDC_USE),             FALSE);
   EnableWindow(GetDlgItem(hWnd, IDC_CLEAR),           FALSE);
   EnableWindow(GetDlgItem(hWnd, IDC_GARBAGECOLLECT), FALSE);

   // Memory map을 출력하기 위한 위치의 좌표를 얻어온다.
   GetWindowRect(GetDlgItem(hWnd, IDC_MEMMAP), &g_rcMemMap);
   MapWindowPoints(NULL, hWnd, (LPPOINT) &g_rcMemMap, 2);

   // Memory map의 출력 위치를 나타내기 위해 창에 추가되었던 컨트롤을 삭제한다.
   DestroyWindow(GetDlgItem(hWnd, IDC_MEMMAP));

   // 다이얼로그 박스 내에 페이지 크기를 나타낸다.
   TCHAR szBuf[ 10 ];
   StringCchPrintf(szBuf, _countof(szBuf), TEXT("%d KB"), g_uPageSize / 1024);
   SetDlgItemText(hWnd, IDC_PAGESIZE, szBuf);

   // 에디트 컨트롤을 초기화한다.
   SetDlgItemInt(hWnd, IDC_INDEX, 0, FALSE);

   return(TRUE);
}

///////////////////////////////////////////////////////////////////////

void Dlg_OnDestroy(HWND hWnd) {

   if (g_pSomeData != NULL)
      VirtualFree(g_pSomeData, 0, MEM_RELEASE);
}
```

```
/////////////////////////////////////////////////////////////////////////

VOID GarbageCollect(PVOID pvBase, DWORD dwNum, DWORD dwStructSize) {

   UINT uMaxPages = dwNum * dwStructSize / g_uPageSize;
   for (UINT uPage = 0; uPage < uMaxPages; uPage++) {
      BOOL bAnyAllocsInThisPage = FALSE;
      UINT uIndex     = uPage * g_uPageSize / dwStructSize;
      UINT uIndexLast = uIndex + g_uPageSize / dwStructSize;

      for (; uIndex < uIndexLast; uIndex++) {
         MEMORY_BASIC_INFORMATION mbi;
         VirtualQuery(&g_pSomeData[uIndex], &mbi, sizeof(mbi));
         bAnyAllocsInThisPage = ((mbi.State == MEM_COMMIT) &&
            * (PBOOL) ((PBYTE) pvBase + dwStructSize * uIndex));

         // 본 페이지는 디커밋할 수 없으므로 페이지 검사를 중단한다.
         if (bAnyAllocsInThisPage) break;
      }

      if (!bAnyAllocsInThisPage) {
         // 본 페이지 내에 할당된 구조체가 없으므로 디커밋을 수행한다.
         VirtualFree(&g_pSomeData[uIndexLast - 1], dwStructSize, MEM_DECOMMIT);
      }
   }
}

/////////////////////////////////////////////////////////////////////////

void Dlg_OnCommand(HWND hWnd, int id, HWND hWndCtl, UINT codeNotify) {

   UINT uIndex = 0;

   switch (id) {
      case IDCANCEL:
         EndDialog(hWnd, id);
         break;

      case IDC_RESERVE:
         // 구조체의 배열을 포함할 수 있을 만큼의 충분한 주소 공간을 예약한다.
         g_pSomeData = (PSOMEDATA) VirtualAlloc(NULL,
            MAX_SOMEDATA * sizeof(SOMEDATA), MEM_RESERVE, PAGE_READWRITE);

         // Reserve 버튼을 비활성화하고, 그 외의 다른 컨트롤들은 모두 활성화한다.
         EnableWindow(GetDlgItem(hWnd, IDC_RESERVE),        FALSE);
```

```
         EnableWindow(GetDlgItem(hWnd, IDC_INDEXTEXT),        TRUE);
         EnableWindow(GetDlgItem(hWnd, IDC_INDEX),            TRUE);
         EnableWindow(GetDlgItem(hWnd, IDC_USE),              TRUE);
         EnableWindow(GetDlgItem(hWnd, IDC_GARBAGECOLLECT),   TRUE);

         // 인덱스 에디트 컨트롤에 포커스를 준다.
         SetFocus(GetDlgItem(hWnd, IDC_INDEX));

         // Memory map을 갱신한다.
         InvalidateRect(hWnd, &g_rcMemMap, FALSE);
         break;

   case IDC_INDEX:
      if (codeNotify != EN_CHANGE)
         break;

      uIndex = GetDlgItemInt(hWnd, id, NULL, FALSE);
      if ((g_pSomeData != NULL) && chINRANGE(0, uIndex, MAX_SOMEDATA - 1)) {
         MEMORY_BASIC_INFORMATION mbi;
         VirtualQuery(&g_pSomeData[ uIndex], &mbi, sizeof(mbi));
         BOOL bOk = (mbi.State == MEM_COMMIT);
         if (bOk)
            bOk = g_pSomeData[ uIndex] .bInUse;

         EnableWindow(GetDlgItem(hWnd, IDC_USE),   !bOk);
         EnableWindow(GetDlgItem(hWnd, IDC_CLEAR), bOk);

      } else {
         EnableWindow(GetDlgItem(hWnd, IDC_USE),    FALSE);
         EnableWindow(GetDlgItem(hWnd, IDC_CLEAR), FALSE);
      }
      break;

   case IDC_USE:
      uIndex = GetDlgItemInt(hWnd, IDC_INDEX, NULL, FALSE);
      // 주의: 새롭게 커밋된 페이지는 시스템에 의해 0으로 초기화된다.
      VirtualAlloc(&g_pSomeData[ uIndex], sizeof(SOMEDATA),
         MEM_COMMIT, PAGE_READWRITE);

      g_pSomeData[ uIndex] .bInUse = TRUE;

      EnableWindow(GetDlgItem(hWnd, IDC_USE),    FALSE);
      EnableWindow(GetDlgItem(hWnd, IDC_CLEAR), TRUE);

      // Clear 버튼 컨트롤에 포커스를 준다.
```

```
                    SetFocus(GetDlgItem(hWnd, IDC_CLEAR));

                    // Memory map을 갱신한다.
                    InvalidateRect(hWnd, &g_rcMemMap, FALSE);
                    break;

                case IDC_CLEAR:
                    uIndex = GetDlgItemInt(hWnd, IDC_INDEX, NULL, FALSE);
                    g_pSomeData[uIndex].bInUse = FALSE;
                    EnableWindow(GetDlgItem(hWnd, IDC_USE),   TRUE);
                    EnableWindow(GetDlgItem(hWnd, IDC_CLEAR), FALSE);

                    // Use 버튼 컨트롤에 포커스를 준다.
                    SetFocus(GetDlgItem(hWnd, IDC_USE));
                    break;

                case IDC_GARBAGECOLLECT:
                    GarbageCollect(g_pSomeData, MAX_SOMEDATA, sizeof(SOMEDATA));

                    // Memory map을 갱신한다.
                    InvalidateRect(hWnd, &g_rcMemMap, FALSE);
                    break;
            }
        }


///////////////////////////////////////////////////////////////////////


void Dlg_OnPaint(HWND hWnd) {      // memory map을 갱신한다.

    PAINTSTRUCT ps;
    BeginPaint(hWnd, &ps);

    UINT uMaxPages = MAX_SOMEDATA * sizeof(SOMEDATA) / g_uPageSize;
    UINT uMemMapWidth = g_rcMemMap.right - g_rcMemMap.left;

    if (g_pSomeData == NULL) {

        // 아직까지 예약되지 않은 메모리
        Rectangle(ps.hdc, g_rcMemMap.left, g_rcMemMap.top,
            g_rcMemMap.right - uMemMapWidth % uMaxPages, g_rcMemMap.bottom);

    } else {

        // 가상 주소 공간을 순회하면서 memory map을 그린다.
        for (UINT uPage = 0; uPage < uMaxPages; uPage++) {
```

```
            UINT uIndex = uPage * g_uPageSize / sizeof(SOMEDATA);
            UINT uIndexLast = uIndex + g_uPageSize / sizeof(SOMEDATA);
            for (; uIndex < uIndexLast; uIndex++) {

                MEMORY_BASIC_INFORMATION mbi;
                VirtualQuery(&g_pSomeData[uIndex], &mbi, sizeof(mbi));

                int nBrush = 0;
                switch (mbi.State) {
                    case MEM_FREE:    nBrush = WHITE_BRUSH; break;
                    case MEM_RESERVE: nBrush = GRAY_BRUSH;  break;
                    case MEM_COMMIT:  nBrush = BLACK_BRUSH; break;
                }

                SelectObject(ps.hdc, GetStockObject(nBrush));
                Rectangle(ps.hdc,
                    g_rcMemMap.left + uMemMapWidth / uMaxPages * uPage,
                    g_rcMemMap.top,
                    g_rcMemMap.left + uMemMapWidth / uMaxPages * (uPage + 1),
                    g_rcMemMap.bottom);
            }
        }
    }

    EndPaint(hWnd, &ps);
}

///////////////////////////////////////////////////////////////////////

INT_PTR WINAPI Dlg_Proc(HWND hWnd, UINT uMsg, WPARAM wParam, LPARAM lParam) {

    switch (uMsg) {
        chHANDLE_DLGMSG(hWnd, WM_INITDIALOG, Dlg_OnInitDialog);
        chHANDLE_DLGMSG(hWnd, WM_COMMAND,    Dlg_OnCommand);
        chHANDLE_DLGMSG(hWnd, WM_PAINT,      Dlg_OnPaint);
        chHANDLE_DLGMSG(hWnd, WM_DESTROY,    Dlg_OnDestroy);
    }
    return(FALSE);
}

///////////////////////////////////////////////////////////////////////

int WINAPI _tWinMain(HINSTANCE hInstExe, HINSTANCE, PTSTR, int) {

    // 이 CPU의 페이지 크기를 가져온다.
```

```
        SYSTEM_INFO si;
        GetSystemInfo(&si);
        g_uPageSize = si.dwPageSize;

        DialogBox(hInstExe, MAKEINTRESOURCE(IDD_VMALLOC), NULL, Dlg_Proc);
        return(0);
}

///////////////////////////////// 파일의 끝 /////////////////////////////////
```

section 06 보호 특성 변경하기

실제로는 거의 쓰이지 않는 기능이긴 하지만 물리적 저장소가 커밋된 페이지의 보호 특성을 변경하는 것도 가능하다. 예를 들어 링크드 리스트를 관리하는 프로그램을 작성하고 있다고 하자. 모든 노드들은 예약된 영역 내에 존재해야만 한다. 링크드 리스트를 이용하는 함수를 만들 때 각 함수의 시작 부분에서 커밋된 물리적 저장소의 보호 특성을 PAGE_READWRITE로 변경하고, 함수가 종료되기 직전에 PAGE_NOACCESS로 다시 돌려놓도록 함수를 설계할 수 있을 것이다.

이렇게 하면 링크드 리스트 데이터를 프로그램 내의 잠재적인 버그로부터 보호할 수 있다. 만일 프로세스 내의 다른 코드에서 잘못된 포인터를 이용하여 링크드 리스트 데이터에 접근을 시도하게 되면 접근 위반 에러가 발생할 것이다. 보호 특성의 장점을 잘 활용하면 애플리케이션의 찾기 힘든 버그의 위치를 찾아내는 데 상당한 도움이 되기도 한다.

이와 같이 보호 특성을 변경하기 위해서는 VirtualProtect 함수를 이용하면 된다.

```
BOOL VirtualProtect(
    PVOID pvAddress,
    SIZE_T dwSize,
    DWORD flNewProtect,
    PDWORD pflOldProtect);
```

pvAddress 매개변수는 메모리의 시작 주소를 가리키며, dwSize 매개변수는 보호 특성을 변경하고자 하는 메모리의 크기를 나타낸다. flNewProtect는 PAGE_* 보호 특성 플래그 중 하나를 설정하면 되는데, 예외적으로 PAGE_WRITECOPY와 PAGE_EXECUTE_WRITECOPY는 사용할 수 없다.

마지막 매개변수인 pflOldProtect로는 DWORD 값을 담을 수 있는 주소를 전달하면 되는데, 이 값으로는 pvAddress에 위치하는 메모리의 변경 전의 보호 특성이 반환된다. 비록 대부분의 애플리케이션에서는 이와 같은 정보를 필요로 하지 않겠지만, 그럼에도 불구하고 반드시 이 매개변수로 유효한 주소 값을 전달해야 하며, 그렇지 않을 경우 함수 호출은 실패하게 된다.

물론 각각의 바이트 단위로 보호 특성을 지정할 수 없으며, 물리적 저장소 내의 페이지 단위로 그 값을 지정할 수 있다. 따라서 4KB의 페이지 크기를 사용하는 머신에서 아래와 같이 VirtualProtect를 호출하면, 총 2개의 저장소 페이지가 PAGE_NOACCESS로 변경된다.

```
VirtualProtect(pvRgnBase + (3 * 1024), 2 * 1024,
    PAGE_NOACCESS, &flOldProtect);
```

VirtualProtect 함수는 서로 다른 영역에 걸쳐 있는 여러 개의 페이지들에 대해 한 번에 그 보호 특성을 변경할 수는 없다. 서로 이웃한 여래 개의 영역이 있고, 이러한 영역들에 걸쳐 있는 다수의 페이지들에 대한 보호 특성을 변경하려 한다면 VirtualProtect 함수를 여러 번 호출해야 한다.

section 07 물리적 저장소의 내용 리셋하기

물리적 저장소의 여러 페이지에 걸쳐 그 내용을 수정하는 경우, 시스템은 가능한 한 변경사항들을 램에 유지하려고 노력한다. 하지만 애플리케이션이 수행 중인 경우에는 .exe 파일이나 DLL 파일 혹은 페이징 파일로부터 필요한 내용을 수시로 램으로 읽어와야 하며, 이때 이미 페이징 파일의 내용이 로드되어 있는 램의 페이지를 사용해야 할 수도 있다. 이 경우 시스템은 필요한 크기를 수용할 수 있는 페이지를 램으로부터 검색한 후, 페이지의 내용이 수정된 경우라면 페이징 파일로 그 내용을 저장해야 할 것이다.

윈도우는 애플리케이션의 수행 성능을 향상시킬 수 있는 다양한 기능들을 제공하는데, 이 중에는 물리적 저장소를 리셋하는 기능도 포함되어 있다. 물리적 저장소를 리셋한다는 것은 물리적 저장소에 위치하는 하나 혹은 다수의 페이지의 내용이 수정되지 않았다고 시스템에게 알려주는 것을 말한다. 만일 시스템이 램으로부터 어떤 페이지를 선택하였는데, 그 페이지의 내용이 수정된 적이 있는 경우라면 반드시 페이징 파일로 그 내용을 저장해야만 한다. 이러한 작업은 느리게 수행되기 때문에 성능에 상당한 영향을 미치게 된다. 그럼에도 대부분의 애플리케이션에서는 이렇게 수정된 페이지의 내용을 페이징 파일에 유지하기를 원할 것이다.

하지만 몇몇 애플리케이션은 아주 짧은 시간 동안만 저장소를 집중적으로 쓰고, 그 이후에는 저장소 내의 내용을 더 이상 쓸 필요가 없는 경우가 있다. 이 경우 성능을 개선하기 위해 시스템의 페이징 파일에 저장소의 내용을 저장하지 않도록 할 수 있다. 이렇게 하려면 애플리케이션은 사용하였던 페이지가 수정되지 않았다고 시스템에게 알려주어야 한다. 이후 시스템이 이러한 페이지를 다른 용도로 사용하기 위해 선택하게 되면, 이 페이지의 내용은 페이징 파일로 저장될 필요가 없으므로 이는 곧 성능 향상으로 이어지게 된다. 이와 같이 저장소를 리셋하려면 애플리케이션 내에서 VirtualAlloc 함수를 호출할 때 세 번째 매개변수로 MEM_RESET 플래그를 전달하면 된다.

VirtualAlloc 함수를 통해 참조하였던 페이지들이 페이징 파일 내에 있는 경우라면 시스템은 해당 페이지들에 대해 추가적인 작업을 수행할 필요가 없다. 이 경우 다음번에 애플리케이션이 동일 저장소에 접근하게 되면 0으로 초기화된 새로운 램 페이지가 사용될 것이다. 사용을 마친 램 페이지를 리셋하게 되면 시스템에게 이 페이지들의 내용이 수정된 적이 없다고 알리게 되므로, 해당 램 페이지를 다른 용도로 사용하려고 하는 경우에도 그 내용을 페이징 파일로 저장할 필요가 없다. 설사 램 페이지의 내용이 모두 0으로 변경되지 않았다 하더라도 리셋된 저장소의 페이지로부터 내용을 읽어오려 시도해서는 안 된다. 시스템이 리셋된 페이지를 바로 필요로 하지 않는 경우라면 램에 있던 이전 내용이 변경되지 않은 채로 남아 있을 수 있다. 하지만 램 페이지가 필요해지면 언제라도 이 페이지를 이용할 수 있을 것이다. 이와 같은 세부적인 동작 방식은 제어가 불가능하기 때문에 페이지를 리셋하게 되면 리셋된 페이지의 내용은 의미 없는 내용으로 가득 차 있을 것이라고 가정해야 한다.

저장소를 리셋할 때 추가적으로 기억해 두어야 할 사항이 있다. 첫째로, VirtualAlloc 함수를 호출할 때 시작 주소는 일반적으로 페이지 경계로 내림이 수행되고, 할당 크기는 페이지 수를 고려하여 올림이 수행된다. 시작 주소와 할당 크기를 조정하는 것과 같은 메커니즘을 저장소를 리셋할 때 사용하게 되면 매우 심각한 문제를 유발할 수 있다. 그래서 MEM_RESET 플래그를 이용하여 VirtualAlloc 함수를 호출할 때에는 일반적인 함수의 동작 방식과는 다른 방법으로 시작 주소와 크기를 조정한다. 예를 들어 다음과 같은 코드가 있다고 가정해 보자.

```
PINT pnData = (PINT) VirtualAlloc(NULL, 1024,
   MEM_RESERVE | MEM_COMMIT, PAGE_READWRITE);
pnData[ 0]  = 100;
pnData[ 1]  = 200;
VirtualAlloc((PVOID) pnData, sizeof(int), MEM_RESET, PAGE_READWRITE);
```

이 코드는 저장소에 단일 페이지 크기만큼을 커밋한다. 페이지 앞쪽의 4바이트(sizeof(int))가 더 이상 필요하지 않으면 이에 대해서 리셋을 수행할 수 있다. 하지만 물리적 저장소와 관련된 모든 동작은 반드시 페이지 경계page boundary와 페이지 크기page increment에 맞추어 동작되어야 한다. 따라서 위와 같이 저장소를 리셋하려고 하겠지만, 이 경우 함수 호출은 실패하게 된다. VirtualAlloc 함수는 NULL을 반환하고, GetLastError를 호출해 보면 ERROR_INVALID_ADDRESS(WinError.h에 487로 정의된)를 반환하게 될 것이다. 왜 그런 것일까? MEM_RESET 플래그를 이용하여 VirtualAlloc 함수를 호출하면 이 함수에 전달한 시작 주소는 페이지 경계로 올림이 수행된다. 이는 동일 페이지에 중요한 데이터가 기록되어 있음에도 불구하고 사용자가 그 사실을 알지 못하고 실수로 페이지를 리셋해 버리는 것을 막기 위함이다. 또한 위 예제와 같이 바이트 크기를 sizeof(int)로 설정하게 되면 이 값은 0으로 내림이 수행된다. 0바이트를 리셋하는 것은 적절하지 않은 작업이므로 함수 호출이 실패하게 되는 것이다. 이는 MEM_RESET 플래그를 이용하였을 때 바이트 크기가 앞에서와 같은 이유로 페이지 경계에 맞추어 내림이 수행되기 때문이다. 페이지 전체에 불필요한 데이터가 가득 차 있는 경우가 아니라면 유효한 데이터가 존재할 수 있으므로 해당 페이지를 리셋하려 해서는 안 된다. 페이지에 대한 리셋을 수행하게 되면 운영체제는 해당 페이지에 어떠한 유효한 정보도 존재하지 않는 것으로 가정하게 된다.

MEM_RESET 플래그를 이용하여 저장소를 리셋할 때 반드시 기억해야 하는 두 번째 사항으로는, MEM_RESET 플래그는 항상 단독으로 사용되어야 하며, 비트 OR를 통해 다른 플래그와 같이 사용될 수 없다는 것이다. 다음과 같이 함수를 호출하면 함수는 항상 실패하게 될 것이며, 반환 값은 NULL이 된다.

```
PVOID pvMem = VirtualAlloc(NULL, 1024,
    MEM_RESERVE | MEM_COMMIT | MEM_RESET, PAGE_READWRITE);
```

MEM_RESET 플래그와 함께 다른 플래그를 지정하는 것은 사실상 그다지 적절해 보이지 않는다.

마지막으로, MEM_RESET 플래그를 이용하여 VirtualAlloc 함수를 호출할 때에는 반드시 유효한 페이지 보호 특성 값을 전달해야 한다. 하지만 이 경우 전달된 보호 특성이 사용되지는 않을 것이다.

1 MemReset 예제 애플리케이션

MemReset.cpp는 MEM_RESET 플래그가 어떻게 동작하는지를 보여주기 위한 예제다. 소스 코드와 리소스 파일은 한빛미디어 홈페이지를 통해 제공되는 소스 파일의 15-MemReset 폴더에 있다.

MemReset.cpp 코드가 가장 먼저 수행하는 작업은 물리적 저장소에 영역을 예약한 후 커밋하는 것이다. VirtualAlloc 함수에 전달하는 메모리의 크기가 1024바이트이기 때문에 시스템은 자동적으로 시스템의 페이지 크기에 맞추어 할당하는 메모리의 크기를 증가시켜 준다. 다음으로, _tcscpy_s 함수를 수행하여 할당된 버퍼에 문자열을 복사하여 페이지의 내용을 변경한다. 만일 시스템이 이미 다른 데이터가 로드되어 있는 램 페이지를 사용해야 하는 경우에는 먼저 현재 램 페이지의 내용을 시스템의 페이징 파일로 복사한다. 추후 애플리케이션이 시스템 페이징 파일로 옮겨진 데이터에 다시 접근하려 하면 시스템은 자동적으로 다른 램 페이지를 할당하고 앞서 저장해 두었던 내용을 다시 읽어 와서 애플리케이션이 온전하게 데이터에 접근할 수 있도록 해 준다.

저장소의 페이지에 문자열을 복사하고 나면, 메시지 박스를 이용하여 사용자가 추후에 이 데이터에 접근할지 여부를 묻게 된다. 만일 사용자가 No 버튼을 선택하게 되면 MEM_RESET 플래그를 이용하여 VirtualAlloc 함수를 호출하여 운영체제가 데이터를 담고 있는 페이지의 내용이 변경되지 않은 것으로 판단하도록 한다.

저장소가 리셋되었다는 것을 보여주기 위해서는 램으로부터 상당량의 메모리를 할당해야만 하는데, 이를 위해 다음과 같은 3단계를 수행하였다.

1. GlobalMemoryStatus 함수를 호출하여 수행 중인 머신에 설치된 램의 전체 크기를 얻어온다.

2. VirtualAlloc 함수를 호출하여 램의 크기만큼 커밋을 수행한다. 이 동작은 실제로 해당 페이지에 접근하기 전까지는 램에 저장소를 할당하지 않기 때문에 상당히 빠르게 수행될 수 있다. 최신의 컴퓨터에서 이 코드를 수행했을 때 VirtualAlloc 함수가 NULL을 반환한다 하더라도 놀라지 말기 바란다. 아마도 프로세스의 가용 주소 공간의 크기보다 더 많은 램이 설치된 머신이라면 이와 같은 문제가 발생할 수도 있다.

3. ZeroMemory를 호출하여 새롭게 커밋된 페이지를 변경한다. 이러한 동작은 시스템의 램에 상당한 부하를 초래할 것이며, 램에 있던 일부 페이지들은 페이징 파일로 쓰여지게 될 것이다.

사용자가 추후에 데이터에 대해 접근할 것이라고 응답하면, 데이터는 리셋되지 않고 추후 접근 시 다시 램으로 읽혀질 수 있도록 페이징 파일에 그 내용을 저장하게 된다. 하지만 사용자가 추후에 데이터에 접근하지 않겠다고 응답하면 데이터는 리셋되고, 시스템은 페이징 파일로 그 내용을 저장하지 않을 것이기 때문에 애플리케이션의 성능이 개선된다.

ZeroMemory를 호출한 후 이전에 페이지에 복사하였던 문자열과 페이지의 내용을 비교해 본다. 만일 데이터가 리셋되지 않았다면 이 둘의 내용이 동일할 것임을 보장할 수 있을 것이지만, 페이지가 리셋되었다면 이 둘의 내용은 동일할 수도 있고 그렇지 않을 수도 있다. MemReset 프로그램에서는 항상 그 내용이 동일하지 않게 나타날 텐데, 그 이유는 램의 모든 페이지를 페이징 파일로 저장하도록 하였기 때문이다. 만일 할당을 시도했던 메모리의 크기가 실제 머신에 설치되어 있는 램의 크기보다 작은 경우 이전 데이터가 램에 계속해서 남아 있을 수도 있다. 이 점에 대해서는 앞서 언급한 바 있으며, 특히 주의하기 바란다.

MemReset.cpp

```
/**********************************************************************
Module:  MemReset.cpp
Notices: Copyright (c) 2008 Jeffrey Richter & Christophe Nasarre
**********************************************************************/


#include "..\CommonFiles\CmnHdr.h"        /* 부록A를 보라. */
#include <tchar.h>


///////////////////////////////////////////////////////////////////


int WINAPI _tWinMain(HINSTANCE, HINSTANCE, PTSTR, int) {

   TCHAR szAppName[]  = TEXT("MEM_RESET tester");
   TCHAR szTestData[] = TEXT("Some text data");
```

```
// 저장소로부터 페이지를 커밋하고, 그 내용을 수정한다.
PTSTR pszData = (PTSTR) VirtualAlloc(NULL, 1024,
   MEM_RESERVE | MEM_COMMIT, PAGE_READWRITE);
_tcscpy_s(pszData, 1024, szTestData);

if (MessageBox(NULL, TEXT("Do you want to access this data later?"),
   szAppName, MB_YESNO) == IDNO) {

   // 프로세스 내에서 이 페이지를 여전히 사용하고 싶지만, 그 내용은
   // 더 이상 중요하지 않다.
   // 따라서 시스템에게 데이터가 수정되지 않은 것으로 알려준다.

   // 주의: MEM_RESET을 사용하면 데이터가 파괴되기 때문에
   // VirtualAlloc 함수는 시작 주소와 크기를 안전한 범위로 변경한다.
   // 아래에 그 예가 있다.
   //    VirtualAlloc(pvData, 5000, MEM_RESET, PAGE_READWRITE)
   // 이 경우 4KB보다 큰 페이지 크기를 사용하는 CPU에서는 0개의 페이지를
   // 리셋하게 되며, 4KB 페이지를 사용하는 CPU에서는 1개의 페이지를 리셋하게 된다.
   // 따라서 아래와 같이 VirtualAlloc 함수를 호출하여 메모리를 리셋하게 되면
   // 항상 함수 호출이 성공할 것임을 보장할 수 있다.
   // 아래 코드는 VirtualQuery 함수를 먼저 호출하여
   // 정확한 영역의 크기를 가져온다.
   MEMORY_BASIC_INFORMATION mbi;
   VirtualQuery(pszData, &mbi, sizeof(mbi));
   VirtualAlloc(pszData, mbi.RegionSize, MEM_RESET, PAGE_READWRITE);
}


// 설치된 램의 크기만큼 저장소를 커밋한다.
MEMORYSTATUS mst;
GlobalMemoryStatus(&mst);
PVOID pvDummy = VirtualAlloc(NULL, mst.dwTotalPhys,
   MEM_RESERVE | MEM_COMMIT, PAGE_READWRITE);

// 임의로 확보하였던 영역 내의 모든 페이지에 대해
// 변경을 시도하여 램의 모든 내용이 페이징 파일로 쓰여지도록 한다.
if (pvDummy != NULL)
   ZeroMemory(pvDummy, mst.dwTotalPhys);

// 데이터 페이지 내의 데이터와 데이터 페이지에 쓰기를 시도했던 문자열을 비교한다.
if (_tcscmp(pszData, szTestData) == 0) {

   // 페이지 내의 데이터가 문자열과 동일하다.
   // ZeorMemory를 호출하였을 때 페이지가 페이징 파일로 쓰여졌다.
   MessageBox(NULL, TEXT("Modified data page was saved."),
      szAppName, MB_OK);
```

```
    } else {

        // 페이지 내의 데이터가 문자열과 동일하지 않다.
        // ZeroMemory를 호출하였을 때 페이지가 페이징 파일로 쓰여지지 않았다.
        MessageBox(NULL, TEXT("Modified data page was NOT saved."),
            szAppName, MB_OK);
    }


    // 주소 공간을 해제하는 것을 잊어서는 안 된다.
    // 이 경우에는 애플리케이션이 곧 종료될 것이므로 반드시 써야 되는 경우는 아니다.
    if (pvDummy != NULL)
        VirtualFree(pvDummy, 0, MEM_RELEASE);
    VirtualFree(pszData, 0, MEM_RELEASE);


    return(0);
}

/////////////////////////////// 파일의 끝 ///////////////////////////////
```

section 08 주소 윈도우 확장

시간이 지남에 따라 애플리케이션들은 점점 더 많은 메모리를 요구하게 되었다. 이러한 현상은 서버 애플리케이션들에서 특히 많이 나타나는데, 서버를 이용하는 사용자의 수가 늘어날수록 서버의 성능은 점점 더 떨어지는 현상이 발생하게 된다. 애플리케이션들은 성능을 증가시키기 위해 가능한 한 많은 데이터들을 램에 유지하도록 하여 페이징 파일의 사용 빈도를 줄이고 싶어 한다. 또 다른 부류로 데이터베이스, 엔지니어링, 과학 분야의 애플리케이션들은 상당히 큰 저장소를 다룰 수 있는 능력을 필요로 한다. 이러한 애플리케이션들에게 32비트 주소 공간은 더 이상 충분한 공간이 아니다.

이와 같은 애플리케이션에게 도움을 주기 위해 윈도우는 AWE$^{Address\ Windowing\ Extension}$(윈도우 기법을 이용한 주소 확장) 기능을 제공한다. 마이크로소프트는 AWE를 만들 때 크게 두 가지 목적을 염두에 두고 설계를 진행하였다.

- 애플리케이션에게 운영체제에 의해 디스크로 스왑되지 않는 램을 할당할 수 있는 방법을 제공한다.
- 애플리케이션이 프로세스의 주소 공간보다 더 큰 램에 접근할 수 있는 방법을 제공한다.

기본적으로 AWE는 애플리케이션이 램에 있는 블록을 할당할 수 있는 방법을 제공한다. 램에 있는 블록을 할당하더라도 이러한 블록은 프로세스의 주소 공간을 통해 보여지지는 않는다. 할당된 블록에 접근하기 위해서는 주소 공간 상에 영역을 확보해야(VirtualAlloc) 하는데, 이 공간을 주소 윈도우 _{Address Window}라고 한다. 이후에 특정 함수를 호출하여 앞서 할당한 램에 있는 블록을 주소 윈도우에 할당한다. 램 블록을 주소 윈도우에 할당하는 동작은 매우 빠르게 수행된다(보통의 경우 몇 밀리초 정도 소요된다).

특정 시점에 단일의 램 블록은 하나의 주소 윈도우를 통해서만 접근될 수 있다. 이로 인해 서로 다른 램 블록에 접근을 시도하려 하면 주소 윈도우에 새로운 램 블록을 할당하는 함수를 명시적으로 호출해야 하며, 이로 인해 코드를 작성하는 것이 좀 더 까다로워질 수 있다.

다음 코드는 AWE를 어떻게 사용하는지를 보여주는 예이다.

```
// 먼저, 주소 윈도우로 사용할 1MB의 영역을 예약한다.
ULONG_PTR ulRAMBytes = 1024 * 1024;
PVOID pvWindow = VirtualAlloc(NULL, ulRAMBytes,
    MEM_RESERVE | MEM_PHYSICAL, PAGE_READWRITE);

// CPU 플랫폼에서 사용하는 페이지의 크기를 얻어온다.
SYSTEM_INFO sinf;
GetSystemInfo(&sinf);

// 요청한 크기의 메모리를 사용하기 위해 몇 개의
// 램 페이지를 사용해야 할지를 계산한다.
ULONG_PTR ulRAMPages = (ulRAMBytes + sinf.dwPageSize - 1) /
    sinf.dwPageSize;

// 램 페이지의 페이지 프레임 번호를 저장하기 위핸 배열을 할당한다.
ULONG_PTR* aRAMPages = (ULONG_PTR*) new ULONG_PTR[ ulRAMPages ];

// 램 페이지를 할당한다(메모리 내에
// 메모리에 페이지 잠금(Lock Page In Memory) 사용자 권한을 필요로 한다).
AllocateUserPhysicalPages(
    GetCurrentProcess(),    // 어떤 프로세스를 위한 저장소를 할당하는가
    &ulRAMPages,            // 입력: 램 페이지의 개수, 출력: 할당된 페이지 개수
    aRAMPages);             // 출력: 할당된 램 페이지들을 가리키는 배열

// 램 페이지를 주소 윈도우에 할당한다.
MapUserPhysicalPages(pvWindow,     // 주소 윈도우의 주소
    ulRAMPages,                    // 배열 항목의 개수
    aRAMPages);                    // 램 페이지 배열

// pvWindow 가상 주소를 통해 램 페이지에 접근한다.
...
```

```
    // 램 페이지 블록을 해제한다.
    FreeUserPhysicalPages(
        GetCurrentProcess(),    // 어떤 프로세스가 사용하던 램을 해제할 것인가?
        &ulRAMPages,            // 입력: 램 페이지의 개수, 출력: 삭제된 페이지의 개수
        aRAMPages);             // 입력: 삭제할 램 페이지들을 담고 있는 배열

    // 주소 윈도우 삭제
    VirtualFree(pvWindow, 0, MEM_RELEASE);
    delete[] aRAMPages;
```

위에서 보는 바와 같이 AWE를 사용하는 것은 간단하다. 이제 이 코드의 흥미로운 부분에 대해 살펴보기로 하자.

위 코드는 먼저 VirtualAlloc 함수를 호출하여 1MB의 주소 윈도우를 예약한다. 보통의 경우 이보다 훨씬 큰 크기의 주소 윈도우를 사용하는 것이 일반적이다. 이때 애플리케이션이 필요로 하는 램 블록의 크기를 산정해야 한다. 물론 주소 공간 내에 최대 크기의 연속된 프리 블록 크기만큼의 주소 윈도우를 생성할 수도 있을 것이다. VirtualAlloc 함수를 호출할 때 MEM_RESERVE 플래그는 주소 영역을 예약하기 위해 사용하였고, MEM_PHYSICAL 플래그는 나중에 이 영역을 통해 램에 할당된 블록을 가리키게 될 것임을 의미한다. AWE의 한 가지 제약사항으로는 주소 윈도우를 통해 매핑되는 모든 저장소는 반드시 읽기와 쓰기가 가능하도록 설정되어야 한다는 것이다. 따라서 VirtualAlloc을 통해 주소 윈도우를 생성할 때에는 유일하게 PAGE_READWRITE 보호 특성 플래그만이 사용될 수 있다. 또한 VirtualProtect 함수를 이용하여 보호 특성을 변경할 수도 없다.

물리적 램을 할당하기 위해서는 AllocateUserPhysicalPages 함수를 호출하면 된다.

```
BOOL AllocateUserPhysicalPages(
    HANDLE hProcess,
    PULONG_PTR pulRAMPages,
    PULONG_PTR aRAMPages);
```

이 함수는 pulRAMPages 매개변수가 가리키는 값만큼의 램 페이지를 할당하고, 페이지들이 hProcess 매개변수가 가리키는 프로세스로 할당될 것임을 명시한다.

각각의 램 페이지는 운영체제에 의해 할당된 페이지 프레임 번호$^{page frame number}$를 가지고 있다. 시스템은 할당할 페이지들을 선택한 다음에 이 페이지들의 페이지 프레임 번호를 aRAMPages 매개변수가 가리키는 배열을 통해 전달해 준다. 페이지 프레임 번호 자체는 애플리케이션에서는 유용하지 않은 값이므로, 배열을 통해 전달받은 페이지 프레임 번호를 확인할 필요가 없을 뿐더러 그 값을 변경하지 않는 것이 좋다. 램에 있는 어떤 페이지가 할당될지는 알 수 없으며 이를 고민할 필요도 없다. 주소 윈도우를 통해 램 블록 내의 페이지에 접근하면 연속된 메모리 블록인 것처럼 사용할 수 있기 때문에 램을 좀 더 쉽게 사용하고 삭제할 수 있으며, 시스템의 내부 동작 방식을 정확하게 알아야 할 필요도 없다.

AllocateUserPhysicalPages 함수가 반환되면 pulRAMPages 매개변수는 성공적으로 할당받은 램 페이지의 개수를 가지게 된다. 일반적으로 이 값은 함수를 호출할 때 전달하였던 값과 일치하겠지만 때로는 그보다 더 작은 값이 될 수도 있다.

유일하게 램 페이지를 소유하고 있는 프로세스만이 할당받은 램 페이지를 사용할 수 있으며, 다른 프로세스의 주소 공간에 할당받은 램 페이지를 매핑시키는 것은 허용되지 않는다. 따라서 여러 프로세스들 간에 램 블록을 공유하는 것은 불가능하다.

램은 매우 중요한 리소스이며, 사용 중이지 않은 램만이 할당 가능하다. 따라서 AWE를 과도하게 사용하게 되면 현재 수행 중인 프로세스나 다른 프로세스들이 과도한 디스크 페이징을 일으키게 된다. 이는 전체적인 수행 성능을 심각하게 저하시키는 요인이 된다. AWE로 인해 사용 가능한 램의 크기가 작아지면 시스템이 새로운 프로세스나 스레드 혹은 다른 리소스를 생성하는 데에도 영향을 미치게 된다. 애플리케이션에서는 물리적 메모리의 사용 정도를 확인하기 위해 GlobalMemoryStatusEx 함수를 사용할 수 있다.

램의 직접적인 할당을 제한하기 위해 AllocateUserPhysicalPages 함수를 사용하는 호출자는 메모리에 페이지 잠금^{Lock Pages In Memory} 사용자 권한이 허가되고 부여되어 있어야만 한다. 그렇지 않으면 이 함수 호출은 실패할 것이다. 윈도우 비스타에서 이러한 사용자 권한을 어떻게 부여할 수 있는지에 대해서는 "15.3 영역에 대한 예약과 저장소 커밋을 동시에 수행하는 방법" 절을 살펴보기 바란다.

주소 윈도우를 생성하고 램 블록을 확보하였으므로, 이제 MapUserPhysicalPages를 호출하여 주소 윈도우에 램 블록을 매핑하면 된다.

```
BOOL MapUserPhysicalPages(
    PVOID pvAddressWindow,
    ULONG_PTR ulRAMPages,
    PULONG_PTR aRAMPages);
```

첫 번째 매개변수인 pvAddressWindow로는 주소 윈도우의 가상 주소를 가리키는 값을 전달하면 되고, 두 번째와 세 번째 매개변수인 ulRAMPages와 aRAMPages로는 어떤 램 블록을 몇 개나 주소 윈도우에 매핑하고자 하는지를 전달해 주면 된다. 만일 주소 윈도우의 크기가 충분하지 않아서 전체 램 블록을 매핑하지 못하면 함수 호출은 실패하게 된다. 마이크로소프트가 이 함수를 작성할 때 고려했던 중요한 목표 중 하나는 가능한 한 이 함수가 빠르게 동작되어야 한다는 것이었다. 실제로 MapUser-PhysicalPages 함수는 수 밀리초 이내에 램 블록에 대한 매핑 작업을 완료한다.

MapUserPhysicalPages 함수를 호출할 때 aRAMPages 매개변수로 NULL을 전달하여 램 블록을 지정하지 않을 수도 있다. 아래에 그 예가 있다.

```
// 주소 윈도우에 램 블록을 할당하지 않는다.
MapUserPhysicalPages(pvWindow, ulRAMPages, NULL);
```

램 블록이 주소 윈도우에 할당되면 주소 윈도우의 시작 주소(위 코드에서 pvWindow에 해당하는)로부터 시작하는 가상 주소를 이용하여 간편하게 램 블록에 접근할 수 있다.

더 이상 램 블록을 사용할 필요가 없다면 FreeUserPhysicalPages 함수를 호출하여 램 블록을 해제해주어야 한다.

```
BOOL FreeUserPhysicalPages(
    HANDLE hProcess,
    PULONG_PTR pulRAMPages,
    PULONG_PTR aRAMPages);
```

첫 번째 매개변수인 hProcess로는 해제하고자 하는 램 페이지를 소유하고 있던 프로세스를 나타내는 핸들 값을 전달하면 된다. 두 번째와 세 번째 매개변수로는 어떤 램 블록을 몇 개 삭제하고자 하는지를 지정하면 된다. 만일 램 블록이 주소 윈도우와 매핑되어 있었다면 매핑을 끊고 램 페이지를 해제한다.

마지막으로, 완벽하게 정리 작업을 마치려면 VirtualFree 함수를 호출하여 주소 윈도우를 삭제해야 한다. 이때 pvAddress로는 주소 윈도우의 시작 주소를, dwSize로는 0을, fdwAllocationType으로는 MEM_RELEASE를 각각 지정하면 된다.

이 코드 예제는 하나의 주소 윈도우와 하나의 램 블록만을 생성한다. 이렇게 함으로써 디스크로 스와핑되지 않는 램을 사용할 수 있다. 실제 애플리케이션에서는 여러 개의 주소 윈도우를 생성할 수도 있고, 여러 개의 램 블록을 할당할 수도 있다. 이렇게 할당된 램 블록은 어느 주소 윈도우로도 매핑될 수 있지만, 하나의 램 블록이 여러 개의 주소 윈도우에 동시에 매핑될 수는 없다.

64비트 윈도우는 AWE를 완벽하게 지원한다. 따라서 AWE를 사용하는 32비트 애플리케이션은 쉽고도 직접적인 방법으로 64비트 윈도우로 포팅을 수행할 수 있다. 64비트 애플리케이션의 경우 프로세스의 주소 공간이 너무 크기 때문에 AWE를 사용하는 것이 그다지 유용하지는 않다. 하지만 AWE를 사용하면 디스크로 스와핑을 수행하지 않는 물리적인 램을 할당할 수 있다는 측면에서는 여전히 활용가치가 있다고 하겠다.

■ AWE 예제 애플리케이션

AWE 예제 애플리케이션(15-AWE.exe)은 여러 개의 주소 윈도우를 어떻게 생성하고, 각각의 주소 윈도우에 대해 어떻게 서로 다른 램 블록을 할당하는지를 보여주기 위한 예제다. 소스 코드와 리소스 파일은 한빛미디어 홈페이지를 통해 제공되는 소스 파일의 15-AWE 폴더에 있다. 프로그램을 수행하면 내부적으로 두 개의 주소 윈도우 영역을 생성하고, 두 개의 램 블록을 할당하게 된다.

최초에, 첫 번째 램 블록은 "Text in Storage 0"이라는 문자열을 가지게 되며, 두 번째 램 블록은

"Text in Storage 1"이라는 문자열을 가지게 된다. 첫 번째 램 블록은 첫 번째 주소 윈도우에 할당되어 있으며, 두 번째 램 블록은 두 번째 주소 윈도우에 할당되어 있다. 아래 화면은 이러한 모습을 보여주고 있다.

이 애플리케이션을 이용하면 몇 가지 실험을 진행해 볼 수 있다. 첫 번째로, 주소 윈도우에 매핑된 램 블록을 콤보 박스를 이용해서 변경할 수 있다. 콤보 박스에서 "No Storage"를 선택할 수도 있으며, 이 경우 주소 윈도우에 어떠한 램 블록도 매핑하지 않게 된다. 두 번째로, 텍스트 박스의 문자열을 변경함으로써 주소 윈도우에 의해 매핑된 램 블록의 내용을 변경할 수 있다.

동일한 램 블록을 서로 다른 주소 윈도우에 동시에 매핑하려고 시도하면 다음과 같이 AWE는 그러한 기능을 제공하지 않는다는 내용의 메시지 박스를 나타내게 된다.

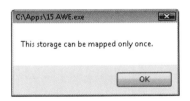

예제 애플리케이션의 소스 코드는 상당히 명확하게 작성되어 있다. AWE를 좀 더 쉽게 사용할 수 있도록 3개의 C++ 클래스를 만들었는데, 이 클래스는 AddrWindows.h 파일에 있다. 첫 번째 클래스인 CSystemInfo는 GetSystemInfo 함수를 단순히 감싸는 정도의 간단한 클래스다. 나머지 두 개의 클래스는 CSystemInfo 클래스의 인스턴스를 생성하여 사용하고 있다.

두 번째 C++ 클래스인 CAddrWindow는 주소 윈도우를 캡슐화^{encaptulation}하고 있다. Create 메소드는 주소 윈도우를 예약하고, Destroy 메소드는 주소 윈도우를 삭제하는 데 사용된다. UnmapStorage 메소드는 현재 주소 윈도우에 매핑되어 있는 램 블록을 매핑 해제하는 데 사용된다. PVOID 형변환 연산자는 주소 윈도우의 가상 주소를 반환하기 위해 사용된다.

세 번째 C++ 클래스인 CAddrWindowStorage는 CAddrWindow 객체와 함께 사용될 수 있도록 램 블록을 캡슐화하였다. Allocate 메소드는 메모리에 페이지 잠금$^{Lock Pages In Memory}$ 사용자 권한을 사용 가능하도록 하고 램 블록 할당을 시도한다. 이후 메모리에서 페이지 잠금$^{Lock Pages In Memory}$ 사용자 권한을 해제한다. Free 메소드는 램 블록을 삭제한다. HowManyPagesAllocated 메소드는 성공적으로 할당된 페이지의 개수를 가져온다. MapStorage와 UnmapStorage 메소드는 CAddrWindow 객체에 할당된 램 블록을 매핑하거나 매핑 해제하는 데 사용된다.

이러한 C++ 클래스들을 활용하여 예제 애플리케이션을 좀 더 쉽게 만들 수 있었다. 예제 애플리케이션에서는 두 개의 CAddrWindow 객체와 두 개의 CAddrWindowStorage 객체를 생성한다. 나머지 코드 부분은 적당한 시점에 적당한 함수를 올바르게 호출해 주는 역할만을 수행하고 있다.

이 애플리케이션에는 매니페스트 manifest 파일이 덧붙여져 있기 때문에 프로그램 수행 시 윈도우가 권한 상승 창을 띄우게 될 것이다. 이와 관련된 내용은 167쪽 "프로세스의 자동 권한 상승" 절을 살펴보기 바란다.

```
AWE.cpp

/**********************************************************************
Module:  AWE.cpp
Notices: Copyright (c) 2008 Jeffrey Richter & Christophe Nasarre
**********************************************************************/


#include "..\CommonFiles\CmnHdr.h"      /* 부록 A를 보라. */
#include <Windowsx.h>
#include <tchar.h>
#include "AddrWindow.h"
#include "Resource.h"
#include <StrSafe.h>


///////////////////////////////////////////////////////////////////////


CAddrWindow g_aw[ 2];               // 2개의 주소 윈도우
CAddrWindowStorage g_aws[ 2];       // 2개의 저장소 블록
const ULONG_PTR g_nChars = 1024; // 1024개의 문자 버퍼
const DWORD g_cbBufferSize = g_nChars * sizeof(TCHAR);


///////////////////////////////////////////////////////////////////////


BOOL Dlg_OnInitDialog(HWND hWnd, HWND hWndFocus, LPARAM lParam) {

   chSETDLGICONS(hWnd, IDI_AWE);

   // 2개의 메모리 주소 윈도우를 생성한다.
   chVERIFY(g_aw[ 0] .Create(g_cbBufferSize));
   chVERIFY(g_aw[ 1] .Create(g_cbBufferSize));

   // 2개의 저장소 블록을 생성한다.
   if (!g_aws[ 0] .Allocate(g_cbBufferSize)) {
      chFAIL("Failed to allocate RAM.\nMost likely reason: "
         "you are not granted the Lock Pages in Memory user right.");
   }
```

```
      chVERIFY(g_aws[ 1] .Allocate(g_nChars * sizeof(TCHAR)));

      // 첫 번째 저장소 블록에 기본 문자열을 설정한다.
      g_aws[ 0] .MapStorage(g_aw[ 0] );
      _tcscpy_s((PTSTR) (PVOID) g_aw[ 0] , g_cbBufferSize,
            TEXT("Text in Storage 0"));

      // 두 번째 저장소 블록에 기본 문자열을 설정한다.
      g_aws[ 1] .MapStorage(g_aw[ 0] );
      _tcscpy_s((PTSTR) (PVOID) g_aw[ 0] , g_cbBufferSize,
            TEXT("Text in Storage 1"));

      // 다이얼로그 박스 내의 컨트롤들을 구성한다.
      for (int n = 0; n <= 1; n++) {
         // 각 주소 윈도우별로 콤보 박스를 설정한다.
         int id = ((n == 0) ? IDC_WINDOW0STORAGE : IDC_WINDOW1STORAGE);
         HWND hWndCB = GetDlgItem(hWnd, id);
         ComboBox_AddString(hWndCB, TEXT("No storage"));
         ComboBox_AddString(hWndCB, TEXT("Storage 0"));
         ComboBox_AddString(hWndCB, TEXT("Storage 1"));

         // 주소 윈도우 0은 저장소 0, 주소 윈도우 1은 저장소 1
         ComboBox_SetCurSel(hWndCB, n + 1);
         FORWARD_WM_COMMAND(hWnd, id, hWndCB, CBN_SELCHANGE, SendMessage);
         Edit_LimitText(GetDlgItem(hWnd,
            (n == 0) ? IDC_WINDOW0TEXT : IDC_WINDOW1TEXT), g_nChars);
      }

      return(TRUE);
}

///////////////////////////////////////////////////////////////////////////

void Dlg_OnCommand(HWND hWnd, int id, HWND hWndCtl, UINT codeNotify) {

   switch (id) {

   case IDCANCEL:
      EndDialog(hWnd, id);
      break;

   case IDC_WINDOW0STORAGE:
   case IDC_WINDOW1STORAGE:
      if (codeNotify == CBN_SELCHANGE) {
```

```
            // 주소 윈도우 내에 서로 다른 저장소를 보여준다.
            int nWindow  = ((id == IDC_WINDOW0STORAGE) ? 0 : 1);
            int nStorage = ComboBox_GetCurSel(hWndCtl) - 1;

            if (nStorage == -1) {   // 이 주소 윈도우에는 매핑된 저장소가 없음을 보여준다.
               chVERIFY(g_aw[ nWindow] .UnmapStorage());
            } else {
               if (!g_aws[ nStorage] .MapStorage(g_aw[ nWindow] )) {
                  // 주소 윈도우에 저장소를 매핑할 수 없다.
                  chVERIFY(g_aw[ nWindow] .UnmapStorage());
                  ComboBox_SetCurSel(hWndCtl, 0);  // "No storage"로 변경
                  chMB("This storage can be mapped only once.");
               }
            }

            // 주소 윈도우의 문자열 표시를 갱신한다.
            HWND hWndText = GetDlgItem(hWnd,
               ((nWindow == 0) ? IDC_WINDOW0TEXT : IDC_WINDOW1TEXT));
            MEMORY_BASIC_INFORMATION mbi;
            VirtualQuery(g_aw[ nWindow] , &mbi, sizeof(mbi));
            // 주의: 만일 주소 윈도우에 어떠한 저장소도 매핑되어 있지 않다면
            // mbi.State == MEM_RESERVE가 된다.
            EnableWindow(hWndText, (mbi.State == MEM_COMMIT));
            Edit_SetText(hWndText, IsWindowEnabled(hWndText)
               ? (PCTSTR) (PVOID) g_aw[ nWindow]  : TEXT("(No storage)"));
         }
         break;

      case IDC_WINDOW0TEXT:
      case IDC_WINDOW1TEXT:
         if (codeNotify == EN_CHANGE) {
            // 주소 윈도우 내의 저장소를 변경한다.
            int nWindow = ((id == IDC_WINDOW0TEXT) ? 0 : 1);
            Edit_GetText(hWndCtl, (PTSTR) (PVOID) g_aw[ nWindow] , g_nChars);
         }
         break;
   }
}

///////////////////////////////////////////////////////////////////////

INT_PTR WINAPI Dlg_Proc(HWND hWnd, UINT uMsg, WPARAM wParam, LPARAM lParam) {

   switch (uMsg) {
      chHANDLE_DLGMSG(hWnd, WM_INITDIALOG, Dlg_OnInitDialog);
```

```
         chHANDLE_DLGMSG(hWnd, WM_COMMAND,      Dlg_OnCommand);
   }

   return(FALSE);
}


///////////////////////////////////////////////////////////////////////


int WINAPI _tWinMain(HINSTANCE hInstExe, HINSTANCE, PTSTR, int) {

   DialogBox(hInstExe, MAKEINTRESOURCE(IDD_AWE), NULL, Dlg_Proc);
   return(0);
}


///////////////////////////// 파일의 끝 /////////////////////////////
```

AddrWindow.h

```
/**********************************************************************
Module:  AddrWindow.h
Notices: Copyright (c) 2008 Jeffrey Richter & Christophe Nasarre
**********************************************************************/


#pragma once


///////////////////////////////////////////////////////////////////////


#include "..\CommonFiles\CmnHdr.h"     /* 부록A를 보라. */
#include <tchar.h>


///////////////////////////////////////////////////////////////////////


class CSystemInfo : public SYSTEM_INFO {
public:
   CSystemInfo() { GetSystemInfo(this); }
};


///////////////////////////////////////////////////////////////////////


class CAddrWindow {
public:
   CAddrWindow()  { m_pvWindow = NULL; }
   ~CAddrWindow() { Destroy(); }
```

```
            BOOL Create(SIZE_T dwBytes, PVOID pvPreferredWindowBase = NULL) {
                // 물리적 저장소에 접근하기 위한 주소 윈도우 영역을 예약한다.
                m_pvWindow = VirtualAlloc(pvPreferredWindowBase, dwBytes,
                    MEM_RESERVE | MEM_PHYSICAL, PAGE_READWRITE);
                return(m_pvWindow != NULL);
            }

            BOOL Destroy() {
                BOOL bOk = TRUE;
                if (m_pvWindow != NULL) {
                    // 주소 윈도우 영역을 파괴한다.
                    bOk = VirtualFree(m_pvWindow, 0, MEM_RELEASE);
                    m_pvWindow = NULL;
                }
                return(bOk);
            }

            BOOL UnmapStorage() {
                // 주소 윈도우 영역에 매핑된 모든 저장소를 매핑 해제한다.
                MEMORY_BASIC_INFORMATION mbi;
                VirtualQuery(m_pvWindow, &mbi, sizeof(mbi));
                return(MapUserPhysicalPages(m_pvWindow,
                    mbi.RegionSize / sm_sinf.dwPageSize, NULL));
            }

            // 주소 윈도우의 가상 주소를 반환한다.
            operator PVOID() { return(m_pvWindow); }

        private:
            PVOID m_pvWindow;       // 주소 윈도우 영역의 가상 주소
            static CSystemInfo sm_sinf;
        };

        ///////////////////////////////////////////////////////////////////

        CSystemInfo CAddrWindow::sm_sinf;

        ///////////////////////////////////////////////////////////////////

        class CAddrWindowStorage {
        public:
            CAddrWindowStorage()  { m_ulPages = 0; m_pulUserPfnArray = NULL; }
            ~CAddrWindowStorage() { Free(); }

            BOOL Allocate(ULONG_PTR ulBytes) {
```

```
      // 주소 윈도우를 이용하여 접근할 저장소를 할당한다.

      Free();    // 기존에 주소 윈도우가 존재한다면 삭제한다.

      // 할당하려는 바이트 수로부터 페이지 수를 계산한다.
      m_ulPages = (ulBytes + sm_sinf.dwPageSize ? 1) / sm_sinf.dwPageSize;

      // 페이지 프레임 번호를 저장하기 위한 배열을 할당한다.
      m_pulUserPfnArray = (PULONG_PTR)
         HeapAlloc(GetProcessHeap(), 0, m_ulPages * sizeof(ULONG_PTR));

      BOOL bOk = (m_pulUserPfnArray != NULL);
      if (bOk) {
         // 메모리 상에 페이지 잠금(Lock Pages in Memory) 권한이 필요하다.
         EnablePrivilege(SE_LOCK_MEMORY_NAME, TRUE);
         bOk = AllocateUserPhysicalPages(GetCurrentProcess(),
            &m_ulPages, m_pulUserPfnArray);
         EnablePrivilege(SE_LOCK_MEMORY_NAME, FALSE);
      }
      return(bOk);
}


BOOL Free() {
   BOOL bOk = TRUE;
   if (m_pulUserPfnArray != NULL) {
      bOk = FreeUserPhysicalPages(GetCurrentProcess(),
         &m_ulPages, m_pulUserPfnArray);
      if (bOk) {
         // 페이지 프레임 번호를 저장하였던 배열을 삭제한다.
         HeapFree(GetProcessHeap(), 0, m_pulUserPfnArray);
         m_ulPages = 0;
         m_pulUserPfnArray = NULL;
      }
   }
   return(bOk);
}

ULONG_PTR HowManyPagesAllocated() { return(m_ulPages); }

BOOL MapStorage(CAddrWindow& aw) {
   return(MapUserPhysicalPages(aw,
      HowManyPagesAllocated(), m_pulUserPfnArray));
}

BOOL UnmapStorage(CAddrWindow& aw) {
```

```
            return(MapUserPhysicalPages(aw,
                HowManyPagesAllocated(), NULL));
    }

private:
    static BOOL EnablePrivilege(PCTSTR pszPrivName, BOOL bEnable = TRUE) {

        BOOL bOk = FALSE;      // 함수가 실패하였다고 가정한다.
        HANDLE hToken;

        // 프로세스의 접근 토큰(access token)을 연다.
        if (OpenProcessToken(GetCurrentProcess(),
            TOKEN_ADJUST_PRIVILEGES, &hToken)) {

            // 메모리 상에 페이지 잠금 권한(Lock pages in Memory)을 수정하려고 시도 한다.
            TOKEN_PRIVILEGES tp = { 1 };
            LookupPrivilegeValue(NULL, pszPrivName, &tp.Privileges[0].Luid);
            tp.Privileges[0].Attributes = bEnable ? SE_PRIVILEGE_ENABLED : 0;
            AdjustTokenPrivileges(hToken, FALSE, &tp, sizeof(tp), NULL, NULL);
            bOk = (GetLastError() == ERROR_SUCCESS);
            CloseHandle(hToken);
        }
        return(bOk);
    }

private:
    ULONG_PTR  m_ulPages;          // 저장소 페이지의 개수
    PULONG_PTR m_pulUserPfnArray;  // 페이지 프레임 번호를 저장하기 위한 배열

private:
    static CSystemInfo sm_sinf;
};

///////////////////////////////////////////////////////////////////////

CSystemInfo CAddrWindowStorage::sm_sinf;

//////////////////////////// 파일의 끝 ////////////////////////////////
```

Chapter 16

스레드 스택

1. C/C++ 런타임 라이브러리의 스택 확인 함수
2. Summation 예제 애플리케이션

13장 "윈도우 메모리의 구조"에서 말한 바와 같이 프로세스 환경 블록이나 스레드 환경 블록의 경우 시스템이 직접 프로세스의 주소 공간을 예약한다. 이 외에도 스레드 스택으로 활용할 주소 공간 또한 시스템이 직접 예약을 수행한다.

스레드가 생성되면 시스템은 프로세스의 주소 공간으로부터 스레드 스택으로 사용할 영역을 예약하고(각각의 스레드는 자신만의 스택을 가진다), 이 영역에 물리적 저장소를 일부 커밋한다. 기본적으로 시스템은 1MB의 주소 공간을 예약하고, 이 중 물리적 저장소로 두 개의 페이지를 커밋한다. 하지만 이러한 기본 설정은 마이크로소프트 C++ 컴파일러의 /F 옵션이나 마이크로소프트 링커의 /STACK 옵션을 이용하여 변경할 수 있다.

```
/Freserve
/STACK:reserve[ ,commit]
```

애플리케이션을 빌드하는 과정에서 링커는 스택의 크기를 .exe나 .dll 파일의 PE 헤더 상에 추가한다. 시스템은 스레드 스택을 생성할 때 파일의 PE 헤더 내에 지정되어 있는 스택 크기를 참조해서 스레드 스택으로 활용할 영역을 예약한다. 이와는 별도로 CreateThread나 _beginthreadex 함수를 호출할 때 최초로 커밋할 물리적 저장소의 크기를 변경할 수도 있다. 스레드를 생성하는 이 두 함수는 스택으로 할당된 영역에 최초로 얼마만큼의 물리적 저장소를 커밋할지를 지정할 수 있는 매개변수를 취한다. 만일 이 매개변수를 0으로 지정하면 시스템은 PE 헤더에 지정된 커밋 크기를 이용하여 물리적 저장소를 커밋한다. 이후 논의 과정에서는 스택의 크기를 기본 값으로 지정하였다고 가정하겠다. 스택 크기의 기본 설정이란 1M의 예약된 영역과 두 페이지 크기의 커밋된 물리적 저장소를 의미한다. 이 책의 나머지 부분에서는 스택 영역으로 1MB가 예약되어 있고, 이 중 하나의 페이지만 물리적 저장소로 커밋되어 있다고 가정하겠다.

[그림 16-1]은 4KB의 페이지 크기를 사용하는 머신에서 스택으로 예약된 영역을 그림으로 나타내고 있다. 스택 영역과 커밋된 물리적 저장소는 모두 PAGE_READWRITE 보호 특성을 가지고 있다.

스택으로 사용할 영역에 대한 예약을 완료한 후(예약 영역은 0x08000000으로부터 시작한다) 시스템은 예약된 영역의 최상위 두 개의 페이지에 물리적 저장소를 커밋한다. 스레드가 시작되기 전에 시스템은 스레드의 스택 포인터 레지스터가 스택으로 예약된 영역의 최상위 페이지의 끝(0x08100000)을 가리키도록 설정한다. 이 페이지는 스레드가 스택을 사용할 때의 시작 위치가 된다. 두 번째 페이지는 가드 페이지 guard page 라고 불린다. 만일 스레드가 함수를 반복적으로 호출하여 호출 트리 call tree 의 깊이가 증가하게 되면 더 많은 스택 공간을 필요로 하게 된다.

메모리 주소	페이지 상태
0x080FF000	스택의 최상위: 커밋된 페이지
0x080FE000	가드 페이지 보호 특성을 가지고 있는 커밋된 페이지
0x080FD000	예약된 페이지
0x08003000	예약된 페이지
0x08002000	예약된 페이지
0x08001000	예약된 페이지
0x08000000	스택의 최하위: 예약된 페이지

[그림 16-1] 스레드 스택 영역의 최초 생성 시 모습

스레드가 가드 페이지 내의 저장소에 접근을 시도하게 되면, 시스템이 그 사실을 알게 된다. 이때 시스템은 가드 페이지 이하에 추가적으로 페이지를 커밋하고 현재 가드 페이지의 가드 페이지 보호 특성을 해제한 후 새롭게 커밋된 페이지에 대해 가드 페이지 보호 특성을 설정한다. 이러한 기법을 사용하면 스레드가 필요로 하는 크기에 맞추어 스택으로 사용하는 물리적 저장소를 증가시킬 수 있다. 스레드의 호출 트리가 계속해서 깊어지면 스택 영역은 [그림 16-2]와 같이 변경될 것이다.

메모리 주소	페이지 상태
0x080FF000	스택의 최상위: 커밋된 페이지
0x080FE000	커밋된 페이지
0x080FD000	커밋된 페이지
0x08003000	커밋된 페이지
0x08002000	가드 페이지 보호 특성을 가지고 있는 커밋된 페이지
0x08001000	예약된 페이지
0x08000000	스택의 최하위: 예약된 페이지

[그림 16-2] 스레드 스택 영역이 거의 모두 사용된 모습

메모리 주소	페이지 상태
0x080FF000	스택의 최상위: 커밋된 페이지
0x080FE000	커밋된 페이지
0x080FD000	커밋된 페이지
0x08003000	커밋된 페이지
0x08002000	커밋된 페이지
0x08001000	커밋된 페이지
0x08000000	스택의 최하위: 예약된 페이지

[그림 16-3] 스레드 스택 영역이 모두 사용된 모습

[그림 16-2]는 스레드의 호출 트리가 매우 깊어져서 CPU의 스택 포인터 레지스터가 0x08003004 위치를 가리키고 있을 때의 모습을 나타낸 그림이다. 스레드가 또 다른 함수를 호출한다면 시스템은 추가적인 물리적 저장소를 커밋해야만 한다. 하지만 시스템이 0x8001000 주소에 대해 물리적 저장소를 커밋하는 방법은 스택의 다른 영역에 대해 커밋을 진행할 때와 그 절차가 다르다. [그림 16-3]은 스레드 스택 영역이 모두 사용되었을 때의 모습을 나타내고 있다.

예상대로 0x08002000으로 시작하는 페이지의 가드 특성은 제거되었고, 0x8001000으로 시작하는 페이지에 물리적 저장소가 커밋되었다. 이전 단계와의 차이점이라면 시스템은 새로 커밋한 물리적 저장소(0x08001000)에 대해 가드 보호 특성을 지정하지 않는다는 것이다. 이것은 스택으로 예약된 주소 공간이 모두 물리적 저장소로 커밋되었다는 것을 의미한다. 최하위 영역은 항상 예약 상태로만 유지되며 절대 커밋하지 않는데, 그 이유는 곧 설명할 것이다.

시스템은 0x08001000에 물리적 저장소를 커밋할 때 추가적으로 한 가지 작업을 더 수행하는데, 이는 0xC00000FD로 정의되어 있는 EXCEPTION_STACK_OVERFLOW 예외를 일으키는 것이다. 구조적 예외 처리 structured exception handling (SEH)를 이용하면 프로그램은 현재 상황에 대한 통지를 받을 수 있고, 이를 통해 이러한 상황을 우아하게 극복할 수 있을 것이다. SEH에 대한 자세한 내용은 23장 "종료 처리기", 24장 "예외 처리기와 소프트웨어 예외", 25장 "처리되지 않은 예외, 벡터화된 예외 처리, 그리고 C++ 예외"에서 알아볼 것이다. 이번 장의 마지막에 나타낸 Summation 예제는 스택 오버플로 발생 시 어떻게 하면 우아하게 이러한 상황을 극복할 수 있는지를 보여주고 있다.

스택 오버플로가 발생한 이후에도 스레드가 계속해서 스택을 사용하게 되면 0x08001000에 있는 페이지를 모두 사용하게 될 것이고, 결국에는 0x08000000으로 시작하는 페이지까지도 접근을 시도하게 될 것이다. 만일 이 페이지(커밋되지 않은)까지 접근하게 되면 시스템은 스레드가 심각한 에러 상황에 직면한 것으로 판단하고 접근 위반 access violation 예외를 유발하게 된다. 이러한 예외 상황이 발생하게 되면 시스템은 윈도우 에러 보고 서비스 Windows Error Reporting service 로 제어권을 전달하여 프로세스가(스레드가 아니라) 종료되기 전에 다음과 같은 다이얼로그 박스를 화면에 출력한다.

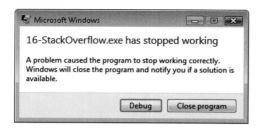

SetThreadStackGuarantee 함수를 이용하면 애플리케이션에서 시스템이 발생시키는 EXCEPTION_STACK_OVERFLOW 예외를 애플리케이션에서 잡아낼 수 있다. 이 함수는 스택 최하위의 예약 상태인(커밋되지 않고) 페이지 위쪽에 가용한 공간이 얼마만큼 더 있는지를 지정하는 함수다. 이 함수를 이용하면 윈도우의 에러 보고 서비스가 수행되고 애플리케이션이 종료될 때까지 한 개 페이지의 스택 공간을 더 쓸 수 있다.

 스레드가 가장 마지막의 가드 페이지에 접근하게 되면 시스템은 EXCEPTION_STACK_OVERFLOW 예외를 발생시킨다. 이 예외를 잡아버리고 스레드가 수행을 계속하게 되면 더 이상 가드 페이지가 존재하지 않기 때문에 동일 예외가 다시 발생하지 않는다. 스레드가 다시금 EXCEPTION_STACK_OVERFLOW 예외를 받도록 하기 위해서는 가드 페이지를 재설정하는 작업이 필요하다. 이러한 작업은 C 런타임 라이브러리의 _resetstkoflw 함수를(malloc.h에 정의되어 있는) 호출하면 된다.

이제 스택 영역의 최하위 페이지를 왜 예약reserved 상태로만 유지하는지에 대해 알아보자. 시스템은 이 페이지를 이용하여 프로세스가 사용하는 다른 데이터들이 실수로 덮어쓰여지는 것을 막을 수 있다. 0x07FFF000(0x08000000 바로 아래 페이지)으로 시작하는 페이지는 다른 용도로 사용되는 영역으로, 이미 물리적 저장소가 커밋되어 있을 수 있다. 만일 0x08000000으로 시작하는 페이지에도 물리적 저장소를 커밋하였다면 시스템은 스레드가 이 페이지에 접근하더라도 그 사실을 알 수 없을 것이다. 만일 스레드가 계속해서 스택을 확장하다보면 프로세스가 사용하는 다른 주소 공간을 덮어써 버릴 수 있으며, 이러한 버그는 발견하기가 매우 어렵다.

스택 언더플로stack underflow 또한 매우 발견하기 어려운 버그 중 하나다. 다음 코드를 통해 스택 언더플로가 무엇인지 확인해 보자.

```
int WINAPI WinMain (HINSTANCE hInstExe, HINSTANCE,
    PTSTR pszCmdLine, int nCmdShow) {

    BYTE aBytes[ 100] ;
    aBytes[ 10000] = 0;  // 스택 언더플로

    return(0);
}
```

함수가 배열에 대한 할당문을 수행하게 되면 스레드에 할당된 스택의 끝을 초과하게 된다. 컴파일러와 링커는 이러한 형태의 버그를 발견해 내지 못하며, 시스템 또한 스택의 끝을 초과한 영역이 이미 다른 용도로 사용되는 경우라면 접근 위반 예외를 발생시키지 못한다. 실제로 이와 같은 작업이 수행되면 프로세스의 다른 부분에서 메모리와 관련된 문제를 유발하게 될 것이며, 시스템은 이 문제가 스택에 대한 잘못된 접근으로부터 야기된 문제임을 알아내지 못한다. 아래의 코드는 스택 언더플로가 발생하는 경우 항상 데이터의 손실을 유발하게 되는 코드의 예를 보여주고 있다. 왜냐하면 이 예제에서는 스레드 함수 내에서 스레드 스택 바로 앞쪽 영역에 메모리 블록을 할당하고 있기 때문이다.

```
DWORD WINAPI ThreadFunc(PVOID pvParam) {

    BYTE aBytes[ 0x10] ;
```

```
// 스택이 가상 주소 공간의 어느 부분을 사용하고 있는지 확인한다.
// VirtualQuery 함수에 대해서는 14장에서 자세히 설명하고 있다.
MEMORY_BASIC_INFORMATION mbi;
SIZE_T size = VirtualQuery(aBytes, &mbi, sizeof(mbi));

// 스택 시작 주소보다 1MB 앞쪽으로부터 1MB의 공간을 할당한다.
SIZE_T s = (SIZE_T)mbi.AllocationBase + 1024*1024;
PBYTE pAddress = (PBYTE)s;
BYTE* pBytes = (BYTE*)VirtualAlloc(pAddress, 0x10000,
    MEM_COMMIT | MEM_RESERVE, PAGE_READWRITE);

// 시스템이 발견하지 못하는 스택 언더플로 에러를 유발한다.
aBytes[0x10000] = 1;    // 스택 영역을 넘어서서 새로 할당한 공간에 값을 덮어쓴다.

...

return(0);
}
```

C/C++ 런타임 라이브러리의 스택 확인 함수

C/C++ 런타임 라이브러리는 스택 확인 함수^{stack-checking function}를 가지고 있다. 소스 코드를 컴파일하면 컴파일러는 스택 확인이 필요한 곳에 자동적으로 이러한 함수를 호출하도록 코드를 포함시켜 준다. 스택 확인 함수는 스레드 스택으로 사용되는 영역에 물리적 저장소가 적절히 커밋되었는지 확인하는 역할을 수행한다.

```
void SomeFunction () {
    int nValues[ 4000] ;

    // 배열을 통한 작업 수행
    nValues[ 0] = 0;    // 할당 작업 수행
}
```

이 함수는 적어도 16,000바이트(4000×sizeof(int); 정수 값은 4바이트의 공간)의 공간을 정수형 배열로 사용한다. 16,000바이트의 스택 공간을 할당하는 것은 단순히 CPU의 스택 포인터 값으로부터 16,000바이트를 빼는 작업에 불과하다. 하지만 시스템은 이 영역에 대한 실질적인 접근이 이루어지기 전까지는 물리적 저장소를 커밋하지 않는다.

4KB 혹은 8KB 페이지 크기를 가진 시스템에서 이와 같은 동작 방식은 문제를 일으킬 가능성이 있다. 만일 가드 페이지보다 더 아래쪽에 있는 스택에 접근을 하게 되면 예약만 수행된 메모리에 대한

접근이(위 코드의 할당 구문에서와 같이) 이루어지므로 접근 예외를 일으키게 된다. 앞서 보여준 것과 같은 함수가 성공적으로 동작될 수 있도록 하려면 컴파일러가 C 런타임 라이브러리의 스택 확인 함수를 호출하는 코드를 포함시켜야만 한다.

컴파일을 수행하면 컴파일러는 사용자가 지정한 CPU의 페이지 크기를 알 수 있다. x86/x64 컴파일러의 경우 시스템의 페이지 크기가 4KB라는 사실을 알고 있으며, IA-64 컴파일러의 경우 페이지 크기가 8KB라는 사실을 알고 있다. 이러한 컴파일러들이 컴파일 과정에서 함수를 만나게 되면 각 함수들이 필요로 하는 스택의 크기를 결정하게 된다. 만일 함수가 필요로 하는 스택의 크기가 개별 CPU의 페이지 크기보다 더 큰 메모리를 필요로 하는 경우, 컴파일러는 자동적으로 스택 확인 함수를 호출하는 코드를 삽입한다.

다음의 슈도코드는 스택 확인 함수가 어떤 작업을 수행하는지를 설명하고 있다. 슈도코드라고 한 이유는 이와 같은 함수가 컴파일러 제작사별로 서로 다른 어셈블리 언어로 표현될 수 있기 때문이다.

```
// C 런타임 라이브러리는 이 프로그램이 수행될 머신의 페이지 크기를 알고 있다.
#ifdef _M_IA64
#define PAGESIZE (8 * 1024)    // 8KB 페이지
#else
#define PAGESIZE (4 * 1024)    // 4KB 페이지
#endif

void StackCheck(int nBytesNeededFromStack) {
    // 스택 포인터의 값을 얻어온다.
    // 이때까지는 함수의 지역변수 할당을 위해
    // 스택 포인터의 값을 줄이기 이전이다.
    PBYTE pbStackPtr = (CPU의 스택 포인터);

    while (nBytesNeededFromStack >= PAGESIZE) {
        // 스택 포인터를 페이지 크기만큼 줄여서
        // 가드 페이지의 시작 위치를 가리키게 한다.
        pbStackPtr -= PAGESIZE;

        // 가드 페이지 내의 1바이트에 접근을 시도하여
        // 새로운 페이지를 커밋하고, 가드 페이지를
        // 아래쪽 페이지로 이동시킨다.
        pbStackPtr[0] = 0;

        // 함수가 필요로 하는 스택의 크기를 감소시킨다.
        nBytesNeededFromStack -= PAGESIZE;
    }

    // 함수를 반환하기 전에 CPU의 스택 포인터를
    // 함수의 지역변수가 할당될 위치보다
    // 아래쪽으로 조정한다.
}
```

마이크로소프트 Visual C++는 /GS 컴파일러 스위치를 이용하여 컴파일러가 사용하는 페이지 크기의 임계값을 사용자가 제어할 수 있도록 하여, 언제 StackCheck 함수를 호출하는 코드를 자동적으로 추가할지를 결정할 수 있도록 하고 있다. (마이크로소프트 Visual C++의 컴파일 스위치에 대해 좀 더 자세히 알고 싶다면 *http://msdn2.microsoft.com/en-us/library/9598wk25(VS.80).aspx*를 읽어보기 바란다.) 이 컴파일 스위치는 어떤 일을 수행 중인지 정확하게 파악하고 있고, 특별히 이러한 제어가 필요한 경우에 한해서만 사용하기 바란다. 99.99999%의 애플리케이션과 DLL 파일은 이러한 스위치를 필요로 하지 않는다.

마이크로소프트 C/C++ 컴파일러는 /RTCsu와 같은 스위치를 제공하여 애플리케이션 수행 중에 스택에 문제가 생겼는지 여부를 확인할 수 있는 코드를 실행 파일에 포함시킬 수 있다. C++ 프로젝트를 생성하면 디버그 빌드 환경에 이 스위치가 기본적으로 설정된다(http://msdn2.microsoft.com/en-us/library/8wtf2dfz(VS.80).aspx). 만일 런타임 시 지역변수에 대한 오버런이 발생하면 컴파일러가 포함시킨 추가적인 코드가 이러한 사실을 감지하여 문제를 유발한 함수를 사용자에게 알려준다. /RTC 스위치는 디버그 빌드에서만 사용이 가능하다.

그런데 릴리스 빌드의 경우에는 /GS 컴파일러 스위치를 사용해 보는 것도 좋다. 이 스위치가 설정된 경우 컴파일러는 함수의 내용을 수행하기 전에 쿠키라고 불리는 스택의 상태를 저장해 두고, 함수가 반환되기 전에 스택의 상태가 이전 상태로 복구되었는지 확인하는 코드를 삽입한다. 멜웨어는 악의적으로 버퍼 오버런을 유발시켜서 스택에 삽입된 반환 주소를 덮어씀으로써 자신이 주입한 코드를 수행하려 하는데, 이러한 스택 확인 코드가 있으면 쿠키를 통해 스택의 이상 증상을 확인할 수 있으며, 스택에 문제가 있다고 판단되는 경우 애플리케이션을 종료시키게 된다. /GS 컴파일러 옵션에 대한 자세한 내용은 http://www.symantec.com/avcenter/reference/GS_Protections_in_Vista.pdf 문서와 "컴파일러 보안 확인의 세부 내용 Compiler Security Checks in Depth" (http://msdn2.microsoft.com/en-us/library/aa290051(VS.71).aspx)을 살펴보기 바란다.

section 02 Summation 예제 애플리케이션

이번 장의 마지막 부분에서 알아볼 Summation(16-Summation.exe) 예제 애플리케이션은 예외 필터를 어떻게 사용하고 스택 오버플로가 발생했을 때 어떻게 하면 우아하게 예외 상황을 처리할 수 있는지를 보여주기 위해 작성되었다. 애플리케이션을 구성하는 소스 코드와 리소스 파일은 한빛미디어 홈페이지를 통해 제공되는 소스 파일의 16-Summation 폴더에 있다. 이 애플리케이션이 어떻게 동작하는지를 완전히 이해하려면 SEH와 관련된 장을 먼저 살펴보아야 할 수도 있다.

Summation 예제는 0부터 사용자가 입력하는 x까지의 합을 구해준다. 물론 이러한 작업을 수행하는 가장 간단한 방법은 Sum이라는 이름의 함수를 다음과 같이 작성하는 것이다.

```
Sum = (x * (x + 1)) / 2;
```

하지만 이번 예제에서는 Sum 함수를 재귀호출을 이용하도록 코드를 작성하여 사용자가 아주 큰 숫자를 입력하면 상당량의 스택을 사용하도록 하였다.

프로그램을 시작하면 다음과 같은 다이얼로그 박스가 나타난다.

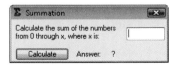

사용자는 이 다이얼로그 박스의 에디트 컨트롤에 숫자를 입력하고 Calculate 버튼을 누를 수 있는데, 이렇게 하면 프로그램은 새로운 스레드를 생성하여 0부터 x까지의 합을 구하는 작업을 수행한다. 새로운 스레드가 수행되면 프로그램의 주 스레드는 새로 생성된 스레드의 핸들을 인자로 WaitFor-SingleObject 함수를 호출하여 결과가 계산될 때까지 대기하게 된다. 새로 생성된 스레드가 종료하면 GetExitCodeThread 함수를 호출하여 결과 값을 얻어온다. 마지막으로, 주 스레드는 새로 생성하였던 스레드의 핸들을 닫아서 시스템이 완벽하게 스레드 오브젝트를 삭제할 수 있도록 하여 리소스 누수가 발생하지 않도록 하고 있다.

주 스레드는 합을 구하는 스레드의 반환 코드를 확인하고, 그 값이 UINT_MAX라면 에러가 발생한 것으로 판단하고 메시지 박스를 띄워서 에러가 발생했음을 알려준다. 이러한 에러는 스레드가 합을 구하는 과정에서 스택 오버플로가 발생하는 경우에 발생하게 된다. 합을 구하는 스레드가 성공적으로 완료된 경우 스레드의 반환 코드로 연산의 결과 값을 반환하게 되는데, 이 경우 주 스레드는 다이얼로그 박스를 이용하여 단순히 연산 결과 값을 출력해 준다.

이제 합을 구하는 스레드의 내용을 살펴보자. 이 스레드가 수행하는 스레드 함수는 SumThreadFunc 이다. 주 스레드는 새로운 스레드를 생성할 때 pvParam 매개변수를 통해 누적 합을 구할 정수 값을 전달한다. 이 함수는 uSum 변수를 UINT_MAX 값으로 초기화하여 아직까지 함수가 완료되지 않았음을 나타내도록 한다. SumThreadFunc는 다음으로 스레드가 수행 중에 일으킬 수 있는 예외를 잡을 수 있도록 SEH를 설정한다. 이후 재귀 함수인 Sum을 호출하여 합을 계산한다.

성공적으로 합을 계산하였다면 SumThreadFunc 함수는 단순히 uSum 변수의 값을 반환하게 되고, 이는 스레드의 종료 코드로 설정된다. 하지만 Sum 함수 수행 중에 예외가 발생하면 시스템은 SEH 필터 식^{filter expression}을 평가하게 된다. 바꾸어 말하면, 시스템은 FulterFunc 함수를 호출하고 발생한 예외를 나타내는 값을 전달하게 된다. 프로그램은 이렇게 전달된 값이 스택 오버플로를 나타내는 EXCEPTION_STACK_OVERFLOW인 경우 우아하게 이 예외를 처리하려고 시도한다. 대략 44,000 번의 재귀 호출 이후에 스택 오버플로가 발생할 것이다.

FilterFunc 함수는 매우 단순하게 구현되었다. 이 함수는 스택 오버플로 예외가 발생한 경우에는 EX-CEPTION_EXECUTE_HANDLER 값을 반환하고, 다른 예외가 발생한 경우에는 EXCEPTION_CO-NTINUE_SEACH 값을 반환한다. EXCEPTION_EXECUTE_HANDLER 값을 반환하게 되면 시스템은 이 예외를 예상하고 있던 예외로 판단하고 except 블록을 수행한다. 사실 이번 예제와 같은 프로그램에서는 예외 처리기가 특별히 할 일은 없다. 하지만 이 스레드는 우아하게 스레드를 종료하기 위해 UINT_MAX(uSumNum의 값) 값을 반환하도록 하고 있다. 페어런트 스레드는 이 값이 특별한 의미를 내포하고 있음을 알고 있기 때문에 사용자에게 경고 메시지를 출력하게 된다.

마지막으로 살펴볼 사항은 주 스레드에서 SEH 프레임을 구성하여 그 안에서 Sum 함수를 호출하도록 하지 않고, 독립된 스레드를 생성하여 Sum 함수를 호출하도록 구성하였는가 하는 것이다. 이 예제에서는 총 4가지 이유로 인해 추가적인 스레드를 생성하였다.

첫 번째로, 새로운 스레드가 생성되면 자신만의 1MB 크기의 스택 영역을 가지게 된다. 만일 Sum 함수를 주 스레드 내에서 호출하였다면, 스택의 일부분이 이미 사용 중일 것이므로, Sum 함수는 1MB의 스택 공간을 모두 사용할 수 없었을 것이다. 비록 이번 예제 애플리케이션의 경우에는 매우 단순하게 작성되었기 때문에 그다지 많은 스택 공간을 사용하지는 않겠지만 다른 형태의 애플리케이션을 개발하는 경우에는 좀 더 복잡하게 코드를 작성할 수도 있을 것이다. 이 경우 0부터 1000까지도 성공적으로 계산을 수행하던 Sum 함수가 스택을 많이 사용하는 순간에는 750까지만 계산을 수행해도 스택 오버플로를 유발할 수 있다. 그래서 Sum 함수가 좀 더 일관되게 동작하도록 하기 위해 다른 코드에 의해 영향을 받지 않는 자체 스택을 사용하도록 독립된 스레드를 생성하였다.

독립된 스레드를 사용하는 두 번째 이유는 스택 오버플로 예외를 단 한 번만 수신하기 위함이다. 만일 Sum 함수가 주 스레드 내에서 호출되고, 스택 오버플로를 유발하는 경우에도 주 스레드는 예외를 잡아서 우아하게 해당 예외를 처리할 수 있다. 하지만 이 시점이 되면 스택에 예약된 공간은 물리적 저장소가 커밋되기 때문에 가드 보호 특성이 설정된 페이지가 더 이상 존재하지 않게 된다. 따라서 사용자가 추가적으로 Sum 함수를 사용하는 경우 더 이상 스택 오버플로 예외가 발생하지 않게 되며, 어느 순간 접근 위반 예외가 발생하게 된다. 이러한 예외가 발생하면 우아하게 예외 상황을 처리하기에는 너무 늦어버린 상황이 된다. 물론 이 문제를 해결하기 위해 C 런타임 라이브러리의 _resetstkoflw 함수를 호출할 수는 있다.

독립된 스레드를 사용하는 세 번째 이유는 스택으로 사용하던 물리적 저장소가 프리될 수 있기 때문이다. 사용자가 Sum 함수를 통해 0부터 30,000까지의 합을 구하려고 시도한 경우를 생각해 보자. 이러한 작업을 수행하기 위해서는 일단 스택 영역에 매우 많은 물리적 저장소를 커밋해야만 한다. 이후 사용자가 최대 5,000 정도까지만 반복적으로 Sum 함수를 호출한다고 하면, 스택 영역으로 커밋되었던 저장소의 상당량이 사용되지 않을 것이다. 물리적 저장소는 페이징 파일로부터 할당될 것이기 때문에 이렇게 커밋된 영역을 그대로 내버려두는 것보다는 물리적 저장소를 시스템으로 반환하여 다른 프로세스가 이 저장소를 활용할 수 있도록 해 주는 것이 좋다. SumThreadFunc 스레드가 종료되면 시스템은 자동적으로 스택 영역에 커밋되었던 물리적 저장소를 해제해 준다.

독립된 스레드를 사용하는 마지막 이유는, 합을 계산하는 스레드는 스레드를 시작하고 그 결과 값을 얻어오는 과정에서 스레드 동기화 과정이 필요한데, 독립된 스레드가 합을 계산하는 작업을 모두 수행하도록 함으로써 손쉽게 이를 재활용할 수 있다는 데 있다. 가장 간단한 접근 방법은(이 예제 애플리케이션에서 활용할 수 있는) 새로운 합을 계산할 때마다 매번 새로운 스레드를 생성하여 합을 구하고자 하는 값을 스레드에 전달하고, 스레드가 종료될 때까지 기다렸다가 그 결과 값을 가져오는 것이다.

```cpp
Summation.cpp

/*******************************************************************
Module:  Summation.cpp
Notices: Copyright (c) 2008 Jeffrey Richter & Christophe Nasarre
*******************************************************************/


#include "..\CommonFiles\CmnHdr.h"      /* 부록 A를 보라. */
#include <windowsx.h>
#include <limits.h>
#include <tchar.h>
#include "Resource.h"


///////////////////////////////////////////////////////////////////

// uNum 값을 0부터 9까지 변경하면서 Sum을 호출하였을 때의 결과는 다음과 같다.
// uNum: 0 1 2 3  4  5  6  7  8  9 ...
// Sum:  0 1 3 6 10 15 21 28 36 45 ...
UINT Sum(UINT uNum) {

   // Sum 함수를 재귀적으로 호출한다.
   return((uNum == 0) ? 0 : (uNum + Sum(uNum - 1)));
}


///////////////////////////////////////////////////////////////////

LONG WINAPI FilterFunc(DWORD dwExceptionCode) {

   return((dwExceptionCode == STATUS_STACK_OVERFLOW)
      ? EXCEPTION_EXECUTE_HANDLER : EXCEPTION_CONTINUE_SEARCH);
}


///////////////////////////////////////////////////////////////////

   // 독립된 스레드는 주어진 수까지의 합을 계산한다.
   // 다음과 같은 이유로 독립된 스레드를 사용하여 계산을 수행하였다.
```

```
    // 1. 독립된 스레드는 독립된 1MB의 스택 공간을 가진다.
    // 2. 스레드는 스택 오버플로 예외를 유일하게 한 번만 유발한다.
    // 3. 스택 영역에 커밋된 저장소는 스레드가 종료될 때 해제된다.
    DWORD WINAPI SumThreadFunc(PVOID pvParam) {

        // pvParam 매개변수는 합을 계산한 정수 값을 가지고 있다.
        UINT uSumNum = PtrToUlong(pvParam);

        // uSum 값은 0부터 uSumNum까지의 합을 가지게 된다.
        // 만일 합을 계산할 수 없는 경우라면 UINT_MAX 값이 반환될 것이다.
        UINT uSum = UINT_MAX;

        __try {
            // 스택 오버플로 예외를 잡기 위해서는 Sum 함수를
            // SEH 블록 내에서 호출해야 한다.
            uSum = Sum(uSumNum);
        }
        __except (FilterFunc(GetExceptionCode())) {
            // 만일 이 블록으로 제어가 넘어오면 스택 오버플로가 발생한 것이다.
            // 우아하게 작업을 지속하기 위해 어떤 작업이든 수행할 수 있지만
            // 이번 예제 애플리케이션에서는 아무런 작업도 수행하지 않기 때문에
            // 이 예외 처리기 블록에는 어떠한 코드도 포함시키지 않았다.
        }

        // 스레드의 종료 코드는 합을 정상적으로 계산한 경우 uSumNum까지의
        // 합을 가지고 있게 되나, 스택 오버플로가 발생한 경우
        // UINT_MAX를 가지고 있게 된다.
        return(uSum);
    }

///////////////////////////////////////////////////////////////////////////

    BOOL Dlg_OnInitDialog(HWND hWnd, HWND hWndFocus, LPARAM lParam) {

        chSETDLGICONS(hWnd, IDI_SUMMATION);

        // 9자리 이상의 수는 받아들이지 않도록 한다.
        Edit_LimitText(GetDlgItem(hWnd, IDC_SUMNUM), 9);

        return(TRUE);
    }

///////////////////////////////////////////////////////////////////////////

    void Dlg_OnCommand(HWND hWnd, int id, HWND hWndCtl, UINT codeNotify) {
```

```
    switch (id) {
        case IDCANCEL:
            EndDialog(hWnd, id);
            break;

        case IDC_CALC:
            // 합을 계산하고자 하는 수를 받아들인다.
            BOOL bSuccess = TRUE;
            UINT uSum = GetDlgItemInt(hWnd, IDC_SUMNUM, &bSuccess, FALSE);
            if (!bSuccess) {
                MessageBox(hWnd, TEXT("Please enter a valid numeric value!"),
                    TEXT("Invalid input..."), MB_ICONINFORMATION | MB_OK);
                SetFocus(GetDlgItem(hWnd, IDC_CALC));
                break;
            }

            // 합을 계산하는 스레드를 생성한다(자신만의 스택을 가진).
            DWORD dwThreadId;
            HANDLE hThread = chBEGINTHREADEX(NULL, 0,
                SumThreadFunc, (PVOID) (UINT_PTR) uSum, 0, &dwThreadId);

            // 스레드가 종료될 때까지 대기한다.
            WaitForSingleObject(hThread, INFINITE);

            // 스레드의 종료 코드는 스레드가 수행한 계산 결과를 가지고 있다.
            GetExitCodeThread(hThread, (PDWORD) &uSum);

            // 시스템이 스레드 커널 오브젝트를 파괴할 수 있도록 한다.
            CloseHandle(hThread);

            // 결과 값을 출력하도록 다이얼로그 박스를 갱신한다.
            if (uSum == UINT_MAX) {
                // 만일 결과 값이 UINT_MAX라면 스택 오버플로가 발생한 것이다.
                SetDlgItemText(hWnd, IDC_ANSWER, TEXT("Error"));
                chMB("The number is too big, please enter a smaller number");
            } else {
                // 합을 구하는 연산이 성공적으로 수행되었다.
                SetDlgItemInt(hWnd, IDC_ANSWER, uSum, FALSE);
            }
            break;
    }
}

//////////////////////////////////////////////////////////////////////
```

```
INT_PTR WINAPI Dlg_Proc(HWND hWnd, UINT uMsg, WPARAM wParam, LPARAM lParam) {

   switch (uMsg) {
      chHANDLE_DLGMSG(hWnd, WM_INITDIALOG, Dlg_OnInitDialog);
      chHANDLE_DLGMSG(hWnd, WM_COMMAND,    Dlg_OnCommand);
   }
   return(FALSE);
}


///////////////////////////////////////////////////////////////////////////


int WINAPI _tWinMain(HINSTANCE hinstExe, HINSTANCE, PTSTR, int) {

   DialogBox(hinstExe, MAKEINTRESOURCE(IDD_SUMMATION), NULL, Dlg_Proc);
   return(0);
}

//////////////////////////////// 파일의 끝 ///////////////////////////////
```

메모리 맵 파일

거의 대부분의 애플리케이션들이 파일에 대한 I/O 작업을 수행함에도 불구하고, 파일에 대한 작업은 항상 개발자들을 괴롭혀온 요소 중 하나임이 틀림없다. 어떻게 파일을 열고, 읽고, 닫는 것이 좋은가 혹은 파일을 열고나서 그 내용을 읽고 쓸 때 얼마만큼의 내용을 버퍼링하는 것이 좋은가와 같은 의문들이 우리를 괴롭히는 좋은 예라 하겠다. 마이크로소프트 윈도우는 이 두 가지 서로 다른 형태의 질문에 대한 최상의 해결책을 제시하고 있는데, 이것이 바로 메모리 맵 파일^{memory-mapped file}이다.

메모리 맵 파일 기능은 가상 메모리처럼 주소 공간을 예약하고, 예약된 영역에 물리적 저장소를 커밋하는 기능을 제공하고 있다. 유일한 차이점이라면 시스템의 페이징 파일을 사용하는 대신 디스크 상에 존재하는 파일을 물리적 저장소로 사용한다는 것이다. 이러한 파일이 일단 영역에 매핑되면 마치 메모리에 파일의 내용이 모두 로드된 것처럼 사용할 수 있다.

메모리 맵 파일은 서로 다른 세 가지 목적으로 사용된다.

- 시스템은 .exe나 DLL 파일을 읽고 수행하기 위해 메모리 맵 파일을 사용한다. 메모리 맵 파일을 사용함으로써 시스템은 페이징 파일의 크기를 일정하게 유지할 수 있으며, 애플리케이션의 시작 시간도 일정하게 유지할 수 있다.
- 디스크에 있는 데이터에 접근하기 위해 메모리 맵 파일을 사용할 수 있다. 메모리 맵 파일을 사용하면 파일에 대한 I/O 작업이나 파일의 내용에 대한 버퍼링을 자동적으로 수행해 준다.
- 동일한 머신에서 수행 중인 다수의 프로세스 간에 데이터를 공유하기 위해 메모리 맵 파일을 사용할

수도 있다. 윈도우는 프로세스들 사이에 데이터를 전달하는 다양한 방법들을 제공하고 있지만 내부적으로는 모두 메모리 맵 파일을 사용하여 구현되었으며, 실제로 메모리 맵 파일을 사용하는 것이 단일의 머신에서 프로세스 간에 데이터를 전달하는 가장 효과적인 방법이다.

이번 장을 통해서 메모리 맵 파일을 사용하는 위의 세 가지 방법에 대해 각각 살펴보게 될 것이다.

section 01 실행 파일과 DLL 파일에 대한 메모리 맵

CreateProcess를 호출하면 시스템은 다음과 같은 절차를 순차적으로 수행한다.

1. 시스템은 CreateProcess 함수의 매개변수로 전달된 .exe 파일을 찾는다. .exe 파일이 존재하지 않으면 프로세스는 생성되지 않으며, CreateProcess 함수는 FALSE를 반환하게 된다.
2. 시스템은 새로운 프로세스 커널 오브젝트를 생성한다.
3. 시스템은 새로운 프로세스를 위한 전용의 주소 공간을 생성한다.
4. 시스템은 .exe 파일을 수용할 수 있을 만큼의 충분한 영역을 주소 공간 내에 예약한다. .exe 파일이 선호하는 시작 주소는 일반적으로 .exe 파일 내에 기록되어 있으며, 기본 시작 주소는 0x00400000이다. (기본 시작 주소는 64비트 윈도우에서 64비트 애플리케이션을 수행할 때에는 달라질 수 있다.) 이 값은 애플리케이션을 링크할 때 /BASE 링커 옵션을 이용하여 변경할 수 있다.
5. 시스템은 예약된 영역에 사용할 물리적 저장소로 시스템의 페이징 파일 대신 .exe 파일 자체를 지정한다.

.exe 파일이 프로세스의 주소 공간에 매핑되고 나면 시스템은 .exe 파일 내의 코드에서 사용하고 있는 함수들을 구현하고 있는 DLL 파일들의 목록을 가져온다. 그 후 각 DLL 파일들에 대해 LoadLibrary 함수를 반복적으로 호출한다. 만일 로드하는 DLL 파일이 또 다른 DLL 파일을 필요로 하는 경우 이 파일들에 대해서도 LoadLibrary를 호출한다. 각각의 DLL 파일에 대해 LoadLibrary가 호출될 때마다 앞서 설명한 4, 5번의 절차와 유사한 작업이 반복적으로 수행된다.

1. 시스템은 DLL 파일을 수용할 수 있는 충분한 영역을 주소 공간 내의 예약한다. DLL 파일이 선호하는 시작 주소는 파일 내에 기록되어 있다. 마이크로소프트 링커는 x86 DLL 파일에 대해서는 기본 시작 주소를 0x10000000으로, x64 DLL 파일에 대해서는 0x00400000으로 설정하고 있다. 이 값은 /BASE 링커 옵션을 이용하여 변경할 수 있다. 윈도우와 함께 제공되는 모든 시스템 DLL 파일들은 서로 다른 시작 주소를 가지고 있기 때문에 단일의 프로세스 주소 공간에 로드되더라도 서로 겹치지 않는다.

2. DLL 파일이 선호하는 시작 주소에 이미 다른 DLL 파일이나 .exe 파일이 로드되어 있거나 해당 영역으로부터 DLL 파일을 로드할 만큼 충분한 공간을 확보할 수 없는 경우라면 시스템은 프로세스의 주소 공간으로부터 DLL 파일을 로드할 수 있는 다른 영역을 찾게 된다. DLL 파일이 자신이 선호하는 시작 주소에 로드되지 못하는 경우 크게 다음에 설명할 두 가지 문제 중 하나가 발생하게 된다. 첫째로, 로드할 DLL 파일에 재배치 관련 정보가 포함되어 있지 않은 경우 로드 작업은 실패하게 된다. (/FIXED 링커 스위치를 이용하여 DLL 파일을 생성하면 재배치 관련 정보를 DLL에 포함시키지 않을 수 있다. 이 옵션을 이용하면 DLL 파일의 크기를 좀 더 작게 만들 수는 있지만, 재배치 관련 정보가 없기 때문에 DLL 파일은 반드시 선호하는 시작 주소에 로드되려고 하며, 그 주소가 이미 사용 중일 경우 로드 작업은 실패하게 된다.) 둘째로, 시스템은 DLL 파일에 대한 재배치 작업을 수행하려면 시스템 페이징 파일에 추가적인 저장소를 필요로 하게 되며, DLL 파일을 로드하는 데 더 많은 시간을 허비하게 된다.

3. 시스템은 예약된 영역에 매핑할 물리적 저장소로 시스템의 페이징 파일 대신 디스크 상의 DLL 파일 자체를 지정한다. DLL 파일이 선호하는 시작 주소로 로드될 수 없는 상황이라면 윈도우는 이 DLL 파일에 대해 재배치 작업을 수행해야 하는데, 이 경우 DLL 파일을 위해 예약된 영역은 시스템 페이징 파일로 매핑된다.

어떤 이유로 인해 예약된 영역에 .exe 파일이나 필요한 DLL 파일들을 매핑하지 못하게 되면 시스템은 사용자에게 메시지 박스를 나타내고, 프로세스의 주소 공간과 프로세스 오브젝트들을 모두 해제한다. 물론 CreateProcess는 FALSE를 반환하게 되고, 이 경우 GetLastError를 호출해 보면 왜 프로세스 생성에 실패했는지에 대한 자세한 정보를 얻을 수 있다.

.exe 파일과 모든 DLL 파일들이 프로세스의 주소 공간에 매핑되고 나면 시스템은 .exe 파일의 시작 코드 startup code 를 수행하게 된다. 매핑 작업이 완료된 이후에는 페이징, 버퍼링, 캐싱과 관련된 모든 작업들을 시스템이 직접 관리해 준다. 예를 들어 .exe 파일 내의 코드를 수행하는 중에 아직까지 프로세스의 주소 공간으로 로드되지 않은 주소로 점프를 수행하게 되면 폴트가 발생하게 되는데, 이때 시스템은 이러한 폴트를 인지하고 자동적으로 파일 이미지를 램의 페이지로 로드해 준다. 그 후 이미지를 로드한 램 페이지를 적절한 프로세스 주소 공간으로 매핑시킨다. 이러한 작업이 완료되면 마치 처음부터 수행할 코드가 주소 공간 상에 로드되어 있었던 것처럼 스레드는 수행을 재개하게 된다. 물론 수행 중인 애플리케이션은 이러한 내부적인 작업들이 실제로 일어났는지의 여부를 전혀 알지 못한다. 프로세스가 수행되는 동안 램에 로드되지 않은 코드나 데이터에 대한 접근이 일어날 때마다 이와 같은 작업들이 반복적으로 일어나게 된다.

▌**1** 정적 데이터는 실행 파일과 DLL의 여러 인스턴스들 사이에 공유되지 않는다

이미 수행 중인 애플리케이션을 다시 한 번 수행하면, 시스템은 앞서 수행되었던 실행 파일 이미지를 가리키는 파일 매핑 오브젝트를 투영하는 새로운 메모리 맵 뷰 memory-mapped view 에 대한 열기 작업을 수행하고, 새로운 프로세스 오브젝트와 새로운 스레드 오브젝트(주 스레드를 위한)를 생성한 후, 각 오브젝트별로 새로운 프로세스 ID와 스레드 ID를 부여한다. 메모리 맵 파일을 이용하면 동일 애플리케이션의 인스턴스가 여러 번 수행될 경우 램 상에 이미 로드된 코드와 데이터를 공유하게 된다.

하지만 이러한 동작 방식에는 문제를 유발할 소지가 있다. 프로세스들은 순차적으로 펼쳐진 메모리 주소 공간을 이용하고 있다. 프로그램을 컴파일하고 링크하게 되면 코드와 데이터는 단일의 파일로 구성되게 된다. 물론 데이터와 코드가 서로 다른 영역으로 분리되어 있긴 하지만, 엄연히 말해 단일의 .exe 파일 내에 함께 저장되어 있는 것은 사실이다. (아래의 노트에 좀 더 자세한 내용을 설명하였다.) 아래 그림은 단일의 애플리케이션을 구성하는 코드와 데이터가 실제로 어떻게 가상 메모리에 로드되고 애플리케이션의 주소 공간에 매핑되는지를 나타내 본 것이다.

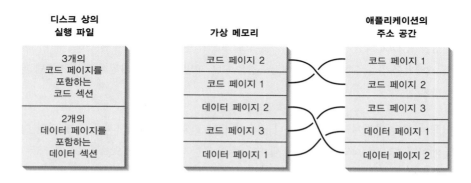

애플리케이션의 두 번째 인스턴스가 수행되면 시스템은 가상 메모리에 로드되어 있는 코드와 데이터를 두 번째 인스턴스의 주소 공간에 매핑한다.

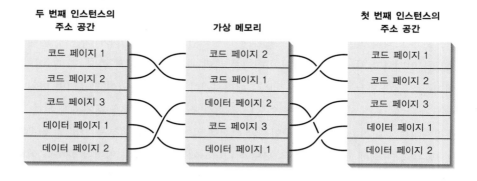

 실제로 실행 파일의 내용은 여러 개의 섹션으로 구분된다. 코드를 위한 섹션도 존재하며, 전역변수를 위한 섹션도 존재한다. 각각의 섹션들은 페이지 경계에 맞게 정렬되어 있다. 애플리케이션은 GetSystemInfo 함수를 호출하여 현재 시스템의 페이지 크기를 확인할 수 있다. .exe나 DLL 파일 내에서는 코드 섹션$^{code\ section}$이 데이터 섹션$^{data\ section}$ 앞쪽에 위치한다.

만일 특정 인스턴스가 데이터 페이지에 위치하고 있는 전역변수의 값을 변경하게 되면, 동일 애플리케이션의 모든 인스턴스의 메모리 내용이 변경되는데, 이처럼 변경 작업이 일어나게 되면 거의 재앙에 가까운 문제를 유발하게 될 것이므로 절대로 이와 같이 동작되어서는 안 된다.

시스템은 메모리 관리 시스템의 카피 온 라이트 copy-on-write 기능을 이용하여 이 같은 변경 작업이 일어나지 않도록 하고 있다. 애플리케이션이 메모리 맵 파일의 내용을 변경하려고 시도하게 되면, 시스템은 변경 시도를 사전에 감지하여 가상 메모리에 새로운 블록을 할당하고 애플리케이션이 변경하려고 시도했던 페이지의 내용을 복사한다. 애플리케이션은 복사 작업이 완료된 이후에야 비로소 새롭게 할당된 메모리 블록에 대해 변경을 수행할 수 있게 된다. 결국 동일 애플리케이션의 다른 인스턴스에는 어떠한 영향도 주지 않게 된다. 아래 그림은 애플리케이션의 첫 번째 인스턴스가 데이터 페이지 2번에 저장되어 있는 전역변수의 내용을 변경하려고 시도하였을 때의 모습을 그림으로 나타낸 것이다.

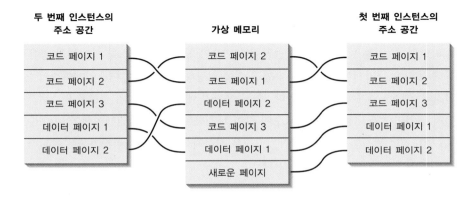

시스템은 가상 메모리에 새로운 페이지를 할당하고(위 그림에서 "새로운 페이지"라고 표시된 부분) 데이터 페이지 2번의 내용을 복사한다. 첫 번째 인스턴스의 주소 매핑 정보를 변경하여 이전 주소를 이용하여 메모리에 접근을 시도하는 경우 새로운 페이지에 접근하도록 한다. 이제 프로세스가 전역변수의 내용을 변경한다 하더라도 동일 애플리케이션의 다른 인스턴스에는 영향을 주지 않게 된다.

이러한 절차는 애플리케이션을 디버깅할 때에도 동일하게 일어난다. 동일 애플리케이션을 여러 번 수행하고 그 중 하나의 인스턴스에 대해 디버깅을 수행하려 한다고 하자. 디버거에서 소스 코드의 특정 라인에 브레이크 포인트 breakpoint를 설정하면 디버거는 브레이크 포인트를 설정한 소스 코드에 해당하는 어셈블리 명령을 변경하여 애플리케이션이 수행을 중단하고 디버거로 제어권을 반환하도록 한다. 이 경우 앞서 알아본 것과 같은 동일한 문제가 발생할 수 있다. 즉, 디버거가 코드를 수정하면 애플리케이션의 모든 인스턴스의 코드가 수정되고, 이는 어떤 인스턴스든지 브레이크 포인트를 설정한 위치까지 수행되기만 하면 디버거로 제어권이 반환되게 될 것이다. 앞서와 마찬가지로 이러한 문제 상황을 극복하기 위해 시스템은 메모리에 대한 카피 온 라이트를 수행한다. 디버거가 코드를 수정하려고 시도하면 시스템은 먼저 그 사실을 감지하고, 새로운 메모리 블록을 할당한 후 이전 페이지의 내용을 복사한다. 이후 디버거는 새로운 페이지의 내용을 수정하게 된다.

프로세스가 로드되면 시스템은 모든 파일 이미지의 페이지를 검토하여 일반적으로 카피 온 라이트 특성을 통해 보호되어야 할 필요가 있는 페이지에 대해 페이징 파일에 물리적 저장소를 미리 커밋해 둔다. 이러한 페이지들에 대해서는 단순히 커밋 과정까지만 수행되고 더 이상 추가적인 작업은 일어나지 않는다. 파일 이미지 내의 페이지에 접근을 시도하면 시스템은 적절한 페이지를 로드하게 된다. 만일 페이지가 변경된 적이 없다면 이전 메모리의 내용은 무시되고, 필요 시 로드 작업이 재수행된다. 파일 내의 페이지가 수정된 적이 있다면 시스템은 수정된 페이지를 앞서 커밋해 두었던 시스템 페이징 파일 내의 페이지 중 하나와 스왑한다.

실행 파일과 DLL의 여러 인스턴스들 사이에 정적 데이터 공유하기

.exe나 DLL 파일 내에 전역으로 선언된 정적 데이터들은 파일들이 서로 다른 여러 프로세스들의 주소 공간에 각기 매핑되더라도 기본적으로 그 내용을 공유하지 않는다. 하지만 때로는 .exe나 DLL 파일이 서로 다른 프로세스들의 주소 공간 상에 여러 번 매핑된다 하더라도 변수의 내용을 공유할 수 있으면 유용할 때가 있다. 예를 들어 보자. 윈도우는 동일 애플리케이션이 이전에 수행된 적이 있는지를 간단하게 확인할 수 있는 방법이 없다. 만일 전역변수가 모든 인스턴스들 사이에서 공유될 수 있다면 이를 통해 동일 애플리케이션의 반복 수행 횟수를 저장해 두어, 동일 애플리케이션이 이전에 이미 수행 중인지의 여부를 쉽게 확인할 수 있다. 즉, 사용자가 애플리케이션의 새로운 인스턴스를 수행하였을 때 먼저 전역변수의 내용을 확인하고, 이 값이 1일 경우 동일 애플리케이션이 이미 수행 중이며, 자신이 두 번째 인스턴스임을 알 수 있다. 이 경우 사용자에게 이 애플리케이션은 유일하게 한 번만 수행할 수 있음을 알려주고 종료할 수도 있다.

이렇듯 .exe와 DLL의 모든 인스턴스들 사이에서 변수를 공유하는 기법은 앞으로 논의할 섹션 기법을 이용함으로써 가능하다. 하지만 이에 대해 자세히 살펴보기 전에 조금의 배경 지식이 필요하다.

모든 .exe와 DLL 파일 이미지는 섹션들의 집합으로 구성되어 있다. 편의를 위해 표준 섹션들은 점으로 시작하는 이름을 가지고 있다. 예를 들어 프로그램을 컴파일하게 되면 컴파일러는 자신이 생성한 모든 코드를 .text라는 이름의 섹션 내에 배치한다. 또한 초기화되지 않은 데이터는 .bss 섹션에, 초기화된 데이터는 .data 섹션에 각각 나누어 배치한다.

각 섹션은 [표 17-1]에 나열한 특성들을 결합한 형태의 특성 값을 가지고 있다.

[표 17-1] 섹션 특성

특성	의미
READ	이 섹션 내의 정보들은 읽혀질 수 있다.
WRITE	이 섹션 내의 정보들은 쓰여질 수 있다.
EXECUTE	이 섹션 내의 정보들은 수행될 수 있다.
SHARED	이 섹션 내의 정보들은 다수의 인스턴스 사이에서 공유될 수 있다. (이 특성을 이용하게 되면 카피 온 라이트 메커니즘을 적용하지 않게 된다.)

마이크로소프트 Visual Studio의 DumpBin 유틸리티를 이용하면(/Header 스위치와 함께) .exe와
DLL 이미지 파일의 각 섹션들을 자세히 살펴볼 수 있다. 다음은 DumpBin을 이용하여 실행 파일을
살펴보았을 때 출력되는 내용의 일부를 발췌한 것이다.

```
SECTION HEADER #1
   .text name
   11A70 virtual size
    1000 virtual address
   12000 size of raw data
    1000 file pointer to raw data
       0 file pointer to relocation table
       0 file pointer to line numbers
       0 number of relocations
       0 number of line numbers
60000020 flags
         Code
         Execute Read

SECTION HEADER #2
   .rdata name
     1F6 virtual size
   13000 virtual address
    1000 size of raw data
   13000 file pointer to raw data
       0 file pointer to relocation table
       0 file pointer to line numbers
       0 number of relocations
       0 number of line numbers
40000040 flags
         Initialized Data
         Read Only

SECTION HEADER #3
   .data name
     560 virtual size
   14000 virtual address
    1000 size of raw data
   14000 file pointer to raw data
       0 file pointer to relocation table
       0 file pointer to line numbers
       0 number of relocations
       0 number of line numbers
C0000040 flags
         Initialized Data
         Read Write
```

```
SECTION HEADER #4
  .idata  name
     58D virtual size
   15000 virtual address
    1000 size of raw data
   15000 file pointer to raw data
       0 file pointer to relocation table
       0 file pointer to line numbers
       0 number of relocations
       0 number of line numbers
C0000040 flags
         Initialized Data
         Read Write


SECTION HEADER #5
  .didat name
     7A2 virtual size
   16000 virtual address
    1000 size of raw data
   16000 file pointer to raw data
       0 file pointer to relocation table
       0 file pointer to line numbers
       0 number of relocations
       0 number of line numbers
C0000040 flags
         Initialized Data
         Read Write


SECTION HEADER #6
  .reloc name
     26D virtual size
   17000 virtual address
    1000 size of raw data
   17000 file pointer to raw data
       0 file pointer to relocation table
       0 file pointer to line numbers
       0 number of relocations
       0 number of line numbers
42000040 flags
         Initialized Data
         Discardable
         Read Only


Summary
    1000 .data
```

```
 1000 .didat
 1000 .idata
 1000 .rdata
 1000 .reloc
12000 .text
```

[표 17-2]에는 가장 일반적으로 사용되는 섹션의 이름과 각 섹션의 목적을 나타냈다.

[표 17-2] 실행 파일 내에서 일반적으로 사용되는 섹션의 이름

섹션 이름	목적	
.bss	초기화되지 않은 데이터	
.CRT	읽기 전용의 C 런타임 데이터	
.data	초기화된 데이터	
.debug	디버깅 정보	
.didata	지연 임포트 네임 테이블	
.edata	익스포트 네임 테이블	
.idata	임포트 네임 테이블	
.rdata	읽기 전용의 런타임 데이터	
.reloc	재배치 테이블 정보	
.rsrc	리소스	
.text	.exe나 DLL 코드	
.textbss	증분 링크Incremental Linking 옵션이 설정된 경우 C++ 컴파일러에 의해 생성되는 섹션	
.tls	스레드 지역 저장소	
.xdata	예외 처리 테이블	

컴파일러나 링커가 생성해 주는 표준 섹션 이름 외에도 소스 코드에 다음과 같은 지시어directive를 사용하여 자신만의 섹션 이름을 지정할 수 있다.

```
#pragma data_seg("sectionname")
```

예를 들어 Shared라는 이름의 섹션을 만들고, 그 안에 LONG 값을 저장하고 싶다면 다음과 같이 코드를 작성하면 된다.

```
#pragma data_seg("Shared")
LONG g_lInstanceCount = 0;
#pragma data_seg()
```

컴파일러가 이 코드를 컴파일하게 되면 Shared라는 이름의 새로운 섹션을 생성하고 pragma 이후에 나타낸 모든 초기화된 데이터 변수를 해당 섹션 안에 추가한다. 이 예제에서는 하나의 변수만이 섹션 내에 추가된다. 변수 초기화 구문 이후에 나타나 있는 #pragma data_seg 행은 더 이상 Shared 섹션 내에 초기화된 변수를 추가하지 말 것을 일컫는 것이며, 이 문장 이후에 나타나는 변수들은 기본 데이터 섹션에 추가되게 된다. 이 같은 구문을 사용할 경우 컴파일러는 초기화된 변수만을 새로운 섹션에 추가한다는 점에 주의하기 바란다. 예를 들어 앞의 코드에서 초기화 구분을 제거해 버리게 되면 (다음의 코드 예와 같이) 컴파일러는 Shared 섹션이 아닌 다른 섹션에 변수를 추가하게 된다.

```
#pragma data_seg("Shared")
LONG g_lInstanceCount;
#pragma data_seg()
```

마이크로소프트 Visual C++ 컴파일러는 allocate라는 선언 지정자declaration specifier를 제공하여 초기화되지 않은 데이터의 경우에도 사용자가 지정한 섹션에 내용을 추가할 수 있도록 해 주고 있다. 다음 코드를 살펴보자.

```
// Shared 섹션을 생성하고 컴파일러가 초기화된 데이터를 해당 섹션에 추가하도록 한다.
#pragma data_seg("Shared")

// 아래 변수는 초기화되었으므로 Shared 섹션 내에 추가된다.
int a = 0;

// 아래 변수는 초기화되지 않았으므로 Shared 섹션 내에 추가되지 않는다.
int b;

// 컴파일러는 Shared 섹션에 초기화된 데이터를 추가하는 것을 멈춘다.
#pragma data_seg()

// 아래 변수는 초기화되었으므로 Shared 섹션 내에 추가된다.
__declspec(allocate("Shared")) int c = 0;

// 아래 변수는 초기화되지 않았음에도 Shared 섹션 내에 추가된다.
__declspec(allocate("Shared")) int d;

// 아래 변수는 초기화되었지만 Shared 섹션 내에 추가되지 않는다.
int e = 0;

// 아래 변수는 초기화되지 않았으므로 Share 섹션 내에 추가되지 않는다.
int f;
```

주석을 통해 어떤 경우에 변수가 Shared 섹션 내에 추가되는지를 명확하게 설명해 두었다. allocate 선언 지정자가 정상적으로 동작하도록 하려면 항상 해당 섹션이 먼저 생성되어 있어야 한다. 따라서 위 코드에서 #pragma data_seg 행들을 제거해 버리면 코드는 정상적으로 컴파일되지 않을 것이다.

새로운 섹션을 구성하고, 그 섹션에 변수들을 추가하는 대부분의 경우는 .exe와 DLL 파일이 다수의 프로세스 공간에 여러 번 매핑되더라도 해당 변수를 공유할 수 있도록 하기 위함일 것이다. 이렇게 새로운 섹션에 여러 개의 변수를 삽입해 두면 여러 개의 인스턴스 사이에 공유할 수 있는 일련의 데이터 그룹을 구성할 수 있게 된다. 이러한 데이터 그룹들은 .exe나 DLL 파일들이 새롭게 생성된 프로세스의 주소 공간에 추가적으로 매핑되더라도 변수에 대한 새로운 인스턴스를 생성하지 않고 기존의 값을 공유하게 된다.

단순히 컴파일러에게 몇몇 변수들을 고유의 섹션 내에 배치하도록 하는 것만으로 변수를 공유할 수 있는 것은 아니다. 추가적으로 링크 단계에서 링커에게 특정 섹션은 공유되어야 한다는 사실을 반드시 알려주어야만 하는데, 링커 스위치 중 /SECTION을 이용함으로써 이러한 작업을 수행할 수 있다.

```
/SECTION:name,attributes
```

콜론 기호 이후에는 섹션의 이름과 해당 섹션에 적용할 특성 정보를 지정하면 된다. 이번 예제에서는 Shared 섹션의 특성을 변경해야 하므로 다음과 같이 링커 스위치를 사용하면 된다.

```
/SECTION:Shared,RWS
```

쉼표 기호 이후에는 필요한 특성 정보를 나열하면 되는데, R은 읽기[read], W는 쓰기[write], E는 실행[execute], S는 공유[share]를 의미한다. 위 스위치의 경우 Shared 섹션 내의 데이터는 읽고 쓰는 것이 가능한 공유 섹션[Shared section]임을 지정하게 된다. 만일 한 개 이상의 섹션에 대해 특성 정보를 변경하고 싶은 경우라면 /SECTION 스위치를 여러 번 사용하면 된다.

이러한 방법 외에도 소스 코드 내에 다음과 같이 링커 스위치를 포함시킬 수도 있다.

```
#pragma comment(linker, "/SECTION:Shared,RWS")
```

위와 같은 행을 포함시키면 컴파일러는 .obj 파일 내에 ".drectve"라는 이름의 특수한 섹션을 생성하여 그 안에 지정된 문자열을 포함시키게 된다. 링커는 .obj 모듈을 결합할 때 .obj 모듈 내의 ".drectve" 섹션 내의 문자열을 확인하고, 해당 문자열이 마치 링커의 명령행 인자로 전달된 것처럼 링크를 수행하게 된다. 이러한 방식이 좀 더 편리하기 때문에 필자는 항상 이 방식을 사용하는 편이다. 소스 코드를 다른 프로젝트로 옮기려 한다고 생각해 보자. 이러한 방식을 사용하지 않는 경우라면 Visual C++ Project의 속성 다이얼로그 박스를 통해 링커 스위치를 어떻게 지정해야 하는지를 계속해서 기억하고 있어야만 할 것이다.

이와 같이 사용자가 임의로 공유 섹션을 만들 수 있음에도 불구하고, 마이크로소프트는 두 가지 이유로 인해 공유 섹션을 사용하지 말 것을 권고한다. 첫째로, 공유되는 메모리를 사용하게 되면 잠재적으로 보안에 취약해질 가능성이 있다. 둘째로, 공유변수를 사용하게 되면 특정 애플리케이션 내에서 발생하는 에러가 다른 애플리케이션에 직접적인 영향을 줄 수 있다. 실제로 애플리케이션 내에서 공유변수에 대해 임의로 접근하는 것을 막을 수 있는 방법은 존재하지 않는다.

사용자로부터 비밀번호를 입력받는 두 개의 애플리케이션을 만들었다고 가정해 보자. 그런데 사용자가 좀 더 쉽게 애플리케이션을 사용할 수 있도록 하기 위해 다음과 같은 새로운 기능을 추가하려 한다고 하자. 만일 사용자가 둘 중 하나의 애플리케이션을 이미 사용하고 있는 상태에서 다른 애플리케이션을 수행한 경우 동일한 비밀번호를 다시 입력하는 것을 피하기 위해 공유 메모리를 이용하여 첫 번째 애플리케이션에서 입력된 비밀번호를 공유하도록 하는 것이다.

이러한 시도는 너무 순진하게 들린다. 사용자가 개발한 애플리케이션 외에는 어떤 애플리케이션도 동일한 DLL을 로드하지 않을 것이고, 어떤 공유 섹션에 비밀번호가 저장되어 있는지 다른 사람들은 알지 못할 것이라고 기대한다면 큰 오산이다. 해커들은 항상 근처에서 배회하고 있다가 비밀번호가 필요한 시점이 되면 단순히 조그마한 프로그램을 만들어서 해당 DLL 파일을 로드한 다음 공유 메모리 블록을 살펴볼 것이다. 사용자가 비밀번호를 입력하면 해커가 만든 프로그램은 사용자의 비밀번호를 그대로 가져갈 수 있다.

해커는 또 다른 형태의 프로그램을 구성하여 반복적으로 비밀번호를 추론하여 공유 메모리에 저장하도록 할 수 있다. 올바른 비밀번호를 추론한 경우 둘 중 하나의 애플리케이션에 모든 종류의 명령을 수행할 수 있게 될 것이다. 사실 이러한 문제는 DLL을 로드할 수 있는 애플리케이션을 제한할 수 있는 방법만 있다면 쉽게 해결될 수도 있을 것이다. 하지만 현재까지는 이러한 기능은 전혀 고려되고 있지 않으며, 어떤 프로그램이라도 LoadLibrary 함수를 이용하면 DLL을 명시적으로 로드할 수 있다.

애플리케이션 인스턴스 예제 애플리케이션

다음에 보여줄 애플리케이션 인스턴스 예제 애플리케이션(17-AppInst.exe)은 애플리케이션이 어떻게 자신의 인스턴스의 개수를 얻어오는지를 보여주는 예제다. 소스 코드와 리소스 파일은 한빛미디어 홈페이지를 통해 제공되는 소스 파일의 17-AppInst 폴더에 있다. AppInst 프로그램을 처음 수행하면 다음과 같은 다이얼로그 박스가 나타나는데, 현재 하나의 인스턴스만 수행되고 있음을 알려주고 있다.

만약 애플리케이션의 두 번째 인스턴스를 수행하게 되면 다이얼로그 박스의 내용은 수행되고 있는 인스턴스의 개수를 반영하도록 갱신된다.

수행되고 있는 애플리케이션 인스턴스를 종료하는 경우에도 남아 있는 인스턴스의 개수를 정확하게 출력해 준다.

AppInst.cpp의 가장 상단을 살펴보면 다음과 같은 코드를 확인할 수 있을 것이다.

```
// 컴파일러에게 Shared 섹션을 생성하고 초기화된 변수를
// 해당 섹션 내에 배치시키도록 하여 애플리케이션의 인스턴스 개수를
// 추적할 수 있도록 한다.
#pragma data_seg("Shared")
volatile LONG g_lApplicationInstances = 0;
#pragma data_seg()

// 링커에게 Shared 섹션을 읽고 쓰기 가능한
// 공유 섹션으로 구성하도록 알려준다.
#pragma comment(linker, "/Section:Shared,RWS")
```

위 코드는 Shared라는 이름의 섹션을 생성하고, 읽고 쓰기 가능한 공유 섹션으로 구성하도록 한다. 이 섹션 내에는 g_lApplicationInstances라는 변수를 하나 추가하여 애플리케이션의 모든 인스턴스 사이에서 공유될 수 있도록 하였다. 이 변수는 volatile로 선언되어 필요 이상의 최적화를 수행하지 않도록 하였음에 주목하기 바란다.

각각의 인스턴스가 수행되어 _tWinMain 함수가 호출되면 g_lApplicationInstances 변수 값을 1만큼 증가시키고, 이 함수를 빠져나오기 바로 전에 1만큼 값을 감소시킨다. 이러한 기능은 InterlockedExchangeAdd 함수를 이용하여 구현하였는데, 이는 이 변수가 다수의 스레드에 의해 동시에 접근될 수 있는 공유 리소스이기 때문이다.

각각의 애플리케이션 인스턴스는 다이얼로그 박스를 출력하기 위해 Dlg_OnInitDialog 함수를 호출한다. 이 함수는 현재 시스템에서 수행되고 있는 가장 상위 레벨의 윈도우들에게 자체적으로 등록해 둔 윈도우 메시지를 브로드캐스트broadcast한다. (브로드캐스트할 메시지의 ID 값은 g_uMsgAppInstCountUpdate 변수에 저장되어 있다.)

```
PostMessage(HWND_BROADCAST, g_uMsgAppInstCountUpdate, 0, 0);
```

대부분의 윈도우들은 이 메시지를 무시하겠지만, AppInst 애플리케이션 인스턴스가 이 메시지를 수신하게 되면 Dlg_Proc 내의 코드를 이용하여 현재 수행 중인 인스턴스의 개수를 재확인하여 올바른 정보가 출력되도록 한다(물론 이 값은 공유변수인 g_lApplicationInstances를 통해 유지된다).

```
AppInst.cpp

/*********************************************************************
Module:  AppInst.cpp
Notices: Copyright (c) 2008 Jeffrey Richter & Christophe Nasarre
*********************************************************************/

#include "..\CommonFiles\CmnHdr.h"     /* 부록 A를 보라. */
```

```
#include <windowsx.h>
#include <tchar.h>
#include "Resource.h"


///////////////////////////////////////////////////////////////////////////

// 시스템 전반에 걸쳐 사용될 윈도우 메시지. 애플리케이션별로 고유한 값.
UINT g_uMsgAppInstCountUpdate = WM_APP+123;


///////////////////////////////////////////////////////////////////////////

// 컴파일러에게 이 애플리케이션의 모든 인스턴스들 사이에서 공유될 수 있는
// Shared 섹션을 구성하고 초기화된 변수를 삽입하도록 한다.
#pragma data_seg("Shared")
volatile LONG g_lApplicationInstances = 0;
#pragma data_seg()

// 링커에게 Shared 섹션을 읽고, 쓰고, 공유 가능한 섹션으로 설정할 것을 알려준다.
#pragma comment(linker, "/Section:Shared,RWS")


///////////////////////////////////////////////////////////////////////////

BOOL Dlg_OnInitDialog(HWND hWnd, HWND hWndFocus, LPARAM lParam) {

   chSETDLGICONS(hWnd, IDI_APPINST);

   // 정적 컨트롤이 올바르게 초기화될 수 있도록 해 준다.
   PostMessage(HWND_BROADCAST, g_uMsgAppInstCountUpdate, 0, 0);
   return(TRUE);
}


///////////////////////////////////////////////////////////////////////////

void Dlg_OnCommand(HWND hWnd, int id, HWND hWndCtl, UINT codeNotify) {

   switch (id) {
      case IDCANCEL:
         EndDialog(hWnd, id);
         break;
   }
}


///////////////////////////////////////////////////////////////////////////

INT_PTR WINAPI Dlg_Proc(HWND hWnd, UINT uMsg, WPARAM wParam, LPARAM lParam) {
```

```
    if (uMsg == g_uMsgAppInstCountUpdate) {
        SetDlgItemInt(hWnd, IDC_COUNT, g_lApplicationInstances, FALSE);
    }

    switch (uMsg) {
        chHANDLE_DLGMSG(hWnd, WM_INITDIALOG, Dlg_OnInitDialog);
        chHANDLE_DLGMSG(hWnd, WM_COMMAND,    Dlg_OnCommand);
    }
    return(FALSE);
}


///////////////////////////////////////////////////////////////////////

int WINAPI _tWinMain(HINSTANCE hInstExe, HINSTANCE, PTSTR, int) {

    // 애플리케이션 인스턴스의 개수가 변경되었을 경우 모든 최상위 레벨 윈도우에게
    // 변경 여부를 알려주기 위해 시스템 전체에서 활용할 메시지 번호를 얻어온다.
    g_uMsgAppInstCountUpdate =
        RegisterWindowMessage(TEXT("MsgAppInstCountUpdate"));

    // 이 애플리케이션의 새로운 인스턴스가 수행되었다.
    InterlockedExchangeAdd(&g_lApplicationInstances, 1);

    DialogBox(hInstExe, MAKEINTRESOURCE(IDD_APPINST), NULL, Dlg_Proc);

    // 이 애플리케이션의 인스턴스가 종료될 것이다.
    InterlockedExchangeAdd(&g_lApplicationInstances, -1);

    // 다른 인스턴스들에게 출력 내용을 갱신할 것을 알려준다.
    PostMessage(HWND_BROADCAST, g_uMsgAppInstCountUpdate, 0, 0);

    return(0);
}

/////////////////////////////// 파일의 끝 ///////////////////////////////
```

section 02 메모리 맵 데이터 파일

운영체제는 프로세스의 주소 공간에 데이터 파일을 매핑할 수 있기 때문에 크기가 큰 데이터 스트림을 편리하게 다룰 수 있다.

메모리 맵 데이터 파일을 사용하는 것이 얼마나 편리한지를 이해하기 위해 파일의 내용을 바이트 단위로 뒤집는 네 가지 방법에 대해 살펴보도록 하자.

1 방법 1: 한 개의 파일, 한 개의 버퍼

첫 번째 방법은 이론적으로 가장 간단한 방법으로 파일 전체의 내용을 모두 읽을 수 있는 충분한 크기의 메모리 블록을 할당하는 방법이다. 파일을 열고, 메모리로 그 내용을 모두 읽어온 뒤 파일을 닫는다. 이제 메모리에 파일의 내용이 모두 담겨 있으므로, 첫 번째 바이트와 마지막 바이트를 교환하고, 두 번째 바이트와 마지막에서 두 번째 바이트를 교환하는 식으로 반복하면 된다. 파일의 중간에 도달할 때까지 이러한 교환 작업을 반복하면 된다. 이후 파일을 다시 열고 메모리 블록의 내용을 파일로 덮어쓴다.

이 방법은 구현하기는 상당히 쉽지만 중요한 두 가지 단점이 있다. 첫째로, 파일 크기만큼의 메모리를 할당해야만 한다. 파일 크기가 작은 경우 문제가 되지 않겠지만 파일이 2GB라면 어떻게 될 것인가? 32비트 시스템에서 수행되는 애플리케이션은 이처럼 큰 물리적 저장소를 커밋할 수 없다. 파일의 크기가 이처럼 큰 경우라면 다른 방법을 고려해야만 할 것이다.

둘째로, 메모리에서 파일의 내용을 뒤집은 후 그 내용을 다시 파일로 저장하는 동안에 수행이 중단되면 기존 파일의 내용이 손상된다. 이러한 문제를 해결하는 가장 간단한 방법은 이전 파일의 내용을 미리 복사해 두고, 전체 과정이 완전히 완료된 이후에 파일의 복사본을 삭제하는 것이다. 불행히도 이와 같은 방법을 사용하려면 추가적인 디스크 공간이 필요하다.

2 방법 2: 두 개의 파일, 한 개의 버퍼

두 번째 방법은 기존 파일을 여는 것과 동시에 파일 크기가 0인 파일을 새로 생성하는 방법이다. 내부적으로 8KB 정도의 작은 버퍼를 할당하고, 기존 파일의 가장 끝으로부터 8KB만큼 떨어진 곳으로 이동한 후 파일의 마지막 8KB를 버퍼로 읽어 들인다. 이제 버퍼의 내용을 뒤집고, 새롭게 생성한 파일에 그 내용을 저장한다. 처리 과정은 파일 포인터 이동, 읽기, 뒤집기, 쓰기 순으로 반복되며, 이러한 과정을 기존 파일의 시작에 다다를 때까지 반복한다. 어려운 작업이 아니긴 하지만 기존 파일의 크기가 8KB의 배수가 아닌 경우 특별한 처리가 필요하다. 기존 파일에 대한 처리가 모두 완료되면, 두 파일을 닫고 기존 파일을 삭제한다.

이 방법은 첫 번째 방법에 비해 구현하기가 좀 더 복잡하다. 하지만 8KB의 메모리 공간만 할당하면 되기 때문에 메모리를 좀 더 효율적으로 사용한다는 장점이 있다. 그럼에도 불구하고 이 방법 또한 두 가지 큰 문제점이 있다. 첫째로, 파일의 내용을 읽을 때마다 파일 포인터를 이동해야 하기 때문에 첫 번째 방법에 비해 작업 수행 속도가 느려질 수 있다. 둘째로, 하드 디스크의 공간을 많이 사용할 가능성이 있다. 만일 기존 파일의 크기가 1GB라면, 작업이 진행되는 동안 새롭게 생성되는 파일도 그 크기가 1GB까지 증가될 것이며, 기존 파일을 삭제하기 전까지는 총 2GB의 디스크 공간을 점유하게 된다. 즉, 1GB의 추가적인 디스크 공간이 필요한 것이다. 이러한 단점을 극복하기 위해 세 번째 방법을 고려하게 되었다.

③ 방법 3: 한 개의 파일, 두 개의 버퍼

이 방법은 두 개의 8KB 크기의 버퍼를 할당하는 것으로 시작한다. 프로그램은 파일로부터 가장 앞쪽의 8KB와 가장 뒤쪽의 8KB를 각각 서로 다른 버퍼로 읽어 들인다. 이후 각 버퍼의 내용을 뒤집고 파일의 앞쪽 내용을 담아두었던 버퍼의 내용을 파일의 뒤쪽에, 파일의 뒤쪽 내용을 담아두었던 버퍼의 내용을 파일의 앞쪽에 덮어쓴다. 이러한 작업을 파일 전체 내용에 대해 반복한다. 이 방법은 파일의 크기가 16KB의 배수가 아니어서 8KB의 버퍼로 읽어올 경우 내용이 겹치는 경우에 특별한 처리가 필요하다. 이러한 고려사항을 처리하기 위해서는 두 번째 방법의 경우에 비해 상당히 복잡한 코드를 필요로 한다. 하지만 숙련된 프로그래머가 두려워 할 정도로 복잡한 것은 아니다.

두 번째와 세 번째 방법을 비교해 보면, 세 번째 방법이 하드 디스크의 공간을 효율적으로 사용한다는 측면에서는 더 뛰어나다고 할 수 있다. 세 번째 방법은 동일한 파일에 대해 읽기 작업과 쓰기 작업을 수행하기 때문에 추가적인 디스크 공간을 필요로 하지 않는다. 메모리 사용 측면에서도 그 다지 나쁘지 않은데, 단지 16KB 정도의 공간만을 사용할 뿐이다.

이제 메모리 맵 파일을 이용하면 이러한 작업을 어떻게 수행할 수 있는지에 대해 알아보도록 하자.

④ 방법 4: 한 개의 파일, 버퍼는 사용하지 않음

메모리 맵 파일을 이용하여 파일의 내용을 뒤집기 위해서는 파일을 열고 가상 주소 공간 상에 영역을 예약한 뒤 파일의 첫 번째 바이트와 예약된 영역의 첫 번째 위치를 매핑시킨다. 이후 가상 메모리 주소에 접근하게 되면 이는 마치 파일의 내용에 직접적으로 접근하는 것과 같은 효과를 가져온다. 텍스트 파일의 내용이 0으로 끝나는 경우 파일의 내용이 모두 메모리에 있는 것과 같이 C 런타임 라이브러리에서 제공하는 _tcsrev 함수를 호출하여 파일의 내용을 모두 뒤집을 수 있다.

이 방법은 파일에 대한 캐싱 작업을 시스템이 직접 수행해 주기 때문에 상당한 이점이 있다. 사용자는 메모리를 할당할 필요도 없고, 데이터 파일을 메모리로 읽어오거나, 파일로 쓰는 작업, 메모리 블록을 해제하는 등의 작업을 전혀 수행할 필요가 없다. 하지만 전원이 차단되는 것과 같은 갑작스러운 중단 사태가 발생하게 되면 데이터가 소실될 가능성이 있기는 하다.

메모리 맵 파일을 사용하려면 다음의 세 가지 단계를 수행해야 한다.

1. 메모리 맵 파일로 사용할 디스크 상의 파일을 나타내는 파일 커널 오브젝트를 생성하거나 연다.
2. 파일의 크기와 파일의 접근 방식을 고려하여 파일 매핑 커널 오브젝트를 생성한다.
3. 프로세스의 주소 공간 상에 파일 매핑 오브젝트의 전체나 일부를 매핑시킨다.

메모리 맵 파일을 더 이상 사용할 필요가 없다면 다음의 세 가지 단계를 수행해야 한다.

1. 프로세스의 주소 공간으로부터 파일 매핑 오브젝트의 매핑을 해제한다.
2. 파일 매핑 커널 오브젝트를 닫는다.
3. 파일 커널 오브젝트를 닫는다.

지금부터 각각의 단계에 대해 자세히 알아보자.

1 1단계: 파일 커널 오브젝트를 생성하거나 열기

파일 커널 오브젝트를 생성하거나 열기 위해서는 항상 CreateFile 함수를 호출해야 한다.

```
HANDLE CreateFile(
    PCSTR pszFileName,
    DWORD dwDesiredAccess,
    DWORD dwShareMode,
    PSECURITY_ATTRIBUTES psa,
    DWORD dwCreationDisposition,
    DWORD dwFlagsAndAttributes,
    HANDLE hTemplateFile);
```

CreateFile 함수의 각 매개변수들에 대한 자세한 설명은 391쪽 "CreateFie에 대한 세부사항 검토" 절에서 알아본 바 있다. 여기서는 앞쪽 3개의 매개변수인 pszFileName, dwDesiredAccess, dw-ShareMode에 대해서만 집중하도록 하자.

첫 번째 매개변수인 pszFileName에는 생성하거나 열기 작업을 수행할 파일의 이름을 지정한다(파일의 경로를 포함하여). 두 번째 매개변수인 dwDesiredAccess에는 파일의 내용에 대한 접근 방식을 지정한다. [표 17-3]에 나타낸 네 가지 값 중 한 가지 값을 사용할 수 있다.

값	의미
0	파일의 내용에 대해 읽거나 쓸 수 없다. 파일의 특성 정보에 대해서만 접근하고자 하는 경우에 사용한다.
GENERIC_READ	파일의 내용을 읽을 수만 있다.
GENERIC_WRITE	파일의 내용을 쓸 수만 있다.
GENERIC_READ | GENERIC_WRITE	파일의 내용을 읽고 쓸 수 있다.

메모리 맵 파일을 사용하기 위해 파일을 생성하거나 열 경우 파일에 어떻게 접근하고자 하는지를 나타내기 위한 접근 플래그를 선택해야 한다. 메모리 맵 파일에 대해서는 파일을 읽기 전용으로 열거나 혹은 읽고 쓸 수 있는 형태로 열어야 하므로 GENERIC_READ나 GENERIC_READ | GENERIC_WRITE 중 하나를 사용해야 한다.

세 번째 매개변수인 dwShareMode는 이 파일을 어떻게 공유할 것인지를 시스템에게 알려주는 역할을 한다. dwShareMode에는 [표 17-4]에 나타낸 네 가지 값 중 하나를 사용하면 된다.

[표 17-4] 파일 공유 모드

값	의미
0	추가적으로 파일 열기 작업을 시도할 경우 실패한다.
FILE_SHARE_READ	추가적으로 GENERIC_WRITE 인자 값으로 파일 열기 작업을 시도할 경우 실패한다.
FILE_SHARE_WRITE	추가적으로 GENERIC_READ 인자 값으로 파일 열기 작업을 시도할 경우 실패한다.
FILE_SHARE_READ | FILE_SHARE_WRITE	추가적으로 파일 열기 작업을 시도할 경우 성공한다.

CreateFile을 이용하여 파일을 생성하거나 여는 작업에 성공하면 파일 커널 오브젝트에 대한 핸들 값이 반환되며, 실패할 경우 INVALID_HANDLE_VALUE 값이 반환된다.

> 핸들을 반환하는 대부분의 윈도우 함수는 실패 시 NULL을 반환하지만, CreateFile의 경우 ((HANDLE) - 1)로 정의된 INVALID_HANDLE_VALUE가 반환된다.

② 2단계: 파일 매핑 커널 오브젝트 생성

앞서 CreateFile을 호출한 것은 운영체제에게 파일 매핑을 수행할 파일의 물리적 저장소의 위치를 알려주기 위함이다. 매개변수로 전달한 파일의 경로명을 통해 파일 매핑을 수행하기 위한 물리적 저장소의 디스크 상의 위치를 지정하게 된다. 이제 시스템에게 파일 매핑 오브젝트가 필요로 하는 물리적 저장소의 크기를 알려주어야 한다. 이를 위해 CreateFileMapping 함수를 호출하면 된다.

```
HANDLE CreateFileMapping(
    HANDLE hFile,
    PSECURITY_ATTRIBUTES psa,
    DWORD fdwProtect,
    DWORD dwMaximumSizeHigh,
    DWORD dwMaximumSizeLow,
    PCTSTR pszName);
```

첫 번째 매개변수인 hFile로는 프로세스의 주소 공간에 매핑하고자 하는 파일의 핸들 값을 전달하면 된다. 이 핸들 값은 앞서 CreateFile 함수 호출 시 반환된 값을 이용하면 된다. psa 매개변수에는 파일 매핑 커널 오브젝트에 대한 SECURITY_ATTRIBUTES 구조체를 가리키는 포인터를 전달하면 되는데, 일반적으로 NULL 값을 전달한다(NULL 값을 전달하면 기본적인 보안 특성을 따르고, 상속 불가능한 핸들 값을 반환하게 된다).

이 장의 전반부에서 언급한 것과 같이, 메모리 맵 파일을 생성하는 절차는 주소 공간 상에 영역을 예약하고, 해당 영역에 물리적 저장소를 커밋하는 과정과 매우 유사하다. 단지 물리적 저장소가 시스템의 페이징 파일이 아니라 사용자가 지정한 디스크 상의 파일이라는 점에서만 차이가 있다고 하겠다. 하지만 파일 매핑 오브젝트를 생성한다 하더라도 시스템은 곧바로 프로세스의 주소 공간 상에 영역을 예약하지는 않으며, 물리적 저장소를 해당 영역에 매핑하지도 않는다. (어떻게 이러한 작업을 수행할 수 있는지에 대해서는 다음 절에서 알아볼 것이다.) 하지만 물리적 저장소를 프로세스의 주소 공간에 매핑하기 위해서는 물리적 저장소에 있는 여러 페이지들에 어떤 보호 특성을 설정할지를 알아야만 한다. CreateFileMapping 함수는 fdwProtect 매개변수를 이용하여 이러한 보호 특성을 지정할 수 있도록 해 주고 있다. 대부분의 경우 이 매개변수로는 [표 17-5]에 나타낸 보호 특성 중 앞쪽 세 가지 값 중 하나를 사용하게 될 것이다.

[표 17-5] 페이지 보호 특성

보호 특성	의미
PAGE_READONLY	파일 매핑 오브젝트가 매핑되면 파일의 데이터를 읽을 수만 있다. 이 경우 CreateFile 함수를 호출할 때 GENERIC_READ를 인자로 전달해야 한다.
PAGE_READWRITE	파일 매핑 오브젝트가 매핑되면 파일의 데이터를 읽고 쓸 수 있다. 이 경우 CreateFile 함수를 호출할 때 GENERIC_READ	GENERIC_WRITE를 인자로 전달해야 한다.
PAGE_WRITECOPY	파일 매핑 오브젝트가 매핑되면 파일의 데이터를 읽고 쓸 수 있다. 파일에 데이터를 쓰게 되면 새로운 페이지가 생성된다. 이 경우 CreateFile 함수를 호출할 때 GENERIC_READ나 GENERIC_READ	GENERIC_WRITE를 인자로 전달해야 한다.
PAGE_EXECUTE_READ	파일 매핑 오브젝트가 매핑되면 파일의 내용을 읽을 수 있으며, 실행할 수도 있다. 이 경우 CreateFile 함수를 호출할 때 GENERIC_READ와 GENERIC_EXECUTE를 인자로 전달해야 한다.
PAGE_EXECUTE_READWRITE	파일 매핑 오브젝트가 매핑되면 파일의 내용을 읽고 쓸 수 있으며, 실행할 수도 있다. 이 경우 CreateFile 함수를 호출할 때 GENERIC_READ, GENERIC_WRITE, GENERIC_EXECUTE를 인자로 전달해야 한다.

페이지 보호 특성과 더불어 다섯 가지 섹션 특성을 비트 OR를 이용하여 fdwProtect 매개변수를 통해 전달할 수 있다. "섹션"이란 메모리 매핑의 다른 말로 Sysinternals의 Process Explorer (*http://www.microsoft.com/technet/sysinternals/Security/ProcessExplorer.mspx*)와 같은 도구에서는 이 커널 오브젝트의 타입을 "섹션"으로 표기하고 있다.

첫 번째 섹션 특성인 SEC_NOCACHE는 메모리에 매핑된 파일에 대해 캐시를 수행하지 못하도록 한다. 따라서 데이터를 파일에 쓰려고 하는 경우 시스템은 보통의 경우에 비해 더 자주 파일에 대한 갱신 작업을 수행하게 된다. 이 플래그는 PAGE_NOCACHE 보호 특성의 경우에서처럼 디바이스 드라이버 개발자들에 의해서만 주로 사용되며, 일반적인 애플리케이션 개발자들에 의해서는 거의 사용되지 않는다.

두 번째 섹션 특성인 SEC_IMAGE는 매핑할 파일이 PE$^{portable\ executable}$ 파일 이미지임을 알려준다. 시스템이 이와 같은 파일을 프로세스의 주소 공간에 매핑할 때에는 파일의 내용을 검토하여 매핑할 이미지 파일의 페이지별로 어떤 보호 특성이 지정되어야 하는지를 미리 결정하게 된다. 예를 들어 PE 파일의 코드 섹션(.text)은 일반적으로 PAGE_EXECUTE_READ 특성으로 매핑되며, 데이터 섹션(.data)은 PAGE_READWRITE 특성으로 매핑된다. SEC_IMAGE 특성을 인자 값으로 전달하면 시스템은 파일 이미지를 매핑하고 적절한 페이지 보호 특성을 결정한다.

다음 두 개의 섹션 특성인 SEC_RESERVE와 SEC_COMMIT는 상호 배타적으로 사용되어야 하며, 메모리 맵 데이터 파일을 사용할 경우에는 사용할 수 없다. 이 두 개의 플래그는 "17.10 스파스 메모리 맵 파일" 절에서 자세히 알아볼 것이다. 파일 맵 데이터 파일을 생성하는 경우라면 이 플래그들은 사용하지 말아야 하며, 설사 이 플래그를 지정한다고 해도 CreateFileMapping은 지정된 플래그를 무시할 것이다.

마지막 섹션 특성인 SEC_LARGE_PAGES는 메모리에 매핑할 이미지에 대해 램 상에 큰 페이지$^{large\ page}$를 사용할 것을 지정한다. 이 특성은 PE 이미지 파일이나 메모리에서만 사용되는 맵 파일에 대해서만 의미를 가진다. 메모리 맵 데이터 파일을 메모리에 매핑하려는 경우에는 이 플래그를 사용할 수 없다. "15.3 영역에 대한 예약과 저장소 커밋을 동시에 수행하는 방법" 절에서 VirtualAlloc 함수를 설명할 때 알아본 바와 같이 다음의 조건이 만족할 때에만 큰 페이지 할당 기능을 사용할 수 있다.

- CreateFileMapping 함수를 호출할 때 SEC_COMMIT 특성을 비트 OR하여 메모리를 커밋^{commit}해야 한다.
- 매핑을 수행할 크기는 GetLargePageMinimum 함수의 반환 값보다 커야 한다. (CreateFileMapping 함수의 dwMaximumSizeHigh와 dwMaximumSizeLow 매개변수는 다음에 설명할 것이다.)
- 반드시 PAGE_READWRITE 보호 특성이 지정되어야 한다.
- 메모리 상에 페이지를 잠금$^{Lock\ Pages\ In\ Memory}$ 권한이 허가되고 사용 가능해야 한다. 그렇지 않을 경우 CreateFileMapping 함수의 호출은 실패할 것이다.

CreateFileMapping 함수의 dwMaximumSizeHigh와 dwMaximumSizeLow 매개변수는 가장 중요한 매개변수다. CreateFileMapping 함수의 주 목적은 파일 매핑 오브젝트를 위한 충분한 물리적 저장소가 존재한다는 것을 확인하는 것이라 할 수 있다. 이 두 개의 매개변수를 이용하여 파일의 최대 크기를 바이트 단위로 알려주게 된다. 2개의 32비트 값이 필요한 이유는 윈도우가 파일의 크기를 64비트 단위로 표현하기 때문이며, dwMaximumSizeHigh는 상위 32비트를, dwMaximumSize-Low는 하위 32비트를 각각 나타내게 된다. 따라서 파일의 크기가 4GB 이하라면 dwMaximumSizeHigh 값은 항상 0이 될 것이다.

64비트로 파일의 크기를 표현한다는 것은 윈도우가 16EB(엑사바이트) 크기의 파일을 다룰 수 있다는 것을 의미한다. 만일 파일의 현재 크기를 기준으로 파일 매핑 오브젝트를 만드는 경우에는 이 두 개의 매개변수에 0을 전달할 수 있다. 파일의 내용을 읽기만 하거나 파일의 크기를 변경하지 않는 범위 내에서 파일의 내용에 접근하는 경우에도 이 두 개의 매개변수에 0을 전달할 수 있다. 기존 파일에 데이터를 추가하려 하는 경우 예상되는 파일의 최대 크기를 전달하여 일정 부분 여유 공간을 두고자 할 수도 있다. 그러나 디스크 상의 파일의 크기가 0바이트인 경우 dwMaximumSizeHigh와 dwMaximumSizeLow 매개변수로 모두 0을 전달하면 안 된다. 이렇게 하면 시스템은 사용자가 0바이트의 저장소를 위한 파일 매핑 오브젝트를 생성하려 하는 것으로 판단하게 될 것이고, 이는 명백한 에러이기 때문에 CreateFileMapping 함수는 NULL을 반환하게 된다.

만일 지금까지 충분히 집중하여 글을 읽어왔다면 뭔가 이상하다는 생각이 들어야만 한다. 윈도우와 파일 매핑 오브젝트가 16EB를 지원한다는 것은 매우 훌륭한 일이다. 하지만 최대 4GB의 크기를 가지는 32비트 프로세스의 주소 공간에 16EB의 파일을 어떻게 매핑할 수 있겠는가? 어떻게 이러한 작업을 수행할 수 있는지에 대해서는 다음 절에서 알아볼 것이다. 물론 64비트 프로세스의 경우 16EB의 주소 공간이 있기 때문에 좀 더 큰 파일에 대해 매핑을 수행할 수 있겠지만, 그렇다 하더라도 엄청나게 큰 파일을 이용할 경우에는 여전히 비슷한 한계 상황에 봉착할 수밖에 없다.

CreateFile과 CreateFileMapping의 동작 방식을 정확하게 이해하려면 다음과 같은 실습을 해 볼 필요가 있다. 먼저 다음과 같은 코드를 작성하고 빌드한 다음 디버거 내에서 수행해 보라. 한 문장씩 디버깅을 진행해 가며 명령 쉘을 이용하여 C:\ 폴더에서 dir 명령을 수행해 보라. 각각의 문장이 수행될 때마다 폴더 내에 어떠한 변화가 발생하는지 유심히 살펴보기 바란다.

```
int WINAPI _tWinMain(HINSTANCE, HINSTANCE, PTSTR, int) {

    // 아래 문장을 수행하기 전까지는 C:\ 에 MMFTest.Dat
    // 파일이 생기지 않을 것이다.
    HANDLE hFile = CreateFile(TEXT("C:\\MMFTest.Dat"),
        GENERIC_READ | GENERIC_WRITE,
        FILE_SHARE_READ | FILE_SHARE_WRITE, NULL, CREATE_ALWAYS,
        FILE_ATTRIBUTE_NORMAL, NULL);
```

```
// 아래 문장을 수행하기 전까지는 MMFTest.Data 파일이
// 존재하기는 하지만 그 크기가 0일 것이다.
HANDLE hFileMap = CreateFileMapping(hFile, NULL, PAGE_READWRITE,
    0, 100, NULL);

// 위의 문장을 수행하고 나면 MMFTest.Dat 파일은
// 100바이트 크기를 가질 것이다.

// 정리
CloseHandle(hFileMap);
CloseHandle(hFile);

// 프로세스가 종료되면 디스크 상에 존재하는
// MMFTest.Dat 파일은 그 크기가 100인 상태로 유지될 것이다.
return(0);
}
```

CreateFileMapping을 호출할 때 PAGE_READWRITE 플래그를 전달하게 되면 시스템은 디스크 상에 존재하는 연관된 데이터 파일이 dwMaximumSizeHigh와 dwMaximumSizeLow 매개변수로 전달된 크기만큼 수용할 수 있는지를 확인하게 된다. 만일 파일의 크기가 매개변수로 전달된 크기보다 작을 경우 파일의 크기를 매개변수로 전달된 파일의 크기에 맞도록 증가시킨다. 이렇게 파일의 크기를 증가시켜 두어야만 나중에 메모리에 매핑을 수행할 때 물리적 저장소가 충분히 확보된 상태가 된다. 만일 CreateFileMapping 함수를 이용하여 파일 매핑 오브젝트를 생성할 때 PAGE_READONLY나 PAGE_WRITECOPY 플래그를 사용하는 경우라면 CreateFileMapping 함수의 매개변수로 전달한 크기는 디스크 상의 파일보다 큰 값을 지정해서는 안 되는데, 이는 이러한 플래그를 사용한 경우 파일에 새로운 데이터를 추가하지 않을 것이기 때문이다.

CreateFileMapping 함수의 마지막 매개변수인 pszName은 파일 매핑 오브젝트의 이름을 지정하는 용도로 사용되며, '\0'으로 끝나는 문자열을 지정하면 된다. 파일 매핑 오브젝트에 이름을 지정하면 다른 프로세스에서 이 이름을 이용하여 동일 오브젝트를 공유할 수 있다. (이에 대한 예제는 이번 장 마지막 부분에 있다. 3장 "커널 오브젝트"에서 커널 오브젝트에 대한 공유 방법에 대해 자세히 다룬 바 있다.) 메모리 맵 데이터 파일을 사용하는 경우에는 일반적으로 해당 데이터 파일을 다른 프로세스와 공유하지 않기 때문에 보통 이 값으로 NULL을 전달한다.

시스템이 파일 매핑 오브젝트를 생성하는 데 성공했다면 해당 오브젝트를 구분할 수 있는 핸들 값을 반환하게 된다. 만일 파일 매핑 오브젝트를 생성하는 데 실패했다면 NULL 핸들 값이 반환된다. 다시 한 번 말하지만, CreateFile의 경우 실패 시 INVALID_HANDLE_VALUE(-1로 정의된) 값을 반환하고, CreateFileMapping의 경우 실패 시 NULL 값을 반환한다. 실패 시 반환하는 값을 혼돈하지 않도록 주의하라.

❸ 3단계: 파일의 데이터를 프로세스의 주소 공간에 매핑하기

파일 매핑 오브젝트를 생성하였다 하더라도 파일의 데이터에 접근하기 위한 영역을 프로세스 주소 공간 내에 확보해야 하며, 이 영역에 임의의 파일을 물리적 저장소로 사용하기 위한 커밋 단계를 거쳐야만 한다. 이러한 작업을 수행하려면 MapViewOfFile 함수를 사용하면 된다.

```
PVOID MapViewOfFile(
    HANDLE hFileMappingObject,
    DWORD dwDesiredAccess,
    DWORD dwFileOffsetHigh,
    DWORD dwFileOffsetLow,
    SIZE_T dwNumberOfBytesToMap);
```

hFileMappingObject 매개변수로는 파일 매핑 오브젝트에 대한 핸들 값을 전달하면 된다. 이 값은 앞서 설명한 CreateFileMapping 함수의 반환 값을 사용하거나 OpenFileMapping(나중에 설명할 것이다) 함수의 반환 값을 사용하면 된다. dwDesiredAccess 매개변수로는 어떻게 데이터에 접근할 것이지를 알려주는 값을 전달하면 된다. 그렇다. 사용자는 다시 한 번 데이터에 어떻게 접근할 것인지를 지정해 주어야 하며, 이 값으로는 [표 17-6]에서 나타낸 다섯 가지 값 중 한 가지 값을 지정하면 된다.

[표 17-6] 메모리 맵 파일에 요구되는 접근 권한

값	의미
FILE_MAP_WRITE	파일 데이터에 대해 읽고 쓸 수 있다. 이 경우 CreateFileMapping 함수를 호출할 때 PAGE_READWRITE를 인자로 전달해야 한다.
FILE_MAP_READ	파일 데이터에 대해 읽을 수만 있다. 이 경우 CreateFileMapping 함수를 호출할 때 PAGE_READONLY나 PAGE_READWRITE 보호 특성을 인자로 전달해야 한다.
FILE_MAP_ALL_ACCESS	FILE_MAP_WRITE	FILE_MAP_READ	FILE_MAP_COPY와 동일하다.
FILE_MAP_COPY	파일 데이터에 대해 읽고 쓸 수 있다. 데이터를 쓰게 되면 새로운 페이지가 생성된다. 이 경우 CreateFileMapping 함수를 호출할 때 PAGE_WRITECOPY 보호 특성을 인자로 전달해야 한다.
FILE_MAP_EXECUTE	데이터를 코드로 수행할 수 있다. 이 경우 CreateFileMapping 함수를 호출할 때 PAGE_EXECUTE_READWRITE나 PAGE_EXECUTE_READ 보호 특성을 인자로 전달해야 한다.

윈도우가 이와 같은 보호 특성을 반복해서 요청한다는 것은 매우 이상해 보일뿐더러 성가신 일이기도 하다. 개인적인 견해로는 애플리케이션에게 좀 더 많은 제어권을 부여하기 위해 함수가 이와 같이 설계되었으리라 추측한다.

나머지 세 개의 매개변수들은 주소 공간 상에 영역을 예약하고, 이 영역에 물리적 저장소를 매핑하기 위해 필요한 정보들이다. 파일을 프로세스의 주소 공간에 매핑할 때 파일 전체를 한꺼번에 매핑해서는 안 되고, 대신 파일의 일정 부분만을 분리해서 주소 공간에 매핑해야 한다. 이렇듯 주소 공간에 매핑된 파일의 일부를 뷰view라고 하는데, MapViewOfFile 함수의 이름은 이로부터 유래한 것이다.

프로세스의 주소 공간에 파일의 뷰를 매핑하기 위해서는 두 가지 추가적인 정보가 필요하다. 첫째로, 데이터 파일의 어떤 부분을 뷰로 구성할 것인가 하는 정보를 전달해 주어야 한다. 이러한 정보는 dwFileOffsetHigh와 dwFileOffsetLow 매개변수를 통해 전달된다. 윈도우는 16EB 크기의 파일을 지원하기 때문에 바이트 오프셋도 64비트 값을 사용해야 하며, 이 중 상위 32비트 값은 dwFileOffsetHigh를 통해 전달하고, 하위 32비트 값은 dwFileOffsetLow를 통해 전달한다. 파일의 오프셋 값은 반드시 시스템의 할당 단위 allocation granularity 의 배수 값으로 설정되어야 함에 주의하기 바란다. (현재까지 발표된 모든 버전의 윈도우는 할당 단위로 64KB를 사용한다.) "14.1 시스템 정보" 절에서 수행 중인 시스템으로부터 할당 단위 값을 어떻게 얻어내는지를 나타냈었다.

둘째로, 얼마나 많은 데이터를 주소 공간상에 매핑할지에 대한 정보를 전달해 주어야 한다. 이는 마치 주소 공간 상에 얼마만큼의 영역을 예약할 것인지를 지정하는 것과 동일하다. 이러한 정보는 dwNumberOfBytesToMap 매개변수를 통해 전달된다. 만일 이 값으로 0을 전달하면 시스템은 지정된 오프셋으로부터 파일의 끝까지를 뷰로 구성하려고 시도한다. MapViewOfFile 함수는 파일 매핑 오브젝트의 전체 크기는 고려하지 않으며, 단지 뷰에 필요한 크기만을 고려하여 영역이 충분한지를 확인한다.

만일 MapViewOfFile 함수를 호출할 때 FILE_MAP_COPY 플래그를 지정하면 시스템은 시스템의 페이징 파일로부터 물리적 저장소를 커밋하게 된다. 물론 커밋하는 공간의 크기는 dwNumberOfBytesToMap 매개변수에 의해 결정된다. 매핑된 뷰를 통해 파일의 데이터를 읽는 동안에는 아무런 작업도 일어나지 않으며 시스템 페이징 파일에 커밋된 페이지들을 사용하지 않겠지만, 프로세스 내의 특정 스레드가 뷰의 내용을 수정하려고 시도하는 순간 페이징 파일의 커밋된 페이지들 중 하나를 취하여 이전의 데이터를 페이징 파일의 페이지로 복사하고, 해당 주소가 복사본이 존재하는 페이징 파일을 가리키도록 매핑 정보를 변경한 후 내용을 변경하게 된다. 이렇게 함으로써 변경을 시도하였던 스레드는 해당 페이지에 대한 자신만의 로컬 복사본을 갖게 되며, 이전 데이터에 대해서는 더 이상 데이터를 읽거나 수정할 수 없게 된다.

시스템이 이전 페이지에 대한 복사본을 구성할 때에는 PAGE_WRITECOPY 보호 특성을 PAGE_READWIRTE로 변경한다. 다음 코드가 이러한 과정을 설명해 준다.

```
// 매핑하고자 하는 파일을 연다.
HANDLE hFile = CreateFile(pszFileName, GENERIC_READ | GENERIC_WRITE, 0,
    NULL, OPEN_ALWAYS, FILE_ATTRIBUTE_NORMAL, NULL);

// 파일에 대한 파일 매핑 오브젝트를 생성한다.
HANDLE hFileMapping = CreateFileMapping(hFile, NULL, PAGE_WRITECOPY,
    0, 0, NULL);

// 파일에 대한 카피 온 라이트 맵을 만든다. 시스템은 전체 파일을
// 수용할 수 있을 만큼의 물리적 저장소를 시스템의 페이징 파일로부터
// 커밋한다. 뷰 내의 모든 페이지들은 PAGE_WRITECOPY로 초기화된다.
```

```
PBYTE pbFile = (PBYTE) MapViewOfFile(hFileMapping, FILE_MAP_COPY,
    0, 0, 0);

// 매핑된 뷰로부터 데이터를 읽는다.
BYTE bSomeByte = pbFile[ 0 ];
// 뷰로부터 데이터를 읽을 때에는 페이징 파일에 커밋된 페이지에는
// 접근하지 않으며, PAGE_WRITECOPY 특성은 그대로 유지된다.

// 매핑된 뷰에 데이터를 쓴다.
pbFile[ 0 ] = 0;
// 뷰에 데이터를 쓰면, 시스템은 페이징 파일에 커밋된 페이지 중
// 하나를 선택하여 접근하고자 하는 페이지의 내용을 복사한다.
// 이후 새로운(복사된) 페이지를 프로세스의 주소 공간에 매핑한다.
// 새로운 페이지는 PAGE_READWRITE 특성으로 변경된다.

// 매핑된 뷰의 다른 위치에 데이터를 쓴다.
pbFile[ 1 ] = 0;
// 이 위치의 페이지는 앞서 PAGE_READWRITE 특성으로 변경되었기 때문에
// 시스템은 단순히 페이지의 내용을 변경하는 작업만을 수행한다.

// 파일에 매핑된 뷰를 모두 사용하였다면, 매핑을 해제해야 한다.
// UnmapViewOfFile 함수는 다음 절에서 논의할 것이다.
UnmapViewOfFile(pbFile);
// 시스템은 페이징 파일로부터 물리적 저장소를 디커밋한다.
// 따라서 이 페이지에 대한 쓰기 작업은 더 이상 반영되지 않는다.

// 정리 작업을 수행한다.
CloseHandle(hFileMapping);
CloseHandle(hFile);
```

노트

만일 애플리케이션이 NUMA^{Non-Uniform Memory Access} 머신에서 수행되는 경우라면, 데이터에 접근하고자 하는 스레드를 수행 중인 CPU가 존재하는 노드에 위치한 램을 이용하도록 함으로써 성능을 향상시킬 수 있다. 스레드가 메모리 맵 파일에 대한 뷰를 매핑하는 경우 시스템은 기본적으로 스레드를 스케줄하고 있는 CPU와 동일 노드에 위치한 메모리를 이용하려고 시도한다. 하지만 수행 중인 스레드가 다른 노드에 있는 CPU로 이관되어 스케줄되는 경우라면 CreateFileMappingNuma 함수를 이용하여 시스템의 기본 동작 방식을 변경할 수 있다. 이 함수를 이용하면 dwPreferredNumaNode라는 마지막 매개변수 값을 이용하여 어떤 노드에 설치된 램으로부터 메모리를 할당할지를 명시적으로 지정할 수 있다.

```
HANDLE CreateFileMappingNuma(
    HANDLE hFile,
    PSECURITY_ATTRIBUTES psa,
    DWORD fdwProtect,
    DWORD dwMaximumSizeHigh,
```

```
        DWORD dwMaximumSizeLow,
        PCTSTR pszName,
        DWORD dwPreferredNumaNode);
```

이제 MapViewOfFile 함수를 호출하면 CreateFileMappingNuma 함수를 호출할 때 지정하였던 노드에서 뷰를 생성하게 된다. 이와는 별도로 윈도우는 MapViewOfFileExNuma라는 함수를 제공해 주고 있는데, 이 함수는 CreateFileMappingNuma 함수를 호출하여 지정하였던 노드가 아닌 다른 노드에서 뷰를 생성하고자 할 경우에 사용된다. 아래의 MapViewOfFileExNuma 함수의 원형을 살펴보면 이 함수가 노드를 지정하기 위한 dwPreferredNumaNode 매개변수를 가지고 있음을 알 수 있다.

```
    PVOID MapViewOfFileExNuma(
        HANDLE hFileMappingObject,
        DWORD dwDesiredAccess,
        DWORD dwFileOffsetHigh,
        DWORD dwFileOffsetLow,
        SIZE_T dwNumberOfBytesToMap,
        LPVOID lpBaseAddress,
        DWORD dwPreferredNumaNode);
```

NUMA 노드와 CPU들 간의 관계성을 파악할 수 있는 윈도우 함수들에 대해서는 "14.3 NUMA 머신에서의 메모리 관리" 절에서 알아본 바 있다. 또한 NUMA를 고려한 메모리 할당 방식에 대해서는 "15.1 주소 공간 내에 영역 예약하기" 절의 마지막 부분에서 설명한 바 있다.

④ 4단계: 프로세스의 주소 공간으로부터 파일 데이터에 대한 매핑 해제하기

프로세스의 주소 공간 내의 특정 영역에 매핑된 데이터 파일을 더 이상 유지할 필요가 없다면 UnmapViewOfFile 함수를 호출하여 영역을 해제해 주어야 한다.

```
    BOOL UnmapViewOfFile(PVOID pvBaseAddress);
```

이 함수의 유일한 매개변수인 pvBaseAddress로는 해제할 영역의 시작 주소를 전달해 주면 된다. 이 값은 MapViewOfFile 함수의 반환 값과 반드시 동일한 값을 사용해야 한다. UnmapViewOfFile 함수를 반드시 호출해야 한다는 것을 잘 기억해 두기 바란다. 만일 이 함수를 호출하지 않으면 예약된 공간은 프로세스가 종료될 때까지 해제되지 않을 것이다. MapViewOfFile 함수는 호출될 때마다 앞서 예약되었던 영역을 삭제하지 않고, 매번 프로세스의 주소 공간에 새로운 영역을 확보한다.

속도 측면에서 보자면 시스템은 파일 데이터의 페이지를 버퍼링하기 때문에 매핑된 뷰의 내용을 변경한 경우 그 내용이 즉각적으로 파일에 반영되지는 않는다. 만일 디스크 상에 지체 없이 변경 작업을 저장하고 싶은 경우에는 FlushViewOfFile과 같은 함수를 호출하여 변경된 내용을 디스크 이미지에 강제로 저장하도록 할 수 있다.

```
BOOL FlushViewOfFile(
    PVOID pvAddress,
    SIZE_T dwNumberOfBytesToFlush);
```

첫 번째 매개변수로는 메모리 맵 파일의 뷰에 포함된 주소를 지정하면 된다. 지정된 주소 값은 페이지 경계에 맞추어 내림이 수행된다. 두 번째 매개변수로는 디스크로 강제 저장하고자 하는 영역의 바이트 수를 지정하면 된다. 지정된 바이트 수는 페이지 크기에 맞추어 올림이 수행된다. FlushView-OfFile을 호출했을 때 매개변수로 전달한 영역 내에 아무런 변경사항도 없는 경우라면 디스크 상에 아무런 내용도 저장되지 않고 바로 반환된다.

메모리 맵 파일이 네트워크로 연결된 리모트 서버에 있는 저장소라면, FlushViewOfFile 함수를 호출하였을 때 서버로 변경사항이 전달되는 것까지는 보장할 수 있지만, 서버 상에 공유되어 있는 파일이 위치하는 디스크 드라이브에 변경 내용이 확실히 저장될 것이라는 것은 보장할 수 없는데, 이는 서버가 파일의 데이터들을 캐싱할 수 있기 때문이다. 만일 서버의 디스크에 있는 파일의 내용을 반드시 저장하도록 하기 위해서는 파일 매핑 오브젝트를 생성하는 전 단계에서 CreateFile 함수를 호출할 때 FILE_FLAG_WRITE_THROUGH 인자를 전달하여 파일 핸들을 생성하고, 이 핸들 값을 이용하여 파일 매핑 오브젝트를 생성하면 된다. 이렇게 하면 FlushViewOfFile 함수를 호출했을 때 서버의 디스크 드라이브에까지 파일이 완전히 저장된 이후에야 비로소 함수가 반환된다.

UnmapViewOfFile 함수에는 매우 특별한 특성이 있다는 것을 기억할 필요가 있다. 만일 뷰가 FILE_MAP_COPY 플래그를 이용하여 매핑된 경우, 파일의 내용을 변경하게 되면 시스템의 페이징 파일 내에 그 내용이 복사되고, 복사된 데이터가 변경된다. 이 경우 UnmapViewOfFile을 호출하게 되면 매핑된 파일에는 갱신할 내용이 없기 때문에 페이징 파일에 할당한 메모리를 해제하는 작업만 수행되며, 앞서 변경하였던 내용은 모두 소실된다.

이러한 경우에도 파일의 변경 내용을 유지해야 한다. 자체적으로 추가적인 방법을 강구해야만 한다. 예를 들어 동일 파일에 대해 추가적인 파일 매핑 오브젝트를 생성하고(PAGE_READWRITE를 사용하여), 이 파일 매핑 오브젝트를 FILE_MAP_WRITE 플래그를 이용하여 프로세스의 주소 공간에 매핑한다. 이후 FILE_MAP_COPY 플래그를 이용하여 생성하였던 이전 뷰의 페이지들을 검색하여 그 특성이 PAGE_READWRITE로 변경된 페이지를 찾아낸다. 특성 값이 PAGE_READWRITE로 변경된 페이지를 찾은 경우, 해당 페이지의 내용이 실제로 변경되었는지를 검토하고, 변경된 내용을 파일로 저장할지 여부를 결정하면 된다. 만일 페이지의 내용이 변경되었지만 파일로 그 내용을 갱신할 필요가 없다면 이전 뷰의 나머지 페이지들에 대해 동일한 절차를 반복하면 된다. 변경된 내용을 파일로 저장해야 하는 경우라면 MoveMemory 함수를 호출하여 이전 뷰에서 추가적으로 생성한 뷰로 복사하면 된다. 두 번째 뷰는 PAGE_READWRITE 보호 특성을 가진 파일 매핑 오브젝트를 매핑하였기 때문에 MoveMemory 함수를 호출하였을 때 실제로 디스크 상에 있는 파일의 내용이 갱신된다. 이와 같은 방법을 이용함으로써 변경하였던 내용을 디스크 상에 반영할 수 있게 된다.

🔁 5, 6 단계: 파일 매핑 오브젝트와 파일 오브젝트 닫기

앞서 열기 작업을 수행하였던 커널 오브젝트에 대해 반드시 닫기를 수행해야 한다는 것은 더 이상 말할 필요가 없다. 닫기 작업을 수행하지 않으면 프로세스가 수행 중인 동안에는 리소스에 대한 누수가 발생하게 된다. 물론 프로세스가 종료되면 닫지 않았던 모든 리소스들을 시스템이 자동적으로 정리해 주기는 하겠지만, 설사 그렇다하더라도 사용자가 직접 열기 작업을 수행했던 모든 오브젝트들에 대해서는 명시적으로 닫기를 수행해 주는 것이 적절한 코드라 하겠다. 파일 매핑 오브젝트와 파일 오브젝트를 닫기 위해서는 각각의 오브젝트를 가리키는 핸들을 이용하여 CloseHandle 함수를 호출해 주면 된다.

이러한 닫기 절차에 대해 좀 더 자세히 살펴보기로 하자. 다음의 슈도코드는 파일에 대한 메모리 매핑을 수행하는 예이다.

```
HANDLE hFile = CreateFile(...);
HANDLE hFileMapping = CreateFileMapping(hFile, ...);
PVOID pvFile = MapViewOfFile(hFileMapping, ...);

// 메모리 맵 파일을 사용한다.

UnmapViewOfFile(pvFile);
CloseHandle(hFileMapping);
CloseHandle(hFile);
```

위 코드는 메모리 맵 파일에 사용하는 "예측 가능한" 사용 방법을 보여주는 예라고 할 수 있겠다. 하지만 사용자가 MapViewOfFile 함수를 호출하였을 때 시스템이 파일 오브젝트와 파일 매핑 오브젝트에 대해 사용 카운트를 증가시킨다는 사실을 보여주지는 못하고 있다. 위 코드는 아래와 같이 재작성될 수도 있다.

```
HANDLE hFile = CreateFile(...);
HANDLE hFileMapping = CreateFileMapping(hFile, ...);
CloseHandle(hFile);
PVOID pvFile = MapViewOfFile(hFileMapping, ...);
CloseHandle(hFileMapping);

// 메모리 맵 파일을 사용한다.

UnmapViewOfFile(pvFile);
```

메모리 맵 파일을 사용하려는 경우, 일반적으로 파일을 열고 파일 매핑 오브젝트를 생성한 다음에, 생성된 파일 매핑 오브젝트에 대한 뷰를 프로세스 주소 공간에 매핑하여 사용하게 된다. 이때 시스템은 내부적으로 파일 오브젝트와 파일 매핑 오브젝트에 대한 사용 카운트를 증가시키기 때문에 해당 오브젝트들에 대해 비교적 코드의 앞쪽에서 미리 닫기 작업을 수행할 수 있고, 이렇게 함으로써 잠재적인 리소스 낭비를 줄이도록 코드를 작성할 수 있다.

동일 파일에 대해 추가적인 파일 매핑 오브젝트를 생성하려 하는 경우나 동일 파일 매핑 오브젝트에 대해 여러 개의 뷰를 생성하려는 경우라면 위의 예와 같이 CloseHandle을 먼저 호출해서는 안 된다. 추가적으로 CreateFileMapping을 호출하거나 MapViewOfFile 함수를 호출하려면 앞서 열기 작업을 수행했던 오브젝트를 가리키는 핸들이 필요하기 때문이다.

⑥ 파일 뒤집기 예제 애플리케이션

파일 뒤집기 예제 애플리케이션(17-FileRev.exe)은 메모리 맵 파일을 이용하여 ANSI나 유니코드 텍스트를 가지고 있는 파일의 내용을 뒤집는 방법을 보여주는 예제다. 소스 코드와 리소스 파일은 한빛미디어 홈페이지를 통해 제공되는 소스 파일의 17-FileRev 폴더에 있다. 프로그램을 수행하면 다음과 같은 윈도우가 나타난다.

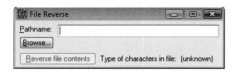

파일을 선택하고, Reverse file contents 버튼을 클릭하면 파일 내의 문자들의 순서를 뒤집어준다. 프로그램은 텍스트 파일에 대해서만 정상 동작하며, 이진 파일에 대해서는 동작하지 않는다. 이 프로그램은 IsTextUnicode 함수(2장 "문자와 문자열로 작업하기"에서 알아보았다)를 이용하여 텍스트가 ANSI로 표현되었는지 유니코드로 표현되었는지를 확인한다.

사용자가 Reverse file contents 버튼을 클릭하게 되면, 내부적으로 FileRev.dat라는 파일의 복사본을 생성한다. 파일 내의 모든 문자들의 순서를 뒤집을 것이기 때문에 원본 파일을 그대로 유지하기 위해 복사본을 먼저 생성하는 것이다. 다음에는 FileReverse 함수를 호출하는데, 이 함수는 파일 내의 문자열을 뒤집는 실질적인 역할을 담당한다. 이 함수는 CreateFile을 호출하여 FileRev.dat 파일을 읽고 쓸 수 있도록 연다.

앞서 말한 바와 같이 파일의 내용을 뒤집는 가장 간단한 방법은 _strrev C 런타임 라이브러리 함수를 호출하는 것이다. C 언어에서의 문자열은 항상 '\0'으로 끝나야 한다. 텍스트 파일은 '\0'으로 끝나지 않을 것이기 때문에 파일의 가장 끝에는 반드시 '\0'을 덧붙여야 한다. 이를 위해 먼저 GetFileSize 함수를 호출한다.

```
dwFileSize = GetFileSize(hFile, NULL);
```

파일의 크기를 알았기 때문에 이제 CreateFileMapping 함수를 호출하여 파일 매핑 오브젝트를 생성할 수 있다. 파일 매핑 오브젝트를 생성할 때 dwFileSize 값에 와이드 문자 한 글자('\0' 문자를 위한) 만큼의 크기를 더한 값을 이용한다. 이후 해당 오브젝트에 대한 뷰를 프로세스의 주소 공간에 매핑한다. pvFile 변수는 MapViewOfFile 함수의 반환 값을 가지고 있으며, 텍스트 파일의 가장 앞쪽 첫 번째 바이트를 가리키게 된다.

다음 단계는 문자열을 뒤집기 위해 파일의 가장 끝에 '\0' 문자를 추가하는 것이다.

```
PSTR pchANSI = (PSTR) pvFile;
pchANSI[ dwFileSize / sizeof(CHAR)] = 0;
```

텍스트 파일의 각 행은 리턴 문자('\r')와 개행 문자('\n')로 끝난다. 불행히도 _strrev 함수를 이용하여 파일의 내용을 뒤집게 되면 이러한 문자들마저도 그 위치가 뒤집어진다. 뒤집어진 문자열을 담고 있는 텍스트 파일을 텍스트 편집기로 제대로 읽으려면 "\n\r"과 같이 뒤집어진 문자열을 원래 순서인 "\r\n"으로 다시 바꾸어야만 한다. 이러한 작업은 다음과 같은 루프를 이용하면 된다.

```
while (pchANSI != NULL) {
    // 수정해야 할 위치를 찾게 되면
    *pchANSI++ = '\r';    // '\n'을 '\r'로 변경.
    *pchANSI++ = '\n';    // '\r'을 '\n'로 변경.
    pchANSI = strstr(pchANSI, "\n\r");    // 수정해야 할 다음 위치를 찾는다.
}
```

이처럼 간단한 코드를 작성할 때면 실제로 우리가 디스크 드라이브 상의 파일의 내용을 수정하고 있다는 사실을 쉽게 잊어버리게 된다(사실 이점은 메모리 맵 파일을 사용하는 것이 얼마나 강력한지를 보여주는 것이라 할 것이다).

파일의 내용을 완전히 뒤집고 나면 파일 매핑 오브젝트의 뷰에 대한 매핑을 해제하고, 모든 커널 오브젝트의 핸들을 닫는다. 이후 파일의 가장 끝에 덧붙여진 '\0' 문자를 반드시 제거해야 한다(_strrev 함수는 '\0' 문자로 끝나지 않는 문자열은 뒤집지 못한다는 점을 기억하라). 만일 '\0' 문자를 제거하지 않게 되면 뒤집기를 수행한 파일은 이전 파일에 비해 한 문자 크기만큼 더 큰 파일이 될 것이며, 이 프로그램을 이용하여 다시 한 번 뒤집기를 수행한다 하더라도 이전과 동일한 파일로 복원되지 못한다. '\0' 문자를 제거하는 방법으로는 메모리 매핑을 이용한 파일 내용 변경 방법을 쓰지 말고 파일 관리 함수를 직접 사용하여 작업을 수행하면 된다.

뒤집기를 수행한 파일의 끝을 가리키는 파일 포인터(이전 파일의 마지막 위치)를 이용하여 SetEndOfFile 함수를 호출하면 파일의 크기를 이전 파일의 크기로 변경할 수 있다.

```
SetFilePointer(hFile, dwFileSize, NULL, FILE_BEGIN);
SetEndOfFile(hFile);
```

노트 SetEndOfFile 함수는 뷰에 대한 매핑이 해제되고 파일 매핑 오브젝트가 닫힌 이후에 수행되어야 한다. 그렇지 않을 경우 이 함수는 FALSE를 반환하며, 이때 GetLastError 함수를 호출해 보면 ERROR_USER_MAPPED_ FILE 값을 가져오게 된다. 이 에러는 파일 매핑 오브젝트에 연결되어 있는 파일에 대해서는 파일의 끝을 지정 하는 작업을 수행할 수 없음을 나타낸다.

이제 이 프로그램이 마지막으로 수행하는 작업은 메모장^{Notepad}을 수행하여 뒤집어진 파일의 내용을 보여주는 일이다. 다음 윈도우는 이 프로그램을 이용하여 FileRev.cpp 파일을 선택했을 때의 수행 결과를 보여주고 있다.

FileRev.cpp

```
/*************************************************************************
Module:  FileRev.cpp
Notices: Copyright (c) 2008 Jeffrey Richter & Christophe Nasarre
*************************************************************************/


#include "..\CommonFiles\CmnHdr.h"       /* 부록A를 보라. */
#include <windowsx.h>
```

```
#include <tchar.h>
#include <commdlg.h>
#include <string.h>            // _strrev를 사용하기 위해
#include "Resource.h"


///////////////////////////////////////////////////////////////////////


#define FILENAME  TEXT("FileRev.dat")


///////////////////////////////////////////////////////////////////////


BOOL FileReverse(PCTSTR pszPathname, PBOOL pbIsTextUnicode) {

   *pbIsTextUnicode = FALSE;   // 텍스트가 유니코드라 가정한다.

   // 파일을 읽고 쓸 수 있도록 연다.
   HANDLE hFile = CreateFile(pszPathname, GENERIC_WRITE | GENERIC_READ,
      0, NULL, OPEN_EXISTING, FILE_ATTRIBUTE_NORMAL, NULL);

   if (hFile == INVALID_HANDLE_VALUE) {
      chMB("File could not be opened.");
      return(FALSE);
   }

   // 파일의 크기를 얻어온다(파일 전체의 내용이 매핑될 것이라고 가정한다).
   DWORD dwFileSize = GetFileSize(hFile, NULL);

   // 파일 매핑 오브젝트를 생성한다. 파일 매핑 오브젝트는 원본 파일에 비해
   // 한 문자 크기만큼 더 큰 값을 이용한다. 이는 문자열의 끝을 나타내는
   // '\0' 문자를 포함시키기 위함이다. 파일의 내용이 ANSI인지 유니코드인지
   // 아직 알 수 없기 때문에 최악의 경우를 감안하여 CHAR 크기가 아니라
   // WCHAR 크기만큼 더한 값을 이용한다.
   HANDLE hFileMap = CreateFileMapping(hFile, NULL, PAGE_READWRITE,
      0, dwFileSize + sizeof(WCHAR), NULL);

   if (hFileMap == NULL) {
      chMB("File map could not be opened.");
      CloseHandle(hFile);
      return(FALSE);
   }

   // 메모리에 매핑된 파일의 첫 번째 위치가 저장된 주소를 얻어온다.
   PVOID pvFile = MapViewOfFile(hFileMap, FILE_MAP_WRITE, 0, 0, 0);

   if (pvFile == NULL) {
```

```
        chMB("Could not map view of file.");
        CloseHandle(hFileMap);
        CloseHandle(hFile);
        return(FALSE);
    }

    // 버퍼 내의 문자열이 ASNI인가 유니코드인가?
    int iUnicodeTestFlags = -1;    // 모든 종류의 테스트를 다 수행해 볼 것
    *pbIsTextUnicode = IsTextUnicode(pvFile, dwFileSize,
        &iUnicodeTestFlags);

    if (!*pbIsTextUnicode) {
        // 이 부분에 위치한 함수들은 ANSI 문자열을 다룰 것이기 때문에
        // 명시적으로 ANSI 함수만을 호출하도록 하였다.

        // 파일의 가장 끝에 '\0' 문자를 추가한다.
        PSTR pchANSI = (PSTR) pvFile;
        pchANSI[ dwFileSize / sizeof(CHAR)] = 0;

        // 파일의 내용을 뒤집는다.
        _strrev(pchANSI);

        // 각 행의 끝을 정상적으로 나타낼 수 있도록 하기 위해
        // "\n\r"로 변경된 내용을 다시 "\r\n"으로 변경한다.
        pchANSI = strstr(pchANSI, "\n\r");    // 첫 번째 나타난 "\n\r"을 찾는다.

        while (pchANSI != NULL) {

            // 수정해야 할 위치를 찾게 되면
            *pchANSI++ = '\r';    // '\n'을 '\r'로 변경.
            *pchANSI++ = '\n';    // '\r'을 '\n'으로 변경.
            pchANSI = strstr(pchANSI, "\n\r");    // 수정해야 할 다음 위치를 찾는다.
        }

    } else {
        // 이 부분에 위치한 함수들은 유니코드 문자열을 다룰 것이기 때문에
        // 명시적으로 유니코드 함수만을 호출하도록 하였다.

        // 파일의 가장 끝에 '\0' 문자를 추가한다.
        PWSTR pchUnicode = (PWSTR) pvFile;
        pchUnicode[ dwFileSize / sizeof(WCHAR)] = 0;

        if ((iUnicodeTestFlags & IS_TEXT_UNICODE_SIGNATURE) != 0) {
            // 만일 첫 번째 문자가 0xFEFF 유니코드 BOM (바이트 순서 마크) 이라면
            // 이 문자는 파일의 위치를 유지하도록 한다.
```

```
            pchUnicode++;
        }

        // 파일의 내용을 뒤집는다.
        _wcsrev(pchUnicode);

        // 각 행의 끝을 정상적으로 나타낼 수 있도록 하기 위해
        // "\n\r"로 변경된 내용을 다시 "\r\n"으로 변경한다.
        pchUnicode = wcsstr(pchUnicode, L"\n\r"); // 첫 번째 나타난 '\n\r'을 찾는다.

        while (pchUnicode != NULL) {
            // 수정해야 할 위치를 찾게 되면
            *pchUnicode++ = L'\r';   // '\n'을 '\r'로 변경.
            *pchUnicode++ = L'\n';   // '\r'을 '\n'으로 변경.
            pchUnicode = wcsstr(pchUnicode, L"\n\r"); // 수정해야 할 다음 위치를 찾는다.
        }
    }

    // 종료 전에 정리 작업을 수행한다.
    UnmapViewOfFile(pvFile);
    CloseHandle(hFileMap);

    // 앞서 추가하였던 '\0' 문자를 제거한다.
    SetFilePointer(hFile, dwFileSize, NULL, FILE_BEGIN);
    SetEndOfFile(hFile);
    CloseHandle(hFile);

    return(TRUE);
}

///////////////////////////////////////////////////////////////////////

BOOL Dlg_OnInitDialog(HWND hWnd, HWND hWndFocus, LPARAM lParam) {

    chSETDLGICONS(hWnd, IDI_FILEREV);

    // Reverse 버튼을 사용할 수 없도록 다이얼로그 박스를 초기화한다.
    EnableWindow(GetDlgItem(hWnd, IDC_REVERSE), FALSE);
    return(TRUE);
}

///////////////////////////////////////////////////////////////////////

void Dlg_OnCommand(HWND hWnd, int id, HWND hWndCtl, UINT codeNotify) {
```

```
      TCHAR szPathname[ MAX_PATH] ;

   switch (id) {
      case IDCANCEL:
         EndDialog(hWnd, id);
         break;

      case IDC_FILENAME:
         EnableWindow(GetDlgItem(hWnd, IDC_REVERSE),
            Edit_GetTextLength(hWndCtl) > 0);
         break;

      case IDC_REVERSE:
         GetDlgItemText(hWnd, IDC_FILENAME, szPathname, _countof(szPathname));

         // 원본 파일을 파괴하지 않기 위해 복사본을 만든다.
         if (!CopyFile(szPathname, FILENAME, FALSE)) {
            chMB("New file could not be created.");
            break;
         }

         BOOL bIsTextUnicode;
         if (FileReverse(FILENAME, &bIsTextUnicode)) {
            SetDlgItemText(hWnd, IDC_TEXTTYPE,
               bIsTextUnicode ? TEXT("Unicode") : TEXT("ANSI"));

            // 수행 결과를 보여주기 위해 메모장을 수행한다.
            STARTUPINFO si = { sizeof(si) };
            PROCESS_INFORMATION pi;
            TCHAR sz[] = TEXT("Notepad ") FILENAME;
            if (CreateProcess(NULL, sz,
               NULL, NULL, FALSE, 0, NULL, NULL, &si, &pi)) {

               CloseHandle(pi.hThread);
               CloseHandle(pi.hProcess);
            }
         }
         break;

      case IDC_FILESELECT:
         OPENFILENAME ofn = { OPENFILENAME_SIZE_VERSION_400 };
         ofn.hwndOwner = hWnd;
         ofn.lpstrFile = szPathname;
         ofn.lpstrFile[ 0] = 0;
         ofn.nMaxFile = _countof(szPathname);
```

```
                ofn.lpstrTitle = TEXT("Select file for reversing");
                ofn.Flags = OFN_EXPLORER | OFN_FILEMUSTEXIST;
                GetOpenFileName(&ofn);
                SetDlgItemText(hWnd, IDC_FILENAME, ofn.lpstrFile);
                SetFocus(GetDlgItem(hWnd, IDC_REVERSE));
                break;
        }
    }


///////////////////////////////////////////////////////////////

INT_PTR WINAPI Dlg_Proc(HWND hWnd, UINT uMsg, WPARAM wParam, LPARAM lParam) {

    switch (uMsg) {
        chHANDLE_DLGMSG(hWnd, WM_INITDIALOG, Dlg_OnInitDialog);
        chHANDLE_DLGMSG(hWnd, WM_COMMAND,    Dlg_OnCommand);
    }
    return(FALSE);
}


///////////////////////////////////////////////////////////////

int WINAPI _tWinMain(HINSTANCE hInstExe, HINSTANCE, PTSTR, int) {

    DialogBox(hInstExe, MAKEINTRESOURCE(IDD_FILEREV), NULL, Dlg_Proc);
    return(0);
}


////////////////////////////// 파일의 끝 //////////////////////////////
```

<section>04</section> 메모리 맵 파일을 이용하여 큰 파일 처리하기

앞서 16EB의 파일을 어떻게 그보다 작은 주소 공간에 매핑할 수 있는지에 대해 추후 소개할 것이라고 이야기한 바 있다. 사실 16EB 파일 전체를 주소 공간에 한꺼번에 매핑하는 것은 불가능하다. 대신 파일 데이터의 일부분만을 나타낼 수 있는 뷰를 주소 공간에 매핑해야 한다. 이렇듯 파일의 일부분만을 특정 뷰를 통해 접근한 이후에, 매핑을 해제하고 다시 파일의 다른 부분에 대한 뷰를 구성하여 프로세스 주소 공간에 매핑하는 과정을 반복해야 한다. 사실 이러한 방법으로 메모리 맵 파일을 사용하는 것은 그다지 편리한 방법은 아니라 하겠다. 대부분의 파일이 이 같은 불편함을 야기할 만큼 큰 크기를 가지지는 않는다는 것이 그나마 다행이다.

8GB 크기의 파일을 32비트 주소 공간을 통해 접근하는 예를 살펴보자. 아래에 몇 가지 단계를 통해 파일 내에 존재하는 0의 개수를 세어보는 루틴을 작성해 보았다.

```c
__int64 Count0s(void) {

    // 뷰는 항상 할당 단위의 배수로 시작해야 한다.
    SYSTEM_INFO sinf;
    GetSystemInfo(&sinf);

    // 데이터 파일을 연다.
    HANDLE hFile = CreateFile(TEXT("C:\\HugeFile.Big"), GENERIC_READ,
        FILE_SHARE_READ, NULL, OPEN_EXISTING, FILE_FLAG_SEQUENTIAL_SCAN, NULL);

    // 파일 매핑 오브젝트를 생성한다.
    HANDLE hFileMapping = CreateFileMapping(hFile, NULL,
        PAGE_READONLY, 0, 0, NULL);

    DWORD dwFileSizeHigh;
    __int64 qwFileSize = GetFileSize(hFile, &dwFileSizeHigh);
    qwFileSize += (((__int64) dwFileSizeHigh) << 32);

    // 파일 오브젝트 핸들에 더 이상 접근할 필요가 없다.
    CloseHandle(hFile);

    __int64 qwFileOffset = 0, qwNumOf0s = 0;

    while (qwFileSize > 0) {

        // 이 뷰를 통해 파일 내의 어느 부분을 얼마만큼 매핑할지를 결정한다.
        DWORD dwBytesInBlock = sinf.dwAllocationGranularity;
        if (qwFileSize < sinf.dwAllocationGranularity)
            dwBytesInBlock = (DWORD) qwFileSize;

        PBYTE pbFile = (PBYTE) MapViewOfFile(hFileMapping, FILE_MAP_READ,
            (DWORD) (qwFileOffset >> 32),              // 파일 내에서의
            (DWORD) (qwFileOffset & 0xFFFFFFFF),   // 시작 위치
            dwBytesInBlock);                          // 매핑하고자 하는 바이트 수

        // 뷰 내의 블록으로부터 0의 개수를 세어본다.
        for (DWORD dwByte = 0; dwByte < dwBytesInBlock; dwByte++) {
            if (pbFile[ dwByte] == 0)
                qwNumOf0s++;
        }

        // 뷰를 해제한다; 주소 공간 내에 동시에 여러 개의 뷰를
```

```
        // 유지할 필요가 없다.
        UnmapViewOfFile(pbFile);

        // 파일 내의 다른 영역 계산
        qwFileOffset += dwBytesInBlock;
        qwFileSize -= dwBytesInBlock;
    }

    CloseHandle(hFileMapping);
    return(qwNumOf0s);
}
```

이 예제는 64KB(할당 단위 크기) 혹은 그보다 작은 크기로 뷰를 매핑한다. MapViewOfFile 함수를 호출할 때에는 항상 할당 단위 크기의 배수로 파일의 위치를 지정해야 한다는 점에 유념하기 바란다. 각각의 뷰를 주소 공간에 매핑하고 0의 개수를 세어본 직후가 파일 매핑 오브젝트를 닫기 위한 가장 적절한 시점이다.

section 05 메모리 맵 파일과 일관성

사용자는 특정 파일 내의 동일 데이터에 대해 여러 개의 뷰를 생성하여 프로세스의 주소 공간에 매핑할 수 있다. 예를 들어 파일의 앞쪽으로부터 10KB의 내용을 특정 뷰에 매핑한 후, 또 다른 뷰에 파일의 앞쪽으로부터 4KB의 내용을 매핑할 수 있다. 단일의 파일 매핑 오브젝트를 여러 개의 뷰를 이용하여 매핑하는 경우에는 파일 내의 데이터에 대한 일관성이 유지된다. 즉, 애플리케이션이 특정 뷰를 통해 그 내용을 변경하게 되면 다른 뷰에도 변경사항이 모두 반영된다. 이것이 가능한 이유는 단일 프로세스의 서로 다른 가상 주소 공간에 서로 다른 뷰를 매핑하는 경우라 하더라도 실제로는 단일의 램 페이지들에만 파일의 데이터가 유지되기 때문이다. 이러한 특성은 서로 다른 프로세스들 사이에서도 동일하게 적용되는데, 단일의 파일 매핑 오브젝트에 대해 여러 개의 뷰를 서로 다른 프로세스 주소 공간 상에 각각 매핑하는 경우에도 데이터 파일은 단일의 램 페이지들을 이용하여 유지될 것이기 때문에 그 내용은 일관되게 유지될 수 있다. 이러한 특성을 바꾸어 말하면 각 프로세스들의 독립 주소 공간에 동일한 램 페이지들이 매핑될 수 있음을 의미한다.

노트 사용자는 단일의 데이터 파일에 대해 여러 개의 파일 매핑 오브젝트를 생성할 수도 있다. 윈도우는 다수의 파일 매핑 오브젝트들 사이에서는 파일의 데이터들을 일관되게 유지하지 못한다. 단일의 파일 매핑 오브젝트에 대해 다수의 뷰를 생성하는 경우에만 앞서 설명한 일관성이 유지된다.

다른 프로세스가 이미 매핑하고 있는 파일이라 하더라도 새로운 프로세스는 추가적으로 CreateFile 함수를 호출하여 열기 작업을 수행할 수 있으며, ReadFile과 WriteFile 함수를 이용하여 파일에 대한 읽기와 쓰기 작업을 수행할 수 있다. 물론 프로세스가 이러한 함수들을 호출하는 이유는 파일로부터 메모리 버퍼로 데이터를 가져오거나 메모리 버퍼에 존재하는 데이터를 파일로 쓰기 위함일 것이다. 이러한 메모리 버퍼는 새로 생성한 프로세스가 생성한 것이며, 파일 매핑을 위해 사용되는 메모리는 아닐 것이다. 그런데 이처럼 두 개의 프로세스가 동시에 동일한 파일에 대해 열기 작업을 수행한 경우 문제가 발생할 소지가 있다. 파일 매핑 오브젝트를 이용하여 파일을 사용하는 프로세스가 있는 경우에도 별도의 프로세스가 ReadFile을 이용하여 동일한 파일의 데이터를 읽고, 그 내용을 수정하고, WriteFile을 이용하여 파일의 내용을 수정할 수 있다. 이러한 이유로 파일을 메모리에 매핑하여 사용하길 원한다면 CreateFile을 호출할 때 dwShareMode 매개변수로 0을 지정할 것을 권고한다. 이렇게 함으로써 사용자가 파일에 대한 배타적인 접근 권한을 요구한다는 사실을 시스템에 알려줄 수 있으며, 이 경우 다른 프로세스는 해당 파일을 추가적으로 열지 못하기 때문에 일관성 문제를 유발하지 않는다.

파일을 읽기 전용으로 다루는 경우에도 일관성 문제는 발생하지 않을 것이며, 이 또한 메모리 맵을 이용하기에 아주 적합한 경우라고 할 수 있다. 네트워크로 연결된 원격지에 있는 쓰기 가능한 공유 파일은 메모리 맵 파일로 사용하지 않는 것이 좋다. 만일 이러한 파일을 메모리 맵 파일로 사용하게 되면 시스템은 파일 데이터에 대한 일관성을 유지하지 못한다. 특정 프로세스가 원격 머신에서 공유된 파일의 내용을 변경한 경우, 다른 머신에서는 공유된 파일의 변경사항을 알지 못하여, 이로 인해 메모리 상에 변경되기 이전의 데이터를 가지고 있게 된다.

section 06 메모리 맵 파일의 시작 주소 지정하기

VirtualAlloc 함수를 사용할 때 예약할 주소 공간의 시작 주소를 전달할 수 있는 것과 같이 MapViewOfFile 함수 대신 MapViewOfFileEx 함수를 사용하면 매핑할 시작 주소를 지정할 수 있다.

```
PVOID MapViewOfFileEx(
    HANDLE hFileMappingObject,
    DWORD dwDesiredAccess,
    DWORD dwFileOffsetHigh,
    DWORD dwFileOffsetLow,
    SIZE_T dwNumberOfBytesToMap,
    PVOID pvBaseAddress);
```

마지막 매개변수인 pvBaseAddress를 제외한 나머지 매개변수들과 반환 값은 MapViewOfFile 함수와 완전히 동일하다. pvBaseAddress로는 파일을 매핑하고자 하는 메모리의 시작 주소를 전달하면 된다. VirtualAlloc 함수에서와 마찬가지로 이 주소는 반드시 할당 단위 경계(64KB)의 배수여야 하며, 그렇지 않을 경우 MapViewOfFileEx 함수는 NULL을 반환하며, 이때 GetLastError를 호출해 보면 1132(ERROR_MAPPED_ALIGNMENT)를 가져오게 된다.

지정한 시작 주소에 매핑을 수행할 수 없는 경우(파일이 너무 크거나 해당 시작 주소로부터 파일을 매핑할 만큼의 충분한 공간을 예약할 수 없는 경우)에도 이 함수는 NULL을 반환한다. MapViewOfFileEx 함수는 해당 파일을 매핑할 수 있는 적절한 다른 영역을 찾아보지 않는다. 물론 pvBaseAddress 매개변수로 NULL을 지정하면 시스템이 적절한 다른 공간을 찾도록 할 수 있으며, 이 경우 MapView-OfFile 함수와 완전히 동일하게 동작하게 된다.

MapViewOfFileEx 함수는 다수의 프로세스 간에 메모리 맵 파일을 공유하는 경우에 유용하게 사용될 수 있다. 예를 들어 파일 내의 자료구조가 다른 자료구조를 가리키는 포인터를 가지고 있고, 둘 이상의 프로세스들 사이에 이러한 데이터들을 공유해야 할 경우, 동일한 주소 공간에 해당 파일을 매핑해야 할 필요가 있다. 링크드 리스트가 아주 좋은 예가 될 수 있는데, 링크드 리스트를 구성하는 각항목이나 요소들은 다른 항목이나 요소를 가리키는 주소 값을 가지고 있게 된다. 리스트를 순회하기 위해서는 리스트 내의 첫 번째 항목의 주소를 알고 있어야 하며, 첫 번째 항목은 다음 항목의 위치를 가리키는 주소를 가지고 있게 된다. 이와 같은 자료구조를 메모리 맵 파일에 저장하게 되면 문제가 발생할 수 있다.

특정 프로세스가 메모리 맵 파일에 링크드 리스트를 구성하고, 이를 다른 프로세스와 공유한다고 하면, 새로운 프로세스의 경우 해당 메모리 맵 파일을 전혀 다른 주소 공간 상에 매핑할 수 있다. 이때 이 프로세스 내에서 리스트를 순회하기 위해 첫 번째 항목에 대한 정보를 얻은 후 다음 항목을 가리키는 메모리 주소를 가져오는 경우 획득된 주소 값은 올바르지 않은 위치를 가리키는 값이 될 것이다.

이러한 문제를 해결하기 위한 두 가지 방법이 있다. 첫 번째 방법은 새로 생성된 프로세스가 링크드 리스트를 포함하고 있는 메모리 맵 파일을 자신의 주소 공간에 매핑할 때 MapViewOfFile 함수 대신 MapViewOfFileEx 함수를 사용하는 것이다. 물론 이 방법을 사용하려면 새로 생성된 프로세스가 링크드 리스트를 공유하고자 했던 이전 프로세스에서 메모리 맵 파일이 어느 주소에 매핑되었었는지를 알고 있어야 한다. 다행스럽게도 프로세스 간에 상호 통신할 수 있는 방법이 구성되어 있는 경우라면 아무런 문제가 없다. 매핑된 주소 값은 양쪽 프로세스에서 각기 하드코딩될 수도 있으며, 윈도우 메시지 전송 방식과 같은 프로세스간 통신 방법을 이용하여 다른 프로세스에게 그 주소를 알려줄 수도 있다.

이 문제를 해결하는 두 번째 방법은 프로세스가 링크드 리스트에 노드를 삽입할 때 다음 노드가 위치하고 있는 곳의 주소를 시작 주소로부터의 오프셋을 이용하여 저장하는 것이다. 이러한 방법을 사용하려면 애플리케이션은 각각의 노드에 접근할 때마다 메모리 맵 파일의 시작 주소에 오프셋 값을 더하여 노드에 접근해야 한다. 이러한 방법은 썩 훌륭해 보이지는 않는다. 이전의 방식에 비해 느릴 수도 있고 프로그램의 크기도 더욱 커질 것이며(노드의 위치를 계산하는 코드를 추가적으로 포함해야 하기 때문이다), 에러가 발생할 가능성도 높아질 것이기 때문이다. 이러한 문제점이 있긴 하지만, 이러한 방법은 명백히 동작 가능한 유용한 방법이며, 마이크로소프트 컴파일러는 이를 위해 __based 키워드를 제공하고 있다.

 MapViewOfFileEx 함수를 호출할 때 시작 주소 값으로는 반드시 유저 모드 파티션에 있는 주소를 지정해야 한다. 그렇지 않을 경우 이 함수는 NULL을 반환할 것이다.

section 07 메모리 맵 파일의 세부 구현사항

프로세스의 주소 공간을 통해 파일 데이터에 접근하려면 MapViewOfFile 함수를 먼저 호출해 주어야 한다. 프로세스가 MapViewOfFile 함수를 호출하면 시스템은 해당 함수를 호출한 프로세스의 주소 공간 내에 뷰를 매핑할 영역을 예약한다. 따라서 다른 프로세스는 이러한 뷰를 볼 수 없다. 만일 다른 프로세스가 동일 파일 매핑 오브젝트를 이용하여 파일 데이터에 접근하고자 한다면 MapViewOfFile 함수를 재호출하여 자신의 프로세스 주소 공간 내에 영역을 확보해야만 한다.

특정 프로세스에서 MapViewOfFile 함수를 호출하였을 때 반환되는 메모리 주소는 다른 프로세스에서 MapViewOfFile 함수를 호출하였을 때 반환되는 주소와는 다르다는 점에 특히 주의할 필요가 있다. 이러한 특성은 여러 개의 프로세스가 동일 파일 오브젝트를 이용하여 뷰를 매핑한다 하더라도 동일하게 적용된다.

다른 형태의 세부 구현사항에 대해 알아보자. 아래에 단일 파일 매핑 오브젝트를 이용하여 두 개의 뷰를 매핑하는 예를 나타내 보았다.

```
int WINAPI _tWinMain (HINSTANCE, HINSTANCE, PTSTR, int) {

    // 기존에 존재하는 파일을 연다. 이 파일은 64KB보다 커야 한다.
    HANDLE hFile = CreateFile((pszCmdLine, GENERIC_READ | GENERIC_WRITE,
        0, NULL, OPEN_EXISTING, FILE_ATTRIBUTE_NORMAL, NULL);

    // 데이터 파일에 대한 파일 매핑 오브젝트를 생성한다.
    HANDLE hFileMapping = CreateFileMapping(hFile, NULL,
        PAGE_READWRITE, 0, 0, NULL);
```

```
// 주소 공간에 파일 전체에 대한 뷰를 매핑한다.
PBYTE pbFile = (PBYTE) MapViewOfFile(hFileMapping,
    FILE_MAP_WRITE, 0, 0, 0);

// 다른 주소 공간에 파일의 시작 위치에서 64KB만큼 떨어진
// 위치로부터 뷰를 매핑한다.
PBYTE pbFile2 = (PBYTE) MapViewOfFile(hFileMapping,
    FILE_MAP_WRITE, 0, 65536, 0);

// 두 개의 뷰는 64KB가 아니기 때문에 프로세스의 주소 공간 내에서
// 각각의 뷰는 서로 떨어져 있으며, 이는 두 뷰가 서로 겹치지 않음을
// 의미한다.
int iDifference = int(pbFile2 - pbFile);
TCHAR szMsg[100];
StringCchPrintf(szMsg, _countof(szMsg),
    TEXT("Pointers difference = %d KB"), iDifference / 1024);
MessageBox(NULL, szMsg, NULL, MB_OK);

UnmapViewOfFile(pbFile2);
UnmapViewOfFile(pbFile);
CloseHandle(hFileMapping);
CloseHandle(hFile);

return(0);
}
```

이 예제에서는 MapViewOfFile 함수를 두 번 호출하여 시스템이 서로 다른 주소 공간을 예약하도록 하였다. 첫 번째 영역의 크기는 파일 매핑 오브젝트의 크기와 동일하며, 두 번째 영역의 크기는 파일 매핑 오브젝트의 크기에서 64KB만큼을 뺀 크기이다. 두 영역이 서로 분리되어 있고, 영역이 서로 겹치지 않음에도 불구하고 동일 파일 매핑 오브젝트를 이용하여 생성한 뷰들 사이에서는 데이터의 일관성이 유지된다.

section 08 프로세스간 데이터 공유를 위해 메모리 맵 파일 사용하기

윈도우는 애플리케이션 간에 데이터와 정보를 빠르고 쉽게 공유할 수 있는 탁월한 메커니즘들을 제공해 왔다. 이러한 메커니즘으로는 RPC, COM, DDE, 윈도우 메시지(특히 WM_COPYDATA), 클립보드, 메일슬롯, 파이프, 소켓 등이 있다. 단일의 윈도우 머신 내에서 데이터를 공유하는 가장 저수준의 메커니즘은 메모리 맵 파일이다. 실제로 앞서 언급한 다양한 공유 메커니즘들이 단일의 머신에서

수행되는 경우 결국에는 메모리 맵 파일을 이용하여 작업을 수행하게 된다. 만일 낮은 비용과 고성능으로 동작하는 공유 메커니즘이 필요하다면 메모리 맵 파일을 이용하는 것이 가장 좋은 방법이다.

둘 이상의 프로세스 사이에 데이터를 공유하려면 동일 파일 매핑 오브젝트에 대해 각 프로세스별로 뷰를 매핑하면 되는데, 이렇게 하면 각 프로세스들은 동일한 물리적 저장소를 공유하게 된다. 결국 특정 프로세스에서 이처럼 공유되는 파일 매핑 오브젝트의 뷰 내의 데이터를 변경하게 되면 다른 프로세스는 자신의 뷰를 통해 이러한 변경사항이 즉각적으로 반영되는 것을 확인할 수 있다. 여러 개의 프로세스가 단일의 파일 매핑 오브젝트를 공유하려는 경우 동일한 파일 매핑 오브젝트 이름을 사용해야 한다.

예를 들어 살펴보자. 애플리케이션을 수행하면 시스템은 디스크에 있는 .exe 파일에 대해 CreateFile을 호출하여 열기 작업을 수행한다. 이후 CreateFileMapping 함수를 호출하여 파일 매핑 오브젝트를 생성하고, 마지막으로 MapViewOfFileEx(SEC_IMAGE 플래그를 인자로) 함수를 호출하여 새롭게 생성된 프로세스를 대신하여 .exe 파일을 프로세스의 주소 공간에 매핑해 준다. .exe 파일 내에 저장되어 있는 시작 주소로 파일 이미지를 매핑시키기 위해 MapViewOfFile 대신 MapViewOfFileEx 함수를 사용한다. 이후 시스템은 프로세스의 주 스레드를 생성한 다음 매핑된 뷰로부터 실행 가능한 코드의 첫 번째 바이트를 가리키는 주소 값을 이 스레드의 인스트럭션 포인터[instruction pointer]로 설정하여 해당 코드를 수행하게 된다.

만일 사용자가 동일 애플리케이션의 두 번째 인스턴스를 수행하였다면, 시스템은 새로운 파일 오브젝트나 파일 매핑 오브젝트를 생성하지 않고 기존에 .exe 파일을 수행할 때 사용하였던 파일 매핑 오브젝트를 다시 사용한다. 시스템은 새롭게 프로세스의 주소 공간을 만들고, 이전에 사용하였던 파일 매핑 오브젝트를 이용하여 뷰를 매핑한다. 이렇게 함으로써 시스템은 동일한 파일을 두 개의 서로 다른 주소 공간에 동시에 매핑하게 된다. 이러한 동작 방식은 실행할 코드를 포함하고 있는 물리적 저장소의 동일 페이지를 프로세스 상호간에 공유하게 되므로 메모리 사용효율 면에서는 상당히 효과적인 방법이라 할 수 있다.

커널 오브젝트 관점에서 프로세스 간에 해당 오브젝트를 공유하는 방법에는 크게 핸들 상속, 명명법, 핸들 복사의 세 가지 방법이 있다. 각각의 방법에 대해서는 3장에서 자세히 다룬 바 있다.

section 09 페이징 파일을 이용하는 메모리 맵 파일

지금껏 디스크 드라이브 상에 존재하는 파일에 대한 뷰를 매핑하는 기법에 대해 알아보았다. 많은 애플리케이션들이 수행 중에 데이터를 생성하고, 이러한 데이터들을 다른 프로세스에 전달하거나 공유해야 할 필요가 있다. 이를 위해 애플리케이션이 디스크 드라이브 상에 데이터 파일을 생성하고, 그 안에 데이터를 저장하도록 하여, 이를 공유하는 것은 매우 불편하다.

마이크로소프트는 이러한 불편함을 해소하기 위해 하드 디스크 상에 특정 파일을 사용하는 대신 시스템의 페이징 파일을 이용하여 메모리 맵 파일을 생성하는 방법을 제공하고 있다. 이러한 방법은 기존의 방법보다 더욱 쉽게 동일 작업을 수행할 수 있다는 점을 제외하고는 디스크 상에 사용자가 지정한 파일을 이용하는 방법과 매우 유사하다. 메모리에 매핑할 파일을 열거나 생성할 필요가 없기 때문에 CreateFile 함수를 호출할 필요도 없다. 대신 CreateFileMapping 함수를 호출할 때 hFile 매개변수로 INVALID_HANDLE_VALUE를 전달해 주어 사용자가 디스크 상에 존재하는 파일을 물리적 저장소로 사용하는 파일 매핑 오브젝트를 생성하기를 원하지 않으며, 시스템의 페이징 파일을 물리적 저장소로 사용하고 싶어 한다는 사실을 시스템에게 알려주면 된다. 시스템 페이징 파일 내에 할당되는 저장소의 크기는 CreateFileMapping 함수의 dwMaximumSizeHigh와 dwMaximumSizeLow 매개변수에 의해 결정된다.

파일 매핑 오브젝트가 생성되고 프로세스의 주소 공간에 이에 대한 뷰가 매핑되고 나면 메모리 영역을 통해 이 공간에 접근할 수 있게 된다. 만일 다른 프로세스와 데이터를 공유하려 한다면 Create-FileMapping 함수를 호출할 때 pszName 매개변수로 커널 오브젝트의 이름을 나타내는 문자열을 전달하면 된다. 공유된 데이터에 접근하고자 하는 프로세스는 CreateFileMapping이나 OpenFile-Mapping 함수를 호출할 때 동일한 커널 오브젝트 이름을 사용하면 된다.

만일 파일 매핑 오브젝트를 더 이상 사용할 필요가 없게 되면 CloseHandle 함수를 호출해야 한다. 해당 오브젝트를 참조하는 모든 핸들이 닫히게 되면 시스템은 페이징 파일 내의 커밋된 저장소를 해제하게 된다.

 순진한 프로그래머들을 깜짝 놀라게 할 만한 흥미로운 문제가 있다. 다음 코드의 어떤 부분이 잘못되었는지 찾을 수 있겠는가?

```
HANDLE hFile = CreateFile(...);
HANDLE hMap = CreateFileMapping(hFile, ...);
if (hMap == NULL)
    return(GetLastError());
...
```

만약 CreateFile 함수가 실패하게 되면 이 함수는 INVALID_HANDLE_VALUE를 반환하게 될 것이다. 이 코드를 개발한 순진한 개발자는 파일 생성 과정이 성공했는지의 여부를 확인하지 않았다. 만일 파일 생성에 실패하는 경우라면 CreateFileMapping 함수의 hFile 매개변수로 INVALID_HANDLE_VALUE가 전달될 것이며, 이는 사용자가 의도한 바와 같이 디스크 상에 존재하는 특정 파일을 위한 파일 매핑 오브젝트를 생성하는 것이 아니라 시스템 페이징 파일을 저장소로 하는 파일 매핑 오브젝트를 생성하게 된다. 이후 메모리 맵과 관련된 추가적인 작업들은 모두 정상적으로 동작하는 것처럼 보이겠지만, 파일 매핑 오브젝트가 파괴되는 순간 파일 매핑 저장소(페이징 파일)를 변경하였던 내용들은 모두 사라지게 될 것이다. 이런 상황이 되면 순진한 개발자는 의자에 털썩 앉아서 머리를 벅벅 긁으며 무엇이 잘못된 것인지 찾아내기 위해 끝없는 고민에 빠지게 될 것이다. CreateFile 함수는 매우 다양한 이유로 실패할 수 있기 때문에 해당 함수의 성공 여부를 확인하기 위해 반환 값을 반드시 확인해야 한다!

① 메모리 맵 파일 공유 예제 애플리케이션

메모리 맵 파일 공유 애플리케이션(17-MMFShare.exe)은 둘 이상의 독립된 프로세스 상호간에 데이터를 전송하기 위해 메모리 맵 파일을 어떻게 사용할 수 있는지를 보여주는 예제다. 이 예제의 소스 파일과 리소스 파일은 한빛미디어 홈페이지를 통해 제공되는 소스 파일의 17-MMFShare 폴더 내에 있다.

MMFShare 애플리케이션 인스턴스를 두 개 이상 실행해야 하며, 각각의 인스턴스는 다음과 같은 다이얼로그를 나타낸다.

MMFShare 애플리케이션의 특정 인스턴스에서 다른 인스턴스로 데이터를 전송하려면 전송하고자 하는 내용을 텍스트 박스에 입력한 후 Create mapping of Data 버튼을 누르면 된다. 이 버튼을 누르면 MMFShare 애플리케이션은 내부적으로 CreateFileMapping 함수를 호출하여 시스템 페이징 파일을 이용하는 4KB 크기의 파일 매핑 오브젝트를 MMFSharedData라는 이름으로 생성한다. 이미 동일 이름의 파일 매핑 오브젝트가 있는 경우에는 메시지 박스를 통해 새로운 파일 매핑 오브젝트를 생성할 수 없음을 알려준다. 반면, 파일 매핑 오브젝트의 생성에 성공하면 프로세스의 주소 공간에 해당 파일 매핑 오브젝트의 뷰를 매핑하고, 텍스트 박스에 입력한 내용을 해당 주소로 복사하여 메모리 맵 파일에 기록한다.

입력한 데이터를 복사한 후 뷰에 대한 매핑을 해제하여 Create mapping of Data 버튼을 사용할 수 없도록 하고 Close mapping of Data 버튼을 사용할 수 있도록 만들어준다. 이 시점이 되면 MMF-SharedData라는 이름의 파일 매핑 오브젝트는 어떤 프로세스도 해당 파일에 대한 뷰를 매핑하고 있지 않기 때문에 시스템 내에만 존재하게 된다.

이제 애플리케이션의 다른 인스턴스로 가서 Open mapping and get Data 버튼을 누르면 내부적으로 OpenFileMapping 함수를 이용하여 MMFSharedData라는 이름의 파일 매핑 오브젝트를 열게 된다. 만일 MMFSharedData라는 이름의 파일 매핑 오브젝트가 존재하지 않으면 메시지 박스를 이용하여 그 사실을 알려준다. 만일 OpenFileMapping 함수 호출이 성공하면 해당 프로세스의 주소 공간에 열기에 성공한 파일 매핑 오브젝트에 대한 뷰를 매핑한 후, 메모리 맵 파일로부터 다이얼로그 박스 내의 텍스트 박스로 그 값을 복사해 온다. 이후, 뷰에 대한 매핑을 해제하고 파일 매핑 오브젝트를 닫는다. 대단하다! 특정 프로세스에서 다른 프로세스로 데이터를 전송하는 데 성공하였다.

Close mapping of Data 버튼은 페이징 파일을 이용하여 생성하였던 파일 매핑 오브젝트를 닫는 데 사용된다. 만일 파일 매핑 오브젝트가 존재하지 않으면, 동일 애플리케이션의 다른 인스턴스에서 파일 매핑 오브젝트를 열거나 공유된 데이터를 가져올 수 없다. 다른 인스턴스가 이미 메모리에 매핑된 파일 매핑 오브젝트를 생성한 경우라면 파일 매핑 오브젝트를 생성할 수도 없을 뿐더러 파일 내의 내용을 변경할 수도 없다.

```cpp
/****************************************************************
Module:  MMFShare.cpp
Notices: Copyright (c) 2008 Jeffrey Richter & Christophe Nasarre
**************************************************************** /


#include "..\CommonFiles\CmnHdr.h"      /* 부록 A를 보라. */
#include <windowsx.h>
#include <tchar.h>
#include "Resource.h"


///////////////////////////////////////////////////////////////////


BOOL Dlg_OnInitDialog(HWND hWnd, HWND hWndFocus, LPARAM lParam) {

   chSETDLGICONS(hWnd, IDI_MMFSHARE);

   // 에디트 컨트롤을 문자열로 초기화한다.
   Edit_SetText(GetDlgItem(hWnd, IDC_DATA), TEXT("Some test data"));

   // Close 버튼을 사용하지 못하도록 하여
   // 생성하지 않은 메모리 맵 파일을 닫지 못하도록 한다.
   Button_Enable(GetDlgItem(hWnd, IDC_CLOSEFILE), FALSE);
   return(TRUE);
}


///////////////////////////////////////////////////////////////////


void Dlg_OnCommand(HWND hWnd, int id, HWND hWndCtl, UINT codeNotify) {

   // 메모리 맵 파일의 핸들을 저장
```

```
static HANDLE s_hFileMap = NULL;

switch (id) {
   case IDCANCEL:
      EndDialog(hWnd, id);
      break;

   case IDC_CREATEFILE:
      if (codeNotify != BN_CLICKED)
         break;

      // 페이징 파일을 이용하는 MMF를 생성하여 에디트 컨트롤의 텍스트를
      // 저장하는 공간으로 사용한다. MMF는 최대 4K 정도의 크기를 가지도록 하였으며
      // MMFSharedData라는 이름으로 명명하였다.
      s_hFileMap = CreateFileMapping(INVALID_HANDLE_VALUE, NULL,
         PAGE_READWRITE, 0, 4 * 1024, TEXT("MMFSharedData"));

      if (s_hFileMap != NULL) {

         if (GetLastError() == ERROR_ALREADY_EXISTS) {
            chMB("Mapping already exists - not created.");
            CloseHandle(s_hFileMap);

         } else {

            // 파일 매핑 오브젝트를 성공적으로 생성하였다.

            // 프로세스 주소 공간에 파일에 대한 뷰를 매핑한다.
            PVOID pView = MapViewOfFile(s_hFileMap,
               FILE_MAP_READ | FILE_MAP_WRITE, 0, 0, 0);

            if (pView != NULL) {
               // 에디트 컨트롤 내의 텍스트를 MMF에 삽입한다.
               Edit_GetText(GetDlgItem(hWnd, IDC_DATA),
                  (PTSTR) pView, 4 * 1024);

               // 매핑된 뷰를 해제하여 MMF 저장소를 보호한다.
               UnmapViewOfFile(pView);

               // 사용자는 곧바로 다른 파일을 생성할 수 없다.
               Button_Enable(hWndCtl, FALSE);

               // 닫기 버튼을 사용할 수 있도록 한다.
               Button_Enable(GetDlgItem(hWnd, IDC_CLOSEFILE), TRUE);
```

```
            } else {
                chMB("Can't map view of file.");
            }
        }

    } else {
        chMB("Can't create file mapping.");
    }
    break;

case IDC_CLOSEFILE:
    if (codeNotify != BN_CLICKED)
        break;

    if (CloseHandle(s_hFileMap)) {
        // 사용자가 파일을 닫았으므로 그에 맞게 버튼의 특성을 변경한다.
        Button_Enable(GetDlgItem(hWnd, IDC_CREATEFILE), TRUE);
        Button_Enable(hWndCtl, FALSE);
    }
    break;

case IDC_OPENFILE:
    if (codeNotify != BN_CLICKED)
        break;

    // MMFSharedData라는 이름의 메모리 맵 파일이 존재하는지 확인한다.
    HANDLE hFileMapT = OpenFileMapping(FILE_MAP_READ | FILE_MAP_WRITE,
        FALSE, TEXT("MMFSharedData"));

    if (hFileMapT != NULL) {
        // MMFSharedData라는 이름의 메모리 맵 파일이 있다면
        // 프로세스의 주소 공간에 뷰에 대한 매핑을 수행한다.
        PVOID pView = MapViewOfFile(hFileMapT,
            FILE_MAP_READ | FILE_MAP_WRITE, 0, 0, 0);

        if (pView != NULL) {

            // MMF에 있는 내용을 에디트 컨트롤로 복사한다.
            Edit_SetText(GetDlgItem(hWnd, IDC_DATA), (PTSTR) pView);
            UnmapViewOfFile(pView);
        } else {
            chMB("Can't map view.");
        }

        CloseHandle(hFileMapT);
```

```
        } else {
            chMB("Can't open mapping.");
        }
        break;
    }
}


///////////////////////////////////////////////////////////////////////

INT_PTR WINAPI Dlg_Proc(HWND hWnd, UINT uMsg, WPARAM wParam, LPARAM lParam) {

    switch (uMsg) {
        chHANDLE_DLGMSG(hWnd, WM_INITDIALOG, Dlg_OnInitDialog);
        chHANDLE_DLGMSG(hWnd, WM_COMMAND,    Dlg_OnCommand);
    }
    return(FALSE);
}


///////////////////////////////////////////////////////////////////////

int WINAPI _tWinMain(HINSTANCE hInstExe, HINSTANCE, PTSTR, int) {

    DialogBox(hInstExe, MAKEINTRESOURCE(IDD_MMFSHARE), NULL, Dlg_Proc);
    return(0);
}


/////////////////////////////// 파일의 끝 ///////////////////////////////
```

section 10 스파스 메모리 맵 파일

지금껏 메모리 맵 파일에 대해 논의하는 동안에는 시스템이 디스크 상의 데이터 파일이나 시스템 페이징 파일 내의 메모리 맵 파일 전체를 커밋했었다. 이는 물리적 저장소를 우리가 원하는 만큼 효과적으로 사용할 수 없음을 의미한다. 555쪽 "언제 물리적 저장소를 디커밋하는가"에서 논의했던 표계산 프로그램으로 돌아가서 표의 내용 전체를 다른 프로세스와 공유하고 싶을 경우에 대해 생각해 보자. 만일 메모리 맵 파일을 사용하는 경우라면 전체 표의 내용에 대해 물리적 저장소를 커밋해야 할 것이다.

```
CELLDATA CellData[ 200][ 256] ;
```

만일 CELLDATA 구조체의 크기가 128바이트라면, 이 배열은 6,553,600(200×256×128)바이트의 물리적 저장소를 필요로 한다. 앞서 말한 바와 같이 "표의 전체 구간에 메모리를 할당하기 위해 페이징 파일로부터 물리적 저장소를 할당하는 것은 너무 과도하다고 할 것이며, 대부분의 사용자가 이 중 일부분의 셀만을 사용할 것이므로 나머지 공간은 사용되지 않고 남게 될 것이다."

따라서 파일 매핑 오브젝트^{file-mapping object}를 이용하여 표를 공유하고자 하는 경우 물리적 저장소 전체를 미리 커밋하는 것은 그다지 좋은 방법이 아니다. CreateFileMapping 함수의 fdwProtect 매개변수로 SEC_RESERVE나 SEC_COMMIT 플래그를 지정하면 물리적 저장소의 예약과 커밋을 분리하여 수행할 수 있다.

이러한 플래그 값들은 시스템 페이징 파일을 이용하는 파일 매핑 오브젝트를 생성하는 경우에만 사용될 수 있다. CreateFileMapping 함수를 호출할 때 SEC_COMMIT 플래그를 사용하면 시스템의 페이징 파일 내에 저장소를 커밋해 준다. 이 경우 fdwProtect 매개변수로 어떤 플래그도 지정하지 않았을 때와 동일한 작업이 수행된다.

CreateFileMapping 함수를 호출할 때 SEC_RESERVE 플래그를 사용하면 시스템은 시스템 페이징 파일로부터 물리적 저장소를 커밋하지 않은 상태로 파일 매핑 오브젝트의 핸들을 반환한다. 이제 MapViewOfFile이나 MapViewOfFileEx 함수를 호출하여 이러한 파일 매핑 오브젝트에 대한 뷰를 생성하면 프로세스의 주소 공간 상에 영역을 예약하기는 하지만, 이 영역에 대한 어떠한 물리적 저장소도 커밋하지 않는다. 따라서 스레드가 이 영역에 접근을 시도하게 되면 접근 위반을 유발하게 될 것이다.

이 단계에서 우리가 가지고 있는 것은 주소 공간 내에 예약된 영역과 각 영역을 구분하기 위한 파일 매핑 오브젝트를 가리키는 핸들 값 정도다. 다른 프로세스 또한 동일한 파일 매핑 오브젝트를 자신의 주소 공간의 동일 영역에 매핑할 수 있을 텐데, 이 경우에도 물리적 저장소는 여전히 커밋되지 않은 상태로 유지되며, 예약된 영역 내의 뷰를 통해 접근을 시도하게 되면 접근 위반을 유발하게 된다.

이제 흥미진진한 부분까지 왔다. 공유된 영역에 대한 물리적 저장소를 커밋하려면 VirtualAlloc 함수를 호출하면 된다.

```
PVOID VirtualAlloc(
    PVOID pvAddress,
    SIZE_T dwSize,
    DWORD fdwAllocationType,
    DWORD fdwProtect);
```

앞서 15장에서 이 함수에 대해 상당히 자세히 다룬 바 있다. VirtualAlloc 함수를 호출하여 메모리 맵 뷰 영역에 물리적 저장소를 커밋하는 것은 마치 앞서 MEM_RESERVE 플래그를 이용하여 Virtual-Alloc 함수를 호출하여 특정 영역을 예약한 후, 또 다시 VirtualAlloc 함수를 호출하여 물리적 저장소를 커밋하는 과정과 매우 흡사하다. VirtualAlloc 함수를 이용하여 예약된 영역에 대해 일부분만을 커밋할 수 있는 것과 같이 MapViewOfFile이나 MapViewOfFileEx 함수를 호출하여 예약된 영역에 대해 VirtualAlloc 함수를 호출하여 일부분만을 물리적 저장소로 커밋할 수 있다. 일단 이처럼 물리적 저장소가 커밋되고 나면 동일 파일 매핑 오브젝트에 대한 뷰를 매핑하고 있던 다른 프로세스들은 모두 성공적으로 커밋된 페이지에 접근할 수 있게 된다.

SEC_RESERVE 플래그와 VirtualAlloc 함수를 사용하면 표계산 애플리케이션의 CellData가 점유하고 있는 물리적 저장소를 매우 효과적으로 사용하면서도 다른 프로세스와 공유할 수 있게 된다.

 SEC_RESERVE 플래그를 이용하여 예약된 메모리 맵 파일에 대한 저장소를 디커밋하기 위해 VirtualFree 함수를 사용할 수는 없다.

NT 파일시스템(NTFS)은 스파스^{sparse} 파일을 제공한다. 이는 상당히 훌륭한 기능으로, 스파스 파일 기능을 이용하면 시스템 페이징 파일 대신 디스크 상에 존재하는 파일을 이용하여 앞서 알아본 스파스 메모리 맵 파일을 쉽게 생성하고 사용할 수 있다.

이러한 기능을 어떻게 사용할 수 있는지에 대한 예를 들어 보자. 오디오 데이터를 저장하기 위한 MMF를 생성하려 한다고 하자. 사용자가 연설을 진행하는 동안 디지털 오디오 데이터는 메모리 상에 저장될 것이고, 이러한 버퍼는 디스크 상의 파일을 이용하여 할당될 것이다. 스파스 MMF는 이와 같은 코드를 작성하는 가장 간단하고도 가장 효과적인 방법이 될 수 있다. 이 같은 시나리오의 가장 큰 문제점은 사용자가 얼마나 오랫동안 연설을 계속할지를 알 수 없다는 것이다. 사용자는 5분 정도의 데이터를 저장할 만큼의 공간만 필요할 수도 있지만 5시간의 데이터를 저장할 공간이 필요할 수도 있다. 이 둘은 매우 큰 차이가 있다. 하지만 스파스 MMF를 사용하게 되면 그 크기는 아무런 문제가 되지 않는다.

① 스파스 메모리 맵 파일 예제 애플리케이션

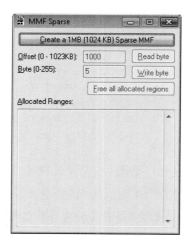

스파스 MMF(17-MMFSparse.exe)는 NTFS 스파스 파일을 이용하는 메모리 맵 파일을 어떻게 생성하는지를 보여주는 예제 애플리케이션이다. 소스 코드와 리소스 파일은 한빛미디어 홈페이지를 통해 제공되는 소스 파일의 17-MMFSpare 폴더 내에 있다. 프로그램을 수행하면 오른쪽 그림과 같은 윈도우가 나타난다.

Create a 1MB(1024 KB) Sparse MMF 버튼을 클릭하면 프로그램은 현재 폴더 내에 MMFSparse라는 이름의 파일을 생성하려 시도한다. 만일 현재 드라이브가 NTFS 볼륨이 아니라면, 파일을 생성하려는 시도는 실패할 것이며, 프로그램은 종료된다. 만일 다른 드라이브에 NTFS 볼륨을 가진 드라이브가 존재한다면, 소스 코드를 수정하고 재컴파일을 수행하여 프로그램이 어떻게 동작하는지 확인하기 바란다.

파일이 생성되면 프로세스의 주소 공간에 해당 파일을 매핑한다. 하단에 위치한 Allocated Ranges 에디트 컨트롤은 메모리 맵 파일의 어떤 부분이 실제로 디스크 저장소를 사용하고 있는지를 보여준다. 최초에 메모리 맵 파일은 어떠한 저장소도 사용하지 않는 상태로 초기화될 것이기 때문에 "No allocated ranges in the file."이라는 문자열이 나타나게 될 것이다.

메모리 맵 파일의 특정 위치로부터 1바이트를 읽기 위해 Offset 에디트 박스에 숫자 값을 입력한 후 Read byte 버튼을 클릭해 보라. Offset 에디트 박스의 값으로는 1024(1KB) 단위로 값을 입력해야 하며, 버튼을 클릭하면 해당 위치로부터 1바이트를 읽어 와서 Byte 에디트 박스에 그 값을 출력한다. 만일 이전에 물리적 저장소가 할당된 적이 없는 위치가 지정된 경우라면 항상 0 값이 출력될 것이며, 물리적 저장소가 할당된 적이 있는 위치라면 그 값을 출력할 것이다.

특정 위치에 1바이트의 값을 쓰기 위해서는 Offset 에디트 박스와 Byte 에디트 박스에 값을 입력한 후 Write byte 버튼을 클릭하면 된다. Offset 에디트 박스의 값으로는 1024(1KB) 단위로 값을 입력해야 하며, Write byte 버튼을 클릭한 순간 해당 위치의 값이 Byte 에디트 박스에 주어진 값으로 변경된다. 이처럼 값을 쓰게 되면 메모리 맵 파일의 해당 위치를 사용하기 위한 파일시스템 내의 물리적 저장소가 커밋된다. 값을 읽거나 쓰게 되면 Allocated Ranges 에디트 컨트롤에 메모리 맵 파일의 물리적 저장소 커밋 상태가 최신의 상태로 갱신된다. 다음에 나타낸 수행 결과는 1,024,000(1000×1024)위치에 1바이트를 쓰기 시도한 직후의 결과를 보여주고 있다.

이 출력 결과를 살펴보면 메모리 맵 파일의 시작 위치로부터 983,040바이트만큼 떨어진 위치로부터 65,536바이트의 물리적 저장소가 할당되었음을 알 수 있다. 윈도우 탐색기를 이용하여 MMFSparse 파일의 속성 페이지를 살펴보면 다음과 같다.

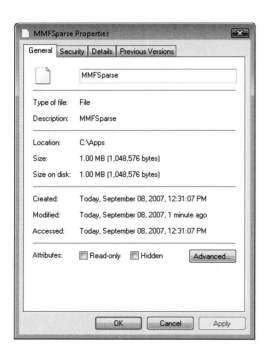

이 속성 페이지는 파일의 크기가 1MB(이것은 파일의 가상 크기다)라고 표시하고 있지만, 실제로는 단지 64KB의 디스크 공간만을 점유하고 있다.

마지막으로, Fee all allocated regions 버튼은 프로그램이 메모리 맵 파일을 위해 사용하였던 물리적 저장소를 모두 해제하는 기능을 수행한다. 이 버튼을 누르면 사용 중이던 모든 디스크 공간을 해제하게 되며, 메모리 맵 파일 내의 모든 값을 0으로 변경하게 된다.

프로그램이 어떻게 동작하는지에 대해 알아보자. 작업을 좀 더 간편하게 하기 위해 CSparseStream이라는 C++ 클래스를 생성하였다(이 클래스의 구현부는 SparseStream.h 파일 내에 있다). 이 클래스는 스파스 파일과 스트림을 다루는 작업을 캡슐화하고 있다. 이와는 별도로 MMFSparse.cpp 파일 내에 CMMFSparse라는 C++ 클래스를 추가로 생성하였는데, 이 클래스는 CSparseStream이라는 클래스를 상속받고 있다. CMMFSparse 클래스에는 CSparseStream의 기능에 스파스 스트림을 메모리 맵 파일로 다루기 위한 몇 가지 기능이 추가되었다. 이 프로그램은 CMMFSparse형 전역변수로 g_mmf를 가지고 있다. 이 변수는 스파스 메모리 맵 파일로 작업을 수행하는 코드에서 사용된다.

WM_INITDIALOG 메시지 핸들러에서는, 만일 해당 볼륨이 스파스 파일 기능을 제공하지 않는 경우(해당 기능의 지원 여부는 CSparseStream::DoesFileSystemSupportSparseStream static 헬퍼함수를 통해 확인할 수 있다) 에러 메시지를 출력하고 애플리케이션을 종료하도록 하고 있다. 사용자가 Create a 1MB(1024 KB) Sparse MMF 버튼을 클릭하면 CreateFile을 호출하여 NTFS 디스크 파티션에 새로운 파일을 생성한다. 이러한 파일은 보통의 통상적인 파일이다. 이제 g_mmf가 제공하는 Initialize 메소드를 앞서 열기 작업을 수행한 파일 핸들과 파일의 최대 크기 값을 인자로 호출한다. Initialize 메소드는 내부적으로 주어진 파일 핸들과 최대 크기를 이용하여 CreateFileMapping 함수를 수행하고, 프로세스의 주소 공간을 통해 해당 스파스 파일에 접근할 수 있도록 MapViewOfFile 함수를 호출한다.

Initialize 함수가 반환되면 Dlg_ShowAllocatedRanges 함수가 호출된다. 이 함수는 내부적으로 일련의 윈도우 함수를 호출하여 스파스 메모리 맵 파일에 실제로 저장소가 할당된 공간을 찾아낸다. 이렇게 찾아낸 오프셋과 할당 영역은 다이얼로그 박스 하단에 에디트 컨트롤을 통해 출력된다. g_mmf 오브젝트가 최초로 초기화되면 디스크 상에 존재하는 파일의 크기는 0이며, 에디트 컨트롤은 이러한 결과를 화면 상에 출력해 준다.

이제 사용자가 스파스 메모리 맵 파일 memory-mapped file 로부터 값을 읽거나 쓸 수 있다. 쓰기를 시도하면 사용자가 입력한 오프셋과 내용은 각기 적절한 에디트 컨트롤로부터 가져오게 될 것이다. g_mmf 오브젝트 내의 메모리 주소 값을 이용하여 쓰기 작업을 수행하면 파일시스템이 파일 내의 논리적인 부분을 할당하게 될 것이다. 하지만 이러한 할당 작업은 사용자 애플리케이션이 알지 못하는 사이에 내부적으로 진행된다.

사용자가 g_mmf 오브젝트로부터 내용을 읽으려고 시도하게 되면, 읽기 작업을 수행하고자 하는 위치에 물리적 저장소가 할당되어 있는 경우라면 저장되어 있는 값을 반환하게 된다. 만일 해당 위치에 물리적 저장소가 할당되어 있지 않은 경우라면 단순히 0 값을 반환하게 될 것이다. 다시 말하지만, 이러한 과정은 애플리케이션이 알지 못하는 사이에 내부적으로 진행된다. 만일 물리적 저장소가 이미 할당되어 있다면 당연히 실제 저장된 값이 반환될 것이다.

애플리케이션이 보여주는 마지막 작업은 할당된 영역을 어떻게 삭제하며, 디스크 저장소로부터 어떻게 파일을 제거하는가 하는 것이다. 사용자는 Free all allocated regions 버튼을 클릭하여 모든 할당된 영역을 삭제할 수 있다. 시스템은 메모리 맵 파일로부터 할당된 영역을 삭제할 수 없기 때문에, 애플리케이션이 처음으로 수행하는 작업은 g_mmf 오브젝트의 ForceClose 메소드를 호출하는 것이다. ForceClose 메소드는 내부적으로 파일 매핑 커널 오브젝트의 핸들을 인자로 UnmapViewOf-File 함수와 CloseHandle 함수를 호출한다.

다음으로, 파일 내에 0부터 1MB까지의 공간에 할당되었었던 저장소를 삭제하기 위해 Decommit-PortionOfStream 함수가 호출된다. 시스템이 스파스 상태를 갱신할 수 있도록 반드시 파일 핸들을 닫아야 한다. 마지막으로, 파일을 다시 열고 g_mmf 오브젝트의 Initialize 함수를 재호출하여 프로세스 주소 공간 내에 메모리 맵 파일 memory-mapped file 을 다시 초기화하도록 한다. 파일 내에 메모리 저장소가 모두 삭제되었음을 확인할 수 있도록 Dlg_ShowAllocatedRanges 함수를 호출하여 에디트 컨트롤에 "No allocated ranges in the file" 문자열이 출력될 수 있도록 한다.

마지막 하나: 스파스 메모리 맵 파일을 실제로 애플리케이션 개발 시에 사용하려는 경우, 파일을 닫는 시점에 논리적인 파일의 크기로 해당 파일의 크기를 지정하고 싶을 수 있다. 스파스 파일 내에 단

순히 0만을 가지고 있어 디스크 공간에 영향을 주지 않는 끝부분을 제거하는 것은 상당히 유효한 작업이라 할 수 있다. (윈도우 탐색기와 명령 창의 DIR 명령을 이용하면 좀 더 정확한 파일의 크기를 사용자에게 알려줄 수 있다.) 파일의 끝을 설정하기 위해서는 ForceClose 함수를 호출하기 전에 SetFile-Pointer와 SetEndOfFile 함수를 호출하면 된다.

 1999년 4월호 마이크로소프트 시스템 저널^{Microsoft System Journal}의 Q&A 기사 (http://www.microsoft.com/msj/0499/win32/win320499.aspx)를 살펴보면 크기가 증가하는 메모리 맵 파일을 어떻게 구현할 수 있는지에 대한 자세한 내용을 확인할 수 있다.

```
MMFSparse.cpp

/**********************************************************************
Module:  MMFSparse.cpp
Notices: Copyright (c) 2008 Jeffrey Richter & Christophe Nasarre
**********************************************************************/


#include "..\CommonFiles\CmnHdr.h"       /* 부록A를 보라. */
#include <tchar.h>
#include <WindowsX.h>
#include <WinIoCtl.h>
#include "SparseStream.h"
#include <StrSafe.h>
#include "Resource.h"


///////////////////////////////////////////////////////////////////////

// 이 클래스는 스파스 메모리 맵 파일을 쉽게 사용할 수 있도록 하기 위해 작성되었다.
class CMMFSparse : public CSparseStream {
private:
   HANDLE m_hFileMap;          // 파일 매핑 오브젝트
   PVOID  m_pvFile;            // 파일 매핑 오브젝트의 시작 주소

public:
   // 스파스 메모리 맵 파일을 생성하고, 프로세스 주소 공간에 매핑을 수행한다.
   CMMFSparse(HANDLE hStream = NULL, DWORD dwStreamSizeMaxLow = 0,
      DWORD dwStreamSizeMaxHigh = 0);

   // 스파스 메모리 맵 파일을 닫는다.
   virtual ~CMMFSparse() { ForceClose(); }
```

```
        // 스파스 메모리 맵 파일을 생성하고, 프로세스 주소 공간에 매핑을 수행한다.
        BOOL Initialize(HANDLE hStream, DWORD dwStreamSizeMaxLow,
            DWORD dwStreamSizeMaxHigh = 0);

        // BYTE형 변환 연산자를 통해
        // 스파스 메모리 맵 파일의 시작 주소를 반환한다.
        operator PBYTE() const { return((PBYTE) m_pvFile); }

        // 파괴자가 호출될 때까지 기다리지 않고
        // 사용자가 명시적으로 메모리 맵 파일을 닫을 수 있도록 한다.
        VOID ForceClose();
};

///////////////////////////////////////////////////////////////////////

CMMFSparse::CMMFSparse(HANDLE hStream, DWORD dwStreamSizeMaxLow,
    DWORD dwStreamSizeMaxHigh) {

    Initialize(hStream, dwStreamSizeMaxLow, dwStreamSizeMaxHigh);
}

///////////////////////////////////////////////////////////////////////

BOOL CMMFSparse::Initialize(HANDLE hStream, DWORD dwStreamSizeMaxLow,
    DWORD dwStreamSizeMaxHigh) {

    if (m_hFileMap != NULL)
        ForceClose();

    // 작업이 정상적으로 수행되지 않을 경우를 대비하여
    // NULL로 초기화를 수행한다.
    m_hFileMap = m_pvFile = NULL;

    BOOL bOk = TRUE;   // 성공한 것으로 가정

    if (hStream != NULL) {
        if ((dwStreamSizeMaxLow == 0) && (dwStreamSizeMaxHigh == 0)) {
            DebugBreak();   // 스트림의 크기가 적절하지 않다.
        }

        CSparseStream::Initialize(hStream);
        bOk = MakeSparse();   // 스트림을 스파스 형태로 변경한다.
        if (bOk) {
            // 파일 매핑 오브젝트를 생성한다.
            m_hFileMap = ::CreateFileMapping(hStream, NULL, PAGE_READWRITE,
```

```
                    dwStreamSizeMaxHigh, dwStreamSizeMaxLow, NULL);

        if (m_hFileMap != NULL) {
            // 프로세스의 주소 공간에 스트림을 매핑한다.
            m_pvFile = ::MapViewOfFile(m_hFileMap,
                FILE_MAP_WRITE | FILE_MAP_READ, 0, 0, 0);
        } else {
            // 매핑에 실패하면 정리 작업을 수행한다.
            CSparseStream::Initialize(NULL);
            ForceClose();
            bOk = FALSE;
        }
    }
}
    return(bOk);
}


///////////////////////////////////////////////////////////////////////////

VOID CMMFSparse::ForceClose() {

    // 성공적으로 수행되었던 작업을 정리한다.
    if (m_pvFile != NULL) {
        ::UnmapViewOfFile(m_pvFile);
        m_pvFile = NULL;
    }
    if (m_hFileMap != NULL) {
        ::CloseHandle(m_hFileMap);
        m_hFileMap = NULL;
    }
}


///////////////////////////////////////////////////////////////////////////

#define STREAMSIZE      (1 * 1024 * 1024)    // 1MB(1024KB)
HANDLE g_hStream = INVALID_HANDLE_VALUE;
CMMFSparse g_mmf;
TCHAR g_szPathname[MAX_PATH] = TEXT("\0");


///////////////////////////////////////////////////////////////////////////

BOOL Dlg_OnInitDialog(HWND hWnd, HWND hWndFocus, LPARAM lParam) {

    chSETDLGICONS(hWnd, IDI_MMFSPARSE);
```

```
    // 다이얼로그 박스의 컨트롤들을 초기화한다.
    EnableWindow(GetDlgItem(hWnd, IDC_OFFSET), FALSE);
    Edit_LimitText(GetDlgItem(hWnd, IDC_OFFSET), 4);
    SetDlgItemInt(hWnd, IDC_OFFSET, 1000, FALSE);

    EnableWindow(GetDlgItem(hWnd, IDC_BYTE), FALSE);
    Edit_LimitText(GetDlgItem(hWnd, IDC_BYTE), 3);
    SetDlgItemInt(hWnd, IDC_BYTE, 5, FALSE);

    EnableWindow(GetDlgItem(hWnd, IDC_WRITEBYTE), FALSE);
    EnableWindow(GetDlgItem(hWnd, IDC_READBYTE),  FALSE);
    EnableWindow(GetDlgItem(hWnd, IDC_FREEALLOCATEDREGIONS), FALSE);

    // 쓰기 가능 폴더에 파일을 저장한다.
    GetCurrentDirectory(_countof(g_szPathname), g_szPathname);
    _tcscat_s(g_szPathname, _countof(g_szPathname), TEXT("\\MMFSparse"));

    // 해당 볼륨이 스파스 파일을 지원하는지 확인한다.
    TCHAR szVolume[16];
    PTSTR pEndOfVolume = _tcschr(g_szPathname, _T('\\'));
    if (pEndOfVolume == NULL) {
        chFAIL("Impossible to find the Volume for the default document folder.");
        DestroyWindow(hWnd);
        return(TRUE);
    }
    _tcsncpy_s(szVolume, _countof(szVolume),
        g_szPathname, pEndOfVolume - g_szPathname + 1);
    if (!CSparseStream::DoesFileSystemSupportSparseStreams(szVolume)) {
        chFAIL("Volume of default document folder does not support sparse MMF.");
        DestroyWindow(hWnd);
        return(TRUE);
    }

    return(TRUE);
}

///////////////////////////////////////////////////////////////////////////

void Dlg_ShowAllocatedRanges(HWND hWnd) {

    // Allocated Ranges 에디트 컨트롤에 값을 채운다.
    DWORD dwNumEntries;
    FILE_ALLOCATED_RANGE_BUFFER* pfarb =
        g_mmf.QueryAllocatedRanges(&dwNumEntries);
```

```
      if (dwNumEntries == 0) {
         SetDlgItemText(hWnd, IDC_FILESTATUS,
            TEXT("No allocated ranges in the file"));
      } else {
         TCHAR sz[4096] = { 0 };
         for (DWORD dwEntry = 0; dwEntry < dwNumEntries; dwEntry++) {
            StringCchPrintf(_tcschr(sz, _T('\0')), _countof(sz) - _tcslen(sz),
               TEXT("Offset: %7.7u, Length: %7.7u\r\n"),
               pfarb[dwEntry].FileOffset.LowPart, pfarb[dwEntry].Length.LowPart);
         }
         SetDlgItemText(hWnd, IDC_FILESTATUS, sz);
      }
      g_mmf.FreeAllocatedRanges(pfarb);
}


///////////////////////////////////////////////////////////////////////

void Dlg_OnCommand(HWND hWnd, int id, HWND hWndCtl, UINT codeNotify) {

   switch (id) {
      case IDCANCEL:
         if (g_hStream != INVALID_HANDLE_VALUE)
            CloseHandle(g_hStream);
         EndDialog(hWnd, id);
         break;

      case IDC_CREATEMMF:
         {
         g_hStream = CreateFile(g_szPathname, GENERIC_READ | GENERIC_WRITE,
            0, NULL, CREATE_ALWAYS, FILE_ATTRIBUTE_NORMAL, NULL);
         if (g_hStream == INVALID_HANDLE_VALUE) {
            chFAIL("Failed to create file.");
            return;
         }

         // 파일을 이용하여 1MB(1024KB) 크기의 메모리 맵 파일을 생성한다.
         if (!g_mmf.Initialize(g_hStream, STREAMSIZE)) {
            chFAIL("Failed to initialize Sparse MMF.");
            CloseHandle(g_hStream);
            g_hStream = NULL;
            return;
         }
         Dlg_ShowAllocatedRanges(hWnd);

         // 컨트롤들을 사용 가능/불가능 상태로 변경한다.
```

```
            EnableWindow(GetDlgItem(hWnd, IDC_CREATEMMF), FALSE);
            EnableWindow(GetDlgItem(hWnd, IDC_OFFSET),    TRUE);
            EnableWindow(GetDlgItem(hWnd, IDC_BYTE),      TRUE);
            EnableWindow(GetDlgItem(hWnd, IDC_WRITEBYTE), TRUE);
            EnableWindow(GetDlgItem(hWnd, IDC_READBYTE),  TRUE);
            EnableWindow(GetDlgItem(hWnd, IDC_FREEALLOCATEDREGIONS), TRUE);

            // 오프셋 에디트 컨트롤이 포커스를 가지도록 한다.
            SetFocus(GetDlgItem(hWnd, IDC_OFFSET));
        }
        break;

    case IDC_WRITEBYTE:
        {
        BOOL bTranslated;
        DWORD dwOffset = GetDlgItemInt(hWnd, IDC_OFFSET, &bTranslated, FALSE);
        if (bTranslated) {
            g_mmf[ dwOffset * 1024] = (BYTE)
                GetDlgItemInt(hWnd, IDC_BYTE, NULL, FALSE);
            Dlg_ShowAllocatedRanges(hWnd);
        }
        }
        break;

    case IDC_READBYTE:
        {
        BOOL bTranslated;
        DWORD dwOffset = GetDlgItemInt(hWnd, IDC_OFFSET, &bTranslated, FALSE);
        if (bTranslated) {
            SetDlgItemInt(hWnd, IDC_BYTE, g_mmf[ dwOffset * 1024], FALSE);
            Dlg_ShowAllocatedRanges(hWnd);
        }
        }
        break;

    case IDC_FREEALLOCATEDREGIONS:
        // 보통의 경우 파괴자를 통해 파일 매핑이 해제되겠지만,
        // 파일의 내용을 모두 0으로 초기화하기 위해 강제적으로
        // 파일 매핑을 해제하고 싶을 수도 있다.
        g_mmf.ForceClose();

        // 매핑된 파일의 내용을 0으로 초기화하기 위해 FoceClose를 호출한 경우
        // DeviceIOControl은 ERROR_USER_MAPPED_FILE 에러를 유발할 수 있다.
        // ERROR_USER_MAPPED_FILE ("요청한 작업은 사용자가 매핑한 구역이
        // 열려 있는 상태인 파일에서 수행할 수 없습니다.")
```

```
                g_mmf.DecommitPortionOfStream(0, STREAMSIZE);

                // 스파스 상태를 갱신하기 위해 파일 핸들을 닫고
                // 다시 여는 작업을 수행해야 한다.
                CloseHandle(g_hStream);
                g_hStream = CreateFile(g_szPathname, GENERIC_READ | GENERIC_WRITE,
                    0, NULL, CREATE_ALWAYS, FILE_ATTRIBUTE_NORMAL, NULL);
                if (g_hStream == INVALID_HANDLE_VALUE) {
                    chFAIL("Failed to create file.");
                    return;
                }

                // 새로운 파일 핸들을 이용하여 메모리 맵 파일 랩퍼를 초기화한다.
                g_mmf.Initialize(g_hStream, STREAMSIZE);

                // UI를 갱신한다.
                Dlg_ShowAllocatedRanges(hWnd);
                break;
        }
}


///////////////////////////////////////////////////////////////////////////


INT_PTR WINAPI Dlg_Proc(HWND hWnd, UINT uMsg, WPARAM wParam, LPARAM lParam) {

    switch (uMsg) {
        chHANDLE_DLGMSG(hWnd, WM_INITDIALOG, Dlg_OnInitDialog);
        chHANDLE_DLGMSG(hWnd, WM_COMMAND,    Dlg_OnCommand);
    }
    return(FALSE);
}


///////////////////////////////////////////////////////////////////////////


int WINAPI _tWinMain(HINSTANCE hInstExe, HINSTANCE, PTSTR pszCmdLine, int) {

    DialogBox(hInstExe, MAKEINTRESOURCE(IDD_MMFSPARSE), NULL, Dlg_Proc);
    return(0);
}

/////////////////////////////// 파일의 끝 //////////////////////////////////
```

```
/**********************************************************************
Module:  SparseStream.h
Notices: Copyright (c) 2007 Jeffrey Richter & Christophe Nasarre
**********************************************************************/


#include "..\CommonFiles\CmnHdr.h"      /* 부록 A를 보라. */
#include <WinIoCtl.h>


///////////////////////////////////////////////////////////////////////


#pragma once


///////////////////////////////////////////////////////////////////////


class CSparseStream {
public:
   static BOOL DoesFileSystemSupportSparseStreams(PCTSTR pszVolume);
   static BOOL DoesFileContainAnySparseStreams(PCTSTR pszPathname);

public:
   CSparseStream(HANDLE hStream = INVALID_HANDLE_VALUE) {
      Initialize(hStream);
   }

   virtual ~CSparseStream() { }

   void Initialize(HANDLE hStream = INVALID_HANDLE_VALUE) {
     m_hStream = hStream;
   }

public:
   operator HANDLE() const { return(m_hStream); }

public:
   BOOL IsStreamSparse() const;
   BOOL MakeSparse();
   BOOL DecommitPortionOfStream(
      __int64 qwFileOffsetStart, __int64 qwFileOffsetEnd);

   FILE_ALLOCATED_RANGE_BUFFER* QueryAllocatedRanges(PDWORD
      pdwNumEntries);
   BOOL FreeAllocatedRanges(FILE_ALLOCATED_RANGE_BUFFER* pfarb);
```

```
private:
   HANDLE m_hStream;

private:
   static BOOL AreFlagsSet(DWORD fdwFlagBits, DWORD fFlagsToCheck) {
      return((fdwFlagBits & fFlagsToCheck) == fFlagsToCheck);
   }
};

///////////////////////////////////////////////////////////////////////////////

inline BOOL CSparseStream::DoesFileSystemSupportSparseStreams(
   PCTSTR pszVolume) {

   DWORD dwFileSystemFlags = 0;
   BOOL bOk = GetVolumeInformation(pszVolume, NULL, 0, NULL, NULL,
      &dwFileSystemFlags, NULL, 0);
   bOk = bOk && AreFlagsSet(dwFileSystemFlags, FILE_SUPPORTS_SPARSE_FILES);
   return(bOk);
}

///////////////////////////////////////////////////////////////////////////////

inline BOOL CSparseStream::IsStreamSparse() const {

   BY_HANDLE_FILE_INFORMATION bhfi;
   GetFileInformationByHandle(m_hStream, &bhfi);
   return(AreFlagsSet(bhfi.dwFileAttributes, FILE_ATTRIBUTE_SPARSE_FILE));
}

///////////////////////////////////////////////////////////////////////////////

inline BOOL CSparseStream::MakeSparse() {

   DWORD dw;
   return(DeviceIoControl(m_hStream, FSCTL_SET_SPARSE,
      NULL, 0, NULL, 0, &dw, NULL));
}

///////////////////////////////////////////////////////////////////////////////

inline BOOL CSparseStream::DecommitPortionOfStream(
   __int64 qwOffsetStart, __int64 qwOffsetEnd) {

   // 주의: 이 함수는 파일이 이미 메모리에 매핑된 경우 동작하지 않는다.
```

```
      DWORD dw;
      FILE_ZERO_DATA_INFORMATION fzdi;
      fzdi.FileOffset.QuadPart = qwOffsetStart;
      fzdi.BeyondFinalZero.QuadPart = qwOffsetEnd + 1;
      return(DeviceIoControl(m_hStream, FSCTL_SET_ZERO_DATA, (PVOID) &fzdi,
         sizeof(fzdi), NULL, 0, &dw, NULL));
   }


   ///////////////////////////////////////////////////////////////////////////


   inline BOOL CSparseStream::DoesFileContainAnySparseStreams(
      PCTSTR pszPathname) {

      DWORD dw = GetFileAttributes(pszPathname);
      return((dw == 0xffffffff)
         ? FALSE : AreFlagsSet(dw, FILE_ATTRIBUTE_SPARSE_FILE));
   }


   ///////////////////////////////////////////////////////////////////////////


   inline FILE_ALLOCATED_RANGE_BUFFER* CSparseStream::QueryAllocatedRanges(
      PDWORD pdwNumEntries) {

      FILE_ALLOCATED_RANGE_BUFFER farb;
      farb.FileOffset.QuadPart = 0;
      farb.Length.LowPart =
         GetFileSize(m_hStream, (PDWORD) &farb.Length.HighPart);

      // 실제로 값을 얻어오기 전에는 올바른 메모리 블록의 크기를 확인할 수 있는
      // 방법이 없다. 따라서 100 * sizeof(*pfarb) 값을 이용하였다.
      DWORD cb = 100 * sizeof(farb);
      FILE_ALLOCATED_RANGE_BUFFER* pfarb = (FILE_ALLOCATED_RANGE_BUFFER*)
         HeapAlloc(GetProcessHeap(), HEAP_ZERO_MEMORY, cb);

      DeviceIoControl(m_hStream, FSCTL_QUERY_ALLOCATED_RANGES,
         &farb, sizeof(farb), pfarb, cb, &cb, NULL);
      *pdwNumEntries = cb / sizeof(*pfarb);
      return(pfarb);
   }


   ///////////////////////////////////////////////////////////////////////////


   inline BOOL CSparseStream::FreeAllocatedRanges(
      FILE_ALLOCATED_RANGE_BUFFER* pfarb) {
```

```
    // 할당하였던 메모리 항목을 삭제한다.
    return(HeapFree(GetProcessHeap(), 0, pfarb));
}


//////////////////////////////// 파일의 끝 ////////////////////////////////
```

Chapter 18

힙

1. 프로세스 기본 힙
2. 추가적으로 힙을 생성하는 이유
3. 추가적으로 힙을 생성하는 방법
4. 기타 힙 관련 함수들

세 번째이면서 동시에 마지막 메모리 운용 방법은 힙을 사용하는 것이다. 힙은 크기가 작은 데이터 블록을 할당하는 데 매우 유용한 방법이다. 예를 들어 링크드 리스트나 트리와 같은 자료구조를 구성하는 경우, 15장 "애플리케이션에서 가상 메모리 사용 방법"에서 논의하였던 가상 메모리 기법이나, 17장 "메모리 맵 파일"의 메모리 맵 파일 기법을 사용하는 것보다는 힙을 사용하는 것이 더 좋은 방법이다. 힙을 사용하면 할당 단위나 페이지 경계와 같은 특성을 고려할 필요 없이 수행하고자 하는 작업에 좀 더 집중할 수 있다는 장점이 있는 반면, 다른 메커니즘에 비해 비교적 수행 속도가 느리고, 물리적 저장소를 커밋하거나 디커밋하는 등의 직접적인 제어권을 잃는다는 단점이 있다.

내부적으로 힙은 주소 공간 내에 예약된 영역으로 볼 수 있다. 처음에는 예약된 영역의 대부분의 페이지들이 물리적 저장소에 커밋되지 않은 상태를 유지하겠지만, 사용자가 힙으로부터 메모리를 할당하게 되면 힙 매니저는 힙을 위한 물리적 저장소를 커밋하게 된다. 물리적 저장소로는 항상 시스템 페이징 파일을 이용하게 된다. 힙에서 할당하였던 메모리 블록을 해제하게 되면 힙 매니저는 물리적 저장소를 디커밋한다.

마이크로소프트는 힙 매니저가 물리적 저장소를 언제 커밋하고 디커밋하는지를 정확하게 문서화해 두지 않았다. 마이크로소프트는 지속적으로 힙에 대한 성능 테스트를 진행하고 있으며, 가장 안전하면서도 최적화된 방법을 찾기 위해 다양한 시나리오를 테스트하고 있다. 애플리케이션과 하드웨어가 바뀌어감에 따라 최적화된 방법들도 바뀌게 될 것이다. 만일 애플리케이션이 힙 운용 방법에 대해 민감하게 반응하는 경우라면, 힙을 사용하는 대신 메모리 운용 방식을 사용자가 제어할 수 있는 가상 메모리 함수(VirtualAlloc이나 VirtualFree와 같은)를 사용해야 한다.

section 01 프로세스 기본 힙

프로세스가 초기화되면 시스템은 프로세스의 주소 공간 내에 힙을 생성한다. 이 힙을 프로세스의 기본 힙이라고 한다. 기본 힙은 프로세스의 주소 공간에 1MB의 영역을 예약한다. 하지만 시스템은 이러한 기본 힙의 크기를 증가시킬 수 있으므로 이보다 더 커질 수 있다. 1MB의 기본 힙 영역의 크기는 애플리케이션 생성 시 /HEAP 링커 스위치를 이용하여 변경할 수 있다. DLL의 경우 자신만의 힙을 가지지 않기 때문에 DLL 파일을 링크할 때에는 /HEAP 스위치를 사용할 수 없다. /HEAP 스위치는 다음과 같이 사용하면 된다.

```
/HEAP:reserve[ ,commit]
```

많은 수의 윈도우 함수가 프로세스의 기본 힙을 필요로 한다. 윈도우의 핵심이 되는 많은 함수들이 유니코드 문자와 문자열을 처리하는데, ANSI 버전의 윈도우 함수를 호출하게 되면 동일한 함수의 유니코드 버전을 호출하기 전에 ANSI 문자열을 유니코드 문자열로 변경한다. 이러한 문자열 변경 작업을 위해 ANSI 버전의 함수들은 유니코드 문자열을 저장하기 위한 메모리 블록을 할당해야 하는데, 이러한 메모리 블록은 프로세스의 기본 힙으로부터 할당된다. 또 다른 부류의 다양한 윈도우 함수들도 임시 메모리 블록을 필요로 하며, 이러한 메모리 블록 또한 프로세스의 기본 힙으로부터 할당된다. 뿐만 아니라 16비트 윈도우 함수인 LocalAlloc과 GlobalAlloc 함수도 프로세스의 기본 힙으로부터 메모리를 할당한다.

많은 수의 윈도우 함수들이 프로세스의 기본 힙을 사용하고 애플리케이션 내의 다수의 스레드가 동시에 이러한 함수들을 호출할 수 있기 때문에 힙에 대한 접근은 순차적으로 수행되어야 한다. 다시 말하면, 시스템은 유일하게 하나의 스레드만이 특정 시간에 기본 힙으로부터 메모리를 할당하거나 해제할 것을 보장해야 한다. 만일 두 개의 스레드가 동시에 기본 힙으로부터 메모리를 할당하려고 시도하면 이 중 하나의 스레드만이 메모리 블록을 할당받고, 나머지 스레드는 첫 번째 스레드에 대한 메모리 할당이 끝날 때까지 대기하게 되며, 첫 번째 스레드에 대한 메모리 할당이 완전히 완료된 후에야 비로소 두 번째 스레드에 대한 메모리 할당이 시작된다. 이와 같이 순차적으로 힙에 접근해야 하는 특성은 적으나마 성능에 영향을 미치게 된다. 만일 애플리케이션이 유일하게 하나의 스레드만 가지고 있고 힙을 최대한 빠르게 사용하고 싶다면, 프로세스의 기본 힙을 사용하지 않고 독립적인 힙을 생성하는 것이 좋다. 불행히도 윈도우가 제공하는 함수들이 기본 힙을 사용하지 않도록 설정하는 방법은 존재하지 않기 때문에 윈도우가 제공하는 함수들은 항상 순차적으로 힙에 접근할 수밖에 없다.

단일의 프로세스라 하더라도 동시에 여러 개의 힙을 사용할 수 있다. 이러한 힙들은 프로세스가 수행되는 동안 추가적으로 생성되고 파괴될 수 있다. 물론 기본 힙은 프로세스가 수행될 때 생성되며, 프로세스가 종료되는 시점에 자동으로 파괴되기 때문에 사용자가 임의로 프로세스의 기본 힙을 파괴할수는 없다. 각각의 힙은 자신만의 힙 핸들로 구분되며, 모든 힙 관련 함수들은 어떤 힙으로부터 할당이나 해제 작업을 수행할지를 결정하기 위해 힙 핸들을 매개변수로 요구한다.

프로세스의 기본 힙에 대한 핸들을 얻으려면 GetProcessHeap 함수를 호출하면 된다.

```
HANDLE GetProcessHeap();
```

section 02 추가적으로 힙을 생성하는 이유

프로세스의 기본 힙과는 별도로 사용자는 프로세스의 주소 공간에 추가적인 힙을 생성할 수 있으며, 다음과 같은 이유로 추가적으로 힙을 생성할 필요가 있다.

- 컴포넌트 보호
- 더욱더 효율적인 메모리 관리
- 지역적인 접근
- 스레드 동기화 비용 회피
- 빠른 해제

이제 각각의 이유에 대해 좀 더 자세히 살펴보도록 하자.

1 컴포넌트 보호

특정 애플리케이션이 링크드 리스트를 위한 NODE 구조체와 이진트리를 위한 BRANCH 구조체를 동시에 처리해야 할 필요가 있다고 상상해 보자. 링크드 리스트를 위한 NODE 구조체는 LinkList.cpp라는 소스 파일에서 사용되고, 이진트리를 위한 BRANCH 구조체는 BinTree.cpp 소스 파일에서 사용된다고 하자.

만일 NODE와 BRANCH 구조체를 단일의 힙으로부터 할당받는다고 하면, 이러한 힙은 아마도 [그림 18-1]과 같은 모습을 가지게 될 것이다.

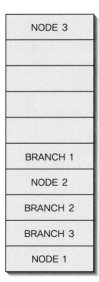

[그림 18-1] NODE와 BRANCH를 함께 저장하고 있는 힙

링크드 리스트^{linked-list} 관련 코드에 버그가 있어서 NODE 1 이후의 8바이트 정도가 덮어쓰여지게 되면 BRANCH 3이 손상된다. BinTree.cpp 소스 코드에서 이진트리에 대한 순회를 시도할 경우 앞서 발생한 메모리 손상으로 인해 순회 작업은 실패하게 될 것이다. 이러한 에러가 발생하게 되면 실제로는 버그가 링크드 리스트 관련 코드에 있었음에도 불구하고 이진트리 관련 코드에 버그가 있을 것으로 판단하게 된다. 서로 다른 오브젝트 타입이 단일의 힙 내에 섞여 있기 때문에 이런 종류의 버그는 원인을 찾아내기가 매우 어렵다.

두 개의 독립된 힙을 생성하여 하나는 NODE 전용으로, 다른 하나는 BRANCH 전용으로 사용하게 되면 문제 구간을 추정하는 것이 좀 더 용이해진다. 링크드 리스트 관련 코드의 버그가 이진트리 관련 코드에 영향을 미치지 않게 되며, 그 반대도 마찬가지다. 물론 다른 힙 공간마저 파괴해 버리는 버그가 발생할 가능성은 여전히 있지만, 이런 형태의 버그는 발생 가능성이 매우 낮다고 하겠다.

❷ 더욱더 효율적인 메모리 관리

힙은 동일 크기의 오브젝트를 할당할 때 좀 더 효율적으로 관리될 수 있다. 예를 들어 NODE 구조체가 24바이트이고, BRANCH 구조체가 32바이트라고 할 때, 이 두 가지 형태의 오브젝트를 하나의 힙으로부터 가득 할당하면 [그림 18-2]와 같은 모습이 될 것이다. NODE 2와 NODE 4를 해제하면 힙에는 단편화가 생기게 된다. 이제 BRANCH 구조체에 대한 할당을 시도하면 힙 내에는 48바이트의 여유 공간이 있고, BRANCH 구조체가 그보다 더 작은 32바이트만을 필요로 함에도 불구하고 할당 시도는 실패하게 된다.

만일 각각의 힙에 항상 동일 크기의 오브젝트만을 할당한다면, 하나의 오브젝트를 해제하였을 때 다른 오브젝트 할당 시 그 크기에 꼭 맞는 여유 공간이 생길 것이다.

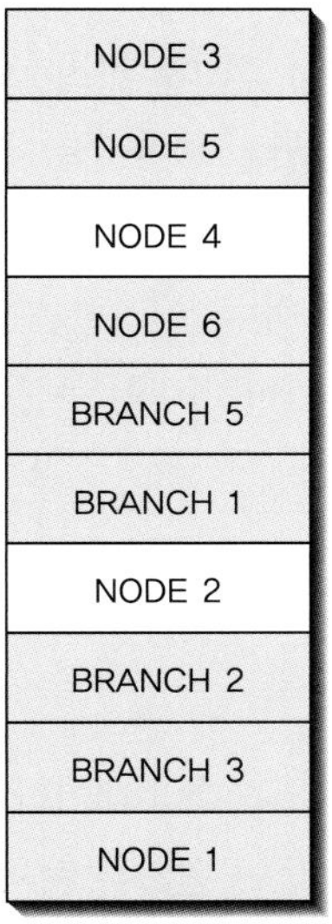

| NODE 3 |
| NODE 5 |
| NODE 4 |
| NODE 6 |
| BRANCH 5 |
| BRANCH 1 |
| NODE 2 |
| BRANCH 2 |
| BRANCH 3 |
| NODE 1 |

[그림 18-2] NODE와 BRANCH를 동시에 포함하고 있어 한 개의 단편화가 생기는 힙의 모습

❸ 지역적인 접근

시스템이 램과 시스템의 페이징 파일 사이에 스와핑을 수행해야 할 경우에는 성능에 상당한 영향을 미치게 된다. 만일 작은 구간 내의 지협적인 메모리를 지속적으로 사용하게 되면 시스템은 이러한 메모리를 디스크로 스와핑시키지는 않을 것이다.

따라서 애플리케이션을 설계할 때 함께 사용되는 자료들을 지역적으로 가까운 곳에 할당하는 것은 상당히 좋은 설계 방식이라 할 수 있다. 앞서 살펴본 링크드 리스트와 트리의 예로 돌아가 보면 링크드 리스트를 순회하는 것과 이진트리를 순회하는 방식 사이에는 아무런 연관성이 없다. 모든 NODE를 지역적으로 근접한 위치에 할당하게 되면(단일의 힙 내에서) 많은 NODE들이 인접한 페이지들에 위치하게 될 것이다. 따라서 상당히 많은 NODE들이 물리적 메모리의 단일 페이지 내에 위치하게 될 것이며, 이렇게 되면 링크드 리스트를 순회할 때 CPU가 각 NODE에 접근하기 위해 메모리 상의 여러 페이지들을 참조할 필요가 없어진다.

만일 NODE와 BRANCH를 단일의 힙으로부터 할당한다고 하면 NODE들 사이에 충분히 가까운 거리를 유지하기 힘들 것이다. 최악의 경우 BRANCH가 페이지의 많은 공간을 점유하고 있어서 나머지 공간만으로는 메모리의 각 페이지마다 한 개의 NODE밖에 할당할 수 없는 상황이 될 수도 있다. 이 경우 링크드 리스트를 순회하게 되면 각 NODE에 접근하기 위해 페이지 폴트page fault가 발생할 수 있고, 페이지 폴트가 발생하게 되면 처리 속도는 상당히 느려지게 된다.

◢ 스레드 동기화 비용 회피

간단히 설명하자면, 특정 시점에 동일 힙에 대해 여러 개의 스레드가 동시에 접근하게 되면 힙이 손상될 가능성이 있기 때문에 기본적으로 힙은 순차적으로 접근되어야 한다. 따라서 힙 관련 함수들은 힙의 스레드 안정성을 보장하기 위해 추가적인 코드를 수행해야만 한다. 힙 할당 구문을 많이 사용하는 경우라면 이러한 추가 코드로 인해 애플리케이션의 성능에 영향을 미칠 수 있다. 유일하게 하나의 스레드만이 접근하는 힙의 경우라면 스레드 안정성을 보장하기 위한 코드를 수행하지 않도록 힙을 생성할 수 있다. 하지만 이런 형태의 힙을 사용할 경우에는 세심한 주의가 필요하다. 이러한 힙의 경우 스레드 안정성을 유지할 책임이 전적으로 사용자에게 있으며, 더 이상 시스템이 이러한 부분을 자동으로 처리해 주지 않기 때문이다.

◢ 빠른 해제

마지막으로, 특정 데이터 구조체 전용의 힙을 사용하는 경우 힙 내에 할당하였던 각각의 데이터 구조체를 명시적으로 해제하는 대신 전체 힙을 한 번에 해제해 버릴 수 있다. 예를 들어 윈도우 탐색기에서 새로고침을 수행하는 경우, 단순히 힙을 파괴하는 것만으로 그 내부에 할당하였던 트리 노드를 모두를 삭제할 수 있다(물론 폴더의 트리 정보를 저장하는 전용의 힙을 사용하고 있다고 가정할 경우에 그렇다). 이 방법은 상당히 편리할 뿐만 아니라 수행 속도도 빠르기 때문에 많은 애플리케이션에서 이러한 방법을 사용한다.

section 03 추가적으로 힙을 생성하는 방법

프로세스 내에 추가적인 힙을 생성하기 위해서는 HeapCreate 함수를 호출하면 된다.

```
HANDLE HeapCreate(
    DWORD fdwOptions,
    SIZE_T dwInitialSize,
    SIZE_T dwMaximumSize);
```

첫 번째 매개변수인 fdwOptions로는 힙의 동작 방식을 결정하는 플래그를 전달하면 된다. 이 값으로는 0, HEAP_NO_SERIALIZE, HEAP_GENERATE_EXCEPTIONS, HEAP_CREATE_ENABLE_EXECUTE를 전달하거나, 이 플래그들을 결합하여 전달할 수 있다.

여러 개의 스레드가 동시에 힙으로부터 메모리를 할당하거나 해제하려 할 때 발생할 수 있는 힙 손상을 미연에 방지하기 위해, 기본적으로 힙은 순차적인 접근만을 허용한다. 힙으로부터 메모리를 할당하기 위해 HeapAlloc 함수를 호출하게 되면 다음과 같은 작업이 수행된다.

1. 할당된 메모리 블록과 프리 메모리 블록을 가지고 있는 링크드 리스트를 순회한다.
2. 할당 요청을 수용할 수 있을 만큼 충분히 큰 메모리 블록의 주소를 찾는다.
3. 프리 메모리 블록에 할당 여부를 표시함으로써 메모리가 할당되었음을 표시한다.
4. 메모리 블록 링크드 리스트에 새로운 항목을 추가한다.

HEAP_NO_SERIALIZE 플래그를 가능한 한 사용하지 않는 것이 좋은 이유를 예를 들어 알아보도록 하자. 두 개의 스레드가 동일 시점에 동일 힙으로부터 메모리 블록을 할당하려 시도하였다고 하자. 1번 스레드가 1번과 2번 절차를 수행하여 프리 메모리 블록의 주소를 얻고, 3번 절차를 수행하기 직전에 2번 스레드로 제어가 이동하여 1번과 2번 절차가 수행될 수 있다. 이 경우 1번 스레드가 3번 절차를 수행하지 못하였기 때문에 2번 스레드는 1번 스레드가 획득하였던 동일 메모리 블록의 주소를 얻을 수 있다.

두 개의 스레드는 자신이 힙으로부터 획득한 메모리 블록이 프리 상태라고 생각할 것이다. 1번 스레드는 링크드 리스트에서 획득하였던 메모리 블록에 할당되었음을 알리는 표시를 할 것이며, 2번 스레드 또한 동일한 메모리 블록에 대해 동일한 표시를 하게 될 것이다. 스레드들은 어떤 문제가 발생하고 있는지 전혀 알아채지 못하고 있지만, 불행히도 두 개의 스레드는 동일한 메모리 블록에 대한 주소 값을 이용하게 된다.

이런 형태의 버그는 즉각적으로 드러나지 않기 때문에 문제의 원인을 찾아내기가 매우 힘들다. 이러한 버그는 계속해서 잠재하고 있다가 다음과 같은 문제를 야기한다.

• 메모리 블록에 대한 링크드 리스트가 손상되어도, 추가적으로 메모리 블록을 할당하거나 삭제하기 전까지는 문제가 발견되지 않을 것이다.
• 두 개의 스레드가 동일 메모리 블록을 공유하기 때문에, 1번 스레드와 2번 스레드가 동일 메모리 블록에 데이터를 저장하게 된다. 2번 스레드가 메모리 블록에 데이터를 저장한 경우 1번 스레드는 저장된 데이터의 의미를 이해하지 못할 것이다.
• 하나의 스레드가 블록을 모두 사용하고 해제하게 되면, 다른 스레드는 이미 해제되어버린 메모리에 접근을 시도하게 되고, 이는 힙에 손상을 입히게 된다.

이러한 문제를 해결하는 방법은 하나의 스레드만이 배타적으로 힙과 힙의 링크드 리스트에 접근하도록 하여 스레드가 힙에 대해 필요한 동작을 완전히 완료한 이후에야 다른 스레드가 힙에 접근할 수 있도록 하면 된다. HEAP_NO_SERIALIZE 플래그를 사용하지 않으면 내부적으로 이처럼 작업이 수행된다. 다음의 하나 혹은 그 이상의 상황이 만족할 경우에 한해서만 HEAP_NO_SERIALIZE 플래그를 사용할 때에도 안정성을 보장받을 수 있다.

1. 프로세스가 단일의 스레드만 사용한다.
2. 프로세스가 여러 개의 스레드들을 사용하지만, 이 중 하나의 스레드만 힙에 접근한다.
3. 프로세스가 여러 개의 스레드들을 사용하지만, 힙에 대한 접근을 시도할 때 크리티컬 섹션, 뮤텍스, 세마포어와 같은 상호 배제 형태의 동기화를 수행한다(이에 대해서는 8장 "유저 모드에서의 스레드 동기화"와 9장 "커널 오브젝트를 이용한 스레드 동기화"에서 알아보았다).

HEAP_NO_SERIALIZE 플래그를 사용할지의 여부가 확실하지 않다면, 이 플래그는 사용하지 말아야 한다. 이 플래그를 사용하지 않으면 스레드가 힙 함수를 호출하였을 때 약간의 성능 저하가 발생할 수는 있으나 힙이나 데이터가 손상될 위험은 없다.

HEAP_GENERATE_EXCEPTIONS 플래그는 힙으로부터의 메모리 할당이나 재할당이 실패할 경우 시스템이 예외를 유발하도록 한다. 예외는 시스템이 애플리케이션에게 에러가 발생하였음을 알려주는 방식 중 하나다. 때로는 반환 값을 조사하는 것보다 예외가 발생할 것을 예상하여 애플리케이션을 설계하는 것이 좀 더 쉬울 때가 있다.

기본적으로 Heap* 함수를 호출할 때 운영체제가 힙이 손상되었음을 발견하게 되면(이전에 할당하였으나 지금은 해제한 블록에 대해 값을 쓰는 것과 같은 작업을 수행하면), 디버거 하에서 애플리케이션이 수행될 경우에 한해 어설션^{assertion}이 발생하는 것 외에는 어떠한 특별한 일도 일어나지 않는다. 하지만 과거에 무수히 반복되었던 힙 내부 구조체의 손상과 같은 문제들로 인해 마이크로소프트는 문제가 발생한 시점에 가능한 한 빨리 이러한 힙 손상 문제를 제어하고 검증할 수 있도록 많은 기능을 추가하였다.

이제는 Heap* 함수를 호출할 때 힙 매니저가 힙이 손상되었음을 발견하게 되면 그 즉시 예외를 발생시키도록 명령을 줄 수 있다. 아래에 관련 코드를 나타내었다.

```
HeapSetInformation(NULL, HeapEnableTerminationOnCorruption, NULL, 0);
```

HeapSetInformation 함수의 첫 번째 매개변수는 두 번째 매개변수로 HeapEnableTerminationOn-Corruption을 전달하였을 경우에는 무시되는데, 그 이유는 이 값이 프로세스 내의 모든 힙에 대해 적용되는 정책이기 때문이다. 이 기능은 한 번 설정되면 해제할 수 없다.

만일 힙에 수행할 수 있는 코드를 저장하려 한다면 반드시 마지막 플래그 값으로 HEAP_CREATE_ENABLE_EXECUTE를 지정해야 한다. 이 값은 13장 "윈도우 메모리의 구조"에서 살펴본 데이터 수행 방지^{Data Execution Prevention}(DEP) 기능 때문에 특별히 중요하다. 만일 이 플래그를 설정하지 않고 생성한 힙으로부터 메모리 블록을 할당하고, 코드를 저장한 후, 이를 수행하게 되면 윈도우는 EXCEPTION_ACCESS_VIOLATION 예외를 발생시킨다.

HeapCreate 함수의 두 번째 매개변수인 dwInitialSize로는 최초로 커밋할 바이트 수를 지정하면 된다. 이 값은 CPU의 페이지 크기의 배수로 올림이 수행된다. 세 번째 매개변수인 dwMaximumSize로는 힙의 최대 확장 크기를 지정하면 된다(힙에서 사용하기 위해 시스템이 예약할 수 있는 주소 공간의 최대 크기). 만일 dwMaximumSize 값을 0보다 큰 값으로 지정하면 최대 크기의 제한을 가진 힙을 생성하게 된다. 이 경우 힙으로부터 반복적으로 메모리 블록을 할당하여 최대 크기를 초과하는 블록을 할당하려 하면 할당 요청이 실패하게 된다.

dwMaximumSize로 0을 사용하면 크기가 증가될 수 있는 힙을 생성하게 되며, 이 경우 최대 크기의 제한을 가지지 않게 된다. 힙으로부터 메모리 블록을 할당하려 하면 물리적 저장소가 완전히 소진될 때까지 계속해서 힙이 증가되게 된다. 힙의 생성에 성공하게 되면 HeapCreate 함수는 새로운 힙을 구분할 수 있는 핸들 값을 반환한다. 이 핸들 값은 다른 힙 함수들에 의해 사용된다.

1 힙으로부터 메모리 블록 할당

힙으로부터 메모리 블록을 할당하려면 HeapAlloc 함수를 호출하면 된다.

```
PVOID HeapAlloc(
    HANDLE hHeap,
    DWORD fdwFlags,
    SIZE_T dwBytes);
```

첫 번째 매개변수인 hHeap으로는 어떤 힙으로부터 메모리를 할당할지를 결정하기 위한 힙 핸들을 전달하면 된다. dwBytes 매개변수로는 힙으로부터 할당할 메모리의 크기를 지정하면 된다. 두 번째 매개변수인 fdwFlags로는 메모리 할당 방식에 영향을 주는 플래그를 지정할 수 있다. 현재 HEAP_ZERO_MEMORY, HEAP_GENERATE_EXCEPTIONS, HEAP_NO_SERIALIZE 단 세 가지의 플래그만이 지원되고 있다.

HEAP_ZERO_MEMORY를 사용하는 이유는 상당히 명백하다. 이 플래그를 사용하면 HeapAlloc 함수는 반환할 메모리 블록의 내용을 모두 0으로 채우게 된다. 두 번째 플래그인 HEAP_GENERATE_EXCEPTIONS는 HeapAlloc 함수가 사용자의 요청을 수용할 만큼 충분한 메모리가 없는 경우에 소프트웨어 예외software exception를 유발하도록 한다. HeapCreate 함수를 이용하여 힙을 생성할 때 HEAP_GENERATE_EXCEPTIONS 플래그를 사용하면 메모리 할당에 실패하였을 경우 예외가 발생한다. HeapCreate 호출 시 이 플래그를 이용하여 생성한 힙에 대해서는 HeapAlloc을 호출할 때 추가적으로 이 플래그를 사용할 필요가 없다. 반면, 이 플래그를 사용하지 않고 생성한 힙에 대해 HeapAlloc을 호출하는 경우에는 이 플래그를 사용하는 단일 호출에 대해서만 예외 발생 여부를 결정하게 되며, 이후 함수 호출에 대해서는 영향을 미치지 않는다.

HeapAlloc 함수의 실패로 인해 발생할 수 있는 예외는 [표 18-1]에 나열한 예외 중 하나가 될 것이다.

[표 18-1] HeapAlloc에 의해 유발될 수 있는 예외

구분자	의미
STATUS_NO_MEMORY	메모리가 부족하여 할당 시도가 실패하였다.
STATUS_ACCESS_VIOLATION	힙이 손상되었거나 적절하지 않은 매개변수로 인해 할당 시도가 실패하였다.

메모리 블록 할당에 성공하면 HeapAlloc 함수는 메모리 블록의 주소를 반환하며, 메모리 블록 할당에 실패하고 HEAP_GENERATE_EXCEPTIONS가 지정되지 않은 경우에는 NULL을 반환한다.

마지막 플래그 값인 HEAP_NO_SERIALIZE는 단일의 HeapAlloc 함수 호출에 대해 순차적인 접근을 보장하기 위한 추가적인 코드를 호출하지 않도록 한다. 이 플래그를 사용하면 다른 스레드가 동일 시간에 동일한 힙에 대해 접근할 경우 힙이 손상될 수 있으므로 매우 주의해서 사용해야 한다. 프로세스의 기본 힙에 대해서는 힙이 손상될 수 있으므로 절대 이 플래그를 사용해서는 안 된다. 왜냐하면 프로세스 내의 다른 스레드에서 동일 시간에 기본 힙에 접근할 수 있기 때문이다.

> 큰 메모리 블록(대략 1MB나 그 이상)을 할당하는 경우에는 VirtualAlloc 함수를 사용할 것을 추천한다. 이처럼 큰 메모리 블록을 할당할 때에는 힙 함수를 사용하지 않는 것이 좋다.

서로 다른 크기의 메모리 블록을 여러 번 할당하게 되면 힙 매니저가 사용하는 내부적인 메모리 할당 알고리즘에 의해 주소 공간에 대한 단편화가 발생할 수 있다. 이러한 단편화가 심하게 발생하게 되면 모든 메모리 블록이 적정한 크기를 가지지 못하게 되어 사용자가 요청한 크기의 프리 블록을 찾지 못하게 된다. 윈도우 XP와 윈도우 서버 2003부터는 메모리 할당 시에 저단편화 힙^{low-fragmentation heap} 알고리즘을 사용할 수 있다. 멀티프로세서 머신의 경우 저단편화 힙을 사용하면 수행 성능이 상당히 개선된다. 아래에 저단편화 힙을 사용하기 위한 코드를 나타냈다.

```
ULONG HeapInformationValue = 2;
if (HeapSetInformation(
    hHeap, HeapCompatibilityInformation,
    &HeapInformationValue, sizeof(HeapInformationValue)) {
    // hHeap이 가리키는 힙을 저단편화 힙으로 변경한다.
} else {
    // hHeap이 가리키는 힙을 저단편화 힙으로 변경하지 못했다.
    // 아마도 HEAP_NO_SERIALIZE 플래그를 이용하여 힙을 생성하였기 때문일 것이다.
}
```

GetProcessHeap 함수를 이용하여 획득한 힙 핸들을 HeapSetInformation 함수의 인자로 전달하면 기본 프로세스 힙을 저단편화 힙으로 변경할 수 있다. HEAP_NO_SERIALIZE 플래그를 사용하여 생성하였던 힙에 대해 HeapSetInformation 함수를 호출하면 실패를 반환하게 된다. 또한 코드가 디버거 하에서 수행되고 있는지 주의 깊게 살펴보아야 한다. 일부 힙 디버깅 옵션을 사용하면 힙을 저

단편화 힙으로 변경하는 데 실패할 수 있다. 이러한 디버깅 옵션은 _NO_DEBUG_HEAP 환경변수 값을 1로 설정하여 해제할 수 있다. 이와는 별도로 힙 매니저가 항시 메모리 할당사항을 추적하고 있으며, 내부적인 최적화를 수행할 수 있다는 사실에도 주의할 필요가 있다. 예를 들어 힙 매니저가 판단하건데, 애플리케이션이 저단편화 힙을 사용하면 이득이 있다고 생각되는 경우 자동적으로 힙을 저단편화 힙으로 변경할 수도 있다.

❷ 블록 크기 변경

종종 메모리 블록의 크기를 변경해야 할 필요가 있다. 일부 애플리케이션들은 최초에는 필요한 크기보다 훨씬 큰 메모리 블록을 할당한 후 블록 내에 모든 데이터들이 들어왔을 때 비로소 블록의 크기를 줄이기도 하며, 이와는 반대로 작은 크기의 메모리 블록을 할당한 후 추가적인 데이터를 저장할 필요가 있을 때 블록의 크기를 증가시키는 애플리케이션들도 있다. 이처럼 메모리 블록의 크기를 변경하는 작업을 수행하기 위해서는 HeapReAlloc 함수를 호출하면 된다.

```
PVOID HeapReAlloc(
    HANDLE hHeap,
    DWORD fdwFlags,
    PVOID pvMem,
    SIZE_T dwBytes);
```

hHeap 매개변수로는 크기를 변경하고자 하는 블록을 포함하고 있는 힙의 핸들을 전달해야 한다. fdwFlags 매개변수로는 HeapReAlloc이 블록의 크기를 변경할 때 그 동작 방식에 영향을 주는 플래그 값을 전달할 수 있다. 단지 네 개의 플래그만이 사용 가능하다: HEAP_GENERATE_EXCEPTIONS, HEAP_NO_SERIALIZE, HEAP_ZERO_MEMORY, 그리고 HEAP_REALLOC_IN_PLACE_ONLY.

최초 두 개의 플래그들은 HeapAlloc 함수에서와 동일한 의미를 가진다. HEAP_ZERO_MEMORY는 메모리 블록의 크기를 증가시킬 때에만 유용하게 사용된다. 이 플래그를 사용하면 증가된 메모리 블록은 0으로 채워진다. 블록의 크기가 작아지는 경우에는 아무런 영향도 미치지 않는다.

HEAP_REALLOC_IN_PLACE_ONLY 플래그를 사용하면 HeapReAlloc 함수가 힙 내의 다른 메모리 블록으로 이전 메모리 블록의 내용을 옮기지 못하도록 한다. HeapReAlloc 함수는 메모리 블록의 크기가 커지는 경우 이처럼 메모리 블록의 내용을 다른 블록으로 옮기려 시도할 수 있다. HeapReAlloc이 메모리 블록 자체를 옮기지 않고도 블록의 크기를 증가시킬 수 있다면 메모리 블록의 이전 주소를 그대로 반환하겠지만, 다른 블록으로 반드시 옮겨야 하는 상황이 되면 더 넓어진 새로운 블록의 주소를 반환하게 된다. 블록의 크기를 줄이는 상황에서 HEAP_REALLOC_IN_PLACE_ONLY 플래그를 전달하게 되면 항상 이전 메모리 블록의 주소가 반환된다. 링크드 리스트나 트리의 일부분으로 메모리 블록이 사용될 경우 HEAP_REALLOC_IN_PLACE_ONLY를 사용해야 한다. 리스트나 트리의 다른 노드는 크기를 변경하고자 하는 노드에 대한 포인터를 가지고 있을 가능성이 있으므로 메모리 블록의 위치가 옮겨지게 되면 링크드 리스트나 트리를 손상시키게 된다.

나머지 두 개의 매개변수인 pvMem과 dwBytes로는 메모리 블록의 현재 주소와 얼마만큼의 크기로 블록을 변경하고자 하는지를 바이트 단위로 지정하면 된다. HeapReAlloc 함수는 새롭게 크기가 변경된 블록의 주소를 반환하거나 크기를 변경할 수 없을 경우 NULL을 반환하게 된다.

3 블록 크기 획득

메모리 블록이 할당된 이후 HeapSize 함수를 이용하면 블록의 실제 크기를 가져올 수 있다.

```
SIZE_T HeapSize(
    HANDLE hHeap,
    DWORD fdwFlags,
    LPCVOID pvMem);
```

hHeap 매개변수로는 힙의 핸들을, pvMem 매개변수로는 블록의 주소를 전달하면 된다. fdwFlags 매개변수로는 0이나 HEAP_NO_SERIALIZE를 전달할 수 있다.

4 블록 해제

메모리 블록이 더 이상 필요하지 않다면 HeapFree 함수를 호출하여 메모리 블록을 해제할 수 있다.

```
BOOL HeapFree(
    HANDLE hHeap,
    DWORD fdwFlags,
    PVOID pvMem);
```

HeapFree 함수는 메모리 블록을 성공적으로 해제하였을 경우 TRUE를 반환한다. fdwFlags 매개변수로는 0이나 HEAP_NO_SERIALIZE를 전달할 수 있다. 이 함수를 호출하면 힙 매니저가 일부 물리적 저장소를 디커밋할 수 있도록 허용한다. 하지만 항상 디커밋이 수행될 것이라고 보장할 수는 없다.

5 힙 파괴

애플리케이션에서 새로 생성하였던 힙이 더 이상 필요하지 않은 경우 HeapDestroy 함수를 호출하여 힙을 파괴할 수 있다.

```
BOOL HeapDestroy(HANDLE hHeap);
```

HeapDestroy 함수를 호출하면 힙 내의 모든 메모리 블록들은 자동적으로 해제된다. 결국 힙을 유지하기 위해 사용하였던 모든 물리적 저장소와 예약된 메모리 영역은 해제되며, 시스템에 반납된다. HeapDestroy 함수가 성공하면 TRUE 값을 반환한다. 프로세스 종료 때까지 힙을 명시적으로 파괴하지 않게 되면 시스템이 힙을 대신 파괴해 준다. 그러나 프로세스 종료시점에 맞추어 힙이 파괴될 것이기 때문에 힙을 생성한 스레드가 종료된다고 해도 힙은 파괴되지 않는다.

시스템은 프로세스가 완전히 종료되기 전에 프로세스의 기본 힙이 파괴되지 않도록 보호하고 있다. 만일 HeapDestroy 함수에 프로세스 기본 힙의 핸들을 전달하게 되면 시스템은 함수 호출을 무시하고 FALSE 값을 반환하게 된다.

⑥ C++에서의 힙 사용

힙의 장점을 사용하기 위한 최상의 방법 중 하나는 기존의 C++ 프로그램에 결합시켜 운용하는 것이다. 일반 C 런타임의 malloc 함수를 호출하는 대신 C++의 new 연산자를 호출하면 새로운 클래스 오브젝트를 할당하게 된다. 클래스 오브젝트가 더 이상 필요하지 않으면 일반 C 런타임의 free 함수를 호출하는 대신 delete 연산자를 호출하면 된다. 예를 들어 CSomeClass라는 클래스가 있고 이 클래스의 인스턴스를 생성하려고 한다고 하자. 이를 위해서는 다음과 유사한 구문을 사용하면 된다.

```
CSomeClass* pSomeClass = new CSomeClass;
```

C++ 컴파일러는 위 문장을 컴파일할 때 가장 먼저 CSomeClass 클래스가 new 연산자를 오버로딩한 멤버함수를 가지고 있는지를 확인한다. 만일 클래스 내에 이러한 멤버함수가 포함되어 있다면 컴파일러는 해당 함수를 호출하도록 코드를 생성한다. 만일 컴파일러가 new 연산자를 오버로딩한 함수를 찾지 못하였다면 컴파일러는 표준 C++ new 연산자 함수를 호출하도록 코드를 생성한다.

할당한 오브젝트를 더 이상 사용할 필요가 없다면 delete 연산자를 호출하여 해당 오브젝트를 삭제할 수 있다.

```
delete pSomeClass;
```

C++ 클래스 내에서 new와 delete 연산자를 오버로딩하면 힙 함수의 장점을 쉽게 활용할 수 있다. 이를 위해 헤더 파일 내에 다음과 같이 CSomeClass 클래스를 정의해 보자.

```
class CSomeClass {
private:

    static HANDLE s_hHeap;
    static UINT s_uNumAllocsInHeap;
```

```
        // 다른 private 데이터와 멤버함수들
        ...

    public:
        void* operator new (size_t size);
        void operator delete (void* p);
        // 다른 public 데이터와 멤버함수들
        ...
    };
```

위 코드를 보면 s_hHeap과 s_uNumAllocsInHeap 두 개의 멤버변수를 선언했다. 이 변수들을 static 으로 선언했기 때문에 C++는 CSomeClass의 모든 인스턴스들은 이 변수의 값을 공유하게 된다. 즉, C++에서는 이 클래스의 인스턴스가 생성될 때마다 s_hHeap과 s_uNumAllocsInHeap 변수를 각 기 할당하지 않는다는 것이다. CSomeClass 클래스의 모든 인스턴스들이 동일한 힙으로부터 할당되 기를 원하기 때문에 C++의 이러한 동작 방식은 매우 중요하다고 하겠다.

s_hHeap 변수는 CSomeClass 오브젝트가 할당될 힙 핸들을 가지게 된다. s_uNumAllocsInHeap 변수는 힙 내에서 CSomeClass 오브젝트가 몇 번이나 생성되었는지를 나타내는 단순 카운터 값이다. 힙에 CSomeClass 오브젝트가 생성될 때마다 s_uNumAllocsInHeap 값은 증가되고, CSomeClass 오브젝트가 파괴될 때마다 s_uNumAllocsInHeap 값은 감소한다. s_uNumAllocsInHeap의 값이 0이 되면 힙은 더 이상 필요하지 않게 되고, 힙은 삭제된다. 힙을 운용하기 위한 코드는 아래의 코드 예제와 유사할 것이며, .cpp 파일 내에 포함되어야 한다.

```
HANDLE CSomeClass::s_hHeap = NULL;
UINT CSomeClass::s_uNumAllocsInHeap = 0;

void* CSomeClass::operator new (size_t size) {
    if (s_hHeap == NULL) {
        // 힙이 존재하지 않으므로 새로 생성한다.
        s_hHeap = HeapCreate(HEAP_NO_SERIALIZE, 0, 0);

        if (s_hHeap == NULL)
            return(NULL);
    }
    // CSomeClass 오브젝트를 위한 힙이 존재한다.
    void* p = HeapAlloc(s_hHeap, 0, size);

    if (p != NULL) {
        // 메모리가 성공적으로 할당되었다.
        // 힙 내에 할당된 CSomeClass 오브젝트의 개수를
        // 나타내는 카운터를 증가시킨다.
        s_uNumAllocsInHeap++;
```

```
    }

    // CSomeClass 오브젝트를 위해 할당된 주소를 반환한다.
    return(p);
}
```

가장 먼저 두 개의 정적 멤버변수를 정의하고 있다는 것에 주목할 필요가 있다. 소스의 최상단을 보면 s_hHeap과 s_uNumAllocsInHeap을 각기 NULL과 0으로 초기화하였다.

C++의 new 연산자는 size라는 하나의 인자를 받아들이는데, 이 인자로는 CSomeClass 오브젝트를 생성하기 위해 필요한 바이트 수를 전달하면 된다. 위에서 정의한 new 연산자 함수가 가장 먼저 수행하는 작업은 기존에 힙이 존재하지 않는 경우 새로운 힙을 생성하는 것이다. 이러한 작업은 s_hHeap 변수 값이 NULL일 경우 HeapCreate 함수를 호출함으로써 간단히 수행될 수 있으며, HeapCreate 함수의 반환 값은 추후 new 연산자가 다시 호출되었을 때 추가적으로 힙을 생성하지 않고 기존의 힙을 그대로 이용할 수 있도록 s_hHeap에 저장해 둔다.

앞의 코드 예제에서는 HeapCreate 함수를 호출할 때 HEAP_NO_SERIALIZE 플래그를 사용하고 있다. 이는 코드 예제의 나머지 부분이 멀티스레드에 안전하도록 작성되지 않았기 때문이다. HeapCreate 함수의 나머지 두 개의 매개변수는 힙의 초기 크기와 최대 크기를 각기 나타내게 되는데, 이 값으로는 각각 0과 0을 전달하였다. 첫 번째 0은 힙의 초기 크기를 지정하지 않는다는 의미이며, 두 번째 0은 필요 시 힙이 확장될 수 있다는 것을 의미한다. 필요에 따라 이 두 개의 값을 다른 값으로 변경할 수도 있을 것이다.

new 연산자 함수의 size 매개변수를 HeapCreate의 두 번째 매개변수로 전달하는 것은 상당히 가치 있는 작업이라고 생각할 것이다. 이렇게 하면 클래스의 단일 인스턴스를 포함할 수 있는 힙을 생성할 수 있게 될 것이므로 이후 HeapAlloc 함수를 최초로 호출하였을 때 클래스 인스턴스를 저장하기 위한 공간의 크기를 조정할 필요가 없기 때문에 좀 더 빠르게 함수가 호출될 수 있을 것으로 보인다. 불행히도 힙의 동작 방식은 우리가 생각하는 것처럼 동작하지 않는다. 힙 내부에서 메모리 블록을 할당하게 되면 매번 관련 비용이 발생하기 때문에 HeapAlloc 함수를 호출하였을 때 단일의 클래스 인스턴스의 크기에 적합한 공간을 할당하기 위해서는 여전히 힙의 크기를 재조정해야 하며, 이에 따른 비용이 발생하게 된다.

힙이 생성되고 나면 새로운 CSomeClass 오브젝트는 HeapAlloc 함수를 사용하여 할당될 수 있다. 첫 번째 매개변수로는 힙 핸들을 전달하면 되고, 두 번째 매개변수로는 CSomeClass 오브젝트 크기를 전달하면 된다. HeapAlloc 함수는 할당된 메모리 블록의 주소를 반환한다.

메모리 할당이 성공적으로 완료되면, 힙에 한 개의 객체가 추가적으로 생성된 것을 표현하기 위해 s_uNumAllocsHeap 변수의 값을 증가시킨다. new 연산자에서 마지막으로 수행하는 작업은 새롭게 할당된 CSomeClass 오브젝트의 주소 값을 반환하는 것이다.

지금까지의 내용이 CSomeClass 오브젝트의 생성에 대한 내용이었다면, 애플리케이션에서 CSome-Class 오브젝트의 인스턴스가 더 이상 필요 없어졌을 때 CSomeClass를 파괴하는 쪽도 알아보기로 하자. 이러한 작업은 delete 연산자 함수를 통해 수행되며, 아래와 같이 코딩될 수 있다.

```
void CSomeClass::operator delete (void* p) {
    if (HeapFree(s_hHeap, 0, p)) {
        // 객체가 성공적으로 삭제되었다.
        s_uNumAllocsInHeap--;
    }

    if (s_uNumAllocsInHeap == 0) {
        // 힙에 더 이상 객체가 존재하지 않으면
        // 힙을 파괴한다.
        if (HeapDestroy(s_hHeap)) {
            // new 연산자를 이용하여 새로운 CSomeClass 오브젝트를 생성하려면
            // 먼저 새로운 힙을 생성해야 함을 알 수 있도록
            // 힙 핸들을 NULL로 설정한다.
            s_hHeap = NULL;
        }
    }
}
```

delete 연산자 함수는 유일하게 하나의 매개변수만을 받아들이는데, 이 매개변수로는 삭제하고자 하는 오브젝트의 주소를 전달하면 된다. delete 연산자 함수에서 처음으로 수행하는 작업은 힙의 핸들과 삭제하고자 하는 오브젝트의 주소를 인자로 HeapFree 함수를 호출해 주는 것이다. 오브젝트가 성공적으로 삭제되면 s_uNumAllocsInHeap의 값을 감소시켜서 힙 내에 있는 CSomeClass 오브젝트의 개수가 하나 감소되었음을 나타내게 한다. 다음으로, s_uNumAllocsInHeap 값을 확인하여 그 값이 0이라면 힙 핸들을 인자로 HeapDestroy 함수를 호출한다. 성공적으로 힙이 파괴되면 s_hHeap을 NULL로 설정한다. 프로그램 내부에서 추후에 CSomeClass 오브젝트를 새로 생성할 수 있기 때문에 이러한 설정 작업은 매우 중요하다고 할 수 있다. 이처럼 힙 핸들을 NULL로 설정해 둠으로써 new 연산자가 재차 호출되었을 때 s_hHeap 변수 값을 확인하여 기존의 힙을 사용해야 할지, 아니면 새로운 힙을 생성해야 할지를 결정할 수 있게 된다.

이 예제는 프로세스 내에서 여러 개의 힙을 사용하는 것이 얼마나 편리한지를 보여주는 예라고 하겠다. 이 예제는 구성하기도 쉬우며, 사용자의 클래스와 결합되어 손쉽게 사용될 수 있다. 아마도 상속에 대해 생각해 볼 수도 있을 텐데, CSomeClass를 상위 클래스로 하는 새로운 클래스를 만들면 CSomeClass의 new와 delete 연산자도 상속받게 된다. 새로운 클래스는 CSomeClass의 힙도 상속할 것이기 때문에 CSomeClass가 사용하는 힙과 동일한 힙을 사용하게 된다. 상황에 따라 이러한 특성은 사용자가 원하는 것일 수도 있고 그렇지 않은 것일 수도 있다. 만일 하위 클래스가 상위 클래스와 너무 다른 크기를 가지게 되면 힙은 심하게 단편화가 진행될 것이다. 이렇게 되면 665쪽 "컴포넌트

보호"와 666쪽 "더욱더 효율적인 메모리 관리"에서 언급한 바와 같이 코드 내에서 버그를 찾는 것이 더 어려워질 수 있다.

만일 하위 클래스에 대해 독립된 힙을 사용하고 싶다면 CSomeClass 클래스에서 했던 것과 같은 작업을 단순히 반복하기만 하면 된다. 좀 더 구체적으로 말하자면 s_hHeap과 s_uNumAllocsInHeap 변수와 동일한 역할을 수행하는 다른 변수를 추가하고, new와 delete 연산자 함수를 구현한 코드를 복사하면 된다. 이렇게 수정된 코드를 컴파일하게 되면 컴파일러는 하위 클래스에 new와 delete 연산자가 오버로딩되어 있음을 알게 되고, 상위 클래스의 함수들 대신 하위 클래스의 함수들을 호출하도록 해 준다.

각각의 클래스별로 힙을 생성하지 않았을 때의 유일한 장점은 새로운 힙으로부터 메모리를 할당하기 위한 추가적인 비용과 각각의 힙을 사용하기 위한 메모리 공간 정도일 것이다. 하지만 추가적인 힙을 사용함에 따라 발생하는 이 정도의 비용과 메모리 공간은 심각한 정도는 아니므로 충분한 잠재적 소득이 있음이 분명하다. 애플리케이션이 충분히 잘 테스트되었고 판매가 임박한 상황이라면, 각각의 클래스가 자신만의 힙을 사용하도록 하는 것에 대한 절충안으로 상위 클래스가 사용한 힙을 하위 클래스가 공유하도록 하는 것도 고려해 볼 수 있다. 하지만 이 경우 메모리 단편화로 인해 문제가 발생할 소지가 있음을 잘 알고 있어야 한다.

section 04 기타 힙 관련 함수들

앞서 알아보았던 주요 힙 관련 함수와 더불어 윈도우는 또 다른 부류의 힙 관련 함수들을 제공하고 있다. 이번 절에서는 이러한 추가적인 함수들에 대해 알아보자.

ToolHelp 함수들을 이용하면 (4장 "프로세스"에서 언급하였던) 프로세스의 모든 힙을 나열하고, 그러한 힙들의 할당 상황을 살펴볼 수 있다. 좀 더 자세한 정보는 플랫폼 SDK 문서의 Heap32First, Heap32Next, Heap32ListFirst, Heap32ListNext 함수를 살펴보기 바란다.

단일의 프로세스라 하더라도 자신의 주소 공간에 여러 개의 힙을 가질 수 있기 때문에 GetProcess-Heaps 함수를 호출하여 이러한 여러 개의 힙 핸들들을 가져올 수 있다.

```
DWORD GetProcessHeaps(
    DWORD dwNumHeaps,
    PHANDLE phHeaps);
```

GetProcessHeaps 함수를 호출하려면 먼저 HANDLE을 저장할 수 있는 배열을 할당한 후 다음과 같이 함수를 호출해야 한다.

```
HANDLE hHeaps[ 25 ];
DWORD dwHeaps = GetProcessHeaps(25, hHeaps);
if (dwHeaps > 25) {
    // 우리가 예측한 것보다 더 많은 힙이 프로세스 내에 존재한다.
} else {
    // hHeaps[ 0 ] 부터 hHeaps[ dwHeaps - 1] 은
    // 프로세스 내에 존재하는 힙 핸들을 나타낸다.
}
```

이 함수가 반환되었을 때 돌아오는 힙 핸들의 배열 안에는 프로세스의 기본 힙에 대한 핸들도 포함되어 있음에 주의하기 바란다. HeapValidate 함수를 호출하면 힙의 무결성을 확인할 수도 있다.

```
BOOL HeapValidate(
    HANDLE hHeap,
    DWORD fdwFlags,
    LPCVOID pvMem);
```

보통 이 함수를 호출할 때에는 힙 핸들과 함께, fdwFlags 값으로는 0을(이 플래그로 전달할 수 있는 추가적인 플래그 값은 HEAP_NO_SERIALIZE 정도다), pvMem 값으로는 NULL을 전달한다. 이렇게 함수를 호출하면 힙 내의 모든 블록을 조사하여 손상 여부를 확인한다. 이 함수를 좀 더 빠르게 동작하도록 하려면 pvMem 매개변수로 특정 블록의 주소를 전달하면 된다. 이렇게 하면 힙 전체의 메모리 블록을 조사하는 대신 주어진 메모리 블록의 무결성 여부만을 확인하게 된다.

힙 내의 프리 블록을 결합하고, 할당되지 않은 메모리 블록에 대한 물리적 저장소의 페이지를 디커밋하기 위해서는 HeapCompact 함수를 호출하면 된다.

```
UINT HeapCompact(
    HANDLE hHeap,
    DWORD fdwFlags);
```

보통 fdwFlags 매개변수로는 0을 전달하지만 HEAP_NO_SERIALIZE를 전달할 수도 있다.

다음으로, 함께 사용되는 HeapLock과 HeapUnLock 함수에 대해 알아보자.

```
BOOL HeapLock(HANDLE hHeap);
BOOL HeapUnlock(HANDLE hHeap);
```

이 함수는 스레드 동기화를 위해 사용된다. HeapLock 함수를 호출하면 이 함수를 호출한 스레드는 지정한 힙의 소유자가 되어 다른 스레드가 동일한 힙 핸들을 이용하여 힙 관련 함수를 호출하였을 때 HeapUnlock 함수가 호출될 때까지 대기 상태로 만든다.

HeapAlloc, HeapSize, HeapFree 등의 함수들은 내부적으로 HeapLock과 HeapUnlock 함수를 호출하여 힙에 대한 순차적인 접근이 일어나도록 하고 있다. 따라서 HeapLock이나 HeapUnlock

함수를 사용자가 직접적으로 사용하는 것은 일반적인 경우는 아니다.

마지막 힙 관련 함수는 HeapWork다.

```
BOOL HeapWalk(
    HANDLE hHeap,
    PPROCESS_HEAP_ENTRY pHeapEntry);
```

이 함수는 디버깅 용도로 사용할 경우에만 유용하다. 이 함수를 사용하면 힙 내의 내용을 모두 살펴볼 수 있다. 이 함수는 반복적으로 호출되어야 하며, 함수 호출 전에 PROCESS_HEAP_ENTRY 구조체를 반드시 할당하고 초기화한 후에 인자로 전달해야 한다.

```
typedef struct _PROCESS_HEAP_ENTRY {
    PVOID lpData;
    DWORD cbData;
    BYTE cbOverhead;
    BYTE iRegionIndex;
    WORD wFlags;
    union {
        struct {
            HANDLE hMem;
            DWORD dwReserved[ 3 ];
        } Block;
        struct {
            DWORD dwCommittedSize;
            DWORD dwUnCommittedSize;
            LPVOID lpFirstBlock;
            LPVOID lpLastBlock;
        } Region;
    };
} PROCESS_HEAP_ENTRY, *LPPROCESS_HEAP_ENTRY, *PPROCESS_HEAP_ENTRY;
```

힙 내의 메모리 블록을 순회하기 위해서는 가장 먼저 lpData 멤버 값을 NULL로 설정해야 한다. 이렇게 하면 HeapWalk 함수는 구조체 내부의 멤버들을 초기화한다. HeapWalk 함수가 성공적으로 호출되면 구조체 내의 멤버들의 값을 살펴볼 수 있다. 힙 내의 다음 블록의 정보를 얻어오려면 다시 한 번 HeapWalk 함수를 호출해 주면 되는데, 앞서 HeapWalk 함수를 호출하였을 때 전달하였던 PROCESS_HEAP_ENTRY 구조체의 주소를 변경 없이 그대로 넘겨주어야 한다. HeapWalk 함수가 FALSE를 반환하면 힙 내에 더 이상 추가적인 메모리 블록이 존재하지 않는다는 것을 의미한다. 구조체 내의 각 멤버들에 대한 자세한 설명은 플랫폼 SDK를 참조하기 바란다.

HeapWalk 함수를 이용하여 힙 내의 메모리 블록의 내용을 조사하는 동안에는 다른 스레드가 동일 힙으로부터 메모리를 할당하거나 해제하지 못하도록 해야 하는데, 이를 위해 HeapLock과 Heap-Unlock 함수를 이용할 수 있다.

Part

04

다이내믹 링크 라이브러리 (DLL)

Chapter 19

DLL의 기본

1. DLL과 프로세스 주소 공간
2. 전반적인 모습

다이내믹 링크 라이브러리(DLL)는 마이크로소프트 윈도우의 최초 버전으로부터 유지되어온 핵심적인 기본 요소다. 윈도우 애플리케이션 프로그래밍을 위한 모든 함수들은 DLL 내에 포함되어 있는데, 이 중 가장 중요한 3개의 DLL은 메모리 관리, 프로세스 관리, 스레드 관리와 관련된 함수들을 포함하고 있는 Kernel32.dll, 윈도우 생성, 메시지 송신과 같은 사용자 인터페이스와 관련된 함수를 포함하고 있는 User32.dll, 그래픽 이미지를 그리거나 텍스트를 출력하는 등의 작업을 수행하는 함수를 포함하고 있는 GDI32.dll이다.

윈도우는 이 외에도 매우 다양한 작업을 수행하는 함수들을 제공하는 여러 개의 DLL 파일들을 포함하고 있다. 예를 들어 AdvAPI32.dll 파일은 오브젝트 보안, 레지스트리 관리, 이벤트 로깅과 관련된 함수들을 포함하고 있으며, ComDlg32.dll 파일은 공용 다이얼로그 박스(파일 열기, 파일 저장과 같은)를 포함하고 있으며, ComCtl32.dll 파일은 공용 윈도우 컨트롤들을 포함하고 있다.

이번 장에서는 DLL 파일을 만드는 방법에 대해 알아볼 것인데, 먼저 아래에 DLL을 사용해야 하는 몇 가지 이유를 나타내 보았다.

애플리케이션의 기능 확장. DLL은 프로세스의 주소 공간에 동적으로 로드될 수 있기 때문에, 애플리케이션이 수행 중이더라도 수행해야 할 작업이 결정되면 해당 작업을 수행할 수 있는 코드를 로드할 수 있다. 어떤 회사가 제품을 개발하고, 다른 회사가 이 제품의 기능을 확장하거나 보강할 수 있도록 하려는 경우에도 DLL은 상당히 유용하게 사용될 수 있다.

프로젝트 관리의 단순화. 개발 과정에서 여러 그룹이 서로 다른 작업을 수행하고 있는 경우라면 DLL을 사용함으로써 프로젝트 관리를 좀 더 쉽게 수행할 수 있다. 하지만 애플리케이션을 가능하면 적은 개수의 파일로 유지하도록 노력해야 한다. 실제로 100개 이상의 DLL 파일로 구성된 제품을 본 적이 있는데, 이는 개발자당 거의 5개의 DLL 파일을 만든 셈이었다. 이 경우 애플리케이션이 구동되려면 100개 이상의 DLL 파일을 읽어야 하기 때문에 프로세스 초기화가 심각할 정도로 느리게 수행될 것이다.

메모리 절약. 두 개 혹은 그 이상의 애플리케이션이 동일한 DLL 파일을 사용할 경우, DLL을 램에 단 한 번만 로드하고, 이 DLL을 필요로 하는 애플리케이션들은 앞서 로드한 내용을 공유할 수 있다. C/C++ 런타임 라이브러리의 경우가 아주 좋은 예라고 할 수 있다. 매우 많은 애플리케이션들이 이 라이브러리를 사용하는데, 만일 모든 애플리케이션들이 이 라이브러리를 정적으로 링크하게 되면 _tcscpy, malloc 등의 함수들은 메모리에 여러 번 로드될 것이다. 하지만 모든 애플리케이션이 DLL 형태의 C/C++ 런타임 라이브러리를 링크하게 되면 이러한 함수들은 메모리상에 단 한 번만 로드될 것이므로 메모리를 좀 더 효율적으로 사용할 수 있게 된다.

리소스 공유의 촉진. DLL은 다이얼로그 박스 템플릿, 문자열, 아이콘, 비트맵 등의 리소스를 포함할 수 있으며, 애플리케이션들은 이 DLL을 사용함으로써 그 내부에 포함된 리소스들을 공유할 수 있다.

지역화 촉진. 애플리케이션들은 지역화를 위해 DLL을 사용하곤 한다. 예를 들어 코드로만 구성되어 있어서 어떠한 사용자 인터페이스 관련 컴포넌트도 포함하고 있지 않은 애플리케이션을 먼저 수행한 후에 지역화된 사용자 인터페이스 컴포넌트를 포함하고 있는 DLL 파일을 로드하도록 할 수 있다.

플랫폼 차별성 해소. 다양한 윈도우 버전들은 각기 서로 다른 함수들을 제공하고 있다. 개발자들은 운영체제가 제공하는 최신의 함수를 호출하여 기능을 구현하고 싶어 하지만, 최신의 함수를 사용하도록 코드를 작성하게 되면 해당 함수를 제공하지 않는 윈도우의 로더는 프로세스를 수행할 수 없게 된다. 설사 직접적으로 함수를 호출하지 않는 경우에도 이러한 증상이 발생할 수 있다. 만일 이러한 기능을 DLL 파일로 분리해 두면 최신의 함수를 성공적으로 호출할 수는 없다 하더라도 이전 버전의 윈도우에서도 정상적으로 프로세스가 기동될 수는 있을 것이다.

특수한 목적 달성. 윈도우는 단지 DLL에서만 사용 가능한 몇몇 기능들을 가지고 있다. 훅을 설치하는 것과 같은 작업(SetWindowsHookEx와 SetWinEventHook을 사용하여)이 그 예가 될 수 있을 것인데, 이때 사용하는 훅 통지함수^{hook notification function}는 반드시 DLL 내에 존재해야만 한다. 윈도우 탐색기의 쉘은 DLL 파일로 작성된 COM 오브젝트를 구성함으로써 그 기능을 확장할 수 있으며, 웹 브라우저는 ActiveX 컨트롤을 사용하여 다양한 기능을 제공하는 웹 페이지를 구성할 수 있다.

DLL은 다른 애플리케이션에서 사용할 수 있는 독립적인 함수들로 이루어져 있기 때문에 애플리케이션을 만드는 것에 비해 좀 더 수월하게 작성될 수 있다. 메시지 루프를 처리한다거나 윈도우를 생성하는 등의 작업들은 일반적으로 DLL 파일을 이용하여 수행되지 않는다. DLL은 단순히 다른 애플리케이션이나 DLL에서 호출하는 함수들의 집합인 모듈을 구현하는 소스 코드로 구성된다. DLL을 구성하는 모든 소스 코드 파일들은 컴파일 이후에 애플리케이션의 실행 파일과 마찬가지로 링커에 의해 링크 작업이 수행된다. 하지만 이 경우 링커에 반드시 /DLL 스위치를 지정해 주어야 한다. 이 스위치를 사용하면 링커는 DLL 파일 이미지에 특수한 정보들을 포함시키게 되는데, 이를 통해 운영체제의 로더는 이 파일 이미지가 애플리케이션이 아니라 DLL 파일임을 인지하게 된다.

DLL 파일의 이미지는 애플리케이션(혹은 다른 DLL)이 DLL 파일 내에 포함된 함수를 호출하기 전에 반드시 프로세스의 주소 공간에 매핑되어 있어야 한다. 이를 위해 묵시적인 로드타임 링킹^{implicit load-time linking}이나 명시적인 런타임 링킹^{explicit run-time linking}의 두 가지 방법 중 하나를 선택할 수 있다. 묵시적인 로드타임 링킹에 대해서는 이 장 후반부에서 다룰 것이며, 명시적인 런타임 링킹에 대해서는 20장 "DLL의 고급 기법"에서 다룰 것이다.

DLL 파일 이미지가 프로세스의 주소 공간에 매핑되고 나면, DLL이 가지고 있는 모든 함수들은 프로세스 내의 모든 스레드에 의해 호출될 수 있게 된다. 사실 이렇게 로드가 완료되고 나면 DLL 고유의 특성은 거의 없어진다고 볼 수 있다. 프로세스 내의 스레드의 관점에서는 DLL이 가지고 있던 코드와 데이터들은 단순히 프로세스의 주소 공간에 로드된 추가적인 코드와 데이터들로 여겨질 뿐이다. 스레드가 DLL에 포함되어 있는 함수를 호출하게 되면, 호출된 DLL 함수는 호출한 스레드의 스택으로부터 전달된 인자 값을 얻어내게 되고, 호출한 스레드의 스택을 이용하여 지역변수를 할당하게 된다. 뿐만 아니라 DLL 함수 내부에서 생성하는 모든 오브젝트들도 DLL 함수를 호출하는 스레드나 프로세스가 소유하게 되며, DLL 자체가 소유하는 오브젝트는 존재하지 않는다.

예를 들어 DLL 내의 특정 함수가 VirtualAlloc 함수를 호출하게 되면, 해당 함수를 호출한 스레드가 속해 있는 프로세스의 주소 공간 내에 영역이 예약된다. 만일 DLL이 프로세스의 주소 공간으로부터 내려간다 하더라도, 앞서 프로세스의 주소 공간에 예약했던 영역은 그대로 남게 되는데, 이는 시스템이 해당 영역이 DLL로부터 예약되었다는 사실을 특별히 관리하지 않기 때문이다. 프로세스의 주소 공간에 예약된 영역은 스레드가 어떤 식으로든 VirtualFree 함수를 호출하거나 프로세스 자체가 종료되어야만 비로소 해제될 것이다.

실행 파일 내에 전역으로 선언된 정적변수는 동일한 실행 파일이 여러 번 실행될 경우라도 공유되지 않는다. 이는 윈도우가 13장 "윈도우 메모리의 구조"에서 알아본 바 있는 카피 온 라이트^{copy-on-write} 메커니즘을 이용하기 때문이다. DLL 파일 내에 전역으로 선언된 정적변수 또한 이와 동일한 메커니즘이 적용된다. 프로세스가 DLL 이미지 파일을 자신의 주소 공간 내에 매핑하는 경우, 실행 파일의 경우와 동일하게 전역으로 선언된 정적변수의 새로운 인스턴스가 생성된다.

노트 단일의 주소 공간은 하나의 실행 모듈과 다수의 DLL 모듈로 구성되어 있음을 반드시 알아두어야 한다. 이 중 일부 모듈은 C/C++ 런타임 라이브러리를 정적으로 링크하고 있을 수도 있으며, 또 다른 모듈은 C/C++ 런타임 라이브러리를 동적으로 링크하고 있을 수도 있다. 그 외에도 C/C++ 런타임 라이브러리를 전혀 사용하지 않는 모듈들도(C/C++로 개발되지 않았을 경우) 있을 수 있다. 많은 개발자들이 단일의 주소 공간 내에 C/C++ 런타임 라이브러리가 여러 번 로드될 수 있다는 사실을 잊어버려서 잦은 실수를 범하는 경우가 있다. 다음 코드를 살펴보도록 하자.

```
VOID EXEFunc() {
    PVOID pv = DLLFunc();
    // pv가 가리키는 저장소를 사용한다.
    // pv가 EXE의 C/C++ 런타임 힙 내에 있을 것이라고 가정하고 있다.
    free(pv);
}

PVOID DLLFunc() {
    // DLL의 C/C++ 런타임 힙으로부터 메모리를 할당받는다.
    return(malloc(100));
}
```

어떻게 생각하는가? 이 코드가 정상적으로 동작할까? DLL 함수 내에서 할당한 메모리 블록을 EXE의 함수 내에서 삭제할 수 있을까? 답은 '글쎄'이다. 앞서 보여준 코드는 충분한 정보를 제공해 주지 못하고 있다. 만일 EXE 와 DLL이 DLL로 구성된 C/C++ 런타임 라이브러리를 사용한다고 하면, 이 코드는 정상 동작할 수 있을 것이다. 하지만 둘 중 하나의 모듈이 정적 C/C++ 런타임 라이브러리를 사용하는 경우에는 free 함수를 호출하는 과정에서 문제가 생길 것이다. 개발자들이 이런 식으로 코딩하는 것을 수도 없이 많이 보았고, 이러한 코드는 개발자들에게 엄청난 내상을 주곤 하였다.

이러한 문제를 쉽게 해결하는 방법이 있다. 메모리를 할당하는 함수를 제공하는 모듈은 반드시 메모리를 삭제하는 함수도 제공하도록 해야 한다. 이러한 규칙에 맞추어 위 코드를 다시 작성해 보면 다음과 같다.

```
VOID EXEFunc() {
    PVOID pv = DLLFunc();
    // pv가 가리키는 저장소를 사용한다.
    // C/C++ 런타임에 대한 어떠한 가정도 하고 있지 않다.
    DLLFreeFunc(pv);
}

PVOID DLLFunc() {
    // DLL의 C/C++ 런타임 힙으로부터 메모리를 할당받는다.
    PVOID pv = malloc(100);
```

```
            return(pv);
    }

    BOOL DLLFreeFunc(PVOID pv) {
        // DLL의 C/C++ 런타임 힙에서 메모리를 해제한다.
        return(free(pv));
    }
```

코드를 이렇게 고치고 나면 아무런 문제없이 정상적으로 수행될 것이다. 모듈을 작성할 때 다른 모듈에 있는 함수들은 C/C++로 작성되지 않았을 수도 있으며, 메모리 할당을 위해 malloc이나 free 함수를 사용하지 않았을 수도 있다는 사실을 잊어서는 안 된다. 메모리 할당과 해제가 항상 동일한 함수에 의해 수행될 것이라고 가정하면 문제가 발생할 수 있으므로 주의하기 바란다. 그런데 C++의 new와 delete 연산자의 경우에는 내부적으로 malloc과 free 함수와 동일한 인자형을 취한다는 것도 더불어 알아두기 바란다.

section 02 전반적인 모습

DLL이 어떻게 동작하며 사용자와 시스템이 DLL을 어떻게 사용하는지에 대해 완벽하게 이해할 수 있도록 DLL 생성과 사용 과정을 그림으로 나타내 보았다. [그림 19-1]은 컴포넌트들이 어떻게 조화롭게 동작하는지를 보여주고 있다.

지금 당장은 실행 파일과 DLL 모듈이 묵시적으로 링크되는 경우에 대해서만 집중하기 바란다. 두말할 나위 없이 묵시적 링킹이 가장 일반적으로 사용되는 링킹 방법이며, 명시적 링킹 방법에 대해서는 추후 알아볼 것이다(이에 대해서는 20장에서 논의할 것이다).

[그림 19-1]에서 보는 바와 같이 몇몇 파일들과 컴포넌트들은 모듈(실행 파일과 같은)이 DLL 내의 함수와 변수들을 사용할 때에만 관여하게 된다. 논의를 단순화하기 위해 "실행 모듈"은 DLL로부터 함수와 변수들을 임포트import하는 모듈로 제한하였고, "DLL 모듈"은 실행 모듈이 사용하는 함수와 변수를 익스포트export하는 모듈로 제한하였다. 하지만 DLL 모듈 또한 다른 DLL 모듈에 포함되어 있는 함수나 변수를 임포트할 수 있다(실제로 자주)는 사실을 잊어서는 안 된다.

DLL 모듈에 있는 함수와 변수를 임포트하는 실행 모듈을 생성하려면, 먼저 DLL 모듈을 생성한 후 실행 모듈을 생성해야 한다.

DLL을 작성하려면 다음과 같은 절차를 따라야 한다.

1. 가장 먼저 DLL이 익스포트하려고 하는 함수의 원형, 구조체, 심벌 등을 포함하는 헤더 파일을 작성해야 한다. DLL 파일을 생성하기 위한 모든 소스 코드들은 이 헤더 파일을 인클루드include해야 한다.

DLL 생성

1) 익스포트할 원형/구조체/심벌 등을 정의하고 있는 헤더.
2) 익스포트할 함수/변수를 구현하고 있는 C/C++ 소스 파일.
3) 컴파일러는 C/C++ 소스 파일 각각에 대해 .obj 파일 생성.
4) 링커는 .obj 모듈을 결합하여 DLL 생성.
5) 링커는 하나 이상의 함수/변수가 익스포트된 경우 .lib 파일 생성.

EXE 생성

6) 임포트할 원형/구조체/심벌 등을 정의하고 있는 헤더.
7) 임포트할 함수/변수를 참조하는 C/C++ 소스 파일.
8) 컴파일러는 C/C++ 소스 파일 각각에 대해 .obj 파일 생성.
9) 링커는 임포트한 함수/변수들의 위치를 .lib 파일을 이용하여 확인하고 .obj 모듈을 결합하여 .exe 파일 생성(이러한 실행 파일은 어떤 DLL이 필요하며, 임포트한 심벌이 무엇인지에 대한 임포트 테이블 리스트를 가지고 있다.

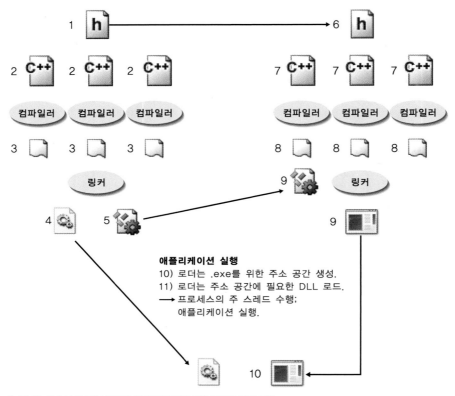

애플리케이션 실행

10) 로더는 .exe를 위한 주소 공간 생성.
11) 로더는 주소 공간에 필요한 DLL 로드.
⟶ 프로세스의 주 스레드 수행; 애플리케이션 실행.

[그림 19-1] DLL의 작성 방법과 애플리케이션에 의한 묵시적 링킹 방법

나중에 보게 되겠지만 DLL 파일 내에 포함된 함수나 변수를 사용하는 실행 모듈(혹은 일반 모듈)을 생성할 때에도 동일한 헤더 파일이 사용될 것이다.

2. DLL 모듈 내에 포함시킬 함수와 변수를 구현하는 C/C++ 소스 코드 모듈(혹은 일반 모듈)을 작성한다. 이러한 소스 코드 모듈은 실행 모듈을 생성할 때에는 사용되지 않는다. 따라서 DLL을 작성한 회사의 소스 코드는 공개하지 않아도 된다.

3. DLL 모듈을 생성하기 위해 컴파일러는 각 소스 모듈을 컴파일하여 .obj 모듈을 생성한다(소스 코드 모듈별로 .obj 모듈이 하나씩 생성된다).

4. .obj 모듈이 생성되면, 링커는 .obj 모듈의 내용을 결합하여 단일의 DLL 이미지 파일을 생성한다. 이렇게 생성된 이미지 파일(혹은 모듈)은 모든 이진 코드와 전역/정적 데이터 변수를 포함하게 된다. 이 파일은 실행 모듈을 실행할 때 반드시 필요하다.

5. 링커는 DLL의 소스 코드가 적어도 하나 이상의 함수 혹은 변수를 익스포트하고 있는지를 확인하고, 그 경우 .lib 파일을 생성한다. lib 파일은 어떠한 함수나 변수도 포함하고 있지 않기 때문에 그 크기가 매우 작다. 이 파일은 단순히 DLL 파일이 익스포트하고 있는 함수나 변수의 심벌 이름만을 유지하고 있다. 이 파일은 실행 모듈을 생성할 때 반드시 필요하다.

DLL 모듈이 만들어지면 다음과 같은 절차를 통해서 실행 모듈을 생성할 수 있다.

6. DLL 파일이 익스포트하고 있는 함수, 변수, 데이터 구조, 심벌 등을 참조하는 소스 모듈은 DLL 개발자가 작성한 헤더 파일을 인클루드해야 한다.

7. 실행 모듈 내부에 포함하고자 하는 함수들과 변수들을 구현하는 C/C++ 소스 코드 모듈(혹은 모듈)을 작성한다. 이러한 소스 코드는 DLL의 헤더 파일에서 정의하고 있는 함수나 변수들을 사용할 수 있다.

8. 실행 모듈을 생성하기 위해 컴파일러는 소스 코드 모듈을 컴파일하여 .obj 모듈을 생성한다(소스 코드 모듈별로 하나씩 .obj 모듈이 생성된다).

9. 모든 .obj 모듈이 생성되면, 링커는 .obj 모듈의 내용을 결합하여 단일의 실행 파일 이미지를 생성한다. 이렇게 생성된 이미지 파일(혹은 모듈)은 실행을 위한 모든 이진 코드와 전역/정적 데이터 변수를 포함하게 된다. 실행 모듈은 또한 파일 수행에 필요한 DLL 모듈의 이름을 포함하고 있는 임포트 섹션을 가지고 있다. (17장 "메모리 맵 파일"에 섹션에 대한 자세한 설명이 있다.) 여기에는 추가적으로 각각의 DLL 모듈별로 실행 파일의 이진 코드가 사용하는 함수와 변수들에 대한 정보들도 포함되어 있다. 곧 살펴보겠지만, 운영체제 로더는 로딩 과정에서 이러한 임포트 섹션에 대한 분석을 진행한다.

DLL과 실행 모듈이 모두 생성되면 프로세스를 수행할 수 있다. 실행 모듈을 수행하게 되면 운영체제의 로더는 다음과 같은 작업을 진행하게 된다.

10. 로더는 새로운 프로세스를 위한 가상 주소 공간을 생성한다. 실행 모듈을 새로운 프로세스의 주소 공간에 매핑한다. 로더는 실행 모듈의 임포트 섹션을 분석하고, 섹션 내에 포함되어 있는 모든 DLL을 시스템으로부터 찾아내어 프로세스의 주소 공간에 매핑한다. DLL 모듈 또한 다른 DLL 모듈에 있는 함수나 변수를 임포트할 수 있기 때문에 자신만의 임포트 섹션을 가질 수 있다는 점을 유념하기 바란다. 프로세스 초기화시 로더는 모든 모듈의 임포트 섹션을 분석하고, 프로세스 주소 공간 내에 필요한 모든 DLL 모듈들을 프로세스의 주소 공간에 매핑하게 된다. 알다시피 프로세스의 초기화는 시간이 많이 걸리는 작업이다.

실행 모듈과 모든 DLL 모듈이 프로세스의 주소 공간 내에 매핑되고 나면 프로세스의 주 스레드가 실행되게 되며, 애플리케이션이 비로소 실행되게 된다. 이어지는 절들에서 프로세스에 대해 좀 더 자세히 살펴볼 것이다.

❶ DLL 모듈 생성

DLL을 작성할 때에는 실행 모듈(혹은 다른 DLL)이 호출할 수 있는 함수들을 만들게 된다. DLL은 변수, 함수, C++ 클래스를 다른 모듈에 익스포트할 수 있다. 하지만 실제로는 코드의 계층적 추상화를 유지하고 DLL 코드를 좀 더 쉽게 유지 관리할 수 있도록 하기 위해 변수를 익스포트하는 것은 좋지 않다. 또한 C++ 클래스의 경우 익스포트한 C++ 클래스를 사용하는 모듈을 동일한 회사의 컴파일러를 이용하여 컴파일하는 경우에만 사용할 수 있다. 이 때문에 실행 모듈 개발자가 DLL 모듈 개발자와 동일한 개발 툴을 사용한다는 전제가 없다면 C++ 클래스를 익스포트해서는 안 된다.

DLL을 작성할 때에는 익스포트하고자 하는 변수(타입과 이름)나 함수(원형과 이름)를 포함하고 있는 헤더 파일을 먼저 작성하는 것이 좋다. 이러한 헤더 파일에는 익스포트할 함수나 변수가 사용하는 심벌이나 데이터 구조체도 반드시 같이 정의되어 있어야 한다. 모든 DLL 소스 코드 모듈은 이 헤더 파일을 인클루드해야 한다. 뿐만 아니라 이 헤더 파일을 DLL과 같이 배포하여 헤더 파일 내에 포함되어 있는 함수나 변수들을 사용하는 소스 코드에서 인클루드할 수 있도록 해야 한다. 유지 보수의 편의성을 위해 DLL별로 헤더 파일을 하나씩만 구성하는 것이 DLL 개발자나 실행 파일 개발자 모두에게 도움이 된다.

아래에 실행 파일과 DLL 소스 코드 파일 양쪽에서 사용할 수 있는 헤더 파일을 만드는 방법을 나타냈다.

```
/*********************************************************************
Module: MyLib.h
********************************************************************* /


#ifdef MYLIBAPI

// MYLIBAPI는 DLL의 소스 코드 모듈에서 이 헤더 파일을
// 인클루드하기 전에 미리 정의해 두어야 한다.

// 모든 함수와 변수들은 익스포트될 것이다.

#else

// 이 헤더 파일은 EXE 소스 코드 모듈에 의해 인클루드되었다.
// 모든 함수와 변수들이 임포트될 것임을 의미한다.
#define MYLIBAPI extern "C" __declspec(dllimport)

#endif


//////////////////////////////////////////////////////////////////////

// 데이터 구조체와 심벌을 여기에서 정의한다.
```

```
///////////////////////////////////////////////////////////

// 익스포트할 변수들을 여기에서 정의한다. (주의: 변수를 익스포트하는 것은 가급적 피하기 바란다.)
MYLIBAPI int g_nResult;


///////////////////////////////////////////////////////////

// 익스포트할 변수의 원형을 여기에서 정의한다.
MYLIBAPI int Add(int nLeft, int nRight);

///////////////////////// 파일의 끝 /////////////////////////
```

각각의 DLL 소스 코드 파일은 다음과 같이 헤더 파일을 인클루드해야 한다.

```
/********************************************************************
Module: MyLibFile1.cpp
********************************************************************/

// 표준 윈도우와 C 런타임 헤더 파일을 여기에서 인클루드한다.
#include <windows.h>

// 이 DLL 소스 코드 파일은 함수와 변수들을 익스포트한다.
#define MYLIBAPI extern "C" __declspec(dllexport)

// 익스포트할 데이터 구조체, 심벌, 함수, 변수들을 인클루드한다.
#include "MyLib.h"


///////////////////////////////////////////////////////////

// DLL 소스 코드 파일에 포함시킬 코드를 여기에 위치시킨다.
int g_nResult;

int Add(int nLeft, int nRight) {
   g_nResult = nLeft + nRight;
   return(g_nResult);
}

///////////////////////// 파일의 끝 /////////////////////////
```

DLL 소스 코드를 컴파일하면, MyLib.h 헤더 파일을 인클루드하기 전에 MYLIBAPI를 __declspec (dllexport)로 정의한다. 따라서 컴파일러^{compiler}는 모든 변수, 함수, C++ 클래스 앞에 __declspec (dllexport)가 포함된 것으로 생각하게 되고, 결국 모든 변수, 함수, C++ 클래스들이 DLL 모듈로부터 익스포트되는 것이라 판단하게 된다. 헤더 파일을 유심히 살펴보면, 익스포트하고자 하는 모든 변수와 함수 앞쪽에서 MYLIBAPI 구분자를 사용하고 있다는 것을 알 수 있을 것이다.

소스 코드 파일(MyLibFile1.cpp) 내부에서는 익스포트하고자 하는 변수와 함수 앞에 MYLIBAPI 구분자를 사용하고 있지 않음에도 주의하기 바란다. 컴파일러가 헤더 파일을 컴파일하는 동안 이미 익스포트할 변수와 함수들이 무엇인지를 알고 있기 때문에, 여기서는 MYLIBAPI 구분자를 사용할 필요가 없다.

MYLIBAPI 심벌이 extern "C" 한정자^{modifier}를 포함하고 있음에도 주목하기 바란다. 이 한정자는 C++ 코드를 작성하는 경우에만 사용하고, C 코드를 직접적으로 작성하는 경우에는 사용하지 않아도 된다. 보통 C++ 컴파일러는 함수와 변수의 이름을 복잡한 형태로 변경하기 때문에 해결하기 힘든 링크 문제를 유발하기도 한다. 예를 들어 DLL은 C++로 작성하고 실행 파일은 그냥 C로 작성하게 되면, DLL 파일을 생성할 때에는 함수의 이름이 다른 형태로 변경되지만, 실행 파일에서는 참조하는 함수의 이름을 변경하지 않기 때문에 실행 파일을 링크하는 과정에서 존재하지 않은 심벌을 참조한다는 에러가 발생하게 된다. extern "C"를 사용하면 컴파일러는 변수와 함수의 이름을 변경하지 않기 때문에 단순 C 혹은 다른 프로그래밍 언어에서도 DLL이 익스포트하는 변수나 함수들을 사용할 수 있게 된다.

이제 DLL 소스 코드 파일에서 어떻게 헤더 파일을 사용하는지에 대해 알았을 것이다. 그렇다면 실행 파일의 소스 코드에서는 어떻게 헤더 파일을 사용하면 될까? 실행 파일의 소스 코드에서는 헤더 파일을 인클루드하기 전에 MYLIBAPI를 정의하지 않아야 한다. 헤더 파일은 MYLIBAPI가 정의되어 있지 않으면 MYLIBAPI를 __declspec(dllimport)로 정의할 것이며, 컴파일러는 실행 파일의 소스 코드가 DLL 모듈 내에 포함된 변수와 함수들을 임포트하는 것으로 판단하게 될 것이다.

WinBase.h와 같은 마이크로소프트의 표준 윈도우 헤더 파일을 살펴보면 마이크로소프트도 기본적으로 앞서 설명한 것과 동일한 기법을 사용하고 있음을 알 수 있을 것이다.

익스포트가 실제로 의미하는 바는 무엇인가?

이전 절에서 설명한 내용 중 흥미로는 부분은 __declspec(dllexport) 한정자 정도일 것이다. 마이크로소프트의 C/C++ 컴파일러가 변수, 함수의 원형, C++ 클래스의 앞쪽에서 이러한 한정자를 발견하게 되면 .obj 파일에 추가적인 정보를 기록하게 된다. 링커는 DLL 파일을 생성하기 위해 링크 작업을 수행하는 동안 모든 .obj 파일로부터 이러한 정보를 분석해 낸다.

링커는 링크 작업을 진행하는 동안 .obj 파일로부터 익스포트할 변수, 함수, 클래스에 대한 정보들을 확인하고, 자동적으로 .lib 파일을 생성한다. .lib 파일은 DLL이 익스포트하는 심벌의 목록을 가지고 있으며, DLL 파일이 익스포트하는 심벌을 참조하는 실행 모듈을 링크하는 과정에서 반드시 필요한 파일이다. .lib 파일을 생성하는 것 외에도 링커는 DLL 파일 내에 해당 파일이 익스포트하고 있는 심벌에 대한 정보를 테이블 형태로 포함시켜 준다. 익스포트 섹션$^{export\ section}$이라고 불리는 이 테이블은 익스포트하고 있는 변수, 함수, 클래스 심벌에 대한 목록을 (알파벳순으로) 가지고 있다. 링커는 이 외에도 상대 가상 주소 ^{relative virtual address}(RVA)를 DLL 파일 내에 포함시키는데, 이 값은 각각의 심벌들이 DLL 모듈 내의 어느 위치에 있는지를 가리키는 값이다.

마이크로소프트 Visual Studio의 DumpBin.exe 도구를 사용하면(-exports 스위치와 함께) DLL의 익스포트 섹션을 살펴볼 수 있다. 아래의 출력 결과는 Kernel32.dll의 익스포트 섹션의 결과 중 일부를 발췌한 것이다. (DumpBin 파일의 출력 결과가 너무 길기 때문에 출력 결과 중 일부만을 발췌하였다.)

```
C:\Windows\System32>DUMPBIN -exports Kernel32.DLL

Microsoft (R) COFF/PE Dumper Version 8.00.50727.42
Copyright (C) Microsoft Corporation. All rights reserved.

Dump of file Kernel32.DLL

File Type: DLL

  Section contains the following exports for KERNEL32.dll

    00000000 characteristics
    4549AD66 time date stamp Thu Nov 02 09:33:42 2006
        0.00 version
           1 ordinal base
        1207 number of functions
        1207 number of names

ordinal  hint RVA       name

      3    0             AcquireSRWLockExclusive (forwarded to
                         NTDLL.RtlAcquireSRWLockExclusive)
      4    1             AcquireSRWLockShared (forwarded to
                         NTDLL.RtlAcquireSRWLockShared)
      5    2 0002734D    ActivateActCtx = _ActivateActCtx@8
      6    3 000088E9    AddAtomA = _AddAtomA@4
      7    4 0001FD7D    AddAtomW = _AddAtomW@4
      8    5 000A30AF    AddConsoleAliasA = _AddConsoleAliasA@12
      9    6 000A306E    AddConsoleAliasW = _AddConsoleAliasW@12
     10    7 00087935    AddLocalAlternateComputerNameA =
                         _AddLocalAlternateComputerNameA@8
     11    8 0008784E    AddLocalAlternateComputerNameW =
                         _AddLocalAlternateComputerNameW@8
     12    9 00026159    AddRefActCtx = _AddRefActCtx@4
     13    A 00094456    AddSIDToBoundaryDescriptor =
```

```
                        _AddSIDToBoundaryDescriptor@8
    ...
  1205  4B4 0004328A lstrlen  = _lstrlenA@4
  1206  4B5 0004328A lstrlenA = _lstrlenA@4
  1207  4B6 00049D35 lstrlenW = _lstrlenW@4

  Summary

      3000 .data
      A000 .reloc
      1000 .rsrc
     C9000 .text
```

이 결과에서 볼 수 있는 것과 같이 심벌들은 모두 알파벳순으로 정렬되어 있으며, RVA 열에는 DLL 파일이 익스포트된 심벌을 어디에서 찾을 수 있는지를 나타내는 오프셋 값이 기록되어 있다. ordinal 열은 16비트 윈도우 소스 코드와의 호환성을 위해 존재하는 것이므로 사용하지 않는 것이 좋다. hint 열은 시스템이 성능을 향상시킬 목적으로 사용하는 값으로, 현재 논의되는 주제에서는 중요하지 않다.

많은 개발자들이 DLL 함수를 익스포트할 때 각 함수별로 순차적인 숫자 값을 할당하곤 한다. 이것은 16비트 윈도우 환경 하에서만 적절한 것이다. 마이크로소프트는 더 이상 이러한 순차적인 숫자 값을 시스템 DLL 파일들에 대해서는 제공하지 않고 있다. 윈도우 함수를 사용하는 실행 파일이나 DLL 파일을 링크할 때 마이크로소프트는 개발자들이 심벌의 이름을 사용하길 원한다. 만일 이러한 순차적인 숫자 값을 통해 윈도우가 제공하는 DLL에 대한 링크를 수행하였다면 다른 윈도우나 추후 발표될 윈도우 플랫폼에서는 프로그램이 수행되지 않을 수도 있다.

필자는 마이크로소프트에 왜 이러한 숫자 값을 삭제하려고 하는가에 대해 질의하였고, 다음과 같은 답변을 얻을 수 있었다. "우리는 실행 파일 포맷Portable Executable file format에서 이름을 이용하여 임포트하는 편이 숫자 값을 이용하는 것보다 좀 더 융통성이 있다고 생각한다. 이름을 이용하게 되면 언제든지 새로운 함수를 포함시킬 수 있다. 반면 여러 사람이 동시에 개발을 진행하는 규모가 큰 프로젝트에서 순차적인 숫자 값을 일관되게 유지하는 것은 너무나도 힘든 작업이다."

DLL을 직접 작성하는 경우라면 여전히 이러한 순차적인 숫자 값을 사용할 수 있으며, 실행 파일을 생성할 때에도 이 숫자 값을 이용하여 링크를 수행할 수 있다. 마이크로소프트는 개발자가 직접 작성한 DLL 파일이나 실행 파일의 경우 이러한 방식으로 링크되었다 하더라도 미래에 출시될 운영체제에서 문제없이 동작할 것임을 보장하고 있다. 하지만 필자는 작업을 할 때 순차적인 숫자 값을 가능하면 이용하지 않고 있으며, 이름을 통한 링크만을 수행하고 있다.

Visual C++ 이외의 다른 도구에서 사용할 수 있는 DLL 생성하기

만일 DLL 파일과 실행 파일을 만들 때 마이크로소프트 Visual C++만을 이용할 경우라면 이번 절에서 다룰 내용은 건너뛰어도 무방하다. 하지만 Visual C++를 이용하여 DLL을 만들기는 하지만 실행 파일은 다른 회사의 도구를 이용할 수도 있는 경우라면 이번 절에서 설명하는 추가적인 작업을 반드시 수행해 주어야 한다.

C와 C++ 언어를 섞어서 사용하는 경우 extern "C" 한정자를 사용해야 한다는 것은 앞서 설명한 바 있다. 또한 C++ 클래스를 익스포트하는 경우 클래스의 이름을 변경하는 규칙이 서로 상이하기 때문에 반드시 동일한 회사의 컴파일러를 사용해야 한다는 것도 알아보았다. 단순히 C로 프로그래밍을 하는 경우에도 서로 다른 회사의 컴파일러를 사용하게 되면 추가적인 문제가 생길 소지가 있다. 이러한 문제는 마이크로소프트 C 컴파일러가 C++를 사용하지 않는 경우에도 함수의 이름을 변경하는 작업을 수행하기 때문인데, 이러한 문제는 __stdcall(WINAPI) 호출 방식을 사용할 경우에만 발생하게 된다. 불행히도 이러한 호출 방식은 너무나도 보편적으로 사용되고 있다. C 함수를 __stdcall을 사용하여 익스포트하면 마이크로소프트 컴파일러는 함수 이름 앞에 밑줄(_)을 추가하고, 함수 이름 끝에 @ 기호를 추가한 다음 함수의 매개변수를 통해 전달하는 인자들의 전체 바이트 수를 덧붙이게 된다. 예를 들어 아래와 같이 함수를 익스포트하게 되면 DLL 익스포트 섹션에는 _MyFunc@8이라는 이름이 포함된다.

```
__declspec(dllexport) LONG __stdcall MyFunc(int a, int b);
```

만일 실행 파일을 다른 회사의 도구를 이용하여 생성하려 한다면, MyFunc(이러한 함수 이름은 마이크로소프트 컴파일러가 생성한 DLL 파일에는 존재하지 않는다)라는 이름의 함수를 링크하려 시도할 것이기 때문에, 링크 과정에서 에러가 발생하게 된다.

다른 회사의 컴파일러에서 사용될 DLL 파일을 마이크로소프트 컴파일러를 이용해서 컴파일하려 하면, 컴파일러에게 이름 변환을 수행하지 않도록 명령을 주어야만 한다. 두 가지 방법으로 이러한 명령을 컴파일러에게 전달할 수 있다. 첫 번째 방법은 .def 파일을 프로젝트에 추가하고 EXPORTS라는 섹션을 다음과 같이 구성하는 것이다.

```
EXPORTS
    MyFunc
```

마이크로소프트 링커는 .def 파일을 분석하는 과정에서 _MyFunc@8과 MyFunc라는 두 개의 함수가 익스포트되었음을 알게 된다. 그러나 이 두 함수의 이름이 서로 일치하기(이름 변환 과정을 배제할 경우) 때문에 .def 파일에 정의되어 있는 MyFunc라는 이름으로는 함수를 익스포트하고, _MyFunc@8 이라는 이름으로는 함수를 익스포트하지 않는다.

이 경우 마이크로소프트 툴을 이용하여 실행 파일을 생성하는 과정에서 앞의 예와 같이 이름 변경을 수행하지 않은 DLL을 링크하게 되면 _MyFunc@8을 링크하려고 시도할 것이기 때문에 에러가 발생할 것으로 생각할지 모르겠다. 그런데 고맙게도 마이크로소프트 링커는 실행 파일을 생성할 때 MyFunc 라는 이름의 함수를 정확하게 링크해 준다.

.def 파일을 사용하고 싶지 않다면, 두 번째 방법으로 이름 변환 이전의 함수 이름을 익스포트할 수 있다. DLL 소스 코드 모듈 중 하나에 다음과 같은 내용을 추가하면 된다.

```
#pragma comment(linker, "/export:MyFunc=_MyFunc@8")
```

이러한 행을 추가하게 되면 컴파일러는 링커 지시어를 생성하여 MyFunc라는 함수를 _MyFunc@8과 동일한 시작 주소를 가지는 함수로 익스포트하게 된다. 두 번째 방법은 이름 변환이 수행된 함수 이름을 사용자가 직접 입력해 주어야 하기 때문에 첫 번째 방법에 비해 조금 더 불편해 보인다. 또한 첫 번째 방법이 MyFunc라는 이름의 심벌만을 익스포트하는 데 비해 두 번째 방법을 이용하면 단일 함수에 대해 MyFunc와 _MyFunc@8과 같은 두 개의 심벌을 익스포트하게 된다. 두 번째 방법은 그다지 가치가 없어 보이며, 단지 .def 파일을 사용하고 싶지 않은 경우에만 사용된다.

2 실행 모듈 생성

다음의 실행 파일의 소스 코드는 DLL 파일이 익스포트한 심벌을 코드 내에서 임포트하는 예를 보여준다.

```
/**********************************************************************
Module: MyExeFile1.cpp
**********************************************************************/

// 표준 윈도우 헤더 파일과 C 런타임 헤더 파일을 인클루드한다.
#include <windows.h>
#include <strsafe.h>
#include <stdlib.h>

// 익스포트된 데이터 구조체, 심벌, 함수, 변수들을 인클루드한다.
#include "MyLib\MyLib.h"

///////////////////////////////////////////////////////////////////////

int WINAPI _tWinMain(HINSTANCE, HINSTANCE, LPTSTR, int) {

    int nLeft = 10, nRight = 25;

    TCHAR sz[100];
    StringCchPrintf(sz, _countof(sz), TEXT("%d + %d = %d"),
        nLeft, nRight, Add(nLeft, nRight));
    MessageBox(NULL, sz, TEXT("Calculation"), MB_OK);
```

```
    StringCchPrintf(sz, _countof(sz),
        TEXT("The result from the last Add is: %d"), g_nResult);
    MessageBox(NULL, sz, TEXT("Last Result"), MB_OK);
    return(0);
}

///////////////////////////// 파일의 끝 /////////////////////////////
```

실행 파일의 소스 코드를 개발할 때에는 반드시 DLL과 함께 제공되는 헤더 파일을 인클루드해 주어야 한다. DLL 헤더 파일을 인클루드하지 않으면, 소스 코드에서 사용한 심벌이 정의되어 있지 않을 것이므로, 컴파일러는 수많은 경고와 에러를 유발하게 된다.

실행 파일의 소스 코드에서는 DLL 헤더 파일을 인클루드하기 전에 MYLIBAPI를 정의해서는 안 된다. 앞의 코드를 컴파일하게 되면 MyLib.h 헤더 파일 내에서 MYLIBAPI을 __declspec(dllimport)로 정의하게 된다. 컴파일러가 변수, 함수, C++ 클래스에 대해 __declspec(dllimport) 한정자를 발견하게 되면, 이러한 심벌들이 다른 DLL 모듈에서 임포트된 것임을 알게 된다. 어느 DLL에 이러한 심벌들이 정의되어 있는지는 알지 못하지만 특별히 신경 쓰지는 않는다. 컴파일러는 올바른 방법으로 심벌들이 사용되고 있는지를 확인할 뿐이다. 이제 소스 코드에서는 올바른 방법으로 심벌들이 사용되고 있으므로 정상적으로 컴파일될 것이다.

다음 단계로, 링커는 실행 모듈을 생성하기 위해 모든 .obj 모듈을 결합한다. 링커는 실행 파일의 소스 코드에서 사용하고 있는 심벌들이 어떤 DLL로부터 익스포트되었는지 확인해야 한다. 이를 위해 링커에게 .lib 파일을 전달해 주어야 한다. 앞서 말한 것과 같이 .lib 파일은 단순히 DLL 모듈이 익스포트하고 있는 심벌들에 대한 목록만을 가지고 있다. 링커는 .obj 파일이 외부에서 정의하고 있는 심벌을 참조하고 있으므로, 어떤 DLL들이 이러한 심벌들을 정의하고 있는지를 확인하고 싶어 한다. 만일 링커가 외부에서 정의한 모든 심벌들의 위치를 확인하게 되면, 실행 파일이 탄생하게 된다.

임포트가 실제로 의미하는 바는 무엇인가?

앞서 __declspec(dllimport) 한정자에 대해 소개한 바 있다. 심벌을 임포트하려 하는 경우 사실 __declspec(dllimport) 키워드를 굳이 사용하지 않아도 되며, 단순히 표준 C의 extern 키워드를 사용하기만 해도 된다. 하지만 참조하는 심벌이 DLL 파일과 함께 제공되는 .lib 파일로부터 임포트될 것임을 미리 알 수 있다면 좀 더 효율적인 코드를 만들어낼 수 있다. 따라서 함수나 데이터에 대한 심벌을 임포트하려 하는 경우 __declspec(dllimport) 키워드를 이용할 것을 강력히 추천한다. 마이크로소프트 또한 모든 표준 윈도우 함수에 대해 이러한 방식을 사용하고 있다.

링커는 임포트된 심벌을 찾는 과정에서, 임포트 섹션^{import section}이라고 불리는 특수한 섹션을 실행 파일 내에 추가한다. 이 임포트 섹션은 실행 파일이 필요로 하는 DLL 모듈과 해당 DLL 모듈에서 참조되는 심벌에 대한 목록이 포함되어 있다.

Visual Studio의 DumpBin.exe 도구를 사용하면(-imports 스위치와 함께) 해당 모듈의 임포트 섹션을 살펴볼 수 있다. 아래 결과는 Calc.exe의 임포트 섹션에 대한 출력 결과의 일부를 나타낸 것이다. (다시 한 번 말하지만 DumpBin 파일의 출력 결과가 너무 길기 때문에 출력 결과 중 일부만을 발췌하였다.)

```
C:\Windows\System32>DUMPBIN -imports Calc.exe

Microsoft (R) COFF/PE Dumper Version 8.00.50727.42
Copyright (C) Microsoft Corporation. All rights reserved.


Dump of file calc.exe

File Type: EXECUTABLE IMAGE

  Section contains the following imports:

    SHELL32.dll
             10010CC Import Address Table
             1013208 Import Name Table
            FFFFFFFF time date stamp
            FFFFFFFF Index of first forwarder reference

     766EA0A5     110 ShellAboutW

    ADVAPI32.dll
             1001000 Import Address Table
             101313C Import Name Table
            FFFFFFFF time date stamp
            FFFFFFFF Index of first forwarder reference

      77CA8229     236 RegCreateKeyW
      77CC802D     278 RegSetValueExW
      77CD632E     268 RegQueryValueExW
      77CD64CC     22A RegCloseKey
...
    ntdll.dll
             1001250 Import Address Table
             101338C Import Name Table
            FFFFFFFF time date stamp
            FFFFFFFF Index of first forwarder reference

      77F0850D 548 WinSqmAddToStream
```

```
     KERNEL32.dll
                1001030 Import Address Table
                101316C Import Name Table
               FFFFFFFF time date stamp
               FFFFFFFF Index of first forwarder reference

     77E01890     24F GetSystemTimeAsFileTime
     77E47B0D     1AA GetCurrentProcessId
     77E2AA46     170 GetCommandLineW
     77E0918D     230 GetProfileIntW
...


  Header contains the following bound import information:
    Bound to SHELL32.dll [ 4549BDB4] Thu Nov 02 10:43:16 2006
    Bound to ADVAPI32.dll [ 4549BCD2] Thu Nov 02 10:39:30 2006
    Bound to OLEAUT32.dll [ 4549BD95] Thu Nov 02 10:42:45 2006
    Bound to ole32.dll [ 4549BD92] Thu Nov 02 10:42:42 2006
    Bound to ntdll.dll [ 4549BDC9] Thu Nov 02 10:43:37 2006
    Bound to KERNEL32.dll [ 4549BD80] Thu Nov 02 10:42:24 2006
    Bound to GDI32.dll [ 4549BCD3] Thu Nov 02 10:39:31 2006
    Bound to USER32.dll [ 4549BDE0] Thu Nov 02 10:44:00 2006
    Bound to msvcrt.dll [ 4549BD61] Thu Nov 02 10:41:53 2006

  Summary

        2000 .data
        2000 .reloc
       16000 .rsrc
       13000 .text
```

위 출력 결과에서 볼 수 있는 바와 같이, 임포트 섹션에는 Calc.exe 파일이 필요로 하는 각각의 DLL 들의 목록이 포함되어 있다(Shell32.dll, AdvAPI32.dll, OleAut32.dll, Ole32.dll, Ntdll.dll, Kernel32 .dll, GDI32.dll, User32.dll, MSVCRT.dll). 또한 각 DLL 모듈의 이름 이하에는 Calc.exe 실행 파일 이 해당 모듈로부터 참조하는 심벌의 이름이 나열되어 있다. 예를 들어 Calc.exe는 Kernel32.dll로부 터 GetSystemTimeAsFileTime, GetCurrentProcessId, GetCommandLineW, GetProfileIntW 등을 사용하고 있다.

심벌 이름 바로 왼쪽에는 숫자 값이 나타나 있다. 이 값은 각 심벌의 힌트[hint]라고 불리는 값인데, 우리 의 논의 대상에는 포함되어 있지 않다. 각 심벌의 가장 왼쪽에 나타나 있는 숫자는 프로세스의 주소 공 간 내에서 심벌이 위치하고 있는 메모리 주소를 가리키는 값이다. 이러한 메모리 주소는 실행 모듈이 바인딩된 이후에만 나타난다. 바인딩에 대한 추가적인 정보는 DumpBin의 출력 결과의 가장 하단에 나타나 있다. (바인딩에 대해서는 20장에서 알아볼 것이다.)

❸ 실행 모듈의 수행

실행 파일이 수행되면 운영체제의 로더는 프로세스를 위한 가상 주소 공간을 생성한다. 이후, 로더는 실행 모듈을 프로세스의 주소 공간에 매핑한다. 로더는 실행 파일의 임포트 섹션을 확인하여 필요한 DLL 파일들을 찾아서 프로세스의 주소 공간에 매핑한다.

임포트 섹션 내에 포함된 DLL 이름은 전체 경로명을 포함하고 있지 않기 때문에, 로더는 사용자의 디스크 드라이브로부터 DLL을 검색해야 한다. 아래에 로더의 검색 순서를 나타냈다.

1. 실행 파일 이미지가 있는 디렉터리
2. GetSystemDirectory 함수의 반환 값인 윈도우 시스템 디렉터리
3. 16비트 시스템 디렉터리(즉, 윈도우 디렉터리 이하의 System 하위 폴더)
4. GetWindowsDirectory 함수의 반환 값인 윈도우 디렉터리
5. 프로세스의 현재 디렉터리
6. PATH 환경변수에 포함된 디렉터리

프로세스의 현재 디렉터리는 윈도우 디렉터리가 검색된 이후에 검색된다는 사실에 주의하기 바란다. 이것은 윈도우 XP SP2에서부터 변경된 내용으로, 공식적인 윈도우 디렉터리가 아니라 애플리케이션의 현재 디렉터리로부터 시스템 DLL 파일인 것처럼 가장하는 파일들이 로드되는 것을 막기 위해 변경되었다. MSDN 온라인 도움말에 따르면 HKEY_LOCAL_MACHINE\SYSTEM\CurrentControlSet\Control\Session Manager 이하의 DWORD 값을 변경하면 이러한 검색 순서를 변경할 수 있다고 명시하고 있다. 하지만 특별히 멜웨어를 사용하기 위한 것이 아니라면 이 값을 변경하지 않기 바란다. 로더가 DLL 파일을 검색하는 방법은 몇 가지 다른 요소에 의해 영향을 받을 수 있다는 것을 알아두기 바란다. (이에 대해서는 20장에서 자세히 알아볼 것이다.)

DLL 모듈이 프로세스의 주소 공간에 매핑되면, 로더는 각 DLL 파일의 임포트 섹션을 조사한다. 만일 임포트 섹션이 존재한다면(대부분 존재할 것이다) 로더는 계속해서 프로세스의 주소 공간에 추가적으로 필요한 DLL 파일들을 매핑해 나간다. 로더는 DLL 모듈을 지속적으로 추적하여 설사 여러 차례 참조되는 모듈이라 하더라도 단 한 번만 로드되고 매핑될 수 있도록 한다.

만일 로더가 필요한 DLL 모듈을 찾지 못하면 사용자에게 다음과 같은 메시지 박스를 나타낸다.

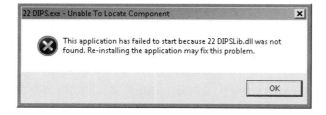

모든 DLL 모듈이 프로세스의 주소 공간에 로드되고 매핑되면, 로더는 임포트된 심벌의 모든 참조 정보를 수정해 나간다. 이를 위해 각 모듈의 임포트 섹션을 다시 한 번 살펴보게 된다. 로더는 각각의 심벌에 대해 관련 DLL의 익스포트 섹션을 검토하고 심벌이 실제로 존재하는지를 확인한다. 만일 심벌이 존재하지 않으면(매우 드문 경우겠지만) 로더는 다음과 유사한 메시지 박스를 나타낸다.

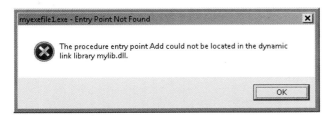

만일 심벌이 존재하면 로더는 심벌의 RVA 정보를 가져와서 DLL 모듈이 로드되어 있는 가상 주소 공간에 그 값을 더한다(프로세스의 주소 공간 내에서의 심벌의 위치). 이후, 실행 모듈의 임포트 섹션 내에 계산된 가상 주소 값을 기록한다. 이제 코드에서 임포트된 심벌을 참조하게 되면 호출 모듈의 임포트 섹션으로부터 임포트된 심벌의 위치 정보를 가져와서 임포트된 변수, 함수, 또는 C++ 클래스의 멤버 함수에 성공적으로 접근할 수 있게 된다. 대단하다! 다이내믹 링크가 완료되었으므로, 프로세스의 주 스레드가 시작되고, 결국 애플리케이션이 시작되게 된다.

로더가 모든 DLL 모듈을 로드하고, 임포트된 심벌의 정확한 주소 값을 획득하여 모든 모듈의 임포트 섹션을 올바르게 변경하려면 당연히 상당한 시간이 소요된다. 프로세스가 초기화될 때 이러한 작업이 모두 수행될 것이기 때문에 애플리케이션의 수행 속도에는 영향을 미치지 않는다. 하지만 너무나도 느린 애플리케이션 초기화 과정은 수용하기 어렵다. 애플리케이션의 로딩 속도를 향상시키기 위해서는 실행 파일과 DLL 모듈에 대해 시작 위치 변경 rebase과 바인딩 binding 작업을 수행하는 것이 좋다. 이러한 기법이 매우 중요함에도 불구하고 아주 극소수의 개발자들만이 이에 대해 알고 있다는 것은 매우 불행스러운 일이다. 모든 회사가 이러한 기법을 알고 있었다면 시스템은 좀 더 빠르게 수행될 수 있었을 것이다. 개인적으로는 운영체제가 이러한 작업을 자동으로 수행하는 도구를 포함하고 있어야 한다고 생각한다. 시작 위치 변경과 바인딩에 대해서는 다음 장에서 다루게 될 것이다.

Chapter **20**

DLL의 고급 기법

이전 장에서는 DLL 링킹의 기본적인 사항과 가장 보편적으로 사용되는 DLL 링킹 방법인 명시적인 링킹에 대해 집중적으로 알아보았다. 많은 애플리케이션에서 필요로 하는 대부분의 정보들은 이전 장에서 거의 모두 다루었다. 이번 장에서는 DLL에 대한 좀 더 세부적인 사항들을 살펴볼 것인데, DLL 과 관련되어 있는 다양한 기법들에 대해 모두 알아볼 것이다. 대부분의 애플리케이션들은 이러한 고급 기법들을 필요로 하지 않겠지만, 이러한 고급 기법들은 상당히 유용하기 때문에 반드시 알아두기 바란 다. 이번 장에서 다룰 내용 중 최소한 "20.7 모듈의 시작 위치 변경"과 "20.8 모듈 바인딩" 절의 내 용은 반드시 읽어보길 바란다. 왜냐하면 해당 절에서 다루어질 기법을 적용하게 되면 전체 시스템의 성능을 한층 더 향상시킬 수 있기 때문이다.

section 01 명시적인 DLL 모듈 로딩과 심벌 링킹

스레드가 DLL 모듈 내의 함수를 호출하려면 스레드가 포함되어 있는 프로세스의 주소 공간에 DLL 파일 이미지가 매핑되어 있어야 한다. DLL 파일 이미지를 프로세스의 주소 공간에 매핑하는 방법에 는 두 가지가 있다. 첫 번째 방법은 애플리케이션이 DLL에 포함되어 있는 심벌을 단순 참조하는 경우 이다. 이 경우 애플리케이션이 수행되면 운영체제의 로더가 필요한 DLL을 묵시적으로 로드(그리고 링크)한다.

DLL 생성

1) 익스포트할 원형/구조체/심벌 등을 정의하고 있는 헤더.
2) 익스포트할 함수/변수를 구현하고 있는 C/C++ 소스 파일.
3) 컴파일러는 C/C++ 소스 파일 각각에 대해 .obj 파일 생성.
4) 링커는 .obj 모듈을 결합하여 DLL 생성.
5) 링커는 하나 이상의 함수/변수가 익스포트된 경우 .lib 파일 생성.
   주의: .lib 파일은 명시적인 링킹 과정에서는 사용되지 않는다.

EXE 생성

6) 임포트할 원형/구조체/심벌 등을 정의하고 있는 헤더(선택사항).
7) 임포트할 함수/변수를 사용하지 않고 있는 C/C++ 소스 파일.
8) 컴파일러는 C/C++ 소스 파일 각각에 대해 .obj 파일 생성.
9) 링커는 .obj 모듈을 결합하여 .exe 모듈을 생성.
   주의: 익스포트된 심벌을 직접적으로 사용하지 않는 이상 .lib 파일은 필요하지 않다. .exe 파일은 임포트 테이블을 포함하고 있지 않다.

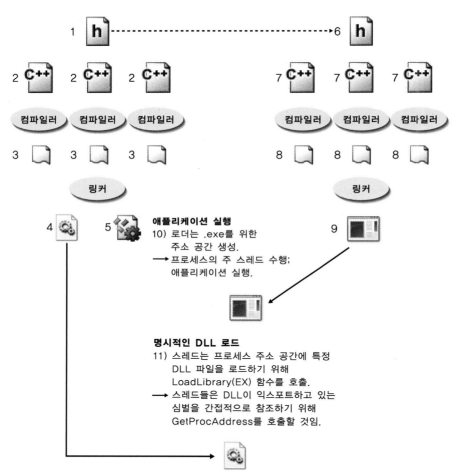

애플리케이션 실행

10) 로더는 .exe를 위한 주소 공간 생성.
  → 프로세스의 주 스레드 수행; 애플리케이션 실행.

명시적인 DLL 로드

11) 스레드는 프로세스 주소 공간에 특정 DLL 파일을 로드하기 위해 LoadLibrary(EX) 함수를 호출.
  → 스레드들은 DLL이 익스포트하고 있는 심벌을 간접적으로 참조하기 위해 GetProcAddress를 호출할 것임.

[그림 20-1] DLL의 작성 방법과 애플리케이션에 의한 명시적 링킹 방법

두 번째 방법은 애플리케이션이 필요한 DLL을 명시적으로 로드하도록 하는 것인데, 애플리케이션이 수행 중인 상황에서 필요한 심벌을 명시적으로 링크하는 방법을 말한다. 다르게 표현하자면, 애플리케이션이 수행되고 있는 상황에서 특정 스레드가 DLL 내에 포함되어 있는 함수를 호출하기로 한 경우 프로세스의 주소 공간에 필요한 DLL 파일을 명시적으로 로드하여 DLL 내에 포함되어 있는 함수

의 가상 메모리 주소를 획득한 후, 이 값을 이용하여 함수를 호출하는 것을 말한다. 이 기법의 매력은 모든 과정들이 애플리케이션이 수행 중인 상황에서 이루어진다는 것이다.

[그림 20-1]은 애플리케이션이 어떻게 명시적으로 DLL을 로드하고, 그 안에 포함된 심벌을 링크하는지를 나타내고 있다.

1 명시적인 DLL 모듈 로딩

프로세스 내의 스레드는 언제든지 다음의 두 가지 함수 중 하나를 호출하여 프로세스의 주소 공간에 DLL을 매핑할 수 있다.

```
HMODULE LoadLibrary(PCTSTR pszDLLPathName);

HMODULE LoadLibraryEx(
    PCTSTR pszDLLPathName,
    HANDLE hFile,
    DWORD dwFlags);
```

이 함수들은 사용자의 시스템에서 파일 이미지^{file image}를 검색하고(이전 장에서 설명한 검색 알고리즘을 사용하여) 함수를 호출한 프로세스의 주소 공간에 DLL 파일 이미지를 매핑하려고 시도한다. 두 함수는 파일 이미지가 매핑된 가상 메모리 주소를 나타내는 HMODULE 값을 반환한다. HMODULE형은 HINSTANCE형과 완전히 동일하며, 상호간에 혼용되어 사용될 수 있다. 실제로 DllMain 진입점 함수(추후에 설명할 것이다)의 HINSTANCE 인자 또한 파일 이미지가 매핑된 가상 메모리 주소를 가지게 된다. 이러한 함수들은 지정한 DLL을 프로세스의 주소 공간에 매핑할 수 없으면 NULL 값을 반환한다. 에러 발생 원인을 좀 더 자세히 알고 싶다면 GetLastError 함수를 호출해 보면 된다.

LoadLibraryEx는 hFile과 dwFlags라는 두 개의 추가적인 매개변수를 필요로 한다. hFile 매개변수는 미래에 사용하기 위해 예약된 매개변수로, 반드시 NULL을 전달해야 한다. dwFlags 매개변수로는 0을 지정하거나 DONT_RESOLVE_DLL_REFERENCES, LOAD_LIBRARY_AS_DATAFILE, LOAD_LIBRARY_AS_DATAFILE_EXCLUSIVE, LOAD_LIBRARY_AS_IMAGE_RESOURCE, LOAD_WITH_ALTERED_SEARCH_PATH, LOAD_IGNORE_CODE_AUTHZ_LEVEL 플래그를 결합하여 전달하면 된다. 각 플래그에 대해서는 다음에 간략히 설명하였다.

DONT_RESOLVE_DLL_REFERENCES

DONT_RESOLVE_DLL_REFERENCES 플래그는 LoadLibraryEx 함수를 호출하는 프로세스의 주소 공간에 DLL을 매핑할 것을 지정한다. 보통 DLL이 프로세스의 주소 공간에 매핑되면, 시스템은 일반적으로 DllMain(추후에 설명할 것이다)이라고 불리는 특수한 함수를 호출하여 DLL을 초기하도록 한다. DONT_RESOLVE_DLL_REFERENCES 플래그를 사용하면 시스템은 DLL 파일 이미지가 매핑되는 작업까지만 수행하고 DllMain 함수는 호출하지 않는다.

또한, DLL 파일은 다른 DLL이 포함하고 있는 함수들을 임포트하기도 하는데, 시스템이 DLL을 프로세스 주소 공간에 매핑할 때 다른 DLL이 필요한지를 확인하여 자동적으로 이러한 DLL들을 로드해준다. DONT_RESOLVE_DLL_REFERENCES 플래그를 사용하면 매핑할 DLL이 필요로 하는 추가적인 DLL을 프로세스의 주소 공간에 자동으로 로드하지 않는다.

DLL이 익스포트하고 있는 함수들은 내부적인 자료구조가 완전히 초기화되고, 추가적으로 필요로 하는 DLL 파일들이 로드되기 전까지는 호출될 수 없다. 따라서 가능하면 이 플래그는 사용하지 않는 것이 좋다. 만일 이에 대한 좀 더 자세한 사항을 알고 있다면 레이몬드 첸 $^{Raymond Chen}$의 블로그($http://blogs.msdn.com/oldnewthing/archive/2005/02/14/372266.aspx$)로부터 "LoadLibraryEx (DONT_RESOLVE_DLL_REFERENCES)는 완전히 잘못 만들어졌다. $^{LoadLibraryEx(DONT\_RESOLVE\_DLL\_REFERENCES) is}$ $^{fundamentally flawed}$"라는 글을 살펴보기 바란다.

LOAD_LIBRARY_AS_DATAFILE

LOAD_LIBRARY_AS_DATAFILE 플래그는 마치 데이터 파일처럼 프로세스의 주소 공간에 DLL을 매핑하는 작업까지만 수행한다는 점에서 DONT_RESOLVE_DLL_REFERENCES 플래그와 유사하다. 시스템은 DLL 파일을 초기화하기 위해 어떠한 추가적인 작업도 수행하지 않는다. 예를 들어 시스템은 일반적으로 프로세스의 주소 공간에 DLL을 매핑하고 나면, DLL의 정보를 확인하여 DLL 파일 내의 각 섹션별로 어떤 페이지 보호 특성 $^{page-protection attributes}$을 지정해야 할지를 결정하게 된다. 하지만 파일 내에 실행 코드가 포함되어 있더라도 LOAD_LIBRARY_AS_DATAFILE 플래그를 사용하게 되면 DLL 정보를 이용한 페이지 보호 특성 설정 작업을 수행하지 않는다. 만일 이 플래그를 이용하여 로드된 DLL에 대하여 GetProcAddress 함수를 호출하게 되면 NULL 값이 반환될 것이며, 연이어 GetLastError를 호출해 보면 ERROR_MOD_NOT_FOUND 값을 얻게 될 것이다.

이 플래그는 몇 가지 경우에 유용하게 사용될 수 있다. 첫째로, DLL이 리소스만 가지고 있고 어떤 함수도 가지고 있지 않아서 DLL 파일 이미지를 프로세스의 주소 공간에 매핑하기만 하면 되는 경우이다. 이후에 LoadLibraryEx 함수가 반환해 주는 HMODULE 값을 이용하면 각각의 리소스에 접근할 수 있다. 뿐만 아니라 .exe 파일 내에 포함되어 있는 리소스를 사용하고 싶은 경우에도 이 플래그를 사용할 수 있다. 일반적으로 .exe 파일은 새로운 프로세스를 수행하기 위해 로딩되지만, LoadLibrary-Ex 함수를 이 플래그와 함께 사용하면 .exe 파일 이미지를 프로세스의 주소 공간에 단순 매핑만 한다. 이렇게 .exe 파일을 매핑한 후 반환된 HMODULE/HINSTANCE을 이용하면 .exe 파일 내에 포함되어 있는 리소스에 접근할 수 있다. .exe 파일은 DllMain 함수를 가지고 있지 않기 때문에 LoadLibraryEx 함수를 이용하여 .exe 파일을 매핑하려는 경우에는 반드시 LOAD_LIBRARY_AS_DATA-FILE 플래그를 사용해야 한다.

LOAD_LIBRARY_AS_DATAFILE_EXCLUSIVE

이 플래그는 LOAD_LIBRARY_AS_DATAFILE과 유사하지만 바이너리 파일을 사용하는 동안 다른 애플리케이션이 해당 파일을 수정하지 못하도록 배타적으로 파일에 접근한다는 점에서 차이가 있다. 이 플래그를 사용하면 LOAD_LIBRARY_AS_DATAFILE 플래그를 사용하는 것에 비해 좀 더 안전하게 바이너리 파일을 사용할 수 있다. 다른 애플리케이션이 사용 중인 바이너리 파일을 열어서 그 내용을 수정하지 못하도록 하려면 LOAD_LIBRARY_AS_DATAFILE_EXCLUSIVE 플래그를 사용할 것을 추천한다.

LOAD_LIBRARY_AS_IMAGE_RESOURCE

LOAD_LIBRARY_AS_IMAGE_RESOURCE 플래그는 LOAD_LIBRARY_AS_DATAFILE과 유사하지만 DLL 파일을 로드할 때 운영체제가 상대 가상 주소$^{\text{relative virtual address}}$(RVA)에 대한 접근 방법에 있어 미세한 차이가 있다(이에 대한 자세한 내용은 19장 "DLL의 기본"에서 자세히 알아본 바 있다). 이 플래그를 사용하면 메모리 영역에 DLL을 로드한 후 각 심벌의 시작 주소를 변경하지 않은 상태에서 RVA 값에 직접적으로 접근할 수 있다. 이 플래그는 DLL의 포터블 익스큐터블$^{\text{portable executable}}$(PE) 내의 여러 섹션들의 내용을 분석하고자 할 때 유용하게 사용될 수 있다.

LOAD_WITH_ALTERED_SEARCH_PATH

LOAD_WITH_ALTERED_SEARCH_PATH 플래그를 사용하면 LoadLibraryEx 함수가 시스템으로부터 DLL 파일을 검색하는 알고리즘을 변경할 수 있다. 보통의 경우 LoadLibraryEx 함수는 19장의 후반부에서 언급한 검색 순서에 따라 파일을 찾게 되는데, LOAD_WITH_ALTERED_SEARCH_PATH 플래그를 사용하면 LoadLibraryEx 함수의 pszDLLPathName 매개변수로 어떻게 값을 전달하는가에 따라 서로 다른 세 가지 방법으로 파일을 검색하게 된다.

1. pszDLLPathName에 "\" 문자가 포함되어 있지 않다면 19장에서 설명한 것과 같은 검색 순서에 의해 파일을 찾게 된다.
2. pszDLLPathName에 "\" 문자가 포함되어 있다면 LoadLibraryEx는 이 매개변수가 전체 경로명인지 혹은 상대 경로명인지에 따라 서로 다른 동작을 수행하게 된다.
   - pszDLLPathName으로 전달한 경로명이 전체 경로명이거나 네트워크 공유 위치를 나타내는 경우라면(C:\App\Libraries\MyLibrary.dll 혹은 \\server\share\MyLibrary.dll과 같이) LoadLibraryEx는 지정된 위치에 대해서만 DLL 파일을 로드하려 하고, 다른 경로에 대해서는 검색을 시도하지 않는다. 만일 주어진 경로명에 해당 파일이 존재하지 않는 경우 NULL을 반환하게 되는데, 연이어 GetLastError를 호출해 보면 ERROR_MOD_NOT_FOUND를 얻게 된다.
   - pszDLLPathName으로 전달한 파일명이 확장자를 가지고 있지 않은 경우 DLL 확장자를 가지고 있는 것처럼 다음과 같은 디렉터리들을 검색하게 된다.

　　　　a. 프로세스의 현재 디렉터리

　　　　b. 윈도우 시스템 디렉터리

　　　　c. 16비트 시스템 디렉터리(즉, 윈도우 디렉터리 이하의 System 하위 폴더)

　　　　d. 윈도우 디렉터리

　　　　e. PATH 환경변수에 포함된 디렉터리

pszDLLPathName에 "."나 ".."와 같은 문자들이 포함되어 있으면, 각 검색 단계별로 해당 문자들의 의미를 반영한 상대 경로를 검색하게 된다. 예를 들어 MyLibrary.dll 파일을 검색하기 위해 LoadLibraryEx 함수의 인자로 TEXT("..\\MyLibrary.dll")을 전달하게 되면 다음과 같은 위치에서 해당 파일을 검색하게 된다.

　　　　a. 프로세스의 현재 디렉터리의 상위 폴더

　　　　b. 윈도우 시스템 디렉터리의 상위 폴더(즉, 윈도우 디렉터리)

　　　　c. 16비트 시스템 디렉터리의 상위 폴더

　　　　d. 윈도우 디렉터리의 상위 폴더(일반적으로 볼륨^{volume}의 루트^{root})

　　　　e. PATH 환경변수에 포함되어 있는 디렉터리들의 상위 폴더

이러한 파일 검색 작업은 해당 DLL 파일을 찾는 순간 중단된다.

3. 애플리케이션을 개발하는 시점에는 모든 DLL 파일들이 이미 잘 알려진^{wellknown} 폴더로부터 로드될 것으로 가정할 것이기 때문에, 특정 위치로부터 DLL 파일들을 로드하려 한다면 LoadLibraryEx 함수에 LOAD_WITH_ALTERED_SEARCH_PATH 플래그를 전달하는 방식이나 애플리케이션의 현재 디렉터리를 변경하는 방식을 사용하기보다는 SetDllDirectory 함수를 이용하여 DLL 파일들을 로드할 위치를 지정하는 것이 좋다. 이 함수를 사용하게 되면 LoadLibrary와 LoadLibraryEx 함수는 다음과 같은 위치에서 해당 파일을 검색하게 된다.

　　　　a. 애플리케이션을 포함하고 있는 폴더

　　　　b. SetDllDirectory에 의해서 지정된 폴더

　　　　c. 윈도우 시스템 디렉터리의 상위 폴더(즉, 윈도우 디렉터리)

　　　　d. 16비트 윈도우 시스템 디렉터리의 상위 폴더

　　　　e. 윈도우 디렉터리의 상위 폴더(일반적으로 볼륨^{volume}의 루트^{root})

　　　　f. PATH 환경변수에 포함되어 있는 디렉터리들의 상위 폴더

SetDllDirectory 함수를 이용하면 애플리케이션의 현재 디렉터리로부터 동일한 파일명을 가진 다른 DLL 파일들을 로드할 위험 없이 애플리케이션과 공유 DLL 파일을 지정한 디렉터리 내에 체계적으로 저장해 둘 수 있다. SetDllDirectory를 호출할 때 TEXT(" ")와 같이 비어있는 문자열을 전달하면 검색 단계로부터 현재 디렉터리를 제거한다(현재 디렉터리로부터 파일을 검색하지 않는다). 만일 비어있는 문자열 대신 NULL을 전달하면 기본 검색 알고리즘을 사용하게 된다. 마지막으로, GetDllDirectory를 호출하면 지정된 디렉토리명을 가져올 수 있다.

LOAD_IGNORE_CODE_AUTHZ_LEVEL

LOAD_IGNORE_CODE_AUTHZ_LEVEL 플래그를 사용하면 실행 중 코드 권한 제어를 위해 윈도우 XP에서부터 소개된 WinSafer(소프트웨어 제한 정책^{Software Restriction Policies} 혹은 Safer라고도 한다)의 검증^{validation} 기능을 사용하지 않게 된다. 이 기능(*http://technet.microsoft.com/en-us/windowsvista/ aa940985.aspx*을 살펴보면 좀 더 자세히 알 수 있다)은 4장에서 설명한 윈도우 비스타의 사용자 계정 컨트롤^{User Account Control}(UAC)에 의해 흡수되었다.

❷ 명시적인 DLL 모듈 언로딩

프로세스 내의 스레드에서 더 이상 DLL 파일 내의 심벌을 사용할 필요가 없게 되면 FreeLibrary 함수를 호출하여 프로세스의 주소 공간으로부터 DLL 파일을 명시적으로 언로드^{unload}할 수 있다.

```
BOOL FreeLibrary(HMODULE hInstDll);
```

이 함수의 매개변수로는 언로드하고자 하는 DLL을 나타내는 HMODULE 값을 전달해야 한다. 이 값으로는 앞서 LoadLibrayr(Ex) 함수를 호출하였을 때 반환된 값을 사용하면 된다.

프로세스의 주소 공간으로부터 DLL 모듈을 언로드하기 위해 FreeLibraryAndExitThread 함수를 사용할 수도 있다.

```
VOID FreeLibraryAndExitThread(
    HMODULE hInstDll,
    DWORD dwExitCode);
```

이 함수는 Kernel32.dll 파일에 다음과 같이 구현되어 있다.

```
VOID FreeLibraryAndExitThread(HMODULE hInstDll, DWORD dwExitCode) {
    FreeLibrary(hInstDll);
    ExitThread(dwExitCode);
}
```

언뜻 보기에는 이 함수가 그다지 대단한 작업을 수행하는 것처럼 보이지도 않은데, 왜 마이크로소프트가 굳이 이런 함수를 만들었는지 의아해 할 것이다. 이 함수가 추가된 이유는 다음과 같은 시나리오에 활용하기 위함이다: 프로세스의 주소 공간에 매핑되어 스레드를 생성하는 DLL이 있다고 가정해 보자. 스레드가 작업을 마치면 프로세스 주소 공간으로부터 DLL 매핑을 해제하기 위해 FreeLibrary를 호출한 후 ExitThread 함수를 호출해야 한다.

하지만 FreeLibrary와 ExitThread 함수를 각각 호출하게 되면 심각한 문제가 발생하게 된다. 문제는 FreeLibrary 함수를 호출하게 되면 프로세스의 주소 공간으로부터 DLL 파일이 지체 없이 해제되어 버린다는 데 있다. 즉, FreeLibrary가 반환되게 되면 ExitThread 함수를 호출하고자 했던 코드는 더 이상 메모리 상에 남아 있지 않게 되므로, 스레드가 수행할 코드가 사라지게 된다. 이렇게 되면 접근 위반^{access violation}이 발생하게 될 것이고, 이는 전체 프로세스의 종료로 이어지게 된다.

하지만 스레드가 FreeLibraryAndExitThread 함수를 호출하게 되면 이 함수는 FreeLibrary 함수를 호출하여 DLL을 지체 없이 해제한다 하더라도 다음에 수행할 코드는 해제된 DLL 파일 내에 존재하는 것이 아니라 Kernel32.dll 파일 내에 존재하게 된다. 따라서 스레드는 지속적으로 수행될 수 있으며, ExitThread 함수를 호출할 수 있게 된다. ExitThread 함수가 호출되면 스레드는 정지될 것이며, 이 함수는 반환되지 않는다.

실제로, LoadLibrary와 LoadLibraryEx 함수를 사용하게 되면 프로세스별로 라이브러리에 대한 사용 카운트^{usage count} 값을 증가시키며, FreeLibrary나 FreeLibraryAndExitThread 함수를 호출하게 되면 이 값을 감소시키게 된다. 예를 들어 DLL을 로드하기 위해 LoadLibrary 함수를 최초로 수행한 경우, 시스템은 DLL 파일 이미지를 프로세스의 주소 공간에 매핑하고 DLL의 사용 카운트 값을 1로 설정한다. 만일 동일 프로세스 내의 스레드가 동일한 DLL 파일 이미지에 대해 LoadLibrary를 또다시 호출하게 되면, 시스템은 DLL 파일 이미지를 프로세스의 주소 공간에 두 번 매핑하지 않고, 관련 DLL의 사용 카운트 값만 증가시킨다.

이 경우 프로세스 주소 공간으로부터 DLL 파일 이미지를 매핑 해제하려면 FreeLibrary 함수를 두 번 호출해 주어야 한다. 첫 번째 함수 호출은 DLL의 사용 카운트를 1로 감소시킬 것이고, 두 번째 함수 호출은 DLL의 사용 카운트를 0으로 감소시킬 것이다. 시스템은 DLL의 사용 카운트가 0이 되면 비로소 프로세스의 주소 공간으로부터 DLL 파일 이미지를 매핑 해제한다. 이후 스레드가 DLL 파일 내의 함수를 호출하려고 하면 이미 DLL 파일 이미지가 프로세스 주소 공간으로부터 해제된 이후이므로 접근 위반을 유발하게 된다.

시스템은 DLL의 사용 카운트를 프로세스별로 유지한다. 즉, A 프로세스의 스레드가 다음과 같이 함수를 호출한 이후에 B 프로세스가 동일하게 함수를 호출하게 되면, MyLib.dll은 두 개의 프로세스 주소 공간에 각기 매핑된다. 이 경우 A 프로세스와 B 프로세스에 로드되어 있는 DLL의 사용 카운트는 모두 1로 유지된다.

```
HMODULE hInstDll = LoadLibrary(TEXT("MyLib.dll"));
```

B 프로세스의 스레드가 다음 함수를 호출하게 되면 B 프로세스에 로드된 DLL의 사용 카운트는 0이 될 것이다. 이 경우 B 프로세스의 주소 공간으로부터 이 DLL은 매핑 해제될 것이지만 A 프로세스 내의 DLL은 어떠한 영향도 받지 않으며, 사용자 카운트는 계속해서 1로 유지된다.

```
FreeLibrary(hInstDll);
```

스레드는 GetModuleHandle 함수를 호출하여 특정 DLL 파일이 프로세스 주소 공간에 매핑되어 있는지를 확인할 수 있다.

```
HMODULE GetModuleHandle(PCTSTR pszModuleName);
```

다음 코드는 프로세스의 주소 공간에 MyLib.dll 파일이 로드되어 있지 않은 경우에만 해당 DLL을 로드한다.

```
HMODULE hInstDll = GetModuleHandle(TEXT("MyLib")); // 확장자는 DLL로 가정된다.
if (hInstDll == NULL) {
    hInstDll = LoadLibrary(TEXT("MyLib")); // 확장자는 DLL로 가정된다.
}
```

GetModuleHandle에 NULL 값을 전달하면 애플리케이션 실행 모듈에 대한 핸들을 얻을 수 있다.

DLL 파일에 대한 HINSTANCE/HMODULE 값을 알고 있다면 GetModuleFileName 함수를 호출하여 DLL(혹은 .exe)에 대한 전체 경로명을 얻을 수 있다.

```
DWORD GetModuleFileName(
    HMODULE hInstModule,
    PTSTR pszPathName,
    DWORD cchPath);
```

첫 번째 매개변수인 hInstModule로 DLL(혹은 .exe)의 HMODULE 값을 전달하고, 두 번째 매개변수인 pszPathName으로는 파일 이미지에 대한 전체 경로명을 저장할 버퍼의 주소를 지정하면 된다. hInstModule 값으로 NULL을 전달하게 되면 이 함수는 pszPathName이 가리키는 버퍼에 현재 실행 중인 애플리케이션의 전체 경로명을 반환하게 된다. 118쪽 "프로세스 인스턴스 핸들"에서 이 함수에 대해 좀 더 자세히 다룬 바 있으며, __ImageBase 가상변수$^{pseudo-variable}$와 GetModuleHandleEx 함수에 대해서도 설명한 바 있다.

LoadLibrary와 LoadLibraryEx 함수를 섞어서 사용하게 되면 동일한 가상 공간의 서로 다른 위치에 동일한 DLL이 여러 번 매핑될 수도 있다. 다음 코드를 살펴보자.

```
HMODULE hDll1 = LoadLibrary(TEXT("MyLibrary.dll"));
HMODULE hDll2 = LoadLibraryEx(TEXT("MyLibrary.dll"), NULL,
    LOAD_LIBRARY_AS_IMAGE_RESOURCE);
HMODULE hDll3 = LoadLibraryEx(TEXT("MyLibrary.dll"), NULL,
    LOAD_LIBRARY_AS_DATAFILE);
```

hDll1, hDll2, hDll3가 어떤 값을 가지고 있을 것이라고 예상하는가? 당연히 동일한 MyLibrary.dll 파일이 로드되었다면 동일한 값을 가져야 할 것이다. 글쎄… 다음과 같이 각 함수 호출 부분의 순서를 달리해 보면 이것이 정확히 맞는 답이라고 하기에는 어려움이 있다는 것을 알게 될 것이다.

```
HMODULE hDll1 = LoadLibraryEx(TEXT("MyLibrary.dll"), NULL,
    LOAD_LIBRARY_AS_DATAFILE);
HMODULE hDll2 = LoadLibraryEx(TEXT("MyLibrary.dll"), NULL,
    LOAD_LIBRARY_AS_IMAGE_RESOURCE);
HMODULE hDll3 = LoadLibrary(TEXT("MyLibrary.dll"));
```

이 경우 hDll1, hDll2, hDll3는 각기 서로 다른 값을 갖게 된다! LoadLibrary를 호출할 때 LOAD_LIBRARY_AS_DATAFILE, LOAD_LIBRARY_AS_DATAFILE_EXCLUSIVE, LOAD_LIBRARY_AS_IMAGE_RESOURCE와 같은 플래그를 사용하게 되면, 운영체제는 제일 먼저 이전에 이 같은 플래그를 사용하지 않고 LoadLibrary나 LoadLibraryEx 함수를 호출하여 DLL이 로드된 적이 있는지를 확인하여 로드된 적이 있는 경우 앞서 프로세스 주소 공간에 매핑하였던 위치를 반환하게 된다. 하지만 DLL이 이 같은 플래그를 사용하지 않고 로드된 적이 없는 경우라면, DLL이 이전에 다른 플래그 값을 이용하여 로드되었는지의 여부와 상관없이 주소 공간 내의 새로운 위치에 DLL을 매핑하게 된다. 이 경우 모듈의 핸들을 인자로 GetModuleFileName 함수를 호출해 보면 0이 반환된다. 이러한 반환 값은 해당 모듈의 핸들이 가리키는 DLL에 대해서는 GetProcAddress 함수를 통해 동적으로 함수를 사용할 수 없음을 판단할 수 있는 훌륭한 기준이 된다.

LoadLibrary와 LoadLibraryEx 함수가 반환하는 매핑 주소 값은 설사 디스크 상에 동일한 DLL을 이용하여 로드되었다 하더라도 혼용하지 않는 것이 좋다.

❸ 익스포트된 심벌을 명시적으로 링킹하기

스레드가 DLL 모듈을 명시적으로 로드하였다면, 이제 GetProcAddress 함수를 호출하여 익스포트된 심벌에 대한 시작 주소를 얻어 와야 한다.

```
FARPROC GetProcAddress(
    HMODULE hInstDll,
    PCSTR pszSymbolName);
```

hInstDll 매개변수로는 심벌을 익스포트하고 있는 DLL에 대해 LoadLibrary(Ex)나 GetModule-Handle 함수를 호출하였을 때의 반환 값을 전달하면 된다. pszSymbolName 매개변수로는 두 가지 형태로 값을 지정할 수 있다. 첫 번째 형태는 심벌의 이름을 문자열 종결 문자('\0')로 끝나는 문자열로 지정하는 것이다.

```
FARPROC pfn = GetProcAddress(hInstDll, "SomeFuncInDll");
```

pszSymbolName 매개변수의 자료형이 PCTSTR이 아니라 PCSTR임에 주목할 필요가 있다. 이는 GetProcAddress 함수가 ANSI 문자열만을 인자로 취한다는 것을 의미한다. 이 함수의 인자로 유니코드 문자열은 전달할 수 없는데, 이는 컴파일러/링커가 심벌의 이름을 DLL의 익스포트 섹션^{export section}에 항상 ANSI 문자열로 기록하기 때문이다.

pszSymbolName 매개변수로 지정할 수 있는 두 번째 형태는 심벌의 순차적인 숫자를 전달하는 것이다.

이러한 방법을 사용하려면 DLL 개발자가 해당 심벌 이름에 2라는 숫자 값을 할당하였음을 알고 있어야 할 것이다. 다시 말하지만, 마이크로소프트는 이처럼 숫자 값을 이용하는 방법을 더 이상 사용하지 말 것을 강조하고 있기 때문에 GetProcAddress 사용 시 숫자 값을 이용하는 방법은 더욱더 보기 힘들어질 것이다.

어떤 경우든 이 함수는 DLL 내에 포함되어 있는 심벌의 주소 값을 반환해 준다. 만일 요청한 심벌이 DLL 모듈의 익스포트 섹션^{export section}에 존재하지 않는 경우라면 GetProcAddress 함수는 실패를 의미하는 NULL 값을 반환한다.

심벌 이름으로 문자열을 이용하는 방법이 숫자 값을 이용하는 방법에 비해 느리다. 이는 시스템이 문자열을 비교하고 검색하는 과정이 필요하기 때문이다. 익스포트된 함수에 순차적인 숫자 값이 할당되어 있지 않은 상태에서 숫자 값을 통하여 특정 심벌의 위치를 획득하려고 시도하면 GetProcAddress 함수는 NULL이 아닌 값을 반환하게 된다. 이처럼 NULL이 아닌 값을 반환하는 이유는 일종의 트릭^{trick}으로, 획득할 수 없는 심벌을 요청하였음에도 애플리케이션은 마치 정상적으로 심벌의 주소를 획득한 것처럼 동작될 수 있도록 하기 위함이다. 실제로 반환된 주소 값을 이용하여 함수를 호출하려고 하면 거의 항상 접근 위반 에러를 유발하게 될 것이다. 필자가 윈도우 프로그램을 하던 초창기 시절에는 이러한 특성을 완벽하게 이해하지 못하여 많은 시간들을 허비한 적이 있었다. 주의하기 바란다. (이러한 동작 방식은 심벌 이름 대신 숫자 값을 이용하여 심벌의 주소를 획득하는 방식을 피해야 하는 이유 중 하나이기도 하다.)

GetProcAddress를 이용하여 획득한 함수 포인터^{function pointer}를 이용해서 실제로 함수를 호출하려면 이 함수 포인터 값을 적절한 원형의 함수 포인터로 형변환을 수행해야 한다. 예를 들어 typedef void (CALLBACK *PFN_DUMPMODULE)(HMODULE hModule);과 같은 정의는 void Dynamic-DumpModlue(HMODULE hModule) 콜백함수에 준하는 원형을 정의하고 있다. 다음 코드는 DLL이 익스포트하고 있는 함수를 어떻게 동적으로 호출할 수 있는지를 보여주는 예이다.

```
PFN_DUMPMODULE pfnDumpModule =
    (PFN_DUMPMODULE)GetProcAddress(hDll, "DumpModule");
if (pfnDumpModule != NULL) {
    pfnDumpModule(hDll);
}
```

DLL은 하나의 진입점 함수를 가질 수 있다. 곧 알아보겠지만 시스템은 여러 번에 걸쳐 이러한 진입점 함수를 호출해 준다. 진입점 함수가 호출되는 이유는 정보를 제공하기 위한 목적도 있으며, DLL이 프로세스별로 혹은 스레드별로 초기화를 수행하거나 정리할 목적으로 사용되기도 한다. DLL을 구현할 때 진입점 함수를 반드시 구현해야 하는 것은 아니다. 예를 들어 리소스만을 가지고 있는 DLL 파일을 만드는 경우라면 진입점 함수를 구현할 필요가 없다. 하지만 DLL 파일이 추가적인 정보들을 통지받아야 하는 경우라면 다음과 같이 진입점 함수를 구현하면 된다.

```
BOOL WINAPI DllMain(HINSTANCE hInstDll, DWORD fdwReason, PVOID fImpLoad) {

    switch (fdwReason) {
        case DLL_PROCESS_ATTACH:
            // DLL이 프로세스의 주소 공간에 매핑되고 있다.
            break;

        case DLL_THREAD_ATTACH:
            // 스레드가 생성되고 있다.
            break;

        case DLL_THREAD_DETACH:
            // 스레드를 깨끗하게 종료하고 있다.
            break;

        case DLL_PROCESS_DETACH:
            // DLL이 프로세스의 주소 공간에서 매핑 해제되고 있다.
            break;
    }
    return(TRUE);    // DLL_PROCESS_ATTACH의 경우에만 사용된다.
}
```

 노트

DllMain이라는 함수 이름은 대소문자를 구분한다. 많은 개발자들이 실수로 이 함수의 이름을 DLLMain이라고 잘못 쓰는 경우가 있다. 이는 DLL이라는 용어가 대체로 대문자로 사용되는 경우가 많기 때문에 실수하기 쉽다. 진입점 함수의 이름을 DllMain이 아닌 다른 이름으로 잘못 쓰는 경우에도 컴파일과 링크 작업은 아무런 문제없이 진행될 것이다. 하지만 이 경우 사용자가 정의한 진입점 함수는 절대 호출되지 않을 것이므로 DLL에 대한 초기화를 수행하지 못할 것이다.

hInstDll 매개변수로는 DLL의 인스턴스 핸들 값이 전달된다. 이는 _tWinMain의 hInstExe 매개변수와 유사하며, DLL 파일 이미지가 가상 주소 공간의 어디로 매핑되었는지를 알려주는 가상 메모리 주소 값이다. 보통의 경우 이 값을 전역변수에 저장해 두었다가 DialogBox나 LoadString과 같이 리소스를 로드해야 하는 함수들을 호출할 때 사용하는 것이 일반적이다. 마지막 매개변수인 fImpLoad 로는 DLL이 암시적으로 로드된 경우에는 0이 아닌 값이 전달되고, DLL이 명시적으로 로드된 경우에는 0이 전달된다.

fdwReason 매개변수로는 시스템이 이 함수를 호출한 이유를 나타내는 값이 전달된다. 이 매개변수로는 DLL_PROCESS_ATTACH, DLL_PROCESS_DETACH, DLL_THREAD_ATTACH, DLL_ THREAD_DETACH의 네 가지 값 중 하나가 전달된다. 각각의 값이 의미하는 바에 대해서는 이어지는 절에서 설명할 것이다.

DLL은 자기 자신을 초기화하기 위해 DllMain 함수를 사용한다는 것을 반드시 기억하기 바란다. 특정 DLL에 대해 DllMain 함수가 호출된 시점에, 동일 주소 공간에 로드된 다른 DLL들은 자신의 DllMain 함수를 미처 호출하지 못했을 수도 있다. 이는 다른 DLL들은 아직 초기화되지 않은 상태일 수도 있다는 것을 의미하므로, DllMain 함수 내에서는 다른 DLL이 익스포트하고 있는 함수를 호출해서는 안 된다. 또한 DllMain 내에서는 LoadLibrary(Ex)나 FreeLibrary와 같은 함수를 호출해서도 안 되는데, 만일 이러한 함수를 호출하게 되면 여러 DLL들 사이에 의존 관계 루프가 생길 수 있다.

플랫폼 SDK 문서에는 DllMain 함수를 스레드 지역 저장소^{thread-local storage} 설정(21장 "스레드 지역 저장소"에서 다룰 것이다), 커널 오브젝트 생성, 파일 열기 작업 수행 등의 초기화를 위해서만 활용할 것을 명기하고 있다. 또한 User, Shell, ODBC, COM, RPC, 소켓 함수 등을 호출해서는 안 된다. 왜냐하면 이러한 함수들을 호출하였을 때 해당 함수들의 기능을 구현하고 있는 DLL들이 아직 초기화되지 못했을 수도 있고, 해당 기능을 수행하는 함수들이 내부적으로 LoadLibrary(Ex) 함수를 호출하는 경우 의존 관계 루프가 생길 수도 있기 때문이다.

또한 DllMain 내에서 전역이나 정적으로 선언된 C++ 오브젝트를 생성하는 것도 이와 유사한 이유로 문제를 야기할 수 있음을 알아두어야 한다. 왜냐하면 이러한 오브젝트들의 생성자와 파괴자가 우리가 작성한 DllMain 함수가 호출되는 시점에 동시에 수행될 수도 있기 때문이다.

DllMain 진입점 함수가 호출되었을 때 프로세스가 멈춰버리는 것과 같은 이상 증상을 피하기 위한 추가적인 제한사항에 대해 알고 싶다면 "DLL 작성을 위한 최상의 실전 방법^{Best Practices for Creating DLLs}"(http://www.microsoft .com whdc/driver/kernel/DLL_bestprac.mspx)을 읽어보기 바란다.

🔟 DLL_PROCESS_ATTACH 통지

DLL이 프로세스의 주소 공간에 최초로 매핑되면, fdwReason 매개변수에 DLL_PROCESS_ATTACH 값을 전달하여 해당 DLL의 DllMain 함수를 호출해 준다. 이러한 동작은 DLL 파일이 처음으로 매핑될 때에 한해서만 발생한다. 만일 스레드가 프로세스의 주소 공간에 이미 매핑되어 있는 DLL에 대해 추가적으로 LoadLibrary(Ex) 함수를 호출하게 되면 운영체제는 단순히 DLL의 사용 카운트 값을 증가시키는 작업만을 수행할 뿐이며, DLL_PROCESS_ATTACH를 인자 값으로 DllMain 함수를 다시 호출해 주지는 않는다.

DLL_PROCESS_ATTACH가 전달되면 DllMain 함수는 DLL에 포함되어 있는 함수들이 요구하는 초기화 작업 중 프로세스와 관련이 있는 초기화 작업만을 수행해야 한다. 예를 들면 DLL 내에 포함되어 있는 함수가 DLL 자체의 힙(프로세스의 주소 공간 내에 생성되는)을 필요로 할 수 있을 것이다. 이경우 해당 DLL의 DllMain 함수는 DLL_PROCESS_ATTACH 통지가 전달되었을 때 HeapCreate 함수를 호출하여 추가적인 힙을 생성해야 한다. 이렇게 생성된 힙에 대한 핸들은 DLL이 포함하고 있는 함수들이 접근할 수 있도록 전역변수에 저장해 두면 된다.

DllMain에 DLL_PROCESS_ATTACH가 전달된 경우 DllMain 함수의 반환 값은 DLL의 초기화가 성공적으로 수행되었는지의 여부를 나타내게 된다. 앞의 예에서라면 HeapCreate가 성공적으로 호출된 경우 DllMain 함수가 TRUE 값을 반환하도록 하고, 힙 생성에 실패한 경우 FALSE 값을 반환하도록 하면 될 것이다. fdwReason 값이 다른 값일 경우에는(DLL_PROCESS_DETACH, DLL_THREAD_ATTACH, DLL_THREAD_DETACH) DllMain 함수의 반환 값은 아무런 의미도 가지지 않으며, 시스템은 이 값을 무시한다.

시스템 내에는 DLL의 DllMain 함수를 호출해야 하는 책임이 있는 스레드가 존재할 것이다. 새로운 프로세스가 생성되면 시스템은 프로세스 주소 공간을 생성하고, .exe 파일과 수행에 필요한 모든 DLL 파일 이미지를 프로세스 주소 공간에 매핑한다. 이후 프로세스의 주 스레드를 생성하게 되는데, 바로 이 스레드가 로드된 DLL들이 가지고 있는 DllMain 함수 각각을 DLL_PROCESS_ATTACH 값을 인자로 호출하게 된다. 프로세스 주소 공간에 매핑된 모든 DLL들이 DLL_PROCESS_ATTACH 통지에 대해 정상적으로 회신하게 되면 시스템은 프로세스의 주 스레드가 실행 모듈에 포함되어 있는 C/C++ 런타임 시작 코드^{run-time startup code}를 수행하도록 하며, 이는 결국 실행 모듈의 진입점 함수(_tmain 혹은 _tWinMain)를 호출하게 된다. 만일 각각의 DLL 파일이 가지고 있는 DllMain 함수 중 하나라도 초기화에 실패하여 FALSE를 반환하게 되면 시스템은 해당 프로세스를 종료하게 된다. 이 과정에서 로드된 파일 이미지들은 프로세스의 주소 공간으로부터 제거되고, 실행한 프로세스가 정상적으로 시작되지 못하였음을 알리는 메시지 박스를 띄우게 된다. 윈도우 비스타에서는 다음과 같은 메시지 박스가 나타나게 된다.

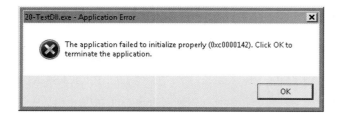

이제 DLL을 명시적으로 로드한 경우에는 어떤 일이 벌어지는지 알아보자. 프로세스 내의 스레드가 LoadLibrary(Ex) 함수를 호출하게 되면 시스템은 지정한 DLL 파일을 찾아서 프로세스의 주소 공간에 해당 DLL을 매핑하게 된다. 이후 시스템은 LoadLibrary(Ex) 함수를 호출하였던 스레드로 하여

금 해당 DLL 내에 포함되어 있는 DllMain 함수를 DLL_PROCESS_ATTACH 값을 인자로 하여 호출하도록 한다. DllMain 함수가 이러한 통지를 완전히 처리하고 나면 LoadLibrary(Ex) 함수가 반환되고, 스레드는 자신이 수행하던 코드를 계속 수행하게 된다. 만일 DllMain 함수가 초기화에 실패하여 FALSE를 반환하게 되면 시스템은 자동적으로 해당 DLL 파일을 프로세스의 주소 공간으로부터 매핑 해제하고, LoadLibrary(Ex) 함수가 NULL을 반환하도록 한다.

❷ DLL_PROCESS_DETACH 통지

DLL이 프로세스의 주소 공간으로부터 매핑 해제되면 fdwReason 매개변수에 DLL_PROCESS_DETACH 값을 전달하여 해당 DLL의 DllMain 함수를 호출해 준다. 이 경우 DllMain은 프로세스와 관련이 있는 정리 작업만을 수행해야 한다. 예를 들면 DLL_PROCESS_ATTACH 통지가 전달되었을 때 생성했던 힙을 파괴하기 위해 HeapDestroy를 호출해야만 한다. 시스템이 DLL_PROCESS_ATTACH 값을 인자로 DllMain 함수를 호출하였을 때 반환 값으로 FALSE가 돌아온 경우에는 DLL_PROCESS_DETACH 값을 인자로 DllMain 함수를 호출하지 않는다는 점에 주의하기 바란다. 프로세스가 종료되어 DLL을 매핑 해제해야 하는 경우에는 ExitProcess 함수를 호출한 스레드가 DllMain 함수의 코드를 수행할 책임이 있다. 보통의 상황에서는 이러한 스레드가 애플리케이션의 주 스레드가 될 것이다. 사용자가 정의한 진입점 함수entry-point function가 반환되어 C/C++ 런타임 라이브러리의 시작 코드로 제어가 돌아오게 되면, 시작 코드는 프로세스를 종료하기 위해 명시적으로 ExitProcess를 호출해 주기 때문이다.

프로세스 내의 스레드가 FreeLibrary나 FreeLibraryAndExitThread 함수를 호출하여 DLL을 매핑 해제하는 경우에는 해당 함수를 호출한 스레드가 DllMain 함수를 수행하게 된다. FreeLibrary 함수를 호출한 경우에는 DllMain 함수가 DLL_PROCESS_DETACH 통지에 대한 처리를 완료하기 전까지 해당 스레드는 반환되지 않는다.

DLL이 프로세스가 종료되는 것을 방해할 수도 있다는 점에 주목하기 바란다. 예를 들어 DllMain 함수로 DLL_PROCESS_DETACH 통지가 전달되었을 때 무한 루프로 진입하게 되면 프로세스는 종료되지 못한다. 운영체제는 실제로 모든 DLL이 DLL_PROCESS_DETACH 통지를 완전히 처리한 이후에야 비로소 프로세스를 종료시킨다.

> 만일 특정 스레드가 TerminateProcess 함수를 호출하여 프로세스를 종료하는 경우에는 DLL_PROCESS_DETACH를 인자 값으로 어떤 DLL의 DllMain 함수도 호출되지 않는다. 이는 결국 프로세스 주소 공간에 매핑된 DLL들이 프로세스가 종료되기 전에 정리 작업을 수행할 기회를 얻지 못한다는 것이며, 이로 인해 데이터 소실 문제가 발생할 가능성이 있다. TerminateProcess는 최후의 수단으로만 사용되어야 한다!

[그림 20-2]는 스레드가 LoadLibrary를 호출하였을 때의 수행 절차를 나타낸 것이고, [그림 20-3]은 스레드가 FreeLibrary를 호출하였을 때의 수행 절차를 나타낸 것이다.

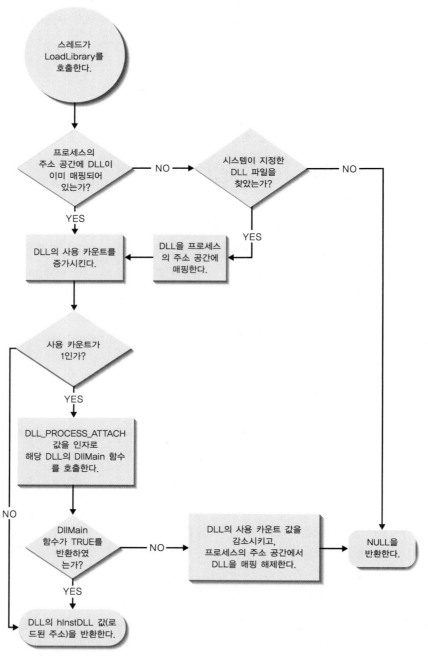

[그림 20-2] 스레드가 LoadLibrary를 호출하였을 때 시스템의 수행 절차

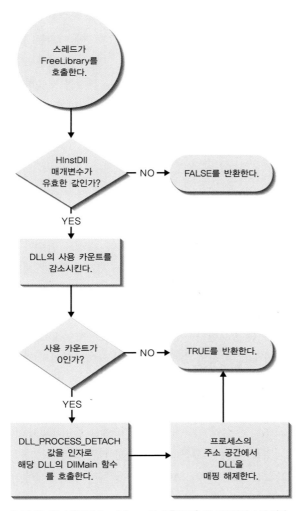

[그림 20-3] 스레드가 FreeLibrary를 호출하였을 때 시스템의 수행 절차

❸ DLL_THREAD_ATTACH 통지

프로세스 내에 새로운 스레드가 생성되면 시스템은 fdwReason 매개변수에 DLL_THREAD_ATTACH 값을 전달하여 현재 프로세스 주소 공간에 매핑되어 있는 모든 DLL의 DllMain 함수를 호출해 준다. 이러한 통지 과정을 통해 모든 DLL들은 스레드별로 초기화 과정을 수행할 수 있게 된다. 새롭게 생성된 스레드는 모든 DLL들의 DllMain 함수를 호출할 책임이 있다. 모든 DLL들이 이러한 통지를 전달받은 이후에야 비로소 시스템은 스레드가 자신의 스레드 함수를 수행할 수 있도록 해 준다.

프로세스 내에 이미 여러 개의 스레드들을 수행 중인 상태에서 새로운 DLL이 주소 공간 내에 매핑되는 경우에는 기존 스레드들에 대해 DLL_THREAD_ATTACH를 인자로 DllMain 함수를 호출하지는 않으며, DLL이 이미 프로세스의 주소 공간에 매핑된 상황에서 새로운 스레드가 만들어지는 경우에만 DLL_THREAD_ATTACH를 인자로 DLL의 DllMain 함수를 호출해 준다. 또한 시스템은 프로세스의 주 스레드에 대해서는 DLL_THREAD_ATTACH 값을 전달하여 DllMain 함수를 호출하지 않는다는 점에 주의하기 바란다. 프로세스가 처음으로 시작되어서 DLL들이 프로세스의 주소 공간에 매핑될 때에는 DLL_THREAD_ATTACH 통지가 아니라 DLL_PROCESS_ATTACH 통지가 전달될 것이다.

④ DLL_THREAD_DETACH 통지

스레드를 종료하는 가장 좋은 방법은 스레드 함수가 반환되도록 하는 것이다. 스레드 함수가 반환되면 스레드를 종료하기 위해 ExitThread 함수를 호출하게 되는데, 이 함수는 시스템에게 스레드가 종료되길 원한다는 사실을 전달하게 된다. 하지만 시스템은 스레드를 이 함수가 호출되는 순간에 바로 죽이지는 않는다. 대신, 프로세스의 주소 공간에 매핑된 모든 DLL의 DllMain 함수를 DLL_THREAD_DETACH 값을 인자로 하여 호출한 후에 스레드를 종료한다. 이러한 통지를 이용하여 DLL은 스레드 단위의 정리 작업을 수행할 수 있다. 예를 들면 DLL 버전의 C/C++ 런타임 라이브러리의 경우 멀티스레드 애플리케이션을 관리하기 위해 사용하였던 데이터 블록을 프리하는 작업을 바로 이 시점에 수행한다.

DLL이 스레드가 종료되는 것을 방해할 수도 있다는 점에 주목하기 바란다. 예를 들어 DllMain 함수로 DLL_THREAD_DETACH 통지가 전달되었을 때 무한 루프로 진입하게 되면 스레드는 종료되지 못한다. 운영체제는 실제로 모든 DLL이 DLL_THREAD_DETACH 통지를 처리한 이후에야 비로소 스레드를 종료시킨다.

> 만일 특정 스레드가 TerminateThread 함수를 호출하여 스레드를 종료하는 경우에는 DLL_THREAD_DETACH 를 인자 값으로 어떤 DLL의 DllMain 함수도 호출하지 않는다. 이는 결국 프로세스 주소 공간에 매핑된 DLL들 이 스레드가 종료되기 전에 정리 작업을 수행할 기회를 얻지 못한다는 것이며, 이로 인해 데이터 소실 문제가 발생할 가능성이 있다. TerminateProcess의 경우와 마찬가지로 TerminateThread는 최후의 수단으로만 사용되어야 한다!

만일 DLL이 분리^{detach}된 이후에도 여전히 수행 중인 스레드가 있다면, 이러한 스레드들에 대해서는 DLL_THREAD_DETACH 값을 인자로 DllMain 함수가 호출되지 않는다. 이 경우 DLL_PROCESS_DETACH 값을 인자로 DllMain 함수가 호출되는 시점에 추가적으로 수행해야 하는 정리 작업이 있는지 확인해야 한다.

앞서 이야기한 규칙에 따르면 다음과 같은 상황이 발생할 수 있다. 프로세스 내의 스레드가 DLL을 로드하기 위해 LoadLibrary를 호출하게 되면 시스템은 DLL_PROCESS_ATTACH 값을 인자로 해당 DLL의 DllMain 함수를 호출해 준다. (이때 LoadLibrary를 호출한 스레드에 대해서는 DLL_THREAD_ATTACH 통지는 전달되지 않는다는 점에 주의하라.) 다음으로, DLL을 로드하였던 스레드가 종료되면 DLL_THREAD_DETACH 값을 인자로 DllMain 함수가 재호출된다. 즉, 처음으로 DLL이 결합^{attach}되는 시점에 DLL_THREAD_ATTACH 통지를 받지 못한 경우에도 특정 스레드가 종료될 경우 DLL_THREAD_DETACH를 수신할 수 있다는 점에 주의해야 한다. 이러한 이유로 인해 스레드 단위의 정리 작업^{thread-specific cleanup}을 수행하려 할 때는 세심한 주의를 기울여야 한다. 다행히도 대부분의 애플리케이션들은 LoadLibrary를 호출하였던 스레드를 이용하여 FreeLibrary를 호출하는 것이 보통이다.

5 순차적인 DllMain 호출

시스템은 순차적으로 DLL의 DllMain 함수를 호출한다. 이것이 의미하는 바를 정확히 이해하려면 다음과 같은 시나리오를 머리 속에 그려보기 바란다. 어떤 프로세스가 A 스레드와 B 스레드 2개의 스레드를 가지고 있다. 프로세스는 자신의 메모리 공간에 SomeDLL.dll이라고 불리는 DLL을 매핑하고 있다. 각각의 스레드는 CreateThread 함수를 호출하여 추가적으로 C 스레드와 D 스레드를 생성하였다.

A 스레드가 C 스레드를 생성하기 위해 CreateThread를 수행하게 되면 시스템은 DLL_THREAD_ATTACH 값을 인자로 SomeDLL.dll의 DllMain 함수를 호출하게 된다. 새로 생성된 C 스레드가 DllMain 함수를 수행하는 동안 B 스레드가 D 스레드를 생성하기 위해 CreateThread를 호출하면 시스템은 DLL_THREAD_ATTACH 값을 인자로 DllMain 함수를 다시 호출해야 한다. 물론 이때 DllMain 함수는 D 스레드에 의해 수행될 것이다. 하지만 시스템은 DllMain 함수를 순차적으로 수행할 것이기 때문에 C 스레드가 DllMain 내부의 코드를 완전히 수행하고 빠져나올 때까지 D 스레드를 일시 정지시키게 된다.

C 스레드가 DllMain 함수를 모두 수행하고 나면, 이제 자신의 스레드 함수를 수행할 수 있게 된다. 이때 시스템은 D 스레드를 깨워서 DllMain 내부의 코드를 수행하도록 한다. 동일하게 DllMain 함수가 반환되면 D 스레드는 자신의 스레드 함수를 수행한다.

보통의 경우 DllMain이 순차적으로 호출된다는 것에 크게 신경 쓸 필요가 없다. 그럼에도 불구하고 이러한 특성에 대해 자세하게 다룬 이유는 이전에 같이 일하던 사람이 DllMain의 순차적인 호출로 인해 문제가 되는 코드를 작성한 것을 본 적이 있기 때문이다.

```
BOOL WINAPI DllMain(HINSTANCE hInstDll, DWORD fdwReason, PVOID fImpLoad) {

    HANDLE hThread;
```

```
        DWORD dwThreadId;

        switch (fdwReason) {
        case DLL_PROCESS_ATTACH:
            // 프로세스의 주소 공간에 DLL이 매핑되고 있다.

            // 어떤 작업을 수행하기 위해 새로운 스레드를 생성한다.
            hThread = CreateThread(NULL, 0, SomeFunction, NULL,
                0, &dwThreadId);

            // 새로 생성한 스레드가 종료될 때까지 기다린다.
            WaitForSingleObject(hThread, INFINITE);

            // 새로운 스레드에 더 이상 접근할 필요가 없다.
            CloseHandle(hThread);
            break;

        case DLL_THREAD_ATTACH:
            // 스레드가 생성되고 있다.
            break;

        case DLL_THREAD_DETACH:
            // 스레드가 종료되고 있다.
            break;

        case DLL_PROCESS_DETACH:
            // 프로세스의 주소 공간으로부터 DLL이 매핑 해제되고 있다.
            break;
        }
        return(TRUE);
    }
```

우리는 이 문제를 해결하는 데 상당한 시간이 걸렸었다. 문제가 무엇인지 알겠는가? DllMain이 DLL_PROCESS_ATTACH 통지를 전달받게 되면 새로운 스레드를 생성한다. 이제 시스템은 DLL_THREAD_ATTACH 값으로 DllMain 함수를 다시 호출해야만 한다. 그런데 기존 스레드가 DLL_PROCESS_ATTACH 통지를 완전히 처리하고 빠져나오지 못했기 때문에 새로 생성된 스레드는 일시 정지 상태가 된다. 이 프로그램의 문제는 WaitForSingleObject 함수를 호출하는 문장에 있다. 이 문장은 새로운 스레드가 종료될 때까지 현재 수행 중인 스레드를 대기하게 만든다. 하지만 새로 생성된 스레드는 DllMain 함수를 호출하지 못하였으므로 자신의 스레드 함수를 수행할 기회를 얻지 못하게 된다. 여기서 바로 데드락 상태가 발생하는 것이다. 두 개의 스레드들은 영원히 대기하게 된다!

최초에 이 문제를 어떻게 해결할 것인가 고민하다가 DisableThreadLibraryCalls 함수를 발견하였다.

```
    BOOL DisableThreadLibraryCalls(HMODULE hInstDll);
```

DisableThreadLibraryCalls는 DLL_THREAD_ATTACH와 DLL_THREAD_DETACH 통지를 해당 DLL의 DllMain 함수로 전달하지 않도록 한다. 이는 매우 적절해 보였다. DLL_THREAD_ATTACH 와 DLL_THREAD_DETACH 통지를 DllMain 함수로 전달할 필요가 없어지면 데드락 상황은 발생 하지 않을 것이기 때문이다. 그런데 이 방법을 다음과 같이 적용해 보았지만, 곧 이 방법으로는 문제를 해결할 수 없음을 알게 되었다.

```c
BOOL WINAPI DllMain(HINSTANCE hInstDll, DWORD fdwReason, PVOID fImpLoad)
{

    HANDLE hThread;
    DWORD dwThreadId;

    switch (fdwReason) {
    case DLL_PROCESS_ATTACH:
        // 프로세스의 주소 공간에 DLL이 매핑되고 있다.
        // 스레드가 생성되고 파괴될 때 시스템이
        // DllMain을 호출하지 않도록 한다.
        DisableThreadLibraryCalls(hInstDll);

        // 어떤 작업을 수행하기 위해 새로운 스레드를 생성한다.
        hThread = CreateThread(NULL, 0, SomeFunction, NULL,
            0, &dwThreadId);

        // 새로 생성한 스레드가 종료될 때까지 기다린다.
        WaitForSingleObject(hThread, INFINITE);

        // 새로운 스레드에 더 이상 접근할 필요가 없다.
        CloseHandle(hThread);
        break;

    case DLL_THREAD_ATTACH:
        // 스레드가 생성되고 있다.
        break;

    case DLL_THREAD_DETACH:
        // 스레드가 종료되고 있다.
        break;

    case DLL_PROCESS_DETACH:
        // 프로세스의 주소 공간으로부터 DLL이 매핑 해제되고 있다.
        break;
    }
    return(TRUE);
}
```

문제의 발생 위치는 다음과 같다. 프로세스가 생성되면 시스템은 락^{lock}(윈도우 비스타에서는 크리티컬 섹션)을 생성한다. 각각의 프로세스는 프로세스들 사이에 공유되지 않는 자신만의 락을 가지고 있다. 이 락은 프로세스의 주소 공간에 매핑된 DLL의 DllMain 함수를 호출해야 하는 여러 스레드들에 대한 동기화를 수행한다. 이 락은 다음 버전의 윈도우에서는 사라질 것이다.

CreateThread 함수를 호출하면 시스템은 스레드 커널 오브젝트와 스레드 스택을 생성한다. 이후 내부적으로 프로세스의 뮤텍스 오브젝트 핸들을 이용하여 WaitForSingleObject 함수를 호출한다. 새로운 스레드가 뮤텍스에 대한 소유권을 얻게 되면 시스템은 새로운 스레드가 DLL_THREAD_ATTACH 값을 인자로 각각의 DLL에 포함되어 있는 DllMain 함수를 호출하도록 한다. 이러한 작업이 수행된 후 시스템은 뮤텍스 오브젝트에 대한 소유권을 내어주도록 ReleaseMutex 함수를 호출한다. 시스템이 이와 같은 방식으로 동작하기 때문에 DisableThreadLibraryCalls를 호출하도록 코드를 추가하더라도 스레드가 데드락 상태에 빠지는 것을 막지 못한다. 스레드가 멈추는 것을 회피하는 유일한 방법은 소스 코드의 일부를 재설계하여 DLL의 DllMain 함수 내에서 WaitForSingleObject 함수를 호출하지 않도록 하는 것이다.

❻ DllMain과 C/C++ 런타임 라이브러리

앞서 DllMain 함수에 대해 논의하는 동안에 필자는 개발자들이 DLL을 만들기 위해 마이크로소프트 Visual C++를 사용할 것이라 가정하였다. DLL을 작성하려면 C/C++ 런타임 라이브러리의 시작 코드의 지원이 필요하다. 예를 들어 C++ 클래스의 인스턴스를 저장하기 위한 전역변수를 가지고 있는 DLL을 개발한다고 가정해 보자. DllMain 함수 내에서 전역변수를 안전하게 사용하려면 해당 클래스의 생성자가 DllMain 함수보다 먼저 호출되어야 한다. 이러한 작업들은 모두 C/C++ 런타임 라이브러리의 DLL 시작 코드에서 수행된다.

링커는 DLL을 링크하는 동안 파일 이미지에 DLL의 진입점 함수의 주소를 포함시켜 준다. 링커의 /ENTRY 스위치를 이용하면 이러한 진입점 함수의 주소를 사용자가 직접 지정할 수 있다. 기본적으로 마이크로소프트 링커에 /DLL 스위치를 이용하여 링크를 수행하게 되면 _DllMainCRTStartup이라는 이름의 함수를 진입점 함수로 지정하게 된다. 이 함수는 C/C++ 런타임 라이브러리에 포함되어 있으며, DLL을 링크할 때 DLL 파일 이미지 내에 정적으로 링크된다. (이 함수는 DLL 버전의 C/C++ 런타임 라이브러리를 이용하는 경우에도 항상 정적으로 링크된다.)

프로세스의 주소 공간에 DLL 파일 이미지가 매핑되면, 실제로 시스템은 DllMain 함수를 호출하는 것이 아니라 _DllMainCRTStartup 함수를 호출한다. _DllMainCRTStartup 함수는 기본적으로 __DllMainCRTStartup 함수로 모든 통지 내용을 전달하는데, DLL_PROCESS_ATTACH 통지가 전달된 경우에는 /GS 스위치가 제공하는 보안 기능을 지원하기 위해 추가적인 작업을 수행한다. _DllMainCRTStartup 함수가 DLL_PROCESS_ATTACH 통지를 __DllMainCRTStartup 함수로 전달하면

__DllMainCRTStartup 함수는 C/C++ 런타임 라이브러리를 초기화하고, 전역 혹은 정적 C++ 객체를 생성해 준다. C/C++ 런타임에 대한 초기화가 완료되면 __DllMainCRTStartup 함수는 그제서야 비로소 DllMain 함수를 호출해 준다.

DLL에 DLL_PROCESS_DETACH 통지를 전달해야 하는 경우 시스템은 __DllMainCRTStartup 함수를 다시 한 번 호출한다. 이때 __DllMainCRTStartup 함수는 먼저 사용자가 정의한 DllMain 함수를 호출한다. 이후 DllMain 함수가 반환되면 DLL 내의 전역 혹은 정적 C++ 오브젝트의 파괴자를 호출한다. __DLLMainCRTStartup 함수가 DLL_THREAD_ATTACH나 DLL_THREAD_DETACH 통지를 전달받는 경우에는 특별한 처리를 수행하지 않는다.

앞서 이야기한 바와 같이 DLL의 소스 코드를 구현하는 경우라 하더라도 DllMain 함수를 반드시 구현할 필요는 없다. 만일 소스 코드 내에 사용자가 정의한 DllMain 함수가 존재하지 않으면 C/C++ 런타임 라이브러리 내에 자체적으로 구현되어 있는 DllMain 함수가 사용된다. 이 함수는 다음과 유사한 형태로 구현되어 있다(C/C++ 런타임 라이브러리를 정적으로 링킹하는 경우).

```
BOOL WINAPI DllMain(HINSTANCE hInstDll, DWORD fdwReason, PVOID fImpLoad) {

    if (fdwReason == DLL_PROCESS_ATTACH)
        DisableThreadLibraryCalls(hInstDll);
    return(TRUE);
}
```

링커가 DLL을 링크할 때 .obj 파일 내에 DllMain 함수가 존재하지 않으면 C/C++ 런타임 라이브러리 내에 구현되어 있는 DllMain 함수를 링크하게 된다. DLL이 자신만의 DllMain 함수를 가지지 않으면 C/C+ 런타임 라이브러리는 이 DLL이 DLL_THREAD_ATTACH와 DLL_THREAD_DETACH 통지에 대해서는 관심이 없으며, 해당 통지가 전달되었을 때 추가적으로 수행할 작업이 없을 것으로 판단하고, 스레드를 생성하고 파괴할 때의 성능을 개선하기 위해 DisableThreadLibraryCalls 함수를 호출한다.

section 03 DLL의 지연 로딩

마이크로소프트 Visual C++는 DLL을 좀 더 쉽게 사용할 수 있도록 DLL에 대한 지연 로딩 delay-loading 이라는 환상적인 기능을 제공하고 있다. 지연 로드 DLL은 암시적으로 링크되는 DLL이지만 실제로 코드에서 해당 심벌을 참조하기 전까지는 로드가 수행되지 않는다. 지연 로드 DLL은 다음과 같은 상황에서 유용하게 사용될 수 있다.

- 애플리케이션이 여러 개의 DLL들을 사용하는 경우라면, 로더가 해당 DLL들을 프로세스의 주소 공간에 매핑하는 데 상당한 시간이 소요되고, 이로 인해 프로세스의 초기화 시간이 매우 길어지게 된다. 이 같은 문제를 완화시킬 수 있는 방법 중 하나로는 DLL을 로드하는 작업을 프로세스 수행 중에 천천히 수행하는 것이다. 지연 로드 DLL을 사용하면 이러한 방법을 쉽게 구현할 수 있다.

- 최신 윈도우에 새롭게 추가된 함수를 사용하는 애플리케이션을 해당 함수가 제공되지 않는 이전 윈도우에서 수행하게 되면 로더는 에러를 보고하고 프로그램을 더 이상 수행하지 못하도록 한다. 일단 애플리케이션을 수행한 이후에 운영체제를 조사하여(실행 시간에) 새롭게 추가된 함수가 제공되지 않는 이전 버전의 윈도우일 경우 해당 함수를 호출하지 않도록 할 수 있다면 좋을 것이다. 예를 들어 애플리케이션이 윈도우 비스타에서 수행되는 경우 새로운 스레드 풀 함수를 사용하고, 이전 버전의 윈도우에서 수행되는 경우 해당 윈도우에서 제공되는 스레드 풀 함수를 사용하도록 하는 것이다. 애플리케이션을 초기화할 때 GetVersionEx 함수를 사용하면 애플리케이션이 수행 중인 운영체제가 무엇인지 확인할 수 있으며, 이 값을 근간으로 적절한 함수를 선택할 수 있다. 윈도우 비스타가 제공하는 새로운 스레드 풀 함수를 사용하는 애플리케이션을 윈도우 비스타 이전의 운영체제에서 수행하려 하면 로더는 새로운 스레드 풀 함수가 해당 운영체제에 존재하지 않기 때문에 에러 메시지를 출력하게 된다. 다시 말하지만, 지연 로드 DLL을 사용하면 이러한 문제를 쉽게 해결할 수 있다.

필자는 Visual C++의 지연 로드 DLL 기능을 상당히 오랫동안 사용해 보았는데, 마이크로소프트가 정말 훌륭한 기능을 구현하였다고 말하지 않을 수 없다. 지연 로드 DLL 기능은 많은 것을 제공하며, 모든 버전의 윈도우에서 잘 동작한다.

하지만 반드시 언급해야 할 일부 제한사항도 있다.

- 지연 로드 DLL은 필드를 익스포트할 수 없다.
- LoadLibrary와 GetProcAddress를 호출해야 하기 때문에 Kernel32.dll 모듈은 지연 로드될 수 없다.
- DllMain 진입점 함수 내에서 지연 로드될 함수를 호출하게 되면 프로세스가 손상된다.

지연 로드를 사용할 때의 제한사항에 대한 좀 더 자세한 내용은 *http://msdn2.microsoft.com/en-us/library/yx1x886y(VS.80).aspx*에 있는 "지연 로딩 DLL 사용시의 제약사항 Constraints of Delay Loading DLL" 문서를 읽어보기 바란다.

가장 쉬운 부분부터 알아보기로 하자. 지연 로드 DLL을 작성하려면 먼저 일반적인 방식으로 DLL을 생성하면 된다. 실행 파일도 동일하게 일반적인 방식으로 생성하면 되지만 일부 링커 스위치를 수정하여 실행 파일을 다시 링크해야 한다. 아래에 반드시 추가되어야 하는 두 개의 링커 스위치를 나타냈다.

- /Lib:DelayImp.lib
- /DelayLoad:MyDll.dll

경고

/DELAYLOAD와 /DELAY 링커 스위치는 코드 내에서 #pragma comment(linker, "") 형식으로는 설정될 수 없다. 이 두 개의 링커 스위치는 반드시 프로젝트 속성^{project properties} 메뉴를 통해 설정되어야 한다.

지연 로드되는 DLL들을 선택하려면 구성 속성^{Configuration Properties}/링커 ^{Linker}/입력 ^{Input} 페이지에서 다음과 같이 설정하면 된다.

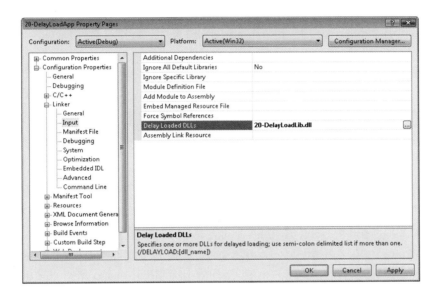

지연 로드 DLL 옵션은 구성 속성^{Configuration Properties}/링커 ^{Linker}/고급 ^{Advanced} 페이지에서 다음과 같이 설정하면 된다.

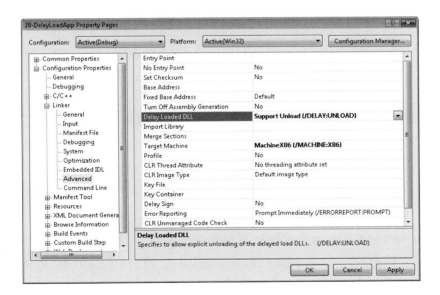

/Lib 스위치를 사용하면 링커는 __delayLoadHelper2라는 특수한 함수를 실행 파일 내에 포함시킨다. 두 번째 스위치는 링커에게 다음과 같은 작업을 수행하도록 한다.

- 실행 모듈의 임포트 섹션으로부터 MyDll.dll 파일을 제거하여 운영체제가 프로세스를 초기화할 때 해당 DLL을 암시적으로 로드하지 못하게 한다.
- 실행 파일 내에 새로운 지연 로드 임포트 섹션 Delay-load Import section(didata)을 포함시켜 어떤 함수들이 My-Dll.dll 파일로부터 지연 임포트되는지에 대한 정보를 추가한다.
- 지연 로드되는 함수를 호출하는 코드를 __delayLoadHelper2 함수를 호출하도록 변경한다.

애플리케이션이 수행되어 지연 로드된 함수를 호출하게 되면 __delayLoadHelper2 함수가 실제로 호출된다. 이 함수는 지연 임포트 섹션을 참조하며, 해당 함수를 호출하려면 LoadLibrary와 GetProcAddress를 호출해야 한다는 사실을 알 수 있다. __delayLoadHelper2 함수가 지연 로드된 함수의 메모리 주소를 획득하게 되면 다음번에 동일한 함수를 호출할 경우 직접 해당 함수를 호출할 수 있도록 함수 호출부를 수정한다.

좋다. 끝났다. 간단하다! 정말 간단하다. 하지만 일부 다른 문제에 대해 고민할 필요가 있다. 보통 운영체제의 로더는 실행 파일을 로드하고, 필요한 DLL들을 로드하려고 시도한다. 만일 필요한 DLL들을 로드할 수 없으면 로더는 에러 메시지를 출력하지만 지연 로드된 DLL들은 초기화 시에 DLL의 존재유무가 확인되지 않는다. 만일 지연 로드된 함수가 호출되었을 때 해당 함수를 익스포트하고 있는 DLL이 존재하지 않으면 __delayLoadHelper2 함수는 소프트웨어 예외를 발생시킨다. 구조적 예외 처리 structured exception handling(SEH)를 이용하여 이러한 예외를 잡아내면 애플리케이션을 계속해서 수행할 수 있지만, 예외를 잡아내지 않으면 프로세스는 종료된다. (SEH는 23장 "종료 처리기", 24장 "예외 처리기와 소프트웨어 예외", 25장 "처리되지 않은 예외, 벡터화된 예외 처리, 그리고 C++ 예외"에서 알아볼 것이다.)

다른 문제는 __delayLoadHelper2가 로드할 DLL을 찾았지만 호출하려고 했던 함수가 해당 DLL 내에 포함되어 있지 않을 경우에 발생한다. 이러한 문제는 로더가 이전 버전의 DLL을 로드한 경우에 발생할 수 있다. 이 경우 __delayLoadHelper2 함수는 마찬가지로 소프트웨어 예외를 발생시키고 앞서와 동일한 규칙이 적용된다. 어떻게 SEH를 이용하여 이러한 예외들을 처리할 수 있는지에 대해서는 다음 절에서 제공되는 예제 애플리케이션을 통해 보여주도록 하겠다.

코드를 살펴보면 SEH나 예외 처리와 관련이 없는 부분을 많이 확인할 수 있을 것이다. 이러한 부분은 지연 로드 DLL을 사용함으로써 사용 가능한 추가적인 기능들이다. 이러한 기능들에 대해서는 곧 알아볼 것이다. 만일 추가적인 고급 기능들을 사용하고 싶지 않다면 해당 코드들을 지워버려도 된다.

소스에서 볼 수 있는 바와 같이 Visual C++ 팀은 VcppException(ERROR_SEVERITY_ERROR, ERROR_MOD_NOT_FOUND)와 VcppException(ERROR_SEVERITY_ERROR, ERROR_

PROC_NOT_FOUND)의 새로운 두 가지 소프트웨어 예외 코드를 추가하였다. 이 값들은 지연 로드 시 DLL 모듈을 찾을 수 없거나 함수를 찾을 수 없음을 각각 의미한다. 예외 필터^{exception filter}에서 사용한 DelayLoadDllExceptionFilter 함수는 이 두 개의 예외 코드를 확인한다. 둘 중 어떠한 코드도 아니라면 이 필터는 다른 필터들과 마찬가지로 EXCEPTION_CONTINUE_SEARCH를 반환한다. (어떻게 처리해야 할지 모르는 예외를 그냥 처리해 버리면 안 된다.) 만일 둘 중 하나의 코드로 구성된 예외가 발생한 경우라면 __delayLoadHelper2 함수는 발생한 예외에 대한 추가적인 정보를 담고 있는 DelayLoadInfo 구조체를 가리키는 포인터를 제공하게 된다. DelayLoadInfo 구조체는 Visual C++의 DelayImp.h 파일에 다음과 같이 정의되어 있다.

```
typedef struct DelayLoadInfo {
    DWORD           cb;            // 구조체의 크기
    PCImgDelayDescr pidd;          // 가공되지 않은 데이터(모든 정보가 여기에 있다.)
    FARPROC *       ppfn;          // 로드한 함수의 주소를 가리킨다.
    LPCSTR          szDll;         // DLL의 이름
    DelayLoadProc   dlp;           // 프로시저의 이름이나 순차 번호 값
    HMODULE         hmodCur;       // 로드된 라이브러리의 hInstance
    FARPROC         pfnCur;        // 호출할 실제 함수
    DWORD           dwLastError;   // 수신된 에러
} DelayLoadInfo, * PDelayLoadInfo;
```

이 구조체는 __delayLoadHelper2에 의해 할당되고 초기화된다. 이 함수가 DLL을 로드하고 호출할 함수의 주소를 얻어오는 것과 같이, 작업을 순차적으로 진행함에 따라 구조체 내의 각각의 멤버들은 올바른 값들을 가지게 된다. SEH 필터 내부에서는 로드하고자 하는 DLL의 이름은 szDll 멤버가 가지고 있고, 찾고자 하는 함수에 대한 정보는 dlp 멤버가 가지고 있다. 함수는 순차 번호나 이름을 이용하여 찾을 수 있기 때문에 dlp 멤버는 다음과 같은 구조를 가진다.

```
typedef struct DelayLoadProc {
    BOOL fImportByName;
    union {
        LPCSTR szProcName;
        DWORD dwOrdinal;
    };
} DelayLoadProc;
```

DLL이 성공적으로 로드되었지만 그 내부에 찾고자 하는 함수가 포함되어 있지 않은 경우라면 hmodCur 멤버를 통해 DLL이 로드된 메모리의 주소를 확인해 볼 수 있으며, dwLastError 멤버를 확인하여 어떤 에러가 발생하여 예외가 유발되었는지 확인해 볼 수 있다. 하지만 예외 코드가 이미 어떤 일이 발생했는지를 모두 알려주고 있기 때문에 예외 필터에서 굳이 이러한 작업을 수행할 필요는 없을 것이다. pfnCur 멤버는 요청한 함수의 주소 값을 가지게 되는데, 예외 필터 내에서는 이 값이 항상 NULL이다. 호출할 함수를 정상적으로 찾아낸 경우라면 예외가 발생하지 않았을 것이기 때문이다.

나머지 멤버들 중 cb는 버전 관리를 위해 필요한 것이고, pidd는 모듈 내에 포함되어 있는 지연 임포트 섹션을 가리키는 값으로, 지연 로드 DLL과 함수들의 목록을 가리킨다. ppfn은 DLL로부터 함수를 발견하였을 때 함수의 주소 값을 저장할 공간의 주소 값을 가지고 있다. 마지막 두 개의 멤버는 __delayLoadHelper2 함수 내부적으로만 사용된다. 이 값의 내용은 상당히 고급 사용을 위한 것으로서, 대부분의 경우 이 값의 내용을 확인하거나 이해해야 할 필요는 없을 것이다.

지금까지 지연 로드 DLL을 사용하기 위한 기본적인 내용과 예외 상황을 어떻게 극복하는지에 대해 설명하였다. 하지만 마이크로소프트가 지연 로드 DLL을 위해 구현한 내용들은 앞서 우리가 살펴본 내용보다 훨씬 많다. 지연 로드된 DLL을 언로드^{unload}하는 작업 등이 그 예가 될 것이다. 애플리케이션 사용자의 문서를 출력하기 위해 아주 특수한 DLL 파일을 필요로 하는 경우에 대해 생각해 보자. 이러한 DLL은 애플리케이션을 수행하는 대부분의 시간 동안 사용되지 않을 것이기 때문에, 지연 로드 DLL이 될 수 있는 완벽한 조건을 갖추고 있다. 만일 사용자가 출력 명령을 수행하면 DLL에 포함되어 있는 내부함수를 호출할 수 있으며, 이러한 DLL은 자동적으로 로드될 것이다. 상당히 훌륭하다. 하지만 문서 출력이 완료된 경우, 사용자가 또 다른 문서를 당장에 출력해야 하는 경우는 없을 것이므로 DLL을 언로드하고 시스템 리소스를 해제할 수 있다. 만일 사용자가 또 다른 문서를 출력하기로 했다면 해당 DLL 파일은 다시 로드될 것이다.

지연 로드된 DLL을 언로드하려면 두 가지 작업을 해야 한다. 첫째로, 실행 파일을 생성할 때 추가적인 링커 스위치(/Delay:unload)를 지정해야 한다. 둘째로, 소스 코드를 수정하여 지연 로드된 DLL을 언로드하고자 하는 시점에 __FUnloadDelayLoadedDLL2 함수를 호출하도록 해야 한다.

```
BOOL __FUnloadDelayLoadedDLL2(PCSTR szDll);
```

/Delay:unload 링커 스위치는 링커로 하여금 파일 내에 또 다른 섹션을 추가하도록 한다. 이 섹션은 추후 __delayLoadHelper2 함수를 재호출할 수 있도록 지연 로드 DLL 내에 포함된 함수 중 이전에 호출하였던 함수에 대한 정보를 제거하는 데 필요한 정보를 담고 있다. 언로드하고자 하는 DLL의 이름을 인자로 __FUnloadDelayLoadedDLL2 함수를 호출하면, 이 함수는 파일 내의 언로드 섹션 내용 중 해당 DLL과 관련된 부분을 찾아서 앞서 사용한 적이 있는 함수의 주소 값을 모두 삭제해 버린다. 이후 __FUnloadDelayLoadedDLL2는 FreeLibrary 함수를 호출하여 해당 DLL을 언로드한다.

몇 가지 중요사항에 대해 이야기해 보자. 첫째로, 호출하였던 함수의 주소가 삭제되지 않기 때문에 절대로 FreeLibrary 함수를 직접 호출해서는 안 된다. FreeLibrary를 호출하게 되면 이후 DLL 내에 포함되어 있는 함수를 호출할 때 접근 위반을 유발하게 된다. 둘째로, __FUnloadDelayLoaded-DLL2 함수를 호출할 때 인자로 전달하는 DLL의 이름에는 경로명을 포함해서는 안 되며, /Delay-Load 링커 스위치에서 지정한 DLL의 이름과 대소문자가 정확히 일치하도록 주의해야 한다. 그렇지 않으면 __FUnloadDelayLoadedDLL2 함수는 실패할 것이다. 셋째로, 지연 로드된 DLL을 언로드하려는 경우가 아니라면 /Delay:unload 링커 스위치를 사용하지 않는 것이 좋다. 이렇게 함으로써 실행 파일의 크기를 좀 더 작게 유지할 수 있다. 마지막으로, /Delay:unload 스위치를 사용해서 생성한 모듈이 아니라면 __FUnloadDelayLoadedDLL2 함수를 호출해서는 안 된다. 이 함수를 호출하였을 때 문제가 발생하는 것은 아니지만, 이 경우 __FUnloadDelayLoadedDLL2 함수는 아무런 작업도 수행하지 않을 것이며, 단순히 FALSE를 반환한다.

지연 로드 DLL의 또 다른 특성으로는 기본적으로 함수들이 시스템의 판단 하에 프로세스의 주소 공간 어디에든 바인딩^{binding}될 수 있다는 것이다. (바인딩에 대해서는 이 장 후반부에서 알아볼 것이다.) 바인딩이 가능한 지연 로드 임포트 섹션^{bindable Delay-load Import Section}이 실행 파일 내에 포함되어야 하기 때문에 파일의 크기는 좀 더 커지게 된다. 링커의 /Delay:nobind 스위치를 사용하면 파일의 크기를 작게 유지할 수 있겠지만, 동적 바인딩이 가능하도록 하는 것이 더 좋은 방식이기 때문에, 이 링커 스위치는 가능하면 사용하지 않는 것이 좋다.

지연 로드 DLL의 마지막 기능은 고급 사용자를 위한 것으로 마이크로소프트의 세심함이 돋보이는 부분이다. 사용자는 __delayLoadHelper2 함수가 호출되었을 때 수행될 훅^{hook} 함수를 구성할 수 있다. 이러한 훅 함수는 __delayLoadHelper2 함수의 진행 상황이나 에러 상황을 통지받을 수 있을 뿐만 아니라 DLL의 로드 방식이나 함수가 로드될 가상 주소를 획득하는 방식들을 변경할 수도 있다.

진행 상황에 대한 통지를 수신하거나 함수의 동작 방식을 변경하려면 소스 코드에 두 가지 작업을 추가적으로 수행해 주어야 한다. 첫째로, DelayLoadApp.cpp 파일 내에 DilHook 함수와 같은 훅 함수를 작성해야 한다. DilHook 함수는 훅 함수가 가져야 하는 구조를 정의하고 있으며, __delay-LoadHelper2의 동작 방식에는 전혀 영향을 미치지 않는다. __delayLoadHelper2 함수의 동작 방식을 변경하려면 DilHook 함수 내에서 필요한 작업을 수행하면 된다. 이후 __delayLoadHelper2에게 훅 함수의 주소를 전달해 주면 된다.

DelayImp.lib 정적 링크 라이브러리 내부에는 __pfnDilNotifyHook2와 __pfnDilFailureHook2라는 두 개의 전역변수가 정의되어 있다. 이 두 개의 변수는 모두 PfnDliHook 타입이다.

```
typedef FARPROC (WINAPI *PfnDliHook)(
    unsigned dliNotify,
    PDelayLoadInfo pdli);
```

보는 바와 같이, 이 두 개의 변수는 모두 함수 포인터형 데이터 타입으로, DilHook 함수와 그 원형이 일치한다. DelayImp.lib 내부적으로 이 두 개의 변수는 NULL로 초기화되는데, 이 경우 __delayLoadHelper2는 훅 함수를 호출하지 않는다. 사용자가 작성한 훅 함수가 호출되도록 하려면 이 두 개의 변수에 사용자가 구현한 훅 함수의 주소를 설정하면 된다. 예제 코드에서는 전역 범위에서 다음과 같이 두 변수의 값을 설정하도록 하였다.

```
PfnDliHook __pfnDliNotifyHook2 = DliHook;
PfnDliHook __pfnDliFailureHook2 = DliHook;
```

보는 바와 같이, __delayLoadHelper2는 실제로 두 개의 콜백함수를 이용하여 작업을 수행한다. 이 중 하나는 상태 통지를 위해 사용되고, 다른 하나는 에러를 보고하기 위해 사용된다. 이 두 함수는 원형이 동일하다. 첫 번째 매개변수인 dliNotify로는 이 함수가 왜 호출되었는지에 대한 정보가 전달된다. 필자는 항상 단순하게 삶을 살고 싶기 때문에 하나의 함수만을 구현하여 두 변수에 동일 함수의 주소 값을 설정하였다.

 www.DependencyWalker.com을 통해 제공되는 DependencyWalker 도구를 이용하면 링크시의 의존 관계(정적 혹은 지연 로드되는 DLL 모두)를 확인할 수 있을 뿐만 아니라 프로파일링^{profiling} 기능을 이용하여 런타임 시 호출되는 LoadLibrary/GetProcAddress까지도 추적하여 DLL 간의 의존관계를 확인할 수 있다.

1 DelayLoadApp 예제 애플리케이션

DelayLoadApp 애플리케이션(20-DelayLoadApp.exe)은 이번 절의 마지막 부분에 있다. 이 예제는 지연 로드 DLL의 장점을 어떻게 활용할 수 있는지를 보여주기 위해 필요한 모든 것을 보여줄 수 있도록 작성되었다. 예제의 목적상 DLL 파일은 하나만 있으면 된다. 이 DLL에 대한 코드는 20-DelayLoadLib 폴더에 있다.

애플리케이션이 직접 20-DelayLoadLib 모듈을 로드할 것이기 때문에 로더는 애플리케이션 수행시 해당 모듈을 프로세스의 주소 공간 내로 매핑하지 않는다. 이 프로그램은 주소 공간에 모듈이 로드되어 있는지의 여부를 사용자에게 알려주기 위해 메시지 박스를 띄우도록 작성된 IsModuleLoaded 함수를 여러 번 호출한다. 애플리케이션을 처음으로 시작하면 20-DelayLoaLib 모듈은 로드되어 있지 않을 것이므로 [그림 20-4]와 같은 메시지 박스가 화면에 나타나게 된다.

[그림 20-4] DelayLoadApp가 20-DelayLoadLib 모듈이 로드되어 있지 않음을 알림

이후에 애플리케이션은 DLL에서 지연 임포트한 함수를 호출하여 __delayLoadHelper2 함수가 DLL을 자동으로 로드하도록 한다. 함수가 반환되면 [그림 20-5]와 같은 메시지 박스가 나타난다.

[그림 20-5]에서 사용자가 메시지 박스를 닫으면 동일한 DLL 내의 다른 함수를 호출하게 된다. 이 경우 DLL은 프로세스의 주소 공간에 DLL을 다시 로드하지 않는데, 이는 사용할 함수가 이미 특정 주소에 로드되었기 때문이다.

[그림 20-5] DelayLoadApp가 20-DelayLoadLib 모듈이 로드되었음을 알림

이제 20-DelayLoadLib 모듈을 언로드하기 위해 __FUnloadDelayLoadedDll2 함수를 호출한다. 이후에 다시 IsModuleLoaded 함수를 호출해 보면 [그림 20-4]와 같은 메시지 박스가 나타난다. 마지막으로, 20-DelayLoadLib 모듈이 임포트한 함수를 재호출하면 해당 모듈이 다시 로드되고, IsModuleLoaded 함수를 호출했을 때 [그림 20-5]의 메시지 박스가 나타난다.

모든 것이 정상적이라면 애플리케이션은 앞서 말한 방식대로 동작하게 될 것이다. 만일 애플리케이션을 수행하기 전에 20-DelayLoadLib 모듈을 지워버리거나 해당 모듈이 임포트된 함수를 하나라도 포함하지 않은 경우에는 예외가 발생한다. 예제 코드는 이러한 상황을 어떻게 "우아하게" 극복할 수 있는지를 보여준다.

마지막으로, 예제 애플리케이션은 지연 로드 혹 함수의 올바른 사용법을 보여주고 있다. DliHook 함수는 특별히 관심을 가질만한 흥미로운 작업을 수행하고 있지는 않다. 하지만 이 함수가 다양한 통지를 수신하고 있고, 각각의 통지의 종류에 따라 어떤 작업을 수행할 수 있는지를 보여주고 있다.

```cpp
DelayLoadApp.cpp

/**********************************************************************
Module:  DelayLoadApp.cpp
Notices: Copyright (c) 2008 Jeffrey Richter & Christophe Nasarre
**********************************************************************/


#include "..\CommonFiles\CmnHdr.h"      /* 부록 A를 보라. */
#include <Windowsx.h>
#include <tchar.h>
#include <StrSafe.h>


///////////////////////////////////////////////////////////////////


#include <Delayimp.h>     // 에러 처리와 고급 기능을 위해 필요하다.
#include "..\20-DelayLoadLib\DelayLoadLib.h"     // DLL 함수 원형 정의


///////////////////////////////////////////////////////////////////


// __delayLoadHelper2/__FUnloadDelayLoadedDLL2 함수를 정적으로 링크한다.
#pragma comment(lib, "Delayimp.lib")
```

```
// 주의: /DELAYLOAD와 /DELAY는 #pragma comment(linker, "")를 이용하여
//       설정할 수 없다.

// 지연 로드 모듈의 이름(이 예제 애플리케이션에서만 사용된다.)
TCHAR g_szDelayLoadModuleName[] = TEXT("20-DelayLoadLib");


///////////////////////////////////////////////////////////////////////////////

// 함수 원형 선언
LONG WINAPI DelayLoadDllExceptionFilter(PEXCEPTION_POINTERS pep);


///////////////////////////////////////////////////////////////////////////////

void IsModuleLoaded(PCTSTR pszModuleName) {

   HMODULE hmod = GetModuleHandle(pszModuleName);
   char sz[100];
#ifdef UNICODE
   StringCchPrintfA(sz, _countof(sz), "Module \"%S\" is %Sloaded.",
      pszModuleName, (hmod == NULL) ? L"not " : L"");
#else
   StringCchPrintfA(sz, _countof(sz), "Module \"%s\" is %sloaded.",
      pszModuleName, (hmod == NULL) ? "not " : "");
#endif
   chMB(sz);
}


///////////////////////////////////////////////////////////////////////////////

int WINAPI _tWinMain(HINSTANCE hInstExe, HINSTANCE, PTSTR pszCmdLine, int) {

   // 지연 로드 DLL 함수를 호출하는 부분은 SEH로 감싼다.
   __try {
      int x = 0;

      // 만일 디버거에서 애플리케이션을 수행하였다면 새로운 Debug.Module 메뉴 항목을
      // 이용하여 아래 행을 수행하는 시점에 DLL이 이전에 로드된 적이 있는지 알 수 있다.
      IsModuleLoaded(g_szDelayLoadModuleName);

      x = fnLib();     // 지연 로드 함수에 대한 호출 시도

      // Debug.Modules를 이용하여 해당 DLL이 지금 시점에 로드되었음을 확인해 보라.
      IsModuleLoaded(g_szDelayLoadModuleName);

      x = fnLib2();    // 지연 로드 함수에 대한 호출 시도
```

```
    // 지연 로드된 함수를 언로드한다.
    // 주의: /DelayLoad: (Name)에서 설정한 이름과 정확히 일치해야 한다.
    PCSTR pszDll = "20-DelayLoadLib.dll";
    __FUnloadDelayLoadedDLL2(pszDll);

    // Debug.Modules를 이용하여 해당 DLL이 지금 시점에 언로드되었음을 확인해 보라.
    IsModuleLoaded(g_szDelayLoadModuleName);

    x = fnLib();    // 지연 로드된 함수를 호출해 본다.

    // Debug.Modules를 이용하여 해당 DLL이 지금 시점에 다시 로드되었음을 확인해 보라.
    IsModuleLoaded(g_szDelayLoadModuleName);
}
__except (DelayLoadDllExceptionFilter(GetExceptionInformation())) {
    // 이 단계에서는 특별한 작업을 수행할 것이 없으므로 스레드는 보통의 경우와 같이
    // 수행을 지속하게 된다.
}

// 추가적인 코드는 여기에 배치한다.

return(0);
}


///////////////////////////////////////////////////////////////////////

LONG WINAPI DelayLoadDllExceptionFilter(PEXCEPTION_POINTERS pep) {

    // 이 예외를 우리가 인지한다고 가정한다.
    LONG lDisposition = EXCEPTION_EXECUTE_HANDLER;

    // 지연 로드에 문제가 발생한 경우라면 ExceptionInformation[ 0]은
    // 자세한 에러 정보를 담고 있는 DelayLoadInfo 구조체를 가리키게 된다.
    PDelayLoadInfo pdli =
        PDelayLoadInfo(pep->ExceptionRecord->ExceptionInformation[ 0]);

    // 에러 메시지를 구성하기 위한 버퍼
    char sz[ 500] = {  0 };

    switch (pep->ExceptionRecord->ExceptionCode) {
    case VcppException(ERROR_SEVERITY_ERROR, ERROR_MOD_NOT_FOUND):
        // 수행 중에 DLL 모듈을 발견하지 못했다.
        StringCchPrintfA(sz, _countof(sz), "Dll not found: %s", pdli->szDll);
        break;

    case VcppException(ERROR_SEVERITY_ERROR, ERROR_PROC_NOT_FOUND):
```

```
        // DLL 모듈은 찾았으나, 그 안에서 적절한 함수는 찾지 못했다.
        if (pdli->dlp.fImportByName) {
            StringCchPrintfA(sz, _countof(sz), "Function %s was not found in %s",
                pdli->dlp.szProcName, pdli->szDll);
        } else {
            StringCchPrintfA(sz, _countof(sz), "Function ordinal %d was not found in %s",
                pdli->dlp.dwOrdinal, pdli->szDll);
        }
        break;

    default:
        // 이 예외는 우리가 알지 못한다.
        lDisposition = EXCEPTION_CONTINUE_SEARCH;
        break;
    }

    if (lDisposition == EXCEPTION_EXECUTE_HANDLER) {
        // 이 에러는 우리가 알고 있으며, 메시지를 구성하여 보여준다.
        chMB(sz);
    }

    return(lDisposition);
}


///////////////////////////////////////////////////////////////////////////

// 특별히 흥미로운 작업은 수행하지 않는 DliHook 함수
FARPROC WINAPI DliHook(unsigned dliNotify, PDelayLoadInfo pdli) {

    FARPROC fp = NULL;    // 기본 반환 값

    // 주의: pdli가 가리키는 DelayLoadInfo 구조체의 멤버를 이용하면
    //       현재까지의 진행 상황을 확인할 수 있다.

    switch (dliNotify) {
    case dliStartProcessing:
        // __delayLoadHelper2가 DLL/함수를 찾으려고 시도한 경우에 호출된다.
        // 일반적인 동작 방식을 고수하려면 0을 반환하고, 동작 방식을 변경하려면
        // 0이 아닌 값을 반환하라. (dliNoteEndProcess는 변함없이 전달될 것이다.)
        break;

    case dliNotePreLoadLibrary:
        // LoadLibrary 호출 직전에 호출된다.
        // __delayLoadHelper2가 LoadLibrary를 호출하도록 하려면 NULL을 반환하고,
        // 그렇지 않은 경우 직접 LoadLibrary를 호출한 후 HMODULE 값을 반환하라.
```

```
        fp = (FARPROC) (HMODULE) NULL;
        break;

    case dliFailLoadLib:
        // LoadLibrary가 실패했을 경우에 호출된다.
        // 자체적으로 LoadLibrary를 호출하여 HMODULE 값을 반환할 수 있다.
        // NULL을 반환하게 되면 __delayLoadHelper2는
        // ERROR_MOD_NOT_FOUND 예외를 유발하게 된다.
        fp = (FARPROC) (HMODULE) NULL;
        break;

    case dliNotePreGetProcAddress:
        // GetProcAddress 함수 호출 직전에 호출된다.
        // __delayLoadHelper2가 GetProcAddress 함수를 호출하도록 하려면 NULL을
        // 반환하고, 그렇지 않은 경우 직접 GetProcAddress를 호출하여 그 결과 값을 반환하라.
        fp = (FARPROC) NULL;
        break;

    case dliFailGetProc:
        // GetProcAddress 함수가 실패했을 경우에 호출된다.
        // 자체적으로 GetProcAddress를 호출하여 함수의 주소 값을 반환할 수 있다.
        // NULL을 반환하게 되면 __delayLoadHelper2는
        // ERROR_PROC_NOT_FOUND 예외를 유발하게 된다.
        fp = (FARPROC) NULL;
        break;

    case dliNoteEndProcessing:
        // __delayLoadHelper2에 대한 통지가 끝났다.
        // pdli가 가리키는 DelayLoadInfo 구조체의 멤버 값을 확인하여
        // 필요한 경우 예외를 유발시킬 수도 있다.
        break;
    }

    return(fp);
}

///////////////////////////////////////////////////////////////////////

// __delayLoadHelper2 함수가 우리가 작성한 훅 함수를 호출하도록 한다.
PfnDliHook __pfnDliNotifyHook2  = DliHook;
PfnDliHook __pfnDliFailureHook2 = DliHook;

///////////////////////// 파일의 끝 ////////////////////////////////////
```

```
/************************************************************************
Module:  DelayLoadLib.cpp
Notices: Copyright (c) 2008 Jeffrey Richter & Christophe Nasarre
************************************************************************/


#include "..\CommonFiles\CmnHdr.h"      /* 부록 A를 보라. */
#include <Windowsx.h>
#include <tchar.h>


///////////////////////////////////////////////////////////////////////


#define DELAYLOADLIBAPI extern "C" __declspec(dllexport)
#include "DelayLoadLib.h"


///////////////////////////////////////////////////////////////////////


int fnLib() {

   return(321);
}


///////////////////////////////////////////////////////////////////////


int fnLib2() {

   return(123);
}


////////////////////////////// 파일의 끝 ///////////////////////////////
```

```
/************************************************************************
Module:  DelayLoadLib.h
Notices: Copyright (c) 2008 Jeffrey Richter & Christophe Nasarre
************************************************************************/


#ifndef DELAYLOADLIBAPI
#define DELAYLOADLIBAPI extern "C" __declspec(dllimport)
#endif


///////////////////////////////////////////////////////////////////////
```

```
DELAYLOADLIBAPI int fnLib();
DELAYLOADLIBAPI int fnLib2();

/////////////////////////////// 파일의 끝 ///////////////////////////////
```

section 04 함수 전달자

함수 전달자^{function forwarder}는 특정 함수에 대한 호출을 다른 DLL에 있는 함수로 전달하는 역할을 수행하는 DLL 익스포트 섹션 내의 항목을 일컫는 말이다. Visuals C++의 DumpBin 툴을 이용하여 윈도우 비스타의 Kernel32.dll 파일을 조사해 보면 출력 결과로부터 다음과 같은 부분을 살펴볼 수 있다.

```
C:\Windows\System32>DumpBin -Exports Kernel32.dll   (출력 결과 일부 생략)
75    49    CloseThreadpoolIo (forwarded to NTDLL.TpReleaseIoCompletion)
76    4A    CloseThreadpoolTimer (forwarded to NTDLL.TpReleaseTimer)
77    4B    CloseThreadpoolWait (forwarded to NTDLL.TpReleaseWait)
78    4C    CloseThreadpoolWork (forwarded to NTDLL.TpReleaseWork)
        (나머지 출력 부분은 생략)
```

이 출력 결과는 네 개의 전달함수를 보여주고 있다. CloseThreadpoolIo, CloseThreadpoolTimer, CloseThreadpoolWait, 또는 CloseThreadpoolWork 함수를 사용하는 애플리케이션은 Kernel-32.dll을 동적으로 링크하고 있다. 이러한 애플리케이션을 실행하게 되면 로더는 Kernel32.dll을 로드하고 호출을 전달해 주어야 할 함수가 NTDLL.dll 파일 내에 있음을 확인하게 된다. 이후 NTDLL.dll 모듈이 추가적으로 로드된다. CloseThreadpoolIo 함수를 호출하면 실제로는 NTDLL.dll 내의 TpReleaseIoCompletion 함수가 호출된다. CloseThreadpoolIo 함수는 시스템 어디에도 존재하지 않는다!

CloseThreadpoolIo 함수를 호출하면 시스템은 GetProcAddress를 호출하여 Kernel32의 익스포트 섹션^{export section}으로부터 CloseThreadpoolIo 함수를 찾고, 이 함수가 호출을 다른 함수로 전달해야 하는 함수임을 알게 된다. 이 경우 GetProcAddress 함수를 다시 호출하여 NTDll.dll의 익스포트 섹션으로부터 TpReleaseIoCompletion 함수를 찾는다.

이러한 함수 전달자의 장점을 자체적으로 개발하는 DLL 모듈 내에서도 적용할 수 있다. 가장 쉬운 방법은 pragma 지시자를 사용하는 것인데, 다음에 그 예를 나타내었다.

```
// DllWork DLL 내의 함수로 호출을 전달하는 함수 전달자를 선언한다.
#pragma comment(linker, "/export:SomeFunc=DllWork.SomeOtherFunc")
```

이와 같이 pragma를 사용하면 링커는 DLL을 링크할 때 SomeFunc라는 함수를 익스포트하게 된다. 하지만 실제로 SomeFunc의 구현부는 DllWork.dll 모듈 내에 포함되어 있는 SomeOtherFunc라는 함수 내에 존재하게 된다. pragma 행은 함수 전달자를 만들고자 하는 함수 각각에 대해 작성해 주어야 한다.

section
05 알려진 DLL

운영체제가 제공하는 몇몇 DLL들은 아주 특별하게 취급된다. 이러한 DLL들을 알려진 DLL $^{known\ DLL}$ 이라고 부른다. 이러한 DLL들은 다른 DLL과 그 구조는 동일하지만 해당 DLL을 로드할 때 항상 일정한 디렉터리로부터 DLL을 찾게 된다. 이와 관련하여 레지스트리 내부에는 다음과 같은 키가 존재한다.

```
HKEY_LOCAL_MACHINE\SYSTEM\CurrentControlSet\Control\
    Session Manager\KnownDLLs
```

아래에 필자의 컴퓨터에서 RegEdit.exe 도구를 사용하여 살펴본 레지스트리 정보를 나타내었다.

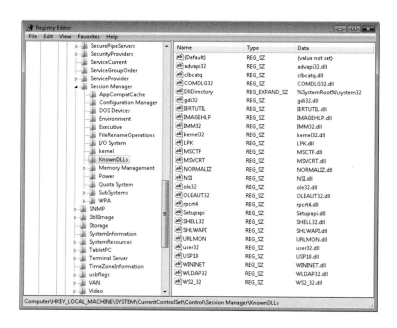

보는 바와 같이 이 키 이하에는 DLL들의 이름으로 설정된 값들이 존재함을 알 수 있다. 이러한 값들의 이름은 .dll 확장자를 제외한 이름 값으로 설정되어 있다. (위 예에서 볼 수 있듯이 이 값은 대소문자를 구분하지 않는다.) LoadLibrary나 LoadLibraryEx 함수가 호출되면 이러한 함수들은 가장 먼저 인자로 전달된 DLL 이름에 .dll이라는 확장자가 포함되어 있는지 확인해 본다. 만일 확장자가 포함되어 있지 않다면 일반적인 검색 규칙에 따라 DLL을 찾게 된다.

하지만 사용자가 로드할 DLL의 이름에 .dll 확장자가 포함되어 있으면 이러한 함수들은 확장자를 제거한 후 KnownDlls 레지스트리 키 이하에 동일 이름의 값이 존재하는지를 확인한다. 일치하는 이름이 없으면 일반적인 검색 규칙에 따라 DLL을 찾게 된다. 만일 일치하는 이름이 있으면 시스템은 해당 값의 데이터를 읽어 와서, 이 데이터를 이용하여 DLL을 로드하게 된다. 시스템은 해당 레지스트리 키 이하의 DllDirectory 값의 데이터로 주어진 디렉터리에서부터 DLL 검색을 시작한다. 비스타에서 Dll-Directory 값의 기본 데이터는 %SystemRoot%\System32이다.

설명을 위해 KnownDLLs 레지스트리 키 이하에 다음과 같은 값을 추가한 경우를 생각해 보자.

```
값 이름: SomeLib
값 데이터: SomeOtherLib.dll
```

다음과 같이 함수를 호출하면 시스템은 해당 파일의 위치를 검색할 때 일반적인 검색 규칙에 따라 검색을 수행한다.

```
LoadLibrary(TEXT("SomeLib"));
```

하지만 다음과 같이 함수를 호출하게 되면 시스템은 레지스트리 상에 동일한 값 이름이 존재하는지 확인한다.

```
LoadLibrary(TEXT("SomeLib.dll"));
```

시스템은 SomLib.dll 대신 SomeOtherLib.dll 라이브러리를 로드하려고 시도하게 되는데, 가장 먼저 %SystemRoot%\System32 디렉터리에서 SomeOtherLib.dll 파일을 찾아본다. 만일 이 디렉터리에 파일이 존재하면 해당 파일을 로드하겠지만, 그렇지 않은 경우라면 LoadLibrary(Ex)는 실패하게 되고 NULL을 반환한다. 이때 GetLastError를 호출해 보면 2(ERROR_FILE_NOT_FOUND) 값을 얻게 된다.

section 06 DLL 리다이렉션

윈도우가 처음 개발되었을 때는 램과 디스크 공간이 가장 중요한 자원이었다. 따라서 중요한 자원을 절약하기 위해 가능하면 많은 자원들을 공유하도록 설계하였다. 이러한 이유로 마이크로소프트는 C/C++ 라이브러리와 MFC Microsoft Foundation Class DLL과 같이 여러 애플리케이션에 의해 공유될 수 있는 모듈들을 윈도우의 시스템 디렉터리에 둘 것은 장려하였다. 이것은 시스템이 공유 파일의 위치를 쉽게 찾을 수 있도록 하기 위함이었다.

시간이 지남에 따라 설치 프로그램이 시스템 디렉터리에 있던 기존의 파일들을 하위 호환성이 없는 새로운 파일로 덮어써 버림으로써 이전에 정상적으로 동작하던 애플리케이션들이 동작하지 않는 것과 같은 심각한 문제가 발생하기 시작했다. 오늘날에는 하드 디스크의 크기가 매우 크고 저렴해졌고, 램의 크기 또한 커지고 예전에 비해 상대적으로 저렴해졌다. 이런 이유로 마이크로소프트는 지금까지 장려하던 이 같은 사항을 완전히 뒤집어서 애플리케이션이 사용하는 모든 파일을 가능하면 자신의 디렉터리에 두고, 윈도우 시스템 디렉터리에는 접근하지 말 것을 강력히 권고하고 있다. 이렇게 함으로써 우리가 개발한 애플리케이션이 다른 애플리케이션에 나쁜 영향을 미치는 것을 방지하고, 반대로 다른 애플리케이션이 우리가 개발한 애플리케이션에 영향을 미치는 것을 막을 수 있다.

개발자들에게 도움을 주기 위해 마이크로소프트는 윈도우 2000부터 DLL 리다이렉션^{redirection} 기능을 운영체제에 포함시켰다. 이 기능을 이용하면 운영체제의 로더는 애플리케이션이 설치된 디렉터리에서 가장 먼저 로드할 모듈을 찾게 된다. 만일 로더가 이 디렉터리로부터 파일을 찾지 못한 경우에만 다른 디렉터리에서 파일을 찾게 된다.

이처럼 로더가 항상 애플리케이션이 위치한 디렉터리로부터 파일을 먼저 찾도록 하기 위해서는 App-Name.local이라는 파일을 애플리케이션이 위치한 디렉터리에 만들어두면 된다. 이 파일의 내용은 완전히 무시되지만 AppName.local이라는 파일명의 형태는 유지되어야 한다. 만일 실행 파일의 이름이 SuperApp.exe라면 리다이렉션 파일은 SuperApp.exe.local이라는 이름을 가져야 한다.

내부적으로 LoadLibrary(Ex) 함수는 리다이렉션 파일이 존재하는지의 여부를 확인하도록 수정되었다. 만일 리다이렉션 파일이 애플리케이션이 위치한 디렉터리에 존재하면 필요한 모듈들이 이 디렉터리로부터 로드된다. 만일 로드해야 하는 모듈이 디렉터리에 존재하지 않으면 LoadLibrary(Ex)는 이전과 같이 동작하게 된다. 여기서 주목해야 할 것은 .local 파일 대신 동일 이름의 폴더를 만들어도 된다는 것이다. 이 경우 윈도우가 쉽게 파일들을 찾을 수 있도록 폴더 내에 필요한 모든 DLL들을 저장해 둘 수도 있다.

이 기능은 등록이 필요한 COM 오브젝트를 사용할 경우에 매우 유용하다. 애플리케이션은 자신이 사용하는 COM 오브젝트 DLL 파일들을 자신의 디렉터리 내에 둠으로써 동일한 COM 오브젝트를 등록하려는 다른 애플리케이션이 우리의 애플리케이션의 동작 방식에 영향을 주지 못하도록 한다.

안정성에 대해서는 상당히 주의를 기울여야 한다. 왜냐하면 시스템 파일인 것처럼 가장한 파일이 윈도우 시스템 디렉터리 대신 애플리케이션이 위치한 디렉터리로부터 로드될 수 있기 때문이다. 이러한 기능은 윈도우 비스타에서는 기본적으로 사용하지 못하도록 설정되어 있다. 만일 이 기능을 사용하려면 HKLM\Software\Microsoft\WindowsNT\CurrentVersion\Image File Execution Options 키 이하에 DWORD형의 DevOverrideEnable을 만들고, 그 값으로 1을 주면 된다.

section 07 모듈의 시작 위치 변경

모든 실행 파일과 DLL 모듈은 프로세스의 주소 공간에 매핑될 때 가장 이상적인 위치를 나타내기 위해 선호하는 시작 주소 값을 가지고 있다. 실행 모듈을 생성하게 되면 링커는 기본적으로 선호하는 시작 주소 값을 0x00400000으로 설정한다. DLL 모듈에 대해서는 선호하는 시작 주소 값을 0x10000000으로 설정한다. 마이크로소프트 Visual Studio의 DumpBin 도구를(/header 스위치와 함께) 사용하면 해당 이미지가 선호하는 시작 주소의 값을 알 수 있다. 아래에 DumpBin을 이용하여 헤더 정보를 출력한 예를 나타내었다.

```
C:\>DUMPBIN /headers dumpbin.exe

Microsoft (R) COFF/PE Dumper Version 8.00.50727.42
Copyright (C) Microsoft Corporation. All rights reserved.

Dump of file dumpbin.exe

PE signature found

File Type: EXECUTABLE IMAGE

FILE HEADER VALUES
             14C machine (i386)
               3 number of sections
        4333ABD8 time date stamp Fri Sep 23 09:16:40 2005
               0 file pointer to symbol table
               0 number of symbols
              E0 size of optional header
             123 characteristics
                 Relocations stripped
                 Executable
                 Application can handle large (>2GB) addresses
                 32 bit word machine
```

```
OPTIONAL HEADER VALUES
             10B magic # (PE32)
            8.00 linker version
            1200 size of code
             800 size of initialized data
               0 size of uninitialized data
            170C entry point (0040170C)
            1000 base of code
            3000 base of data
          400000 image base (00400000 to 00404FFF) <- 이 모듈이 선호하는 시작 주소
            1000 section alignment
             200 file alignment
            5.00 operating system version
            8.00 image version
            4.00 subsystem version
               0 Win32 version
            5000 size of image
             400 size of headers
           1306D checksum
               3 subsystem (Windows CUI)
            8000 DLL characteristics
                 Terminal Server Aware
          100000 size of stack reserve
            2000 size of stack commit
          100000 size of heap reserve
            1000 size of heap commit
               0 loader flags
              10 number of directories

    ...
```

실행 모듈이 수행되면, 운영체제는 새로운 프로세스를 위한 가상 주소 공간을 생성한다. 로더는 실행
모듈을 0x00400000에 매핑하고, DLL 모듈을 0x10000000에 매핑한다. 모듈이 선호하는 시작 주소
란 것이 왜 중요한 것일까? 다음의 코드를 살펴보자.

```
int g_x;

void Func() {
    g_x = 5;   // 이 행이 매우 중요하다.
}
```

Visual C++ 컴파일러가 Func 함수를 처리하는 동안 컴파일러와 링커는 다음과 같은 기계어 코드를
만들어낸다.

```
MOV   [0x00414540], 5
```

다른 말로는, 컴파일러와 링커가 기계어를 만들어낼 때 g_x 변수는 0x00414540이라는 주소에 있다고 하드코딩한다는 것이다. 이 주소는 코드 내의 주소 값이며, 프로세스의 주소 공간 내에서 g_x 변수를 구분하기 위한 절대적인 값이다. 하지만 이 메모리 주소 값은 실행 모듈이 선호하는 시작 주소에 로드되었을 경우에 한해서만 올바른 값이라고 할 수 있다.

만일 동일한 코드를 DLL 모듈 내에 두면 어떻게 될까? 이 경우 컴파일러와 링커는 기계어 코드를 다음과 같이 만들어낼 것이다.

```
MOV    [0x10014540], 5
```

다시 말하지만, DLL의 g_x 변수를 위한 가상 메모리 주소 값은 디스크 드라이브 상에 있는 DLL 파일 이미지 내에 하드코딩되어 있으며, 이 메모리 주소 값은 DLL이 선호하는 시작 주소에 정확히 로드된 경우에만 올바른 값이라 할 수 있다.

좋다. 이제 두 개의 DLL을 필요로 하는 애플리케이션을 설계하고 있다고 가정해 보자. 기본적으로 링커는 .exe 모듈의 시작 주소를 0x00400000으로 설정하고, DLL의 시작 주소를 0x10000000으로 설정한다. .exe를 수행하면 로더는 새로운 가상 주소 공간을 생성하고, .exe 모듈을 0x00400000 메모리 주소에 매핑하고, 첫 번째 DLL을 0x1000000 메모리 주소에 매핑한다. 하지만 로더가 두 번째 DLL을 프로세스의 주소 공간에 매핑하려고 하면 이미 다른 DLL이 선호하는 시작 주소에 매핑되어 있으므로 동일한 시작 주소에 매핑을 수행할 수 없다. 따라서 DLL 모듈의 시작 위치를 다른 곳으로 변경해야만 한다.

실행(혹은 DLL) 모듈의 시작 위치를 변경하는 작업은 상당히 끔찍한 작업이며, 가능하면 이러한 작업이 발생하지 않도록 피하는 것이 좋다. 왜 그런지 알아보자. 로더가 두 번째 DLL을 0x20000000으로 시작 위치를 변경하려 한다고 해 보자. 이 경우 g_x 변수의 값을 5로 바꾸는 코드는 다음과 같이 작성되어야 한다.

```
MOV    [0x20014540], 5
```

하지만 파일 이미지에 포함되어 있는 코드는 아래와 같을 것이다.

```
MOV    [0x10014540], 5
```

만일 파일 이미지에 포함되어 있는 내용 그대로 실행된다면, 첫 번째 DLL 모듈이 로드되어 있는 4바이트 공간에 5를 덮어써 버리게 될 것이다. 이래선 곤란하다. 로더는 어떤 식으로든 코드를 수정할 수 있어야 한다. 링커가 모듈을 빌드하면 결과로 생성되는 파일 내에 재배치 섹션^{relocation section}을 포함시킨다. 이 섹션에는 바이트 오프셋^{byte offset} 정보가 포함되어 있다. 각각의 바이트 오프셋은 기계어 명령이 사용하는 메모리 주소를 의미한다. 만일 로더가 자신이 선호하는 시작 주소에 모듈을 로드할 수 있다면 시스템은 이 모듈의 재배치 섹션의 내용을 살펴보지 않을 것이다. 사실 이것이 진정으로 우리가 원하는 바이며, 재배치 섹션은 가능하면 사용되지 않기를 원할 것이다.

하지만 모듈을 자신이 선호하는 시작 주소에 로드할 수 없다면, 로더는 모듈의 재배치 섹션 정보를 열어서 모든 항목들을 살펴보게 된다. 각각의 항목에 대해 로더는 수행해야 할 기계어 명령을 포함하고 있는 저장소 페이지로 이동한 후, 기계어 코드가 현재 사용하고 있는 메모리 주소 값을 가져와서 해당 모듈이 선호하는 시작 주소와 실제로 매핑된 모듈의 시작 주소의 차이만큼을 더하게 된다.

결국 앞의 예제에서는 두 번째 DLL이 0x20000000에 매핑되었다. 하지만 자신이 선호하는 시작 주소는 0x10000000이었으므로, 그 차이는 0x10000000이 되고, 기계어 명령이 사용하는 주소 값을 다음과 같이 모두 0x10000000만큼 더해야 한다.

```
MOV    [0x20014540], 5
```

이제 두 번째 DLL 내의 코드는 g_x 변수를 올바르게 참조하게 될 것이다.

모듈이 자신이 선호하는 시작 주소에 로드되지 못하면 두 가지 중요한 문제가 발생한다.

- 로더는 재배치 섹션을 검토하여 상당량의 코드를 수정해야 한다. 이는 애플리케이션 초기화 시간에 상당한 영향을 미치는 성능 저하 요소다.
- 로더가 모듈의 코드가 포함되어 있는 페이지의 내용을 수정하게 되면 시스템의 카피 온 라이트copy-on-write 메커니즘에 의해 시스템 페이징 파일을 사용하게 된다.

두 번째로 지적한 부분은 상당히 나쁜 영향을 미친다. 모듈의 코드를 담고 있는 페이지는 더 이상 사용되지 않을 경우 폐기하였다가 필요시 디스크에 있는 모듈의 파일 이미지로부터 다시 로드해 올 수 없게 된다. 대신 수정된 페이지들은 필요시 시스템의 페이징 파일로 스와핑되어야 한다. 이 또한 성능에 나쁜 영향을 미치게 된다. 하지만 잠깐, 더 나쁜 점도 있다. 모듈의 코드를 담고 있는 페이지가 시스템의 페이징 파일에 있기 때문에 사용할 수 있는 저장소가 줄어들게 되어, 시스템에서 수행되고 있는 모든 프로세스에게 좋지 않은 영향을 미치게 된다. 이로 인해 스프레드시트에서 사용하는 표의 크기가 제한되고, 워드 프로세서 문서의 크기가 제한되고, CAD를 이용하여 그릴 수 있는 그림이나 비트맵의 크기가 제한된다.

그런데 실행 파일이나 DLL 모듈이 재배치 섹션을 포함하지 않도록 할 수도 있다. 모듈을 빌드하는 과정에서 링크시 /FIXED 스위치를 사용하면 된다. 이 스위치를 사용하면 모듈의 크기는 조금 작아지겠지만, 더 이상 재배치 불가능한 모듈이 되어버린다. 만일 모듈이 자신이 선호하는 시작 주소에 로드될 수 없는 상황이 되면 로더는 해당 모듈을 재배치해야 하지만 재배치 섹션이 모듈에 포함되어 있지 않기 때문에 전체 프로세스를 죽이고 "프로그램이 비정상적으로 종료되었습니다.Abnomal Process Termination" 라는 메시지를 사용자에게 보여준다.

리소스만을 가지고 있는 DLL의 경우에도 동일한 문제가 발생한다. DLL이 리소스만을 가지고 있는 경우 코드가 포함되어 있지 않기 때문에 링크 시 /FIXED 스위치를 사용하는 것이 합당하다고 생각할는지 모르겠지만, 리소스만을 가진 DLL조차도 이 스위치를 사용했을 경우에는 자신이 선호하는 시작 주소에 로드되지 못하여 재배치가 필요한 경우 정상적으로 매핑이 수행되지 못한다. 이것은 아주 우스운 일이다. 이 문제를 해결하기 위해 링커는 모듈의 헤더에 이 모듈은 재배치가 필요하지 않으므로 재배치 정보를 제외한다는 정보를 포함시킬 수 있도록 해 주고 있다. 윈도우 로더는 헤더 내에 이러한 정보를 가지고 있고 리소스만을 포함하고 있는 DLL의 경우 앞서 언급한 것과 같이 성능을 저해하거나 페이징 파일에 악영향을 미치지 않고도 해당 DLL을 로드할 수 있다.

재배치^{relocation}가 필요 없는 모듈을 만드는 경우에는 /FIXED 스위치를 사용하지 말고 /SUBSYSTEM: WINDOWS, 5.0 스위치나 /SUBSYSTEM:CONSOLE, 5.0 스위치를 사용하여 링크를 수행하기 바란다. 만약 링커가 모듈 내에는 재배치와 관련된 부분이 전혀 없다고 판단하게 되면 모듈에 재배치 섹션을 포함시키지 않고, 헤더에서 IMAGE_FILE_RELOCS_STRIPPED 플래그를 꺼버린다. 윈도우가 이러한 모듈을 로드하게 되면 이 모듈은 재배치될 수 있지만(IMAGE_FILE_RELOCS_STRIPPED), 재배치 관련 정보를 가지고 있지 않음(재배치 섹션이 존재하지 않기 때문에)을 알게 된다. 이는 윈도우 2000의 새로운 기능이었다는 점에 주의하기 바란다. 이 점이 왜 /SUBSYSTEM 스위치 끝에 5.0을 썼는지에 대한 이유이기도 하다.

이제 선호하는 시작 주소의 중요성에 대해 이해했을 것이다. 하나의 주소 공간에 로드되어야 하는 여러 개의 모듈이 있는 경우, 각 모듈이 선호하는 시작 주소를 각기 다르게 설정하는 것이 좋다. Visual Studio의 프로젝트 속성^{Project Properties} 창을 이용하면 이 같은 작업을 쉽게 수행할 수 있다. 구성 속성 ^{Configuration Properties}\링커^{Linker}\고급^{Advanced} 섹션을 선택하고 기본적으로 아무런 값도 입력되어 있지 않은 기준 주소^{Base Address} 필드에 값을 입력하면 된다. 다음은 DLL 모듈의 선호하는 시작 주소를 0x20000000 으로 변경하는 예이다.

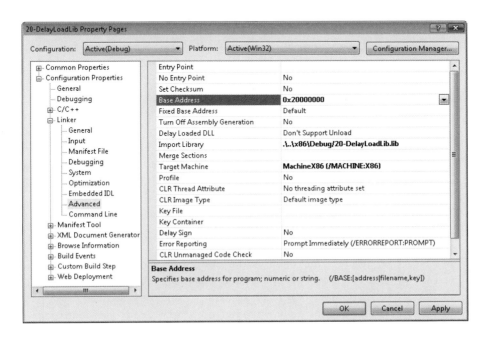

가능하면 높은 주소에서 낮은 주소 쪽으로 DLL을 로드해 가는 것이 좋다. 이렇게 하면 주소 공간의 단편화를 줄일 수 있다.

 선호하는 시작 주소는 항상 할당 단위 경계^{allocation-granularity boundary}로 지정되어야 한다. 지금까지의 모든 윈도우 플랫폼은 시스템의 할당 단위로 64KB를 사용하고 있다. 이 값은 미래에는 바뀔 수도 있다. 13장 "윈도우 메모리의 구조"에서 할당 경계에 대해 자세히 다룬 바 있다.

좋다! 훌륭하고 멋지다. 하지만 단일의 프로세스 공간에 상당히 많은 모듈을 로드해야 하는 경우라면 어떨까? 로드해야 하는 모든 모듈에 대해 선호하는 시작 주소를 올바르게 설정할 수 있는 쉬운 방법이 있다면 좋을 것 같다. 다행히도 그러한 방법이 있다.

Visual Studio에는 Rebase.exe라는 도구가 포함되어 있다. Rebase를 아무런 명령행 인자를 주지 않고 실행하면 다음과 같이 사용법 정보가 나타난다.

```
usage: REBASE [ switches]
              [-R image-root [ -G filename] [ -O filename] [ -N filename]]
              image-names...

              One of -b and -i switches are mandatory.

              [-a] Does nothing
              [-b InitialBase] specify initial base address
              [-c coffbase_filename] generate coffbase.txt
                  -C includes filename extensions, -c does not
              [-d] top down rebase
              [-e SizeAdjustment] specify extra size to allow for image growth
              [-f] Strip relocs after rebasing the image
              [-i coffbase_filename] get base addresses from coffbase_filename
              [-l logFilePath] write image bases to log file.
              [-p] Does nothing
              [-q] minimal output
              [-s] just sum image range
              [-u symbol_dir] Update debug info in .DBG along this path
              [-v] verbose output
              [-x symbol_dir] Same as -u
              [-z] allow system file rebasing
              [-?] display this message

              [-R image_root] set image root for use by -G, -O, -N
              [-G filename] group images together in address space
              [-O filename] overlay images in address space
              [-N filename] leave images at their origional address
```

```
         -G, -O, -N, may occur multiple times.  File "filename"
      contains a list of files (relative to "image-root")

 'image-names' can be either a file (foo.dll) or files (*.dll)
            or a file that lists other files (@files.txt).
            If you want to rebase to a fixed address (ala QFE)
            use the @@files.txt format where files.txt contains
            address/size combos in addition to the filename
```

Rebase 도구는 플랫폼 SDK 문서에 자세히 설명되어 있으므로, 여기서는 자세히 다루지 않을 것이다. 그런데 ImageHlp API 내의 ReBaseImage 함수를 이용하면 아주 쉽게 자신만의 시작 위치 변경 프로그램을 구현할 수 있다.

```
BOOL ReBaseImage(
    PCSTR CurrentImageName,     // 시작 위치 변경이 필요한 파일의 경로
    PCSTR SymbolPath,           // 정밀한 디버그 정보를 위한 심벌 파일의 경로
    BOOL bRebase,               // 실제로 시작 위치를 변경하려면 TRUE,
                                // 그렇지 않으면 FALSE
    BOOL bRebaseSysFileOk,      // 시스템 이미지들의 시작 위치 변경을
                                // 수행하지 않으려면 FALSE
    BOOL bGoingDown,            // 특정 주소 이하로 시작 위치를 변경하려면 TRUE
    ULONG CheckImageSize,       // 이미지가 커질 수 있는 최대 크기(제한하지 않으려면 0)
    ULONG* pOldImageSize,       // 기존 이미지의 크기
    ULONG* pOldImageBase,       // 이전 이미지의 선호하는 시작 주소
    ULONG* pNewImageSize,       // 새로운 이미지의 크기
    ULONG* pNewImageBase,       // 새로운 이미지의 선호하는 시작 주소
    ULONG TimeStamp);           // 0이 아니라면 이미지에 대한 새로운 시간 정보
```

Rebase 도구를 실행할 때 일련의 파일 이름들을 전달해 주면 다음과 같은 작업을 수행한다.

1. 프로세스의 주소 공간 생성 작업을 흉내 낸다.
2. 일반적으로 이 주소 공간에 로드되는 모듈들을 열어서 각 모듈이 선호하는 시작 주소와 각 모듈의 크기를 얻어온다.
3. 주소 공간 내에서 여러 모듈들이 서로 겹치지 않도록 재배치 작업을 시뮬레이션한다.
4. 모듈의 재배치를 위해 각 모듈의 재배치 섹션과 디스크에 존재하는 모듈 파일 내의 코드를 분석한다.
5. 재배치가 완료된 모듈에 대해 모듈의 헤더 정보를 새롭게 계산된 시작 주소로 변경한다.

Rebase는 매우 훌륭한 도구이며, 이 도구를 반드시 쓸 것을 강조하고 싶다. 애플리케이션을 구성하는 모든 모듈을 만들고 난 후, 마지막 단계로 이 도구를 사용하기 바란다. 또한 Rebase를 사용할 경우 프로젝트 속성Project Properties 창에서 시작 주소로 설정한 값은 잊어버리기 바란다. 링커는 DLL에 대해 시작 주소를 0x10000000으로 설정하겠지만 Rebase 도구가 이 값을 모두 바꾸어버린다.

운영체제에 기본적으로 포함되어 있는 모듈은 절대로 시작 주소를 변경해서는 안 된다. 마이크로소프트는 운영체제와 함께 제공되는 모든 모듈들에 대해 설사 단일 프로세스 주소 공간에 모든 모듈이 올라간다 하더라도 서로 겹치지 않도록 출시 이전에 모듈의 시작 주소 변경 작업을 수행해 두었다.

필자는 4장에서 소개한 바 있는 ProcessInfo.exe 애플리케이션에 특별한 기능 하나를 추가해 두었다. 이 도구는 프로세스의 주소 공간에 로드된 모든 모듈을 보여준다. BaseAddr 열 이하를 보면 모듈이 로드되어 있는 가상 메모리 주소를 확인할 수 있다. BaseAddr 바로 우측에는 ImageAddr이 있다. 이 값은 보통 비어 있으며, 이는 모듈이 자신이 선호하는 시작 주소에 로드되었음을 의미한다. 모든 모듈에 대해 이 값이 비어있길 바랄 것이다. 하지만 모듈이 자신이 선호하는 시작 주소에 로드되지 못한 경우, 디스크에 저장되어 있는 모듈의 헤더 정보를 읽어서 모듈이 선호하는 시작 주소 값을 나타내 준다.

아래에 ProcessInfo.exe 도구를 이용하여 devenv.exe 프로세스를 살펴본 결과를 나타냈다. 유일하게 하나의 모듈이 자신이 선호하는 시작 주소에 로드되지 못했다. 이 모듈의 선호하는 시작 주소 값이 0x00400000임에 주목할 필요가 있다. 이 값은 .exe에 대한 기본 시작 주소 값이다. 아마도 이 모듈의 개발자는 시작 주소 변경 문제에 대해서 전혀 신경 쓰지 않았던 것 같다. 부끄러워해야 할 일이다.

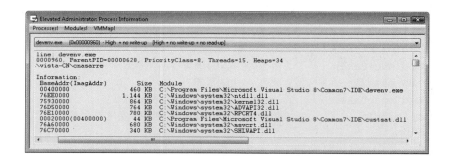

시작 주소 변경 작업은 매우 중요하고, 전체 시스템의 성능을 상당히 개선시키는 효과를 가지고 있다. 뿐만 아니라 이 작업은 성능 개선 이상의 역할을 수행한다. 만일 애플리케이션을 구성하는 모든 모듈이 적절하게 시작 주소 변경 작업이 이루어졌다고 해 보자. 19장에서 로더가 임포트된 심벌의 주소를 어떻게 찾는지에 대해 설명한 내용을 상기해 보라. 로더는 실행 파일의 임포트 섹션 내에 있는 심벌의 가상 주소를 기록하게 된다. 이를 통해 실행 파일이 사용하는 심벌이 올바른 메모리 위치를 참조할 수 있도록 해 준다.

잠깐만 생각해 보자. 만일 로더가 실행 파일 내의 임포트 섹션 내에 있는 임포트된 심벌의 가상 주소를 기록한다면 페이지의 카피 온 라이트^{copy-on-write} 메커니즘에 의해 임포트 섹션의 내용은 시스템 페이징 파일을 이용하게 될 것이다. 이 경우 시작 주소 변경에서와 유사한 문제가 발생하게 된다. 즉, 이미지 파일의 일부는 메모리의 시스템 페이징 파일로 스와핑되며, 사용되지 않는 페이지를 폐기하였다가 필요시 다시 로드해 올 수 없게 된다. 또한 로더는 모든 임포트된 심벌의 주소들을 변경해야 하는데, 이는 상당한 시간을 필요로 하는 작업이다.

애플리케이션이 좀 더 빠르게 초기화되고, 적은 저장소를 사용할 수 있도록 하기 위해 모듈 바인딩 ^{module binding} 기법을 사용할 수 있다. 모듈 바인딩은 모듈의 임포트 섹션을 임포트된 심벌의 가상 주소로 미리 준비해 두는 것을 말한다. 초기화 시간을 개선하고 적은 저장소를 사용하려면 모듈을 로딩하기 전에 이러한 작업을 미리 수행해 두어야 한다.

Visual Studio는 Bind.exe라는 도구를 포함하고 있다. 아무런 명령행 인자를 주지 않고 프로그램을 수행하면 다음과 같은 정보가 출력된다.

```
usage: BIND [switches] image-names...
            [-?] display this message
            [-c] no caching of import dlls
            [-o] disable new import descriptors
            [-p dll search path]
            [-s Symbol directory] update any associated .DBG file
            [-u] update the image
            [-v] verbose output
            [-x image name] exclude this image from binding
            [-y] allow binding on images located above 2G
```

Bind 도구는 플랫폼 SDK 문서 상에 자세히 설명되어 있으므로, 여기서는 자세히 다루지 않을 것이다. 그런데 Rebase와 같이 ImageHlp API 내의 BindImageEx 함수를 이용하면 동일한 기능을 아주 쉽게 구현할 수 있다.

```
BOOL BindImageEx(
    DWORD dwFlags,                // 함수의 동작 방식을 결정하는 플래그
    PCSTR pszImageName,           // 바인딩 작업을 수행할 파일 이름
    PCSTR pszDllPath,             // DLL 파일이 위치한 경로명
    PCSTR pszSymbolPath,          // 정밀한 디버그 정보를 위한 심벌 경로
    PIMAGEHLP_STATUS_ROUTINE pfnStatusRoutine);   // 콜백함수
```

마지막 매개변수인 pfnStatusRoutine으로는 BindImageEx 함수를 호출하여 바인딩이 진행되는 과정을 주기적으로 전달받을 수 있는 콜백함수의 주소를 지정하면 된다. 아래에 콜백함수의 원형을 나타냈다.

```
BOOL WINAPI StatusRoutine(
    IMAGEHLP_STATUS_REASON Reason,      // 모듈이나 함수가 없음 등의 상태 정보
    PCSTR pszImageName,              // 바인딩 작업을 수행할 파일 이름
    PCSTR pszDllName,                // DLL 이름
    ULONG_PTR VA,                    // 계산된 가상 주소
    ULONG_PTR Parameter);            // 각 상태 정보별로 추가적인 정보
```

Bind를 수행할 때 이미지의 이름을 전달하면 다음과 같은 작업이 수행된다.

1. 지정한 이미지 파일의 임포트 섹션을 연다.

2. 임포트 섹션에 포함된 모든 DLL을 나열하고, 각각의 DLL 파일을 열어서 헤더 내에 포함되어 있는 선호하는 시작 주소를 얻어온다.

3. DLL의 임포트 섹션 내에서 임포트된 심벌을 찾는다.

4. 심벌의 RVA 값을 가져와서 모듈의 선호하는 시작 주소 값과 더한다. 이미지 파일의 임포트 섹션 내에 있는 임포트된 심벌의 가상 주소 값을 계산된 결과 값으로 기록한다.

5. 이미지 파일의 임포트 섹션에 이미지 파일이 바인딩하는 모든 DLL 모듈의 이름과 모듈의 시간 정보 등을 추가한다.

19장에서 DumpBin 도구를 이용하여 Calc.exe의 임포트 섹션을 살펴본 적이 있다. 출력 결과의 하단을 살펴보면 5번 단계에서 임포트 섹션에 추가된 정보들을 확인할 수 있다. 아래에 출력 결과 중 관련 부분만을 발췌해 보았다.

```
Header contains the following bound import information:
    Bound to SHELL32.dll [ 4549BDB4] Thu Nov 02 10:43:16 2006
    Bound to ADVAPI32.dll [ 4549BCD2] Thu Nov 02 10:39:30 2006
    Bound to OLEAUT32.dll [ 4549BD95] Thu Nov 02 10:42:45 2006
    Bound to ole32.dll [ 4549BD92] Thu Nov 02 10:42:42 2006
    Bound to ntdll.dll [ 4549BDC9] Thu Nov 02 10:43:37 2006
    Bound to KERNEL32.dll [ 4549BD80] Thu Nov 02 10:42:24 2006
    Bound to GDI32.dll [ 4549BCD3] Thu Nov 02 10:39:31 2006
    Bound to USER32.dll [ 4549BDE0] Thu Nov 02 10:44:00 2006
    Bound to msvcrt.dll [ 4549BD61] Thu Nov 02 10:41:53 2006
```

위 내용을 보면 Cal.exe가 어떤 모듈을 바인딩하고 있는지 확인할 수 있다. 대괄호 내의 숫자는 마이크로소프트가 DLL 모듈을 작성한 시간을 나타낸다. 32비트의 이 시간 정보는 사람이 읽을 수 있는 문자열 형태로 대괄호 우측에 출력되어 있다.

전체 진행 과정에 있어서 Bind는 두 가지 중요한 가정을 하고 있다.

- 프로세스가 초기화될 때 필요한 DLL들은 실제로 자신이 선호하는 시작 주소에 로드될 것이다.

- DLL의 익스포트 섹션 내의 심벌들 중 참조되는 심벌들의 위치는 바인딩이 수행된 이후 변경되지 않을 것이다. 로더는 5번 단계를 통해 저장하였던 DLL의 시간 정보를 이용하여 이를 확인한다.

물론 로더는 모듈을 로드하는 과정에서 이 두 가지 가정이 모두 틀렸다고 판단할 수도 있다. Bind는 도움이 될 만한 작업을 전혀 수행하지 못했을 수도 있고, 이 경우 로더는 일반적인 경우와 동일하게 실행 모듈의 임포트 섹션을 손수 수정해 준다. 하지만 모듈이 바인딩되었고 해당 모듈이 자신이 선호하는 시작 주소에 로드되었으며 시간 정보가 일치한다면, 로더가 추가적으로 해야 할 작업이 전혀 없다. 모듈을 재배치해야 할 필요도 없고, 임포트된 함수의 가상 주소를 찾아야 할 필요도 없다. 애플리케이션은 단순히 수행을 시작하기만 하면 된다!

뿐만 아니라, 이 경우 시스템 페이징 파일을 필요로 하지도 않는다. 정말 환상적이다. 최고의 애플리케이션을 만들었다고 하겠다. 얼마나 많은 상용 애플리케이션들이 시작 주소 변경 작업과 바인딩 작업 없이 출시되는지를 알면 상당히 놀랄 것이다.

좋다. 이제 제품을 출시하기 전에 반드시 바인딩을 수행해야 한다는 것을 알았을 것이다. 그렇다면 언제 바인딩을 수행해야 하는 것일까? 만일 회사에서 개발한 모듈의 경우라면 설치를 완료한 후에 시스템 DLL들을 바인딩해야 하지만, 사용자가 설치를 수행한 후에 이러한 작업을 할 것 같지는 않다. 설치를 완료한 후에 바인딩을 수행해야 하는 이유는 사용자가 윈도우 XP를 사용할지 혹은 윈도우 2003이나 윈도우 비스타를 사용할지 전혀 알 수 없을 뿐만 아니라 어떤 서비스 팩이 설치되어 있는지 알 수도 없기 때문이다. 이 경우 애플리케이션의 설치 작업의 일부로서 바인딩 작업을 수행할 수 있도록 하면 좋을 것이다.

윈도우 XP와 윈도우 Vista를 이중 부팅할 경우, 둘 중 하나의 운영체제에 바인딩된 모듈은 다른 운영체제에 대해서는 정확하지 않은 바인딩 정보를 갖게 된다. 뿐만 아니라 애플리케이션을 윈도우 비스타에 설치한 이후에 서비스 팩을 설치하게 되면 바인딩 정보는 올바르지 않게 된다. 이러한 상황에서 새롭게 바인딩 작업을 수행할 사람은 그다지 많지 않다. 마이크로소프트는 운영체제를 업그레이드한 이후 모든 모듈을 자동적으로 다시 바인딩할 수 있는 도구를 제공해야 한다고 생각한다. 하지만 슬프게도 그런 도구는 제공되지 않고 있다.

Chapter 21

스레드 지역 저장소(TLS)

1. 동적 TLS
2. 정적 TLS

때로는 객체 인스턴스에 연관된 데이터를 추가적으로 기록하면 편리할 때가 있다. 예를 들어 윈도우 엑스트라 바이트^{window extra bytes}를 이용하면 특정 윈도우와 연관된 데이터를 SetWindowWord나 SetWindowLong과 같은 함수를 이용하여 값을 설정하고 가져올 수 있다. 이와 유사하게, 각 스레드 별로 연관 데이터를 기록하기 위해 스레드 지역 저장소^{Thread Local Storage}(TLS)를 사용할 수 있다. 예를 들어 스레드의 생성 시간을 저장할 수 있도록 각 스레드별로 공간을 마련하여 스레드가 종료될 때 이 값을 이용하여 스레드의 수행 시간을 계산할 수 있다.

C/C++ 런타임 라이브러리에서도 내부적으로 TLS를 사용한다. 이 라이브러리는 멀티스레드 애플리케이션이 등장하기 전에 설계되었기 때문에, 라이브러리에 포함되어 있는 대부분의 함수들이 싱글스레드 애플리케이션만을 고려하여 만들어졌다. _tcstok_s 함수가 아주 좋은 예라고 할 수 있다. 애플리케이션에서 _tcstok_s 함수를 최초로 호출하면 이 함수는 전달받은 문자열의 주소를 함수 내의 정적변수에 기록해 둔다. 다음으로 NULL 값을 인자로 _tcstok_s 함수를 다시 호출하면 이 함수는 이전에 저장해 두었던 문자열의 주소를 참조한다.

만일 멀티스레드 환경에서 이 함수가 사용되었다면 첫 번째 스레드가 _tcstok_s 함수를 호출하고, 연이어 _tcstok_s 함수를 호출하기 전에 다른 스레드가 _tcstok_s 함수를 호출할 수 있을 것이다. 이 경우 두 번째 스레드는 첫 번째 스레드가 알지 못하는 사이에 자신이 저장해 두었던 정적변수 값을 새로운 주소 값으로 덮어써 버리게 된다. 이제 제어가 돌아와서 첫 번째 스레드가 다시 _tcstok_s 함수를 호출하게 되면 이 함수는 두 번째 스레드가 전달하였던 문자열을 사용하게 될 것이다. 이러한 버그는 찾아내기도 힘들 뿐만 아니라 고치기도 상당히 까다롭다.

이 문제를 해결하기 위해 C/C++ 런타임 라이브러리는 TLS를 도입하였다. 각 스레드는 _tcstok_s 함수가 사용될 때 자신만의 공간에 문자열 포인터를 저장해 둔다. asctime과 gmtime을 포함한 다른 많은 C/C++ 런타임 함수들도 이와 동일한 기법을 필요로 한다.

애플리케이션에서 많은 수의 전역변수나 정적변수를 사용하고 있는 경우 TLS는 구원자의 역할을 수행한다. 다행히도 개발자들은 전역변수나 정적변수를 사용하는 것보다 자동변수(스택을 사용하는)와 함수의 인자를 통해 데이터를 전달하는 것을 선호하는 편이다. 스택 기반의 변수는 항상 특정 스레드와 연계되어 동작하기 때문에 이는 상당히 좋은 습관이라 할 수 있다.

표준 C/C++ 런타임 라이브러리는 이미 구현이 완료되었으며, 다양한 컴파일러에 의해 재구현되기도 했다. 왜냐하면 표준 C/C++ 라이브러리를 포함하지 않는 C/C++ 컴파일러는 아무도 거들떠보지 않을 것이기 때문이다. 프로그래머들은 수년 동안 이 라이브러리를 사용해 왔고, 앞으로도 계속해서 이 라이브러리를 사용할 것이다. 따라서 _tcstok_s와 같은 함수는 그 원형^{prototype}과 동작 방식이 항상 표준 C/C++ 라이브러리의 그것과 동일해야 한다. 만일 C/C++ 런타임 라이브러리가 오늘날의 실정에 맞추어 재설계될 수 있다면 멀티스레드 애플리케이션을 지원하는 환경에서 사용될 수 있도록 구조가 변경되었을 것이며, 전역변수와 정적변수를 사용하지 않는 형태로 작성되었을 것이다.

필자는 소프트웨어 개발 프로젝트에서 가능하면 전역변수를 사용하지 않으려는 편이다. 만일 지금 개발 중인 애플리케이션이 전역변수와 정적변수를 많이 사용하고 있다면 지금 당장 각각의 변수들을 분석하여 스택 기반의 변수로 바꿀 수 없는지 검토해 보기를 강력히 제안한다. 나중에 개발 중인 애플리케이션에 새로운 스레드를 추가하려는 경우 이러한 노력들이 헛되지 않을 것이며, 개발 시간도 상당히 단축시켜 줄 것이다. 설사 싱글스레드 기반의 애플리케이션으로 계속 유지한다 하더라도 다양한 이득을 가져다줄 것이다.

이번 장에서는 동적 TLS와 정적 TLS로 알려진 두 가지 TLS 활용 기법에 대해 설명할 것이다. 이들 각각은 애플리케이션과 동적 링크 라이브러리(DLL)에서 모두 사용할 수 있다. 그러나 보통의 경우 DLL을 작성할 때 좀 더 많이 사용되며, 유용하게 활용될 수 있다. 그 이유는 DLL의 경우 링크 시 해당 DLL을 사용하는 애플리케이션의 구조를 전혀 알지 못하기 때문이다. 이에 반해 애플리케이션을 개발할 때에는 얼마나 많은 스레드를 생성할 것이고, 이러한 스레드들이 어떻게 활용될 것인지를 미리 알 수 있기 때문에 임시변통할 만한 방법을 찾거나 스택을 기반으로 하는 변수를 사용하여 각 스레드별로 데이터를 유지할 수 있는 다른 방법이 있을 수 있다.

section 01 동적 TLS

애플리케이션에서 동적 TLS의 장점을 활용하려면 네 개의 함수를 이용해야 한다. 이러한 함수들은 실제로 DLL 개발시 자주 사용되는 함수들이다. [그림 21-1]은 마이크로소프트가 TLS를 관리하기 위해 내부적으로 사용하고 있는 자료 구조의 모습을 보여주고 있다.

이 그림은 시스템에서 수행 중인 단일 프로세스에 포함되어 있는 사용 중인 플래그들의 집합을 보여주고 있다. 각각의 플래그는 프리^{FREE} 상태이거나 사용중^{INUSE} 상태가 될 수 있으며, 이 플래그들은 각각의 TLS 슬롯이 사용 중인지의 여부를 나타낸다. 마이크로소프트는 최소한 TLS_MINIMUM_AVAILABLE 개수만큼의 슬롯을 사용할 수 있음을 보장해 준다. TLS_MINIMUM_AVAILABLE 값은 WinNT.h에 64로 정의되어 있다. 하지만 필요에 따라 추가적으로 슬롯을 할당할 수도 있는데, 1000개 이상의 TLS 슬롯을 만들 수도 있다! 이 정도라면 어떤 형태의 애플리케이션이라 하더라도 충분할 것이다.

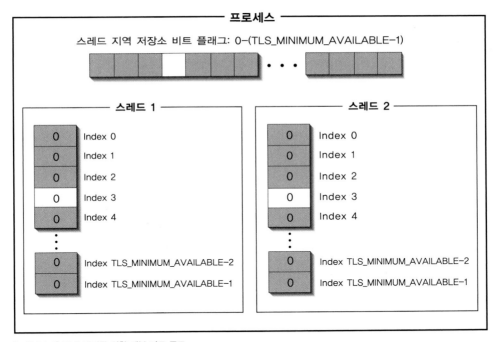

[그림 21-1] TLS 관리를 위한 내부 자료 구조

동적 TLS를 사용하려면 가장 먼저 TlsAlloc 함수를 호출해야 한다.

```
DWORD TlsAlloc();
```

이 함수는 프로세스 내의 비트 플래그 배열로부터 프리^{FREE} 플래그의 위치를 찾아내어 해당 플래그 값을 사용중INUSE 상태로 변경하고, 비트 플래그 배열에서의 인덱스를 반환한다. DLL(혹은 애플리케이션)에서는 보통 이 반환 값을 전역변수에 보관한다. 이 값은 스레드를 기반으로 하는 값이 아니라 프로세스를 기반으로 하는 값이기 때문에 전역변수를 사용하는 것이 더 좋은 사례 중 하나라 할 수 있다.

TlsAlloc 함수가 비트 플래그 배열로부터 프리 상태인 플래그를 찾지 못하면 TLS_OUT_OF_INDE-XES(WinBase.h에 0xFFFFFFFF로 정의되어 있는) 값을 반환한다. TlsAlloc을 최초로 호출한 경우라면 시스템이 첫 번째 플래그가 프리 상태임을 인지하고 해당 플래그를 사용중으로 변경한 후 플래그의 인덱스 값인 0을 반환하게 된다. 이것이 TlsAlloc이 수행하는 작업의 99%에 해당하는 내용이다. 나머지 1%는 조금 후에 설명할 것이다.

스레드가 생성되면 시스템은 해당 스레드와 연계되는 TLS_MINIMUM_AVAILABLE 개수의 PVOID 형 배열을 할당하고, 0으로 초기화한다. [그림 21-1]과 같이 각각의 스레드는 자신만의 배열을 가지고 있으며, 배열 내의 각 요소에는 PVOID 값을 저장할 수 있다.

스레드별로 존재하는 PVOID 배열에 값을 저장하기 전에 이 배열의 어느 요소가 사용 가능한지를 알아야 하는데, 이를 위해 앞서 TlsAlloc 함수를 호출했다. 개념상으로, TlsAlloc은 사용자를 위해 인덱스를 예약하는 것과 같다. 만일 TlsAlloc 함수가 3이라는 인덱스 값을 반환하였다면, 이 값은 현재 프로세스 내에서 수행 중인 모든 스레드들뿐만 아니라 나중에 생성될 스레드까지도 접근할 수 있는 공간을 예약하는 것과 같다.

스레드의 배열 내에 값을 할당하기 위해서는 TlsSetValue 함수를 호출하면 된다.

```
BOOL TlsSetValue(
    DWORD dwTlsIndex,
    PVOID pvTlsValue);
```

이 함수는 스레드가 가지고 있는 배열에서 dwTlsIndex 매개변수 값을 인덱스로 하는 공간에 pvTls-Value 매개변수로 전달하는 PVOID형 값을 할당한다. pvTlsValue 매개변수로 전달하는 값은 Tls-SetValue 함수를 호출하는 스레드와 연계된 값이다. 함수 호출이 성공하면 TRUE 값을 반환한다.

스레드는 TlsSetValue 함수를 호출하여 자신이 소유하고 있는 배열의 값을 변경할 수 있다. 하지만 다른 스레드에 있는 배열의 값은 변경하지 못한다. 특정 스레드가 다른 스레드가 소유하고 있는 배열에 값을 저장하는 Tls 함수가 제공되었으면 좋겠지만 현재까지 그런 함수는 제공되지 않고 있다. 지금으로서는 특정 스레드에서 다른 스레드로 데이터를 전달하는 가장 간단한 방법은 CreateThread나 _beginthreadex 함수에 하나의 값을 전달하는 것이며, 이 값은 스레드 함수의 매개변수를 통해 전달된다. 또 다른 방법으로는 공유 데이터를 사용하되, 값에 대한 일관성을 유지하기 위해 8장 "유저 모드에서의 스레드 동기화", 9장 "커널 오브젝트를 이용한 스레드 동기화"에서 알아본 동기화 메커니즘을 사용하는 것이다.

TlsSetValue를 호출할 때에는 앞서 TlsAlloc 함수를 호출하였을 때 반환된 인덱스 값을 인자로 전달해야 한다. 마이크로소프트는 가능하면 이 함수가 빠르게 수행될 수 있도록 하기 위해 에러 확인 절차를 포함시키지 않았다. 따라서 TlsAlloc을 호출하여 반환된 인덱스 값이 아닌 다른 값을 전달하더라도 스레드의 배열에 주어진 값이 저장되어버린다. 에러 확인은 수행되지 않는다.

스레드 배열로부터 값을 얻어오기 위해서는 TlsGetValue 함수를 호출하면 된다.

```
PVOID TlsGetValue(DWORD dwTlsIndex);
```

이 함수는 스레드가 소유하고 있는 TLS 슬롯으로부터 dwTlsIndex번째 값을 가져온다. TlsSetValue 함수와 마찬가지로 TlsGetValue 함수를 호출하는 스레드는 자신이 소유하고 있는 배열에서만 값을 가져올 수 있다. 또한 TlsSetValue와 마찬가지로 TlsGetValue는 인자로 전달된 인덱스 값의 범위는 확인하지만, 슬롯에 저장되어 있는 값의 유효성은 확인하지 않는다. 값의 유효성에 대한 검증은 코드에서 직접 수행해야 한다.

프로세스 내의 모든 스레드에서 앞서 예약하였던 TLS 슬롯을 더 이상 사용할 필요가 없는 시점이 되면 TlsFree 함수를 호출하면 된다.

```
BOOL TlsFree(DWORD dwTlsIndex);
```

이 함수는 앞서 예약하였던 슬롯이 더 이상 유지되지 않아도 된다는 사실을 시스템에게 알리는 역할을 수행한다. 시스템은 프로세스의 비트 플래그 배열 내에 사용중 상태이던 플래그 값을 프리 상태로 되돌린다. 이렇게 해야만 추후 TlsAlloc 함수를 호출하였을 때 동일 플래그가 다시 예약될 수 있을 것이다. 추가적으로, 모든 스레드의 해당 슬롯 값은 0으로 초기화된다. TlsFree 함수가 성공적으로 호출되면 TRUE 값을 반환하고, 예약되지 않았던 슬롯을 삭제하려고 시도하면 FALSE 값을 반환한다.

1 동적 TLS 사용하기

DLL에서 TLS를 사용하려는 경우에는 DllMain 함수로 DLL_PROCESS_ATTACH가 전달되었을 때 TlsAlloc 함수를 호출하고, DLL_PROCESS_DETACH가 전달되었을 때 TlsFree 함수를 호출하면 된다. TlsSetValue와 TlsGetValue는 DLL 내에 포함된 함수가 수행될 때 사용된다.

애플리케이션에서 TLS를 활용하기 위한 방법 중 하나로 필요시 추가하는 방법이 있다. 예를 들어 DLL 내에 _tcstok_s와 유사하게 동작하는 함수를 구현하려 한다고 하자. 스레드는 40바이트 크기의 구조체를 가리키는 포인터를 함수를 최초로 호출할 때 전달한다고 가정하자. 이런 종류의 함수는 이 함수가 다시 호출될 때 앞서 전달된 구조체를 다시 사용할 수 있도록 그 값을 저장해야 하며, 다음과 유사한 형태로 작성될 수 있을 것이다.

```
DWORD g_dwTlsIndex;    // 이 값은 TlsAlloc 함수의 반환 값으로
                       // 초기화되어 있을 것이라 가정한다.
...
void MyFunction(PSOMESTRUCT pSomeStruct) {
   if (pSomeStruct != NULL) {
      // 호출자는 이 함수를 초기화하려 한다.

      // 데이터를 저장할 공간이 할당된 적이 있는지 확인한다.
      if (TlsGetValue(g_dwTlsIndex) == NULL) {
         // 공간이 할당되어 있지 않다면, 이 함수는
         // 해당 스레드에 의해 최초로 호출된 경우이다.
         TlsSetValue(g_dwTlsIndex,
            HeapAlloc(GetProcessHeap(), 0, sizeof(*pSomeStruct)));
      }

      // 데이터를 저장하기 위한 메모리 공간이 존재한다;
      // 새롭게 전달된 값을 저장한다.
      memcpy(TlsGetValue(g_dwTlsIndex), pSomeStruct,
         sizeof(*pSomeStruct));

   } else {

      // 호출자는 앞서 함수를 초기화하였으며,
      // 앞서 저장된 데이터를 활용하여 임의의 작업을 수행하려 한다.
      // 데이터가 저장된 공간을 가리키는 주소 값을 얻어온다.
      pSomeStruct = (PSOMESTRUCT) TlsGetValue(g_dwTlsIndex);

      // pSomeStruct는 저장된 데이터를 가리킨다; 이제 이 값을 사용한다.
      ...
   }
}
```

만일 MyFunction 함수를 사용하지 않는 경우라면, 스레드를 위한 어떤 메모리 블록도 할당되지 않을 것이다.

64개의 TLS 위치는 필요 이상으로 많아 보인다. 하지만 애플리케이션이 DLL들을 동적으로 링크할 수 있다는 사실을 상기하기 바란다. 처음으로 로드되는 DLL이 10개의 TLS 인덱스를 사용하고, 두 번째로 로드되는 DLL이 5개의 TLS 인덱스를 사용할 수도 있다. 따라서 각 DLL별로 필요한 TLS 인덱스의 개수는 최소한으로 하는 것이 좋다. 이를 위한 가장 좋은 방법은 MyFunction에서와 같이 필요할 때 TLS 인덱스를 활용하는 것이다. 여러 개의 TLS 인덱스를 할당하여 40바이트 전체를 저장할 수도 있겠지만, 이렇게 하면 TLS를 낭비할 뿐만 아니라 저장한 데이터를 사용하기도 어려워진다. 이보다는 MyFunction에서와 같이 데이터를 저장하기 위해 필요한 메모리 블록을 할당하고, 그 포인터를 단일의 TLS 슬롯 내에 저장하는 것이 좋다. 앞서 언급한 바와 같이 64개를 초과하는 TLS 슬롯을 사용하

려고 하면 윈도우는 동적으로 추가적인 TLS 슬롯을 할당한다. 마이크로소프트는 많은 개발자들이 TLS 슬롯을 너무 과도하게 사용하는 바람에 다른 DLL들이 슬롯을 확보하지 못해 실패하는 경우를 해소하기 위해 TLS의 개수 제한을 증가시킬 수밖에 없었다.

앞서 TlsAlloc 함수에 대해 이야기할 때 이 함수의 99%를 설명했다고 하였다. 나머지 1%에 대한 이해를 돕기 위해 다음 코드를 살펴보도록 하자.

```
DWORD dwTlsIndex;
PVOID pvSomeValue;
        ...
dwTlsIndex = TlsAlloc();
TlsSetValue(dwTlsIndex, (PVOID) 12345);
TlsFree(dwTlsIndex);

// 아래 함수를 호출하여 반환된 dwTlsIndex 값은
// 앞서 TlsAlloc를 호출하였을 때 반환된 값과
// 동일할 것이라 가정한다.
dwTlsIndex = TlsAlloc();

pvSomeValue = TlsGetValue(dwTlsIndex);
```

이 코드가 수행되고 나면 pvSomeValue 값은 무엇이 될까? 12345? 답은 0이다. TlsAlloc 함수는 반환되기 직전에 프로세스의 모든 스레드들을 돌면서, 스레드가 소유하고 있는 배열에서 새롭게 할당된 인덱스 값을 이용하여 참조되는 요소를 모두 0으로 설정한다.

특정 애플리케이션이 DLL을 로드하기 위해 LoadLibrary를 호출하고, 로드된 DLL이 TLS 인덱스를 할당받기 위해 TlsAlloc 함수를 호출하였다고 하자. 이제, 애플리케이션 내의 어떤 스레드가 FreeLibrary를 호출하여 DLL을 언로드하려 한다고 하자. 이 경우 DLL은 TlsFree 함수를 호출하여 TLS 인덱스를 해제해야 한다. 하지만 DLL에 있는 코드가 어떤 스레드가 소유하고 있는 배열을 사용하였는지 어떻게 알 수 있겠는가? 다음으로, 이 애플리케이션이 또 다른 DLL을 LoadLibrary로 로드하였다고 생각해 보자. 이 DLL에서도 TLS를 사용하기 위해 TlsAlloc을 호출하게 되면 반환 값으로 앞서 사용한 것과 동일한 인덱스 값이 반환될 수 있다. 만일 TlsAlloc이 프로세스의 모든 스레드에 대해 반환된 인덱스 값에 해당하는 스레드 배열의 내용을 초기화하지 않으면 스레드는 이전에 설정된 값을 이용하게 될 것이고, 이로 인해 코드가 정상 동작하지 않을 수 있다.

예를 들어 새롭게 로드된 DLL이 앞서의 코드 예제처럼 TlsGetValue를 이용하여 이전에 메모리가 할당된 적이 있는지 확인하려 했다고 해 보자. 만일 TlsAlloc 함수가 모든 스레드들의 TLS 슬롯 배열에서 새롭게 할당한 인덱스 값에 해당하는 배열 요소를 삭제하지 않는다면 첫 번째로 로드되었던 DLL에서 사용하던 값이 그대로 남아 있게 될 것이다. 이러한 상황에서 스레드가 MyFunction을 호출하게 되면 MyFunction은 이미 메모리 블록이 할당되어 있는 것으로 판단하고, memcpy를 이용하여 새

로운 데이터를 이 메모리 블록으로 복사할 것이다. 이러한 작업은 불행한 사태를 초래할 수도 있다. 그러나 다행스럽게도 TlsAlloc은 이 같은 불행한 사태가 발생하지 않도록 배열 요소를 미리 초기화해 준다.

section 02 정적 TLS

동적 TLS와 마찬가지로 정적 TLS도 스레드와 연계된 데이터를 저장하기 위해 사용한다. 그런데 정적 TLS를 사용하는 경우에는 어떤 함수도 추가적으로 호출할 필요가 없기 때문에 더욱 쉽게 TLS를 사용할 수 있다.

애플리케이션 내에서 스레드가 생겨날 때마다 스레드별로 데이터를 연계하려 한다고 하자. 이 경우 다음과 같이 코드를 작성해 주기만 하면 된다.

```
__declspec(thread) DWORD gt_dwStartTime = 0;
```

__declspec(thread)는 마이크로소프트가 Visual C++ 컴파일러에 추가한 한정자modifier이다. 이러한 한정자를 사용하면 컴파일러는 해당 변수를 실행 파일이나 DLL 파일의 전용 섹션 내로 포함시킨다. __declspec(thread) 이후에 나타나는 변수들은 반드시 전역변수로 선언되거나 함수 내부에서(혹은 외부에서) 정적변수로 선언되어야 한다. 지역변수를 __declspec(thread)를 사용하여 선언할 수는 없다. 하지만 지역변수는 이미 특정 스레드와 연계된 데이터이므로 이는 문제가 되지 않는다. 필자는 전역 TLS 변수의 경우 gt_ 접두어를 사용하고, 정적 TLS 변수의 경우 st_ 접두어를 사용한다.

컴파일러가 프로그램을 컴파일하면 모든 TLS 변수를 .tls라는 이름의 전용 섹션 내로 포함시킨다. 링커는 모든 오브젝트 모듈object module로부터 .tls 섹션의 내용을 모아 단일의 .tls 섹션을 구성하여 실행 파일이나 DLL에 포함시킨다.

정적 TLS가 동작하려면 운영체제가 반드시 관여해야 한다. 애플리케이션이 로드되고 시스템이 실행 파일에서 .tls 섹션을 발견하면 모든 정적 TLS 변수를 저장할 수 있을 만큼의 충분한 메모리 블록을 할당한다. 애플리케이션 내에서 이러한 변수 중 하나를 참조하게 되면 앞서 할당하였던 메모리 블록 내의 특정 위치로 참조 위치가 변경된다. 결국 컴파일러는 정적 TLS 변수를 참조하기 위한 추가적인 코드를 생성해야 한다. 이로 인해 애플리케이션 크기가 조금 더 커지고, 속도는 조금 더 느려진다. x86 CPU에서는 하나의 정적 TLS 변수를 참조할 때마다 세 개의 기계어 명령어가 추가된다.

만일 프로세스 내에 새로운 스레드가 만들어지면 시스템은 이를 감지하여 새로운 스레드에서도 정적 TLS 변수를 사용할 수 있도록 추가적인 메모리 블록을 할당한다. 새롭게 생성된 스레드는 자신의 정적 TLS 변수에만 접근이 가능하며, 다른 스레드가 소유하고 있는 TLS 변수에는 접근하지 못한다.

이것이 정적 TLS의 기본적인 동작 방식이다. 이제 여기에 DLL에 대한 이야기를 덧붙여 보자. 애플리케이션에서 정적 TLS 변수를 사용할 수도 있지만 DLL에도 이러한 정적 TLS 변수를 사용할 수 있다. 시스템이 애플리케이션을 로드하면 가장 먼저 애플리케이션의 .tls 섹션의 크기를 확인하고, 그 값에 애플리케이션이 링크하는 DLL의 .tls 섹션 내의 크기만큼을 더해 준다. 이제 프로세스 내에 새로운 스레드가 만들어지면 시스템은 자동적으로 애플리케이션과 암시적으로 링크된 DLL 파일이 필요로 하는 모든 TLS 변수를 수용할 수 있을 만큼의 충분한 메모리 블록을 할당한다. 훌륭하다.

LoadLibrary를 이용하여 정적 TLS 변수를 포함하는 DLL을 로드하는 경우에는 어떤 일이 벌어질지 살펴보자. 시스템은 프로세스 내에 이미 수행 중인 스레드를 찾아서 새롭게 로드된 DLL이 필요로 하는 크기만큼 TLS 메모리 블록의 크기를 넓혀줘야 한다. 또한 FreeLibrary가 호출되었을 때는 DLL이 가지고 있던 정적 TLS 변수를 삭제해야 하고, 각각의 스레드와 연계된 메모리 블록을 축소해야 할 것이다. 좋은 소식은 이러한 모든 기능이 윈도우 비스타에서는 완벽하게 지원된다는 것이다.

DLL 인젝션과 API 후킹

마이크로소프트 윈도우에서는 각각의 프로세스가 자신만의 주소 공간을 가진다. 메모리를 참조하기 위해 포인터를 사용하면 이 값은 자신의 프로세스 주소 공간 내의 위치를 참조하기 위한 값으로 사용된다. 다른 프로세스가 소유하고 있는 메모리를 참조하는 포인터를 생성할 수 없기 때문에 특정 프로세스가 버그로 인해 메모리의 아무 영역에나 마구잡이로 값을 덮어쓴다 하더라도 다른 프로세스가 사용하는 메모리에는 영향을 주지 못한다.

프로세스별로 주소 공간을 구분하는 것은 개발자와 사용자 모두에게 도움이 된다. 개발자에게는 적절하지 않은 메모리에 접근하려 할 때 시스템이 이를 보호해 줄 수 있고, 사용자에게는 특정 애플리케이션이 다른 프로세스나 운영체제에 영향을 미치지 않기 때문에 운영체제가 좀 더 안정적으로 동작될 수 있다. 물론 안정성을 보장하기 위해서는 추가적인 비용이 들기 마련이다. 다른 프로세스들과 통신을 수행하거나 여러 프로세스들을 다루는 애플리케이션을 개발하는 것은 이전에 비해 상대적으로 매우 어려워졌다.

다음에 나열한 경우와 같이 다른 프로세스의 주소 공간에 접근해야 할 필요가 있다면, 먼저 프로세스의 경계를 무너뜨리는 작업이 필요하다.

- 다른 프로세스에 의해 생성된 윈도우를 서브클래싱 subclassing 하려는 경우
- 디버깅을 위해 필요한 경우. 예를 들어 다른 프로세스가 사용하고 있는 DLL 목록을 확인하고 싶을 경우
- 다른 프로세스를 후킹 hooking 하려는 경우

이번 장에서는 다른 프로세스의 주소 공간에 DLL을 인젝션^{Injection}하기 위해 사용할 수 있는 몇 가지 메커니즘들을 보여줄 것이다. 일단 DLL 코드가 다른 프로세스의 주소 공간 내에 주입되고 나면 해당 프로세스를 아무런 제한 없이 조작할 수 있게 된다.

section 01 DLL 인젝션: 예제

다른 프로세스가 생성한 윈도우 인스턴스에 대해 서브클래싱을 하려는 경우를 생각해 보자. 서브클래싱을 수행하면 이미 생성된 윈도우의 동작 방식을 변경할 수 있다는 것은 이미 알고 있으리라 생각한다. 서브클래싱을 수행하려면 SetWindowLongPtr을 이용하여 윈도우 메모리 블록 내의 윈도우 프로시저를 가리키는 포인터를 새로운 WndProc를 가리키는 값으로 변경하면 된다. 플랫폼 SDK에는 다른 프로세서가 생성한 윈도우에 대해서는 서브클래싱을 수행할 수 없다고 문서화되어 있다. 하지만 이는 사실이 아니다. 다른 프로세스의 윈도우를 서브클래싱하려는 경우의 문제점은 다른 프로세스 주소 공간에 대해 변경 작업을 수행해야 한다는 것이다.

특정 윈도우를 서브클래싱하기 위해 아래와 같이 SetWindowLongPtr 함수를 호출하고 나면 시스템은 hWnd가 가리키는 윈도우로 센드^{Send}되거나 포스트^{Post}되는 모든 윈도우 메시지들을 윈도우의 기본 윈도우 프로시저가 아니라 MySubclassProc로 전달한다.

```
SetWindowLongPtr(hWnd, GWLP_WNDPROC, MySubclassProc);
```

시스템이 특정 윈도우의 윈도우 프로시저로 전달할 메시지가 있는 경우, 먼저 이 윈도우와 연계되어 있는 WndProc의 주소를 찾은 후 직접 이 함수를 호출한다. 만일 메시지를 전달할 윈도우가 My-SubclassProc와 연계되어 있다면 시스템은 MySubclassProc의 주소를 이용하여 직접 이 함수를 호출하게 된다.

다른 프로세스가 생성한 윈도우를 서브클래싱할 때의 문제는 서브클래싱할 윈도우 프로시저가 다른 프로세스의 주소 공간에 있다는 것이다. [그림 22-1]은 어떻게 윈도우 프로시저가 메시지를 수신하는지를 간략하게 나타낸 것이다. A 프로세스는 현재 수행 중이며, 윈도우를 가지고 있다. User32.dll 파일은 A 프로세스의 주소 공간에 매핑되어 있다. A 프로세스의 주소 공간에 매핑된 User32.dll은 A 프로세스 내의 스레드가 생성한 모든 윈도우에 메시지를 센드하거나 포스트할 책임이 있다. 매핑된 User32.dll이 전송할 메시지를 발견하게 되면, 가장 먼저 윈도우의 WndProc 주소를 찾고 윈도우 핸들, 메시지, wParam, lParam 값을 인자로 해당 함수를 호출한다. WndProc가 전송된 메시지에 대한 처리를 마치면 루프를 돈 뒤 다시 다른 메시지를 처리하기 위해 대기하게 된다.

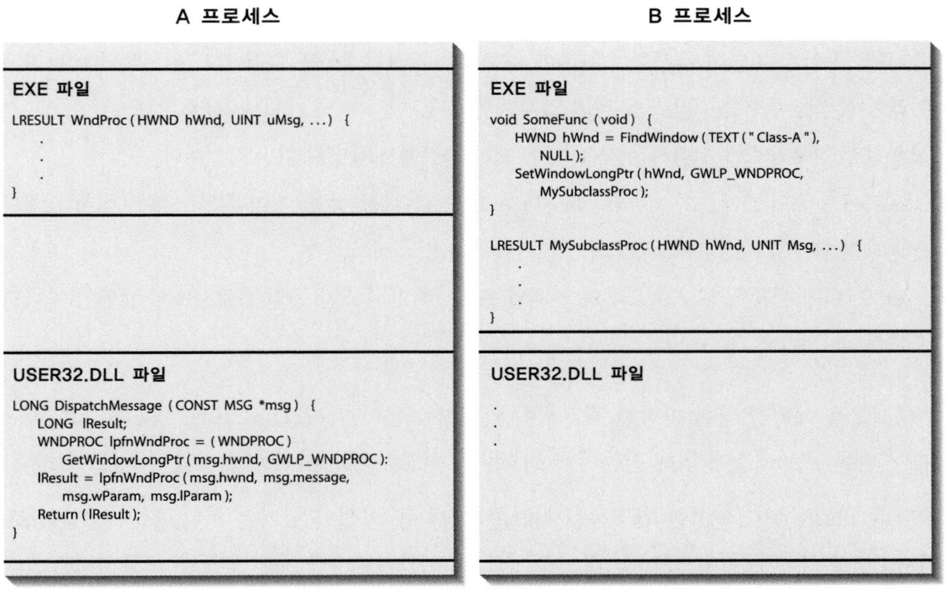

A 프로세스		B 프로세스	

```
EXE 파일

LRESULT WndProc ( HWND hWnd, UINT uMsg, ... ) {
    .
    .
    .
}
```

```
EXE 파일

void SomeFunc ( void ) {
    HWND hWnd = FindWindow ( TEXT ( " Class-A " ),
        NULL );
    SetWindowLongPtr ( hWnd, GWLP_WNDPROC,
        MySubclassProc );
}

LRESULT MySubclassProc ( HWND hWnd, UNIT Msg, ... ) {
    .
    .
    .
}
```

```
USER32.DLL 파일

LONG DispatchMessage ( CONST MSG *msg ) {
    LONG  lResult;
    WNDPROC lpfnWndProc = ( WNDPROC )
        GetWindowLongPtr ( msg.hwnd, GWLP_WNDPROC ):
    lResult = lpfnWndProc ( msg.hwnd, msg.message,
        msg.wParam, msg.lParam );
    Return ( lResult );
}
```

```
USER32.DLL 파일

    .
    .
    .
```

[그림 22-1] B 프로세스의 스레드가 A 프로세스의 스레드가 생성한 윈도우를 서브클래싱하기 위해 시도

이제 B 프로세스에서 A 프로세스가 생성한 윈도우를 서브클래싱하려 한다고 생각해 보자. B 프로세스 내의 코드는 가장 먼저 서브클래싱하려는 윈도우의 핸들을 얻어야 한다. 다양한 방법으로 윈도우 핸들 값을 얻어낼 수 있다. [그림 22-1]에서는 단순히 FindWindow 함수를 호출하여 서브클래싱하고자 하는 윈도우의 핸들을 얻어냈다. 다음으로, B 프로세스의 스레드는 SetWindowLongPtr을 호출하여 서브클래싱하고자 하는 윈도우의 WndProc 주소를 변경하려고 시도했다. "시도했다"라는 말에 주목하기 바란다. 이와 같이 SetWindowLongPtr 함수를 호출하면 NULL 값이 반환되어 버린다. SetWindowLongPtr 내의 코드는 다른 프로세스가 생성한 윈도우의 WndProc 주소를 변경하려고 하는 경우 함수 호출 자체를 무시해 버린다.

SetWindowLongPtr 함수가 다른 프로세스에서 생성한 윈도우의 WndProc 값을 변경할 수 있다고 하면 어떨까? 시스템은 해당 윈도우와 MySubclassProc의 주소를 연계할 것이다. 이후 이 윈도우로 메시지를 보내게 되면 A 프로세스 내의 User32 코드가 메시지를 획득하게 될 것이고, MySubclassProc의 주소를 가져와서 이 주소에 있는 함수를 호출하려 시도할 것이다. 하지만 여기서 아주 큰 문제에 직면하게 된다. MySubclassProc는 B 프로세스의 주소 공간에 있다. 하지만 현재 수행 중인 프로세스는 A 프로세스다. A 프로세스의 주소 공간에 매핑된 User32가 이 주소에 접근하면 이는 A 프로세스 내의 임의의 공간에 접근하는 것이 되므로, 아마도 메모리 접근 위반이 발생할 것이다.

이러한 문제를 피하기 위해 시스템이 B 프로세스의 주소 공간에 MySubclassProc가 있다는 것을 확인하여 이 함수를 호출하기 전에 컨텍스트 전환을 수행한 후 함수를 호출해 주길 바랄지도 모르겠다. 마이크로소프트는 다음과 같은 몇 가지 이유로 인해 이러한 기능을 구현하지 않았다.

- 다른 프로세스의 스레드가 생성한 윈도우를 서브클래싱해야 하는 경우는 상당히 드물다. 대부분의 애플리케이션들은 자신이 생성한 윈도우에 대해서만 서브클래싱을 수행한다. 윈도우의 메모리 구조가 이러한 작업을 수행할 수 없도록 막고 있지는 않는다.

- 실행 중인 프로세스를 전환하는 것은 CPU 시간 관점에서 상당히 비싼 작업이다.

- B 프로세스 내의 스레드가 MySubclassProc 코드를 수행해야 할 것이다. 시스템은 어떤 스레드로 코드를 수행해야 할까? 기존 스레드일까 아니면 새로운 스레드일까?

- User32.dll이 어떻게 해당 윈도우와 연계된 프로시저의 주소가 동일 프로세스의 것인지 아니면 다른 프로세스의 것인지 알 수 있을까?

이러한 문제들을 해결할 만한 마땅한 해결책이 없었기 때문에 마이크로소프트는 SetWindowLong-Ptr 함수가 다른 프로세스에 의해 만들어진 윈도우의 윈도우 프로시저를 변경할 수 없도록 하였다.

그런데 다른 프로세스가 생성한 윈도우를 서브클래싱하는 방법이 있기는 하다. 단지 방법이 조금 다를 뿐이다. 만일 어떻게든 A 프로세스의 주소 공간에 서브클래싱을 위한 윈도우 프로시저를 포함시킬 수 있다면, SetWindowLongPtr을 사용하여 A 프로세스 주소 공간에 포함된 MySubclassProc의 주소로 해당 윈도우의 윈도우 프로시저를 변경할 수 있을 것이다. 이러한 기법을 우리는 프로세스의 주소 공간으로 DLL을 "인젝션"한다고 한다. 인젝션을 위한 다양한 방법이 있는데, 앞으로 각각의 방법에 대해 하나하나 알아보기로 하자.

노트 만일 동일 프로세스에 있는 윈도우를 서브클래싱하고 싶다면 SetWindowSubclass, GetWindowSubclass, RemoveWindowSubclass, DefSubclassProc 함수들을 이용하는 것이 좋다. 각각의 함수들에 대해서는 "컨트롤 서브클래싱하기"[Subclassing Controls] (http://msdn2.microsoft.com/en-us/library/ms649784.aspx)를 읽어보기 바란다.

section 02 레지스트리를 이용하여 DLL 인젝션하기

얼마나 오랫동안 윈도우를 사용해 왔던, 윈도우 사용자라면 레지스트리와 친숙해지기 바란다. 전체 시스템의 구성 정보는 레지스트리에 저장되고, 이 설정 값을 변경함으로써 시스템의 동작 방식을 변경할 수 있다. 앞으로 논의할 항목들은 모두 다음 레지스트리 키 아래에 있는 것들이다.

```
HKEY_LOCAL_MACHINE\Software\Microsoft\
    Windows NT\CurrentVersion\Windows\
```

아래 그림은 위에서 말한 키 이하에 어떤 항목들이 있는지 레지스트리 편집기 상에서 보여주고 있다.

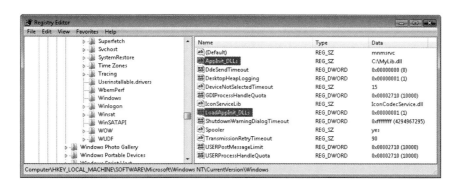

AppInit_DLLs 값은 하나의 DLL 파일 이름이나 여러 개의 DLL 파일 이름들을 (공백 문자나 쉼표로 구분하여) 가질 수 있다. 공백 문자는 파일 이름을 구분하는 구분자의 역할을 하기 때문에 파일 이름에 공백 문자를 포함시켜서는 안 된다. 첫 번째 DLL 이름은 경로를 포함할 수 있지만 두 번째 파일부터는 경로가 모두 무시된다. 이러한 이유로 인해 경로명을 지정하는 것이 상당히 제한적이므로, 사용자 DLL 파일을 모두 윈도우 시스템 디렉터리에 두는 것이 가장 좋은 방법이다. 위의 그림을 보면 AppInit_DLLs 값의 데이터로 C:\MyLib.dll이라는 한 개의 파일에 대한 전체 경로명을 지정하였음을 알 수 있다. 지정된 파일의 개수를 셀 수 있도록 하기 위해 LoadAppInit_DLLs라는 이름의 값을 설정해야 하는데, 위의 경우 그 데이터로 1을 지정하고 있다.

이제 User32.dll 라이브러리가 새로운 프로세스의 주소 영역에 매핑되어 DLL_PROCESS_ATTACH 통지를 받게 되면 이 통지를 처리하는 동안 AppInit_DLLs 값의 데이터로 저장되어 있는 DLL 파일들을 LoadLibrary를 이용하여 읽어온다. 각각의 라이브러리가 로드될 때마다 라이브러리 내의 DllMain 함수가 호출되는데, 이때 fdwReason 매개변수로는 로드되는 라이브러리들이 초기화를 수행할 수 있도록 DLL_PROCESS_ATTACH가 전달된다. 인젝션되는 DLL들은 프로세스의 전체 실행 시간을 고려했을 때 초기에 로드되기 때문에, 내부적으로 함수를 호출할 때 상당히 주의해야 한다. Kernel32.dll 내에 포함되어 있는 함수를 호출하는 경우에는 특별히 문제가 없겠지만, 그 외의 다른 DLL 내에 포함되어 있는 함수를 호출할 때에는 문제를 야기할 가능성이 있으며, 블루 스크린을 띄울 가능성도 있다. User32.dll은 각각의 라이브러리들이 성공적으로 로드되고 초기화되었는지 여부는 확인하지 않는다.

이 방법으로 DLL을 인젝션하는 것이 가장 쉬운 방법이다. 단순히 레지스트리 상에 이미 존재하는 두 개의 값에 데이터를 추가하기만 하면 된다. 하지만 이 방법에는 몇 가지 단점이 존재한다.

- User32.dll을 사용하는 프로세스에 대해서만 인젝션이 수행된다. 모든 GUI 기반 애플리케이션들은 User32.dll을 사용하겠지만 CUI 기반 애플리케이션들은 대부분 이 DLL을 사용하지 않는다. 따라서 컴파일러나 링커와 같은 CUI 기반 프로그램에 DLL을 인젝션해야 한다면 이 방법은 적당하지 않다.

- 인젝션할 DLL 파일은 모든 GUI 기반 애플리케이션에 매핑될 것이다. 하지만 인젝션할 DLL 파일을 한 개 혹은 몇 개의 프로세스에만 제한적으로 인젝션하고 싶을 수도 있다. DLL 파일을 매핑하는 프로세스가 많아지면 많아질수록 DLL 파일을 포함하고 있는 프로세스가 손상될 확률은 점점 더 높아진다. 인젝션을 수행한 프로세스 내의 스레드가 인젝션된 DLL 내부의 코드를 수행하는 동안 무한 루프에 빠지게 되거나 잘못된 메모리에 접근하게 되면 프로세스의 동작과 안정성에 영향을 미치게 된다. 따라서 가능하면 적은 개수의 프로세스에만 인젝션을 수행하는 것이 최상의 방법이다.

- 인젝션할 DLL은 GUI 기반 애플리케이션이 종료될 때까지 계속해서 매핑 상태를 유지하게 된다. 이는 앞서의 문제와 유사하다고 할 수 있다. 이론적으로는, 인젝션할 DLL이 필요한 시점에 프로세스의 주소 공간에 매핑되고, 가능하면 짧은 시간 동안만 매핑 상태를 유지하도록 하는 것이 좋다. 사용자가 우리가 개발한 애플리케이션을 수행했을 때에만 워드패드의 메인 윈도우를 서브클래싱하려 한다고 하자. 이 경우 인젝션할 DLL은 애플리케이션 수행 시부터 워드패드의 메모리 공간에 계속해서 남아 있어야 할 필요가 없다. 만일 사용자가 애플리케이션을 종료하면 워드패드의 메인 윈도우에 대한 서브클래싱도 해제하고 싶을 것이다. 왜냐하면 인젝션된 DLL은 더 이상 워드패드의 주소 공간에 남아 있을 필요가 없기 때문이다. 필요할 때에만 DLL을 인젝션된 상태로 유지하는 것이 최상의 방법이다.

section 03 윈도우 훅을 이용하여 DLL 인젝션하기

훅을 이용하면 프로세스의 주소 공간에 DLL을 인젝션할 수 있다. 16비트 윈도우에서처럼 훅이 동작하도록 하기 위해 마이크로소프트는 다른 프로세스의 주소 공간에 DLL을 인젝션할 수 있는 방법을 고안해야만 했다.

예를 들어 보자. A 프로세스(마이크로소프트 Spy++와 같은 도구)는 시스템 내의 윈도우들이 처리하는 메시지를 살펴보기 위해 WH_GETMESSAGE 훅을 설치할 수 있다. 이를 위해 SetWindowsHook-Ex 함수를 다음과 같이 호출하면 된다.

```
HHOOK hHook = SetWindowsHookEx(WH_GETMESSAGE, GetMsgProc,
    hInstDll, 0);
```

첫 번째 매개변수로 전달한 WH_GETMESSAGE는 설치할 훅 의 형태를 지정하는 값이다. 두 번째 매개변수로 전달한 GetMsgProc 함수는 윈도우가 메시지를 처리할 때 시스템에게 호출해 줄 것을 요청하는 함수의 주소(이 함수를 호출한 프로세스의 주소 공간^{address space}에 있는)다. 세 번째 매개변수로 전달한 hInstDll은 GetMsgProc 함수를 포함하고 있는 DLL을 구분하기 위한 값이다. 윈도우 운영체제에서 DLL의 hInstDll 값은 프로세스의 주소 공간 내에 DLL이 로드된 가상 메모리의 시작 주소를 나타낸다. 마지막 매개변수로 전달한 0은 후킹하려는 스레드를 구분하기 위한 값이다. 이 매개변수로는 후킹하려는 스레드의 ID 값을 전달하면 된다. 이 값으로 0을 전달하면 시스템 내의 모든 GUI 스레드를 후킹하겠다는 의미이다.

이제 무슨 일이 일어나는지 살펴보자.

1. B 프로세스 내의 스레드가 윈도우로 메시지를 전달하려고 준비한다.
2. 시스템은 스레드에 WH_GETMESSAGE 혹이 설치되어 있는지 확인한다.
3. 시스템은 GetMsgProc 함수를 포함하고 있는 DLL이 B 프로세스의 주소 공간에 매핑되어 있는지 확인한다.
4. 만일 이 DLL이 매핑되어 있지 않다면, 시스템은 B 프로세스의 주소 공간에 DLL을 매핑하고, DLL의 락 카운트$^{\text{lock count}}$ 값을 증가시킨다.
5. 시스템은 B 프로세스에 매핑된 DLL의 hInstDll 값을 확인하고, A 프로세스에서 DLL을 매핑했을 때와 동일한 값인지 확인한다.

   만일 hInstDll 값들이 일치하면, GetMsgProc 함수의 위치도 두 개의 프로세스 주소 공간에서 일치하게 된다. 이 경우 시스템은 A 프로세스 주소 공간에서의 GetMsgProc의 주소를 이용하여 B 프로세스 내에 매핑된 GetMsgProc를 쉽게 호출할 수 있다.

   만일 두 개의 hInstDll 값이 서로 다른 값을 가지고 있다면, 시스템은 B 프로세스의 주소 공간에 로드된 DLL에서 GetMsgProc의 가상 메모리 주소를 계산해야 한다. 다음 식을 이용하면 GetMsgProc의 주소를 계산할 수 있다.

   ```
   GetMsgProc B = hInstDll B + (GetMsgProc A - hInstDll A)
   ```

   GetMsgProc A에서 hInstDll A를 빼면 GetMsgProc 함수의 바이트 오프셋 값을 얻을 수 있다. 이제 hInstDll B에 이 값을 더하면 B 프로세스 주소 공간에 매핑된 DLL에서 GetMsgProc 함수의 위치를 얻을 수 있다.
6. B 프로세스 내에 매핑된 DLL의 락 카운트를 증가시킨다.
7. 시스템은 B 프로세스의 주소 공간에 매핑된 GetMsgProc 함수를 호출한다.
8. GetMsgProc 함수가 반환되면 시스템은 B 프로세스에 매핑된 DLL의 락 카운트를 감소시킨다.

시스템이 혹 필터함수를 가지고 있는 DLL을 인젝션하고 매핑한다는 사실에 주목하기 바란다. 일단 DLL이 매핑되기만 하면 혹 필터함수 외에도 DLL 내에 존재하는 모든 함수들을 B 프로세스의 컨텍스트 내에서 호출할 수 있다.

따라서 다른 프로세스 내의 스레드가 생성한 윈도우를 서브클래싱하려면 가장 먼저 서브클래싱할 윈도우를 생성한 스레드에 WH_GETMESSAGE 혹을 설치해야 한다. 그런 다음 GetMsgProc 함수가 호출되면 SetWindowLongPtr 함수를 호출하여 윈도우를 서브클래싱한다. 물론 서브클래싱할 윈도우 프로시저도 GetMsgProc 함수가 포함된 DLL 내에 같이 포함되어 있어야 한다.

레지스트리를 이용하여 DLL을 인젝션하는 방법과는 다르게, 이 방법은 해당 DLL 파일이 더 이상 필요하지 않을 경우 프로세스의 주소 공간에서 다음과 같이 함수를 호출하여 매핑을 해제할 수 있다.

```
BOOL UnhookWindowsHookEx(HHOOK hHook);
```

스레드가 UnhookWindowsHookEx 함수를 호출하면, 시스템은 내부적으로 관리되는 프로세스 목록을 이용하여 인젝션했던 DLL을 찾고 해당 DLL의 락 카운트를 감소시킨다. 이 락 카운트 값이 0이 되면 DLL은 프로세스의 주소 공간에서 자동적으로 매핑 해제된다. 시스템이 GetMsgProc 함수를 호출하기 직전에 DLL의 락 카운트를 증가시킨다는 사실을 알아두기 바란다. (앞에서 단계 6을 보라.) 이렇게 락 카운트를 증가시킴으로써 메모리 접근 위반을 방지할 수 있다. 이처럼 락 카운트를 증가시키지 않는다면, B 프로세스가 GetMsgProc 함수 내의 코드를 수행하려고 시도할 때 시스템 내의 다른 스레드가 UnhookWindowsHookEx를 호출할 수도 있다.

이것이 의미하는 바는 윈도우 서브클래싱을 수행하자마자 바로 훅을 해제할 수는 없다는 것이다. 훅은 서브클래싱이 진행 중인 동안에는 반드시 같이 살아 있어야 한다.

❶ 바탕 화면 항목 위치 저장(DIPS) 도구

DIPS.exe 애플리케이션은 Explorer.exe의 주소 공간에 윈도우 훅을 이용하여 DLL을 인젝션한다. 애플리케이션의 소스 코드와 리소스 파일은 한빛미디어 홈페이지를 통해 제공되는 소스 파일의 22-DIPS와 22-DIPSLib 폴더 내에 있다.

필자는 주로 노트북을 업무용으로 사용하는데, 1400×1050 정도의 해상도가 가장 적당하다고 생각한다. 그런데 때때로 프로젝터를 이용해서 발표를 해야 할 때면, 대부분의 프로젝터들이 이보다 낮은 해상도만을 지원하기 때문에 발표 준비시 제어판^{Control Panel}의 디스플레이 설정^{Display Settings}을 통해 프로젝터에 맞는 해상도로 변경했다가, 발표를 마치고 나면 다시 이전의 1400×1050 해상도로 디스플레이의 설정을 변경한다.

디스플레이 해상도를 즉각적으로 변경하는 기능은 상당히 유용하고 환영받을만한 기능이다. 하지만 필자는 디스플레이 해상도를 변경하는 것을 극도로 싫어하는데, 그 이유는 해상도를 변경하면 바탕 화면에 있던 아이콘들이 자신이 어느 위치에 있었는지를 전혀 기억하지 못하기 때문이다. 필자의 바탕 화면에는 필요할 때 즉각적으로 수행하는 애플리케이션에 대한 아이콘과 자주 사용하는 파일들에 대한 아이콘들이 배치되어 있다. 디스플레이 해상도를 변경하면 바탕 화면의 크기가 변경되기 때문에 아이콘들의 위치가 모두 재정렬된다. 이렇게 되어버리면 필자는 아무것도 찾을 수가 없다. 원래대로 해상도를 돌려놓는다 하더라도, 또다시 바탕 화면의 아이콘들이 새로운 규칙에 따라 재정렬된다.

바탕 화면의 아이콘들을 개인적인 취향에 맞도록 다시 원래대로 돌려놓으려면 하나하나 아이콘별로 위치를 변경해 주어야만 한다. 얼마나 귀찮은지!

매번 수동으로 아이콘들을 배치하는 것이 너무나 싫은 나머지 바탕 화면 항목 위치 저장^{Desktop Item Position Saver} 도구인 DIPS를 만들었다. DIPS는 매우 작은 실행 파일과 매우 작은 DLL로 이루어져 있다. 실행 파일을 수행하면 다음과 같은 메시지 박스가 나타난다.

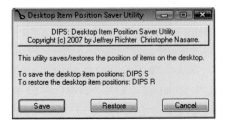

메시지 박스에는 이 도구의 사용법이 나타나 있다. S 문자를 DIPS의 명령행 인자로 전달하면 다음과 같이 레지스트리에 서브키를 생성하고 바탕 화면의 각 항목별로 값을 추가한다.

```
HKEY_CURRENT_USER\Software\Wintellect\Desktop Item Position Saver
```

각각의 항목들은 위치 정보를 가지고 있다. 게임을 즐기기 위해 화면의 해상도를 변경하기 전에 DIPS S라고 실행하고, 게임을 마치고 해상도를 보통의 상태로 돌려놓은 뒤 DIPS R이라고 실행하면 된다. DIPS는 앞서 말한 레지스트리 서브키를 열어서 바탕 화면에 있던 각 항목별로 저장되어 있는 위치 정보를 이용하여 DIPS S가 수행되었을 때와 같은 상태로 모든 항목들의 위치를 되돌려 놓는다.

언뜻 보기에는 DIPS를 구현하는 것이 아주 쉬울 것이라 생각할 수도 있을 것이다. 바탕 화면의 List-View 컨트롤의 핸들을 얻어온 후, 해당 컨트롤에 포함되어 있는 각 항목들을 순회하면서 위치 정보를 얻어 레지스트리에 저장하면 될 것 같다고 생각할 수도 있을 것이다. 하지만 직접 이러한 프로그램을 작성해 본다면, 작업이 그렇게 간단하지만은 않다는 것을 알게 될 것이다. 문제는 LVM_GET-ITEM과 LVM_GETITEMPOSITION과 같은 대부분의 공용 컨트롤^{common control} 메시지가 프로세스의 경계를 넘어서는 동작을 하지 않는다는 것이다.

왜 그럴까? LVM_GETITEM 메시지는 LPARAM 매개변수로 LV_ITEM 데이터 구조체를 저장할 수 있는 주소를 필요로 한다. 메모리 주소는 메시지를 전송한 프로세스 내에서만 의미를 가지기 때문에, 다른 프로세스에서 메시지를 전송한 경우에는 안정적으로 메모리 블록을 사용할 수 없다. 이 점 때문에 DIPS는 앞서 말한 바와 같이 LVM_GETITEM과 LVM_GETITEMPOSITION 메시지를 바탕 화면의 ListView 컨트롤에게 성공적으로 전송할 수 있는 코드를 Explorer.exe에 인젝션해야 한다.

버튼, 에디트, 콤보 박스 등과 같은 기본 컨트롤들과 상호 작용하기를 원하는 경우 프로세스 경계를 넘어 윈도우 메시지를 전송할 수 있다. 하지만 새로운 공용 컨트롤들에 대해서는 이러한 작업을 수행할 수 없다. 예를 들면 다른 프로세스의 스레드가 생성한 리스트 박스 컨트롤에게도 LB_GETTEXT 메시지를 전송할 수 있으며, 이때 LPARAM 매개변수로 메시지를 전송하는 프로세스 내의 문자열 버퍼를 가리키는 주소를 전달해도 된다. 마이크로소프트는 특히 LB_GETTEXT 메시지가 전송되었을 때 운영체제 내부적으로 메모리 맵 파일을 생성하고 프로세스 경계를 넘어 문자열 데이터를 복사해 준다.

왜 마이크로소프트는 기본 컨트롤에 대해서만 이러한 작업을 수행해 주고 새로운 공용 컨트롤에 대해서는 동일한 작업을 수행해 주지 않는 것일까? 답은 포팅의 편의성 때문이다. 16비트 윈도우에서 애플리케이션들은 단일의 주소 공간에서 수행되었으며, 어떤 애플리케이션이든지 다른 애플리케이션이 생성한 윈도우로 LB_GETTEXT 메시지를 전송할 수 있었다. 16비트 애플리케이션을 WIN32로 쉽게 포팅할 수 있도록 하기 위해 마이크로소프트는 이러한 메시지 전송이 정상적으로 동작할 수 있도록 각고의 노력을 기울였다. 하지만 새로운 공용 컨트롤들은 16비트 윈도우에는 존재하지 않던 컨트롤들이므로 포팅과는 아무런 연관성이 없다. 따라서 마이크로소프트는 새로운 공용 컨트롤에 대해서는 이러한 작업을 수행하지 않기로 결정했다.

DIPS.exe를 수행하면 가장 먼저 바탕 화면의 ListView 컨트롤의 윈도우 핸들을 가져온다.

```
// 바탕 화면의 ListView 윈도우는
// ProgMan 윈도우의 그랜드차일드 윈도우다.
hWndLV = GetFirstChild(
    GetFirstChild(FindWindow(TEXT("ProgMan"), NULL)));
```

이 코드는 가장 먼저 ProgMan 윈도우 클래스를 사용하고 있는 윈도우를 찾는다. 설사 프로그램 매니저 애플리케이션을 수행하지 않았다 하더라도 윈도우 쉘은 이전 운영체제에 맞추어 설계된 애플리케이션과의 하위 호환성 유지를 위해 이 윈도우 클래스를 사용하는 윈도우를 생성한다. ProgMan 윈도우는 SHELLDLL_DefView 윈도우 클래스를 이용하는 차일드 윈도우를 하나 가지고 있으며, 이 차일드 윈도우는 다시 SysListView32 윈도우 클래스를 사용하는 차일드 윈도우를 하나 가지고 있다. SysListView32를 사용하는 윈도우가 바로 바탕 화면의 ListView 컨트롤이다. (이러한 정보는 Spy++를 이용하여 확인하였다.)

ListView의 윈도우 핸들을 획득하였다면, 이 윈도우를 생성한 스레드의 ID를 얻기 위해 GetWindowThreadProcessId를 이용하면 된다. 이렇게 획득한 스레드 ID는 SetDIPSHook 함수(DIPSLib.cpp 내에 구현되어 있는)로 전달된다. SetDIPSHook은 인자로 전달된 스레드 ID를 이용하여 해당 스레드에 WM_GETMESSAGE 훅을 설치하고, 윈도우 탐색기의 스레드를 깨우기 위해 다음과 같이 함수를 호출한다.

```
PostThreadMessage(dwThreadId, WM_NULL, 0, 0);
```

WM_GETMESSAGE 훅을 이 스레드에 설치하였기 때문에 운영체제는 DIPSLib.dll 파일을 윈도우 탐색기의 주소 공간에 자동으로 인젝션하여 GetMsgProc 함수가 호출될 수 있도록 해 준다. 이 함수는 가장 먼저 이 함수가 최초로 호출된 것인지를 확인하여 "WinIntellect DIPS"라는 타이틀을 가진 숨겨진 다이얼로그 박스 윈도우를 생성한다. 이 윈도우는 윈도우 탐색기의 스레드에 의해 생성되었다는 것을 기억하기 바란다. 여기까지의 작업이 완료되면 DIPS.exe의 스레드는 SetDIPSHook 함수로부터 반환되고, 이후 다음과 같이 함수를 호출한다.

```
GetMessage(&msg, NULL, 0, 0);
```

이 함수를 호출하면 메시지 큐에 메시지가 삽입될 때까지 스레드가 잠들게 된다. 설사 DIPS.exe가 어떤 윈도우도 생성한 적이 없다 하더라도 메시지 큐는 가지고 있으므로 PostThreadMessage 함수를 호출하여 메시지를 큐에 삽입할 수 있다. DIPSLib.cpp의 GetMsgProc 함수를 살펴보면 Create-Dialog 함수를 호출한 직후에 PostThreadMessage 함수를 호출하여 DIPS.exe의 스레드를 깨우는 것을 알 수 있다. 스레드 ID 값은 SetDIPHook 함수 내에서 공유변수에 저장하였었다.

이 예제에서 스레드 메시지 큐는 동기화의 목적으로 사용되고 있음에 주목할 필요가 있다. 이러한 방법은 절대로 잘못된 것이 아니며, 때로는 다양한 커널 오브젝트들(뮤텍스, 세마포어, 이벤트 등)을 사용하는 것보다 이 방법을 이용하여 스레드 동기화를 수행하는 것이 좀 더 간편할 때가 있다. 윈도우는 다양한 API를 가지고 있으므로 각 함수들의 장점을 잘 활용하기 바란다.

DIPS 실행 파일 내의 스레드가 깨어나면 서버 다이얼로그 박스가 이미 생성되었음을 알게 되므로 FindWindow를 이용하여 서버 다이얼로그 박스의 핸들을 가져온다. 이제 클라이언트(DIPS 애플리케이션)와 서버(숨겨진 다이얼로그 박스)는 서로 통신을 하기 위해 윈도우 메시지를 활용할 수 있게 되었다.

다이얼로그 박스에 바탕 화면 아이콘의 위치를 저장하거나 복원하도록 명령을 내리기 위해서는 단순히 윈도우 메시지를 센드[Send]하면 된다.

```
// DIPS 윈도우에게 어느 ListView 윈도우를 처리할지, 그리고
// 아이템의 위치를 저장할 것인지 아니면 복원할 것인지를 알려준다.
SendMessage(hWndDIPS, WM_APP, (WPARAM) hWndLV, bSave);
```

숨겨진 다이얼로그 박스의 다이얼로그 박스 프로시저는 WM_APP 메시지를 기다리고 있으며, 이 메시지를 수신하였을 때 WPARAM 매개변수로는 ListView 컨트롤의 핸들 값이, LPARAM으로는 현재 아이템의 위치를 레지스트리에 저장할 것인지 아니면 레지스트리로부터 가져올 것인지를 알려주는 값을 전달받게 된다.

PostMessage를 사용하지 않고 SendMessage만을 사용하였기 때문에 요청한 동작이 완료될 때까지 함수는 반환되지 않는다. 윈도우 탐색기 프로세스를 좀 더 다양한 방법으로 제어하길 원한다면 새로운 메시지를 정의하고, 이러한 메시지를 숨겨진 다이얼로그 박스의 다이얼로그 박스 프로시저로 전

달하면 된다. 다이얼로그 박스와의 통신을 완료하고 서버를 종료하고 싶다면 WM_CLOSE 메시지를 다이얼로그 박스에 전달하여 다이얼로그 박스가 자체적으로 종료되도록 하면 된다.

마지막으로, DIPS 애플리케이션이 종료되기 직전에 스레드 ID 값을 0으로 SetDIPSHook 함수를 다시 한 번 호출한다. 스레드 ID 값으로 0이 전달되면 이 함수는 WH_GETMESSAGE 혹을 제거하게 된다. 혹을 제거하면 운영체제는 자동적으로 DIPSLib.dll 파일을 윈도우 탐색기의 주소 공간에서 언로드할 것이다. 이는 다시 말해, 다이얼로그 박스의 다이얼로그 프로시저가 더 이상 윈도우 탐색기 내에 존재하지 않는다는 것을 말한다. 따라서 혹을 제거하기 전에 다이얼로그 박스를 먼저 파괴하는 것이 중요하다. 그렇게 하지 않으면 다음번에 다이얼로그 박스가 메시지를 수신할 때 윈도우 탐색기의 스레드가 접근 위반을 일으키게 될 것이다. 이 경우 운영체제는 윈도우 탐색기를 종료하게 된다. DLL 인젝션을 사용할 때에는 상당히 주의해야 한다!

```
Dips.cpp

/******************************************************************
Module:  DIPS.cpp
Notices: Copyright (c) 2008 Jeffrey Richter & Christophe Nasarre
******************************************************************/

#include "..\CommonFiles\CmnHdr.h"      /* 부록 A를 보라. */
#include <WindowsX.h>
#include <tchar.h>
#include "Resource.h"
#include "..\22-DIPSLib\DIPSLib.h"


///////////////////////////////////////////////////////////////////

BOOL Dlg_OnInitDialog(HWND hWnd, HWND hWndFocus, LPARAM lParam) {

   chSETDLGICONS(hWnd, IDI_DIPS);
   return(TRUE);
}


///////////////////////////////////////////////////////////////////

void Dlg_OnCommand(HWND hWnd, int id, HWND hWndCtl, UINT codeNotify) {

   switch (id) {
      case IDC_SAVE:
      case IDC_RESTORE:
      case IDCANCEL:
         EndDialog(hWnd, id);
```

```
            break;
      }
   }


   //////////////////////////////////////////////////////////////////////////


   INT_PTR WINAPI Dlg_Proc(HWND hWnd, UINT uMsg, WPARAM wParam, LPARAM lParam) {

      switch (uMsg) {
         chHANDLE_DLGMSG(hWnd, WM_INITDIALOG, Dlg_OnInitDialog);
         chHANDLE_DLGMSG(hWnd, WM_COMMAND,   Dlg_OnCommand);
      }

      return(FALSE);
   }


   //////////////////////////////////////////////////////////////////////////


   int WINAPI _tWinMain(HINSTANCE hInstExe, HINSTANCE, PTSTR pszCmdLine, int) {

      // 명령행 인자로 전달된 문자열을 대문자로 변경한다.
      CharUpperBuff(pszCmdLine, 1);
      TCHAR cWhatToDo = pszCmdLine[0];

      if ((cWhatToDo != TEXT('S')) && (cWhatToDo != TEXT('R'))) {

         // 유효하지 않은 명령행 인자; 사용자에게 알림
         cWhatToDo = 0;
      }

      if (cWhatToDo == 0) {
         // 어떤 작업을 수행할지를 결정하는 명령행 인자가 전달되지 않았다.
         // 사용법을 알려주는 다이얼로그 박스를 사용자에게 보여준다.
         switch (DialogBox(hInstExe, MAKEINTRESOURCE(IDD_DIPS), NULL, Dlg_Proc)) {
            case IDC_SAVE:
               cWhatToDo = TEXT('S');
               break;

            case IDC_RESTORE:
               cWhatToDo = TEXT('R');
               break;
         }
      }

      if (cWhatToDo == 0) {
```

```
      // 사용자는 어떤 작업도 수행하고 싶지 않다.
      return(0);
   }


   // 바탕 화면 ListView 윈도우는 ProgMan 윈도우의 그랜드차일드다.
   HWND hWndLV = GetFirstChild(GetFirstChild(
      FindWindow(TEXT("ProgMan"), NULL)));
   chASSERT(IsWindow(hWndLV));


   // 윈도우 탐색기의 주소 공간에 우리가 작성한 DLL을 인젝션하기 위해 훅을  설정한다.
   // 훅이 설정되고 나면 DIPS는 숨겨진 모델리스 다이얼로그 박스를  생성하는데,
   // 이 윈도우로 메시지를 전달하여 수행하고자 하는 작업이 무엇인지를 알리게 된다.
   chVERIFY(SetDIPSHook(GetWindowThreadProcessId(hWndLV, NULL)));


   // DIPS 서버 윈도우가 생성될 때까지 기다린다.
   MSG msg;
   GetMessage(&msg, NULL, 0, 0);


   // 숨겨진 다이얼로그 박스 윈도우의 핸들을 찾는다.
   HWND hWndDIPS = FindWindow(NULL, TEXT("Wintellect DIPS"));


   // 윈도우가 생성되었는지 확인한다.
   chASSERT(IsWindow(hWndDIPS));


   // DIPS의 윈도우에게 어느 ListView 윈도우를 처리할지, 그리고
   // 아이템의 위치를 저장할 것인지 아니면 복원할 것인지를 알려준다.
   BOOL bSave = (cWhatToDo == TEXT('S'));
   SendMessage(hWndDIPS, WM_APP, (WPARAM) hWndLV, bSave);


   // DIP 윈도우가 파괴될 수 있도록 메시지를 전달한다.
   // PostMessage 대신 SendMessage를 사용하여 훅을 제거하기 전에
   // 윈도우가 완전히 파괴될 수 있도록 한다.
   SendMessage(hWndDIPS, WM_CLOSE, 0, 0);


   // 윈도우가 파괴되었는지 확인한다.
   chASSERT(!IsWindow(hWndDIPS));


   // DLL에 구현된 훅을 제거하고, 윈도우 탐색기의 주소 공간에서
   // DIPS의 다이얼로그 박스 프로시저를 제거한다.
   SetDIPSHook(0);


   return(0);
}

/////////////////////////////// 파일의 끝 ///////////////////////////////
```

```
DIPSLib.cpp
```

```
/*********************************************************************
Module:  DIPSLib.cpp
Notices: Copyright (c) 2008 Jeffrey Richter & Christophe Nasarre
*********************************************************************/


#include "..\CommonFiles\CmnHdr.h"      /* 부록 A를 보라. */
#include <WindowsX.h>
#include <CommCtrl.h>


#define DIPSLIBAPI __declspec(dllexport)
#include "DIPSLib.h"
#include "Resource.h"


///////////////////////////////////////////////////////////////////////


#ifdef _DEBUG
// 이 함수를 호출하면 디버거가 수행된다.
void ForceDebugBreak() {
   __try { DebugBreak(); }
   __except(UnhandledExceptionFilter(GetExceptionInformation())) { }
}
#else
#define ForceDebugBreak()
#endif


///////////////////////////////////////////////////////////////////////


// 전방 참조
LRESULT WINAPI GetMsgProc(int nCode, WPARAM wParam, LPARAM lParam);

INT_PTR WINAPI Dlg_Proc(HWND hWnd, UINT uMsg, WPARAM wParam, LPARAM lParam);


///////////////////////////////////////////////////////////////////////


// 컴파일러가 g_hHook 데이터 변수를 Shared라는 이름의 데이터 섹션에
// 추가하도록 한다. 이후 링크 과정에서 이 데이터 섹션을 공유 섹션으로
// 설정할 것이다. 그러면 애플리케이션의 모든 인스턴스가
// 이 섹션 내의 변수 값을 공유하게 된다.
#pragma data_seg("Shared")
HHOOK g_hHook = NULL;
DWORD g_dwThreadIdDIPS = 0;
#pragma data_seg()
```

```
// 링커가 Shared 섹션을 읽기 가능, 쓰기 가능, 공유할 수 있는
// 섹션으로 처리하도록 지정한다.
#pragma comment(linker, "/section:Shared,rws")


///////////////////////////////////////////////////////////////////

// 공유되지 않는 변수
HINSTANCE g_hInstDll = NULL;

///////////////////////////////////////////////////////////////////

BOOL WINAPI DllMain(HINSTANCE hInstDll, DWORD fdwReason, PVOID fImpLoad) {

    switch (fdwReason) {

        case DLL_PROCESS_ATTACH:
            // DLL이 현재 프로세스의 주소 공간으로 읽어 들여지고 있다.
            g_hInstDll = hInstDll;
            break;

        case DLL_THREAD_ATTACH:
            // 현재 프로세스 내에서 새로운 스레드가 생성되고 있다.
            break;

        case DLL_THREAD_DETACH:
            // 스레드가 깨끗이 종료되고 있다.
            break;

        case DLL_PROCESS_DETACH:
            // 현재 프로세스의 주소 공간에서 DLL이 분리되고 있다.
            break;
    }
    return(TRUE);
}


///////////////////////////////////////////////////////////////////

BOOL WINAPI SetDIPSHook(DWORD dwThreadId) {

    BOOL bOk = FALSE;

    if (dwThreadId != 0) {
        // 훅이 준비되지 않았는지 확인한다.
        chASSERT(g_hHook == NULL);
```

```
            // 공유변수 내에 스레드 ID 값을 저장해 두어 GetMsgProc 함수에서
            // 서버 윈도우가 완전히 생성되었음을 해당 스레드로
            // 메시지를 전송하여 알려준다.
            g_dwThreadIdDIPS = GetCurrentThreadId();

            // 특정 스레드에 대해 훅을 설치한다.
            g_hHook = SetWindowsHookEx(WH_GETMESSAGE, GetMsgProc, g_hInstDll,
                dwThreadId);

            bOk = (g_hHook != NULL);
            if (bOk) {
                // 훅이 성공적으로 설치되었다. 훅 함수가 성공적으로 호출되었음을
                // 알리기 위해 스레드 큐에 메시지를 포스트한다.
                bOk = PostThreadMessage(dwThreadId, WM_NULL, 0, 0);
            }
    } else {

            // 훅이 설치되었는지 확인한다.
            chASSERT(g_hHook != NULL);
            bOk = UnhookWindowsHookEx(g_hHook);
            g_hHook = NULL;
    }

    return(bOk);
}


///////////////////////////////////////////////////////////////////////


LRESULT WINAPI GetMsgProc(int nCode, WPARAM wParam, LPARAM lParam) {

    static BOOL bFirstTime = TRUE;

    if (bFirstTime) {
        // DLL이 조금 전에 인젝션되었다.
        bFirstTime = FALSE;

        // DLL이 프로세스에 인젝션되었을 때 디버거를 수행하고 싶다면
        // 아래 행에서 주석을 해제하면 된다.
        // ForceDebugBreak();

        // 클라이언트의 요청을 처리하기 위한 DIPS 서버 윈도우를 생성한다.
        CreateDialog(g_hInstDll, MAKEINTRESOURCE(IDD_DIPS), NULL, Dlg_Proc);

        // DIPS 애플리케이션에게 서버가 수행되어
        // 요청을 처리할 수 있는 상황이 되었음을 알린다.
```

```
      PostThreadMessage(g_dwThreadIdDIPS, WM_NULL, 0, 0);
   }

   return(CallNextHookEx(g_hHook, nCode, wParam, lParam));
}


///////////////////////////////////////////////////////////////////////////


void Dlg_OnClose(HWND hWnd) {

   DestroyWindow(hWnd);
}


///////////////////////////////////////////////////////////////////////////


static const TCHAR g_szRegSubKey[] =
   TEXT("Software\\Wintellect\\Desktop Item Position Saver");


///////////////////////////////////////////////////////////////////////////


void SaveListViewItemPositions(HWND hWndLV) {

   int nMaxItems = ListView_GetItemCount(hWndLV);

   // 새로운 위치를 저장할 때에는 현재 레지스트리 상에
   // 기록되어 있는 이전 위치 정보를 삭제한다.
   LONG l = RegDeleteKey(HKEY_CURRENT_USER, g_szRegSubKey);

   // 정보를 저장하기 위한 레지스트리 키를 생성한다.
   HKEY hkey;
   l = RegCreateKeyEx(HKEY_CURRENT_USER, g_szRegSubKey, 0, NULL,
      REG_OPTION_NON_VOLATILE, KEY_SET_VALUE, NULL, &hkey, NULL);
   chASSERT(l == ERROR_SUCCESS);

   for (int nItem = 0; nItem < nMaxItems; nItem++) {

      // ListView 아이템의 이름과 위치를 가져온다.
      TCHAR szName[MAX_PATH];
      ListView_GetItemText(hWndLV, nItem, 0, szName, _countof(szName));

      POINT pt;
      ListView_GetItemPosition(hWndLV, nItem, &pt);

      // 레지스트리에 아이템의 이름과 위치를 저장한다.
      l = RegSetValueEx(hkey, szName, 0, REG_BINARY, (PBYTE) &pt, sizeof(pt));
```

```
            chASSERT(l == ERROR_SUCCESS);
        }
    RegCloseKey(hkey);
}


/////////////////////////////////////////////////////////////////////


void RestoreListViewItemPositions(HWND hWndLV) {

    HKEY hkey;
    LONG l = RegOpenKeyEx(HKEY_CURRENT_USER, g_szRegSubKey,
        0, KEY_QUERY_VALUE, &hkey);
    if (l == ERROR_SUCCESS) {

        // ListView에 자동 정렬이 설정되어 있으면, 임시로 이 기능을 끈다.
        DWORD dwStyle = GetWindowStyle(hWndLV);
        if (dwStyle & LVS_AUTOARRANGE)
            SetWindowLong(hWndLV, GWL_STYLE, dwStyle & ~LVS_AUTOARRANGE);

        l = NO_ERROR;
        for (int nIndex = 0; l != ERROR_NO_MORE_ITEMS; nIndex++) {
            TCHAR szName[MAX_PATH];
            DWORD cbValueName = _countof(szName);

            POINT pt;
            DWORD cbData = sizeof(pt), nItem;

            // 레지스트리에서 아이템의 이름과 위치를 읽어온다.
            DWORD dwType;
            l = RegEnumValue(hkey, nIndex, szName, &cbValueName,
                NULL, &dwType, (PBYTE) &pt, &cbData);

            if (l == ERROR_NO_MORE_ITEMS)
                continue;

            if ((dwType == REG_BINARY) && (cbData == sizeof(pt))) {
                // 값이 우리가 인식할 수 있는 형태다.
                // ListView 컨트롤에서 이름이 일치하는 아이템을 찾는다.
                LV_FINDINFO lvfi;
                lvfi.flags = LVFI_STRING;
                lvfi.psz = szName;
                nItem = ListView_FindItem(hWndLV, -1, &lvfi);
                if (nItem != -1) {
                    // 이름이 일치하는 아이템을 찾았다. 위치를 변경한다.
                    ListView_SetItemPosition(hWndLV, nItem, pt.x, pt.y);
```

```
                }
            }
        }
        // 자동 정렬이 켜져 있었다면, 이전 상태로 복원한다.
        SetWindowLong(hWndLV, GWL_STYLE, dwStyle);
        RegCloseKey(hkey);
    }
}


///////////////////////////////////////////////////////////////////////////

INT_PTR WINAPI Dlg_Proc(HWND hWnd, UINT uMsg, WPARAM wParam, LPARAM lParam) {

    switch (uMsg) {
        chHANDLE_DLGMSG(hWnd, WM_CLOSE, Dlg_OnClose);

        case WM_APP:
            // DLL이 프로세스에 인젝션되었을 때 디버거를 수행하고 싶다면
            // 아래 행에서 주석을 해제하면 된다.
            // ForceDebugBreak();

            if (lParam)
                SaveListViewItemPositions((HWND) wParam);
            else
                RestoreListViewItemPositions((HWND) wParam);
            break;
    }

    return(FALSE);
}

///////////////////////////// 파일의 끝 //////////////////////////////////
```

section 04 원격 스레드를 이용하여 DLL 인젝션하기

DLL을 인젝션하기 위한 세 번째 방법은 원격 스레드remote thread를 사용하는 방법으로, 유연성이 가장 뛰어난 방법이라 하겠다. 이 방법을 사용하려면 프로세스, 스레드, 스레드 동기화, 가상 메모리 관리, DLL, 유니코드와 같은 윈도우 구성 요소에 대해 이해하고 있어야 한다. (만일 이러한 구성 요소에 대해 명확하게 이해하고 있지 못하다면, 이 책의 관련 장을 참조하기 바란다.) 대부분의 윈도우 함수들은 자신

을 호출하는 프로세스에만 영향을 미친다. 이러한 제약사항이 있기 때문에 다른 프로세스를 손상시키는 작업을 미연에 방지할 수 있다. 하지만 아주 일부 함수들은 다른 프로세스에 영향을 미치기도 한다. 이러한 함수들은 대부분 디버거나 이와 유사한 도구들을 개발하기 위해 제공되는 것이긴 하지만 어떤 애플리케이션에서든 제한 없이 이 함수들을 사용할 수 있다.

기본적으로, DLL 인젝션 기법이라는 것은 DLL을 삽입하고자 하는 프로세스의 스레드가 인젝션할 DLL에 대해 LoadLibrary를 수행하도록 하는 것이다. 다른 프로세스의 스레드를 임의로 제어하는 것이 쉬운 것은 아니기 때문에 이번 방법은 DLL을 삽입하고자 하는 프로세스 내에 새로운 스레드를 생성하도록 한다. 직접 스레드를 생성하였기 때문에 이 스레드로 어떤 코드를 수행할 것인지를 제어할 수 있다. 다행히도 윈도우는 CreateRemoteThread라는 함수를 통해 다른 프로세스 내에 새로운 스레드를 쉽게 생성할 수 있는 방법을 제공해 주고 있다.

```
HANDLE CreateRemoteThread(
    HANDLE hProcess,
    PSECURITY_ATTRIBUTES psa,
    DWORD dwStackSize,
    PTHREAD_START_ROUTINE pfnStartAddr,
    PVOID pvParam,
    DWORD fdwCreate,
    PDWORD pdwThreadId);
```

CreateRemoteThread는 hProcess라는 추가적인 인자를 필요로 한다는 것을 제외하고는 CreateThread와 동일하다. hProcess는 새롭게 생성할 스레드를 소유할 프로세스를 구분하기 위한 값이다. pfnStartAddr 매개변수는 스레드 함수의 메모리 주소를 나타내는데, 이 메모리 주소는 당연히 원격 프로세스와 연관된 값이다. 스레드 함수는 이 함수를 호출한 프로세스의 주소 공간에 있어서는 안 된다.

좋다. 이제 다른 프로세스 내에 어떻게 스레드를 생성하는지는 알아보았다. 하지만 어떻게 이 스레드가 인젝션할 DLL을 로드하도록 할 것인가? 답은 매우 간단하다. 이 스레드가 LoadLibrary 함수를 호출하도록 하면 된다.

```
HMODULE LoadLibrary(PCTSTR pszLibFile);
```

WinBase.h 헤더 파일 내에서 LoadLibrary를 찾아보면 다음과 같은 코드를 찾을 수 있다.

```
HMODULE WINAPI LoadLibraryA(LPCSTR  lpLibFileName);
HMODULE WINAPI LoadLibraryW(LPCWSTR lpLibFileName);
#ifdef UNICODE
#define LoadLibrary LoadLibraryW
#else
#define LoadLibrary LoadLibraryA
#endif // !UNICODE
```

실제로는 LoadLibraryA와 LoadLibraryW 두 개의 LoadLibrary 함수가 존재함을 알 수 있는데, 이 둘의 차이점은 함수의 매개변수의 형이 서로 다르다는 것이다. 만일 로드하고자 하는 라이브러리의 파일명이 ANSI 문자열이라면 LoadLibraryA(A는 ANSI를 의미한다)를 호출해야 하고, 파일명이 유니코드 문자열이라면 LoadLibraryW(W는 와이드^{wide} 문자를 의미한다)를 호출해야 한다. 단순 LoadLibrary 함수는 더 이상 존재하지 않으며, LoadLibraryA와 LoadLibraryW 함수만이 존재한다. 오늘날 대부분의 애플리케이션들은 LoadLibrary를 매크로로 정의하여 LoadLibraryW 함수를 호출하도록 하고 있다.

다행히도 LoadLibrary 함수의 원형이 스레드 함수의 원형과 동일하다. 아래에 스레드 함수의 원형을 나타내 보았다.

```
DWORD WINAPI ThreadFunc(PVOID pvParam);
```

사실 두 함수의 원형이 완전히 동일하다고는 볼 수 없다. 하지만 이 정도면 충분히 비슷하다. 두 함수는 단일의 매개변수를 취하며, 둘 다 반환 값을 가지고 있다. 뿐만 아니라 두 함수는 호출 규격도 WINAPI 로 동일하다. 따라서 우리는 새로운 스레드를 생성하고 스레드 함수의 주소로 LoadLibraryA나 Load-LibraryW 함수를 지정하기만 하면 된다. 기본적으로 우리가 해야 할 일은 다음과 같은 코드 한 줄을 수행하는 것에 지나지 않는다.

```
HANDLE hThread = CreateRemoteThread(hProcessRemote, NULL, 0,
    LoadLibraryW, L"C:\\MyLib.dll", 0, NULL);
```

혹은 ANSI 문자열을 선호한다면, 코드는 다음과 같이 될 것이다.

```
HANDLE hThread = CreateRemoteThread(hProcessRemote, NULL, 0,
    LoadLibraryA, "C:\\MyLib.dll", 0, NULL);
```

원격 프로세스 내에 새로운 스레드가 생성되면, 이 스레드는 바로 LoadLibraryW(혹은 LoadLibraryA) 함수를 호출할 것이며, 스레드 함수의 매개변수로는 DLL의 경로명을 가리키는 주소가 전달될 것이다. 쉽다. 하지만 두 가지 다른 문제가 존재한다.

첫 번째 문제는 LoadLibraryW나 LoadLibraryA로 전달해야 하는 문자열을 단순히 앞의 예제에서와 같이 CreateRemoteThread 함수의 네 번째 매개변수로 전달하는 것만으로는 충분하지 않다는 것이다. 사실 그 이유를 아는 것은 쉽지 않다. 프로그램을 컴파일하고 링크하면 결과물로 생성되는 바이너리는 임포트 섹션^{import section}을 가지고 있다(19장 "DLL의 기본"에서 설명한 바 있다). 이 섹션은 이 바이너리가 임포트한 함수에 대한 썽크^{thunk역자주 1}를 가리키는 값으로 구성되어 있다. LoadLibraryW와

역자주1 썽크는 일반적으로 함수의 앞 혹은 뒤에 추가되어 간단한 작업을 수행하는 코드셋을 의미하는데, 여기서 썽크는 사용자가 호출하고자 하는 함수보다 먼저 수행되어 일련을 작업을 수행한 후 원래의 함수를 다시 호출해 주는 함수라고 생각하면 된다.

같은 함수를 사용하는 코드를 링크하면 링커는 모듈의 임포트 섹션에 썽크를 호출하도록 정보를 기록하게 되고, 썽크 다음으로 실제 함수가 호출된다.

만일 CreateRemoteThread를 호출할 때 LoadLibraryW를 직접 사용하게 되면 사실 이 값은 모듈의 임포트 섹션 내의 LoadLibraryW 썽크의 주소로 해석된다. 원격 스레드의 시작 주소로 썽크의 주소를 전달하게 되면 무슨 일이 일어날지 알 수 없다. 대부분의 경우 접근 위반이 발생할 것이다. 썽크를 우회하여 LoadLibraryW 함수를 바로 호출하기 위해서는 GetProcAddress 함수를 이용하여 LoadLibraryW의 정확한 메모리 주소를 가져와야 한다.

CreateRemoteThread를 호출하려면 Kernel32.dll이 로컬과 원격 프로세스의 주소 공간상에서 동일 메모리 위치에 매핑될 것이라는 가정이 필요하다. 모든 애플리케이션은 Kernel32.dll을 필요로 하며, 경험상 시스템은 모든 프로세스에 대해 Kernel32.dll을 항상 동일한 주소로 매핑한다. 하지만 주소 자체는 시스템이 재시작될 때마다 14장 "가상 메모리 살펴보기"에서 알아본 주소 공간 배치 랜덤화^{Address Space Layout Randomization}(ASLR)에 의해 임의로 변경될 수 있다. 따라서 다음과 같이 CreateRemoteThread를 호출해야 한다.

```
// Kernel32.dll 내에 있는 LoadLibraryW의 실제 주소를 가져온다.
PTHREAD_START_ROUTINE pfnThreadRtn = (PTHREAD_START_ROUTINE)
    GetProcAddress(GetModuleHandle(TEXT("Kernel32")), "LoadLibraryW");

HANDLE hThread = CreateRemoteThread(hProcessRemote, NULL, 0,
    pfnThreadRtn, L"C:\\MyLib.dll", 0, NULL);
```

혹은 ANSI 문자열을 선호한다면, 다음과 같이 하면 된다.

```
// Kernel32.dll 내에 있는 LoadLibraryA의 실제 주소를 가져온다.
PTHREAD_START_ROUTINE pfnThreadRtn = (PTHREAD_START_ROUTINE)
    GetProcAddress(GetModuleHandle(TEXT("Kernel32")), "LoadLibraryA");

HANDLE hThread = CreateRemoteThread(hProcessRemote, NULL, 0,
    pfnThreadRtn, "C:\\MyLib.dll", 0, NULL);
```

좋다. 하나의 문제는 수정되었다. 하지만 문제가 두 개라고 하지 않았던가? 두 번째 문제는 DLL 경로명 문자열과 관련되어 있다. "C:\\MyLib.dll" 문자열은 CreateRemoteThread를 호출하는 프로세스의 주소 공간에 위치하고 있다. 원격 스레드로 전달된 문자열의 주소는 LoadLibraryW 함수로 전달된다. 하지만 LoadLibraryW는 이 메모리 주소를 이용하여 DLL의 경로명을 가진 문자열에 접근할 수 없고, 원격 프로세스의 스레드는 아마도 접근 위반 에러를 유발하게 될 것이다. 이 경우 처리되지 않은 예외^{unhandled exception} 메시지 박스가 나타나고, 원격 프로세스는 종료될 것이다. 그렇다. CreateRemoteThread 함수를 호출한 프로세스가 아니라 원격 프로세스가 종료된다. CreateRemoteThread를 호출한 프로세스는 정상적으로 수행될 것이며, 성공적으로 다른 프로세스를 손상시켰다!

이 문제를 해결하려면 DLL의 경로명을 원격 프로세스의 주소 공간으로부터 얻을 수 있어야 한다. 그런 다음 CreateRemoteThread를 호출할 때 이 주소(원격 프로세스 주소 공간에 있는)를 전달해야 한다. 윈도우는 다른 프로세스의 주소 공간에 메모리를 할당할 수 있는 VirtualAllocEx 함수를 제공한다.

```
PVOID VirtualAllocEx(
    HANDLE hProcess,
    PVOID pvAddress,
    SIZE_T dwSize,
    DWORD flAllocationType,
    DWORD flProtect);
```

다른 프로세스의 주소 공간에 할당된 메모리를 삭제하기 위한 함수도 존재한다.

```
BOOL VirtualFreeEx(
    HANDLE hProcess,
    PVOID pvAddress,
    SIZE_T dwSize,
    DWORD dwFreeType);
```

이 두 개의 함수는 Ex가 붙지 않은 함수(이에 대해서는 15장 "애플리케이션에서 가상 메모리 사용 방법"에서 알아보았다)들과 매우 유사하다. 두 부류의 함수들의 유일한 차이점은 첫 번째 매개변수로 프로세스의 핸들을 요구하는지의 여부 정도다. 이 핸들은 함수가 수행하는 작업이 어느 프로세스의 주소 공간에서 수행되기 원하는지를 결정하는 값이다.

원격 프로세스의 주소 공간에 메모리를 할당하였다면, 이제 문자열을 원격 프로세스의 주소 공간으로 복사하는 방법이 필요하다. 윈도우는 다른 프로세스의 주소 공간에 대해 값을 읽고 쓸 수 있는 함수들을 제공해 주고 있다.

```
BOOL ReadProcessMemory(
    HANDLE hProcess,
    LPCVOID pvAddressRemote,
    PVOID pvBufferLocal,
    SIZE_T dwSize,
    SIZE_T* pdwNumBytesRead);

BOOL WriteProcessMemory(
    HANDLE hProcess,
    PVOID pvAddressRemote,
    LPCVOID pvBufferLocal,
    SIZE_T dwSize,
    SIZE_T* pdwNumBytesWritten);
```

hProcess 매개변수로는 원격 프로세스를 구분하는 값을 전달하면 된다. pvAddressRemote 매개변수로는 원격 프로세스 내의 주소를 지정해야 하며, pvBufferLocal 매개변수로는 로컬 프로세스의 메모리 주소를 지정해야 한다. dwSize로는 복사할 바이트 수를 지정하면 되고, pdwNumBytesRead와 pdwNumBytesWritten으로는 실제로 복사된 바이트 수가 반환되어 온다. 이 값들은 호출한 함수가 반환된 이후에 확인해 보아야 한다.

이제 어떤 작업을 수행하고자 하는지를 모두 이해했을 것이다. 작업 순서를 정리해 보자.

1. VirtualAllocEx 함수를 사용하여 원격 프로세스의 주소 공간에 메모리를 할당한다.

2. WriteProcessMemory 함수를 사용하여 DLL의 경로명을 1번 단계에서 할당받은 메모리 공간에 복사한다.

3. GetProcAddress 함수를 사용하여 LoadLibraryW나 LoadLibraryA 함수의 실제 시작 주소(Kernel32.dll 내부에 있는)를 가져온다.

4. CreateRemoteThread 함수를 사용하여 원격 프로세스 내에 새로운 스레드를 생성하고, 이 스레드가 적절한 LoadLibrary 함수를 호출할 수 있도록 한다. 함수의 인자 값으로는 1번 단계에서 할당하였던 메모리의 주소를 전달하면 된다.

   인젝션하고자 했던 DLL이 원격 프로세스의 주소 공간에 인젝션되면 DLL의 DllMain 함수는 DLL_PROCESS_ATTACH 통지를 받게 되므로, 이때 필요한 코드를 수행하면 된다. DllMain 함수가 반환되면 원격 스레드는 LoadLibraryW/A를 호출한 후 BaseThreadStart 함수(이 함수에 대해서는 6장 "스레드의 기본"에서 논의한 바 있다)로 반환된다. BaseThreadStart 함수는 ExitThread 함수를 호출하게 되고, 원격 스레드는 종료하게 된다. 이제 원격 프로세스는 1번 단계에서 할당하였던 저장소 블록을 가지게 되고, DLL은 주소 공간에 머물러 있게 된다. 이렇게 원격 프로세스의 주소 공간에 남아있는 내용들을 삭제하려면 다음과 같은 작업을 수행하면 된다.

5. VirtualFreeEx 함수를 사용하여 1번 단계에서 할당하였던 메모리를 삭제한다.

6. GetProcAddress 함수를 사용하여 FreeLibrary 함수의 실제 시작 주소(Kernel32.dll 내부에 있는)를 가져온다.

7. CreateRemoteThread 함수를 사용하여 원격 프로세스 내에 새로운 스레드를 생성하고, 이 스레드가 원격 프로세스 내에 로드된 DLL의 HMODULE 값을 인자로 FreeLibrary 함수를 호출하도록 한다.

이것으로 끝이다.

■ 인젝션 라이브러리 예제 애플리케이션

22-InjLib.exe는 CreateRemoteThread 함수를 이용하여 DLL을 인젝션하는 예제 애플리케이션이다. 애플리케이션과 DLL에 대한 소스 코드와 리소스 파일은 한빛미디어 홈페이지를 통해 제공되는

소스 파일의 22-InjLib와 22-ImgWalk 폴더 내에 있다. 프로그램을 실행하면 다음과 같은 다이얼로 그 박스를 통해 수행 중인 프로세스의 ID를 입력받는다.

윈도우에 포함되어 있는 작업 관리자^{Task Manager}를 이용하면 프로세스의 ID를 얻을 수 있다. 프로세스 ID 값을 이용하면 프로그램에서 OpenProcess 함수를 호출하여 적절한 접근 권한을 가진 프로세스 핸들을 얻을 수 있다.

```
hProcess = OpenProcess(
    PROCESS_CREATE_THREAD |   // CreateRemoteThread를 호출할 수 있다.
    PROCESS_VM_OPERATION  |   // VirtualAllocEx/VirtualFreeEx를 호출할 수 있다.
    PROCESS_VM_WRITE,         // WriteProcessMemory를 호출할 수 있다.
    FALSE, dwProcessId);
```

현재 애플리케이션이 원격 프로세스 핸들을 열 수 있는 보안 컨텍스트 하에서 수행되고 있지 않은 경 우 OpenProcess는 NULL을 반환한다. WinLogon, SvcHost, Csrss와 같은 몇몇 프로세스들은 로 컬 시스템 계정 하에서 수행되기 때문에 로그온한 사용자가 이러한 프로세스를 변경할 수 없다. 하지 만 디버그 보안 권한이 부여된 사용자라면 이러한 프로세스에 대해서도 열기 작업을 수행할 수 있다. 4장 "프로세스"에서 소개한 ProcessInfo는 이러한 작업을 어떻게 수행해야 하는지를 보여주고 있다.

OpenProcess가 성공하면 인젝션을 수행할 DLL의 전체 경로명을 가진 버퍼를 초기화한다. 이후 원 격·프로세스의 핸들 값과 인젝션할 DLL의 전체 경로명을 인자로 InjectLib 함수가 호출된다. 마지막 으로, InjectLib 함수가 반환되면 프로그램은 DLL이 성공적으로 원격 프로세스 내부로 로드되었음을 알려주는 메시지 박스를 출력한다. 이후 원격 프로세스의 핸들을 닫는다. 이것이 전부다.

코드를 살펴보면 프로세스 ID가 0인지를 확인하는 특이한 코드가 있다는 것을 발견할 수 있을 것이 다. 만일 프로세스 ID가 0인 경우 GetCurrentProcessId를 호출하여 InjLib.exe 자신의 프로세스 ID로 변수 값을 설정한다. 이렇게 되면 InjectLib가 호출되었을 때 자기 자신의 주소 공간에 DLL을 인 젝션하게 된다. 이러한 기능이 있으면 디버깅을 좀 더 쉽게 수행할 수 있다. 이런 류의 애플리케이션들 은 버그가 발생하게 되면 이것이 로컬 프로세스에서 발생한 버그인지 아니면 원격 프로세스에서 발 생한 버그인지 확인하는 것이 쉽지 않다. 필자도 최초에는 InjLib와 원격 프로세스 각각에 대해 디버 거를 수행한 상태에서 코드를 디버깅하였다. 하지만 이런 방식으로 디버깅을 진행하는 것이 상당히 불 편하였기 때문에 InjLib가 자기 자신의 프로세스 주소 공간으로 DLL을 인젝션할 수 있도록 기능을 추 가하였다. 즉, 인젝션을 요청한 프로세스 내로 인젝션을 수행하는 것이다. 이러한 방법을 이용하면 코 드를 디버깅하기가 좀 더 수월해진다.

소스 코드의 가장 상단을 살펴보면, InjectLib가 소스 코드를 어떻게 컴파일하느냐에 따라 InjectLibA 나 InjectLibW로 확장되는 심벌인 것을 알 수 있다. InjectLibW가 바로 모든 마법이 일어나는 함수 다. 주석을 통해 이러한 부분을 충분히 설명하였기 때문에 여기서는 더 이상 추가적인 설명을 덧붙이 지 않겠다. 하지만 InjectLibA 함수는 매우 짧고, 단순히 ANSI DLL 경로명을 유니코드로 변경한 후, 실질적인 작업을 수행하기 위해 InjectLibW 함수를 호출하고 있다는 점에 주목하기 바란다. 이러한 접근 방식은 2장 "문자와 문자열로 작업하기"에서 추천하였던 방식과 완전히 동일하며, 소스 코드에 서 인젝션을 수행하는 코드를 하나로만 유지할 수 있기 때문에 상당히 시간을 절약할 수 있다.

```cpp
InjLib.cpp

/**************************************************************************
Module:  InjLib.cpp
Notices: Copyright (c) 2008 Jeffrey Richter & Christophe Nasarre
**************************************************************************/


#include "..\CommonFiles\CmnHdr.h"      /* 부록 A를 보라. */
#include <windowsx.h>
#include <stdio.h>
#include <tchar.h>
#include <malloc.h>              // alloca 함수를 사용하기 위해 필요하다.
#include <TlHelp32.h>
#include "Resource.h"
#include <StrSafe.h>


///////////////////////////////////////////////////////////////////////


#ifdef UNICODE
   #define InjectLib InjectLibW
   #define EjectLib  EjectLibW
#else
   #define InjectLib InjectLibA
   #define EjectLib  EjectLibA
#endif   // !UNICODE


///////////////////////////////////////////////////////////////////////

BOOL WINAPI InjectLibW(DWORD dwProcessId, PCWSTR pszLibFile) {

   BOOL bOk = FALSE;     // 함수가 실패할 것이라고 가정한다.
   HANDLE hProcess = NULL, hThread = NULL;
   PWSTR pszLibFileRemote = NULL;

   __try {
```

```
    // 원격 프로세스에 대한 핸들을 가져온다.
    hProcess = OpenProcess(
        PROCESS_QUERY_INFORMATION | // 프로세스에 대한 정보 획득을 위해
        PROCESS_CREATE_THREAD     | // CreateRemoteThread를 위해
        PROCESS_VM_OPERATION      | // VirtualAllocEx/VirtualFreeEx를 위해
        PROCESS_VM_WRITE,           // WriteProcessMemory를 위해
        FALSE, dwProcessId);
    if (hProcess == NULL) __leave;

    // DLL의 경로명을 저장하기 위해 몇 바이트가 필요한지 계산한다.
    int cch = 1 + lstrlenW(pszLibFile);
    int cb  = cch * sizeof(wchar_t);

    // 원격 프로세스의 주소 공간 내에 DLL의 경로명을 저장하기 위한 공간을 할당한다.
    pszLibFileRemote = (PWSTR)
        VirtualAllocEx(hProcess, NULL, cb, MEM_COMMIT, PAGE_READWRITE);
    if (pszLibFileRemote == NULL) __leave;

    // 원격 프로세스의 주소 공간으로 DLL의 경로명을 복사한다.
    if (!WriteProcessMemory(hProcess, pszLibFileRemote,
        (PVOID) pszLibFile, cb, NULL)) __leave;

    // Kernel32.dll에 있는 LoadLibraryW 함수의 실제 주소를 얻어온다.
    PTHREAD_START_ROUTINE pfnThreadRtn = (PTHREAD_START_ROUTINE)
        GetProcAddress(GetModuleHandle(TEXT("Kernel32")), "LoadLibraryW");
    if (pfnThreadRtn == NULL) __leave;

    // 원격 스레드가 LoadLibraryW(DLL 경로명)를 호출하도록 한다.
    hThread = CreateRemoteThread(hProcess, NULL, 0,
        pfnThreadRtn, pszLibFileRemote, 0, NULL);
    if (hThread == NULL) __leave;

    // 원격 스레드가 종료될 때까지 기다린다.
    WaitForSingleObject(hThread, INFINITE);

    bOk = TRUE;    // 모든 작업이 정상적으로 수행되었다.
}
__finally {    // 이제 모든 것을 정리할 수 있다.

    // DLL의 경로명을 가지고 있는 원격 프로세스 주소 공간 내의
    // 메모리를 삭제한다.
    if (pszLibFileRemote != NULL)
        VirtualFreeEx(hProcess, pszLibFileRemote, 0, MEM_RELEASE);

    if (hThread  != NULL)
```

```
            CloseHandle(hThread);

        if (hProcess != NULL)
            CloseHandle(hProcess);
    }

    return(bOk);
}


/////////////////////////////////////////////////////////////////////////

BOOL WINAPI InjectLibA(DWORD dwProcessId, PCSTR pszLibFile) {

    // 경로명을 유니코드로 변경하기 위한 (스택) 버퍼를 할당한다.
    SIZE_T cchSize = lstrlenA(pszLibFile) + 1;
    PWSTR pszLibFileW = (PWSTR)
        _alloca(cchSize * sizeof(wchar_t));

    // ANSI 경로명을 동일한 유니코드 경로명으로 변경한다.
    StringCchPrintfW(pszLibFileW, cchSize, L"%S", pszLibFile);

    // 실질적인 작업을 수행하기 위해 유니코드 버전의 함수를 호출한다.
    return(InjectLibW(dwProcessId, pszLibFileW));
}


/////////////////////////////////////////////////////////////////////////

BOOL WINAPI EjectLibW(DWORD dwProcessId, PCWSTR pszLibFile) {

    BOOL bOk = FALSE;       // 함수가 실패할 것이라고 가정한다.
    HANDLE hthSnapshot = NULL;
    HANDLE hProcess = NULL, hThread = NULL;

    __try {
        // 프로세스에 대한 스냅샷을 획득한다.
        hthSnapshot = CreateToolhelp32Snapshot(TH32CS_SNAPMODULE,
            dwProcessId);
        if (hthSnapshot == INVALID_HANDLE_VALUE) __leave;

        // 인젝션된 라이브러리의 HMODULE 값을 가져온다.
        MODULEENTRY32W me = { sizeof(me) };
        BOOL bFound = FALSE;
        BOOL bMoreMods = Module32FirstW(hthSnapshot, &me);
        for (; bMoreMods; bMoreMods = Module32NextW(hthSnapshot, &me)) {
            bFound = (_wcsicmp(me.szModule,  pszLibFile) == 0) ||
```

```
                    (_wcsicmp(me.szExePath, pszLibFile) == 0);
        if (bFound) break;
    }
    if (!bFound) __leave;

    // 프로세스의 핸들 값을 가져온다.
    hProcess = OpenProcess(
        PROCESS_QUERY_INFORMATION |
        PROCESS_CREATE_THREAD     |
        PROCESS_VM_OPERATION,  // CreateRemoteThread를 위해
        FALSE, dwProcessId);
    if (hProcess == NULL) __leave;

    // Kernel32.dll 내부에 있는 FreeLibrary의 실제 주소를 얻어온다.
    PTHREAD_START_ROUTINE pfnThreadRtn = (PTHREAD_START_ROUTINE)
        GetProcAddress(GetModuleHandle(TEXT("Kernel32")), "FreeLibrary");
    if (pfnThreadRtn == NULL) __leave;

    // FreeLibrary()를 호출할 수 있도록 원격 스레드를 생성한다.
    hThread = CreateRemoteThread(hProcess, NULL, 0,
        pfnThreadRtn, me.modBaseAddr, 0, NULL);
    if (hThread == NULL) __leave;

    // 원격 스레드가 종료될 때까지 기다린다.
    WaitForSingleObject(hThread, INFINITE);

    bOk = TRUE;    // 모든 작업이 성공적으로 수행되었다.
}
__finally {    // 이제 모든 것을 정리할 수 있다.

    if (hthSnapshot != NULL)
        CloseHandle(hthSnapshot);

    if (hThread    != NULL)
        CloseHandle(hThread);

    if (hProcess    != NULL)
        CloseHandle(hProcess);
}

return(bOk);
}

///////////////////////////////////////////////////////////////////////////////
```

```
BOOL WINAPI EjectLibA(DWORD dwProcessId, PCSTR pszLibFile) {

   // 경로명의 유니코드 버전을 저장하기 위한 (스택) 버퍼를 할당한다.
   SIZE_T cchSize = lstrlenA(pszLibFile) + 1;
   PWSTR pszLibFileW = (PWSTR)
      _alloca(cchSize * sizeof(wchar_t));

      // ANSI 경로명을 동일한 유니코드 경로명으로 변경한다.
      StringCchPrintfW(pszLibFileW, cchSize, L"%S", pszLibFile);

   // 실질적인 작업을 수행하기 위해 유니코드 버전의 함수를 호출한다.
   return(EjectLibW(dwProcessId, pszLibFileW));
}


///////////////////////////////////////////////////////////////////////


BOOL Dlg_OnInitDialog(HWND hWnd, HWND hWndFocus, LPARAM lParam) {

   chSETDLGICONS(hWnd, IDI_INJLIB);
   return(TRUE);
}


///////////////////////////////////////////////////////////////////////


void Dlg_OnCommand(HWND hWnd, int id, HWND hWndCtl, UINT codeNotify) {

   switch (id) {
      case IDCANCEL:
         EndDialog(hWnd, id);
         break;

      case IDC_INJECT:
         DWORD dwProcessId = GetDlgItemInt(hWnd, IDC_PROCESSID, NULL, FALSE);
         if (dwProcessId == 0) {
            // 프로세스 ID가 0이면 모든 작업을 로컬 프로세스에서 수행한다.
            // 이렇게 하면 디버깅이 한결 수월해진다.
            dwProcessId = GetCurrentProcessId();
         }

         TCHAR szLibFile[MAX_PATH];
         GetModuleFileName(NULL, szLibFile, _countof(szLibFile));
         PTSTR pFilename = _tcsrchr(szLibFile, TEXT('\\')) + 1;
         _tcscpy_s(pFilename, _countof(szLibFile) - (pFilename - szLibFile),
            TEXT("22-ImgWalk.DLL"));
         if (InjectLib(dwProcessId, szLibFile)) {
```

```
                chVERIFY(EjectLib(dwProcessId, szLibFile));
                chMB("DLL Injection/Ejection successful.");
            } else {
                chMB("DLL Injection/Ejection failed.");
            }
            break;
        }
    }
}


//////////////////////////////////////////////////////////////////////

INT_PTR WINAPI Dlg_Proc(HWND hWnd, UINT uMsg, WPARAM wParam, LPARAM lParam) {

    switch (uMsg) {
        chHANDLE_DLGMSG(hWnd, WM_INITDIALOG, Dlg_OnInitDialog);
        chHANDLE_DLGMSG(hWnd, WM_COMMAND,    Dlg_OnCommand);
    }
    return(FALSE);
}


//////////////////////////////////////////////////////////////////////

int WINAPI _tWinMain(HINSTANCE hInstExe, HINSTANCE, PTSTR pszCmdLine, int) {

    DialogBox(hInstExe, MAKEINTRESOURCE(IDD_INJLIB), NULL, Dlg_Proc);
    return(0);
}

/////////////////////////// 파일의 끝 ///////////////////////////////
```

② 이미지 살펴보기 DLL

22-ImgWalk.dll은 다른 프로세스의 주소 공간에 인젝션되어, 해당 프로세스가 사용하는 DLL 정보를 보여주는 DLL이다. (DLL에 대한 소스 코드와 리소스 파일은 한빛미디어 홈페이지를 통해 제공되는 소스 파일의 22-ImgWalk 폴더 내에 있다.) 메모장^{notepad}을 먼저 수행한 후 22-InjLib를 수행할 때 메모장의 프로세스 ID를 넘겨주면 InjLib는 22-ImgWalk.dll 파일을 메모장 프로세스의 주소 공간 내로 인젝션시킨다. 22-ImgWalk는 메모장이 사용하고 있는 파일들을 확인하여 다음과 같이 그 결과를 메시지 박스를 이용하여 출력해 준다.

22-ImgWalk는 프로세스의 주소 공간 내에 매핑된 이미지에 대해 반복적으로 VirtualQuery 함수를 호출하여 MEMORY_BASIC_INFORMATION 구조체에서 정의하고 있는 값을 가져온다. 매 반복시마다 파일의 경로명을 확인하여 메시지 박스에 출력할 문자열을 구성한다.

아래에 DllMain 진입점 코드를 나타냈다.

```
ImgWalk.cpp

/***********************************************************************
Module:  ImgWalk.cpp
Notices: Copyright (c) 2008 Jeffrey Richter & Christophe Nasarre
***********************************************************************/


#include "..\CommonFiles\CmnHdr.h"      /* 부록 A를 보라. */
#include <tchar.h>


/////////////////////////////////////////////////////////////////////


BOOL WINAPI DllMain(HINSTANCE hInstDll, DWORD fdwReason, PVOID fImpLoad) {

   if (fdwReason == DLL_PROCESS_ATTACH) {
      char szBuf[ MAX_PATH * 100] = { 0 };

      PBYTE pb = NULL;
      MEMORY_BASIC_INFORMATION mbi;
      while (VirtualQuery(pb, &mbi, sizeof(mbi)) == sizeof(mbi)) {

         int nLen;
```

```
            char szModName[ MAX_PATH] ;

            if (mbi.State == MEM_FREE)
               mbi.AllocationBase = mbi.BaseAddress;

            if ((mbi.AllocationBase == hInstDll) ||
                (mbi.AllocationBase != mbi.BaseAddress) ||
                (mbi.AllocationBase == NULL)) {
               // 만일 다음의 조건 중 하나라도 만족하는 경우
               // 모듈 이름을 항목에 추가하지 않는다.
               // 1. 현재 영역이 현재 DLL을 포함하고 있는 경우
               // 2. 이번 블록이 영역의 시작 주소가 아닌 경우
               // 3. 주소가 NULL인 경우
               nLen = 0;
            } else {
               nLen = GetModuleFileNameA((HINSTANCE) mbi.AllocationBase,
                  szModName, _countof(szModName));
            }

            if (nLen > 0) {
               wsprintfA(strchr(szBuf, 0), "\n%p-%s",
                  mbi.AllocationBase, szModName);
            }

            pb += mbi.RegionSize;
         }

         // 주의: 일반적으로 DllMain 내에서 메시지 박스를 출력하면 안 된다.
         // 이 경우 20장에서 설명한 로더 락이 발생할 수 있다.
         // 하지만 예제 애플리케이션을 단순하게 구성하기 위해 이러한 규칙을 위반하였다.
         chMB(&szBuf[ 1] );
      }

   return(TRUE);
}

/////////////////////////////// 파일의 끝 ///////////////////////////////////
```

먼저, 영역의 시작 주소가 인젝션된 DLL의 시작 주소와 일치하는지를 확인한다. 이 경우 nLen 값을 0으로 설정하여 인젝션된 라이브러리의 이름이 메시지 박스에 나타나지 않도록 한다. 둘의 시작 주소가 일치하지 않으면 해당 영역의 시작 주소에 로드된 모듈의 파일명을 얻어오려고 시도한다. 만일 nLen 변수가 0보다 크면 영역의 시작 주소가 로드된 다른 모듈의 시작 주소와 일치하는 것이며, 이 경우 시스템은 szModName 버퍼에 모듈의 전체 경로명을 채워준다. 이후 모듈의 HINSTNACE(시작 주

소)와 경로명을 szBuf 문자열에 추가한다. 루프가 종료되면 메시지 박스를 이용하여 szBuf 문자열의
내용을 출력한다.

section 05 트로얀 DLL을 이용하여 DLL 인젝션하기

DLL을 인젝션하기 위한 또 다른 방법으로는 프로세스가 로드해야 하는 DLL을 다른 파일로 변경하
는 것이다. 예를 들어 프로세스가 Xyz.dll 파일을 로드할 것이라는 것을 안다면, 인젝션하고자 하는
DLL을 동일한 파일명으로 만든다. 물론 이전의 Xyz.dll 파일은 다른 파일명으로 변경해야 한다.

인젝션하려는 Xyz.dll 파일은 반드시 이전의 Xyz.dll 파일이 익스포트했던 것과 동일한 심벌을 익스
포트해야 한다. 함수 전달자 function forwarder (20장 "DLL의 고급 기법"에서 설명한 바 있다)를 이용하면 이러
한 작업을 쉽게 수행할 수 있을 뿐만 아니라 호출되는 함수를 간단하게 후킹할 수 있다. 하지만 이 방
법은 DLL의 버전 차이를 극복할 수 없기 때문에 가능하면 사용하지 않는 것이 좋다. 예를 들어 시스템
DLL을 대체할 경우 마이크로소프트가 해당 시스템 DLL에 새로운 함수를 추가하게 되면, 우리가 작
성한 DLL은 추가된 함수를 위한 함수 전달자를 포함하고 있지 않게 된다. 이렇게 되면 추가된 함수를
사용하는 애플리케이션은 로드되지 못할 것이며, 수행될 수도 없게 된다.

단일의 애플리케이션에서 대해서만 이러한 기법을 이용하고자 하는 경우라면 인젝션할 DLL을 고유
한 이름으로 생성하고 애플리케이션의 .exe 모듈 내에 있는 임포트 섹션을 변경할 수도 있다. 좀 더
구체적으로 말하자면, 임포트 섹션은 해당 모듈이 필요로 하는 DLL의 이름을 가지고 있으므로 파일
내의 임포트 섹션을 샅샅이 뒤져서 로더가 인젝션할 DLL을 로드하도록 변경하면 된다. 이러한 기법
이 나쁜 것은 아니지만 .exe나 DLL의 파일 포맷을 상당히 자세히 알고 있어야만 구현이 가능하다.

section 06 디버거를 이용하여 DLL 인젝션하기

디버거 debugger 는 디버기 debuggee 프로세스에 대해 특별한 작업들을 수행할 수 있다. 디버기가 로드되어
자신의 주소 공간을 구성하면, 시스템은 주 스레드가 수행되기 직전에 디버거에게 디버기가 로드되었
음을 자동으로 알려준다. 이때 디버거는 디버기의 주소 공간 내에 코드를 써넣을 수 있으며
(WriteProcessMemory 등을 사용하여), 디버기의 주 스레드가 해당 코드를 수행하도록 할 수도 있다.

이러한 기법을 활용하려면 디버기 스레드의 CONTEXT 구조체를 수정해야 하는데, 이는 결국 CPU

종류별로 서로 다른 코드를 작성해야 한다는 것을 의미한다. 서로 다른 CPU 플랫폼에서도 정상적으로 동작되도록 하려면 소스 코드를 수정해서 디버기가 수행해야 하는 코드를 기계어 명령으로 하드코딩해야 할 것이다. 이러한 방법을 사용하면 디버거와 디버기 사이의 관계가 완전히 결합되게 되므로, 디버거가 종료되면 기본적으로 윈도우는 디버기도 같이 종료해 버린다. 물론 DebugSetProcessKillOnExit 함수에 FALSE 값을 전달하여 이러한 기본 동작을 변경할 수도 있다. 또한 DebugActiveProcessStop 함수를 사용하여 디버거를 죽이지 않고도 디버깅 중인 프로세스를 종료할 수 있다.

section 07 CreateProcess를 이용하여 코드 인젝션하기

DLL을 인젝션하고자 하는 프로세스를 수행 중인 다른 프로세스 내에서 생성하는 경우라면 코드 인젝션을 아주 쉽게 수행할 수 있다. 한 예로서, 수행 중인 프로세스(페어런트 프로세스)는 새로운 프로세스를 정지 상태로 수행할 수 있다. 이 방식을 이용하면 차일드 프로세스가 정지되어 있는 상태이기 때문에 해당 프로세스의 동작에 영향을 미치지 않으면서도 프로세스의 상태를 변경할 수 있다. 차일드 프로세스가 정지되어 있기는 하지만 해당 프로세스의 주 스레드는 이미 생성되어 있는 상태이므로 페어런트 프로세스는 차일드 프로세스의 주 스레드의 핸들을 가져올 수 있으며, 이 핸들을 이용하여 차일드 프로세스의 주 스레드가 수행해야 하는 코드를 변경할 수 있다. 스레드의 인스터럭션 포인터를 변경하면 메모리에 매핑되어 있는 어떤 코드라도 수행할 수 있기 때문에 앞의 절에서 언급한 것과 같은 문제는 해결될 수 있다.

아래에 차일드 프로세스의 주 스레드가 수행하는 코드를 제어할 수 있는 방법을 설명하였다.

1. 차일드 프로세스를 정지 상태로 생성한다.
2. .exe 모듈의 파일 헤더로부터 주 스레드의 시작 메모리 주소를 얻어온다.
3. 이 메모리 주소에 있는 기계어 명령을 다른 곳에 저장해 둔다.
4. 하드코딩된 기계어 명령을 이 메모리 주소에 덮어쓴다. 하드코딩된 기계어 명령은 LoadLibrary 함수를 호출하여 DLL을 로드하는 명령이 될 것이다.
5. 차일드 프로세스의 주 스레드가 코드를 실행할 수 있도록 수행을 재개한다.
6. 앞서 저장해 두었던 이전 기계어 명령을 주 스레드의 시작 메모리 주소로 복구한다.
7. 이제 아무 일도 없었던 것처럼 프로세스가 시작 주소로부터 수행을 재개할 수 있도록 한다.

6번과 7번 절차가 정상적으로 동작하려면 현재 수행 중인 코드를 수정하는 것과 같은 복잡한 작업을 수행해야만 한다. 하지만 이는 가능한 방식이며, 필자는 이러한 방식으로 올바르게 수행되는 것을 실제로 확인한 적이 있다.

이 기법을 이용하면 상당한 이점이 있다. 첫째로, 애플리케이션을 수행하기 전에 프로세스의 주소 공간에 접근하는 것이 가능하다. 둘째로, 페어런트 프로세스가 디버거가 아니기 때문에 DLL이 인젝션된 애플리케이션을 좀 더 쉽게 디버깅할 수 있다. 마지막으로, 이 기법은 콘솔 형태의 애플리케이션과 GUI 형태의 애플리케이션 모두에 대해 적용이 가능하다.

물론 이 기법도 몇 가지 단점을 가지고 있다. 인젝션을 수행하려는 프로세스가 페어런트 프로세스에 의해 수행되어야만 DLL을 인젝션할 수 있으며, 당연히 CPU 플랫폼에 독립적이지 못하다. 따라서 CPU 플랫폼이 변경되면 그에 맞추어 변경 작업을 수행해 주어야 한다.

section 08 API 후킹: 예제

프로세스의 주소 공간에 DLL을 인젝션하는 방법이 프로세스가 어떤 작업을 수행하는지를 알 수 있는 좋은 방법이긴 하지만 아주 상세한 정보까지 얻어내고 싶은 경우에는 단순히 DLL을 인젝션하는 것만으로는 충분하지 않다. 그런데 종종 특정 프로세스 내에서 수행 중인 스레드가 어떤 함수들을 수행하고 있는지를 알고 싶다거나 윈도우 함수의 동작 방식을 변경하고 싶을 때가 있을 것이다.

데이터베이스 제품에 로드되어 사용되는 DLL을 개발하는 회사가 있었다. 이 DLL은 데이터베이스의 성능을 향상시키고 확장시키는 용도로 사용되는 제품이었다. 데이터베이스가 종료되면 DLL은 DLL_PROCESS_DETACH 통지를 받게 되는데, 이때 정리 작업을 수행하는 코드를 수행해야 했다. 이 DLL은 다른 DLL 내에 포함되어 있는 함수들을 호출하여 소켓 연결, 파일, 그 외의 다른 리소스들을 정리해야 했다. 하지만 이 DLL이 DLL_PROCESS_DETACH 통지를 수신하기 이전에 프로세스 공간 내에 로드되었었던 다른 DLL들이 먼저 DLL_PROCESS_DETACH 통지를 전달받았을 수도 있다. 실제로 정리 작업을 위해 호출해야 하는 함수들을 포함하고 있는 DLL이 먼저 정리되는 바람에 함수 호출이 정상적으로 수행되지 못하는 문제가 발생하였다.

이 회사는 이러한 문제를 해결하기 위해 필자를 고용했고, 필자는 ExitProcess 함수를 후킹할 것을 제안했다. 이미 아는 바와 같이 ExitProcess를 호출하면 시스템은 로드된 DLL들에게 DLL_PROCESS_DETACH 통지를 전달한다. ExitProcess 함수를 후킹하면 이 함수가 호출되었을 때 이 회사에서 개발한 DLL이 가장 먼저 그 사실을 알게 된다. 즉, 이 회사에서 개발한 DLL은 프로세스 주소 공간에 로드된 DLL들이 DLL_PROCESS_DETACH 통지를 전달받기 전에 프로세스가 종료될 것이라는 사실을 가장 먼저 알 수 있게 된다. 이 시점에 다른 DLL들은 여전히 이전 상태를 유지하고 있을 것이므로 모든 함수들은 정상 동작하게 된다. 이 회사에서 개발한 DLL은 프로세스가 곧 종료될 것임을 가장 먼저 알기 때문에 정리 작업을 성공적으로 수행할 수 있다. 이후 운영체제가 제공하는 ExitProcess 함수를 호출하면 로드된 DLL들은 DLL_PROCESS_DETACH 통지를 받게 되고, 알맞은 정리 작업을 수행하게 될 것이다. 하지만 이 회사에서 개발한 DLL은 DLL_PROCESS_DETACH 통지를 받기 전에 이미 필요한 정리 작업을 완료했기 때문에 추가적으로 정리 작업을 수행할 필요가 없게 된다.

이 회사의 경우에는 데이터베이스 애플리케이션 자체가 인젝션을 허용하도록 설계되어 있었기 때문에 수월하게 DLL을 인젝션할 수 있었다. 개발한 DLL이 로드되면 실행 모듈과 DLL 모듈 전체를 검색하여 ExitProcess 함수를 호출하는 부분을 찾아내야 한다. ExitProcess 함수를 호출하는 부분을 찾게 되면 해당 모듈의 내용을 인젝션한 DLL이 제공하는 함수를 호출하도록 변경해야 한다. (이러한 절차는 설명보다는 간단하다.) ExitProcess를 대체할 함수는 이 회사에서 개발한 DLL에 대한 정리 작업을 수행한 후 운영체제의 ExitProcess (Kernel32.dll 내의) 함수를 호출하도록 하면 된다.

이 예는 API 후킹의 전형적인 사용 방법을 보여준다. 필자는 이러한 기법을 이용하여 적은 양의 코드로 문제를 해결할 수 있었다.

1 코드 덮어쓰기를 통해 API 후킹하기

API 후킹은 새로운 기법이 아니며, 개발자들은 다년간 이러한 API 후킹 기법을 사용해 왔다. 앞서 설명한 것과 같은 문제를 API 후킹을 이용하여 해결하려는 경우 대부분의 사람들은 코드를 덮어쓰는 방식을 가장 먼저 고려하곤 한다. 이러한 방식이 어떻게 적용될 수 있는지 아래에 나타냈다.

1. 메모리에서 후킹하고자 하는 함수의 주소를 찾는다(위의 경우 Kernel32.dll 내의 ExitProcess).
2. 이 함수의 시작 부분으로부터 몇 바이트를 다른 곳으로 복사한다.
3. 이 함수의 시작 부분에 JUMP CPU 명령을 덮어써서 직접 구현한 대체함수로 이동하도록 한다. 물론 이러한 대체함수는 후킹하고자 하는 함수와 완전히 동일한 원형으로 작성되어야 한다. 모든 매개변수들과 반환형은 동일해야 하며, 호출 규격도 동일해야 한다.
4. 이제 스레드가 후킹한 함수를 호출하게 되면 JUMP 명령에 의해 대체함수로 이동하게 된다. 이제 대체함수 내에서 수행하려 했던 작업을 수행하면 된다.
5. 2번 단계에서 저장해 둔 내용을 후킹된 함수의 시작 부분으로 다시 복사하면 후킹이 해제된다.
6. 후킹했던(더 이상 후킹되지 않는) 함수를 다시 호출하면 함수는 원래의 방식과 동일하게 동작하게 된다.
7. 원래의 함수가 반환되면 추후 대체함수가 다시 호출될 수 있도록 2번과 3번 단계를 다시 수행한다.

이러한 방식은 16비트 윈도우 프로그래머들이 즐겨 쓰는 방식이었고, 사실 16비트 윈도우 환경에서만 정상 동작한다. 오늘날에 이러한 방식을 사용하게 되면 심각한 문제를 일으킬 소지가 있으므로 더 이상 사용하지 말 것을 강력히 권고한다. 첫째로, 이 방식은 CPU 의존적이다. JUMP 명령은 x86, x64, IA-64에서 각기 다른 값을 가지고 있다. 따라서 이 방식을 적용하려면 기계어 명령을 직접 하드코딩해야 한다. 둘째로, 이 방식은 선점형 다중스레드 환경에서는 정상 동작하지 않는다. 스레드가 함수의 시작 부분에 코드를 덮어쓰는 데는 일정 시간이 걸리므로 코드를 덮어쓰는 동안에 다른 스레드가 동일 함수를 호출할 수도 있다. 이 경우 결과는 매우 참혹하다! 따라서 이러한 방식은 주어진 시간에 단지 하나의 스레드만이 함수를 호출하는 경우에 한해서만 정상 동작된다.

❷ 모듈의 임포트 섹션을 변경하여 API 후킹하기

다른 형태의 API 후킹 기법을 이용하면 앞서 언급한 문제들을 해결할 수 있음이 알려져 있다. 앞으로 알아볼 기법은 구현하기도 쉬울뿐더러 상당히 안정적으로 동작한다. 하지만 이 기법의 동작 방식을 이해하려면 동적 링킹의 동작 방식을 반드시 이해하고 있어야 한다. 특히 모듈의 임포트 섹션 내에 포함되어 있는 정보들에 대해 정확하게 이해하고 있어야 한다. 데이터 구조와 같은 세부사항에 대해 이야기하지는 않았지만, 19장에서 이미 임포트 섹션이 어떻게 생성되고 그 내부에 어떤 내용들이 포함되어 있는지에 대해 알아본 바 있다. 다음에 설명할 내용을 읽는 동안 19장의 관련 내용을 같이 참조하기 바란다.

이미 아는 바와 같이 모듈의 임포트 섹션에는 실행을 위해 필요한 DLL 목록이 포함되어 있으며, 추가적으로 모듈이 각 DLL로부터 임포트한 심벌의 목록도 포함되어 있다. 모듈이 임포트된 함수를 호출하려고 하면 스레드는 실제로 모듈의 임포트 섹션으로부터 임포트된 함수의 시작 주소를 얻어와서 해당 주소로 이동하게 된다.

따라서 특정 함수를 후킹하려는 경우 모듈의 임포트 섹션 내의 주소를 변경하기만 하면 된다. 이것이 전부다. CPU 의존적인 부분도 없으며, 함수의 코드를 변경할 필요도 없고, 스레드 동기화 문제를 고민할 필요도 전혀 없다.

다음 함수는 이 같은 작업을 마법처럼 수행한다. 이 함수는 모듈의 임포트 섹션을 뒤져서 참조되는 심벌과 연관된 정보를 찾아본다. 이러한 정보가 임포트 섹션 내에 포함되어 있으면 심벌의 주소를 변경한다.

```
void CAPIHook::ReplaceIATEntryInOneMod(PCSTR pszCalleeModName,
    PROC pfnCurrent, PROC pfnNew, HMODULE hmodCaller) {

    // 모듈의 임포트 섹션의 주소를 얻어온다.
    ULONG ulSize;

    // imgagehlp.dll을 사용할 때 탐색기가 예외를 유발하였다 (탐색기를 이용하여
    // 폴더의 내용을 살펴볼 때). 이것은 특정 모듈이 언로드되었다는 식의 예외인데,
    // 아마도 스레딩 문제인 것 같다. ToolHelp를 이용하여 모듈의 목록을 가져오는 경우
    // 목록을 순회하는 중에 FreeLibrary가 호출되면 목록 정보를 정확하게
    // 가져오지 못할 수도 있다.
```

```
PIMAGE_IMPORT_DESCRIPTOR pImportDesc = NULL;
__try {
   pImportDesc = (PIMAGE_IMPORT_DESCRIPTOR) ImageDirectoryEntryToData(
      hmodCaller, TRUE, IMAGE_DIRECTORY_ENTRY_IMPORT, &ulSize);
}
__except (InvalidReadExceptionFilter(GetExceptionInformation())) {
   // 여기서는 수행할 작업이 없다. 스레드는 pImportDesc 값으로 NULL을
   // 가진 채로 보통의 경우와 같이 수행된다.
}

if (pImportDesc == NULL)
   return;    // 이 모듈은 임포트 섹션이 없거나 더 이상 로드되어 있지 않다.

// 호출되는 함수의 참조자를 포함하는 임포트 디스크립터를 찾는다.
for (; pImportDesc->Name; pImportDesc++) {
   PSTR pszModName = (PSTR) ((PBYTE) hmodCaller + pImportDesc->Name);
   if (lstrcmpiA(pszModName, pszCalleeModName) == 0) {

      // 호출되는 함수에 대한 호출자의 임포트 주소 테이블(IAT)을 가져온다.
      PIMAGE_THUNK_DATA pThunk = (PIMAGE_THUNK_DATA)
         ((PBYTE) hmodCaller + pImportDesc->FirstThunk);

      // 현재 함수의 주소를 새로운 함수의 주소로 변경한다.
      for (; pThunk->u1.Function; pThunk++) {

         // 함수의 주소를 가지고 있는 주소를 얻어온다.
         PROC* ppfn = (PROC*) &pThunk->u1.Function;

         // 이 함수가 찾고자 하는 함수인가?
         BOOL bFound = (*ppfn == pfnCurrent);
         if (bFound) {
            if (!WriteProcessMemory(GetCurrentProcess(), ppfn,
                  &pfnNew, sizeof(pfnNew), NULL) && (ERROR_NOACCESS
                  == GetLastError())) {
               DWORD dwOldProtect;
               if (VirtualProtect(ppfn, sizeof(pfnNew), PAGE_WRITECOPY,
                  &dwOldProtect)) {

                  WriteProcessMemory(GetCurrentProcess(), ppfn, &pfnNew,
                     sizeof(pfnNew), NULL);
                  VirtualProtect(ppfn, sizeof(pfnNew), dwOldProtect,
                     &dwOldProtect);
               }
            }
            return;    // 작업이 완료되었으므로 빠져나간다.
```

```
                    }
              }
        }      // 올바른 항목을 찾아내서 수정할 때까지 각각의 임포트 디스크립터를 분석한다.
    }
}
```

이 함수를 어떻게 사용해야 하는지를 설명하기 위해 발생 가능성 있는 환경을 가정해 보자. Database. exe 모듈이 있고, 이 모듈이 Kernel32.dll에 포함되어 있는 ExitProcess 함수를 호출하는 코드를 가지고 있다고 하자. 그런데 ExitProcess 함수를 호출하였을 때 DbExtend.dll 모듈 내에 있는 MyExit-Process 함수가 호출되도록 변경하고 싶다고 하자. 이를 위해서는 ReplaceIATEntryInOneMod 함수를 다음과 같이 호출하면 된다.

```
PROC pfnOrig = GetProcAddress(GetModuleHandle("Kernel32"),
    "ExitProcess");
HMODULE hmodCaller = GetModuleHandle("Database.exe");

ReplaceIATEntryInOneMod(
    "Kernel32.dll",  // 함수를 포함하고 있는 모듈(ANSI)
    pfnOrig,         // 함수의 주소
    MyExitProcess,   // 호출하고 싶은 새로운 함수의 주소
    hmodCaller);     // 새로운 함수를 호출하려고 하는 모듈의 핸들
```

ReplaceIATEntryInOneMod 함수는 가장 먼저 ImageDirectoryEntryToData 함수에 IMAGE_DIRECTORY_ENTRY_IMPORT를 전달하여 hmodCaller 모듈 내의 임포트 섹션의 위치를 가져온다. 이 함수는 DataBase.exe 모듈이 임포트 섹션을 가지고 있지 않거나 수행할 작업이 없는 경우 NULL을 반환한다. ImageHlp.dll이 제공하고 있는 ImageDirectoryEntryToData 함수를 호출하는 문장은 예기치 않은 에러가 발생할 경우를 대비하여 __try/__except를 이용하여 보호되고 있다. 이렇게 보호가 필요한 이유는 ReplaceIATEntryInOneMod 함수의 마지막 인자로 유효하지 않은 모듈 핸들 값을 전달할 경우 접근 위반(0xC0000005) 예외가 발생하기 때문이다. 예를 들어 윈도우 탐색기의 컨텍스트 내에서 ReplaceIATEntryInOneMod 함수를 호출하는 스레드가 아닌 다른 스레드가 DLL을 동적으로 로드했다가 빠른 시간 내에 언로드해 버리는 경우 이와 같은 예외가 발생할 수 있다.

만일 Database.exe 모듈이 임포트 섹션import section을 가지고 있으면 ImageDirectoryEntryToData 함수는 PIMAGE_IMPORT_DESCRIPTOR 타입으로 임포트 디스크립터import description 배열의 주소를 반환한다. 이제 동작 방식을 변경하고자 하는 임포트된 함수를 포함하고 있는 DLL의 임포트 디스크립터를 찾아야 한다. 먼저 위 예의 경우는 "Kernel32.dll"(이 값은 ReplaceIATEntryInOneMod 함수의 첫 번째 매개변수로 전달되는 값이다)를 나타내는 임포트 디스크립터로부터 심벌을 찾아야 한다. 소스 코드의 첫 번째 for 루프는 임포트 디스크립터들을 순회하며 DLL 모듈의 이름과 일치하는 임포트 디스크립터를 찾아낸다. 모듈의 임포트 섹션 내의 모든 문자열은 ANSI로 구성되어 있다는 사실에 주의

하기 바란다(유니코드가 절대 아니다). 이 때문에 lstrcmpi 매크로 대신 lstrcmpiA 함수를 명시적으로 호출하였다.

"Kernel32.dll"을 나타내는 임포트 디스크립터를 찾지 못하고 루프를 빠져나왔다면, 이 함수는 추가적으로 수행할 작업이 없으므로 바로 반환된다. 만일 "Kernel32.dll"을 나타내는 임포트 디스크립터를 찾았다면, 이제 임포트된 심벌에 대한 정보를 포함하고 있는 IMAGE_THUNK_DATA 배열의 주소를 가져올 수 있다. 볼랜드 ^{Borland}의 델파이^{delphi} 같은 일부 컴파일러는 단일의 모듈에 대해 한 개 이상의 임포트 디스크립터 생성하기도 하기 때문에 심벌을 찾았다고 해서 바로 루프를 종료해서는 안 된다는 점을 주의하기 바란다. 다음으로, "Kernel32.dll"을 나타내는 임포트 디스크립터 내의 모든 임포트된 심벌들을 순회하면서 찾고자 하는 심벌의 현재 주소를 찾아낸다. 위 예의 경우에는 ExitProcess 함수의 주소와 일치하는 주소를 찾는다.

만일 일치하는 주소가 없으면 이 모듈은 해당 심벌을 임포트해서는 안 되며, ReplaceIATEntryIn-OneMod 함수는 바로 반환되어 버린다. 만일 찾고자 하는 심벌의 주소를 발견하면 WriteProcess-Memory를 호출하여 대체함수의 주소로 그 값을 변경한다. 만일 에러가 발생하면 VirtualProtect 함수를 이용하여 페이지 보호 특성을 임시 변경한 후 함수의 주소를 변경한 다음에 페이지 보호 특성을 원래대로 복구시킨다.

이제 Database.exe 모듈 내의 스레드가 ExitProcess를 호출하면 스레드는 직접 작성한 대체함수를 호출하게 된다. 대체함수 내에서 Kernel32.dll에 포함되어 있는 ExitProcess 함수의 주소는 쉽게 얻을 수 있고, 일반적인 ExitProcess의 작업을 수행하려면 이 주소를 이용하여 함수를 호출하면 된다.

ReplaceIATEntryInOneMod 함수는 특정 모듈 하나에 대해서만 함수 호출을 변경한다는 점에 주목하기 바란다. 따라서 동일 프로세스 주소 공간에 로드된 다른 DLL에서 ExitProcess를 호출하는 경우에는 Kernel32.dll에 포함되어 있는 ExitProcess 함수가 호출된다.

모든 모듈에 대해 ExitProcess 함수 호출을 가로채려면 ReplaceIATEntryInOneMod 함수를 프로세스 주소 공간에 로드된 모듈별로 각기 호출해 주어야 한다. 이러한 작업을 할 수 있도록 ReplaceIAT-EntryInAllMods라는 함수를 작성하였다. 이 함수는 단순히 ToolHelp 함수를 사용하여 프로세스 주소 공간에 로드되어 있는 모든 모듈을 순회하면서 모듈의 핸들을 마지막 매개변수로 ReplaceIAT-EntryInOneMod 함수를 반복적으로 호출한다.

하지만 다른 쪽에서 문제가 발생할 소지가 있다. 만일 ReplaceIATEntryInAllMods를 호출한 이후에 스레드가 LoadLibrary 함수를 호출하여 새로운 DLL을 로드하는 경우라면 어떨까? 이 경우 새롭게 로드된 DLL은 미처 후킹하지 못한 ExitProcess를 호출하게 될 것이다. 이 문제를 해결하려면 Load-LibraryA, LoadLibraryW, LoadLibraryExA, LoadLibraryExW 함수를 후킹해서 새롭게 로드되는 모듈에 대해서도 ReplaceIATEntryInOneMod 함수를 호출해야 한다. 하지만 이것만으로는 충분하지 않다. 새롭게 로드되는 모듈이 ExitProcess를 호출하는 또 다른 DLL을 암시적으로 링크하고 있다고 가정해 보자. LoadLibrary* 함수가 호출되면 윈도우는 가장 먼저 암시적으로 링크되어 있는 DLL들을 로드하게 되는데, 이때에는 로드되는 DLL들의 임포트 주소 테이블$^{\text{Import Address Table}}$(IAT) 내의 ExitProcess 정보를 갱신할 수 있는 기회가 주어지지 않는다. 사실 이에 대한 해결책은 간단한데, 명시적으로 DLL이 로드될 때 ReplaceIATEntryInOneMod를 호출하는 대신 ReplaceIATEntryIn-AllMods를 호출하여 암시적으로 로드된 새로운 모듈들을 모두 갱신하면 된다.

마지막 문제는 GetProcAddress와 관련이 있다. 어떤 스레드가 다음과 같은 코드를 수행한다고 해 보자.

```
typedef int (WINAPI *PFNEXITPROCESS)(UINT uExitCode);
PFNEXITPROCESS pfnExitProcess = (PFNEXITPROCESS) GetProcAddress(
    GetModuleHandle("Kernel32"), "ExitProcess");
pfnExitProcess(0);
```

이 코드는 Kernel32.dll 내의 ExitProcess의 실제 주소를 얻어 와서, 이 주소를 이용하여 함수를 호출하게 된다. 만일 이 코드가 수행되면 직접 작성한 대체함수가 호출되지 않는다. 이 문제를 피하려면 GetProcAddress 함수를 후킹해서, ExitProcess와 같이 후킹한 함수의 주소를 요청한 경우 직접 작성한 대체함수의 주소를 반환하도록 하면 된다.

다음 절에 나와 있는 예제 애플리케이션은 API 후킹 방법뿐만 아니라 LoadLibrary나 GetProcess-Address와 관련된 문제를 어떻게 해결할 수 있는지에 대해서도 잘 보여주고 있다.

노트 MSDN 매거진의 기사 중 "윈도우 XP에서 강력한 두 가지 도구를 이용하여 코드에서 발생하는 GDI 누수를 찾고 수정하는 방법$^{\text{Detect and Plug GDI Leaks in Your Code with Two Powerful Tools for Windows XP}}$"(http://msdn.microsoft.com/msdnmag /issues/03/01/GDILeaks/)이라는 글에는 리스너 애플리케이션과 후킹된 프로세스 사이에서 전용의 스레드들과 메모리 맵 파일을 이용하여 양방향 통신을 수행할 수 있는 프로토콜을 좀 더 완벽하게 만드는 방법을 설명하고 있다.

❸ "마지막 메시지 박스 정보" 예제 애플리케이션

"마지막 메시지 박스 정보" 예제 애플리케이션(22-LastMsgBoxInfo.exe)은 API 후킹을 설명하고 있다. 이 예제는 User32.dll 내에 포함되어 있는 MessageBox 함수를 후킹한다. 이 예제는 모든 프로세스에 대해 MessageBox 함수를 후킹하기 위해 윈도우 훅을 이용한 DLL 인젝션 기법을 사용하고 있다. 예제 애플리케이션과 DLL에 대한 소스 코드와 리소스 파일은 한빛미디어 홈페이지를 통해 제공되는 소스 파일의 22-LastMsgBoxInfoLib 폴더 내에 있다.

프로그램을 수행하면 다음과 같은 다이얼로그 박스가 나타난다.

이 시점에 애플리케이션은 대기 중이다. 이제 다른 프로그램을 수행해서 메시지 박스를 출력하도록 하면 된다. 테스트를 위해 20장의 20-DelayLoadApp.exe 예제를 사용했는데, 지연 로드가 수행될 경우 다음과 유사한 형태의 메시지 박스를 띄운다.

메시지 박스를 닫으면 "마지막 메시지 박스 정보" 다이얼로그 박스는 다음과 같이 변경된다.

보는 바와 같이 LastMsgBoxInfo 애플리케이션은 다른 프로세스가 MessageBox 함수를 어떻게 호출하였는지를 감시한다. 그런데 LastMsgBoxInfo는 가장 먼저 나타난 메시지 박스는 감지하지 못한다. 그 이유는 간단한데, 코드 감시를 위해 인젝션한 윈도우 훅이 메시지 박스가 나타난 이후에 수신되는 메시지에 의해 수행되기 때문이다. 너무 늦다.

"마지막 메시지 박스 정보" 다이얼로그 박스에 내용을 출력하고 관리하는 코드는 매우 간단하다. API 후킹을 구성하는 부분이 가장 어려운 부분인데, 이를 좀 더 쉽게 수행할 수 있도록 CAPIHook이라는 C++ 클래스를 만들었다. 클래스 정의부는 APIHook.h에, 클래스 구현부는 APIHook.cpp에 있다. 이 클래스는 생성자, 파괴자, 이전 함수의 주소를 반환하는 함수와 같이 최소의 public 멤버함수밖에 없기 때문에 아주 쉽게 사용할 수 있다.

특정 함수를 후킹하려면 C++ 클래스의 인스턴스를 다음과 같이 생성하면 된다.

```
CAPIHook g_MessageBoxA("User32.dll", "MessageBoxA",
    (PROC) Hook_MessageBoxA, TRUE);

CAPIHook g_MessageBoxW("User32.dll", "MessageBoxW",
    (PROC) Hook_MessageBoxW, TRUE);
```

MessageBoxA와 MessageBoxW 두 개의 함수를 후킹했음에 주목하기 바란다. User32.dll은 이 두 개의 함수를 모두 가지고 있다. MessageBoxA가 호출되면 Hook_MessageBoxA 함수가 대신 호출되며, MessageBoxW가 호출되면 Hook_MessageBoxW 함수가 대신 호출된다.

CAPIHook 클래스의 생성자는 단순히 사용자가 어떤 API를 후킹하려는지를 기록해 두고, 실제로 후킹을 수행하기 위해 ReplaceIATEntryInAllMods 함수를 호출하는 작업만을 수행한다.

다음 public 멤버함수는 파괴자다. CAPIHook 인스턴스가 종료되어야 할 경우 이 클래스의 파괴자는 ReplaceIATEntryInAddMods 함수를 호출하여 모든 모듈에 대해 심벌의 주소를 이전 값으로 되돌리는 역할을 수행한다. 이렇게 되면 후킹은 해제된다.

세 번째 public 멤버는 함수의 이전 주소를 반환한다. 이 멤버함수는 일반적으로 대체함수 내에서 대체 이전의 실제 함수를 호출하기 위해 사용될 것이다. 아래에 Hook_MessageBoxA 함수의 구현부를 옮겨보았다.

```
int WINAPI Hook_MessageBoxA(HWND hWnd, PCSTR pszText,
    PCSTR pszCaption, UINT uType) {

    int nResult = ((PFNMESSAGEBOXA)(PROC) g_MessageBoxA)
        (hWnd, pszText, pszCaption, uType);
    SendLastMsgBoxInfo(FALSE, (PVOID) pszCaption, (PVOID) pszText, nResult);
    return(nResult);
}
```

이 코드는 CAPIHook 타입의 전역^{global} g_MessageBoxA 오브젝트를 사용하고 있다. 이 오브젝트를 PROC 데이터 타입으로 형변환을 수행하면 멤버함수에 저장해 두었던 User32.dll 내의 실제 MessageBoxA 함수의 주소를 반환하게 된다.

임포트된 함수를 후킹하고 후킹 해제하려 할 때 이 C++ 클래스를 사용하면 그것으로 충분하다. CAPIHook.cpp 파일의 아래쪽을 살펴보면 CAPIHook 오브젝트의 인스턴스가 자동적으로 LoadLibraryA, LoadLibraryW, LoadLibraryExA, LoadLibraryExW, GetProcAddress 함수를 후킹하고 있음을 확인할 수 있다. CAPIHook 클래스는 이를 통해 앞서 언급한 문제들을 자동적으로 해결해 주고 있다.

특정 모듈이 익스포트하고 있는 함수를 후킹^{hooking}하려는 경우 CAPIHook 생성자가 호출되는 시점 이전에 반드시 해당 모듈이 메모리 상에 로드되어 있어야 한다. 그렇지 않은 경우 GetModuleHandleA는 NULL을 반환하고 GetProcAddress는 실패할 것이다. 지연 로드되는 모듈에 대해서는 후킹을 수행할 수 없다는 것이 이 클래스의 주요 한계점이다. 지연 로드 모듈이 제공하는 최적화 기능으로 인해 지연 로드되는 DLL이 익스포트하고 있는 함수들은 실제로 해당 모듈이 메모리 상에 완전히 로드되기 전까지는 정확한 위치를 알아낼 수 없다.

이 문제를 해결하기 위해서는 LoadLibrary* 함수를 후킹하여, 후킹하려는 함수를 익스포트하고 있는 모듈이 로드되는 시점을 알아내야 한다. 이후, 다음 두 가지 작업을 수행해야 한다.

1. 먼저, 사용자는 GetProcAddress를 호출하여 후킹하고자 하는 함수의 실제 구현부를 가리키는 포인터를 얻어낼 수 있으므로, 이미 로드되어 있는 모듈의 임포트 테이블에 대해 다시 한 번 후킹을 수행한다.

2. ReplaceEATEntryInOneMod와 같은 함수를 구현하여 익스포트 모듈의 익스포트 주소 테이블^{Export Address Table} 내의 후킹하려는 함수의 주소를 직접 갱신한다. 이렇게 하면 새로운 모듈이 후킹된 함수를 호출할 때 직접 작성한 핸들러가 호출될 것이다.

하지만 FreeLibrary 함수를 호출하여 후킹된 함수를 익스포트하고 있는 모듈을 언로드하면 무슨 일이 발생할까? 이후 다시 로드하면? 이러한 시나리오를 완벽하게 구현하는 것은 사실 이 장의 범위를 넘어서는 부분이다. 하지만 지금까지 알아본 방법들을 적절히 수정하여 적용하면 어떠한 문제라도 스스로 해결할 수 있을 것이다.

 마이크로소프트 연구소^{Microsoft Research}는 Detours라는 후킹 API를 출시하였다. 이에 대한 문서와 파일은 http://research.microsoft.com/sn/detours에서 다운로드 받을 수 있다.

LastMsgBoxInfo.cpp

```cpp
/***************************************************************
Module:  LastMsgBoxInfo.cpp
Notices: Copyright (c) 2008 Jeffrey Richter & Christophe Nasarre
***************************************************************/


#include "..\CommonFiles\CmnHdr.h"      /* 부록 A를 보라. */
#include <windowsx.h>
#include <tchar.h>
#include "Resource.h"
#include "..\22-LastMsgBoxInfoLib\LastMsgBoxInfoLib.h"


///////////////////////////////////////////////////////////////


BOOL Dlg_OnInitDialog(HWND hWnd, HWND hWndFocus, LPARAM lParam) {

   chSETDLGICONS(hWnd, IDI_LASTMSGBOXINFO);
   SetDlgItemText(hWnd, IDC_INFO,
      TEXT("Waiting for a Message Box to be dismissed"));
   return(TRUE);
```

```
}

////////////////////////////////////////////////////////////////////

void Dlg_OnSize(HWND hWnd, UINT state, int cx, int cy) {

   SetWindowPos(GetDlgItem(hWnd, IDC_INFO), NULL,
      0, 0, cx, cy, SWP_NOZORDER);
}

////////////////////////////////////////////////////////////////////

void Dlg_OnCommand(HWND hWnd, int id, HWND hWndCtl, UINT codeNotify) {

   switch (id) {
      case IDCANCEL:
         EndDialog(hWnd, id);
         break;
   }
}

////////////////////////////////////////////////////////////////////

BOOL Dlg_OnCopyData(HWND hWnd, HWND hWndFrom, PCOPYDATASTRUCT pcds) {

   // 후킹된 프로세스들이 메시지 박스에 대한 정보들을 보내주며, 이를 출력한다.
   SetDlgItemTextW(hWnd, IDC_INFO, (PCWSTR) pcds->lpData);
   return(TRUE);
}

////////////////////////////////////////////////////////////////////

INT_PTR WINAPI Dlg_Proc(HWND hWnd, UINT uMsg, WPARAM wParam, LPARAM lParam) {

   switch (uMsg) {
      chHANDLE_DLGMSG(hWnd, WM_INITDIALOG, Dlg_OnInitDialog);
      chHANDLE_DLGMSG(hWnd, WM_SIZE,       Dlg_OnSize);
      chHANDLE_DLGMSG(hWnd, WM_COMMAND,    Dlg_OnCommand);
      chHANDLE_DLGMSG(hWnd, WM_COPYDATA,   Dlg_OnCopyData);
   }
   return(FALSE);
}

////////////////////////////////////////////////////////////////////

int WINAPI _tWinMain(HINSTANCE hInstExe, HINSTANCE, PTSTR pszCmdLine, int) {
```

```
        DWORD dwThreadId = 0;
        LastMsgBoxInfo_HookAllApps(TRUE, dwThreadId);
        DialogBox(hInstExe, MAKEINTRESOURCE(IDD_LASTMSGBOXINFO), NULL, Dlg_Proc);
        LastMsgBoxInfo_HookAllApps(FALSE, 0);
        return(0);
}


/////////////////////////// 파일의 끝 ///////////////////////////////
```

LastMsgBoxInfoLib.cpp

```
/*************************************************************************
Module:  LastMsgBoxInfoLib.cpp
Notices: Copyright (c) 2008 Jeffrey Richter & Christophe Nasarre
*************************************************************************/


#include "..\CommonFiles\CmnHdr.h"
#include <WindowsX.h>
#include <tchar.h>
#include <stdio.h>
#include "APIHook.h"

#define LASTMSGBOXINFOLIBAPI extern "C" __declspec(dllexport)
#include "LastMsgBoxInfoLib.h"
#include <StrSafe.h>


//////////////////////////////////////////////////////////////////////


// 후킹할 함수의 원형
typedef int (WINAPI *PFNMESSAGEBOXA)(HWND hWnd, PCSTR pszText,
    PCSTR pszCaption, UINT uType);

typedef int (WINAPI *PFNMESSAGEBOXW)(HWND hWnd, PCWSTR pszText,
    PCWSTR pszCaption, UINT uType);

// 인스턴스를 생성하기 전에 이들 변수를 참조할 필요가 있다.
extern CAPIHook g_MessageBoxA;
extern CAPIHook g_MessageBoxW;


//////////////////////////////////////////////////////////////////////


// 이 함수는 메시지 박스의 정보를 메인 다이얼로그 박스로 전송한다.
void SendLastMsgBoxInfo(BOOL bUnicode,
    PVOID pvCaption, PVOID pvText, int nResult) {
```

```
    // 메시지 박스를 출력하는 프로세스의 전체 경로명을 얻어온다.
    wchar_t szProcessPathname[ MAX_PATH] ;
    GetModuleFileNameW(NULL, szProcessPathname, MAX_PATH);

    // 메시지 박스의 반환 값을 읽을 수 있는 문자열로 변경한다.
    PCWSTR pszResult = L"(Unknown)";
    switch (nResult) {
        case IDOK:        pszResult = L"Ok";        break;
        case IDCANCEL:    pszResult = L"Cancel";    break;
        case IDABORT:     pszResult = L"Abort";     break;
        case IDRETRY:     pszResult = L"Retry";     break;
        case IDIGNORE:    pszResult = L"Ignore";    break;
        case IDYES:       pszResult = L"Yes";       break;
        case IDNO:        pszResult = L"No";        break;
        case IDCLOSE:     pszResult = L"Close";     break;
        case IDHELP:      pszResult = L"Help";      break;
        case IDTRYAGAIN:  pszResult = L"Try Again"; break;
        case IDCONTINUE:  pszResult = L"Continue";  break;
    }

    // 메인 다이얼로그 박스로 전송할 문자열을 구성한다.
    wchar_t sz[ 2048] ;
    StringCchPrintfW(sz, _countof(sz), bUnicode
        ? L"Process: (%d) %s\r\nCaption: %s\r\nMessage: %s\r\nResult: %s"
        : L"Process: (%d) %s\r\nCaption: %S\r\nMessage: %S\r\nResult: %s",
        GetCurrentProcessId(), szProcessPathname,
        pvCaption, pvText, pszResult);

    // 메인 다이얼로그 박스로 문자열을 전송한다.
    COPYDATASTRUCT cds = { 0, ((DWORD)wcslen(sz) + 1) * sizeof(wchar_t), sz };
    FORWARD_WM_COPYDATA(FindWindow(NULL, TEXT("Last MessageBox Info")),
        NULL, &cds, SendMessage);
}


/////////////////////////////////////////////////////////////////////////

// 이 함수는 MessageBoxW 함수의 대체함수다.
int WINAPI Hook_MessageBoxW(HWND hWnd, PCWSTR pszText, LPCWSTR pszCaption,
    UINT uType) {

    // 후킹 이전의 MessageBoxW 함수를 호출한다.
    int nResult = ((PFNMESSAGEBOXW)(PROC) g_MessageBoxW)
        (hWnd, pszText, pszCaption, uType);

    // 메인 다이얼로그 박스로 관련 정보를 전송한다.
```

```
      SendLastMsgBoxInfo(TRUE, (PVOID) pszCaption, (PVOID) pszText, nResult);

      // 이 함수를 호출한 호출자에게 결과를 반환한다.
      return(nResult);
}


///////////////////////////////////////////////////////////////////////


// 이 함수는 MessageBxA 함수의 대체함수다.
int WINAPI Hook_MessageBoxA(HWND hWnd, PCSTR pszText, PCSTR pszCaption,
   UINT uType) {

      // 후킹 이전의 MessageBoxA 함수를 호출한다.
      int nResult = ((PFNMESSAGEBOXA)(PROC) g_MessageBoxA)
         (hWnd, pszText, pszCaption, uType);

      // 메인 다이얼로그 박스로 관련 정보를 전송한다.
      SendLastMsgBoxInfo(FALSE, (PVOID) pszCaption, (PVOID) pszText, nResult);

      // 이 함수를 호출한 호출자에게 결과를 반환한다.
      return(nResult);
}


///////////////////////////////////////////////////////////////////////


// MessageBoxA와 MessageBoxW 함수를 후킹한다.
CAPIHook g_MessageBoxA("User32.dll", "MessageBoxA",
   (PROC) Hook_MessageBoxA);

CAPIHook g_MessageBoxW("User32.dll", "MessageBoxW",
   (PROC) Hook_MessageBoxW);

HHOOK g_hhook = NULL;


///////////////////////////////////////////////////////////////////////


static LRESULT WINAPI GetMsgProc(int code, WPARAM wParam, LPARAM lParam) {
   return(CallNextHookEx(g_hhook, code, wParam, lParam));
}


///////////////////////////////////////////////////////////////////////


// 지정된 메모리 주소를 포함하고 있는 모듈의 HMODULE 값을 반환한다.
static HMODULE ModuleFromAddress(PVOID pv) {
```

```
    MEMORY_BASIC_INFORMATION mbi;
    return((VirtualQuery(pv, &mbi, sizeof(mbi)) != 0)
        ? (HMODULE) mbi.AllocationBase : NULL);
}


///////////////////////////////////////////////////////////////////////////


BOOL WINAPI LastMsgBoxInfo_HookAllApps(BOOL bInstall, DWORD dwThreadId) {

    BOOL bOk;

    if (bInstall) {

        chASSERT(g_hhook == NULL);     // 훅을 두 번 설치할 수 없다.

        // 윈도우 훅을 설치한다.
        g_hhook = SetWindowsHookEx(WH_GETMESSAGE, GetMsgProc,
            ModuleFromAddress(LastMsgBoxInfo_HookAllApps), dwThreadId);

        bOk = (g_hhook != NULL);
    } else {

        chASSERT(g_hhook != NULL);     // 설치되지 않은 훅을 제거할 수 없다.
        bOk = UnhookWindowsHookEx(g_hhook);
        g_hhook = NULL;
    }

    return(bOk);
}

///////////////////////////// 파일의 끝 /////////////////////////////////
```

LastMsgBoxInfoLib.h

```
/*******************************************************************
Module:  LastMsgBoxInfoLib.h
Notices: Copyright (c) 2008 Jeffrey Richter & Christophe Nasarre
*******************************************************************/

#ifndef LASTMSGBOXINFOLIBAPI
#define LASTMSGBOXINFOLIBAPI extern "C" __declspec(dllimport)
#endif


///////////////////////////////////////////////////////////////////////////
```

```
LASTMSGBOXINFOLIBAPI BOOL WINAPI LastMsgBoxInfo_HookAllApps(BOOL bInstall,
   DWORD dwThreadId);

///////////////////////////// 파일의 끝 /////////////////////////////////
```

```
/*********************************************************************
Module:  APIHook.cpp
Notices: Copyright (c) 2008 Jeffrey Richter & Christophe Nasarre
********************************************************************* /


#include "..\CommonFiles\CmnHdr.h"
#include <ImageHlp.h>
#pragma comment(lib, "ImageHlp")

#include "APIHook.h"
#include "..\CommonFiles\Toolhelp.h"
#include <StrSafe.h>


///////////////////////////////////////////////////////////////////


// CAPHook 오브젝트의 링크드 리스트의 선두
CAPIHook* CAPIHook::sm_pHead = NULL;

// 기본적으로 CAPHook() 을 포함하고 있는 모듈은 후킹하지 않는다.
BOOL CAPIHook::ExcludeAPIHookMod = TRUE;


///////////////////////////////////////////////////////////////////


CAPIHook::CAPIHook(PSTR pszCalleeModName, PSTR pszFuncName, PROC pfnHook) {

   // 주의: 후킹할 함수를 익스포트하고 있는 모듈이 이미 로드되어 있는
   //       경우에만 후킹이 가능한데, 해당 모듈이 로드되어 있지 않은 경우
   //       함수의 이름을 멤버변수에 기록해 두고, LoadLibrary* 를 후킹한
   //       대체함수 내에서 CAPHook 인스턴스들의 목록을 검토한다.
   //       만일 목록 안의 CAPIHoook 인스턴스들에서
   //       pszCalleeModName 값이 로드된 모듈명과 일치하며,
   //       후킹하고자 하는 함수를 해당 모듈의 익스포트 테이블에
   //       가지고 있는 경우, 앞서 로드된 모든 모듈에
   //       대해 임포트 테이블을 재후킹한다.

   m_pNext  = sm_pHead;    // 이전 선두 노드를 다음 노드로 변경한다.
   sm_pHead = this;        // 이 노드가 이제 가장 선두다.
```

```
    // 후킹할 함수에 대한 정보를 저장한다.
    m_pszCalleeModName    = pszCalleeModName;
    m_pszFuncName         = pszFuncName;
    m_pfnHook             = pfnHook;
    m_pfnOrig             =
        GetProcAddressRaw(GetModuleHandleA(pszCalleeModName), m_pszFuncName);

    // 함수가 존재하지 않으면... 끝낸다.
    // 모듈이 앞서 로드되어 있지 않은 경우에 이러한 일이 발생한다.
    if (m_pfnOrig == NULL)
    {
        wchar_t szPathname[MAX_PATH];
        GetModuleFileNameW(NULL, szPathname, _countof(szPathname));
        wchar_t sz[1024];
        StringCchPrintfW(sz, _countof(sz),
            TEXT("[ %4u - %s] impossible to find %S\r\n"),
            GetCurrentProcessId(), szPathname, pszFuncName);
        OutputDebugString(sz);
        return;
    }


#ifdef _DEBUG
    // 이 부분은 탐색기에서 폴더의 내용을 요청하여 탐색기가 죽을 때
    // 디버깅 세션에서만 사용할 목적으로 만든 부분이다.
    //
    //static BOOL s_bFirstTime = TRUE;
    //if (s_bFirstTime)
    //{
    //    s_bFirstTime = FALSE;

    //    wchar_t szPathname[MAX_PATH];
    //    GetModuleFileNameW(NULL, szPathname, _countof(szPathname));
    //    wchar_t* pszExeFile = wcsrchr(szPathname, L'\\') + 1;
    //    OutputDebugStringW(L"Injected in ");
    //    OutputDebugStringW(pszExeFile);
    //    if (_wcsicmp(pszExeFile, L"Explorer.EXE") == 0)
    //    {
    //        DebugBreak();
    //    }
    //    OutputDebugStringW(L"\n   --> ");
    //    StringCchPrintfW(szPathname, _countof(szPathname), L"%S", pszFuncName);
    //    OutputDebugStringW(szPathname);
    //    OutputDebugStringW(L"\n");
    //}
#endif
```

```
    // 로드되어 있는 모든 모듈에 대해 함수 후킹을 수행한다.
    ReplaceIATEntryInAllMods(m_pszCalleeModName, m_pfnOrig, m_pfnHook);
}

////////////////////////////////////////////////////////////////////////

CAPIHook::~CAPIHook() {

    // 모든 모듈로부터 함수 후킹을 해제한다.
    ReplaceIATEntryInAllMods(m_pszCalleeModName, m_pfnHook, m_pfnOrig);

    // 링크드 리스트에서 오브젝트를 제거한다.
    CAPIHook* p = sm_pHead;
    if (p == this) {          // 선두 노드 제거
        sm_pHead = p->m_pNext;
    } else {

        BOOL bFound = FALSE;

        // 선두 노드로부터 오브젝트들을 순회하면서 포인터 값을 알맞게 수정한다.
        for (; !bFound && (p->m_pNext != NULL); p = p->m_pNext) {
            if (p->m_pNext == this) {
                // 삭제될 현재 노드를 가리키는 노드의 다음 포인터를
                // 현재 노드의 다음 노드를 가리키도록 수정한다.
                p->m_pNext = p->m_pNext->m_pNext;
                bFound = TRUE;
            }
        }
    }
}

////////////////////////////////////////////////////////////////////////

// 주의: 이 함수는 절대 인라인 함수가 되어서는 안 된다.
FARPROC CAPIHook::GetProcAddressRaw(HMODULE hmod, PCSTR pszProcName) {

    return(::GetProcAddress(hmod, pszProcName));
}

////////////////////////////////////////////////////////////////////////

// 특정 메모리 주소에 로드되어 있는 모듈의 HMODULE 값을 반환한다.
static HMODULE ModuleFromAddress(PVOID pv) {

    MEMORY_BASIC_INFORMATION mbi;
```

```
    return((VirtualQuery(pv, &mbi, sizeof(mbi)) != 0)
        ? (HMODULE) mbi.AllocationBase : NULL);
}


///////////////////////////////////////////////////////////////////

void CAPIHook::ReplaceIATEntryInAllMods(PCSTR pszCalleeModName,
    PROC pfnCurrent, PROC pfnNew) {

    HMODULE hmodThisMod = ExcludeAPIHookMod
        ? ModuleFromAddress(ReplaceIATEntryInAllMods) : NULL;

    // 이 프로세스 내에 로드된 모듈의 목록을 가져온다.
    CToolhelp th(TH32CS_SNAPMODULE, GetCurrentProcessId());

    MODULEENTRY32 me = { sizeof(me) };
    for (BOOL bOk = th.ModuleFirst(&me); bOk; bOk = th.ModuleNext(&me)) {

        // 주의: 이 모듈 자체를 후킹하지는 않도록 한다.
        if (me.hModule != hmodThisMod) {

            // 모듈 내의 함수를 후킹한다.
            ReplaceIATEntryInOneMod(
                pszCalleeModName, pfnCurrent, pfnNew, me.hModule);
        }
    }
}


///////////////////////////////////////////////////////////////////

// 모듈이 언로드되어 발생하는 예기치 않은 예외를 처리한다.
LONG WINAPI InvalidReadExceptionFilter(PEXCEPTION_POINTERS pep) {

    // 예기치 않게 발생한 모든 예외를 여기서 처리한다.
    // 이 경우 예외를 전달할 만한 모듈이 특별히 없다.
    LONG lDisposition = EXCEPTION_EXECUTE_HANDLER;

    // 주의: pep->ExceptionRecord->ExceptionCode는 0xc0000005 값을 가진다.

    return(lDisposition);
}

void CAPIHook::ReplaceIATEntryInOneMod(PCSTR pszCalleeModName,
    PROC pfnCurrent, PROC pfnNew, HMODULE hmodCaller) {
```

```
// 모듈의 임포트 섹션의 주소를 가져온다.
ULONG ulSize;

// imgagehlp.dll을 사용할 때 탐색기가 예외를 유발하였다(탐색기를 이용하여
// 폴더의 내용을 살펴볼 때). 이것은 특정 모듈이 언로드되었다는 식의 예외인데,
// 아마도 스레딩 문제인 것 같다. ToolHelp를 이용하여 모듈의 목록을
// 가져오는 경우 목록을 순회하는 중에 FreeLibrary가 호출되면 목록 정보를 정확하게
// 가져오지 못할 수도 있다.
PIMAGE_IMPORT_DESCRIPTOR pImportDesc = NULL;
__try {
   pImportDesc = (PIMAGE_IMPORT_DESCRIPTOR) ImageDirectoryEntryToData(
      hmodCaller, TRUE, IMAGE_DIRECTORY_ENTRY_IMPORT, &ulSize);
}
__except (InvalidReadExceptionFilter(GetExceptionInformation())) {
   // 여기서는 수행할 작업이 없다. 스레드는 pImportDesc 값으로 NULL을
   // 가진 채로 보통의 경우와 같이 수행된다.
}

if (pImportDesc == NULL)
   return;     // 이 모듈은 임포트 섹션이 없거나 더 이상 로드되어 있지 않다.

// 호출되는 함수의 참조자를 포함하는 임포트 디스크립터를 찾는다.
for (; pImportDesc->Name; pImportDesc++) {
   PSTR pszModName = (PSTR) ((PBYTE) hmodCaller + pImportDesc->Name);
   if (lstrcmpiA(pszModName, pszCalleeModName) == 0) {

      // 호출되는 함수에 대한 호출자의 임포트 주소 테이블(IAT)을 가져온다.
      PIMAGE_THUNK_DATA pThunk = (PIMAGE_THUNK_DATA)
         ((PBYTE) hmodCaller + pImportDesc->FirstThunk);

      // 현재 함수의 주소를 새로운 함수의 주소로 변경한다.
      for (; pThunk->u1.Function; pThunk++) {

         // 함수의 주소를 가지고 있는 주소를 얻어온다.
         PROC* ppfn = (PROC*) &pThunk->u1.Function;

         // 이 함수가 찾고자 하는 함수인가?
         BOOL bFound = (*ppfn == pfnCurrent);
         if (bFound) {
            if (!WriteProcessMemory(GetCurrentProcess(), ppfn,
                  &pfnNew, sizeof(pfnNew), NULL) && (ERROR_NOACCESS ==
                  GetLastError())) {
               DWORD dwOldProtect;
               if (VirtualProtect(ppfn, sizeof(pfnNew), PAGE_WRITECOPY,
                  &dwOldProtect)) {
```

```
                    WriteProcessMemory(GetCurrentProcess(), ppfn, &pfnNew,
                        sizeof(pfnNew), NULL);
                    VirtualProtect(ppfn, sizeof(pfnNew), dwOldProtect,
                        &dwOldProtect);
                }
            }
            return;      // 작업이 완료되었으므로 빠져나간다.
        }
    }
}         // 올바른 항목을 찾아내서 수정할 때까지 각각의 임포트 섹션을 분석한다.
    }
}


//////////////////////////////////////////////////////////////////////

void CAPIHook::ReplaceEATEntryInOneMod(HMODULE hmod, PCSTR pszFunctionName,
    PROC pfnNew) {

    // 모듈의 익스포트 섹션의 주소를 가져온다.
    ULONG ulSize;

    PIMAGE_EXPORT_DIRECTORY pExportDir = NULL;
    __try {
        pExportDir = (PIMAGE_EXPORT_DIRECTORY) ImageDirectoryEntryToData(
            hmod, TRUE, IMAGE_DIRECTORY_ENTRY_EXPORT, &ulSize);
    }
    __except (InvalidReadExceptionFilter(GetExceptionInformation())) {
        // 여기서는 수행할 작업이 없다. 스레드는 pExportDir 값으로 NULL을
        // 가진 채로 보통과 같이 수행된다.
    }

    if (pExportDir == NULL)
        return;      // 이 모듈은 임포트 섹션이 없거나 언로드되었다.

    PDWORD pdwNamesRvas = (PDWORD) ((PBYTE) hmod + pExportDir->AddressOfNames);
    PWORD pdwNameOrdinals = (PWORD)
        ((PBYTE) hmod + pExportDir->AddressOfNameOrdinals);
    PDWORD pdwFunctionAddresses = (PDWORD)
        ((PBYTE) hmod + pExportDir->AddressOfFunctions);

    // 모듈 내에 포함되어 있는 함수의 이름을 순회한다.
    for (DWORD n = 0; n < pExportDir->NumberOfNames; n++) {
        // 함수의 이름을 가져온다.
        PSTR pszFuncName = (PSTR) ((PBYTE) hmod + pdwNamesRvas[ n ]);
```

```
    // 함수의 이름이 일치하지 않으면 다음 함수에 대해 작업을 시도한다.
    if (lstrcmpiA(pszFuncName, pszFunctionName) != 0) continue;

    // 일치하는 함수를 찾았다.
    // --> 함수의 순차 번호 값을 가져온다.
    WORD ordinal = pdwNameOrdinals[ n ];

    // 함수의 주소를 담고 있는 주소를 가져온다.
    PROC* ppfn = (PROC*) &pdwFunctionAddresses[ ordinal] ;

    // 새 주소를 RVA로 변경한다.
    pfnNew = (PROC) ((PBYTE) pfnNew - (PBYTE) hmod);

    // 현재 함수의 주소를 새로운 함수의 주소로 변경한다.
    if (!WriteProcessMemory(GetCurrentProcess(), ppfn, &pfnNew,
       sizeof(pfnNew), NULL) && (ERROR_NOACCESS == GetLastError())) {
      DWORD dwOldProtect;
      if (VirtualProtect(ppfn, sizeof(pfnNew), PAGE_WRITECOPY,
         &dwOldProtect)) {

         WriteProcessMemory(GetCurrentProcess(), ppfn, &pfnNew,
            sizeof(pfnNew), NULL);
         VirtualProtect(ppfn, sizeof(pfnNew), dwOldProtect, &dwOldProtect);
      }
    }
    break;    // 모든 작업을 완료하였으므로, 빠져나간다.
  }
}


///////////////////////////////////////////////////////////////////////


// LoadLibrary 함수와 GetProcAddress 함수가 호출되었을 때에도 후킹한 함수가 정상
// 동작될 수 있도록 해당 함수들을 후킹한다.

CAPIHook CAPIHook::sm_LoadLibraryA  ("Kernel32.dll", "LoadLibraryA",
   (PROC) CAPIHook::LoadLibraryA);

CAPIHook CAPIHook::sm_LoadLibraryW  ("Kernel32.dll", "LoadLibraryW",
   (PROC) CAPIHook::LoadLibraryW);

CAPIHook CAPIHook::sm_LoadLibraryExA("Kernel32.dll", "LoadLibraryExA",
   (PROC) CAPIHook::LoadLibraryExA);

CAPIHook CAPIHook::sm_LoadLibraryExW("Kernel32.dll", "LoadLibraryExW",
   (PROC) CAPIHook::LoadLibraryExW);
```

```cpp
CAPIHook CAPIHook::sm_GetProcAddress("Kernel32.dll", "GetProcAddress",
    (PROC) CAPIHook::GetProcAddress);


///////////////////////////////////////////////////////////////////////

void CAPIHook::FixupNewlyLoadedModule(HMODULE hmod, DWORD dwFlags) {

    // 새로운 모듈이 로드되면 후킹했던 함수를 다시 후킹한다.
    if ((hmod != NULL) &&     // 자기 자신은 후킹하지 않는다.
        (hmod != ModuleFromAddress(FixupNewlyLoadedModule)) &&
        ((dwFlags & LOAD_LIBRARY_AS_DATAFILE) == 0) &&
        ((dwFlags & LOAD_LIBRARY_AS_DATAFILE_EXCLUSIVE) == 0) &&
        ((dwFlags & LOAD_LIBRARY_AS_IMAGE_RESOURCE) == 0)
        ) {

        for (CAPIHook* p = sm_pHead; p != NULL; p = p->m_pNext) {
            if (p->m_pfnOrig != NULL) {
                ReplaceIATEntryInAllMods(p->m_pszCalleeModName,
                    p->m_pfnOrig, p->m_pfnHook);
            } else {
#ifdef _DEBUG
                // 여기서 프로그램이 종료되면 안 된다.
                wchar_t szPathname[MAX_PATH];
                GetModuleFileNameW(NULL, szPathname, _countof(szPathname));
                wchar_t sz[1024];
                StringCchPrintfW(sz, _countof(sz),
                    TEXT("[%4u - %s] impossible to find %S\r\n"),
                    GetCurrentProcessId(), szPathname, p->m_pszCalleeModName);
                OutputDebugString(sz);
#endif
            }
        }
    }
}


///////////////////////////////////////////////////////////////////////

HMODULE WINAPI CAPIHook::LoadLibraryA(PCSTR pszModulePath) {

    HMODULE hmod = ::LoadLibraryA(pszModulePath);
    FixupNewlyLoadedModule(hmod, 0);
    return(hmod);
}


///////////////////////////////////////////////////////////////////////
```

```
HMODULE WINAPI CAPIHook::LoadLibraryW(PCWSTR pszModulePath) {

   HMODULE hmod = ::LoadLibraryW(pszModulePath);
   FixupNewlyLoadedModule(hmod, 0);
   return(hmod);
}


//////////////////////////////////////////////////////////////////////


HMODULE WINAPI CAPIHook::LoadLibraryExA(PCSTR pszModulePath,
   HANDLE hFile, DWORD dwFlags) {

   HMODULE hmod = ::LoadLibraryExA(pszModulePath, hFile, dwFlags);
   FixupNewlyLoadedModule(hmod, dwFlags);
   return(hmod);
}


//////////////////////////////////////////////////////////////////////


HMODULE WINAPI CAPIHook::LoadLibraryExW(PCWSTR pszModulePath,
   HANDLE hFile, DWORD dwFlags) {

   HMODULE hmod = ::LoadLibraryExW(pszModulePath, hFile, dwFlags);
   FixupNewlyLoadedModule(hmod, dwFlags);
   return(hmod);
}


//////////////////////////////////////////////////////////////////////


FARPROC WINAPI CAPIHook::GetProcAddress(HMODULE hmod, PCSTR pszProcName)
{

   // 함수의 실제 주소를 얻어온다.
   FARPROC pfn = GetProcAddressRaw(hmod, pszProcName);

   // 후킹하려 했던 함수 중 하나인가?
   CAPIHook* p = sm_pHead;

   for (; (pfn != NULL) && (p != NULL); p = p->m_pNext) {

      if (pfn == p->m_pfnOrig) {

         // 반환할 주소가 후킹하려 했던 함수의 실제 주소와 일치하면
         // 대체함수의 주소를 반환한다.
         pfn = p->m_pfnHook;
```

```
            break;
        }
    }

    return(pfn);
}


///////////////////////////// 파일의 끝 /////////////////////////////////
```

APIHook.h

```
/**********************************************************************
Module:  APIHook.h
Notices: Copyright (c) 2008 Jeffrey Richter & Christophe Nasarre
**********************************************************************/


#pragma once


////////////////////////////////////////////////////////////////////////


class CAPIHook {
public:
    // 모든 모듈에 대해 함수를 후킹한다.
    CAPIHook(PSTR pszCalleeModName, PSTR pszFuncName, PROC pfnHook);

    // 모든 모듈로부터 함수 후킹을 해제한다.
    ~CAPIHook();

    // 후킹한 함수의 이전 주소를 반환한다.
    operator PROC() { return(m_pfnOrig); }

    // w/CAPIHook을 구현하고 있는 모듈도 후킹할 것인가?
    // ReplaceIATEntryInAllMods 함수 내에서 이 값을 사용해야 하므로
    // 반드시 static으로 선언해야 한다.
    static BOOL ExcludeAPIHookMod;

public:
    // 실제 GetProcAddress 함수를 호출한다.
    static FARPROC WINAPI GetProcAddressRaw(HMODULE hmod, PCSTR pszProcName);

private:
    static PVOID sm_pvMaxAppAddr; // 프라이비트 메모리 주소의 최대 값
    static CAPIHook* sm_pHead;     // 첫 번째 오브젝트의 주소
    CAPIHook* m_pNext;             // 다음 오브젝트의 주소
```

```
    PCSTR m_pszCalleeModName;        // 함수를 포함하고 있는 모듈 이름(ANSI)
    PCSTR m_pszFuncName;             // 호출되는 모듈 내의 함수 이름(ANSI)
    PROC  m_pfnOrig;                 // 호출되는 모듈 내의 후킹 이전 함수의 주소
    PROC  m_pfnHook;                 // 대체함수 주소

private:
    // 단일 모듈의 임포트 섹션 내의 심벌 주소를 변경한다.
    static void WINAPI ReplaceIATEntryInAllMods(PCSTR pszCalleeModName,
        PROC pfnOrig, PROC pfnHook);

    // 모든 모듈의 임포트 섹션 내의 심벌 주소를 변경한다.
    static void WINAPI ReplaceIATEntryInOneMod(PCSTR pszCalleeModName,
        PROC pfnOrig, PROC pfnHook, HMODULE hmodCaller);

    // 모듈의 익스포트 섹션 내의 심벌 주소를 변경한다.
    static void ReplaceEATEntryInOneMod(HMODULE hmod, PCSTR pszFunctionName,
        PROC pfnNew);

private:
    // 함수에 대한 후킹을 수행한 후, 후킹한 함수를 포함하던
    // DLL이 새롭게 로드된 경우 사용되는 함수
    static void     WINAPI FixupNewlyLoadedModule(HMODULE hmod, DWORD dwFlags);

    // DLL이 새롭게 로드될 때를 알기 위해 사용됨
    static HMODULE WINAPI LoadLibraryA(PCSTR pszModulePath);
    static HMODULE WINAPI LoadLibraryW(PCWSTR pszModulePath);
    static HMODULE WINAPI LoadLibraryExA(PCSTR pszModulePath,
        HANDLE hFile, DWORD dwFlags);
    static HMODULE WINAPI LoadLibraryExW(PCWSTR pszModulePath,
        HANDLE hFile, DWORD dwFlags);

    // 후킹된 함수의 이름으로 대체함수의 주소를 반환한다.
    static FARPROC WINAPI GetProcAddress(HMODULE hmod, PCSTR pszProcName);

private:
    // 아래 함수들에 대한 후킹을 시도하기 위한 객체 인스턴스
    static CAPIHook sm_LoadLibraryA;
    static CAPIHook sm_LoadLibraryW;
    static CAPIHook sm_LoadLibraryExA;
    static CAPIHook sm_LoadLibraryExW;
    static CAPIHook sm_GetProcAddress;
};


//////////////////////////////// 파일의 끝 ////////////////////////////////
```

구조적 예외 처리

종료 처리기

1. 예제를 통한 종료 처리기의 이해

잠깐 눈을 감고 절대로 실패하지 않는 코드로 작성된 애플리케이션을 상상해 보라. 그렇다. 메모리는 항상 충분하고, 어느 누구도 유효하지 않은 포인터를 전달하지 않을 것이며, 파일은 항상 필요한 그 자리에 있다. 이러한 가정 하에 코드를 작성한다면 행복하지 않을까? 코드는 작성하기도 쉽고 읽기도 쉬울 뿐더러 이해하기도 쉬울 것이다. 사소한 조건을 비교하는 if 문도 필요 없을 것이고, goto 문도 전혀 필요 없을 것이다. 각각의 함수들을 단순히 위에서 아래로 써 내려가면 될 것이다.

만일 이처럼 직접적이고도 수월하게 프로그래밍할 수 있는 환경이 꿈같이 느껴지는 개발자라면 구조적 예외 처리 structured exception handling (SEH)를 사랑하게 될 것이다. SEH의 장점은 코드를 작성할 때 수행하고자 하는 작업에 집중할 수 있다는 것이다. 수행 중에 무엇인가 비정상적으로 동작하게 되면 시스템이 그 사실을 확인하여 문제가 무엇인지 알려준다.

SEH를 사용한다고 해서 코드 내에서 발생할 가능성이 있는 에러를 모두 무시할 수는 없지만, 에러 처리를 위한 사소한 작업으로부터 주요 작업을 분리할 수 있다. 이렇게 되면 해결해야 하는 문제에 좀 더 전념할 수 있고, 발생할 가능성이 있는 에러에 대해서는 추후에 집중적으로 다룰 수 있게 된다.

마이크로소프트가 SEH를 윈도우에 추가한 중요한 이유 중에 하나는 운영체제 자체를 좀 더 쉽게 개발하기 위함이었다. 실제로 운영체제 개발자들은 시스템을 좀 더 안정적으로 만들기 위해 SEH를 사용한다. 일반 개발자들의 경우에도 자신의 애플리케이션을 좀 더 안정적으로 만들기 위해 SEH를 사용할 수 있다.

SEH를 사용하였을 때의 문제는 운영체제보다 컴파일러가 더 자주 문제를 야기한다는 것이다. SEH를 사용하면 컴파일러는 예외 블록 내로 진입하고 빠져나갈 때마다 특수한 코드를 생성해야 하며, SEH를 위해 필요한 데이터 구조체를 지원하도록 테이블을 생성해야 한다. 컴파일러는 또한 예외 블록들 사이를 오갈 수 있도록 운영체제가 호출할 수 있는 콜백함수를 지원해야 한다. 뿐만 아니라 스택 프레임을 구성하고, 운영체제가 사용하고 참조하는 각종 내부 정보들을 준비해야 한다. SEH를 지원하도록 컴파일러에 기능을 추가하는 것은 쉬운 작업이 아니다. 따라서 컴파일러 제작사별로 서로 다른 방식으로 SEH를 구현했다는 점은 그리 놀랄만한 일이 아니다. 다행스러운 점은 개발자의 경우 컴파일러의 SEH 세부 구현 방식에 대해 자세히 알 필요가 없으며, 단지 컴파일러가 제공하는 SEH 기능을 사용할 수 있기만 하면 된다는 것이다.

SEH 구현 방식의 차이점으로 인해, 특정 코드 예제를 이용하여 일률적인 방법으로 SEH의 장점을 설명하기에는 어려움이 있다. 그나마 다행스러운 점은 대부분의 컴파일러 제작사들이 마이크로소프트가 제안하는 문법을 그대로 따르고 있다는 것이다. 예제에서 사용하고 있는 문법과 키워드는 다른 회사의 컴파일러의 경우 달라질 수 있지만 SEH의 주요 개념은 동일하다. 이 장에서는 마이크로소프트 Visual C++ 컴파일러가 제공하는 문법을 이용할 것이다.

노트 구조적 예외 처리와 C++ 예외 처리를 혼동하지 말기 바란다. C++ 예외 처리는 예외 처리의 또 다른 방식이며, C++ 키워드인 catch와 throw를 이용하는 형태를 취한다. 마이크로소프트 Visual C++ 또한 C++ 예외 처리를 지원하고 있으며, 내부적으로는 컴파일러와 윈도우가 지원하는 구조적 예외 처리 기능을 이용하여 구현되었다.

SEH는 실제로 종료 처리 termination handling와 예외 처리 exception handling라는 두 가지 주요 기능으로 구성되어 있다. 종료 처리에 대해서는 이번 장에서 알아볼 것이고, 예외 처리에 대해서는 다음 장에서 알아볼 것이다.

종료 처리기는 보호되고 있는 본문 내에서 제어가 어떤 식으로 빠져나오든 종료 처리기 내부의 코드 블록이 반드시 수행될 것이라는 것을 보장한다. 마이크로소프트 Visual C++ 컴파일러를 이용할 때 종료 처리기 구문은 다음과 같다.

```
__try {
    // 보호되고 있는 분문
    ...
}
__finally {
    // 종료 처리기
    ...
}
```

__try와 __finally 키워드는 두 부분 중 어느 쪽이 종료 처리기[termination handler]인지를 명확하게 구분할 수 있도록 해 준다. 운영체제와 컴파일러는 위 코드 예제에서 보호되고 있는 본문으로부터 벗어날 경우 항상 종료 처리기가 호출될 수 있도록 보장해 준다(프로세스나 스레드가 ExitProcess, ExitThread, Terminate-Process, TerminateThread와 같은 함수를 호출하여 종료되는 경우는 예외다). 보호되고 있는 본문 내에서 return이나 goto 혹은 longjump를 호출하더라도 종료 처리기는 항상 호출된다. 이러한 동작 방식을 설명하기 위해 몇 가지 예제를 보여주도록 하겠다.

section 01 예제를 통한 종료 처리기의 이해

컴파일러와 운영체제는 SEH를 사용하는 코드를 수행할 경우 밀접한 연관성을 가지게 된다. SEH가 어떻게 동작하는지를 설명하는 가장 좋은 방법은 소스 코드 예제들을 많이 보여주고, 각 예제별로 각각의 문장이 어떤 순서로 수행되는지를 알아보는 것이라 생각한다.

따라서 여러 가지 형태의 소스 코드들을 보여주고, 컴파일러와 운영체제가 어떻게 코드의 수행 순서를 변경하는지에 대해 설명을 덧붙일까 한다.

1 Funcenstein1

종료 처리기를 사용했을 때 어떤 일이 발생하는지를 정확하게 이해하려면 코드 예제를 세심하게 살펴보기 바란다.

```
DWORD Funcenstein1() {
   DWORD dwTemp;

   // 1. 어떤 작업이든 수행한다.
   ...
   __try {
      // 2. 보호되고 있는 데이터에 대한
      //    접근 권한을 획득하고, 데이터를 사용한다.
      WaitForSingleObject(g_hSem, INFINITE);

      g_dwProtectedData = 5;
      dwTemp = g_dwProtectedData;
   }
   __finally {
      // 3. 보호되고 있는 데이터를 다른 곳에서 사용할 수 있도록 해 준다.
```

```
        ReleaseSemaphore(g_hSem, 1, NULL);
    }

    // 4. 작업을 계속 수행한다.
    return(dwTemp);
}
```

앞의 예제에서 주석에 포함되어 있는 숫자는 코드의 수행 순서를 의미한다. Funcenstein1에서 try-finally 블록을 사용하는 것은 그다지 유용해 보이지 않는다. 이 코드는 세마포어^{semaphore}를 획득하여 보호되고 있는 데이터의 내용을 변경한 후 새로운 값을 dwTemp라는 지역변수에 저장한다. 이후 세마포어를 해제하고 호출자에게 새로운 값을 반환한다.

② Funcenstein2

이제 코드를 조금 수정하고, 무슨 일이 일어나는지 살펴보자.

```
DWORD Funcenstein2() {
    DWORD dwTemp;

    // 1. 어떤 작업이든 수행한다.
    ...
    __try {
        // 2. 보호되고 있는 데이터에 대한
        //    접근 권한을 획득하고, 데이터를 사용한다.
        WaitForSingleObject(g_hSem, INFINITE);

        g_dwProtectedData = 5;
        dwTemp = g_dwProtectedData;

        // 새 값을 반환한다.
        return(dwTemp);
    }
    __finally {
        // 3. 보호되고 있는 데이터를 다른 곳에서 사용할 수 있도록 해 준다.
        ReleaseSemaphore(g_hSem, 1, NULL);
    }

    // 작업을 계속 수행한다. 이 버전에서는
    // 이 코드가 절대 수행되지 않는다.
    dwTemp = 9;
    return(dwTemp);
}
```

Funcenstein2에서는 try 블록 마지막에 return 문장을 추가하였다. 이 return 문장은 컴파일러에게 이 함수를 빠져나가려 한다는 것과 반환되는 값이 dwTemp 변수가 담고 있는 5라는 사실을 알려준다. 하지만 return 문장이 바로 수행되면 이 스레드는 세마포어를 해제하지 않기 때문에 다른 스레드가 세마포어에 대한 제어권을 획득할 수 없게 된다. 예측한대로, 이러한 순서대로 코드가 수행되면 세마포어를 대기하는 다른 스레드가 절대로 수행을 재개할 수 없는 상황이 되기 때문에 아주 큰 문제를 야기하게 된다.

하지만 종료 처리기를 사용하면 이러한 문제를 피할 수 있다. return을 사용하여 try 블록을 빠져나가려는 경우에도 컴파일러는 finally 블록이 먼저 수행되어야 한다는 것을 알고 있다. 따라서 컴파일러는 try 블록 내의 return 문장에 의해 함수를 빠져나가기 전에 finally 블록 내의 코드가 반드시 수행될 수 있도록 코드를 생성한다. Funcenstein2의 경우 종료 처리기에서 ReleaseSemaphore 함수를 호출하도록 하여 세마포어가 항상 해제될 수 있도록 하고 있다. 이렇게 코드를 작성하면 스레드가 세마포어를 해제하지 않아서 세마포어를 기다리는 다른 스레드들이 CPU 시간을 부여받지 못하는 일은 절대로 발생하지 않을 것이다.

finally 블록 내의 코드가 수행되고 나면 함수는 실제로 반환된다. finally 블록 이하에 있는 코드들은 try 블록 내에서 함수가 반환되기 때문에 절대로 수행되지 않는다. 따라서 이 함수의 반환 값은 9가 아니라 5다.

try 블록을 빠져나가기 전에, 컴파일러가 finally 블록을 수행하도록 어떻게 코드를 생성하는지 궁금할 것이다. 컴파일러가 코드를 분석하는 과정에서 try 블록 내에 return 문장이 포함되어 있음을 확인한 경우, 반환 값(위 예의 경우 5)을 컴파일러가 생성하는 임시변수에 저장하도록 코드를 생성하고 finally 블록 내에 포함되어 있는 명령을 수행하도록 코드를 생성한다. 이를 로컬 언와인드 local unwind 라고 한다. 좀 더 구체적으로 말하자면, 로컬 언와인드는 try 블록 내에 함수를 빠져나가는 코드가 포함되어 있어서 함수를 빠져나가기 전에 시스템이 finally 블록의 내용을 먼저 수행해야 할 경우에 발생한다. finally 블록 내의 명령이 모두 수행되면 컴파일러가 생성하였던 임시변수의 내용을 가져와서 함수를 반환하게 된다.

앞서 살펴본 바와 같이 컴파일러는 추가적인 코드를 생성해야 하며, 시스템은 이러한 작업들이 정상적으로 동작되도록 추가적인 작업을 수행해야 한다. 다른 CPU에서는 종료 처리를 위해 또 다른 절차가 필요할 수도 있다. 종료 처리기를 가지고 있는 try 블록 내에서는 함수를 빠져나가는 코드는 가능한 한 작성하지 않는 것이 좋은데, 이러한 코드가 애플리케이션 수행 성능에 좋지 않은 영향을 줄 수도 있기 때문이다. 나중에 __leave 키워드에 대해 알아볼 것인데, 이 키워드를 이용하면 로컬 언와인드가 수행되지 않도록 코드를 작성하는 데 도움이 될 것이다.

예외 처리는 예외를 잡기 위해 설계되었다. 예외란 어떤 규칙에서 자주 발생하지 않는 예외적인 상황을 말한다(위 예제의 경우 너무 서둘러서 return을 호출하는 것과 같은). 만일 이러한 상황이 아주 일반적인 것이라면 운영체제의 SEH 기능을 사용하기 보다는 명시적으로 상황을 확인하도록 코드를 작성하여 컴파일러가 그러한 상황을 처리할 수 있도록 코드를 작성하는 것이 훨씬 더 효과적이다.

제어의 흐름이 자연스럽게 try 블록을 빠져나가서 finally 블록으로 진입하도록 하는 것(Funcenstein1과 같이)이 finally 블록으로 진입할 때의 비용을 최소화하는 방법이라는 것에 주목하기 바란다. 마이크로소프트 컴파일러를 사용하는 경우 x86 CPU에서 try 블록을 빠져나가서 자연스럽게 finally 블록으로 진입하기 위해서는 하나의 기계어 명령만을 수행하면 된다. 이 정도가 과연 추가비용이라고 할 수 있는지에 대해 강한 의구심이 들 것이다. 하지만 Funcenstein2의 경우 컴파일러는 추가적인 코드를 생성해야 하며, 시스템은 추가된 코드를 수행해야 하므로 이보다 훨씬 많은 비용이 필요할 것이다.

❸ Funcenstein3

다시 코드를 수정하였으며, 어떤 일이 일어나는지 확인해 보자.

```
DWORD Funcenstein3() {
   DWORD dwTemp;

   // 1. 어떤 작업이든 수행한다.
   ...
   __try {
      // 2. 보호되고 있는 데이터에 대한
      //    접근 권한을 획득하고, 데이터를 사용한다.
      WaitForSingleObject(g_hSem, INFINITE);

      g_dwProtectedData = 5;
      dwTemp = g_dwProtectedData;

      // finally 블록을 뛰어 넘으려고 시도한다.
      goto ReturnValue;
   }
   __finally {
      // 3. 보호되고 있는 데이터를 다른 곳에서 사용할 수 있도록 해 준다.
      ReleaseSemaphore(g_hSem, 1, NULL);
   }

   dwTemp = 9;
   // 4. 작업을 계속 수행한다.
ReturnValue:
   return(dwTemp);
}
```

Funcenstein3에서는 컴파일러가 try 블록 내에서 goto 문장이 사용되었음을 발견하고 finally 블록을 먼저 수행할 수 있도록 로컬 언와인드를 위한 코드를 생성하게 된다. 하지만 finally 블록이 수행된 직후 ReturnValue 라벨 이하가 수행되기 때문에 try 혹은 finally 블록 내에서는 함수의 반환이 일어나지 않는다. 이 코드는 5를 반환한다. 다시 말하지만, try 블록의 자연스러운 제어 흐름을 가로채어 finally 블록을 수행하기 때문에 애플리케이션을 수행하는 CPU에 따라 상당한 성능상의 불이익을 초래할 수도 있다.

❹ Funcfurter1

이제 종료 처리 단계에서 실제로 값을 검증하는 다른 시나리오를 살펴보기로 하자. 아래 함수를 살펴보라.

```
DWORD Funcfurter1() {
   DWORD dwTemp;

   // 1. 어떤 작업이든 수행한다.
   ...
   __try {
      // 2. 보호되고 있는 데이터에 대한
      //    접근 권한을 획득하고, 데이터를 사용한다.
      WaitForSingleObject(g_hSem, INFINITE);
      dwTemp = Funcinator(g_dwProtectedData);
   }
   __finally {
      // 3. 보호되고 있는 데이터를 다른 곳에서 사용할 수 있도록 해 준다.
      ReleaseSemaphore(g_hSem, 1, NULL);
   }

   // 4. 작업을 계속 수행한다.
   return(dwTemp);
}
```

유효하지 않은 메모리에 접근하는 버그가 있는 Funcinator 함수를 try 블록 내에서 호출하였다고 가정해 보자. SEH를 사용하지 않으면 이 상황에서 윈도우 에러 보고 Windows Error Reporting(WER)가 제공하는 "애플리케이션 작동 중지 Application has stopped working" 다이얼로그 박스가 나타나게 된다. 윈도우 에러 보고에 대해서는 25장 "처리되지 않은 예외, 벡터화된 예외 처리, 그리고 C++ 예외"에서 자세히 알아볼 것이다. 사용자가 이러한 에러 다이얼로그 박스를 닫으면 프로세스는 종료된다. 프로세스가 종료되더라도 (유효하지 않은 메모리에 접근하였으므로) 세마포어는 여전히 종료된 프로세스 내의 스레드가 소유하고 있게 되고, 해제되지 않을 것이며, 동일한 세마포어를 기다리고 있는 다른 프로세스의 스레드는 CPU 시간을 할당받지 못하게 된다. 하지만 finally 블록 내에서 ReleaseSemaphore를 호출하도록 하면 설사 다른 함수에서 메모리 접근 위반을 유발하는 경우에도 세마포어를 해제할 수 있게 된다. 사실 이 내용에 대해서는 추가적인 설명이 필요하다. 윈도우 비스타부터는 예외가 발생했을 때 finally 블록이 수행될 수 있도록 try/finally 블록을 명시적으로 보호해 주어야 한다. 이에 대한 설명은 847쪽 "SEH 종료 예제 애플리케이션"에서 알아볼 것이며, try/except 보호 메커니즘에 대해서는 다음 장에서 자세히 알아볼 것이다.

그런데 이전 버전의 윈도우에서도 예외 발생 시 finally 블록이 항상 호출될 것이란 것을 보장해 주지는 못한다. 예를 들어 윈도우 XP에서는 스택이 고갈되었다는 예외가 try 블록 내에서 발생한 경우 finally 블록이 수행되지 않는다. 그것은 WER 코드가 예외를 유발한 프로세스 내에서 수행되기 때문에 에러를 보고하기 위해 필요한 스택 공간조차 확보하지 못하기 때문이다. 이로 인해 프로세스는 아주 조용하게 종료되어 버린다. 유사한 경우로, SEH 체인 내의 손상으로 인해 예외가 발생한 경우에도 종료 처리기는 수행되지 않는다. 마지막으로, 예외 필터에서 또 다른 예외가 발생한 경우에도 종료 처리기는 수행되지 않는다. 따라서 가능한 한 catch나 finally 블록 내에서는 최소한의 동작만을 수행하도록 코드를 작성하는 것을 규칙으로 삼는 것이 좋다. 그렇지 않으면 프로세스가 바로 종료되어 버리고 어떤 finally 블록도 수행되지 않을 것이다. 이러한 이유로 윈도우 비스타부터는 에러 보고 기능을 독립된 프로세스를 이용하여 수행하도록 변경되었다. 자세한 내용은 25장에서 다룰 것이다.

종료 처리기가 유효하지 않은 메모리에 접근하여 프로세스가 종료되는 상황까지도 충분히 잡아낼 수 있다면, setjump와 longjump를 결합해서 사용하거나 break나 continue와 같은 단순한 문장을 이용하는 경우에 대해서는 걱정할 필요가 없을 것이다.

⑤ 돌발 퀴즈 시간: FuncaDoodleDoo

퀴즈 시간이 돌아왔다. 아래 함수가 어떤 값을 반환하는지 알겠는가?

```
DWORD FuncaDoodleDoo() {
   DWORD dwTemp = 0;

   while (dwTemp < 10) {

      __try {
         if (dwTemp == 2)
            continue;

         if (dwTemp == 3)
            break;
      }
      __finally {
         dwTemp++;
      }
   }
```

```
        dwTemp++;
    }

    dwTemp += 10;
    return(dwTemp);
}
```

함수의 동작 방식을 차례차례 분석해 보자. 먼저 dwTemp를 0으로 설정한다. try 블록 내의 코드가 실행되었지만 어떤 if 문장도 참이 아니므로 자연스럽게 finally 블록으로 진입하게 되고, dwTemp 값은 1 증가된다. 이후 finally 다음 문장에 의해 dwTemp 값이 다시 1 증가되어 최종적으로 dw-Temp 값은 2가 된다.

이제 루프를 다시 반복하게 되는데, dwTemp 값이 2이므로 try 블록 내의 continue 문장이 수행된다. 만일 try 블록을 빠져나가기 전에 finally 블록이 수행될 수 있도록 해 주는 종료 처리기가 없었다면 while 루프의 조건문으로 바로 이동할 것이기 때문에 dwTemp 값은 변경되지 않고, 이 루프는 무한 루프가 되어 버린다. 종료 처리기가 있기 때문에 시스템은 continue 문장을 만났을 때 try 블록으로부터 제어의 흐름이 빠져나간다는 사실을 인지하고 finally 블록으로 제어를 이동한다. finally 블록 내에서는 dwTemp 값을 3으로 증가시킨다. 하지만 제어의 흐름이 다시 continue를 호출한 문장으로 돌아갔다가 루프의 처음으로 이동할 것이기 때문에 finally 블록 이하의 코드는 수행되지 않는다.

이제 루프를 세 번째 반복하게 된다. 이번에는 첫 번째 if 조건문은 거짓이지만, 두 번째 if 조건문은 참이다. 시스템은 try 블록을 빠져나가려는 시도를 감지하게 되고, 다시 finally 블록 내의 코드를 먼저 수행해 준다. 이제 dwTemp 값은 4가 된다. 다음으로 break 문장이 수행되고, 루프 다음 문장으로 이동하게 된다. 그런데 루프 내의 finally 블록 아래쪽에 있는 문장은 여전히 수행되지 않는다. 루프 아래쪽의 문장은 dwTemp 값을 14로 만들어준다. 이 값이 함수의 반환 값이다. "나는 절대로 Fun-caDoodleDoo와 같은 코드를 작성하지는 않을 것이다"라고 말하지 말고 그냥 넘어가 주길 바란다. 단지 종료 처리기의 동작 방식을 보여주기 위해 코드의 중간 중간에 continue와 break 문장을 삽입한 것뿐이다.

비록 종료 처리기가 try 블록 내에서 서둘러서 빠져나가려는 시도를 대부분 잡아내긴 하지만, 스레드나 프로세스가 종료되는 상황에서는 finally 블록 내의 코드가 수행되지 못한다. ExitThread나 Exit-Process를 이용하여 스레드나 프로세스를 종료해 버리면 finally 블록 내의 코드는 전혀 수행되지 못한다. 또한 다른 프로세스에서 TerminateThread나 TerminateProcess를 호출한 경우에도 스레드나 프로세스가 종료되게 되는데, 이 경우에도 finally 블록은 수행되지 못한다. 몇몇 C 런타임 함수들(abort 와 같은)을 사용했을 경우에도 내부적으로 ExitProcess를 호출하기 때문에 finally 블록이 수행되지 않는다. 다른 애플리케이션에서 우리가 운용 중인 스레드나 프로세스를 종료하려는 시도를 막을 방법은 없다. 하지만 우리가 작성한 코드 내에서 ExitThread나 ExitProcess를 너무 성급하게 호출하는 코드가 있다면 그 부분은 반드시 수정되어야 한다.

⑥ Funcenstein4

종료 처리와 관련된 또 다른 시나리오를 한 번 살펴보자.

```
DWORD Funcenstein4() {
    DWORD dwTemp;
    // 1. 어떤 작업이든 수행한다.
    ...
    __try {
        // 2. 보호되어 있는 데이터에 대한
        //    접근 권한을 획득하고, 데이터를 사용한다.
        WaitForSingleObject(g_hSem, INFINITE);

        g_dwProtectedData = 5;
        dwTemp = g_dwProtectedData;

        // 새로운 값을 반환한다.
        return(dwTemp);
    }
    __finally {
        // 3. 보호되고 있는 데이터를 다른 곳에서 사용할 수 있도록 해 준다.
        ReleaseSemaphore(g_hSem, 1, NULL);
        return(103);
    }

    // 작업을 계속 수행한다. 이 코드는 절대 수행되지 않을 것이다.
    dwTemp = 9;
    return(dwTemp);
}
```

Funcenstein4에서는 try 블록이 수행되고, 그 내부에서 dwTemp 값(5)을 반환하려고 시도한다. Funcenstein2에서 말한 것처럼 try 블록 내에서 함수를 반환하려고 시도하면 반환 값은 컴파일러가 생성한 임시변수에 저장된다. 이후 finally 블록 내의 코드가 수행된다. Funcenstein2와 다른 점은 finally 블록 내에 return 문장이 포함되어 있다는 것이다. 이 경우 Funcenstein4는 5를 반환하게 될까 아니면 103을 반환하게 될까? 답은 103이다. 왜냐하면 finally 블록 내의 return 문장이 103 값을 5가 저장되어 있는 임시변수에 덮어써 버리기 때문이다. 이제 finally 블록이 완전히 수행되고 나면 임시변수의 값은 103이 되고, Funcenstein4는 이 값을 반환하게 된다.

지금까지 종료 처리기가 try 블록을 서둘러서 탈출하려는 시도가 있을 때 효과적으로 작업을 수행할 수 있음을 살펴보았으며, try 블록을 바로 탈출하지 못하도록 함에 따라 원하지 않는 결과를 얻을 수도 있다는 것을 살펴보았다. 종료 처리기가 있는 try 블록 내에서 서둘러서 빠져나가도록 코드를 작성하지 않는 것을 규칙으로 삼는 것이 좋다. 실제로 try나 finally 내에서는 return, continue, break, goto와 같은 문장을 사용하지 않는 것이 가장 좋은 방법이다. 이렇게 하면 try 블록에서 서둘러서 탈출하려는 시도에 대응하기 위한 코드를 생성하지 않아도 되기 때문에 컴파일러는 좀 더 작은 코드를 생성할 수 있고, 로컬 언와인드와 같은 작업을 수행하지 않아도 되기 때문에 좀 더 빠르게 동작하는 코드를 만들 수 있다. 뿐만 아니라 이렇게 작성된 코드가 읽기도 편하고 유지보수하기도 쉬울 것이다.

❼ Funcarama1

지금까지 종료 처리기의 기본적인 문법과 체계에 대해 자세히 알아보았다. 지금부터는 종료 처리기를 이용하여 복잡한 프로그래밍 문제를 어떻게 단순화할 수 있는지 살펴볼 것이다.

```
BOOL Funcarama1() {
    HANDLE hFile = INVALID_HANDLE_VALUE;
    PVOID pvBuf = NULL;
    DWORD dwNumBytesRead;
    BOOL bOk;

    hFile = CreateFile(TEXT("SOMEDATA.DAT"), GENERIC_READ,
        FILE_SHARE_READ, NULL, OPEN_EXISTING, 0, NULL);
    if (hFile == INVALID_HANDLE_VALUE) {
        return(FALSE);
    }

    pvBuf = VirtualAlloc(NULL, 1024, MEM_COMMIT, PAGE_READWRITE);
    if (pvBuf == NULL) {
        CloseHandle(hFile);
        return(FALSE);
    }

    bOk = ReadFile(hFile, pvBuf, 1024, &dwNumBytesRead, NULL);
    if (!bOk || (dwNumBytesRead == 0)) {
        VirtualFree(pvBuf, MEM_RELEASE | MEM_DECOMMIT);
        CloseHandle(hFile);
        return(FALSE);
    }

    // 데이터를 이용하여 작업을 수행한다.
    ...
    // 모든 리소스를 해제한다.
    VirtualFree(pvBuf, MEM_RELEASE | MEM_DECOMMIT);
    CloseHandle(hFile);
    return(TRUE);
}
```

Funcarama1 내의 에러 확인 루틴은 함수를 읽고, 이해하고, 유지보수하고, 수정하기 어렵게 만든다.

8 Funcarama2

물론 Funcarama1을 재작성하여 좀 더 깔끔하고 읽기 쉽도록 작성할 수도 있다.

```
BOOL Funcarama2() {
    HANDLE hFile = INVALID_HANDLE_VALUE;
    PVOID pvBuf = NULL;
    DWORD dwNumBytesRead;
    BOOL bOk, bSuccess = FALSE;

    hFile = CreateFile(TEXT("SOMEDATA.DAT"), GENERIC_READ,
        FILE_SHARE_READ, NULL, OPEN_EXISTING, 0, NULL);

    if (hFile != INVALID_HANDLE_VALUE) {
        pvBuf = VirtualAlloc(NULL, 1024, MEM_COMMIT, PAGE_READWRITE);
        if (pvBuf != NULL) {
            bOk = ReadFile(hFile, pvBuf, 1024, &dwNumBytesRead, NULL);
            if (bOk && (dwNumBytesRead != 0)) {
                // 데이터를 이용하여 작업을 수행한다.
                ...
                bSuccess = TRUE;
            }
            VirtualFree(pvBuf, MEM_RELEASE | MEM_DECOMMIT);
        }
        CloseHandle(hFile);
    }
    return(bSuccess);
}
```

비록 Funcarama2가 Funcarama1에 비해 이해하기 쉽긴 하지만, 여전히 그 내용을 수정하고 유지보수하기란 쉽지 않다.

뿐만 아니라 조건문이 추가되어 들여쓰기의 깊이가 놀랄 만큼 깊어졌다. 이처럼 코드를 작성하게 되면 금세 화면의 우측 끝에 다다르게 될 것이고, 다섯 문자를 입력할 때마다 매번 개행이 일어나게 될지도 모를 일이다!

9 Funcarama3

첫 번째 Funcarama1 함수를 SEH 종료 처리기의 장점을 활용하여 재작성해 보자.

```
DWORD Funcarama3() {

    // 중요: 모든 변수 값을 실패를 가정하여 초기화한다.
    HANDLE hFile = INVALID_HANDLE_VALUE;
    PVOID pvBuf = NULL;

    __try {
        DWORD dwNumBytesRead;
        BOOL bOk;

        hFile = CreateFile(TEXT("SOMEDATA.DAT"), GENERIC_READ,
            FILE_SHARE_READ, NULL, OPEN_EXISTING, 0, NULL);
        if (hFile == INVALID_HANDLE_VALUE) {
            return(FALSE);
        }

        pvBuf = VirtualAlloc(NULL, 1024, MEM_COMMIT, PAGE_READWRITE);
        if (pvBuf == NULL) {
            return(FALSE);
        }

        bOk = ReadFile(hFile, pvBuf, 1024, &dwNumBytesRead, NULL);
        if (!bOk || (dwNumBytesRead != 1024)) {
            return(FALSE);
        }

        // 데이터를 이용하여 작업을 수행한다.
        ...
    }

    __finally {
        // 모든 리소스를 해제한다.
        if (pvBuf != NULL)
            VirtualFree(pvBuf, MEM_RELEASE | MEM_DECOMMIT);
        if (hFile != INVALID_HANDLE_VALUE)
            CloseHandle(hFile);
    }
    // 계속 수행한다.
    return(TRUE);
}
```

Funcarama3 버전의 실질적인 장점은 함수의 모든 정리 코드가 finally 블록 단 한 군데에 집중되어 있다는 것이다. 이 함수에 코드를 추가하려는 경우, 단순히 정리 코드를 finally 블록 내에 추가하기만 하면 된다. 따라서 실패할 가능성이 있는 위치마다 정리 코드를 매번 추가할 필요가 없어지게 된다.

⑩ Funcarama4: 최종의 개선안

Funcarama3 버전의 실질적인 문제는 비용이 많이 든다는 것이다. Funcenstein4에서 언급한 것과 같이 try 블록 내에서는 가능한 한 return을 쓰지 않는 것이 좋다.

이를 위해 마이크로소프트는 C/C++ 컴파일러에 __leave 키워드를 추가하였다. 아래에 __leave 키워드의 장점을 이용하는 Funcarama4 함수를 나타냈다.

```
DWORD Funcarama4() {

    // 중요: 모든 변수 값을 실패를 가정하여 초기화한다.
    HANDLE hFile = INVALID_HANDLE_VALUE;
    PVOID pvBuf = NULL;

    // 함수가 성공적으로 동작하지 않을 것이라 가정한다.
    BOOL bFunctionOk = FALSE;

    __try {
        DWORD dwNumBytesRead;
        BOOL bOk;
        hFile = CreateFile(TEXT("SOMEDATA.DAT"), GENERIC_READ,
            FILE_SHARE_READ, NULL, OPEN_EXISTING, 0, NULL);
        if (hFile == INVALID_HANDLE_VALUE) {
            __leave;
        }

        pvBuf = VirtualAlloc(NULL, 1024, MEM_COMMIT, PAGE_READWRITE);

        if (pvBuf == NULL) {
            __leave;
        }

        bOk = ReadFile(hFile, pvBuf, 1024, &dwNumBytesRead, NULL);
        if (!bOk || (dwNumBytesRead == 0)) {
            __leave;
        }

        // 데이터를 이용하여 작업을 수행한다.
        ...
        // 모든 함수가 성공적으로 수행되었음을 나타낸다.
        bFunctionOk = TRUE;
    }
    __finally {
        // 모든 리소스를 해제한다.
        if (pvBuf != NULL)
```

```
            VirtualFree(pvBuf, MEM_RELEASE | MEM_DECOMMIT);
        if (hFile != INVALID_HANDLE_VALUE)
            CloseHandle(hFile);
    }
    // 계속 수행한다.
    return(bFunctionOk);
}
```

try 블록 내에서 __leave 키워드를 사용하면 try 블록의 가장 마지막 부분으로 이동하게 된다. try 블록의 닫는 중괄호 위치로 이동한다고 생각하면 된다. 이 경우 자연스럽게 제어의 흐름이 try 블록에서 finally 블록으로 이동하기 때문에 어떤 추가비용도 발생하지 않게 된다. 하지만 함수의 성공 실패 유무를 표현하기 위해 bFunctionOk라는 새로운 부울형 변수가 필요하게 되었다. 이 정도는 앞의 예에 비해 상대적으로 적은 비용이라 할 수 있다.

이처럼 종료 처리기의 장점을 활용하여 함수를 설계할 때에는 try 블록으로 진입하기 전에 리소스에 대한 핸들 값을 모두 유효하지 않은 값으로 초기화해야 함을 기억하기 바란다. 이후 finally 블록에서는 이 핸들 값을 확인하여 성공적으로 리소스에 대한 할당이 이루어졌는지를 판단한 후 리소스를 해제해야 한다. 또 다른 방법으로는 플래그를 이용하여 리소스가 성공적으로 할당되었을 때 플래그 값을 설정함으로써 어떤 리소스가 삭제되어야 하는지를 나타내도록 하는 방법도 있다. finally 블록 내에서는 이 플래그의 상태에 따라 리소스를 삭제할지 여부를 결정하면 된다.

⑪ finally 블록에서 주의할 점

finally 블록이 수행되는 시나리오는 단 두 가지 형태로 요약될 수 있다.

- 제어의 흐름이 try 블록에서 자연스럽게 finally 블록으로 이동하는 경우
- 로컬 언와인드[local unwind]: try 블록을 서둘러서 빠져나가려고 시도하여(goto, longjump, continue, break, return 등) finally 블록이 수행되는 경우

세 번째 시나리오인 글로벌 언와인드[global unwind]는 837쪽 Funcfurter1 함수에서도 발생하고는 있지만 명시적으로 드러나진 않는다. 이 함수는 try 블록 내에서 Funcinator 함수를 호출하고 있다. 윈도우 비스타 이전에는 Funcinator 함수가 메모리 접근 위반을 일으킨 경우 글로벌 언와인드가 발생하여 Funcfurter1의 finally 블록이 수행되었다. 윈도우 비스타부터는 기본적으로 글로벌 언와인드가 발생하지 않기 때문에 finally 블록이 수행되지 않는다. 847쪽 "SEH 종료 예제 애플리케이션" 절에서 무엇이 글로벌 언와인드를 유발하는지 보게 될 것이며, 24, 25장을 통해서 글로벌 언와인드에 대해 자세히 살펴볼 것이다.

finally 블록 내의 코드는 항상 이러한 세 가지 상황 중 하나의 결과로 수행이 시작된다. 이 세 가지

상황 중 어떤 이유로 finally 블록이 수행되었는지를 알고 싶다면 내장함수$^{intrinsic\ function}$인 Abnormal-Termination 함수를 호출해 보면 된다.

```
BOOL AbnormalTermination();
```

내장함수$^{intrinsic\ function}$란 컴파일러에 의해서 특수하게 인식되는 함수다. 컴파일러는 이러한 함수를 만났을 때 함수를 호출하는 코드를 생성하지 않고, 해당 위치에 인라인으로 코드를 삽입한다. 예를 들어 컴파일 스위치로 /Oi를 지정하면 memcpy는 내장함수가 된다. 이 경우 컴파일러가 memcpy 함수 호출 문장을 만나게 되면 memcpy 함수를 호출하는 코드를 생성하지 않고, memcpy 함수의 내용을 직접 포함시킨다. 이렇게 하면 코드의 크기는 증가하겠지만, 수행 속도는 좀 더 빨라지게 된다.

AbnormalTermination 내장함수는 memcpy 내장함수와는 조금 다른 면도 있는데, 이 함수는 memcpy와는 달리 내장함수의 형태로만 존재하기 때문에 어떤 C/C++ 런타임 라이브러리도 AbnormalTermination 함수를 포함하고 있지 않다.

이 내장함수는 finally 블록 내에서만 호출 가능하며, finally 블록과 연관된 try 블록 내에서 서둘러서 try 블록을 빠져나가려고 시도했었는지의 여부를 부울 값으로 반환해 준다. 즉, 제어 흐름이 try 블록에서 빠져나가 finally 블록으로 자연스럽게 진입된 경우 AbnormalTermination은 FALSE를 반환한다. 반면, 제어 흐름이 try 블록에서 갑작스럽게 빠져나간 경우 AbnormalTermination은 TRUE를 반환한다. 보통 goto, return, break, continue와 같은 문장을 사용하여 로컬 언와인드가 발생하거나, 메모리 접근 위반이나 다른 예외에 의해 글로벌 언와인드가 발생한 경우 AbnormalTermination은 TRUE 값을 반환한다. 글로벌 언와인드에 의해 finally 블록이 수행되었는지 아니면 로컬 언와인드에 의해 finally 블록이 수행되었는지의 여부를 구분하는 것은 불가능하다. 하지만 로컬 언와인드가 발생하지 않도록 코드를 작성하였다면 이를 구분하는 방법이 없다는 것은 문제가 되지 않을 것이다.

⓬ Funcfurter2

아래에 AbnormalTermination 내장함수를 사용하는 Funcfurter2 함수를 나타냈다.

```
DWORD Funcfurter2() {
   DWORD dwTemp;

   // 1. 어떤 작업이든 수행한다.
   ...
   __try {
      // 2. 보호되고 있는 데이터에 대한
      //    접근 권한을 획득하고, 데이터를 사용한다.
      WaitForSingleObject(g_hSem, INFINITE);
```

```
            dwTemp = Funcinator(g_dwProtectedData);
    }
    __finally {
            // 3. 보호되고 있는 데이터를 다른 곳에서 사용할 수 있도록 해 준다.
            ReleaseSemaphore(g_hSem, 1, NULL);

            if (!AbnormalTermination()) {
                    // try 블록에서 어떤 에러도 발생하지 않았으며,
                    // 제어 흐름은 자연스럽게 finally 내부로 진입되었다.
                    ...
            } else {
                    // 어떤 부분에서 예외가 발생했고,
                    // try 블록 내에 어떠한 코드도 try 블록을
                    // 서둘러 빠져나가려고 시도한 바가 없기 때문에
                    // 글로벌 언와인드에 의해 finally 블록이
                    // 수행되었음을 알 수 있다.

                    // 만일 try 블록 내에 goto를 사용하는 코드라도 있었다면,
                    // 왜 finally 블록이 수행되었는지 구분할 방법이 없을 것이다.
                    ...
            }
    }

    // 4. 작업을 계속 수행한다.
    return(dwTemp);
}
```

이제 종료 처리기의 작성 방법에 대해 충분이 알게 되었을 것이다. 앞서 살펴본 내용들은 다음 장에서 알아볼 예외 필터나 예외 처리기보다 더 유용하고 중요하다고 할 수 있다. 다른 내용을 살펴보기 전에 종료 처리기를 사용해야 하는 이유에 대해 다시 한 번 확인해 보자.

- 종료 처리기를 사용하면 모든 정리 코드를 단 한 군데에 집중시킬 수 있으며, 종료 처리기 내의 코드가 반드시 수행될 것이라는 것을 보장할 수 있다.
- 프로그램의 가독성을 높인다.
- 유지보수가 더 쉬운 코드를 만들 수 있다.
- 올바르게 사용하면 속도와 크기에 있어서 비용 부담이 매우 작다.

⑬ SEH 종료 예제 애플리케이션

SEHTerm 애플리케이션인 23-SEHTerm.exe는 종료 처리기의 동작 방식을 보여주기 위한 예제다. 소스 코드와 리소스 파일은 한빛미디어 홈페이지를 통해 제공되는 소스 파일의 23-SEHTerm 폴더 내에 있다.

애플리케이션을 수행하면 주 스레드가 try 블록 내로 진입하게 된다. try 블록 내에서는 다음과 같은
메시지 박스를 출력한다.

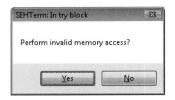

이 메시지 박스는 프로그램이 유효하지 않은 메모리에 접근하도록 할 것인지의 여부를 묻고 있다. (대
부분의 애플리케이션은 이처럼 동작하지 않을 것이며, 보통의 경우 바로 유효하지 않은 메모리에 접근해
버릴 것이다.) No 버튼을 클릭하여 무슨 일이 일어나는지 확인해 보자. 이 경우 스레드는 자연스럽게
try 블록을 빠져나가 finally 블록으로 진입하게 되며, finally 블록 내의 코드는 다음과 같은 메시지
박스를 보여주게 된다.

이 메시지 박스는 try 블록을 정상적으로 빠져나갔음을 나타내기 위한 것임에 주목하기 바란다. 메시
지 박스를 닫으면 스레드는 finally 블록에서 빠져나가 또 다른 메시지 박스를 보여주게 된다.

애플리케이션의 메인 스레드가 반환되기 전에 처리되지 않은 예외가 발생하지 않았음을 알려주는 마지
막 메시지 박스가 나타나게 된다.

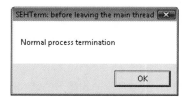

이 메시지 박스를 닫으면 _tWinMain 함수가 반환되기 때문에 프로세스는 자연스럽게 종료된다.

좋다. 이제 애플리케이션을 다시 실행해 보자. 이번에는 유효하지 않은 메모리에 접근을 시도하기 위해서 Yes 버튼을 클릭해 보자. Yes 버튼을 클릭하게 되면 스레드는 NULL 메모리 주소에 5 값을 쓰려고 시도한다. NULL 주소에 값을 쓰게 되면 항상 접근 위반 예외가 발생하게 되므로 스레드는 처리되지 않은 접근 위반 예외를 유발하게 되고, 윈도우 XP의 경우 [그림 23-1]과 같은 메시지 박스를 출력할 것이다.

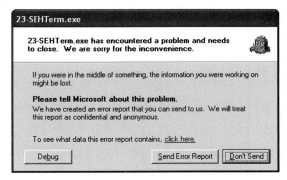

[그림 23-1] 윈도우 XP에서 처리되지 않은 예외가 발생할 경우에 나타나는 메시지 박스

윈도우 비스타에서는 기본적으로 [그림 23-2]와 같은 메시지 박스가 먼저 나타나게 된다.

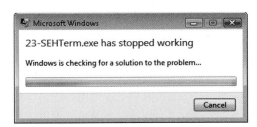

[그림 23-2] 윈도우 비스타에서 처리되지 않은 예외가 발생할 경우 먼저 나타나는 메시지 박스

만일 취소^{Cancel} 버튼을 클릭하여 메시지 박스를 닫게 되면 애플리케이션은 조용히 종료된다. 만일 취소 버튼을 클릭하지 않으면 [그림 23-3]과 같은 새로운 메시지 박스가 이전 메시지 박스를 대체하게 된다.

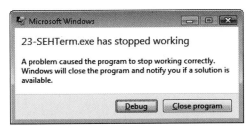

[그림 23-3] 윈도우 비스타에서 처리되지 않은 예외가 발생할 경우 두 번째로 나타나는 메시지 박스

만일 디버그^{Debug} 버튼을 클릭하게 되면 시스템은 디버거를 수행하여 실패한 프로세스를 붙이는 일련의 작업 과정을 진행하게 된다. 이에 대해서는 25장에서 자세히 설명할 것이다.

만일 프로그램 닫기^{Close program}(윈도우 비스타에서)을 누르거나 오류 보고서 보내기^{Send Error Report}/보내지 않음^{Don't Send} 버튼(윈도우 XP)을 누르면 프로세스는 종료될 것이다. 그런데 소스 코드 내에는 finally 블록이 있으므로, 윈도우 XP에서는 프로세스가 종료되기 전에 다음과 같은 메시지 박스가 나타난다.

이 경우는 try 블록에서 비정상적으로 제어가 빠져나감에 따라 finally 블록이 수행된 경우다. 따라서 메시지 박스를 닫게 되면 프로세스가 종료된다. 하지만 이 문장은 윈도우 비스타 이전의 윈도우에 대해서만 적용되는 말이다. 윈도우 비스타에서는 글로벌 언와인드가 발생한 경우에만 finally 블록이 수행된다. 6장 "스레드의 기본"에서 살펴본 바와 같이 스레드의 진입점은 try/except 구조로 보호되고 있다. 만일 글로벌 언와인드가 발생하게 되면 __except( ) 내에서 호출되는 예외 필터함수가 EXCEPTION_EXECUTE_HANDLER 값을 반환하게 된다. 이는 윈도우 비스타 이전의 윈도우에만 해당되는 내용이다. 윈도우 비스타에서는 처리되지 않은 예외들을 확실히 기록하고 보고할 수 있도록 하기 위해 이 부분의 구조를 완전히 개선하였다. 이에 대해서는 25장에서 좀 더 자세히 알아볼 것이다. 당장에 눈에 보이는 변화는 예외 필터가 기본적으로 EXCEPTION_CONTINUE_SEARCH를 반환하도록 변경되었다는 것이다. 이렇게 하면 프로세스는 finally 블록을 수행하지 않고 바로 종료되어 버린다.

SEHTerm.exe 내에는 애플리케이션이 비스타에서 수행되고 있는지의 여부를 확인하는 코드가 포함되어 있다. 만일 애플리케이션이 비스타에서 수행되고 있으면 try/except를 이용하여 문제를 일으키는 함수를 보호할 것인지 여부를 확인하기 위해 다음과 같은 메시지 박스를 나타낸다.

여기서 Yes 버튼을 클릭하면 예외 필터가 항상 EXCEPTION_EXECUTE_HANDLER를 반환하도록 해 주어, try/finally 구조가 보호될 수 있도록 해 준다. 이렇게 하면 예외가 발생했을 때 글로벌 언와인드가 발생하게 되고, finally 블록이 수행되어 다음과 같은 메시지 박스가 나타난다.

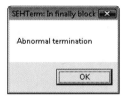

except 블록 내의 코드는 애플리케이션의 주 스레드가 에러 코드로 −1을 반환하기 직전에 다음과 같은 메시지 박스를 나타낸다.

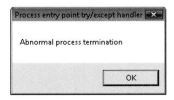

만일 No 버튼을 클릭하게 되면(그리고 JIT^{just-in-time} 디버깅을 시작하지 않으면) 예외가 발생했을 때 finally 블록을 수행하지 않고 애플리케이션이 바로 종료된다.

```cpp
/*********************************************************************
Module:  SEHTerm.cpp
Notices: Copyright (c) 2008 Jeffrey Richter & Christophe Nasarre
*********************************************************************/


#include "..\CommonFiles\CmnHdr.h"      /* 부록 A를 보라. */
#include <windows.h>
#include <tchar.h>


///////////////////////////////////////////////////////////////////


BOOL IsWindowsVista() {

    // 4장에서 알아본 코드다.
    // 윈도우 비스타인지의 여부를 확인하기 위해 OSVERSIONINFOEX를 준비한다.
    OSVERSIONINFOEX osver = { 0 };
    osver.dwOSVersionInfoSize = sizeof(osver);
    osver.dwMajorVersion = 6;
    osver.dwMinorVersion = 0;
    osver.dwPlatformId = VER_PLATFORM_WIN32_NT;


    // 조건 마스크를 준비한다.
```

```
        DWORDLONG dwlConditionMask = 0;   // 반드시 0으로 초기화해야 한다.
        VER_SET_CONDITION(dwlConditionMask, VER_MAJORVERSION, VER_EQUAL);
        VER_SET_CONDITION(dwlConditionMask, VER_MINORVERSION, VER_EQUAL);
        VER_SET_CONDITION(dwlConditionMask, VER_PLATFORMID, VER_EQUAL);

        // 버전 테스트를 수행한다.
        if (VerifyVersionInfo(&osver, VER_MAJORVERSION  | VER_MINORVERSION |
            VER_PLATFORMID, dwlConditionMask)) {
            // 운영체제가 윈도우 비스타임이 분명하다.
            return(TRUE);
        } else {
            // 운영체제가 윈도우 비스타가 아니다.
            return(FALSE);
        }
}


void TriggerException() {

    __try {
        int n = MessageBox(NULL, TEXT("Perform invalid memory access?"),
            TEXT("SEHTerm: In try block"), MB_YESNO);

        if (n == IDYES) {
            * (PBYTE) NULL = 5;   // 이 코드는 접근 위반을 유발한다.
        }
    }
    __finally {
        PCTSTR psz = AbnormalTermination()
            ? TEXT("Abnormal termination") : TEXT("Normal termination");
        MessageBox(NULL, psz, TEXT("SEHTerm: In finally block"), MB_OK);
    }

    MessageBox(NULL, TEXT("Normal function termination"),
        TEXT("SEHTerm: After finally block"), MB_OK);
}


int WINAPI _tWinMain(HINSTANCE, HINSTANCE, PTSTR, int) {

    // 윈도우 비스타의 경우 예외 필터가 EXCEPTION_EXECUTE_HANDLER를 반환할 때에만
    // 글로벌 언와인드가 발생한다. 따라서 처리되지 않은 예외가 발생한 경우
    // finally 블록을 수행하지 않고 프로세스가 종료되어 버린다.
    if (IsWindowsVista()) {

        DWORD n = MessageBox(NULL, TEXT("Protect with try/except?"),
            TEXT("SEHTerm: workflow"), MB_YESNO);
```

```
        if (n == IDYES) {
            __try {
                TriggerException();
            }
            __except (EXCEPTION_EXECUTE_HANDLER) {
                // 그러나 시스템 다이얼로그 박스는 나타나지 않고,
                // 아래 메시지 박스가 나타날 것이다.
                MessageBox(NULL, TEXT("Abnormal process termination"),
                    TEXT("Process entry point try/except handler"), MB_OK);

                // 적절한 에러 코드를 반환한다.
                return(-1);
            }
        } else {
            TriggerException();
        }
    } else {
        TriggerException();
    }

    MessageBox(NULL, TEXT("Normal process termination"),
        TEXT("SEHTerm: before leaving the main thread"), MB_OK);

    return(0);
}

//////////////////////////// 파일의 끝 ////////////////////////////////////
```

예외 처리기와 소프트웨어 예외

예외란 기대하지 않은 사건을 말한다. 아주 잘 작성된 애플리케이션이라면 유효하지 않은 메모리 주소에 접근하거나 0으로 나누는 등의 작업을 수행하지 않을 것으로 생각하겠지만, 그럼에도 불구하고 실제로 이러한 에러들이 발생하곤 한다. CPU는 유효하지 않은 메모리 주소에 접근하거나 0으로 나누는 등의 작업이 수행되었음을 알아낼 수 있어야 하며, 이러한 에러가 발생했을 때 그에 대한 응답으로 예외를 발생시킨다. CPU가 예외를 발생시키면 이를 하드웨어 예외hardware exception라고 한다. 이 장 후반부에서는 운영체제와 애플리케이션에서 자체적으로 발생시키는 예외인 소프트웨어 예외software exception에 대해서도 알아볼 것이다.

하드웨어 혹은 소프트웨어 예외가 발생하면 운영체제는 가장 먼저 애플리케이션에게 어떤 종류의 예외가 발생하였는지 확인하고, 발생한 예외를 직접 처리할 수 있도록 기회를 준다. 아래에 예외 처리기exception handler에 대한 문법을 설명하였다.

```
__try {
    // 보호되고 있는 본문
    ...
}
__except (예외 필터) {
    // 예외 처리기
    ...
}
```

__except 키워드를 주목하기 바란다. try 블록을 만들면 반드시 finally 블록이나 except 블록이 따라와야 한다. try 블록은 finally 블록과 except 블록을 동시에 가질 수 없으며, 여러 개의 finally 블록이나 여러 개의 except 블록을 가질 수도 없다. 하지만 try-except 블록 내에 try-finally 블록을 포함시킨다거나 혹은 그 반대로 구성하는 것은 가능하다.

section 01 예제를 통해 예외 필터와 예외 처리기 이해하기

종료 처리기(이전 장에서 알아본)와는 다르게 예외 필터^{exception filter}와 예외 처리기^{exception handler}는 운영체제에 의해 직접적으로 수행된다. 컴파일러는 예외 필터를 평가하거나 예외 처리기를 수행하는 등의 최소한의 작업만을 수행한다. 다음의 몇몇 절을 통해 try-except 블록의 일반적인 사용 예에 대해 설명할 것이며, 운영체제가 어떻게 예외 필터를 평가하고, 왜 예외 필터를 평가해야만 하는지 설명할 것이다. 또한 운영체제가 예외 처리기 내의 코드를 수행하는 환경이 어떠한지에 대해서도 알아볼 것이다.

1 Funcmeister1

아래에 try-except 블록에만 좀 더 집중할 수 있는 코드를 나타냈다.

```
DWORD Funcmeister1() {
   DWORD dwTemp;

   // 1. 어떤 작업이든 수행한다.
   ...
   __try {
      // 2. 몇몇 연산을 수행한다.
      dwTemp = 0;
   }
   __except (EXCEPTION_EXECUTE_HANDLER) {
      // 예외를 처리한다; 이 부분은 절대 수행되지 않는다.
      ...
   }

   // 3. 작업을 계속 수행한다.
   return(dwTemp);
}
```

Funcmeister1 함수의 try 블록 내에서는 dwTemp 변수에 0을 할당하는 단순한 작업만 수행하고 있다. 이러한 작업은 절대로 예외를 일으키지 않을 것이기 때문에 except 블록은 절대로 수행되지 않을 것이다. 이러한 동작 방식은 try-finally와는 매우 다르다. dwTemp가 0으로 할당된 이후에는 try 블록을 완전히 벗어나서 return 문장이 수행된다.

종료 처리가 있는 try 블록 내에서는 return, goto, continue, break와 같은 문장들을 사용하지 말 것을 강력하게 권고한 바 있다. 하지만 예외 처리기가 있는 try 블록 내에서는 이러한 문장을 사용한다 하더라도 속도나 코드의 크기에 미치는 불이익이 전혀 없으며, 로컬 언와인드에 따른 비용도 발생하지 않는다.

❷ Funcmeister2

함수의 내용을 조금 수정하여, 어떤 일이 일어나는지 살펴보자.

```
DWORD Funcmeister2() {
    DWORD dwTemp = 0;

    // 1. 어떤 작업이든 수행한다.
    ...
    __try {
        // 2. 몇몇 연산을 수행한다.
        dwTemp = 5 / dwTemp;    // 예외를 유발한다.
        dwTemp += 10;           // 절대 수행되지 않는다.
    }
    __except (/* 3. 필터를 평가한다. */ EXCEPTION_EXECUTE_HANDLER) {
        // 4. 예외를 처리한다.

        MessageBeep(0);
        ...
    }

    // 5. 작업을 계속 수행한다.
    return(dwTemp);
}
```

Funcmeister2 함수의 try 블록 내에서는 5를 0으로 나누고 있다. CPU는 이것이 문제 상황임을 알고 하드웨어 예외를 발생시킨다. 예외가 발생하면 시스템은 except 블록의 시작 부분으로 제어를 이동하여 예외 필터 식을 평가하게 되는데, 결과 값으로는 마이크로소프트 Visual C++의 Excpt.h 파일에서 정의하고 있는 세 개의 값 중 하나이어야 한다. 이 값들에 대해서는 [표 24-1]에 나타냈다.

구분자	정의된 값
EXCEPTION_EXECUTE_HANDLER	1
EXCEPTION_CONTINUE_SEARCH	0
EXCEPTION_CONTINUE_EXECUTION	−1

다음의 몇 개의 절을 통해 이러한 값들이 스레드의 동작 방식에 어떻게 영향을 미치는지에 대해 알아 볼 것이다. 이 절들에서는 시스템이 예외를 처리하는 방법을 정리한 [그림 24-1]을 참조하기 바란다.

section 02 EXCEPTION_EXECUTE_HANDLER

Funcmeister2 함수의 예외 필터 식은 EXCEPTION_EXECUTE_HANDLER로 평가되었다. 이 값은 시스템에게 다음과 같이 말하는 것과 같다 "이 예외가 어떤 것인지 알고 있다. 이 예외는 가끔 발생하는데, 이를 처리하기 위해 코드가 작성되어 있고, 그 코드를 지금 바로 수행하고자 한다." 이때 시스템은 글로벌 언와인드global unwind(이번 장의 후반부에서 다룰 것이다)를 수행한 후 except 블록 내의 코드 (예외 처리기 코드)를 수행하게 된다. except 블록 내의 코드가 수행되고 나면 시스템은 예외가 처리 되었다고 생각하고 애플리케이션을 계속 수행하게 된다. 이 메커니즘은 윈도우 애플리케이션이 에러를 잡아내어 적절히 처리한 다음 계속해서 애플리케이션이 수행될 수 있도록 해 준다. 이때 사용자는 에러가 발생했다는 사실조차 알지 못하게 된다.

하지만 except 블록을 수행한 이후에는 어디서부터 수행을 재개해야 하는 것일까? 조금만 생각해 보면 몇몇 가능성을 쉽게 떠올릴 수 있다.

첫 번째 가능성은, 예외를 발생시킨 CPU 명령 이후부터 수행을 재개하는 것이다. Funcmeister2의 경우 dwTemp에 10을 더하는 명령부터 수행이 재개될 것인데, 이와 같이 동작하는 것은 상당히 타당성 있어 보인다. 하지만 실제로 대부분의 애플리케이션들은 앞쪽 명령이 수행에 실패한 경우, 뒤쪽 명령이 성공적으로 수행될 수 없도록 작성되어 있다.

Funcmeister2에서는 코드가 성공적으로 수행이 재개될 수 있다. 하지만 Funcmeister2가 아주 일반 적인 상황이라고 보기는 힘들다. 대부분의 경우 예외를 발생시킨 코드 다음에 나오는 CPU 명령은 이전 명령이 유효한 값을 반환하리라는 기대 하에 구조화되어 있다. 따라서 메모리를 할당하고, 할당 받은 메모리를 사용하는 일련의 명령들이 있다고 할 때, 메모리 할당에 실패하게 되면 다른 모든 명령들도 실패하게 될 것이며, 이로 인해 반복적으로 예외가 발생하게 될 것이다.

CPU 명령이 실패한 경우 왜 계속해서 수행을 재개할 수 없는지를 보여주는 또 다른 예가 있다.

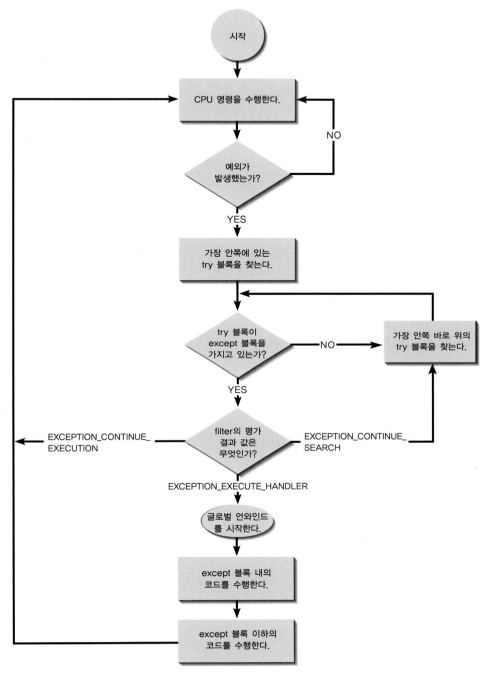

[그림 24-1] 시스템의 예외 처리 방법

Funcmeister2에서 예외를 발생시키는 행을 다음과 같이 변경해 보자.

```
malloc(5 / dwTemp);
```

컴파일러는 이러한 C/C++ 코드를 나누기를 수행하는 CPU 명령, 그 결과를 스택에 삽입하는 명령, malloc 함수를 호출하는 명령으로 각각 생성하게 된다. 만일 나누기가 실패하면 이러한 코드는 올바르게 수행을 재개할 수 없다. 시스템은 스택에 무엇인가를 반드시 삽입해야 하며, 그렇지 않을 경우 스택이 손상된다.

다행히도 마이크로소프트는 예외를 발생시킨 명령의 바로 다음 명령부터 시스템이 수행을 재개하도록 허용하지는 않고 있다. 덕분에 이와 같은 잠재적인 문제는 고려하지 않아도 된다.

두 번째 가능성은, 예외를 발생시킨 명령을 다시 한 번 수행하는 것이다. 이는 매우 흥미로운 예라 하겠다. except 블록을 다음 문장으로 변경하면 어떨까?

```
dwTemp = 2;
```

이러한 할당문이 except 블록 내에서 수행된다면 예외를 발생시킨 명령부터 수행을 재개할 수 있을 것이다. 이 경우 5를 2로 나누게 될 것이며, 추가적인 예외 없이 정상적으로 수행이 재개될 수 있을 것이다. 이처럼 어떤 변경 작업을 수행한 후에 예외를 발생했던 코드를 재실행하도록 할 수도 있다. 하지만 이러한 기법을 이용할 경우 그 원인을 알아내기 어려운 이상 증상을 유발할 가능성이 있다는 점도 염두에 두고 있어야 한다. 이 기법에 대해서는 "24.3 EXCEPTION_CONTINUE_EXECUTION" 절에서 자세히 알아볼 것이다.

마지막 세 번째 가능성은, except 블록 바로 다음 명령부터 수행을 재개하는 것이다. 실제로 예외 필터 식이 EXCEPTION_EXECUTE_HANDLER로 평가되면 이처럼 동작한다. 즉, except 블록 내부의 코드가 모두 수행되고 난 후 except 블록 바로 다음 명령부터 수행이 재개된다.

1 몇 가지 유용한 예

하루에 24시간, 일주일에 7일 동안 완벽하고 안정적으로 수행되어야 하는 애플리케이션을 개발하려 한다고 하자. 최근에는 소프트웨어가 매우 복잡할뿐더러 매우 다양한 변수와 요소들이 애플리케이션의 성능에 영향을 미치기 때문에 구조적 예외 처리(SEH)를 사용하지 않고 완벽하게 안정적인 애플리케이션을 구현하기란 불가능하다고 생각한다. 간단한 예를 살펴보면, 안전하지 않은 C/C++ 런타임 함수인 strcpy가 있다.

```
char* strcpy(
    char* strDestination,
    const char* strSource);
```

이 코드는 정말 간단하다. 그렇지 않은가? 개발된지 오래되긴 하였지만 strcpy가 프로세스를 종료시켜 버리지는 않을 것 같다. 그런데 이 함수의 인자로 NULL(혹은 잘못된 주소)을 전달하게 되면 strcpy

는 접근 위반을 유발할 것이고, 프로세스는 종료되어 버린다.

SEH를 사용하면 좀 더 안정적인 strcpy 함수를 만들 수 있다.

```
char* RobustStrCpy(char* strDestination, const char* strSource) {

    __try {
        strcpy(strDestination, strSource);
    }
    __except (EXCEPTION_EXECUTE_HANDLER) {
        // 아무런 작업도 수행하지 않는다.
    }

    return(strDestination);
}
```

이 함수가 하는 일은 strcpy를 구조적 예외 처리 프레임^{structured exception-handling frame} 내에 포함시키는 것이다. 만일 strcpy가 성공적으로 수행되면 함수는 단순히 반환될 것이지만, strcpy가 예외를 유발하게 되면 예외 필터가 EXCEPTION_EXECUTE_HANDLER로 평가되기 때문에 예외를 유발하였던 스레드는 예외 처리기 코드를 수행하게 된다. 이 함수에서는 예외 처리기가 아무런 작업도 수행하고 있지 않으므로 RobustStrCpy는 바로 반환되어 버린다. RobustrStrCpy는 절대로 프로세스를 종료시키지 않는다! 이러한 구현 방식이 안정적일 것 같다는 느낌이 들지는 모르지만 실상은 strcpy보다 더 많은 에러들을 숨기고 있다.

strcpy가 어떻게 구현되었는지 알지 못하기 때문에 이 함수가 수행되는 동안 어떤 종류의 예외가 발생할지 알 수 없다. 앞서 이야기한 것은 단지 strDestination의 주소가 NULL이거나 적절하지 않은 주소 값이 전달된 경우에 대해서만 말한 것뿐이다. strDestination의 주소는 유효하지만 strSource가 담고 있는 내용을 저장하기에는 공간이 충분하지 않은 경우라면 어떻게 될까? strDestination이 가리키는 메모리 블록에는 strSource가 가리키는 메모리 블록의 일부만이 복사되어 실제로는 손상된 내용을 가지게 된다. 아마도 이처럼 메모리 블록이 충분하지 않은 경우에는 앞서와 같이 동일한 접근 위반이 발생하게 될 것이므로 지금 당장에는 예외를 처리하여 프로세스의 수행을 재개하겠지만, 이렇게 손상된 내용을 가지고 수행을 계속해 나가게 되면 결국 이해하기 어려운 이유로 인해 프로세스가 종료되어 버리거나 안정성 문제가 발생할 수 있다. 여기서 배울 수 있는 교훈은 간단하다: 복구하는 방법을 알고 있는 예외만 처리하되, 상태를 손상시키거나 안정성을 해치는 등의 문제를 피해갈 수 있는 다른 방법들이 있다는 것을 잊지 말아야 한다는 것이다. (2장 "문자와 문자열로 작업하기"에서 자세히 다룬 바 있는 안전 문자열 함수^{secured string function} 등을 사용하는 것이 좋다.)

다른 예를 살펴보자. 아래에 문자열로부터 공백 문자로 분리된 토큰의 개수를 얻어오는 함수를 나타냈다.

```
int RobustHowManyToken(const char* str) {

    int nHowManyTokens = -1;      // -1은 실패를 의미한다.
    char* strTemp = NULL;         // 실패할 것을 가정한다.

    __try {

        // 임시 버퍼를 할당한다.
        strTemp = (char*) malloc(strlen(str) + 1);

        // 인자로 전달된 문자열을 임시 버퍼에 복사한다.
        strcpy(strTemp, str);

        // 첫 번째 토큰을 가져온다.
        char* pszToken = strtok(strTemp, " ");

        // 모든 토큰을 순회한다.
        for (; pszToken != NULL; pszToken = strtok(NULL, " "))
            nHowManyTokens++;

        nHowManyTokens++;         // -1부터 시작했으므로 1을 더한다.
    }
    __except (EXCEPTION_EXECUTE_HANDLER) {
        // 처리해야 할 작업이 없다.
    }

    // 임시 버퍼를 삭제한다 (항상 수행될 것임).
    free(strTemp);

    return(nHowManyTokens);
}
```

이 함수는 임시 버퍼를 할당한 후 인자로 전달된 문자열을 복사한다. 이후 문자열로부터 토큰을 얻어 내기 위해 C/C++ 런타임 라이브러리의 strtok 함수를 사용한다. strtok 함수가 문자열을 토큰으로 분리하는 과정에서 문자열의 내용을 수정하기 때문에 임시 버퍼가 필요하다.

SEH 덕분에 이렇게 간단한 함수가 다양한 가능성에 대비할 수 있도록 작성될 수 있다. 이 함수가 각기 다른 상황에서 어떻게 동작할지 살펴보자.

첫째로, 함수 호출자가 인자로 NULL(혹은 잘못된 메모리 주소)을 넘겨준다고 해 보자. 먼저 nHow-ManyTokens의 값이 -1로 초기화될 것이고, try 블록 내에서 strlen 함수를 호출하는 순간에 접근 위반이 발생하게 된다. 이제 예외 필터가 제어를 얻게 되고, 아무 것도 하지 않는 except 블록으로 제어가 이동하게 된다. except 블록이 수행된 후에는 임시 블록을 삭제하기 위해 free 함수를 호출한다.

하지만 이 경우 메모리가 할당되어 있지 않기 때문에 NULL 값을 인자로 free를 호출하게 된다. 이 경우 아무런 작업도 수행되지 않으므로 이를 에러라고 볼 수 없다. 결국 이 함수는 실패를 의미하는 −1 값을 반환하게 된다. 프로세스가 종료되지 않는다는 점에 주목하기 바란다.

둘째로, 함수를 호출할 때 적절한 주소를 넘겨주었으나 malloc 함수를 호출(try 블록 내에서)하는 과정에서 메모리 할당에 실패하여 NULL이 반환될 수 있다. 이 경우 strcpy 함수를 호출하게 되면 접근 위반이 발생하게 된다. 다시금 예외 필터로 제어가 넘어가게 되고 except 블록이 수행된다(아무 일도 하지 않지만). 이후 NULL 값을 인자로 free를 호출한 후 함수의 실패를 의미하는 −1 값을 반환하게 된다. 이때에도 프로세스가 종료되지 않는다는 점에 주목하기 바란다.

마지막으로, 함수를 호출할 때 적절한 주소를 넘겨주었으며, malloc 함수도 성공했다고 하자. 이 경우 함수의 나머지 코드들은 성공적으로 수행될 것이며, 토큰의 개수를 성공적으로 계산하여 nHow-ManyTokens 변수에 할당해 준다. try 블록이 끝나더라도 예외 필터로는 제어가 전달되지 않으며, except 블록도 수행되지 않는다. 임시 메모리 버퍼는 삭제되고, nHowManyTokens 값이 반환될 것이다.

SEH는 정말 멋진 기능이다. RobustHowManyToken 함수는 try-finally를 사용하지 않고도 어떻게 사용했던 자원들을 항상 성공적으로 해제할 수 있는지를 보여주는 예라 하겠다. 예외 처리기 이후에 나오는 코드는 항상 실행될 것이다(try 블록 내에서 return을 수행하지 않는다는 전제 하에. 실제로 try 블록 내에서 return을 수행하는 것은 좋지 않다).

마지막으로, SEH를 매우 유용하게 사용하고 있는 또 다른 예를 살펴보자. 아래에 메모리 블록을 복사하는 함수를 나타냈다.

```
PBYTE RobustMemDup(PBYTE pbSrc, size_t cb) {

    PBYTE pbDup = NULL;              // 실패할 것이라 가정한다.

    __try {

        // 복사할 메모리 버퍼를 할당한다.
        pbDup = (PBYTE) malloc(cb);

        memcpy(pbDup, pbSrc, cb);
    }
    __except (EXCEPTION_EXECUTE_HANDLER) {
        free(pbDup);
        pbDup = NULL;
    }

    return(pbDup);
}
```

이 함수는 메모리를 할당하고, 원본 블록으로부터 대상 블록으로 복사를 수행한다. 이후 함수로 전달하였던 메모리 버퍼 복사본의 주소를 반환(함수가 실패할 경우 NULL을 반환)한다. 복사본이 더 이상 필요하지 않으면 반환된 주소를 이용하여 버퍼를 삭제하면 된다. 이 예제에는 처음으로 except 블록 내에 코드가 포함되어 있다. 이 함수가 각기 다른 상황에서 어떻게 동작하는지 살펴보자.

- 만일 함수를 호출할 때 pbSrc 매개변수로 유효하지 않은 주소를 전달했거나 malloc 함수 호출에 실패한 경우(NULL을 반환), memcpy 함수는 접근 위반을 유발할 것이다. 이 경우 except 블록으로 제어가 넘어가게 되는데, except 블록 내에서는 pbDup가 가리키는 메모리 블록을 해제하고, 그 값을 NULL로 설정하여 함수 호출에 실패했다는 의미의 NULL 값을 반환하도록 한다. 다시 말하지만, ANSI C에서는 free 함수에 NULL을 전달해도 무방하다.
- 함수를 호출할 때 적절한 주소를 전달하였고 malloc 함수의 호출도 성공한 경우, 새롭게 할당된 메모리 블록의 주소가 반환된다.

❷ 글로벌 언와인드

예외 필터가 EXCEPTION_EXECUTE_HANDLER로 평가되면 시스템은 글로벌 언와인드^{global unwind}를 수행한다. 글로벌 언와인드는 수행을 재개하기 위해 try-except 블록 이하의 모든 try-finally 블록을 수행한다. [그림 24-2]는 시스템이 글로벌 언와인드를 수행하는 과정을 설명하는 흐름도다. 그림 이하의 예제를 설명하는 동안 이 흐름도를 계속해서 참조하기 바란다.

```
void FuncOStimpy1() {

    // 1. 어떤 작업이든 수행한다.
    ...
    __try {
        // 2. 다른 함수를 호출한다.
        FuncORen1();

        // 이곳에 위치하고 있는 코드는 절대 수행되지 않는다.
    }

    __except (/* 6. 필터를 평가한다. */ EXCEPTION_EXECUTE_HANDLER) {
        // 8. 언와인드가 끝나면, 예외 핸들러를 수행한다.
        MessageBox(...);
    }

    // 9. 예외가 처리되었으므로 수행을 재개한다.
    ...
}
```

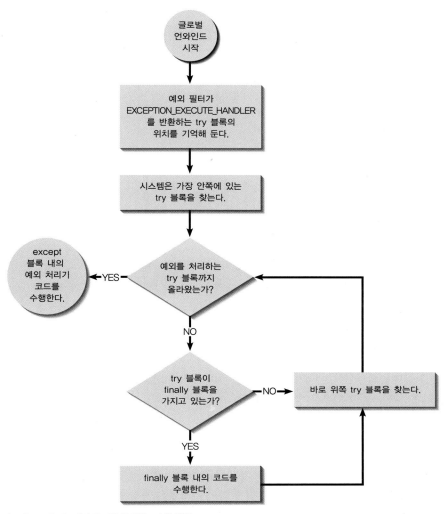

[그림 24-2] 시스템의 글로벌 언와인드 수행 방법

```
void FuncORen1() {
   DWORD dwTemp = 0;

   // 3. 어떤 작업이든 수행한다.
   ...
   __try {
      // 4. 보호된 데이터에 접근하기 위한 권한을 요청한다.
      WaitForSingleObject(g_hSem, INFINITE);

      // 5. 보호된 데이터를 수정한다.
      //    아래 코드에서 예외가 발생한다.
      g_dwProtectedData = 5 / dwTemp;
   }
```

```
        __finally {
            // 7. 예외 필터가 EXCEPTION_EXECUTE_HANDLER로 평가되었으므로
            //      글로벌 언와인드가 수행된다.

            // 보호되고 있는 데이터를 다른 곳에서 사용할 수 있도록 해 준다.
            ReleaseSemaphore(g_hSem, 1, NULL);
        }

        // 처리를 계속한다. 절대 수행되지 않는다.
        ...
    }
```

FuncOStimpy1과 FuncORen1은 SEH의 가장 혼동되는 측면을 설명하고 있다. 주석에 포함되어 있는 숫자는 수행 순서를 나타내고 있다. 하지만 함께 손잡고 순서대로 따라가 보자.

FuncOStimpy1은 try 블록 내로 진입하여 FuncORen1 함수를 호출한다. FuncORen1은 자신의 try 블록 내로 진입하여 세마포어를 획득할 때까지 대기하게 된다. 세마포어를 얻게 되면 FuncORen1은 전역변수인 g_dwProtectedData 변수의 값을 변경하려고 시도한다. 하지만 0으로 나누는 연산을 수행하기 때문에 예외가 발생한다. 시스템은 제어권을 가져와서 except 블록을 가지고 있는 try 블록을 찾는다. FuncORen1에 있는 try 블록은 finally 블록을 가지고 있기 때문에 시스템은 이보다 바깥쪽에 있는 다른 try 블록을 검색하게 된다. 이제 FuncOStimpy1 내의 try 블록을 찾게 되고, 이 블록이 except 블록을 가지고 있음을 알게 된다.

시스템은 이제 FuncOStimpy1의 except 블록에 있는 예외 필터를 평가하게 되고, 값이 반환될 때까지 대기한다. EXCEPTION_EXECUTE_HANDLER가 반환되면 시스템은 FuncORen1의 finally 블록으로부터 글로벌 언와인드를 시작하게 된다. 글로벌 언와인드 작업은 FuncOStimpy1의 except 블록 내의 코드가 실행되기 전에 수행된다. 글로벌 언와인드 작업은 가장 안쪽에 있는 try 블록으로부터 시작하여 역방향으로 finally 블록을 찾으면서 진행된다. 위의 경우 FuncORen1 내에서 finally 블록을 하나 발견하게 된다.

시스템이 FuncORen1의 finally 블록 내의 코드를 수행하면 비로소 SEH의 강력함을 느끼게 될 것이다. 왜냐하면 FuncORen1의 finally 블록은 세마포어를 해제하고, 다른 스레드가 세마포어를 획득하여 수행을 재개할 수 있도록 해 주기 때문이다. 만일 finally 블록 내에서 ReleaseSemaphore를 호출해 주지 않았다면 이 세마포어는 결코 해제될 수 없었을 것이다.

finally 블록 내의 코드가 모두 수행되고 나면 시스템은 계속해서 역방향으로 이동해 가면서 수행해야 할 finally 블록이 있는지를 찾게 된다. 위 예제에서는 더 이상 finally 블록을 찾을 수 없다. try-except 블록에 다다르게 되면 시스템은 검색을 중단하고 예외를 처리하기로 한다. 이 시점에 글로벌 언와인드 작업이 완결된다. 시스템은 이제 except 블록 내의 코드를 수행한다.

이것이 구조적 예외 처리의 동작 방식이다. SEH를 사용하면 시스템이 코드 수행에 전적으로 관여하

기 때문에 이해하기가 상당히 까다롭다. 이 경우 더 이상 위에서 아래로 코드가 수행되지만은 않으며, 필요에 따라 시스템이 코드의 수행 순서를 뒤바꾼다. 수행 순서가 바뀌어서 복잡하긴 하겠지만 충분히 예측 가능하며, [그림 24-1]과 [그림 24-2]의 흐름도를 따라가다 보면 SEH를 자신 있게 사용할 수 있을 것이다.

수행 순서를 좀 더 잘 이해하기 위해 조금 다른 관점으로 어떤 작업들이 일어나는지 살펴보도록 하자. 예외 필터가 EXCEPTION_EXECUTE_HANDLER를 반환하면 필터는 운영체제에게 스레드의 인스트럭션 포인터^{instruction pointer}를 except 블록 내부에 있는 코드로 이동해야 함을 알려준다. 이때 인스트럭션 포인터는 FuncORen1의 try 블록 내의 코드를 가리키고 있었을 것이다. 23장 "종료 처리기"에서 스레드가 try-finally 블록의 try 부분을 빠져나가면 항상 finally 블록 내의 코드가 수행된다고 한 것을 상기하기 바란다. 글로벌 언와인드는 예외가 발생했을 때 이러한 규칙을 준수하기 위한 메커니즘이다.

> 윈도우 비스타부터는 try/finally에서 예외^{exception}가 발생했을 때, 예외가 발생한 블록을 포함하는 try/except (EXCEPTION_EXECUTE_HANDLER) 블록이 없으면 프로세스는 단순 종료되고, 글로벌 언와인드는 수행되지 않으며, finally 블록도 호출되지 않는다. 이전 버전의 윈도우에서는 프로세스가 종료되기 직전에 글로벌 언와인드가 발생하여 finally 블록이 항상 수행되었다. 처리되지 않은 예외가 발생했을 때의 작업 수행 절차에 대해서는 다음 장에서 좀 더 자세히 알아볼 것이다.

❸ 글로벌 언와인드 중단시키기

finally 블록 내에 return 문장을 삽입하면 글로벌 언와인드를 수행 중에 중단시킬 수 있다. 아래 코드를 살펴보자.

```
void FuncMonkey() {
    __try {
        FuncFish();
    }
    __except (EXCEPTION_EXECUTE_HANDLER) {
        MessageBeep(0);
    }
    MessageBox(...);
}

void FuncFish() {
    FuncPheasant();
    MessageBox(...);
}
```

```
void FuncPheasant() {

    __try {
        strcpy(NULL, NULL);
    }

        __finally {
        return;
    }
}
```

FuncPheasant의 try 블록 내에서 strcpy 함수를 수행하면 메모리 접근 위반 예외가 발생한다. 이처럼 예외가 발생하게 되면 시스템은 이 예외를 처리할 수 있는 예외 필터가 있는지 확인한다. Func-Monkey 내에서 예외 필터가 EXCEPTION_EXECUTE_HANDLER로 평가되었으므로 글로벌 언와인드를 시작하게 된다.

글로벌 언와인드는 먼저 FuncPheasant의 finally 블록 내의 코드부터 수행을 시작한다. 그런데 이 블록에는 return 문장이 있다. 이 경우 글로벌 언와인드가 중단되고, FuncPheasant는 FuncFish로 반환된다. FuncFish는 수행을 재개하고 화면 상에 메시지 박스를 띄운다.

FuncMonkey의 예외 블록 내의 MessageBeep는 절대 호출되지 않는다는 것에 주목하라. Func-Pheasant의 finally 블록의 return 문장은 시스템이 글로벌 언와인드를 수행하는 것을 중단시키고 예외가 발생하지 않은 것처럼 수행을 재개하도록 한다.

마이크로소프트는 SEH를 의도적으로 이와 같이 동작하도록 설계하였다. 때로는 글로벌 언와인드를 중단시키고 수행을 재개할 수 있는 방법도 필요할 것이기 때문이다. 비록 이러한 동작 방식이 보통의 경우에 필요한 것은 아니지만 이러한 방법을 이용하면 글로벌 언와인드를 중단시킬 수 있다는 것은 알아두기 바란다. 일반적인 경우라면 finally 블록 내에서 return 문장을 사용하는 것은 좋지 않다. 만일 finally 블록에 return 문장을 사용하게 되면, C++ 컴파일러는 사용자가 이를 쉽게 알 수 있도록 C4532 경고를 통해 이러한 사실을 알려준다. C4532의 메시지는 다음과 같다.

'return' : 종료 처리를 수행하는 동안 __finally 블록에서의 점프 동작이 정의되지 않았습니다.

section 03 EXCEPTION_CONTINUE_EXECUTION

예외 필터가 어떻게 Excpt.h 파일에 정의되어 있는 세 가지 구분자 중 하나로 평가되는지 좀 더 자세히 들여다보자. "Funcmeister2" 예제를 살펴보면 예외 필터를 단순하게 만들기 위해 EXCEPTION_

EXECUTE_HANDLER 구분자를 직접 하드코딩하였다. 하지만 예외 필터에서 함수를 호출하여 세 가지 구분자 중 하나를 반환하도록 할 수 있다. 아래에 코드 예를 나타냈다.

```
TCHAR g_szBuffer[100];

void FunclinRoosevelt1() {
    int x = 0;
    TCHAR *pchBuffer = NULL;

    __try {
        *pchBuffer = TEXT('J');
        x = 5 / x;
    }
    __except (OilFilter1(&pchBuffer)) {
        MessageBox(NULL, TEXT("An exception occurred"), NULL, MB_OK);
    }
    MessageBox(NULL, TEXT("Function completed"), NULL, MB_OK);
}

LONG OilFilter1(TCHAR **ppchBuffer) {
    if (*ppchBuffer == NULL) {
        *ppchBuffer = g_szBuffer;
        return(EXCEPTION_CONTINUE_EXECUTION);
    }
    return(EXCEPTION_EXECUTE_HANDLER);
}
```

pchBuffer가 가리키는 버퍼에 'J' 문자를 넣으려고 시도하면 문제가 발생한다. 불행히도 pchBuffer가 전역 버퍼인 g_szBuffer를 가리키도록 초기화되지 않았기 때문에 pchBuffer는 NULL 값을 가지고 있다. 이 경우 CPU는 예외를 발생시키고 예외를 발생시킨 문장이 포함되어 있는 try 블록과 연관되어 있는 except 블록 내의 예외 필터를 평가하게 된다. 예외 필터에서는 pchBuffer 변수의 주소 값을 인자로 OilFilter1 함수를 호출한다.

OilFilter1 함수가 제어를 받으면 *ppchBuffer가 NULL인 경우 전역 버퍼인 g_szBuffer를 가리키도록 설정해 준다. 이후 EXCEPTION_CONTINUE_EXECUTION을 반환한다. 예외 필터가 EXC-EPTION_CONTINUE_EXECUTION으로 평가되면, 시스템은 예외를 유발하였던 명령을 다시 한 번 수행한다. 이번에는 'J' 값이 g_szBuffer의 첫 번째 바이트에 정상적으로 할당될 것이다.

코드가 계속 수행되면 이번에는 try 블록 내에서 0으로 나누는 문제가 발생하게 된다. 시스템은 다시 한 번 예외 필터를 평가하려고 시도하게 되고, 이번에는 OilFilter1으로 전달되는 *ppchBuffer 값이 NULL이 아니므로 OilFilter1 함수는 EXCEPTION_EXECUTE_HANDLER를 반환하게 된다. 예외 필터가 EXCEPTION_EXECUTE_HANDLER로 평가되면 시스템은 except 블록 내의 코드를 수행하게 되고, 예외가 발생하였음을 알리는 메시지 박스가 나타나게 된다.

이처럼 예외 필터 내에서는 매우 다양한 작업들을 수행할 수 있다. 물론 반드시 세 가지의 예외 구분자 중 하나의 값을 반환해야 하는 제약은 있지만, 필요에 따라 얼마든지 다른 작업을 수행할 수 있다. 하지만 예외가 발생한 시점에는 프로세스가 불안정할 수 있으므로 예외 필터 내부는 가능한 한 간단하게 구성하는 것이 좋다. 예를 들어 힙 손상의 경우 필터 내부에서 너무 많은 코드를 수행하려고 하면 프로세스가 멈추어 버리거나 아무런 통지 없이 조용히 종료되어 버릴 수도 있다.

■1 EXCEPTION_CONTINUE_EXECUTION은 주의하여 사용하라

앞의 FunclinRoosevelt1 함수에서 보여준 것과 같이 예외 상황을 극복하여 계속해서 프로그램이 수행될 수 있도록 조치하는 것은 올바르게 동작될 수도 있지만 그렇지 않을 수도 있다. 이는 애플리케이션이 어떤 CPU에서 수행되고 있으며, 컴파일러가 C/C++ 소스의 각 문장들을 어떻게 기계어 명령으로 생성하는지, 그리고 컴파일 옵션이 어떻게 지정되었는지에 따라 각각 달라질 수 있다.

만일 컴파일러가 다음의 C/C++ 문장을 두 줄의 기계어 명령으로 컴파일했다고 가정해 보자.

```
*pchBuffer = TEXT('J');
```

기계어 명령은 아마도 다음과 유사한 형태가 될 것이다.

```
MOV EAX, DWORD PTR[ pchBuffer]      // 주소 값을 레지스터로 옮긴다.
MOV WORD PTR[ EAX] , 'J'            // 'J'를 지정된 주소로 옮긴다.
```

두 번째 명령을 수행하게 되면 예외가 발생한다. 예외 필터가 먼저 예외를 잡게 될 것이고, 이후 pchBuffer에 올바른 값을 할당한 후 에러를 유발했던 두 번째 명령을 다시 수행하게 될 것이다. 문제는 pchBuffer에 새로운 주소 값을 할당하더라도 레지스터에는 그 값이 반영되지 않는다는 데 있다. 따라서 CPU 명령을 다시 수행하게 되면 또 다른 예외가 발생할 것이다. 이 경우 무한 루프에 빠지게 된다.

컴파일러가 위 코드를 최적화하는 경우 정상적으로 동작될 가능성도 있지만 비정상적으로 동작할 가능성을 완전히 배제할 수 없다. 이러한 종류의 버그는 무척이나 고치기가 어려우며, 애플리케이션의 어떤 부분이 잘못되었는지를 확인하기 위해 소스 코드부터 생성된 어셈블리 언어 레벨까지 확인을 해야만 한다. 이 이야기의 교훈은 예외 필터에서 EXCEPTION_CONTINUE_EXECUTION을 반환해야 할 경우 상당한 주의가 필요하다는 것이다.

메모리 상에 예약된 영역에 대해 부분적으로 저장소를 커밋하려는 예외가 발생한 경우 EXCEPTION_CONTINUE_EXCEPTION은 항상 정상적으로 수행된다. 15장 "애플리케이션에서 가상 메모리 사용 방법"에서 큰 주소 영역을 예약한 후 이 주소 공간에 물리적 저장소를 부분적으로 커밋하는 방법에 대해 알아본 바 있다. VMAlloc 예제 애플리케이션이 이러한 방법을 잘 보여주고 있다.

VMAlloc 애플리케이션을 좀 더 잘 작성하려 했다면 매번 VirtualAlloc 함수를 호출하기 보다는 물리적 저장소를 커밋하기 위해 SEH를 활용할 수 있었을 것이다.

16장 "스레드 스택"에서는 스레드 스택의 동작 방식에 대해 논의한 바 있다. 특히 시스템이 스레드 스택으로 활용할 1MB 영역의 주소 공간을 예약하는 방법과 필요 시 스택으로 활용할 새로운 저장소를 자동으로 커밋하는 방법을 살펴보았다. 이 같은 작업을 위해 시스템은 내부적으로 SEH 프레임을 이용하고 있다. 스레드가 커밋되지 않은 저장소에 접근하게 되면 예외가 발생하게 된다. 이 경우 시스템이 구성한 예외 필터는 이러한 예외의 발생 원인이 스레드가 스택으로 예약된 영역에 접근함에 따라 발생한 것인지를 확인하고 내부적으로 스레드 스택으로 사용할 저장소를 VirtualAlloc 함수를 호출하여 추가적으로 커밋한 후 EXCEPTION_CONTINUE_EXECUTION을 반환한다. 이제 다시 한 번 CPU 명령을 수행하면 접근하려는 메모리 공간에 저장소가 커밋되었기 때문에 정상적으로 메모리 공간에 접근할 수 있으며, 스레드는 계속해서 수행될 수 있다.

가상 메모리 기법과 SEH를 결합하여 사용하면 놀랄 만큼 빠르고 효율적인 애플리케이션을 작성할 수 있다. 다음 장에서 보여줄 표계산 예제 애플리케이션에서는 SEH를 사용하여 표계산 애플리케이션의 메모리 관리 부분을 어떻게 효율적으로 구현할 수 있는지를 보여줄 것이다. 뿐만 아니라 이 코드는 놀랍도록 빠르게 수행될 수 있도록 설계되었다.

section 04 EXCEPTION_CONTINUE_SEARCH

지금까지의 예제들은 조금 단조로운 경향이 있었다. 함수를 호출하는 문장을 하나 추가하여 약간 복잡하게 코드를 구성해 보자.

```
TCHAR g_szBuffer[ 100] ;

void FunclinRoosevelt2() {
    TCHAR *pchBuffer = NULL;

    __try {
        FuncAtude2(pchBuffer);
    }
    __except (OilFilter2(&pchBuffer)) {
        MessageBox(...);
    }
}
```

```
void FuncAtude2(TCHAR *sz) {
   *sz = TEXT('\0');
}

LONG OilFilter2 (TCHAR **ppchBuffer) {
   if (*ppchBuffer == NULL) {
      *ppchBuffer = g_szBuffer;
      return(EXCEPTION_CONTINUE_EXECUTION);
   }
   return(EXCEPTION_EXECUTE_HANDLER);
}
```

FunclinRoosevelt2를 수행하면 이 함수는 NULL을 인자로 FuncAtude2를 호출한다. FuncAtude2
가 수행되면 예외가 발생하게 된다. 시스템은 가장 최근에 진입한 try 블록과 연관되어 있는 예외 필터
를 평가한다. 이 경우 비록 예외는 FuncAtude2 함수 내에서 발생했지만 FunclinRoosevelt2가 가장
최근에 진입한 try 블록이므로 시스템은 OilFilter2 함수를 이용하여 예외 필터를 평가하게 된다.

이제 새로운 try-except 블록을 추가하여 코드를 약간 변경해 보자.

```
TCHAR g_szBuffer[ 100] ;

void FunclinRoosevelt3() {

   TCHAR *pchBuffer = NULL;

   __try {
      FuncAtude3(pchBuffer);
   }
   __except (OilFilter3(&pchBuffer)) {
      MessageBox(...);
   }
}

void FuncAtude3(TCHAR *sz) {
   __try {
      *sz = TEXT('\0');
   }
   __except (EXCEPTION_CONTINUE_SEARCH) {
      // 이 부분은 절대 수행되지 않는다.
      ...
   }
}

LONG OilFilter3(TCHAR **ppchBuffer) {
```

```
        if (*ppchBuffer == NULL) {
            *ppchBuffer = g_szBuffer;
            return(EXCEPTION_CONTINUE_EXECUTION);
        }
        return(EXCEPTION_EXECUTE_HANDLER);
    }
```

FuncAtude3가 NULL 주소에 '\0'을 할당하려고 시도하면 앞서의 경우와 동일하게 예외가 발생하겠지만, 이번에는 FuncAtude3의 예외 필터가 수행된다. 이 예외 필터는 단순히 EXCEPTION_CON-TINUE_SEARCH로 평가된다. 예외 필터가 이 값을 반환하게 되면 시스템은 이전에 진입하였던 try 블록 중 except를 가진 블록으로 이동한 후 해당 try 블록의 예외 필터를 호출하게 된다.

FuncAtude3의 필터가 EXCEPTION_CONTINUE_SEARCH로 평가되었으므로, 시스템은 이전 try 블록(FunclinRoosevelt3)으로 이동한 후 이 블록의 예외 필터인 OilFilter3 함수를 이용하여 필터 값을 평가하게 된다. OilFilter3는 pchBuffer가 NULL임을 확인하고, pchBuffer가 전역 버퍼를 가리키도록 설정한 후 예외를 유발했던 명령부터 수행을 다시 재개하도록 한다. 즉, FuncAtude3의 try 블록 내부의 코드가 다시 수행되게 된다. 하지만 불행히도 FuncAtude3의 지역변수인 sz 변수는 앞서예외 필터의 동작에도 불구하고 올바른 값으로 변경되지 않는다. 따라서 이전에 예외를 유발했던 명령을 다시 수행할 경우 또 다른 예외를 발생시킬 것이다. 동일한 절차로 OilFilter3가 다시 호출되게 되는데, 이 경우 pchBuffer 값이 NULL이 아니므로 OilFilter3는 EXCEPTION_EXECUTE_HANDLER 값을 반환하게 되고, 이 값은 시스템에게 except 블록 내의 코드를 수행하도록 한다. 즉, Funclin-Roosevelt3의 except 블록 내의 코드가 수행될 것이다.

시스템이 가장 최근에 진입한 try 블록 중 except 블록을 가진 블록으로 이동하여 해당 블록의 예외 필터를 평가한다는 것에 주의해야 한다. 이는 try 블록이 except 블록 대신 finally 블록을 가지고 있는 경우 검색 대상에서 제외된다는 것을 의미한다. 사실 이와 같이 동작하는 이유는 지극히 당연한데, finally 블록은 예외 필터를 가지지 않으므로 시스템에게 평가 결과를 전달할 수 없기 때문이다. 앞의 예제에서 FuncAtude3가 except 블록 대신 finally 블록을 가지고 있었다면, 시스템은 Func-linRoosevelt3의 OilFilter3 예외 필터로부터 평가를 시작했을 것이다.

EXCEPTION_CONTINUE_SEARCH에 대해서는 25장에서 좀 더 자세히 알아볼 것이다.

section **05** GetExceptionCode

종종 예외 필터는 어떤 값을 반환할지를 결정하기 전에 현재 상황을 분석해야 할 필요가 있다. 위 예의 경우 예외 처리기는 0으로 나누는 것과 같은 예외가 발생했을 때 어떤 작업을 수행해야 하는지는 알고 있지만, 메모리 접근 위반 예외가 발생했을 때는 어떤 작업을 수행해야 할지 알지 못한다. 예외 필터는 현재 상황을 판단하고 적절한 값을 반환해 줄 책임이 있다.

아래 코드는 어떤 예외가 발생했는지를 확인하는 방법을 보여주고 있다.

```
__try {
    x = 0;
    y = 4 / x;    // y는 나중에 사용할 변수로, 최적화되지 않았다.
    ...
}

__except ((GetExceptionCode() == EXCEPTION_INT_DIVIDE_BY_ZERO) ?
    EXCEPTION_EXECUTE_HANDLER : EXCEPTION_CONTINUE_SEARCH) {
    // 0으로 나누는 예외를 처리한다.
}
```

GetExceptionCode 내장함수intrinsic function는 발생한 예외의 종류를 식별할 수 있는 값을 반환한다.

```
DWORD GetExceptionCode();
```

다음에 플랫폼 SDK 문서에서 정의하고 있는 모든 종류의 예외와 그 의미를 나타냈다. 예외 구분자는 WinBase.h 파일 내에 정의되어 있는데, 이러한 예외들을 몇 가지 범주로 구분하여 보았다.

1 메모리 관련 예외

EXCEPTION_ACCESS_VIOLATION. 스레드가 올바르게 접근할 수 없는 가상 주소 공간으로부터 값을 읽거나 쓰려고 시도했다. 가장 흔한 예외다.

EXCEPTION_DATATYPE_MISALIGNMENT. 스레드가 하드웨어가 제공하지 않는 정렬 기준으로 데이터를 읽거나 쓰려고 시도했다.

EXCEPTION_ARRAY_BOUNDS_EXCEEDED. 배열의 범위 확인 기능을 제공하는 하드웨어에서 수행 중인 스레드가 배열의 범위를 넘어서 배열 요소에 접근하려고 시도했다.

EXCEPTION_IN_PAGE_ERROR. 파일시스템이나 디바이스 드라이버가 읽기 에러를 유발하여 페이지 폴트를 정상적으로 처리하지 못했다.

EXCEPTION_GUARD_PAGE. 스레드가 PAGE_GUARD 보호 특성을 가진 메모리 페이지에 접근하려고 시도했다. 접근하려는 페이지는 접근 가능하도록 수정되고, 동시에 EXCEPTION_GUARD_PAGE 예외가 발생한다.

EXCEPTION_STACK_OVERFLOW. 스레드가 할당된 스택을 모두 사용했다.

EXCEPTION_ILLEGAL_INSTRUCTION. 스레드가 유효하지 않은 명령을 수행했다. 이 예외는 몇몇 CPU에서만 발생하는 예외다. 다른 CPU에서는 유효하지 않은 명령을 수행하는 경우 트랩 에러[trap error]를 유발시키기도 한다.

EXCEPTION_PRIV_INSTRUCTION. 스레드가 현재 머신의 모드에서는 수행될 수 없는 명령을 수행하려 했다.

❷ 예외 관련 예외

EXCEPTION_INVALID_DISPOSITION. 예외 필터가 EXCEPTION_EXECUTE_HANDLER, EXCEPTION_CONTINUE_SEARCH, EXCEPTION_CONTINUE_EXECUTION 이외의 값을 반환했다.

EXCEPTION_NONCONTINUABLE_EXCEPTION. 예외 필터가 계속 수행할 수 없는 예외가 발생했음에도 불구하고 EXCEPTION_CONTINUE_EXECUTION을 반환했다.

❸ 디버깅 관련 예외

EXCEPTION_BREAKPOINT. 브레이크 포인트를 설정한 위치에 닿았다.

EXCEPTION_SINGLE_STEP. 단일 명령이 수행되어 트레이스 트랩 혹은 이와 유사한 단일 명령 수행 메커니즘이 시그널되었다.

EXCEPTION_INVALID_HANDLE. 함수가 유효하지 않은 핸들 값을 전달했다.

❹ 정수 관련 예외

EXCEPTION_INT_DIVIDE_BY_ZERO. 스레드가 정수 값을 정수 0으로 나누려고 시도했다.

EXCEPTION_INT_OVERFLOW. 정수 연산 결과가 최상위 비트를 벗어나서 캐리아웃[carry out]을 유발했다.

❺ 부동소수점 관련 예외

EXCEPTION_FLT_DENORMAL_OPERAND. 실수 연산의 피연산자 중 하나가 너무 작은 값을 가지고 있어서 표준 부동소수점 형태로 표현이 불가능하다.

EXCEPTION_FLT_DIVIDE_BY_ZERO. 스레드가 실수 값을 실수 0으로 나누려고 시도했다.

EXCEPTION_FLT_INEXACT_RESULT. 실수 연산 결과가 10진수 분수로 정확하게 표현할 수 없는 값이다.

EXCEPTION_FLT_INVALID_OPERATION. 실수 관련 예외 목록에 포함되지 않은 다른 예외가 발생했다.

EXCEPTION_FLT_OVERFLOW. 실수 연산 결과의 지수 값이 대응하는 실수 타입에서 허용하는 값보다 더 크다.

EXCEPTION_FLT_STACK_CHECK. 실수 연산으로 인해 스택 오버플로나 언더플로가 발생했다.

EXCEPTION_FLT_UNDERFLOW. 실수 연산 결과의 지수 값이 대응하는 실수 타입에서 허용하는 값보다 더 작다.

GetExceptionCode 내장함수는 예외 필터 내부(__except 이후의 괄호 안쪽)나 예외 처리기 내부에서만 호출 가능하다. 다음 코드는 이 함수의 적절한 사용 예를 보여준다.

```
__try {
    y = 0;
    x = 4 / y;
}

__except (
    ((GetExceptionCode() == EXCEPTION_ACCESS_VIOLATION) ||
     (GetExceptionCode() == EXCEPTION_INT_DIVIDE_BY_ZERO)) ?
    EXCEPTION_EXECUTE_HANDLER : EXCEPTION_CONTINUE_SEARCH) {

    switch (GetExceptionCode()) {
        case EXCEPTION_ACCESS_VIOLATION:
            // 접근 위반 예외를 처리한다.
            ...
            break;

        case EXCEPTION_INT_DIVIDE_BY_ZERO:
            // 정수 값을 0으로 나눈 예외를 처리한다.
            ...
            break;
    }
}
```

하지만 예외 필터함수 내부에서는 GetExceptionCode를 호출할 수 없다. 발생한 예외의 종류를 확인할 수 있도록 다음과 같이 코드를 작성하게 되면 컴파일 에러가 발생한다.

```
__try {
    y = 0;
    x = 4 / y;
}

__except (CoffeeFilter()) {

    // 예외를 처리한다.
    ...
}
```

```
LONG CoffeeFilter (void) {
    // 컴파일 에러: GetExceptionCode를 잘못 호출했다.
    return((GetExceptionCode() == EXCEPTION_ACCESS_VIOLATION) ?
        EXCEPTION_EXECUTE_HANDLER : EXCEPTION_CONTINUE_SEARCH);
}
```

코드를 아래와 같이 수정하면 원하는 작업을 수행할 수 있다.

```
__try {
    y = 0;
    x = 4 / y;
}

__except (CoffeeFilter(GetExceptionCode())) {

    // 예외를 처리한다.
    ...
}

LONG CoffeeFilter (DWORD dwExceptionCode) {
    return((dwExceptionCode == EXCEPTION_ACCESS_VIOLATION) ?
        EXCEPTION_EXECUTE_HANDLER : EXCEPTION_CONTINUE_SEARCH);
}
```

예외 코드는 WinError.h 파일 내에 정의되어 있는 에러 코드 정의 방법과 동일한 규칙을 따르고 있다. DWORD 자료형인 예외 코드를 구성하는 각 항목에 대해서는 [표 24-2]에 나타냈으며, 1장 "에러 핸들링"에서 자세히 다룬 바 있다.

[표 24-2] 에러 코드 구성

비트	31-30	29	28	27-16	15-0
내용	심각도	마이크로소프트/고객	예약됨	식별 코드	예외 코드
의미	0 = 성공 1 = 정보 2 = 주의 3 = 에러	0 = 마이크로소프트가 정의한 코드 1 = 고객이 정의한 코드	항상 0	256까지는 마이크로 소프트에 의해 예약됨 (표 24-3을 보라.)	마이크로소프트나 고객이 정의한 코드

현재 마이크로소프트는 [표 24-3]과 같이 식별[Facility] 코드를 정의하고 있다.

[표 24-3] 식별 코드

식별 코드	값	식별 코드	값
FACILITY_NULL	0	FACILITY_WINDOWS_CE	24
FACILITY_RPC	1	FACILITY_HTTP	25

식별 코드	값	식별 코드	값
FACILITY_DISPATCH	2	FACILITY_USERMODE_COMMONLOG	26
FACILITY_STORAGE	3	FACILITY_USERMODE_FILTER_MANAGER	31
FACILITY_ITF	4	FACILITY_BACKGROUNDCOPY	32
FACILITY_WIN32	7	FACILITY_CONFIGURATION	33
FACILITY_WINDOWS	8	FACILITY_STATE_MANAGEMENT	34
FACILITY_SECURITY	9	FACILITY_METADIRECTORY	35
FACILITY_CONTROL	10	FACILITY_WINDOWSUPDATE	36
FACILITY_CERT	11	FACILITY_DIRECTORYSERVICE	37
FACILITY_INTERNET	12	FACILITY_GRAPHICS	38
FACILITY_MEDIASERVER	13	FACILITY_SHELL	39
FACILITY_MSMQ	14	FACILITY_TPM_SERVICES	40
FACILITY_SETUPAPI	15	FACILITY_TPM_SOFTWARE	41
FACILITY_SCARD	16	FACILITY_PLA	48
FACILITY_COMPLUS	17	FACILITY_FVE	49
FACILITY_AAF	18	FACILITY_FWP	50
FACILITY_URT	19	FACILITY_WINRM	51
FACILITY_ACS	20	FACILITY_NDIS	52
FACILITY_DPLAY	21	FACILITY_USERMODE_HYPERVISOR	53
FACILITY_UMI	22	FACILITY_CMI	54
FACILITY_SXS	23	FACILITY_WINDOWS_DEFENDER	80
FACILITY_NULL	0	FACILITY_WINDOWS_CE	24

아래에 EXCEPTION_ACCESS_VIOLATION 예외 코드를 세부 항목으로 분리한 결과를 나타냈다. EXCEPTION_ACCESS_VIOLATION을 WinBase.h 내에서 찾아보면 이 값은 WinNT.h에서 정의 하고 있는 STATUS_ACCESS_VIOLATION으로 정의되어 있으며, 0xC0000005 값을 가지고 있다.

```
    C    0    0    0    0    0    0    5    (16진수)
 1100 0000 0000 0000 0000 0000 0000 0101    (2진수)
```

30번 비트와 31번 비트는 모두 1인데, 이는 접근 위반이 에러임을 의미한다(스레드는 계속해서 수행될 수 없다). 29번 비트는 0이므로 이 코드가 마이크로소프트에 의해 정의된 것임을 알 수 있다. 28번 비트는 미래에 사용하기 위해 예약되어 있다. 16번부터 27번 비트 값은 0이며, 이는 FACILITY_NULL을 의미한다(접근 위반은 시스템 전반에 걸쳐 발생할 수 있다. 따라서 정확히 어느 부분에서 발생한다고 구분할 수 없다). 0번부터 16번 비트 값은 5이며, 이는 마이크로소프트가 접근 위반의 코드를 5로 정의하였음을 의미한다.

section 06 GetExceptionInformation

예외가 발생하면 운영체제는 EXCEPTION_RECORD, CONTEXT, EXCEPTION_POINTERS의 세 가지 구조체를 예외를 유발한 스레드의 스택에 삽입한다.

EXCEPTION_RECORD 구조체는 예외와 관련된 CPU 독립적인 정보를 가지고 있고, CONTEXT 구조체는 예외와 관련된 CPU 의존적인 정보를 가지고 있다. EXCEPTION_POINTERS 구조체는 두 개의 데이터 멤버를 가지고 있는데, 각각은 스택에 삽입된 EXCEPTION_RECORD와 CONTENT 데이터 구조체를 가리키고 있다.

```
typedef struct _EXCEPTION_POINTERS {
    PEXCEPTION_RECORD ExceptionRecord;
    PCONTEXT ContextRecord;
} EXCEPTION_POINTERS, *PEXCEPTION_POINTERS;
```

애플리케이션에서 이러한 정보들을 가져오고 싶다면 GetExceptionInformation 함수를 사용하면 된다.

```
PEXCEPTION_POINTERS GetExceptionInformation();
```

이 내장함수는 EXCEPTION_POINTERS 구조체를 가리키는 포인터를 반환한다.

GetExceptionInformation 함수와 관련하여 반드시 기억해 두어야 할 점은 이 함수의 경우 예외 필터 내에서만 호출이 가능하다는 것이다. 왜냐하면 CONTEXT, EXCEPTION_RECORD, EXCEPTION_POINTERS와 같은 데이터 구조체는 예외 필터를 처리하는 동안에만 유효하기 때문이다. 예외 처리기로 제어가 넘어가면 스택에 있던 이러한 데이터들은 모두 파괴된다.

비록 아주 드문 경우이긴 하겠지만, 예외 처리기 블록 내에서 예외 정보들을 필요로 할 때가 있다. 이 경우 EXCEPTION_POINTERS 구조체에서 가리키고 있는 EXCEPTION_RECORD와 CONTEXT 데이터 구조체를 새로운 변수에 저장해 두면 된다. 다음 예제는 EXCEPTION_RECORD와 CONTEXT 데이터 구조체를 저장하는 방법을 보여주고 있다.

```
void FuncSkunk() {
    // 예외가 발생했을 때 EXCEPTION_RECORD와 CONTEXT 구조체의 값을
    // 저장하기 위한 변수를 선언한다.
    EXCEPTION_RECORD SavedExceptRec;
    CONTEXT SavedContext;
    ...
    __try {
        ...
    }
```

```
    __except (
      SavedExceptRec =
        * (GetExceptionInformation())->ExceptionRecord,
      SavedContext =
        * (GetExceptionInformation())->ContextRecord,
      EXCEPTION_EXECUTE_HANDLER) {

      // 예외 처리기 내에서는 SavedExceptRec와 SavedContext
      // 변수를 사용하면 된다.
      switch (SavedExceptRec.ExceptionCode) {
        ...
      }
    }
    ...
  }
```

예외 필터 내에서 C/C++ 언어의 콤마(,) 연산자를 사용했음에 주의하기 바란다. 많은 개발자들이 이 연산자를 보지 못했을 것이다. 이 연산자는 컴파일러가 콤마로 구분되어 있는 연산식을 왼쪽에서 오른쪽으로 수행할 것을 지정한다. 모든 연산식이 수행되고 나면 마지막(가장 오른쪽) 연산식의 결과가 반환된다.

FuncSkunk의 예외 필터를 살펴보면, 가장 왼쪽 연산식이 수행되면 스택에 저장되어 있는 EXCEPTION_RECORD 구조체가 SavedExceptRec에 할당될 것이다. 이 연산식의 반환 값이 SavedExceptRec이기는 하지만, 이 결과는 무시되고 바로 오른쪽에 있는 연산식이 수행될 것이다. 두 번째 연산식이 수행되면 스택에 저장되어 있던 CONTEXT 구조체가 SavedContext 지역변수로 할당될 것이다. 앞의 경우와 마찬가지로 이 연산식의 반환 값이 SavedContext이기는 하지만 이 결과는 무시되고 바로 오른쪽에 있는 연산식이 다시 수행될 것이다.

이제 예외 필터가 EXCEPTION_EXECUTE_HANDLER로 평가되고, except 블록 내의 코드가 수행되게 된다. 이때 SavedExceptRec와 SavedContext 변수는 이미 초기화가 완료된 상황이므로 except 블록 내부에서 사용할 수 있다. SaveExceptRec와 SaveContext 변수는 try 블록 외부에서 선언해야 한다는 것을 반드시 기억하기 바란다.

짐작하고 있듯이, EXCEPTION_POINTERS 구조체의 ExceptionRecord 멤버는 EXCEPTION_RECORD 구조체를 가리키고 있다.

```
typedef struct _EXCEPTION_RECORD {
  DWORD ExceptionCode;
  DWORD ExceptionFlags;
  struct _EXCEPTION_RECORD *ExceptionRecord;
  PVOID ExceptionAddress;
  DWORD NumberParameters;
```

```
        ULONG_PTR ExceptionInformation[ EXCEPTION_MAXIMUM_PARAMETERS] ;
    } EXCEPTION_RECORD;
```

EXCEPTION_RECORD 구조체는 가장 최근에 발생한 예외에 대한 CPU 독립적인 세부 정보를 담고 있다.

- ExceptionCode는 예외 코드를 가지고 있다. 이 값은 GetExceptionCode 내장함수의 반환 값과 동일하다.

- ExceptionFlags는 예외 플래그exception flag를 가지고 있다. 현재까지는 0(수행을 재개할 수 있는 예외)과 EXCEPTION_NONCONTINUABLE(수행을 재개할 수 없는 예외) 두 개의 값만이 정의되어 있다. 만일 수행을 재개할 수 없는 예외가 발생했음에도 예외 필터가 EXCEPTION_CONTINUE_EXECUTE를 반환하여 수행을 재개하려고 시도하면 EXCEPTION_NONCONTINUABLE_EXCEPTION 예외가 발생하게 된다.

- ExceptionRecord는 처리되지 않은 또 다른 EXCEPTION_RECORD 구조체를 가리킨다. 가끔은 예외를 처리하는 과정에서 또 다른 예외를 유발할 수도 있다. 예를 들면 예외 필터 내부에서 0으로 나누는 예외를 유발할 수 있을 것이다. ExceptionRecord는 이전에 처리되지 않은 예외가 발생한 적이 있는 경우 그에 대한 추가적인 정보를 제공하기 위해 존재한다. 내부에 포함된 예외는 예외 필터 처리 과정에서 예외가 발생한 경우에만 존재한다. 윈도우 비스타 이전에는 내부에 포함된 예외가 처리되지 않은 경우에도 프로세스가 종료되었다. 처리되지 않은 예외가 없는 경우 이 멤버의 값은 NULL이다.

- ExceptionAddress는 예외를 유발한 CPU 명령이 있는 주소 값을 가진다.

- NumberParameters는 예외와 관련되어 있는 매개변수의 개수를 나타내는데(0부터 15), 이 값은 ExceptionInformation 배열 내의 요소의 개수를 나타낸다. 대부분의 예외에 대해 이 값은 0이다.

- ExceptionInformation은 예외를 설명하기 위한 추가적인 정보를 담고 있는 배열이다. 대부분의 예외에 대해 이 배열 요소는 정의되어 있지 않다.

EXCEPTION_RECORD 구조체의 마지막 두 멤버인 NumberParameters와 ExceptionInformation은 종종 예외에 대한 추가 정보를 예외 필터로 제공할 목적으로 사용된다. 현재까지는 EXCEPTION_ACCESS_VIOLATION 단 한 개의 예외만이 추가적인 정보를 제공해 주고 있다. 다른 예외들은 NumberParameters 멤버 값으로 0을 가진다. NumberParameters 값을 확인해 보면 예외가 추가적인 정보를 제공해 주는지의 여부를 확인할 수 있다.

EXCEPTION_ACCESS_VIOLATION 예외의 경우 ExceptionInformation[0] 값은 접근 위반을 유발한 명령의 타입을 나타내는 플래그 값을 가지고 있다. 만일 이 값이 0이면 접근할 수 없는 데이터에 대한 읽기를 수행한 것이고, 이 값이 1이면 접근할 수 없는 데이터에 대한 쓰기를 수행한 것이다. ExceptionInformation[1]은 접근할 수 없는 데이터의 주소 값을 나타낸다. 데이터 수행 방지Data Execution Prevention(DEP)는 실행할 수 없는 메모리 페이지에 포함되어 있는 코드를 수행하려는 경우 접근 위반 예외를 발생시킨다. 이때 IA-64에서는 ExceptionInformation[0] 값으로 2를 가지고, 다른 CPU 에서는 8을 가진다.

이러한 멤버들을 활용하면 애플리케이션의 동작 방식에 대한 추가적인 정보를 제공하는 예외 필터를 만들 수 있다. 예를 들어 다음과 같이 예외 필터를 작성할 수도 있을 것이다.

```
__try {
   ...
}
__except (ExpFltr(GetExceptionInformation())) {
   ...
}

LONG ExpFltr (LPEXCEPTION_POINTERS pep) {
   TCHAR szBuf[ 300] , *p;
   PEXCEPTION_RECORD pER = pep->ExceptionRecord;
   DWORD dwExceptionCode = pER->ExceptionCode;

   StringCchPrintf(szBuf, _countof(szBuf), TEXT("Code = %x, Address = %p"),
      dwExceptionCode, pER->ExceptionAddress);

   // 문자열의 끝을 찾아낸다.
   p = _tcschr(szBuf, TEXT('0'));

   // 마이크로소프트가 추후에 다른 예외에 대해서도
   // 추가적인 정보를 제공해 줄 수 있으므로 switch문을 이용하였다.
   switch (dwExceptionCode) {
      case EXCEPTION_ACCESS_VIOLATION:
         StringCchPrintf(p, _countof(szBuf),
            TEXT("\n--> Attempt to %s data at address %p"),
            pER->ExceptionInformation[ 0] ? TEXT("write") : TEXT("read"),
            pER->ExceptionInformation[ 1] );
         break;

      default:
         break;
   }

   MessageBox(NULL, szBuf, TEXT("Exception"), MB_OK | MB_ICONEXCLAMATION);

   return(EXCEPTION_CONTINUE_SEARCH);
}
```

EXCEPTION_POINTERS 구조체의 ContextRecord 멤버는 CONTEXT 구조체(7장 "스레드 스케줄링, 우선순위, 그리고 선호도"에서 설명하였다)를 가리킨다. 이 구조체는 플랫폼 의존적인 정보를 담고 있으므로 CPU에 따라 서로 다른 내용을 담고 있다.

기본적으로, 이 구조체 내에는 CPU 레지스터 각각을 저장하고 있는 멤버들이 있다. 예외가 발생하면 이 구조체 내의 값을 이용하여 좀 더 자세한 정보를 확인할 수 있을 것이다. 하지만 이를 통해 자세한 정보를 확인할 수 있으려면 프로그램이 수행 중인 머신에 적합한 코드를 작성할 수 있어야 함은 물론이고, CONTEXT 구조체의 내용을 이해할 수 있어야 한다. 이 구조체를 이용하는 가장 좋은 방법은 코드 내에 여러 개의 #ifdef를 추가하는 것이다. 윈도우 운영체제가 지원하는 다양한 CPU들에 대한 CONTEXT 구조체는 WinNT.h 파일에 정의되어 있다.

section 07 소프트웨어 예외

지금까지 CPU가 감지하거나 유발하는 하드웨어 예외에 대해 논의했다. 그런데 이와는 별도로 코드 내에서 예외를 강제적으로 발생시킬 수도 있다. 이는 특정 함수가 작업에 실패했음을 호출자에게 알려주는 방법 중 하나다. 전통적으로, 실패할 가능성이 있는 함수들은 자신만의 특수한 값을 이용하여 함수의 실패 여부를 반환해 주곤 하였다. 이러한 함수를 사용할 때에는 함수가 실패를 나타내는 값을 반환할 것을 예상하여 추가적인 동작 방식을 구현하는 것이 일반적이다. 호출한 함수가 실패를 반환한 경우 지금까지 수행했던 작업을 정리하고 자신을 호출한 호출자에게 또 다시 에러 코드를 반환해야 한다. 이처럼 에러 코드를 계속해서 반환하도록 코드를 작성하면 유지보수하기가 점점 더 어려워진다.

이와는 다른 접근 방법으로, 함수가 실패했을 때 예외를 유발하도록 하는 방식이 있을 수 있다. 이러한 방법을 이용하면 코드를 작성하고 유지보수하기가 좀 더 쉬워진다. 뿐만 아니라 함수가 반환할 가능성이 있는 모든 에러 코드를 확인해 보지 않아도 되기 때문에 코드는 좀 더 빠르게 작업을 수행할 수 있다. 사실 이러한 에러 확인 코드는 실패가 발생하거나 예외적인 상황에서만 수행되는 코드들이다.

불행하게도 상당수의 개발자들은 에러 처리를 위해 예외를 사용하는 습관을 가지고 있지 않다. 여기에는 크게 두 가지 이유가 있다. 첫 번째 이유는 대부분의 개발자들이 SEH에 익숙하지 않다는 것이다. 한두 명의 개발자가 SEH에 정통하고 있다 하더라도 다른 개발자들은 그렇지 않을 수도 있다. SEH에 익숙한 개발자가 예외를 유발하도록 함수를 만들었다 하더라도 다른 개발자가 그러한 예외를 잡아낼 수 있는 SEH 프레임을 작성하지 않으면 운영체제는 프로세스를 종료시켜 버릴 것이다.

개발자들이 SEH 사용을 꺼리는 두 번째 이유는 SEH를 다른 운영체제에 이식할 수 없다는 것이다. 많은 회사들이 자신의 제품을 단일의 코드로 유지하면서 여러 종류의 운영체제에서 동작될 수 있도록 개발을 하고 싶어 한다. 이러한 이유로 SEH 사용을 꺼린다면 이는 상당히 수긍이 가는 점이다. SEH는 윈도우에서만 활용 가능한 기술이기 때문이다.

그럼에도 불구하고 예외를 통해 에러를 반환하기로 결정했다면 그러한 결정에 박수를 보내고 싶다. 더불어 이번 절에서 설명한 내용이 반드시 필요할 것이다. 먼저, HeapCreate, HeapAlloc 등과 같은 윈도우 힙 함수에 대해 다시 살펴보도록 하자. 18장 "힙"에서 설명한 내용을 상기하라. 보통의 경우 힙 관련 함수들은 실패하게 되면 NULL을 반환한다. 하지만 힙 함수들을 사용할 때 HEAP_GENE-RATE_EXCEPTIONS 플래그를 사용하게 되면 함수가 실패했을 때 NULL을 반환하는 대신 SEH 프레임을 이용하여 잡아낼 수 있는 STATUS_NO_MEMORY 소프트웨어 예외를 유발하게 된다.

만일 예외의 이점을 사용하려 한다면 메모리 할당 요청이 항상 성공하는 경우라 하더라도 try 블록을 사용해야 한다. 혹시 메모리 할당 요청이 실패한다 하더라도 except 블록을 이용하여 예외를 처리하거나 finally 블록을 이용하여 정리 작업을 수행할 수 있다. 얼마나 편리한가!

애플리케이션에서 소프트웨어 예외를 잡아내는 방법은 하드웨어 예외를 잡아내는 방법과 완전히 동일하다. 다시 말하면, 이전 장에서 설명한 모든 내용들은 소프트웨어 예외에 대해서도 동일하게 적용된다는 것이다.

따라서 이번 절에서는 함수의 실패를 나타내는 소프트웨어 예외를 어떻게 강제적으로 발생시킬 수 있는가에 초점을 맞추고자 한다. 실제로 사용자는 마이크로소프트가 구현한 힙 함수와 유사한 형태로 자신만의 함수를 구현할 수 있다. 함수를 호출할 때 에러를 어떤 방식으로 알려줄지를 결정하는 플래그 값을 전달하도록 하면 된다.

소프트웨어 예외software exception를 유발하는 것은 매우 쉽다. 단순히 RaiseException 함수를 호출해 주기만 하면 된다.

```
VOID RaiseException(
    DWORD dwExceptionCode,
    DWORD dwExceptionFlags,
    DWORD nNumberOfArguments,
    CONST ULONG_PTR *pArguments);
```

첫 번째 매개변수인 dwExceptionCode로는 예외를 구분할 수 있는 값을 지정하면 된다. HeapAlloc 함수의 경우 이 매개변수로 STATUS_NO_MEMORY 값을 전달한다. 만일 자신만의 예외 구분자를 정의하고 싶다면 WinError.h 파일 내에서 정의하고 있는 표준 윈도우 에러 코드 형태를 준수해야 한다. [표 24-2]을 통해서 보여준 바와 같이 DWORD 값은 여러 필드로 쪼개질 수 있다는 것을 기억해 두기 바란다.

만일 자신만의 예외 코드를 만들고자 한다면, 다음의 다섯 개의 항목을 구성해야 한다.

- 31과 30번 비트는 심각도*severity*를 나타낸다.

- 29번 비트는 1로 설정해야 한다. (0은 HeapAlloc의 STATUS_NO_MEMORY와 같이 마이크로소프트가 정의한 예외라는 의미이다.)

- 28번 비트는 0으로 설정해야 한다.

- 27번 비트부터 16번 비트까지는 마이크로소프트가 정의한 식별 코드 중 한 가지가 올 수 있다.

- 15번 비트부터 0번 비트까지는 애플리케이션에서 발생시키고자 하는 예외를 구분할 수 있는 임의의 값을 설정해야 한다.

RaiseException의 두 번째 매개변수인 dwExceptionFlags로는 0 혹은 EXCEPTION_NONCON-TINUABLE을 전달해야 한다. 기본적으로, 이 플래그는 발생한 예외에 대해 예외 필터가 EXCEPTION_CONTINUE_EXECUTION 값을 반환할 수 있는지의 여부를 나타내는 값이다. 이 플래그 값으로 EXCEPTION_NONCONTINUABLE 값을 전달하지 않았다면 예외 필터는 EXCEPTION_CONTINUE_EXECUTION을 반환해도 된다. 보통의 경우라면 예외 필터가 이 값을 반환하였을 때 스레드가 소프트웨어 예외를 발생시킨 CPU 명령을 다시 한 번 실행하게 될 것이다. 하지만 마이크로소프트는 이 경우 RaiseException 함수를 호출한 바로 다음 명령을 수행할 수 있도록 동작 방식을 변경하였다.

EXCEPTION_NONCONTINUABLE 플래그를 이용하여 RaiseException 함수를 호출하게 되면, 지금 발생시킨 예외는 예외를 유발하였던 명령을 다시 수행을 할 수 없는 에러임을 시스템에게 알려주게 된다. 이 플래그는 운영체제 내부적으로 심각한 에러(복구할 수 없는)가 발생하였음을 알려주기 위해 사용된다. 추가적으로, HeapAlloc 함수가 STATUS_NO_MEMORY 소프트웨어 예외를 유발시킨 경우 EXCEPTION_NONCONTINUABLE 플래그를 사용하였기 때문에 시스템이 예외를 유발하였던 명령을 다시 수행할 수 없게 된다. 메모리를 강제적으로 할당할 수 있는 방법이 없기 때문에 이렇게 코드를 작성한 이유는 충분히 납득할만하다.

만일 필터가 EXCEPTION_NONCONTINUABLE 플래그를 무시하고 EXCEPTION_CONTINUE_EXECUTION을 반환하게 되면, 시스템은 EXCEPTION_NONCONTINUABLE_EXCEPTION이라는 새로운 예외를 발생시킨다.

애플리케이션이 예외를 처리하는 동안 또 다른 예외가 발생할 수도 있다. 만일 이처럼 예외 처리 시 또 다른 예외가 발생하는 상황에 처하게 되면 finally 블록이나 예외 필터 혹은 예외 핸들 내에서 유효하지 않은 메모리에 접근했을 가능성에 주목하기 바란다. 이런 일이 발생하게 되면 시스템은 발생한 예외들을 스택에 담아둔다. GetExceptionInformation 함수를 기억하는가? 이 함수는 EXCEPTION_POINTERS 구조체의 주소를 반환한다. EXCEPTION_POINTERS 구조체 내의 ExceptionRecord 멤버는 다른 ExceptionReocrd 멤버를 가지고 있는 EXCEPTION_RECORD 구조체의 주소를 가리킨다. 만일 이 멤버가 또 다른 EXCEPTION_RECORD를 가리키고 있다면, 이는 이전에 발생한 예외에 대한 정보를 가지고 있게 된다.

보통의 경우라면 시스템은 한 번에 하나씩의 예외만을 처리하고 ExceptionRecord 멤버는 NULL 값을 가질 것이다. 하지만 예외 처리 중에 또 다른 예외가 발생하면 첫 번째 EXCEPTION_RECORD 구조체는 가장 최근에 발생한 예외에 대한 정보를 가지게 되고, 해당 구조체 내의 ExceptionRecord 멤버는 앞서 발생하였던 EXCEPTION_RECORD를 가리키게 된다. 만일 추가적인 예외를 완벽하게 처리하지 못하였다면, 예외에 대한 처리 방법을 결정하기 위해 EXCEPTION_RECORD 구조체로 구성된 링크드 리스트를 계속해서 따라 들어갈 수도 있다.

RaiseException의 세 번째, 네 번째 매개변수인 nNumberOfArguments와 pArguments는 발생시킬 예외에 대한 추가적인 정보를 전달하기 위해 사용된다. 보통의 경우라면 이러한 정보들이 굳이 필요하지 않기 때문에 pArguments 매개변수로 NULL을 전달하면 되고, 이 경우 RaiseException 함수는 nNumberOfArguments 매개변수 값을 무시한다. 만일 추가적인 정보를 전달하려 한다면 nNumberOfArguments 매개변수로는 pArguments 매개변수가 가리키는 ULONG_PTR 요소의 개수를 지정하면 된다. 이 매개변수 값은 EXCEPTION_MAXIMUM_PARAMETERS 값(WinNT.h에 15로 정의되어 있다)을 초과할 수 없다.

이러한 예외를 처리할 때에는 예외 필터에서 EXCEPTION_RECORD 구조체의 멤버인 NumberOfParameters와 ExceptionInformation 값을 이용하여 RaiseException 함수를 호출할 때 전달하였던 nNumberOfArguments와 pArguments 값에 접근할 할 수 있다.

애플리케이션에서는 다양한 이유로 인해 자신만의 소프트웨어 예외를 발생시키고 싶을 것이다. 예를 들어 소프트웨어 예외를 이용하여 시스템 이벤트 로그에 정보 성격의 메시지를 기록하고 싶을 수도 있다. 이 경우 애플리케이션 내의 함수에서 어떤 형태의 문제라도 감지되면 RaiseException 함수를 호출하고, 예외 처리기를 만들어서 정확한 예외를 찾을 수 있는 호출 트리를 구성한 후 이벤트 로그나 메시지 박스를 띄우면 된다. 이 외에도 애플리케이션 내부의 심각한 에러를 알리기 위해 소프트웨어 예외를 작성하고 싶을 수도 있다.

Chapter **25**

처리되지 않은 예외, 벡터화된 예외 처리 그리고 C++ 예외

1. UnhandledExceptionFilter 함수의 내부
2. 저스트-인-타임(JIT) 디버깅
3. 표계산 예제 애플리케이션
4. 벡터화된 예외와 컨티뉴 처리기
5. C++ 예외와 구조적 예외
6. 예외와 디버거

이전 장에서 예외 필터가 EXCEPTION_CONTINUE_SEARCH를 반환할 때 어떤 일이 발생하는지에 대해 논의한 바 있다. 이 값을 반환하면 시스템은 호출 트리에서 계속 상위로 올라가면서 추가적인 예외 필터들을 평가하게 된다. 그런데 만일 모든 예외 필터들이 EXCEPTION_CONTINUE_SEARCH를 반환하면 어떻게 될까? 이러한 예외를 처리되지 않은 예외 ^{unhandled exception} 라고 한다.

마이크로소프트 윈도우가 제공하는 SetUnhandledExceptionFilter 함수를 이용하면 예외가 발생하였을 때 윈도우가 실제로 해당 예외를 처리되지 않은 예외라고 규정하기 전에 마지막으로 예외를 처리할 수 있는 기회를 얻을 수 있다.

```
PTOP_LEVEL_EXCEPTION_FILTER SetUnhandledExceptionFilter(
    PTOP_LEVEL_EXCEPTION_FILTER pTopLevelExceptionFilter);
```

대체로 이 함수는 프로세스의 초기화 시점에 호출된다. 이 함수가 수행되고 나면 프로세스에 속한 모든 스레드에서 발생한 처리되지 않은 예외는 최상위의 필터함수(SetUnhandledExceptionFilter 매개변수로 전달한)로 전달된다.

```
LONG WINAPI TopLevelUnhandledExceptionFilter(PEXCEPTION_POINTERS pExceptionInfo);
```

이 예외 필터 내에서는 필요한 작업은 어떤 것이든 수행할 수 있으며, 다음의 [표 25-1]에 나열한 EX-CEPTION_* 구분자 중 하나를 반환하면 된다. 그런데 스택 오버플로가 발생하였다거나 동기화 오브

젝트에 대한 적절한 해제가 되지 않았다거나 힙 데이터가 해제되지 않았을 경우에는 프로세스가 손상된 상태일 수 있다는 점에 주의해야 한다. 따라서 필터함수 내에서는 가능한 한 최소한의 작업만을 수행하도록 해야 하며, 힙이 손상되었을 수도 있기 때문에 동적으로 메모리를 할당하는 것과 같은 작업은 피하는 것이 좋다.

SetUnhandledExceptionFilter 함수를 이용하여 새로운 예외 필터를 설치하게 되면 이전에 설치되었던 예외 필터의 주소가 반환된다. 만일 애플리케이션이 C/C++ 런타임 라이브러리를 사용하고 있다면, 사용자가 정의한 진입점 함수를 호출하기 전에 C/C++ 런타임이 __CxxUnhandledException-Filter라는 전역 예외 필터를 설치하게 된다. 이 함수는 단순히 발생한 예외가 C++ 예외인지 여부만을 확인한다(좀 더 자세한 내용은 "25.5 C++ 예외와 구조적 예외" 절에서 알아볼 것이다). 만일 발생한 예외가 C++ 예외라면 Kernel32.dll 파일이 익스포트하고 있는 UnhandledException-Filter 함수를 호출하는 abort 함수를 수행하는 것으로 끝난다. 오래된 C/C++ 런타임^{run time} 버전의 경우 프로세스가 바로 종료^{terminate}되어 버린다. 이 경우 _set_abort_behavior 함수를 이용하여 abort가 호출되었을 때 에러를 보고하도록 구성할 수 있다. 만일 예외가 C++ 예외가 아니라면 이 필터함수^{filter function}는 EXCEPTION_CONTINUE_SEARCH를 반환하고, 결국 윈도우가 직접 처리되지 않은 예외를 다루게 될 것이다.

[표 25-1] 최상위 레벨의 예외 필터가 반환하는 값과 수행 내용

구분자	수행 내용
EXCEPTION_EXECUTE_HANDLER	프로세스는 사용자에게 어떠한 통보도 없이 프로세스를 종료시켜 버린다. 글로벌 언와인드가 발생하여 finally 블록이 수행됨에 주목하라.
EXCEPTION_CONTINUE_EXECUTION	예외를 유발하였던 명령을 다시 수행한다. PEXCEPTION_POINTERS 매개변수가 참조하는 예외 정보를 변경할 수 있다. 만일 문제를 해결하지 못하였고 동일한 예외가 다시 발생하면, 프로세스는 동일 예외를 계속해서 발생시키는 무한 루프에 빠지게 될 것이다.
EXCEPTION_CONTINUE_SEARCH	이제 예외는 실제로 처리되지 않은 예외가 된다. "25.1 UnhandledExceptionFilter 함수의 내부" 절에서 무슨 일이 일어나는지 자세히 알아볼 것이다.

마이크로소프트 Visual Studio로 코드를 디버깅해 보면 SetUnhandledExceptionFilter를 호출하여 자신만의 전역 필터를 설치하려는 경우 __CxxUnhandledExceptionFilter의 주소가 반환되는 것을 인텔리센스 기능을 통해 확인할 수 있을 것이다. 다른 경우 기본 필터는 UnhandledException-Filter 함수가 될 것이다.

> SetUnhandledExceptionFilter 함수의 인자 값으로 NULL을 전달하면 UnhandledExceptionFilter를 처리되지 않은 예외에 대한 전역 필터로 초기화할 수 있다.

만약 우리가 설치한 필터가 EXCEPTION_CONTINUE_SEARCH를 반환해야 하는 경우 SetUnhandledExceptionFilter 함수의 반환 값으로 획득하였었던 이전 필터함수를 호출하고 싶을지도 모르겠다. 하지만 이러한 필터함수가 다른 회사에서 개발한 DLL 내에 포함되어 있고, 해당 DLL이 호출 시점 이전에 언로드되어 버렸을 수도 있기 때문에 SetUnhandledExceptionFilter 함수를 호출하는 과정에서 반환된 필터함수를 호출하는 것은 피하는 것이 좋다. 891쪽 "작업 3: 전역적으로 설치된 필터함수에게 통지"에서 이러한 방법을 피해야 하는 또 다른 이유를 설명할 것이다.

6장 "스레드의 기본"에서 모든 스레드는 실제로 NTDLL.dll 파일 내에 있는 BaseThreadStart 함수를 호출한다고 설명한 바 있다.

```
VOID BaseThreadStart(PTHREAD_START_ROUTINE pfnStartAddr, PVOID pvParam)
{
    __try {
        ExitThread((pfnStartAddr)(pvParam));
    }
    __except (UnhandledExceptionFilter(GetExceptionInformation())) {
        ExitProcess(GetExceptionCode());
    }
    // 주의: 이 부분은 수행되지 않는다.
}
```

이 함수는 구조적 예외 처리(SEH) 프레임을 가지고 있어서 try 블록 내부에서 스레드/애플리케이션의 진입점 함수를 호출한다. 만일 스레드가 예외를 유발하고, 모든 예외 필터가 EXCEPTION_CONTINUE_SEARCH를 반환한다면, UnhandledExceptionFilter라는 특수한 필터함수가 호출될 것이다.

```
LONG UnhandledExceptionFilter(PEXCEPTION_POINTERS pExceptionInfo);
```

다른 예외 필터함수와 동일하게 이 함수는 세 개의 EXCEPTION_* 구분자 중 하나를 반환한다. [표 25-2]에 각각의 값이 반환되었을 때 어떤 일이 일어나는지 나타냈다.

[표 25-2] UnhandledExceptionFilter 함수가 반환하는 값과 수행 내용

구분자	수행 내용
EXCEPTION_EXECUTE_HANDLER	글로벌 언와인드가 수행되어 모든 finally 블록이 수행된다. 처리되지 않은 예외에 대해 BaseThreadStart 함수 내의 예외 처리기는 ExitProcess 함수를 호출하여 프로세스를 조용히 종료한다. 프로세스의 종료 코드는 예외 코드로 설정됨에 주목하라.
EXCEPTION_CONTINUE_EXECUTION	예외가 발생했던 명령을 계속해서 수행한다. "25.1 UnhandledExceptionFilter 함수의 내부" 절의 작업 1에서 어떤 일이 일어나는지 알아볼 것이다.
EXCEPTION_CONTINUE_SEARCH	디버거가 문제가 되는 프로세스를 제어하고 있지 않은 경우 기본 디버거가 수행된다. 디버거에게 발생한 예외에 대해 알려주고, 예외가 발생한 지점에서 코드를 종료할 수 있도록 한다. 이에 대해서는 "25.2 저스트-인-타임(JIT) 디버깅" 절에서 좀 더 자세히 알아볼 것이다. 만일 디버거가 붙지 않으면 윈도우는 처리되지 않은 예외가 유저 모드에서 발생한 것임을 알게 된다.

노트 만일 예외 안에 또 다른 예외가 포함되어 있는 경우(즉, 예외 필터 내에서 예외를 유발한 경우) UnhandledExceptionFilter는 EXCEPTION_NESTED_CALL을 반환한다. 윈도우 비스타 이전에는 이 경우 UnhandledExceptionFilter가 반환되지 않고 프로세스가 조용히 종료되었다.

위에서 나열 값 중 한 개의 값이 반환되기 전에 UnhandledExceptionFilter 내부에서는 다양한 작업들이 수행된다. 다음 절에서 단계별로 어떠한 작업들이 일어나는지 알아볼 것이다.

section 01 UnhandledExceptionFilter 함수의 내부

UnhandledExceptionFilter 함수는 예외를 처리하기 위해 5가지 작업을 (순차적으로) 수행한다. 지금부터 이러한 절차들에 대해 차례차례 알아볼 것이다. UnhandledExceptionFilter 함수는 모든 작업이 완료되면 윈도우 에러 보고^{Windows Error Reporting}(WER)로 제어를 전달한다. 윈도우 에러 보고에 대해서는 893쪽 "UnhandledExceptionFilter와 WER 간의 상호작용"에서 알아볼 것이다.

🔳 작업 1: 리소스에 대한 쓰기 허용과 수행 재개

스레드가 쓰기 작업을 수행하는 동안 접근 위반이 발생하게 되면 UnhandledExceptionFilter는 해당 스레드가 .exe나 DLL 모듈 내의 리소스를 수정하려고 했는지의 여부를 확인한다. 기본적으로 리소스들은 읽기 전용이며(읽기 전용으로 유지하는 것이 좋다), 이러한 리소스를 수정하려고 하면 접근 위반을 유발하게 된다. 하지만 16비트 윈도우에서는 리소스에 대한 수정을 허용하고 있었기 때문에 하위 호환성을 위해 32비트와 64비트 윈도우도 리소스에 대한 수정 작업이 가능하도록 해야 했다. 하위 호환성을 유지하기 위해 UnhandledExceptionFilter는 VirtualProtect 함수를 호출하여 리소스를 담고 있는 페이지를 PAGE_READWRITE로 변경한 후 EXCEPTION_CONTINUE_EXECUTION을 반환하여 예외를 유발하였던 명령을 다시 수행하도록 한다.

🔳 작업 2: 처리되지 않은 예외를 디버거에게 통지

UnhandledExceptionFilter는 애플리케이션이 현재 디버거의 제어 하에서 수행되고 있는지를 확인한다. 만일 그렇다면 UnhandledExceptionFilter는 EXCEPTION_CONTINUE_SEARCH를 반환한다. 이 시점까지는 예외가 아직 처리되지 않았으므로 윈도우는 디버거에게 그러한 사실을 통지하게 된다. 디버거는 발생한 예외에 대한 EXCEPTION_RECORD 구조체의 ExceptionInformation 멤버를 전달받게 되고, 이 정보를 이용하여 코드 상의 어떤 명령이 예외를 유발하였으며, 어떤 예외가 발생하였는지를 사용자에게 알려준다. 애플리케이션의 코드 내에서 IsDebuggerPresent 함수를 사용하면 현재 애플리케이션이 디버거의 제어 하에서 수행 중인지의 여부를 확인할 수 있다.

❸ 작업 3: 전역적으로 설치된 필터함수에게 통지

SetUnhandledExceptionFilter를 호출하여 처리되지 않은 예외에 대한 전역 예외 필터를 설치했다면, UnhandledExceptionFilter는 이 필터함수를 호출해 준다. 만일 설치된 전역 예외 필터가 EXCEPTION_EXECUTE_HANDLER나 EXCEPTION_CONTINUE_EXECUTION을 반환하면 UnhandledExceptionoFilter 함수는 이 값을 시스템에게 그대로 반환한다. 만일 EXCEPTION_CONTINUE_SEARCH를 반환하면 작업 4를 수행한다. 그런데 잠깐! 앞서 C/C++의 처리되지 않은 예외에 대한 전역 필터인 __CxxUnhandledExceptionFilter가 명시적으로 UnhandledException-Filter를 호출한다고 설명한 바 있다. 이러한 무한 재귀 호출은 스택 오버플로 예외를 유발하기 때문에 실제 발생했던 예외를 감추어 버리게 된다. 이러한 이유로 이미 설치되어 있는 처리되지 않은 예외에 대한 전역 필터를 다시 호출해서는 안 된다. 재귀 호출을 막기 위해 __CxxUnhandledException-tionFilter는 UnhandledExceptionFilter 함수를 호출하기 전에 SetUnhandledException-Filter(NULL)을 호출한다.

프로그램에서 C/C++ 런타임 라이브러리를 사용하는 경우, 런타임은 스레드의 진입점 함수를 try/except로 감싸고, 예외 필터로 C/C++ 런타임 라이브러리가 제공하는 _XcpFilter 함수를 호출하도록 프레임을 구성한다. _XcpFilter는 내부적으로 UnhandledExceptionFilter 함수를 호출하게 되고, UnhandledExceptionFilter는 전역 필터가 설치되어 있는 경우 해당 필터를 호출하게 된다. 따라서 전역 필터가 설치되어 있는 상황에서 _XcpFilter가 처리되지 않은 예외를 발견하게 되면, 앞서 설치하였던 전역 필터가 호출되게 된다. 전역 필터가 EXCEPTION_CONTINUE_SEARCH를 반환하면 처리되지 않은 예외는 BaseThreadStart 함수의 예외 필터까지 도달하게 될 것이고, Unhandled-ExceptionFilter가 재호출되게 된다. 결국 UnhandledExceptionFilter가 두 번 호출된다.

❹ 작업 4: 처리되지 않은 예외를 디버거에게 통지(반복)

작업 3에서 전역적으로 설치된 처리되지 않은 예외 필터함수는 디버거를 수행한다. 이후 처리되지 않은 예외를 유발하였던 스레드를 포함하고 있는 프로세스에 디버거를 붙인다. 이제 처리되지 않은 예외 필터가 EXCEPTION_CONTINUE_SEARCH를 반환하면 디버거에게 예외를 통지하게 된다(작업 2).

5 작업 5: 프로세스를 조용히 종료

만일 프로세스 내의 특정 스레드가 SEM_NOGPFAULTERRORBOX 플래그를 인자로 SetError-Mode를 호출하였다면, UnhandledExceptionFilter는 EXCEPTION_EXECUTE_HANDLER를 반환하게 된다. 이제, 처리되지 않은 예외가 발생하여 EXCEPTION_EXECUTE_HANDLER가 반환되면 글로벌 언와인드가 진행되어 대기 중이던 finally 블록이 모두 수행된다. 이후 프로세스는 조용히 종료된다. 이와 유사하게 프로세스가 특정 잡(5장 "잡"에서 알아보았다)에 포함되어 있고, 잡의 제한사항으로 JOB_OBJECT_LIMIT_DIE_ON_UNHANDLED_EXCEPTION 플래그가 설정되어 있는 경우에도 UnhandledExceptionFilter는 EXCEPTION_EXECUTE_HANDLER 값을 반환하게 되며, 동일한 절차가 진행된다.

UnhandledExceptionFilter는 예외를 유발했던 문제를 해결하려고 시도하거나, 디버거에게 그러한 사실을 통지하거나(디버거가 붙어 있다면), 혹은 필요한 경우 애플리케이션을 종료해 버리기도 한다. 이러한 과정을 진행했음에도 불구하고 예외가 처리되지 못하고 EXCEPTION_CONTINUE_SEARCH를 반환할 수밖에 없는 상황이 되면 커널이 제어를 넘겨받아 사용자에게 애플리케이션에 문제가 발생했음을 알려준다. UnhandledExceptionFilter가 EXCEPTION_CONTINUE_SEARCH를 반환했을 때 윈도우 커널이 어떤 작업을 수행하는지, 예외가 어떻게 시스템으로 전달되는지에 대해 구체적으로 살펴보기 전에(이러한 내용은 893쪽 "UnhandledExceptionFilter와 WER 간의 상호작용" 절에서 다룰 것이다), 이 시점에 나타나는 사용자 인터페이스를 좀 더 자세히 살펴보기로 하자.

[그림 25-1]은 윈도우 XP에서 예외가 UnhandledExceptionFilter로 전달되었을 때 나타나는 메시지다.

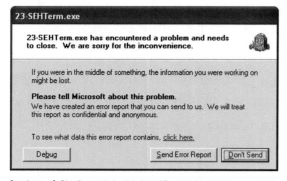

[그림 25-1] 윈도우 XP에서 처리되지 않은 예외가 발생했을 때 나타나는 메시지

윈도우 비스타에서는 [그림 25-2]와 [그림 25-3]에 나타낸 다이얼로그 박스가 순차적으로 나타나게 된다.

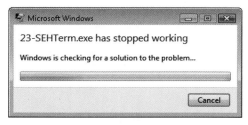

[그림 25-2] 윈도우 비스타에서 처리되지 않은 예외가 발생했을 때 처음으로 나타나는 메시지

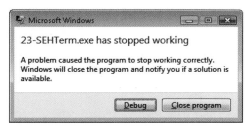

[그림 25-3] 윈도우 비스타에서 처리되지 않은 예외가 발생했을 때 두 번째로 나타나는 메시지

지금까지 UnhandledExceptionFilter가 호출되었을 때 수행되는 작업 순서에 대한 전반적인 모습을 알아보았고, 실제로 화면에 무엇이 출력되는지에 대해서도 알아보았다.

❻ UnhandledExceptionFilter와 WER 간의 상호작용

[그림 25-4]는 윈도우 에러 보고^{Windows Error Reporting} 구조를 이용하여 처리되지 않은 예외를 다루는 방법을 보여주고 있다. 1단계와 2단계는 앞 절에서 이미 설명하였다.

윈도우 비스타부터는 더 이상 UnhandledExceptionFilter 함수가 직접 에러 보고서를 마이크로소프트 서버로 전송하지 않는다. 대신 UnhandledExceptionFilter는 "25.1 UnhandledException-Filter 함수의 내부"에서 설명한 작업을 수행한 후 단순히 EXCEPTION_CONTINUE_SEARCH를 반환한다(그림 25-4의 3단계). 이때 커널은 유저 모드 스레드에 의해 처리되지 않은 예외가 있음을 감지하게 되고(4단계), 이후 WerSvc라고 불리는 서비스로 예외에 대한 통지를 전달하게 된다.

WerSvc로의 통지 절차는 고급 지역 프로시저 호출^{Advanced Local Procedure Call}(ALPC)이라는 문서화되지 않은 메커니즘을 사용한다. 이러한 메커니즘은 WerSvc로 전달된 내용이 완전히 처리될 때까지 문제의 스레드가 수행되지 않도록 한다(5단계). WerSvc 서비스는 CreateProcess를 호출하여 WerFault.exe 애플리케이션을 수행하고(6단계), 새로 생성된 프로세스가 종료될 때까지 대기하게 된다. WebFault.exe 애플리케이션은 문제 보고서를 구성하고, 서버로 전송한다(7단계). 이제 WerFault.exe 컨텍스트 내에서 다이얼로그 박스를 출력하여 사용자가 애플리케이션을 닫을지 아니면 디버거를 붙일지를 선택하도록 한다(8단계). 사용자가 프로그램을 닫겠다고 결정하면 WebFault.exe는 조용하고 확실하

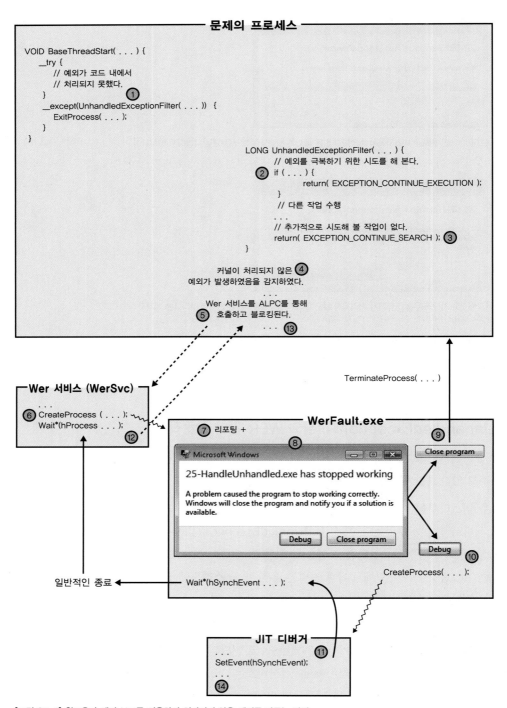

[그림 25-4] 윈도우가 에러 보고를 이용하여 처리되지 않은 예외를 다루는 방법

게 수행 중인 프로세스를 종료하기 위해 TerminateProcess 함수를 호출한다(9단계). 이처럼 대부분의 작업들이 에러가 발생한 애플리케이션 외부에서 처리되기 때문에 에러 보고와 기타 작업들은 신뢰성 있게 수행될 수 있게 된다.

사용자에게 보여주는 유저 인터페이스는 *http://msdn2.microsoft.com/en-us/library/bb513638.aspx* 링크에 문서화되어 있는 레지스트리 키를 이용하여 그 구성을 변경할 수 있다. HKEY_CURRENT_USER\Software\Microsoft\Windows\Windows Error Reporting 이하의 DontShowUI 값을 1로 설정하면 다이얼로그 박스를 띄우지 않고 조용히 마이크로소프트로 전송할 보고서를 생성한다. 만일 문제가 발생했을 때 마이크로소프트로 보고서를 전송할지의 여부를 사용자가 결정할 수 있도록 하려면 Consent 서브키 이하의 DefaultConsent DWORD 값을 변경하면 된다. 하지만 제어판^{Control} ^{Panel}에서 문제 보고서 및 해결 방법 ^{Problem Reports and Solutions}을 통해 WER 콘솔^{Console}을 열어서 설정 변경^{Change} ^{Settings} 링크를 클릭한 다음 [그림 25-5]에서 보는 바와 같이 옵션을 변경하는 것이 좋다.

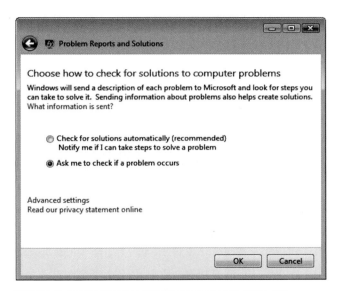

[그림 25-5] 사용자가 마이크로소프트로의 문제 보고서 전송 여부를 설정

"문제가 발생할 경우 확인 알림 메시지 표시 ^{Ask me to check if a problem occurs}"를 선택하면 WER은 [그림 25-6]과 같은 새로운 다이얼로그 박스를 띄워서(일반적으로 그림 25-2와 25-3과 같은 두 개의 다이얼로그 박스를 띄우는 대신) 사용자에게 세 가지 작업 중 하나를 선택할 수 있도록 한다.

문제가 발생했다는 사실을 모르고 지나치고 싶지는 않을 것이기 때문에 이 옵션은 그다지 추천하고 싶지 않다. 하지만 애플리케이션을 디버깅할 때에는 문제 보고서를 만들고 전송하는 작업을 수행하지 않기 때문에 아무래도 시간을 절약할 수 있는 측면이 있다. 만일 해당 머신이 네트워크에 접속되어 있지 않다면 어떨까? 다이얼로그 박스가 나타나려면 WerSvc가 네트워크 타임아웃을 감지해야 하기 때문에 이 경우 네트워크 접속 여부를 판단하는 시간이 더욱 중요해진다.

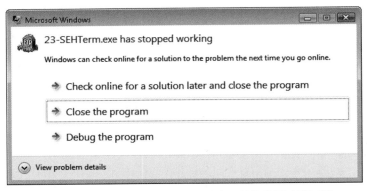

[그림 25-6] 사용자가 마이크로소프트로의 문제 보고서 자동 전송을 선택하지 않은 경우

자동화된 테스트를 진행하는 경우라면 WER 다이얼로그 박스로 인해 테스트가 더 이상 진행되지 못하거나 중단되길 원치 않을 것이다. 이 경우 레지스트리의 ForceQueue 값을 1로 설정하면 WER은 조용히 문제 보고서를 생성한다. 테스트가 완료된 이후에 다음 장의 [그림 26-2]와 [그림 26-3]과 같이 WER 콘솔을 이용하면 테스트 진행 중에 발생했던 문제들을 나열하고, 각 문제들의 세부사항을 확인할 수 있다.

이제 처리되지 않은 예외 발생 시 WER이 제공하는 마지막 기능에 대해 설명할 시점이 된 것 같다. 저스트-인-타임^{Just-in-Time} 디버깅이라는 개발자의 꿈이 현실화되었다. 만일 사용자가 문제의 프로세스를 디버깅하겠다고 선택하면(10단계) WerFault.exe 애플리케이션은 bInheritHandles 매개변수 값을 TRUE로 논시그널 상태의 수동 리셋 이벤트를 생성한다. 이렇게 이벤트 오브젝트를 생성하면 WerFault.exe의 차일드 프로세스는 동일 이벤트를 상속받을 수 있게 된다. 이후 WER은 기본 디버거를 찾아서 수행해 줌으로써 문제의 프로세스에 디버거가 붙게 된다. 이러한 절차는 "25.2 저스트-인-타임(JIT) 디버깅" 절에서 설명할 것이다. 프로세스에 디버거를 붙이면 전역변수, 지역변수, 정적변수의 내용을 확인할 수 있고 브레이크 포인트를 설정하고 호출 트리를 확인하거나 프로세스를 재시작할 수도 있다. 뿐만 아니라 프로세스를 디버깅할 때 일반적으로 할 수 있는 작업이라면 무엇이든 할 수 있다.

이 책은 유저 모드 애플리케이션 개발만을 다루고 있다. 하지만 스레드가 커널 모드에서 처리되지 않은 예외를 유발하였을 때 어떤 일이 일어나는지 궁금할 것이다. 커널 모드에서 처리되지 않은 예외가 발생했다는 것은 애플리케이션이 아니라 운영체제나 디바이스 드라이버에 심각한 버그가 있다는 것을 의미한다.

이러한 상황에서는 잠재적으로 커널 메모리가 손상될 가능성이 있으며, 이는 결국 시스템을 계속 기동하는 것은 안전하지 못하다는 것을 의미한다. 하지만 전형적인 "파란 화면의 죽음"을 맞이하기 전에 시스템은 해당 디바이스 드라이버에게 CrashDmp.sys를 호출하여 페이징 파일 내에 손상 덤프^{crash dump}를 생성하도록 요청한다. 이후 컴퓨터는 동작을 중단한다. 컴퓨터의 동작이 중단되었기 때문에 다른 일을 수행하려면 컴퓨터를 재시작해야만 한다. 물론 저장되지 않은 작업들은 모두 손실되었을 것이다. 하지만 손상^{crash}이나 행^{hang} 상태에서 윈도우가 재시작된 경우 시스템은 페이징 파일 내에 손상 덤프가 남아 있는지 확인한다. 만일 손상 덤프가 페이징 파일 내에 있는 경우 그 내용을 저장하고 WerFault.exe를 수행하여 문제 보고서를 생성한 후 마이크로소프트 서버로 전송한다(사용자가 원할 경우). 이러한 내용은 WER 콘솔의 윈도우 문제 항목에서 찾아볼 수 있다.

section 02 저스트-인-타임(JIT) 디버깅

저스트-인-타임^{Just-in-Time}(JIT) 디버깅의 실질적인 혜택은, 애플리케이션이 실패한 시점에 발생한 문제를 다룰 수 있다는 것이다. 대부분의 운영체제에서는 디버거를 이용하여 애플리케이션을 수행했을 때에만 해당 애플리케이션에 대한 디버깅을 수행할 수 있다. 따라서 프로세스가 예외를 일으키면 프로세스를 일단 종료하고 디버거를 이용하여 애플리케이션을 수행해야 한다. 이러한 방법의 문제는 버그를 수정하기 위해 다시 버그 상황을 재현해야 한다는 것이다. 그런데 이전에 문제 상황이 발생했을 때 변수들이 어떤 값을 가지고 있었는지 어떻게 알 수 있겠는가? 이러한 방법으로 버그를 해결하는 것은 정말 어려운 일이다. 수행 중인 프로세스에 디버거를 붙일 수 있는 기능은 윈도우가 제공하는 최고의 기능 중 하나라고 감히 말할 수 있다.

아래에 윈도우에서의 디버깅 동작 방식에 대한 추가 정보를 나타내는 레지스트리 키를 나타냈다.

```
HKEY_LOCAL_MACHINE\SOFTWARE\Microsoft\Windows NT\CurrentVersion\AeDebug
```

이 서브키 이하에는 Debugger라는 이름의 값이 있는데, Visual Studio를 설치하면 보통 다음과 같은 데이터를 가지게 된다.

```
"C:\Windows\system32\vsjitdebugger.exe" -p %ld -e %ld
```

이 행은 시스템에게 어떤 프로그램을(vsjitdebugger.exe) 디버거로 수행할지를 알려주게 된다. 사실 vsjitdebugger.exe는 실질적인 디버거가 아니라 어떤 디버거를 이용하여 디버깅을 수행하고자 하는지를 사용자가 선택할 수 있도록 다음 쪽에 있는 다이얼로그 박스를 나타내는 역할을 한다.

물론 이 값을 사용하고자 하는 실제 디버거로 변경할 수도 있다. WerFault.exe는 명령행을 통해 2개의 인자를 전달해 준다. 첫 번째 인자는 디버깅하고자 하는 프로세스의 ID 값이며, 두 번째 인자는 WerSvc 서비스에 의해 논시그널 상태로 생성된 수동 리셋 이벤트를 참조하는 상속 가능 핸들 값이다(6단계). 문제의 프로세스는 WerSvc에 의해 ALPC 통지가 돌아올 때까지 대기하고 있음에 주의하라. 디버거를 구현하려는 회사라면 자사의 디버거가 -p와 -e 스위치를 통해 프로세스 ID와 이벤트 핸들을 전달받을 수 있도록 해야 한다.

WerFault.exe는 프로세스 ID와 이벤트 핸들을 단일의 문자열로 구성한 후, bInheritHandles 매개 변수를 TRUE로 CreateProcess를 호출하여 디버거를 수행한다. 이와 같이 디버거를 수행함으로써 디버거 프로세스는 이벤트 오브젝트의 핸들을 상속받을 수 있게 된다. 이제 디버거 프로세스가 시작 되면 명령행 인자를 확인하여 -p 스위치가 있으면, 프로세스 ID를 얻어온 후 DebugActiveProcess 를 호출하여 문제의 프로세스에 디버거 프로세스를 붙인다.

```
BOOL DebugActiveProcess(DWORD dwProcessID);
```

디버거가 붙으면 운영체제는 디버거에게 디버기의 상태를 알려준다. 예를 들어 얼마나 많은 스레드들 이 디버기 내에서 수행 중이며, 어떤 DLL들이 디버기의 주소 공간에 로드되어 있는지에 대한 정보 등 을 알려준다. 이러한 정보들이 수집되려면 아무래도 상당한 시간이 소요되게 되는데, 그동안 문제의 프로세스는 계속해서 대기 상태를 유지해야 한다. 실제로 처리되지 않은 예외를 유발한 코드는(4단계) 여전히 WerSvc 서비스로부터 ALPC 호출이 반환되기를 기다리고 있다(5단계). ALPC 자체는 Wait-ForSingleObjectEx를 호출하여 대기 상태를 유지하고 있으며, 이때 전달되는 핸들은 WerFault.exe 프로세스가 WER이 작업을 완료할 때까지 대기하기 위해 사용하는 핸들이 전달된다. 스레드가 얼러 터블 상태^{alertable state}로 대기할 수 있도록 하기 위해 WaitForSingleObject 대신 WaitForSingleObjectEx 함수를 사용하였음에 주목하기 바란다. 이렇게 해야만 스레드가 자신의 비동기 프로시저 호출 ^{asynchronous procedure call}(APC) 큐에 삽입된 요청을 수행할 수 있다.

윈도우 비스타 이전에는 문제의 프로세스 내에서 처리되지 않은 예외를 유발한 스레드 외의 다른 스 레드들은 정지되지 않았다. 이로 인해 손상된 컨텍스트 내에서 스레드들이 계속 수행됨에 따라 더 많 은 처리되지 않은 예외를 유발하게 되고, 결국에는 시스템이 스레드를 조용히 죽여 버리게 되어 상황이 더욱 드라마틱해지곤 하였다. 설사 다른 스레드가 손상되지 않는다 하더라도 덤프가 수집될 당시에는 애플리케이션의 상태가 변해있을 것이기 때문에 예외의 원인을 찾아내기가 더욱 어려워지곤 하였다. 윈도우 비스타에서는 기본적으로 애플리케이션이 서비스 타입이 아니라면 문제의 프로세스 내의 모든 스레드들을 정지시키며, WER이 디버거에게 처리되지 않은 예외를 전달하고, 스레드의 수행을 재개하기 전까지는 CPU 시간을 전혀 할당받지 못하게 된다.

디버거가 완전히 초기화되면 명령행으로부터 −e 스위치를 한 번 더 확인한다. −e 스위치가 존재하면 디버거는 이벤트의 핸들을 가져와서 SetEvent를 호출한다. 이 이벤트 핸들 값은 WebFault.exe에 의해 상속 가능한 형태로 생성되었기 때문에, 디버거는 이 이벤트 핸들 값을 바로 사용할 수 있다(차일드 프로세스로 생성된 디버거는 동일한 핸들 값을 상속한다).

이벤트를 시그널 상태로 변경하면(11단계) WerFault.exe는 디버거가 문제의 프로세스에 붙었다는 사실을 알게 되고, 예외를 전달받을 수 있는 상태가 되었다고 판단하게 된다. 이제 WerFault.exe는 정상 종료되고, WerSvc 서비스는 자신의 차일드 프로세스인 WerFault.exe가 작업을 완료했음을 알고 ALPC 호출을 반환한다(12단계). 이제 디버기의 스레드가 깨어나게 되고, 커널은 디버거가 붙어 있음을 알게 되고, 디버거에게 처리되지 않은 예외를 전달할 수 있다고 판단하게 된다(13단계). 이후의 동작은 "25.1 UnhandledExceptionFilter 함수의 내부" 절의 3단계에서의 작업과 동일하게 진행된다. 디버거는 예외에 대한 통지를 수신하고 적절한 소스 코드를 읽은 후 예외를 유발했던 명령으로 이동하게 된다(14단계). 와우! 정말 대단하다!

HKEY_LOCAL_MACHINE\SOFTWARE\Microsoft\Windows NT\CurrentVersion\AeDebug에서는 Auto라는 REG_SZ 타입의 값이 있다. 이 값은 WER이 사용자에게 문제의 애플리케이션을 종료할 것인지 아니면 디버깅할 것인지를 물어보는 다이얼로그 박스를 띄울지의 여부를 결정하는 값이다. 만일 Auto 값을 1로 설정하면 WER은 사용자에게 다이얼로그 박스를 띄우지 않고 바로 디버거를 수행한다. 이러한 설정은 개발자 머신에서 WER이 두 개의 확인 메시지 박스를 띄울 때까지 대기하고 싶지 않은 경우에 사용할 수 있다. 왜냐하면 개발 중인 애플리케이션에서 처리되지 않은 예외가 발생한 경우라면 항상 디버깅을 하고 싶을 것이기 때문이다.

때때로 윈도우 서비스가 손상되는 경우라 하더라도 svchost.exe와 같은 컨테이너 애플리케이션을 디버깅하고 싶지 않을 것이다. 이 경우 AeDebug 키 이하에 AutoExclusionList 키를 생성한 다음 자동으로 디버깅하고 싶지 않은 애플리케이션과 동일한 이름의 값을 DWORD형으로 만든 다음 그 데이터로 1을 주면 된다. 조금 더 정제된 방법으로 어떤 애플리케이션을 자동으로 JIT 디버깅할 것인지를 결정하려면 Auto 값을 0으로 설정하고 HKEY_CURRENT_USER\SOFTWARE\Microsoft\Windows\Windows Error Reporting 이하에 Debug-Aplications 서브키를 만든 다음 처리되지 않은 예외가 발생했을 때 자동으로 디버깅하고자 하는 애플리케이션의 이름과 동일한 값을 DWORD형으로 만들고 그 데이터로 1을 주면 된다.

그런데 프로세스를 디버깅하기 위해 반드시 예외가 발생하기를 기다려야 하는 것은 아니다. 언제든지 vsjitdebugger.exe −p *PID*를 호출하여 수행 중인 프로세스를 디버깅할 수 있다. 이때 PID 값으로는 디버깅하고자 하는 프로세스의 ID 값을 전달하면 된다. 사실 윈도우 작업 관리자^{Task Manager}를 이용하면 더욱 간단하게 디버깅을 시작할 수 있다. 프로세스^{Process} 탭에서 특정 프로세스를 선택한 후 오른쪽 마우스를 눌러서 디버그^{Debug} 메뉴를 선택하면 된다. 이렇게 하면 작업 관리자는 앞서 알아본 레지스트리 서브키로부터 디버그 정보를 가져와서 CreateProcess를 호출해 준다. 이때 명령행 인자로 전달되는 프로세스 ID는 앞서 작업 관리자에서 사용자가 선택한 프로세스의 ID 값이 전달되고, 이벤트 핸들로는 0이 전달된다.

section 03 표계산 예제 애플리케이션

SEH를 이용하여 예상되는 예외를 제어할 수 있는 상황에 대해 살펴보기로 하자. 표계산 예제 애플리케이션(25-Spreadsheet.exe)은 가상 메모리 주소 공간에 영역을 예약하는 과정과 예약된 영역에 저장소를 커밋하는 과정을 분리해서 진행하는 경우 구조적 예외 처리를 어떻게 활용할 수 있는지를 보여주는 예제다. 이 애플리케이션의 소스 파일과 리소스 파일은 한빛미디어 홈페이지를 통해 제공되는 소스 파일의 25-Spreadsheet 폴더 내에 있다. 이 예제 애플리케이션을 수행하면 다음과 같은 다이얼로그 박스가 나타난다.

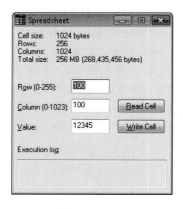

이 애플리케이션은 내부적으로 2차원의 표를 저장하기 위한 메모리 영역을 예약한다. 표는 256행과 1024열로 구성되어 있으며, 각각의 셀은 1024바이트 크기이다. 만일 애플리케이션에서 표에 대한 저장소를 모두 커밋한다면 268,435,456바이트(256MB)의 저장소가 필요할 것이다. 중요 리소스인 저장소를 절약하기 위해 애플리케이션은 256MB의 주소 영역을 예약까지만 수행하고 커밋하지 않은 상태로 둔다.

이제 사용자가 100행 100열에 12345라는 값을 기록하려 한다고 하자(앞의 그림에서처럼). 사용자가 Write Cell 버튼을 클릭하면 애플리케이션은 표의 해당 셀에 대응하는 메모리에 값을 쓰려고 시도할 것이다. 물론 이 경우 접근 위반이 발생하게 된다. 그런데 SEH를 사용하고 있기 때문에 예외 필터가 먼저 예외가 발생하였음을 감지하여 다이얼로그 박스 하단에 "Violation: Attempting to Write"라는 메시지를 출력하고, 해당 셀에 저장소를 커밋해 준다. 이후 CPU는 접근 위반을 유발했던 명령을 다시 수행한다. 이제 저장소가 커밋되었기 때문에, 해당 셀에 정상적으로 값을 기록할 수 있게 된다.

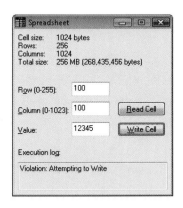

다른 실험을 해 보자. 5행 20열에 있는 셀로부터 값을 읽어오려고 시도하면 이 애플리케이션은 해당 셀에 대응하는 메모리로부터 값을 읽어오려고 시도할 것이다. 이 경우에도 마찬가지로 접근 위반이 발생하게 된다. 예외 필터는 사용자가 읽기를 시도하는 경우 저장소를 커밋하지는 않지만 다이얼로그 박스 하단에 "Violation: Attempting to Read"라는 메시지는 출력해 준다. 이 프로그램은 이러한 문제 상황을 우아하게 극복하고 다이얼로그 박스의 Value 필드의 값을 아래와 같이 삭제해 준다.

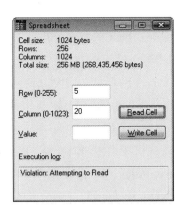

세 번째 실험으로, 100행 100열 셀로부터 값을 읽어오려고 시도해 보자. 이미 해당 셀에 저장소가 커밋되어 있기 때문에 어떤 문제도 발생하지 않으며, 예외 필터도 수행되지 않을 것이다(성능 개선). 이 경우 다이얼로그 박스는 다음과 같이 나타난다.

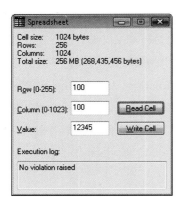

이제 마지막 네 번째 실험으로, 100행 101열에 54321 값을 기록하는 시도를 해 보자. 이 셀의 경우 (100,100)셀과 동일한 저장소 페이지를 사용하기 때문에 접근 위반이 발생하지 않는다. 따라서 다이얼로그 박스 하단에 "No violation raised"라는 메시지가 출력된다.

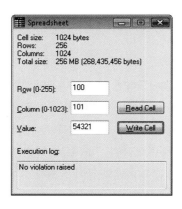

필자는 프로젝트에서 가상 메모리와 SEH를 상당히 많이 사용해 왔다. 이에 CVMArray라는 C++ 클래스를 만들기로 결정했고, 어려운 작업들을 모두 캡슐화했다. 이 클래스의 소스 코드는 VMArray.h 파일 내에 있다(표계산 예제 애플리케이션 일부로 제공된다). CVMArray는 두 가지 방법으로 사용될 수 있다. 첫째로, 배열의 최대 개수를 클래스의 생성자로 전달하여 클래스의 인스턴스를 생성하는 것이다. 클래스는 자동적으로 프로세스 전체에 대한 처리되지 않은 예외 필터를 구성하여 가상 메모리 배열 내의 메모리에 접근하는 스레드가 예외를 유발하는 경우 예외 필터가 이를 감지할 수 있도록 하였다. 만일 처리되지 않은 예외가 발생하게 되면 예외 필터는 VirtualAlloc 함수를 호출하여 새로운 배열 항목에 대한 저장소를 커밋하고 EXCEPTION_CONTINUE_EXECUTION을 반환한다. CVMArray를 이와 같은 방식으로 사용하면 단지 몇 줄의 코드만으로도 예약과 커밋을 분리하여 수행하는 애플리케이션을 만들 수 있으며, 소스 코드 여기저기에서 SEH 프레임을 사용할 필요가 없다. 이러한 접근 방식의 유일한 단점은 어떤 이유로 인해 저장소를 커밋해야 하는 시점에 정상적으로 커밋을 수행할 수 없는 경우 우아하게 이러한 상황을 극복하지 못한다는 것이다.

CVMArray의 두 번째 사용 방법은, 이 class를 상위 클래스로 하는 C++ 클래스를 만드는 것이다. 이렇게 함으로써 하위 클래스는 상위 클래스가 제공하는 이점을 모두 사용할 수 있게 된다. 또한 자신만의 기능을 추가할 수도 있다. 예를 들어 OnAccessViolation 가상함수를 오버라이딩^{overriding}하면 저장소가 부족하여 커밋을 수행할 수 없을 때에도 좀 더 우아하게 이 같은 문제를 다룰 수 있을 것이다. 표계산 예제 애플리케이션은 CVMArray를 상속하여 이러한 기능들을 추가하는 방법을 잘 보여주고 있다.

```cpp
Spreadsheet.cpp
```

```cpp
/******************************************************************
Module:  Spreadsheet.cpp
Notices: Copyright (c) 2008 Jeffrey Richter & Christophe Nasarre
******************************************************************/


#include "..\CommonFiles\CmnHdr.h"      /* 부록 A를 보라. */
#include <windowsx.h>
#include <tchar.h>
#include "Resource.h"
#include "VMArray.h"
#include <StrSafe.h>


///////////////////////////////////////////////////////////////////////

HWND g_hWnd;     // SEH 상태 보고를 위해 사용하는 전역 윈도우 핸들

const int g_nNumRows = 256;
const int g_nNumCols = 1024;

// 표 안의 단일 셀의 내용을 표현하기 위한 구조체
typedef struct {
   DWORD dwValue;
   BYTE  bDummy[1020];
} CELL, *PCELL;

// 전체 표를 표현하기 위한 데이터 타입
typedef CELL SPREADSHEET[g_nNumRows][g_nNumCols];
typedef SPREADSHEET *PSPREADSHEET;


///////////////////////////////////////////////////////////////////////

// 표는 셀의 2차원 배열이다.
class CVMSpreadsheet : public CVMArray<CELL> {
public:
   CVMSpreadsheet() : CVMArray<CELL>(g_nNumRows * g_nNumCols) {}
```

```
private:
   LONG OnAccessViolation(PVOID pvAddrTouched, BOOL bAttemptedRead,
      PEXCEPTION_POINTERS pep, BOOL bRetryUntilSuccessful);
};

///////////////////////////////////////////////////////////////////////

LONG CVMSpreadsheet::OnAccessViolation(PVOID pvAddrTouched, BOOL bAttemptedRead,
   PEXCEPTION_POINTERS pep, BOOL bRetryUntilSuccessful) {

   TCHAR sz[200];
   StringCchPrintf(sz, _countof(sz), TEXT("Violation: Attempting to %s"),
      bAttemptedRead ? TEXT("Read") : TEXT("Write"));
   SetDlgItemText(g_hWnd, IDC_LOG, sz);

   LONG lDisposition = EXCEPTION_EXECUTE_HANDLER;
   if (!bAttemptedRead) {

      // 상위 클래스의 반환 값을 그대로 반환한다.
      lDisposition = CVMArray<CELL>::OnAccessViolation(pvAddrTouched,
         bAttemptedRead, pep, bRetryUntilSuccessful);
   }

   return(lDisposition);
}

///////////////////////////////////////////////////////////////////////

// 전역 CVMSpreadsheet 오브젝트
static CVMSpreadsheet g_ssObject;

// 전체 표의 영역을 가리키는 전역 포인터를 생성한다.
SPREADSHEET& g_ss = * (PSPREADSHEET) (PCELL) g_ssObject;

///////////////////////////////////////////////////////////////////////

BOOL Dlg_OnInitDialog(HWND hWnd, HWND hWndFocus, LPARAM lParam) {

   chSETDLGICONS(hWnd, IDI_SPREADSHEET);

   g_hWnd = hWnd;      // SEH 상태 보고를 위해 저장해 둔다.

   // 다이얼로그 박스에 포함된 컨트롤의 기본 값을 설정한다.
   Edit_LimitText(GetDlgItem(hWnd, IDC_ROW),    3);
   Edit_LimitText(GetDlgItem(hWnd, IDC_COLUMN), 4);
```

```
      Edit_LimitText(GetDlgItem(hWnd, IDC_VALUE),  7);
      SetDlgItemInt(hWnd, IDC_ROW,    100,   FALSE);
      SetDlgItemInt(hWnd, IDC_COLUMN, 100,   FALSE);
      SetDlgItemInt(hWnd, IDC_VALUE,  12345, FALSE);
      return(TRUE);
}


///////////////////////////////////////////////////////////////////////////

void Dlg_OnCommand(HWND hWnd, int id, HWND hWndCtl, UINT codeNotify) {

   int nRow, nCol;

   switch (id) {
      case IDCANCEL:
         EndDialog(hWnd, id);
         break;

      case IDC_ROW:
         // 사용자가 행 정보를 변경하였으므로 UI를 갱신한다.
         nRow = GetDlgItemInt(hWnd, IDC_ROW, NULL, FALSE);
         EnableWindow(GetDlgItem(hWnd, IDC_READCELL),
            chINRANGE(0, nRow, g_nNumRows - 1));
         EnableWindow(GetDlgItem(hWnd, IDC_WRITECELL),
            chINRANGE(0, nRow, g_nNumRows - 1));
         break;

      case IDC_COLUMN:
         // 사용자가 열 정보를 변경하였으므로 UI를 갱신한다.
         nCol = GetDlgItemInt(hWnd, IDC_COLUMN, NULL, FALSE);
         EnableWindow(GetDlgItem(hWnd, IDC_READCELL),
            chINRANGE(0, nCol, g_nNumCols - 1));
         EnableWindow(GetDlgItem(hWnd, IDC_WRITECELL),
            chINRANGE(0, nCol, g_nNumCols - 1));
         break;

      case IDC_READCELL:
         // 사용자가 선택한 셀로부터 값을 읽어오려고 한다.
         SetDlgItemText(g_hWnd, IDC_LOG, TEXT("No violation raised"));
         nRow = GetDlgItemInt(hWnd, IDC_ROW, NULL, FALSE);
         nCol = GetDlgItemInt(hWnd, IDC_COLUMN, NULL, FALSE);
         __try {
            SetDlgItemInt(hWnd, IDC_VALUE, g_ss[ nRow][ nCol] .dwValue, FALSE);
         }
         __except (
```

```
                g_ssObject.ExceptionFilter(GetExceptionInformation(), FALSE)) {

            // 해당 셀은 아직 저장소를 가지 못했다. 셀은 아무 것도 가지고 있지 않다.
            SetDlgItemText(hWnd, IDC_VALUE, TEXT(""));
         }
         break;

      case IDC_WRITECELL:
         // 사용자가 선택한 셀에 값을 쓰려고 한다.
         SetDlgItemText(g_hWnd, IDC_LOG, TEXT("No violation raised"));
         nRow = GetDlgItemInt(hWnd, IDC_ROW, NULL, FALSE);
         nCol = GetDlgItemInt(hWnd, IDC_COLUMN, NULL, FALSE);

         // 만일 셀이 저장소를 가지지 못해서 접근 위반이 발생하는 경우
         // 저장소가 자동적으로 커밋된다.
         g_ss[ nRow][ nCol].dwValue =
            GetDlgItemInt(hWnd, IDC_VALUE, NULL, FALSE);
         break;
   }
}


///////////////////////////////////////////////////////////////////////


INT_PTR WINAPI Dlg_Proc(HWND hWnd, UINT uMsg, WPARAM wParam, LPARAM lParam) {

   switch (uMsg) {
      chHANDLE_DLGMSG(hWnd, WM_INITDIALOG, Dlg_OnInitDialog);
      chHANDLE_DLGMSG(hWnd, WM_COMMAND,    Dlg_OnCommand);
   }
   return(FALSE);
}


///////////////////////////////////////////////////////////////////////


int WINAPI _tWinMain(HINSTANCE hInstExe, HINSTANCE, PTSTR, int) {

   DialogBox(hInstExe, MAKEINTRESOURCE(IDD_SPREADSHEET), NULL, Dlg_Proc);
   return(0);
}

///////////////////////////////// 파일의 끝 /////////////////////////////////
```

```
/*****************************************************************
Module:  VMArray.h
Notices: Copyright (c) 2008 Jeffrey Richter & Christophe Nasarre
*****************************************************************/

#pragma once

///////////////////////////////////////////////////////////////////
```

// 주의: 이 C++ 클래스는 스레드 안정적이지 못하다. 다수의 스레드가 동시에
// 이 클래스의 오브젝트를 생성하려고 시도하면 안 된다.

// 하지만 일단 오브젝트가 생성되고 나면, 다수의 스레드가 각기 서로 다른
// CVMArray 오브젝트를 이용하는 것은 가능하며, 사용자가 직접 오브젝트에 대한 동기적인
// 접근이 가능하도록 해 주면 다수의 스레드가 단일의 오브젝트에 접근하는 것도 가능하다.

```
///////////////////////////////////////////////////////////////////

template <class TYPE>
class CVMArray {
public:
    // 배열 요소에 대한 예약
    CVMArray(DWORD dwReserveElements);

    // 배열 요소에 대한 해제
    virtual ~CVMArray();

    // 배열 내의 요소에 대한 접근 허용
    operator TYPE* ()              { return(m_pArray); }
    operator const TYPE* () const { return(m_pArray); }

    // 커밋에 실패할 경우 세밀한 처리를 위해 호출할 수 있다.
    LONG ExceptionFilter(PEXCEPTION_POINTERS pep,
        BOOL bRetryUntilSuccessful = FALSE);

protected:
    // 접근 위반에 대한 세부적인 처리를 수행하려면 오버라이드하라.
    virtual LONG OnAccessViolation(PVOID pvAddrTouched, BOOL bAttemptedRead,
        PEXCEPTION_POINTERS pep, BOOL bRetryUntilSuccessful);

private:
    static CVMArray* sm_pHead;    // 첫 번째 오브젝트의 주소
```

```
        CVMArray* m_pNext;                 // 다음 오브젝트의 주소

        TYPE* m_pArray;                    // 배열의 예약 영역을 가리키는 포인터
        DWORD m_cbReserve;                 // 예약된 영역의 크기 (바이트 단위)

private:
        // 예외 필터 설정 이전에 처리되지 않은 예외 필터 주소
        static PTOP_LEVEL_EXCEPTION_FILTER sm_pfnUnhandledExceptionFilterPrev;

        // 이 클래스의 모든 인스턴스에 대한 처리되지 않은 예외에 대한 전역 필터
        static LONG WINAPI UnhandledExceptionFilter(PEXCEPTION_POINTERS pep);
};


///////////////////////////////////////////////////////////////////////

// 오브젝트의 링크드 리스트의 헤드(선두)
template <class TYPE>
CVMArray<TYPE>* CVMArray<TYPE>::sm_pHead = NULL;

// 예외 필터 설정 이전에 처리되지 않은 예외 필터 주소
template <class TYPE>
PTOP_LEVEL_EXCEPTION_FILTER
CVMArray<TYPE>::sm_pfnUnhandledExceptionFilterPrev;


///////////////////////////////////////////////////////////////////////

template <class TYPE>
CVMArray<TYPE>::CVMArray(DWORD dwReserveElements) {

    if (sm_pHead == NULL) {
        // 클래스의 첫 번째 인스턴스가 생성될 때
        // 처리되지 않은 예외에 대한 전역 필터를 설치한다.
        sm_pfnUnhandledExceptionFilterPrev =
            SetUnhandledExceptionFilter(UnhandledExceptionFilter);
    }

    m_pNext = sm_pHead;    // 다음 노드를 헤드 노드로
    sm_pHead = this;       // 이 노드가 이제 헤드 노드

    m_cbReserve = sizeof(TYPE) * dwReserveElements;

    // 전체 배열을 위한 영역을 예약한다.
    m_pArray = (TYPE*) VirtualAlloc(NULL, m_cbReserve,
        MEM_RESERVE | MEM_TOP_DOWN, PAGE_READWRITE);
    chASSERT(m_pArray != NULL);
}
```

```
/////////////////////////////////////////////////////////////////////////

template <class TYPE>
CVMArray<TYPE>::~CVMArray() {

   // 배열의 영역을 삭제한다(모든 저장소도 함께 디커밋 수행).
   VirtualFree(m_pArray, 0, MEM_RELEASE);

   // 링크드 리스트로부터 해당 오브젝트를 삭제한다.
   CVMArray* p = sm_pHead;
   if (p == this) {          // 헤드 노드를 삭제하는 경우
     sm_pHead = p->m_pNext;
   } else {

      BOOL bFound = FALSE;

      // 리스트를 순회하면서 포인터를 수정한다.
      for (; !bFound && (p->m_pNext != NULL); p = p->m_pNext) {
         if (p->m_pNext == this) {
            //p 노드의 다음 노드를 p 노드의 다음 다음 노드로 변경
            p->m_pNext = p->m_pNext->m_pNext;
            break;
         }
      }
      chASSERT(bFound);
   }
}


/////////////////////////////////////////////////////////////////////////

// 접근 위반 발생 시 기본 처리 방법은 저장소를 커밋하는 것이다.
template <class TYPE>
LONG CVMArray<TYPE>::OnAccessViolation(PVOID pvAddrTouched,
   BOOL bAttemptedRead, PEXCEPTION_POINTERS pep, BOOL bRetryUntilSuccessful) {

   BOOL bCommittedStorage = FALSE;  // 저장소 커밋이 실패했다고 가정한다.

   do {
      // 저장소 커밋을 수행한다.
      bCommittedStorage = (NULL != VirtualAlloc(pvAddrTouched,
         sizeof(TYPE), MEM_COMMIT, PAGE_READWRITE));

      // 만일 저장소가 커밋되지 않은 경우, 사용자는 커밋이 성공할 때까지
      // 반복하기를 원할 것이라고 가정한다.
      if (!bCommittedStorage && bRetryUntilSuccessful) {
```

```
                MessageBox(NULL,
                    TEXT("Please close some other applications and Press OK."),
                    TEXT("Insufficient Memory Available"), MB_ICONWARNING | MB_OK);
            }
        } while (!bCommittedStorage && bRetryUntilSuccessful);

        // 저장소가 커밋되면 코드를 재수행하고, 그렇지 않으면 예외 처리기를 수행한다.
        return(bCommittedStorage
            ? EXCEPTION_CONTINUE_EXECUTION : EXCEPTION_EXECUTE_HANDLER);
}


///////////////////////////////////////////////////////////////////////////


// 이 필터는 단일의 CVMArray 오브젝트와만 연계되어 있다.
template <class TYPE>
LONG CVMArray<TYPE>::ExceptionFilter(PEXCEPTION_POINTERS pep,
    BOOL bRetryUntilSuccessful) {

    // 다른 필터를 수행하도록 하는 것이 기본 값이다(가장 안전한 방법).
    LONG lDisposition = EXCEPTION_CONTINUE_SEARCH;

    // 접근 위반만 수정할 수 있다.
    if (pep->ExceptionRecord->ExceptionCode != EXCEPTION_ACCESS_VIOLATION)
        return(lDisposition);

    // 읽거나 쓰기 위해 접근한 주소 값을 얻어온다.
    PVOID pvAddrTouched = (PVOID) pep->ExceptionRecord->ExceptionInformation[1];
    BOOL bAttemptedRead = (pep->ExceptionRecord->ExceptionInformation[0] == 0);

    // VMArray가 예약한 영역에 대한 접근 시도였나?
    if ((m_pArray <= pvAddrTouched) &&
        (pvAddrTouched < ((PBYTE) m_pArray + m_cbReserve))) {

        // 배열 내부에 대한 접근; 문제 해결을 시도한다.
        lDisposition = OnAccessViolation(pvAddrTouched, bAttemptedRead,
            pep, bRetryUntilSuccessful);
    }

    return(lDisposition);
}


///////////////////////////////////////////////////////////////////////////


// 이 필터는 모든 CVMArray 오브젝트와 연계되어 있다.
template <class TYPE>
```

```
LONG WINAPI CVMArray<TYPE>::UnhandledExceptionFilter(PEXCEPTION_POINTERS pep) {

    // 다른 필터를 수행하도록 하는 것이 기본 값이다 (가장 안전한 방법).
    LONG lDisposition = EXCEPTION_CONTINUE_SEARCH;

    // 접근 위반만 수정할 수 있다.
    if (pep->ExceptionRecord->ExceptionCode == EXCEPTION_ACCESS_VIOLATION) {

        // 링크드 리스트 내의 모든 노드를 순회한다.
        for (CVMArray* p = sm_pHead; p != NULL; p = p->m_pNext) {

            // 각 노드에게 문제를 해결할 수 있는지 확인한다.
            // 주의: 문제가 해결되어야만 한다. 그렇지 않으면 프로세스가 종료되어 버린다.
            lDisposition = p->ExceptionFilter(pep, TRUE);

            // 특정 노드가 문제를 해결하였다면, 루프를 빠져나간다.
            if (lDisposition != EXCEPTION_CONTINUE_SEARCH)
                break;
        }
    }

    // 만일 어떤 노드도 문제를 해결할 수 없으면, 이전 예외 필터를 수행한다.
    if (lDisposition == EXCEPTION_CONTINUE_SEARCH)
        lDisposition = sm_pfnUnhandledExceptionFilterPrev(pep);

    return(lDisposition);
}

///////////////////////////// 파일의 끝 /////////////////////////////
```

벡터화된 예외와 컨티뉴 처리기

23장과 24장에서 알아본 SEH 메커니즘은 프레임을 근간으로 하는 메커니즘이다. 프레임을 근간으로 한다는 것은 스레드가 try 블록(혹은 프레임) 내로 진입하면 새로운 프레임 하나가 리스트에 추가된다는 것을 의미한다. 만일 예외가 발생하면 시스템은 링크드 리스트에 있는 프레임들을 가장 최근에 진입한 try 블록으로부터 스레드가 가장 먼저 진입한 블록 순으로 순회하면서 except 예외 처리기를 찾는다. except 예외 처리기가 발견되면 시스템은 finally 블록을 수행하기 위해 링크드 리스트를 다시 순회한다. 언와인드가 완료되면(혹은 try 블록 내에서 예외가 발생하지 않고 해당 블록을 벗어나면) 링크드 리스트 내의 프레임이 삭제된다.

윈도우는 SEH와 함께 벡터화된 예외 처리[vectored exception handling](VEH) 메커니즘도 제공하고 있다. 이 메커니즘은 언어에 종속적인 키워드를 사용하는 대신 예외가 발생하거나 표준 SEH로부터 처리되지 않은 예외가 발생할 때 호출할 함수를 프로그램에서 등록할 수 있도록 해 준다.

AddVectoredException 함수를 이용하면 프로세스 내의 스레드가 예외를 유발하였을 때 호출할 내부적인 함수 리스트에 예외 처리기를 등록해 준다.

```
PVOID AddVectoredExceptionHandler (
    ULONG bFirstInTheList,
    PVECTORED_EXCEPTION_HANDLER pfnHandler);
```

pfnHandler는 벡터화된 예외 처리기를 가리키는 함수 포인터다. 이 함수는 다음과 같은 원형으로 구현되어야 한다.

```
LONG WINAPI ExceptionHandler(struct _EXCEPTION_POINTERS* pExceptionInfo);
```

bFirstInTheList 매개변수 값이 0이라면 이 함수는 pfnHandler 매개변수로 넘어온 값을 내부 리스트의 가장 끝에 추가한다. bFirstInTheList 매개변수가 0이 아니라면 내부 리스트의 가장 앞쪽에 pfnHandler 매개변수로 넘어온 값을 추가한다. 예외가 발생하면 SEH 필터함수가 호출되기 전에 VEH 리스트 내의 함수들이 먼저 차례대로 호출된다. 만일 VEH 리스트 내의 함수가 문제를 올바르게 수정하였다면 EXCEPTION_CONTINUE_EXECUTION을 반환하여 처음에 예외를 유발하였던 명령을 다시 수행할 수 있도록 하는 것이 좋다. 벡터 처리기 함수[vector handler function]가 EXCEPTION_CONTINUE_EXECUTION을 반환하는 경우 SEH 필터는 예외를 전달받지 못한다. 만일 벡터 처리기 함수가 문제를 해결할 수 없다면 EXCEPTION_CONTINUE_SEARCH를 반환하면 된다. 이 경우 리스트 내의 다른 처리기들이 해당 예외를 처리할 수 있는 기회를 가지게 된다. 만일 모든 처리기가 EXCEPTION_CONTINUE_SEARCH를 반환하게 되면 비로소 SEH 필터가 시작된다. VEH 필터함수는 EXCEPTION_EXECUTION_HANDLER를 반환할 수 없다는 점에 주의하기 바란다.

앞서 설치하였던 VEH 예외 처리기 함수들은 다음 함수를 호출하여 내부 리스트[internal list]로부터 제거할 수 있다.

```
ULONG RemoveVectoredExceptionHandler (PVOID pHandler);
```

pHandler 매개변수로는 앞서 예외 처리기를 설치할 때 반환된 핸들 값을 전달하면 된다. 이 핸들은 AddVectoredExceptionHandler 함수의 반환 값이다.

매트 파이트랙[Matt Pietrek]은 MSDN 메거진의 "핵심: 윈도우 XP의 새로운 벡터화된 예외 처리[Under the Hood: New Vectored Exception Handling in Windows XP]"(*http://msdn.microsoft.com/msdnmag/issues/01/09/hood/*)라는 기사에서 벡터화된 예외 처리기를 이용하여 브레이크 포인트를 근간으로 하는 동일 프로세스 내에서

의 *API 후킹 구현 방법에 대해 설명하였다. 이는 22장 "DLL 인젝션과 API 후킹"에서 다룬 내용과 는 완전히 다른 기법이다.*

SEH 이전에 예외를 처리할 수 있다는 것과 더불어 VEH를 사용하면 처리되지 않은 예외가 발생한 경 우 통지를 받을 수 있다. 이러한 통지를 수신하려면 다음 함수를 호출하여 컨티뉴 처리기^{continue handler}를 등록해야 한다.

```
PVOID AddVectoredContinueHandler (
    ULONG bFirstInTheList,
    PVECTORED_EXCEPTION_HANDLER pfnHandler);
```

bFistInTheList 매개변수 값이 0이라면 이 함수는 pfnHandler 매개변수로 넘어온 값을 내부 리스트 의 가장 끝에 추가한다. 만일 bFirstInTheList 매개변수 값이 0이 아니라면 컨티뉴 처리기 내부 리스 트의 가장 앞쪽에 pfnHandler 매개변수로 넘어온 값을 추가한다. 처리되지 않은 예외가 발생하면 리 스트 내의 컨티뉴 처리기가 차례대로 호출된다. 구체적으로 말하면 SetUnhandledExceptionFilter에 의해 설치된 처리되지 않은 예외에 대한 전역 필터가 EXCEPTION_CONTINUE_SEARCH를 반환한 이후에 컨티뉴 처리기가 차례대로 수행된다. 컨티뉴 처리기 함수가 EXCEPTION_CONTINUE_EX-ECUTION을 반환하면 컨티뉴 처리기 내부 리스트의 다른 함수들을 호출하지 않고 예외를 유발하였 던 명령을 다시 수행하게 된다. 만일 EXCEPTION_CONTINUE_SEARCH를 반환하면 리스트 내의 나머지 함수들이 차례대로 수행된다.

앞서 설치하였던 컨티뉴 처리기 함수들은 다음 함수를 호출하여 내부 리스트로부터 제거할 수 있다.

```
ULONG RemoveVectoredContinueHandler (PVOID pHandler);
```

pHandler 매개변수로는 앞서 컨티뉴 처리기를 설치할 때 반환된 핸들 값을 전달하면 된다. 이 핸들은 AddVectoredContinueHandler 함수의 반환 값이다.

예측할 수 있는 바와 같이, 컨티뉴 처리기 함수는 추적이나 분석의 목적으로 사용되는 것이 보통이다.

section 05 C++ 예외와 구조적 예외

많은 개발자들이 애플리케이션을 개발할 때 구조적 예외를 사용하는 것이 좋은지 아니면 C++ 예외 를 사용하는 것이 좋은지 자주 묻곤 한다. 이번 절에서 그에 대한 답을 제시하려 한다.

SEH는 운영체제에서 제공해 주는 기능이므로 어떤 언어에도 활용할 수 있는 반면, C++ EH^{exception handling}

는 C++로 코드를 작성하는 경우에만 사용할 수 있다. 만일 C++를 이용하여 애플리케이션을 개발하고 있다면 구조적 예외보다는 C++ 예외를 사용하는 것이 좋다. 그 이유는 C++ 예외는 언어 차원에서 제공해 주는 기능이기 때문이다. 그러므로 이미 컴파일러가 C++ 클래스의 오브젝트에 대해 알고 있게 된다. 이는 C++ 오브젝트가 정리될 수 있도록 C++ 오브젝트의 파괴자를 호출하는 코드를 컴파일러가 자동적으로 생성할 수 있다는 것을 의미한다.

그런데 마이크로소프트 Visual C++ 컴파일러는 C++ 예외 처리를 윈도우의 구조적 예외 처리 기능을 이용하여 구현하였다. 따라서 C++에서 try 블록을 사용하게 되면 Visual C++ 컴파일러는 SEH의 __try 블록을 생성한다. C++ catch 구문은 SEH의 예외 필터로 치환되며, catch 블록 내부의 코드는 SEH의 __except 블록으로 변경된다. 실제로 C++의 throw 문장을 사용하면 컴파일러는 윈도우의 RaiseException 함수를 호출한다. throw 문장에서 사용하는 변수는 RaiseException의 추가 인자로 전달된다.

다음 코드를 살펴보면 이러한 사실을 좀 더 명확하게 알 수 있다. 왼쪽에 있는 함수는 C++ 예외 처리를 사용하고 있고, 오른쪽에 있는 함수는 동일한 기능을 수행하지만 C++ 컴파일러가 생성한 구조적 예외 처리를 사용하고 있다.

```
void ChunkFunky() {                 void ChunkFunky() {
   try {                               __try {
      // Try 본문                         // Try 본문
      ...                                ...
      throw 5;                           RaiseException(Code=0xE06D7363,
                                            Flag=EXCEPTION_NONCONTINUABLE,
                                            Args=5);
   }                                   }
   catch(int x) {                      __except((ArgType == Integer) ?
                                         EXCEPTION_EXECUTE_HANDLER :
                                         EXCEPTION_CONTINUE_SEARCH) {
      // Catch 본문                        // Catch 본문
      ...                                ...
   }                                   }
   ...                                 ...
}                                   }
```

위 코드에서 아주 흥미로운 부분 몇 가지를 확인할 수 있다. 먼저 RaiseException 부분을 유심히 살펴보면 예외 코드가 0xE06D7363인 것을 알 수 있다. 이 값은 Visual C++ 팀이 C++ 예외를 발생시킬 때 사용하기로 한 예외 코드다. 여기에 ASCII 코드를 적용해 보면 6D 73 63이 의미하는 바가 "msc" 임을 알게 될 것이다.

다음으로 주목해야 할 부분은, C++ 예외를 던질 때 EXCEPTION_NONCONTINUABLE 플래그를 사용한다는 것이다. C++ 예외는 절대로 예외가 발생한 부분을 재실행할 수 없다. 만일 예외 필터에

서 C++ 예외를 분석한 후 EXCEPTION_CONTINUE_EXECUTION을 반환하면 에러를 유발하게 될 것이다. 실제로 오른쪽 함수의 __except 필터를 살펴보면 EXCEPTION_EXECUTE_HANDLER 나 EXCEPTION_CONTINUE_SEARCH로만 값이 평가된다는 것을 알 수 있을 것이다.

RaiseException의 나머지 매개변수들은 C++ throw 이하의 변수 내용을 전달하기 위해 사용된다. RaiseException을 이용하여 변수와 관련된 내용을 전달하는 방법은 문서화되어 있지 않다. 하지만 컴파일러 팀은 이것을 추측하기 힘들만큼 어렵게 만들지는 않았다.

마지막으로 언급하고 싶은 부분은 __except 필터 부분이다. 이 필터의 목적은 throw를 통해 전달된 변수의 타입이 C++ catch 구문에서 사용하는 변수의 타입과 일치하는지의 여부를 확인한다. 만일 두 타입이 서로 일치하는 경우라면 필터는 EXCEPTION_EXECUTE_HANDLER 값을 반환하여 catch 블록(__except 블록) 내부의 문장을 수행하게 된다. 만일 데이터 타입이 서로 일치하지 않으면 필터는 EXCEPTION_CONTINUE_SEARCH를 반환하게 되고 호출 트리의 상위에 있는 catch 예외 필터를 평가하게 된다.

> C++ 예외는 내부적으로 구조적 예외를 통해 구현되었기 때문에 이 두 가지 메커니즘을 단일의 애플리케이션 내에 한꺼번에 사용할 수 있다. 예를 들어 필자는 가상 메모리에 대해 접근 위반이 발생했을 때 저장소를 커밋 하는 것과 같은 방법을 즐겨 사용한다. C++ 언어 자체는 재수행이 가능한 예외 처리 기능을 제공하지 않으므로 이러한 기능을 구현할 수 없다. 하지만 구조적 예외 처리 기능을 사용하면 __except 필터가 EXCEPTION_CONTINUE_EXECUTION를 반환하도록 하여 예외를 유발한 코드를 재수행할 수 있다. 재수행 가능한 예외 처리 기능이 필요하지 않는 부분에 대해서는 C++ 예외 처리 기능만을 사용한다.

section 06 예외와 디버거

마이크로소프트 Visual Studio 디버거는 예외를 디버깅할 수 있는 환상적인 기능을 제공하고 있다. 프로세스의 스레드가 예외를 유발하면 운영체제는 지체 없이 그 사실을 디버거에게 알려준다(만일 디버거가 붙어 있으면). 이러한 통지를 첫 번째 통지first-chance notification라고 한다. 보통 디버거는 첫 번째 통지가 발생하면 스레드에게 예외 필터를 찾아보도록 지시한다. 만일 모든 예외 필터가 EXCEPTION_CONTINUE_SEARCH를 반환하면 운영체제는 디버거에게 마지막 통지last-chance notification를 전달한다. 소프트웨어 개발자에게 예외를 디버깅할 때, 보다 많은 제어권을 부여하기 위해 이러한 두 가지 형태의 통지가 존재한다.

솔루션 단위로 디버거의 예외 다이얼로그 박스를 이용하면 첫 번째 예외 통지 발생 시 디버거가 어떻게 대응할지를 결정할 수 있다.

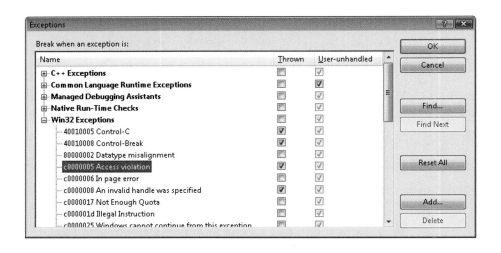

위 그림에서 보는 바와 같이 다이얼로그 박스는 모든 예외를 종류별로 보여주고 있다. 이 중 Win32 예외를 보면 시스템이 정의하고 있는 모든 예외 항목들을 볼 수 있다. 각각의 예외는 32비트 예외 값과 텍스트로 구성된 설명 그리고 첫 번째 통지(Thrown 체크 박스)와 마지막 통지(User-Unhandled 체크 박스)가 발생했을 때의 디버거 동작으로 구성되어 있다. 가장 마지막 항목은 공용 언어 런타임^{common} ^{language runtime} 예외에만 적용됨을 눈여겨보기 바란다. 위 다이얼로그 박스에서는 접근 위반^{access violation} 예외를 선택하여 이 예외가 발생하였을 때 디버거를 정지시키도록 변경해 보았다. 이제 디버기 내의 스레드가 예외를 유발하면 디버거가 첫 번째 통지를 수신하고 다음과 같은 메시지 박스를 보여줄 것이다.

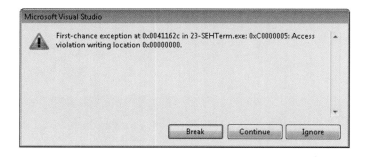

이 시점까지는 스레드가 예외 필터를 검색하기 전이다. 이제 코드 내에 브레이크 포인트를 설정하거나 변수의 값을 확인하고 스레드의 호출 스택을 확인할 수 있다. 예외가 발생하였지만 아직까지 어떤 예외 필터도 수행되지 않았다. 만일 디버거에서 한 단계씩 실행을 진행하면 다음과 같은 메시지 박스가 나타날 것이다.

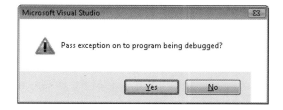

No 버튼을 누르면 디버기 스레드는 예외를 유발하였던 CPU 명령을 다시 수행하게 된다. 대부분의 애플리케이션에서 예외를 유발하였던 명령을 재수행하게 되면 동일 예외가 다시 발생할 것이기 때문에 이는 그다지 유용하지 않다고 하겠다. 하지만 RaiseException 함수를 이용하여 예외를 발생시킨 경우에는 마치 예외가 발생하지 않았던 것처럼 수행을 재개하기 때문에 C++ 프로그램을 디버깅하는 경우에 유용하게 사용될 수 있다. C++의 throw 명령을 수행한 경우에도 이와 동일하게 동작한다. C++ 예외 처리는 앞의 절에서 살펴본 바 있다.

마지막으로, 다이얼로그 박스에서 Yes 버튼을 누르면 디버거는 예외 필터를 검색하기 시작한다. 만일 EXCEPTION_EXECUTE_HANDLER나 EXCEPTION_CONTINUE_EXECUTION을 반환하는 예외 필터를 발견하게 되면 스레드가 정상적으로 수행을 지속하겠지만, 모든 필터가 EXCEPTION_CONTINUE_SEARCH를 반환하게 되면 디버거는 마지막 통지^{last-chance notification}를 받게 되고 다음과 유사한 메시지 박스를 보여줄 것이다.

이제 이 애플리케이션을 디버깅하거나 종료해야 한다.

지금까지 Visual Studio의 Thrown 체크 박스를 선택한 후 예외가 발생했을 때 디버거가 어떻게 동작하는지에 대해 알아보았다. 그런데 대부분의 예외에 대해 기본적으로 Thrown 체크 박스가 선택되어 있지 않기 때문에 디버거는 첫 번째 통지를 받았을 때 단순히 디버거의 출력^{Output} 윈도우에 첫 번째 통지를 수신하였다는 내용을 출력하기만 한다.

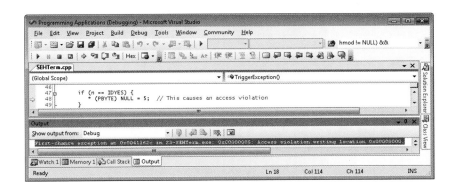

만일 접근 위반 예외의 Thrown 체크 박스가 선택되지 않은 경우, 디버거는 디버기의 스레드에게 예외 필터를 찾도록 한다. 만일 모든 예외 필터가 수행되었음에도 예외가 처리되지 않았을 경우에는 다음과 같은 메시지 박스가 나타나게 된다.

 첫 번째 통지가 전달되었다고 해서 애플리케이션에 문제가 있다거나 버그를 내포하고 있다고 말할 수 없다는 것을 반드시 기억하기 바란다. 사실 첫 번째 통지는 프로세스가 디버깅 중일 때에만 나타난다. 디버거는 단순히 이러한 예외가 발생했음을 알려주기만 하고 실제로 메시지 박스를 띄우지는 않는다. 실제로 예외 필터가 예외를 성공적으로 처리하면 애플리케이션은 정상적으로 수행을 재개할 수 있게 된다. 하지만 마지막 통지가 발생하였다는 것은 코드에 문제가 있거나 반드시 수정해야 하는 버그가 있음을 의미한다.

이 장을 마무리하면서 디버거의 예외 Exceptions 다이얼로그 박스에 대해 한 가지만 더 추가적으로 설명하려고 한다. 이 다이얼로그 박스는 사용자가 정의한 소프트웨어 예외까지도 완벽하게 지원할 수 있다. 추가 Add 버튼을 선택하여 새로운 예외 New Exception 다이얼로그 박스가 나타나면, 형식 Type 에서 Win32 예외 Win32 exceptions 를 선택하고, 이름 Name 에 예외의 이름을 입력하고, 번호 Number 에 고유의 소프트웨어 예외 코드 번호를 입력한 후, OK 버튼을 누르면 리스트에 사용자가 정의한 소프트웨어 예외가 추가된다. 아래 그림은 자신만의 소프트웨어 예외를 디버거가 인식할 수 있도록 추가하는 모습을 보여주고 있다.

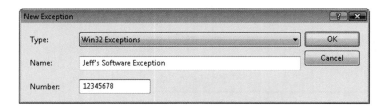

제프리 리처의 Windows via C/C++

Chapter **26**

에러 보고와 애플리케이션 복구

1. 윈도우 에러 보고 콘솔
2. 프로그램적으로 윈도우 에러 보고하기
3. 프로세스 내에서 사용자 정의 문제 보고서 생성하기
4. 사용자 정의 문제 보고서 생성과 변경
5. 자동 애플리케이션 재시작과 복구

25장 "처리되지 않은 예외, 벡터화된 예외 처리, 그리고 C++ 예외"에서는 처리되지 않은 예외unhandled exception와 윈도우 에러 보고Windows Error Reporting(WER) 메커니즘이 실패한 애플리케이션에 대한 정보를 기록하기 위해 어떻게 함께 어우러져 동작하는지 살펴보았다. 이번 장에서는 이러한 문제 보고와 애플리케이션 내에서 WER 애플리케이션 프로그래밍 인터페이스Application Programming Interface(API)를 사용하는 방법에 대해 좀 더 자세히 살펴보고자 한다. WER API를 사용하면 문제가 되는 애플리케이션을 더욱 자세히 들여다 볼 수 있기 때문에, 좀 더 쉽게 버그를 찾고 수정할 수 있다.

section 01 윈도우 에러 보고 콘솔

프로세스가 처리되지 않은 예외로 인해 종료된 경우, WER은 처리되지 않은 예외와 당시의 컨텍스트 정보를 보고서로 생성한다.

이렇게 생성된 보고서는 사용자의 동의하에 안전한 채널을 통해 마이크로소프트 서버로 전송된다. 전송된 보고서 내용을 근간으로, 이미 알려진 애플리케이션 실패 데이터베이스에 저장된 내용을 검색하게 된다. 만일 데이터베이스 내에 애플리케이션의 실패사항을 해결할 수 있는 해결책이 있는 경우라면 사용자가 어떤 작업을 해야만 정상적으로 작업을 수행할 수 있는지를 알려준다.

하드웨어와 소프트웨어 벤더들은 이러한 기술을 이용하여 그들이 등록해 둔 제품과 관련된 문제 보고서에 접근할 수 있다. 커널 모드의 디바이스 드라이버가 시스템 손상crash을 일으키거나 행hang을 유발한 경우에도 이와 동일한 절차로 작업이 진행되기 때문에 상당히 광범위한 해결책들이 제공될 수 있다. (*http://www.microsoft.com/whdc/maintain/StartWER.mspx*를 방문하거나 *https://winqual.microsoft.com*에 있는 윈도우 품질 온라인 서비스Windows Quality Online Service 웹 사이트를 방문하여 이 기술의 세부사항과 장점들을 확인해 보라.)

사용자가 마이크로소프트로 보고서를 전송하지 않는 경우라도 생성된 보고서는 사용자의 머신에 저장된다. WER 콘솔을 이용하면 자신의 머신에서 어떤 문제들이 발생했는지 확인할 수 있으며, 각 보고서의 내용을 살펴볼 수 있다.

[그림 26-1]은 제어판Control Panel의 문제 보고서 및 해결 방법Problem Reports and Solutions을 보여주고 있다 (%SystemRoot%\system32\wercon.exe).

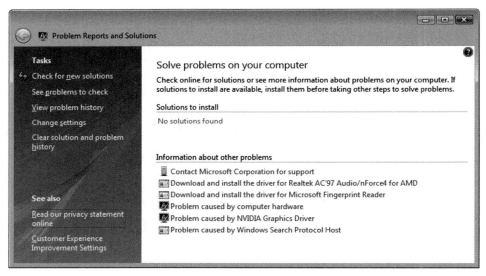

[그림 26-1] 제어판을 통해 수행할 수 있는 WER 콘솔 애플리케이션

왼쪽에 있는 문제 기록 보기View problem history를 클릭하면 WER 콘솔은 모든 프로세스의 손상crash과 행hang 문제들을 [그림 26-2]와 같이 나열해 준다.

[그림 26-2]에서 상태Status 열에는 해당 문제가 마이크로소프트로 전송되었는지의 여부가 나타나 있다. 아직 전송되지 않은 항목은 볼드체로 나타나 있다. 문제를 선택하고 오른 마우스를 클릭하면 해결 방법을 확인하거나, 문제 보고서를 삭제하거나, 문제의 세부 내용을 살펴볼 수 있다. 문제에 관한 정보 보기View problem details를 선택하면 [그림 26-3]과 같은 문제 보고서를 볼 수 있다.

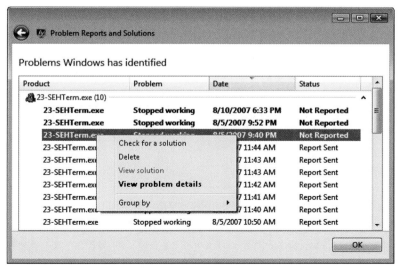

[그림 26-2] 각 애플리케이션별로 손상 문제를 보여주고 있는 WER 콘솔(제품별로)

[그림 26-3] 문제 보고서를 보여주고 있는 WER 콘솔

요약 화면에는 문제에 대한 정보들이 나타나는데, 대부분의 정보들은 예외 코드처럼 Unhandled-ExceptionFilter로 전달되었던 EXCEPTION_RECORD의 ExceptionInformation 정보다(그림 26-3의 경우 접근 위반 코드인 c0000005가 나타나 있다). 이러한 세부 내용은 사용자에게는 무의미한 내용이며, 단지 개발자들만이 이 내용이 가진 의미를 파악할 수 있다. 하지만 이 정도의 정보만으로는 실제로 어떤 일이 일어났는지를 확인하기에 충분치 않다. 걱정하지 마라. 이 파일의 임시 복사본

보기 ^{View a temporary copy of these files} 링크를 이용하면 [표 26-1]에 나열한 것과 같이 UnhandledException-Filter가 호출되었을 때 WER이 생성한 네 개의 파일을 가져올 수 있다. 기본적으로 이러한 파일들은 마이크로소프트 서버로 보고서를 전달하기 전에만 사용 가능하다. 이 장 후반부에서 WER이 이러한 파일들을 삭제하지 않고 항상 저장해 두도록 하는 방법을 살펴볼 것이다.

보고서에서 가장 중요한 부분은 Memory.hdmp 파일인데, 이 파일은 디버거를 이용하여 사후 디버깅 ^{post-mortem}을 할 때 사용할 수 있다. 이 파일을 이용하면 예외를 유발한 명령의 위치를 디버거가 정확하게 확인할 수 있다.

> 차기 버전의 윈도우에서도 확장자는 .hdmp/.mdmp로 유지되겠지만 덤프 파일의 이름은 문제의 애플리케이션 이름을 포함하도록 변경될 것이다. 예를 들어 Memory.hdmp나 MiniDump.mdmp라는 이름 대신 MyApp.exe.hdmp나 MyApp.exe.mdmp와 같은 이름으로 파일이 생성될 것이다. 미니덤프 ^{minidump}에 대해 완벽하게 알고 싶다면 존 로빈스 ^{John Robbins}가 쓴 "마이크로소프트 닷넷과 마이크로소프트 윈도우용 애플리케이션 디버깅 _{Debugging Application for Microsoft .NET and Microsoft Windows}"(마이크로소프트 출판사 ^{Microsoft Press}, 2003)을 읽어보기 바란다.

[표 26-1] WER이 생성한 4개의 파일에 대한 세부사항

파일명	설명
AppCompat.txt	문제를 유발한 프로세스 내부에 로드되어 있던 모듈의 목록(XML 포맷)
Memory.hdmp	문제를 유발한 프로세스의 스택, 힙, 핸들 테이블을 가지고 있는 유저 모드 덤프. 아래에 이 덤프 파일을 생성하기 위해 사용하는 플래그를 나타냈다. MiniDumpWithDataSegs | MiniDumpWithProcessThreadData | MiniDumpWithHandleData | MiniDumpWithPrivateReadWriteMemory | MiniDumpWithUnloadedModules | MiniDumpWithFullMemoryInfo
MiniDump.mdmp	문제를 유발한 프로세스의 유저 모드 미니 덤프. 아래에 이 미니 덤프 파일을 생성하기 위해 사용하는 플래그를 나타냈다. MiniDumpWithDataSegs | MiniDumpWithUnloadedModules | MiniDumpWithProcessThreadData
Version.txt	설치되어 있는 마이크로소프트 윈도우에 대한 정보를 담고 있다. Windows NT Version 6.0 Build: 6000 Product (0x6): Windows Vista (TM) Business Edition: Business BuildString: 6000.16386.x86fre.vista_rtm.061101-2205 Flavor: Multiprocessor Free Architecture: X86 LCID: 1033

kernel32.dll에서 익스포트하고 werapi.h에서 정의하고 있는 다음 함수를 이용하면 프로세스에 대한 여러 가지 옵션을 변경할 수 있다.

```
HRESULT WerSetFlags(DWORD dwFlags);
```

[표 26-2]에 상호 결합되어 사용될 수 있는 네 개의 옵션을 나타냈다.

[표 26-2] WerSetFlags 함수의 매개변수로 전달할 수 있는 값의 세부 정보

WER_FAULT_REPORTING_* 옵션	설명
FLAG_NOHEAP = 1	보고서를 생성할 때 힙에 대한 정보를 포함시키지 않는다. 보고서의 크기를 제한하려 할 때 유용하게 사용된다.
FLAG_DISABLE_THREAD_SUSPENSION = 4	기본적으로 WER은 보고서를 수집하려는 프로세스 내의 모든 스레드를 정지시켜서 문제를 야기한 스레드 외에 다른 스레드들이 계속 수행되어서 데이터를 손실시키지 않도록 미연에 방지하고 있다. 이 플래그를 사용하면 WER이 다른 스레드들은 정지시키지 않도록 하는데, 이 플래그를 사용하면 잠재적인 위험을 초래할 가능성이 있다.
FLAG_QUEUE = 2	심각한 문제가 발생했을 때 보고서를 생성하여 로컬 머신의 큐에만 삽입해 두고, 마이크로소프트로는 보내지 않는다.
FLAG_QUEUE_UPLOAD = 8	심각한 문제가 발생했을 때 보고서를 생성하여 로컬 머신의 큐에 삽입함과 동시에 마이크로소프트로도 보고서를 전송한다.

마지막 두 개의 플래그인 WER_FAULT_REPORTING_FLAG_QUEUE와 WER_FAULT_ REPOR-TING_FLAG_QUEUE_UPLOAD가 실제로 동작할지의 여부는 [그림 25-5]에서 보여준 문제 보고서 전송 여부의 동의 설정에 의존적이다. 만일 이러한 설정 값이 기본 값인 "자동으로 해결 방법 확인Check for solutions automatically"이 아니면 WER은 두 개의 플래그 모두에 대해 보고서report를 생성한다. 만일 WER_FAULT_REPORTING_FLAG_QUEUE_UPLOAD 플래그를 설정하게 되면 보고서를 전송하기 위해 사용자의 확인confirmation을 묻는 다이얼로그 박스를 띄우게 되며, WER_FAULT_REPORTING_FLAG_QUEUE 플래그를 설정하게 되면 보고서는 전송되지 않는다. WER 함수를 통해 설정한 내용보다 현재 설정 정보가 우선하기 때문에 사용자(혹은 머신 관리자)의 동의 없이 애플리케이션 내에서 임의로 보고서를 전송할 수 있는 방법은 없다.

> 보고서가 생성되면 로컬 머신의 큐에 먼저 삽입된다. 사용자의 동의가 이루어지면 생성된 보고서는 마이크로소프트로 전달된 후 WER 콘솔에서 그 내용을 확인할 수 있도록 진행사항이 기록된다. 현재 동의 설정이 보고서를 전송하고 해결 방법을 찾는 것을 금지하고 있다면 WER은 사용자가 어떤 작업을 수행하기를 원하는지 확인하기 위해 다이얼로그 박스를 띄운다. 만일 보고서가 전송되지 않았다면 해당 보고서는 로컬 큐에 계속 남아 있게 되고, WER 콘솔을 통해 그 내용을 살펴볼 수 있다.

만일 프로세스의 현재 옵션 값을 가져오려면 다음 함수를 사용하면 된다.

```
HRESULT WerGetFlags(HANDLE hProcess, PDWORD pdwFlags);
```

첫 번째 매개변수인 hProcess로는 플래그 정보를 가져오고자 하는 프로세스의 핸들을 전달하면 된다. 이 핸들은 PROCESS_VM_READ 접근 권한을 가진 핸들이어야 한다. 현재 수행 중인 프로세스의 옵션 정보가 필요한 경우 GetCurrentProcess를 사용하면 된다.

WerGetFlags를 호출하기 전에 WerSetFlags를 호출한 적이 없다면 WER_E_NOT_FOUND 값이 반환된다.

1 보고서 생성과 전송 금지하기

애플리케이션이 실패했을 때 WER이 보고서 생성과 전송을 수행하지 못하도록 할 수 있다. 이러한 기능은 애플리케이션을 출시하거나 배포하기에 앞서 개발 단계 혹은 테스트 단계에서 유용하게 사용될 수 있다. 보고서 생성과 전송을 막기 위해서는 다음 함수를 호출하면 된다.

```
HRESULT WerAddExcludedApplication(PCWSTR pwzExeName, BOOL bAllUsers);
```

pwzExeName 매개변수로는 .exe 파일의 파일명(확장자를 포함하여)을 전달하면 된다(혹은 전체 경로명을 써도 된다).

bAllUser 매개변수로는 모든 사용자에 대해 보고서 생성과 전송을 금지할 것인지 아니면 현재 로그온한 사용자에 대해서만 보고서 생성과 전송을 금지할 것인지를 결정하는 값을 전달하면 된다. 만일 이 값으로 TRUE를 전달하려면 반드시 권한 상승privilege elevation이 이루어져야 하고, 그렇지 않을 경우 E_ACCESSDENIED 에러가 발생하게 된다(좀 더 자세한 사항은 "4.5 관리자가 표준 사용자로 수행되는 경우" 절을 읽어보기 바란다).

이처럼 보고서 생성과 전송이 금지된 애플리케이션 내에서 처리되지 않은 예외가 발생하게 되면 WER은 어떠한 보고서도 생성하지 않는다. 그렇지만 WerFault.exe는 이전과 동일하게 수행되며, [그림 26-4]에서 보는 바와 같이 사용자에게 애플리케이션을 디버깅할 것인지 아니면 종료할 것인지를 묻게 된다.

애플리케이션 에러 보고 기능을 다시 사용하려면 WerRemoveExcludedApplication 함수를 호출하면 된다.

```
HRESULT WerRemoveExcludedApplication(PCWSTR pwzExeName, BOOL bAllUsers);
```

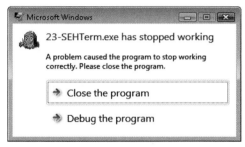

[그림 26-4] 기능이 차단된 애플리케이션도 나머지 두 가지 선택의 여지를 가진다.

 노트 이 두 개의 함수는 wer.dll이 익스포트하고 있으며, werapi.h 파일에 선언되어 있다.

section 03 프로세스 내에서 사용자 정의 문제 보고서 생성하기

때로는 다양한 WER 함수를 활용하여 애플리케이션에서 사용자 정의 문제 보고서를 생성하고 싶을 수도 있다. 아래에 이러한 기능을 사용할 만한 세 가지 상황을 예로 들어 보았다.

• 자체적으로 처리되지 않은 예외 필터를 작성하고 있다.
• 처리되지 않은 예외가 발생하지 않은 경우에도 보고서를 생성하도록 애플리케이션을 개발하려고 한다.
• 보고서에 추가적인 정보를 담고자 한다.

문제 보고서를 수정하는 가장 간단한 방법은 생성된 문제 보고서에 특정 데이터 블록을 추가하거나 임의의 파일을 추가하는 것이다. 데이터 블록을 추가하고 싶은 경우라면 다음 함수를 호출하면 된다.

```
HRESULT WerRegisterMemoryBlock(PVOID pvAddress, DWORD dwSize);
```

pvAddress 매개변수로는 메모리 블록의 시작 주소를, dwSize 매개변수로는 블록의 크기를 바이트 단위로 전달하면 된다. 이제 문제 보고서가 생성될 때마다 이 영역의 데이터 블록이 minidump 파일 내에 저장될 것이며, 사후 디버깅을 수행할 때 저장된 값을 확인해 볼 수 있을 것이다. WerRegister-MemoryBlock 함수를 여러 번 호출하면 minidump 파일에도 여러 번에 걸쳐 데이터가 쓰여진다는 사실을 명심하기 바란다.

문제 보고서에 임의의 파일을 추가하고 싶다면 WerRegisterFile 함수를 호출하면 된다.

```
HRESULT WerRegisterFile(
    PCWSTR pwzFilename,
    WER_REGISTER_FILE_TYPE regFileType,
    DWORD dwFlags);
```

pwzFileName 매개변수로는 추가하고자 하는 파일의 경로명을 전달하면 된다. 전체 경로명을 전달하지 않은 경우에는 작업 디렉터리 내에서만 파일을 찾는다. regFileType 매개변수로는 [표 26-3]에서 설명한 두 가지 값 중 하나를 전달하면 된다.

[표 26-3] 문제 보고서에 추가할 파일의 타입

regFileType 값	설명
WerRegFileTypeUserDocument = 1	이 파일은 민감한 사용자 데이터가 포함되어 있는 문서다. 기본적으로 이러한 파일은 마이크로소프트 서버로 전송되지 않는다. 하지만 추후에는 윈도우 품질 Windows Quality 웹 사이트를 통해 개발자가 이러한 파일들에 접근할 수 있도록 할 계획이다.
WerRegFileTypeOther = 2	그 외의 다른 파일

dwFlags 매개변수로는 [표 26-4]에서 설명한 두 가지 값 중 하나를 전달하거나 비트 단위로 결합한 값을 전달하면 된다.

[표 26-4] 사용자가 추가한 파일에 대한 플래그

dwFlags로 사용할 수 있는 WER_FILE_* 값	설명
DELETE_WHEN_DONE = 1	보고서를 전송한 후 파일을 삭제한다.
ANONYMOUS_DATA = 2	이 파일에는 사용자를 구분할 수 있는 개인 신상 정보가 포함되어 있지 않다. 이 플래그가 지정되지 않으면 최초에 마이크로소프트 서버는 해당 파일을 요청하게 되고, 확인 다이얼로그 박스를 통해 사용자에게 파일 송신 여부를 묻게 된다. 만일 사용자가 파일 송신을 선택하게 되면 레지스트리 상에 사용자 동의를 나타내는 값이 3으로 변경된다. 이 값이 한 번 3으로 설정되면 추후에는 사용자 동의 과정 없이 익명으로 파일을 송신하게 된다.

이제 문제가 발생하면 등록해 둔 파일이 보고서 내에 저장된다. 여러 개의 파일을 보고서 내에 포함시키려면 WerRegisterFile을 여러 번 호출해 주면 된다.

노트 WER은 사용자가 WerRegisterMemoryBlock이나 WerRegisterFile을 호출하여 등록한 항목의 개수가 WER_MAX_REGISTERED_ENTRIES(현재 512로 정의되어 있는)를 초과할 수 없도록 제한하고 있다. 이러한 함수들의 반환 값은 HRESULT형이므로 항목 개수 초과와 관련된 에러가 발생했는지 확인하기 위해서는 다음과 같이 비교 연산을 수행해야 한다.

```
if (HRESULT_CODE(hr) == ERROR_INSUFFICIENT_BUFFER)
```

또한 다음의 두 가지 함수 중 하나를 호출하여 등록하였던 데이터 블록이나 파일을 등록 해제할 수 있다.

```
HRESULT WerUnregisterMemoryBlock(PVOID pvAddress);
HRESULT WerUnregisterFile(PCWSTR pwzFilePath);
```

section **04 사용자 정의 문제 보고서 생성과 변경**

이번 절에서는 사용자 정의 문제 보고서를 생성하는 애플리케이션을 만드는 방법에 대해 논의할 것이다. 이 절의 내용은 예외 처리와는 전혀 관련이 없으며, 보고서를 생성하기 위해 애플리케이션을 종료해야 하는 것도 아니다. 단순히 윈도우 이벤트 로그에 암호 같은 정보를 추가하는 대신 윈도우 에러 보고를 사용한다고 생각하는 것이 좋겠다. 그런데 WER을 사용하는 경우 [표 26-5]와 같이 레지스트리의 값을 변경하여 보고서의 개수를 제한할 수 있다. 이 값들은 HKEY_CURRENT_USER\Software\Microsoft\Windows\Windows Error Reporting 이하에 있다.

[표 26-5] WER 저장소와 관련된 레지스트리 설정

레지스트리 설정	설명
MaxArchiveCount	저장소에 보관할 수 있는 보고서의 최대 개수. 기본 값은 1000이며, 1부터 5000 사이의 값을 지정할 수 있다.
MaxQueueCount	마이크로소프트 서버로 보고서를 전송하기 전에 로컬 컴퓨터의 큐에 저장해 둘 수 있는 보고서의 최대 개수. 기본 값은 50이며, 1부터 500 사이의 값을 지정할 수 있다.

> 마이크로소프트 서버로 전송된 보고서에 대한 추적 정보는 현재 사용자의 AppData\Local\Microsoft\Windows\WER\ReportArchive 폴더 이하에 저장된다. 하지만 첨부되었던 파일은 이 폴더에 저장되지 않는다. 아직 전송되지 않은 보고서는 현재 사용자의 AppData\Local\Microsoft\Windows\WER\ReportQueue 폴더 이하에 저장된다. 불행히도 WER 콘솔에서 이러한 보고서에 접근하는 API는 문서화되어 있지 않다. 따라서 문제 보고서의 목록을 가져오는 애플리케이션을 만들 수 있는 방법이 없다. 원컨대 차기 버전의 윈도우에는 이러한 기능이 추가되었으면 한다.

WER에서 사용할 수 있는 문제 보고서를 생성하고, 수정하고, 전송하기 위해서는 다음과 같은 절차에 따라 WER 관련 함수를 사용해야 한다.

1. 새로운 문제 보고서를 생성하기 위해 WerReportCreate를 호출한다.
2. WerReportSetParameter를 이용하여 보고서의 세부 정보들을 설정한다.

3. WerReportAddDump를 호출하여 보고서에 미니 덤프 파일을 추가한다.

4. WerReportAddFile을 호출하여 임의의 파일(사용자가 작성한 문서 등)을 보고서에 추가한다.

5. WerReportSetUIOption을 호출하여 WerReportSubmit 함수를 호출하였을 때 나타나는 사용자 동의 다이얼로그 박스에 나타날 문자열을 수정한다.

6. WerReportSubmit을 호출하여 보고서를 전송한다. 지정된 플래그 정보에 따라 보고서를 큐에 넣고 서버로의 전송 여부를 확인하고 보고서를 전송한다.

7. WerReportCloseHandle을 호출하여 보고서를 닫는다.

이번 절의 나머지 부분에서는 위에서 설명한 각각의 단계들을 수행했을 때 문제 보고서에 어떤 영향을 미치는지에 대해 설명할 것이다. 다음 절에서는 이 장 후반부에 포함되어 있는 사용자 정의 WER 예제 애플리케이션에서도 활용하고 있는 GenerateWerReport 함수(940쪽)에 대해 살펴볼 것이다.

이 프로그램을 수행한 후 WER 콘솔을 열고 문제 기록 보기^{View Problem History} 링크를 클릭하면 [그림 26-5]와 같은 문제 보고서 리스트가 나타날 것이다.

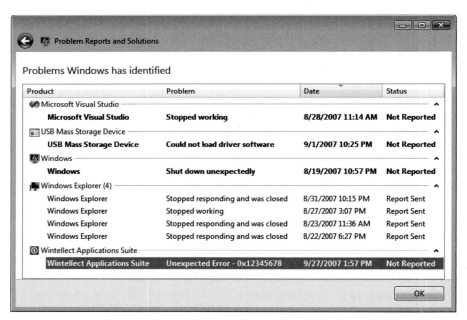

[그림 26-5] WER 콘솔에서 제품 이름으로 정렬된 사용자 정의 항목

[그림 26-2]와 같이 실행 파일명과 동일한 제품명 아래에 23-SEHTerm.exe라는 이름의 문제 보고서^{problem report}들이 나열되었던 것과는 다르게 25-HandleUnhandled.exe에 대한 문제 보고서는 Wintellect Applications Suite product이라는 제품명 아래에 나타나 있다. 문제점^{Problem} 열에는 기본적으로 나타나는 "작동이 중지됨^{Stopped working}"이라는 간단한 설명 대신 좀 더 자세한 정보들이 출력되어 있다.

보고서에 대한 세부사항을 살펴보기 위해 에러 항목을 더블 클릭해 보면, 세부 정보 또한 Wer* 관련 함수를 이용하여 [그림 26-6]과 같이 수정되었음을 알 수 있다. [그림 26-6]을 [그림 26-3]과 비교해 보면 일반적인 보고서가 Wer* 함수를 이용했을 때 어떻게 변경되었는지를 확인할 수 있다.

보고서의 제목 부분과 문제^{Problem} 부분은 앞서 WER 콘솔에서 살펴보았던 요약 정보와 동일하다. 새롭게 추가된 설명^{Description} 항목에는 문제에 대한 상위 수준의 정의를 나타내고 있으며, 문제 이벤트 이름 ^{Problem Event Name} 항목에는 기본적으로 출력되는 "APPCRASH"라는 문자열 대신 좀 더 의미 있는 정보가 출력되어 있다.

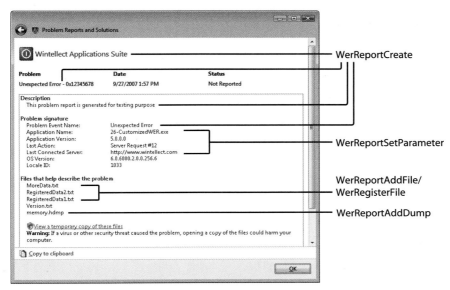

[그림 26-6] WEB 콘솔에서 살펴본 사용자 정의 보고서의 세부 정보

1 사용자 정의 문제 보고서 생성하기: WerReportCreate

사용자 정의 보고서를 생성하기 위해서는 보고서에 대한 세부 정보를 인자로 WerReportCreate 함수를 호출하면 된다.

```
HRESULT WerReportCreate(
    PCWSTR pwzEventType,
    WER_REPORT_TYPE repType,
    PWER_REPORT_INFORMATION pReportInformation,
    HREPORT *phReport);
```

pwzEventType은 유니코드로 구성된 문자열로, 문제 서명^{Problem signature} 영역의 첫 번째 행에 나타난다. 만일 윈도우 품질^{Windows Quality} 웹 사이트(*http://WinQual.Microsoft.com*)를 통해 문제 보고서를 확

인하려 한다면 반드시 마이크로소프트가 등록해 둔 이벤트 타입을 사용해야 한다(좀 더 자세한 내용은 MSDN의 *http://msdn2.microsoft.com/en-us/library/bb513625.aspx*에 있는 WerReportCreate 관련 문서를 확인해 보기 바란다).

 모든 Wer* 함수들은 유니코드 문자열만을 인자로 취하며, A나 W가 붙은 함수는 존재하지 않는다.

repType 매개변수에는 [표 26-6]에 나열한 값 중 하나를 사용하면 된다.

[표 26-6] repType 매개변수로 사용할 수 있는 값

repType 값	설명
WerReportNonCritical = 0	보고서는 조용히 큐에 삽입되며, 사용자 동의 설정 정보에 따라 마이크로소프트 서버로 전송된다.
WerReportCritical = 1	사용자에게 UI를 통해 보고서가 로컬 큐에 삽입됨을 알려주고, 필요하다면 애플리케이션을 종료한다.
WerReportApplicationCrash = 2	실행 파일명 대신 애플리케이션 이름을 표시하는 UI를 보여준다는 점을 제외하고는 WerReportCritical과 동일하다.
WerReportApplicationHang = 3	행hang이나 데드락deadlock이 발생했을 때 주로 사용한다는 점을 제외하고는 WerReport-ApplicationCrash와 동일하다.

pReportInformation 매개변수로는 [그림 26-7]에 나열한 몇 가지 종류의 유니코드 문자열을 멤버 변수로 담고 있는 WER_REPORT_INFORMATION 구조체를 가리키는 포인터를 지정하면 된다.

[표 26-7] WER_REPORT_INFORMATION의 문자열 필드

필드	설명
wzApplicationName	WER 콘솔의 문제 기록 UI 내의 제품명과 문제 세부사항 UI 내의 애플리케이션 아이콘 옆에 나타난다.
wzApplicationPath	로컬 컴퓨터에서는 사용되지 않으며, 윈도우 품질Windows Quality 웹 사이트에서만 사용된다.
wzDescription	설명Description 이하에 나타난다.
wzFriendlyEventName	문제 서명Problem signature 영역의 문제 이벤트 이름Problem Event Name 항목에 나타난다.

다른 모든 Wer* 함수와 마찬가지로 WerReportCreate 함수는 HRESULT 값을 반환하며, 성공 시에는 phReport 매개변수를 통해 보고서를 가리키는 핸들 값을 돌려준다.

② 문제 보고서에 세부 정보 설정하기: WerReportSetParameter

문제 서명Problem signature 영역의 문제 이벤트 이름Problem Event Name과 OS 버전OS Version, 로케일 IDLocale ID 사이에 다음 함수를 이용하여 키/값으로 구성되어 있는 값들을 설정할 수 있다.

```
HRESULT WerReportSetParameter(
    HREPORT hReport,
    DWORD dwParamID,
    PCWSTR pwzName,
    PCWSTR pwzValue);
```

hReport 매개변수로는 WerReportCreate 함수를 통해 얻을 수 있는 보고서 핸들 값을 전달해야 한다. dwParamID 매개변수로는 설정하고자 하는 키/값 쌍의 번호를 넘겨주면 된다. 이 함수를 이용하면 10개의 키/값 쌍을 지정할 수 있는데, 이 값으로는 WER_P0(값은 0)부터 WER_P9(값은 9)로 정의되어 있는 매크로(werapi.h 파일 내에 정의되어 있는)를 사용해야 한다. pwzName와 pwzValue 매개변수로는 설정하고자 하는 유니코드 문자열을 전달하면 된다.

만일 이 값으로 0보다 작거나 9보다 큰 값을 넘겨주게 되면 WerReportSetParameter는 E_INVA-LIDARG를 반환하며, 작은 ID 값을 사용하지 않고 큰 값을 바로 사용할 수 없음에도 주의하기 바란다. 예를 들어 WER_P2로 키/값을 설정하려면 반드시 WER_P1과 WER_P0도 설정해야 한다. 설정 순서 자체는 중요하지 않지만 작은 ID 값으로 키/값을 설정하지 않고 큰 ID 값으로만 키/값을 설정한 경우 WerReportSumit 함수를 호출할 때 HRESULT 타입의 반환 값으로 0x8008FF05를 반환하게 된다.

사용자가 세부 정보를 설정하지 않은 경우 WER은 기본적으로 [표 26-8]에 나열되어 있는 세부 정보들을 설정해 준다.

[표 26-8] 문제 보고서의 기본 세부 정보

세부 정보 ID	설명
1	실패한 프로그램의 이름
2	실패한 프로그램의 버전
3	애플리케이션 바이너리를 생성한 시간 정보
4	실패한 모듈의 이름
5	실패한 모듈의 버전
6	모듈을 생성한 시간 정보
7	발생한 예외의 타입을 나타내는 예외 코드
8	모듈 내에서 예외가 발생한 위치를 나타내는 바이트 오프셋. 이 값은 문제가 발생한 확장 수행 포인터[Extended Instruction Pointer](EIP)(x86 CPU가 아닌 경우 그에 대응하는 값) 값을 얻어온 후 예외가 발생한 모듈이 로드된 시작 위치만큼을 뺀 값이다.

❸ 문제 보고서에 미니 덤프 추가하기: WerReportAddDump

문제 보고서를 생성할 때 WerReportAddDump 함수를 호출하면 미니 덤프 파일을 보고서에 추가할 수 있다.

```
HRESULT WerReportAddDump(
    HREPORT hReport,
    HANDLE hProcess,
    HANDLE hThread,
    WER_DUMP_TYPE dumpType,
    PWER_EXCEPTION_INFORMATION pei,
    PWER_DUMP_CUSTOM_OPTIONS pDumpCustomOptions,
    DWORD dwFlags);
```

hReport 매개변수로는 미니 덤프를 추가하고자 하는 보고서를 가리키는 핸들 값을 전달하면 된다. hProcess 매개변수로는 덤프를 생성하고자 하는 프로세스의 핸들 값을 전달하면 되는데, 이 핸들은 STANDARD_RIGHTS_READ와 PROCESS_QUERY_INFORMATION 접근 권한을 반드시 가지고 있어야 한다. 이 값으로는 GetCurrentProcess 함수를 호출하여 얻어온 핸들 값을 전달하는 것이 일반적인데, 이 함수를 통해 얻어온 핸들은 모든 프로세스 권한을 가지고 있다.

hThread 매개변수로는 스레드를 지정한다(hProcess가 가리키는 프로세스 내의). WerReportAdd-Dump는 이 값을 스레드의 호출 스택을 살펴보기 위해 사용한다. 사후 디버깅을 수행할 때 디버거는 예외를 유발한 명령을 찾기 위해 호출 스택을 활용하게 된다. 호출 스택을 저장하는 것과는 별로도, 이 함수는 다음 코드와 같이 pei 매개변수를 통해 추가적인 예외 정보를 전달할 수 있다.

```
WER_EXCEPTION_INFORMATION wei;
wei.bClientPointers = FALSE; // 아래 예외 포인터는 이 함수를 호출하는 프로세스 내에 있다.
wei.pExceptionPointers = pExceptionInfo;
                        // pExceptionInfo는 유효한 값을 가지고 있다.
```

이 코드에서, pExceptionInfo로는 GetExceptionInformation이 반환하는 예외 정보를 전달해야 한다. 보통, GetExceptionInformation 함수의 반환 값은 예외 필터로 전달하기 위해 사용된다. 이후 &wei는 이 함수의 pei 매개변수를 통해 전달된다. 덤프의 종류는 dumpType과 pDumpCustom-Options 매개변수를 통해 정의된다. (이에 대한 자세한 정보는 관련 MSDN 문서를 읽어보기 바란다.)

dwFlags 매개변수로는 0이나 WER_DUMP_NOHEAP_ONQUEUE를 지정할 수 있다. 미니 덤프는 힙 데이터를 포함하는 것이 보통이지만 WER_DUMP_NOHEAP_ONQUEUE 플래그를 전달하면 모든 힙 데이터를 무시하게 된다. 이 플래그는 보고서에 힙 관련 정보를 포함시키지 않도록 하여 디스크 공간을 절약하고자 하는 경우에 유용하게 사용될 수 있다.

④ 문제 보고서에 임의의 파일 추가하기: WerReportAddFile

"26.3 프로세스 내에서 사용자 정의 문제 보고서 생성하기" 절에서 프로세스에 대한 문제 보고서를 생성할 때 임의의 파일을 추가하는 방법에 대해 설명하였다. 그런데 사용자 정의 보고서를 생성할 때에는 WerReportAddFile을 이용하여 더 많은(512개보다 많은) 파일들을 추가할 수 있다.

```
HRESULT WerReportAddFile(
    HREPORT hReport,
    PCWSTR pwzFilename,
    WER_FILE_TYPE addFileType,
    DWORD dwFileFlags);
```

hReport 매개변수로는 pwzFileName 파일을 추가하고자 하는 보고서를 가리키는 핸들을 전달하면
되고, addFileType 매개변수로는 [표 26-9]에 나열한 값 중 하나를 사용하면 된다.

[표 26-9] 보고서에 추가할 파일의 종류

파일 종류	설명
WerFileTypeMicrodump = 1	사용자 정의 마이크로 덤프^{microdump}
WerFileTypeMinidump = 2	사용자 정의 미니 덤프^{minidump}
WerFileTypeHeapdump = 3	사용자 정의 힙 덤프$^{heap\ dump}$
WerFileTypeUserDocument = 4	민감한 사용자 정보를 포함하고 있을 가능성이 있는 문서 파일. 기본적으로, 이러한 파일은 마이크로소프트로 전송되지 않는다. 그런데 추후에는 개발자가 윈도우 품질^{Windows} ^{Quality} 웹 사이트를 통해 이러한 파일들에 대해서도 접근할 수 있도록 만들 계획이다.
WerFileTypeOther = 5	기타 다른 종류의 파일

WerFileTypeMicrodump, WerFileTypeMinidump, WerFileTypeHeapdump를 혼동하지 말아
야 한다. 보고서를 마이크로소프트 서버로 전송할 때, 서버는 어떤 파일들을 수신하게 되는지 물어보게
되고, 로컬 머신은 세밀한 논의를 거쳐 이러한 서버의 요청에 적절히 응답을 해야 한다. 때로는 Wer-
ReportAddDump를 사용하지 않고 애플리케이션에서 직접 생성한 덤프 파일에 대해 세 가지 플래그
정보를 근간으로 파일을 요청할 수도 있다. 문제 보고서 전송과 관련된 통신 프로토콜에 대해 자세히
알고 싶다면 윈도우 품질$^{Windows\ Quality}$ 웹 사이트에 방문해 보기 바란다. 이 함수의 dwFileFlags 매개변
수로는 WerRegisterFile에서 설명하였던 [표 26-4]에 나열한 플래그들을 동일하게 사용할 수 있다.

⑤ 다이얼로그 박스의 문자열 수정: WerReportSetUIOption

보고서를 WER로 제출할 때 나타나는 사용자 동의 다이얼로그 박스에 보여지는 문자열을 변경하고
싶다면 다음 함수를 이용하면 된다.

```
HRESULT WerReportSetUIOption(
    HREPORT hReport,
    WER_REPORT_UI repUITypeID,
    PCWSTR pwzValue);
```

hReport 매개변수로는 수정하고자 하는 유저 인터페이스를 가진 보고서를 가리키는 핸들 값을 전달
하면 되고, repUITypeID 매개변수로는 변경하려는 문자열을 가진 유저 인터페이스 요소를 지정하

면 된다. pwzValue 매개변수로는 다이얼로그 박스에 보여주고자 하는 문자열을 유니코드 문자열로 지정하면 된다.

변경하려는 유저 인터페이스 요소 각각에 대해 WerReportSetUIOption을 한 번씩 호출해야 한다. 그런데 몇몇 라벨과 버튼들은 변경이 불가능하다는 점을 유의하기 바란다. 다음 화면은 변경 가능한 몇 가지 문자열 요소들을 보여주고 있다. 좀 더 자세한 내용은 플랫폼 SDK 문서에서 WerReportSet-UIOption 함수를 찾아보기 바란다.

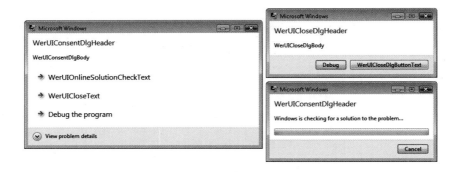

⑥ 문제 보고서 전송하기: WerReportSubmit

이제 다음 함수를 이용하여 문제 보고서를 전송할 때가 되었다.

```
HRESULT WerReportSubmit(
    HREPORT hReport,
    WER_CONSENT consent,
    DWORD dwFlags,
    PWER_SUBMIT_RESULT pSubmitResult);
```

hReport 매개변수로는 전송^{submit}하고자 하는 보고서의 핸들을 전달하면 되고, consent 매개변수로는 WerConsentNotAsked, WerConsentApproved, WerConsentDenied 중 하나의 값을 전달하면 된다. 앞서 설명한 것과 같이, 보고서의 전송 여부는 사용자 동의 레지스트리 설정에 따라 결정된다. 하지만 보고서를 전송할 때 WER이 보여주는 유저 인터페이스는 consent 매개변수로 전달하는 값에 따라 달라진다. WerConsentDenied를 사용하면 보고서는 전송되지 않는다. WerConsent-Approved를 사용하면 보고서를 생성하고 마이크로소프트 서버로 전송하는 동안 일반적인 다이얼로그 박스(그림 25-2와 그림 25-3에서 보여준 것과 같은)가 나타난다. WerConsentNotAsked를 사용하고, 레지스트리 상에 사용자 동의 설정 값이 1로 설정되어 있으면(이 값은 해결 방법을 찾기 전에 사용자에게 항상 그 사실을 알려주도록 그림 25-5와 같은 다이얼로그 박스를 보여준다) [그림 25-6]과 같은 다이얼로그 박스가 나타나서 사용자가 마이크로소프트로 보고서를 전송할지 여부를 결정할 수 있도록 해 주고, 애플리케이션을 종료(디버그^{Debug}와 프로그램 닫기^{Close} 버튼에 더하여)하기 전에 적용

가능한 해결 방법이 있는지를 찾아본다.

dwFlags 매개변수로는 [표 26-10]에 나열한 값을 비트 단위로 결합하여 전달하면 된다.

[표 26-10] 보고서 전송 수정

WER_SUBMIT_* 값	설명
HONOR_RECOVERY = 1	문제가 심각하면 복구recovery 옵션을 보여준다. 좀 더 자세한 내용은 "26.5 자동 애플리케이션 재시작과 복구" 절을 읽어보라.
HONOR_RESTART = 2	문제가 심각하면 애플리케이션 재시작application restart 옵션을 보여준다. 좀 더 자세한 내용은 "26.5 자동 애플리케이션 재시작과 복구" 절을 읽어보라.
SHOW_DEBUG = 8	이 플래그가 설정되지 않으면 디버그Debug 옵션을 사용자에게 보여주지 않는다.
NO_CLOSE_UI = 64	프로그램 닫기Close 옵션을 사용자에게 보여주지 않는다.
START_MINIMIZED = 512	다이얼로그 박스가 윈도우 작업 표시줄taskbar에 깜박이는 아이콘으로 나타난다.
QUEUE = 4	유저 인터페이스를 나타내지 않고, 큐에 보고서를 삽입한다. 만일 사용자의 동의를 묻기 위해 레지스트리 상에 사용자 동의 값이 1로 설정되어 있으면, 보고서는 조용히 생성되지만 마이크로소프트 서버로 전송하지는 않는다.
NO_QUEUE = 128	보고서를 큐에 삽입하지 않는다.
NO_ARCHIVE = 256	보고서를 마이크로소프트 서버로 전송하고 나서 따로 보관하지 않는다.
OUTOFPROCESS = 32	보고서 생성 작업이 다른 프로세스(wermgr.exe)에 의해 진행된다.
OUTOFPROCESS_ASYNC = 1024	보고서 생성 작업이 다른 프로세스(wermgr.exe)에 의해 진행되고, WerReportSubmit 함수는 보고서 생성 작업이 완료되어 다른 프로세스가 종료될 때까지 대기하지 않는다.
ADD_REGISTERED_DATA = 16	WerSetFlags, WerRegisterFile, WerRegisterMemoryBlock을 호출하여 등록한 데이터를 WER 보고서에 추가한다. 이 옵션을 다른 프로세스(wermgr.exe)에 의해 보고서 생성 작업을 수행하는 옵션과 함께 사용하면 WerRegisterFile 함수를 호출하여 추가하려 했던 파일들이 문제 보고서에 두 번씩 포함된다. 이러한 버그는 차기 버전의 윈도우에서는 수정될 것이다.

보고서 전송의 성공 실패 여부는 WerReportSubmit 함수의 HRESULT 반환 값을 확인해 보면 알 수 있다. 하지만 보다 정확한 결과는 WER_SUBMIT_RESULT 값을 가리키는 pSubmitResult 매개변수를 통해 반환된다. 이 값에 대해서는 MSDN 문서를 읽어보기 바란다. pSubmitResult가 가리키는 값을 통해 성공 여부를 확인할 수 없는 유일한 경우는 dwFlags 값이 WER_SUBMIT_OUTOFPRO-CESS_ASYNC 플래그를 포함하는 경우인데, 이 플래그를 지정하면 보고서에 대한 처리가 완료되기 전에 WerReportSubmit 함수가 반환되어 버리기 때문이다. 당연히 이 플래그는 매우 조심스럽게 사용해야 하고, 처리되지 않은 예외 상황에서는 절대로 사용해서는 안 된다. 왜냐하면 보고서 관련 정보가 수집되어 전송되기 전에 프로세스가 종료되어 버릴 것이기 때문이다. 이 플래그는 예외상황이 아니어서 보고서 전송이 완료될 때까지 기다리고 싶지 않을 경우에만 사용해야 한다. WER_SUBMIT_OUTOFPROCESS_ASYNC 플래그는 다른 프로세스의 문제점을 발견하여 보고하는 모니터링 프로세스에 의해 주로 사용된다. 예를 들어 윈도우 서비스 컨트롤 매니저Windows Service Control Manager(SCM)는 서비스 프로세스의 행hang 상황을 보고하기 위해서 이 플래그를 사용한다.

☑ 문제 보고서 닫기: WerReportCloseHandle

보고서 전송이 완료되면 보고서와 관련된 내부 데이터 구조체들을 해제하기 위해 보고서 핸들을 인자로 WerReportCloseHandle 함수를 호출하는 것을 잊어서는 안 된다.

```
HRESULT WerReportCloseHandle(HREPORT hReportHandle);
```

☑ 사용자 정의 WER 예제 애플리케이션

사용자 정의 WER 예제 애플리케이션(26-CustomizedWER.exe)은 처리되지 않은 예외가 발생했을 때 사용자 정의 문제 보고서를 어떻게 생성하는지를 보여준다. 추가적으로, finally 블록이 항상 수행될 수 있도록 구현하는 방법도 보여주고 있다. 마지막으로, 기본적으로 제공되는 사용자 동의 다이얼로그 박스와 WER 다이얼로그 박스 대신 사용자 정의 유저 인터페이스를 출력하여 사용자로 하여금 애플리케이션을 종료하거나 디버깅할 수 있도록 하고 있다. 만일 애플리케이션 디버깅 옵션을 빼버리고 싶다거나, 운영체제를 변경하지 않은 상태에서 애플리케이션과 동일한 언어를 사용하도록 지역화된 다이얼로그 박스를 나타내고 싶다면, 이 코드를 수정해서 사용하면 될 것이다. 소스 코드와 리소스 파일은 한빛미디어 홈페이지를 통해 제공되는 소스 코드의 26-CustomziedWER 폴더 내에 있다.

 만일 애플리케이션을 윈도우 비스타 이전 버전의 윈도우에서 수행해야 한다면 ReportFault 함수를 사용하는 것이 좋다. 이 함수는 앞서 알아본 Wer* 함수들만큼 세부적인 제어를 수행하지는 못한다. 윈도우 비스타나 그 이후에 나온 운영체제에서 애플리케이션을 수행하는 경우라면 ReportFault 함수는 사용하지 않는 것이 좋다.

사용자 정의 WER 예제를 실행하면 다음과 같은 다이얼로그 박스가 나타난다.

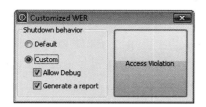

여기서 Access Violation 버튼을 클릭하면 다음과 같은 함수가 호출된다.

```
void TriggerException() {

    // 글로벌 언와인드가 진행될 때에만 수행되는 finally가 있는
    // try 블록 내에서 예외를 일으킨다.
    __try {
```

```
        TCHAR* p = NULL;
        *p = TEXT('a');
    }
    __finally {
        MessageBox(NULL, TEXT("Finally block is executed"), NULL, MB_OK);
    }
}
```

이제 애플리케이션의 주 진입점을 보호하기 위한 try/except 블록의 예외 필터인 CustomUnhan-dledExceptionFilter 함수가 수행된다.

```
int APIENTRY _tWinMain(HINSTANCE hInstExe, HINSTANCE, LPTSTR, int) {

    int iReturn = 0;

    // 앞서 동일한 애플리케이션이 수행된 경우 CustomUnhandedExceptionFilter
    // 내에서 자동으로 JIT 디버거가 붙도록 설정되어 있을 수도
    // 있으므로 이를 불가능하게 만든다.
    EnableAutomaticJITDebug(FALSE);

    // 자체적인 예외 필터를 이용하여 코드를 보호한다.
    __try {
        DialogBox(hInstExe, MAKEINTRESOURCE(IDD_MAINDLG), NULL, Dlg_Proc);
    }
    __except(CustomUnhandledExceptionFilter(GetExceptionInformation())) {
        MessageBox(NULL, TEXT("Bye bye"), NULL, MB_OK);
        ExitProcess(GetExceptionCode());
    }

    return(iReturn);
}
```

이 필터의 동작 방식은 애플리케이션의 주 윈도우에서 변경될 수 있다.

```
static BOOL s_bFirstTime = TRUE;

LONG WINAPI CustomUnhandledExceptionFilter(
    struct _EXCEPTION_POINTERS* pExceptionInfo) {

    // 디버거가 붙어있는 상태에서 디버깅 세션을 종료하면
    // 여기서부터 코드가 수행된다.
    // 따라서 이 경우 애플리케이션이
    // 조용히 죽어버리는 문제를 발견할 수 있다.
    if (s_bFirstTime)
        s_bFirstTime = FALSE;
```

```
        else
            ExitProcess(pExceptionInfo->ExceptionRecord->ExceptionCode);

        // 중단 옵션을 확인한다.
        if (!s_bCustom)
            // 윈도우가 예외를 처리할 수 있도록 해 준다.
            return(UnhandledExceptionFilter(pExceptionInfo));

        // 기본적으로 글로벌 언와인드가 수행되도록 한다.
        LONG lReturn = EXCEPTION_EXECUTE_HANDLER;

        // 이 옵션에서 JIT 디버깅이 불가능하도록 되어 있지 않다면
        // 사용자가 디버깅과 애플리케이션 종료 중 하나를 선택할 수 있다.
        int iChoice = IDCANCEL;
        if (s_bAllowJITDebug) {
            iChoice = MessageBox(NULL,
                TEXT("Click RETRY if you want to debug\nClick CANCEL to quit"),
                TEXT("The application must stop"), MB_RETRYCANCEL | MB_ICONHAND);
        }

        if (iChoice == IDRETRY) {
            // 이 애플리케이션을 대해 JIT 디버깅을 강제로 수행도록 한다.
            EnableAutomaticJITDebug(TRUE);

            // 윈도우에게 기본 디버거로 JIT 디버깅을 하도록 한다.
            lReturn = EXCEPTION_CONTINUE_SEARCH;
        } else {
            // 애플리케이션은 종료될 것이다.
            lReturn = EXCEPTION_EXECUTE_HANDLER;

            // 하지만 문제 보고서를 먼저 생성해야 하는지 확인한다.
            if (s_bGenerateReport)
                GenerateWerReport(pExceptionInfo);
        }

        return(lReturn);
    }
```

만일 Default 라디오 버튼을 선택하면 UnhandledExceptionFilter(기본 윈도우의 예외 필터)가 수행
될 것이다. 이 경우 앞 절에서 살펴본 유저 인터페이스와 문제 보고서 처리 작업이 수행된다.

Custom 라디오 버튼을 선택하는 경우 CustomUnhandledExceptionFilter가 사용되는데, 이때에는
두 가지 설정을 추가적으로 할 수 있다. 만일 Allow Debug를 선택하면 다음과 같이 단순한 다이얼로
그 박스가 나타난다.

위 다이얼로그 박스에서 Retry 버튼을 클릭하면 운영체제가 JIT 디버깅을 시작할 수 있도록 해야 하는데, EXCEPTION_CONTINUE_SEARCH를 반환하는 것만으로는 충분하지 않기 때문에 약간의 편법을 사용하였다. 단순히 EXCEPTION_CONTINUE_SEARCH를 반환하기만 하면 예외가 처리되지 않으므로, WER이 기본 유저 인터페이스를 수행하여 사용자에게 어떤 작업을 수행하고 싶은지를 물어보게 된다. EnableAutomaticJITDebug 함수의 역할은 WER에게 마치 사용자가 디버거를 붙일 것을 선택한 것과 같은 동작을 하도록 한다.

```
void EnableAutomaticJITDebug(BOOL bAutomaticDebug) {

    // 필요하다면 서브키를 만들어라.
    const LPCTSTR szKeyName = TEXT("Software\\Microsoft\\Windows\\
        Windows Error Reporting\\DebugApplications");
    HKEY hKey = NULL;
    DWORD dwDisposition = 0;
    LSTATUS lResult = ERROR_SUCCESS;
    lResult = RegCreateKeyEx(HKEY_CURRENT_USER, szKeyName, 0, NULL,
        REG_OPTION_NON_VOLATILE, KEY_WRITE, NULL, &hKey, &dwDisposition);
    if (lResult != ERROR_SUCCESS) {
        MessageBox(NULL, TEXT("RegCreateKeyEx failed"),
            TEXT("EnableAutomaticJITDebug"), MB_OK | MB_ICONHAND);
        return;
    }

    // 레지스트리 항목으로 알맞은 값을 할당한다.
    DWORD dwValue = bAutomaticDebug ? 1 : 0;
    TCHAR szFullpathName[ MAX_PATH] ;
    GetModuleFileName(NULL, szFullpathName, _countof(szFullpathName));
    LPTSTR pszExeName = _tcsrchr(szFullpathName, TEXT('\\'));
    if (pszExeName != NULL) {
        // '\'는 건너뛴다.
        pszExeName++;

        // 값을 설정한다.
        lResult = RegSetValueEx(hKey, pszExeName, 0, REG_DWORD,
            (const BYTE*)&dwValue, sizeof(dwValue));
        if (lResult != ERROR_SUCCESS) {
```

```
        MessageBox(NULL, TEXT("RegSetValueEx failed"),
            TEXT("EnableAutomaticJITDebug"), MB_OK | MB_ICONHAND);
        return;
    }
  }
}
```

코드는 비교적 간단하며, "25.2 저스트-인-타임(JIT) 디버깅"에서 알아본 바와 같이 강제적으로 JIT 디버깅을 시작할 수 있도록 레지스트리 설정을 변경하는 방법을 이용하였다. 애플리케이션을 시작하고 EnableAutomaticJITDebug 함수에 FALSE 값을 전달하면 해당 레지스트리 값을 0으로 초기화할 수 있다는 점도 기억하기 바란다.

만약에 주 다이얼로그 박스에서 Allow Debug가 선택되었다면, 사용자 정의 메시지 박스를 띄우지 않고 프로세스가 종료될 것이다. 이는 Cancel 버튼을 클릭했을 때도 마찬가지다. 이 경우 Custom-UnhandledExceptionFilter는 EXCEPTION_EXECUTE_HANDLER를 반환하고, 전역 except 블록에서 ExitProcess를 호출하게 된다. 그런데 CustomUnhandledExceptionFilter는 EXCEPTION_EXECUTE_HANDLER를 반환하기 전에 Generate a report 라디오 버튼의 선택 여부를 확인하여, 만일 이 체크 박스가 선택되어 있는 경우, 앞 절에서 배운 WerReport* 함수들을 활용하여 사용자 정의 문제 보고서를 생성하도록 작성된 GenerateWerReport 함수를 호출한다. Generate-WerReport 함수를 아래에 나타냈다.

```
LONG GenerateWerReport(struct _EXCEPTION_POINTERS* pExceptionInfo) {

    // 기본 반환 값
    LONG lResult = EXCEPTION_CONTINUE_SEARCH;

    // wri는 매우 큰 구조체이기 때문에 스택 문제를 야기하지 않도록 static으로 선언하였다.
    static WER_REPORT_INFORMATION wri = { sizeof(wri) };

    // 보고서의 세부사항을 설정한다.
    StringCchCopyW(wri.wzFriendlyEventName, _countof(wri.wzFriendlyEventName),
        L"Unexpected Error - 0x12345678");
    StringCchCopyW(wri.wzApplicationName, _countof(wri.wzApplicationName),
        L"Wintellect Applications Suite");
    GetModuleFileNameW(NULL, (WCHAR*)&(wri.wzApplicationPath),
        _countof(wri.wzApplicationPath));
    StringCchCopyW(wri.wzDescription, _countof(wri.wzDescription),
        L"This problem report is generated for testing purpose");

    HREPORT hReport = NULL;
```

```
// 보고서를 생성하고, 추가 정보를 설정한다.
__try {                              // 기본 APPCRASH_EVENT를 변경
   HRESULT hr = WerReportCreate(L"Unexpected Error",
      WerReportApplicationCrash, &wri, &hReport);

   if (FAILED(hr)) {
      MessageBox(NULL, TEXT("WerReportCreate failed"),
         TEXT("GenerateWerReport"), MB_OK | MB_ICONHAND);
      return(EXCEPTION_CONTINUE_SEARCH);
   }
   if (hReport == NULL) {
      MessageBox(NULL, TEXT("WerReportCreate failed"),
         TEXT("GenerateWerReport"), MB_OK | MB_ICONHAND);
      return(EXCEPTION_CONTINUE_SEARCH);
   }

   // 문제를 해결할 수 있도록 좀 더 자세한 정보를 설정한다.
   WerReportSetParameter(hReport, WER_P0,
      L"Application Name", L"26-CustomizedWER.exe");
   WerReportSetParameter(hReport, WER_P1,
      L"Application Version", L"5.0.0.0");
   WerReportSetParameter(hReport, WER_P2,
      L"Last Action", L"Server Request #12");
   WerReportSetParameter(hReport, WER_P3,
      L"Last Connected Server", L"http://www.wintellect.com");

   // 예외 정보와 관련된 덤프 파일을 추가한다.
   WER_EXCEPTION_INFORMATION wei;
   wei.bClientPointers = FALSE;     // 예외가 발생한 프로세스 안에 있다.
   wei.pExceptionPointers = pExceptionInfo;
                                 // pExceptionInfo는 유효한 값이어야 한다.
   hr = WerReportAddDump(
      hReport, GetCurrentProcess(), GetCurrentThread(),
      WerDumpTypeHeapDump, &wei, NULL, 0);
   if (FAILED(hr)) {
      MessageBox(NULL, TEXT("WerReportAddDump failed"),
         TEXT("GenerateWerReport"), MB_OK | MB_ICONHAND);
      return(EXCEPTION_CONTINUE_SEARCH);
   }

   // 미니 덤프로부터 메모리 블록을 볼 수 있도록 설정한다.
   s_moreInfo1.dwCode = 0x1;
   s_moreInfo1.dwValue = 0xDEADBEEF;
   s_moreInfo2.dwCode = 0x2;
   s_moreInfo2.dwValue = 0x0BADBEEF;
```

```
hr = WerRegisterMemoryBlock(&s_moreInfo1, sizeof(s_moreInfo1));
if (hr != S_OK) {   // S_FALSE를 사용하고 싶지 않다.
   MessageBox(NULL, TEXT("First WerRegisterMemoryBlock failed"),
      TEXT("GenerateWerReport"), MB_OK | MB_ICONHAND);
   return(EXCEPTION_CONTINUE_SEARCH);
}
hr = WerRegisterMemoryBlock(&s_moreInfo2, sizeof(s_moreInfo2));
if (hr != S_OK) {   // S_FALSE를 사용하고 싶지 않다.
   MessageBox(NULL, TEXT("Second WerRegisterMemoryBlock failed"),
      TEXT("GenerateWerReport"), MB_OK | MB_ICONHAND);
   return(EXCEPTION_CONTINUE_SEARCH);
}

// 리포트에 추가적으로 파일을 추가한다.
wchar_t wszFilename[] = L"MoreData.txt";
char textData[] = "Contains more information about the execution \r\n\" +
   "context when the problem occurred. The goal is to \r\n\" +
   "help figure out the root cause of the issue.";
// 가독성을 위해 에러 확인을 하지 않았다.
HANDLE hFile = CreateFileW(wszFilename, GENERIC_WRITE, 0, NULL,
   CREATE_ALWAYS, FILE_ATTRIBUTE_NORMAL, NULL);
DWORD dwByteWritten = 0;
WriteFile(hFile, (BYTE*)textData, sizeof(textData), &dwByteWritten,
   NULL);
CloseHandle(hFile);
hr = WerReportAddFile(hReport, wszFilename, WerFileTypeOther,
   WER_FILE_ANONYMOUS_DATA);
if (FAILED(hr)) {
   MessageBox(NULL, TEXT("WerReportAddFile failed"),
      TEXT("GenerateWerReport"), MB_OK | MB_ICONHAND);
   return(EXCEPTION_CONTINUE_SEARCH);
}

// WerRegisterFile을 사용할 수도 있다.
char textRegisteredData[] = "Contains more information about\r\n" +
   "the execution ncontext when the problem occurred. The\r\n\" +
   "goal is to help figure out the root cause of the issue.";
// 가독성을 위해 에러 확인을 하지 않았다.
hFile = CreateFileW(L"RegisteredData1.txt", GENERIC_WRITE, 0, NULL,
   CREATE_ALWAYS, FILE_ATTRIBUTE_NORMAL, NULL);
dwByteWritten = 0;
WriteFile(hFile, (BYTE*)textRegisteredData, sizeof(textRegisteredData),
   &dwByteWritten, NULL);
CloseHandle(hFile);
hr = WerRegisterFile(L"RegisteredData1.txt", WerRegFileTypeOther,
```

```
          WER_FILE_ANONYMOUS_DATA);
if (FAILED(hr)) {
   MessageBox(NULL, TEXT("First WerRegisterFile failed"),
      TEXT("GenerateWerReport"), MB_OK | MB_ICONHAND);
   return(EXCEPTION_CONTINUE_SEARCH);
}
hFile = CreateFileW(L"RegisteredData2.txt", GENERIC_WRITE, 0, NULL,
   CREATE_ALWAYS, FILE_ATTRIBUTE_NORMAL, NULL);
dwByteWritten = 0;
WriteFile(hFile, (BYTE*)textRegisteredData, sizeof(textRegisteredData),
   &dwByteWritten, NULL);
CloseHandle(hFile);
hr = WerRegisterFile(L"RegisteredData2.txt", WerRegFileTypeOther,
   WER_FILE_DELETE_WHEN_DONE); // WerReportSubmit를 수행한 후 파일을 지운다.
if (FAILED(hr)) {
   MessageBox(NULL, TEXT("Second WerRegisterFile failed"),
      TEXT("GenerateWerReport"), MB_OK | MB_ICONHAND);
   return(EXCEPTION_CONTINUE_SEARCH);
}

// 보고서를 전송한다.
WER_SUBMIT_RESULT wsr;
DWORD submitOptions =
   WER_SUBMIT_QUEUE |
   WER_SUBMIT_OUTOFPROCESS |
   WER_SUBMIT_NO_CLOSE_UI;   // 어떤 UI도 나타내지 않는다.
hr = WerReportSubmit(hReport, WerConsentApproved, submitOptions, &wsr);
if (FAILED(hr)) {
   MessageBox(NULL, TEXT("WerReportSubmit failed"),
      TEXT("GenerateWerReport"), MB_OK | MB_ICONHAND);
   return(EXCEPTION_CONTINUE_SEARCH);
}

// 전송이 성공적으로 이루어졌다 하더라도, 그 결과를 확인하는 것이 좋다.
switch(wsr)
{
   case WerReportQueued:
   case WerReportUploaded:   // 프로세스를 종료한다.
      lResult = EXCEPTION_EXECUTE_HANDLER;
      break;

   case WerReportDebug:   // 디버거 내에서 종료된다.
      lResult = EXCEPTION_CONTINUE_SEARCH;
      break;
```

```
        default:  // OS가 예외를 처리할 수 있도록 해 준다.
            lResult = EXCEPTION_CONTINUE_SEARCH;
            break;
    }

    // 이 예제의 경우 보고서를 생성한 이후에 항상 프로세스를 종료한다.
    lResult = EXCEPTION_EXECUTE_HANDLER;
}
__finally {
    // 보고서 핸들을 닫는 것을 잊어버려서는 안 된다.
    if (hReport != NULL) {
        WerReportCloseHandle(hReport);
        hReport = NULL;
    }
}

return(lResult);
}
```


section 05 자동 애플리케이션 재시작과 복구

애플리케이션 내에서 심각한 문제가 발생하면 WER은 해당 애플리케이션을 종료한 후 자동적으로 재시작해 준다. 비스타와 함께 출시되는 대부분의 애플리케이션들(윈도우 탐색기 Windows Explorer, 인터넷 익스플로러 Internet Explorer, 레지스트리 편집기 RegEdit, 게임 등)은 재시작 기능을 반드시 포함해야 한다는 기능 요구사항을 준수하고 있다. 또한 WER은 종료 전에 중요 데이터를 복구할 수 있는 기능도 제공해 주고 있다.

■ 자동 애플리케이션 재시작

WER이 애플리케이션을 자동적으로 재시작할 수 있도록 하려면 다음 함수를 호출해 주면 된다.

```
HRESULT RegisterApplicationRestart(
    PCWSTR pwzCommandline,
    DWORD dwFlags);
```

pwzCommandLine 매개변수로는 유니코드 문자열을 전달하면 되는데, WER이 애플리케이션을 재시작할 때 사용할 명령행을 지정하면 된다. 애플리케이션을 재시작할 때 특별한 명령행 인자를 전달할 필요가 없다면, 이 인자로 단순히 NULL을 지정하면 된다. dwFlags 매개변수로 0을 전달하면 WER이 심각한 문제를 발견했을 때 항상 애플리케이션을 재시작해 준다. 이 값으로는 어떤 경우에 애플리케이션을 재시작할지를 결정하는 값을 전달하게 되는데, [표 26-11]에 나열한 값을 비트 단위로 결합하여 사용할 수 있다.

[표 26-11] 애플리케이션 재시작 제한 플래그

플래그 값	설명
RESTART_NO_CRASH = 1	애플리케이션이 손상되었을 때 재시작하지 말 것을 지정
RESTART_NO_HANG = 2	애플리케이션에 행hang이 발생했을 때 재시작하지 말 것을 지정
RESTART_NO_PATCH = 4	업데이트를 설치한 이후에 애플리케이션을 재시작하지 말 것을 지정
RESTART_NO_REBOOT = 8	시스템을 업데이트하여 시스템이 리부팅된 경우 애플리케이션을 재시작하지 말 것을 지정

마지막 두 개의 플래그 값은 예외 처리 관점에서는 조금 이상하게 보일지도 모르겠다. 사실 애플리케이션 재시작 기능은 재시작 관리자Restart Manager라고 불리는 API의 일부분으로 제공되는 기능이다. (좀 더 자세한 내용은 MSDN 문서의 *http://msdn2.microsoft.com/en-us/library/aa373651.aspx*에 있는 "애플리케이션 지침Guidelines for Application"을 읽어보기 바란다.)

RegisterApplicationRestart 함수를 호출한 이후에 프로세스가 심각한 문제에 직면하게 되면 WER은 애플리케이션을 재시작하는 동안 [그림 26-7]과 같은 다이얼로그 박스를 나타내게 된다.

[그림 26-7] 애플리케이션이 재시작되고 있음을 사용자에게 알림

문제가 있는 애플리케이션을 반복적으로 재시작하는 것을 막기 위해 WER은 애플리케이션이 재시작되기 전에 최소한 60초 이상 프로세스가 수행되고 있었는지를 확인한다.

다음 함수를 호출하여 WER이 애플리케이션을 재시작하지 않도록 할 수 있다.

```
HRESULT UnregisterApplicationRestart();
```

❷ 애플리케이션 복구 지원

프로세스가 비정상적으로 종료될 때 WER이 호출해 주는 콜백함수를 등록할 수 있다. 이 콜백함수는 애플리케이션이 사용하던 데이터나 상태 정보를 저장할 수 있다. 콜백함수를 등록하기 위해서는 다음 함수를 호출하면 된다.

```
HRESULT RegisterApplicationRecoveryCallback(
    APPLICATION_RECOVERY_CALLBACK pfnRecoveryCallback,
    PVOID pvParameter,
    DWORD dwPingInterval,
    DWORD dwFlags);   // 예약됨; 0을 전달
```

pfnRecoveryCallback 매개변수로는 다음과 같은 원형을 가진 함수를 지정해야 한다.

```
DWORD WINAPI ApplicationRecoveryCallback(PVOID pvParameter);
```

이 함수는 WER에 의해 호출되는데, pvParameter 매개변수로는 RegisterApplicationRecovery-Callback 함수를 호출할 때 pvParameter를 통해 전달했던 값이 그대로 전달된다. WER이 사용자가 지정한 콜백함수를 호출하면 [그림 26-8]과 같은 다이얼로그 박스가 나타난다.

[그림 26-8] 애플리케이션이 복구를 준비하고 있음을 사용자에게 알려준다.

pfnRecoveryCallback으로 지정되는 함수는 매 dwPingInterval 밀리초 이내에 적어도 한 번 이상 ApplicationRecoveryInProgress 함수를 호출하여 작업이 진행 중이라는 사실을 WER에게 알려주어야 한다. 만일 ApplicationRecoveryInProgress 함수가 지정한 시간 내에 호출되지 않으면 WER은 프로세스를 종료해 버린다. ApplicationRecoveryInProgress 함수는 BOOL 값을 가리키는 포인터를 인자로 취하는데, 이 값으로는 [그림 26-8]에 나타나 있는 다이얼로그 박스 내에서 사용자가 취소 Cancel 버튼을 눌렀는지의 여부를 돌려받게 된다. 복구 절차가 완료되면 ApplicationRecoveryFinished 함수를 호출하여 복구 절차가 성공적으로 완료되었는지를 알려주어야 한다.

아래에 애플리케이션 복구 콜백함수에 대한 예제를 나타냈다.

```
DWORD WINAPI ApplicationRecoveryCallback(PVOID pvParameter) {

    DWORD dwReturn = 0;

    BOOL bCancelled = FALSE;
```

```
    while (!bCancelled) {

        // 진행 상황을 알려준다.
        ApplicationRecoveryInProgress(&bCancelled);

        // 사용자가 취소(Cancel) 버튼을 눌렀는지 확인한다.
        if (bCancelled) {
            // 사용자가 취소(Cancel) 버튼을 눌렀다면

            // 복구 절차를 마치지 못했음을 사용자에게 알려준다.
            ApplicationRecoveryFinished(FALSE);
        } else {
            // 복구를 위한 상태 정보를 저장한다.

            if (MoreInformationToSave()) {
                // RegisterApplicationRecoveryCallback 함수를 호출할 때
                // dwPingInterval 매개변수로 지정한 시간 이내에 저장할 수 있을 만큼의
                // 데이터만을 저장해야 한다.

            } else {    // 더 이상 저장할 데이터가 없다.
                // 예를 들면 복구 파일 이름이 결정되었을 때
                // RegisterApplicationRestart 함수를 호출하여 애플리케이션
                // 재시작 시 사용할 명령행 정보를 갱신할 수 있다.

                // 복구 절차를 마쳤음을 알려준다.
                ApplicationRecoveryFinished(TRUE);

                // bCanceld 값을 TRUE로 설정하여 루프를 탈출한다.
                bCancelled = TRUE;
            }
        }
    }

    return(dwReturn);
}
```

콜백함수가 수행될 때에는 프로세스가 손상된 상태일 수 있으며, 예외 필터에서와 같은 세부적인 제약사항이 콜백함수 내에서도 동일하게 적용된다.

부록

빌드 환경

1. CmnHdr.h 헤더 파일

이 책에 있는 예제 애플리케이션을 빌드하기 위해서는 컴파일러와 링커 스위치 설정부터 변경해야 한다. 예제 애플리케이션을 빌드하기 위한 세부 설정들을 모든 예제 애플리케이션의 소스 파일들이 인클루드 include 하고 있는 CmnHdr.h라는 단일의 헤더 파일에 포함시키기 위해 노력하였다.

하지만 헤더 파일 내에 필요한 모든 설정 정보를 포함시킬 수 없었기 때문에 각 예제 애플리케이션별로 프로젝트 설정 정보를 변경하기도 하였다. 실제로 모든 프로젝트를 선택한 후에 프로젝트 속성 Project Properties 창을 띄우고 구성 속성 Configuration Properties 에서 다음과 같이 설정을 변경하였다.

- 일반 General 탭에서 결과물로 생성되는 .exe나 .dll 파일을 단일의 디렉터리에 저장하기 위해 출력 디렉터리 Output Directory 를 설정하였다.
- C/C++의 코드 생성 Code Generation 탭에서 런타임 라이브러리 Runtime Library 필드의 값을 멀티스레드 Multi-Threaded DLL로 설정하였다.
- C/C++ 탭에서 64비트 이식성 문제점 검색 Detect 64-Bit Portability Issue 필드의 값을 예 Yes (/Wp64)로 설정하였다.

이것이 전부다. 프로젝트 설정에서 명시적으로 설정 정보를 변경한 것은 이 정도다. 나머지는 모두 기본 값을 그대로 사용하였다. 이러한 설정 정보들은 디버그 debug 와 릴리즈 release 빌드 모두에 해당한다는 것에 주의하기 바란다. 이 외의 다른 컴파일러 설정과 링커 설정은 소스 코드 내에서 설정하였으므로 다른 프로젝트에 책에 나와 있는 소스 코드를 포함시키려는 경우 이 정도의 설정만 변경해 주면 된다.

CmnHdr.h 헤더 파일

모든 예제 프로그램은 다른 헤더 파일을 인클루드하기 전에 CmnHdr.h 헤더 파일을 가장 먼저 인클루드한다. 959쪽에 개발의 편의성을 위해 작성한 CmnHdr.h 파일을 나타냈다. 이 파일은 매크로, 링크 지시어, 그리고 모든 애플리케이션에서 활용할 수 있는 일반적인 코드들로 구성되어 있다. CmnHdr.h 파일에 추가적인 기능을 삽입하고 싶다면 CmnHdr.h 파일을 수정하고 예제 애플리케이션을 다시 빌드하기만 하면 된다. CmnHdr.h는 한빛미디어 홈페이지를 통해 제공되는 소스 파일의 루트 폴더 내에 있다.

부록 A의 나머지 부분에서는 CmnHdr.h 헤더 파일을 각 부분별로 나누어 각각 논의할 것이다. 각 부분별로 어떤 작업을 수행하는지 알아보고, 더불어 예제 애플리케이션을 다시 빌드하기 전에 소스 파일의 내용을 변경하고자 하는 경우 어떻게 해야 하는지 그리고 왜 그렇게 해야 하는지에 대해 설명할 것이다.

1 마이크로소프트 윈도우 버전 빌드 옵션

몇몇 예제 애플리케이션은 윈도우 비스타에 새롭게 추가된 함수들을 사용하기 때문에 CmnHdr.h 파일 내에서 _WIN32_WINNT와 WINVER 심벌을 다음과 같이 정의하였다.

```
// sdkddkver.h 내에 비스타를 위한 값을 0x0600로 정의하고 있다.
#define _WIN32_WINNT _WIN32_WINNT_LONGHORN
#define WINVER       _WIN32_WINNT_LONGHORN
```

윈도우 비스타에 새롭게 추가된 함수를 쓰기 위해 이렇게 해 주어야 하는 이유는 윈도우 헤더 파일이 다음과 같이 정의되어 있기 때문이다.

```
#if (_WIN32_WINNT >= 0x0600)
...

HANDLE
WINAPI
CreateMutexExW(
    LPSECURITY_ATTRIBUTES lpMutexAttributes,
    LPCWSTR lpName,
    DWORD dwFlags,
    DWORD dwDesiredAccess
    );
...

#endif /* _WIN32_WINNT >= 0x0600 */
```

_WIN32_WINNT를 위와 같이 정의하지 않으면(Windows.h를 포함하기 전에) 새로운 함수의 원형이 선언되지 않게 되므로, 해당 함수를 사용하려는 경우 컴파일 에러^{compile error}가 발생한다. 마이크로소프트는 _WIN32_WINNT 심벌을 이용하여 사용자가 개발한 애플리케이션이 어떤 윈도우 버전에서 수행될 수 있는지를 확인하게 된다.

② 유니코드 빌드 옵션

이 책에 포함되어 있는 모든 예제 애플리케이션은 유니코드^{Unicode}나 ANSI 어느 쪽으로도 컴파일될 수 있도록 작성되었다. 모든 프로젝트에 대해 유니코드를 이용하여 빌드를 수행하려면 CmnHdr.h 내에 UNICODE와 _UNICODE 심벌을 정의하면 된다. 유니코드에 대한 자세한 내용은 2장 "문자와 문자열로 작업하기"를 참조하기 바란다.

③ 윈도우 정의와 4 경고 수준

필자는 프로그램을 개발할 때 코드 컴파일 시점에 어떠한 에러나 경고도 발생하지 않도록 조심하는 편이다. 뿐만 아니라 가장 높은 경고 수준을 사용하도록 함으로써 컴파일러가 코드를 좀 더 세부적으로 살펴볼 수 있도록 한다. 이 책에 포함되어 있는 모든 예제 애플리케이션은 마이크로소프트 C/C++ 컴파일러의 4 경고 수준을 이용하여 컴파일되었다.

불행히도, 마이크로소프트 운영체제 그룹은 4 경고 수준에 대한 필자의 이러한 의견에 공감하지 않는 것 같다. 예제 애플리케이션을 4 경고 수준으로 설정하면 윈도우 헤더 파일 내의 상당히 많은 행들이 컴파일 과정에서 경고를 유발한다. 다행히도 이러한 경고들이 코드 내에 문제가 있음을 의미하는 것은 아니다. 대부분의 경고들은 C 언어의 규격에 맞지 않는다는 것인데, 이는 윈도우 헤더 파일이 마이크로소프트 컴파일러 고유의 컴파일러 확장을 사용하고 있기 때문에 발생한다. 다행히도 이러한 컴파일러 확장은 대부분의 윈도우 호환 컴파일러가 이미 구현하고 있다.

CmnHdr.h는 표준 Windows.h 헤더 파일을 인클루드하는 부분에 대해서만 경고 수준을 3으로 설정하고 있다. Windows.h 헤더 파일에 대한 인클루드가 끝나면 나머지 코드는 다시 4 경고 수준으로 컴파일되도록 하였다. 4 경고 수준을 사용하면 컴파일러는 문제가 되지 않는 부분에 대해서도 "경고"를 쏟아내게 된다. 따라서 이 경우 #pragma warning 지시어를 사용하여 컴파일러에게 몇몇 경고들은 무시하도록 설정하였다.

④ pragma message 헬퍼 매크로

코드를 작성할 때 즉시 수행해야 하는 작업이 무엇인지를 알아내어 좀 더 탄탄하게 코드를 구성하고 싶을 때가 있다. 좀 더 자세히 살펴보아야 할 코드가 있다고 생각되는 경우, 아래와 같은 행을 소스에 포함시킬 수 있다.

```
#pragma message("Fix this later")
```

컴파일러가 이 행을 컴파일하면 무언가 추가적으로 수행해야 하는 작업이 있음을 알려준다. 사실 이렇게 출력되는 메시지는 많은 도움이 되지는 않는다. 이런 이유로 컴파일러가 pragma가 포함되어 있는 소스 코드의 이름과 행 번호를 같이 출력할 수 있는 방법을 찾기로 결심하였다. 추가적인 작업을 해야 함을 알게 되었을 뿐만 아니라 해당 코드로 바로 이동하도록 할 수 있다는 것도 알게 되었다.

이와 같이 동작되도록 하려면 일련의 매크로들을 조합하여 pragma message 지시어를 교묘하게 사용해야 한다. 다음과 같이 chMsg 매크로를 사용하면 원하는 결과를 얻을 수 있다.

```
#pragma chMSG(Fix this later)
```

위 코드를 컴파일하게 되면 컴파일러는 다음과 같은 문자열을 출력 창에 나타내 준다.

```
C:\CD\CommonFiles\CmnHdr.h(82):Fix this later
```

마이크로소프트 Visual Studio를 사용한다면 출력 창에 표시된 문자열을 더블 클릭함으로써 출력된 파일의 위치로 이동할 수 있다.

좀 더 편리하게 사용할 수 있도록 chMsg 매크로는 텍스트 문자열을 감싸는 큰따옴표를 사용하지 않아도 되도록 작성하였다.

⑤ chINRANGE 매크로

애플리케이션 개발 시 이 매크로를 자주 사용하는 편이다. chINRANGE 매크로는 특정 값이 두 값 사이에 있는지 확인한다.

⑥ chBEGINTHREADEX 매크로

이 책에 있는 모든 멀티스레드 예제들은 운영체제가 제공하는 CreateThread 함수 대신 마이크로소프트 C/C++ 런타임 라이브러리가 제공하는 _beginthreadex 함수를 사용한다. 왜냐하면 _beginthreadex 함수를 사용하면 새로 생성한 스레드가 C/C++ 런타임 라이브러리 함수를 사용할 수 있도록 해 주고 스레드 함수가 반환되었을 때 C/C++ 런타임 라이브러리가 스레드별로 구성하였던 정보들을 안전하게 삭제해 주기 때문이다. (좀 더 자세한 사항은 6장 "스레드의 기본"을 살펴보기 바란다.) 불행히도 _beginthreadex 함수의 원형은 다음과 같다.

```
unsigned long __cdecl _beginthreadex(
    void *,
    unsigned,
    unsigned (__stdcall *)(void *),
    void *,
    unsigned,
    unsigned *);
```

비록 _beginthreadex의 매개변수들이 CreateThread 함수의 매개변수들과 동일하긴 하지만, 매개
변수의 자료형은 서로 일치하지 않는다. 아래에 CreateThread 함수의 원형을 나타냈다.

```
typedef DWORD (WINAPI *PTHREAD_START_ROUTINE)(PVOID pvParam);

HANDLE CreateThread(
    PSECURITY_ATTRIBUTES psa,
    SIZE_T cbStackSize,
    PTHREAD_START_ROUTINE pfnStartAddr,
    PVOID pvParam,
    DWORD dwCreateFlags,
    PDWORD pdwThreadId);
```

마이크로소프트 C/C++ 런타임 그룹^{run-time group}은 C/C++ 런타임 라이브러리가 운영체제 그룹에서 정
의하고 있는 윈도우 자료형에 종속되는 것을 원치 않았기 때문에 _beginthreadex 함수의 원형을 만
들 때 윈도우 자료형을 사용하지 않았다. 필자는 이러한 결정이 적절한 것이라 생각한다. 그러나 이 때
문에 _beginthreadex 함수를 사용하는 것이 좀 더 어려워졌다.

마이크로소프트가 구성한 _beginthreadex 함수의 원형에는 크게 두 가지 문제가 있다. 첫째로, 이
함수를 사용하기 위한 몇몇 자료형이 CreateThread 함수가 사용하는 자료형과 일치하지 않는다는 것
이다. 예를 들어 윈도우 자료형인 DWORD는 다음과 같이 정의되어 있다.

```
typedef unsigned long DWORD;
```

이 자료형은 CreateThread 함수의 dwCreateFlags 매개변수의 자료형으로 쓰인다. 문제가 되는 것
은 _beginthreadex의 원형^{prototype}에서는 이 두 매개변수를 unsigned로 선언하고 있으며, 이는 실제
로 unsigned int를 의미한다는 것이다. 컴파일러는 unsigned int가 unsigned long과는 서로 다른
자료형이라고 판단하기 때문에 경고를 유발하게 된다. _beginthreadex 함수는 표준 C/C++ 런타임
라이브러리의 일부가 아니며, CreateThread 함수의 대안으로 존재하는 함수이기 때문에 경고를 유
발하지 않기 위해 _beginthreadex 함수의 원형을 이처럼 정의하였다고 생각된다.

```
unsigned long _beginthreadex(
    void *security,
    unsigned stack_size,
```

```
        unsigned (*start_address)(void *),
        void *arglist,
        unsigned initflag,
        unsigned *thrdaddr);
```

두 번째 문제는 첫 번째 경우에 비해서는 차이가 좀 덜한 편이다. _beginthreadex 함수는 unsigned long 값을 반환하는데, 이 값은 새롭게 생성된 스레드의 핸들을 나타낸다. 애플리케이션은 보통의 경우 이렇게 반환된 값을 다음과 같이 HANDLE형 변수에 할당한다.

```
    HANDLE hThread = _beginthreadex(...);
```

이와 같은 코드를 작성하게 되면 컴파일러는 경고를 유발하게 된다. 이러한 컴파일 경고를 피하기 위해서는 다음과 같이 형변환을 수행하도록 코드를 작성해야 한다.

```
    HANDLE hThread = (HANDLE) _beginthreadex(...);
```

이러한 불편함을 해소하고 좀 더 쉽게 이 함수를 사용할 수 있도록 하기 위해 CmnHdr.h 파일 내에 chBEGINTHREADEX 매크로를 정의하여 적절하게 형변환을 수행할 수 있도록 하였다.

```
    typedef unsigned (__stdcall *PTHREAD_START) (void *);

    #define chBEGINTHREADEX(psa, cbStackSize, pfnStartAddr, \
        pvParam, dwCreateFlags, pdwThreadId)                \
          ((HANDLE)_beginthreadex(                          \
            (void *)          (psa),                        \
            (unsigned)        (cbStackSize),                \
            (PTHREAD_START)   (pfnStartAddr),               \
            (void *)          (pvParam),                    \
            (unsigned)        (dwCreateFlags),              \
            (unsigned *)      (pdwThreadId)))
```

7 x86 플랫폼을 위한 DebugBreak 개선

때로는 프로세스가 디버거 하에서 수행되고 있지 않은 경우에도 브레이크 포인트로 설정한 부분이 동작했으면 할 때가 있다. 윈도우에서는 Kernel32.dll 파일 내에 있는 DebugBreak 함수를 호출하여 이 같은 작업을 수행할 수 있는데, 이 함수를 호출하면 수행 중인 프로세스에 디버거를 붙이게 된다. 이때 인스트럭션 포인터 Instruction Pointer 는 Kernel32.dll에 있는 DebugBreak 내의 명령을 가리키게 되므로 소스 코드로 돌아오기 위해서는 DebugBreak 함수를 빠져나오도록 한 단계를 더 수행해야만 한다.

x86 아키텍처에서는 "int 3" CPU 명령을 수행함으로써 브레이크 포인트를 동작시킬 수 있다. 따라서 x86 아키텍처에서는 DebugBreak를 인라인 어셈블리 언어의 명령으로 재정의하였다. 재정의된 DebugBreak를 사용하면 Kernel32.dll 내의 DebugBreak 함수를 호출할 필요가 없으므로 코드 내에서 바로 브레이크 포인트가 동작하게 되고, CPU의 인스트럭션 포인터 instruction pointer 는 다음에 수행할 C/C++ 문장을 가리키게 된다. 이렇게 동작하는 것이 좀 더 편리하다.

8 소프트웨어 예외 코드 생성

소프트웨어 예외를 사용하는 경우 반드시 32비트 예외 코드를 생성해야 한다. 이러한 코드는 특정 규격(24장 "예외 처리기와 소프트웨어 예외"에서 논의한 바 있는)을 준수해야 한다. 예외 코드를 좀 더 쉽게 생성할 수 있도록 MAKESOFTWAREEXCEPTION 매크로를 정의해 두었다.

9 chMB 매크로

chMB 매크로는 단순히 메시지 박스를 출력하는 역할을 수행한다. 제목은 이 매크로를 사용하는 프로세스의 실행 파일명에 대한 전체 경로명을 표시한다.

10 chASSERT와 chVERIFY 매크로

예제 애플리케이션을 개발하는 중에 잠재적인 문제의 원인이 될 만한 코드를 찾기 위해 chASSERT 매크로를 코드 전반에 걸쳐 사용하였었다. 이 매크로는 인자로 표현되는 비교 연산이 TRUE인지 여부를 확인한다. 만일 비교 연산의 결과가 TRUE가 아니라면, 이 매크로를 수행한 파일, 행, 그리고 비교 연산 내용을 메시지 박스로 출력한다. 애플리케이션을 릴리즈로 빌드하면 이 매크로는 아무 것도 하지 않는다. chVERIFY 매크로는 chASSERT 매크로와 거의 동일하지만 디버그 빌드뿐만 아니라 릴리즈 빌드에서도 동작한다는 점에 차이가 있다.

11 chHANDLE_DLGMSG 매크로

다이얼로그 박스 내에서 메시지 크래커를 사용할 때에는 마이크로소프트의 WinodwsX.h 헤더 파일에서 정의하고 있는 HANDLE_MSG 매크로를 사용하지 않는 것이 좋다. 왜냐하면 이 매크로는 다이얼로그 박스 프로시저에 의해 해당 메시지가 처리되었는지 여부를 TRUE나 FALSE로 반환하지 않기 때문이다. chHANDLE_DLGMSG 매크로는 다이얼로그 박스 프로시저 내에서 사용될 수 있도록 윈도우 메시지를 컨트롤에게 전달하고, 그 반환 값을 적절히 되돌려 준다.

12 chSETDLGICONS 매크로

대부분의 예제 애플리케이션이 주 윈도우로 다이얼로그 박스를 사용하기 때문에 작업 표시줄^{taskbar}, 작업 전환 창^{task switch window}, 애플리케이션의 제목 표시줄 등에 아이콘이 올바르게 출력될 수 있도록 다이얼로그 박스의 아이콘을 수동으로 변경해야 했다. chSETDLGICONS 매크로는 다이얼로그 박스가 WM_INITDIALOG 메시지를 받았을 때 아이콘을 올바르게 설정하기 위해 사용된다.

13 링커가 (w)WinMain 진입점 함수를 찾도록 설정

이 책의 이전 판에 포함되어 있는 소스 코드 모듈을 새로운 Visual Studio 프로젝트에 추가하면 프로젝트를 빌드하는 과정에서 링커 에러를 유발하게 될 것이다. 이 문제는 Win32 콘솔 애플리케이션 프로젝트를 생성했을 때 링커가 (w)main 진입점 함수를 찾기 때문에 발생하는 것이다. 이전 판에 포함되어 있는 모든 예제 애플리케이션들은 모두 GUI 애플리케이션이기 때문에 (w)main 대신 _tWinMain을 진입점 함수로 사용하고 있다. 이로 인해 링커 에러가 발생하는 것이다.

이 경우 보통 프로젝트를 지우고 새로 Visual Studio 내에서 Win32 프로젝트("콘솔^{Console}"이라는 것이 프로젝트 타입을 의미하는 것은 아니다)를 생성한 후 소소 코드 파일을 추가하면 된다. 이제 링커는 (w)WinMain 진입점 함수를 찾게 될 것이고, 코드 내에 이러한 함수가 포함되어 있기 때문에 아무런 문제없이 빌드가 진행될 것이다.

이러한 이슈에 대한 문의 이메일을 덜 받기 위해 Visual Studio에서 Win32 콘솔 애플리케이션 프로젝트를 생성했을 경우에도 링커가 진입점 함수로 (w)WinMain을 찾도록 CmnHdr.h 헤더 파일 내에 pragma 구문을 추가하였다.

4장 "프로세스"에서 Visual Studio 프로젝트의 타입에 대한 모든 것을 자세히 다루었으며, 링커가 진입점 함수를 어떻게 찾고 링커의 이러한 동작 방식을 어떻게 변경하는지에 대해서도 자세히 알아보았다.

14 pragma를 이용하여 사용자 인터페이스에 XP 테마 지원하기

윈도우 XP부터 애플리케이션의 유저 인터페이스를 개발하기 위해 사용되는 대부분의 컨트롤들은 테마라고 불리는 광택이 나는 외관을 지원한다. 하지만 애플리케이션은 테마 기능을 기본적으로 사용하지 않는다. 애플리케이션에서 테마 기능을 사용하도록 하기 위한 가장 쉬운 방법은 윈도우 컨트롤을 올바른 방법으로 다시 그려줄 수 있는 적절한 ComCtl32.dll 모듈을 바인딩하도록 XML 매니페스트를 애플리케이션과 함께 제공하는 것이다. 마이크로소프트 C++ 링커는 pragma 지시어를 이용하여 설정할 수 있는 manifestdependency 스위치를 제공하고 있으며, CmnHdr.h 내에서 pragma 지시어와 인자 값을 이용하여 테마 기능을 사용하도록 하고 있다. (테마 지원에 대한 자세한 사항은 *http://msdn2.microsoft.com/en-us/library/ms997646.aspx*의 윈도우 *XP* 비주얼 스타일 사용하기 Using Windows XP Visual Styles" 를 읽어보기 바란다.)

CmnHdr.h

```
/***************************************************************************
Module:  CmnHdr.h
Notices: Copyright (c) 2008 Jeffrey Richter & Christophe Nasarre
Purpose: 편리한 매크로와 이 책에 수록되어 있는 모든 애플리케이션에서 사용되는
         정의를 포함하고 있는 공용 헤더 파일.
         부록 A를 보라.
***************************************************************************/


#pragma once     // 이 헤더 파일은 컴파일 단위당 단 한 번만 포함된다.


/////////////////////////// 윈도우 버전 빌드 옵션 ///////////////////////////


// sdkddkver.h 내에 비스타를 위한 값을 0x0600으로 정의하고 있다.
#define _WIN32_WINNT  _WIN32_WINNT_LONGHORN
#define WINVER        _WIN32_WINNT_LONGHORN


/////////////////////////// 유니코드 빌드 옵션 ///////////////////////////


// 컴파일러가 항상 유니코드를 사용하도록 한다.
#ifndef UNICODE
   #define UNICODE
#endif


// 유니코드 기반의 윈도우 함수를 사용하려면 유니코드 기반의 C 런타임 라이브러리도 사용해야 한다.
#ifdef UNICODE
   #ifndef _UNICODE
      #define _UNICODE
   #endif
#endif


/////////////////////////// Windows.h 인클루드 ///////////////////////////


#pragma warning(push, 3)
#include <Windows.h>
#pragma warning(pop)
#pragma warning(push, 4)
#include <CommCtrl.h>
#include <process.h>          // _beginthreadex를 위해 필요
```

```
///////////////////// 올바른 헤더 파일이 사용되고 있는지 확인 /////////////////////

#ifndef FILE_SKIP_COMPLETION_PORT_ON_SUCCESS
#pragma message("You are not using the latest Platform SDK header/library ")
#pragma message("files. This may prevent the project from building correctly.")
#endif

/////////////// 4 경고 수준에서도 코드가 깨끗하게 컴파일될 수 있도록 함 ///////////////

/* 비표준 확장인 '한 행 주석'이 사용되었다. */
#pragma warning(disable:4001)

// 참조되지 않은 매개변수가 있다.
#pragma warning(disable:4100)

// 주의: 프리 컴파일 헤더를 생성하였다.
#pragma warning(disable:4699)

// 함수가 인라인이 아니다.
#pragma warning(disable:4710)

// 참조되지 않은 인라인 함수가 제거되었다.
#pragma warning(disable:4514)

// 할당 연산자는 생성될 수 없다.
#pragma warning(disable:4512)

// 'LONGLONG'에서 'ULONGLONG'으로 변경, 부호/비부호가 일치하지 않는다.
#pragma warning(disable:4245)

// '형변환' : 'LONG'을 더 큰 'HINSTANCE'로 변경하였다.
#pragma warning(disable:4312)

// '인자' : 'LPARAM'을 'LONG'으로 변경하였다. 데이터가 소실될 가능성이 있다.
#pragma warning(disable:4244)

// 'wsprintf' : #pragma deprecated로 선언됨
#pragma warning(disable:4995)

// 부호 없는 자료형에 대해 단항 빼기 연산자를 이용하면 부호 없는 자료형이 생성된다.
#pragma warning(disable:4146)

// '인자' : 'size_t'를 'int'로 변경하였다. 데이터가 소실될 가능성이 있다.
#pragma warning(disable:4267)
```

```
// 비표준 확장이 사용되었다. : 이름 없는 struct/union
#pragma warning(disable:4201)

///////////////////////// Pragma 메시지 헬퍼 매크로 /////////////////////////

/*
컴파일러가 다음과 같은 행을 만나면
   #pragma chMSG(Fix this later)

다음과 같이 출력한다.

   c:\CD\CmnHdr.h(82):Fix this later

출력된 행으로 쉽게 이동할 수 있으며, 주위 코드를 살펴볼 수 있다.
*/

#define chSTR2(x)  #x
#define chSTR(x)   chSTR2(x)
#define chMSG(desc) message(__FILE__ "(" chSTR(__LINE__) "):" #desc)

///////////////////////// chINRANGE 매크로 /////////////////////////

// 이 매크로는 값이 두 수 사이에 있는 경우 TRUE를 반환한다.
#define chINRANGE(low, Num, High) (((low) <= (Num)) && ((Num) <= (High)))

///////////////////////// chSIZEOFSTRING 매크로 /////////////////////////

// 이 매크로는 문자열을 저장하는 데 필요한 바이트 수를 확인한다.
#define chSIZEOFSTRING(psz)   ((lstrlen(psz) + 1) * sizeof(TCHAR))

///////////////////// chROUNDDOWN & chROUNDUP 인라인 함수 /////////////////////

// 이 인라인 함수는 주어진 값의 배수 중 가장 가까운 값으로 내림을 수행한다.
template <class TV, class TM>
inline TV chROUNDDOWN(TV Value, TM Multiple) {
   return((Value / Multiple) * Multiple);
}

// 이 인라인 함수는 주어진 값의 배수 중 가장 가까운 값으로 올림을 수행한다.
template <class TV, class TM>
inline TV chROUNDUP(TV Value, TM Multiple) {
   return(chROUNDDOWN(Value, Multiple) +
       (((Value % Multiple) > 0) ? Multiple : 0));
}
```

```
//////////////////////////// chBEGINTHREADEX 매크로 ////////////////////////////

// 이 매크로는 C 런타임 라이브러리의 _beginthreadex 함수를 호출한다.
// C 런타임 라이브러리는 HANDLE처럼 윈도우의 자료형을 사용하지 않는다.
// 이로 인해 윈도우 프로그래머는 _beginthreadex를 사용하기 위해 형변환을
// 수행해야 하는데, 이러한 작업이 쉽지 않기 때문에
// 형변환을 손쉽게 할 수 있는 매크로를 정의하였다.
typedef unsigned (__stdcall *PTHREAD_START) (void *);

#define chBEGINTHREADEX(psa, cbStackSize, pfnStartAddr,        \
   pvParam, dwCreateFlags, pdwThreadId)                        \
      ((HANDLE)_beginthreadex(                                 \
         (void *)           (psa),                             \
         (unsigned)         (cbStackSize),                     \
         (PTHREAD_START)    (pfnStartAddr),                    \
         (void *)           (pvParam),                         \
         (unsigned)         (dwCreateFlags),                   \
         (unsigned *)       (pdwThreadId)))


//////////////////// x86 플랫폼에서의 DebugBreak 개선 ////////////////////////

#ifdef _X86_
   #define DebugBreak()    _asm { int 3 }
#endif


//////////////////////////// 소프트웨어 예외 매크로 ////////////////////////////

// 사용자 정의 소프트웨어 예외 코드를 만들기 위한 매크로
#define MAKESOFTWAREEXCEPTION(Severity, Facility, Exception) \
   ((DWORD) ( \
   /* Severity code    */  (Severity           ) |     \
   /* MS(0) or Cust(1) */  (1            << 29) |       \
   /* Reserved(0)      */  (0            << 28) |       \
   /* Facility code    */  (Facility << 16) |           \
   /* Exception code   */  (Exception <<  0)))


/////////////////////////// 빠른 메시지 박스 매크로 ////////////////////////////

inline void chMB(PCSTR szMsg) {
   char szTitle[MAX_PATH];
   GetModuleFileNameA(NULL, szTitle, _countof(szTitle));
   MessageBoxA(GetActiveWindow(), szMsg, szTitle, MB_OK);
}


//////////////////////// Assert/Verify 매크로 ////////////////////////////
```

```
inline void chFAIL(PSTR szMsg) {
   chMB(szMsg);
   DebugBreak();
}


// assert가 실패하면 메시지 박스를 나타낸다.
inline void chASSERTFAIL(LPCSTR file, int line, PCSTR expr) {
   char sz[ 2*MAX_PATH];
   wsprintfA(sz, "File %s, line %d : %s", file, line, expr);
   chFAIL(sz);
}


// 디버기 빌드에서 assert가 실패하면 메시지 박스를 나타낸다.
#ifdef _DEBUG
   #define chASSERT(x) if (!(x)) chASSERTFAIL(__FILE__, __LINE__, #x)
#else
   #define chASSERT(x)
#endif


// 디버그 빌드에서는 assert와 동일하지만, 릴리즈 빌드에서도 제거되지 않는다.
#ifdef _DEBUG
   #define chVERIFY(x) chASSERT(x)
#else
   #define chVERIFY(x) (x)
#endif


///////////////////////// chHANDLE_DLGMSG 매크로 /////////////////////////


// WindowsX.h에 포함되어 있는 일반적인 HANDLE_MSG 매크로는 다이얼로그 박스에서
// 사용하기에는 적절치 않다. 왜냐하면 DlgProc는 LREULST(WndProc처럼)
// 대신 BOOL 값을 반환하기 때문이다. chHANDLE_DLGMSG는 이러한 문제를 올바르게 고쳐준다.
#define chHANDLE_DLGMSG(hWnd, message, fn)                    \
   case (message): return (SetDlgMsgResult(hWnd, uMsg,      \
      HANDLE_##message((hWnd), (wParam), (lParam), (fn))))


///////////////////// 다이얼로그 박스 아이콘 설정 매크로 /////////////////////


// 다이얼로그 박스의 아이콘을 설정한다.
inline void chSETDLGICONS(HWND hWnd, int idi) {
   SendMessage(hWnd, WM_SETICON, ICON_BIG, (LPARAM)
      LoadIcon((HINSTANCE) GetWindowLongPtr(hWnd, GWLP_HINSTANCE),
         MAKEINTRESOURCE(idi)));
   SendMessage(hWnd, WM_SETICON, ICON_SMALL, (LPARAM)
      LoadIcon((HINSTANCE) GetWindowLongPtr(hWnd, GWLP_HINSTANCE),
      MAKEINTRESOURCE(idi)));
```

```
}

////////////////////////// 공용 링커 설정 //////////////////////////

#pragma comment(linker, "/nodefaultlib:oldnames.lib")

// XP/비스타 스타일을 지원할 필요가 있다.
#if defined(_M_IA64)
#pragma comment(linker, "/manifestdependency:\"type='win32'
name='Microsoft.Windows.Common-Controls' version='6.0.0.0'
processorArchitecture='IA64' publicKeyToken='6595b64144ccf1df'
language='*'\"")
#endif
#if defined(_M_X64)
#pragma comment(linker, "/manifestdependency:\"type='win32'
name='Microsoft.Windows.Common-Controls' version='6.0.6000.0'
processorArchitecture='amd64' publicKeyToken='6595b64144ccf1df'
language='*'\"")
#endif
#if defined(M_IX86)
#pragma comment(linker, "/manifestdependency:\"type='win32'
name='Microsoft.Windows.Common-Controls' version='6.0.0.0'
processorArchitecture='x86' publicKeyToken='6595b64144ccf1df'
language='*'\"")
#endif

////////////////////////// 파일의 끝 //////////////////////////
```

메시지 크래커, 차일드 컨트롤 매크로, 그리고 API 매크로

1. 메시지 크래커
2. 차일드 컨트롤 매크로
3. API 매크로

이 책에 있는 예제 코드를 작성하기 위해 C/C++와 함께 메시지 크래커를 사용하였는데, 그 유용성에 비해 너무 잘 알려지지 않은 측면이 있어서 아직 그 내용을 모르는 사람들에게 소개하고자 한다.

메시지 크래커^{message cracker}는 마이크로소프트 Visual Studio와 함께 제공되는 WindowsX.h 파일 내에 있다. 일반적으로 Windows.h 파일을 인클루드한 다음에 바로 이 헤더 파일을 인클루드하면 된다. WindowsX.h 파일은 사용자가 유용하게 사용할 수 있는 매크로를 정의하기 위한 #define 지시자의 묶음 정도로 생각하면 될 것이다. WindowsX.h는 실제로 메시지 크래커, 차일드 컨트롤 매크로, 애플리케이션 프로그래밍 인터페이스(API) 매크로라고 하는 세 개의 그룹으로 분리되어 있다. 이러한 매크로들은 다음과 같은 경우에 많은 도움이 될 것이다.

- 애플리케이션 내에서 반드시 수행해야만 하는 형변환의 수를 줄여주고, 에러 없는 형변환이 가능하도록 해 준다. C/C++로 윈도우 프로그래밍을 할 때의 큰 문제 중 하나가 너무 광범위하게 형변환이 사용되어 왔다는 것이다. 형변환을 수행하지 않고 윈도우 함수를 호출하는 것을 보기 힘들 정도다. 형변환을 사용하면 컴파일러가 소스 내에 포함되어 있는 잠재적인 에러를 발견하는 과정을 방해하기 때문에 가능한 한 사용하지 않는 것이 좋다. 형변환을 수행하면 컴파일러에게 다음과 같이 말하는 것과 같다. "잘못된 타입을 전달하고 있다는 것을 알고 있다. 하지만 이는 정상적인 것이다. 내가 무엇을 하는 중인지 잘 알고 있다." 형변환을 너무 많이 수행하면 실수를 저지르기 쉽다. 컴파일러가 가능한 한 많은 부분을 확인할 수 있도록 도와주어야 한다.

- 코드를 좀 더 쉽게 읽을 수 있게 만들어준다.

- 32비트 윈도우와 64비트 윈도우 사이의 포팅을 단순화한다.

- 이해하기 쉽다. (결국 매크로일 뿐이다.)

- 기존 코드와 쉽게 섞어 사용할 수 있다. 이전 코드는 그대로 놔두고 새로운 코드에만 매크로를 적용할 수도 있다. 전체 애플리케이션을 새로 개선할 필요가 없다.

- 비록 C++ 클래스 라이브러리를 사용하는 경우에는 필요 없을지 모르겠지만, 어쨌든 C와 C++ 코드 내에서 사용할 수 있다.

- 만일 WindowsX.h에서 정의하고 있는 매크로들이 제공하지 않는 기능이 필요하다면, 이 헤더 파일 내에 정의되어 있는 매크로를 이용하여 손쉽게 자신만의 매크로를 만들 수 있다.

- 윈도우가 구성하고 있는 자료 중 불명확하고 애매한 구조를 이용하거나 기억하고 있을 필요가 없다. 예를 들어 윈도우에는 상위 워드와 하위 워드가 각기 서로 다른 의미를 가지고 있는 long 자료형을 사용하는 함수가 많이 있다. 이러한 함수를 호출하려면 각각 서로 다른 값을 이용하여 long 자료형으로 값을 구성해야 한다. 이를 위해 WinDef.h에서 정의하고 있는 MAKELONG 매크로를 이용하는 것이 일반적이다. 하지만 필자는 뜻하지 않게 얼마나 많이 이 두 개의 값을 뒤집어 사용했는지 모른다. 결국 함수에 잘못된 값을 전달하곤 했다. WindowsX.h에서 정의하고 있는 매크로를 사용함으로써 이러한 문제로부터 벗어날 수 있다.

section 01 메시지 크래커

메시지 크래커는 윈도우 프로시저를 좀 더 쉽게 만들 수 있게 해 준다. 일반적으로 윈도우 프로시저는 상당히 큰 크기의 switch 문장을 가지게 된다. 윈도우 프로시저의 switch 문장이 500행 이상의 코드로 구성되어 있는 것도 본 적이 있다. 이렇게 윈도우 프로시저를 구성하는 것이 좋지 않다는 것은 누구나 알고 있지만, 우리 또한 그렇게 해온 것이 사실이며, 필자 또한 때때로 그렇게 하곤 했다. 메시지 크래커를 사용하면 switch 문장을 메시지 하나당 함수 한 개로 분리하여 구성할 수 있다. 이렇게 하면 코드를 관리하기가 좀 더 수월해진다.

윈도우 프로시저와 관련된 또 다른 문제로는 모든 메시지가 일관되게 wParam과 lParam 매개변수를 취함에도 불구하고 매개변수들이 가지는 의미가 각 메시지별로 서로 상이하다는 데 있다. WM_COMMAND 메시지의 경우 wParam의 상위 워드는 통지 코드[notification code]를, 하위 워드는 컨트롤의 ID를 값으로 가지고 있다. 아니다. 그 반대던가? 필자는 이러한 내용을 항상 잊어버린다. 메시지 크래커를 사용하면 이러한 내용을 기억할 필요도 없고 찾아볼 필요도 없다. 메시지 크래커는 각 메시지별로 이러한 매개변수들을 분리하여 각각 이름을 붙여두었다. 따라서 WM_COMMAND 메시지를 처리해야 하는 경우 다음과 같이 단순하게 코드를 작성할 수 있다.

```
void Cls_OnCommand(HWND hWnd, int id, HWND hWndCtl,
    UINT codeNotify) {

switch (id) {

    case ID_SOMELISTBOX:
        if (codeNotify != LBN_SELCHANGE)
        break;

        // LBN_SELCHANGE에 대한 처리를 수행한다.
        break;

    case ID_SOMEBUTTON:
        break;
    ...
```

얼마나 쉬운지 보라! 메시지 크래커는 메시지의 wParam과 lParam 매개변수를 살펴보고 값을 쪼갠 후 사용자가 구현한 함수를 호출해 준다.

메시지 크래커를 사용하려면 윈도우 메시지 프로시저의 switch 문장을 다음과 같이 변경해야 한다.

```
LRESULT WndProc (HWND hWnd, UINT uMsg,
    WPARAM wParam, LPARAM lParam) {

switch (uMsg) {
    HANDLE_MSG(hWnd, WM_COMMAND, Cls_OnCommand);
    HANDLE_MSG(hWnd, WM_PAINT,   Cls_OnPaint);
    HANDLE_MSG(hWnd, WM_DESTROY, Cls_OnDestroy);
    default:
        return(DefWindowProc(hWnd, uMsg, wParam, lParam));
    }
}
```

HANDLE_MSG 매크로는 WindowsX.h 내에 다음과 같이 정의되어 있다.

```
#define HANDLE_MSG(hwnd, message, fn) \
    case (message): \
        return HANDLE_##message((hwnd), (wParam), (lParam), (fn))
```

전처리기는 WM_COMMAND 메시지와 관련된 부분을 다음과 같이 확장한다.

```
case (WM_COMMAND):
    return HANDLE_WM_COMMAND((hwnd), (wParam), (lParam),
        (Cls_OnCommand));
```

HANDLE_WM_* 매크로 또한 WindowsX.h 내에 정의되어 있는데, 이 매크로가 실질적인 매크로 크래커다. 이 매크로는 wParam과 lParam 매개변수의 내용을 분리하고, 적절한 형변환을 수행한 후 앞서 살펴본 바 있는 Cls_OnCommand 함수와 같은 메시지 처리 함수를 호출해 준다. HANDLE_WM_COMMAND 매크로는 다음과 같이 정의되어 있다.

```
#define HANDLE_WM_COMMAND(hwnd, wParam, lParam, fn) \
    ( (fn) ((hwnd), (int) (LOWORD(wParam)), (HWND)(lParam),
    (UINT) HIWORD(wParam)), 0L)
```

전처리기가 매크로를 확장하고 나면 wParam과 lParam 매개변수들이 각각 알맞게 쪼개져서 Cls_OnCommand 함수가 호출된다.

메시지 크래커를 이용하여 메시지를 처리하기 전에 WindowsX.h 파일을 열어서 처리하고자 하는 메시지를 찾아보는 것이 좋다. 예를 들어 WM_COMMAND를 검색해 보면 다음과 같은 내용을 찾을 수 있을 것이다.

```
/* void Cls_OnCommand(HWND hWnd, int id, HWND hWndCtl,
        UINT codeNotify); */
#define HANDLE_WM_COMMAND(hwnd, wParam, lParam, fn) \
    ((fn)((hwnd), (int)(LOWORD(wParam)), (HWND)(lParam), \
    (UINT)HIWORD(wParam)), 0L)
#define FORWARD_WM_COMMAND(hwnd, id, hwndCtl, codeNotify, fn) \
    (void)(fn)((hwnd), WM_COMMAND, \
    MAKEWPARAM((UINT)(id),(UINT)(codeNotify)), \
    (LPARAM)(HWND)(hwndCtl))
```

첫 번째 행에는 메시지 처리를 위해 작성해야 하는 함수의 원형이 나타나 있다. 다음 행에는 앞서 알아본 HANDLE_WM* 매크로가 정의되어 있으며, 마지막 행에는 메시지 전달자^{message forwarder}가 정의되어 있다. WM_COMMAND 메시지를 처리하는 동안 기본 윈도우 프로시저^{default window procedure}를 호출하려고 하는 경우 어떻게 해야 하는지 알아보자. 이러한 함수는 다음과 같이 구현할 수 있다.

```
void Cls_OnCommand (HWND hWnd, int id, HWND hWndCtl,
    UINT codeNotify) {

    // 일반적인 처리 과정을 수행한다.

    // 기본 처리 과정을 수행한다.
    FORWARD_WM_COMMAND(hWnd, id, hwndCtl, codeNotify,
```

```
        DefWindowProc);
    }
```

FORWARD_WM_* 매크로는 분리되어 전달된 매개변수를 다시 하나로 재구성하여 wParam 및 lPa-
ram과 동일하게 구성한다. 이후 이 매크로는 사용자가 지정한 함수를 호출해 준다. 앞의 예와 같이
매크로를 이용하여 DefWindowProc 함수를 호출하도록 할 수도 있고, SendMessage나 Post-
Message를 호출할 수도 있다. 실제로 다른 윈도우로 메시지를 센드[Send](혹은 포스트[Post])하고자 하는
경우 분리되어 전달된 매개변수들을 결합하기 위해 FORWARD_WM_* 매크로를 사용하면 된다.

section 02 차일드 컨트롤 매크로

차일드 컨트롤 매크로[child control macro]는 차일드 컨트롤로 쉽게 메시지를 보내기 위한 방법이다. 이러한
매크로는 FORWARD_WM_*와 유사하다. 매크로의 이름은 메시지를 보내고자 하는 컨트롤의 유형
으로 시작하며, 언더스코어(_), 그 다음으로 메시지의 이름이 온다. 예를 들어 리스트 박스에 LB_
GETCOUNT 메시지를 보내려는 경우 WindowsX.h 파일 내에 정의되어 있는 매크로 중 ListBox_
GetCount를 사용하면 된다.

```
#define ListBox_GetCount(hwndCtl) \
    ((int)(DWORD)SNDMSG((hwndCtl), LB_GETCOUNT, 0, 0L))
```

위 매크로에 대해 자세히 살펴보자. 첫째로, SNDMSG 매크로는 Win32를 직접 사용하는 경우 Sen-
dMessage로, MFC를 사용하는 경우 AfxSendMessage로 매핑된다. 둘째로, 이 매크로는 리스트
박스의 윈도우 핸들을 나타내는 hwndCtl이라는 하나의 매개변수만을 취한다. 왜냐하면 LB_GET-
COUNT 메시지의 경우 wParam과 lParam 매개변수를 필요로 하지 않기 때문에 이 값들에 대해 신
경 쓸 필요가 없으며, 위에서 보는 바와 같이 모두 0이 전달된다. 마지막으로, SendMessage가 반환
되면 그 결과 값을 int로 형변환해 주기 때문에 사용자가 추가적으로 형변환을 수행할 필요가 없다.

차일드 컨트롤 매크로에 대해 마음에 들지 않는 유일한 부분은 이러한 매크로들이 컨트롤 윈도우의 핸
들 값을 요구한다는 것이다. 메시지를 보내야 하는 컨트롤들은 대부분 다이얼로그 박스의 차일드 컨
트롤들이다. 따라서 아래와 같이 항상 GetDlgItem을 호출해야만 한다.

```
int n = ListBox_GetCount(GetDlgItem(hDlg, ID_LISTBOX));
```

이 코드가 SendDlgItemMessage 함수를 사용하는 것에 비해 느리게 동작하는 것은 아니다. 하지만
추가적으로 GetDlgItem을 호출해야 하기 때문에 별도의 코드가 필요해진다. 만일 동일 컨트롤에 여

러 개의 메시지를 보내야 할 필요가 있다면 다음 코드와 같이 GetDlgItem을 호출하여 차일드 윈도우의 핸들을 저장해 두고 필요한 매크로들을 여러 번 호출해 주면 된다.

```
HWND hWndCtl = GetDlgItem(hDlg, ID_LISTBOX);
int n = ListBox_GetCount(hWndCtl);
ListBox_AddString(hWndCtl, TEXT("Another string"));
...
```

만일 이처럼 코드를 구성하였다면 반복적으로 GetDlgItem을 호출할 필요가 없기 때문에 애플리케이션이 좀 더 빨리 수행될 수 있을 것이다. 다이얼로그 박스에 컨트롤이 많이 포함되어 있고 찾으려는 컨트롤이 z축의 마지막 부분에 있는 경우라면, GetDlgItem은 상당히 느리게 동작할 수 있다.

section 03 API 매크로

API 매크로를 이용하면 새로운 폰트를 만들고, 이렇게 만들어진 폰트를 디바이스 컨텍스트에 삽입하고, 이전 폰트의 핸들을 저장하는 것과 같은 일반적인 작업들을 단순화할 수 있다. 이러한 작업을 수행하는 코드의 예를 살펴보자.

```
HFONT hFontOrig = (HFONT) SelectObject(hDC, (HGDIOBJ) hFontNew);
```

위 문장을 경고 없이 컴파일하려면 두 개의 형변환 작업이 필요하다. WindowsX.h 내의 몇몇 매크로는 정확히 이러한 목적을 위해 설계되었다.

```
#define SelectFont(hdc, hfont) \
    ((HFONT) SelectObject( (hdc), (HGDIOBJ) (HFONT) (hfont)))
```

위 매크로를 사용하면 코드를 다음과 같이 변경할 수 있다.

```
HFONT hFontOrig = SelectFont(hDC, hFontNew);
```

이 코드가 좀 더 읽기 쉽고 에러가 발생할 가능성도 적다.

WindowsX.h 내의 다양한 API 매크로를 이용하면 일반적인 윈도우 작업에도 상당한 도움이 된다. 어떤 매크로가 있는지 살펴보고 반드시 사용해 볼 것을 추천한다.